U0287182

中国科学技术经典文库

工程控制论（下册）

（第三版）

钱学森　宋　健　著

科 学 出 版 社

北　京

内 容 简 介

本书是《工程控制论》(第三版)的下册。这一册共九章。第十三章讨论摄动理论在控制系统设计中的应用,其中特别说明在飞行控制系统中的应用。第十四、十五两章介绍控制系统在随机干扰下的分析和设计。第十六、十八章讨论了适应性控制系统的设计。第十九章介绍了提高控制系统可靠性的各种方法。第十七、二十、二十一这三章分别是:逻辑控制和有限自动机(第十七章),信号与信息(第二十章),大系统(第二十一章)。这些方面已构成工程控制论这门学科的重要研究方向。书末还附有"有关中文著作目录选辑",可供读者查阅。

本书对从事自动化、计算机科学、信息处理、通信理论、宇航技术及系统工程等专业的理论研究工作者和工程设计人员是一本有重要参考价值的著作,同时也可作为高等院校相关专业的教学参考书。

图书在版编目(CIP)数据

工程控制论. 下册/钱学森,宋健著. —3 版. —北京:科学出版社,2011
(中国科学技术经典文库)
ISBN 978-7-03-030099-7

Ⅰ. ①工…　Ⅱ. ①钱…②宋…　Ⅲ. ①工程控制论　Ⅳ. ①TB114.2

中国版本图书馆 CIP 数据核字(2011)第 013257 号

责任编辑:魏英杰　王志欣　李淑兰 / 责任校对:林青梅
责任印制:霍　兵 / 封面设计:王　浩

科学出版社 出版
北京东黄城根北街 16 号
邮政编码:100717
http://www.sciencep.com
北京中科印刷有限公司印刷
科学出版社发行　各地新华书店经销
1958年 8 月第一版
1980年10月第二版
2011 年 2 月第　三　版　开本:720×1000 1/16
2024 年12月第十四次印刷　印张:32 3/4
字数:652 000
定价:188.00 元
(如有印装质量问题,我社负责调换)

目　录

第十三章　摄动理论和制导系统

弹道摄动理论是用来计算炮弹、火箭等在标准弹道附近的运动状态的。标准弹道是一条有着特定的初始条件、飞行程序、大气状态以及额定的结构参数的确定性弹道。如果实际情况与这些特定的条件有差别，例如飞行器在飞行过程中受到随机的风的扰动而偏离了标准弹道，这时，实际的弹道就不同于标准弹道了。但是，如果扰动作用都很小，则受扰弹道（实际弹道）还是在标准弹道的附近，而且两者之间的差别也是很小的。标准弹道可以认为是已知的，可由精确的计算得到，所以实际弹道与标准弹道相当接近这一事实就成为实际弹道的微分方程线性化的依据。经过线性化处理后，受扰系统的运动方程就成为变系数的线性微分方程，系数随时间变化是由于飞行器本身的状态和所处的环境是随时间变化的缘故。

应用弹道摄动理论的本来目的只是计算飞行器弹道相对于标准弹道的微小修正量（这种修正是由于飞行器的重量与标准值之间的误差，大气状态的改变，风的扰动作用等因素引起的）。但是，由于现代的大型快速电子计算机的出现，完全可以分别地直接计算每一条受扰弹道，所以弹道摄动理论在弹道计算问题上的用处也就随之消失了。然而，变系数线性控制系统的设计问题却恰好可以应用弹道摄动理论。在这一章里，我们将要通过远程导弹制导问题的讨论来说明这种理论。德瑞尼克（Drenick）曾经研究过这个问题[7]，但是，我们的讨论将是更完善的，除了要谈到这样一类飞行器的制导问题外[14]，还要把这个问题的讨论推广成为设计一类高精度变系数线性控制系统的一般理论[2]。最后，将摄动理论和控制理论相结合，用于弹道火箭惯性制导系统的设计[3]。

13.1　飞航式导弹的运动方程

为了使讨论不过分复杂，我们假设火箭在旋转着的地球的赤道平面内运动，如图13.1-1所示。在赤道平面内的运动因为不会受到柯氏（Coriolis）力的作用，所以就可以保持平面运动。我们所选取的坐标系统对于旋转的地球来说是固定的，也就是说，坐标系统也是以地球自转的角速度 Ω 转动着的。在任何一个时刻 t，火箭在赤道平面内的位置总可以用 r 和 θ 两个量来确定，这里，r 是向径，也就是从火箭到地心的距离，θ 是到发射点的角度，也就是火箭所在的位置与发射点之间的经度差。设 r_0 是地球的半径。g 是地面上的引力加速度，其中不包含地球自转的离心力的因素。设 R 和 Θ 分别是火箭的每单位质量平均受到的推力与空气动

力的径向(半径方向)分量和切向(垂直于半径的方向)分量。于是,火箭的重心的运动方程就是

$$
\begin{aligned}
\frac{dr}{dt} &= \dot{r} \\
\frac{d\theta}{dt} &= \dot{\theta} \\
\frac{d\dot{r}}{dt} &= R + r(\dot{\theta} \pm \Omega)^2 - g\left(\frac{r_0}{r}\right)^2 \\
r\frac{d\dot{\theta}}{dt} &= \Theta - 2\dot{r}(\dot{\theta} \pm \Omega)
\end{aligned}
\tag{13.1-1}
$$

如果火箭从西向东飞行,方程(13.1-1)的右端的第二项中就必须取+号,如果,火箭从东向西飞行,就取一号。

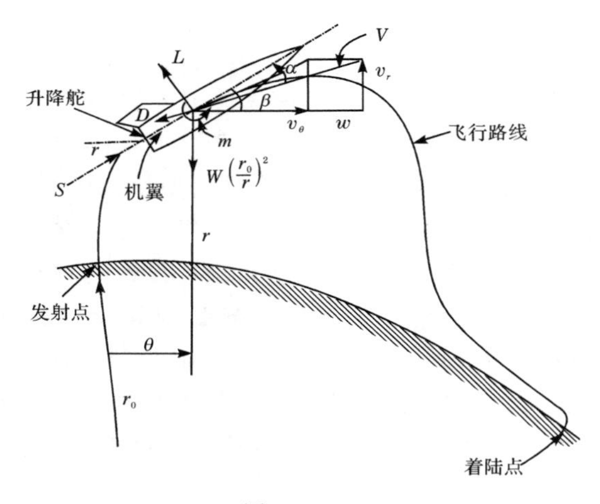

图 13.1-1

R 和 Θ 这两个力都是由推力 S,升力 L 和阻力 D 组成的。设 W 是火箭对于 g 而言的瞬时重量(也就是火箭的瞬时质量与 g 的乘积);V 是空气对于火箭的相对速度的大小。我们引进下列公式定义的三个参数 Σ,Λ 和 Δ 可以使讨论更方便些

$$
\Sigma = \frac{Sg}{W}, \quad \Lambda = \frac{Lg}{WV}, \quad \Delta = \frac{Dg}{WV} \tag{13.1-2}
$$

假设实际的风速 w 是水平方向的,而且也在赤道平面之内,如果是迎风,w 就取正号;反之,如果风向和火箭的飞行方向相同,w 就取负号。我们把 w 看作只是高度 r 的函数。如果 v_r 是径向速度,v_θ 是切向速度,也就是说

$$
\begin{aligned}
v_r &= \dot{r} \\
v_\theta &= r\dot{\theta}
\end{aligned}
\tag{13.1-3}
$$

相对的空气速度 V 就可以这样计算

$$V^2 = \dot{r}^2 + (r\dot{\theta} + w)^2 \tag{13.1-4}$$

如果 β 是推力方向与水平方向之间的角度，那么，单位质量上所受的推力和空气动力的径向分量 R 和切向分量 Θ 就是

$$\begin{aligned} R &= \Sigma\sin\beta + (v_\theta + w)\Lambda - v_r\Delta \\ \Theta &= \Sigma\cos\beta - v_r\Lambda - (v_\theta + w)\Delta \end{aligned} \tag{13.1-5}$$

如果 N 是对于重心的力矩被火箭对于重心的转动惯量除得的商数，那么，角加速度的方程就是

$$\frac{d\dot{\beta}}{dt} = \frac{d\dot{\theta}}{dt} + N \tag{13.1-6}$$

为了完全确定火箭的运动状态，必须用时间函数的形式把升力 L，阻力 D 和对于重心的力矩 m 表示出来。按照空气动力学的习惯，我们用升力系数 C_L 和阻力系数 C_D 来表示 L 和 D

$$\begin{aligned} L &= \frac{1}{2}\rho V^2 AC_L \\ D &= \frac{1}{2}\rho V^2 AC_D \end{aligned} \tag{13.1-7}$$

其中，ρ 是空气的密度，是高度 r 的函数。A 是一个固定的特征面积，譬如说，可以设火箭的尾翼面积是 A。在我们所考虑的这个问题里，既然火箭只在赤道平面内运动，从空气动力学计算的角度来看，火箭的运动状态是由冲角 α 决定的（冲角就是推力的作用线与空气的相对速度向量之间的角度（图 13.1-1））。然而，对于火箭的运动的控制是通过升降舵角 γ 的控制来执行的。所以，能够影响 C_L 和 C_D 的参数就是 α 和 γ。此外，这些空气动力学的系数还是雷诺（Reynold）数 Re 和马赫（Mach）数 M 的函数。如果 a 是空气的音速，马赫数就是

$$M = \frac{V}{\boldsymbol{a}} \tag{13.1-8}$$

设 a 也是高度 r 的函数。如果 l 是火箭的一个特征长度，μ 是空气的黏性系数，雷诺数就是

$$\mathrm{Re} = \frac{\rho V l}{\mu} \tag{13.1-9}$$

黏性系数 μ 也是高度 r 的函数。这样，我们就有

$$\begin{aligned} C_L &= C_L(\alpha, \gamma, M, \mathrm{Re}) \\ C_D &= C_D(\alpha, \gamma, M, \mathrm{Re}) \end{aligned} \tag{13.1-10}$$

我们再假定，推力作用线通过火箭的重心；因此，推力就不产生力矩。不难想到在火箭发动机工作的飞行过程中，火箭的角度运动（转动）一定很慢，所以喷射阻尼力矩是可以忽略不计的。因此，空气动力力矩 m 是作用在火箭上的唯一的力

矩，m 也可以按照下列公式用系数 C_m 表示

$$m=\frac{1}{2}\rho V^2 AlC_m \tag{13.1-11}$$

力矩系数 C_m 也是四个变数 α,γ,M 和 Re 的函数

$$C_m=C_m(\alpha,\gamma,M,\mathrm{Re}) \tag{13.1-12}$$

如果 I 是火箭对于重心的瞬时的横向转动惯量，方程(13.1-6)里的 N 就是

$$N=\frac{m}{I} \tag{13.1-13}$$

利用以上引入的符号，运动的微分方程组可以写成以下形式

$$\begin{aligned}
\frac{dr}{dt}&=v_r\\
\frac{d\theta}{dt}&=\frac{v_\theta}{r}\\
\frac{d\beta}{dt}&=\dot{\beta}\\
\frac{dv_r}{dt}&=\Sigma\sin\beta+(v_\theta+w)\Lambda-v_r\Delta+r\left(\frac{v_\theta}{r}\pm\Omega\right)^2-g\left(\frac{r_0}{r}\right)^2=F\\
\frac{dv_\theta}{dt}&=\Sigma\cos\beta-v_r\Lambda-(v_\theta+w)\Delta-2v_r\left(\frac{v_\theta}{r}\pm\Omega\right)+\frac{v_\theta v_r}{r}=G\\
\frac{d\dot{\beta}}{dt}&=\frac{1}{r}\left\{\Sigma\cos\beta-v_r\Lambda-(v_\theta+w)\Delta-2v_r\left(\frac{v_\theta}{r}\pm\Omega\right)\right\}+N=H
\end{aligned} \tag{13.1-14}$$

这个方程组是六个未知函数 $r,\theta,\beta,v_r,v_\theta$ 和 $\dot{\beta}$ 的一阶方程组。如果要解这个方程组，就必须先知道开始时($t=0$)这些未知函数的初始值；而且，推力 S，重量 W 和转动惯量 I 在每一时刻 t 的瞬时值也必须事先给定。如果要确定各个空气动力，升降舵角 γ 的运动也要用一个时间函数 $\gamma(t)$ 事先给定。大气的状态也必须知道，即风速 w，密度 ρ，空气的黏性系数 μ 以及音速 a 都必须是高度 r 的已知的函数。冲角 α 不能预先给定，它必须根据角度 β 和相对的空气速度向量 V 来计算。

我们将取标准大气状态和弹体、发动机的额定参数作为式(13.1-14)的参数。利用这些具体的数据，只要给定了升降舵角度 γ 的运动规律 $\gamma=\gamma(t)$，我们就可以把方程组(13.1-14)积分，从而把火箭的飞行路线(弹道)计算出来。计算工作可以用计算机完成。这样计算出来的飞行路线，是一个标准的火箭在标准的大气状态下的飞行路线，这也就是标准飞行路线或标准弹道。

标准弹道的最重要的特性就是它的射程。所谓射程就是发射点和着陆点之间的距离。所谓火箭的制导问题就是要算出火箭发动机合适的关机时间并且找出飞行过程中升降舵角度的合适的运动规律，使得射程正好是我们所需要的数值。对于标准火箭在标准大气中的制导问题，可以在火箭发射之前用数学方法完

全解决,因为计算这条标准弹道所需要的全部资料都是已知的或者是预先给定了的。

13.2 摄动方程

实际的大气的特性并不一定与所说的标准大气状态相符合。每一个高度上的风速都随气候条件变化;温度 T 也是随时间变化的。因此,我们可以想到,由于大气条件的不同,实际的飞行弹道与标准弹道一定也有些差别。实际的火箭在重量以及发动机性能等方面与理想的标准火箭也总会有些差别,因此,如果升降舵角度 γ 仍然采用原来给定的动作程序,那么,实际的飞行弹道就会与标准弹道不同。所以,实际的火箭的制导问题就是要适当地随时修正升降舵角度的动作程序,设法使实际的射程与标准弹道的射程相同,准确无误地在标准着陆点着陆。因为火箭的速度非常高,这样一个制导问题就不能用普通的方法来解决,在普通的制导问题(譬如汽车或轮船的驾驶问题)中,因为速度相当低,惯性作用相当小,所以只要随时根据位置的偏差改正运动路线就可以使总的运动路线符合要求,完全不需要考虑惯性的影响。但是,对于像火箭这样的高速度飞行器的情形来说,就不能只根据运动学的考虑来进行操纵,因为惯性作用相当大,所以,必须考虑系统的动力学的效应才能使路线符合要求,对于这种情形,制导问题就必须依靠高速的自动计算系统来解决,对于每一个离开标准情况的偏差,这个计算系统都能在一段几乎等于零的时间内发生反应,同时发出修正运动状态的信号。我们把实现这种制导的控制系统称为制导系统。

一般性的制导问题实在是非常困难的。但是,我们可以相信离开标准状态的偏差总是很小的,因为,标准弹道毕竟是一条最有代表性的平均弹道。这个事实使我们立刻想到,作为初步近似只要考虑偏差的一阶量就够了。这个“线性化”的做法就是弹道摄动理论的基础。经过线性化以后,新的方程组(当然是线性方程组)的系数都只是根据标准弹道的参数计算出来的,一般说来,这些系数都是随时间变化的。我们关于远程火箭的制导问题所作的讨论也就是这一类控制系统设计的一个例子。这个例子的特定的设计要求,就是设法消除射程的误差。这里,被控制的“输入”就是升降舵角度的修正动作。在以下的讨论中我们就通过具体的情况来说明这些概念。

本章我们用符号上的横线“-”表示标准弹道的各个状态分量,用 δ 符号表示相同时间上各个状态分量的偏差。所以实际的飞行路线的各个状态分量就是

$$r = \bar{r} + \delta r, \quad \theta = \bar{\theta} + \delta\theta, \quad \beta = \bar{\beta} + \delta\beta$$

$$v_r = \bar{v}_r + \delta v_r, \quad v_\theta = \bar{v}_\theta + \delta v_\theta, \quad \dot{\beta} = \bar{\dot{\beta}} + \delta\dot{\beta} \tag{13.2-1}$$

实际的大气状态与标准大气状态之间的偏差是用密度偏差 $\delta\rho$,温度偏差 δT 和风

速偏差 δw 来表示的，所以

$$\rho=\bar{\rho}+\delta\rho,\quad T=\overline{T}+\delta T,\quad w=\overline{w}+\delta w \tag{13.2-2}$$

如果我们假设在任何一个高度上空气的化学成分都与标准大气在这个高度上的成分相同，那么，只要知道 $\delta\rho$ 和 δT 也就可以计算出压力偏差（如果需要的话）。假设实际的火箭与标准火箭之间只有重量偏差 δW 和转动惯量偏差 δI，也就是说

$$W=\overline{W}+\delta W,\quad I=\bar{I}+\delta I \tag{13.2-3}$$

还假设推力 S 与标准值完全相同。此外，火箭的尾翼面积 A 以及方程(13.1-10)和(13.1-12)所表示的空气动力特性也都假定是不变的。

把方程(13.2-1)，(13.2-2)和(13.2-3)代入方程(13.1-14)，然后，再从每一个方程里减去相应的标准飞行路线的方程，根据线性化的原则只保留各个偏差的一阶量。我们就得到下列方程

$$\begin{aligned}\frac{d\delta r}{dt}&=\delta v_r\\ \frac{d\delta\theta}{dt}&=-\frac{\bar{v}_\theta}{\bar{r}^2}\delta r+\frac{1}{\bar{r}}\delta v_\theta\\ \frac{d\delta\beta}{dt}&=\delta\dot{\beta}\end{aligned} \tag{13.2-4}$$

$$\begin{aligned}\frac{d\delta v_r}{dt}&=a_1\delta r+a_2\delta\beta+a_3\delta v_r+a_4\delta v_\theta+a_5\delta\gamma+a_6\delta\rho+a_7\delta T+a_8\delta w+a_9\delta W\\ \frac{d\delta v_\theta}{dt}&=b_1\delta r+b_2\delta\beta+b_3\delta v_r+b_4\delta v_\theta+b_5\delta\gamma+b_6\delta\rho+b_7\delta T+b_8\delta w+b_9\delta W\\ \frac{d\delta\dot{\beta}}{dt}&=c_1\delta r+c_2\delta\beta+c_3\delta v_r+c_4\delta v_\theta+c_5\delta\gamma+c_6\delta\rho+c_7\delta T+c_8\delta w+c_9\delta W+c_{10}\delta I\end{aligned} \tag{13.2-5}$$

方程中的系数 a_i, b_i, c_i 都是式(13.1-14)所定义的函数 F, G, H 在标准弹道上计算的偏导数。例如

$$\begin{aligned}&a_1=\left(\overline{\frac{\partial F}{\partial r}}\right),\quad a_2=\left(\overline{\frac{\partial F}{\partial \beta}}\right),\quad a_3=\left(\overline{\frac{\partial F}{\partial v_r}}\right)\\ &a_4=\left(\overline{\frac{\partial F}{\partial v_\theta}}\right),\quad a_5=\left(\overline{\frac{\partial F}{\partial \gamma}}\right),\quad a_6=\left(\overline{\frac{\partial F}{\partial \rho}}\right)\\ &a_7=\left(\overline{\frac{\partial F}{\partial T}}\right),\quad a_8=\left(\overline{\frac{\partial F}{\partial w}}\right),\quad a_9=\left(\overline{\frac{\partial F}{\partial W}}\right)\end{aligned} \tag{13.2-6}$$

这些系数的详细表达式见本章附录。

方程(13.2-4)和(13.2-5)是六个偏差量的变系数线性微分方程组。如果已知大气状态的偏差 $\delta\rho, \delta T$ 和 δw，并且给定 $\delta\gamma, \delta W$ 和 δI，则从这个方程组里我们可以解出 $\delta r, \delta\theta, \delta\beta, \delta v_r, \delta v_\theta$ 和 $\delta\dot{\beta}$。然而，制导问题的提法和这个问题是不同的，在制导系统的设计里要求根据弹体运动的状态参数来确定控制函数 $\delta\gamma$（升降舵的修正

程序)使射程偏差为零。正如德瑞尼克所建议的,这个制导问题可以用布利斯(Bliss)的伴随函数法来解决[6]。

13.3 伴随方程

设 $y_i(t)(i=1,2,\cdots,n)$ 是由下列 n 阶线性微分方程组确定的函数

$$\frac{dy_i}{dt}-\sum_{j=1}^{n}a_{ij}y_j=Y_i(t),\quad i=1,2,\cdots,n \tag{13.3-1}$$

其中 a_{ij} 是给定的系数,它们可以是时间 t 的函数。$Y_i(t)$ 是"驱动"函数(输入)。现在我们再引进一组新的函数 $\lambda_i(t)(i=1,2,\cdots,n)$,它们满足下列齐次方程组

$$\frac{d\lambda_i}{dt}+\sum_{j=1}^{n}a_{ji}\lambda_j=0,\quad i=1,2,\cdots,n \tag{13.3-2}$$

这样一组函数 $\lambda_i(t)$ 就称为原来一组 $y_i(t)$ 的伴随函数。方程(13.3-2)称为(13.3-1)的伴随方程。用 λ_i 乘方程(13.3-1),再用 y_i 乘方程(13.3-2),然后再对于 i 把这些方程加起来,我们就得出

$$\frac{d}{dt}\sum_{i=1}^{n}\lambda_i y_i-\sum_{i=1}^{n}\sum_{j=1}^{n}(a_{ij}\lambda_i y_j-a_{ji}\lambda_j y_i)=\sum_{i=1}^{n}\lambda_i Y_i$$

显然,双重和符号后面的两项刚好互相对消,所以,我们就得到

$$\frac{d}{dt}\sum_{i=1}^{n}\lambda_i y_i=\sum_{i=1}^{n}\lambda_i Y_i \tag{13.3-3}$$

把这个方程从时刻 $t=t_1$ 积分到时刻 $t=t_2$,我们有

$$\sum_{i=1}^{n}\lambda_i y_i\Big|_{t=t_2}=\sum_{i=1}^{n}\lambda_i y_i\Big|_{t=t_1}+\int_{t_1}^{t_2}\Big(\sum_{i=1}^{n}\lambda_i Y_i\Big)dt \tag{13.3-4}$$

布利斯称这个方程为基本公式。

对于我们所讨论的远程导弹问题,y_i 就是那些摄动量

$$y_1=\delta r,\quad y_2=\delta\theta,\quad y_3=\delta\beta$$

$$y_4=\delta v_r,\quad y_5=\delta v_\theta,\quad y_6=\delta\dot{\beta} \tag{13.3-5}$$

根据方程(13.2-4)和(13.2-5),这时伴随函数满足下列方程组

$$-\frac{d\lambda_1}{dt}=-\frac{\overline{v}_\theta}{\overline{r}^2}\lambda_2+a_1\lambda_4+b_1\lambda_5+c_1\lambda_6$$

$$-\frac{d\lambda_2}{dt}=0$$

$$-\frac{d\lambda_3}{dt}=+a_2\lambda_4+b_2\lambda_5+c_2\lambda_6$$

$$-\frac{d\lambda_4}{dt}=\lambda_1+a_3\lambda_4+b_3\lambda_5+c_3\lambda_6$$

$$-\frac{d\lambda_5}{dt}=\frac{1}{r}\lambda_2+a_4\lambda_4+b_4\lambda_5+c_4\lambda_6$$

$$-\frac{d\lambda_6}{dt}=\lambda_3 \qquad (13.3\text{-}6)$$

各个输入 Y_i 为

$$Y_1=Y_2=Y_3=0 \qquad (13.3\text{-}7)$$

和

$$\begin{aligned}Y_4&=a_5\delta\gamma+a_6\delta\rho+a_7\delta T+a_8\delta w+a_9\delta W\\Y_5&=b_5\delta\gamma+b_6\delta\rho+b_7\delta T+b_8\delta w+b_9\delta W\\Y_6&=c_5\delta\gamma+c_6\delta\rho+c_7\delta T+c_8\delta w+c_9\delta W+c_{10}\delta I\end{aligned} \qquad (13.3\text{-}8)$$

13.4 射程控制基本方程

方程(13.3-6)并不能完全确定 λ 函数。如果要完全确定 λ 函数,就必须给出在某一个一定时刻的一组 λ 值。至于应该在哪一个时刻选取一组 λ 的值并且究竟等于什么数值,这个问题是与特定的控制系统设计的要求有关的。在我们的制导问题中,我们的设计要求射程偏差是零。或者,作为一次近似,要求射程偏差的一阶量为零。所以,我们感兴趣的量就是 $\delta\theta_2$(火箭落地时刻的 $\delta\theta$)。以后,我们用下标“$_2$”表示落地时刻的各个量。下面可以看到:射程偏差为零的条件足以完全确定所有的 λ。

如果 t_2 是实际的火箭落地时刻,$\bar{t}_2$ 是标准弹道的落地时刻,于是,可以用一阶偏差 δ 近似地代表绝对偏差 Δ

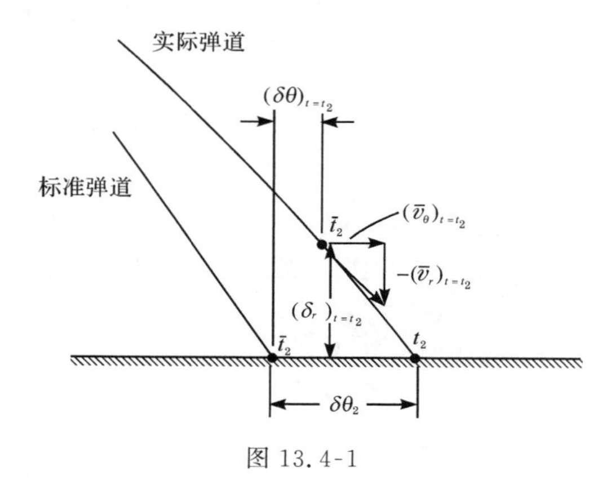

图 13.4-1

$$t_2=\bar{t}_2+\delta t_2 \qquad (13.4\text{-}1)$$

同样

$$r_2 = \bar{r}_2 + \delta r_2$$
$$\theta_2 = \bar{\theta}_2 + \delta\theta_2 \tag{13.4-2}$$

当用一阶偏差近似地表示全偏差，用$(\delta\cdot)_t$表示t时刻的等时偏差，则有

$$\delta r_2 = (\bar{v}_r)_{t=\bar{t}_2}\delta t_2 + (\delta r)_{t=\bar{t}_2}$$
$$\delta\theta_2 = \frac{1}{r_0}(\bar{v}_\theta)_{t=\bar{t}_2}\delta t_2 + (\delta\theta)_{t=\bar{t}_2} \tag{13.4-3}$$

然而，因为不论什么弹道的落地点都在地球表面上，即$r_2=\bar{r}_2=r_0$，所以δr_2一定是零。从方程组(13.4-3)中消去δt_2就得

$$\delta\theta_2 = \left[-\frac{1}{\bar{r}}\left(\frac{\bar{v}_\theta}{\bar{v}_r}\right)\delta r + \delta\theta\right]_{t=\bar{t}_2} \tag{13.4-4}$$

因此，如果让各个λ函数在标准落地时刻$t=\bar{t}_2$时的值为

$$\lambda_1 = -\frac{1}{\bar{r}}\left(\frac{\bar{v}_\theta}{\bar{v}_r}\right),\quad \lambda_2 = 1 \tag{13.4-5}$$
$$\lambda_3 = \lambda_4 = \lambda_5 = \lambda_6 = 0$$

于是射程偏差就是

$$\delta\theta_2 = \sum_{i=1}^{6}\lambda_i y_i\Big|_{t=\bar{t}_2} = [\lambda_1\delta r + \lambda_2\delta\theta + \lambda_3\delta\beta + \lambda_4\delta v_r + \lambda_5\delta v_\theta + \lambda_6\delta\dot{\beta}]_{t=\bar{t}_2} \tag{13.4-6}$$

如果标准弹道已经确定，则方程组(13.3-6)的各个系数就都是已知的时间函数。方程组(13.3-6)加上终点条件(13.4-5)唯一地完全确定伴随函数λ_i。可以用计算机从$t=\bar{t}_2$开始把方程组(13.3-6)进行“倒向”积分(在逆转了的时间内)。伴随函数确定后，我们就可以利用式(13.3-4)来描述制导问题的设计要求

$$\delta\theta_2 = 0 = [\lambda_1\delta r + \lambda_2\delta\theta + \lambda_3\delta\beta + \lambda_4\delta v_r + \lambda_5\delta v_\theta + \lambda_6\delta\dot{\beta}]_{t=\bar{t}_1} + \int_{\bar{t}_1}^{\bar{t}_2}[\lambda_4 Y_4 + \lambda_5 Y_5 + \lambda_6 Y_6]dt \tag{13.4-7}$$

这就是射程控制的基本方程。

13.5　制导系统

对于远程飞航式地地导弹来说，从$t=0$到$t=\bar{t}_1$是发动机工作的助推段，从$t=\bar{t}_1$以后到落地时刻为止是滑翔段。在前面我们曾经假设推力S与标准值完全相同，这点对于飞航式导弹的冲压式发动机，在采取适当形式的推力控制条件下是可能的。发动机工作的时间对应于一定的射程而言也是固定不变的，即我们准确地按时间$t=\bar{t}_1$关闭发动机。在助推段可以不采用弹道控制，也可以采用弹道控制，我们将区别这两种情况来讨论制导系统的设计问题以满足基本方程(13.4-7)。

第一种情况：我们只控制滑翔段的弹道，即我们选择升降舵在滑翔段的机动

规律,使基本方程(13.4-7)在任意干扰规律作用下得到满足。由于助推段的弹道是不控制的,所以在一般情况下式(13.4-7)中的第一项$[\lambda_1\delta r+\lambda_2\delta\theta+\lambda_3\delta\beta+\lambda_4\delta v_r+\lambda_5\delta v_\theta+\lambda_6\delta\dot{\beta}]_{t=\bar{t}_1}$自然是不等于零的,但是我们的制导问题并没有必要要求基本方程(13.4-7)中的两项都分别为零。我们只要求在任意干扰规律作用下这两项的总和为零就足够了。当发动机在$t=\bar{t}_1$关机以后,根据实际测得的弹道参数和事先存储的标准弹道参数,我们立即可以从制导计算机里得到

$$[\lambda_1\delta r+\lambda_2\delta\theta+\lambda_3\delta\beta+\lambda_4\delta v_r+\lambda_5\delta v_\theta+\lambda_6\delta\dot{\beta}]_{t=\bar{t}_1}=K \tag{13.5-1}$$

对应助推段的不同干扰情况来讲K当然是变化的,但是只要发动机一关机,K就是一个确定的数。所以从这个意义上讲对于滑翔段K是一个常值。这样的常值偏差我们很容易在滑翔段用一个常值的升降舵偏角来消除掉。现在来看基本方程(13.4-7)的第二项,考虑式(13.3-8),并引入符号

$$\begin{aligned}d_5&=\lambda_4a_5+\lambda_5b_5+\lambda_6c_5\\d_6&=\lambda_4a_6+\lambda_5b_6+\lambda_6c_6\\d_7&=\lambda_4a_7+\lambda_5b_7+\lambda_6c_7\\d_8&=\lambda_4a_8+\lambda_5b_8+\lambda_6c_8\\D&=-(\lambda_4a_9+\lambda_5b_9+\lambda_6c_9)\delta W-\lambda_6c_{10}\delta I\end{aligned} \tag{13.5-2}$$

和

$$\delta\gamma=\delta\gamma_1+\delta\gamma_2 \tag{13.5-3}$$

于是有

$$\int_{\bar{t}_1}^{\bar{t}_2}[\lambda_4Y_4+\lambda_5Y_5+\lambda_6Y_6]dt=\int_{\bar{t}_1}^{\bar{t}_2}d_5\delta\gamma_1dt+\int_{\bar{t}_1}^{\bar{t}_2}[d_5\delta\gamma_2+d_6\delta\rho+d_7\delta T+d_8\delta w-D]dt \tag{13.5-4}$$

我们把滑翔段升降舵偏角分成两部分,其中常值部分$\delta\gamma_1$用以消除助推段干扰的影响K,这样就可以确定

$$\delta\gamma_1=-\frac{K}{\int_{\bar{t}_1}^{\bar{t}_2}d_5dt} \tag{13.5-5}$$

现在我们讨论如何确定$\delta\gamma_2$来消除滑翔段干扰的影响。对于滑翔段δW和δI是常值性质的干扰,譬如说,在燃料箱内装有液面传感器,发动机关机后就可以确定剩余的燃料量,这样,只要一关机,δW,δI也就确定下来了。然而,大气状态的偏差量$\delta\rho$,δT和δw就不同了,只有随时随地加以测量才能得到这些量的数据。它们的变化可以是任意的,事前无法确定它们的规律。因此,要求式(13.5-4)中右端第二项积分在任意干扰规律下等于零的条件就是被积函数必须在整个时间区间上恒等于零,亦即

$$d_5\delta\gamma_2 + d_6\delta\rho + d_7\delta T + d_8\delta w = D \tag{13.5-6}$$

方程组(13.2-5)可以改写成

$$\begin{aligned} a_5\delta\gamma + a_6\delta\rho + a_7\delta T + a_8\delta w &= A \\ b_5\delta\gamma + b_6\delta\rho + b_7\delta T + b_8\delta w &= B \\ c_5\delta\gamma + c_6\delta\rho + c_7\delta T + c_8\delta w &= C \end{aligned} \tag{13.5-7}$$

其中

$$\begin{aligned} A &= \frac{d}{dt}\delta v_r - a_1\delta r - a_2\delta\beta - a_3\delta v_r - a_4\delta v_\theta - a_9\delta W \\ B &= \frac{d}{dt}\delta v_\theta - b_1\delta r - b_2\delta\beta - b_3\delta v_r - b_4\delta v_\theta - b_9\delta W \\ C &= \frac{d}{dt}\delta\dot{\beta} - c_1\delta r - c_2\delta\beta - c_3\delta v_r - c_4\delta v_\theta - c_9\delta W - c_{10}\delta I \end{aligned} \tag{13.5-8}$$

如果弹上的测速定位系统和制导计算机随时测量和计算 A,B,C 这三个量，而且，弹上仪器又能把 $\delta\rho,\delta T$ 和 δw 这三个量中的某一个随时加以测量，利用这些测量的结果，根据方程组(13.5-7)中的两个方程就可以把其余两个大气情况偏差量用 $\delta\gamma_2$ 和已知的时间函数表示出来(譬如说，弹上仪器随时把温度偏差 δT 测量出来，再从测得的三个量 A,B,C 中选用 A 和 B 两个量，最后，利用方程组(13.5-7)的前两个方程就可以把 $\delta\rho$ 和 δw 用已知的时间函数和 $\delta\gamma$ 表示出来)。这个作法的实质也就是借助于火箭本身来确定 $\delta\rho,\delta T$ 和 δw。这样定出 $\delta\rho,\delta T$ 和 δw 以后，把这些量代入方程(13.5-6)就得出 $\delta\gamma_2$ 的方程

$$\delta\gamma_2 = \frac{1}{d_5}[D - d_6\delta\rho - d_7\delta T - d_8\delta w] \tag{13.5-9}$$

在式(13.5-5)所确定的常值 $\delta\gamma_1$ 上再叠加按式(13.5-9)确定的升降舵机动规律 $\delta\gamma_2$，我们就可以满足基本方程(13.4-7)。前面已经讲过，这些 a,b,c 和 A,B,C,D 中有一部分是可以预先根据标准弹道计算出来的，而另一部分则是根据对于火箭的位置和速度的测量得出的。如果在实际飞行中使升降舵就按照 $\delta\gamma_1+\delta\gamma_2$ 的规律运动，那么，尽管实际飞行情况与标准情况之间有各种偏差，火箭还是在规定的地点着陆，这样就达到了预定的目的：射程偏差等于零。

如果对助推段的弹道也加以控制，就可以做到使基本方程(13.4-7)的两项分别为零。不难看出，只要在助推段和滑翔段升降舵都按照式(13.5-9)所确定的规律机动，控制整条弹道，两项分别为零的要求就满足了。我们同样可以对式(13.4-7)的第一项应用布利斯基本公式，取起飞时刻为积分的下限，发动机关机时刻为积分上限，于是

$$\begin{aligned} &[\lambda_1\delta\gamma + \lambda_2\delta\theta + \lambda_3\delta\beta + \lambda_4\delta v_r + \lambda_5\delta v_\theta + \lambda_6\delta\dot{\beta}]_{t=\bar{t}_1} \\ &= [\lambda_1\delta r + \lambda_2\delta\theta + \lambda_3\delta\beta + \lambda_4\delta v_r + \lambda_5\delta v_\theta + \lambda_6\delta\dot{\beta}]_{t=0} \end{aligned}$$

$$+\int_0^{\bar{t}_1}[\lambda_4 Y_4+\lambda_5 Y_5+\lambda_6 Y_6]dt \tag{13.5-10}$$

在 $t=0$ 时，显然弹道参数偏差 δr，$\delta\theta$，…等均为零。所以式(13.4-7)中右边的第一项等于零和式(13.5-10)右边的第二项等于零是等效的。而式(13.5-10)右边的第二项的形式完全类似于式(13.4-7)右边的第二项。助推段和滑翔段的运动方程是完全一样的，都用式(13.1-14)方程组描述，只是在滑翔段的推力用 $S=0$ 代入就可以了，所以它们的摄动方程和伴随方程也都完全一样。在计算助推段伴随函数时所用的终点条件就是用滑翔段伴随方程由 $t=\bar{t}_2$"倒积"到 $t=\bar{t}_1$ 时刻的值 $\lambda_1(\bar{t}_1)$，$\lambda_2(\bar{t}_1)$，…，$\lambda_6(\bar{t}_1)$，所以把式(13.5-10)代入式(13.4-7)得到一个统一的积分形式

$$[\lambda_1\delta r+\lambda_2\delta\theta+\lambda_3\delta\beta+\lambda_4\delta v_r+\lambda_5\delta v_\theta+\lambda_6\delta\dot{\beta}]_{t=\bar{t}_2}=\int_0^{\bar{t}_2}[\lambda_4 Y_4+\lambda_5 Y_5+\lambda_6 Y_6]dt \tag{13.5-11}$$

λ 函数仍由式(13.3-6)和(13.4-5)确定，积分从 $t=\bar{t}_2$ 时刻开始一直"倒积"到$t=0$为止。由被积函数在全弹道恒等于零的条件导出了全弹道控制的统一规律。只要注意在助推段计算 D 时需要代入 δW 和 δI 的瞬时偏差值。

我们还可以进一步看到：在导出射程控制基本方程式(13.4-7)时，积分的下限(弹道的起控时刻)并没有必要一定要求是发动机的关机时刻 $\bar{t}_1$，它可以是助推段或滑翔段的任意时刻 $\tilde{t}$，于是，基本方程可以有以下形式

$$\delta\theta_2=0=[\lambda_1\delta r+\lambda_2\delta\theta+\lambda_3\delta\beta+\lambda_4\delta v_r+\lambda_5\delta v_\theta+\lambda_6\delta\dot{\beta}]_{t=\tilde{t}}$$
$$+\int_{\tilde{t}}^{\bar{t}_2}[\lambda_4 Y_4+\lambda_5 Y_5+\lambda_6 Y_6]dt \tag{13.5-12}$$

当然，必须考虑到升降舵的偏转角是有限制的，所以起控时刻 $\tilde{t}$ 不能太晚。否则起控以前的干扰积累造成的偏差太大，有可能超过控制机构的最大可能限制，基本方程(13.5-12)的要求就不能满足了。例如，我们可以进行如下的估值，令

$$\begin{aligned}&|\delta\gamma|\leqslant M_{\delta\gamma}\\&|\delta\rho|\leqslant M_{\delta\rho}\\&|\delta T|\leqslant M_{\delta T}\\&|\delta w|\leqslant M_{\delta w}\\&|\delta W|\leqslant M_{\delta W}\\&|\delta I|\leqslant M_{\delta I}\end{aligned} \tag{13.5-13}$$

则应有

$$|[\lambda_1\delta r+\lambda_2\delta\theta+\lambda_3\delta\beta+\lambda_4\delta v_r+\lambda_5\delta v_\theta+\lambda_6\delta\dot{\beta}]_{t=\tilde{t}}|$$
$$\leqslant\int_0^{\tilde{t}}[d_6 M_{\delta\rho}\operatorname{sign}d_6+d_7 M_{\delta T}\operatorname{sign}d_7+d_8 M_{\delta w}\operatorname{sign}d_8+(\lambda_4 a_9+\lambda_5 b_9+\lambda_6 c_9)M_{\delta W}$$

$$\times \operatorname{sign}(\lambda_4 a_9 + \lambda_5 b_9 + \lambda_6 c_9) + \lambda_6 c_{10} M_{\delta I} \operatorname{sign}(\lambda_6 c_{10})]dt \leqslant \left| \int_{\bar{t}}^{\bar{t}_2} d_5 M_{\delta\gamma} dt \right| \qquad (13.5\text{-}14)$$

同样,从式(13.5-11)我们也可以进一步看到:式(13.5-11)的积分上限也可以是全弹道的任意时刻。如果把$(\lambda_1,\lambda_2,\lambda_3,\lambda_4,\lambda_5,\lambda_6)$看作是一个六维向量,而运动状态$(\delta r,\delta\theta,\delta\beta,\delta v_r,\delta v_\theta,\delta\dot{\beta})$是另一个向量。则射程偏差为零的条件意味着要求制导系统在任意干扰作用下都要把运动状态向量在$t=\bar{t}_2$时刻控制到$(\lambda_1,\lambda_2,\lambda_3,\lambda_4,\lambda_5,\lambda_6)_{t=\bar{t}_2}$这一已知法向量所决定的超平面上去。而全弹道控制则意味着受控的运动状态向量和另一已定的,但随时间变化着的伴随向量在全弹道上时正交。如果用全弹道控制来实现射程偏差为零的设计准则时则要求运动状态向量本身每时每刻和伴随向量正交。

制导系统的组成部分包括测速定位系统,制导计算机和升降舵的伺服控制机构。

从理论上讲,计算机收到测量信息时就必须立刻把$\delta\gamma$算出来,不应该有时间的迟延,因为方程(13.5-9)是两个量在同一时刻的值相等的条件。计算出来的$\delta\gamma_1$和$\delta\gamma_2$与从标准弹道计算出来的已知的$\bar{\gamma}$合并起来就给出实际的升降舵角应取的值$\gamma=\bar{\gamma}+\delta\gamma$。根据这个信号$\gamma$来转动升降舵的控制机构就可以用普通的反馈伺服系统的方法加以设计,使这个机构在反应速度,稳定性和准确性上都能满足要求。这里所用的计算机是安装在火箭上的,它从测速定位系统接收到关于位置和速度的信息,这就是整个控制系统的反馈部分。这里,适当地设计出来的计算机能够使系统具有规定的性能,它们的作用与普通的伺服系统里的放大器或补偿线路的作用是一样的。所以,从总的基本概念上来看,制导系统与以前各章研究过的普通的伺服系统是非常类似的。可是,制导系统是一种很复杂的系统,在它的设计工作中需要用到弹道摄动理论,因而也牵涉到伴随函数的概念。这个远程火箭的制导问题的例子,虽然简化得有些过分,可是,还可以用来说明怎样用弹道摄动理论来设计控制系统的问题。在这个例子里,只有使射程偏差等于零这样一个设计要求。在某些更复杂的系统里,往往会提出若干个设计要求,因而也就需要若干组伴随函数。虽然如此,设计那些系统的原则还是和所讲的简单例子相同。

13.6　控制计算机

在现代化的控制系统中计算机的作用非常重要,所以在这里把它们的特性和对它们的要求一般地讨论一下。至于详细的情形,读者可以去参考这方面的专题文献。

常用的计算机有两类:一类是模拟计算机,另一类是数字计算机。模拟计算机,正像它的名称的含义一样,是设计者所企图解决的问题的一个物理模拟。所以,模拟计算机也就是具有以下的性质的一个系统:描写这个系统的数学形式(譬如,系统的运动方程)和需要进行计算的问题的数学形式相同。这种计算机的输入总是某种物理量的值,例如,电压,电流,一个轴的转角的度数,一个弹簧的压缩量等。计算机按照它本身的构造的物理规律把这种输入转换成作为输出的其他的物理量,计算机的构造当然是设计者为了代表(模拟)预定的数学形式(或计算程序)而特别设计的。所以,在控制系统中,模拟计算机的输入就是被控制系统的某几个物理量的测量读数,计算机的输出就是一些指令信号,这些指令信号直接送到那些被控制量的个别的伺服系统中去 。

与模拟计算机相反,数字计算机是用计数(数值计算)的方式工作的。问题的数据必须用数字的形式放到计算机里去,计算机就按照算术的规则以及其他必需的形式逻辑的规则根据输入的信息进行计算,最后,把计算的结果(输出)仍然用数字的形式表示出来。如果采用这种计算方法,就会产生两个很重要的结论:第一,必须适当地设计转换器(也就是送进输入信号和送出输出信号的装置),设法使数字计算机的“逻辑世界”与被控制系统的“物理世界”之间建立一种合适的转换关系,也就是说,转换器必须能把具体的物理量化为抽象的数字,也能把抽象的数字用具体的物理量表示出来。第二,必须把需要计算的问题明确地用数学方式(计算程序或方程等)表达出来。

在模拟计算机的情形里,问题的性质(数学性质)已经被计算机本身的构造决定了,也就是说,只能解决某些数学性质与计算机的构造的数学性质相同的特别的问题。可是,数字计算机的构造就并不是由某一个特别的物理问题或者某一类物理问题决定的(模拟计算机就是那样的!),而是由解决某一类计算问题所需要的逻辑规则所确定的(请注意计算的逻辑规则相同的问题并不一定是数学性质相同的问题!)。

当计算问题更加复杂的时候(例如这一章所讨论的制导问题的情形)模拟计算机就失去它的优越性,同时我们又可以看到两种计算机的第二个根本的区别:模拟计算机是问题的一个物理模拟装置,所以,计算问题越复杂,模拟计算机也就越复杂,如果它是一个机械系统,那么,系统中的齿轮组,球盘积分器的个数也就越多,而且还需要增加其他的装置;如果模拟计算机是电气的,那么,系统中的放大器的个数也就要越多。在机械的情形里,齿轮和接头的间隙总是不可避免的,虽然在简单的情形里这种影响可以忽略,可是当系统越来越庞大的时候,这些效应就逐渐增加,增加到一定的程度以后,系统的总间隙(或者称为“游隙”)就会比重要的输出量还大,于是这个计算机就毫无用处了。在电模拟机里,在电路中总是有随机的电磁干扰和噪声,这些作用也同样地会随着系统的增大而增加,没有十分有效的办法完全消除这种干扰。然而在高可靠的数字计算机中,这种噪声干扰的可能性将大为减小，因为大规模集成电路广泛应用以后，可以用冗余技术和纠错技术去纠正那些由干扰引起的偶然性错误。

模拟计算机与数字计算机之间，第三个重要的区别就是可能达到的准确度。在模拟计算机里，对于各个有关的物理量的测量和处理总有一定的误差，而且根据一些理想化的物理定律来表示或设计实际的物理系统也必然有误差，所以模拟计算机的准确度也就受到限制。在实际情况中，最好的模拟计算机的准确度差不多是 1/10000，普通的模拟计算机只能准确到 1/100 或 2/100。对于某些具体问题来说，这种准确度已经够了，对于另外一些问题这种准确度就完全不够了。相反地，数字计算机所处理的是数字，所以，需要多么准确就可以做到多么准确。如果希望提高准确度，我们只要把代表每一个被处理的量的有效数字的位数增加就可以了。当然，整个计算机的准确度由于转换器的准确度的限制也还是有限制的，但是，这并不能改变这样的事实：在需要准确度很高的情况中，数字计算机总是比模拟计算机好得多。

两类计算机之间还有第四个不同之处。我们可以说，模拟计算机是“实时”工作的，这也就是说，它连续地给出它所处理的问题的解，而且，在每一个时刻这个给出的解都相应于在同一时刻进入计算机的所有的输入值。与此相反，数字计算机的工作方式是：把问题先化为数值计算的问题，然后再去解这个计算问题的一个明确的“逻辑模型”。所以，数字计算机只能在一系列离散的时刻上给出输出的数值。因此，就发生了两个问题：第一，如何用内插法把各个离散时刻之间的输出确定出来？第二，如何根据已有输出值用预报法预报以后的输出值，从而可以避免输出的时滞。很明显，如果计算过程所用的时间比被控制系统的时间常数小得很多，就不必考虑预报问题，同时也就可以认为计算机是“实时”工作的。在这一点上，现代的电子数字计算机对于前面所讨论的远程火箭的制导问题来说似乎是足够迅速了，但是，对于高速度的导弹来说，电子计算机的时滞的影响还必须在控制系统的设计中加以考虑。

13.7　问题的一般提法

使用弹道摄动理论设计远程火箭制导系统的讨论，对建立一类高精度要求的变参数线性自动控制系统设计的一般方法提供了启示。远程火箭的飞行由于受到外干扰的影响偏离标准弹道，如果弹上仪器可以把 $\delta\rho$，δT 和 δw 这三个干扰中的一个直接加以测量，并利用方程组(13.5-7)来确定另外两个干扰，实质上也就是借助于火箭本身来间接测量干扰，那么，尽管实际飞行条件与标准条件之间有各种未知的偏差，我们在升降舵的机动规律中引进了经过适当变换的含有干扰信息的控制信号后，总能使火箭命中预定弹着点，即射程偏差为零。这样的设计思想和处理方法可以推广为一般的变参数线性系统对一类高精度指标的设计方法。

设控制对象的特性随时间而变化，它的运动规律由下列变参数的线性微分方程组所描述

$$\frac{dx_i}{dt} = \sum_{j=1}^{n} a_{ij}(t)x_j + \sum_{k=1}^{m} b_{ik}(t)u_k + f_i(t), \quad i = 1,2,\cdots,n$$

或者用向量形式描述

$$\frac{d\boldsymbol{x}}{dt} = A(t)\boldsymbol{x} + B(t)\boldsymbol{u} + \boldsymbol{f}(t) \tag{13.7-1}$$

$\boldsymbol{x}$ 为 $\boldsymbol{n}$ 维状态向量，$A(t)$为已知时间函数的 $n\times n$ 阶矩阵，它反映了各个相坐标之间在不同时刻的相互作用关系；$\boldsymbol{u}$ 为 $\boldsymbol{m}$ 维控制向量；$B(t)$为 $n\times m$ 阶矩阵，表征控制向量对状态向量在不同时刻的作用关系；$\boldsymbol{f}(t)$为 $\boldsymbol{n}$ 维干扰向量，对 $\boldsymbol{f}(t)$仅加以幅值有界的限制。

如果 $\boldsymbol{f}(t)$及 $\boldsymbol{u}(t)$为给定的时间函数，并且已知受控对象的初始状态为 $\boldsymbol{x}(t_0)=\boldsymbol{x}_0$，则式(13.7-1)唯一地决定受控对象在 $\boldsymbol{n}$ 维状态空间中的轨道。但是 $\boldsymbol{f}(t)$的变化规律是不由我们所掌握的，故 $\boldsymbol{x}(t)$受 $\boldsymbol{f}(t)$变化的影响，不能保持预定的轨道。例如民航客机总是力图保持水平等高的飞行状态，但大气紊流和阵风的影响迫使飞机偏离预定的飞行规律。我们的任务在于设计 $\boldsymbol{u}$ 的规律，控制在状态空间中的运动轨道，尽量减小以至完全消除干扰作用所产生的不利影响。

控制器本身(如机电、液压系统)具有本征的运动特性，如具有一定的惯性。我们假定控制器运动规律可用以下微分方程组来描述

$$\frac{du_j}{dt} = \sum_{k=1}^{m} d_{jk}(t)u_k + \sum_{i=1}^{n} c_{ji}(t)x_i + U_j(t), \quad j = 1,2,\cdots,m$$

或者用向量形式写成

$$\frac{d\boldsymbol{u}}{dt} = D(t)\boldsymbol{u} + C(t)\boldsymbol{x} + \boldsymbol{U}(t) \tag{13.7-2}$$

$D(t)$为 $m\times m$ 阶矩阵，反映控制器本征的运动特性和控制器坐标之间的相互作用；$C(t)$为 $m\times n$ 阶矩阵，即通常的偏差反馈控制规律；$\boldsymbol{U}(t)$为我们将要讨论的干扰补偿规律。

我们可以提出这样的问题：假定 $\boldsymbol{U}(t)=0$，即不进行干扰补偿，对 $\boldsymbol{f}(t)$只加以幅值有界的限制条件

$$\| \boldsymbol{f}(t) \| \leqslant M$$

于是，我们将选择反馈矩阵 $C(t)$来使干扰造成的影响趋于极小。例如我们要控制的泛函指标为第一个相坐标 $x_1(t)$偏离标准轨道 $\bar{x}_1(t)$的差值平方的积分 $\int_{t_0}^{t_k}[x_1(t)-\bar{x}_1(t)]^2 dt$ 或者 x_1 在终端的取值 $x_1(t_k)$。一般的控制泛函指标有以下形式

$$I=I[\boldsymbol{x},C(t),\boldsymbol{f}(t)]$$

每当已经选定反馈矩阵 $C(t)$后，泛函指标 I 就由初始条件和干扰变化规律唯一地决定，我们可以针对每一个已选定的矩阵 $C(t)$选取最不利的干扰变化规律 $\boldsymbol{f}(t)$使泛函 I 达到最大值

$$I=\max_{\boldsymbol{f}(t)} I[\boldsymbol{x}(t),C(t),\boldsymbol{f}(t)]$$

这样，每一个矩阵 $C(t)$ 将对应一个最不利的干扰规律造成的最大偏差 $\max\limits_{\boldsymbol{f}(t)} I[\boldsymbol{x}(t),C(t),\boldsymbol{f}(t)]$，我们的任务是设计反馈矩阵 $C(t)$，使这一最不利 $\boldsymbol{f}(t)$干扰规律造成的最大偏差趋于极小，即

$$I=\min_{C(t)}\max_{\boldsymbol{f}(t)} I[\boldsymbol{x}(t),C(t),\boldsymbol{f}(t)]$$

这种最优化问题的提法把控制规律选择范围限制在反馈矩阵 $C(t)$之内，所以即使我们找到 $C(t)$满足了 min max 的最优化条件，但是任意变化的 $\boldsymbol{f}(t)$规律总还是会引起一定的 I，$C(t)$最优化条件不能完全消除外干扰的影响。因此，在控制规律式(13.7-2)中必须引入干扰补偿向量 $\boldsymbol{U}(t)$。

因此，我们在充分利用选择 $C(t)$来满足稳定性和精度的基本要求外，我们还将通过引进补偿向量在更大程度上消除外干扰的影响。

如果要求在系统运行过程中的每一时刻指标 I 都完全为零而且又是能够实现的，我们称之为过程不变性问题。

如果只要求在系统运行的终端时刻指标 I 为零，我们称之为终端不变性问题。

13.8　过程不变性问题

把式(13.7-1)和(13.7-2)联立起来我们就得到描绘整个系统的微分方程组

$$\frac{d\boldsymbol{x}}{dt}=A(t)\boldsymbol{x}+B(t)\boldsymbol{u}+\boldsymbol{f}(t)$$

$$\frac{d\boldsymbol{u}}{dt}=C(t)\boldsymbol{x}+D(t)\boldsymbol{u}+\boldsymbol{U}(t)$$

或者

$$\frac{d}{dt}\begin{pmatrix}\boldsymbol{x}\\ \boldsymbol{u}\end{pmatrix}=P(t)\begin{pmatrix}\boldsymbol{x}\\ \boldsymbol{u}\end{pmatrix}+\begin{pmatrix}\boldsymbol{f}(t)\\ \boldsymbol{U}(t)\end{pmatrix}$$

式中

$$P(t)=\begin{pmatrix}A(t) & B(t)\\ C(t) & D(t)\end{pmatrix}\tag{13.8-1}$$

假定在进行补偿向量 $\boldsymbol{U}(t)$的设计之前我们已经出于稳定性和精度的各种考虑选定了反馈矩阵 $C(t)$，因此将认为式(13.8-1)中 $P(t)$是已知的$(n+m)\times$

$(n+m)$阶函数矩阵。

在系统式(13.8-1)中我们将通过 $\boldsymbol{m}$ 维控制向量 $\boldsymbol{u}$ 来控制一个 $\boldsymbol{m}$ 维的指标向量 $\boldsymbol{I}(t)$使满足过程不变性的设计要求。为达到这个要求，可通过引进 $\boldsymbol{m}$ 维补偿向量 $\boldsymbol{U}(t)$驱动系统的状态向量在 $n+m$ 维的相空间运动，并在任意可测量的干扰作用下使指标 $\boldsymbol{I}(t)\equiv 0$

$$\boldsymbol{I}(t) = \xi(t)\begin{pmatrix}\boldsymbol{x}(t)\\ \boldsymbol{u}(t)\end{pmatrix} \tag{13.8-2}$$

$\xi(t)$为给定的 $m\times(n+m)$指标矩阵。

初始条件$\{\boldsymbol{x}(t_0),\boldsymbol{u}(t_0)\}$的影响将另作考虑。过程不变性的要求是指 $\boldsymbol{I}(t)$对干扰的不变性，系统的状态向量在相空间中的轨道将随初始条件而变化，另外在不同规律的干扰作用下相轨道一般说来也是不同的，然而我们希望各种轨道都满足同一指标的不变性要求。

系统的状态可以通过下式

$$\begin{pmatrix}\boldsymbol{x}(t)\\ \boldsymbol{u}(t)\end{pmatrix} = G(t,t_0)\begin{pmatrix}\boldsymbol{x}(t_0)\\ \boldsymbol{u}(t_0)\end{pmatrix} + \int_{t_0}^{t} G(t,\tau)\begin{pmatrix}\boldsymbol{f}(\tau)\\ \boldsymbol{U}(\tau)\end{pmatrix}d\tau \tag{13.8-3}$$

来表示。

公式(13.8-3)可以通过简单的推导得到。引进$(n+m)\times(n+m)$阶矩阵函数 $G(t,\tau)$，对 $G(t,\tau)$的解析性质暂不作任何假设，仅要求有 $G(t,\tau)$参与的一切运算都是容许的，在我们得到 $G(t,\tau)$的微分方程后，则由微分方程解的性质，这一问题自然得到解决。

将式(13.8-1)乘以 $G(t,\tau)$并从 t_0 积分到 t

$$\int_{t_0}^{t} G(t,\tau)\frac{d}{dt}\begin{pmatrix}\boldsymbol{x}(\tau)\\ \boldsymbol{u}(\tau)\end{pmatrix}d\tau = \int_{t_0}^{t} G(t,\tau)P(\tau)\begin{pmatrix}\boldsymbol{x}(\tau)\\ \boldsymbol{u}(\tau)\end{pmatrix}d\tau + \int_{t_0}^{t} G(t,\tau)\begin{pmatrix}\boldsymbol{f}(\tau)\\ \boldsymbol{U}(\tau)\end{pmatrix}d\tau$$

对上式左边进行分部积分后得到

$$G(t,t)\begin{pmatrix}\boldsymbol{x}(t)\\ \boldsymbol{u}(t)\end{pmatrix} - G(t,t_0)\begin{pmatrix}\boldsymbol{x}(t_0)\\ \boldsymbol{u}(t_0)\end{pmatrix}$$

$$= \int_{t_0}^{t}\left[\frac{\partial G(t,\tau)}{\partial\tau} + G(t,\tau)P(\tau)\right]\begin{pmatrix}\boldsymbol{x}(\tau)\\ \boldsymbol{u}(\tau)\end{pmatrix}d\tau + \int_{t_0}^{t} G(t,\tau)\begin{pmatrix}\boldsymbol{f}(\tau)\\ \boldsymbol{U}(\tau)\end{pmatrix}d\tau \tag{13.8-4}$$

现在我们由式(13.8-4)右边第一个积分号下，列出求 $G(t,\tau)$的线性微分方程

$$\frac{\partial G(t,\tau)}{\partial\tau} = -G(t,\tau)P(\tau),\quad t\geqslant\tau \tag{13.8-5}$$

初始条件为

$$G(t,t) = E \tag{13.8-6}$$

E 为单位矩阵。

如果从式(13.8-5)和(13.8-6)求得 $G(t,\tau)$，$t\geqslant\tau$，并代入式(13.8-4)，最后我

们就得到式(13.8-3)。它在研究力学、物理和自动控制的许多问题中都经常遇到,对函数 $G(t,\tau)$可赋予不同的名称和物理意义。这里我们称 $G(t,\tau)$为脉冲过渡函数。

利用公式(13.8-3)把指标式(13.8-2)分写成初始条件和干扰影响两部分

$$\boldsymbol{I}(t)=\xi(t)\begin{pmatrix}\boldsymbol{x}(t)\\ \boldsymbol{u}(t)\end{pmatrix}=\boldsymbol{I}_0(t)+\boldsymbol{I}_1(t) \tag{13.8-7}$$

其中 $\boldsymbol{I}_0(t)$为初始条件对指标的影响,表示式如下

$$\boldsymbol{I}_0(t)=\widetilde{G}(t,t_0)\begin{pmatrix}\boldsymbol{x}(t_0)\\ \boldsymbol{u}(t_0)\end{pmatrix} \tag{13.8-8}$$

$$\widetilde{G}(t,t_0)=\xi(t)G(t,t_0) \tag{13.8-9}$$

按照对外干扰不变性的要求,初始条件的影响将另作考虑,我们主要讨论外干扰对控制指标的影响 $\boldsymbol{I}_1(t)$,考虑式(13.8-3)后 $\boldsymbol{I}_1(t)$的表达式如下

$$\boldsymbol{I}_1(t)=\int_{t_0}^{t}\widetilde{G}(t,\tau)\begin{pmatrix}\boldsymbol{f}(\tau)\\ \boldsymbol{U}(\tau)\end{pmatrix}d\tau \tag{13.8-10}$$

$$\widetilde{G}(t,\tau)=\xi(t)G(t,\tau) \tag{13.8-11}$$

$\widetilde{G}(t,\tau)$为 $m\times(n+m)$阶矩阵。为了完全补偿外干扰的影响,满足指标 $\boldsymbol{I}_1(t)$对外干扰的过程不变性要求,我们在控制规律中引进以下形式的补偿向量

$$\boldsymbol{U}(\tau)=\int_{t_0}^{\tau}K(\tau,s)\boldsymbol{f}(s)ds \tag{13.8-12}$$

式中 $K(\tau,s)$为待求的 $m\times n$ 阶补偿矩阵。

将 $m\times(n+m)$阶矩阵 $\widetilde{G}(t,\tau)$改写成以下形式

$$\widetilde{G}(t,\tau)=(G_f(t,\tau),G_U(t,\tau)) \tag{13.8-13}$$

其中 $\widetilde{G}_f(t,\tau)$为 $m\times n$ 阶矩阵,$\widetilde{G}_U(t,\tau)$为 $m\times m$ 阶矩阵。

将式(13.8-12)和(13.8-13)代入式(13.8-10)得到

$$\boldsymbol{I}_1(t)=\int_{t_0}^{t}[\widetilde{G}_f(t,\tau)\boldsymbol{f}(\tau)+\widetilde{G}_U(t,\tau)\int_{t_0}^{\tau}K(\tau,s)\boldsymbol{f}(s)ds]d\tau \tag{13.8-14}$$

式(13.8-14)中包含了两个部分,第一部分是干扰向量 $\boldsymbol{f}(t)$通过脉冲过渡函数矩阵 $\widetilde{G}_f(t,\tau)$对系统的控制指标产生的影响,第二部分是在控制规律中引进干扰信息经过脉冲过渡函数矩阵 $K(\tau,s)$变换后再作用在脉冲过渡函数矩阵 $\widetilde{G}_U(t,\tau)$上产生补偿干扰影响的作用。由于干扰向量 $\boldsymbol{f}(t)$的变化规律是任意的,所以只有在特定的 $K(\tau,s)$把输入信息变换后这两部分才能完全对消。为了求出待定的 $K(\tau,s)$我们按照狄利克雷公式变换积分次序后得到

$$\boldsymbol{I}_1(t)=\int_{t_0}^{t}\left[\widetilde{G}_f(t,\tau)+\int_{\tau}^{t}\widetilde{G}_U(t,s)K(s,\tau)ds\right]\boldsymbol{f}(\tau)d\tau \tag{13.8-15}$$

在式(13.8-15)中我们把变化规律不定的 $\boldsymbol{f}(\tau)$ 单独提出来，如果能选择 $K(s,\tau)$(如果存在的话)使积分号下的方括弧恒等于零，则不论外干扰 $\boldsymbol{f}(\tau)$ 如何变化，$\boldsymbol{I}_1(t)$ 将总等于零。所以指标向量 $\boldsymbol{I}_1(t)$ 对任意干扰的过程不变性要求下列矩阵方程对所有允许的 t 和 τ 成立

$$\widetilde{G}_f(t,\tau)+\int_\tau^t \widetilde{G}_U(t,s)K(s,\tau)ds\equiv\boldsymbol{0} \tag{13.8-16}$$

矩阵恒等于零的条件相当于每个矩阵元素恒等于零，所以式(13.8-16)决定了 $m\times n$ 个第一类伏尔得拉型积分方程，解这组积分方程可以求得待定的 $m\times n$ 阶补偿矩阵 $K(t,\tau)$。

由于

$$\widetilde{G}_f(\tau,\tau)=\xi(\tau)G(\tau,\tau)=\xi(\tau)\neq 0$$

所以积分方程的解 $K(t,\tau)$ 可能存在于广义函数类中。

干扰信息或者能直接测量，或者可以通过微分方程本身，即通过系统的相坐标和相速度间接测量。由式(13.7-1)得到

$$\boldsymbol{f}(t)=\frac{d\boldsymbol{x}}{dt}-A(t)\boldsymbol{x}-B(t)\boldsymbol{u} \tag{13.8-17}$$

把式(13.8-12)和(13.8-17)代入式(13.7-2)，得到以下形式的控制规律

$$\frac{d\boldsymbol{u}}{dt}=D(t)\boldsymbol{u}+C(t)\boldsymbol{x}+\int_{t_0}^t K(t,\tau)\left[\frac{d\boldsymbol{x}}{dt}-A(\tau)\boldsymbol{x}-B(\tau)\boldsymbol{u}\right]d\tau \tag{13.8-18}$$

如果系统的初始条件并不处于所需要的状态，则除设计对干扰的补偿向量外，还需要设计在某种意义上的过渡轨道，将系统的初始状态引渡到给定的状态。对于线性系统满足这种最优化问题提法的幅值受限制的控制常常是“继电器式”的，当这种“继电器式”的最优控制全力以赴地把系统引导到给定状态之后，由于系统处于连续作用的干扰影响下，所以干扰将不断使系统偏离给定的状态。这时“继电器式”的全力以赴的控制对抵消连续作用的干扰影响将失去其“最优”的意义，可能引起系统在零点附近振荡，在这种情况下比较切合问题实质的提法是对干扰影响的部分或完全补偿，使系统状态满足不变性要求。可见对于一个复杂的综合性系统不仅同时要求对多种指标进行控制，而且在运行的不同阶段上也要求多种方式的控制。

例. 保持飞机水平等高飞行的控制规律。

飞机纵向运动摄动方程如下[21]

$$\Delta\dot{v}+b_{10}\Delta v+a_{10}\Delta\alpha_B+c_{10}\Delta\vartheta=x_1(t)$$

$$\Delta\dot{\vartheta}+c_{20}\Delta\vartheta-\Delta\dot{\alpha}_B-a_{20}\Delta\alpha_B+b_{20}\Delta v-\overline{Y}^{\delta}\Delta\delta_B=y_1(t)$$

$$\Delta\ddot{\vartheta}+c_{31}\Delta\dot{\vartheta}+a_{31}\Delta\dot{\alpha}_B+a_{30}\Delta\alpha_B+b_{30}\Delta v+e_{30}\Delta\delta_B=m_1(t)$$

我们的任务在于设计自动操纵升降舵 $\Delta\delta_B$ 的控制规律使飞机不论在何种扰

动因素作用下不变地保持等高飞行状态。

考虑到 $\Delta\alpha_B=\Delta\alpha+\Delta\alpha_T$，$\Delta\theta=\Delta\vartheta-\Delta\alpha$，并引入符号 $x_1=\Delta v$，$x_2=\Delta\alpha$，$x_3=\Delta\vartheta$，$x_4=\Delta\dot{\vartheta}$，$u=\Delta\delta_B$。经过简单运算后，飞机和自动驾驶仪系统的微分方程可写成以下标准形式

$$\begin{aligned}
\dot{x}_1 &= a_{11}x_1+a_{12}x_2+a_{13}x_3+f_1(t)\\
\dot{x}_2 &= a_{21}x_1+a_{22}x_2+a_{23}x_3+a_{24}x_4+b_2u+f_2(t)\\
\dot{x}_3 &= x_4\\
\dot{x}_4 &= a_{41}x_1+a_{42}x_2+a_{43}x_3+a_{44}x_4+b_4u+f_4(t)\\
\dot{u} &= c_2x_2+c_3x_3+c_4x_4+du+U(t)
\end{aligned}$$

首先我们从稳定性或其他角度考虑确定 c_2，c_3，c_4，然后求出矩阵 $G(t,\tau)$。

	$x_1(t)$ ↑	$x_2(t)$ ↑	$x_3(t)$ ↑	$x_4(t)$ ↑	u ↑
$f_1(\tau)$→	$G_{11}(t,\tau)$	$G_{21}(t,\tau)$	$G_{31}(t,\tau)$	$G_{41}(t,\tau)$	$G_{51}(t,\tau)$
$f_2(\tau)$→	$G_{12}(t,\tau)$	$G_{22}(t,\tau)$	$G_{32}(t,\tau)$	$G_{42}(t,\tau)$	$G_{52}(t,\tau)$
	$G_{13}(t,\tau)$	$G_{23}(t,\tau)$	$G_{33}(t,\tau)$	$G_{43}(t,\tau)$	$G_{53}(t,\tau)$
$f_4(\tau)$→	$G_{14}(t,\tau)$	$G_{24}(t,\tau)$	$G_{34}(t,\tau)$	$G_{44}(t,\tau)$	$G_{54}(t,\tau)$
$U(\tau)$→	$G_{15}(t,\tau)$	$G_{25}(t,\tau)$	$G_{35}(t,\tau)$	$G_{45}(t,\tau)$	$G_{55}(t,\tau)$

水平等高飞行的不变性要求指标为

$$I(t)=\theta(t)=-x_2(t)+x_3(t)\equiv 0$$

设初始条件为零

$$x_1(t_0)=x_2(t_0)=x_3(t_0)=x_4(t_0)=u(t_0)=0$$

由式(13.8-3)可得

$$\begin{aligned}
I(t)=&\int_{t_0}^{t}\{[G_{31}(t,\tau)-G_{21}(t,\tau)]f_1(\tau)+[G_{32}(t,\tau)-G_{22}(t,\tau)]f_2(\tau)\\
&+[G_{34}(t,\tau)-G_{24}(t,\tau)]f_4(\tau)+[G_{35}(t,\tau)-G_{25}(t,\tau)]U(\tau)\}d\tau
\end{aligned}$$

为满足过程不变性 $\Delta\theta(t)\equiv 0$ 的要求选取以下形式的补偿量

$$U(\tau)=\int_{t_0}^{\tau}K_1(\tau,s)f_1(s)ds+\int_{t_0}^{\tau}K_2(\tau,s)f_2(s)ds+\int_{t_0}^{\tau}K_4(\tau,s)f_4(s)ds$$

把 $U(\tau)$ 代入 $I(t)$ 表示式后得到

$$\begin{aligned}
I(t)=&\int_{t_0}^{t}[G_{31}(t,\tau)-G_{21}(t,\tau)]f_1(\tau)d\tau+\int_{t_0}^{t}[G_{35}(t,\tau)-G_{25}(t,\tau)]\\
&\times\int_{t_0}^{\tau}K_1(\tau,s)f_1(s)dsd\tau+\int_{t_0}^{t}[G_{32}(t,\tau)-G_{22}(t,\tau)]f_2(\tau)d\tau\\
&+\int_{t_0}^{t}[G_{35}(t,\tau)-G_{25}(t,\tau)]\int_{t_0}^{\tau}K_2(\tau,s)f_2(s)dsd\tau
\end{aligned}$$

$$+\int_{t_0}^{t}[G_{34}(t,\tau)-G_{24}(t,\tau)]f_4(\tau)d\tau$$

$$+\int_{t_0}^{t}[G_{35}(t,\tau)-G_{25}(t,\tau)]\int_{t_0}^{\tau}K_4(\tau,s)f_4(s)dsd\tau$$

变换积分次序后得

$$I(t)=\int_{t_0}^{t}\left\{[G_{31}(t,\tau)-G_{21}(t,\tau)]+\int_{\tau}^{t}[G_{35}(t,s)-G_{25}(t,s)]K_1(s,\tau)ds\right\}f_1(\tau)d\tau$$

$$+\int_{t_0}^{t}\left\{[G_{32}(t,\tau)-G_{22}(t,\tau)]+\int_{\tau}^{t}[G_{35}(t,s)-G_{25}(t,s)]K_2(s,\tau)ds\right\}f_2(\tau)d\tau$$

$$+\int_{t_0}^{t}\left\{[G_{34}(t,\tau)-G_{24}(t,\tau)]+\int_{\tau}^{t}[G_{35}(t,s)-G_{25}(t,s)]K_4(s,\tau)ds\right\}f_4(\tau)d\tau$$

“补偿网络”$K_1(s,\tau)$，$K_2(s,\tau)$，$K_4(s,\tau)$由以下积分方程组求出

$$G_{31}(t,\tau)-G_{21}(t,\tau)+\int_{\tau}^{t}[G_{35}(t,s)-G_{25}(t,s)]K_1(s,\tau)ds=0$$

$$G_{32}(t,\tau)-G_{22}(t,\tau)+\int_{\tau}^{t}[G_{35}(t,s)-G_{25}(t,s)]K_2(s,\tau)ds=0$$

$$G_{34}(t,\tau)-G_{24}(t,\tau)+\int_{\tau}^{t}[G_{35}(t,s)-G_{25}(t,s)]K_4(s,\tau)ds=0$$

干扰信息 $f_1(t)$，$f_2(t)$，$f_4(t)$由运动微分方程本身获得

$$f_1(t)=\dot{x}_1-a_{11}x_1-a_{12}x_2-a_{13}x_3$$

$$f_2(t)=\dot{x}_2-a_{21}x_1-a_{22}x_2-a_{23}x_3-a_{24}x_4-b_2u$$

$$f_4(t)=\dot{x}_4-a_{41}x_1-a_{42}x_2-a_{43}x_3-a_{44}x_4-b_4u$$

最后得到自动操纵升降舵满足等高飞行不变性条件的控制方程形式如下

$$\dot{u}=c_2x_2+c_3x_3+c_4x_4+du+\int_{t_0}^{t}K_1(t,\tau)[\dot{x}_1-a_{11}x_1-a_{12}x_2-a_{13}x_3]d\tau$$

$$+\int_{t_0}^{t}K_2(t,\tau)[\dot{x}_2-a_{21}x_1-a_{22}x_2-a_{23}x_3-a_{24}x_4-b_2u]d\tau$$

$$+\int_{t_0}^{t}K_4(t,\tau)[\dot{x}_4-a_{41}x_1-a_{42}x_2-a_{43}x_3-a_{44}x_4-b_4u]d\tau$$

13.9　终端不变性问题

还有一类问题只要求控制系统在终端时刻的状态，指标向量取决于系统在终端时刻 t_k 的相坐标。终端不变性问题的提法是要求完全补偿外干扰在整个运行过程中所累积的对终端指标 $\boldsymbol{I}(t_k)$的影响。终端控制指标形式如下

$$\boldsymbol{I}(t_k)=\xi_k\begin{pmatrix}\boldsymbol{x}(t_k)\\ \boldsymbol{u}(t_k)\end{pmatrix}\tag{13.9-1}$$

式中 ξ_k 为 $m\times(n+m)$阶终端指标矩阵，$\boldsymbol{x}(t_k)$和 $\boldsymbol{u}(t_k)$分别为控制对象和控制器在

终端时刻的状态。

显然可以把终端不变性的问题归结为过程不变性的问题，假如我们可以使系统的某一个坐标在运动全过程的每时每刻都是保持不变的话。如以上讨论的飞机在每一点的高度都是对干扰不变的，则在终端时刻自然也是不变的。但这个条件当然并不是必要的。我们看到，求出满足过程不变性要求的补偿网络需要解第一类伏尔得拉型积分方程。所以，当只要求我们控制终端的指标时，我们尽可能切合问题的提法，简化系统的设计。例如对要求严格按时刻表运行的班机的运行时间进行自动控制，这类问题的提法既不能是要求运行的时间越短越好（最优化），也不必要求在航迹上每一点的时间都是严格不变的（过程不变性），而恰恰是要求在机场着陆的时刻是严格不变的，这就是终端不变性问题。满足终端不变性要求的设计比过程不变性的设计难度和计算量都显著降低。

按照式(13.8-3)，系统在 t_k 时刻的状态由下式表示

$$\begin{pmatrix}\boldsymbol{x}(t_k)\\ \boldsymbol{u}(t_k)\end{pmatrix}=G(t_k,t_0)\begin{pmatrix}\boldsymbol{x}(t_0)\\ \boldsymbol{u}(t_0)\end{pmatrix}+\int_{t_0}^{t_k}G(t_k,\tau)\begin{pmatrix}\boldsymbol{f}(\tau)\\ \boldsymbol{U}(\tau)\end{pmatrix}d\tau \qquad (13.9\text{-}2)$$

这里我们感兴趣的是在整个控制过程中，不同时刻所加的干扰作用和控制作用引起的在终端时刻 t_k 的系统响应 $G(t_k,\tau)$。

按式(13.8-5) $G(t_k,\tau)$ 应满足矩阵方程

$$\frac{d}{d\tau}G(t_k,\tau)=-G(t_k,\tau)P(\tau) \qquad (13.9\text{-}3)$$

和终端条件

$$G(t_k,t_k)=E \qquad (13.9\text{-}4)$$

E 为单位矩阵。

把控制指标式(13.9-1)分写成初始条件的影响和干扰的影响两部分

$$\boldsymbol{I}(t_k)=\boldsymbol{I}_0(t_k)+\boldsymbol{I}_1(t_k) \qquad (13.9\text{-}5)$$

其中 $\boldsymbol{I}_0(t_k)$ 为初始条件对终端指标的影响，表示式如下

$$\boldsymbol{I}_0(t_k)=\widetilde{G}(t_k,t_0)\begin{pmatrix}\boldsymbol{x}(t_0)\\ \boldsymbol{u}(t_0)\end{pmatrix} \qquad (13.9\text{-}6)$$

$$\widetilde{G}(t_k,t_0)=\xi_k G(t_k,t_0) \qquad (13.9\text{-}7)$$

干扰向量和补偿向量的影响都反映在 $\boldsymbol{I}_1(t_k)$ 中，$\boldsymbol{I}_1(t_k)$ 的表示式如下

$$\boldsymbol{I}_1(t_k)=\int_{t_0}^{t_k}G(t_k,\tau)\begin{pmatrix}\boldsymbol{f}(\tau)\\ \boldsymbol{U}(\tau)\end{pmatrix}d\tau \qquad (13.9\text{-}8)$$

$$\widetilde{G}(t_k,\tau)=\xi_k G(t_k,\tau) \qquad (13.9\text{-}9)$$

$\widetilde{G}(t_k,\tau)$ 为 $m\times(n+m)$ 阶矩阵，可以分写成以下形式

$$\widetilde{\boldsymbol{G}}(t_k,\tau)=(\widetilde{G}_f(t_k,\tau),\widetilde{G}_U(t_k,\tau)) \qquad (13.9\text{-}10)$$

其中 $\widetilde{G}_f(t_k,\tau)$ 为 $m\times n$ 阶矩阵，$\widetilde{G}_U(t_k,\tau)$ 为 $m\times m$ 阶矩阵。

把式(13.9-10)代入式(13.9-8)得到

$$\boldsymbol{I}_1(t_k)=\int_{t_0}^{t_k}[\widetilde{G}_f(t_k,\tau)\boldsymbol{f}(\tau)+\widetilde{G}_U(t_k,\tau)\boldsymbol{U}(\tau)]d\tau \qquad (13.9\text{-}11)$$

在设计满足过程不变性指标的补偿向量 $\boldsymbol{U}(\tau)$ 时，式(13.8-14)中 $\widetilde{G}_f(t,\tau)$，$\widetilde{G}_U(t,\tau)$ 都是二元函数，所以必须选择二元函数形式的"补偿网络"$K(t,\tau)$，这样的问题需要解积分方程才能解决。但现在要满足的终端指标式(13.9-11)中的 $\widetilde{G}_f(t_k,\tau)$ 和 $\widetilde{G}_U(t_k,\tau)$，当终端时刻 t_k 确定后就不再是二元函数而是一元函数了。所以补偿向量选择成以下简单的形式

$$\boldsymbol{U}(\tau)=K(\tau)\boldsymbol{f}(\tau) \qquad (13.9\text{-}12)$$

式中 $K(\tau)$ 为待求的 $m\times n$ 阶补偿矩阵。把式(13.9-12)代入式(13.9-11)后得到

$$\boldsymbol{I}_1(t_k)=\int_{t_0}^{t_k}[\widetilde{G}_f(t_k,\tau)+\widetilde{G}_U(t_k,\tau)K(\tau)]\boldsymbol{f}(\tau)d\tau \qquad (13.9\text{-}13)$$

对任意变化规律的 $\boldsymbol{f}(\tau)$ 要求 $\boldsymbol{I}_1(t_k)$ 恒为零的充分必要条件是积分号下的方括号恒等于零，由此得到对任意外干扰 $\boldsymbol{f}(\tau)$ 的补偿条件是

$$\widetilde{G}_f(t_k,\tau)+\widetilde{G}_U(t_k,\tau)K(\tau)\equiv 0 \qquad (13.9\text{-}14)$$

从以上条件我们求得补偿矩阵

$$K(\tau)=-[\widetilde{G}_U(t_k,\tau)]^{-1}\widetilde{G}_f(t_k,\tau) \qquad (13.9\text{-}15)$$

干扰信息或直接测量，或通过方程(13.8-17)测量，我们得到将相速度和相坐标通过变系数补偿矩阵反馈满足终端不变性条件的控制规律是

$$\frac{d\boldsymbol{u}}{dt}=S(t)\boldsymbol{u}+K(t)\dot{\boldsymbol{x}}+R(t)\boldsymbol{x} \qquad (13.9\text{-}16)$$

式中

$$R(t)=C(t)-K(t)A(t)$$
$$S(t)=D(t)-K(t)B(t)$$

初始条件的影响可以在控制规律中加一个常值的补偿向量 $\boldsymbol{U}_0$ 把它消去，$\boldsymbol{U}_0$ 由下式决定

$$\boldsymbol{U}_0=-\left[\int_{t_0}^{t_k}\widetilde{G}_U(t_k,\tau)d\tau\right]^{-1}\widetilde{G}(t_k,t_0)\begin{pmatrix}\boldsymbol{x}(t_0)\\ \boldsymbol{u}(t_0)\end{pmatrix} \qquad (13.9\text{-}17)$$

例. 飞航式远程导弹制导系统。

在本章第 13.5 节中针对一个飞航式远程导弹的制导系统进行了具体的设计，这个设计的思路和方法是富有启发性的。但在第 13.5 节的设计过程中我们做了一些假设并加一些限制条件，如忽略控制机构的惯性，假设在所有高度上大气的成分与标准大气的成分相同，火箭空气动力特性和翼面积不变等。在这些假设的前提下，可以把干扰因素归结为 $\delta\rho,\delta w,\delta T$ 三个量。我们现在试把本节中建

立的一般方法用于这个具体系统的设计中，引进控制器的运动方程，去掉上述限制条件，按利用火箭本身作为干扰测量工具的思想，简化掉 δT 干扰测量器。我们假定干扰是任意的，不必限制干扰的具体表示形式和数目。

首先建立系统的摄动运动方程

$$
\begin{aligned}
\frac{d\delta r}{dt} &= \delta v_r \\
\frac{d\delta\theta}{dt} &= -\frac{\overline{v}_\theta}{\overline{r}^2}\delta r + \frac{1}{\overline{r}}\delta v_\theta \\
\frac{d\delta\beta}{dt} &= \delta\dot{\beta} \\
\frac{d\delta v_r}{dt} &= a_1\delta r + a_2\delta\beta + a_3\delta v_r + a_4\delta v_\theta + a_5\delta\gamma + f_1 \\
\frac{d\delta v_\theta}{dt} &= b_1\delta r + b_2\delta\beta + b_3\delta v_r + b_4\delta v_\theta + b_5\delta\gamma + f_2 \\
\frac{d\delta\dot{\beta}}{dt} &= c_1\delta r + c_2\delta\beta + c_3\delta v_r + c_4\delta v_\theta + c_5\delta\gamma + f_3 \\
\frac{d\delta\gamma}{dt} &= d_0\delta\dot{\beta} + d_2\delta\beta + d_5\delta\gamma + K_1 f_1 + K_2 f_2 + K_3 f_3
\end{aligned}
\tag{13.9-18}
$$

在式(13.9-18)中除第 13.2 节中建立的弹体运动方程(13.2-4)和(13.2-5)外还引入了控制方程。在控制方程中我们考虑了控制机构的惯性。式(13.2-4)和(13.2-5)再加上控制方程就组成了制导系统的运动方程。于是，$\delta\gamma$ 就由原来方程的非齐次项变成了系统状态向量的一个坐标。控制方程的齐次部分就是通常作为姿态稳定的控制规律，例如

$$
\frac{d\delta\gamma}{dt} = \frac{1}{\tau}a_0^\beta\delta\beta + \frac{1}{\tau}a_0^\beta T_1\delta\dot{\beta} - \frac{1}{\tau}\delta\gamma \tag{13.9-19}
$$

式中 τ, T_1 为时间常数，a_0^β 为静态放大系数。

系统式(13.9-18)的伴随方程和终端条件如下

$$
\begin{aligned}
-\frac{d\lambda_1}{dt} &= -\frac{\overline{v}_\theta}{\overline{r}^2}\lambda_2 + a_1\lambda_4 + b_1\lambda_5 + c_1\lambda_6 \\
-\frac{d\lambda_2}{dt} &= 0 \\
-\frac{d\lambda_3}{dt} &= a_2\lambda_4 + b_2\lambda_5 + c_2\lambda_6 + d_2\lambda_7 \\
-\frac{d\lambda_4}{dt} &= \lambda_1 + a_3\lambda_4 + b_3\lambda_5 + c_3\lambda_6 \\
-\frac{d\lambda_5}{dt} &= \frac{1}{\overline{r}}\lambda_2 + a_4\lambda_4 + b_4\lambda_5 + c_4\lambda_6
\end{aligned}
$$

$$-\frac{d\lambda_6}{dt}=\lambda_3+d_0\lambda_7$$

$$-\frac{d\lambda_7}{dt}=+a_5\lambda_4+b_5\lambda_5+c_5\lambda_6+d_5\lambda_7 \tag{13.9-20}$$

$$\lambda_1(\bar{t}_2)=-\frac{1}{\bar{r}}\left(\frac{\bar{v}_\theta}{\bar{v}_r}\right),\quad \lambda_2(\bar{t}_2)=1$$

$$\lambda_3(\bar{t}_2)=\lambda_4(\bar{t}_2)=\lambda_5(\bar{t}_2)=\lambda_6(\bar{t}_2)=\lambda_7(\bar{t}_2)=0 \tag{13.9-21}$$

对外干扰的完全补偿条件为

$$\lambda_4+K_1\lambda_7\equiv0,\quad \lambda_5+K_2\lambda_7\equiv0,\quad \lambda_6+K_3\lambda_7\equiv0$$

由此得到

$$K_1=-\frac{\lambda_4}{\lambda_7},\quad K_2=-\frac{\lambda_5}{\lambda_7},\quad K_3=-\frac{\lambda_6}{\lambda_7} \tag{13.9-22}$$

利用火箭本身作为干扰测量工具时,我们有

$$f_1=\frac{d\delta v_r}{dt}-a_1\delta r-a_2\delta\beta-a_3\delta v_r-a_4\delta v_\theta-a_5\delta\gamma$$

$$f_2=\frac{d\delta v_\theta}{dt}-b_1\delta r-b_2\delta\beta-b_3\delta v_r-b_4\delta v_\theta-b_5\delta\gamma$$

$$f_3=\frac{d\delta\dot{\beta}}{dt}-c_1\delta r-c_2\delta\beta-c_3\delta v_r-c_4\delta v_\theta-c_5\delta\gamma \tag{13.9-23}$$

把式(13.9-22)和(13.9-23)代入式(13.9-18)的控制方程,我们就得到在任何干扰作用下能保证火箭命中目标的控制规律。

$$\frac{d\delta\gamma}{dt}+\frac{1}{\tau}\delta\gamma=K_1\frac{d\delta v_r}{dt}+K_2\frac{d\delta v_\theta}{dt}+K_3\frac{d\delta\dot{\beta}}{dt}$$
$$+K_4\delta\dot{\beta}+K_5\delta\beta+K_6\delta r+K_7\delta v_r+K_8\delta v_\theta+K_9\delta\gamma \tag{13.9-24}$$

式中 K_i 都是与标准轨道参数有关的已知时间函数。它们的表示式如下

$$K_1=-\frac{\lambda_4}{\lambda_7},\quad K_2=-\frac{\lambda_5}{\lambda_7},\quad K_3=-\frac{\lambda_6}{\lambda_7},\quad K_4=d_0$$

$$K_5=\frac{1}{\lambda_7}(a_2\lambda_4+b_2\lambda_5+c_2\lambda_6+d_2\lambda_7)$$

$$K_6=\frac{1}{\lambda_7}(a_1\lambda_4+b_1\lambda_5+c_1\lambda_6)$$

$$K_7=\frac{1}{\lambda_7}(a_3\lambda_4+b_3\lambda_5+c_3\lambda_6)$$

$$K_8=\frac{1}{\lambda_7}(a_4\lambda_4+b_4\lambda_5+c_4\lambda_6)$$

$$K_9=\frac{1}{\lambda_7}(a_5\lambda_4+b_5\lambda_5+c_5\lambda_6)$$

下面几节我们将摄动理论和控制理论相结合,研究弹道火箭惯性制导系统的

设计问题。弹道火箭的弹道特点是，在主动段（发动机工作段）结束后，沿自由弹道飞行，将有效载荷送到地球上已知位置的目标点。如作为运载火箭，则是将人造卫星、飞船等空间飞行器送入预定的飞行轨道。弹道火箭具有标准的飞行条件和相应的标准弹道。实际飞行条件在小范围内偏离标准值，使实际弹道对标准弹道产生摄动。火箭的主动段惯性制导系统通过对火箭质心运动的控制，消除实际飞行中各种干扰作用的影响，达到终端受控的要求。例如弹道式导弹射程偏差为零和落点横向偏差为零的要求。用主动段飞行过程中的运动参数，或主动段关机点参数预测终端受控参数（如射程偏差和落点横向偏差或卫星轨道参数偏差），是进行弹道火箭主动段制导的基础。因而弹道火箭的制导系统是一类预测制导系统。当预测的终端受控参数为零时，制导系统处于零控无偏状态，即无须标准飞行条件之外的制导控制，在与标准飞行条件相应的零控加速度作用下达到终端受控参数为零的要求。因而制导系统的任务只在于将系统引导到零控无偏状态。预测制导系统除具有零控无偏状态的特点之外，和通常的反馈控制系统类似，在有导航计算的条件下可看成是状态反馈控制系统。若直接利用加速度表的测量值进行制导计算，则可看成是加速度表输出反馈控制系统。皮特曼（Pitman）和依斯林斯基（Ишлинский）都曾研究过弹道火箭的惯性制导问题[12,16]。我们在这里将用控制理论中的状态变量方法和极大值原理，并与摄动理论相结合，运用文献[3]中提出的“零控无偏状态”的概念来设计惯性制导系统。由于射程控制系统和横向控制系统各具有不同的特点，我们将分别加以研究。

13.10　弹道火箭的运动方程

弹道式火箭普遍采用惯性制导系统。为便于研究火箭的惯性制导问题，我们在发射点惯性坐标系内建立火箭的运动方程。这种运动方程不仅直接反映了惯性器件测量的火箭运动参数，而且不出现由于地球自转引起的哥氏加速度项，运动方程显得十分简单，物理意义也很明确。

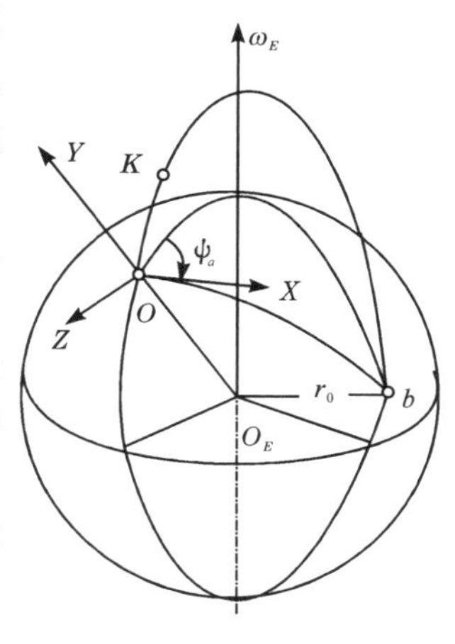

图 13.10-1

首先建立发射点惯性坐标系（见图 13.10-1）．坐标原点取在火箭的发射点，OY 轴通过地心 O_E 和发射点 O 指向上方，OX 轴垂直于 OY 轴指向火箭的瞄准方向。OX 轴与过发射点 O 的子午线正北方向之夹角为 ψ_a，称 ψ_a 为发射方位角。OZ 轴按右手坐标系确定。发射瞬间将此坐标系固定在惯性空间。

弹道火箭制导系统的控制对象是火箭的质心运动，

我们研究制导系统时，通常只需建立火箭的质心运动方程，这个方程可以写成作用在火箭质心上的力平衡方程的形式

$$\dot{\boldsymbol{x}} = \left(\begin{array}{c|c} 0 & 0 \\ \hline I & 0 \end{array}\right)\boldsymbol{x} + \left(\begin{array}{c} I \\ \hline 0 \end{array}\right)\boldsymbol{g} + \left(\begin{array}{c} I \\ \hline 0 \end{array}\right)\dot{\boldsymbol{\omega}} \tag{13.10-1}$$

式中

$$I = \begin{pmatrix} 1 & 0 & 0 \\ 0 & 1 & 0 \\ 0 & 0 & 1 \end{pmatrix}$$

$$\boldsymbol{x} = (v_x, v_y, v_z, x, y, z)^{\tau}$$

为火箭质心运动的参数。v_x, v_y, v_z 为火箭质心速度在发射点惯性坐标系中的三个分量，x, y, z 为火箭质心位置的三个分量。这里 τ 表示向量的转置。

$$\dot{\boldsymbol{\omega}} = (\dot{\omega}_x, \dot{\omega}_y, \dot{\omega}_z)^{\tau}$$

是作用于火箭上除地球引力以外的各种力产生的加速度，即发动机推力加速度和空气动力加速度，通常称 $\dot{\boldsymbol{\omega}}$ 为视加速度，它在惯性坐标系中的三个分量为 $\dot{\omega}_x$、$\dot{\omega}_y$、$\dot{\omega}_z$，可在惯性稳定平台上按 X, Y, Z 定向的三个加速度表测量出来。

$$\boldsymbol{g} = (g_x, g_y, g_z)^{\tau}$$

表示作用于火箭上的地球引力加速度，它在发射点惯性坐标系中的三个分量为

$$g_x = -\mu \frac{x}{r^3}$$

$$g_y = -\mu \frac{(r_0 + y)}{r^3}$$

$$g_z = -\mu \frac{z}{r^3}$$

$$\mu = g_0 r_0^2 \tag{13.10-2}$$

火箭质心到地心 O_E 的距离为向径 r

$$r = [x^2 + (r_0 + y)^2 + z^2]^{\frac{1}{2}} \tag{13.10-3}$$

g_0 是地面引力加速度，r_0 是地球半径。显然引力加速度 $\boldsymbol{g}$ 是火箭位置的非线性函数。

在标准推力程序和标准空气动力条件下飞行的弹道式火箭，可按式(13.10-1)和(13.10-2)计算出主动段的标准飞行弹道。

式(13.10-1)是非线性微分方程，不便于用线性系统的理论来研究，像本章第13.2节中的情况一样，我们用弹道摄动理论对式(13.10-1)作线性化处理。注意到式(13.10-1)中火箭运动视加速度 $\dot{\boldsymbol{\omega}}$ 是可以直接用加速度表测量出来的物理量，因而线性化时把它作为方程的驱动项，不必将 $\dot{\boldsymbol{\omega}}$ 再分成推力加速度部分和气动力加速度部分。引力加速度是火箭位置的非线性函数，不能用惯性仪表来测

量,它只能在知道火箭位置后按式(13.10-2)计算出来。我们只要对引力加速度 $\boldsymbol{g}$ 进行线性化处理,就可以使式(13.10-1)成为变系数线性微分方程。

首先,完全类似于第 13.2 节的做法,用 δ 表示同一时刻各参量的偏差,很容易推出式(13.10-1)的摄动方程[16]

$$\delta\dot{\boldsymbol{x}}(t)=A(t)\delta\boldsymbol{x}(t)+B\delta\dot{\boldsymbol{\omega}}(t) \tag{13.10-4}$$

式中

$$\delta\boldsymbol{x}(t)=\boldsymbol{x}(t)-\overline{\boldsymbol{x}}(t) \tag{13.10-5}$$

$$\delta\dot{\boldsymbol{\omega}}(t)=\dot{\boldsymbol{\omega}}(t)-\overline{\dot{\boldsymbol{\omega}}}(t)$$

系数矩阵

$$A(t)=\left(\begin{array}{c|c}0 & G(t)\\ \hline I & 0\end{array}\right),\quad B=\left(\begin{array}{c}I\\ \hline 0\end{array}\right) \tag{13.10-6}$$

$$G(t)=\begin{pmatrix}\dfrac{\partial g_x}{\partial x} & \dfrac{\partial g_x}{\partial y} & \dfrac{\partial g_x}{\partial z}\\ \dfrac{\partial g_y}{\partial x} & \dfrac{\partial g_y}{\partial y} & \dfrac{\partial g_y}{\partial z}\\ \dfrac{\partial g_z}{\partial x} & \dfrac{\partial g_z}{\partial y} & \dfrac{\partial g_z}{\partial z}\end{pmatrix} \tag{13.10-7}$$

$G(t)$中各元素是由标准弹道确定的随时间变化的量,它们的计算公式如下

$$\frac{\partial g_x}{\partial x}=N\left(1-\frac{3x^2}{r^2}\right)$$

$$\frac{\partial g_x}{\partial y}=N\left(-\frac{3x(r_0+y)}{r^2}\right)$$

$$\frac{\partial g_x}{\partial z}=N\left(-\frac{3xz}{r^2}\right)$$

$$\frac{\partial g_y}{\partial x}=\frac{\partial g_x}{\partial y}$$

$$\frac{\partial g_y}{\partial y}=N\left(1-\frac{3(r_0+y)^2}{r^2}\right)$$

$$\frac{\partial g_y}{\partial z}=N\left(-\frac{3(r_0+y)z}{r^2}\right)$$

$$\frac{\partial g_z}{\partial x}=\frac{\partial g_x}{\partial z}$$

$$\frac{\partial g_z}{\partial y}=\frac{\partial g_y}{\partial z}$$

$$\frac{\partial g_z}{\partial z}=N\left(1-\frac{3z^2}{r^2}\right)$$

$$N=-\frac{g}{r}$$

$$g = g_0\left(\frac{r_0}{r}\right)^2 \tag{13.10-8}$$

注意到式(13.10-1)的非线性因素仅仅是引力加速度 $\boldsymbol{g}$ 造成的，我们只需对引力加速度 $\boldsymbol{g}$ 作线性化处理，不必把方程(13.10-1)的状态量化为偏差量，也可以推出一组线性方程。引力加速度沿标准弹道的一阶近似线性展式为

$$\boldsymbol{g}(t) = \overline{\boldsymbol{g}}(t) + \delta\boldsymbol{g}(t) = \overline{\boldsymbol{g}}(t) + (0 \mid G(t)) \tag{13.10-9}$$

将式(13.10-5)代入式(13.10-9)后有

$$\boldsymbol{g}(t) = \overline{\boldsymbol{g}}(t) - (0 \mid G(t))\overline{\boldsymbol{x}}(t) + (0 \mid G(t))\boldsymbol{x}(t) \tag{13.10-10}$$

记

$$\boldsymbol{d}(t) = \begin{pmatrix} \overline{\boldsymbol{g}}(t) \\ \hline 0 \end{pmatrix} - \left(\begin{array}{c|c} 0 & G(t) \\ \hline 0 & 0 \end{array}\right)\overline{\boldsymbol{x}}(t) \tag{13.10-11}$$

$\boldsymbol{d}(t)$ 为由标准弹道确定的已知时间函数组成的向量。再将式(13.10-10)和(13.10-11)代入式(13.10-1)，得到

$$\dot{\boldsymbol{x}}(t) = A(t)\boldsymbol{x}(t) + B\dot{\boldsymbol{\omega}}(t) + \boldsymbol{d}(t) \tag{13.10-12}$$

式(13.10-12)是火箭主动段质心运动的线性方程，它的状态变量是火箭质心运动的参数 $\boldsymbol{x}(t)$，而不是偏差量 $\delta\boldsymbol{x}(t)$，驱动项是 $(B\dot{\boldsymbol{\omega}}(t)+\boldsymbol{d}(t))$

本节推导出的摄动方程(13.10-4)和线性方程(13.10-12)将在本章以后各节用状态变量法去设计制导系统时应用。

13.11　终端受控参数

弹道式导弹制导的任务在于通过控制火箭推力向量，以达到主动段推力终止条件，使关机点的参数符合能精确命中目标的要求。当精确命中目标时，则落点的射程偏差和横向偏差均为零。在只进行主动段制导的情况下，火箭的被动段及其落点完全由主动段关机点的参数确定，我们可以用主动段关机点参数预测出弹道式导弹的射程偏差和落点横向偏差。这些偏差就是弹道式导弹主动段制导的终端受控参数。

同样，发射人造地球卫星或宇宙飞船时，运载火箭制导系统的任务也是通过对主动段弹道的控制，使关机点的参数满足卫星或飞船预定轨道的要求。因而用关机点运动参数表示的轨道参数偏差就是运载火箭主动段终端受控参数。下面我们分别研究这些终端受控参数的具体表达式。

假设地球为球形，不考虑大气和地球以外其他天体对火箭运动的摄动影响，火箭在被动段只受到地球引力的作用，被动段弹道是惯性空间的平面椭圆轨道，椭圆的一个焦点为地心。利用椭圆运动的基本关系，可推导用关机点运动参数表达的射程或卫星轨道参数的解析公式。[5][22]

首先讨论弹道式导弹的射程及落点偏差计算公式。计算弹道式导弹的射程，就是计算导弹在地球上的发射点 O 和落点 b 之间在地球表面上的最短距离 $\mathscr{L}$，也就是计算发射点和落点之间的地心角 β。落点在地球上的位置由导弹在惯性坐标系中的运动与地球在惯性坐标系中的运动共同决定，发射点 O 也是随着地球一起运动的。为了描述地球在惯性空间的运动，我们引入一个紧套在地球表面的球壳，火箭发射瞬间，将此球壳固定在惯性空间，不随地球运动。称这个球壳为惯性球壳。在惯性球壳上可以找出各时刻发射点的位置和落地时刻落点的位置。图 13.11-1 中，NMP 表示惯性球壳，O 表示发射时刻发射点的位置，角 φ_θ 为发射点纬度。O_k 表示关机时刻发射点在惯性球壳上的位置，K' 表示关机时刻导弹在惯性球壳上投影点的位置，角 φ_k 为 K' 点的纬度。O_b 表示落地时刻发射点的位置，b 表示落地时刻的落点位置，角 φ_b 为落点的纬度。

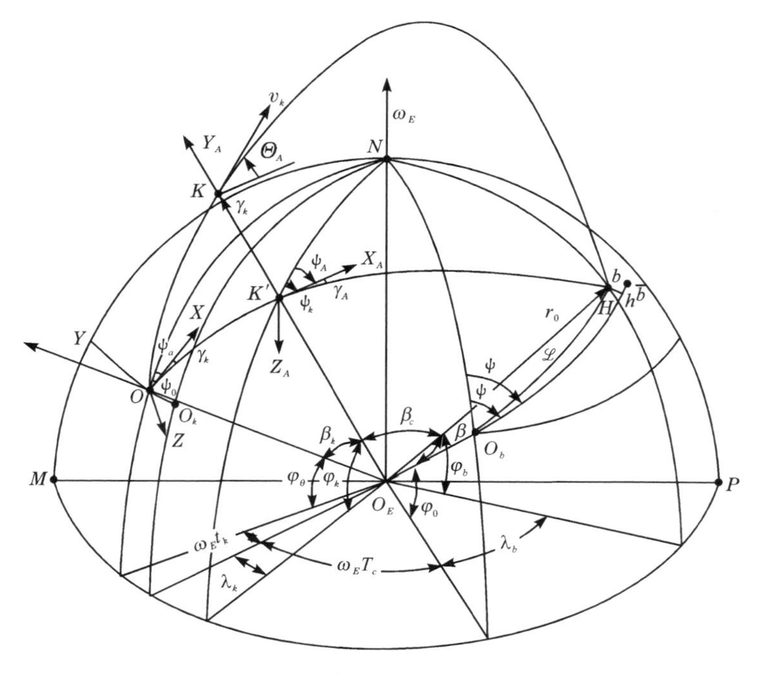

图 13.11-1

过 b 点的子午面与过 O_b 点的子午面之间的夹角为 λ_b，λ_b 表示落地时刻发射点与落点间的经度差。ω_E 表示地球自转角速度，T_c 表示导弹在被动段飞行的时间。过 O_k 的子午面与过 O_b 点子午面之间的夹角 $\omega_E T_c$ 表示在被动段飞行时间内，发射点随地球转过的经度。t_k 表示在主动段飞行的时间，过 O 点的子午面与过 O_k 点的子午面之间的夹角 $\omega_E t_k$，表示主动段飞行时间内发射点随地球转过的经度。λ_k 表示由于导弹的主动段飞行引起的关机点的投影点 K' 与点 O_k 间的经度差。所要求的射

程 $\mathscr{L}$,就是过 O_b,b 两点的地球大圆面上的弧长$\widehat{O_bb}$。用 r_0 表示地球半径,显然有

$$\mathscr{L} = r_0\beta \tag{13.11-1}$$

实际落点 b 与预定目标 $\bar{b}$ 不重合,产生射程偏差 $\Delta\mathscr{L}=r_0(\beta-\bar{\beta})$,而落点的横向偏差 H 是由射向角 ψ 的偏差引起的。

为了直接用椭圆弹道的基本公式来计算被动段对应的地心角 β_c 和被动段飞行时间 T_c,需要在关机点惯性坐标系中来描述导弹关机点的运动参数。关机点惯性坐标系的原点为 K'点,$K'Y_A$ 轴通过地心 O_E 和 K'点指向上方,$K'X_A$ 轴垂直于 $K'Y_A$ 轴并取在 O_EOK'平面内,$K'Z_A$ 轴按右手坐标系确定。关机时刻导弹在该坐标系中的位置和速度分别用 $x_A, y_A, z_A, v_{xA}, v_{yA}, v_{zA}$ 表示。关机点惯性坐标系和发射点惯性坐标系的关系由角 γ_k 和角 β_k 确定。γ_k 角是由于关机点横向位移引起$\widehat{OK'}$弧对发射方向 OX 的偏角,β_k 角是 K'点与发射点 O 间的地心角。不难看出

$$\sin\gamma_k = z_k/(x_k^2 + z_k^2)^{\frac{1}{2}} \tag{13.11-2}$$

$$\sin\beta_k = (x_k^2 + z_k^2)^{\frac{1}{2}}/r_k \tag{13.11-3}$$

$$r_k = [x_k^2 + (y_k + r_0)^2 + z_k^2]^{\frac{1}{2}} \tag{13.11-4}$$

$$\begin{pmatrix} v_{xA} \\ v_{yA} \\ v_{zA} \end{pmatrix} = \begin{pmatrix} \cos\gamma_k\cos\beta_k & -\sin\beta_k & \sin\gamma_k\cos\beta_k \\ \cos\gamma_k\sin\beta_k & \cos\beta_k & \sin\gamma_k\sin\beta_k \\ -\sin\gamma_k & 0 & \cos\gamma_k \end{pmatrix} \begin{pmatrix} v_{xk} \\ v_{yk} \\ v_{zk} \end{pmatrix} \tag{13.11-5}$$

式中,下标 k 表示在发射点惯性坐标系中导弹的关机点对应的参数。显然,导弹在关机点的当地速度倾角 Θ_A(即关机点速度矢量与当地水平面的夹角)可按下式计算

$$\cos\Theta_A = (v_{xA}^2 + v_{zA}^2)^{\frac{1}{2}}/v_A \tag{13.11-6}$$

$$v_A = (v_{xk}^2 + v_{yk}^2 + v_{zk}^2)^{\frac{1}{2}} = v_k \tag{13.11-7}$$

由于导弹在关机点存在横向速度分量 v_{zA},所以引起被动段椭圆弹道平面偏离 $K'X_AY_A$平面,偏离角 γ_A 可用下式计算

$$\sin\gamma_A = v_{zA}/(v_{xA}^2 + v_{zA}^2)^{\frac{1}{2}} \tag{13.11-8}$$

因而,导弹在关机点处的射向角 ψ_k 为

$$\psi_k = \psi_A + \gamma_A \tag{13.11-9}$$

式中 ψ_A 是 $K'X_A$ 轴与过 K'点的子午线正北方向的夹角。

我们在关机点惯性坐标系中应用椭圆轨道方程来建立计算被动段地心角 β_c 的公式。我们知道,椭圆轨道的参数方程式为

$$r = \frac{p}{1 + e\cos f} \tag{13.11-10}$$

式中 p 为半通径,e 为偏心率,f 为真近点角。分别对关机点 K 和落点 b(见图 13.11-2)运用轨道方程,可得出被动段地心角 β_c 的计算公式

$$\beta_c = \cos^{-1}\left[\frac{1}{e}\left(1-\frac{p}{r_0}\right)\right]+\cos^{-1}\left[\frac{1}{e}\left(1-\frac{p}{r_k}\right)\right] \tag{13.11-11}$$

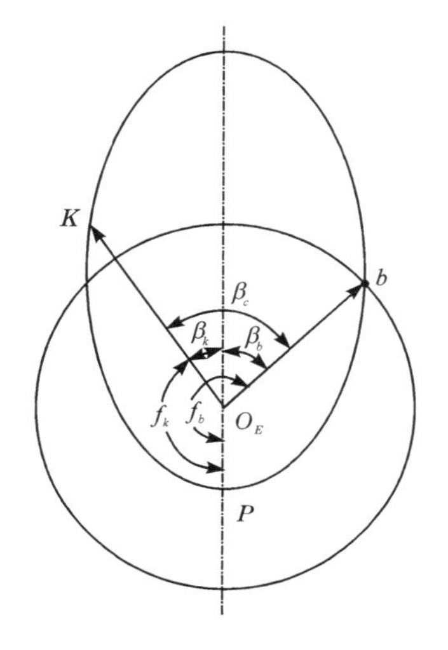

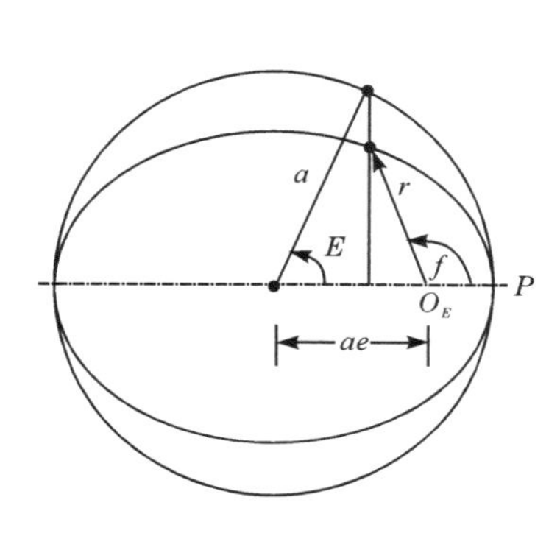

图 13.11-2

为了计算被动段飞行时间 T_c，我们看椭圆运动的开普勒(Kepler)方程

$$t-t_p = \sqrt{\frac{a^3}{\mu}}(E-e\sin E) \tag{13.11-12}$$

$$E = \cos^{-1}\frac{1}{e}\left(1-\frac{r}{a}\right) \tag{13.11-13}$$

式中 $t-t_p$ 为火箭从近地点 P 飞到某一点的时间，E 为该点的偏近点角。火箭从 K 点飞到 b 点的时间即被动段飞行时间 T_c 为

$$\begin{aligned} T_c &= \sqrt{\frac{a^3}{\mu}}[(E_b-E_k)-e(\sin E_b-\sin E_k)] \\ &= \sqrt{\frac{a^3}{\mu}}\left\{\left(\cos^{-1}\frac{1-\frac{r_0}{a}}{e}\right)-\left(\cos^{-1}\frac{1-\frac{r_k}{a}}{e}\right)\right. \\ &\quad \left.-e\left[\sin\left(\cos^{-1}\frac{1-\frac{r_0}{a}}{e}\right)-\sin\left(\cos^{-1}\frac{1-\frac{r_k}{a}}{e}\right)\right]\right\} \end{aligned} \tag{13.11-14}$$

式中椭圆的偏心率的表达式是

$$e = [1-(2-v_k)v_k\cos^2\Theta_A]^{\frac{1}{2}} \tag{13.11-15}$$

定义椭圆的能量参数

$$v_k = v_k^2 / \frac{\mu}{r_k} \tag{13.11-16}$$

椭圆的半通径

$$p = r_k v_k \cos^2 \Theta_A \tag{13.11-17}$$

和椭圆的长半轴

$$a = \frac{p}{1 - e^2} \tag{13.11-18}$$

现在，我们回到惯性球壳上，利用发射点 $O(O_k, O_b)$，关机点的投影点 K'，落点 b 以及地心 O_E 和北极 N 之间的几何关系，用球面三角学中的正弦定理和余弦定理，依次从球面三角形 $hO_bb, NO_bb, NK'b, NOK'$ 中，推出计算射程 $\mathscr{L}$ 和落点横向偏差 H 的几何关系式

$$\begin{aligned}
\mathscr{L} &= r_0 \beta \\
H &= r_0 \sin\beta \sin(\psi - \bar{\psi}) \\
\cos\beta &= \sin\varphi_0 \sin\varphi_b + \cos\varphi_0 \cos\varphi_b \cos\lambda_b \\
\sin\psi &= \cos\varphi_b \sin\lambda_b / \sin\beta \\
\cos\psi &= (\sin\varphi_b - \cos\beta \sin\varphi_0) / \sin\beta \cos\varphi_0 \\
\sin\varphi_b &= \sin\varphi_k \cos\beta_c + \cos\varphi_k \sin\beta_c \cos\psi_k \\
\cos(\omega_E T_c + \lambda_b - \lambda_k) &= (\cos\beta_c - \sin\varphi_k \sin\varphi_b) / \cos\varphi_k \cos\varphi_b \\
\sin(\omega_E T_c + \lambda_b - \lambda_k) &= \sin\beta_c \sin\psi_k / \cos\varphi_b \\
\sin\psi_A &= \cos\varphi_0 \sin\psi_0 / \cos\varphi_k \\
\cos\psi_A &= (\sin\varphi_k \cos\beta_k - \sin\varphi_0) / \cos\varphi_k \sin\beta_k \\
\sin(\omega_E t_k + \lambda_k) &= \sin\varphi_0 \sin\beta_k / \cos\varphi_k \\
\cos(\omega_E t_k + \lambda_k) &= (\cos\beta_k - \sin\varphi_0 \sin\varphi_k) / \cos\varphi_0 \cos\varphi_k \\
\sin\varphi_k &= \sin\varphi_0 \cos\beta_k + \cos\varphi_0 \sin\beta_k \cos\psi_0 \\
\psi_0 &= \psi_a + \gamma_k
\end{aligned} \tag{13.11-19}$$

至此，我们给出了用关机点参数计算射程和横向落点偏差的解析计算公式。注意到关机点的经度 λ_k 是关机时间 t_k 的函数，因而射程和横向偏差 H 也是 t_k 的函数。对式(13.11-19)这一组相当复杂的非线性函数关系，我们可以写成函数关系的一般形式

$$\mathscr{L} = \mathscr{L}(\boldsymbol{x}_k, t_k) \tag{13.11-20}$$

$$H = H(\boldsymbol{x}_k, t_k) \tag{13.11-21}$$

式中

$$\boldsymbol{x}_k = (x_{1k}, x_{2k}, x_{3k}, x_{4k}, x_{5k}, x_{6k})^\tau = (v_{xk}, v_{yk}, v_{zk}, x_k, y_k, z_k)^\tau$$

若关机点参数都是标准值，那么导弹的射程就等于预定的射程

$$\mathscr{L}(\overline{\boldsymbol{x}}_k,\bar{t}_k)=\overline{\mathscr{L}} \tag{13.11-22}$$

落点的横向偏差 H 为零

$$H(\overline{\boldsymbol{x}}_k,t_k)=\overline{H}=0 \tag{13.11-23}$$

当实际关机点参数偏离标准值时，实际的落点 b 将偏离预定的目标 $\bar{b}$。由于主动段的干扰较小且有火箭控制系统的作用，因此关机点参数偏差一般属于小偏差范围。利用弹道摄动理论在标准关机点处将式(13.11-20)和(13.11-21)线性展开，就得到射程偏差 $\Delta\mathscr{L}$ 和落点横向偏差 ΔH 的线性近似表示式

$$\Delta\mathscr{L}(t_k)=(\boldsymbol{a},\Delta\boldsymbol{x}(t_k))+\frac{\partial\mathscr{L}}{\partial t_k}\Delta t_k \tag{13.11-24}$$

$$\Delta H(t_k)=(\boldsymbol{b},\Delta\boldsymbol{x}(t_k))+\frac{\partial H}{\partial t_k}\Delta t_k \tag{13.11-25}$$

式中符号(·,·)表示向量的内积，而

$$\boldsymbol{a}=\left(\frac{\partial\mathscr{L}}{\partial x_{1k}},\frac{\partial\mathscr{L}}{\partial x_{2k}},\frac{\partial\mathscr{L}}{\partial x_{3k}},\frac{\partial\mathscr{L}}{\partial x_{4k}},\frac{\partial\mathscr{L}}{\partial x_{5k}},\frac{\partial\mathscr{L}}{\partial x_{6k}}\right)^{\tau} \tag{13.11-26}$$

$$\boldsymbol{b}=\left(\frac{\partial H}{\partial x_{1k}},\frac{\partial H}{\partial x_{2k}},\frac{\partial H}{\partial x_{3k}},\frac{\partial H}{\partial x_{4k}},\frac{\partial H}{\partial x_{5k}},\frac{\partial H}{\partial x_{6k}}\right)^{\tau} \tag{13.11-27}$$

关机点状态变量偏差 $\Delta\boldsymbol{x}(t_k)$ 是指实际关机时刻(t_k)的状态量与标准关机时刻($\bar{t}_k$)的标准值之差，$\Delta\boldsymbol{x}(t_k)$ 表示全偏差。

$$\Delta\boldsymbol{x}(t_k)=\boldsymbol{x}(t_k)-\overline{\boldsymbol{x}}(\bar{t}_k) \tag{13.11-28}$$

$$\Delta t_k=t_k-\bar{t}_k \tag{13.11-29}$$

各偏导数 $\dfrac{\partial\mathscr{L}}{\partial x_{ik}},\dfrac{\partial H}{\partial x_{ik}},\dfrac{\partial\mathscr{L}}{\partial t_k},\dfrac{\partial H}{\partial t_k}(i=1,2,3,4,5,6)$ 的计算公式可由射程计算公式求出。当标准弹道确定之后，这些偏导数都是确定的常数。把式(13.11-28)和(13.11-29)代入式(13.11-24)，并将 t_k 换成 t，得到射程偏差函数

$$\Delta\mathscr{L}(t)=(\boldsymbol{a},\boldsymbol{x}(t))-(\boldsymbol{a},\overline{\boldsymbol{x}}(\bar{t}_k))+\frac{\partial\mathscr{L}}{\partial t_k}(t-\bar{t}_k) \tag{13.11-30}$$

这是一个用 t 时刻的运动参数 $\boldsymbol{x}(t)$ 预测导弹射程偏差的公式，可以看出 $\Delta\mathscr{L}(t)$ 是时间的单调递增函数，在接近关机点时，$\Delta\mathscr{L}(t)$ 由负值通过零变为正值。式(13.11-30)是射程控制的基本公式。

式(13.11-24)和(13.11-25)描述的射程偏差 $\Delta\mathscr{L}$ 和横向偏差 ΔH 就是弹道式导弹主动段终端受控参数的基本公式。有时我们也用关机点参数在关机时刻的等时偏差 $\delta\boldsymbol{x}(t_k)$ 来表示这些终端受控的参数

$$\Delta\mathscr{L}(t_k)=(\boldsymbol{a},\delta\boldsymbol{x}(t_k))+\dot{\mathscr{L}}_k\Delta t_k \tag{13.11-31}$$

$$\Delta H(t_k)=(\boldsymbol{b},\delta\boldsymbol{x}(t_k))+\dot{H}_k\Delta t_k \tag{13.11-32}$$

式中

$$\delta\boldsymbol{x}(t_k)=\boldsymbol{x}(t_k)-\overline{\boldsymbol{x}}(t_k) \tag{13.11-33}$$

$$\dot{\mathscr{L}}_k = \sum_{i=1}^{6} \frac{\partial \mathscr{L}}{\partial x_{ik}} \bar{\dot{x}}_i(\bar{t}_k) + \frac{\partial \mathscr{L}}{\partial t_k} \tag{13.11-34}$$

$$\dot{H}_k = \sum_{i=1}^{6} \frac{\partial H}{\partial x_{ik}} \bar{\dot{x}}_i(\bar{t}_k) + \frac{\partial H}{\partial t_k} \tag{13.11-35}$$

因为关机时刻 $\Delta\mathscr{L}(t_k)=0$，由式(13.11-31)可得

$$\Delta t_k = \frac{-1}{\dot{\mathscr{L}}_k}(\boldsymbol{a}, \delta \boldsymbol{x}(t_k)) \tag{13.11-36}$$

将式(13.11-36)代入式(13.11-32)得到

$$\Delta H(t_k) = \left(\left(\boldsymbol{b} - \frac{\dot{H}_k}{\dot{\mathscr{L}}_k}\boldsymbol{a}\right), \delta \boldsymbol{x}(t_k)\right) \tag{13.11-37}$$

此式是横向制导系统终端受控参数的表达式，因而也是横向制导的基本方程。

现在我们再来考察发射人造卫星过程中的制导问题。首先讨论人造地球卫星的轨道参数计算方法。

人造地球卫星在惯性空间沿平面椭圆轨道飞行。卫星的运动规律与弹道导弹自由飞行段的运动规律是相同的。如果我们知道了卫星运载火箭主动段关机点(即卫星入轨点)的运动参数 $\boldsymbol{x}_k$ 和时间 t_k，就可确定人造卫星在惯性空间的运动。通常采用“轨道根数”来描述卫星轨道。为了说明轨道根数的含义，我们建立地心惯性坐标系 O_E-$X_EY_EZ_E$(见图 13.11-3)O_E 为地心，Z_E 轴指向北极，X_E 轴在赤道平面内指向惯性空间一固定点——春分点 γ(春分点的位置可由天文年历查得)，Y_E 轴在赤道平面内按右手坐标系确定。

卫星的轨道平面在地球表面截出一个大圆，此圆与赤道交于两点，当卫星从南向北穿过赤道平面时，对应的点称为升交点 Ω，从北向南穿过赤道平面时，相应的点称为降交点 $\overline{O}$。能完全确定卫星轨道的六个轨道根数是：轨道长半轴 a(或半通径 p)；偏心率 e；通过近地点的时间 t_p；轨道平面倾角 i；升交点赤经 Ω；近地点幅角 ω。升交点赤经 Ω 和轨道平面倾角 i 确定轨道平面在惯性空间的位置，近地点幅角 ω 确定椭圆在轨道平面内的位置，半通径 p 和偏心率 e 确定椭圆的形状和大小。当六个轨道根数给定后，卫星在惯性空间中任一时刻的位置和速度即可完全确定。

根据已知轨道根数去确定卫星的位置和速度，是“卫星预报”所研究的问题。根据已知某些时刻卫星的位置和速度去确定轨道根数，是“卫星定轨”研究的问题。我们研究的是运载火箭的制导问题，其任务是将卫星准确送入预定轨道，即要控制关机时刻(入轨点)的位置和速度，使卫星的轨道根数等于预定值。这个问题与“定轨”问题关系密切。为了找出卫星轨道根数与关机点参数间的关系，我们先建立坐标系 O_E-$\xi\eta\zeta$(见图 13.11-3)，坐标原点为地心 O_E，ξ 轴与过近地点的地心距矢径一致，在轨道平面内取 η 轴垂直于 ξ 轴，ζ 轴与卫星动量矩 $\boldsymbol{r}_E \times \boldsymbol{v}_E$ 的方向一

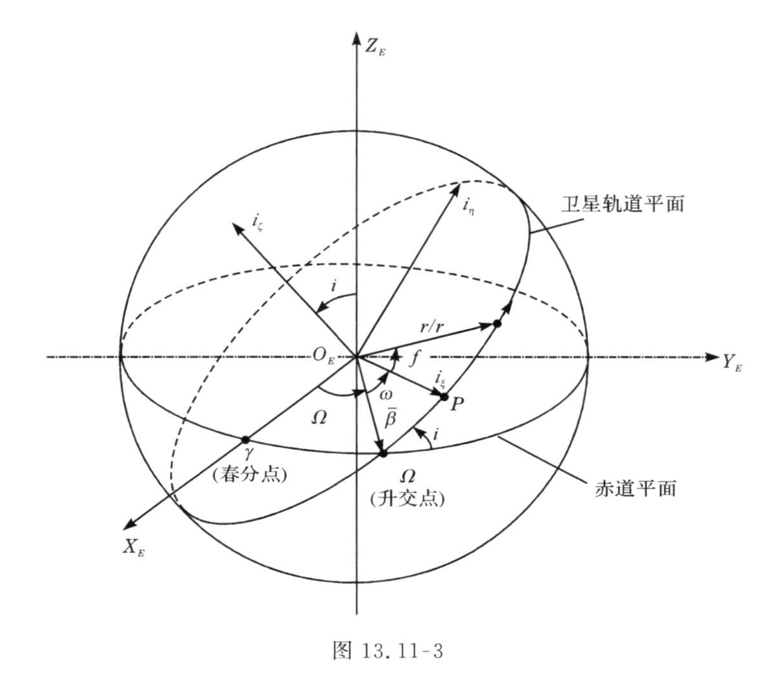

图 13.11-3

致，使 O_E-$\xi\eta\zeta$ 构成右手坐标系。三轴的单位矢量分别记为 $\boldsymbol{i}_\xi,\boldsymbol{i}_\eta,\boldsymbol{i}_\zeta$。

如果在地心惯性坐标系中已知关机点的位置和速度 $\boldsymbol{r}_k,\boldsymbol{v}_k$ 则有

$$\boldsymbol{i}_\zeta = \frac{\boldsymbol{r}_E \times \boldsymbol{v}_E}{\|\boldsymbol{r}_E \times \boldsymbol{v}_E\|} \tag{13.11-38}$$

$$\boldsymbol{r}_k \times \boldsymbol{v}_k = \begin{vmatrix} \boldsymbol{i}_{x_E} & \boldsymbol{i}_{y_E} & \boldsymbol{i}_{z_E} \\ x_E & y_E & z_E \\ \dot{x}_E & \dot{y}_E & \dot{z}_E \end{vmatrix} \tag{13.11-39}$$

$$\|\boldsymbol{r}_k \times \boldsymbol{v}_k\| = [(y_E\dot{z}_E - z_E\dot{y}_E)^2 + (z_E\dot{x}_E - x_E\dot{z}_E)^2 + (x_E\dot{y}_E - y_E\dot{x}_E)^2]^{\frac{1}{2}} \tag{13.11-40}$$

由坐标系 O_E-$X_EY_EZ_E$ 与坐标系 O_E-$\xi\eta\zeta$ 间的转换关系可知

$$\boldsymbol{i}_\zeta = \sin\Omega\sin i\boldsymbol{i}_{x_E} - \cos\Omega\sin i\boldsymbol{i}_{y_E} + \cos i\boldsymbol{i}_{z_E} \tag{13.11-41}$$

将式(13.11-39)，(13.11-40)和(13.11-41)代入式(13.11-38)可得出

$$\frac{\boldsymbol{y}_E\dot{z}_E - z_E\dot{y}_E}{\|\boldsymbol{r}_E \times \boldsymbol{v}_E\|} = \sin\Omega\ \sin\boldsymbol{i}$$

$$\frac{\boldsymbol{x}_E\dot{z}_E - z_E\dot{x}_E}{\|\boldsymbol{r}_E \times \boldsymbol{v}_E\|} = \cos\Omega\ \sin\boldsymbol{i}$$

$$\frac{\boldsymbol{x}_E\dot{y}_E - y_E\dot{x}_E}{\|\boldsymbol{r}_E \times \boldsymbol{v}_E\|} = \cos\boldsymbol{i} \tag{13.11-42}$$

由式(13.11-42)即可确定角 Ω 及角 i。由椭圆基本关系知,半通径

$$p=\frac{h^2}{\mu}=\frac{\| \boldsymbol{r}_E \times \boldsymbol{v}_E \|^2}{\mu} \tag{13.11-43}$$

偏心率为

$$e=\left[1+\left(v_E^2-\frac{2\mu}{r_E}\right)\frac{p}{\mu}\right]^{\frac{1}{2}} \tag{13.11-44}$$

式中

$$v_E^2=\dot{x}_E^2+\dot{y}_E^2+\dot{z}_E^2 \tag{13.11-45}$$

$$r_E=(x_E^2+y_E^2+z_E^2)^{\frac{1}{2}} \tag{13.11-46}$$

由轨道方程

$$r_E=\frac{p}{1+e\cos f_k} \tag{13.11-47}$$

和

$$\dot{r}_E=\sqrt{\frac{\mu}{p}}e\sin f_k=\left(\boldsymbol{v}_E,\frac{\boldsymbol{r}_E}{r_E}\right)=\frac{x_E\dot{x}_E+y_E\dot{y}_E+z_E\dot{z}_E}{r_E} \tag{13.11-48}$$

可确定出关机点的真近点角 f_k,由

$$\tan\frac{E_k}{2}=\sqrt{\frac{1-e}{1+e}}\tan\frac{f_k}{2} \tag{13.11-49}$$

又可求出关机点的偏近点角 E_k。再由开普勒方程

$$t_k-t_p=\sqrt{\frac{a^3}{\mu}}(E_k-e\sin E_k) \tag{13.11-50}$$

就可求出 t_p。最后,若令升交点 Ω 处的地心矩矢径的单位矢量为 $\bar{\beta}$,则

$$\bar{\beta}=\cos\Omega\, \boldsymbol{i}_{x_E}+\sin\Omega\, \boldsymbol{i}_{y_E} \tag{13.11-51}$$

由

$$\left(\bar{\beta},\frac{\boldsymbol{r}_E}{r_E}\right)=\frac{x_E\cos\Omega+y_E\sin\Omega}{r_E}=\cos(\omega+f_k) \tag{13.11-52}$$

和

$$\left\|\bar{\beta}\times\frac{\boldsymbol{r}_E}{r_E}\right\|=\frac{1}{r_E}[z_E^2+(y_E\cos\Omega-x_E\sin\Omega)^2]^{\frac{1}{2}}=\sin(\omega+f_k) \tag{13.11-53}$$

可确定 ω 角。至此得到了六个轨道根数与运载火箭关机点运动参数($\boldsymbol{r}_E,\boldsymbol{v}_E,t_k$)之间的关系。类似于弹道式导弹射程偏差和横向落点偏差公式,我们也可以求出卫星轨道根数偏差与关机点运动参数偏差的线性化关系式,并作为运载火箭主动段的终端受控参数的状态方程。

然而对于不同用途的卫星,具体的受控参数并不一定需要用六个轨道根数来表示。而且某些运载火箭受到控制能力的限制,也不能使六个轨道根数都达到预

定值。通常是根据具体要求和可能对某些最重要的轨道参数进行控制，例如控制轨道周期 T，轨道平面倾角 i，近地点高度 h_p，远地点高度 h_a，入轨点星下点位置 (φ_k, λ_k) 等。下面给出用发射点惯性坐标系中运载火箭关机点的参数 $(\boldsymbol{x}_k, t_k)$ 计算这些常用的轨道参数的公式。

轨道周期

$$T = 2\pi\sqrt{\frac{a^3}{\mu}} \tag{13.11-54}$$

在球面三角形 $N\Omega K'$ 中(见图 13.11-4)，应用正弦定理可求出轨道平面倾角 i (图中 K' 为运载火箭入轨点在地球上的投影点)

$$\cos i = \cos\varphi_k \sin\psi_k \tag{13.11-55}$$

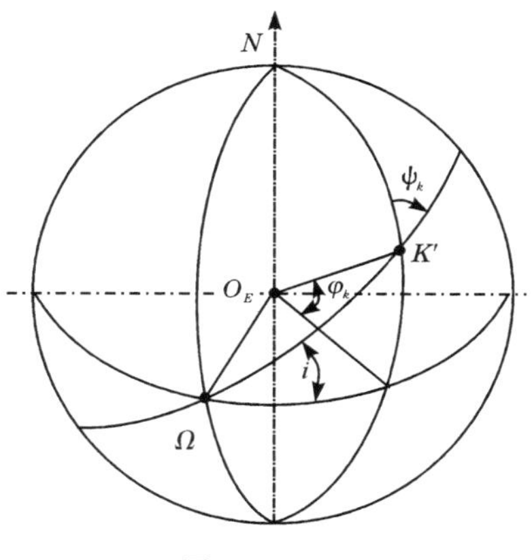

图 13.11-4

近地点高度

$$h_p = \frac{p}{1+e} - r_0 \tag{13.11-56}$$

远地点高度

$$h_a = \frac{p}{1-e} - r_0 \tag{13.11-57}$$

以上公式中出现的椭圆长半轴 a，半通径 p，偏心率 e，关机点射向角 ψ_k，纬度 φ_k，经度 λ_k 等用关机点参数 $\boldsymbol{x}_k$、t_k 表示的计算公式，已在前面射程计算公式中给出。可以看出，除了入轨点经度 λ_k 与关机时间 t_k 有关外，其他参数都只是关机点运动参数 $\boldsymbol{x}_k$ 的函数，所以上述轨道参数的一般表示式为

$$T = T(\boldsymbol{x}_k), \quad i = i(\boldsymbol{x}_k), \quad h_p = h_p(\boldsymbol{x}_k), \quad h_a = h_a(\boldsymbol{x}_k)$$
$$\varphi_k = \varphi_k(\boldsymbol{x}_k), \quad \lambda_k = \lambda_k(\boldsymbol{x}_k, t_k) \tag{13.11-58}$$

利用摄动理论，得到轨道参数偏差的线性表示式

$$\Delta T=(\boldsymbol{c},\Delta\boldsymbol{x}(t_k)),\quad \Delta i=(\boldsymbol{d},\Delta\boldsymbol{x}(t_k)),\quad \Delta h_p=(\boldsymbol{e},\Delta\boldsymbol{x}(t_k))$$
$$\Delta h_a=(\boldsymbol{f},\Delta\boldsymbol{x}(t_k)),\quad \Delta\varphi_k=(\boldsymbol{g},\Delta\boldsymbol{x}(t_k))$$
$$\Delta\lambda_k=(\boldsymbol{h},\Delta\boldsymbol{x}(t_k))+\frac{\partial\lambda_k}{\partial t_k}\Delta t_k \tag{13.11-59}$$

式中

$$\boldsymbol{c}=\left(\frac{\partial T}{\partial x_{1k}},\frac{\partial T}{\partial x_{2k}},\frac{\partial T}{\partial x_{3k}},\frac{\partial T}{\partial x_{4k}},\frac{\partial T}{\partial x_{5k}},\frac{\partial T}{\partial x_{6k}}\right)^\tau$$
$$\boldsymbol{d}=\left(\frac{\partial i}{\partial x_{1k}},\frac{\partial i}{\partial x_{2k}},\frac{\partial i}{\partial x_{3k}},\frac{\partial i}{\partial x_{4k}},\frac{\partial i}{\partial x_{5k}},\frac{\partial i}{\partial x_{6k}}\right)^\tau$$
$$\boldsymbol{e}=\left(\frac{\partial h_p}{\partial x_{1k}},\frac{\partial h_p}{\partial x_{2k}},\frac{\partial h_p}{\partial x_{3k}},\frac{\partial h_p}{\partial x_{4k}},\frac{\partial h_p}{\partial x_{5k}},\frac{\partial h_p}{\partial x_{6k}}\right)^\tau$$
$$\boldsymbol{f}=\left(\frac{\partial h_a}{\partial x_{1k}},\frac{\partial h_a}{\partial x_{2k}},\frac{\partial h_a}{\partial x_{3k}},\frac{\partial h_a}{\partial x_{4k}},\frac{\partial h_a}{\partial x_{5k}},\frac{\partial h_a}{\partial x_{6k}}\right)^\tau$$
$$\boldsymbol{g}=\left(\frac{\partial \varphi_k}{\partial x_{1k}},\frac{\partial \varphi_k}{\partial x_{2k}},\frac{\partial \varphi_k}{\partial x_{3k}},\frac{\partial \varphi_k}{\partial x_{4k}},\frac{\partial \varphi_k}{\partial x_{5k}},\frac{\partial \varphi_k}{\partial x_{6k}}\right)^\tau$$
$$\boldsymbol{h}=\left(\frac{\partial \lambda_k}{\partial x_{1k}},\frac{\partial \lambda_k}{\partial x_{2k}},\frac{\partial \lambda_k}{\partial x_{3k}},\frac{\partial \lambda_k}{\partial x_{4k}},\frac{\partial \lambda_k}{\partial x_{5k}},\frac{\partial \lambda_k}{\partial x_{6k}}\right)^\tau \tag{13.11-60}$$

所有这些偏导数都是由标准弹道、标准关机点所决定的常数。同样，也可用关机时刻关机点参数的等时偏差 $\delta\boldsymbol{x}(t_k)$，表示这些轨道参数的偏差。

$$\Delta T=(\boldsymbol{c},\delta\boldsymbol{x}(t_k))+\dot{T}_k\Delta t_k,\Delta i=(\boldsymbol{d},\delta\boldsymbol{x}(t_k))+\dot{I}_k\Delta t_k$$
$$\Delta h_p=(\boldsymbol{e},\delta\boldsymbol{x}(t_k))+\dot{h}_{p_k}\Delta t_k,\Delta h_a=(\boldsymbol{f},\delta\boldsymbol{x}(t_k))+\dot{h}_{a_k}\Delta t_k$$
$$\Delta\varphi_k=(\boldsymbol{g},\delta\boldsymbol{x}(t_k))+\dot{\varphi}_k\Delta t_k,\Delta\lambda_k=(\boldsymbol{h},\delta\boldsymbol{x}(t_k))+\dot{\lambda}_k\Delta t_k \tag{13.11-61}$$

式中

$$\dot{T}_k=\sum_{i=1}^{6}\frac{\partial T}{\partial x_{ik}}\dot{\bar{\boldsymbol{x}}}_i(\bar{t}_k),\quad \dot{I}_k=\sum_{i=1}^{6}\frac{\partial i}{\partial x_{ik}}\dot{\bar{\boldsymbol{x}}}_i(\bar{t}_k)$$
$$\dot{h}_{pk}=\sum_{i=1}^{6}\frac{\partial h_p}{\partial x_{ik}}\dot{\bar{\boldsymbol{x}}}_i(\bar{t}_k),\quad \dot{h}_{ak}=\sum_{i=1}^{6}\frac{\partial h_a}{\partial x_{ik}}\dot{\bar{\boldsymbol{x}}}_i(\bar{t}_k)$$
$$\dot{\varphi}_k=\sum_{i=1}^{6}\frac{\partial \varphi_k}{\partial x_{ik}}\dot{\bar{\boldsymbol{x}}}_i(\bar{t}_k),\quad \dot{\lambda}_k=\sum_{i=1}^{6}\frac{\partial \lambda_k}{\partial x_{ik}}\dot{\bar{\boldsymbol{x}}}_i(\bar{t}_k)+\frac{\partial\lambda_k}{\partial t_k} \tag{13.11-62}$$

式(13.11-59)和式(13.11-61)是运载火箭制导的基本方程。可以看出，这些方程和弹道式导弹制导的基本方程完全类似。下面我们以弹道式导弹为例，根据本节中给出的基本方程式(13.11-30)，(13.11-37)来研究弹道火箭的制导问题。以式(13.11-30)为基础研究射程控制系统，以式(13.11-37)为基础研究横向制导系统。

13.12 关机方程设计

弹道火箭的任务是将导弹的战斗部送到已知的目标，或者将有效载荷送入预定的运行轨道。当发射点和目标，或者卫星运行轨道参数确定之后，可以按照火箭发动机和弹体结构的额定参数，大气和地球引力场的标准参数，事先设计标准飞行弹道。如果在实际飞行中一切条件都和标准飞行条件一样，则制导系统非常简单，只需弹上计时机构在预定的关机时刻发出关闭发动机的信号就行了。因为发动机关闭之后导弹沿标准被动段弹道飞行，就能准确命中目标。但是，实际飞行条件总会偏离标准条件，例如发动机推力偏差、弹体结构参数偏差、大气条件偏差等，我们称这些偏差为作用于火箭上的干扰。在这些干扰作用下火箭不能沿标准弹道飞行，如果不加适当的制导，仍然按照预定标准关机时刻关机，必然出现关机点运动参数偏差 $\delta\boldsymbol{x}(\bar{t}_k)$，由式(13.11-24)和(13.11-25)知道，导弹的实际落点对预定目标将产生射程偏差 $\Delta\mathscr{L}(\bar{t}_k)$和横向偏差 $\Delta H(\bar{t}_k)$。在各种干扰存在的条件下，研究引导导弹准确命中目标的问题，就是导弹的制导问题。控制射程偏差为零的系统称为射程控制系统，控制横向偏差为零的系统称为横向制导系统。我们知道射程偏差是外干扰作用引起实际弹道偏离标准弹道造成的。式(13.11-24)是弹道参数偏差 $\Delta\boldsymbol{x}(t_k)$、关机时间偏差 Δt_k 与射程偏差 $\Delta\mathscr{L}(t_k)$间的数学关系，这个关系说明，只要参数偏差向量$(\Delta\boldsymbol{x}(t_k),\Delta t_k)^\tau$ 与偏导数向量$(\boldsymbol{a},\partial\mathscr{L}/\partial t_k)^\tau$ 正交，就可使射程偏差为零。从弹道学的观点看，其物理实质是达到同一目标的被动段弹道可有无数条，或者说为达到同一射程 $\mathscr{L}=\mathscr{L}(\boldsymbol{x}(t_k),t_k)$，式(13.11-20)有无穷多组解。我们只需求出标准值附近的任一组解，即在标准关机点附近选择一个实际关机点，使 $\Delta\mathscr{L}(t_k)=0$，并不需要把导弹控制到标准关机点，使 $\Delta\mathscr{L}(\bar{t}_k)=0$。显然，这样做将给制导系统的设计带来很大的方便。进一步研究式(13.11-30)发现，弹道参数 $\boldsymbol{x}(t)$(主要是 v_x,v_y,x,y)是飞行时间 t 的单调递增函数，而且当 $t<t_k$ 时有

$$\left\{(\boldsymbol{a},\boldsymbol{x}(\bar{t}_k))+\frac{\partial\mathscr{L}}{\partial t_k}\bar{t}_k\right\}>\left\{(\boldsymbol{a},\boldsymbol{x}(t))+\frac{\partial\mathscr{L}}{\partial t_k}t\right\}>0 \qquad (13.12\text{-}1)$$

因而射程偏差函数 $\Delta\mathscr{L}(t)$在主动段飞行过程中是时间 t 的单调递增函数，而且最初是负值，逐渐增加到零再达到正值。$\Delta\mathscr{L}(t_k)=0$ 的时刻 t_k，就是关闭发动机使导弹开始自由飞行的时刻。因此射程控制归结为对关机时间的控制。

从控制系统的观点看，主动段射程控制系统还具有以下特点。首先，它是一个摄动预测制导系统。在弹道摄动原理的基础上得到的射程控制基本方程式(13.11-30)，是一个用 t 时刻的系统状态变量 $\boldsymbol{x}(t)$预测落点射程偏差的公式，射程控制是根据这个预测值 $\Delta\mathscr{L}(t)$来进行的。其次，它是一个反馈控制系统，因为它的控制信号 $\Delta\mathscr{L}(t)$是用系统的状态变量 $\boldsymbol{x}(t)$计算出来的。但是它是一个特殊的状态

反馈控制系统，当根据 $\boldsymbol{x}(t)$ 预测出的 $\Delta\mathscr{L}(t)<0$ 时，射程控制系统不发出任何指令，火箭发动机继续按预定程序工作，当根据 $\boldsymbol{x}(t)$ 计算出 $\Delta\mathscr{L}(t_k)=0$ 时，发出关机指令，关闭发动机。即这种反馈控制是通过让发动机继续工作或是停止工作来实现的。如果 t_k 时刻根据系统的状态变量 $\boldsymbol{x}(t_k)$，按自由飞行弹道预测的射程偏差为

$$\Delta\mathscr{L}(t_k) = (\boldsymbol{a},\Delta\boldsymbol{x}(t_k)) + \frac{\partial\mathscr{L}}{\partial t_k}\Delta t_k = 0 \tag{13.12-2}$$

则 t_k 以后不需要发动机推力，火箭将在地球引力加速度作用下沿椭圆弹道命中目标。我们称发动机的推力加速度为控制加速度，地球引力加速度为零控加速度，则 t_k 时满足约束条件

$$\Delta\mathscr{L}(t_k)=0$$

的状态可称为零控无偏状态。当 $\Delta\mathscr{L}(t)<0$ 时，火箭在发动机程序推力（即控制加速度）的作用下加速飞行，并且在 $\bar{t}_k$ 附近某时刻达到零控无偏状态（$\Delta\mathscr{L}(t_k)=0$），截止推力（控制加速度为零），火箭沿零控弹道（自由飞行弹道）命中目标。

在主动段飞行过程中，用来选择火箭达到零控无偏状态（$\Delta\mathscr{L}(t_k)=0$）的时刻 t_k 的方程称为关机方程。关机方程的设计是制导系统设计的主要任务。我们可以直接从射程控制的基本方程(13.11-30)出发，代入导航计算得到的系统状态变量 $\boldsymbol{x}(t)$，就可得出关机方程的一般形式

$$\Delta\mathscr{L}(t) = \sum_{i=1}^{6}\frac{\partial\mathscr{L}}{\partial x_i}x_i(t) + \frac{\partial\mathscr{L}}{\partial t_k}\Delta t_k - \sum_{i=1}^{6}\frac{\partial\mathscr{L}}{\partial x_i}\bar{x}_i(\bar{t}_k) \tag{13.12-3}$$

如前所述，这是一个有导航计算的，特殊的状态反馈预测制导系统的关机方程，简称为有导航计算的关机方程。然而仅仅为了控制关机，复杂的导航计算并不是必须的，因为控制关机只需要预测出

$$\Delta\mathscr{L}(t_k)=(\boldsymbol{a},\Delta\boldsymbol{x}(t_k))+\frac{\partial\mathscr{L}}{\partial t_k}\Delta t_k$$

并不一定需要像飞机和舰船导航系统那样，去求飞行过程中各点的位置和速度。我们可以利用摄动理论和状态变量方法来设计直接利用加速度表输出量进行反馈控制的关机方程。

首先，我们建立射程控制系统的状态方程。为了描述这个特殊的输出反馈控制系统的状态变量除了火箭质心运动的六个参数外，还可以引入一个描述关机控制的关机状态变量 $K(t)$，当 $K(t_k)=\overline{K}(\bar{t}_k)$ 时：发出关闭发动机的指令。描述关机状态变量 $K(t)$ 与系统输出信号（即加速度表测量的信号 $\dot{w}_x,\dot{w}_y,\dot{w}_z$）的关系的微分方程

$$\dot{K} = f(\dot{w}_x,\dot{w}_y,\dot{w}_z) \tag{13.12-4}$$

称为关机状态量方程。

注意到一般的控制系统设计的目的，是综合出满足一定控制指标的最优控制规律。然而在射程控制这个特殊系统中，控制加速度的形式已经给定了，即发动机推力按预定程序变化，需要加以控制的是发动机工作的时间，即让发动机工作或者让它从某时刻起关闭。关机方程就是用来选择发动机的关机时刻，设计者的任务就是要找出用系统输出量($\dot{w}_x,\dot{w}_y,\dot{w}_z$)表达的关机方程的形式。显然，只要我们找出关机状态量 $K(t)$ 的表达式，就可设计出关机方程。关机状态量方程(13.12-4)中函数 f 的具体形式是不知道的，只有通过设计射程控制系统来确定。下面我们就来讨论这个问题。

射程控制系统的状态方程可由式(13.10-12)和(13.12-4)合并得到

$$\dot{\boldsymbol{x}} = A\boldsymbol{x} + \boldsymbol{u} \tag{13.12-5}$$

系统的状态变量

$$\boldsymbol{x}=(x_1,x_2,x_3,x_4,x_5,x_6,x_7)^\tau=(v_x,v_y,v_z,x,y,z,K)^\tau$$

驱动项

$$\boldsymbol{u}=(\dot{w}_x+d_x,\dot{w}_y+d_y,\dot{w}_z+d_z,0,0,0,f)^\tau$$

系数矩阵为

$$A=\begin{pmatrix} 0 & 0 & 0 & \dfrac{\partial g_x}{\partial x} & \dfrac{\partial g_x}{\partial y} & \dfrac{\partial g_x}{\partial z} & 0 \\ 0 & 0 & 0 & \dfrac{\partial g_y}{\partial x} & \dfrac{\partial g_y}{\partial y} & \dfrac{\partial g_y}{\partial z} & 0 \\ 0 & 0 & 0 & \dfrac{\partial g_z}{\partial x} & \dfrac{\partial g_z}{\partial y} & \dfrac{\partial g_z}{\partial z} & 0 \\ 1 & 0 & 0 & 0 & 0 & 0 & 0 \\ 0 & 1 & 0 & 0 & 0 & 0 & 0 \\ 0 & 0 & 1 & 0 & 0 & 0 & 0 \\ 0 & 0 & 0 & 0 & 0 & 0 & 0 \end{pmatrix}$$

系统的测量方程，即加速度表的测量方程为

$$\dot{w}_i = \dot{v}_i - g_i \quad (i = x,y,z) \tag{13.12-6}$$

初始条件　$t_0=0,\quad v_x(0)=v_{x0},\quad v_y(0)=0,\quad v_z(0)=v_{z0}$

$$x(0) = y(0) = z(0) = K(0) = 0 \tag{13.12-7}$$

注意到，如果按条件 $K(t_k)=\overline{K}(\bar{t}_k)$ 关机，即在 t_k 时刻系统达到零控无偏状态，故而 $\Delta\mathscr{L}(t_k)=0$。因此 $K(t_k)=\overline{K}(\bar{t}_k)$ 关机$\Leftrightarrow\Delta\mathscr{L}(t_k)=0$。　(13.12-8)

由式(13.11-24)，(13.11-28)可知

$$\Delta\mathscr{L}(t_k) = \sum_{i=1}^{6}\frac{\partial\mathscr{L}}{\partial x_{ik}}x_i(t_k) + \frac{\partial\mathscr{L}}{\partial t_k}\Delta t_k - \sum_{i=1}^{6}\frac{\partial\mathscr{L}}{\partial x_{ik}}\overline{x}_i(\bar{t}_k) = 0 \tag{13.12-9}$$

现取

$$\overline{K}(\bar{t}_k) = \sum_{i=1}^{6}\frac{\partial\mathscr{L}}{\partial x_{ik}}\overline{x}_i(\bar{t}_k) \tag{13.12-10}$$

由式(13.12-8),(13.12-9)和(13.12-10)可知,正确的关机控制必须使关机时刻 t_k 的状态变量满足以下关系式

$$J(t_k) = \sum_{i=1}^{6} \frac{\partial \mathscr{L}}{\partial x_i} x_i(t_k) + \frac{\partial \mathscr{L}}{\partial t_k} \Delta t_k - K(t_k) = 0 \tag{13.12-11}$$

我们把式(13.12-11)作为关机方程的设计指标,如果这个指标得到满足,必然使 $\Delta\mathscr{L}(t_k)=0$ 成立。于是我们的问题归结为,对系统式(13.12-5),选择关机状态变量 $K(t)$,使其在实际关机时刻(t_k)满足终端设计指标 $J(t_k)=0$。

式(13.12-5)描述的射程控制系统,是一个七维的线性系统,设计指标式(13.12-11)只与主动段终端状态参数有关,所以可以利用线性系统的伴随函数方法来进行设计。式(13.12-5)对应的伴随方程为

$$-\dot{\boldsymbol{\lambda}} = A^{\tau}\boldsymbol{\lambda}, \quad \boldsymbol{\lambda} \in R_7 \tag{13.12-12}$$

由布利斯公式得到

$$(\boldsymbol{\lambda}, \boldsymbol{x})\Big|_{t_0}^{t_k} = \int_{t_0}^{t_k} (\boldsymbol{\lambda}, \boldsymbol{u}) d\tau \tag{13.12-13}$$

令

$$\lambda_1(t_k, t_k) = \frac{\partial \mathscr{L}}{\partial v_{xk}}, \quad \lambda_2(t_k, t_k) = \frac{\partial \mathscr{L}}{\partial v_{yk}}, \quad \lambda_3(t_k, t_k) = \frac{\partial \mathscr{L}}{\partial v_{zk}}$$

$$\lambda_4(t_k, t_k) = \frac{\partial \mathscr{L}}{\partial x_k}, \quad \lambda_5(t_k, t_k) = \frac{\partial \mathscr{L}}{\partial y_k}, \quad \lambda_6(t_k, t_k) = \frac{\partial \mathscr{L}}{\partial z_k}$$

$$\lambda_7(t_k, t_k) = -1 \tag{13.12-14}$$

以式(13.12-14)为终端条件,解伴随方程(13.12-12),将得出的伴随函数代入式(13.12-13),并利用式(13.12-11)可得出

$$\begin{aligned} J(t_k) = {} & \frac{\partial \mathscr{L}}{\partial t_k} \Delta t_k + \lambda_1(t_0, t_k) v_{x0} + \lambda_3(t_0, t_k) v_{z0} \\ & + \int_{t_0}^{t_k} \{\lambda_1(\tau, t_k)(\dot{w}_x + d_x) + \lambda_2(\tau, t_k)(\dot{w}_y + d_y) + \lambda_3(\tau, t_k)(\dot{w}_z + d_z) \\ & + \lambda_7(\tau, t_k) f(\dot{w}_x, \dot{w}_y, \dot{w}_z)\} d\tau = 0 \end{aligned} \tag{13.12-15}$$

由伴随方程(13.12-12)显然有

$$\dot{\lambda}_7 = 0 \tag{13.12-16}$$

所以

$$\lambda_7(t, t_k) \equiv \lambda_7(t_k, t_k) = -1 \tag{13.12-17}$$

式(13.12-15)可化为

$$\begin{aligned} K(t_k) &= \int_0^{t_k} f(\dot{w}_x, \dot{w}_y, \dot{w}_z) d\tau \\ &= \frac{\partial \mathscr{L}}{\partial t_k} \Delta t_k + \lambda_1(t_0, t_k) v_{x0} + \lambda_3(t_0, t_k) v_{z0} \\ &\quad + \int_0^{t_k} \{\lambda_1(\tau, t_k) \dot{w}_x(\tau) + \lambda_2(\tau, t_k) \dot{w}_y(\tau) + \lambda_3(\tau, t_k) \dot{w}_z(\tau)\} d\tau \end{aligned}$$

$$+\int_0^{t_k}\{\lambda_1(\tau,t_k)d_x+\lambda_2(\tau,t_k)d_y+\lambda_3(\tau,t_k)d_z\}d\tau \tag{13.12-18}$$

利用分部积分法则，并注意到伴随方程(13.12-12)和$\dot{\boldsymbol{w}}(t_0)=0$，式(13.12-18)可化为

$$\begin{aligned}K(t_k)=&\frac{\partial\mathscr{L}}{\partial v_{xk}}w_x(t_k)+\frac{\partial\mathscr{L}}{\partial v_{yk}}w_y(t_k)+\frac{\partial\mathscr{L}}{\partial v_{zk}}w_z(t_k)\\&+\int_0^{t_k}\{\lambda_4(\tau,t_k)w_x(\tau)+\lambda_5(\tau,t_k)w_y(\tau)+\lambda_6(\tau,t_k)w_z(\tau)\}d\tau\\&+\frac{\partial\mathscr{L}}{\partial t_k}\Delta t_k+\lambda_1(t_0,t_k)v_{x0}+\lambda_3(t_0,t_k)v_{z0}\\&+\int_0^{t_k}\{\lambda_1(\tau,t_k)d_x+\lambda_2(\tau,t_k)d_y+\lambda_3(\tau,t_k)d_z\}d\tau\end{aligned} \tag{13.12-19}$$

显然标准关机状态变量$\overline{K}(\bar{t}_k)$也可以表达成类似的形式

$$\begin{aligned}\overline{K}(\bar{t}_k)=&\frac{\partial\mathscr{L}}{\partial v_{xk}}\overline{w}_x(\bar{t}_k)+\frac{\partial\mathscr{L}}{\partial v_{yk}}\overline{w}_y(\bar{t}_k)+\frac{\partial\mathscr{L}}{\partial v_{zk}}\overline{w}_z(\bar{t}_k)\\&+\int_0^{\bar{t}_k}\{\lambda_4(\tau,\bar{t}_k)\overline{w}_x(\tau)+\lambda_5(\tau,t_k)\overline{w}_y(\tau)+\lambda_6(\tau,t_k)\overline{w}_z(\tau)\}d\tau\\&+\lambda_1(t_0,\bar{t}_k)v_{x0}+\lambda_3(t_0,\bar{t}_k)v_{z0}\\&+\int_0^{t_k}\{\lambda_1(\tau,\bar{t}_k)d_x+\lambda_2(\tau,\bar{t}_k)d_y+\lambda_3(\tau,\bar{t}_k)d_z\}d\tau\end{aligned} \tag{13.12-20}$$

因而关机条件可表示为

$$K(t_k)-\overline{K}(\bar{t}_k)=0 \tag{13.12-21}$$

再令

$$\begin{aligned}Q=&\frac{\partial\mathscr{L}}{\partial t_k}\Delta t_k+\lambda_1(t_0,t_k)v_{x0}+\lambda_3(t_0,t_k)v_{z0}\\&+\int_0^{t_k}\{\lambda_1(\tau,t_k)d_x+\lambda_2(\tau,t_k)d_y+\lambda_3(\tau,t_k)d_z\}d\tau\\&-\Big[\lambda_1(t_0,\bar{t}_k)v_{x0}+\lambda_3(t_0,\bar{t}_k)v_{z0}\\&+\int_0^{\bar{t}_k}\{\lambda_1(\tau,\bar{t}_k)d_x+\lambda_2(\tau,\bar{t}_k)d_y+\lambda_3(\tau,\bar{t}_k)d_z\}d\tau\Big]\end{aligned} \tag{13.12-22}$$

Q是关机时间偏差Δt_k的函数，因此可记为$Q(\Delta t_k)$。并且令

$$\begin{aligned}\overline{K}^0(\bar{t}_k)=&\frac{\partial\mathscr{L}}{\partial v_{xk}}\overline{w}_x(\bar{t}_k)+\frac{\partial\mathscr{L}}{\partial v_{yk}}\overline{w}_y(\bar{t}_k)+\frac{\partial\mathscr{L}}{\partial v_{zk}}\overline{w}_z(\bar{t}_k)\\&+\int_0^{\bar{t}_k}\{\lambda_4(\tau,\bar{t}_k)\overline{w}_x(\tau)+\lambda_5(\tau,\bar{t}_k)\overline{w}_y(\tau)+\lambda_6(\tau,\bar{t}_k)\overline{w}_z(\tau)\}d\tau\end{aligned} \tag{13.12-23}$$

和

$$K^0(t)=\frac{\partial\mathscr{L}}{\partial v_{xk}}w_x(t)+\frac{\partial\mathscr{L}}{\partial v_{yk}}w_y(t)+\frac{\partial\mathscr{L}}{\partial v_{zk}}w_z(t)$$

$$+\int_0^t \{\lambda_4(\tau,t_k)w_x(\tau)+\lambda_5(\tau,t_k)w_y(\tau)+\lambda_6(\tau,t_k)w_z(\tau)\}d\tau$$
$$+Q(\Delta t_k) \tag{13.12-24}$$

关机条件式(13.12-21)可变换为

$$K^0(t_k)-\overline{K}^0(\bar{t}_k)=0 \tag{13.12-25}$$

弹上制导计算机根据加速度表测量的火箭视加速度$\dot{\boldsymbol{w}}_x,\dot{\boldsymbol{w}}_y,\dot{\boldsymbol{w}}_z$，不断按式(13.12-24)计算出$K^0(t)$，与由标准弹道决定的常量$\overline{K}^0(\bar{t}_k)$相比较，当满足式(13.12-25)时，发出关机指令，关闭发动机。由此，得到加速度表输出反馈的关机方程

$$\Delta K^0(t)=K^0(t)-\overline{K}^0(\bar{t}_k) \tag{13.12-26}$$

和关机条件

$$\Delta K^0(t_k)=K^0(t_k)-\overline{K}^0(\bar{t}_k)=0 \tag{13.12-27}$$

13.13 横向预测制导及最优控制

弹道式导弹主动段横向制导系统的任务是控制落点横向偏差。第13.11节中给出的横向偏差公式(13.11-37)是一个用t_k时刻的系统状态变量$\boldsymbol{x}(t_k)$预测落点横向偏差的线性化公式。由于关机时间t_k是按射程偏差$\Delta\mathscr{L}(t_k)=0$来选定的，因而t_k时刻对应的落点横向偏差$\Delta H(t_k)$不能通过选择t_k来控制，只能通过对主动段弹道进行控制，才能使t_k时刻的$\Delta H(t_k)=0$。注意到式(13.11-37)是落点横向偏差在关机点泰勒展开式的一阶项，它只在关机点附近才近似表示预测的落点横向偏差，但是到十分接近关机点才来控制火箭的弹道以消除主动段飞行过程中干扰作用累积的偏差$\Delta H(t_k)$，往往为时过晚，在控制能力有限的情况下，会引起落点横向偏差，降低制导精度。因此必须在主动段飞行过程中求出合理的横向导引信号，及时控制火箭的飞行弹道，不断消除干扰的影响，使其在关机点处满足落点横向偏差$\Delta H(t_k)=0$的要求。

我们已经有了用t_k时刻的运动参数预测落点横向偏差的公式(13.11-37)。现在还需要推导出用主动段飞行中任意时刻t的运动参数预测落点横向偏差$\Delta H(t_k)$的公式，我们记这个偏差为$\Delta H(t_k,t)$，然后运用极大值原理综合出消除偏差$\Delta H(t_k,t)$的最优控制规律。

第13.10节中已推导出弹道火箭主动段运动的摄动方程为

$$\begin{aligned}\delta\dot{\boldsymbol{x}}(t)&=A(t)\delta\boldsymbol{x}(t)+B\delta\dot{\boldsymbol{w}}(t)\\ \delta\boldsymbol{x}(t_0)&=\delta\boldsymbol{x}_0\\ \delta\dot{\boldsymbol{w}}(t)&=\dot{\boldsymbol{w}}(t)-\dot{\overline{\boldsymbol{w}}}(t)\end{aligned} \tag{13.13-1}$$

视加速度是由作用于火箭上除地球引力以外的力，即发动机推力和空气动力引起

的加速度，视加速度的偏差是由推力偏差、气动力偏差和火箭质量偏差等因素共同造成的，因而可将 $\delta\dot{\boldsymbol{w}}$ 作为系统的干扰项。

弹道式导弹在主动段飞行过程中，由于各种干扰的作用，使实际飞行弹道偏离标准弹道，因此 t 时刻之前干扰作用的效果直接反映在 t 时刻的弹道参数偏差 $\delta\boldsymbol{x}(t)$ 上，主动段“预测”的任务就是要用 t 时刻的运动参数偏差 $\delta\boldsymbol{x}(t)$，计算出落点横向偏差 $\Delta H(t_k,t)$。横向制导系统利用 $\Delta H(t_k,t)$ 形成 t 时刻的反馈控制信号，以消除 t 时刻之前干扰作用引起的落点横向偏差。显然，t 时刻之后可能出现的干扰无法确知，所以在计算 $\Delta H(t_k,t)$ 时不予考虑，即是说从 t 到 t_k 的预测是按标准条件进行的。因而有

$$\delta\dot{\boldsymbol{w}}(\tau) = 0, \quad \forall \tau \in (t, t_k] \tag{13.13-2}$$

系统的摄动方程(13.13-1)变为齐次方程

$$\delta\dot{\boldsymbol{x}}(t) = A(t)\delta\boldsymbol{x}(t), \quad t \in (t, t_k] \tag{13.13-3}$$

我们的目的是由 $\delta\boldsymbol{x}(t)$ 计算 $\Delta H(t_k,t)$，而不是计算 $\delta\boldsymbol{x}(t_k)$。由第 13.11 节可知，横向制导系统的终端受控参数 $\Delta H(t_k)$，是关机点运动参数偏差 $\delta\boldsymbol{x}(t_k)$ 各分量的线性组合，因而用 $\delta\boldsymbol{x}(t)$ 计算 $\Delta H(t_k,t)$ 的问题可用伴随函数的方法解决。式(13.13-3)的伴随方程为

$$-\dot{\boldsymbol{\lambda}} = A^{\tau}(t)\boldsymbol{\lambda} \tag{13.13-4}$$

由布利斯公式知

$$(\boldsymbol{\lambda}(t_k), \delta\boldsymbol{x}(t_k)) = (\boldsymbol{\lambda}(t), \delta\boldsymbol{x}(t)) \tag{13.13-5}$$

令 $t=t_k$ 时刻的终端条件为

$$\boldsymbol{\lambda}(t_k) = \left(\boldsymbol{b} - \frac{\dot{H}_k}{\dot{L}_k}\boldsymbol{a}\right) \tag{13.13-6}$$

解方程(13.13-4)，得出的伴随向量记为 $\boldsymbol{\lambda}(t_k,t)$，$t \in [t_0, t_k]$，将 $\boldsymbol{\lambda}(t_k,t)$ 代入式(13.13-5)得

$$\Delta H(t_k,t) = \left(\left(\boldsymbol{b} - \frac{\dot{H}_k}{\dot{L}_k}\boldsymbol{a}\right), \delta\boldsymbol{x}(t_k)\right) = (\boldsymbol{\lambda}(t_k,t), \delta\boldsymbol{x}(t)) \tag{13.13-7}$$

$\Delta H(t_k,t)$ 表示由 t 时刻的运动参数偏差 $\delta\boldsymbol{x}(t)$ 预测的落点横向偏差，或者看成 t 时刻以前的干扰引起的落点横向偏差。这种利用伴随函数方法进行的预测，建立在弹道摄动的基础上，我们称这种预测制导为摄动预测制导。因为 $\boldsymbol{\lambda}(t_k,t)$ 可以在导弹发射之前预先计算出来，$\delta\boldsymbol{x}(t)$ 可由制导系统的导航计算实时给出，利用式(13.13-7)即可实时计算 $\Delta H(t_k,t)$。用 $\Delta H(t_k,t)$ 作为反馈控制信号，通过横向控制系统使 $\Delta H(t_k,t)\to 0$，即可消除飞行过程中干扰作用引起的横向偏差，从而保证在实际关机时刻 $\Delta H(t_k)=0$。

和第 13.12 节一样，仅仅为了进行横向制导，复杂的导航计算并不是必须的。

我们利用摄动理论,可以推出直接用干扰测量值 $\delta\dot{\boldsymbol{w}}$ 预测落点横向偏差 $\Delta H(t_k,t)$ 的计算公式。对方程式(13.13-1)和伴随方程(13.13-4)运用布利斯公式

$$(\boldsymbol{\lambda},\delta\boldsymbol{x})\Big|_{t_0}^{t_k}=\int_{t_0}^{t_k}(\boldsymbol{\lambda}(\tau),B\delta\dot{\boldsymbol{w}}(\tau))d\tau \tag{13.13-8}$$

并注意到伴随方程(13.13-4)的终端条件仍然为

$$\boldsymbol{\lambda}(t_k)=\boldsymbol{b}-\frac{\dot{H}_k}{\dot{L}_k}\boldsymbol{a}$$

在不考虑初始条件的偏差的前提下,即 $\delta\boldsymbol{x}(t_0)=0$,式(13.13-8)可化为

$$\Delta H(t_k)=(\boldsymbol{\lambda}(t_k),\delta\boldsymbol{x}(t_k))=\int_{t_0}^{t_k}(\boldsymbol{\lambda}(t_k,\tau),B\delta\dot{\boldsymbol{w}}(\tau))d\tau \tag{13.13-9}$$

再注意到由 t 到 t_k 的预测是按标准条件进行的,故干扰作用为零,即

$$\delta\dot{\boldsymbol{w}}(\tau)=0,\quad \forall\,\tau\in(t,t_k] \tag{13.13-10}$$

所以

$$\Delta H(t_k,t)=\int_{t_0}^{t}(\boldsymbol{\lambda}(t_k,\tau),B\delta\dot{\boldsymbol{w}}(\tau))d\tau \tag{13.13-11}$$

利用分部积分法,在不考虑初始干扰影响的情况下有

$$\begin{aligned}\Delta H(t_k,t)&=(\boldsymbol{\lambda}(t_k,t),\delta\boldsymbol{w}(t))-\int_{t_0}^{t}(\dot{\boldsymbol{\lambda}}(t_k,\tau),B\delta\boldsymbol{w}(\tau))d\tau\\&=\lambda_1(t_k,t)\delta w_x(t)+\lambda_2(t_k,t)\delta w_y(t)+\lambda_3(t_k,t)\delta w_z(t)\\&\quad+\int_{t_0}^{t}\{\lambda_4(t_k,\tau)\delta w_x(\tau)+\lambda_5(t_k,\tau)\delta w_y(\tau)+\lambda_6(t_k,\tau)\delta w_z(\tau)\}d\tau\end{aligned} \tag{13.13-12}$$

上式是利用加速度表测量的信息计算落点横向偏差的基本公式。

伴随向量 $\boldsymbol{\lambda}(t_k,t)$ 是随时间 t 变化的,实现起来比较复杂,在某些情况下可以采用简化的预测制导公式[16]。例如在式(13.11-37)中用 $\delta\boldsymbol{x}(t)$ 代替 $\delta\boldsymbol{x}(t_k)$ 以后,即可得到最简单的计算公式

$$\Delta H(t_k,t)=\left(\left(\boldsymbol{b}-\frac{\dot{H}}{\dot{L}}\boldsymbol{a}\right),\delta\boldsymbol{x}(t)\right) \tag{13.13-13}$$

这种简化的物理意义在于,认为 $\delta\boldsymbol{x}(t)$ 中各分量互不相关地、一比一地外推到关机点。当 t 趋近于 t_k 时,式(13.13-13)逐渐逼近式(13.13-7),在飞行过程中制导系统不断消除偏差 $\Delta H(t_k,t)$,关机时刻如按式(13.13-13)实现了 $\Delta H(t_k,t_k)=0$,也就实现了所要求的终端条件。

由于 $\boldsymbol{b}-\dfrac{\dot{H}}{\dot{L}}\boldsymbol{a}$ 是常向量,以式(13.13-13)作为导引信号使制导计算变得十分简单,因而这类简化的预测制导公式曾得到广泛应用。值得注意的是,以上简化是有条件的,通常的运用条件为

$$(1)\quad \frac{\partial H}{\partial v_{ik}}\gg\frac{\partial H}{\partial i_k},\quad (i=x,y,z) \tag{13.13-14}$$

(2) $t_k - t$ 较小。t_k 为关机时间，t 为进行导引的时间。

由条件(1)可知，在落点横向偏差表达式(13.11-37)中，$\frac{\partial H}{\partial v_{ik}}\delta v_i(t_k)(i=x,y,z)$是主要项，而$\frac{\partial H}{\partial i_k}\delta i(t_k)(i=x,y,z)$是次要项，再加上条件(2)，即可忽略 t 时刻的速度偏差 $\delta v_i(t)$ 对关机时刻位置偏差的影响。通常在小偏差条件下，t 时刻的位置偏差对关机时刻的速度偏差 $\delta v_i(t_k)$ 的影响也是可以忽略的。

当上述简化条件不成立时，应适当注意由 $\delta \boldsymbol{x}(t)$ 外推 $\delta \boldsymbol{x}(t_k)$ 时速度偏差和位置偏差相互间的影响。实际上式(13.13-7)和(13.13-12)就是较好地考虑了这些影响的预测制导公式。根据对具体系统的全面考虑，还可以对式(13.13-7)和(13.13-12)作其他形式的简化，使其既保证制导精度又便于实现。

最后我们讨论一下如何应用最优控制的方法去达到预测制导的零控无偏状态。

弹道式导弹制导系统按式(13.13-7)，(13.13-12)或(13.13-13)计算出 $\Delta H(t_k,t)$ 后，通过控制系统可以产生不同形式的控制加速度，改变火箭的质心运动以消除落点横向偏差。对这一消除偏差 $\Delta H(t_k,t)$ 的控制过程，可以应用最优控制理论中的极大值原理，综合出最优控制。注意到我们研究最优制导系统时，目标集是主动段终端(即关机点)满足约束条件

$$\Delta H(t_k,t_k) = (\boldsymbol{\lambda}(t_k,t_k),\delta \boldsymbol{x}(t_k)) = 0 \tag{13.13-15}$$

的状态集合，也可以是主动段飞行过程中满足约束条件

$$\Delta H(t_k,T) = (\boldsymbol{\lambda}(t_k,T),\delta \boldsymbol{x}(t_k)) = 0, \quad T \in (t_0,t_k] \tag{13.13-16}$$

的状态集合。显然，前者仅是后者的特例。我们称满足式(13.13-16)的状态为横向制导系统的“零控无偏状态”。由基本公式(13.13-5)可知

$$(\boldsymbol{\lambda}(t_k,t_k),\delta \boldsymbol{x}(t_k)) = (\boldsymbol{\lambda}(t_k,t),\delta \boldsymbol{x}(t)), \quad t \in (t_0,t_k] \tag{13.13-17}$$

如果在 $t=T$ 时刻($T\in(t_0,t_k]$)火箭的运动状态满足条件

$$\Delta H(t_k,T) = (\boldsymbol{\lambda}(t_k,T),\delta \boldsymbol{x}(T)) = 0 \tag{13.13-18}$$

只要 T 时刻之后不出现新的干扰作用，则必有

$$\Delta H(t_k,\tau) \equiv 0, \quad \forall \tau \in [T,t_k] \tag{13.13-19}$$

因此，在 T 时刻之后，横向制导系统的反馈控制信号为零，火箭在不受干扰也不受横向控制加速度作用的情况下，将按标准条件飞行，并在预计关机时刻保证 $\Delta H(t_k,t_k)=0$。所以我们称主动段飞行过程中满足式(13.13-18)的飞行状态为零控无偏状态。从式(13.13-18)还可以看出，零控无偏状态是六维状态空间中的五维流形，因此也可称为零控无偏流形。按早期弹道式导弹横向制导系统中习用的术语“射面”来说，也可以称这个零控无偏流形为“广义活动射面”。只要导弹的运动状态参数达到这个射面，预测的落点横向偏差就为零，如果没有新的干扰，导

弹就沿广义活动射面飞行,不再需要标准状态之外的制导反馈控制。如果出现新的干扰,导弹又会偏离“射面”,横向制导系统将控制导弹,消除偏差以达到新时刻所建立的广义活动射面之内。可以看出,广义活动射面是随时间变化的五维流形。

对于具有标准弹道,并按摄动理论设计的弹道火箭制导系统来说,零控无偏状态代表了飞行控制过程中的标准状态。显然制导系统应尽量保持这种标准状态,尤其在关机点附近,应尽量减少弹道的扰动,使系统尽早达到标准状态并稳定地保持这种状态,对提高制导精度是有益的。对于某些弹道式火箭,若能尽早处于零控无偏状态,还将大大节省控制能量,这对某些情况来说是十分重要的。向零控无偏状态导引的最优控制指标,可以根据具体要求来确定。下面以最速控制指标为例,综合出闭环的最优控制律。

为了研究问题方便起见,将火箭主动段的摄动方程式(13.10-4)改写为

$$\begin{aligned} \delta\dot{\boldsymbol{v}}(t) &= G(t)\delta r(t) + \boldsymbol{u} \\ \delta\dot{\boldsymbol{r}} &= \delta\boldsymbol{v} \\ \delta\boldsymbol{x}(t_0) &= \delta\boldsymbol{x}_0 = (\delta\boldsymbol{v}_0, \delta\boldsymbol{r}_0)^{\tau} \end{aligned} \tag{13.13-20}$$

式中

$$\delta\boldsymbol{x}(t) = (\delta\boldsymbol{v}(t), \delta\boldsymbol{r}(t))^{\tau} = (\delta v_x, \delta v_y, \delta v_z, \delta x, \delta y, \delta z)^{\tau}$$

表示火箭运动参数的偏差。控制加速度可写成

$$\boldsymbol{u}(t) = f(t)\boldsymbol{\eta}(t) \tag{13.13-21}$$

$\boldsymbol{\eta}(t)$为单位向量,表示控制加速度的方向。$f(t)$表示控制加速度的大小。控制约束条件为

$$0 \leqslant f(t) \leqslant \boldsymbol{F}(\text{常数}), \quad \|\boldsymbol{\eta}(t)\| = 1(\text{方向任意}) \tag{13.13-22}$$

假定初始偏差为$\delta\boldsymbol{x}_0$,对应的预测落点横向偏差是

$$\Delta H(t_k, t_0) = (\boldsymbol{\lambda}(t_k, t_0), \delta\boldsymbol{x}(t_0)) \neq 0 \tag{13.13-23}$$

控制性能指标为

$$J = \int_{t_0}^{T} 1 dt \tag{13.13-24}$$

目标集由下式确定

$$\Delta H(t_k, T) = (\boldsymbol{\lambda}(t_k, T), \delta\boldsymbol{x}(T)) = 0 \tag{13.13-25}$$

要解决的问题是求满足方程(13.13-20)及约束条件式(13.13-22)和(13.13-25),使性能指标式(13.13-24)达到极小的最速控制$\mathring{\boldsymbol{u}}(t)$。

我们已把横向制导系统的设计问题,化成了最速控制系统的设计问题。下面我们应用极大值原理来进行设计。

按最优控制理论,系统的哈密顿函数$\mathscr{H}$为

$$\mathscr{H} = (\boldsymbol{\psi}_1, G(t)\delta\boldsymbol{r}) + (\boldsymbol{\psi}_1, f\boldsymbol{\eta}) + (\boldsymbol{\psi}_2, \delta\boldsymbol{v}) - 1 \tag{13.13-26}$$

伴随方程为

$$\dot{\boldsymbol{\psi}}_1 = -\frac{\partial \mathscr{H}}{\partial \delta \boldsymbol{v}} = -\boldsymbol{\psi}_2, \quad \dot{\boldsymbol{\psi}}_2 = -\frac{\partial \mathscr{H}}{\partial \delta \boldsymbol{r}} = -G^{\tau}(t)\boldsymbol{\psi}_1 \qquad (13.13\text{-}27)$$

横截条件为

$$\boldsymbol{\psi}_1(T) = \frac{\mu\partial(\boldsymbol{\lambda}(t_k,T),\delta\boldsymbol{x}(T))}{\partial\delta\boldsymbol{v}(T)}, \quad \boldsymbol{\psi}_2(T) = \frac{\mu\partial(\boldsymbol{\lambda}(t_k,T),\delta\boldsymbol{x}(T))}{\partial\delta\boldsymbol{r}(T)} \qquad (13.13\text{-}28)$$

式中 $\boldsymbol{\mu}$ 为待定常量，$\boldsymbol{\lambda}(t_k,T)$ 是方程式(13.13-4)在终端条件式(13.13-6)下求出的伴随向量，记

$$\boldsymbol{\lambda}(t_k,t) = (\boldsymbol{\lambda}^v(t_k,t),\boldsymbol{\lambda}^r(t_k,t))^{\tau}$$

$$\boldsymbol{\lambda}^v(t_k,t) = (\lambda_1(t_k,t),\lambda_2(t_k,t),\lambda_3(t_k,t))^{\tau}$$

$$\boldsymbol{\lambda}^r(t_k,t) = (\lambda_4(t_k,t),\lambda_5(t_k,t),\lambda_6(t_k,t))^{\tau} \qquad (13.13\text{-}29)$$

等式(13.13-25)可改写成

$$(\boldsymbol{\lambda}(t_k,T),\delta\boldsymbol{x}(T)) = (\boldsymbol{\lambda}^v(t_k,T),\delta\boldsymbol{v}(T)) + (\boldsymbol{\lambda}^r(t_k,T),\delta\boldsymbol{r}(T)) = 0 \qquad (13.13\text{-}30)$$

由横截条件式(13.13-28)得到

$$\boldsymbol{\psi}_1(T) = \mu\boldsymbol{\lambda}^v(t_k,T), \quad \boldsymbol{\psi}_2(T) = \mu\boldsymbol{\lambda}^r(t_k,T) \qquad (13.13\text{-}31)$$

注意到伴随方程式(13.13-27)和伴随方程式(13.13-4)是同一个方程的两种不同写法，于是可以得出

$$\boldsymbol{\psi}_1(t) = \mu\boldsymbol{\lambda}^v(t_k,t), \quad \boldsymbol{\psi}_2(t) = \mu\boldsymbol{\lambda}^r(t_k,t) \qquad (13.13\text{-}32)$$

由极大值原理，为使控制指标 J 达到极小，应选取最优控制 $\mathring{\boldsymbol{u}}$，使哈密顿函数达到极大。因而最优控制 $\mathring{\boldsymbol{u}}$ 为

$$\mathring{\boldsymbol{u}}(t) = F\frac{\boldsymbol{\psi}_1(t)}{\|\boldsymbol{\psi}_1(t)\|} = F\frac{\mu\boldsymbol{\lambda}^v(t_k,t)}{|\mu|\cdot\|\boldsymbol{\lambda}^v(t_k,t)\|} \qquad (13.13\text{-}33)$$

式(13.13-33)表明，最优控制加速度其数值应取最大值 F，其方向或者与 $\boldsymbol{\lambda}^v(t_k,t)$ 同向，或者与 $\boldsymbol{\lambda}^v(t_k,t)$ 反向。为了找出最优控制与初始状态变量 $\delta\boldsymbol{x}_0$ 之间的关系，我们将式(13.13-33)代入状态方程式(13.13-20)

$$\delta\dot{\boldsymbol{v}} = G(t)\delta\boldsymbol{r} + \mathring{\boldsymbol{u}}, \quad \delta\dot{\boldsymbol{r}} = \delta\boldsymbol{v} \qquad (13.13\text{-}34)$$

设式(13.13-34)的基本解阵为

$$\Phi(t,s) = \begin{pmatrix} \Phi_{11}(t,s) & \Phi_{12}(t,s) \\ \Phi_{21}(t,s) & \Phi_{22}(t,s) \end{pmatrix} \qquad (13.13\text{-}35)$$

方程(13.13-34)的解可表示为

$$\begin{pmatrix} \delta\boldsymbol{v}(t) \\ \delta\boldsymbol{r}(t) \end{pmatrix} = \Phi(t,t_0)\begin{pmatrix} \delta\boldsymbol{v}(t_0) \\ \delta\boldsymbol{r}(t_0) \end{pmatrix} + \int_{t_0}^{t}\Phi(t,s)\begin{pmatrix} \mathring{\boldsymbol{u}}(s) \\ 0 \end{pmatrix}ds \qquad (13.13\text{-}36)$$

将式(13.13-33)代入式(13.13-36)，并令 $t=T$，可得

$$\begin{pmatrix}\delta \boldsymbol{v}(T)\\ \delta \boldsymbol{r}(T)\end{pmatrix}=\Phi(T,t_0)\begin{pmatrix}\delta \boldsymbol{v}(t_0)\\ \delta \boldsymbol{r}(t_0)\end{pmatrix}+\frac{\mu}{|\mu|}\begin{pmatrix}\int_{t_0}^{T}\Phi_{11}(T,s)\dfrac{F\boldsymbol{\lambda}^{v}(t_k,s)}{\|\boldsymbol{\lambda}^{v}(t_k,s)\|}ds\\ \int_{t_0}^{T}\Phi_{21}(T,s)\dfrac{F\boldsymbol{\lambda}^{v}(t_k,s)}{\|\boldsymbol{\lambda}^{v}(t_k,s)\|}ds\end{pmatrix}\tag{13.13-37}$$

再将式(13.13-37)代入式(13.13-30)得到

$$\begin{aligned}(\boldsymbol{\lambda}(t_k,T),\delta\boldsymbol{x}(T))=&(\boldsymbol{\lambda}(t_k,T),\Phi(T,t_0)\delta\boldsymbol{x}(t_0))\\&+\frac{\mu}{|\mu|}\Delta H^{u}(t_k,T)=0\end{aligned}\tag{13.13-38}$$

式中

$$\Delta H^{u}(t_k,T)=\left(\boldsymbol{\lambda}(t_k,T),\begin{pmatrix}\int_{t_0}^{T}\Phi_{11}(T,s)\dfrac{F\boldsymbol{\lambda}^{v}(t_k,s)}{\|\boldsymbol{\lambda}^{v}(t_k,s)\|}ds\\ \int_{t_0}^{T}\Phi_{21}(T,s)\dfrac{F\boldsymbol{\lambda}^{v}(t_k,s)}{\|\boldsymbol{\lambda}^{v}(t_k,s)\|}ds\end{pmatrix}\right)\tag{13.13-39}$$

假设 $\boldsymbol{x},\boldsymbol{y}$ 分别表示两个 n 维向量，A 表示 n 阶方阵，A^* 表示 A 的伴随矩阵，于是有关系式

$$(\boldsymbol{x},A\boldsymbol{y})=(A^*\boldsymbol{x},\boldsymbol{y})\tag{13.13-40}$$

成立。利用式(13.13-40)，将式(13.13-38)右端第一项化为

$$(\boldsymbol{\lambda}(t_k,T),\Phi(T,t_0)\delta\boldsymbol{x}(t_0))=(\Phi^*(T,t_0)\boldsymbol{\lambda}(t_k,T),\delta\boldsymbol{x}(t_0))\tag{13.13-41}$$

可以证明

$$\Phi^*(T,t_0)=\Phi^{\tau}(T,t_0),\quad \boldsymbol{\lambda}(t_k,t_0)=\Phi^{\tau}(T,t_0)\boldsymbol{\lambda}(t_k,T)\tag{13.13-42}$$

利用式(13.13-41)和(13.13-42)，可将式(13.13-38)表示成

$$\begin{aligned}\Delta H(t_k,T)&=(\boldsymbol{\lambda}(t_k,T),\delta\boldsymbol{x}(T))\\&=(\boldsymbol{\lambda}(t_k,t_0),\delta\boldsymbol{x}(t_0))+\frac{\mu}{|\mu|}\Delta H^{u}(t_k,T)\\&=\Delta H(t_k,t_0)+\frac{\mu}{|\mu|}\Delta H^{u}(t_k,T)=0\end{aligned}\tag{13.13-43}$$

由 $\Delta H^u(t_k,T)$的定义式(13.13-39)可知，由于在$[t_0,T]$时间间隔内控制加速度 $\mathring{\boldsymbol{u}}(t)$起作用，引起 T 时刻运动参数变化，相应地 T 时刻的预计落点横向偏差也要变化，其改变量为 $\Delta H^u(t_k,T)$。式(13.13-43)表明，初始状态 $\delta\boldsymbol{x}_0$ 对应的预计落点横向偏差 $\Delta H(t_k,t_0)$，经$[t_0,T]$区间内的控制加速度的作用完全消除了。由式(13.13-43)可知

$$|\Delta H^u(t_k,T)|=|\Delta H(t_k,t_0)|\tag{13.13-44}$$

由式(13.13-44)可求出时间 T，由式(13.13-39)可求出 $\Delta H^u(t_k,T)$，由式(13.13-43)得到

$$\frac{\mu}{|\mu|} = \frac{-\Delta H(t_k, t_0)}{\Delta H^u(t_k, T)} \tag{13.13-45}$$

将式(13.13-45)代入式(13.13-33)可得最优控制

$$\mathring{\boldsymbol{u}}(t) = -\frac{\Delta H(t_k, t_0)}{\Delta H^u(t_k, T)} \frac{\boldsymbol{\lambda}^v(t_k, t)}{\|\boldsymbol{\lambda}^v(t_k, t)\|} \boldsymbol{F} \tag{13.13-46}$$

将控制过程中任意时刻 t 作为初始时刻,可得到最优控制加速度的解

$$\mathring{\boldsymbol{u}}(t) = -\frac{\Delta H(t_k, t)}{\Delta H^u(t_k, T)} \frac{\boldsymbol{\lambda}^v(t_k, t)}{\|\boldsymbol{\lambda}^v(t_k, t)\|} \boldsymbol{F} \tag{13.13-47}$$

式(13.13-47)表明,向零控无偏状态导引的最速控制加速度,必须与向量 $\boldsymbol{\lambda}^v(t_k, t)$ 平行,当 $\Delta H(t_k, t)/\Delta H^u(t_k, T) > 0$ 时,取 $\boldsymbol{\lambda}^v(t_k, t)$ 的负方向,当 $\Delta H(t_k, t)/\Delta H^u(t_k, T) < 0$ 时,取 $\boldsymbol{\lambda}^v(t_k, t)$ 的正方向。而且最速控制加速度的数值应取允许的最大值。控制加速度只在$[t_0, T]$区间内起作用,T 时刻横向制导系统到达零控无偏流型,如无新的干扰作用,横向控制加速度则为零,火箭沿横向零控无偏流型飞到关机点,保证落点横向偏差 $\Delta H(t_k) = 0$。伴随向量 $\boldsymbol{\lambda}(t_k, t)$ 可由系统的伴随方程在给定的终端条件下求解,而伴随方程和终端条件都是由火箭主动段的标准飞行条件确定的,因而最优控制加速度的平行方向 $\boldsymbol{\lambda}^v(t_k, t)/\|\boldsymbol{\lambda}^v(t_k, t)\|$ 是已知的,只随时间 t 而变化。当横向制导系统实时计算 $\Delta H(t_k, t)$,$\Delta H^u(t_k, T)$时,按它们的符号即可完全确定最优控制加速度的方向。

第十三章的附录:摄动系数的计算

F,G 和 H 是由方程组(13.1-14)所定义的。它们包含有参数 Σ,Λ,Δ 和 N。根据方程(13.1-2)和(13.1-13)所给的定义,这些参数可以写成下列形式

$$\Sigma = \frac{S_g}{W}$$

$$\Lambda = \frac{g}{W} \frac{1}{2} \rho A C_L \sqrt{v_r^2 + (v_\theta + w)^2}$$

$$\Delta = \frac{g}{W} \frac{1}{2} \rho A C_D \sqrt{v_r^2 + (v_\theta + w)^2}$$

$$N = \frac{1}{l} \frac{1}{2} \rho A C_M \{v_r^2 + (v_\theta + w)^2\} \tag{13.A-1}$$

其中的空气动力系数 C_L,C_D 和 C_M 都是冲角 α,升降舵角 γ,马赫数 M 和雷诺数 Re 的函数:这些空气动力学参数与飞行路线的各个量显然有以下的关系

$$\alpha = \beta - \tan^{-1}\left(\frac{v_r}{v_\theta + w}\right), \quad M = \frac{V}{a(r)}, \quad \mathrm{Re} = \frac{\rho V l}{\mu(r)} \tag{13.A-2}$$

其中 $a(r)$是空气的音速,$\mu(r)$是空气的黏性系数,这两个量都是高度 r 的函数。在以下的计算中,推力 s 只看作是高度的函数。我们也假定空气在各个高度上的

化学成分都与标准大气的情况相同；只有密度 ρ 和温度 T 与标准值不相同。所以，在任意高度上 a 和 μ 的偏差都只是由于温度 T 的偏差而产生的。

对于 Σ 来说

$$\frac{\partial\Sigma}{\partial r}=\frac{g}{W}\frac{\partial S}{\partial r},\quad \frac{\partial\Sigma}{\partial W}=-\frac{\Sigma}{W} \tag{13. A-3}$$

所有其余的偏导数都是零。

对于 Λ 来说

$$\begin{aligned}
\frac{\partial\Lambda}{\partial r}&=\Lambda\left\{\frac{1}{\rho}\frac{d\rho}{dr}\left(1+\frac{\mathrm{Re}}{C_L}\frac{\partial C_L}{\partial\mathrm{Re}}\right)+\frac{1}{V^2}\frac{dw}{dr}\left[\left(\frac{M}{C_L}\frac{\partial C_L}{\partial M}+\frac{\mathrm{Re}}{C_L}\frac{\partial C_L}{\partial\mathrm{Re}}+1\right)\right.\right.\\
&\quad\left.\left.\times(v_\theta+w)+\frac{1}{C_L}\frac{\partial C_L}{\partial\alpha}v_r\right]-\frac{M}{C_L}\frac{\partial C_L}{\partial M}\frac{1}{a}\frac{da}{dr}-\frac{\mathrm{Re}}{C_L}\frac{\partial C_L}{\partial\mathrm{Re}}\frac{1}{\mu}\frac{d\mu}{dr}\right\}\\
\frac{\partial\Lambda}{\partial v_r}&=\Lambda\frac{v_r}{V^2}\left(\frac{M}{C_L}\frac{\partial C_L}{\partial M}+\frac{\mathrm{Re}}{C_L}\frac{\partial C_L}{\partial\mathrm{Re}}+1-\frac{1}{C_L}\frac{\partial C_L}{\partial\alpha}\frac{v_\theta+w}{v_r}\right)\\
\frac{\partial\Lambda}{\partial v_\theta}&=\Lambda\frac{v_\theta+w}{V^2}\left(\frac{M}{C_L}\frac{\partial C_L}{\partial M}+\frac{\mathrm{Re}}{C_L}\frac{\partial C_L}{\partial\mathrm{Re}}+1+\frac{1}{C_L}\frac{\partial C_L}{\partial\alpha}\frac{v_r}{v_\theta+w}\right)\\
\frac{\partial\Lambda}{\partial\beta}&=\Lambda\frac{1}{C_L}\frac{\partial C_L}{\partial\alpha}\\
\frac{\partial\Lambda}{\partial\gamma}&=\Lambda\frac{1}{C_L}\frac{\partial C_L}{\partial\gamma}\\
\frac{\partial\Lambda}{\partial\rho}&=\Lambda\frac{1}{\rho}\left(1+\frac{\mathrm{Re}}{C_L}\frac{\partial C_L}{\partial\mathrm{Re}}\right)\\
\frac{\partial\Lambda}{\partial T}&=-\Lambda\left(\frac{M}{C_L}\frac{\partial C_L}{\partial M}\frac{1}{2T}+\frac{\mathrm{Re}}{C_L}\frac{\partial C_L}{\partial\mathrm{Re}}\frac{1}{\mu}\frac{\partial\mu}{\partial T}\right)\\
\frac{\partial\Lambda}{\partial w}&=\Lambda\frac{v_\theta+w}{V^2}\left(\frac{M}{C_L}\frac{\partial C_L}{\partial M}+\frac{\mathrm{Re}}{C_L}\frac{\partial C_L}{\partial\mathrm{Re}}+1+\frac{1}{C_L}\frac{\partial C_L}{\partial\alpha}\frac{v_r}{v_\theta+w}\right)=\frac{\partial\Lambda}{\partial v_\theta}\\
\frac{\partial\Lambda}{\partial W}&=-\frac{\Lambda}{W}
\end{aligned}\tag{13. A-4}$$

只要在方程(13. A-4)中用 Δ 代替 Λ，以 C_D 代替 C_L 就可以得到 Δ 的各个偏导数。这里不再写出。对于 N 来说

$$\begin{aligned}
\frac{\partial N}{\partial r}&=N\left\{\frac{1}{\rho}\frac{d\rho}{dr}\left(1+\frac{\mathrm{Re}}{C_M}\frac{\partial C_M}{\partial\mathrm{Re}}\right)+\frac{1}{V^2}\frac{dw}{dr}\left[\left(\frac{M}{C_M}\frac{\partial C_M}{\partial M}+\frac{\mathrm{Re}}{C_M}\frac{\partial C_M}{\partial\mathrm{Re}}+2\right)\right.\right.\\
&\quad\left.\left.\times(v_\theta+w)+\frac{1}{C_M}\frac{\partial C_M}{\partial\alpha}v_r\right]-\frac{M}{C_M}\frac{\partial C_M}{\partial M}\frac{1}{a}\frac{da}{dr}-\frac{\mathrm{Re}}{C_M}\frac{\partial C_M}{\partial\mathrm{Re}}\frac{1}{\mu}\frac{d\mu}{dr}\right\}\\
\frac{\partial N}{\partial v_r}&=N\frac{v_r}{V^2}\left(\frac{M}{C_M}\frac{\partial C_M}{\partial M}+\frac{\mathrm{Re}}{C_M}\frac{\partial C_M}{\partial\mathrm{Re}}+2-\frac{1}{C_M}\frac{\partial C_M}{\partial\alpha}\frac{v_\theta+w}{v_r}\right)\\
\frac{\partial N}{\partial v_\theta}&=N\frac{v_\theta+w}{V^2}\left(\frac{M}{C_M}\frac{\partial C_M}{\partial_M}+\frac{\mathrm{Re}}{C_M}\frac{\partial C_M}{\partial\mathrm{Re}}+2+\frac{1}{C_M}\frac{\partial C_M}{\partial\alpha}\frac{v_r}{v_\theta+w}\right)
\end{aligned}$$

$$
\begin{aligned}
&\frac{\partial N}{\partial \beta}=N\frac{1}{C_M}\frac{\partial C_M}{\partial \alpha}\\
&\frac{\partial N}{\partial \gamma}=N\frac{1}{C_M}\frac{\partial C_M}{\partial \gamma}\\
&\frac{\partial N}{\partial \rho}=N\frac{1}{\rho}\left(1+\frac{\mathrm{Re}}{C_M}\frac{\partial C_M}{\partial \mathrm{Re}}\right)\\
&\frac{\partial N}{\partial T}=-N\left(\frac{M}{C_M}\frac{\partial C_M}{\partial M}\frac{1}{2T}+\frac{\mathrm{Re}}{C_M}\frac{\partial C_M}{\partial \mathrm{Re}}\frac{1}{\mu}\frac{\partial \mu}{\partial T}\right)\\
&\frac{\partial N}{\partial W}=\frac{\partial N}{\partial v_\theta}\\
&\frac{\partial N}{\partial I}=-\frac{N}{I}
\end{aligned}
\tag{13. A-5}
$$

根据以上这些偏导数，系数 a，b，c 就不难算出

$$
\begin{aligned}
a_1&=\frac{\partial F}{\partial r}=\frac{\partial \Sigma}{\partial r}\sin\beta+\frac{dw}{dr}\Lambda+(v_\theta+w)\frac{\partial \Lambda}{\partial r}-v_r\frac{\partial \Delta}{\partial r}+\left(\frac{v_\theta}{r}\pm\Omega\right)^2\\
&\quad-2\frac{v_\theta}{r}\left(\frac{v_\theta}{r}\pm\Omega\right)+2\frac{g}{r}\left(\frac{r_0}{r}\right)^2\\
a_2&=\frac{\partial F}{\partial \beta}=\Sigma\cos\beta+(v_\theta+w)\frac{\partial \Lambda}{\partial \beta}-v_r\frac{\partial \Delta}{\partial \beta}\\
a_3&=\frac{\partial F}{\partial v_r}=(v_\theta+w)\frac{\partial \Lambda}{\partial v_r}-\Delta-v_r\frac{\partial \Delta}{\partial v_r}\\
a_4&=\frac{\partial F}{\partial v_\theta}=\Lambda+(v_\theta+w)\frac{\partial \Lambda}{\partial v_\theta}-v_r\frac{\partial \Delta}{\partial v_\theta}+2\left(\frac{v_\theta}{r}\pm\Omega\right)\\
a_5&=\frac{\partial F}{\partial \gamma}=(v_\theta+w)\frac{\partial \Lambda}{\partial \gamma}-v_r\frac{\partial \Delta}{\partial \gamma}\\
a_6&=\frac{\partial F}{\partial \rho}=(v_\theta+w)\frac{\partial \Lambda}{\partial \rho}-v_r\frac{\partial \Delta}{\partial \rho}\\
a_7&=\frac{\partial F}{\partial T}=(v_\theta+w)\frac{\partial \Lambda}{\partial T}-v_r\frac{\partial \Delta}{\partial T}\\
a_8&=\frac{\partial F}{\partial w}=\Lambda+(v_\theta+w)\frac{\partial \Lambda}{\partial w}-v_r\frac{\partial \Delta}{\partial w}\\
a_9&=\frac{\partial F}{\partial W}=\frac{\partial \Sigma}{\partial W}\sin\beta+(v_\theta+w)\frac{\partial \Lambda}{\partial W}-v_r\frac{\partial \Delta}{\partial W}\\
b_1&=\frac{\partial G}{\partial r}=\frac{\partial \Sigma}{\partial r}\cos\beta-v_r\frac{\partial \Lambda}{\partial r}-\frac{dw}{dr}\Delta-(v_\theta+w)\frac{\partial \Delta}{\partial r}+\frac{v_r v_\theta}{r^2}\\
b_2&=\frac{\partial G}{\partial \beta}=-\Sigma\sin\beta-v_r\frac{\partial \Lambda}{\partial \beta}-(v_\theta+w)\frac{\partial \Delta}{\partial \beta}\\
b_3&=\frac{\partial G}{\partial v_r}=-\Lambda-v_r\frac{\partial \Lambda}{\partial v_r}-(v_\theta+w)\frac{\partial \Delta}{\partial v_r}-2\left(\frac{1}{2}\frac{v_\theta}{r}\pm\Omega\right)
\end{aligned}
$$

$$b_4=\frac{\partial G}{\partial v_\theta}=-v_r\frac{\partial \Lambda}{\partial v_\theta}-\Delta-(v_\theta+w)\frac{\partial \Delta}{\partial v_\theta}-\frac{v_r}{r}$$

$$b_5=\frac{\partial G}{\partial \gamma}=-v_r\frac{\partial \Lambda}{\partial \gamma}-(v_\theta+w)\frac{\partial \Delta}{\partial \gamma}$$

$$b_6=\frac{\partial G}{\partial \rho}=-v_r\frac{\partial \Lambda}{\partial \rho}-(v_\theta+w)\frac{\partial \Delta}{\partial \rho}$$

$$b_7=\frac{\partial G}{\partial T}=-v_r\frac{\partial \Lambda}{\partial T}-(v_\theta+w)\frac{\partial \Delta}{\partial T}$$

$$b_8=\frac{\partial G}{\partial w}=-v_r\frac{\partial \Lambda}{\partial w}-\Delta-(v_\theta+w)\frac{\partial \Delta}{\partial w}$$

$$b_9=\frac{\partial G}{\partial W}=\frac{\partial \Sigma}{\partial W}\cos\beta-v_r\frac{\partial \Lambda}{\partial W}-(v_\theta+w)\frac{\partial \Delta}{\partial W}$$

$$c_1=\frac{\partial H}{\partial r}=-\frac{1}{r^2}\left[\Sigma\cos\beta-v_r\Lambda-(v_\theta+w)\Delta-2v_r\left(\frac{v_\theta}{r}\pm\Omega\right)\right]$$
$$+\frac{1}{r}\left[\frac{\partial \Sigma}{\partial r}\cos\beta-v_r\frac{\partial \Lambda}{\partial r}-(v_\theta+w)\frac{\partial \Delta}{\partial r}+\frac{dw}{dr}\Delta+2\frac{v_rv_\theta}{r^2}\right]+\frac{\partial N}{\partial r}$$

$$c_2=\frac{\partial H}{\partial \beta}=\frac{1}{r}\left[-\Sigma\sin\beta-v_r\frac{\partial \Lambda}{\partial \beta}-(v_\theta+w)\frac{\partial \Delta}{\partial \beta}\right]+\frac{\partial N}{\partial \beta}$$

$$c_3=\frac{\partial H}{\partial v_r}=\frac{1}{r}\left[-\Lambda-v_r\frac{\partial \Lambda}{\partial v_r}-(v_\theta+w)\frac{\partial \Delta}{\partial v_r}-2\left(\frac{v_\theta}{r}\pm\Omega\right)\right]+\frac{\partial N}{\partial v_r}$$

$$c_4=\frac{\partial H}{\partial v_\theta}=\frac{1}{r}\left[-v_r\frac{\partial \Lambda}{\partial v_\theta}-\Delta-(v_\theta+w)\frac{\partial \Delta}{\partial v_\theta}-2\frac{v_r}{r}\right]+\frac{\partial N}{\partial v_\theta}$$

$$c_5=\frac{\partial H}{\partial \gamma}=\frac{1}{r}\left[-v_r\frac{\partial \Lambda}{\partial \gamma}-(v_\theta+w)\frac{\partial \Delta}{\partial \gamma}\right]+\frac{\partial N}{\partial \gamma}$$

$$c_6=\frac{\partial H}{\partial \rho}=\frac{1}{r}\left[-v_r\frac{\partial \Lambda}{\partial \rho}-(v_\theta+w)\frac{\partial \Delta}{\partial \rho}\right]+\frac{\partial N}{\partial \rho}$$

$$c_7=\frac{\partial H}{\partial T}=\frac{1}{r}\left[-v_r\frac{\partial \Lambda}{\partial T}-(v_\theta+w)\frac{\partial \Delta}{\partial T}\right]+\frac{\partial N}{\partial T}$$

$$c_8=\frac{\partial H}{\partial w}=\frac{1}{r}\left[-v_r\frac{\partial \Lambda}{\partial w}-\Delta-(v_\theta+w)\frac{\partial \Delta}{\partial w}\right]+\frac{\partial N}{\partial w}$$

$$c_9=\frac{\partial H}{\partial W}=\frac{1}{r}\left[\frac{\partial \Sigma}{\partial W}\cos\beta-v_r\frac{\partial \Lambda}{\partial W}-(v_\theta+w)\frac{\partial \Delta}{\partial W}\right]+\frac{\partial N}{\partial W}$$

$$c_{10}=\frac{\partial H}{\partial I}=\frac{\partial N}{\partial I}\tag{13. A-6}$$

发动机关机以后，推力 S 就消失了。因此，在 $t>\bar{t}_1$ 时，Σ 和 Σ 的各个偏导数都等于零。

参考文献

[1] 钱学森，星际航行概论，科学出版社，1963.

[2] 林金,变参数线性自动控制系统的外干扰完全补偿理论,自动化学报,1980,1.

[3] 郭孝宽、岳丕玉,运载火箭的摄动预测制导,自动化学报,1979,3.

[4] 曹昌佑,地球诸因素影响下命中和制导的计算与修正,哈尔滨工程学院,1962.

[5] Battin,R. H. ,Astronautical Guidance,McGraw-Hill Book Co. ,New York,1964.

[6] Bliss,G. A. ,Mathematics for Exterior Ballistics,John Wiley & Sons,Inc. ,New York,1944.

[7] Drenik,R. ,J. Franklin Inst. 251(1951),423—436.

[8] Faurre,P. ,Navigation Inertielle Optimale et Filtrage Statistique,Dunod,Paris,1971.

[9] Guided Missiles, Operation, Design and Theory, McGraw-Hill Book Co. , Inc. , New York,1958.

[10] Korn,G. A. & Korn,T. M. ,Electronic Analog Computers,McGraw-Hill Book Go. , Inc. , New York,1952.

[11] Locke,A. S. ,Guidance,D. Van Norstand Co. ,1955.(制导,屈其华译,国防工业出版社,1959.)

[12] Pitman,G. R. ,Inertial Guidance. Wiley,New York,1962.

[13] Terger,T. T. ,System Preliminary Design,New York,1960.(系统工程设计初步,丁永湉、连桂森等译,国防工业出版社,1965.)

[14] Tsien,H. S.(钱学森),Adamson T. C. & Knuth,E. L. ,J. Amer. Rocket Soc. ,22(1952),192—199.

[15] Доброденский,Ю. П. ,Иванова,В. И. ,Поспелов Г. С. ,Автоматика Управляемых Снарядов,Оборонгиз,1963.

[16] Ишлинский, А. Ю. , Инерцальное Управление Баллистическими Ракетами, Наука, Москва,1968.

[17] Кулебакин,В. С. ,Теория инвариантностн автоматических регулируемых и управляемых систем,Труды I Международного Конгресса IFAK,Москва,1961.

[18] Остославскнй,И. В. ,Стражева,И. В. ,Динамика Полета,Устойчивость и Управляемость Летательная Аппаратов,Мащиностроение,Москва,1965.

[19] Петров,Б. Н. ,Принцип инвариантности и условия его применения при расчете линейных и нелинейных систем,Труды I Международного Конгресса IFAK,Москва,1961.

[20] Феодосьев,В. Н. ,Синярев,Г. Б. ,Введение в Ракетную Технику,Оборонгиз,Москва,1960.(火箭技术导论,王根伟等译,国防工业出版社,1958.)

[21] Фридлендр,Г. О. ,Инерциальные Снстемы Навигации,Физматгиз,Москва,1961.

第十四章　随机输入作用下的控制系统

在以前各章里，系统的输入是确切知道的时间函数。但是在很多控制系统中，输入信号并不是确切知道的，只能用某些统计特性加以描述。例如，由于空气的湍流在飞机的机翼结构内引起的运动和应力就属于这一类问题。在这个例子中，可以把随时间变化的气流状态看做是系统的输入，它是一个随机函数，只能知道它的统计特性。机翼的应力是系统的输出，它也是一个随机函数，也只能知道它的统计特性。随机输入的另一个例子就是控制信号中的噪声。在本章里，我们讨论随机输入作用下控制系统的分析，而在下一章则将讨论设计问题。

14.1　随机变量和随机向量

随机量是通过概率来描述的，概率论是讨论和处理随机量的理论基础。所以我们首先回忆一下几个基本定义。在讨论有关概率的问题时，最重要的概念就是概率三要素：

(1) 基本事件空间 Ω：Ω 是一个集合，它包含有限个或无限个元素 ω，ω 叫做基本事件。

例如，如果认为实数轴上所有点都是基本事件，则基本事件空间 Ω 就是整个实数轴，Ω 内包含了无限个而且是不可数的基本事件 ω。

(2) 事件体 $\mathscr{F}$。在 Ω 内规定某些子集合，每一个子集合称为事件。所有这些规定好的子集合的全体叫做事件体 $\mathscr{F}$。$\mathscr{F}$ 要满足下面几个要求：

a) 基本事件空间 Ω 也是一个事件，用集合的符号表示即 $\Omega \in \mathscr{F}$；b) 如果可数个事件都属于事件体 $\mathscr{F}$，那么它们的并也属于事件体 $\mathscr{F}$，即若 $A_n \in \mathscr{F}, n=1,2,\cdots$，则 $\bigcup_{n=1}^{\infty} A_n \in \mathscr{F}$；c) 如果事件 A 属于事件体 $\mathscr{F}$，那么它的逆事件也属于事件体 $\mathscr{F}$。

例如，在实数轴上存在从某个整数 ω_1 开始到另一个整数 ω_2，$\omega_2 > \omega_1$ 为止的半开区间 $[\omega_1, \omega_2)$，这种半开区间的并我们称之为事件，如 $A_1 = [0,5)$，$A_2 = [-2, -1) \cup [0,5)$，…。因此事件体 $\mathscr{F}$ 就是所有这种半开区间的并的全体。显然，$\mathscr{F}$ 是满足 a)，b)，c) 三个要求的。

(3) 概率 P。对于 $\mathscr{F}$ 中每一个事件 A 存在一个实数 $p\{A\}$，我们称它为事件 A 的概率，它应满足下面三个要求：a) P 的取值在 0 到 1 之间，即对 $A \in \mathscr{F}$，$0 \leqslant p\{A\} \leqslant 1$；b) 基本事件空间 Ω 的概率等于 1，即 $p\{\Omega\} = 1$；c) 两两不相交的事件的

联合概率等于这些事件的概率的和，即若 $A_n \in \mathscr{F}, n=1,2,\cdots$，而且 $A_i \cap A_j = \varnothing$①，$i \neq j, i,j=1,2,\cdots$，则 $p\left\{\bigcup_{n=1}^{\infty} A_n\right\} = \sum_{n=1}^{\infty} p\{A_n\} \leqslant 1$，右端级数总是收敛的，且其极限小于等于1。

例如，对上面规定的事件体我们规定事件 $A=[\omega_1,\omega_2)$ 的概率是

$$p\{A\} = \frac{1}{\sqrt{2\pi}}\int_{\omega_1}^{\omega_2} e^{-\omega^2} d\omega$$

显然这样规定的概率是满足上面三个要求的。

即使基本事件空间 Ω 是一样的，根据不同问题的不同需要可以有不同的事件体 $\mathscr{F}$ 和不同的概率 P。即使 Ω 和 $\mathscr{F}$ 都一样，由于客观实践的规律不同可以有不同的概率函数测度 p，于是 $\mathscr{F}$ 中的每一个事件有它不同的出现概率。因此三要素 $\{\Omega, \mathscr{F}, P\}$ 应该看为统一的整体，后者常称之为概率场或概率空间。

今后在研究某一个概率问题时，应该以同一个概率场（三要素）出发。同一个问题中不允许出现两个不同的概率场。例如，进行两个随机变量同时参加的运算中，它们应该定义在相同的概率场上。

从概率场（三要素）出发我们可以给出随机变量的严格定义。假定 $X(\omega)$ 是定义在基本事件空间 Ω 上的单值实函数，后者的取值范围是整个实数轴，且对任意一个实数 x，一切满足于不等式 $X(\omega)<x$ 的 ω 的集合是事件体 $\mathscr{F}$ 中的事件，即 $\{\omega: X(\omega)<x\} \in \mathscr{F}$，那么我们称 $X(\omega)$ 为实随机变量，函数 $W(x)=p\{X(\omega)<x\}$ 称为随机变量 X 的概率分布函数。显然，$W(x)$ 是一个单调非降的左连续函数，它只取正值，并且 $W(-\infty)=0, W(+\infty)=1$。$W(x)$ 对 x 的导数（如果存在的话）$w(x)=\frac{d}{dx}W(x)$，称为随机变量 X 的概率密度函数。如果我们引进 δ 函数，那么概率密度函数 $w(x)$ 对常见的随机变量都是存在的。例如，随机变量 X 取值 x_k 的概率为 p_k，那么 $W(x)$ 在 x_k 点有一个数值为 p_k 的跳跃，$w(x)$ 含有一个 $p_k\delta(x-x_k)$ 的分量。由 $W(x)$ 的非降性可知 $w(x)$ 恒取非负的值。当一个随机变量的概率分布函数或概率密度函数为已知时，就认为此随机变量已给定。由此可知，只有概率场 $\{\Omega, \mathscr{F}, P\}$ 和函数 $X(\omega)$ 二者联合起来才决定一个随机变量。

随机变量 X 的主要数值特性定义如下：

X 的数学期望（本章用符号"－"表示数学期望）

$$\overline{X} = \int_{-\infty}^{\infty} xw(x)dx \tag{14.1-1}$$

X 的函数 $f(X)$ 的数学期望

① $\varnothing$ 表示恒不可能的事件或空集，$A_i \cap A_j = \varnothing$ 表示 A_i, A_j 两个事件不可能同时发生。

$$\overline{f(X)} = \int_{-\infty}^{\infty} f(x)w(x)dx \tag{14.1-2}$$

X 的方差

$$\sigma_X^2 = \overline{[X-\overline{X}]^2} = \int_{-\infty}^{\infty} (x-\overline{X})^2 w(x)dx \tag{14.1-3}$$

由方差的定义可知 $\delta_X^2 \geqslant 0$，当随机变量恒取常值时 σ_X^2 等于零。

现在来考虑建立在同一个概率场 $\{\Omega,\mathscr{F},P\}$ 上的两个随机变量 X 与 Y。单个随机变量 X 的概率密度函数是 $w_X(x)$，单个随机变量 Y 的概率密度函数是 $w_Y(y)$。事件 $A=\{\omega: X(\omega)<x, Y(\omega)<y\}$ 是同时满足 $X(\omega)<x, Y(\omega)<y$ 的 ω 组成的集合，它的概率 $p\{A\}=p\{X<x,Y<y\}=W(x,y)$ 称为两个随机变量 X 和 Y 的联合概率分布函数。$w(x,y)=\dfrac{\partial^2}{\partial x \partial y}W(x,y)$ 称为 X 和 Y 的联合概率密度函数。如果随机变量 X 取值 x 的概率不为零，事件 $B=\{\omega: X(\omega)=x, Y(\omega)<y\}$ 的概率记为 $p\{B\}$，那么

$$W_{Y|X}(y \mid x) = \frac{p\{B\}}{p\{X=x\}} \tag{14.1-4}$$

称为 X 取 x 值时随机变量 Y 的条件概率分布函数。如果 X 在实轴上连续取值，那么 X 取某一点值的概率等于零，这时

$$\begin{aligned} W_{Y|X}(y \mid x) &= \lim_{h\to 0} P\{Y<y \mid x \leqslant X < x+h\} \\ &= \lim_{h\to 0} \frac{P\{Y<y, x \leqslant X < x+h\}}{P\{x \leqslant X < x+h\}} \end{aligned} \tag{14.1-5}$$

$w_{Y|X}(y|x)=\dfrac{\partial}{\partial y}W_{Y|X}(y|x)$ 称为条件概率密度函数。显然，下面等式成立

$$w(x,y) = w_X(x)w_{Y|X}(y \mid x) = w_Y(y)w_{X|Y}(x \mid y) \tag{14.1-6}$$

如果 $w(x,y)=w_X(x)w_Y(y)$，即 $w_{Y|X}(y|x)=w_Y(y)$，$w_{X|Y}(x|y)=w_X(x)$，那么称 X 和 Y 是互相独立的。在一般情况下则是 $w_{Y|X}(y|x)<w_Y(y)$，$w_{X|Y}(x|y)<w_X(x)$，所以 $w(x,y)<w_X(x)w_Y(y)$。单个随机变量的概率密度函数可以由联合概率密度函数求得

$$w_X(x) = \int_{-\infty}^{\infty} w(x,y)dy, \quad w_Y(y) = \int_{-\infty}^{\infty} w(x,y)dx \tag{14.1-7}$$

两个随机变量的乘积 XY 也是随机变量，它的数学期望是

$$\overline{XY} = \int_{-\infty}^{\infty}\int_{-\infty}^{\infty} xyw(x,y)dxdy \tag{14.1-8}$$

我们把

$$r_{XY} = \overline{[X-\overline{X}][Y-\overline{Y}]} \tag{14.1-9}$$

称为 X 与 Y 的相关系数，显然有 $r_{XY}=r_{YX}$。

$$\rho_{XY}=\frac{1}{\sigma_X\sigma_Y}r_{XY} \tag{14.1-10}$$

称为 X 与 Y 的比相关系数。由于对任意的 a,b，$\left(a\frac{X}{\sigma_X}+b\frac{Y}{\sigma_Y}\right)$这个随机变量的方差总是大于或等于零的，所以显然有$|\rho_{XY}|\leqslant 1$。如果 $\rho_{XY}=\pm 1$，那么 X 和 Y 有完全相互依赖的关系。如果 $\rho_{XY}=0$，即 $r_{XY}=0$，则称随机变量 X 与 Y 是互不相关的。如果 X 与 Y 互相独立，那么 X 与 Y 一定是互不相关的；但是如果 X 与 Y 互不相关，那么它们不一定互相独立。类似地

$$\overline{(Y\mid X=x)}=\int_{-\infty}^{\infty}yw_{Y|X}(y\mid x)dy \tag{14.1-11}$$

称为 X 取 x 值时 Y 的条件数学期望。如果 X 与 Y 互相独立，则$\overline{(Y|X=x)}=\overline{Y}$。

如果随机变量 X 可以写为 $X=Y+iZ$，其中 Y 和 Z 是定义在同一个概率场上的实随机变量，那么 X 称为定义在这个概率场上的复随机变量。X 的复共轭随机变量是 $X^*=Y-iZ$。本章用“$*$”号表示复共轭值。对于复随机变量，数学期望是个复数

$$\overline{X}=\overline{Y}+i\overline{Z} \tag{14.1-12}$$

方差却是正实数

$$\sigma_X^2=\overline{[X-\overline{X}][X-\overline{X}]^*}=\overline{[X-\overline{X}]^2}=\sigma_Y^2+\sigma_Z^2 \tag{14.1-13}$$

两个复随机变量 X 与 W 的相关系数定义为

$$r_{XW}=\overline{[X-\overline{X}][W-\overline{W}]^*} \tag{14.1-14}$$

显然有 $r_{XW}=r_{WX}^*$，$|r_{XW}|\leqslant\sigma_X\sigma_W$。

现在来讨论随机变量序列的极限。在普通数列的极限问题中，如果数列$\{x_n\}$，$n=1,2,\cdots$满足$\lim\limits_{n\to\infty}|a-x_n|=0$，$a$ 为某一常数，则 $a=\lim\limits_{n\to\infty}x_n$，$a$ 称为数列$\{x_n\}$的极限。在随机问题中随机变量序列$\{X_n\}$，$n=1,2,\cdots$不能按一般方法取极限，随机变量模的平方的数学期望是一个数，可对这种数列取极限。假定对一个随机变量序列$\{X_n\}$存在一个随机变量 X，使$\lim\limits_{n\to\infty}\overline{|X-X_n|^2}=0$，那么 X 就称为随机变量序列$\{X_n\}$的均方极限，用 $X=\underset{n\to\infty}{\text{l. i. m.}}X_n$ 来表示，以便区别于一般的极限。今后在随机的极限问题中，如求导数或求积分的运算中常采用均方极限。

如果 $g(X)$是实随机变量 X 的一个非负函数那么

$$\overline{g(X)}=\int_{-\infty}^{\infty}g(x)w(x)dx\geqslant K\int_{g(x)\geqslant K}w(x)dx$$

后面一个积分是在所有满足 $g(x)\geqslant K$ 的部分上进行的，这个积分正好就是 $p\{g(X)\geqslant K\}$。所以

$$p\{g(X)\geqslant K\}\leqslant\frac{1}{K}\overline{g(X)} \tag{14.1-15}$$

称为切比雪夫(Чебыщев)不等式。现在取 $g(X)=(X-\overline{X})^2$，那么$\overline{g(X)}=\sigma_X^2$，设

$K=k^2\sigma_X^2$，就可以得到必耐梅-切比雪夫(Bienayme-Чебыщев)不等式

$$p\{|X-\overline{X}|>k\sigma_X\}=p\{|X-\overline{X}|^2\geqslant k^2\sigma_X^2\}\leqslant\frac{1}{k^2}\qquad(14.1\text{-}16)$$

如果数学期望为零的随机变量序列$\{X_n\}$均方收敛于X(数学期望也为零)，即$X=\underset{n\to\infty}{\mathrm{l.i.m.}}X_n$，那么任意给定小的$\varepsilon>0$由不等式(14.1-16)就可以得到

$p\{|X-X_n|\geqslant\varepsilon\}\leqslant\frac{1}{\varepsilon^2}\sigma^2_{(X-X_n)}$。再由均方收敛的定义，由$\sigma^2_{(X-X_n)}=\overline{|X-X_n|^2}\to 0$则可得出$\lim\limits_{n\to\infty}p\{|X-X_n|\geqslant\varepsilon\}=0$。这就是说，如果序列$\{X_n\}$均方收敛于$X$，那么$X$也是序列$\{X_n\}$在概率上的极限，或$\{X_n\}$依概率收敛于$X$。

这种序列极限的一个十分重要的例子是所谓的中心极限定理。在很多实际问题中，一个随机变量往往是由许多相互独立的随机因素的影响而引起的，每一个因素在总的影响中所起的作用基本上是均匀地大小。我们可以把这种随机变量看做是许多个相互独立的随机变量的和，每一个随机变量的方差远小于总的随机变量的方差。那么不管每一个随机变量的概率分布函数如何，它们之和的极限随机变量的概率分布将是高斯分布(也称正态分布)

$$w(x)=\frac{1}{\sqrt{2\pi}\sigma_X}\exp\left\{-\frac{(x-\overline{X})^2}{2\sigma_{X^2}}\right\}\qquad(14.1\text{-}17)$$

这就是中心极限定理[1]。

我们现在来讨论随机向量。由建立在同一个概率场上的n个随机变量X_1，$X_2,\cdots,X_n$组成了一个n维随机向量

$$\boldsymbol{X}^\tau=(X_1,X_2,\cdots,X_n)\qquad(14.1\text{-}18)$$

对Ω中给定的元ω，$\boldsymbol{X}(\omega)$是一个n维列向量$\boldsymbol{x}^\tau=(x_1,x_2,\cdots,x_n)$。随机向量$\boldsymbol{X}$的概率分布(或密度)函数就是$n$个随机变量$X_1,X_2,\cdots,X_n$的联合概率分布(或密度)函数。它有如下特性

$$\int_{-\infty}^{\infty}\cdots\int_{-\infty}^{\infty}w_{\boldsymbol{X}}(\boldsymbol{x})dx_2\cdots dx_n=w_{X_1}(x_1)\qquad(14.1\text{-}19)$$

$$\int_{-\infty}^{\infty}\cdots\int_{-\infty}^{\infty}w_{\boldsymbol{X}}(\boldsymbol{x})dx_3\cdots dx_n=w_{X_1X_2}(x_1,x_2)\qquad(14.1\text{-}20)$$

于是可以推得随机向量$\boldsymbol{X}$的数学期望$\overline{\boldsymbol{X}}$是一个$n$维列向量，它的每个分量就是随机向量每个分量的数学期望

$$\overline{\boldsymbol{X}}^\tau=(\overline{X}_1,\overline{X}_2,\cdots,\overline{X}_n)\qquad(14.1\text{-}21)$$

$\boldsymbol{X}$的方差是一个$n\times n$阶方阵，记为

$$\Sigma_{\boldsymbol{X}}^2=\overline{[\boldsymbol{X}-\overline{\boldsymbol{X}}][\{\boldsymbol{X}-\overline{\boldsymbol{X}}\}^*]^\tau}=\begin{pmatrix}\sigma_{X_1}^2 & r_{X_1X_2}\cdots r_{X_1X_n}\\ r_{X_2X_1} & \sigma_{X_2}^2\cdots r_{X_2X_n}\\ \vdots & \vdots\qquad\vdots\\ r_{X_nX_1} & r_{X_nX_2}\cdots\ \sigma_{X_n}^2\end{pmatrix}\qquad(14.1\text{-}22)$$

上角注"τ"是矩阵转置符号。当 $\boldsymbol{X}$ 为实随机向量时，$\boldsymbol{X}$ 的方差阵是对称正定阵。如果 $\boldsymbol{X}$ 各分量两两不相关，那么方差阵是对角阵，对角线上的元是它各分量的方差 $\sigma_{X_i}^2$。两个随机向量（不一定是相同维数的）$\boldsymbol{X},\boldsymbol{Y}$ 的联合概率分布（或密度）函数是它们各分量 $X_1,X_2,\cdots,X_n,Y_1,Y_2,\cdots,Y_m$ 的联合概率分布（或密度）函数，且

$$\int_{-\infty}^{\infty}\cdots\int_{-\infty}^{\infty} w_{\boldsymbol{XY}}(\boldsymbol{x},\boldsymbol{y})dx_2\cdots dx_n dy_1 dy_3\cdots dy_m = w_{X_1Y_2}(x_1,y_2) \qquad (14.1\text{-}23)$$

因此，n 维随机向量 $\boldsymbol{X}$ 与 m 维随机向量 $\boldsymbol{Y}$ 的相关系数是 $n\times m$ 阶矩阵，它的每一个元素是 $\boldsymbol{X}$ 的某个分量与 $\boldsymbol{Y}$ 的某个分量的相关系数

$$R_{\boldsymbol{XY}} = \overline{[\boldsymbol{X}-\overline{\boldsymbol{X}}][\{\boldsymbol{Y}-\overline{\boldsymbol{Y}}\}^*]^\tau} = \begin{pmatrix} r_{X_1Y_1} & r_{X_1Y_2}\cdots r_{X_1Y_m} \\ r_{X_2Y_1} & r_{X_2Y_2}\cdots r_{X_2Y_m} \\ \vdots & \vdots \quad\quad \vdots \\ r_{X_nY_1} & r_{X_2Y_2}\cdots r_{X_nY_m} \end{pmatrix} \qquad (14.1\text{-}24)$$

随机向量的条件概率分布，条件数学期望，均方极限等都和随机变量相类似，这里就不再叙述了。我们仅提一下，具有高斯分布的 n 维随机向量 $\boldsymbol{X}$ 的概率密度函数是

$$w(\boldsymbol{x}) = w(x_1,x_2,\cdots,x_n)$$
$$= \frac{1}{(2\pi)^{\frac{n}{2}}\,|\,\Sigma_{\mathbf{X}}^2\,|^{\frac{1}{2}}}\exp\left[-\frac{1}{2\,|\,\Sigma_{\mathbf{X}}^2\,|}\sum_{i=1}^{n}\sum_{j=1}^{n}|\,\Sigma_{\mathbf{X}}^2\,|_{ij}(x_i-\overline{x}_i)(x_j-\overline{x}_j)^*\right] \qquad (14.1\text{-}25)$$

其中 $|\Sigma_{\mathbf{X}}^2|$ 是方差阵 $\Sigma_{\mathbf{X}}^2$ 的行列式，$|\Sigma_{\mathbf{X}}^2|_{ij}$ 是方差阵 $\Sigma_{\mathbf{X}}^2$ 的元素 $r_{X_iX_j}$ 的代数余子式。

14.2　随机变量和随机向量的几何概念

任何一个数学期望不等于零的随机变量可以看作为一个不为零的数和一个数学期望为零的随机变量之和。不失一般性，下面我们只讨论数学期望为零的、方差有界的随机变量。假定 X 与 Y 是同一个概率场上的两个实随机变量，X 取值 x 的概率密度函数为 $w_X(x)$，Y 取值 y 的概率密度函数为 $w_Y(y)$，那么两个随机变量的线性组合 $Z=aX+bY$，其中 a,b 为任意实常数，也是同一概率场上的实随机变量，它们的值域都可看作为整个实数轴 R。Z 的概率分布函数是

$$W_Z(z) = \int_{-\infty}^{\infty}dy\int_{-\infty}^{\frac{z-by}{a}}w(x,y)dx \qquad (14.2\text{-}1)$$

如果 X 与 Y 互相独立，那么

$$w_Z(z) = \int_{-\infty}^{\infty}\frac{1}{|\,a\,|}w_X\left(\frac{z-by}{a}\right)w_Y(y)dy \qquad (14.2\text{-}2)$$

Z 的数学期望仍等于零，$\overline{Z}=a\,\overline{X}+b\,\overline{Y}=0$；它的方差是

$$\sigma_Z^2=\overline{(aX+bY)^2}=a^2\sigma_X^2+b^2\sigma_Y^2+2ab\sigma_X\sigma_Y\rho_{XY}$$

由于 σ_X^2,σ_Y^2 都有界，$|\rho_{XY}|\leqslant 1$，所以 σ_Z^2 仍然有界。由此得到，一切建立在同一概率场上的取值于实轴的实随机变量（数学期望为零、方差有界）构成一个线性空间，而每一个这样的实随机变量都是此线性空间中的元（向量）。

在此空间中引进内积

$$\langle X,Y\rangle = r_{XY} = \overline{XY} = \int_{-\infty}^{\infty}\int_{-\infty}^{\infty} xyw(x,y)dxdy \tag{14.2-3}$$

很容易证明，这种用相关系数定义的内积满足条件：(1) $\langle X,Y\rangle=\langle Y,X\rangle$。

(2) $\langle a_1X_1+a_2X_2,Y\rangle=a_1\langle X_1,Y\rangle+a_2\langle X_2,Y\rangle$，其中 a_1,a_2 是实常数。

(3) $\langle X,X\rangle\geqslant 0$，当且仅当 $X=0$ 时才等于零。

根据此内积的定义，此空间的元的范数 $\|X\|$ 为

$$\|X\|^2 = \langle X,X\rangle = \int_{-\infty}^{\infty} x^2 w_X(x)dx = \sigma_X^2 \geqslant 0 \tag{14.2-4}$$

同样，可以证明：

(4) $\|aX\|=|a|\cdot\|X\|$，其中 a 是实常数。

(5) $|\langle X,Y\rangle|\leqslant\|X\|\cdot\|Y\|$，这就是施瓦尔茨-布涅柯夫斯基（Schwarz-Буняковский）不等式，即第 14.1 节中已说过的

$$|r_{XY}|\leqslant\sigma_X\sigma_Y$$

(6) $\|X+Y\|\leqslant\|X\|+\|Y\|$，这就是三角形不等式，这是因为

$$\|X+Y\|^2=\|X\|^2+\|Y\|^2+2\langle X,Y\rangle\leqslant\|X\|^2+\|Y\|^2+2|\langle X,Y\rangle|\leqslant \|X\|^2+\|Y\|^2+2\|X\|\cdot\|Y\|=(\|X\|+\|Y\|)^2$$

只有在 $Y=\lambda X$，λ 为正实数时才取等号。

于是，这个线性空间是个内积空间。我们可以把 $\|X-Y\|$ 看作为两个随机变量 X 和 Y 的距离。在这空间中，如果 $\langle X,Y\rangle=0$，则称此两个随机变量直交。在空间内任一随机变量序列的均方极限如存在，那么它仍是数学期望为零、方差有界的实随机变量。我们把所有这些极限点和线性空间联合起来就是一个完备空间。这样，建立在同一概率场的这种随机变量及极限点构成了一个希尔伯特空间（完备的内积空间）H_1。每一个这样的随机变量是希尔伯特空间 H_1 中的一个元（向量）。像一般函数空间一样，H_1 是无穷维的。

如果 X,Y 是复随机变量，以上论断仍然有效，即一切数学期望为零、方差有界的复随机变量也构成一个希尔伯特空间 H_1。不过内积的定义应改为

$$\langle X,Y\rangle = r_{XY} = \overline{XY^*} \tag{14.2-5}$$

它是一个复数。上述条件(1)应改为 $\langle X,Y\rangle=\langle Y,X\rangle^*$，(2)和(4)中的系数均为复数。范数 $\|X\|$ 应改为

$$\|X\|^2 = \langle X,X\rangle = \int |x|^2 w(x)dx = \sigma_X^2 \geqslant 0 \tag{14.2-6}$$

假定在空间 H_1 中任意给定两个元 X 和 Y，那么元 Y 总可以表示成为两个互相直交的分量的和

$$Y = Y_X + \widetilde{Y} \tag{14.2-7}$$

其中 $\widetilde{Y}$ 与 X 直交，$\langle\widetilde{Y},X\rangle=0$；$Y_X$ 是 Y 在 X 上的直交投影，我们以后记以$P(X)Y$，它等于某个常数乘以 X

$$Y_X = P(X)Y = aX \tag{14.2-8}$$

我们来求 Y 与 X 的内积

$$\langle Y,X\rangle=\langle P(X)Y,X\rangle+\langle\widetilde{Y},X\rangle=a\langle X,X\rangle$$

如果$\langle X,X\rangle\neq 0$，就可以得到常数 a

$$a = \langle Y,X\rangle \cdot \langle X,X\rangle^{-1} = r_{YX}\sigma_X^{-2} \tag{14.2-9}$$

Y 的两个互相直交的分量分别是

$$P(X)Y=r_{YX}\sigma_X^{-2}X$$

和

$$\widetilde{Y}=Y-P(X)Y=Y-r_{YX}\sigma_X^{-2}X$$

数学期望为零的 n 维随机向量就是由 n 个数学期望为零的随机变量组成的。如果这些随机变量的方差有界，那么 n 维随机向量的方差阵的每个元素都有界。由于每一个数学期望为零、方差有界的随机变量可以看作为 H_1 空间中的一个元，因此 n 维数学期望为零的随机向量可以看作为 n 个 H_1 空间的积空间 H_n 中的一个元。在 H_n 中两个 n 维随机向量 $\boldsymbol{X}$ 和 $\boldsymbol{Y}$ 的内积定义为

$$\langle\boldsymbol{X},\boldsymbol{Y}\rangle = \sum_{i=1}^{n}\langle X_i,Y_i\rangle = \sum_{i=1}^{n} r_{X_iY_i} = \mathrm{tr}R_{\boldsymbol{XY}} = \overline{\boldsymbol{Y}^{\tau}\boldsymbol{X}} \tag{14.2-10}$$

其中 tr 是方阵诸对角线元素之和，叫做迹。显然，由此内积定义的范数为

$$\|\boldsymbol{X}\| = \langle\boldsymbol{X},\boldsymbol{X}\rangle = \sum_{i=1}^{n}\sigma_{X_i}^2 = \mathrm{tr}(\Sigma_{\boldsymbol{X}}^2) \tag{14.2-11}$$

它满足前面所述的性质(1)—(6)。

在 H_n 中如果$\langle\boldsymbol{X},\boldsymbol{Y}\rangle=0$，就称 $\boldsymbol{X}$ 与 $\boldsymbol{Y}$ 直交。要注意，如果两个 n 维随机向量 $\boldsymbol{X},\boldsymbol{Y}$ 的相关矩阵是零矩阵，那么 $\boldsymbol{X}$ 与 $\boldsymbol{Y}$ 一定直交；反之，如果 $\boldsymbol{X}$ 与 $\boldsymbol{Y}$ 直交，那么相关矩阵不一定是零矩阵，即 $\boldsymbol{X}$ 的任意分量 X_i 与 $\boldsymbol{Y}$ 的任意分量 Y_j 不一定是直交的。这与 H_1 中的情况不同。

假定在 H_n 中任意给定两个元 $\boldsymbol{X}$ 和 $\boldsymbol{Y}$，那么 $\boldsymbol{Y}$ 总可以表示为两个相互直交的元的和

$$\boldsymbol{Y} = \boldsymbol{Y}_{\boldsymbol{X}} + \widetilde{\boldsymbol{Y}} \tag{14.2-12}$$

其中 $\widetilde{\boldsymbol{Y}}$ 与 $\boldsymbol{X}$ 直交，$\boldsymbol{Y}_{\boldsymbol{X}}$ 是 $\boldsymbol{Y}$ 在 $\boldsymbol{X}$ 上的直交投影

$$\boldsymbol{Y}_{\boldsymbol{X}} = P(\boldsymbol{X})\boldsymbol{Y} = a\boldsymbol{X} \tag{14.2-13}$$

如果 $\mathrm{tr}(\Sigma_{\boldsymbol{X}}^2)\neq 0$,那么可求出常数 a

$$a=\langle \boldsymbol{Y},\boldsymbol{X}\rangle\cdot\langle \boldsymbol{X},\boldsymbol{X}\rangle^{-1}=\langle \boldsymbol{Y},\boldsymbol{X}\rangle \mathrm{tr}^{-1}(\Sigma_{\boldsymbol{X}}^2)=\frac{\sum_{i=1}^{n} r_{Y_iX_i}}{\sum_{i=1}^{n}\sigma_{X_i}^2} \tag{14.2-14}$$

根据希尔伯特空间 H_n 的几何特性,$\boldsymbol{Y}$ 到 $\boldsymbol{X}$ 方向的最短距离就是 $\widetilde{\boldsymbol{Y}}$ 的范数。

用希尔伯特空间的方法讨论随机向量,使得一些问题在几何意义上变得十分清晰、简单。必要时我们就用希尔伯特空间的一些定理来处理随机变量和随机向量。在下一章,我们将用它来解决预测、过滤等问题。

14.3 随机函数

随机函数 $Y(\omega,t)$ 是以 t 为参变量的一簇随机变量。对于每一个固定的 $t=t_k$,$Y(\omega,t_k)$ 是定义在给定概率场 $\{\Omega,\mathscr{F},P\}$ 上的一个随机变量。今后在一般情况下我们将省略 ω 只写为 $Y(t)$。如果 t 只取某些离散值,如 $t_0,t_1,t_2,\cdots$,则 $Y(t)$ 称为随机序列,简记为 $Y_k,k=0,1,2,\cdots$。如果 t 在某个时间区间内连续取值,则 $Y(t)$ 称为随机过程。如果 ω 是基本事件空间 Ω 中的一个确定的元,那么 $Y(\omega,t)$ 就是一个非随机的数量函数。对每一个给定的 ω 就相应地有一个确定的数量函数 $y(\omega,t)$,简记为 $y(t)$,它称为随机函数 $Y(t)$ 的一个现实。

n 个随机函数 $Y_1(t),Y_2(t),\cdots,Y_n(t)$ 组成一个 n 维的向量随机函数 $\boldsymbol{Y}(t)$。它是以 t 为参变量的一簇随机向量,对每一个固定的 t_k,$\boldsymbol{Y}(t_k)$ 是一个随机向量。对每一个给定的 $\omega\boldsymbol{Y}(t)$ 就对应一个非随机的向量函数 $\boldsymbol{y}(t)$,$\boldsymbol{y}(t)$ 就称为向量随机函数 $\boldsymbol{Y}(t)$ 的一个现实。根据 t 的取值情况又可分为向量随机序列 $\boldsymbol{Y}_k,k=0,1,2,\cdots$ 和向量随机过程。随机函数我们可以看作为一维的向量随机函数。

假定 t 在时间轴上某一个集合 T 内取值。对于任意的 $t\in T$,$\boldsymbol{Y}(t)$ 的分布函数 $W_1(\boldsymbol{y},t)=p\{Y_1(t)<y_1,\cdots,Y_n(t)<y_n\}$ 称为向量随机函数的第一概率分布函数,它是 t 和 $y_1,y_2,\cdots,y_n$ 的函数,它也就是 $\boldsymbol{Y}(t)$ 这个随机向量的概率分布函数。同样,可以定义次数更高的概率分布函数。第二概率分布函数 $W_2(\boldsymbol{y}_1,t_1;\boldsymbol{y}_2,t_2)$ 就是两个随机向量 $\boldsymbol{Y}(t_1)$ 和 $\boldsymbol{Y}(t_2)$ 的联合概率分布函数。如果对 $\boldsymbol{T}$ 内任意 n 个 t,n 是任意的正整数,$\boldsymbol{Y}(t)$ 的第 n 次概率分布函数已确定的话,则认为向量随机函数 $\boldsymbol{Y}(t)$ 已给定。同样,也可以定义各次概率密度函数。概率分布函数和概率密度函数之间的关系为

$$W_m(\boldsymbol{y}_1,t_1;\boldsymbol{y}_2,t_2,\cdots;\boldsymbol{y}_m,t_m)=\underbrace{\int_{-\infty}^{y_1}\cdots\int_{-\infty}^{y_m}}_{m\text{个}} w_n(\boldsymbol{y}_1,t_1;\boldsymbol{y}_2,t_2,\cdots;\boldsymbol{y}_m,t_m)d\boldsymbol{y}_1 d\boldsymbol{y}_2\cdots d\boldsymbol{y}_m \tag{14.3-1}$$

其中每一个积分都是重积分,重数是向量随机函数的维数。根据概率的基本性

质，W_m 和 w_m 满足下列条件：

（1）W_m 对每个 $\boldsymbol{y}_1,\boldsymbol{y}_2,\cdots,\boldsymbol{y}_m$ 的分量都是单调非降左连续的，$0\leqslant W_n\leqslant 1$。$w_m$ 恒取非负值。

（2）对各对变量 $\boldsymbol{y}_i,t_i,i=1,2,\cdots,m,\cdots,W_m$ 与 w_m 都是对称的，例如

$$W_2(\boldsymbol{y}_1,t_1;\boldsymbol{y}_2,t_2)=W_2(\boldsymbol{y}_2,t_2;\boldsymbol{y}_1,t_1)$$

$$w_3(\boldsymbol{y}_1,t_1;\boldsymbol{y}_2,t_2;\boldsymbol{y}_3,t_3)=w_3(\boldsymbol{y}_3,t_3;\boldsymbol{y}_1,t_1;\boldsymbol{y}_2,t_2)=w_3(\boldsymbol{y}_2,t_2;\boldsymbol{y}_3,t_3;\boldsymbol{y}_1,t_1)$$

（3）由次数较高的概率密度函数可以导出次数较低的概率密度函数，例如，设 $k<n$，则

$$w_k(\boldsymbol{y}_1,t_1;\cdots;\boldsymbol{y}_k,t_k)=\underbrace{\int_{-\infty}^{\infty}\cdots\int_{-\infty}^{\infty}}_{m-k\text{个}}w_m(\boldsymbol{y}_1,t_1;\cdots;\boldsymbol{y}_k,t_k;\boldsymbol{y}_{k+1},t_{k+1};\cdots;\boldsymbol{y}_m,t_m)\times d\boldsymbol{y}_{k+1}\cdots d\boldsymbol{y}_m \tag{14.3-2}$$

并且有 $\int_{-\infty}^{\infty}w_1(\boldsymbol{y}_1,t_1)d\boldsymbol{y}_1=1$。

（4）$W_m(\boldsymbol{y}_1,t_1;\cdots;-\infty,t_k;\cdots;\boldsymbol{y}_m,t_m)=0,\quad 1\leqslant k\leqslant m$

$W_m(\infty,t_1;\cdots;\infty,t_k;\cdots;\infty,t_m)=1$

这里，在 t_k 时 $\boldsymbol{y}_k$ 为 $-\infty$ 或 $+\infty$ 是指它的每个分量都取值 $-\infty$ 或 $+\infty$。

可以看出随机函数的概率分布（密度）函数都是和参变量 t 有关的，m 次分布（密度）函数就和 m 个时间有关。因此，由各次概率密度函数确定的一些统计特性也和时间有关；由第一概率密度函数确定的统计特性是一个时间的函数，由第二概率密度函数确定的统计特性是两个时间的函数。

由第一概率密度函数确定的统计特性主要有：

数学期望（或系集平均值）是个非随机的列向量函数

$$\overline{\boldsymbol{Y}(t)}=\int_{-\infty}^{\infty}\boldsymbol{y}w_1(\boldsymbol{y},t)d\boldsymbol{y} \tag{14.3-3}$$

它的每个分量是向量随机函数每个分量的数学期望

$$\overline{\boldsymbol{Y}(t)^{\tau}}=(\overline{Y_1(t)},\overline{Y_2(t)},\cdots,\overline{Y_n(t)}) \tag{14.3-4}$$

它们都是时间的函数。

方差阵

$$\begin{aligned}\Sigma_Y^2(t)&=\overline{[\boldsymbol{Y}(t)-\overline{\boldsymbol{Y}(t)}][\{\boldsymbol{Y}(t)-\overline{\boldsymbol{Y}(t)}\}^*]^{\tau}}\\&=\langle\boldsymbol{Y}(t)-\overline{\boldsymbol{Y}(t)},\boldsymbol{Y}(t)-\overline{\boldsymbol{Y}(t)}\rangle\end{aligned} \tag{14.3-5}$$

是非随机的方阵，它也是时间的函数，对每个固定的 t 它是非负阵。对于一维随机函数来说，方差是非负的时间函数。

由第二概率密度函数确定的统计特性主要有：

$\boldsymbol{Y}(t)$ 的自相关函数阵是两个时间变量的函数

$$R_Y(t_1,t_2)=\overline{[\boldsymbol{Y}(t_1)-\overline{\boldsymbol{Y}(t_1)}][\{\boldsymbol{Y}(t_2)-\overline{\boldsymbol{Y}(t_2)}\}^*]^{\tau}}$$

$$=\int_{-\infty}^{\infty}\int_{-\infty}^{\infty}[\boldsymbol{y}_1-\overline{\boldsymbol{Y}(t_1)}][\{\boldsymbol{y}_2-\overline{\boldsymbol{Y}(t_2)}\}^*]^{\tau}w_2(\boldsymbol{y}_1,t_1;\boldsymbol{y}_2,t_2)d\boldsymbol{y}_1d\boldsymbol{y}_2 \tag{14.3-6}$$

它代表向量随机函数 $\boldsymbol{Y}(t)$ 在 t_1 和 t_2 两个时刻的值的线性相关程度。如果 $\boldsymbol{Y}(t_1)$ 与 $\boldsymbol{Y}(t_2)$ 互不相关，那么 $R_{\boldsymbol{Y}}(t_1,t_2)=0$。当 $t_1=t_2=t$ 时 $R_{\boldsymbol{Y}}(t_1,t_2)=R_{\boldsymbol{Y}}(t)=\Sigma_{\boldsymbol{Y}}^2(t)$。显然 $R_{\boldsymbol{Y}}(t_1,t_2)=(R_{\boldsymbol{Y}}^*(t_2,t_1))^{\tau}$。

建立在同一个概率场上的两个向量随机过程 $\boldsymbol{X}(t)$ 和 $\boldsymbol{Y}(t)$ 的互相关函数阵也是两个时间变量的函数

$$\begin{aligned}R_{\boldsymbol{XY}}(t_1,t_2)&=\overline{[\boldsymbol{X}(t_1)-\overline{\boldsymbol{X}(t_1)}][\{\boldsymbol{Y}(t_2)-\overline{\boldsymbol{Y}(t_2)}\}^*]^{\tau}}\\&=\int_{-\infty}^{\infty}\int_{-\infty}^{\infty}[\boldsymbol{x}-\overline{\boldsymbol{X}(t_1)}][\{\boldsymbol{y}-\overline{\boldsymbol{Y}(t_2)}\}^*]^{\tau}w_2(\boldsymbol{x},t_1;\boldsymbol{y},t_2)d\boldsymbol{x}d\boldsymbol{y}\end{aligned} \tag{14.3-7}$$

其中 $w_2(\boldsymbol{x},t_1;\boldsymbol{y},t_2)$ 是联合第二概率密度函数。显然，$R_{\boldsymbol{XY}}(t_1,t_2)=[R_{\boldsymbol{YX}}^*(t_2,t_1)]^{\tau}$。

假定 $\boldsymbol{Y}(t)$ 是一个在时间区间 T 上定义的向量随机过程。对于 T 内任意一点 t_0，如果属于 T 的变量 t 自任何方向无限趋于 t_0 时，$\boldsymbol{Y}(t)$ 的每一个分量都有 $\underset{t\to t_0}{\text{l. i. m.}}Y_i(t)=Y_i(t_0)$，$i=1,2,\cdots,n$ 成立，那么称 $Y_i(t)$ 和 $\boldsymbol{Y}(t)$ 在 t_0 点是均方连续的，简称连续。如果随机过程 $\boldsymbol{Y}(t)$ 对 T 内每一点都连续，那么称 $\boldsymbol{Y}(t)$ 在 T 上连续。容易检验，如果随机过程是连续的，那么它的数学期望 $\overline{\boldsymbol{Y}(t)}$ 和自相关函数阵 $R_{\boldsymbol{Y}}(t_1,t_2)$ 的每个分量也是连续的；相反，如果随机过程的数学期望和自相关函数阵的每个分量都连续，那么随机过程也连续。

可以对随机过程 $\boldsymbol{Y}(t)$ 进行各种运算。如果随机过程 $\boldsymbol{X}(t)$ 是几个不同维数的向量随机过程 $\boldsymbol{Y}_k(t)$，$k=1,2,\cdots,r$ 的线性叠加

$$\boldsymbol{X}(t)=\sum_{k=1}^{r}C_k(t)\boldsymbol{Y}_k(t) \tag{14.3-8}$$

其中 $C_k(t)$ 是相应阶数的矩阵，是 t 的函数，那么 $\boldsymbol{X}(t)$ 的数学期望为

$$\overline{\boldsymbol{X}(t)}=\sum_{k=1}^{r}C_k(t)\overline{\boldsymbol{Y}_k(t)} \tag{14.3-9}$$

自相关函数阵为

$$R_{\boldsymbol{X}}(t_1,t_2)=\sum_{k=1}^{r}\sum_{l=1}^{r}C_k(t_1)R_{\boldsymbol{Y}_k\boldsymbol{Y}_l}(t_1,t_2)C_l(t_2)^* \tag{14.3-10}$$

其中 $C_l(t_2)^*$ 是 $C_l(t_2)$ 的复共轭矩阵。

现在我们来定义随机过程的导数和积分。随机过程 $[Y(t+\Delta t)-Y(t)]/\Delta t$ 当 Δt 趋于零时的均方极限，如果存在的话，称为随机过程 $Y(t)$ 的导数

$$\dot{\boldsymbol{Y}}(t)=\frac{d}{dt}\boldsymbol{Y}(t)=\underset{\Delta t\to 0}{\text{l.i.m.}}\frac{Y(t+\Delta t)-Y(t)}{\Delta t} \tag{14.3-11}$$

向量随机过程的导数也是一个向量随机过程，导数的每个分量是原过程相应分量

的导数

$$\dot{\boldsymbol{Y}}^{\tau}(t)=\frac{d}{dt}\boldsymbol{Y}^{\tau}(t)=\left(\frac{d}{dt}Y_1(t),\frac{d}{dt}Y_2(t),\cdots,\frac{d}{dt}Y_n(t)\right) \tag{14.3-12}$$

根据导数和数学期望的定义可以知道,求数学期望和求导数这两个运算是可以交换的。所以随机过程的导数的数学期望等于数学期望的导数

$$\overline{\frac{d}{dt}\boldsymbol{Y}(t)}=\frac{d}{dt}\overline{\boldsymbol{Y}(t)} \tag{14.3-13}$$

随机过程导数的相关函数阵等于过程的相关函数阵对两个时间变量的联合二阶偏导数

$$R_{\dot{Y}}(t_1,t_2)=\frac{\partial^2}{\partial t_1\partial t_2}R_{Y}(t_1,t_2) \tag{14.3-14}$$

并不是所有随机过程都有导数存在,导数存在的充分必要条件是随机过程的相关函数阵对两个变量的联合二阶偏导数存在。

假定 $Y(t)$是一个随机过程,$g(s,t)$是一确定的两个变量的函数,如果

$$X(s)=\int_a^b g(s,t)Y(t)dt \tag{14.3-15}$$

存在,那么称 $X(s)$为 $Y(t)$的积分变换,$g(s,t)$称为核函数。公式(14.3-15)理解为当最大的 Δt_k 趋于零时黎曼(Rieman)和 $\sum_k g(s,t_k)Y(t_k)\Delta t_k$ 的均方极限,其中 Δt_k 是区间 $[a,b]$任意划分成的无数小区间中的一个,t_k 是小区间 Δt_k 中的任意一个点。并不是所有随机过程对核函数的积分都存在,积分存在的充分必要条件是双重积分

$$\int_a^b\int_a^b g(s_1,t_1)g^*(s_2,t_2)R_Y(t_1,t_2)dt_1dt_2$$

存在并且有界,其中 $g^*(s,t)$是 $g(s,t)$的共轭复函数。一般情况下只需要用到它的充分条件就够了,即 $g(s,t)$均方可积

$$\int_a^b |g(s,t)|^2dt<\infty$$

向量随机过程的积分也是向量随机过程,积分的每个分量等于原过程相应分量的积分

$$\int_a^b g(s,t)\boldsymbol{Y}(t)dt=\begin{pmatrix}\int_a^b g(s,t)Y_1(t)dt\\ \vdots\\ \int_a^b g(s,t)Y_n(t)dt\end{pmatrix} \tag{14.3-16}$$

同样,积分变换存在时,数学期望和积分这两种运算可以互相交换。随机过程积分 $X(s)$的数学期望为

$$\overline{\boldsymbol{X}(s)}=\int_a^b g(s,t)\,\overline{\boldsymbol{Y}(t)}dt \tag{14.3-17}$$

$X(s)$的相关函数是

$$R_X(s_1,s_2)=\int_a^b\int_a^b g(s_1,t_1)R_Y(t_1,t_2)g^*(s_2,t_2)dt_1dt_2 \qquad (14.3\text{-}18)$$

今后我们经常会遇到一类特殊的随机过程或随机序列。对任意正整数 m,它的第 m 次概率密度函数 $w_n(\boldsymbol{y}_1,t_1;\boldsymbol{y}_2,t_2;\cdots;\boldsymbol{y}_m,t_m)$如式(14.1-22)形式的话,就叫做高斯随机过程或高斯随机序列。如是一维高斯过程(或序列),对任意正整数 m,m 个随机变量 $Y(t_1),Y(t_2),\cdots,Y(t_m)$组成的 m 维随机向量是高斯分布的,如是 n 维高斯过程(或序列),m 个随机向量 $\boldsymbol{Y}(t_1),\boldsymbol{Y}(t_2),\cdots,\boldsymbol{Y}(t_m)$组成的 mn 维随机向量将是高斯分布的。对于高斯过程(或序列)来说,只要知道它的数学期望和相关矩阵,那么它的分布就完全确定了。如果高斯过程在 $t_1,t_2,\cdots,t_m$ 上取值的随机向量是互不相关的,那么它们也是互相独立的。

14.4 平稳随机函数

在实际的工程问题中常碰到这样一类随机过程 $\boldsymbol{Y}(t)$:当所有的时间沿时间轴同时移动一个位置时它的各次概率密度函数都保持不变,也就是对任意的 $\boldsymbol{y}_1$,$\boldsymbol{y}_1,\cdots,\boldsymbol{y}_m$ 和 $t_1,t_2,\cdots,t_n$,m 为任意的正整数,和任意的 λ,下列等式永远成立

$$w_m(\boldsymbol{y}_1,t_1;\cdots;\boldsymbol{y}_n,t_n)=w_m(\boldsymbol{y}_1,t_1+\lambda;\cdots;\boldsymbol{y}_n,t_n+\lambda) \qquad (14.4\text{-}1)$$

我们称这种随机过程 $\boldsymbol{Y}(t)$为窄平稳过程。在分析控制系统在随机干扰下的准确度及与此有关的随机函数的性质时,往往只用到数学期望和相关函数阵,也就是只以第一、第二概率密度函数为基础。设随机过程 $\boldsymbol{Y}(t)$的数学期望恒为常值,它的相关函数 $R_Y(t_1,t_2)$只与 $\lambda=t_1-t_2$ 有关,而且方差阵 Σ_Y 为有界(它的每个元素有界),那么我们称它为宽平稳过程。显然,如果窄平稳过程的方差阵为有界,那么它一定也是宽平稳过程。今后,我们只讨论宽平稳过程。同样,具有类似性质的随机序列称为宽平稳序列。

根据平稳随机函数的定义我们就可以得到它的相关函数 $R_Y(\lambda)$的性质:

(1) $R_Y(0)=\langle\boldsymbol{Y}(t),\boldsymbol{Y}(t)\rangle=\Sigma_Y^2$ (14.4-2)

λ 等于零时的相关函数阵就是方差阵,它是不随时间变化的常方阵,而且是非负的。当平稳随机过程是一维时

$$r_Y(0)=\langle Y(t),Y(t)\rangle=\sigma_Y^2\geqslant 0 \qquad (14.4\text{-}3)$$

(2) $R_Y(\lambda)=\langle\boldsymbol{Y}(t+\lambda),\boldsymbol{Y}(t)\rangle=\{\langle\boldsymbol{Y}(t),\boldsymbol{Y}(t+\lambda)\rangle^*\}^\tau=\{[R_Y(-\lambda)]^*\}^\tau$

(14.4-4)

如是一维实平稳随机过程 $\boldsymbol{Y}(t)$,则

$$r_Y(\lambda)=r_Y(-\lambda) \qquad (14.4\text{-}5)$$

(3) 对一维平稳随机过程来说

$$|r_Y(\lambda)| \leqslant r_Y(0) \tag{14.4-6}$$

这是因为$|r_Y(\lambda)| = |\langle Y(t+\lambda), Y(t)\rangle| \leqslant \|Y(t+\lambda)\| \cdot \|Y(t)\| = \sigma_Y^2 = r_Y(0)$。

读者容易验证，平稳随机过程$\boldsymbol{Y}(t)$在所有的t上连续的充分必要条件是它的相关函数阵$R_{\boldsymbol{Y}}(\lambda)$的各元素在$\lambda=0$点连续。对一维随机过程来说，根据第14.3节中随机过程导数的定义可推得数学期望为零的可微实平稳随机过程$\boldsymbol{Y}(t)$的自相关函数，$r_{\boldsymbol{Y}}(\lambda)$的导数在$\lambda=0$点的值为零，即

$$\left[\frac{d}{d\tau} r_Y(\lambda)\right]_{\lambda=0} = 0 \tag{14.4-7}$$

也就是平稳随机过程和它的导数在同一时刻的值是互不相关的。这是因为

$$r_Y(\lambda) = \overline{Y(t)Y(t-\lambda)} = \overline{Y(t+\lambda)Y(t)}$$

它们对λ的导数在$\lambda=0$点的值是

$$\left[\frac{d}{d\lambda} r_Y(\lambda)\right]_{\lambda=0} = -\overline{Y(t)\left[\frac{d}{dt}Y(t)\right]} = \overline{\left[\frac{d}{dt}Y(t)\right]Y(t)}$$

此式只有等于零才可能成立，所以等式(14.4-7)是正确的。根据同样方法对于足够光滑的平稳过程$Y(t)$可以得到

$$\left[\frac{d}{d\lambda} r_Y(\lambda)\right]_{\lambda=0} = \left[\frac{d^3}{d\lambda^3} r_Y(\lambda)\right]_{\lambda=0} = \left[\frac{d^5}{d\lambda^5} r_Y(\lambda)\right]_{\lambda=0} = \cdots = 0$$

$$\left[\frac{d^2}{d\lambda^2} r_Y(\lambda)\right]_{\lambda=0} = -\sigma^2_{\frac{dY}{dt}}$$

$$\left[\frac{d^4}{d\lambda^4} r_Y(\lambda)\right]_{\lambda=0} = \sigma^2_{\frac{d^2Y}{dt^2}}, \cdots \tag{14.4-8}$$

于是，无限次可微的平稳随机过程$Y(t)$的自相关函数可以展开为泰勒级数

$$r_Y(\lambda) = r_Y(0) + \frac{\lambda^2}{2!}\frac{d^2}{d\lambda^2} r_Y(0) + \frac{\lambda^4}{4!}\frac{d^4}{d\lambda^4} r_Y(0) + \cdots \tag{14.4-9}$$

从式(14.4-9)也可以导出式(14.4-5)。

如果在同一概率场上的两个平稳向量随机函数$\boldsymbol{X}(t)$和$\boldsymbol{Y}(t)$的互相关函数阵$R_{\boldsymbol{XY}}(t_1, t_2)$只和$\lambda=t_1-t_2$有关，那么称$\boldsymbol{X}(t)$和$\boldsymbol{Y}(t)$是平稳相关的。向量随机函数$\boldsymbol{X}(t)$是平稳的必须且只需它的每个分量$X_i(t)$是平稳的和各分量之间是平稳相关的。对平稳相关的$\boldsymbol{X}(t)$和$\boldsymbol{Y}(t)$的互相关函数阵来说

$$R_{\boldsymbol{XY}}(\lambda) = [R_{\boldsymbol{YX}}{}^*(-\lambda)]^\tau \tag{14.4-10}$$

根据实验所得的数据来确定平稳随机过程的相关函数和数学期望时，如果采用系集平均的方法，就要同时对同一个系统进行大量的重复观测，这种做法在实际上是有困难的，或者要付出高昂的代价。因为平稳随机过程的数学期望和相关函数与实验观测计时的起点无关，我们要问是否可以用平稳随机过程的一个现实$\boldsymbol{y}(\omega, t)$来确定它的数学期望和相关函数呢？可以证明，对于连续平稳的一维实随机过程$Y(t)$等式

$$\overline{Y} = \underset{T\to\infty}{\mathrm{l.i.m.}} \frac{1}{2T}\int_{-T}^{T} Y(t)dt \tag{14.4-11}$$

成立的充分必要条件是

$$\underset{T\to\infty}{\mathrm{l.i.m.}} \frac{1}{2T}\int_{-T}^{T} r_Y(\lambda)d\tau = 0 \tag{14.4-12}$$

这是因为

$$\begin{aligned}\left\|\frac{1}{2T}\int_{-T}^{T} Y(t)dt - \overline{Y}\right\|^2 &= \left\|\frac{1}{2T}\int_{-T}^{T}[Y(t)-\overline{Y}]dt\right\|^2 \\ &= \frac{1}{4T^2}\left\langle\int_{-T}^{T}[Y(t)-Y]dt, \int_{-T}^{T}[Y(t)-\overline{Y}]dt\right\rangle \\ &= \frac{1}{4T^2}\int_{-T}^{T}\int_{-T}^{T} r_Y(t_1,t_2)dt_1dt_2\end{aligned}$$

由于 $r_Y(t_1,t_2)=r_Y(t_1-t_2)$，令 $\lambda=t_1-t_2$，在作变换后

$$\left\|\frac{1}{2T}\int_{-T}^{T} Y(t)dt - \overline{Y}\right\|^2 = \frac{1}{2T}\int_{-2T}^{2T}\left(1-\frac{|\lambda|}{T}\right)r_Y(\lambda)d\lambda$$

由于等式(14.4-12)成立，因此 $\left\|\frac{1}{2T}\int_{-T}^{T} Y(t)dt - \overline{Y}\right\|^2$ 当 $\boldsymbol{T}$ 趋于无穷大时趋于零，因此上述论断是正确的。同样，如果 $[Y(t+\lambda)Y(t)]$ 对固定的 λ 也是平稳过程，它的相关函数记为 $b_\lambda(u)$，那么等式

$$\begin{aligned}r_Y(\lambda) &= \underset{T\to\infty}{\mathrm{l.i.m.}} \frac{1}{2T}\int_{-T}^{T}[Y(t+\lambda)-\overline{Y}][Y(t)-\overline{Y}]dt \\ &= \underset{T\to\infty}{\mathrm{l.i.m.}} \frac{1}{2T}\int_{-T}^{T} Y(t+\lambda)Y(t)dt - \overline{Y}^2\end{aligned} \tag{14.4-13}$$

成立的充分必要条件是

$$\lim_{T\to\infty}\frac{1}{2T}\int_{-T}^{T} b_\lambda(u)du = 0 \tag{14.4-14}$$

这就是各态历经定理。

对某一特定的随机过程当 $r(\lambda)$ 衰减得足够快时，这些充分必要条件是满足的。根据等式(14.4-11)，再由切比雪夫不等式可知，对于任意小量 ε，概率

$$p\left\{\left|\frac{1}{2T}\int_{-T}^{T} Y(t)dt - \overline{Y}\right| \geqslant \varepsilon\right\}$$

当 T 趋于无穷大时趋于零。这是因为

$$p\left\{\left|\frac{1}{2T}\int_{-T}^{T} Y(t)dt - \overline{Y}\right| \geqslant \varepsilon\right\} \leqslant \frac{1}{\varepsilon^2}\left\|\frac{1}{2T}\int_{-T}^{T} Y(t)dt - \overline{Y}\right\|$$

而后者则在给定的 ε 和 $T\to\infty$ 时趋于零，所以上述论断是正确的。同样，当 T 趋于无穷大时

$$p\left\{\left|\frac{1}{2T}\int_{-T}^{T}(Y(t+\tau)-\overline{Y})(Y(t)-\overline{Y})dt - r_Y(\lambda)\right| \geqslant \varepsilon\right\} \to 0$$

在实际问题中，根据上述各态历经定理，当 T 足够大时，可以认为下列两式成立的概率接近于 1

$$\overline{Y} \cong \frac{1}{2T}\int_{-T}^{T} y(\omega,t)dt \tag{14.4-15}$$

$$r_Y(\tau) \cong \frac{1}{2T}\int_{-T}^{T} y(\omega,t+\lambda)y(\omega,t)dt - \overline{Y}^2 \tag{14.4-16}$$

请读者注意：上列两式在使用时并不一定完全可靠。因为实际测量时 T 不能趋于无穷大，故上式成立的概率小于 1。其次，即使是概率为零的事件也是可能发生的，所以公式(14.4-15)和(14.4-16)对某些特定的测试结果可能有不成立的危险性，因此，在使用这些公式时要小心。采用公式(14.4-15)和(14.4-16)来计算数学期望和相关函数时，仍然需要多观测几个相同的系统，或者对每一个随机函数多观测几次，然后按系集取平均值，这样可以提高结论的可靠性。

现在来讨论平稳随机函数的一些具体例子。

例 1. 假定 $\{Y_k\}$ 是一个具有相同概率分布的互不相关的复值平稳随机序列。$k=\cdots,-2,-1,0,1,2,\cdots$，它的数学期望 $\overline{Y}$ 等于零，相关函数为

$$r_Y[\lambda]=\langle Y_{k+\lambda},Y_k\rangle=\overline{Y_{k+\lambda}Y_k^*}=\begin{cases}0, & \lambda\neq 0\\ 1, & \lambda=0\end{cases}$$

设序列 $\{X_k\}$ 是 $\{Y_k\}$ 的滑动和，即

$$X_k = \sum_{i=0}^{n} a_i Y_{k-i}, \quad k=\cdots,-2,-1,0,1,2,\cdots$$

不难检查，对任意 k，$\overline{X}_k=0$，X 的相关函数是

$$r_X[\lambda] = \overline{X_{k+\lambda}X_k^*} = \sum_{\substack{0\leqslant i\leqslant n\\ 0\leqslant \lambda-i\leqslant n}} a_i a_{\lambda-i}^*$$

由此可见，序列 $\{X_k\}$ 也是平稳序列。如果 $n\to\infty$，$\sum\limits_{i=0}^{\infty}|a_i|^2<\infty$，则对任何 n，X_k 均为平稳序列。

根据第 14.2 节中所讲的随机变量的几何概念，此例中平稳序列 $\{Y_k\}$ 是在希尔伯特空间 H 中互相直交，范数等于 1 的单位向量序列，对某固定的 k，X_k 是随机变量希尔伯特空间中某一个 n 维子空间中的一个元素，在各种可能的 a_i 值时的所有 X_k 及其均方极限组成了这个 n 维子空间。

例 2. 假定随机过程 $Y(t)=Ye^{i\omega t}$，Y 是数学期望为零的复随机变量，那么不难检查 $Y(t)$ 是平稳的。数学期望和自相关函数分别是

$$\overline{Y(t)}=\overline{Y}e^{i\omega t}=0$$

$$r_Y(\lambda)=\langle Y,Y\rangle e^{i\omega(t+\lambda)}e^{-i\omega t}=\sigma_Y^2 e^{i\omega\lambda}$$

如果复随机过程 $Y(t)$ 是

$$Y(t) = Y_1 e^{i\omega_1 t} + Y_2 e^{i\omega_2 t} + \cdots + Y_n e^{i\omega_n t} = \sum_{k=1}^{n} Y_k e^{i\omega_k t}$$

其中 $Y_k, k=1,2,\cdots,n$，是数学期望为零的互不相关的复随机变量，$\omega_k, k=1,2,\cdots,n$ 互不相等，那么立刻可以证明 $Y(t)$ 也是平稳的。它的数学期望仍等于零，它的相关函数

$$r_Y(\lambda) = \sigma_{Y_1}^2 e^{i\omega_1 \lambda} + \sigma_{Y_2}^2 e^{i\omega_2 \lambda} + \cdots + \sigma_{Y_n}^2 e^{i\omega_n \lambda} = \sum_{k=1}^{n} \sigma_{Y_k}^2 e^{i\omega_k \lambda}$$

当 $n \to \infty$，要级数 $r_Y(\lambda)$ 收敛，必须使 $\sum_{k=1}^{\infty} \overline{|Y_k|^2} = \sum_{k=1}^{\infty} \sigma_{Y_k}^2 < \infty$，这时 $\sum_{k=1}^{\infty} Y_k e^{i\omega_k t}$ 也收敛于 $Y(t)$，$Y(t)$ 的数学期望为零，自相关函数为

$$r_Y(\lambda) = \sum_{k=1}^{\infty} \sigma_{Y_k}^2 e^{i\omega_k \lambda}$$

这种平稳随机过程称为具有纯离散谱点的过程，$\omega_1, \omega_2, \cdots$ 的总体称为平稳过程的点谱系。

例 3. 假定实随机过程是

$$Y(t) = X\cos\omega t + Z\sin\omega t$$

其中 X 和 Z 都是数学期望为零的实随机变量，如果 $\sigma_X^2 = \sigma_Z^2 = b$，而且 $\langle X, Z\rangle = 0$，则 $Y(t)$ 是平稳的，这时相关函数

$$r_Y(\lambda) = b\cos\omega\lambda$$

同样的，设实随机过程是

$$Y(t) = \sum_{k=1}^{n} (X_k \cos\omega t + Z_k \sin\omega t)$$

其中 $X_k, Z_k, k=1,2,\cdots,n$，都是数学期望为零的实随机变量，如果要 $Y(t)$ 是平稳的，则必须有

$$\langle X_i, Z_j\rangle = 0, \quad i,j = 1,2,\cdots,n$$

$$\langle X_i, X_j\rangle = \langle Z_i, Z_j\rangle = \begin{cases} 0, & i \neq j \\ b_i, & i = j \end{cases}, \quad i,j = 1,2,\cdots,n$$

这时 $Y(t)$ 的相关函数为

$$r_Y(\lambda) = \sum_{k=1}^{n} b_k \cos\omega_k \lambda$$

当 $n \to \infty$ 时，若 $\sum_{k=1}^{\infty} b_k < \infty$，则 $\sum_{k=1}^{\infty} b_k \cos\omega_k \lambda$ 收敛，且级数

$$\sum_{k=1}^{\infty} (X_k \cos\omega_k t + Z_k \sin\omega_k t)$$

也均方收敛于 $Y(t)$，后者的相关函数为

$$r_Y(\lambda) = \sum_{k=1}^{\infty} b_k \cos\omega_k \lambda$$

14.5 平稳随机函数的谱分解

首先让我们回忆一下普通函数的谱分解。设有一普通函数 $f(t)$,它定义于区间$[-\theta,\theta]$上。从数学分析中我们知道,如果 $f(t)$在此区间内平方可积,那么它可以展成傅里叶级数

$$f(t)=\sum_{k=-\infty}^{\infty}a_k e^{i\omega_k t},\quad -\theta\leqslant t\leqslant\theta \tag{14.5-1}$$

其中 $\omega_k=k\pi/\theta,k=0,\pm1,\pm2,\cdots$。$a_k$ 称为傅里叶系数,它由下式决定

$$a_k=\frac{1}{2\theta}\int_{-\theta}^{\theta}f(t)e^{-i\omega_k t}at,\quad k=0,\pm1,\pm2,\cdots \tag{14.5-2}$$

式(14.5-1)右边的级数是周期函数,周期为 2θ,它只在$[-\theta,\theta]$区间上均方收敛于 $f(t)$,即

$$\lim_{n\to\infty}\int_{-\theta}^{\theta}\left|f(t)-\sum_{k=-n}^{n}a_k e^{i\omega_k t}\right|^2 dt=0 \tag{14.5-3}$$

在$[-\theta,\theta]$区间外级数与 $f(t)$可能截然不同或毫无意义。如果把 $f(t)$看作为函数空间(L_2 空间)的向量,并用 $\| f(t)\|$ 表示此向量的范数,那么就有派雪伐尔(Parseval)等式

$$\| f(t)\| =\int_{-\theta}^{\theta}|f(t)|^2 dt=2\theta\sum_{k=-\infty}^{\infty}|a_k|^2 \tag{14.5-4}$$

这意味着下列三角函数序列

$$\frac{1}{\sqrt{2\theta}},\frac{1}{\sqrt{2\theta}}e^{i\frac{\pi}{\theta}t},\frac{1}{\sqrt{2\theta}}e^{i\frac{2\pi}{\theta}t},\cdots$$

构成函数空间的规范直交基底,它们的范数等于1,并互相正交

$$\frac{1}{2\theta}\int_{-\theta}^{\theta}e^{i\frac{k\pi}{\theta}t}e^{-i\frac{l\pi}{\theta}t}dt=\begin{cases}0, & k\neq l\\ 1, & k=l\end{cases} \tag{14.5-5}$$

如果将$|a_k|$画在图内,便得到函数 $f(t)$的谱密度图,如图 14.5-1(a)。在图 14.5-1(b)中竖轴画出的是$|a_k|^2$,这就是函数 $f(t)$的功率谱密度图,此时$|a_k|^2$ 表示谐波 $e^{i\omega_k t}$ 所载负的信号功率。因此式(14.5-1)可称为函数 $f(t)$的谱分解。

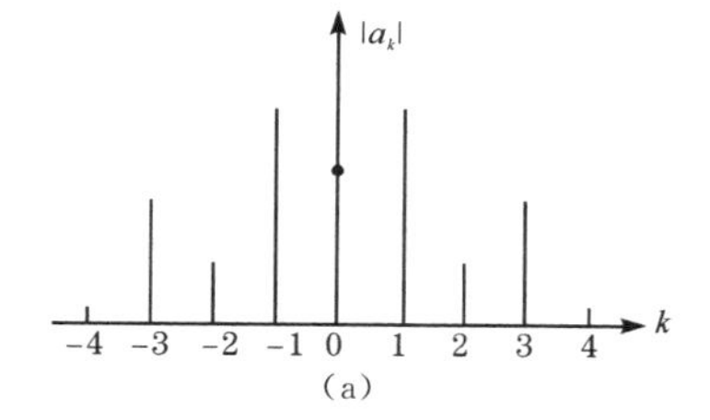

(a)

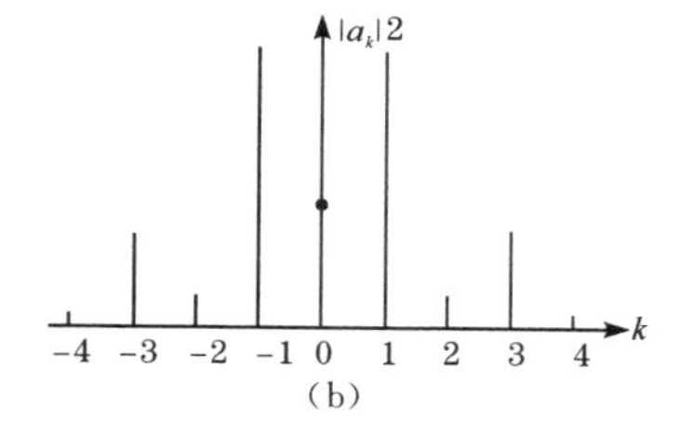

(b)

图 14.5-1

如果 $f(t)$给定在全部实轴$(-\infty,\infty)$上，那么我们知道，若 $f(t)$平方可积，则它可展成傅里叶积分

$$f(t)=\int_{-\infty}^{\infty} e^{i\omega t}s(\omega)d\omega \tag{14.5-6}$$

等式右边积分均方收敛于 $f(t)$，即

$$\lim_{a\to\infty}\int_{-\infty}^{\infty}\left|f(t)-\int_{-a}^{a}e^{i\omega t}s(\omega)d\omega\right|^2 dt=0 \tag{14.5-7}$$

$s(\omega)$称为谱密度函数，把它与频率特性 $F(i\omega)$比较可以看出，$F(i\omega)$是 $s(\omega)$的 2π 倍。这时

$$s(\omega)=\frac{1}{2\pi}\int_{-\infty}^{\infty}f(t)e^{-i\omega t}dt \tag{14.5-8}$$

和前面一样，等式(14.5-8)的右边均方收敛于 $s(\omega)$，即

$$\lim_{a\to\infty}\int_{-\infty}^{\infty}\left|s(\omega)-\frac{1}{2\pi}\int_{-a}^{a}e^{-i\omega t}f(t)dt\right|^2 d\omega=0 \tag{14.5-9}$$

对函数空间(L_2 空间)中向量 $f(t)$的范数有下列“功率”等式

$$\int_{-\infty}^{\infty}|f(t)|^2dt=2\pi\int_{-\infty}^{\infty}|s(\omega)|^2d\omega \tag{14.5-10}$$

我们把 $s(\omega)$的积分

$$S(\omega)=\int_{-\infty}^{\omega}s(\omega)d\omega \tag{14.5-11}$$

称为 $f(t)$的谱函数。

由于这种分解在技术上用处很大，例如可以根据谱密度函数来判断信号的变化速度，并估计各种频率的谐波通过线性系统所发生的变化。自然会产生这样的问题：一个随机函数能否进行谱分解？如果能够找到谱函数的话，那么人们可以从某种意义上判断这个随机函数主要集中于高频谐波部分或是低频谐波部分。幸运的是，答案是肯定的。平稳随机函数和普通函数有类似的特性，可以分解成谐波，即可以进行谱分解。平稳随机函数的谱分解给控制系统的分析和综合提供了一个十分清晰和严整的全套理论和处理方法。在没有开始讨论以前我们先把结论写出。设 Y_n，$n=0,\pm1,\pm2,\cdots$是一个数学期望为零的平稳随机序列，而且方差有界，那么它可以分解成傅里叶-司蒂吉斯(Stieltjes)积分

$$Y_n=\int_{-\pi}^{\pi}e^{i\omega n}dZ(\omega) \tag{14.5-12}$$

式中 $Z(\omega)$为某一个随机谱函数，它的特性以后再仔细研究。

若平稳随机过程 $Y(t)$定义在全部时间轴$(-\infty,\infty)$上，而且数学期望为零，方差有界，则它可以按谱函数进行分解

$$Y(t)=\int_{-\infty}^{\infty}e^{i\omega t}dZ(\omega) \tag{14.5-13}$$

式中 $Z(\omega)$ 为随机谱函数。谱展式(14.5-12)与(14.5-13)的右端随机积分都是在均方意义上收敛于 Y_n 或 $Y(t)$ 的。

我们先来研究随机序列的谱分解。设 $\{Y_n\}$ 是某一个数学期望为零,方差有界的平稳随机序列,根据第 14.2 节的讨论,对于每一个固定的 n 可以把 Y_n 看成为希尔伯特空间 H 内的一个向量,而当 n 变化时 Y_n 构成一个向量序列…,Y_{-1},Y_0,Y_1,…。由于该序列的平稳性可知两个向量的内积 $\langle Y_n,Y_{n-k}\rangle=r_Y[k]$ 只与 k 有关而不依赖于 n。如果用 U 表示移位算子

$$UY_n = Y_{n+1} \tag{14.5-14}$$

那么有

$$\langle UY_n,UY_{n-k}\rangle = \langle Y_{n+1},Y_{n+1-k}\rangle = r_Y[k] = \langle Y_n,Y_{n-k}\rangle \tag{14.5-15}$$

同样

$$\langle UY_n,UY_{n-k}\rangle = \langle Y_n,U^*UY_{n-k}\rangle \tag{14.5-16}$$

式中 U^* 是 U 的伴随算子。由式(14.5-15)和(14.5-16)可知

$$U^*U = I \tag{14.5-17}$$

I 是希尔伯特空间 H 中的单位算子。

上式告诉我们 $U^*=U^{-1}$。对于每一个平稳随机序列都存在一个保范算子 U 使

$$Y_n = U^nY_0 \tag{14.5-18}$$

而且这个保范算子 U 可以扩充作用至希尔伯特空间的子空间 H_Y,即由随机序列 $\{Y_n\}$ 组成的线性闭子空间。由泛函分析得知,在希尔伯特空间 H_Y 中的保范算子(酉算子)可以展成[5]

$$U = \int_{-\pi}^{\pi} e^{i\omega}dE_\omega \tag{14.5-19}$$

上式内 E_ω 为由某一个自伴算子 A 派生的投影算子,下角注 ω 表示投影算子将整个子空间 H_Y 的所有向量投影到自伴算子 A 在区间$(-\pi,\omega]$的一切谱点所确定的特征子空间 H_ω 中去。若 Y_0 表示任一数学期望为零,方差有界的随机变量,那么它属于希氏空间 H_Y,向量 $E_\omega Y_0$ 便属于子空间 H_ω。投影算子有下列特性:

(1) $E_\omega E_\omega=E_\omega$。

(2) 若 $\omega_1\leqslant\omega_2$,则 $\|E_{\omega_1}Y_0\|\leqslant\|E_{\omega_2}Y_0\|$。

(3) $\|E_{-\pi}Y_0\|=0$,$\|E_\pi Y_0\|=\|Y_0\|=\sigma_Y$。

(4) 由于相应于两个互不相交区间内诸谱点对应的特征子空间内的向量互相正交,若令 $E_{\Delta\omega}=E_{\omega+\Delta\omega}-E_\omega$,而 $\Delta\omega_1$ 与 $\Delta\omega_2$ 互不相交,则必有

$$\|E_{\Delta\omega_1}E_{\Delta\omega_2}Y_0\|=0$$

利用投影算子的特性,当 $\Delta\omega_1=\Delta\omega_2$ 时有

$$\|E_{\Delta\omega_1}E_{\Delta\omega_2}Y_0\| = \|E_{\Delta\omega_1}Y_0\|$$

根据 E_ω 的上述特性,等式(14.5-19)也可以改写为

$$U = \int_{-\pi}^{\pi} e^{i\omega} E_{d\omega} \tag{14.5-20}$$

进一步不难推得,算子 U 的整数次方幂可展成

$$U^n = \int_{-\pi}^{\pi} e^{i\omega n} dE_\omega \tag{14.5-21}$$

等式(14.5-19)和(14.5-21)的实际意义是,对任意两个建立在同一概率场上的数学期望为零,方差有界的随机变量,下列关系式总成立

$$\langle UX, Y\rangle = \int_{-\pi}^{\pi} e^{i\omega} d\langle E_\omega X, Y\rangle$$

$$\langle U^n X, Y\rangle = \int_{-\pi}^{\pi} e^{i\omega n} d\langle E_\omega X, Y\rangle, \quad n = 0, \pm 1, \pm 2, \cdots$$

利用式(14.5-21)立即可得到平稳随机序列的谱展式

$$Y_n = U^n Y_0 = \int_{-\pi}^{\pi} e^{in\omega} dE_\omega Y_0 = \int_{-\pi}^{\pi} e^{in\omega} dZ(\omega)$$

式中 $Z(\omega) = E_\omega Y_0$ 是随机函数。由投影算子特性可推出随机谱函数的特性:

(1) $\overline{Z(\omega)} = 0$,这是由于 $\overline{Y}_0 = 0$。

(2) $\| Z(-\pi) \| = 0$, $\| Z(\pi) \| = \| Y_0 \| = \sigma_Y$。

(3) 设 $Z(\Delta\omega_1) = Z(\omega_1 + \Delta\omega_1) - Z(\omega_1)$,区间 $(\omega_1, \omega_1 + \Delta\omega_1]$ 与 $(\omega_2, \omega_2 + \Delta\omega_2]$ 互不相交,则有

$$\overline{Z(\Delta\omega_1) Z^*(\Delta\omega_2)} = \langle Z(\Delta\omega_1), Z(\Delta\omega_2)\rangle = 0$$

这是因为

$$\langle Z(\Delta\omega_1), Z(\Delta\omega_2)\rangle = \langle E_{\Delta\omega_1} Y_0, E_{\Delta\omega_2} Y_0\rangle = \langle Y_0, E^*_{\Delta\omega_1} E_{\Delta\omega_2} Y_0\rangle = 0$$

式中 $E^*_{\Delta\omega_1}$ 是 $E_{\Delta\omega_1}$ 的伴随算子,由于 $E_{\Delta\omega_1}$ 是由自伴算子派生出来的投影算子,所以 $E_{\Delta\omega_1}$ 也是自伴的,$E^*_{\Delta\omega_1} = E_{\Delta\omega_1}$。再由 E_ω 的特性(4)可推知上式成立。

平稳随机序列的相关函数为

$$r_Y[k] = \langle Y_{n+k}, Y_n\rangle = \langle U^{n+k} Y_0, U^n Y_0\rangle$$

根据序列的谱展式可得到

$$r_Y[k] = \int_{-\pi}^{\pi} e^{i\omega k} d\langle E_\omega Y_0, Y_0\rangle = \int_{-\pi}^{\pi} e^{ik\omega} dF_Y(\omega) \tag{14.5-22}$$

上式内 $F_Y(\omega) = \langle E_\omega Y_0, Y_0\rangle$ 称为平稳随机序列的谱函数(它是非随机的),它是非降有界函数,因为

$$\langle E_\omega Y_0, Y_0\rangle = \langle E_\omega Y_0, E_\omega Y_0\rangle = \| E_\omega Y_0 \|^2 = \| Z(\omega) \|^2$$

所以

$$F(-\pi) = 0, \quad F(\pi) = \| Y_0 \|^2 = \sigma_Y^2$$

当 $F(\omega)$ 为可微函数时,$dF(\omega)/d\omega = f(\omega)$ 称为平稳随机序列的谱密度。于是式

(14.5-22)可写为

$$r_Y[k]=\int_{-\pi}^{\pi}e^{ik\omega}f_Y(\omega)d\omega \tag{14.5-23}$$

当 $F(\omega)$ 为不可微时，因为 $F(\omega)$ 是有界变差函数，引进 δ 函数，使式(14.5-23)依然有效。类似地两个平稳相关的平稳随机序列的相关函数也可有

$$r_{YX}[k]=\int_{-\pi}^{\pi}e^{ik\omega}dF_{YX}(\omega)=\int_{-\pi}^{\pi}e^{ik\omega}f_{YX}(\omega)d\omega$$

式中 $F_{YX}(\omega)=\langle E_\omega Y_0,X_0\rangle=\langle E_\omega Y_0,E_\omega X_0\rangle$。因此我们无论对自相关函数或互相关函数都可写为

$$r[k]=\int_{-\pi}^{\pi}e^{ik\omega}f(\omega)d\omega,\quad k=0,\pm1,\pm2,\cdots \tag{14.5-24}$$

如果注意式(14.5-24)的结构便可发现，它与第十章中的离散拉氏反变换公式相类似。读者不难证明

$$f(\omega)=\frac{1}{2\pi}\sum_{k=-\infty}^{\infty}r[k]e^{-i\omega k} \tag{14.5-25}$$

这样我们就得到了 $r[k]$ 与 $f(\omega)$ 的直接相互转换关系。

对于实过程来说，$r_Y[k]$ 是个偶函数，因此 $f(\omega)$ 也是偶函数。为了计算方便我们设

$$\Phi(\omega)=2f(\omega),\quad \omega\geqslant 0 \tag{14.5-26}$$

展成傅里叶级数后有

$$\Phi(\omega)=\frac{r[0]}{\pi}+\frac{2}{\pi}\sum_{k=0}^{\infty}r[k]\cos k\omega \tag{14.5-27}$$

$$r[k]=\int_{0}^{\pi}\cos\omega k\Phi(\omega)d\omega \tag{14.5-28}$$

我们再来研究谱展式(14.5-13)。连续的平稳随机过程 $Y(t)$ 是一个参变量为 t 的随机变量簇 $\{Y(t)\}$，$-\infty<t<\infty$。由 $\{Y(t)\}$ 组成的线性闭包，即 $\{Y(t)\}$ 中向量的线性组合及其均方极限的集合，组成希氏空间中的一个子空间 H_Y。我们定义算子 $U(t)$

$$U(t)Y(\lambda)=Y(t+\lambda) \tag{14.5-29}$$

很明显算子具有如下性质

$$U(t+s)=U(t)U(s)=U(s)U(t) \tag{14.5-30}$$

由于过程是平稳的，所以对于 $\{Y(t)\}$ 中任何 $Y(t_1)$ 和 $Y(t_2)$ 和任意的 λ，有

$$\begin{aligned}\langle U(\lambda)Y(t_1),U(\lambda)Y(t_2)\rangle&=\langle Y(t_1+\lambda),Y(t_2+\lambda)\rangle=r_Y(t_1-t_2)\\&=\langle Y(t_1),Y(t_2)\rangle\end{aligned} \tag{14.5-31}$$

所以算子 $U(t)$ 是保范算子(酉算子)，而且 $U^*(t)=U^{-1}(t)$。可以把保范算子 $U(t)$ 扩充作用至整个子空间 H_Y。可以证明，$\{U(t)\}$，$-\infty<t<\infty$ 是保范算子的单参

数连续群，它有唯一的谱分解式

$$U(t)=\int_{-\infty}^{\infty}e^{it\omega}dE_{\omega} \tag{14.5-32}$$

式内 E_ω 是由某一个自伴算子 A 派生的投影算子，下角注 ω 表示投影算子将整个子空间 H_Y 的向量投影到自伴算子 A 在区间 $(-\infty,\omega]$ 的一切谱点所确定的特征子空间 H_ω 中去。这样

$$Y(t)=U(t)Y(0)=\int_{-\infty}^{\infty}e^{i\omega t}dE_{\omega}Y(0)=\int_{-\infty}^{\infty}e^{i\omega t}dZ(\omega)$$

式中 $Z(\omega)$ 为随机谱函数，它具有前述的相同性质，差别仅在于此处它定义于 $(-\infty,\infty)$ 上，所以它的特性(2)应改为

$$\|Z(-\infty)\|=0,\quad \|Z(\infty)\|=\|Y(0)\|=\sigma_Y^2$$

根据平稳随机过程的谱分解公式(14.5-13)和投影算子的特性，可以求出相关函数的谱分解公式

$$\begin{aligned}r_Y(t-s)&=\langle Y(t),Y(s)\rangle=\langle U^tY(0),U^sY(0)\rangle\\&=\int_{-\infty}^{\infty}e^{i(t-s)\omega}d\langle E_\omega Y(0),Y(0)\rangle\\&=\int_{-\infty}^{\infty}e^{i(t-s)\omega}dF_Y(\omega)\end{aligned} \tag{14.5-33}$$

上式内 $F_Y(\omega)=\langle E_\omega Y(0),Y(0)\rangle$ 称为随机函数的谱函数，注意，$F_Y(\omega)$ 已是非随机的了。由投影算子 E_ω 的特性知道

$$F_Y(\omega)=\langle E_\omega Y(0),Y(0)\rangle=\langle E_\omega Y(0),E_\omega Y(0)\rangle=\|Z(\omega)\|^2$$

因此 $F_Y(\omega)$ 是非降有界函数，而且

$$F_Y(-\infty)=0,\quad F_Y(\infty)=\|Z(\infty)\|^2=\sigma_Y^2$$

当 $F(\omega)$ 为可微函数时，$f(\omega)=\dfrac{d}{d\omega}F(\omega)$ 称为谱密度。这时

$$r_Y(\lambda)=\int_{-\infty}^{\infty}e^{i\omega\lambda}f_Y(\omega)d\omega \tag{14.5-34}$$

如果 $F(\omega)$ 不可微，当引进 σ 函数后式(14.5-34)仍然有效。对两个平稳相关的平稳随机过程的互相关函数也有类似的谱分解公式。总的来说，对平稳随机过程的相关函数，谱分解公式为

$$r(\lambda)=\int_{-\infty}^{\infty}e^{i\omega\lambda}f(\omega)d\omega \tag{14.5-35}$$

并且我们可以得到

$$f(\omega)=\frac{1}{2\pi}\int_{-\infty}^{\infty}e^{-i\omega\lambda}r(\lambda)d\lambda \tag{14.5-36}$$

这是因为

$$\frac{1}{2\pi}\int_{-\infty}^{\infty}e^{-i\omega\lambda}r(\lambda)d\lambda=\frac{1}{2\pi}\int_{-\infty}^{\infty}e^{-i\omega\lambda}d\lambda\int_{-\infty}^{\infty}e^{i\sigma\lambda}f(\sigma)d\sigma$$

$$=\int_{-\infty}^{\infty} f(\sigma)d\sigma \frac{1}{2\pi}\int_{-\infty}^{\infty} e^{i\lambda(\sigma-\omega)}d\lambda$$

$$=\int_{-\infty}^{\infty} f(\sigma)\delta(\sigma-\omega)d\sigma = f(\omega)$$

如果 $r(\lambda)$ 在 $-\infty$ 到 $+\infty$ 上绝对可积，那么 $f(\omega)$ 是存在的。如果 $r(\lambda)$ 在 $-\infty$ 到 $+\infty$ 上不是绝对可积的，那么在引进 δ 函数后 $f(\omega)$ 还是存在的。

当平稳随机过程 $Y(t)$ 是实过程时，相关函数是偶函数，这时谱密度 $f(\omega)$ 也是偶函数，因此只需要研究 $\omega\geqslant 0$ 时的值就可以了。为了计算方便，我们引进

$$\Phi(\omega) = 2f(\omega), \quad \omega \geqslant 0 \tag{14.5-37}$$

这时有

$$r(\lambda) = \int_{0}^{\infty} \cos\omega\lambda\Phi(\omega)d\omega, \quad \lambda \geqslant 0 \tag{14.5-38}$$

$$\Phi(\omega) = \frac{2}{\pi}\int_{0}^{\infty} \cos\omega\lambda r(\lambda)d\lambda, \quad \omega \geqslant 0 \tag{14.5-39}$$

方程(14.5-38)和(14.5-39)称为维纳-辛钦(Wiener-Хинчин)关系。如果随机过程的范数的平方代表它所载负的功率

$$\| Y(t) \|^2 = r_Y(0) = \int_{0}^{\infty} \Phi(\omega)d\omega \tag{14.5-40}$$

那么 $\Phi(\omega)$ 就代表 $Y(t)$ 在不同频率上所载负的功率密度，所以常称为功率谱密度。

如果 $F(\omega)$ 有第一类断续，则在谱密度 $f(\omega)$ 里可以包含用 δ 函数所表示的冲量。当平稳随机过程中包含有角频率为 ω_k 的随机振幅的周期振动分量时，在相关函数 $r(\lambda)$ 里一定包含一个频率为 ω_k 的周期振动分量。根据 δ 函数的性质

$$\frac{1}{2\pi}\int_{-\infty}^{\infty} e^{i\lambda t}dt = \delta(\lambda)$$

谱密度 $f(\omega)$ 中将包含一个 $(F(\omega_{k+0})-F(\omega_{k-0}))\delta(\omega-\omega_k)$ 的分量。

现在我们来讨论两个由相关函数计算功率谱密度的实例。

例 1. 如果相关函数是以高斯曲线给定的

$$r(\lambda)=r(0)e^{-\alpha^2\lambda^2}$$

相应的功率谱密度就是

$$\Phi(\omega) = \frac{2}{\pi}r(0)\int_{0}^{\infty} \cos\omega\lambda e^{-\alpha^2\lambda^2}d\lambda = \Phi(0)e^{-(\omega^2/4\alpha^2)}$$

其中

$$\Phi(0)=\frac{1}{\alpha\sqrt{\pi}}r(0)$$

有趣的事实是：当保持 $\Phi(0)$ 不变时，令 $\alpha\to\infty$，这时对于所有有限的 λ 来说，相关函数都趋于零。同时，$r(0)$ 以一种使 $r(\lambda)$ 变为 δ 函数的方式趋于 ∞。这也就是说，不

同时刻的$Y(t)$值是毫不相关的。所以这个随机过程是所有随机过程中“最杂乱无章”的一个。这时,功率谱密度是一个与频率无关的常数,这个最杂乱的随机过程称为白色噪声。常常用白色噪声来描述物理系统中自然发生的随机变化。

严格地说,白色噪声不是宽平稳过程,因为它的方差为无界

$$\sigma^2 = r(0) = \int_0^\infty \Phi(\omega)d\omega = \int_0^\infty \Phi(0)d\omega = \infty$$

但是从真实的物理系统中永远取不出纯粹的白色噪声,因为真实物理系统总有有限的通频带,白色噪声通过此系统后功率谱密度在足够大的频率段以外就趋于零,并且$\int_0^\infty \Phi(\omega)d\omega$有限。$\int_0^\infty \Phi(\omega)d\omega < \infty$是指信号总的负载功率有限。如果用仪器去测量白色噪声的统计特性,由于仪器总有有限的通频带,所以得到的结果也不是纯粹的白色噪声。其实,白色噪声是一个广义的平稳随机过程[12],它是中间运算的一个工具,而不代表真正物理量的统计特性。它通常总是以通过某个通频带有限的系统而得到的平稳过程来表示的。如果平稳随机过程的功率谱密度在足够大的一段频率范围内近似于常数,那么可以把它看作为白色噪声。这里所指的“足够大”是与被研究系统的通频带相比较而言。

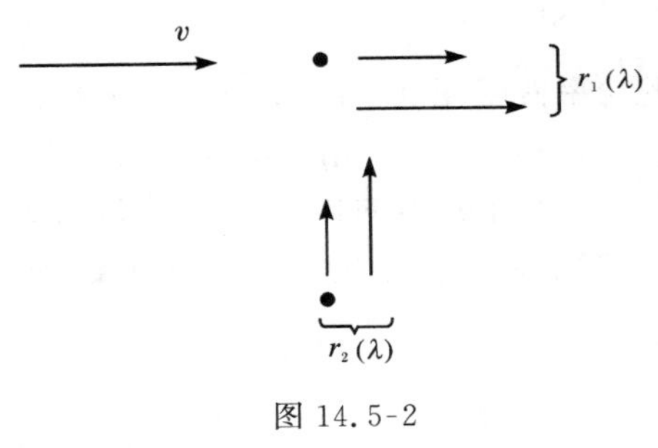

图 14.5-2

例 2. 对于流体的匀速运动中的微小各向同性湍流,冯 · 卡门(Von Kármán)和霍瓦尔斯(Howarth)曾经证明[15]:基本的二阶相关函数就是$r_1(\lambda)$和$r_2(\lambda)$,$r_1(\lambda)$是在同一空间点上平行于平均流动方向的扰动速度分量对于时间间隔λ的相关函数,$r_2(\lambda)$是与平均流动方向垂直的扰动速度分量的相应的相关函数(图 14.5-2)。如果v是平均速度,l是湍流的特性长度,那么这两个相关函数就可以近似地表示为

$$r_1(\lambda)=r_1(0)e^{-\lambda v/l},\quad \lambda\geqslant 0$$

$$r_2(\lambda)=r_2(0)e^{-\lambda v/l}\left(1-\frac{1}{2}\frac{\lambda v}{l}\right),\quad \lambda\geqslant 0$$

根据方程(14.5-39),平行于平均流动方向的扰动速度分量的功率谱密度$\Phi_1(\omega)$和垂直于这个方向的扰动速度分量的功率谱密度$\Phi_2(\omega)$就是

$$\Phi_1(\omega)=\Phi_1(0)\frac{1}{1+(\omega l/v)^2},\quad \omega\geqslant 0$$

$$\Phi_2(\omega)=\Phi_2(0)\frac{1+3(\omega l/v)^2}{[1+(\omega l/v)^2]^2},\quad \omega\geqslant 0$$

这里的$\Phi_1(0)$和$\Phi_2(0)$是相应的功率谱密度在$\omega=0$处的值。$\Phi_1(0)$,$\Phi_2(0)$与

$r_1(0)$,$r_2(0)$的关系是

$$\Phi_1(0)=\frac{2}{\pi}\frac{l}{v}r_1(0)$$

$$\Phi_2(0)=\frac{1}{\pi}\frac{l}{v}r_2(0)$$

上面所说的是平稳的一维随机函数的谱分解。平稳的向量随机函数是由好几个一维随机函数所组成的,不过要注意,除了各分量本身是平稳随机函数外各分量之间还是平稳相关的。它的功率谱密度与相关函数阵相对应,也是一个矩阵。

14.6 功率谱密度的直接计算

根据相关函数来计算功率谱密度的做法不是绝对必须的。有时候也可以根据随机函数 $Y(t)$本身的已知性质把功率谱密度直接计算出来。

我们先来讨论一维平稳随机序列功率谱密度的直接计算。假定$\{Y_n\}$是数学期望为零,方差有界的平稳随机序列,那么有限的滑动和

$$A_N(\omega)=\sum_{k=-N}^{N}Y_k e^{-i\omega k} \tag{14.6-1}$$

也是数学期望为零,方差有界的随机函数,ω 是参变量。$A_N(\omega)$的范数平方是

$$\begin{aligned}\|A_N(\omega)\|^2&=\sum_{k=-N}^{N}\sum_{l=-N}^{N}\overline{Y_k Y_l^*}e^{-i\omega k}e^{i\omega l}\\&=\sum_{k=-N}^{N}\sum_{l=-N}^{N}r_Y[k-l]e^{-i\omega(k-l)}\end{aligned}$$

在引进 $k-l=n$ 后,n 就取自 $-2N$ 到 $2N$ 的整数值。对同一个 n,相同的项就有 $2N+1-|n|$个。所以有

$$\|A_N(\omega)\|^2=\sum_{n=-2N}^{2N}(2N+1-|n|)r_Y[n]e^{-i\omega n} \tag{14.6-2}$$

因此

$$\begin{aligned}\lim_{n\to\infty}\frac{1}{\pi(2N+1)}\|A_N(\omega)\|^2&=\lim_{N\to\infty}\frac{1}{\pi}\sum_{n=-2N}^{2N}\left(1-\frac{|n|}{2N+1}\right)r_Y[n]e^{-i\omega n}\\&=\frac{1}{\pi}\sum_{n=-\infty}^{\infty}r_Y(n)e^{-i\omega n}=\Phi_Y(\omega)\end{aligned}$$

这样就可以按下列公式直接求功率谱密度

$$\Phi_Y(\omega)=\lim_{N\to\infty}\frac{1}{\pi(2N+1)}\|A_N(\omega)\|^2 \tag{14.6-3}$$

假定 $Y(t)$是一数学期望为零,方差有界的平稳随机过程,那么它的积分

$$A_\theta(\omega)=\int_{-\theta}^{\theta}Y(t)e^{-i\omega t}dt \tag{14.6-4}$$

也是数学期望为零方差有界的随机函数,ω 为参变量。$A_\theta(\omega)$的范数平方为

$$\| A_\theta(\omega) \|^2 = \int_{-\theta}^{\theta}\int_{-\theta}^{\theta} \overline{Y(t)Y^*(t')} e^{-i\omega t} e^{i\omega t'} dt dt'$$

$$= \int_{-\theta}^{\theta}\int_{-\theta}^{\theta} r_Y(t-t') e^{-i\omega(t-t')} dt dt'$$

在变量置换 $\lambda = t - t'$ 后可简化为

$$\| A_\theta(\omega) \|^2 = 2\theta \int_{-2\theta}^{2\theta} \left(1 - \frac{|\lambda|}{2\theta}\right) r_Y(\lambda) e^{-i\omega\lambda} d\lambda \tag{14.6-5}$$

因此

$$\lim_{\theta\to\infty} \frac{1}{2\pi\theta} \| A_\theta(\omega) \|^2 = \lim_{\theta\to\infty} \frac{1}{\pi} \int_{-2\theta}^{2\theta} \left(1 - \frac{|\lambda|}{2\theta}\right) r_Y(\lambda) e^{-i\omega\lambda} d\lambda$$

$$= \frac{1}{\pi} \int_{-\infty}^{\infty} r_Y(\lambda) e^{-i\omega\lambda} d\lambda = \Phi_Y(\omega)$$

这样就可以按下列公式直接求功率谱密度

$$\Phi_Y(\omega) = \lim_{\theta\to\infty} \frac{1}{2\pi\theta} \| A_\theta(\omega) \|^2 \tag{14.6-6}$$

我们现在来讨论几个直接计算平稳随机过程的功率谱密度的例子。

例 1. 平稳随机过程 $Y(t)$是一系列形状相同的脉冲,脉冲的频率是一个常数,脉冲的高度是一个数学期望为零,方差有界的随机变量,并具有一定的概率密度分布函数。此外,还假定这一系列的脉冲高度是互不相关的。如果脉冲是矩形的,那么这一系列脉冲就像图 14.6-1 所画的那样。如果一个高度为 1 的脉冲表示式是 $\eta(t)$,那么

$$Y(t) = \sum_k X_k \eta(t - kT)$$

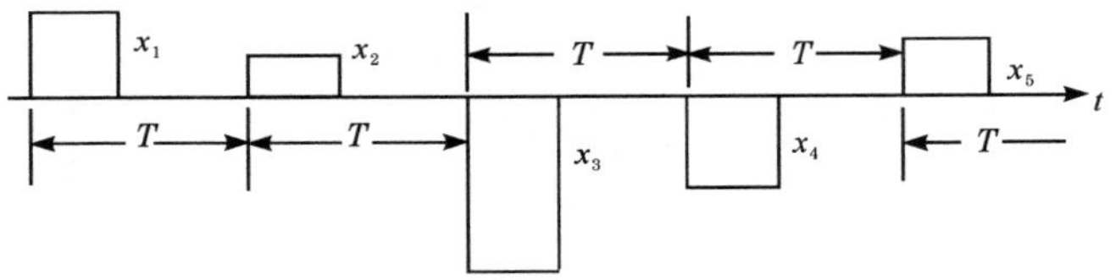

图 14.6-1

其中 T 是两个相邻脉冲之间的时间间隔,X_k 是第 k 个脉冲的幅度。设 $\theta = NT$,那么

$$A_\theta(\omega) = \int_{-NT}^{NT} Y(t) e^{-i\omega t} dt = \int_{-NT}^{NT} \sum_k X_k \eta(t - kT) e^{-i\omega t} dt$$

$$= \sum_{k=-N}^{N} X_k e^{-i\omega kT} \int_{-\infty}^{\infty} \eta(\xi) e^{-i\omega\xi} d\xi$$

$$=\alpha(\omega)\sum_{k=-N}^{N}X_k e^{-i\omega kT}$$

式中

$$\alpha(\omega)=\int_{-\infty}^{\infty}\eta(\xi)e^{-i\omega\xi}d\xi$$

如果脉冲是宽度为 2ε 高度为 1 的矩形脉冲，则

$$\alpha(\omega)=\int_{-\varepsilon}^{\varepsilon}e^{-i\omega\xi}d\xi=\frac{2\sin\omega\varepsilon}{\omega}$$

根据方程(14.6-6)，功率谱密度就是

$$\Phi(\omega)=\frac{1}{\pi T}\mid\alpha(\omega)\mid^2\lim_{N\to\infty}\frac{1}{2N}\Big[\sum_{k=-N}^{N}\sum_{l=-N}^{N}\overline{X_k X_l}e^{-i\omega(k-l)T}\Big]$$

$$=\frac{1}{\pi T}\mid\alpha(\omega)\mid^2\lim_{N\to\infty}\frac{1}{2N}\Big[\sum_{k=-N}^{N}\sum_{l=-N}^{N}r_X[k-l]e^{-i\omega(k-l)T}\Big]$$

因为这一系列脉冲的高度是互不相关的，所以除了 $k=l$ 外 $r_X[k-l]$ 都等于零，当 $k=l$ 时 $r_X[k-l]=\sigma_X^2$，所以

$$\lim_{N\to\infty}\frac{1}{2N}\Big[\sum_{k=-N}^{N}\sum_{l=-N}^{N}r_X[k-l]e^{-i\omega(k-l)T}\Big]=\sigma_X^2$$

最后就得到

$$\Phi(\omega)=\frac{\sigma_X^2}{\pi T}|\alpha(\omega)|^2$$

例 2. 我们来考虑图 14.6-2 所表示的平稳随机过程 $Y(t)$。这个过程在时间间隔 T 中的值或是 $+1$ 或是 -1。这里的 T 不是常数，而是一个随机变量。T 的概率密度函数 $w(T)$ 是已知的。不言而喻，$T\geqslant0$。还要假定这一系列时间间隔 T 是互不相关的。我们用 $T_k(k=1,2,3,\cdots)$ 来表示第 k 个时间间隔。假设时间间隔的数学期望是 $\overline{T}$

$$\overline{T}=\int_0^{\infty}Tw(T)dT$$

我们令 $2\theta=N\overline{T}$，这样

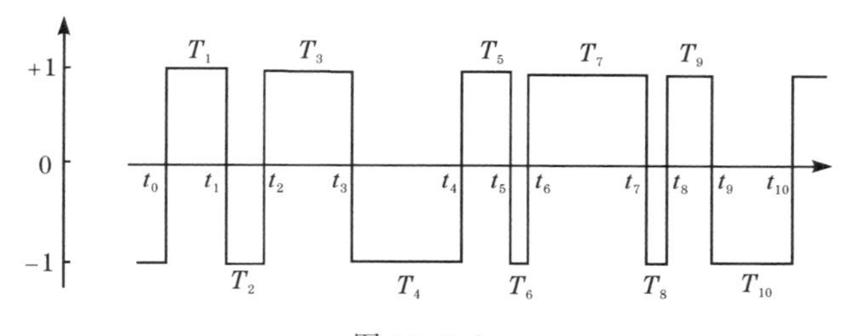

图 14.6-2

$$A_{\theta}(\omega)=\int_{0}^{N\overline{T}}Y(t)e^{-i\omega t}dt=\frac{1}{i\omega}\sum_{k=1}^{N}(-1)^{k}(e^{-i\omega t_{k}}-e^{-i\omega t_{k-1}})$$

这里的 t_k 表示第 k 个时间间隔的终点。以上的表示式又可以改写为

$$A_{\theta}(\omega)=\left[\frac{2}{i\omega}\sum_{k=1}^{N}(-1)^{k}e^{-i\omega t_{k}}\right]-\frac{1}{i\omega}(-1)^{N}e^{-i\omega t_{N}}+\frac{1}{i\omega}$$

根据方程(14.6-6),再进行一定化简后得到

$$\Phi(\omega)=\frac{4}{\pi\overline{T}\omega^{2}}\lim_{N\to\infty}\frac{1}{N}\sum_{k=1}^{N}\sum_{k'=1}^{N}(-1)^{k+k'}\overline{e^{-i\omega(t_{k}-t_{k'})}}$$

我们先考虑 $k>k'$ 的情况,譬如说 $k=k'+m$,这时就有

$$e^{-i\omega(t_{k}-t_{k}')}=e^{-i\omega T_{k'+1}}e^{-i\omega T_{k'+2}}\cdots e^{-i\omega T_{k'+m}}$$

既然这一系列时间间隔是互不相关的,因此 $T_{k'+1},T_{k'+2},\cdots,T_{k'+m}$ 的联合概率密度函数就等于它们各自概率密度函数之积。如果引进 $e^{-iT\omega}$ 的数学期望

$$\overline{e^{-iT\omega}}=\chi(\omega)=\phi(\omega)+i\psi(\omega)=\int_{0}^{\infty}e^{-i\omega T}w(T)dT$$

$\chi(\omega)$是复函数,实部为 $\phi(\omega)$,虚部为 $\psi(\omega)$,$\chi(\omega)$又称为 T 的特征函数,那么

$$\overline{e^{-i\omega(t_{k}-t_{k'})}}=[\chi(\omega)]^{m}$$

在求 $\Phi(\omega)$的双重和式中,像$\overline{e^{-i\omega(t_{k}-t_{k'})}}$这样的乘积的个数有 $N-m$ 个,而每一个这样的乘积的符号都是$(-1)^m$,所以求极限后就有来源于这些乘积的一项

$$\lim_{N\to\infty}\frac{N-m}{N}[-\chi(\omega)]^{m}$$

m 可以是从 1 到∞的所有正整数,而且从 $\chi(\omega)$的定义可知$|\chi(\omega)|\leqslant 1$,因此这样一些项的总和为

$$\sum_{m=1}^{\infty}\lim_{N\to\infty}\frac{N-m}{N}[-\chi(\omega)]^{m}=\frac{-\chi(\omega)}{1+\chi(\omega)}-\lim_{N\to\infty}\frac{\chi(\omega)}{N[1+\chi(\omega)]^{2}}=-\frac{\chi(\omega)}{1+\chi(\omega)}$$

不难看出,来源于 $k'>k$ 的那些项的总和与来源于 $k>k'$ 的各项总和刚好是复共轭的。此外,来源于 $k=k'$ 各项的总和刚好等于 1。所以最后得出

$$\Phi(\omega)=\frac{4}{\pi\overline{T}\omega^{2}}\left\{1-\mathrm{Re}\left[\frac{\chi(\omega)}{1+\chi(\omega)}\right]\right\}$$

这里的 Re[]就是取[]里的实数部分。如果 $\chi(\omega)$的实数部分和虚数部分分别是 $\phi(\omega)$和 $\psi(\omega)$,那么

$$\Phi(\omega)=\frac{4}{\pi\overline{T}\omega^{2}}\frac{1-\phi^{2}(\omega)-\psi^{2}(\omega)}{[1+\phi^{2}(\omega)]+\psi^{2}(\omega)}$$

如果概率密度函数 $w(T)$是泊松(Poisson)分布函数

$$w(T)=\begin{cases}\dfrac{1}{\overline{T}}e^{-T/\overline{T}}, & T\geqslant 0\\ 0, & T<0\end{cases}$$

对此特殊分布来说，这样的一个振幅是 1 的随机开关函数的功率谱密度就是

$$\Phi(\omega)=\frac{\overline{T}}{\pi}\frac{1}{1+(\omega\overline{T}/2)^2}$$

因为这个随机过程没有任何有规则的周期性，所以功率谱密度是连续而光滑的。

14.7　随机函数离开平均值大偏差的概率及超过一个固定值的频率

如果随机函数是一个结构中的应力，那么只知道这个应力的平均值是很不够的，因为结构的破坏与应力本身的大小有关系。为了安全起见，我们就需要知道应力超过结构材料的容许工作应力的概率，也就是随机函数 $Y(t)$ 的函数值 Y 的大小超过常数值 K 的概率 $p\{|Y|\geqslant K\}$，如果第一概率密度函数 $w_1(y)$ 是已知的，那么这个问题的答案就很简单

$$p\{|Y|\geqslant K\}=\int_{-\infty}^{-K}w_1(y)dy+\int_{K}^{\infty}w_1(y)dy \tag{14.7-1}$$

但是，在不少工程问题中并不知道概率密度函数，而只知道数学期望 $\overline{Y}$ 和方差 σ_Y^2。就是在这种情况下，对于离开平均值(即数学期望)的大偏差的概率，我们还是可以给出一个一般的估计的。这个估计就是必耐梅-切比雪夫不等式

$$p\{|Y-\overline{Y}|\geqslant k\sigma\}=p\{(Y-\overline{Y})^2\geqslant k^2\sigma^2\}\leqslant\frac{1}{k^2} \tag{14.1-16}$$

对于最实际的应用来说，必耐梅-切比雪夫不等式所给的估计还嫌太宽，也就是说，这个不等式所给的上限常常是过高的。如果 $w_1(y)$ 只有一个极大值，我们就可以给出一个比较精确的估计。这时 $w_1(y)$ 的极大值所在的点 y_0 称为众数。这样的分布密度函数称为单众数密度函数(或单峰密度函数)。对于单众数密度函数的情形，大偏差概率的估计是高斯首先作出的。为了证明高斯的不等式，我们来考虑图 14.7-1 所画的函数 $w_1(x)$，$w_1(x)$ 在 $x>0$ 的区域内是单调减小的。可以把 $w_1(x)$ 看做是许多矩形函数的和，这些矩形函数都是这样的：在 $0\leqslant x\leqslant x_0$ 间隔内等于一个常数，在 $x>x_0$ 区域内等于零。我们先来考虑矩形函数 $v(x)$

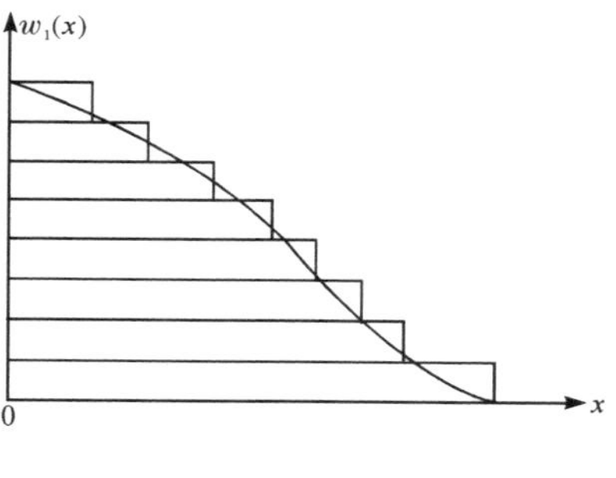

图 14.7-1

$$\text{如果 } 0\leqslant x\leqslant x_0,\quad v(x)=1$$
$$\text{如果 } x>x_0,\quad v(x)=0$$

对于任意一个 $K>x_0$

$$K^2\int_K^\infty v(x)dx = 0$$

但是,如果 $0<K\leqslant x_0$

$$K^2\int_K^\infty v(x)dx = K^2(x_0-K)$$

不难证明,对于这个范围内的 K 来说 $K^2(x_0-K)$ 的极大值是 $\frac{4}{27}x_0^3$。所以下列关系式对所有 K 值都是成立的

$$K^2\int_K^\infty v(x)dx \leqslant \frac{4}{9}\int_0^\infty x^2 v(x)dx$$

用叠加的方法就可以得出

$$K^2\int_K^\infty w_1(x)dx \leqslant \frac{4}{9}\int_0^\infty x^2 w_1(x)dx$$

现在,来考虑一个横坐标是 $x=y-y_0$ 的单众数密度函数 $w_1(x)$。这里的 y_0 是众数。这时

$$K^2\int_K^\infty w_1(x)dx \leqslant \frac{4}{9}\int_0^\infty x^2 w_1(x)dx$$

而且

$$K^2\int_{-\infty}^K w_1(x)dx \leqslant \frac{4}{9}\int_{-\infty}^0 x^2 w_1(x)dx$$

把这两个不等式加起来,就得到

$$K^2 p\{|Y-y_0|\geqslant K\}\leqslant\frac{4}{9}\upsilon^2$$

这里的 υ 是离开众数的偏差的平均值

$$\upsilon^2 = \overline{(Y-y_0)^2} = \int_{-\infty}^\infty (y-y_0)^2 w_1(y)dy \tag{14.7-2}$$

设 $K=k\upsilon$,我们就得到高斯不等式

$$p\{|Y-y_0|\geqslant k\upsilon\} \leqslant \frac{4}{9k^2} \tag{14.7-3}$$

如果密度函数 $w_1(y)$ 对于 $y=y_0$ 是对称的,即 $w_1(y_0+x)=w_1(y_0-x)$,那么就有 $y_0=\overline{Y}$,$\upsilon=\sigma_Y$。因而方程(14.7-3)就化为

$$p\{|Y-\overline{Y}|\geqslant k\sigma_Y\} \leqslant \frac{4}{9k^2} \tag{14.7-4}$$

所以方程(14.7-4)所表示的概率估计比方程(14.1-16)的估计更精确。

在很多情况下,我们可以认为 $w_1(y)$ 是高斯分布概率密度函数(至少也可以近似地这样假设)。这时,利用误差函数 $f(x)=\frac{2}{\sqrt{\pi}}\int_0^x e^{-t^2}dt$ 的渐近展开式,不难直接算出

$$p\{|Y-\overline{Y}|\geqslant k\sigma_Y\}\cong\frac{\sigma^{-\frac{1}{2}h^2}}{k\sqrt{2\pi}},\quad k\gg 1 \tag{14.7-5}$$

这个概率的数值很小。例如在 $k=3$ 时，这个概率只有 0.003。可是，如果利用方程(14.1-16)只能知道这个概率比 0.1111 小。即使用方程(14.7-4)来估计，也只知道这个概率小于 0.0493。这三种估计结果所以有这样悬殊的差别，当然是因为这些估计方法所依据的资料在确切程度上有很大差别的缘故。所根据的假设越一般化，所能得出的估计结果就越不精确。

如果所考虑的平稳随机函数是结构中的应力，并且假设需要根据应力超过某一个固定值(也就是材料的疲劳应力)的重复次数来进行设计，那么就必须知道随机函数在单位时间内超过固定值 $y=\xi$ 的可能次数。这个次数显然是随机函数在单位时间内经过 ξ 值的可能次数的一半。用 $N_0(\xi)$ 表示上述的经过 ξ 值的次数。这个数最先是由瑞斯(Rice)计算出来的[18]，下面我们介绍他的计算方法。

设 $Y(t)$ 是可微的随机过程，$w(y,\dot{y})dyd\dot{y}$ 是在同一时刻随机函数 $Y(t)$ 的值在 y 和 dy 之间，而它对时间导数 $\dot{Y}(t)$ 的值在 $\dot{y}$ 和 $\dot{y}+d\dot{y}$ 之间的联合概率。这个概率也可以解释为在单位时间内 $Y(t)$ 和 $\dot{Y}(t)$ 同时在上述范围内的时间比率。但是，随机函数经过 dy 所需的时间是 $dy/|\dot{y}|$。所以，所需要的经过 ξ 和 $\dot{y}$ 的可能次数就等于 $w_2(\xi,\dot{y})dyd\dot{y}$ 被 $dy/|\dot{y}|$ 除得的商 $|\dot{y}|w_2(\xi,\dot{y})d\dot{y}$。因此，对所有的 $\dot{y}$ 值积分就可以得到次数 $N_0(\xi)$

$$N_0(\xi)=\int_{-\infty}^{\infty}|\dot{y}|\,w_2(\xi,\dot{y})d\dot{y} \tag{14.7-6}$$

但是方程(14.4-7)表明，只要平稳随机函数是可微的，$Y(t)$ 和 $\dot{Y}(t)$ 就是互不相关的。如果 $Y(t)$ 和 $\dot{Y}(t)$ 的联合分布是高斯分布，那么 $Y(t)$ 和 $\dot{Y}(t)$ 还是互相独立的，$Y(t)$ 和 $\dot{Y}(t)$ 独自的分布也是高斯分布，于是

$$w_2(y,\dot{y})=w_1(y)w_1(\dot{y})$$

方程(14.7-6)就可以写成

$$N_0(\xi)=w_1(\xi)\int_{-\infty}^{\infty}|\dot{y}|\,w_1(\dot{y})d\dot{y} \tag{14.7-7}$$

如果 $w_1(\dot{y})$ 是对称的，即 $w_1(\dot{y})=w_1(-\dot{y})$，则

$$N_0(\xi)=2w_1(\xi)\int_0^{\infty}\dot{y}w_1(\dot{y})d\dot{y} \tag{14.7-8}$$

设 $\dot{Y}$ 的数学期望为零，方差为 $\sigma_{\dot{Y}}^2$，Y 的数学期望为 $\overline{Y}$，方差为 σ_Y^2，按照方程(14.1-17)和(14.7-8)就有

$$N_0(\xi)=\frac{2w_1(\xi)}{\sigma_{\dot{Y}}\sqrt{2\pi}}\int_0^{\infty}\dot{y}\exp\left[-\frac{\dot{y}^2}{2\sigma_{\dot{Y}}^2}\right]d\dot{y}=\frac{2\sigma_{\dot{Y}}w_1(\xi)}{\sqrt{2\pi}} \tag{14.7-9}$$

利用方程(14.4-8)和(14.5-38),可以由 $Y(t)$ 的功率谱密度算出方差

$$\sigma_{\dot{Y}}^2 = \int_0^\infty \omega^2 \Phi_Y(\omega) d\omega \tag{14.7-10}$$

再根据方程(14.1-17),(14.5-40),(14.7-9)和(14.7-10)就得出

$$\begin{aligned} N_0(\xi) &= \frac{1}{\pi} \frac{\sigma_{\dot{Y}}}{\sigma_Y} \exp\left[-\frac{1}{2}\frac{(\xi-\overline{Y})^2}{\sigma_Y^2}\right] \\ &= \frac{1}{\pi}\left[\frac{\int_0^\infty \omega^2 \Phi_Y(\omega) d\omega}{\int_0^\infty \Phi_Y(\omega) d\omega}\right]^{\frac{1}{2}} \exp\left[-\frac{1}{2}\frac{(\xi-\overline{Y})^2}{\sigma_Y^2}\right] \end{aligned} \tag{14.7-11}$$

这就是瑞斯给出的公式。$N_0(\xi)/2$ 就是 $Y(t)$ 超过 ξ 值的频率。

14.8 随机函数的线性变换

在第 14.3 节中已经讨论了三种特定的对随机函数的变换。它们都是线性变换,并得到了随机函数的数学期望和相关函数的变换规律。可以看出,这几种线性变换和求数学期望的运算是可以互相交换作用次序的。假定随机函数 $Y(s)$ 是对随机函数 $X(t)$ 进行变换后的结果

$$Y(s) = A_t X(t) \tag{14.8-1}$$

Y 和 X 可以有相同的自变量(即 $s=t$)或不同的自变量(即 $s\neq t$)。例如控制系统的输出就是对输入进行变换的结果。如果这种变换满足下列两个条件,就称为线性变换,我们用 L_t 表示线性变换,它满足:

(1) $L_t[X_1(t)+X_2(t)]=L_tX_1(t)+L_tX_2(t)$。 (14.8-2)

(2) $L_t[cX(t)]=cL_tX(t)$。 (14.8-3)

其中 c 为任意常数。线性控制系统的输出就是对输入进行线性变换的结果。在控制系统中我们常用到的基本线性变换有:

(1) $L_tX(t)=P(d/dt)X(t)$,其中 $P(d/dt)$ 是微分算子 d/dt 的多项式。

(2) $L_tX(t)=P(U)X(t)$,其中 $P(U)$ 是移位算子 U 的多项式。

(3) $L_tX(t) = \int_a^b g(s,t)X(t)dt$,其中 $g(s,t)$ 是核函数。

(4) $L_tX(t) = \sum_{i=0}^{\infty} g_i(s)X_i(t)$,其中 $g_i(s), i = 0,1,2,\cdots$ 是加权函数。

(5) $L_t\boldsymbol{X}(t) = \boldsymbol{c}^\tau \boldsymbol{X}(t) = \sum_{i=1}^{n} c_i X_i(t)$。

其中 $\boldsymbol{X}$ 是向量随机函数。$X_i(t)$ 是它的分量;$\boldsymbol{c}$ 是某个常数向量;c_i 是它的分量。这些基本线性变换的积也是线性变换。可以证明,对于这些类型的线性变换,只要它们变换后的结果是存在的,那么线性变换和求数学期望这两种运算是

可以交换作用次序的，因此，随机函数的数学期望和相关函数的变换规律是

$$\overline{Y(s)} = \overline{L_t X(t)} = L_t \overline{X(t)} \tag{14.8-4}$$

$$\begin{aligned} r_Y(s_1,s_2) &= \overline{Y(s_1)Y(s_2)^*} = \overline{L_{t_1} L_{t_2}^* X(t_1)X(t_2)^*} \\ &= L_{t_1} L_{t_2}^* \overline{X(t_1)X(t_2)^*} = L_{t_1} L_{t_2}^* r_X(t_1,t_2) \end{aligned} \tag{14.8-5}$$

$$\begin{aligned} r_{YX}(s_1,t_2) &= \overline{Y(s_1)X(t_2)^*} = \overline{L_{t_1} X(t_1)X(t_2)^*} \\ &= L_{t_1} \overline{X(t_1)X(t_2)^*} = L_{t_1} r_X(t_1,t_2) \end{aligned} \tag{14.8-6}$$

这里 L_t^* 表示 L_t 的共轭线性变换。如果线性变换是实的，那么 $L_t^* = L_t$。

如果随机函数 $X(t)$ 是高斯分布的，那么可以证明，通过线性变换后得到的 $Y(s)=L_tX(t)$ 也是高斯分布的[26]。如果 $Y(s)$ 是 $X(t)$ 的线性变换

$$Y(s) = \int_a^b g(s,t)X(t)dt$$

即使 $X(t)$ 不是高斯分布的，但如果 $X(t_1)$ 和 $X(t_2)$ 不相关的最大区间 $|t_1-t_2|$ 比 $|b-a|$ 小得多，那么 $Y(s)$ 也是近于高斯分布的。不相关的最大区间 $|t_1-t_2|$ 小也就意味着 $X(t)$ 的相关函数很快地衰减为零，因此 $X(t)$ 的功率谱密度相应地就比较宽。$|b-a|$ 区间大也就意味着 $g(s,t)$ 实际不为零的时间长，线性变换的系统的惯性较大。因此当一个不是高斯分布的功率谱密度较宽的随机过程 $X(t)$ 通过一个惯性较大(即通带较窄)的线性系统后，输出 $Y(s)$ 就近于高斯分布的。

假定 $X(t)$ 是可微的平稳随机过程，它的谱分解式为

$$X(t) = \int_{-\infty}^{\infty} e^{i\omega t} dZ(\omega) \tag{14.5-13}$$

相关函数的谱分解式为

$$r_X(\lambda) = \int_{-\infty}^{\infty} e^{i\omega\lambda} f_X(\omega)d\omega \tag{14.5-35}$$

那么可以证明它的导数 $Y(t)=\dfrac{d}{dt}X(t)$ 的谱分解式为

$$Y(t) = \int_{-\infty}^{\infty} (i\omega)e^{i\omega t} dZ(\omega) \tag{14.8-7}$$

$Y(t)$ 的自相关函数的谱分解式为

$$r_Y(\lambda) = \int_{-\infty}^{\infty} |i\omega|^2 e^{i\omega\lambda} f_X(\omega)d\omega = \int_{-\infty}^{\infty} \omega^2 e^{i\omega\lambda} f_X(\omega)d\omega \tag{14.8-8}$$

而 $Y(t)$ 的自谱密度为

$$f_Y(\omega) = \omega^2 f_X(\omega) \tag{14.8-9}$$

同样，$Y(t)$ 与 $X(t)$ 的互谱密度为

$$f_{YX}(\omega) = (i\omega) f_X(\omega) \tag{14.8-10}$$

把此结果更推广一步。如果

$$Y(t) = P\left(\frac{d}{dt}\right)X(t) \tag{14.8-11}$$

$P(d/dt)$是微分算子 d/dt 的多项式，只要 $Y(t)$存在，那么 $Y(t)$的谱分解式就为

$$Y(t) = \int_{-\infty}^{\infty} P(i\omega)e^{i\omega t}dZ(\omega) \tag{14.8-12}$$

$Y(t)$的自谱密度为

$$f_Y(\omega) = | P(i\omega) |^2 f_X(\omega) \tag{14.8-13}$$

$Y(t)$与 $X(t)$的互谱密度

$$f_{YX}(\omega) = P(i\omega)f_X(\omega) \tag{14.8-14}$$

如果平稳随机序列$\{X_n\}$和它的相关函数 $r_X[n]$的谱分解式分别是

$$X_n = \int_{-\pi}^{\pi} e^{i\omega n}dZ(\omega) \tag{14.5-12}$$

$$r_X[n] = \int_{-\pi}^{\pi} e^{i\omega n}f_X(\omega)d\omega \tag{14.5-24}$$

随机序列$\{Y_n\}$是$\{X_n\}$的线性变换

$$Y_n = P(U)X_n \tag{14.8-15}$$

其中 $P(U)$是移位算子 U 的多项式，那么 Y_n 的谱分解是

$$Y_n = \int_{-\pi}^{\pi} P(e^{i\omega})e^{i\omega n}dZ(\omega) \tag{14.8-16}$$

自谱密度与 Y_n,X_n 的互谱密度分别为

$$f_Y(\omega) = | P(e^{i\omega}) |^2 f_X(\omega) \tag{14.8-17}$$

$$f_{YX}(\omega) = P(e^{i\omega})f_X(\omega) \tag{14.8-18}$$

14.9　线性常系数系统对于平稳随机输入的反应

现在我们开始来讨论这一章的第二部分，也就是各类控制系统在随机作用下系统的分析问题。我们先从简单的问题开始。如果对一个线性常系数控制系统加上一个平稳随机输入，那么我们希望知道的是输出的数学期望，相关函数或方差，可能还需要估计离开平均值的大偏差的概率以及超过某个固定值的频率等。对于很多的工程问题来说，关于输出量的这些统计特性的知识已经足够了。

假设平稳随机输入 $X(t)$的数学期望为 $\overline{X}$，相关函数是 $r_X(\lambda)$，功率谱密度是 $\Phi_X(\omega)$。再设线性常系数系统只有一个输入和一个输出。表示输出和输入之间的特性关系是传递函数 $F(s)$和脉冲响应函数 $h(t)$。我们讨论的系统假定都是稳定的，因此 $F(s)$的所有极点都在左半 S 平面，即所有极点的实部都是负数。依脉冲响应函数的定义，$h(t)$当 $t<0$ 时等于零。对于一个从 $t=-\infty$就开始作用的输入作用来说，输出量

$$y(t) = \int_{0}^{\infty} h(u)x(t-u)du \tag{14.9-1}$$

输出量 $y(t)$是输入量的线性变换。当输入是平稳随机过程 $X(t)$时，输出量 $Y(t)$是个随机过程

$$Y(t)=\int_0^{\infty}h(u)X(t-u)du \tag{14.9-2}$$

利用随机函数线性变换的特性就能算出输出量的数学期望和相关函数分别是

$$\overline{Y}(t)=\overline{X}\int_0^{\infty}h(u)du=\text{const} \tag{14.9-3}$$

$$r_Y(t+\lambda,t)=\int_0^{\infty}\int_0^{\infty}r_X(\lambda+u-u')h(u)h(u')dudu'=r_Y(\lambda) \tag{14.9-4}$$

由于$\overline{Y(t)}$是常数，$r_Y(t+\lambda,t)$只与 λ 有关，所以 $Y(t)$也是平稳的。同时输出与输入之间的互相关函数为

$$r_{YX}(t+\lambda,t)=\int_0^{\infty}r_X(\lambda-u)h(u)du=r_{YX}(\lambda) \tag{14.9-5}$$

所以输出与输入是平稳相关的。根据相关函数与功率谱密度之间的关系式(14.5-36)和(14.5-37)我们就得到

$$\begin{aligned}\Phi_Y(\omega)&=\frac{1}{\pi}\int_{-\infty}^{\infty}r_Y(\lambda)e^{-i\omega\pi}d\lambda\\&=\frac{1}{\pi}\int_{-\infty}^{\infty}\int_0^{\infty}\int_0^{\infty}r_X(\lambda-u+u')e^{-i\omega(\pi-u+u')}h(u')e^{i\omega u'}h(u)e^{-i\omega u}dudu'd\lambda\\\Phi_{YX}(\omega)&=\frac{1}{\pi}\int_{-\infty}^{\infty}r_{YX}(\lambda)e^{-i\omega\lambda}d\lambda\\&=\frac{1}{\pi}\int_{-\infty}^{\infty}\int_0^{\infty}r_X(\lambda-u)e^{-i\omega(\lambda-u)}h(u)e^{-i\omega u}dud\lambda\end{aligned}$$

再根据传递函数与脉冲过渡函数之间的关系

$$F(i\omega)=\int_0^{\infty}h(u)e^{-i\omega u}du$$

就得到

$$\Phi_Y(\omega)=\Phi_X(\omega)F(i\omega)F(-i\omega)=|F(i\omega)|^2\Phi_X(\omega) \tag{14.9-6}$$

$$\Phi_{YX}(\omega)=\Phi_X(\omega)F(i\omega) \tag{14.9-7}$$

在这里我们用到了 $F(i\omega)$是 $F(-i\omega)$的复共轭数的事实。根据方程(14.9-6)就可以由输入的功率谱密度和线性常系数系统的频率特性算出输出的功率谱密度。甚至于当频率特性只是用曲线或数字表格来表示的情况下，$\Phi_Y(\omega)$也还是不难计算出来的。从这里我们也可以看到，在线性常系数系统中传递函数和频率特性的概念是很有用的。根据等式(14.9-3)可以由输入的数学期望求出输出的数学期望。可以看出式(14.9-3)中的积分$\int_0^{\infty}h(u)du$ 实际上就是传递函数 $F(s)$在 $s=0$时的值，也就是稳态放大系数 K，所以

$$\overline{Y}=F(0)\overline{X}=KX \tag{14.9-8}$$

在一般的情况下，传递函数 $F(s)$ 是 s 的有理分式，而且分子的幂次比分母的幂次低，因此当 $\omega\to\infty$ 时，$F(i\omega)\to 0$。这样，当 $\omega\to\infty$ 时输出功率谱密度 $\Phi_Y(\omega)$ 比输入功率谱密度 $\Phi_X(\omega)$ 更快地趋于零。这一事实对白色噪声的输入量仍然有效。它表明随机输出高频分量的强度比随机输入高频分量的强度要小得多。所以一般线性常系数系统有一种使输出比输入更“光滑”的“过滤”作用。

假定线性常系数控制系统有几个输入（或控制量）和几个输出量（或受控量），则系统的特性可以用向量形式的微分方程来描述

$$\frac{d}{dt}\boldsymbol{y} = A\boldsymbol{y} + B\boldsymbol{x} \tag{14.9-9}$$

式中 $\boldsymbol{x}$ 是 m 维向量，表示系统的输入作用；$\boldsymbol{y}$ 是 n 维向量，表示系统的状态；它的某几个分量可能是输出量；A 是 $n\times n$ 阶常方阵，B 是 $n\times m$ 阶矩阵；n 是系统的阶数。假定系统是稳定的，那么方阵 A 的所有特征值都有负实部。对于从 $t=-\infty$ 就开始作用的输入量来说，输出量

$$\boldsymbol{y}(t) = \int_{-\infty}^{t} \Phi(t-\sigma)B\boldsymbol{x}(\sigma)d\sigma \tag{14.9-10}$$

输出量也是输入量的线性变换，其中 $\Phi(t-\sigma)=e^{A(t-\sigma)}$，它是方程(14.9-9)的齐次方程的基本解矩阵。$\Phi(t-\sigma)B$ 是 $n\times m$ 阶矩阵，它代表输入和系统状态之间的关系，相当于脉冲响应函数的性质。当输入是 m 个平稳随机过程时，还假定任意两个之间又是平稳相关的，那么就相当于输入一个 m 维平稳随机向量函数 $\boldsymbol{X}(t)$，这时输出是向量函数 $\boldsymbol{Y}(t)$

$$\boldsymbol{Y}(t) = \int_{-\infty}^{t} e^{A(t-\sigma)}B\boldsymbol{X}(\sigma)d\sigma = \int_0^{\infty} e^{Au}B\boldsymbol{X}(t-u)du \tag{14.9-11}$$

利用随机函数线性变换的特性不难算出 $\boldsymbol{Y}(t)$ 的数学期望和自相关矩阵分别是

$$\overline{\boldsymbol{Y}(t)} = \int_0^{\infty} e^{Au}Bdu\,\overline{\boldsymbol{X}} \tag{14.9-12}$$

$$\begin{aligned} R_{\boldsymbol{Y}}(t+\lambda,t) &= \int_0^{\infty}\int_0^{\infty} e^{Au_1}BR_X(\lambda-u_1+u_2)B^{\tau}e^{A^{\tau}u_2}du_1du_2 \\ &= R_{\boldsymbol{Y}}(\lambda) = \begin{bmatrix} r_{Y_1Y_1}(\lambda) & r_{Y_1Y_2}(\lambda)\cdots r_{Y_1Y_n}(\lambda) \\ \vdots & \vdots & \vdots \\ r_{Y_nY_1}(\lambda) & r_{Y_nY_2}(\lambda)\cdots r_{Y_nY_n}(\lambda) \end{bmatrix} \end{aligned} \tag{14.9-13}$$

所以 $\boldsymbol{Y}(t)$ 也是平稳的随机向量函数。同样，输出与输入之间也是平稳相关的，互相关矩阵为

$$\begin{aligned} R_{\boldsymbol{YX}}(t+\lambda,t) &= \int_0^{\infty} e^{Au}BR_X(\lambda-u)du \\ &= R_{\boldsymbol{YX}}(\lambda) = \begin{bmatrix} r_{Y_1X_1}(\lambda) & r_{Y_1X_2}(\lambda)\cdots r_{Y_1X_m}(\lambda) \\ \vdots & \vdots & \vdots \\ r_{Y_nX_1}(\lambda) & r_{Y_nX_2}(\lambda)\cdots r_{Y_nX_m}(\lambda) \end{bmatrix} \end{aligned} \tag{14.9-14}$$

自相关矩阵 $R_Y(\lambda)$ 是 $n\times n$ 阶的，它的元素表示系统状态的自相关函数或互相关函数。互相关矩阵 $R_{YX}(\lambda)$ 是 $n\times m$ 阶的，它的元素是系统的某个状态与某个输入的互相关函数。如果 m 个输入作用互不相关，则 $R_X(\lambda)$ 是对角矩阵

$$R_X(\lambda)=\begin{bmatrix} r_{X_1}(\lambda) & 0 & \cdots & 0 \\ 0 & r_{X_2}(\lambda) & \cdots & 0 \\ \vdots & \vdots & & \vdots \\ 0 & 0 & \cdots & r_{X_m}(\lambda) \end{bmatrix}$$

这时

$$R_Y(\lambda) = \sum_{k=1}^{m}\int_0^\infty\int_0^\infty e^{Au_1}\boldsymbol{b}_k r_{X_k}(\lambda - u_1 + u_2)\boldsymbol{b}_k^\tau e^{A^\tau u_2}du_1du_2 \qquad (14.9\text{-}15)$$

其中 $\boldsymbol{b}_k$ 是矩阵 B 的第 k 列向量，$\boldsymbol{b}_k^\tau$ 是 $\boldsymbol{b}_k$ 的转置。方程(14.9-15)表明，只有输入作用各分量互不相关时，系统状态的相关矩阵才等于输入作用各分量单独作用时的状态相关矩阵之和。

如果我们把

$$\boldsymbol{\Phi}_Y(\omega) = \frac{1}{\pi}\int_{-\infty}^{\infty}R_Y(\lambda)e^{-i\omega\lambda}d\lambda \qquad (14.9\text{-}16)$$

$$\boldsymbol{\Phi}_{YX}(\omega) = \frac{1}{\pi}\int_{-\infty}^{\infty}R_{YX}(\lambda)e^{-i\omega\lambda}d\lambda \qquad (14.9\text{-}17)$$

称为自功率谱密度矩阵和互功率谱密度矩阵，它们的元素为自功率谱密度和互功率谱密度，那么读者不难证明类似于方程(14.9-6)和(14.9-7)的公式

$$\boldsymbol{\Phi}_Y(\omega) = \boldsymbol{F}(i\omega)\boldsymbol{\Phi}_X(\omega)\boldsymbol{F}^\tau(-i\omega) \qquad (14.9\text{-}18)$$

$$\boldsymbol{\Phi}_{YX}(\omega) = \boldsymbol{F}(i\omega)\boldsymbol{\Phi}_X(\omega) \qquad (14.9\text{-}19)$$

式中 $\boldsymbol{F}(s)$ 是系统的传递函数矩阵

$$\boldsymbol{F}(s) = \int_0^\infty e^{At}Be^{-st}dt$$

$\boldsymbol{F}^\tau(s)$ 是 $\boldsymbol{F}(s)$ 的转置矩阵。同样，与方程(14.9-8)相类似有

$$\overline{\boldsymbol{Y}} = \boldsymbol{F}(0)\overline{\boldsymbol{X}} \qquad (14.9\text{-}20)$$

当系统阶数很高时，用上述方法计算输出的功率谱密度和相关函数就比较麻烦。现在我们来介绍兰宁和白亭(Laning，Battin)所提出的模拟计算方法[14]，当系统是以实物给出时这种方法也完全可以应用。我们来看一个输入和一个输出的系统。根据方程(14.9-4)，输出量的相关函数为

$$r_Y(\lambda) = \int_0^\infty h(u')du'\int_0^\infty h(u)r_x(\lambda - u + u')du$$

作变量置换 $t = \lambda + u'$，有

$$r_Y(\lambda) = \int_\lambda^\infty h(t-\lambda)dt\int_0^\infty h(u)r_X(t-u)du$$

考虑到互相关函数的公式有

$$r_{YX}(t) = \int_0^{\infty} h(u) r_X(t-u) du \tag{14.9-21}$$

$$r_Y(\lambda) = \int_{\lambda}^{\infty} h(t-\lambda) r_{YX}(t) dt = \int_{-\infty}^{\infty} h(t-\lambda) r_{YX}(t) dt \tag{14.9-22}$$

后一等式的成立是因为当 $t<0$ 时 $h(t)=0$。这样,模拟的方框图就如图 14.9-1 所示。模拟的原理如下:

(1) 在 $t=0$ 时开始将输入相关函数 $r_X(t)$ 输入第一个系统 $F(s)$。

(2) 在 $t=\lambda$ 时再将单位脉冲输入第二个系统,它的传递函数也是 $F(s)$,或者可以把单位脉冲输入等效为系统 $F(s)$ 的相应的初始条件。

(3) 将(1)和(2)得到的结果送入乘法器,相乘,再把乘积送入积分器进行积分,当 $t\to\infty$(实际上只要第(1)和(2)项输出近于零后)时,积分器的输出就趋于 $r_Y(\lambda)$。当 $\lambda=0$ 时得到的结果就是方差 σ_r^2。

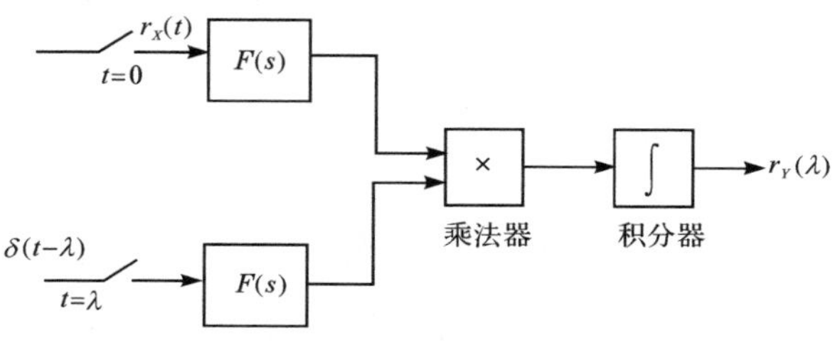

图 14.9-1

现在我们引进成型滤波器[14]的概念,利用这个概念可以使模拟或者分析计算方便很多。在实际工程问题中我们常碰到的平稳随机过程的功率谱密度是 ω 的有理分式,并常可写成下列形式

$$\Phi(\omega) = \frac{Q(\omega)}{P(\omega)} = \frac{A(i\omega)A(-i\omega)}{B(i\omega)B(-i\omega)} = \Psi(i\omega)\Psi(-i\omega) \tag{14.9-23}$$

其中 $\Psi(i\omega)$ 的所有零点和极点,即 $A(i\omega)$ 和 $B(i\omega)$ 的零点,都在上半 ω 平面,也就是这些点的虚部都大于零;$A(s)$ 和 $B(s)$ 都是 s 的多项式,$A(s)$ 的幂次小于 $B(s)$ 的幂次。把白色噪声自 $t=-\infty$ 开始就加入至某一线性常系数系统,它输出的功率谱密度可以按方程式(14.9-23)求出。如果某一系统当输入为功率谱密度恒等于 1 的白色噪声时,它的输出功率谱密度等于 $\Phi_X(\omega)$,我们称此系统为成型滤波器。显然,它的传递函数等于 $\Psi(s)=A(s)/B(s)$。按照上面的假定,它是稳定的,所以有可能用电阻电容等元件简单地构成。

可以把成型滤波器 $\Psi(s)$ 与系统 $F(s)$ 串联起来看作一个新的线性常系数系统 $F_1(s)$

$$F_1(s) = \Psi(s)F(s) \tag{14.9-24}$$

如果原系统 $F(s)$是稳定的，那么新系统 $F_1(s)$也是稳定的。新系统的脉冲响应函数为

$$h_1(t)=\frac{1}{2\pi}\int_{-\infty}^{\infty}F_1(i\omega)e^{i\omega t}d\omega=\int_0^{\infty}f(\sigma)\psi(t-\sigma)d\sigma \qquad (14.9\text{-}25)$$

其中

$$\psi(t)=\frac{1}{2\pi}\int_{-\infty}^{\infty}\Psi(i\omega)e^{i\omega t}d\omega$$

如果在系统 $F_1(s)$的输入端加上一个功率谱密度等于 1，即相关函数为 $\pi\delta(\lambda)$的随机过程，那么 $F_1(s)$输出的功率谱密度仍为 $\Phi_Y(\omega)$。这时

$$\begin{aligned}r_Y(\lambda)&=\int_0^{\infty}\int_0^{\infty}\pi\delta(\lambda-u+u')h_1(u)h_1(u')dudu'\\&=\pi\int_0^{\infty}h_1(u)h_1(\lambda+u)du\end{aligned} \qquad (14.9\text{-}26)$$

输出的方差为

$$\sigma_Y^2=r_Y(0)=\pi\int_0^{\infty}h_1^2(u)du \qquad (14.9\text{-}27)$$

由方程(14.9-27)可以看出，σ_Y^2 可以用模拟计算方法简单地求出，其模拟计算的方块图可以表示成图 14.9-2 的形式。其中单位脉冲 $\delta(t)$的输入可以化为等效的初始条件。

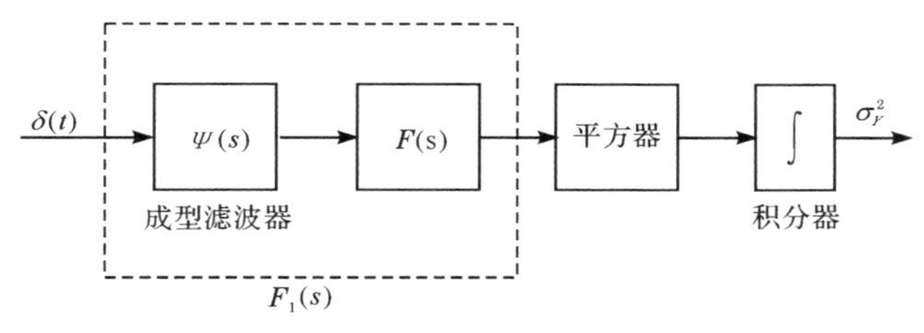

图 14.9-2

现在我们来讨论平稳随机输入作用下线性常系数系统分析的几个例子。

(1) 考虑第四章曾讨论过的二阶线性常系数系统。设系统的运动方程是

$$m\frac{d^2y}{dt^2}+c\frac{dy}{dt}+ky=x(t)$$

不难检验，系统的传递函数 $F(s)$是

$$F(s)=\frac{1}{ms^2+cs+k}=\frac{1}{k}\frac{1}{(s^2/\omega_0^2)+2\zeta(s/\omega_0)+1}$$

这里的 ω_0 是指没有阻尼时的自然频率，ζ 是实际阻尼与临界阻尼的比值

$$\omega_0^2=\frac{k}{m},\quad \zeta=\frac{c/m}{2\omega_0}$$

于是可求出

$$|F(i\omega)|^2=F(i\omega)F(-i\omega)=\frac{1}{k^2\{[(\omega/\omega_0)^2-1]^2+4\zeta^2(\omega/\omega_0)^2\}}$$

如果平稳随机输入的数学期望是 $\overline{X}$，功率谱密度是 $\Phi_X(\omega)$，那么输出的数学期望和功率谱密度就分别是

$$\overline{Y}=F(0)\overline{X}=\frac{1}{k}\overline{X}$$

$$\Phi_Y(\omega)=\frac{\Phi_X(\omega)}{k^2\{[(\omega/\omega_0)^2-1]^2+4\zeta^2(\omega/\omega_0)^2\}}$$

如果我们希望知道输出的方差，那么有

$$\sigma_Y^2=\int_0^\infty \Phi_Y(\omega)d\omega=\frac{1}{k^2}\int_0^\infty\frac{\Phi_X(\omega)}{[(\omega/\omega_0)^2-1]^2+4\zeta^2(\omega/\omega_0)^2}d\omega$$

如果 ζ 很小，则被积函数的分母在 $\omega=\omega_0$ 处几乎等于零。因此，如果 $\Phi_X(\omega)$ 是一个变化缓慢的函数，就有

$$\sigma_Y^2\cong\frac{\omega_0\Phi_X(\omega_0)}{k^2}\int_0^\infty\frac{dx}{(x^2-1)^2+4\zeta^2x^2}=\frac{1}{k^2}\omega_0\Phi_X(\omega)\frac{\pi}{4\zeta}=\frac{\pi}{2mc}\frac{\Phi_X(\omega_0)}{\omega_0^2}$$

这个等式表明，如果阻尼系数 c 趋于零，输出的方差就趋于无穷大。当 c 等于零时，传递函数 $F(s)$ 有一对纯虚数极点 $i\omega_0$。一般来说，只要线性系统的传递函数有实部大于或等于零的极点，就会发生输出方差是无限大的现象。因此，如果要求线性系统在随机输入作用下具有符合需要的运转状态，那么传递函数 $F(s)$ 的所有极点必须都要有负实部。这就是本节开始时我们对系统所加的限制。这种要求与在普通非随机的输入作用下对系统的要求是相同的。一般来说，可以用进一步改变系统的传递函数的方法来改变输出的其他性能。例如，我们完全可以设想在某一个合用的频率 ω_0^* 处，函数 $\Phi_X(\omega)/\omega_0^2$ 取极小值，就像图 14.9-3 所画的那样。那么，输出的随机振幅的大小就可以减小到几乎是最低的限度。其实，这是容易做到的，只要在系统上加一个传递函数是常数 α 的反馈线路就可以了（参看图 14.9-4）。这样一来，系统的运动方程就变为

$$m\frac{d^2y}{dt^2}+c\frac{dy}{dt}+ky=x-\alpha y$$

或者

$$m\frac{d^2y}{dt^2}+c\frac{dy}{dt}+(k+\alpha)y=x$$

系统的自然频率变为 $\sqrt{\frac{k+\alpha}{m}}$。所以只要适当地选择 α 的值，就可以使系统的自然频率等于 ω_0^*

$$(\omega_0^*)^2=\frac{k+\alpha}{m}$$

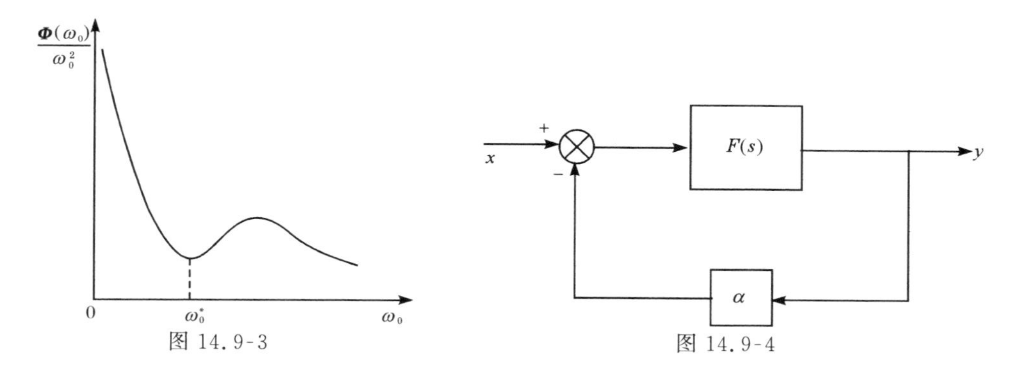

图 14.9-3　　图 14.9-4

如果既要使输出的方差最小，又要使输出的数学期望不变，那么反馈线路的传递函数应该选择得使系统稳态放大系数不变，因此这时反馈线路应是微分环节。具体参数的选择问题，我们将在下一章里讨论。

(2) 作为第二个例子，我们考虑一个弦长是 c 的薄平板状的机翼，这个机翼以一个常速度 V 在空气的湍流中运动。设 x 轴在弦的方向上，z 轴在机翼的跨度方向上，y 轴与跨度方向和弦都垂直。假设湍流的扰动速度分量 u,v,w 与 V 相比较都是很小的。由于这些湍流扰动速度的存在，机翼就有一个随时间变化的明显的冲角 α，因而也就在机翼上产生了随时间变化的升力。只要扰动速度相当小，变化着的冲角 α 就由下列公式给出

$$\alpha=\frac{v}{V}$$

这时，可以把冲角 $\alpha=\alpha(t)$ 看做是系统驱动函数。系统的"反应"(输出)就是机翼上变化着的升力，或者，把升力系数 C_l 看做是系统的反应。这是李普曼(Liepmann)研究过的一个问题[15]。

为了求出升力系数的平均平方值 $\overline{C_l^2(t)}$，首先必须确定机翼的一个传递函数。这个工作已经在第 12.2 节里做过了。其实，如果 v 是输入，升力系数 C_l 是输出，那么，频率特性 $F(i\omega)$ 就是由方程(12.2-19)到(12.2-22)的各个方程所表示的。

虽然，实质上湍流扰动是三维的，也就是说，u,v,w 都是 x,y,z,t 的函数。可是，对于第一次近似的分析来说，只考虑 v 以及 v 与 x,t 的关系似乎就很够了。所以，在湍流中我们只来考虑下列形状的扰动速度或冲角

$$\alpha(x,t)=\frac{v(x,t)}{V}$$

假定，在数量级是 c/V 的时间里，湍流的特性没有显著的变化，冲角就只与 $t-(x/V)$ 有关，第 12.2 节所给的西尔思的结果也就可以应用。在分析湍流的时候，常常采用这一个假设。这个假设实质上也就是要求下面的条件成立：一个流体质点的流速的时间变化率小于一个固定的空间点处的流速的时间变化率。根据这个假

设，就有

$$\overline{C_l^2} = 4\pi^2\int_0^\infty \Phi(\omega) \mid \varphi(k) \mid^2 d\omega$$

其中的 $\Phi(\omega)$ 是 v/V 的功率谱。

按照第 14.4 节的例 2

$$\Phi(\omega)=\frac{\overline{v}^2}{V^2}\frac{L}{\pi V}\frac{1+3(L^2\omega^2/V^2)}{[1+(L^2\omega^2/V^2)]^2}$$

此外，李普曼还发现 $|\varphi(k)|^2$ 可以近似地表示为

$$|\varphi(k)|^2\approx\frac{1}{1+2\pi k}$$

所以

$$\begin{aligned}\overline{C_l^2} &= 4\pi^2 \frac{\overline{v^2}}{V^2}\int_0^\infty \frac{1+3u^2}{(1+u^2)^2}\frac{1}{1+\eta u}du\\ &= 4\pi^2 \frac{\overline{v^2}}{V^2}\left[\frac{4\eta-\pi}{2\pi(\eta^2+1)}+\frac{\eta^2+3}{2\pi(\eta^2+1)^2}(\eta\log\eta^2+\pi)\right]\end{aligned}$$

其中

$$\eta=\frac{\pi c}{L}$$

升力系数的平均平方值与参数 η 之间的关系如图 14.9-5 所示。

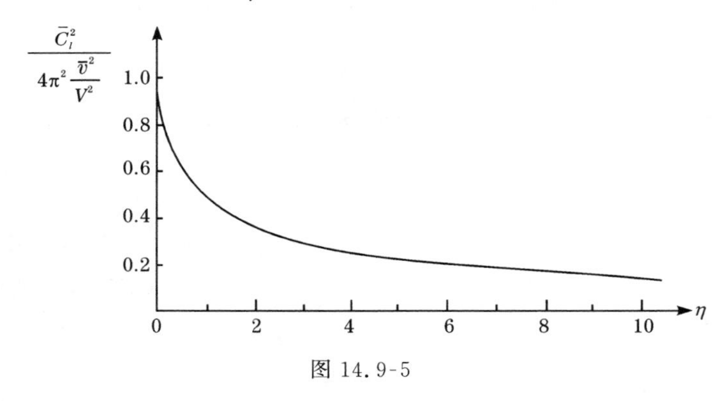

图 14.9-5

很显然，如果 $c/L\to 0$，这就是弦长比湍流的尺度小得很多的情形。这时

$$\overline{C_l^2}\to 4\pi^2\frac{\overline{v^2}}{V^2}=4\pi^2\,\overline{\alpha^2}$$

在似稳状态中，机翼的升力系数与冲角的关系曲线的斜率就是 2π。相反地，如果 c/L 非常大，这就是机翼的弦长比湍流的尺度大得很多的情形，这时 $\overline{C_l^2}$ 几乎等于零。这也就是说：各个局部的扰动总起来说都互相抵消掉了，所以，总的升力是零。其实这个结果是可以想象到的。

（3）间歇输入的问题：关于空气动力学的扰流抖振问题有一个极为重要的现象，这就是尾流中的间歇现象。所谓间歇现象是这样的：一个尾流的边缘的运动尺度很大，以至于边缘附近的一个点有时候处于尾流的内部，有时候又在尾流的外面。如果一个尾翼与一个失速或者部分失速的机翼的尾流的边缘很接近，这种间歇现象对于尾翼上的升力就会发生很重要的影响。对于这种作用可以作这样一个粗略的理解：可以把尾部的流动看作是一个均匀洗流的区域，这个洗流是有时存在有时消失的，洗流作用的时间是一系列不规则的时间间隔。这样一个流动对于间歇地失速的机翼的尾流中的情况来说，或许就是一个好的模型。在这种情况下，尾翼上的流动状态就是时而这样时而那样的，从一种状态变到另一种状态（从有洗流的状态变到没有洗流的状态，或者反过来）的时间间隔的长度 T 就是一个随机函数，假定 T 的概率分布函数是泊松分布函数，那么按照第 14.6 节中例 2 的结果，稍微修改一下就可以得出 T 的功率谱密度。这里的平均偏差不是 1 而是角度平均值 $\sqrt{\overline{v^2}}/V$；驱动函数（洗流）起作用的时间间隔的平均值也就是 T 的平均值 $\overline{T}$。所以功率谱密度就是

$$\Phi(\omega)=\frac{\overline{v^2}}{V^2}\frac{\overline{T}}{\pi}\frac{1}{1+(\omega\overline{T}/2)^2}$$

于是升力系数的平均平方值的近似值就是

$$\overline{C_l^2}=\frac{\overline{v^2}}{V^2}\frac{\overline{T}}{\pi}4\pi^2\int_0^\infty\frac{d\omega}{[1+(\omega\overline{T}/2)^2][1+\pi(\omega c/V)]}$$

$$=4\pi^2\frac{\overline{v^2}}{V^2}\frac{2}{\pi}\frac{\eta\log\eta+\dfrac{\pi}{2}}{1+\eta^2}\left(\eta=\frac{2\pi c}{V\overline{T}}\right)$$

$\overline{C_l^2}$ 与 η 的这个关系画在图 14.9-6 上。$\eta\to 0$ 和 $n\to\infty$ 时的极限值当然是与上面研究过的那种情形相等的。

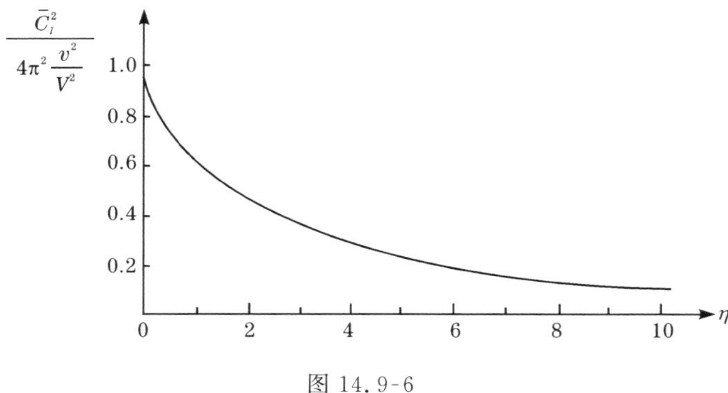

图 14.9-6

14.10 线性变系数系统对非平稳随机输入的反应

在上节中谈到:对于一个线性常系数系统,如果在 $t=-\infty$ 开始加上一个平稳随机输入,那么它的输出也是一个平稳随机过程。但是,输入常常是在某一个时刻才开始加入的,譬如在 $t=0$ 的时刻才开始加入,这时系统的输出将是怎样的呢?我们将要看到,虽然输入是平稳随机过程,但系统的输出,一般讲来,是个非平稳的随机过程。事实上系统的输出是

$$Y(t)=\int_0^t h(t-\sigma)X(\sigma)d\sigma \tag{14.10-1}$$

这里积分上限为 t 是由于 $\sigma>t$ 时 $h(t-\sigma)=0$,积分下限为零是由于输入 $X(t)$ 在 $t=0$时才开始加入。在作变量置换 $u=t-\sigma$ 后得到

$$Y(t)=\int_0^t h(u)X(t-u)du \tag{14.10-2}$$

可以看出输出量仍是输入量的线性变换。方程(14.10-2)与(14.9-2)不同之处就是积分上限是 t 而不是∞。输出随机过程的数学期望和相关函数分别是

$$\overline{Y}(t)=\overline{X}\int_0^t h(u)du \tag{14.10-3}$$

$$r_Y(t+\lambda,t)=\int_0^{t+\lambda}du\int_0^t h(u)h(u')r_X(\lambda-u+u')du' \tag{14.10-4}$$

可以看出随机过程 $Y(t)$是非平稳的。只有 t 足够大,$\int_0^t h(u)du\to\int_0^{\infty}h(u)du$ 时,$Y(t)$才是近于平稳的。

现在来看更一般的情况。假定已给定的系统是一个线性变系数系统,它只有一个输入和一个输出。代表系统输出和输入之间的特性关系的是脉冲响应函数 $h(t,\sigma)$,它是两个变量 t 和 σ 的函数,它就是在 σ 时刻系统输入端加以单位脉冲函数$\delta(t-\sigma)$时系统输出端在 t 时刻的反应。显然 $t<\sigma$ 时 $h(t,\sigma)=0$。如果在 $t=0$ 时刻开始在此系统输入端加上一个非平稳随机过程 $X(t)$,那么系统的输出也是非平稳的

$$Y(t)=\int_0^t h(t,\sigma)X(\sigma)d\sigma \tag{14.10-5}$$

同样根据随机过程线性变换的原理得出输出 $Y(t)$的数学期望和相关函数分别为

$$\overline{Y(t)}=\int_0^t h(t,\sigma)\,\overline{X(\sigma)}d\sigma \tag{14.10-6}$$

$$r_Y(t+\lambda,t)=\int_0^{t+\lambda}du_1\int_0^t h(t+\lambda,u_1)h(t,u_2)r_X(u_1,u_2)du_1du_2 \tag{14.10-7}$$

输出与输入的互相关函数为

$$r_{YX}(t+\lambda,t)=\int_0^{t+\lambda}h(t+\lambda,\sigma)r_X(\sigma,t)d\sigma \tag{14.10-8}$$

如果输入是一个数学期望等于零的白色噪声，它的相关函数是 $r_X(t_1,t_2)=\delta(t_1-t_2)$，那么输出随机过程的自相关函数就为

$$r_Y(t+\lambda,t)=\int_0^{t+\lambda}du_1\int_0^t h(t+\lambda,u_1)h(t,u_2)\delta(u_1-u_2)du_2$$

$$=\begin{cases}\int_0^t h(t+\lambda,u_2)h(t,u_2)du_2, & \lambda>0\\ \int_0^{t+\lambda}h(t+\lambda,u_1)h(t,u_1)du_1, & \lambda<0\end{cases} \tag{14.10-9}$$

这时输出与输入的互相关函数将是

$$r_{YX}(t+\lambda,t)=\int_0^{t+\lambda}h(t+\lambda,\sigma)\delta(\sigma-t)d\sigma$$

$$=\begin{cases}h(t+\lambda,t), & \lambda>0\\ \frac{1}{2}h(t,t), & \lambda=0\\ 0, & \lambda<0\end{cases} \tag{14.10-10}$$

要知道输出随机过程的统计特性必须要知道以第二个变量 σ 为自变量的脉冲响应函数 $h(t,\sigma)$，也就是在不同的时刻 $\sigma,\sigma<t$，输入一个单位脉冲函数 $\delta(t-\sigma)$ 时系统在 t 时刻的输出反应。这一点在一般情况下难以做到。下面我们介绍一种用第十三章所讲的伴随函数和格林公式来解决这类问题的方法。

为了更一般起见我们用向量形式来表示线性变系数系统的状态。假定 n 阶线性变系数系统的运动规律是

$$\frac{d}{dt}\boldsymbol{y}=A(t)\boldsymbol{y}+B(t)\boldsymbol{x} \tag{14.10-11}$$

其中 m 维向量 $\boldsymbol{x}$ 是系统的输入作用，n 维向量 $\boldsymbol{y}$ 表示系统的状态，它的某几个分量是输出量，$A(t)$ 是 $n\times n$ 阶函数方阵，$B(t)$ 是 $n\times m$ 阶函数矩阵，它们的元素都是变量 t 的函数。系统式(14.10-11)的伴随方程是

$$\frac{d}{dt}\boldsymbol{\psi}=-A^{\tau}(t)\boldsymbol{\psi} \tag{14.10-12}$$

其中 $A^{\tau}(t)$ 是 $A(t)$ 的转置矩阵，$\boldsymbol{\psi}$ 也是 n 维向量，称为伴随函数。根据格林公式有

$$(\boldsymbol{y}(t_2),\boldsymbol{\psi}(t_2))=(\boldsymbol{y}(t_1),\boldsymbol{\psi}(t_1))+\int_{t_1}^{t_2}(B(t)\boldsymbol{x}(t),\boldsymbol{\psi}(t))dt \tag{14.10-13}$$

其中 $(\boldsymbol{y},\boldsymbol{\psi})$ 表示两个向量的数量积，$\boldsymbol{\psi}(t)$ 是伴随方程(14.10-12)在某种初始或终端条件下的解。

假定从 $t=0$ 开始给系统输入一个非平稳的向量随机函数 $\boldsymbol{X}(t)$，那么系统的状态 $\boldsymbol{Y}(t)$ 就是一个非平稳的向量随机函数。下面我们分几种情况讨论。

（1） 系统状态的初值 $t=0$ 时，$\boldsymbol{Y}(t)=0$，输出量是 $\boldsymbol{Y}(t)$ 的某个分量 $Y_i(t)$。这时只需令伴随方程(14.10-12)的终端条件为

$$\psi_j(t=T)=\begin{cases}0, & j\neq i\\ 1, & j=i\end{cases}$$

把求出的伴随函数 $\boldsymbol{\psi}(t)$ 代入式(14.10-13)中就得到

$$Y_i(t=T)=\int_0^T(B(t)\boldsymbol{X}(t),\boldsymbol{\psi}(t))dt \tag{14.10-14}$$

Y_i 仍是输入 $\boldsymbol{X}(t)$ 的线性变换。根据随机函数线性变换的原理，$Y_i(t)$ 的数学期望和相关函数分别是

$$\overline{Y_i(T)}=\int_0^T(B(t)\,\overline{\boldsymbol{X}(t)},\boldsymbol{\psi}(t))dt \tag{14.10-15}$$

$$r_{Y_i}(T+\lambda,T)=\int_0^{T+\lambda}du_1\int_0^T\boldsymbol{\psi}_1^{\tau}(u_1)B(u_1)R_{\boldsymbol{X}}(u_1,u_2)B^{\tau}(u_2)\boldsymbol{\psi}_2(u_2)du_2 \tag{14.10-16}$$

在式(14.10-16)中 $\boldsymbol{\psi}_1(u)$ 是终端条件为

$$\psi_j(t=T+\lambda)=\begin{cases}0, & j\neq i\\ 1, & j=i\end{cases}$$

时的伴随方程的解，$\boldsymbol{\psi}_2(u)$ 是终端条件为

$$\psi_j(t=T)=\begin{cases}0, & j\neq i\\ 1, & j=i\end{cases}$$

时伴随方程的解；向量或矩阵上的右上角注"τ"仍表示转置；$R_{\boldsymbol{X}}$ 是输入随机向量函数的自相关矩阵。如果输入是互不相关的数学期望等于零的白色噪声

$$R_{\boldsymbol{X}}(t,\sigma)=\begin{bmatrix}\sigma_{x_1}^2 & 0 & \cdots & 0\\ 0 & \sigma_{x_2}^2 & \cdots & 0\\ \vdots & \vdots & & \vdots\\ 0 & 0 & \cdots & \sigma_{x_m}^2\end{bmatrix}\delta(t-\sigma) \tag{14.10-17}$$

那么输出的数学期望 $\overline{Y_i(T)}=0$，相关函数为

$$r_{Y_i}(T+\lambda,T)=\begin{cases}\displaystyle\int_0^T\sum_{k=1}^m\sigma_{x_k}^2[\boldsymbol{\psi}_1^{\tau}(u)\boldsymbol{b}_k(u)\boldsymbol{b}_k^{\tau}(u)\boldsymbol{\psi}_2(u)]du, & \tau\geqslant 0\\ \displaystyle\int_0^{T+\tau}\sum_{k=1}^m\sigma_{x_k}^2[\boldsymbol{\psi}_1^{\tau}(u)\boldsymbol{b}_k(u)\boldsymbol{b}_k^{\tau}(u)\boldsymbol{\psi}_2(u)]du, & \tau<0\end{cases} \tag{14.10-18}$$

其中 $\boldsymbol{b}_k(t)$ 是长方矩阵 $B(t)$ 的第 k 列向量。

（2） 系统状态的初值 $t=0$ 时 $\boldsymbol{Y}(t)=0$，设输出量为

$$(\boldsymbol{Y}(t),\boldsymbol{c}(t))=\sum_{i=1}^n c_i(t)Y_i(t)$$

$\boldsymbol{c}(t)$ 是某个确定的向量函数。那么它的输出 $(\boldsymbol{Y}(T),\boldsymbol{c}(T))$ 仍用 $\int_0^T(B(t)\boldsymbol{X}(t),$

$\boldsymbol{\psi}(t))dt$ 表示，不同的是 $\boldsymbol{\psi}(t)$ 是伴随方程(14.10-12)在终端条件 $\boldsymbol{\psi}(t=T)=\boldsymbol{c}(t=T)$ 时的解。它的数学期望和相关函数的求法和(1)相仿。

(3) 系统状态的初值不为零，它是一个随机向量 $\boldsymbol{Y}(t=0)=\boldsymbol{Y}_0$，系统无外作用。如果由终端条件

$$\psi_j(t=T)=\begin{cases}0, & j\neq i\\ 1, & j=i\end{cases}$$

解出伴随函数在 $t=0$ 时的值 $\boldsymbol{\psi}(0)$，那我们就可以得到系统状态分量 $Y_i(t)$ 在 $t=T$ 时刻的值

$$Y_i(T)=(\boldsymbol{Y}_0,\boldsymbol{\psi}(0))=\boldsymbol{\psi}^\tau(0)\boldsymbol{Y}_0 \tag{14.10-19}$$

还可以得到系统状态分量 $Y_i(T)$ 的数学期望和相关函数，

$$\overline{Y_i(T)}=\boldsymbol{\psi}^\tau(0)\overline{\boldsymbol{Y}}_0 \tag{14.10-20}$$

$$r_{Y_i}(T+\lambda,T)=\boldsymbol{\psi}_1^\tau(0)\Sigma_{\boldsymbol{Y}_0}\boldsymbol{\psi}_2(0) \tag{14.10-21}$$

在式(14.10-21)中 $\boldsymbol{\psi}_1$ 和 $\boldsymbol{\psi}_2$ 所表示的仍与(1)中的相同。

(4) 系统状态的初值不为零，是一个随机向量，在 $t=0$ 时开始加入一个随机输入 $\boldsymbol{X}(t)$，它与初始状态不相关。这样可以按照它们分别作用时得到的结果相加，这里也就不再赘述了。

按照上面的方法可以方便地求出输出在某个固定时刻的统计特性。如果要求的是以 t 为自变量的输出的统计特性，那么上面的方法仍然合适。下面我们来介绍一种由邓肯(Duncan)[9]首先提出的方法。

假定变系数线性系统的运动规律是

$$\frac{d\boldsymbol{y}}{dt}=A(t)\boldsymbol{y}+B(t)\boldsymbol{x} \tag{14.10-11}$$

在 $t=0$ 时 $\boldsymbol{y}(0)=0$。假定从 $t=0$ 开始给系统输入一个 m 维向量的随机函数 $\boldsymbol{X}(t)$，它的各个分量都是数学期望为零的白色噪声，各个分量之间互不相关

$$R_{\boldsymbol{X}}(t,\sigma)=\begin{bmatrix}\sigma_{x_1}^2 & 0 & \cdots & 0\\ 0 & \sigma_{x_2}^2 & \cdots & 0\\ \vdots & \vdots & & \vdots\\ 0 & 0 & \cdots & \sigma_{x_m}^2\end{bmatrix}\delta(t-\sigma) \tag{14.10-17}$$

这时，系统的状态或输出是

$$\boldsymbol{Y}(t)=\int_0^T \Phi(t,\sigma)B(\sigma)\boldsymbol{X}(\sigma)d\sigma$$

其中 $\Phi(t,\sigma)=e^{\int_\sigma^t A(u)du}$ 是齐次方程 $\frac{d}{dt}\boldsymbol{y}=A(t)\boldsymbol{y}$ 的基本解矩阵，$\Phi(t,t)=E$，E 是单位矩阵。显然 $\overline{\boldsymbol{Y}(t)}=\boldsymbol{0}$。在 t 时刻输出 $\boldsymbol{Y}(t)$ 与输入 $\boldsymbol{X}(t)$ 的互相关矩阵为

$$R_{\boldsymbol{YX}}(t,t)=\overline{\boldsymbol{Y}(t)\boldsymbol{X}^\tau(t)}$$

$$= \int_0^t \Phi(t,\sigma) B(\sigma) \overline{\boldsymbol{X}(\sigma)\boldsymbol{X}^\tau(t)} d\sigma$$

$$= \int_0^t \Phi(t,\sigma) B(\sigma) R_{\boldsymbol{X}}(\sigma,t) d\sigma$$

$$= \frac{1}{2} B(t) \Sigma_{\boldsymbol{X}} \tag{14.10-22}$$

其中

$$\Sigma_{\boldsymbol{X}} = \begin{bmatrix} \sigma_{x_1}^2 & 0 & \cdots & 0 \\ 0 & \sigma_{x_2}^2 & \cdots & 0 \\ \vdots & \vdots & & \vdots \\ 0 & 0 & \cdots & \sigma_{x_n}^2 \end{bmatrix} \tag{14.10-23}$$

矩阵$[\boldsymbol{Y}(t)\boldsymbol{Y}^\tau(t)]$的导数为

$$\begin{aligned} \frac{d}{dt}[\boldsymbol{Y}(t)\boldsymbol{Y}^\tau(t)] &= [A(t)\boldsymbol{Y}(t) + B(t)\boldsymbol{X}(t)]\boldsymbol{Y}^\tau(t) + \boldsymbol{Y}(t)[\boldsymbol{Y}^\tau(t)A^\tau(t) + \boldsymbol{X}^\tau(t)B^\tau(t)] \\ &= A(t)\boldsymbol{Y}(t)\boldsymbol{Y}^\tau(t) + B(t)\boldsymbol{X}(t)\boldsymbol{Y}^\tau(t) + \boldsymbol{Y}(t)\boldsymbol{Y}^\tau(t)A^\tau(t) \\ &\quad + \boldsymbol{Y}(t)\boldsymbol{X}^\tau(t)B^\tau(t) \end{aligned}$$

在两边取数学期望后，再把式(14.10-22)代入就可得到

$$\frac{d}{dt}R_{\boldsymbol{Y}}(t,t) = A(t)R_{\boldsymbol{Y}}(t,t) + R_{\boldsymbol{Y}}(t,t)A^\tau(t) + B(t)\Sigma_{\boldsymbol{X}}B^\tau(t) \tag{14.10-24}$$

这样就得到了自相关矩阵$R_{\boldsymbol{Y}}(t,t)$满足的微分方程。因为$R_{\boldsymbol{Y}}(t,t)$是对称矩阵，所以将方程(14.10-24)展开后得到的是$\frac{n\times(n+1)}{2}$个线性变系数微分方程的方程组。解此微分方程组就可以得到输出$Y_i(t)$的方差$\sigma_{Y_i}^2(t)$和其他一些统计特性。

现在再来看一个例子。所给定的系统是

$$T\frac{dy}{dt} + y = x, \quad y(0) = 0$$

在$t=0$开始给系统加入一个数学期望为零的平稳随机过程$X(t)$，它的相关函数为$r_X(\lambda) = ae^{-c|\lambda|}$。根据式(14.5-36)得出输入的功率谱密度为

$$\Phi_X(\omega) = \frac{2ac}{\pi(c+j\omega)(c-j\omega)}$$

所以成型滤波器的传递函数为$\sqrt{\frac{2ac}{\pi}}\cdot\frac{1}{c+s}$。如果$N(t)$是一个数学期望为零的白色噪声$r_N(t,\sigma) = \pi\delta(t-\sigma)$，那么$X(t)$和$N(t)$满足下列微分方程

$$\frac{dX}{dt} + cX = \sqrt{\frac{2ac}{\pi}}N(t)$$

我们以 Y 和 X 作为向量 $\boldsymbol{Y}(t)$ 的两个分量，输入作用为 $N(t)$，因此

$$\frac{d\boldsymbol{Y}}{dt}=A(t)\boldsymbol{Y}+\boldsymbol{b}(t)N(t)$$

其中

$$A(t)=\begin{bmatrix}-\frac{1}{T} & \frac{1}{T}\\ 0, & -c\end{bmatrix},\quad \boldsymbol{b}(t)=\begin{bmatrix}0\\ \sqrt{\frac{2ac}{\pi}}\end{bmatrix},\quad \boldsymbol{Y}(t)=\begin{bmatrix}Y(t)\\ X(t)\end{bmatrix}$$

将方程(14.10-24)展开后就得到：

$$\frac{d}{dt}r_Y(t,t)=-\frac{2}{T}r_Y(t,t)+\frac{2}{T}r_{YX}(t,t)$$

$$\frac{d}{dt}r_{YX}(t,t)=-\left(\frac{1}{T}+c\right)r_{YX}(t,t)+\frac{1}{T}r_X(t,t)$$

$$\frac{d}{dt}r_X(t,t)=-2cr_X(t,t)+2ac$$

相应的初始条件为 $r_Y(0,0)=0, r_{YX}(0,0)=0, r_X(0,0)=a$。于是

$$\overline{Y^2(t)}=r_Y(t)=a\left(\frac{1}{1+cT}+\frac{1}{1-cT}e^{-2t/T}-\frac{2}{1-c^2T^2}e^{-(1+cT)t/T}\right)$$

在前面的讨论中我们看到，如果系统的输入是白色噪声，那么分析计算的公式就比较简单，在计算输出的相关函数时只要求单重积分就可以了。但是，系统的输入 $\boldsymbol{X}(t)$ 往往不是白色噪声，而在某些情况下是非平稳过程，我们只知它的相关矩阵 $R_{\boldsymbol{X}}(t_1,t_2)$。根据在线性常系数系统中引进的成型滤波器的概念，我们也可以设想 $\boldsymbol{X}(t)$ 是某一个线性变系数系统在输入为白色噪声时的输出，这个系统就是成型滤波器。现在我们就设法根据相关矩阵 $R_{\boldsymbol{X}}(t_1,t_2)$ 来求成型滤波器的方程[20]。我们先假定成型滤波器的方程已给定

$$\frac{d}{dt}\boldsymbol{x} = D(t)\boldsymbol{x}+\boldsymbol{f}(t)n(t) \tag{14.10-25}$$

其中 $D(t)$ 和 $\boldsymbol{f}(t)$ 为待求的函数矩阵和函数向量，滤波器的输入 $N(t)$ 是数学期望等于零的白色噪声 $r_N(t_1,t_2)=\delta(t_1-t_2)$，输出为非平稳随机过程 $\boldsymbol{X}(t)$，输入 $N(t)$ 是自 $t=t_0$ 时刻开始加入的，$\boldsymbol{X}(t_0)=0$。那么我们可以得到

$$\boldsymbol{X}(t) = \int_{t_0}^{t}\Phi(t,u)\boldsymbol{f}(u)N(u)du$$

其中 $\Phi(t,u)$ 是方程(14.10-25)的齐次方程的基本解矩阵

$$\frac{d}{dt}\Phi(t,u)=D(t)\Phi(t,u)$$

当 $n(t)$ 是单位脉冲函数 $\delta(t-\sigma)$ 时，我们记输出为 $\boldsymbol{h}(t,\sigma)$。显然，$\boldsymbol{h}(t,\sigma)$ 代表系统的脉冲响应函数

$$\boldsymbol{h}(t,\sigma) =\int_{t_0}^{t}\Phi(t,u)\boldsymbol{f}(u)\delta(u-\sigma)du$$

$$=\begin{cases}\Phi(t,\sigma)\boldsymbol{f}(\sigma), & t>\sigma>t_0\\ \dfrac{1}{2}\boldsymbol{f}(\sigma), & t=\sigma\\ \boldsymbol{0}, & \sigma>t>t_0\end{cases} \tag{14.10-26}$$

输出的自相关矩阵 $R_{\boldsymbol{X}}(t_1,t_2)$ 为

$$R_{\boldsymbol{X}}(t_1,t_2)=\overline{\boldsymbol{X}(t_1)\boldsymbol{X}^{\tau}(t_2)}=\int_{t_0}^{t_1}du_1\int_{t_0}^{t_2}\Phi(t_1,u_1)\boldsymbol{f}(u_1)\delta(u_1-u_2)\boldsymbol{f}^{\tau}(u_2)\Phi^{\tau}(t_2,u_2)du_2$$

$$=\begin{cases}\displaystyle\int_{t_0}^{t_1}\boldsymbol{h}(t_1,\sigma)\boldsymbol{h}^{\tau}(t_2,\sigma)d\sigma, & t_1\leqslant t_2\\ \displaystyle\int_{t_0}^{t_2}\boldsymbol{h}(t_1,\sigma)\boldsymbol{h}^{\tau}(t_2,\sigma)d\sigma, & t_1\geqslant t_2\end{cases} \tag{14.10-27}$$

自相关矩阵 $R_{\boldsymbol{X}}(t_1,t_2)$ 具有如下特性:

(1) 当 $t_1>t_2>t_0$ 时

$$\frac{d}{dt_1}R_{\boldsymbol{X}}(t_1,t_2)=D(t_1)R_{\boldsymbol{X}}(t_1,t_2) \tag{14.10-28}$$

当 $t_2>t_1>t_0$ 时

$$\frac{d}{dt_2}R_{\boldsymbol{X}}(t_1,t_2)=R_{\boldsymbol{X}}(t_1,t_2)D^{\tau}(t_2) \tag{14.10-29}$$

(2) 当 $t_2>t_1>t_0$ 时

$$\frac{d}{dt_1}R_{\boldsymbol{X}}(t_1,t_2)=D(t_1)R_{\boldsymbol{X}}(t_1,t_2)+\boldsymbol{f}(t_1)\boldsymbol{h}^{\tau}(t_2,t_1) \tag{14.10-30}$$

当 $t_1>t_2>t_0$ 时

$$\frac{d}{dt_2}R_{\boldsymbol{X}}(t_1,t_2)=R_{\boldsymbol{X}}(t_1,t_2)D^{\tau}(t_2)+\boldsymbol{h}(t_1,t_2)\boldsymbol{f}^{\tau}(t_2) \tag{14.10-31}$$

(3) 自相关矩阵 $R_{\boldsymbol{X}}(t_1,t_2)$ 总可以分解为单自变量矩阵的乘积

$$R_{\boldsymbol{X}}(t_1,t_2)=\begin{cases}H(t_1,t_0)\Phi^{\tau}(t_2,t_0), & t_1<t_2\\ \Phi(t_1,t_0)H^{\tau}(t_2,t_0), & t_1>t_2\end{cases} \tag{14.10-32}$$

实际上,当 $t_1<t_2$ 时,

$$R_{\boldsymbol{X}}(t_1,t_2)=\int_{t_0}^{t_1}\boldsymbol{h}(t_1,\sigma)\boldsymbol{f}^{\tau}(\sigma)\Phi^{\tau}(t_2,\sigma)d\sigma=\int_{t_0}^{t_1}\boldsymbol{h}(t_1,\sigma)\boldsymbol{f}^{\tau}(\sigma)\Psi(\sigma,t_0)\Phi^{\tau}(t_2,t_0)d\sigma$$

其中 $\Psi(\sigma,t_0)=\Phi^{-1}(\sigma,t_0)$。如果令

$$H(t_1,t_0)=\int_{t_0}^{t_1}\boldsymbol{h}(t_1,\sigma)\boldsymbol{f}^{\tau}(\sigma)\Psi(\sigma,t_0)d\sigma \tag{14.10-33}$$

其中 $\Psi(\sigma,t_0)=\Phi^{\tau}(t_0,\sigma)$,就可得到式(14.10-32)的上半等式。同样也可以得到式(14.10-33)的下半等式。可以看出,矩阵 $H(t_1,t_0)$ 满足下面的微分方程

$$\frac{d}{dt_1}H(t_1,t_0)=D(t_1)H(t_1,t_0)+\boldsymbol{f}(t_1)\boldsymbol{f}^{\tau}(t_1)\Psi(t_1,t_0) \tag{14.10-34}$$

根据自相关矩阵的以上特性,我们就可以由自相关矩阵 $R_{\boldsymbol{X}}(t_1,t_2)$ 求出待求的

函数矩阵 $D(t)$和函数向量 $\boldsymbol{f}(t)$。

在求出 $D(t)$和 $\boldsymbol{f}(t)$后，就可以把成型滤波器式(14.10-25)和原来的系统式(14.10-11)，合并成一个新的线性变系数系统。在 $t=t_0$ 开始在新的系统上加上一个数学期望为零的白色噪声 $N(t)$，$R_N(\tau)=\delta(\tau)$。新系统的输出中的一部分分量就组成了$\boldsymbol{Y}(t)$。根据前面的分析我们可以求出输出$\boldsymbol{Y}(t)$的统计特性。

在通常情况下，$\boldsymbol{X}(t)$不是向量随机函数，而是一般的随机过程，

$$r_X(t_1,t_2)=\begin{cases}h(t_1,t_0)\cdot\varphi(t_2,t_0), & t_2>t_1>t_0\\ \varphi(t_1,t_0)\cdot h(t_2,t_0), & t_1>t_2>t_0\end{cases}$$

这时，很容易求出成型滤波器的 $d(t)$和 $f(t)$。例如，非平稳随机过程 $X(t)$，$t>0$ 的相关函数为

$$r_X(t_1,t_2)=\begin{cases}3t_1/t_2^2, & t_2>t_1>0\\ 3t_2/t_1^2, & t_1>t_2>0\end{cases}$$

这时 $t_0=0$，$h(t,t_0)=3t$，$\varphi(t,t_0)=1/t^2$，$\psi(t,t_0)=t^2$。

因此

$$d(t)=\frac{d}{dt}\left(\frac{3t_2}{t^2}\right)\bigg/\frac{3t_2}{t^2}=-\frac{2}{t}$$

$$f^2(t)=\left[\frac{d}{dt}(3t)-\left(-\frac{2}{t}\right)3t\right]\frac{1}{t^2}=\frac{9}{t^2}$$

$$f(t)=\frac{3}{t}$$

所以，成型滤波器的方程为

$$\frac{dx}{dt}=-\frac{2}{t}x+\frac{3}{t}n(t),\quad t>t_0=0$$

即

$$t\frac{dx}{dt}+2x=3n(t),\quad t>t_0=0$$

14.11　在随机输入作用下非线性系统的分析

在实际系统中总是存在着各种非线性的因素，最常见的就是饱和现象和非灵敏区现象。在某些特定条件下，有可能把非线性系统近似看作线性系统来分析，但是在很多情况下这种近似是不允许的。例如，我们来看一个飞机上自动驾驶仪的舵机系统，它的作用是根据输入到舵机系统的信号大小，按比例地产生舵偏角，使飞机拐弯飞行。舵机系统的作用原理方框图见图 14.11-1。如果控制信号 x 中没有随机分量，那么在最大舵偏角的范围内，舵偏角是正比于控制信号的。如果在控制信号中还夹杂了随机干扰，那么舵偏角也是作随机摆动的。在随机干扰比

较小时,舵偏角的平均值还是正比于控制信号的平均值的大小;当随机干扰比较剧烈时,在同样的控制信号的平均值下舵偏角的平均值会剧烈变小,就是舵系统"失效"了。"失效"的原因是在于舵机系统的放大器有饱和现象。因此即使控制信号中的平均分量使放大器工作在线性段,但是随机干扰剧烈时会使整个舵机系统的性能受到放大器饱和的影响。放大器放大系数选择得越大,则这种"失效"的可能性也越大。在这一节中我们将介绍一种能够包括上述这类问题的分析方法,即在随机输入作用下非线性闭路控制系统的近似分析方法。

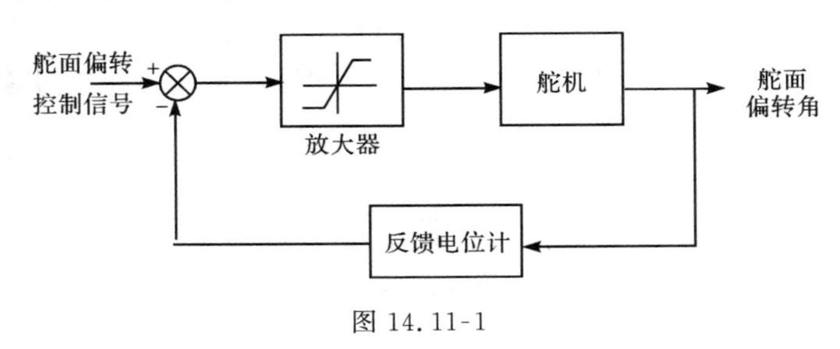

图 14.11-1

先讨论无惯性非线性环节在随机输入时的输出特性。无惯性非线性环节的输出是输入的非线性函数

$$y = f(x) \tag{14.11-1}$$

当加入随机输入时,在任何时刻 t_k,输出的随机变量 $Y(t_k)$ 只与输入随机变量 $X(t_k)$ 有关

$$Y(t_k) = f[X(t_k)] \tag{14.11-2}$$

t_k 在这里只是作为参数引入的。如果已经知道随机输入的概率分布特性,那么我们就可以求得随机输出的数学期望,自相关函数,方差及输出输入之间的互相关函数

$$\overline{Y(t)} = \int_{-\infty}^{\infty} f(x) w_1(x,t) dx \tag{14.11-3}$$

$$\begin{aligned} r_Y(t_1,t_2) &= \overline{Y(t_1)Y(t_2)} - \overline{Y(t_1)} \cdot \overline{Y(t_2)} \\ &= \int_{-\infty}^{\infty}\int_{-\infty}^{\infty} f(x_1)f(x_2)w_2(x_1,t_1;x_2,t_2)dx_1dx_2 \\ &\quad - \int_{-\infty}^{\infty} f(x_1)w_1(x_1,t_1)dx_1 \cdot \int_{-\infty}^{\infty} f(x_2)w_1(x_2,t_2)dx_2 \end{aligned} \tag{14.11-4}$$

$$\sigma_Y^2(t) = \int_{-\infty}^{\infty} [f(x)]^2 w_1(x,t)dx - \left[\int_{-\infty}^{\infty} f(x)w_1(x,t)dx\right]^2 \tag{14.11-5}$$

$$\begin{aligned} r_{YX}(t_1,t_2) &= \overline{Y(t_1)X(t_2)} - \overline{Y(t_1)} \cdot \overline{X(t_2)} \\ &= \int_{-\infty}^{\infty}\int_{-\infty}^{\infty} x_2(t_2)f(x_1)w_2(x_1,t_1;x_2,t_2)dx_1dx_2 \end{aligned}$$

$$-\int_{-\infty}^{\infty} f(x_1)w_1(x_1,t_1)dx_1 \cdot \int_{-\infty}^{\infty} x_2(t_2)w_1(x_2,t_2)dx_2 \tag{14.11-6}$$

假设随机输入 $X(t)$是高斯过程,那么它的第一,第二概率密度函数分别是

$$w_1(x,t) = \frac{1}{\sqrt{2\pi}\sigma_X(t)}\exp\left\{-\frac{1}{2}\left[\frac{x(t)-\overline{X(t)}}{\sigma_X(t)}\right]^2\right\} \tag{14.11-7}$$

$$\begin{aligned} w_2(x_1,t_1;x_2,t_2) = & \frac{1}{2\pi\sigma_X(t_1)\sigma_X(t_2)\sqrt{1-\rho_{X(t_1)X(t_2)}}} \\ & \times \exp\left\{-\frac{1}{2(1-\rho^2_{X(t_1)X(t_2)})}\left[\left(\frac{x(t_1)-\overline{X(t_1)}}{\sigma_X(t_1)}\right)^2\right.\right. \\ & + \left(\frac{x(t_2)-\overline{X(t_2)}}{\sigma_X(t_2)}\right)^2 - 2\rho_{X(t_1)X(t_2)} \\ & \left.\left. \times \frac{(x(t_1)-\overline{X(t_1)})(x(t_2)-\overline{X(t_2)})}{\sigma_X(t_1)\sigma_X(t_2)}\right]\right\} \end{aligned} \tag{14.11-8}$$

其中 $\rho_{X(t_1)X(t_2)}$是随机变量 $X(t_1)$和 $X(t_2)$的比相关系数。为了使计算简化,常将第二概率密度函数按照切比雪夫-埃尔米特(Чебыщев-Hermite)多项式展开为无穷级数

$$\begin{aligned} w_2(x_1,t_1;x_2,t_2) = & \frac{1}{2\pi\sigma_{X(t_1)}\sigma_{X(t_2)}}\exp\left\{-\frac{1}{2}\left(\frac{x(t_1)-\overline{x(t_1)}}{\sigma_X(t_1)}\right)^2 - \frac{1}{2}\left(\frac{x(t_2)-\overline{x(t_2)}}{\sigma_X(t_2)}\right)^2\right\} \\ & \times \sum_{n=0}^{\infty}\frac{1}{n!}\rho^n_{X(t_1)X(t_2)} H_n\left(\frac{x(t_1)-\overline{x(t_1)}}{\sigma_X(t_1)}\right)\cdot H_n\left(\frac{x(t_2)-\overline{x(t_2)}}{\sigma_X(t_2)}\right) \end{aligned} \tag{14.11-9}$$

其中 $H_n(\zeta)$为切比雪夫-埃尔米特多项式,它可以从递推公式中得到

$$\begin{aligned} & H_{n+1}(\zeta) = \zeta H_n(\zeta) - nH_{n-1}(\zeta) \\ & H_0(\zeta) = 1, \quad H_1(\zeta) = \zeta \end{aligned} \tag{14.11-10}$$

多项式 $H_n(\zeta), n=0,1,2,\cdots$在$-\infty<\zeta<\infty$上对权函数 $e^{-\frac{\zeta^2}{2}}$是正交的

$$\int_{-\infty}^{\infty} H_n(\zeta)H_m(\zeta)e^{-\frac{\zeta^2}{2}}d\zeta = \begin{cases} 0, & m \neq n \\ \sqrt{2\pi}n!, & m = n \end{cases} \tag{14.11-11}$$

这样,高斯过程 $X(t)$经过无惯性非线性环节后输出的统计特性就是

$$\overline{Y(t)} = \overline{f[X(t)]} = a_0(t) = a_0(\overline{X(t)},\sigma_X(t)) \tag{14.11-12}$$

$$\begin{aligned} r_Y(t_1,t_2) & = \sum_{n=1}^{\infty}\rho^n_{X(t_1)X(t_2)}a_n(t_1)a_n(t_2) \\ & = \sum_{n=1}^{\infty}\rho^n_{X(t_1)X(t_2)}a_n(\overline{X(t_1)},\sigma_X(t_1))a_n(\overline{X(t_2)},\sigma_X(t_2)) \end{aligned} \tag{14.11-13}$$

$$\sigma_Y^2(t) = \sum_{n=0}^{\infty}a_n^2(\overline{X(t)},\sigma_X(t)) \tag{14.11-14}$$

$$r_{YX}(t_1,t_2)=\sum_{n=1}^{\infty}\rho^n_{X(t_1)X(t_2)}a_n(t)b_n(t)$$
$$=\sum_{n=1}^{\infty}\rho^n_{X(t_1)X(t_2)}a_n(\overline{X(t_1)}\sigma_X(t_1))b_n(\overline{X(t_2)},\sigma_X(t_2))\qquad(14.11\text{-}15)$$

其中

$$a_n(t)=a_n(\overline{X(t)},\sigma_X(t))=\frac{1}{\sqrt{n!}}\overline{f[X(t)]H_n\left(\frac{X(t)-\overline{X(t)}}{\sigma_X(t)}\right)},\quad n=0,1,2,\cdots\qquad(14.11\text{-}16)$$

$$b_n(t)=\frac{1}{\sqrt{n!}}\overline{X(t)H_n\left(\frac{X(t)-\overline{X(t)}}{\sigma_X(t)}\right)},\quad n=1,2,\cdots\qquad(14.11\text{-}17)$$

利用公式(14.11-10)中的 $H_0(\zeta)=1$，$H_1(\zeta)=\zeta$ 和正交性式(14.11-11)可以最后得到

$$r_{YX}(t_1,t_2)=\frac{1}{\sigma_X(t_1)}a_1\ (\overline{X(t_1)},\sigma_X(t_1))r_X(t_1,t_2)\qquad(14.11\text{-}18)$$

如果 $X(t)$ 是平稳高斯过程，那么公式(14.11-12)—(14.11-17)和(14.11-18)将分别为

$$\overline{Y}=\overline{f(X)}=a_0(\overline{X},\sigma_X)\qquad(14.11\text{-}19)$$

$$r_Y(\lambda)=\sum_{n=1}^{\infty}\rho_X^n(\lambda)a_n^2(\overline{X},\sigma_X)\qquad(14.11\text{-}20)$$

$$\sigma_Y^2=\sum_{n=1}^{\infty}a_n^2(\overline{X},\sigma_X)\qquad(14.11\text{-}21)$$

$$a_n(\overline{X},\sigma_X)=\frac{1}{\sqrt{n!}}\overline{f(X)H_n\left(\frac{X-\overline{X}}{\sigma_X}\right)},\quad n=1,2,\cdots\qquad(14.11\text{-}22)$$

$$r_{YX}(\lambda)=\frac{1}{\sigma_X}a_1r_X(\lambda)\qquad(14.11\text{-}23)$$

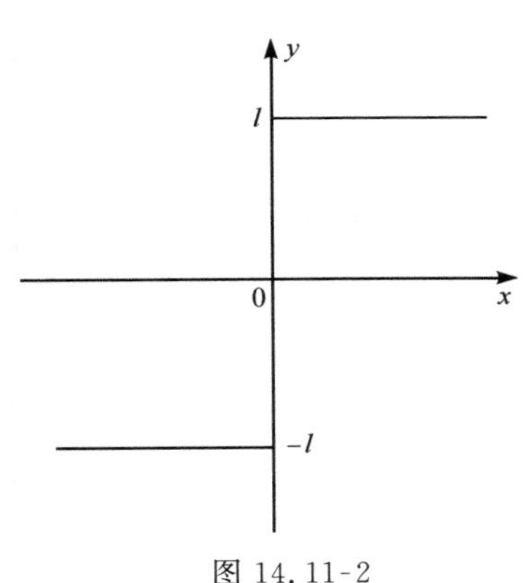

图 14.11-2

其中 $\rho_X(\lambda)$ 就是 $\rho_{X(t+\lambda)X(t)}$。级数 $r_Y(\lambda)$ 具有明显的物理意义，与它第一项相应的输出的那一个分量，其相关函数的形式与输入的相关函数是一致的，其余分量表示由于非线性引起的畸变。这些畸变通常不是很显著的，首先是因为级数的系数以 $1/n!$ 的速度递减，其次是由于相关函数本身当 $\lambda>0$ 时，$|\rho_X(\lambda)|<1$，所以 $\rho_X^n(\lambda)$ 随着 λ 的增加也急剧减小。主要的畸变也只可能在 λ 值较小时发生。

假设，非线性环节是理想的继电器(图 14.11-2)，它的输出输入关系是

$$Y = f(X) = \begin{cases} l, & x < 0 \\ -l, & x > 0 \end{cases}$$

如果输入的平稳随机过程 $X(t)$ 的数学期望 $\overline{X(t)}=0$，比相关函数 $\rho_X(\lambda)=e^{-|\lambda|}$，方差 $\sigma_X^2=1$，那么输出的自相关函数为

$$r_Y(\lambda) = \sum_{n=1}^{\infty} \rho_X^n(\lambda) a_n^2 = \frac{2l^2}{\pi} \sin^{-1} \rho_X(\lambda)$$

$r_Y(\lambda)$ 的第一项是 $\rho_X(\lambda)a_1^2$，它们的关系见图 14.11-3。当 $|\lambda| \geqslant 0.65$ 时，用 $r_Y(\lambda)$ 的第一项 $\rho_X(\lambda)a_1^2$ 来代替 $r_Y(\lambda)$ 的误差将不超过 5%。

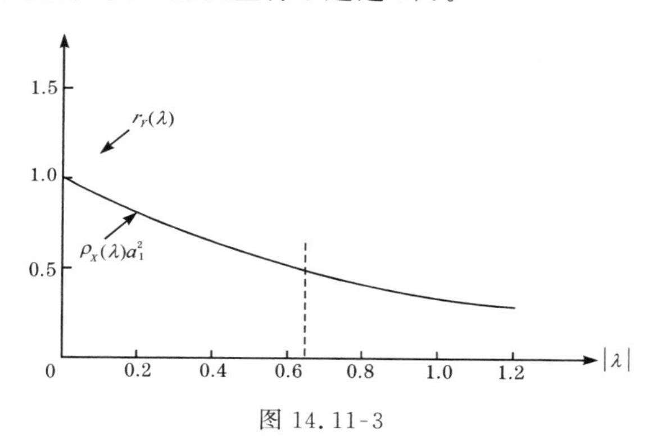

图 14.11-3

对于一些常用到的典型非线性环节，根据公式(14.11-12)和(14.11-16)可以算出系数 a_0, a_1, a_2 等来。对于理想继电器环节(图 14.11-2)来说，

$$\frac{a_0}{l} = 2\Phi(\overline{X}/\sigma_X)$$

$$\frac{a_1}{l} = \sqrt{\frac{2}{\pi}} e^{-\frac{1}{2}(\overline{X}/\sigma_X)^2}$$

$$\frac{a_2}{l} = -(\overline{X}/\sqrt{2}\sigma_X)\frac{a_1}{l}$$

$$\frac{a_3}{l} = \frac{1}{\sqrt{6}}[(\overline{X}/\sigma_X)^2 - 1]\frac{a_1}{l}$$

……

其中 $\Phi(X) = \dfrac{1}{\sqrt{2\pi}}\int_0^X e^{-\frac{1}{2}t^2} dt$，$\dfrac{a_n}{l}$ 与 $\dfrac{\overline{X}}{\sigma_X}$ 的关系曲线，$n = 0,1,2,3,\cdots$ 可见图 14.11-4。对于有限幅特性的线性放大环节(图 14.11-5)，它的输出输入关系是

$$Y = f(X) = \begin{cases} l, & X \geqslant \Delta \\ \dfrac{l}{\Delta}X, & -\Delta \leqslant X \leqslant \Delta \\ -l, & X \leqslant -\Delta \end{cases}$$

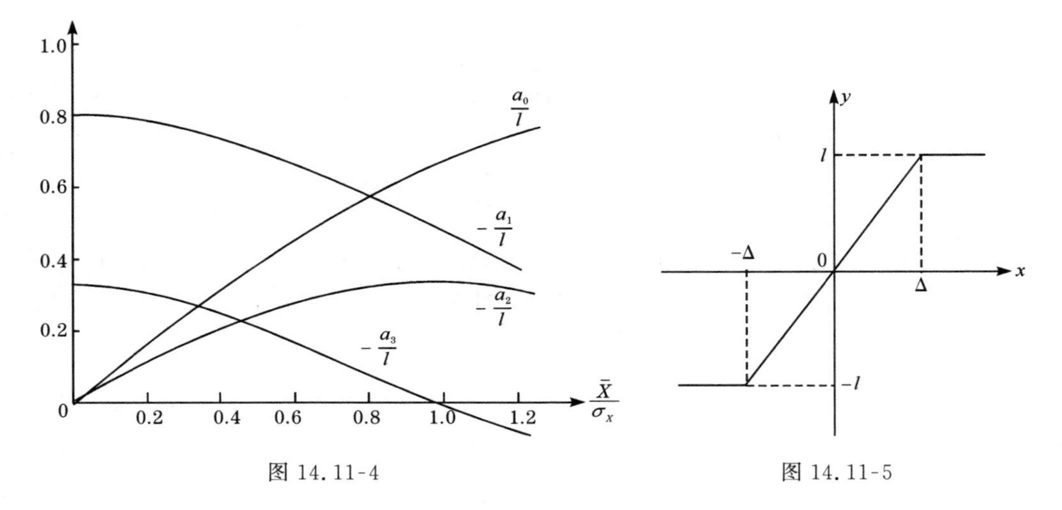

图 14.11-4　　　　图 14.11-5

系数 a_0, a_1, a_2, a_3 分别为

$$a_0 = l\left\{(1+m_1)\Phi\left(\frac{1+m_1}{\sigma_1}\right)-(1-m_1)\Phi\left(\frac{1-m_1}{\sigma_1}\right)+\frac{\sigma_1}{\sqrt{2\pi}}\left[e^{-\frac{1}{2}\left(\frac{1+m_1}{\sigma_1}\right)^2}-e^{-\frac{1}{2}\left(\frac{1-m_1}{\sigma_1}\right)^2}\right]\right\}$$

$$a_1 = l\sigma_1\left[\Phi\left(\frac{1+m_1}{\sigma_1}\right)+\Phi\left(\frac{1-m_1}{\sigma_1}\right)\right]$$

$$a_2 = \frac{l\sigma_1}{2\sqrt{\pi}}\left[e^{-\frac{1}{2}\left(\frac{1+m_1}{\sigma_1}\right)^2}-e^{-\frac{1}{2}\left(\frac{1-m_1}{\sigma_1}\right)^2}\right]$$

$$a_3 = -\frac{l}{2\sqrt{3\pi}}\left[(1+m_1)e^{-\frac{1}{2}\left(\frac{1+m_1}{\sigma_1}\right)^2}+(1-m_1)e^{-\frac{1}{2}\left(\frac{1-m_1}{\sigma_1}\right)^2}\right]$$

其中 $m_1=\overline{X}/\Delta, \sigma_1=\sigma_X/\Delta, \Phi(x)=\frac{1}{\sqrt{2\pi}}\int_0^x e^{-\frac{1}{2}t^2}dt$，$\frac{a_0}{l}, \frac{\Delta}{l}\cdot\frac{a_1}{\sigma_X}$ 与 m_1, σ_1 的关系曲线示于图 14.11-6 中。

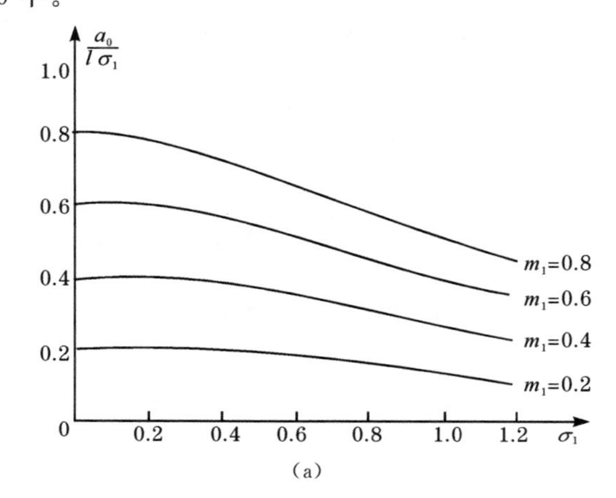

(a)

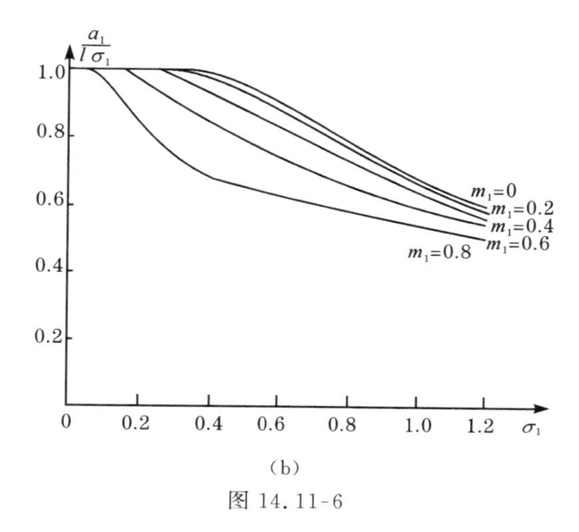

(b)

图 14.11-6

知道了无惯性非线性环节在随机输入时的输出特性，就很容易求出开路非线性系统在高斯随机过程的输入作用下的输出特性。在一般情况下，开路非线性系统可以表示为由三个环节串联组成，中间是无惯性非线性环节，前后都是线性惯性环节(图 14.11-7)它们的关系式是

$$
\begin{aligned}
U(t) &= \int_{-\infty}^{t} h_1(t,\sigma)X(\sigma)d\sigma \\
V(t) &= f(U(t)) \\
Y(t) &= \int_{-\infty}^{t} h_2(t,\sigma)V(\sigma)d\sigma
\end{aligned}
\tag{14.11-24}
$$

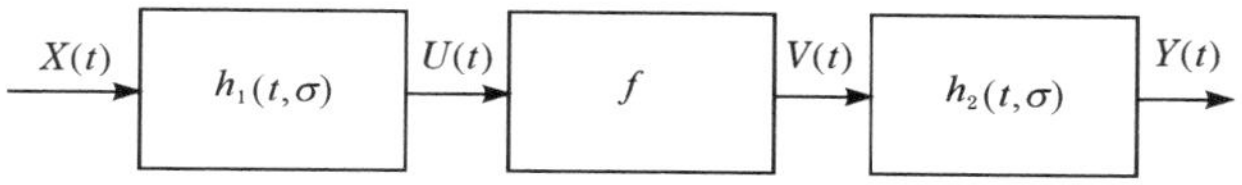

图 14.11-7

要求得输出 $Y(t)$的统计特性，就需要知道非线性环节输出 $V(t)$的统计特性。如果只知道非线性环节输入 $U(t)$的数学期望和相关函数是不够的，必须知道 $U(t)$的分布，才能求出 $V(t)$的统计特性。假设开路非线性系统的输入 $X(t)$是高斯过程，那么高斯过程经过任何线性变换后仍是高斯过程，$U(t)$也是高斯过程。知道了系统输入 $X(t)$的数学期望和相关函数就可以算出系统输出 $Y(t)$的数学期望和相关函数。如果线性环节是常系数的，而且 $X(t)$是从 $t=-\infty$时输入的平稳过程，那么在计算中有关随机过程线性变换的部分，可以考虑利用输出输入之间功率谱密度的关系与相关函数和功率谱密度的关系，以便使计算简单些。

对于非线性系统来说，开路系统的计算方法不能搬用到闭路系统中去。对于线性系统，我们可以根据开路系统的传递函数或特性求出闭路系统的传递函数或特性,它与输入的大小无关。对于非线性系统,没有传递函数的概念,系统的特性与输入作用的大小有关,闭路内每个环节的输入及特性都与它的输出有关。即使整个闭路非线性系统的输入是一个高斯过程,但在闭路内的非线性环节的输入,严格说来还不是高斯过程,它的分布规律与很多因素有关,一般来说,比较难于准确确定。不能确定非线性环节输入的分布规律,就不能准确地确定它的输出的统计特性。现在我们来介绍一种工程近似方法——统计线性化方法。这一方法是由波顿(Booton)首先提出的[7]。统计线性化方法在实用上比较方便,在满足一定的条件下,它具有足够的准确度,但是也很难确定它在一般情况下的准确程度。

统计线性化的实质就是按照一定的准则用线性放大环节来代替非线性环节,然后按线性系统的方法来分析.我们假设非线性环节的输入是高斯分布的,这样就可以求出非线性环节输出的数学期望、相关函数与输入的数学期望、相关函数的关系。设非线性环节的输出输入特性是

$$Y = f(X) \tag{14.11-25}$$

近似的线性环节的输出输入特性为

$$Y_1 = k_0\overline{X} + k_1(X - \overline{X}) \tag{14.11-26}$$

这里对输入的平均分量和随机分量采用了不同的放大系数 k_0 和 k_1。k_0 和 k_1 的值根据不同的准则来确定,它是与非线性环节的输入有关系的。有一种线性化的准则是使近似偏差 Y_1—Y 的平方的数学期望最小,即

$$\overline{E^2} = \overline{[Y_1 - Y]^2} = \overline{[k_0\overline{X} + k_1(X - \overline{X}) - Y]^2} = \min \tag{14.11-27}$$

把式(14.11-27)的右端展开后得到

$$\overline{E^2} = [k_0\overline{X} - \overline{Y}]^2 + k_1^2\sigma_X^2 + \sigma_Y^2 - 2k_1 r_{YX}(t,t)$$

要使$\overline{E^2}$最小,则令

$$\frac{\partial \overline{E}_2}{\partial k_0} = 0, \quad \frac{\partial \overline{E}_2}{\partial k_1} = 0$$

这样就得到使$\overline{E^2}$最小时的 k_0 和 k_1

$$k_0 = \overline{Y}/\overline{X} \tag{14.11-28}$$

$$k_1 = r_{YX}/\sigma_X^2 \tag{14.11-29}$$

根据公式(14.11-19)和(14.11-23)就得到

$$k_0 = a_0/\overline{X} \tag{14.11-30}$$

$$k_1 = a_1/\sigma_X \tag{14.11-31}$$

k_0 和 k_1 都是输入 $X(t)$的数学期望 $\overline{X}$ 和方差 σ_X 的函数。如果非线性特性 $f(X)$ 不是奇对称的,即

$$f(-X) \neq -f(X)$$

那么即使输入的数学期望 $\overline{X}$ 等于零,输出的数学期望 $\overline{Y}$ 也不等于零。这时,若在

近似的线性环节的输出输入特性式(14.11-26)中用$\overline{Y}$来代替$k_0\overline{X}$,则

$$Y_1=\overline{Y}+k_1(X-\overline{X}) \tag{14.11-32}$$

$$\overline{Y}=a_0 \tag{14.11-33}$$

$$k_1=a_1/\sigma_X \tag{14.11-34}$$

自然,也可以按照其他准则来确定k_0和k_1[24]。

在统计线性化后,闭路非线性系统就成为了闭路线性系统,但是它还有两个待定参数,我们可以把非线性环节的a_0,a_1与$\overline{X}$,σ_X的关系和线性系统统计分析的方法联系在一起来求出等效的放大系数k_0和k_1以及非线性闭路系统的近似统计特性。

下面我们用一个极简单的控制系统来作为例子说明如何应用统计线性化方法。假设此控制系统的结构图是图14.11-8,它所包含的非线性环节是带有限幅特性的放大器。在$t=-\infty$时就开始给系统加上一个已知的平稳随机过程$X(t)$,现在来求此控制系统的输出特性。根据统计线性化的假设,非线性环节的等效放大系数是k_0和k_1利用线性系统的分析方法,我们得出输出量Y和非线性环节的输入量的数学期望和方差分别是

$$\overline{Y}=\frac{k_0K_1}{1+k_0K_1K_2}\overline{X}$$

$$\overline{U}=\frac{1}{1+k_0K_1K_2}\overline{X}$$

$$\sigma_Y^2=\frac{1}{2}\int_{-\infty}^{\infty}\left|\frac{k_1K_1}{1+k_1K_1K_2+Tj\omega}\right|^2\Phi_X(\omega)d\omega$$

$$\sigma_U^2=\frac{1}{2}\int_{-\infty}^{\infty}\left|\frac{1+Tj\omega}{1+k_1K_1K_2+Tj\omega}\right|^2\Phi_X(\omega)d\omega$$

其中$\Phi_X(\omega)$是输入$X(t)$的功率谱密度。

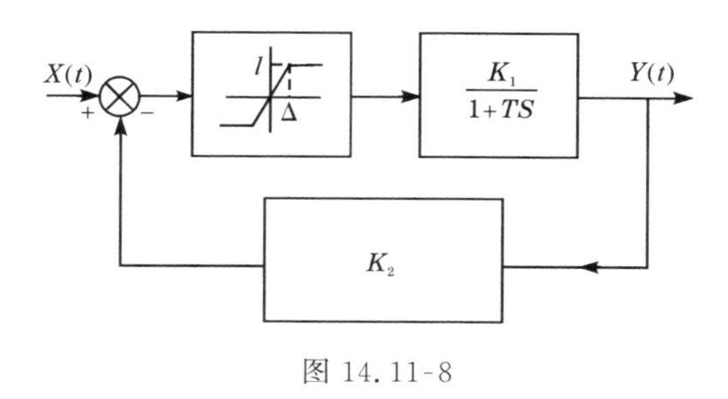

图 14.11-8

假设输入随机过程的相关函数为$r_X(\lambda)=\sigma_X^2e^{-\alpha|\lambda|}$,那么$\Phi_X(\omega)=\frac{2\alpha\sigma_X^2}{\pi}\cdot\frac{1}{\alpha^2+\omega^2}$,经过一定的运算后可得

$$\sigma_Y^2 = \frac{(k_1K_1)^2}{(1+k_1K_1K_2)(1+k_1K_1K_2+\alpha T)}\sigma_X^2$$

$$\sigma_U^2 = \frac{1+\alpha T(1+k_1K_1K_2)}{(1+k_1K_1K_2)(1+k_1K_1K_2+\alpha T)}\sigma_X^2$$

再根据限幅特性和非线性环节输入是高斯过程的假设，我们可以得到等效放大系数 k_0，k_1 和非线性环节输入量 U 的统计特性的关系：

$$k_0 = \frac{l}{\Delta}\frac{\sigma_1}{m_1}\left[\left(\frac{1+m_1}{\sigma_1}\right)\Phi\left(\frac{1+m_1}{\sigma_1}\right)-\left(\frac{1-m_1}{\sigma_1}\right)\Phi\left(\frac{1-m_1}{\sigma_1}\right)+\dot{\Phi}\left(\frac{1+m_1}{\sigma_1}\right)-\dot{\Phi}\left(\frac{1-m_1}{\sigma_1}\right)\right]$$

$$k_1 = \frac{l}{\Delta}\left[\Phi\left(\frac{1+m_1}{\sigma_1}\right)+\Phi\left(\frac{1-m_1}{\sigma_1}\right)\right]$$

其中

$$m_1 = \frac{\overline{U}}{\Delta},\quad \sigma_1 = \frac{\sigma_U}{\Delta}$$

$$\Phi(u) = \frac{1}{\sqrt{2\pi}}\int_0^u e^{-\frac{t^2}{2}}dt$$

$$\dot{\Phi}(u) = \frac{1}{\sqrt{2\pi}}e^{-\frac{u^2}{2}}$$

由此我们可以建立联立方程式：

$$k_0 = \frac{l}{\Delta}\frac{\sigma_1}{m_1}\left[\left(\frac{1+m_1}{\sigma_1}\right)\Phi\left(\frac{1+m_1}{\sigma_1}\right)-\left(\frac{1-m_1}{\sigma_1}\right)\Phi\left(\frac{1-m_1}{\sigma_1}\right)\right.$$
$$\left.+\dot{\Phi}\left(\frac{1+m_1}{\sigma_1}\right)-\dot{\Phi}\left(\frac{1-m_1}{\sigma_1}\right)\right]$$

$$k_1 = \frac{l}{\Delta}\left[\Phi\left(\frac{1+m_1}{\sigma_1}\right)+\Phi\left(\frac{1-m_1}{\sigma_1}\right)\right]$$

$$\sigma_1 = \frac{l}{\Delta}\cdot\frac{\sigma_X}{l}\sqrt{\frac{1+\alpha T(1+k_1K_1K_2)}{(1+k_1K_1K_2)(1+k_1K_1K_2+\alpha T)}}$$

$$m_1 = \frac{l}{\Delta}\cdot\frac{\overline{X}}{l}\cdot\frac{1}{1+K_1K_2k_0}$$

解上面联立方程式就可以求出等效放大系数 k_0 与 k_1，再根据 k_0 和 k_1 可以求出输出的 $\overline{Y}$ 和 σ_Y。假设 $\alpha T=0.1$，$l/\Delta=1$，$K_1K_2=1$，$K_1=2$，$\overline{X}/l=0.8$，那么 k_0，k_1，$\overline{Y}/\overline{X}$与 σ_X/l 的关系见图 14.11-9。从图中可以看出，当输入中的平均分量固定不变时，输入中随机分量愈大，输出的平均分量就愈小。如果把非线性环节的线性段的放大系数 l/Δ 增大，那么反而使这种“失效”现象更厉害。例如，在 $\alpha T=0.1$，$K_1K_2=1$，$\overline{X}/l=0.8$的条件下，当 $l/\Delta=1$ 时，$\sigma_X/l=1.0$ 时的 $\overline{Y}/\overline{X}$ 等于 $\sigma_X/l=0$ 时的 0.94 倍；而当 $l/\Delta=2$ 时，$\sigma_X/l=1.0$ 时的 $\overline{Y}/\overline{X}$ 等于 $\sigma_X/l=0$ 时的 0.84 倍。如果在 l/Δ 增大时，闭合回路中的放大系数 $K_1K_2\dfrac{l}{\Delta}$不变，那么这种“失效”现象更为急剧。在 $\alpha T=0.1$，

$K_1K_2\dfrac{l}{\Delta}=1$，$\overline{X}/l=0.8$ 的条件下，当 $l/\Delta=2$ 时，$\sigma_X/l=1.0$ 时的 $\overline{Y}/\overline{X}$ 等于 $\sigma_X/l=0$ 时的 0.64 倍。

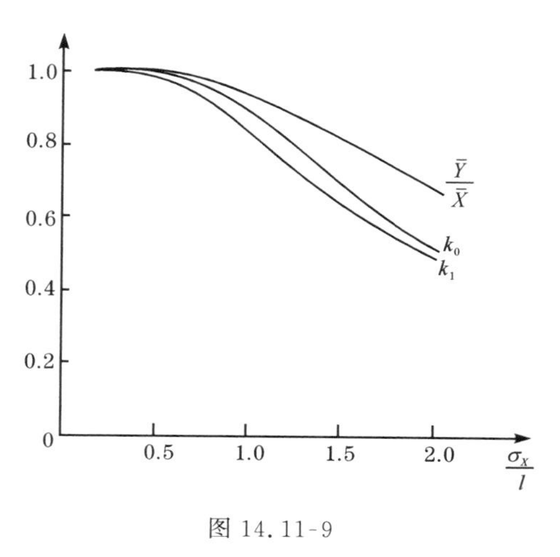

图 14.11-9

统计线性化方法在原则上也可以推广到变系数非线性系统和非平稳随机输入的情况。这时，等效放大系数就不是待定常数，而是与输入的相关函数、数学期望有关的待定时间函数了。

14.12 离散系统对随机输入的反应

前几节讨论的都是连续系统对随机输入的反应。在很多离散控制系统中，它的输入也含有严重的随机干扰。例如，脉冲雷达的距离跟踪系统和角跟踪系统都是离散控制系统，它的输入作用是从目标反射回来的脉冲回波，除了真正代表目标位置的信号外，还夹杂了很多随机噪声和干扰。下面我们就来分析一下最简单的离散系统——线性常系数离散系统对随机输入的反应。

在第十章我们已经谈到，如果离散系统内的连续部分是线性常系数系统的，采样元件是脉冲线性调幅元件(它的输出是宽度相同、相位相同的矩形脉冲，每一个采样周期的脉冲幅度与采样时刻脉冲元件输入值成正比关系)，那么此离散系统也是线性常系数的。线性常系数离散系统的运动规律是用线性常系数差分方程组来描述的，在一般情况下它是

$$\boldsymbol{y}_{n+1+\varepsilon}=D\boldsymbol{y}_{n+\varepsilon}+B_1\boldsymbol{x}_n+B_2\boldsymbol{x}_{n+1} \tag{14.12-1}$$

其中 $\boldsymbol{y}_{n+\varepsilon}$ 是 $\boldsymbol{y}(t)$ 在 $t=(n+\varepsilon)T$ 时刻的值，$\boldsymbol{x}_n$ 是 $\boldsymbol{x}(t)$ 在 $t=nT$ 时刻的值。εT 表示状态取值延迟于采样时刻的时间，$1>\varepsilon\geqslant 0$，如果 $\varepsilon=0$，就表示在采样时刻取值。设 $\boldsymbol{x}$ 是 m 维向量，代表系统的输入。$\boldsymbol{y}$ 是 n 维向量，代表系统的状态，它的某几个

分量是系统的输出。D 是 $n\times n$ 阶常方阵，如果它的特征值都在复平面上的单位圆内，则此采样系统是稳定的。B_1 和 B_2 都是 $n\times m$ 阶常矩阵，它们都随 ε 不同而不同。假设输入作用在 $t=-\infty$时就加入到系统里去了，而且系统又是稳定的，那么在 $nT+\varepsilon T$ 时刻系统的状态就为

$$\boldsymbol{y}_{n+\varepsilon} = \sum_{k=0}^{\infty} D^k B_1 \boldsymbol{x}_{n-1-k} + \sum_{k=0}^{\infty} D^k B_2 \boldsymbol{x}_{n-k} \tag{14.12-2}$$

我们令

$$H_\varepsilon^*[kT] = \begin{cases} 0, & k < 0 \\ B_2, & k = 0 \\ D^k B_2 + D^{k-1} B_1, & k = 1,2,\cdots \end{cases} \tag{14.12-3}$$

那么等式(14.12-2)就成为

$$\boldsymbol{y}_{n+\varepsilon} = \sum_{k=0}^{\infty} H_\varepsilon^*[kT] \boldsymbol{x}_{n-k} \tag{14.12-4}$$

显然，$H_\varepsilon^*[kT]$是 $n\times m$ 阶函数矩阵，它相当于离散系统的脉冲过渡函数。可以看出 $\boldsymbol{y}_{n+\varepsilon}$是输入作用 $\boldsymbol{x}_n$ 的线性变换。

如果输入作用是平稳随机序列$\{\boldsymbol{X}_n\}$那么系统的状态$\{\boldsymbol{Y}_{n+\varepsilon}\}$也是随机序列，其中

$$\boldsymbol{Y}_{n+\varepsilon} = \sum_{k=0}^{\infty} H_\varepsilon^*[kT] \boldsymbol{X}_{n-k} \tag{14.12-5}$$

根据随机函数线性变换的特性我们可以算出$\boldsymbol{Y}_{n+\varepsilon}$的数学期望和自相关函数矩阵：

$$\overline{\boldsymbol{Y}_{n+\varepsilon}} = \left(\sum_{k=0}^{\infty} H_\varepsilon^*[kT] \right) \overline{\boldsymbol{X}_n} \tag{14.12-6}$$

$$\begin{aligned} R_{\boldsymbol{Y}}[n+k+\varepsilon, n+\varepsilon] &= \langle \boldsymbol{Y}_{n+k+\varepsilon}, \boldsymbol{Y}_{n+\varepsilon} \rangle \\ &= \sum_{l=0}^{\infty} \sum_{m=0}^{\infty} H_\varepsilon^*[lT] R_{\boldsymbol{X}}[k-l+m] (H_\varepsilon^*[mT])^\tau \\ &= R_{\boldsymbol{Y}}[k] \end{aligned} \tag{14.12-7}$$

$\overline{\boldsymbol{Y}_{n+\varepsilon}}$是与 n 无关的常矩阵（当 ε 不同时，它是不同的），$R_{\boldsymbol{Y}}[n+k+\varepsilon, n+\varepsilon]$只与 k 有关，所以$\{\boldsymbol{Y}_{n+\varepsilon}\}$是平稳随机序列。系统的状态与输入之间的互相关函数矩阵是

$$\begin{aligned} R_{\boldsymbol{YX}}[n+k+\varepsilon, n] &= \langle \boldsymbol{Y}_{n+k+\varepsilon}, \boldsymbol{X}_n \rangle \\ &= \sum_{l=0}^{\infty} H_\varepsilon^*[lT] R_{\boldsymbol{X}}[k-l] = R_{\boldsymbol{YX}}[k] \end{aligned} \tag{14.12-8}$$

所以它们是平稳相关的。

根据相关函数和功率谱密度的关系式(14.5-25)和(14.5-26)可得到

$$\boldsymbol{\Phi}_{\boldsymbol{Y}\varepsilon}(\omega) = \frac{1}{\pi} \sum_{k=-\infty}^{\infty} R_{\boldsymbol{Y}}[k] e^{-i\omega kT}$$

$$=\frac{1}{\pi}\sum_{l=0}^{\infty}\sum_{k=-\infty}^{\infty}\sum_{m=0}^{\infty}H_{\varepsilon}^{*}[lT]e^{-i\omega lT}R_{\boldsymbol{X}}[k-l+m]e^{-i\omega(k-l+m)T}(H_{\varepsilon}^{*}[mT])^{\tau}e^{i\omega mT}$$

$$=\boldsymbol{F}_{\varepsilon}^{*}(i\omega)\boldsymbol{\Phi}_{\boldsymbol{X}}(\omega)[\boldsymbol{F}_{\varepsilon}^{*}(i\omega)]^{\tau} \tag{14.12-9}$$

$$\begin{aligned}\boldsymbol{\Phi}_{\boldsymbol{YX}\varepsilon}(\omega)&=\frac{1}{\pi}\sum_{k=-\infty}^{\infty}R_{\boldsymbol{Y}}[k]e^{-i\omega kT}\\&=\frac{1}{\pi}\sum_{l=0}^{\infty}\sum_{k=-\infty}^{\infty}H_{\varepsilon}^{*}[lT]e^{-i\omega lT}R_{\boldsymbol{X}}[k-l]e^{-i\omega(k-l)T}\\&=\boldsymbol{F}_{\varepsilon}^{*}(i\omega)\boldsymbol{\Phi}_{\boldsymbol{X}}(\omega)\end{aligned} \tag{14.12-10}$$

其中

$$\boldsymbol{F}_{\varepsilon}^{*}(i\omega)=\sum_{l=0}^{\infty}H_{\varepsilon}^{*}[lT]e^{-i\omega lT} \tag{14.12-11}$$

就是离散系统式(14.12-1)的离散频率特性矩阵。同样,等式(14.12-6)可以改写为

$$\overline{\boldsymbol{Y}_{n+\varepsilon}}=\boldsymbol{F}_{\varepsilon}^{*}(0)\,\overline{\boldsymbol{X}_{n}} \tag{14.12-12}$$

假设离散控制系统只有一个输出 y 和一个输入 x,它的运动规律是用线性常系数高阶差分方程来表示的

$$a_0y_{n+l}+a_1y_{n+l-1}+\cdots+a_ly_n=b_0x_{n+m}+b_1x_{n+m-1}+\cdots+b_mx_n,\quad m\leqslant l \tag{14.12-13}$$

假设系统是稳定的,并在 $t=-\infty$时就开始给系统加入一个平稳的随机系列,那么系统的输出输入关系就是

$$a_0Y_{n+l}+a_1Y_{n+l-1}+\cdots+a_lY_n=b_0X_{n+m}+b_1X_{n+m-1}+\cdots+b_mX_n,\quad m\leqslant l \tag{14.12-14}$$

根据前面所述,我们已经知道输出$\{Y_n\}$也是平稳随机序列。根据第 14.8 节的随机函数线性变换的特性式(14.8-17),我们求方程(14.12-14)两边的功率谱密度,就可以得到

$$|a_0e^{i\omega l}+a_1e^{i\omega(l-1)}+\cdots+a_l|^2\Phi_Y(\omega)=|b_0e^{i\omega m}+b_1e^{i\omega(m-1)}+\cdots+b_m|^2\Phi_X(\omega)$$

于是,输出与输入功率谱密度之间的关系是

$$\Phi_Y(\omega)=\left|\frac{b_0e^{i\omega m}+b_1e^{i\omega(m-1)}+\cdots+b_m}{a_0e^{i\omega l}+a_1e^{i\omega(l-1)}+\cdots+a_l}\right|^2\Phi_X(\omega) \tag{14.12-15}$$

由此可得离散系统式(14.12-13)的 ε 为零的离散频率特性

$$F_{\varepsilon=0}^{*}(i\omega)=\frac{b_0e^{i\omega m}+b_1e^{i\omega(m-1)}+\cdots+b_m}{a_0e^{i\omega l}+a_1e^{i\omega(l-1)}+\cdots+a_l} \tag{14.12-16}$$

这正好与我们以前的概念相符合。

线性变系数离散系统和非线性离散系统对随机输入的反应的分析方法与连续系统的分析方法相类似,我们在这里就不再赘述了。

14.13　平稳输入时控制系统的设计举例

在第 14.9 节里，我们曾讨论了二阶系统对于随机输入的反应，在那里的讨论中已经说明了用反馈控制来改进系统性能的可能性。但是，在那个例子里反馈机构是相当原始的，因为进行反馈控制作用所需要的力的数量级与输入驱动函数的数量级相同。在一个更实际的设计中，我们可以把反馈机构设计得更巧妙一些，使得反馈作用所需要的力减少很多。例如，可以用反馈伺服机构带动可以转动的附加翼片，从而控制湍流中的机翼的运动。转动翼片所需要的力与机翼运动所引起的空气动力效应(升力、阻力、转矩等)相比较，可以小得很多。我们可以把这个控制系统的方框图想象为图 14.13-1 的情形。输入的随机函数 X 是扰动气流。输出 Y 就是机翼的位移。第一个传递函数 $F_1(s)$表示扰动气流和这个气流所引起的升力之间的关系。升力与转矩变化的结果，就使得机翼产生垂直方向的运动和旋转运动。这些由于空气动力的原因所产生的外力与机翼运动之间的关系是由结构的传递函数 $F_2(s)$所描述的。机翼的运动又要产生两种作用。机翼的运动通过第二个空气动力学的传递函数 $F_3(s)$又产生空气动力。这是第一个反馈线路，然而，这个反馈线路不是设计者所能任意改动的。设计者能够处理的是第二个反馈线路。机翼的运动可以用来控制襟翼的运动，假设这一部分的传递函数是 $F_4(s)$。襟翼的运动通过传递函数 $F_5(s)$又产生空气动力。所以输入与输出之间的关系就是

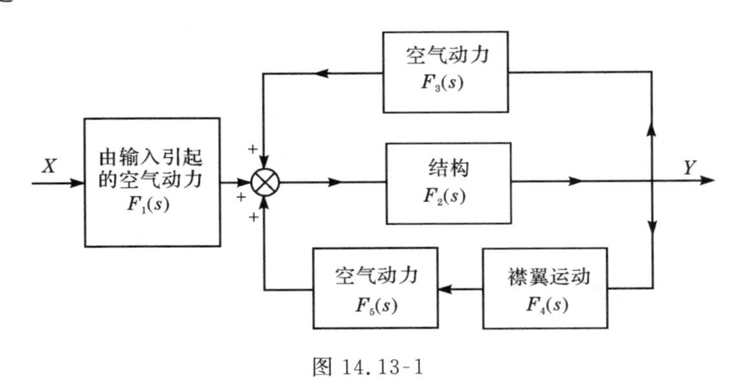

图 14.13-1

$$\mathbf{Y}(s)=F_2(s)[F_1(s)\mathbf{X}(s)+F_3\mathbf{Y}(s)+F_5(s)F_4(s)\mathbf{Y}(s)]$$

或者

$$\frac{\mathbf{Y}(s)}{\mathbf{X}(s)}=F_s(s)=\frac{F_1(s)F_2(s)}{1-F_2(s)[F_3(s)+F_5(s)F_4(s)]}\qquad(14.13\text{-}1)$$

所以，改动伺服机构的传递函数 $F_4(s)$就可以使系统的总传递函数得到改善。

如果$\Phi_X(\omega)$是输入 X 的功率谱密度，$\Phi_Y(\omega)$是输出 Y 的功率谱密度，那么按照方程(14.8-13)

$$\Phi_Y(\omega) = \Phi_X(\omega)F_s(i\omega)F_s(-i\omega) \tag{14.13-2}$$

这里的 $F_s(s)$是由方程(14.13-1)给定的。完全可以想到，如果希望飞机里的乘客得到最大的安适，我们就必须使加速度$\frac{d^2}{dt^2}Y(t)$尽可能地小，这也就意味着$\overline{\left[\frac{d^2}{dt^2}Y(t)\right]^2}$取极小值。因为

$$\overline{X^2(t)} = \sigma_X^2(t) + [\overline{X(t)}]^2$$

所以在相同的方差下，数学期望$\overline{\left[\frac{d^2}{dt^2}Y(t)\right]}$等于零可使$\overline{\left[\frac{d^2}{dt^2}Y(t)\right]^2}$取极小。因此要求$\overline{\left[\frac{d^2}{dt^2}Y(t)\right]^2}$取极小也意味着要求$\overline{\frac{d^2}{dt^2}Y(t)}$等于零，同时还要$\frac{d^2}{dt^2}Y(t)$的方差 $\sigma_{\ddot{Y}}^2$取极小。根据方差与功率谱密度的关系和导数的功率谱的表示式就可得出

$$\sigma_{\ddot{Y}}^2 = \int_0^\infty \omega^4 \left| \frac{F_1(i\omega)F_2(i\omega)}{1 - F_2(i\omega)[F_3(i\omega) + F_5(i\omega)F_4(i\omega)]} \right|^2 \Phi_X(\omega)d\omega \tag{14.13-3}$$

因为 $F_1(s)$，$F_2(s)$，$F_3(s)$和 $F_5(s)$都已经固定下来了，不能加以改变，所以我们只能用改变传递函数 $F_4(s)$的方法使 $\sigma_{\ddot{Y}}^2$ 达到极小值。可以采用下列做法：先作出一个传递函数 $F_4(s)$，但暂时先不确定其中的参数数值；根据式(14.13-3)就可以把$\sigma_{\ddot{Y}}^2$ 计算出来，结果中包含 $F_4(s)$的未定参数；再用普通求极小值的方法确定使 $\sigma_{\ddot{Y}}^2$取极小的参数。这样确定的 $F_4(s)$就是使乘客最舒适的伺服机构的传递函数。必须指出，在此方法中，$F_4(s)$的基本形式还是由设计者根据某些实际情况和经验相当随意地选定的，只是某些参数尚未确定而已。所以上面得到的极小值并不一定是真正能够达到的极小值。因为，如果把 $F_4(s)$的基本形式加以改变，还是用同样的计算方法就可能得出一个更好的结果。所以，如果希望得到更好的结果，还必须研究 $F_4(s)$应是哪一种形式的函数问题，这一个问题可以用最优化的方法解决。在下一章中我们还要讨论。对于特定的输入条件，设计目的不一样时，所得到的$F_4(s)$的形式即使是同一个形式，但参数也可能不同，甚至相差甚远。某些参数对这个设计目的来说是比较好的，但对另一个设计目的来说，可能是极不好的。这就是下一章要讨论的控制系统在随机输入下的综合问题。

参考文献

[1] 复旦大学数学系编，概率论与数理统计(第二版)，上海科技出版社，1961.

[2] 王寿仁，关于广义随机过程的一个注记，科学记录，新辑 2(1958)，1. 15－18.

[3] 郑绍濂，多维平稳随机过程的谱分解，复旦大学学报，2(1960).

[4] 冯康，广义函数论，数学进展，1(1955)，3.

[5] 关肇直,泛函分析讲义,高等教育出版社,1958.

[6] Bendat,J. S. ,Principles and Application of Random Noise Theory,John Wiley & Sons. Inc. ,New York,1958.

[7] Booton,R. C. ,Nonlinear control system with random inputs IRE Trans. ,CT-1(1954),1.

[8] Cramér,H. ,Mathematical Methods of Statistics,Princeton University Press,Princeton, New Jersey,1946.(统计学的数学方法,魏宗舒等译,上海科技出版社,1966.)

[9] Duncan,D. B. ,Response of time-dependent systems to random inputs. J. Appl. Phys. ,24 (1953),May,609—611.

[10] Grenader,U. ,Rosenblatt,M. ,Statistical Analysis of Stationary Time Series,John Wiley & Sons,Inc. ,1957.(平稳时间序列的统计分析,郑绍濂等译,上海科技出版社,1962.)

[11] James,H. F. ,Nichols,N. B,& Phillips,R. S. ,Theory of Servomechanisms,Chap. 7,MIT Radiation Laboratory Series Vol. 25,McGraw-Hill Company,Inc. ,New York,1947.

[12] Karhunun,K. ,Über lineare methoden in der wahrscheinlichkeitsrechnung, Ann. Acad. Sci. Fennical A. I. Math-Phy. ,37,1947,1—79.

[13] Von Kárman,Howarth. On the statistical theory of isotropic turbulence,Proc. Roy. Soc. (A),164(1938),192.

[14] Laning,J. H. ,Battin,R. H. ,Random Processes in Automatic Control,McGraw-Hill Book Co. ,Ins. ,New York. 1956.(自动控制中的随机过程,涂其栵译,科学出版社,1963.)

[15] Liepmann,H. W. ,On the application of statistical concepts to the buffeting problem,J. Aeronaut. Science,19(1952),793—801.

[16] Papoulis,A. ,Probability,Random Variables and Stochastic Processes,McGraw-Hill Book Co. ,New York,1965.

[17] Pelegrin,M. J. ,Calcul Statistique des Systèms Asservis,Paris,1953.(随动系统的统计计算,涂其栵译,科学出版社,1960.)

[18] Rice,S. O. ,Mathematical analysis of random noise,Bell system Tech. J. ,23(1944),July, 282－332,24(1945),Jan. ,46—156.

[19] Vowels. R. E. ,The application of statistical methods to servomechanisms,Australian J. Appl. Science,4(1953),469—488.

[20] Батков,А. М. ,Обобщение метода формирующих фильтров на Нестационарные процессы, AuT,20(1959),8.

[21] Бернштейн,С. Н. ,Распространение предельной теоремы теории вероятностей на суммы зависимых случайиых величин,Успexu Mat. Наук,вып. 10(1944),55－114.

[22] Гельфонд,И. М. Обощенные случайиые процессы,ДАН СССР,100(1955),5,852－856.

[23] Доступов,Б. Г. Приближенное определение вероятностых характеристик выходных коорд-инат нелйнейных систем Автоматического ретулирования,AuT,18(1957),11.

[24] Казаков,И. Е. ,Приближенный вероятностный анализ точность работы существенно нелинейнных автоматических систем,AuT,17(1956),5.

[25] Колмогоров,А. Н. ,1)Аналитические методы в теории вероятностей,Успexu Mat. Наук,

Вып, v(1938), 5—41. 2) Стационарные последовательности в Гильбертовом пространстве, БЮЛЛ. МТУ, 2(1941), 6, 1—40.

[26] Пугачев, В. С., Теория Случайных Процессов и её Применение к Задачам Автоматического Управления, Издание Второе, Физматгиз, 1960.（随机过程理论及其在自动控制中的应用，田欣为等译，科学出版社，1966.）

[27] Пупков, К. А., Метод исследования точность существенно помощи эквивалентной передаточной функций, AuT, 21, (1960), 2.

[28] Яглом А. М., Введение в теории стационарных случайных функций, Успехи Мат. Наук, 7 (1952), 5.（平衡随机函数引论，梁之舜译，数学进展，2(1952)，1.）

第十五章　噪声过滤的设计原理

上一章讨论了在随机输入作用下控制系统的分析问题，这一章将讨论有随机输入作用时控制系统的综合问题。这里控制系统没有完全给定，可能是已给定了系统的结构形式，但是某些参数并没有确定；也可能是连系统的结构形式都没有给定。综合就是要根据已知的系统输入特性，系统的结构形式，对系统输出的要求等来设计控制系统使它具有优良的性能。一般是从准确度的观点来看系统的性能的。例如，要求设计一个随动系统，它的输出应很准确地复现输入中的有用信号，因为输入中除了有用信号外还夹杂着各种各样的噪声。又例如，要设计一个接收机，它能很准确地判断在强烈的噪声中有无微弱信号的存在，并能准确地估计信号的某些参数。这些系统的综合都是要把输入中的有用信号与噪声分离开来，使信号尽量少受噪声的影响，所以这里谈的综合问题通常可以化为噪声过滤的问题。

15.1　噪声过滤的均方误差

我们先来讨论信号的复现问题。假定过滤器的输入观测值 $x(t)$ 是有用信号 $f(t)$ 和噪声 $n(t)$ 的叠加

$$x(t) = f(t) + n(t) \tag{15.1-1}$$

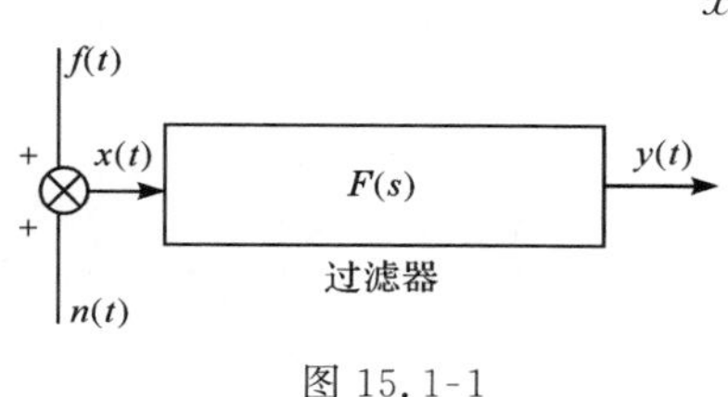

图 15.1-1

过滤器的输出是 $y(t)$，如图 15.1-1 所示。有用信号和噪声可能是随机的，也可能是非随机的。有用信号的特性与噪声的特性总是有一定的差异，一般说来，有用信号 $f(t)$ 变化比较缓慢，噪声 $n(t)$ 变化比较剧烈。过滤器是这样一种系统：它能够更多地让有用信号通过而一定程度地阻止噪声的通过，使得输出 $y(t)$ 较多地与输入中的有用信号 $f(t)$ 有关，与噪声 $n(t)$ 有尽量少的联系。过滤器的作用就是在一定程度上过滤掉噪声，正是由于有用信号和噪声的特性的差异，才使过滤器的作用在一定程度上能够实现。

对于最简单的信号复现问题要求输出 $y(t)$ 尽可能地复现输入中的有用信号 $f(t)$，这时理想的输出 $y_1(t)$ 就等于 $f(t)$。有时，在一般的信号复现问题中要求输出 $y(t)$ 能复现有用信号 $f(t)$ 的某种变换，例如 $f(t)$ 的一阶导数或高阶导数，在 σ 时刻后

的 $f(t)$ 的值或它的导数的值等，这时过滤器的理想输出 $y_1(t)$ 不等于 $f(t)$ 而是

$$y_1(t)=\int_{-\infty}^{\infty}h_1(t-u)f(u)du=\int_{-\infty}^{\infty}h_1(\sigma)f(t-\sigma)d\sigma \qquad (15.1\text{-}2)$$

式中 $h_1(t)$ 是定义于 $(-\infty,\infty)$ 上的某一给定的绝对可积函数或为 δ 函数及其高阶导数。

假定过滤器已经给定，它是一个线性常系数系统，传递函数是 $F(s)$，脉冲响应函数是 $h(t)$。当然，过滤器应该是一个稳定的系统，即 $F(s)$ 的极点都在复数 s 的左半平面上，故 $F(s)$ 与 $h(t)$ 之间可用傅里叶变换式联系起来

$$h(t)=\frac{1}{2\pi}\int_{-\infty}^{\infty}e^{i\omega t}F(i\omega)d\omega \qquad (15.1\text{-}3)$$

在一般情况下，$F(s)$ 是 s 的有理分式，且分子多项式幂次比分母多项式幂次低，那么当 $t<0$ 时 $h(t)=0$。当输入作用 $x(t)$ 加至过滤器输入端后，过滤器的输出信号将是

$$y(t)=\int_{-\infty}^{t}x(u)h(t-u)du$$

这里假定输入作用是从 $t=-\infty$ 开始的。根据卷积公式的对称性，令 $t-u=\sigma$ 就有

$$y(t)=\int_{0}^{\infty}h(\sigma)x(t-\sigma)d\sigma \qquad (15.1\text{-}4)$$

既然过滤器已经给定，一般来讲它的输出 $y(t)$ 与理想的输出 $y_1(t)$ 是不同的。$y(t)$ 与 $y_1(t)$ 之差就是误差 $e(t)$，根据方程(15.1-2)和(15.1-4)有

$$e(t)=y_1(t)-y(t)=\int_{-\infty}^{\infty}\{f(t-\sigma)h_1(\sigma)-[f(t-\sigma)+n(t-\sigma)]h(\sigma)\}d\sigma \qquad (15.1\text{-}5)$$

误差的平方是

$$e^2(t)=\int_{-\infty}^{\infty}\int_{-\infty}^{\infty}\{f(t-\sigma)h_1(\sigma)-[f(t-\sigma)+n(t-\sigma)]h(\sigma)\}\times\{f(t-u)h_1(u)-[f(t-u)+n(t-u)]h(u)\}d\sigma du \qquad (15.1\text{-}6)$$

在许多信号复现的问题中噪声是随机函数，我们用 $N(t)$ 来表示；同时信号的特性我们也不能确切预知，只能知道它的统计特性，例如，随动系统的输入有用信号常常是无法确切预知的，我们在这里也假设它是随机的，用 $F(t)$ 表示。这时方程(15.1-2)，(15.1-4)，(15.1-5)和(15.1-6)中的积分都是随机积分，观测值，理想输出，实际输出和误差也都是随机函数，分别用 $X(t)$，$Y_1(t)$，$Y(t)$ 和 $E(t)$ 来表示。如果 $F(t)$，$N(t)$ 的统计特性已知，则根据式(15.1-6)可以求出 $E^2(t)$ 的数学期望(系集平均值)，它叫做均方误差。通常这个值是一个时间函数。

如果假设 $F(t)$，$N(t)$ 都是平稳随机过程，而且它们之间是平稳相关的，那么 $\overline{E^2}$(本章用"—"表示数学期望)与时间 t 无关。如果 $F(t)$ 和 $N(t)$ 的数学期望都等于零，那么很明显，此时误差 $E(t)$ 的数学期望也为零。这时，均方误差 $\overline{E^2}$ 就是误差

$E(t)$的方差 σ_E^2。设$F(t)$,$N(t)$是平稳相关的平稳实随机过程,因此它们的自相关函数 $r_F(\lambda)$,$r_N(\lambda)$都是偶函数,互相关函数则满足下列关系

$$r_{FN}(\lambda) = r_{NF}(-\lambda) \tag{15.1-7}$$

这时的均方误差为

$$\begin{aligned}\overline{E^2} = \int_{-\infty}^{\infty}\int_{-\infty}^{\infty} \{ & r_F(\sigma-u)[h_1(\sigma)-h(\sigma)][h_1(u)-h(u)] \\ & - r_{FN}(\sigma-u)[h_1(\sigma)-h(\sigma)]h(u) - r_{NF}(\sigma-u)h(\sigma)[h_1(u)-h(u)] \\ & + r_N(\sigma-u)h(\sigma)h(u)\} d\sigma du\end{aligned} \tag{15.1-8}$$

现在来找均方误差和信号,噪声的功率谱密度的关系。在上一章中已谈到功率谱密度与相关函数的关系是

$$\Phi(\omega) = \frac{1}{\pi}\int_{-\infty}^{\infty} r(\lambda)e^{-i\omega\lambda}d\lambda \tag{15.1-9}$$

可以看出实平稳随机过程的自功率谱密度 $\Phi_F(\omega)$,$\Phi_N(\omega)$是偶函数,平稳相关的互功率谱密度根据式(15.1-7)有

$$\Phi_{FN}(\omega) = \Phi_{NF}(-\omega) \tag{15.1-10}$$

相关函数可以表示为

$$r(\lambda) = \frac{1}{2}\int_{-\infty}^{\infty} \Phi(\omega)e^{i\omega\lambda}d\omega \tag{15.1-11}$$

根据前面对 $h_1(t)$,$h(t)$的假定可以得到 $h_1(t)$的傅里叶变换

$$F_1(i\omega) = \int_{-\infty}^{\infty} h_1(t)e^{-i\omega t}dt \tag{15.1-12}$$

和过滤器的频率特性

$$F(i\omega) = \int_{-\infty}^{\infty} h(t)e^{-i\omega t}dt = \int_{0}^{\infty} h(t)e^{-i\omega t}dt \tag{15.1-13}$$

利用公式(15.1-11),(15.1-12)和(15.1-13)可以将方程(15.1-8)化简,最后得到

$$\begin{aligned}\overline{E^2} &= \sigma_E^2 \\ &= \frac{1}{2}\int_{-\infty}^{\infty}\{\Phi_F(\omega)[F_1(i\omega)-F(i\omega)][F_1(-i\omega)-F(-i\omega)] \\ &\quad - \Phi_{FN}(\omega)[F_1(i\omega)-F(i\omega)]F(-i\omega) - \Phi_{NF}(\omega)F(i\omega)[F_1(-i\omega) \\ &\quad - F(i\omega)] + \Phi_N(\omega)F(i\omega)F(-i\omega)\}d\omega\end{aligned} \tag{15.1-14}$$

式中大括号{ }内的表示式就是误差的功率谱密度 $\Phi_E(\omega)$。根据第 14.5 节所述,被积函数的最后一项实际上就是噪声通过过滤器 $F(s)$后输出的功率谱密度,被积函数的第一项是由于过滤器的实际性能与理想性能差异而产生有用信号的误差功率谱密度。显然第一项和最后一项是 ω 的实函数。如果信号与噪声是平稳相关的,那么被积函数的第二项和第三项是 ω 的复函数,但由于满足等式(15.1-10),此二项是复共轭的,相加以后仍为实数,此二项是由于有用信

号和噪声相关而引起的均方误差。当信号和噪声互不相关时，均方误差只由第一项和最后一项产生。如果 $F_1(i\omega)$是某一个真实的稳定系统的频率特性，那么当 $F(i\omega)=F_1(i\omega)$时，误差就只由噪声通过过滤器 $F(i\omega)$后输出的功率谱密度产生。一般来说，$F_1(i\omega)$的通频带较宽，也就是在较大的 ω 值以后 $F_1(i\omega)$才趋近于零，那么即使 $F(i\omega)=F_1(i\omega)$，信号本身不产生误差，但是总的均方误差仍较大。如果选用通频带很窄的过滤器，即 $F(i\omega)$在不大的 ω 值以后就很快地趋于零，那么由噪声产生的误差将是很小的，但由于过滤器实际性能和理想性能差异很大因而信号本身产生的均方误差较大，总的均方误差仍然较大。从这里可以看出，如果过滤器的设计准则是使均方误差最小，那么应该选择一个适当的过滤器，它的通频带既不太宽，又和理想特性差异不太大。我们将在下面几节中讨论这种过滤器的设计。

15.2　待定系数的最优过滤器设计原理

如果信号和噪声的统计特性和理想传递函数 $F_1(s)$已经给定，那么式(15.1-14)的均方误差中只有过滤器的传递函数 $F(s)$是没有确定的。设计使均方误差最小的最优过滤器的一种方法就是先假定过滤器的传递函数 $F(s)$取某种合适的形式，但是含有某些待定的参数。于是均方误差就是这些待定参数的某个确定函数。最后再根据均方误差最小的要求来确定这些参数的最优值。最优过滤器的设计问题就化成一个求已知函数的极值问题。菲利普斯(Phillips)假设最优过滤器的传递函数 $F(s)$是 s 的有理分式，解决了这种最优过滤器的设计问题[15]。这的确是很自然的一种选择方法。因为我们知道线性常系数系统的传递函数就是 s 的有理分式。

由于平稳随机过程的功率谱密度 $\Phi(\omega)$常有 $\Phi(\omega)=\Psi(i\omega)\Psi(-i\omega)$的形式，其中$\Psi(i\omega)$也是 $i\omega$ 的有理分式，它的极点和零点都在复平面 ω 的上半平面。既然 $F(s)$是稳定的，$F(i\omega)$的极点都在复平面 ω 的上半平面，根据式(15.1-14)，均方误差$\overline{E^2}$总可表示为

$$\overline{E^2}=\frac{1}{2}\int_{-\infty}^{\infty}\frac{g_n(\omega)}{h_n(\omega)h_n(-\omega)}d\omega \tag{15.2-1}$$

其中 $h_n(\omega)$和 $g_n(\omega)$的系数或是实数或是纯虚数的多项式

$$h_n(\omega)=a_0\omega^n+a_1\omega^{n-1}+\cdots+a_n \tag{15.2-2}$$

$$g_n(\omega)=b_0\omega^{2n-2}+b_1\omega^{2n-4}+\cdots+b_{n-1} \tag{15.2-3}$$

而且 $h_n(\omega)$的零点全在复平面 ω 的上半平面。

我们令

$$I_n=\frac{1}{2\pi i}\int_{-\infty}^{\infty}\frac{g_n(x)}{h_n(x)h_n(-x)}dx \tag{15.2-4}$$

那么均方误差

$$\overline{E^2} = \pi i I_n$$

I_n 与各系数 a_i,b_i 的关系可见表 15.2-1。因此,在这种假设下我们求出了均方误差$\overline{E^2}$的表达式,它是某些待定参数的函数。这样,我们就可以利用求多变量函数的极值方法求出待定参数的最优值。

表 15.2-1　积分值 I_n 与 $g_n(x)$ 和 $h_n(x)$ 式内诸系数的关系

$$I_1 = \frac{b_0}{2a_0 0 a_1}$$

$$I_2 = \frac{-b_0 + \frac{a_0 b_1}{a_2}}{2a_0 a_1}$$

$$I_3 = \frac{-a_2 b_0 + a_0 b_1 - \frac{a_0 a_1 b_2}{a_3}}{2a_0(a_0 a_3 - a_1 a_2)}$$

$$I_4 = \frac{b_0(-a_1 a_4 + a_2 a_3) - a_0 a_3 b_1 + a_0 a_1 b_2 + \frac{a_0 b_3}{a_4}(a_0 a_3 - a_1 a_2)}{2a_0(a_0 a_3^2 + a_1^2 a_4 - a_1 a_2 a_3)}$$

$$I_5 = \frac{M_5}{2a_0 \Delta_5}$$

$$\begin{aligned} M_5 = {} & b_0(-a_0 a_4 a_5 + a_1 a_4^2 + a_2^2 a_5 - a_2 a_3 a_4) + a_0 b_1(-a_2 a_5 + a_3 a_4) \\ & + a_0 b_2(a_0 a_5 - a_1 a_4) + a_0 b_3(-a_0 a_3 - a_1 a_2) \\ & + \frac{a_0 b_4}{a_5}(-a_0 a_1 a_5 + a_0 a_3^2 + a_1^2 a_4 - a_1 a_2 a_3) \end{aligned}$$

$$\Delta_5 = a_0^2 a_5^2 - 2a_0 a_1 a_4 a_5 - a_0 a_2 a_3 a_5 + a_0 a_3^2 a_4 + a_1^2 a_4^2 + a_1 a_2^2 a_5 - a_1 a_2 a_3 a_4$$

15.3　最优过滤问题

在上一节中,最小均方误差是在过滤器的传递函数 $F(s)$的形式已给定的情况下求出的,在一般情况下,它不是最小的均方误差。现在再来讨论传递函数形式未知并以均方误差最小为准则的最优过滤问题。

先从随机序列的纯预测这样一个具体例子开始。假定预测器的输入只有有用信号而没有噪声。有用信号是一个随机序列 $F[t_k]$,我们以后简记为 F_k。对每一个任意给定的时刻 t_k,我们要求根据信号在 t_k 时刻以前有限个或无限个时刻的值 $F_{k-1}, F_{k-2}, \cdots, F_{k-n}, \cdots$来预测以后某个时刻,例如 t_{k+l}时刻的有用信号 F_{k+l},$l \geqslant 0$。用此预测值作为预测器的输出 Y_k,也就是预测器在 t_k 时刻的输出 Y_k 是输入 $F_{k-1}, F_{k-2}, \cdots, F_{k-n}, \cdots$等的函数

$$Y_k = g(F_{k-1}, F_{k-2}, \cdots, F_{k-n}, \cdots) \tag{15.3-1}$$

g 叫做纯预测函数。预测器输出 Y_k 与被预测值 F_{k+1}之差叫做预测误差

$$E_k = F_{k+l} - Y_k \tag{15.3-2}$$

它也是个随机序列。如果选择这样的纯预测函数 $\mathring{g}$ 使预测的均方误差在任何时

刻 t_k 都最小，即

$$\overline{(\mathring{E}_k)^2} = \overline{(F_{k+l} - \mathring{Y}_k)^2} = \min \overline{\{(F_{k+l} - Y_k)^2\}} \tag{15.3-3}$$

则这个预测器叫做最优预测器，这时 $\mathring{Y}_k$ 叫做 F_{k+1} 的最优预测，$\mathring{g}$ 叫做最优预测函数。当给预测器输入随机序列 F_k 的某一个现实 f_k 时，它的输出序列 Y_k 取值 y_k

$$y_k = g(f_{k-1}, f_{k-2}, \cdots, f_{k-n}, \cdots)$$

可以证明，由最优预测函数 $\mathring{g}$ 确定的最优输出 $\mathring{y}_k$ 是随机变量 F_{k+l} 在 F_{k-n}，$n=1,2,\cdots$ 取值 f_{k-n} 条件下的条件数学期望，也就是

$$\mathring{y}_k = \mathring{g}(f_{k-1}, f_{k-2}, \cdots) = \overline{\{F_{k+l} \mid F_{k-n} = f_{k-n}, n = 1,2,\cdots\}} \tag{15.3-4}$$

事实上，如果随机序列 F_k 的联合概率密度存在，均方误差 $\overline{E_k^2}$ 可表示为

$$\overline{E_k^2} = \iint\cdots\int (f_{k+l} - y_k)^2 w(f_{k+l}, f_{k-1}, f_{k-2}, \cdots) df_{k+l} df_{k-1} df_{k-2} \cdots \tag{15.3-5}$$

根据贝叶斯定理，概率密度函数是

$$w(f_{k+l}, f_{k-1}, f_{k-2}, \cdots) = w(f_{k+l} \mid f_{k-1}, f_{k-2}, \cdots) w(f_{k-1}, f_{k-2}, \cdots) \tag{15.3-6}$$

因此

$$\overline{E_k^2} = \int\cdots\int \left\{ \int (f_{k+l} - y_k)^2 w(f_{k+l} \mid f_{k-1}, f_{k-2}, \cdots) df_{k+l} \right\} \times w(f_{k-1}, f_{k-2}, \cdots) df_{k-1} df_{k-2} \cdots$$

现在考虑大括号内的积分，因 y_k 只是 $f_{k-1}, f_{k-2}, \cdots$ 的函数而与 f_{k+l} 无关，所以

$$\begin{aligned} &\int (f_{k+l} - y_k)^2 w(f_{k+l} \mid f_{k-1}, f_{k-2}, \cdots) df_{k+l} \\ &= y_k^2 - 2y_k \overline{[F_{k+l} \mid f_{k-1}, f_{k-2}, \cdots]} + \int f_{k+l}^2 w(f_{k+l} \mid f_{k-1}, f_{k-2}, \cdots) df_{k+l} \\ &= \{y_k - \overline{[F_{k+l} \mid f_{k-1}, f_{k-2}, \cdots]}\}^2 - \{\overline{[F_{k+l} \mid f_{k-1}, f_{k-2}, \cdots]}\}^2 \\ &\quad + \int f_{k+l}^2 w(f_{k+l} \mid f_{k-1}, f_{k-2}, \cdots) df_{k+l} \end{aligned} \tag{15.3-7}$$

要使均方误差 $\overline{E_k^2}$ 最小就要使式(15.3-7)这个正值取最小值。式(15.3-7)中只有第一项与 y_k 有关，因此就得出式(15.3-4)。

如果随机序列 F_k 是高斯分布的，那么 F_{k+l} 的条件概率分布也是高斯型的。此时 F_{k+l} 的条件数学期望同时又是它的众数(在此值条件概率密度函数取极大值)，中值(概率密度函数的中心点)和平方均值，因此用它来作 F_{k+l} 的最优预测是最为恰当的。如果随机序列 F_k 不是高斯分布的，那么选择条件数学期望作为 F_{k+l} 的最优预测就没有什么明显理由。

当随机序列 F_k 是高斯分布时，最优预测函数 $\mathring{g}$ 一定是线性函数。因为概率

密度函数的形式为

$$w(f_{k+l},f_{k-1},f_{k-2},\cdots)=c\exp\left\{-\frac{1}{2}\sum_{p,q}b_{pq}f_pf_q\right\},p,q=k+l,k-1,k-2,\cdots$$

其中 c 和 $b_{p,q}$ 都是常数。随机变量 F_{k+l} 的条件概率密度函数的形式为

$$w(f_{k+l}\mid f_{k-1},f_{k-2},\cdots)=c_1\exp\left\{-\frac{1}{2}\left[b_{k+l,k+l}f_{k+l}^2+2\sum_n b_{k+l,k-n}f_{k+l}f_{k-n}\right]\right\}$$

c_1 和 $b_{k+l,k-n}$ 是常数,它是一维高斯分布,条件数学期望与 f_{k-n},$n=1,2,\cdots$ 呈线性关系,而最优预测就是 F_{k+l} 的条件数学期望,所以 $\mathring{g}$ 是线性函数。当随机序列不是高斯分布时,最优预测函数不一定是线性函数。在实际情况下,我们所遇到的随机函数常常是高斯分布或近于高斯分布的,因此通常只限于求最优线性预测。

能够完全实现准确预测的序列称为奇异序列,这时 $\overline{E_k^2}=0$。例如,由有限个具有互不相关的随机振幅与随机相位的简谐振动之和组成的平稳随机序列信号可以做到预测的均方误差等于零,即知道了序列在过去某些时刻上的值就能以等于1的概率去确定它在以后任一时刻上的值。但是一般说来,实际上常遇到的随机序列都不是奇异的,因此即使是最优预测也仍然有误差。

一般来说,最优预测函数 $\mathring{g}$ 是与时间有关的。当随机序列是平稳的,而且预测器的输入是 t_k 以前无限时刻开始的,那么最优预测函数 $\mathring{g}$ 与时间无关。

现在来讨论随机序列的一般最优过滤问题。假定过滤器的输入是观测值 $\boldsymbol{X}_k$,它是 m 维随机序列,由 n 维有用信号随机序列 $\boldsymbol{F}_k$ 和 m 维噪声随机序列 $\boldsymbol{N}_k$ 组成

$$\boldsymbol{X}_k=C_k\boldsymbol{F}_k+\boldsymbol{N}_k \tag{15.3-8}$$

其中 C_k 是 $m\times n$ 阶非随机矩阵,它是下标 k 的函数。过滤器的理想输出 $\boldsymbol{Y}_{1k}$ 是 $\boldsymbol{F}_k$ 本身或 $\boldsymbol{F}_k$ 某个已知的线性函数。如果 $\boldsymbol{F}_k$ 的统计特性已知,那么 $\boldsymbol{Y}_{1k}$ 的统计特性也可知道。现在要根据 t_k 时刻以前 N 个时刻的观测值 $\boldsymbol{X}_{k-n}$,$n=1,2,\cdots,N$,来确定过滤器的输出 $\boldsymbol{Y}_k$(它和 $\boldsymbol{Y}_{1k}$ 的维数相同)

$$\boldsymbol{Y}_k=G[\boldsymbol{X}_{k-1},\boldsymbol{X}_{k-2},\cdots,\boldsymbol{X}_{k-N}] \tag{15.3-9}$$

其中 N 是正整数,可以趋于无穷大。过滤器 G 的输出误差 $\boldsymbol{E}_k$ 是实际输出与理想输出之差

$$\boldsymbol{E}_k=\boldsymbol{Y}_{1k}-\boldsymbol{Y}_k \tag{15.3-10}$$

它也是一个 n 维随机序列。如果过滤器 $\mathring{G}$ 使输出误差的均方值

$$\overline{\boldsymbol{E}_k^{\tau}\boldsymbol{E}_k}=\overline{(\boldsymbol{Y}_{1k}-\boldsymbol{Y}_k)^{\tau}(\boldsymbol{Y}_{1k}-\boldsymbol{Y}_k)} \tag{15.3-11}$$

最小,那么这样的过滤器就叫做最优过滤器,$\mathring{G}$ 叫最优过滤函数。当 $m=n=1$,则 F_k,N_k,X_k,Y_{1k},Y_k 都是随机变量序列,如果又有 $C_k=1,N_k=0,Y_{1k}=F_{k+l}$,$l\geqslant 0$,这就成为我们上面提到的随机信号 F_k 的纯预测问题。如果 $N_k\neq 0$,则是一般的预测问题。如果 $C_k=1,N_k\neq 0,Y_{1k}=F_{k-l},l\geqslant 0$,则是随机信号的平滑问

题。当$m=n=1, C_k=1$ 和 $Y_{1k}=F_k$ 时，就是纯过滤问题。在观测值中包含有随机噪声时，一般说来，即使最优的过滤器仍存在大于零的极限均方误差，这主要是因为噪声的功率谱密度和有用信号的功率谱密度有叠接的部分，而过滤器相当于一个对于不同频率有不同通过能力的滤波器。对于这部分叠接频率，分不清观测值中哪些属于有用信号，哪些属于噪声，所以不可能把噪声过滤掉而又同时使有用信号完全通过。因此就不可避免产生过滤的误差。如果随机噪声是白色噪声，它的功率谱密度是个常数，那么即便是最优过滤，输出的均方误差也不可能等于零。

在随机序列的一般最优过滤问题中，可以证明，在观测值已给定为 $\boldsymbol{X}_k$ 时，最优过滤器的输出 $\mathring{\boldsymbol{y}}_k$ 是理想输出 $\boldsymbol{Y}_{1k}$ 的条件数学期望。如果在要求过滤均方误差 $\overline{\boldsymbol{E}_k^{\tau}\boldsymbol{E}_k}$ 最小的同时，还要求过滤器必须是线性的，即 G 必须是线性函数，那么实现这种要求的过滤器叫做最优线性过滤器，$\mathring{G}$叫做最优线性过滤函数。通常我们要求的最优过滤器就是求最优线性过滤器，因为如果有用信号和噪声是高斯分布时，求得的最优线性过滤器是一切过滤器中最好的，不可能再有其他的过滤器使过滤的均方误差更小。

对于随机过程来说，一般的最优过滤问题的提法和随机序列的过滤问题相类似。这时过滤器的输入即观测值 $\boldsymbol{X}(t)$是 m 维随机过程，它由 n 维有用信号随机过程 $\boldsymbol{F}(t)$和 m 维噪声随机过程组合而成

$$\boldsymbol{X}(t) = C(t)\boldsymbol{F}(t) + \boldsymbol{N}(t) \tag{15.3-12}$$

其中 $C(t)$是 $m\times n$ 阶非随机的函数矩阵。过滤器的理想输出 $\boldsymbol{Y}_1(t)$是对有用信号 $\boldsymbol{F}(t)$进行某种已知的线性运算的结果。过滤器的实际输出 $\boldsymbol{Y}(t)$（与 $\boldsymbol{Y}_1(t)$维数相同）是对输入 $\boldsymbol{X}(t)$进行物理上能实现的运算的结果。过滤误差 $\boldsymbol{E}(t)$就是理想输出 $\boldsymbol{Y}_1(t)$与实际输出 $\boldsymbol{Y}(t)$之差，它也是 n 维随机过程

$$\boldsymbol{E}(t) = \boldsymbol{Y}_1(t) - \boldsymbol{Y}(t) \tag{15.3-13}$$

使均方误差$\overline{\boldsymbol{E}^{\tau}(t)\boldsymbol{E}(t)}$最小的过滤器就是最优过滤器。和随机序列的情况一样，在观测值 $\boldsymbol{X}(t)$是某一个现实 $\boldsymbol{x}(t)$时，最优过滤器的输出 $\mathring{\boldsymbol{y}}(t)$是理想输出 $\boldsymbol{Y}_1(t)$的条件数学期望。当信号 $\boldsymbol{F}(t)$和噪声 $\boldsymbol{N}(t)$是联合高斯分布时，最优线性过滤器是一切过滤器中均方误差$\overline{\boldsymbol{E}^{\tau}(t)\boldsymbol{E}(t)}$最小的。

如果 $m=n=1$，那么 $F(t)$，$N(t)$，$X(t)$，$Y_1(t)$，$Y(t)$都是纯量随机过程。此时 $Y_1(t)=F(t+\sigma)$，根据 σ 分别为大于零，等于零或小于零，便可得到随机信号 $F(t)$的预测、过滤或平滑问题。

下面几节，我们就来讨论各种类型观测值时以均方误差最小为准则的一般最优过滤问题。

15.4 平稳随机序列的最优线性过滤[32,36]

设计最优线性过滤器的一种有效方法是柯尔莫果洛夫(Колмогоров)理论和维纳(Wiener)理论。这两种理论的实质和结果是相同的,但是处理方法各有特点。由于柯尔莫果洛夫理论有很好的几何直观性,利用希尔伯特空间的几何原理使过滤问题十分清晰而严密,所以先介绍这一理论。我们在这里只讨论一维的实随机序列。

假设过滤器(以后也称为系统)的输入是观测随机序列

$$X_k = F_k + N_k,\quad k = \cdots, -2, -1, 0, +1, +2, \cdots \tag{15.4-1}$$

其中有用信号 F_k 和噪声 N_k 是平稳相关的数学期望为零,方差有界的平稳随机序列,所有的相关函数都为已知。假定系统的理想输出 Y_{1k} 是有用信号 F_{1k} 的已知线性函数,它的数学期望也为零,方差也有界,它的相关函数以及它与输入的互相关函数也为已知。我们先假定系统的实际输出 Y_k 是 t_k 时刻以前 n 个时刻的输入的线性组合

$$Y_k = a_{k-1}X_{k-1} + a_{k-2}X_{k-2} + \cdots + a_{k-n}X_{k-n} \tag{15.4-2}$$

输出误差是

$$E_k = Y_{1k} - Y_k \tag{15.4-3}$$

最优线性过滤问题就是选择系数 $\mathring{a}_{ki}, i=1,2,\cdots,n$,使最优输出

$$\mathring{Y}_k = \mathring{a}_{k1}X_1 + \mathring{a}_{k2}X_2 + \cdots + \mathring{a}_{kn}X_n \tag{15.4-4}$$

保证均方误差$\overline{\mathring{E}_k^2}$达到最小。

为此把随机序列 $X_k, k=\cdots, -1, 0, +1, \cdots$ 看做是随机变量空间 H_1 中的一个序列,每一个 X_k 都是希尔伯特空间 H_1 中的元。当 $a_{ki}, i=1,2,\cdots,n$ 取各种不同值时,所有由式(15.4-2)确定的 Y_k 在 H_1 中构成一个子空间 H_X。H_1 是无穷维的,而 H_X 却是有穷维的,其维数不超过 n。子空间 H_X 中每个元都可以表示为式(15.4-2)的形式,如果 $X_{k-1}, X_{k-2}, \cdots, X_{k-n}$ 线性不相关,子空间 H_X 是 n 维,那么系数 $a_{k1}, a_{k2}, \cdots, a_{kn}$ 是唯一的。既然理想输出 Y_{1k} 是有用信号 F_{1k} 的线性函数,可以认为它也是随机变量空间 H_1 中的一个元。输出误差 E_k 是 H_1 中由 Y_{1k} 到子空间 H_X 中某个元的差向量,它的数学期望等于零,均方误差就是 E_k 的范数的平方,因此,要均方误差最小,必需而且只须 $\mathring{E}_k$ 是 Y_{1k} 到子空间 H_X 的垂线,最优输出 $\mathring{Y}_k$ 是 Y_{1k} 在子空间 H_X 的直交投影,而 $\mathring{E}_k$ 与 H_X 直交。因此,$\mathring{E}_k$ 与 $X_{k-1}, X_{k-2}, \cdots, X_{k-n}$ 的内积分别等于零。这样就可得到下列 n 个方程式

$$\langle \mathring{E}_k, X_{k-i} \rangle = 0,\quad i = 1,2,\cdots,n \tag{15.4-5}$$

展开后得到线性方程组

$$\langle Y_{1k}, X_{k-i}\rangle = \mathring{a}_{k1}\langle X_{k-1}, X_{k-i}\rangle + \mathring{a}_{k2}\langle X_{k-2}, X_{k-i}\rangle + \cdots + \mathring{a}_{kn}\langle X_{k-n}, X_{k-i}\rangle$$

$$i = 1,2,\cdots,n \tag{15.4-6}$$

只要 $X_{k-1}, X_{k-2}, \cdots, X_{k-n}$ 线性不相关，就可得到 $\mathring{a}_{k-1}, \mathring{a}_{k-2}, \cdots, \mathring{a}_{kn}$ 的唯一解

$$\mathring{a}_{k1} = \frac{\begin{vmatrix} \langle Y_{1k}, X_{k-1}\rangle, \langle X_{k-2}, X_{k-1}\rangle, \cdots, \langle X_{k-n}, X_{k-1}\rangle \\ \langle Y_{1k}, X_{k-2}\rangle, \langle X_{k-2}, X_{k-2}\rangle, \cdots, \langle X_{k-n}, X_{k-2}\rangle \\ \vdots \qquad\qquad \vdots \qquad\qquad \vdots \\ \langle Y_{1k}, X_{k-n}\rangle, \langle X_{k-2}, X_{k-n}\rangle, \cdots, \langle X_{k-n}, X_{k-n}\rangle \end{vmatrix}}{\begin{vmatrix} \langle X_{k-1}, X_{k-1}\rangle, \langle X_{k-2}, X_{k-1}\rangle, \cdots, \langle X_{k-n}, X_{k-1}\rangle \\ \langle X_{k-1}, X_{k-2}\rangle, \langle X_{k-2}, X_{k-2}\rangle, \cdots, \langle X_{k-n}, X_{k-2}\rangle \\ \vdots \qquad\qquad \vdots \qquad\qquad \vdots \\ \langle X_{k-1}, X_{k-n}\rangle, \langle X_{k-2}, X_{k-n}\rangle, \cdots, \langle X_{k-n}, X_{k-n}\rangle \end{vmatrix}}$$

……………………………………………………………………

如果把 $X_{k-1}, X_{k-2}, \cdots, X_{k-n}$ 看作是一个 n 维随机列向量 $\boldsymbol{X}$ 的诸分量

$$\boldsymbol{X}^{\tau} = (X_{k-1}, X_{k-2}, \cdots, X_{k-n})$$

那么

$$\mathring{a}_{ki} = \sum_{j=1}^{n}\langle Y_{1k}, X_{k-j}\rangle \frac{|\Sigma_{\boldsymbol{X}}^{2}|_{i,j}}{|\Sigma_{\boldsymbol{X}}^{2}|}, \quad i = 1,2,\cdots,n \tag{15.4-7}$$

其中 $|\Sigma_{\boldsymbol{X}}^2|$ 是方差阵 $\Sigma_{\boldsymbol{X}}^2$ 的行列式，$|\Sigma_{\boldsymbol{X}}^2|_{i,j}$ 是方差阵 $\Sigma_{\boldsymbol{X}}^2$ 的第 i 行第 j 列元素的代数余子式，因此最优输出是

$$\mathring{Y}_{k} = P(H_X)Y_{1k} = \sum_{i=1}^{n}\left(\sum_{j=1}^{n}\langle Y_{1k}, X_{k-j}\rangle \frac{|\Sigma_{\boldsymbol{X}}^{2}|_{i,j}}{|\Sigma_{\boldsymbol{X}}^{2}|}\right)X_{ki} = R_{Y_{1k}\boldsymbol{X}}\Sigma_{\boldsymbol{X}}^{-2}\boldsymbol{X} \tag{15.4-8}$$

其中 $P(H_X)$ 是向 H_X 子空间的直交投影算子。由于 Y_{1k} 和 X_k 是平稳的，因此求得的系数 $\mathring{a}_{ki}, i=1,2,\cdots,n$ 和 $R_{Y_{1k}\boldsymbol{X}}\Sigma_{\boldsymbol{X}}^{-2}$ 与 k 无关。用 $\mathring{Y}_k$ 去逼近 Y_{k1} 所产生的最小的均方误差为

$$\begin{aligned} \overline{\mathring{E}_k^2} &= \overline{(Y_{1k} - \mathring{a}_{k1}X_{k-1} - \mathring{a}_{k2}X_{k-2} - \cdots - \mathring{a}_{kn}X_{k-n})^2} \\ &= r_{Y1}[0] - \sum_{l=1}^{n}\sum_{m=1}^{n}\mathring{a}_{kl}\mathring{a}_{km}r_X[l-m] \\ &= \sigma_{Y_1}^2 - \sum_{l=1}^{n}\sum_{m=1}^{n}\mathring{a}_{l}\mathring{a}_{m}r_X[l-m] \\ &= \sigma_{\mathring{E}}^2 \end{aligned} \tag{15.4-9}$$

它与 k 无关。当 $X_{k-1}, X_{k-2}, \cdots, X_{k-n}$ 线性相关时，子空间 H_X 的维数小于 n，可以确定无穷多组最优系数 $\mathring{a}_1, \mathring{a}_2, \cdots, \mathring{a}_n$，但无论取哪一组最优系数，得到的输出都是最优的，且最小均方误差是同一个 $\sigma_{\mathring{E}}^2$ 值。

当理想输出 $Y_{1k}=F_{k-1}$ 时，最小均方误差是

$$\min\sigma_{\mathring{E}}^2 = \sigma_F^2 - \sum_{l=1}^{n}\sum_{m=1}^{n}\mathring{a}_l\mathring{a}_m r_X[l-m] \tag{15.4-10}$$

要噪声完全过滤掉，即 $\sigma_{\mathring{E}}^2=0$，必须使 F_{k-1} 包含在子空间 H_X 中，此时称噪声 N_k 为有用信号 F_k 的从属序列。在一般技术问题中从属序列不存在，所以最优过滤器的均方误差是不可能等于零的。当 F_k 和 N_k 都是高斯分布时，最优线性过滤器的 $\sigma_{\mathring{E}}^2$ 就是最小的均方误差，不可能再加以改善。

在上面的讨论中，系统的输出只与有限个时刻的观测值有关，故求得的最优系统称为有限记忆的。当 n 趋于无穷大，即输出与 t_k 以前所有时刻的观测值有关时，则系统称为无限记忆的，这时系统输出是无限个输入值线性组合的均方极限

$$Y_k = a_1X_{k-1}+a_2X_{k-2}+\cdots+a_nX_{k-n}+\cdots=\sum_{l=1}^{\infty}a_lX_{k-l} \tag{15.4-11}$$

上式内右边的无穷级数应均方收敛于左边的 Y_k，故 Y_k 的方差应是有界的。当 a_1，a_2，…，a_n，…取各种不同的数值并使无穷级数式(15.4-11)均方收敛时，所有可能的 Y_k 及其均方极限在数学期望为零，方差有界的随机变量空间 H_1（希尔伯特空间）中构成一个子空间 H_X，它一般是无穷维的。同样，最优过滤器的设计问题，就是要找一组有无限个数的数列 $\mathring{a}_1$，$\mathring{a}_2$，…，$\mathring{a}_n$，…，它使得最优输出

$$\mathring{Y}_k = \mathring{a}_1X_{k-1}+\mathring{a}_2X_{k-2}+\cdots+\mathring{a}_nX_{k-n}+\cdots=\sum_{l=1}^{\infty}\mathring{a}_lX_{k-l} \tag{15.4-12}$$

达到均方误差 $\overline{\mathring{E}_k^2}$ 最小。式(15.4-12)中右边无穷级数是均方收敛于 $\mathring{Y}_k$ 的。例如，当 $\mathring{a}_l$ 满足条件 $\sum\limits_{l=1}^{\infty}|\mathring{a}_l|<\infty$ 时，式(15.4-12)的右端肯定是均方收敛的。

根据前述原理，这组 $\mathring{a}_1$，$\mathring{a}_2$，…，$\mathring{a}_n$，…必须满足无限个线性联立方程

$$r_{Y_1X}[l]-\sum_{m=1}^{\infty}\mathring{a}_m r_X[l-m]=0,\quad l=1,2,\cdots,n \tag{15.4-13}$$

这时就难以利用互相关函数，自相关函数来求系数 $\mathring{a}_1$，$\mathring{a}_2$，…，$\mathring{a}_n$，…了。

利用平稳随机序列相关函数与功率谱密度的关系

$$r[k]=\frac{1}{2}\int_{-\frac{\pi}{T}}^{\frac{\pi}{T}}\Phi(\omega)e^{i\omega kT}d\omega \tag{15.4-14}$$

$$\Phi(\omega)=\frac{T}{\pi}\sum_{k=-\infty}^{\infty}r[k]e^{-i\omega kT} \tag{15.4-15}$$

就可以把方程组(15.4-13)写成

$$\int_{-\frac{\pi}{T}}^{\frac{\pi}{T}}e^{i\omega lT}\{\Phi_{Y_1X}(\omega)-\mathring{F}^*(i\omega)\Phi_X(\omega)\}d\omega=0,\quad l=1,2,\cdots,n \tag{15.4-16}$$

其中

$$\mathring{F}^{*}(i\omega)=\sum_{m=1}^{\infty}\mathring{a}_m e^{-i\omega mT} \tag{15.4-17}$$

$\mathring{F}^{*}(i\omega)$就是过滤器在采样周期为 T 时的离散频率特性。由于要求系统应该是稳定的，因此式(15.4-17)的右边级数 $\sum_{m=1}^{\infty}\mathring{a}_m e^{-i\omega T}$ 应一致收敛。同时最优线性过滤器的离散频率特性 $\mathring{F}^{*}_{i\omega}(i\omega)$应满足方程(15.4-16)。

我们令

$$G^{*}(i\omega)=[\Phi_{Y_1X}(\omega)-\mathring{F}^{*}(i\omega)\Phi_X(\omega)] \tag{15.4-18}$$

由于 $\Phi_{Y_1X}(\omega)$,$\Phi_X(\omega)$和 $\mathring{F}^{*}(i\omega)$都是周期为 $2\pi/T$ 的 ω 的函数，所以 $G^{*}(i\omega)$可以展为无穷傅里叶级数。根据方程(15.4-16)和傅里叶级数的正交性

$$\int_{-\frac{\pi}{T}}^{\frac{\pi}{T}} e^{i\omega lT}e^{-i\omega mT}d\omega=\begin{cases}0, & l\neq m\\ \dfrac{2\pi}{T}, & l=m\end{cases} \tag{15.4-19}$$

我们可以得出结论:$G^{*}(i\omega)$只可以展成含非负幂次的傅里叶级数，即

$$G^{*}(i\omega)=\sum_{m=0}^{\infty}c_m e^{+i\omega mT} \tag{15.4-20}$$

由于过滤器是稳定的，$\mathring{F}^{*}(i\omega)$恒为有界，所以最优输出的方差为

$$\sigma_{\mathring{Y}}^2=\overline{\mathring{Y}_k^2}=\frac{1}{2}\int_{-\frac{\pi}{T}}^{\frac{\pi}{T}}|\mathring{F}^{*}(i\omega)|^2\Phi_X(\omega)d\omega<\infty \tag{15.4-21}$$

因此，最优线性过滤器的采样频率特性 $\mathring{F}^{*}(i\omega)$应满足下面两个条件：

(1)　$\mathring{F}^{*}(i\omega)=\sum_{m=1}^{\infty}a_m e^{-i\omega mT}$。

(2)　$G^{*}(i\omega)=[\Phi_{Y_1X}(\omega)-\mathring{F}^{*}(i\omega)\Phi_X(\omega)]=\sum_{m=0}^{\infty}c_m e^{i\omega mT}$。

这时理想输出与实际输出之间的最小均方误差(也就是方差)为

$$\sigma_E^2=\|Y_{1k}-\mathring{Y}_k\|^2=\sigma_{Y_1}^2-\frac{1}{2}\int_{-\frac{\pi}{T}}^{\frac{\pi}{T}}|\mathring{F}^{*}(i\omega)|^2\Phi_X(\omega)d\omega \tag{15.4-22}$$

在通常的情况下，随机序列的功率谱密度 $\Phi_{Y_1X}(\omega)$和 $\Phi_X(\omega)$常可写成 $e^{i\omega T}$ 的有理函数。在引进复变数 $z=e^{i\omega T}$ 后，$\Phi_X(i\omega)$就是复变有理函数 $\widetilde{\Phi}_X(z)$在单位圆周 $z=e^{i\omega T}$ 上的值。这时

$$\tilde{\mathring{F}}(z)=\sum_{m=1}^{\infty}\frac{a_m}{z^m} \tag{15.4-23}$$

$$\widetilde{G}(z)=[\widetilde{\Phi}_{Y_1X}(z)-\widetilde{\mathring{F}}(z)\widetilde{\Phi}_X(z)]=\sum_{m=0}^{\infty}c_m z^m \tag{15.4-24}$$

由于决定 $\mathring{F}^*(i\omega)$ 的级数是一致收敛的，故式(15.4-23)在单位圆周 $e^{i\omega T}=z$ 上是收敛的。由式(15.4-23)还可以看出 $\widetilde{\mathring{F}}(z)$ 当 $|z|$ 趋于无穷大时趋于零。同时 $G^*(i\omega)$ 也是一致收敛的，故式(15.4-24)在单位圆周 $e^{i\omega T}=z$ 上也是收敛的。最后我们得出在 $\widetilde{\Phi}(z)$ 为复变数 z 的有理函数时最优线性过滤器的采样传递函数 $\widetilde{\mathring{F}}(z)$ 应满足下面三个条件：

(1′) $\widetilde{\mathring{F}}(z)$ 在 z 平面的单位圆上和单位圆外，即 $|z|\geqslant 1$ 时，无极点。

(2′) $\widetilde{\mathring{F}}(\infty)=0$。

(3′) $\widetilde{G}(z)=[\Phi_{Y_1X}(z)-\widetilde{F}(z)\Phi_X(z)]$ 在 z 平面的单位圆上和单位圆内，即 $|z|\leqslant 1$，无极点。

根据这些最优条件，在很多情况下可以求出最优线性过滤器的解析表达式。

例 1. 假定在过滤器的输入作用中，有用信号与噪声都是数学期望为零的平稳随机序列，它们之间是互不相关的，它们的相关函数分别是

$$r_F[k]=c_1e^{-\alpha|kT|},\quad \alpha>0$$

$$r_N[k]=\begin{cases}c_2, & k=0\\ 0, & k\neq 0\end{cases}$$

现在要求构造最优线性纯过滤器，即 $Y_{1k}=F_{k-1}$。我们先求相关函数 r_{Y_1X}，r_X 和 r_{Y_1}，

$$r_{Y_1X}[k]=r_{Y_1F}[k]=r_F[k-1]$$

$$r_X[k]=r_F[k]+r_N[k]$$

$$r_{Y_1}[k]=r_F[k]$$

然后再根据公式(15.4-15)求出所需的各种功率谱密度

$$\Phi_F(\omega)=\frac{c_1T}{\pi}\frac{(1-a^2)}{(e^{i\omega T}-a)(e^{-i\omega T}-a)}$$

$$\Phi_N(\omega)=\frac{c_2T}{\pi}$$

$$\Phi_X(\omega)=\Phi_F(\omega)+\Phi_N(\omega)=\frac{c_3T}{\pi}\frac{(e^{i\omega T}-b)(e^{-i\omega T}-b)}{(e^{i\omega T}-a)(e^{-i\omega T}-a)}$$

$$\Phi_{Y_1X}(\omega)=e^{-i\omega T}\Phi_F(\omega)$$

其中

$$a=e^{-\alpha T},\quad |a|<1$$

$$bc_3=ac_2,\quad c_3(1-b^2)=(c_1+c_2)(1-a^2),\quad |b|<1, c_3>0$$

作变换 $e^{i\omega T}=z$ 后,得到

$$\widetilde{\Phi}_F(z)=A\frac{z}{(z-a)(1-za)},\quad A=\frac{c_1T}{\pi}(1-a^2)$$

$$\widetilde{\Phi}_X(z)=B\frac{(1-zb)(z-b)}{(1-za)(z-a)},\quad B=\frac{c_3T}{\pi}$$

$$\widetilde{\Phi}_{Y_1X}(z)=z^{-1}\widetilde{\Phi}_F(z)$$

这时

$$\widetilde{G}(z)=\widetilde{\Phi}_{Y_1X}(z)-\mathring{\widetilde{F}}(z)\widetilde{\Phi}_X(z)=\frac{A-\mathring{\widetilde{F}}(z)B(1-bz)(z-b)}{(1-az)(z-a)},\quad \begin{matrix}|a|<1\\|b|<1\end{matrix}$$

由于要满足最优条件(1′)和(3′),即$\mathring{\widetilde{F}}(z)$不能有模大于或等于 1 的极点,$\widetilde{G}(z)$不能有模小于或等于 1 的极点,因此$\mathring{\widetilde{F}}(z)$的极点只有可能在 b 点

$$\mathring{\widetilde{F}}(z)=\frac{\widetilde{\omega}(z)}{z-b}$$

其中 $\widetilde{\omega}(z)$为 z 的整函数,它在整个 z 平面上无极点;同时 $\widetilde{G}(z)$的分子在 $z=a$ 点上一定要等于零,即

$$A-B(1-ba)(a-b)\widetilde{F}(a)=A-B(1-ba)\widetilde{\omega}(a)=0$$

由此得到

$$\widetilde{\omega}(a)=\frac{A}{B(1-ab)}$$

再根据最优条件(2′),$\widetilde{F}(\infty)=0$,所以 $\widetilde{\omega}(z)$应是常数

$$\widetilde{\omega}(z)=\frac{A}{B(1-ab)}=\text{const}$$

这样就求出了

$$\mathring{\widetilde{F}}(z)=\frac{A}{B(z-b)(1-ab)}$$

它可以展开成 z 的幂级数

$$\mathring{\widetilde{F}}(z)=\frac{A}{B(1-ab)}\sum_{m=1}^{\infty}\frac{b^{m-1}}{z^m}$$

因此最优线性过滤器的采样频率特性为

$$\mathring{F}^*(i\omega)=\frac{A}{B(1-ab)}\cdot\frac{1}{(e^{i\omega T}-b)}=\frac{A}{B(1-ab)}\sum_{m=1}^{\infty}b^{m-1}e^{-im\omega T}$$

最优输出为

$$\mathring{Y}_k=\frac{A}{B(1-ab)}\sum_{m=1}^{\infty}b^{m-1}X_{k-m}$$

这时,最小的均方误差为

$$\sigma_{\mathring{E}}^2 = r_{Y_1}[0] - \frac{1}{2}\int_{-\frac{\pi}{T}}^{\frac{\pi}{T}} |\mathring{F}^*(i\omega)|^2 \Phi_X(\omega) d\omega$$

$$= r_F[0] - \frac{1}{2}\int_{-\frac{\pi}{T}}^{\frac{\pi}{T}} \frac{A^2}{B(1-ab)^2} \frac{1}{|e^{i\omega T} - a|^2} d\omega$$

$$= c_1\left[1 - \frac{A}{B(1-ab)^2}\right]$$

如果要求输出 Y_k 是输入 $X_k, X_{k-1}, \cdots, X_{k-N}, \cdots$ 的函数,而理想的输出定为 $Y_{1k} = F_k$,那么就相当于把上述系统的输出提前一个采样周期,这时最优输出 $\mathring{Y}_k$ 为

$$\mathring{Y}_k = \frac{A}{B(1-ab)}\sum_{m=0}^{\infty} b^m X_{k-m}$$

最优线性过滤器的采样频率特性为

$$\mathring{F}^*(i\omega) = \frac{A}{B(1-ab)}\sum_{m=0}^{\infty} b^m e^{-i\omega mT} = \frac{A}{B(1-ab)} \frac{e^{i\omega T}}{e^{i\omega T} - b}$$

例 2. 假设已知观测随机序列 $X_k = F_k + N_k$ 在所有采样时刻的值,而且有用信号 F_k 和噪声 N_k 都是数学期望为零的平稳随机序列,它们之间是互不相关的。现在要寻求用观测序列在所有时刻取值的线性函数来估计有用信号产生的均方误差的最小值。于是,系统的理想输出为 $Y_{1k} = F_k$,实际输出 Y_k 是所有 $X_k, k = \cdots, -2, -1, 0, 1, 2, \cdots$ 的线性函数

$$Y_k = \sum_{m=-\infty}^{\infty} a_m X_{k-m}$$

同样,为了求出最小的均方误差必须先寻找函数

$$\mathring{F}^*(i\omega) = \sum_{m=-\infty}^{\infty} \mathring{a}_k e^{-i\omega mT}$$

并使

$$\int_{-\frac{\pi}{T}}^{\frac{\pi}{T}} e^{i\omega lT}\{\Phi_{FX}(\omega) - \mathring{F}^*(i\omega)\Phi_X(\omega)\} d\omega = 0, \quad l = \cdots, -2, -1, 0, 1, 2, \cdots$$

这说明函数 $G^*(i\omega) = \Phi_{FX}(\omega) - \mathring{F}^*(i\omega)\Phi_X(\omega)$ 的所有傅里叶系数都等于零,因此

$$G^*(i\omega) = \Phi_{FX}(\omega) - \mathring{F}^*(i\omega)\Phi_X(\omega) = 0$$

这样就可求出

$$\mathring{F}^*(i\omega) = \frac{\Phi_{FX}(\omega)}{\Phi_X(\omega)} = \frac{\Phi_F(\omega)}{\Phi_X(\omega)}$$

因此最小的均方误差为

$$\sigma_{\mathring{E}}^2 = r_F[0] - \frac{1}{2}\int_{-\frac{\pi}{T}}^{\frac{\pi}{T}} |\mathring{F}^*(i\omega)|^2 \Phi_X(\omega) d\omega$$

$$= \frac{1}{2}\int_{-\frac{\pi}{T}}^{\frac{\pi}{T}} [\Phi_F(\omega) - |\mathring{F}^*(i\omega)|^2 \Phi_X(\omega)] d\omega$$

$$= \frac{1}{2}\int_{-\frac{\pi}{T}}^{\frac{\pi}{T}} \frac{\Phi_F(\omega)[\Phi_X(\omega) - \Phi_F(\omega)]}{\Phi_X(\omega)} d\omega$$

由于 F_k 与 N_k 互不相关，$\Phi_X(\omega)=\Phi_F(\omega)+\Phi_N(\omega)$，所以

$$\sigma_{\mathring{E}}^2 = \frac{1}{2}\int_{-\frac{\pi}{T}}^{\frac{\pi}{T}} \frac{\Phi_F(\omega)\Phi_N(\omega)}{\Phi_F(\omega)+\Phi_N(\omega)} d\omega$$

由此可见，即使可以利用所有的输入值来过滤噪声：也只有在有用信号的功率谱密度与噪声的功率谱密度不互相覆盖，即 $\Phi_F(\omega)\cdot\Phi_N(\omega)\equiv 0$ 时才能把噪声完全过滤掉。

15.5　平稳随机过程的最优线性过滤[29,36]

现在来讨论平稳随机过程的最优过滤问题，这时要求设计的系统将是线性常系数连续系统。假定观测值 $X(t)$ 是有用信号 $F(t)$ 和噪声 $N(t)$ 的叠加

$$X(t) = F(t) + N(t) \tag{15.5-1}$$

$F(t)$ 和 $N(t)$ 都是数学期望为零的平稳随机过程，它们之间是平稳相关的，它们的相关函数都已给定，设系统的理想输出 $Y_1(t)$ 是输入有用信号 $F(t)$ 的已知线性变换

$$Y_1(t) = \int_{-\infty}^{\infty} h_1(\sigma)F(t-\sigma)d\sigma \tag{15.5-2}$$

其中 $h_1(t)$ 是定义于 $(-\infty,\infty)$ 上的某一给定的绝对可积函数或是 δ 函数及其高阶导数，并且满足条件

$$\int_{-\infty}^{\infty}\int_{-\infty}^{\infty} h_1(\lambda)h_1(\sigma)R_F(\lambda-\sigma)d\lambda d\sigma < \infty \tag{15.5-3}$$

系统的输出 $Y(t)$ 是 t 时刻以前所有观测值 $X(t-\sigma)$，$\sigma\geqslant 0$ 的线性变换

$$Y(t) = \int_0^{\infty} h(\sigma)X(t-\sigma)d\sigma \tag{15.5-4}$$

$h(t)$ 就是系统的脉冲响应函数，它应满足下列三个条件：

(1) 当 $t<0$ 时 $h(t)=0$。

(2) $\int_0^{\infty} |h(t)| dt<\infty$ 或是 δ 函数及其高阶导数。

(3) $\int_0^{\infty}\int_0^{\infty} h(t)h(t')R_X(t-t')dtdt' < \infty$。

这时系统显然是稳定的，传递函数

$$F(s) = \int_0^{\infty} h(t)e^{-st}dt$$

的极点全在左半 S 平面上。从等式(15.5-2)和(15.5-4)中可以看出 $Y(t)$ 与 $Y_1(t)$ 都是数学期望为零的平稳随机过程,它们都与 $X(t)$ 平稳相关。现在要在所有满足上述三个条件的线性系统 $h(t)$ 中寻找最优的线性系统 $\mathring{h}(t)$ 使得过滤后误差 $E(t)=Y_1(t)-Y(t)$ 的均方值(也就是方差)取最小值

$$\overline{\mathring{E}^2(t)} = \overline{[Y_1(t)-\mathring{Y}(t)]^2} = \min_{h(t)} \overline{[Y_1(t)-Y(t)]^2} \tag{15.5-5}$$

在第 15.1 节中已经给出了相应于脉冲响应函数 $h(t)$ 的均方误差 $\overline{E^2}$ 的表示式(15.1-8)。我们用 $h(t)=\mathring{h}(t)+\varepsilon\eta(t)$ 表示对最优脉冲响应函数 $\mathring{h}(t)$ 的变分,其中 $\eta(t)$ 也是满足上述三个条件的任意函数,ε 是任意小的数。把 $h(t)=\mathring{h}(t)+\varepsilon\eta(t)$ 代入方程(15.1-8)后,不难求出均方误差增量的主要部分为

$$\begin{aligned}\delta\overline{E^2} = &\int_{-\infty}^{\infty}\int_{-\infty}^{\infty}\varepsilon\eta(\sigma)\{-r_F(\sigma-u)[h_1(u)-\mathring{h}(u)]+r_{FN}(\sigma-u)\mathring{h}(u)\\ &-r_{NF}(\sigma-u)[h_1(u)-\mathring{h}(u)]+r_N(\sigma-u)\mathring{h}(u)\}d\sigma du\\ &+\int_{-\infty}^{\infty}\int_{-\infty}^{\infty}\varepsilon\eta(u)\{-r_F(\sigma-u)[h_1(\sigma)-\mathring{h}(\sigma)]-r_{FN}(\sigma-u)[h_1(\sigma)\\ &-\mathring{h}(\sigma)]+r_{NF}(\sigma-u)\mathring{h}(\sigma)+r_N(\sigma-u)\mathring{h}(\sigma)\}d\sigma du\end{aligned} \tag{15.5-6}$$

因为 $\mathring{h}(t)$ 是最优的,所以对任意 $\eta(t)$,$\delta\overline{E^2}$ 都必须等于零,这个条件给出了 $\mathring{h}(t)$ 应满足的方程式

$$\begin{aligned}&\int_{-\infty}^{\infty}[r_F(\sigma-u)+r_{FN}(\sigma-u)]h_1(u)du\\ &=\int_{-\infty}^{\infty}[r_F(\sigma-u)+r_{FN}(\sigma-u)+r_{NF}(\sigma-u)+r_N(\sigma-u)]\mathring{h}(u)du\end{aligned}$$

由于

$$r_F+r_{FN}=r_{FX}$$

和

$$r_F+r_{FN}+r_{NF}+r_N=r_X$$

所以 $\mathring{h}(t)$ 应满足等式

$$\int_{-\infty}^{\infty}r_{FX}(\sigma-u)h_1(u)du=\int_{-\infty}^{\infty}r_X(\sigma-u)\mathring{h}(u)du \tag{15.5-7}$$

方程(15.5-7)的左边正好就是理想输出 $Y_1(t)$ 与观测值 $X(t)$ 的互相关函数,所以

$$r_{Y_1X}(\sigma)=\int_0^{\infty}r_X(\sigma-u)\mathring{h}(u)du \tag{15.5-8}$$

这个方程就是维纳-何甫(Hopf)积分方程。

维纳-何甫方程具有明显的几何意义。随机过程 $X(t-\tau)$ 在 $\tau\geqslant0$ 时的所有的值都是希尔伯特空间 H_1 中的向量。在 t 时刻所有可能的线性过滤器的输出 $Y(t)$

及其均方极限组成了 H_1 中的子空间 H_X，它一般是无穷维的。理想输出 $Y_1(t)$ 也是希尔伯特空间 H_1 中的一个向量。根据希尔伯特空间的几何原理可以得出结论：均方误差最小的最优线性过滤器的输出 $\overset{\circ}{Y}(t)$ 是向量 $Y_1(t)$ 在子空间 H_X 内的直交投影，差向量

$$E(t) = Y_1(t) - \overset{\circ}{Y}(t)$$

就是向量 $Y_1(t)$ 到子空间 H_X 的垂线。垂线应与子空间 H_X 直交，即与子空间 H_X 内每一个向量直交，因此 $\overset{\circ}{Y}(t)$ 应满足方程

$$\langle Y_1(t) - \overset{\circ}{Y}(t), X(t-\sigma)\rangle = 0, \quad \sigma \geqslant 0$$

根据内积的定义有

$$r_{Y_1X}(\sigma) = r_{\overset{\circ}{Y}X}(\sigma), \quad \sigma \geqslant 0$$

再根据线性常系数系统输出与输入之间互相关函数的表示式，即可得到式(15.5-7)。

我们利用平稳随机过程相关函数的谱分解公式

$$r(\sigma) = \frac{1}{2}\int_{-\infty}^{\infty} e^{i\sigma\omega}\Phi(\omega)d\omega \tag{15.5-9}$$

就可以把方程(15.5-8)写成

$$\int_{-\infty}^{\infty} e^{i\omega\sigma}\{\Phi_{Y_1X}(\omega) - \overset{\circ}{F}(i\omega)\Phi_X(\omega)\}d\omega = 0, \quad \sigma \geqslant 0 \tag{15.5-10}$$

其中

$$\overset{\circ}{F}(i\omega) = \int_0^{\infty} \overset{\circ}{h}(t)e^{-i\omega t}dt$$

这就是最优过滤器的频率特性，它应满足方程(15.5-10)。
再令

$$G(i\omega) = \Phi_{Y_1X}(\omega) - \overset{\circ}{F}(i\omega)\Phi_X(\omega) \tag{15.5-11}$$

如果 $G(i\omega)$ 的极点都在复平面 ω 的下半平面，而且在上半平面当 $|\omega|$ 沿某一射线趋于无限时它趋于零的速度不慢于 $1/\omega$，那么这时

$$\int_{-\infty}^{\infty} e^{i\sigma\omega}G(i\omega)d\omega = \oint e^{i\sigma\omega}G(i\omega)d\omega = 0, \quad \sigma \geqslant 0$$

上式中闭路积分路线是复平面 ω 上实轴以及包含上半 ω 平面的一个封闭半圆(图 15.5-1)，因为积分路线内不包含 $e^{i\omega\sigma}G(i\omega)$ 的极点，所以积分等于零。由于过滤器的三个限制条件，因此最优过滤器的频率特性 $\overset{\circ}{F}(i\omega)$ 的极点应在上半 ω 平面，并且积分

$$\frac{1}{2}\int_{-\infty}^{\infty} |\overset{\circ}{F}(i\omega)|^2\Phi_X(\omega)d\omega < \infty$$

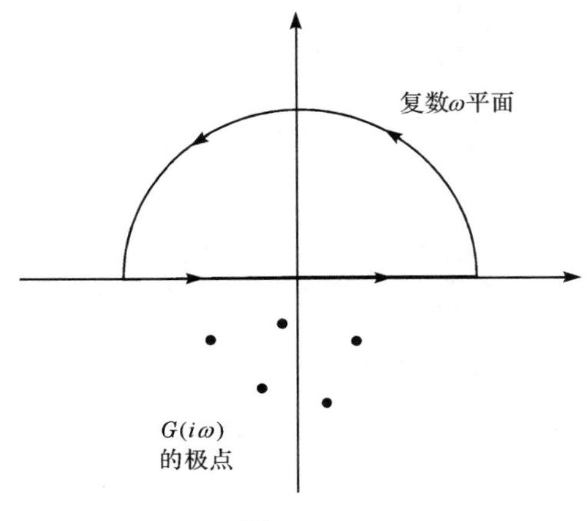

图 15.5-1

综上所述,要求的最优线性过滤器的频率特性 $\mathring{F}(i\omega)$应满足下面三个条件:

(1) $\mathring{F}(i\omega)$的极点都在上半 ω 平面(保证系统稳定)。

(2) $G(i\omega)=\Phi_{Y_1X}(\omega)-\mathring{F}(i\omega)\Phi_X(\omega)$的极点都在下半 ω 平面,在上半 ω 平面中,当$|\omega|\to\infty$时,它的减小速度不小于 $1/\omega$(保证均方误差最小)。

(3) $\int_{-\infty}^{\infty}|\mathring{F}(i\omega)|^2\Phi_X(\omega)d\omega<\infty$(保证输出的方差有界)。这时最小的均方误差是

$$\sigma_{\mathring{E}}^2=r_{Y_1}(0)-\frac{1}{2}\int_{-\infty}^{\infty}|\mathring{F}(i\omega)|^2\Phi_X(\omega)d\omega \tag{15.5-12}$$

如果

$$F_1(i\omega)=\int_{-\infty}^{\infty}h_1(t)e^{-i\omega t}dt$$

那么由式(15.5-2)可以得到

$$\Phi_{Y_1X}(\omega)=F_1(i\omega)\Phi_{FX}(\omega) \tag{15.5-13}$$

在很多情况下 $\Phi_X(\omega)$可分解为

$$\Phi_X(\omega)=\Psi(i\omega)\Psi(-i\omega) \tag{15.5-14}$$

$\Psi(i\omega)$是零点和极点都在上半 ω 平面的函数,例如是 $i\omega$ 的有理函数。把方程(15.5-13)和(15.5-14)代入等式(15.5-11)后可以得到

$$\begin{aligned}G(i\omega)&=F_1(i\omega)\Phi_{FX}(\omega)-\mathring{F}(i\omega)\Psi(i\omega)\Psi(-i\omega)\\&=\Psi(-i\omega)\left[\frac{F_1(i\omega)\Phi_{FX}(\omega)}{\Psi(-i\omega)}-\mathring{F}(i\omega)\Psi(i\omega)\right]\end{aligned} \tag{15.5-15}$$

如果$\dfrac{F_1(i\omega)\Phi_{FX}(\omega)}{\Psi(-i\omega)}$可以分成两部分之和

$$\frac{F_1(i\omega)\Phi_{FX}(\omega)}{\Psi(-i\omega)} = \left[\frac{F_1(i\omega)\Phi_{FX}(\omega)}{\Psi(-i\omega)}\right]_+ + \left[\frac{F_1(i\omega)\Phi_{FX}(\omega)}{\Psi(-i\omega)}\right]_- \tag{15.5-16}$$

$[\quad]_+$ 代表它的极点在上半 ω 平面，$[\quad]_-$ 代表它的极点在下半 ω 平面的那部分。那么

$$G(i\omega) = \Psi(-i\omega)\left[\frac{F_1(i\omega)\Phi_{FX}(\omega)}{\Psi(-i\omega)}\right]_- + \Psi(-i\omega)\left\{\left[\frac{F_1(i\omega)\Phi_{FX}(\omega)}{\Psi(-i\omega)}\right]_+ - \mathring{F}(i\omega)\Psi(i\omega)\right\}$$

上式中第一项极点都在下半 ω 平面；第二项前面部分因子的极点都在下半 ω 平面，后面部分因子的极点都在上半 ω 平面。因此，第二项的极点在上半、下半 ω 平面都有，要满足最优条件(2)中前一部分必须使{ }内的算式等于零，也就是

$$\mathring{F}(i\omega) = \frac{1}{\Psi(i\omega)}\left[\frac{F_1(i\omega)\Phi_{FX}(\omega)}{\Psi(-i\omega)}\right]_+ \tag{15.5-17}$$

可以看出由式(15.5-17)得出的 $F(i\omega)$ 是满足最优条件(1)的。方程(15.5-17)只是最优线性过滤器的必要条件，它还应满足最优条件(2)的后一部分和最优条件(3)。在实际的 $\Phi_{FX}(\omega)$，$\Phi_X(\omega)$ 和 $F_1(i\omega)$ 稳定时这些最优条件总是可以满足的。想从函数 $F_1(i\omega)\Phi_{FX}(\omega)/\Psi(-i\omega)$ 中分出极点在上半 ω 平面的那部分运算，也可以用解析式来表达。实际上 $\mathring{F}(i\omega)$ 可写成下列解析表达式

$$\mathring{F}(i\omega) = \frac{1}{2\pi\Psi(i\omega)}\int_0^\infty e^{-i\omega t}dt\int_{-\infty}^\infty \frac{F_1(i\omega)\Phi_{FX}(\omega)}{\Psi(-i\omega)}e^{i\omega t}d\omega \tag{15.5-18}$$

用 ω 平面上的回路积分方法不难判断这个积分的正确性。至于在实际计算中到底采用方程(15.5-17)还是(15.5-18)要依据不同的具体情况来决定，有时还可以直接利用最优条件(1)，(2)，(3)。对于确定的 $h_1(t)$ 或 $F_1(i\omega)$ 和确定的各种功率谱密度 Φ_N，Φ_F，Φ_{FN}，Φ_{NF} 来说，最优线性过滤器的特性就完全被确定了。

当噪声不存在时，$\Phi_N=\Phi_{FN}=\Phi_{NF}=0$，$\Phi_{FX}=\Phi_F$，$\Phi_F(\omega)=\Psi(i\omega)\Psi(-i\omega)$。如果确定理想输出的函数 $h_1(t)$ 除了满足以上条件外并在 $t<0$ 时 $h_1(t)=0$，那么 $F_1(i\omega)$ 的极点都在上半 ω 平面。这时根据方程(15.5-17)就有 $\mathring{F}(i\omega)=F_1(i\omega)$，$E(t)=0$，这是可以事先想到的。如果 $F_1(i\omega)$ 的极点不全在上半 ω 平面，那么即使没有噪声实际的最优线性过滤器的频率特性 $\mathring{F}(i\omega)$ 也不可能等于 $F_1(i\omega)$，这时误差 $E(t)$ 不可能等于零，即总有均方误差存在。如果有噪声存在的话，$\mathring{F}(i\omega)$ 将不等于 $F_1(i\omega)$，即使最好的过滤器也不可能完全消除均方误差，换言之，过滤总是有限度的。

关于选取一个函数的极点在上半 ω 平面的那一部分运算，我们可以作如下解释。假定 $F(i\omega)$ 在复平面 ω 的实轴上无极点，且当 $|\omega|$ 沿平面上某一射线趋于无穷大时，$F(i\omega)$ 趋于零的速度不慢于 $1/\omega$。现在根据

$$h(t) = \frac{1}{2\pi}\int_{-\infty}^\infty e^{i\omega t}F(i\omega)d\omega$$

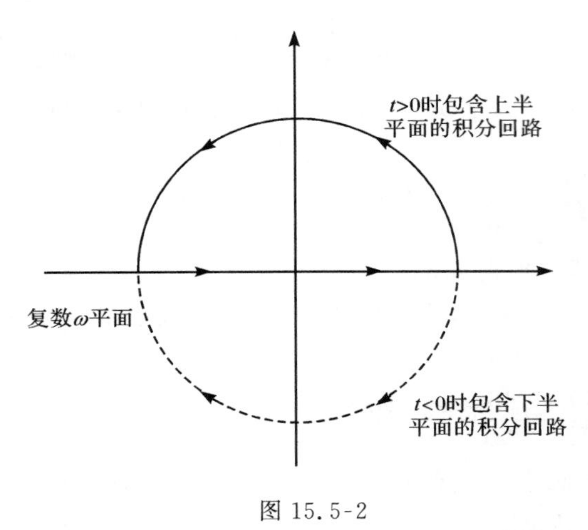

图 15.5-2

来求 $h(t)$。由于 $F(i\omega)$ 有以上特性，所以可以把沿复平面 ω 实轴的积分化为沿闭路积分路线的积分。因为被积函数中有因子 $e^{i\omega t}$，对于正的 t 和负的 t 这两种情况，在复数 ω 平面上所取的积分路线也一定有所不同，正如图 15.5-2 所画的那样。假设$F(i\omega)$只有在上半 ω 平面上的极点，那么对$t>0$的情况，闭路积分路线包含了 $F(i\omega)$ 的极点，这时$h(t)$不等于零；对$t<0$的情况，闭路积分路线不包含$F(i\omega)$的极点，这时 $h(t)=0$。如果 $F(i\omega)$在下半 ω 平面上也有极点，那么对 $t<0$ 的情况，闭路积分路线包含了 $F(i\omega)$的某些极点，这时 $h(t)$不等于零。如果 $h(t)$是表示的系统的脉冲响应函数，那么 $F(i\omega)$在下半 ω 平面上有极点就意味着系统在冲量作用以前就有了反应，事实上任何实际物理系统都不可能发生这种情况。所以，从已知函数选取极点只有在上半 ω 平面的那一部分的运算，目的在于使得最优线性过滤器实际上能够实现。因为在这种情况中 $t<0$ 时 $h(t)=0$。在实际上能实现的传递函数这一概念的基础上，伯德和香农对方程(15.5-17)作了一个解释[8]。假定过滤器的输入 $X(t)$是白色噪声，功率谱密度 $\Phi_X(\omega)\equiv 1$，那么$R_X(t-u)=\pi\delta(t-u)$，根据方程(15.5-7)就得出

$$\mathring{h}(t)=\frac{1}{\pi}\int_{-\infty}^{\infty}h_1(u)r_{FX}(t-u)du=\frac{1}{\pi}r_{Y_1X}(t),\quad t>0$$

同时根据物理上能实现的概念就有

$$\mathring{h}(t)=0,\quad t<0$$

因此根据上面的解释，物理上能实现的最优线性过滤器的频率特性必然是

$$F(i\omega)=[\Phi_{Y_1X}(\omega)]_+=[F_1(i\omega)\Phi_{FX}(\omega)]_+\tag{15.5-19}$$

此处$[\quad]_+$是原功率谱密度 $\Phi_{Y_1X}(\omega)$中极点在上半 ω 平面的分量。如果过滤器的输入不是白色噪声，而是某一可进行下列分解的函数 $X(t)$

$$\Phi_X(\omega)=\Psi(i\omega)\Psi(-i\omega)\tag{15.5-14}$$

那么输入 $X(t)$通过一个传递函数为 $1/\Psi(s)$的系统后输出 $Z(t)$是个白色噪声(见图 15.5-3)，并且 $\Phi_Z(\omega)=1$。输入是白色噪声 $Z(t)$，输出为 $Y(t)$的最优线性过滤器的频率特性根据式(15.5-19)应是$[\Phi_{Y_1Z}(\omega)]_+=[F_1(i\omega)\Phi_{FZ}(\omega)]_+$。那么输入是 $X(t)$输出为 $Y(t)$的最优线性过滤器应是上述两个环节的串联，它的频率特性应该是

$$\mathring{F}(i\omega) = \frac{1}{\Psi(i\omega)}[F_1(i\omega)\Phi_{FZ}(i\omega)]_+$$

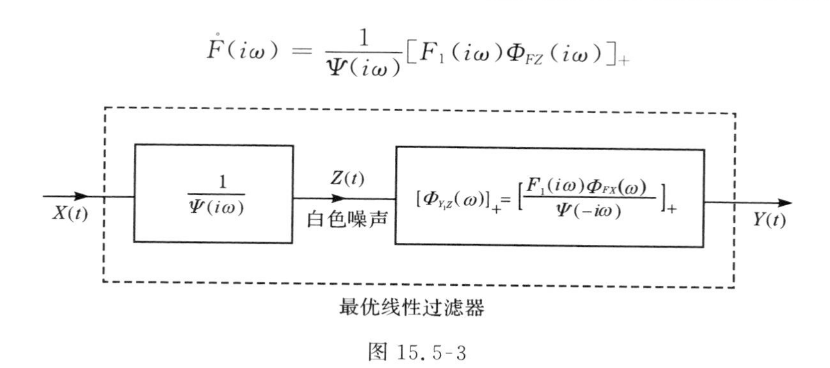

图 15.5-3

由于 $\Psi(i\omega)$ 的零极点都在上半 ω 平面，所以 $F(i\omega)$ 的极点都在上半 ω 平面，即过滤器是稳定的。又由于 $Z(t)$ 是输入 $X(t)$ 通过环节 $1/\Psi(i\omega)$ 后的输出，所以

$$\Phi_{FZ}(\omega) = \Phi_{FX}(\omega)\frac{1}{\Psi(-i\omega)} \tag{15.5-20}$$

这样最优线性过滤器的频率特性的最终形式就是

$$\mathring{F}(i\omega) = \frac{1}{\Psi(i\omega)}\left[\frac{F_1(i\omega)\Phi_{FX}(\omega)}{\Psi(-i\omega)}\right]_+ \tag{15.5-17}$$

上面的讨论还有另外一点需要说明。我们曾假设可以把 $\Phi_X(\omega)$ 进行如式(15.5-14)所示的分解，但是对于 ω 的任意一个正值偶函数 $\Phi(\omega)$ 不见得总能分解成那种形式。如果要使 $\Phi(\omega)$ 能这样分解，$\Phi(\omega)$ 还必须满足维纳-派勒(Paley)准则[22]

$$\int_{-\infty}^{\infty}\frac{|\log\Phi(\omega)|}{1+\omega^2}d\omega < \infty \tag{15.5-21}$$

具体地说，$\Phi(\omega)$ 或者像在白色噪声的情况时那样，是个常数；或者当 $\omega\to\infty$ 时 $\Phi(\omega)$ 趋近于零，但趋于零的速度不能过快。如果 $\Phi(\omega)$ 像 ω^{-n} 那样的速度趋于零，不等式(15.5-21)将成立，但是如果它像 $e^{-|\omega|}$ 或者 $e^{-\omega^2}$ 那样快地趋于零就会使积分发散。后面两种类型的 $\Phi(\omega)$ 不能按式(15.5-14)进行分解。在实际工作中信号和噪声的功率谱密度通常是 ω^2 的有理分式，所以式(15.5-14)那样的分解是可能的。

15.6　例子和应用

例 1. 假设信号和噪声为互不相关的平稳随机过程，它们的功率谱密度相应为

$$\Phi_F(\omega) = \frac{1}{1+\omega^4},\quad \Phi_N(\omega) = n^4$$

要求设计对信号起微分作用的最优线性过滤器，也就是给定的理想特性 $F_1(s)=s$。

首先我们求出输入作用的功率谱密度

$$\Phi_X(\omega) = \Phi_F(\omega) + \Phi_N(\omega) = \frac{(1+n^4)+n^4\omega^4}{1+\omega^4}$$

这个函数显然可以按式(15.5-14)进行分解,即

$$\Psi(i\omega) = \frac{-n^2\omega^2 + \sqrt{2}n\sqrt[4]{1+n^4}\,i\omega + \sqrt{1+n^4}}{-\omega^2+\sqrt{2}i\omega+1}$$

它的零点和极点都在上半 ω 平面。令 $i\omega = s$,那么得到

$$\Psi(s) = \frac{n^2s^2 + \sqrt{2}n\sqrt[4]{1+n^4}\,s + \sqrt{1+n^4}}{s^2+\sqrt{2}s+1}$$

它的极点零点都在左半 S 平面。

于是

$$\begin{aligned}\frac{F_1(i\omega)\Phi_F(\omega)}{\Psi(-i\omega)} &= \frac{F_1(s)\Phi_F(s/i)}{\Psi(-s)} \\ &= \frac{s}{(s^2+\sqrt{2}s+1)(n^2s^2-\sqrt{2}n\sqrt[4]{1+n^4}\,s+\sqrt{1+n^4})} \\ &= \frac{as+b}{s^2+\sqrt{2}s+1} + \frac{cs+d}{n^2s^2-\sqrt{2}n\sqrt[4]{1+n^4}\,s+\sqrt{1+n^4}}\end{aligned}$$

其中 a,b,c,d 都是常数。很明显,它的极点只在左半 S 平面(即上半 ω 平面)的部分是第一项,因此

$$\left[\frac{F_1(i\omega)\Phi_F(\omega)}{\Psi(-i\omega)}\right]_+ = \left[\frac{F_1(s)\Phi_F(s/i)}{\Psi(-s)}\right]_+ = \frac{as+b}{s^2+\sqrt{2}s+1}$$

把 a,b 确定后我们得到

$$F(s) = \frac{1}{\Psi(s)}\left[\frac{F_1(s)\Phi_F(s/i)}{\Psi(-s)}\right]_+ = \frac{1}{(n^2+\sqrt{1+n^4})(n+\sqrt[4]{1+n^4})}$$

$$\times\frac{(\sqrt[4]{1+n^4}-n)s-\sqrt{2}n}{n^2s^2+\sqrt{2}n\sqrt[4]{1+n^4}\,s+\sqrt{1+n^4}}$$

这就是最优线性过滤器的传递函数。当没有噪声时,$n\to 0$,$F(s)$就随之趋于 s,这是当然的结果。

例 2. 假设噪声的强度非常高,而信号比较微弱,信号与噪声之间互不相关,它们的功率谱密度分别是

$$\Phi_N(\omega) = 1,\quad \Phi_F(\omega) = k\varphi(\omega)$$

其中 k 是一个很小的量,$\varphi(\omega)$是 ω 的偶函数。假设 $K(s)$是函数 $\varphi(s/i)$的极点在左半 S 平面的部分,也就是

$$K(s) = \left[\varphi\left(\frac{s}{i}\right)\right]_+ = \frac{1}{2\pi}\int_0^\infty e^{-st}dt\int_{-\infty}^{\infty}\varphi(\omega)e^{i\omega t}d\omega$$

因为 $\varphi(\omega)$是 ω 的偶函数,于是

$$\varphi\left(\frac{s}{i}\right)=K(s)+K(-s)$$

并且

$$\Phi_X(\omega)=\Psi(i\omega)\Psi(-i\omega)=1+k\varphi(\omega)\cong[1+kK(i\omega)][1+kK(-i\omega)]。$$

所以,假设 $F_1(s)$表示对信号所希望进行的作用,则最优线性过滤器的传递函数将是

$$F(s)\cong\frac{k}{1+kK(s)}\left[\frac{F_1(s)\varphi(s/i)}{1+kK(-s)}\right]_+$$

这是对于数值小的 k 的二次近似式,一次近似式甚至于还要简单一些

$$F(s)\cong k\left[F_1(s)\varphi\left(\frac{s}{i}\right)\right]_+$$

如果 $\varphi(\omega)=\dfrac{1}{1+\omega^4}$,$F_1(s)=s$,则当 k 很小时

$$F(s)\cong-\frac{k}{2\sqrt{2}}\frac{1}{s^2+\sqrt{2}s+1}$$

当 n 很大时,再设 $k=1/n^4$,把此结果和例 1 的结果对照,就可以验证例 1 的结果。所以在有强烈噪声干扰的情况下,起微分作用的最优线性过滤器的传递函数改变得非常厉害,和 $F_1(s)=s$ 完全没有相似之处。

例 3. 假设输入作用中信号和噪声是互不相关的平稳随机过程,数学期望都等于零,信号 $F(t)$是一个随机开关函数,噪声 $N(t)$是白色噪声,它们的功率谱密度分别是

$$\Phi_F(\omega)=\frac{1}{1+\omega^2},\quad \Phi_N(\omega)=n^2$$

要求设计对信号进行预测的最优线性过滤器,即过滤器的理想输出 $Y_1(t)=F(t+\alpha)$,$\alpha>0$,这时 $F_1(s)=e^{\alpha s}$。首先求出输入作用 $X(t)$的功率谱密度

$$\Phi_X(\omega)=\Phi_F(\omega)+\Phi_N(\omega)=\frac{(1+n^2)+n^2\omega^2}{1+\omega^2}$$

所以

$$\Psi(i\omega)=\frac{\sqrt{1+n^2}+ni\omega}{1+i\omega}$$

因此

$$\frac{F_1(i\omega)\Phi_{FX}(\omega)}{\Psi(-i\omega)}=\frac{e^{i\alpha\omega}}{(1+i\omega)(\sqrt{1+n^2}-ni\omega)}$$

在这种情况下,需要利用方程(15.5-18)来计算 $F(s)$。首先,当 $t>0$ 时

$$\frac{1}{2\pi}\int_{-\infty}^{\infty}\frac{F_1(i\omega)\Phi_{FX}(\omega)}{\Psi(-i\omega)}e^{i\omega t}d\omega=\frac{1}{2\pi}\int_{-\infty}^{\infty}\frac{e^{i\omega(t+\alpha)}}{(1+i\omega)(\sqrt{1+n^2}-ni\omega)}d\omega$$

$$= \frac{e^{-(t+\alpha)}}{n + \sqrt{1+n^2}}$$

再根据式(15.5-18),得到

$$F(s) = \frac{1+s}{\sqrt{1+n^2}+ns}\int_0^\infty e^{-st}\ \frac{e^{-(t+\alpha)}}{n+\sqrt{1+n^2}}dt$$

$$= \frac{(1+s)e^{-\alpha}\int_0^\infty e^{-(s+1)t}dt}{(n+\sqrt{1+n^2})(\sqrt{1+n^2}+ns)}$$

$$= \frac{e^{-\alpha}}{(n+\sqrt{1+n^2})(\sqrt{1+n^2}+ns)}$$

也可以直接利用最优条件(1),(2),(3)来求最优线性预测过滤器的传递函数,把$\Phi_X(\omega)$化为

$$\Phi_X(\omega) = \frac{n^2(\omega^2+b^2)}{(\omega^2+1)} = \frac{n^2(\omega-ib)(\omega+ib)}{(\omega-i)(\omega+i)}$$

其中 $b=\sqrt{1+\frac{1}{n^2}}>0$,根据假设的条件

$$\Phi_{Y_1X}(\omega) = F_1(i\omega)\Phi_F(\omega) = \frac{e^{i\omega\alpha}}{(\omega-i)(\omega+i)}$$

可以求得

$$G(i\omega) = \frac{e^{i\omega\alpha} - F(i\omega)(\omega-ib)(\omega+ib)n^2}{(\omega-i)(\omega+i)}$$

因为 $G(i\omega)$在上半 ω 平面不应有极点,$F(i\omega)$在下半 ω 平面不应有极点,所以 $F(i\omega)$的分母只能包含$(\omega-ib)$的因子。$F(i\omega)$又要满足最优条件(3)

$$\int_{-\infty}^{\infty} |F(i\omega)|^2\Phi_X(\omega) < \infty$$

所以 $F(i\omega)=\frac{a}{\omega-ib}$,其中 a 是常数。把它代入 $G(i\omega)$后得到

$$G(i\omega) = \frac{e^{i\omega\alpha} - an^2(\omega+ib)}{(\omega-i)(\omega+i)}$$

在上半 ω 平面,当$|\omega|$沿某一射线趋于无穷大时,$e^{i\omega\alpha}$趋于零,$G(i\omega)$趋于零的速度与 $1/\omega$ 相仿。由于 $G(i\omega)$不能有极点在上半 ω 平面,所以当 $\omega=i$ 时它的分子应等于零

$$e^{-\alpha} - a(i+ib)n^2 = 0$$

所以

$$a = \frac{e^{-\alpha}}{in^2(1+b)}$$

最后得到

$$F(i\omega)=\frac{e^{-\alpha}}{in^2(1+b)(\omega-ib)}=\frac{e^{-\alpha}}{n^2(1+b)(i\omega+b)}$$

把 $b=\sqrt{1+\frac{1}{n^2}}$ 代入，最后求得的最优线性预测过滤器的传递函数和前面的结果完全一样。

例 4. 除了 $\alpha<0$ 外，其余条件与例 3 一样。求得的过滤器称为滞后过滤器。滞后过滤器的传递函数与预测过滤器差别很大。先用最优条件(1)，(2)，(3)来确定最优滞后过滤器的传递函数。这里 $G(i\omega)$ 的表示式和上例中相同，只不过 $\alpha<0$，我们把它写为

$$G(i\omega)=\frac{e^{-i\omega|\alpha|}-F(i\omega)(\omega-ib)(\omega+ib)n^2}{(\omega-i)(\omega+i)}$$

在上半 ω 平面，当 $|\omega|$ 沿某一射线趋于无穷大时，$e^{-i\omega|\alpha|}$ 趋于无穷大，如果 $F(i\omega)$ 仍采用 $\frac{a}{\omega-ib}$ 的形式就不能满足最优条件(2)，因此在 $F(i\omega)$ 中一定要有一项与 $e^{-i\omega|\alpha|}$ 抵消，所以

$$F(i\omega)=\frac{e^{-i\omega|\alpha|}-\gamma(\omega)}{n^2(\omega-ib)(\omega+ib)}$$

其中 $\gamma(\omega)$ 是 ω 的多项式。这时

$$G(i\omega)=\frac{\gamma(\omega)}{(\omega-i)(\omega+i)}$$

根据最优条件(2)和最优条件(1)，$G(i\omega)$ 的极点只能在下半 ω 平面，$F(i\omega)$ 的极点只能在上半 ω 平面，而且在上半 ω 平面当 $|\omega|$ 沿某一射线趋于无穷大时 $G(i\omega)$ 趋于零的速度不慢于 $1/\omega$，所以 $\gamma(\omega)=c(\omega-i)$，$c$ 是常数。当 $\omega=-ib$ 时，$F(i\omega)$ 的分母等于零，它的分子也应该等于零

$$e^{-b|\alpha|}-c(-ib-i)=0$$

由此可以求出常数 c

$$c=\frac{e^{-b|\alpha|}}{-i(1+b)}=i\,\frac{e^{b\alpha}}{1+b}$$

最后求得最优滞后过滤器的频率特性为

$$F(i\omega)=\frac{e^{i\omega\alpha}-i\,\frac{e^{b\alpha}}{1+b}(\omega-i)}{n^2(\omega-ib)(\omega+ib)}$$

传递函数是

$$F(s)=\frac{s+1}{(s+b)(s-b)}\cdot\frac{e^{b\alpha}}{n^2(1+b)}-\frac{e^{s\alpha}}{n^2(s+b)(s-b)}$$

它是稳定的，只有 $s=-b$ 是它的极点，而 $s=b$ 并不是它的极点。

同样，我们也可以利用公式(15.5-18)来求 $F(i\omega)$。由于 $\alpha<0$，所以在求

$$\frac{1}{2\pi}\int_{-\infty}^{\infty}\frac{F_1(i\omega)\Phi_{FX}(\omega)}{\Psi(-i\omega)}e^{i\omega t}d\omega=\frac{1}{2\pi}\int_{-\infty}^{\infty}\frac{e^{i\omega(t+\alpha)}}{(1+i\omega)(\sqrt{1+n^2}-ni\omega)}d\omega$$
$$=\frac{1}{2\pi}\int_{-\infty}^{\infty}\frac{e^{i\omega(t+\alpha)}}{(1+i\omega)(b-i\omega)n}d\omega$$

时，$t>|\alpha|$ 和 $0<t<|\alpha|$ 将得到两个不同的结果。在 $t>|\alpha|$ 时上述积分等于沿包围上半 ω 平面的闭曲线的闭路积分，而在 $0<t<|\alpha|$ 时上述积分等于沿包围下半 ω 平面的闭曲线的积分，因此得到

$$\frac{e^{-(t+\alpha)}}{n(1+b)},\quad (t>|\alpha|)$$
$$\frac{e^{b(t+\alpha)}}{n(1+b)},\quad (0<t<|\alpha|)$$

最后得到

$$F(s)=\frac{1+s}{n(s+b)}\left[\int_0^{\alpha}e^{-st}\frac{e^{b(t+\alpha)}}{n(1+b)}dt+\int_{\alpha}^{\infty}e^{-st}\frac{e^{-(t+\alpha)}}{n(1+b)}dt\right]$$
$$=\frac{1+s}{n^2(s+b)(1+b)}\left[\int_0^{\alpha}e^{(b-s)t+b\alpha}dt+\int_{\alpha}^{\infty}e^{-(s+1)t-\alpha}dt\right]$$
$$=\frac{(1+s)e^{+b\alpha}}{n^2(s+b)(s-b)(1+b)}-\frac{e^{s\alpha}}{n^2(s+b)(s-b)}$$

这和前面的结果一样。上面求得的传递函数不能用简单的电阻电容元件组成的网络来实现。我们可以利用下面的近似式

$$F_1(s)=e^{\alpha s}\cong\left[\frac{1+(\alpha s/2\nu)}{1-(\alpha s/2\nu)}\right]^{\nu},\quad \alpha<0,\quad \nu=\text{整数}$$

来求近似的最优滞后过滤器，ν 越大，则越准确。

上面几个例子只是求出了最优过滤器的传递函数，尚未和闭路控制系统联系起来。下面介绍在闭路控制系统中最优过滤器的设计原理。

(1) 噪声作用下的反馈系统。

假设反馈系统如图 15.6-1 所示，$F_f(s)$ 表示前向线路的传递函数，$F_b(s)$ 表示反馈线路的传递函数。系统的输入是信号 $F(t)$ 与噪声 $N(t)$ 之和 $X(t)$，它们都是平稳随机过程。假定理想输出 $Y_1(t)$ 是 $F_1(s)$ 对信号 $F(t)$ 作用的结果。现在要求在给定的 $F_f(s)$，$F_1(s)$ 和信号，噪声的特性的情况下求出使 $\|Y_1(t)-Y(t)\|^2$ 达最小值的 $F_b(s)$。正如图15.6-1所画的那样，等价的 $F(s)$ 是

$$F(s)=\frac{F_f(s)}{1+F_f(s)F_b(s)}\tag{15.6-1}$$

由最优线性过滤器的理论得知，最优线性过滤器的传递函数 $F(s)$ 可由方程(15.5-17)或(15.5-18)求得。知道了 $F(s)$ 以后，就可得到最优的反馈线路传递函数 $F_b(s)$

$$F_b(s)=\frac{1}{F(s)}-\frac{1}{F_f(s)} \tag{15.6-2}$$

（2）本身产生噪声的反馈系统。

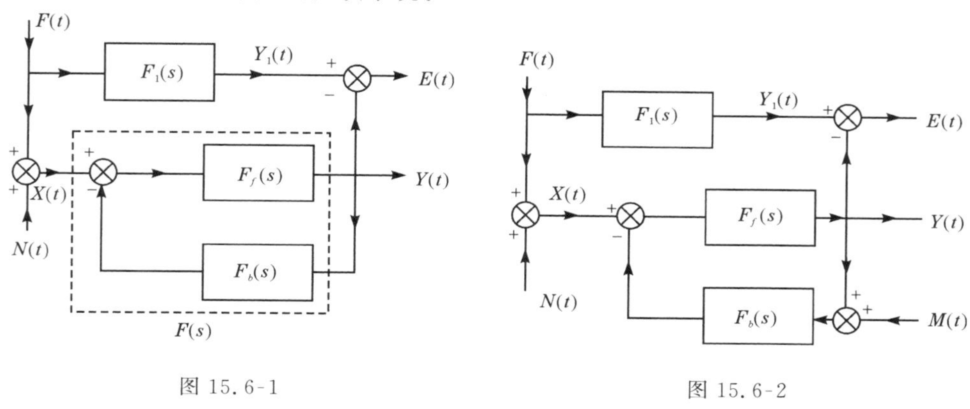

图 15.6-1　　图 15.6-2

前面，都是假设噪声来自于反馈控制系统外面，系统本身不产生噪声。然而在很多情况下，反馈控制系统的内部会产生噪声。例如像图 15.6-2 所表示的系统除了外来的噪声 $N(t)$以外，还会从测量输出的仪器那里产生内噪声$M(t)$。这里仍用 $F_f(s)$表示前向线路的传递函数，$F_b(s)$表示反馈线路的传递函数，$F_1(s)$表示希望对信号所进行的作用。令$F(s)$，$N(s)$，$M(s)$，$Y(s)$和 $Y_1(s)$表示 $F(t)$，$N(t)$，$M(t)$，$Y(t)$和 $Y_1(t)$的拉氏变换。于是有

$$Y(s)=F_f(s)\{F(s)+N(s)-F_b(s)[Y(s)+M(s)]\}$$

以及

$$Y_1(s)=F_1(s)F(s)$$

所以误差的拉氏变换就是

$$E(s)=Y_1(s)-Y(s)=\frac{-F_f(s)}{1+F_f(s)F_b(s)}[F(s)+N(s)]+\frac{F_f(s)F_b(s)}{1+F_f(s)F_b(s)}M(s)+F_1(s)F(s)$$

令

$$G(s)=\frac{F_f(s)F_b(s)}{1+F_f(s)F_b(s)} \tag{15.6-3}$$

就有

$$1-G(s)=\frac{1}{1+F_f(s)F_b(s)}$$

和

$$E(s)=[1-G(s)][F_1(s)F(s)-F_f(s)N(s)-F_f(s)F(s)]-G(s)[-M(s)-F_1(s)F(s)]$$

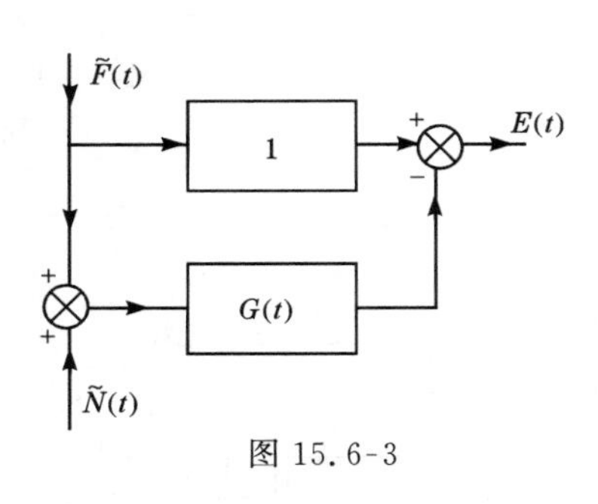

图 15.6-3

这个方程表明，现在的反馈控制系统的问题和图 15.6-3 的传递函数为 $G(s)$ 的过滤器的问题等价，相应的输入信号 $\widetilde{F}(s)$ 和相应的噪声输入 $\widetilde{N}(s)$ 是

$$\widetilde{F}(s) = \{F_1(s) - F_f(s)\}F(s) - F_f(s)N(s) \tag{15.6-4}$$

$$\widetilde{N}(s) = -M(s) - F_1(s)F(s) \tag{15.6-5}$$

理想的输出就是 $\widetilde{F}(s)$。原来的问题是求最优的 $F_b(s)$，现在是求最优的 $G(s)$，这里相应的信号 $\widetilde{F}(s)$ 和噪声 $\widetilde{N}(s)$ 与未知量 $F_b(s)$ 无关。我们假设原来信号和噪声之间互不相关，因此只有功率谱密度 Φ_F, Φ_N, Φ_M。利用方程(15.6-4)和(15.6-5)，在等价的过滤器问题中，各功率谱密度是

$$\Phi_{\widetilde{F}}\left(\frac{s}{i}\right) = [F_1(s) - F_f(s)][F_1(-s) - F_f(-s)]\Phi_F\left(\frac{s}{i}\right) + F_f(s)F_f(-s)\Phi_N\left(\frac{s}{i}\right) \tag{15.6-6}$$

$$\Phi_{\widetilde{F}\widetilde{N}}\left(\frac{s}{i}\right) = [F_f(s) - F_1(s)]F_1(-s)\Phi_F\left(\frac{s}{i}\right) \tag{15.6-7}$$

$$\Phi_{\widetilde{N}\widetilde{F}}\left(\frac{s}{i}\right) = F_1(s)[F_f(-s) - F_1(-s)]\Phi_F\left(\frac{s}{i}\right) \tag{15.6-8}$$

$$\Phi_{\widetilde{N}}\left(\frac{s}{i}\right) = \Phi_M\left(\frac{s}{i}\right) + F_1(s)F_1(-s)\Phi_F\left(\frac{s}{i}\right) \tag{15.6-9}$$

由上面的公式可以看出，虽然原来的问题中信号和噪声互不相关，但是等价的过滤器问题中仍然有功率谱密度 $\Phi_{\widetilde{F}\widetilde{N}}$ 和 $\Phi_{\widetilde{N}\widetilde{F}}$。利用方程(15.6-6)—(15.6-9)被分解的函数就是

$$\Phi_{\widetilde{X}}(\omega) = \Psi(i\omega)\Psi(-i\omega) = F_f(i\omega)F_f(-i\omega)\{\Phi_F(\omega) + \Phi_N(\omega)\} + \Phi_M(\omega) \tag{15.6-10}$$

根据方程(15.5-17)，最优的 $G(s)$ 是

$$\mathring{G}(s) = \frac{1}{\Psi(s)}\left[\frac{F_f(s)F_f(-s)\{\Phi_F(s/i) + \Phi_N(s/i)\} - F_1(s)F_f(s)\Phi_F(s/i)}{\Psi(-s)}\right]_+ \tag{15.6-11}$$

当 $\mathring{G}(s)$ 已知时，方程(15.6-3)给出的最优反馈线路的传递函数如下

$$\mathring{F}_b(s) = \frac{1/F_f(s)}{[1/\mathring{G}(s)] - 1} = \frac{\mathring{G}(s)}{F_f(s) - \mathring{G}(s)F_f(s)} \tag{15.6-12}$$

（3）饱和限制。

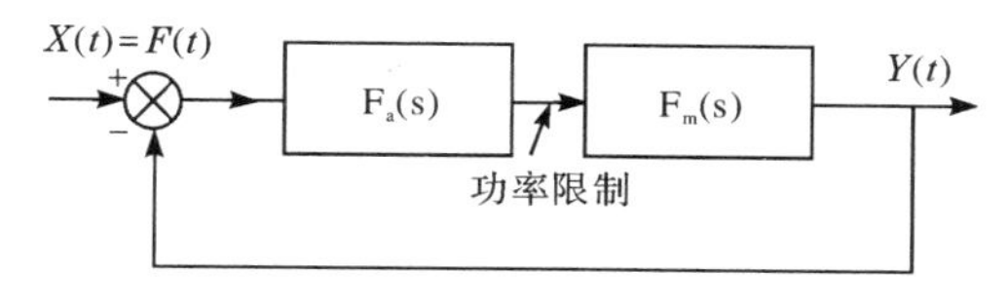

图 15.6-4

考虑图 15.6-4 所表示的反馈系统，要求使得输出 $Y(t)$ 尽可能地和输入 $X(t)=F(t)$ 接近。放大器的传递函数是 $F_a(s)$，伺服马达的传递函数是 $F_m(s)$。如果设计的条件是适当地改变 $F_a(s)$，使得误差 $E(t)=Y(t)-F(t)$ 的均方值尽可能地小。这样在运转过程中加到马达里的控制功率就有可能达到非常高的数值。为了避免发生这种功率过高的情况，我们要求加到马达的功率的平均值必须不大于某一额定值。在这种情况下，均方误差是

$$\overline{E^2}=\frac{1}{2}\int_{-\infty}^{\infty}\left|\frac{F_a(i\omega)F_m(i\omega)}{1+F_a(i\omega)F_m(i\omega)}-1\right|^2\Phi_F(\omega)d\omega \tag{15.6-13}$$

加到伺服马达的输入平均功率由加到伺服马达里的信号的均方值来表示，这个均方值应不大于额定值 σ^2，于是

$$\sigma^2\geqslant\frac{1}{2}\int_{-\infty}^{\infty}\left|\frac{F_a(i\omega)}{1+F_a(i\omega)F_m(i\omega)}\right|^2\Phi_F(\omega)d\omega \tag{15.6-14}$$

我们利用拉格朗日乘子法。以方程(15.6-14)为约束条件求 $\overline{E^2}$ 的极小值问题；可以化为求

$$\overline{E^2}+\lambda\frac{1}{2}\int_{-\infty}^{\infty}\left|\frac{F_a(i\omega)}{1+F_a(i\omega)F_m(i\omega)}\right|^2\Phi_F(\omega)d\omega \tag{15.6-15}$$

的极小值问题，λ 是拉格朗日乘子。待求极小的积分为

$$\frac{1}{2}\int_{-\infty}^{\infty}\left\{|F(i\omega)-1|^2\Phi_F(\omega)+\left|\frac{F(i\omega)}{F_m(i\omega)}\right|^2\lambda\Phi_F(\omega)\right\}d\omega \tag{15.6-16}$$

其中

$$F(i\omega)=\frac{F_a(i\omega)F_m(i\omega)}{1+F_a(i\omega)F_m(i\omega)} \tag{15.6-17}$$

这时这个问题可以与一个传递函数为 $F(s)$ 的最优过滤问题等价。对后者来说，理想传递函数 $F_1(s)=1$，输入信号是 $F(t)$，输入噪声的功率谱密度是

$$\Phi_N(\omega)=\frac{\lambda\Phi_F(\omega)}{F_m(i\omega)F_m(-i\omega)}$$

且 $F(t)$ 与 $N(t)$ 互不相关。这时被分解的函数是

$$\Phi_{\bar{X}}(\omega)=\Psi(i\omega)\Psi(-i\omega)=\left[1+\frac{\lambda}{F_m(i\omega)F_m(-i\omega)}\right]\Phi_F(\omega) \tag{15.6-18}$$

根据方程(15.5-17)，最优过滤器的传递函数是

$$\mathring{F}(s) = \frac{1}{\Psi(s)}\left[\frac{\Phi_F(s/i)}{\Psi(-s)}\right]_+ \tag{15.6-19}$$

除了一个常数 λ 外，方程(15.6-17)和(15.6-19)确定了最优放大器的传递函数 $\mathring{F}_a(s)$。可以得出均方误差$\overline{E^2}$是 λ 的递增函数，而伺服马达的输入平均功率是 λ 的递减函数。因此令式(15.6-14)中的"≥"符号为"="时，就可以求出 λ 值，把它代入式(15.6-19)和(15.6-17)就可以求出所要求的最优的 $F_a(s)$来。

15.7　有限记忆的最优线性过滤器[36]

在一类实际问题中，常要求所设计的过滤器的脉冲响应函数在有限时间以后等于零，也就是要求过滤器的输出 $Y(t)$只是 t 时刻以前有限时间区间内所有输入 $X(t-\sigma)$，$0\leqslant\sigma\leqslant T$ 的线性变换

$$Y(t) = \int_0^T h(\sigma)X(t-\sigma)d\sigma \tag{15.7-1}$$

这类过滤器称为有限记忆过滤器。当 $T\to\infty$时称为无限记忆过滤器。有限记忆的最优线性过滤器的设计问题的提法和第 15.5 节内无限记忆的最优线性过滤器的设计问题的提法相同，只不过输出 $Y(t)$应为

$$Y(t) = \int_0^\infty h_T(\sigma)X(t-\sigma)d\sigma \tag{15.7-2}$$

$h_T(t)$是系统的脉冲响应函数，它除了应满足第 15.5 节中的三个条件外，还应满足。

(4) 当 $t>T$ 时，$h_T(t)=0$。

显然，这时系统的传递函数 $F_T(s) = \int_0^\infty h_T(t)e^{-st}dt$ 在整个 s 平面上无极点。

前面已经谈到，数学期望为零的平稳随机过程 $X(t-\sigma)$在 $0\leqslant\sigma\leqslant T$ 时的值域是希尔伯特空间 H_1 中的无穷集合。在 t 时刻所有可能的有限记忆线性过滤器的输出 $Y(t)$及其均方极限组成了 H_1 中的一个子空间 $H_{X,T}$，它一般是无限维的。理想输出 $Y_1(t)$也是 H_1 中的一个向量。寻求最优有限记忆线性过滤器，就是要在子空间 $H_{X,T}$内寻找最优输出向量

$$\mathring{Y}(t) = \int_0^\infty \mathring{h}_T(\sigma)X(t-\sigma)d\sigma$$

使得最优输出误差 $\mathring{E}(t)=Y_1(t)-\mathring{Y}(t)$的范数的平方取极小值

$$\sigma_{\mathring{E}}^2 = \| Y_1(t)-\mathring{Y}(t)\|^2 \min_{h_T(t)} \| Y_1(t)-Y(t)\|^2 \tag{15.7-3}$$

类似前面的讨论，按空间的几何原理可以得出结论：最优输出 $\mathring{Y}(t)$是 $Y_1(t)$在子空

间 $H_{X,T}$ 上的直交投影，最优输出误差 $Y_1(t)-\mathring{Y}(t)$ 是向量 $Y_1(t)$ 到子空间 $H_{X,T}$ 的垂线。垂线与子空间内任一向量直交，因此 $\mathring{Y}(t)$ 满足方程

$$\langle Y_1(t)-\mathring{Y}(t), X(t-\sigma)\rangle = 0,\quad 0\leqslant\sigma\leqslant T \tag{15.7-4}$$

根据内积的定义有

$$r_{Y_1X}(\sigma) = r_{\mathring{Y}X}(\sigma),\quad 0\leqslant\sigma\leqslant T \tag{15.7-5}$$

利用平稳随机过程相关函数的谱分解公式可以把式(15.7-5)写成

$$\int_{-\infty}^{\infty} e^{i\sigma\omega}\{\Phi_{Y_1X}(\omega)-\mathring{F}_T(i\omega)\Phi_X(\omega)\}d\omega = 0,\quad 0\leqslant\sigma\leqslant T \tag{15.7-6}$$

其中 $\mathring{F}_T(i\omega)=\int_0^{\infty}\mathring{h}_T(t)e^{-i\omega t}dt$ 就是最优有限记忆线性过滤器的频率特性。

我们令

$$G_T(i\omega) = \Phi_{Y_1X}(\omega)-\mathring{F}_T(i\omega)\Phi_X(\omega) \tag{15.7-7}$$

那么方程(15.7-6)可写为

$$\int_{-\infty}^{\infty} e^{i\sigma\omega}G_T(i\omega)d\omega = 0,\quad 0\leqslant\sigma\leqslant T \tag{15.7-8}$$

此条件比第 15.5 节中相应的条件要弱一些。

现构造

$$G_T(i\omega) = G_T^{(1)}(i\omega)+e^{-i\omega T}G_T^{(2)}(\omega) \tag{15.7-9}$$

使其满足式(15.7-8)，即

$$\int_{-\infty}^{\infty} e^{i\sigma\omega}G_T^{(1)}(i\omega)d\omega+\int_{-\infty}^{\infty} e^{-i(T-\sigma)\omega}G_T^{(2)}(i\omega)d\omega = 0,\quad 0\leqslant\sigma\leqslant T \tag{15.7-10}$$

显然，如果 $G_T^{(1)}(i\omega)$ 在上半 ω 平面无极点，而且在上半 ω 平面上当 $|\omega|$ 沿某一射线趋于无穷大时 $G_T^{(1)}(i\omega)$ 趋于零的速度不慢于 $1/\omega$，那么式(15.7-10)中等号左边的第一项就等于 $e^{i\sigma\omega}G_T^{(1)}(i\omega)$，$0\leqslant\sigma\leqslant T$ 沿上半 ω 平面的闭路积分见图15.7-1(a)，由于$e^{i\sigma\omega}G_T^{(1)}(i\omega)$在上半 ω 平面内无极点，所以闭路积分等于零；如果 $G_T^{(2)}(i\omega)$ 在下半 ω 平面无极点，而且在下半 ω 平面当 $|\omega|$ 沿某一射线趋于无穷大时 $G_T^{(2)}(i\omega)$ 趋于零的速度不慢于 $1/\omega$，那么式(15.7-10)中等号左边的第二项就等于 $e^{-i(T-\sigma)\omega}G_T^{(2)}(i\omega)$，$0\leqslant\sigma\leqslant T$沿下半 ω 平面的闭路积分见图 15.7-1(b)，由于$e^{-i(T-\sigma)\omega}G^{(2)}(i\omega)$在下半平面无极点，所以闭路积分也等于零。这时等式(15.7-10)才得以成立。由构造的 $G_T(i\omega)$ 式(15.7-9)可以解出 $\mathring{F}_T(i\omega)$

$$\mathring{F}_T(i\omega) = \frac{\Phi_{Y_1X}(\omega)-G_T(i\omega)}{\Phi_X(\omega)}$$

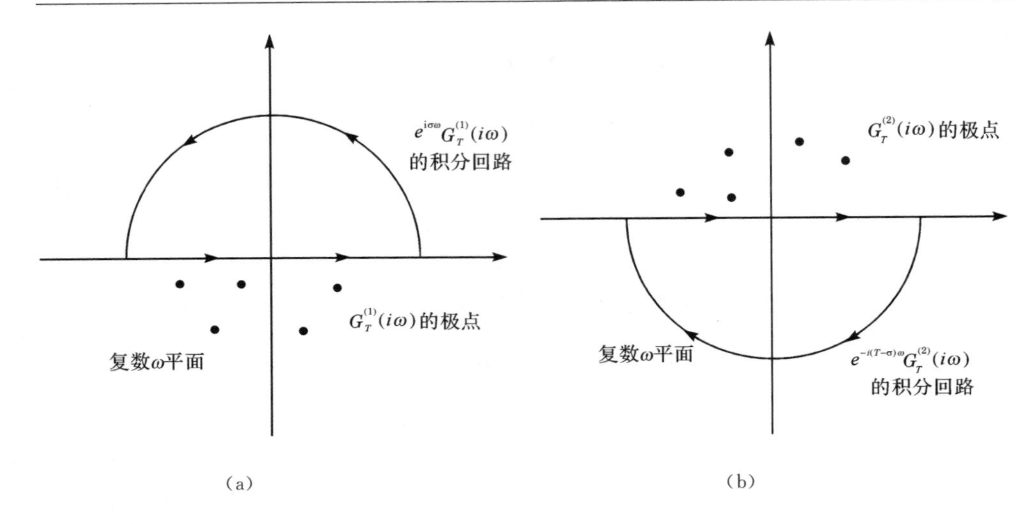

图 15.7-1

可以看出此时 $\mathring{F}_T(i\omega)$也应包括两项

$$\mathring{F}_T(i\omega) = F_T^{(1)}(i\omega) + e^{-i\omega T}F_T^{(2)}(i\omega) \tag{15.7-11}$$

由于最优输出 $\mathring{Y}(t)$的方差应有界，所以

$$\int_{-\infty}^{\infty} |\mathring{F}_T(i\omega)|^2 \Phi_X(\omega) d\omega < \infty$$

在构造的 $G_T(i\omega)$这种假设下，最优的有限记忆线性过滤器的频率特性应满足下面三个条件：

（1）$\mathring{F}_T(i\omega)$在整个 ω 平面上无极点，并且

$$\mathring{F}_T(i\omega) = F_T^{(1)}(i\omega) + e^{-i\omega T}F_T^{(2)}(i\omega)$$

（2）$G_T(i\omega)=\Phi_{Y_1X}(\omega)-\mathring{F}_T(i\omega)\Phi_X(\omega)$可表示为

$$G_T(i\omega) = G_T^{(1)}(i\omega) + e^{-i\omega T}G_T^{(2)}(i\omega)$$

$G_T^{(1)}(i\omega)$和 $G_T^{(2)}(i\omega)$分别在上半和下半 ω 平面上无极点，并在相应的半平面上当$|\omega|$沿某一射线趋于无穷大时，它们趋于零的速度不慢于 $1/\omega$。

（3）

$$\int_{-\infty}^{\infty} |\mathring{F}_T(i\omega)|^2 \Phi_X(\omega) d\omega < \infty$$

以上三个最优条件是寻找 $F_T(i\omega)$的充分条件，并不一定是必要的。但根据这三个条件一般总是可以求出 $\mathring{F}_T(i\omega)$来。现在我们根据上面所讲的最优条件(1)，(2)，(3)来求有限记忆的最优预测过滤器和滞后过滤器。假设输入信号和噪声的各个功率谱密度与第 15.6 节中例 3 和例 4 相同。

例 1. 有限记忆的最优预测过滤器。

根据第15.6节中例3所述,输入的功率谱密度为

$$\Phi_X(\omega)=\frac{n^2(\omega-ib)(\omega+ib)}{(\omega-i)(\omega+i)},\quad b=\sqrt{1+\frac{1}{n^2}}$$

互功率谱密度为

$$\Phi_{Y_1X}(\omega)=F_1(i\omega)\Phi_F(\omega)=\frac{e^{i\omega\alpha}}{(\omega-i)(\omega+i)},\quad \alpha>0$$

根据上面所述,我们先求出 $G_T(i\omega)$ 的表示式

$$\begin{aligned}G_T(i\omega)&=G_T^{(1)}(i\omega)+e^{-i\omega T}G_T^{(2)}(i\omega)\\&=\frac{e^{i\omega\sigma}-[F_T^{(1)}(i\omega)+e^{-i\omega T}F_T^{(2)}(i\omega)]n^2(\omega-ib)(\omega+ib)}{(\omega-i)(\omega+i)}\end{aligned}$$

由于在上半 ω 平面,当 $|\omega|$ 沿某一射线趋于无穷大时 $e^{i\omega\alpha}$,$\alpha>0$ 趋于零,再根据最优条件(2)中 $G_T^{(1)}(i\omega)$ 和 $G_T^{(2)}(i\omega)$ 的渐近特性,所以只需令 $F_T^{(1)}(i\omega)$ 和 $F_T^{(2)}(i\omega)$ 为 ω 的有理函数,而且分母的幂次比分子高一次就可以了,这样

$$G_T^{(1)}(i\omega)=\frac{e^{i\omega\alpha}-F_T^{(1)}(i\omega)n^2(\omega-ib)(\omega+ib)}{(\omega-i)(\omega+i)}$$

$$G_T^{(2)}(i\omega)=-\frac{F_T^{(2)}(i\omega)n^2(\omega-ib)(\omega+ib)}{(\omega-i)(\omega+i)}$$

如果 $F_T^{(1)}(i\omega)$ 的极点不是 $-ib$ 或 ib,那么它一定是 $G_T^{(1)}(i\omega)$ 的极点,如果 $F_T^{(2)}(i\omega)$ 的极点不是 $-ib$ 或 ib,那么它一定是 $G_T^{(2)}(i\omega)$ 的极点;根据最优条件(1),$F_T^{(1)}(i\omega)$ 和 $F_T^{(2)}(i\omega)$ 必须有相同的极点,否则 $F_T(i\omega)$ 就不可能在整个 ω 平面上无极点;再由最优条件(2)$G_T^{(1)}(i\omega)$ 的极点不能在上半 ω 平面,$G_T^{(2)}(i\omega)$ 的极点不能在下半 ω 平面;因此得出结论,$F_T^{(1)}(i\omega)$ 和 $F_T^{(2)}(i\omega)$ 只可能有 $-ib$ 和 ib 作为它的极点,并且

$$F_T^{(1)}(i\omega)=\frac{a_1\omega+a_2}{(\omega-ib)(\omega+ib)}$$

$$F_T^{(2)}(i\omega)=\frac{c_1\omega+c_2}{(\omega-ib)(\omega+ib)}$$

这时

$$G_T^{(1)}(i\omega)=\frac{e^{i\omega\alpha}-(a_1\omega+a_2)n^2}{(\omega-i)(\omega+i)}$$

$$G_T^{(2)}(i\omega)=\frac{-(b_1\omega+b_2)}{(\omega-i)(\omega+i)}$$

根据最优条件(2)中 $G_T^{(1)}(i\omega)$ 和 $G_T^{(2)}(i\omega)$ 极点的分布情况,$G_T^{(1)}(i\omega)$ 的分子在 $\omega=i$ 时应等于零,$G_T^{(2)}(i\omega)$ 的分子在 $\omega=-i$ 时应等于零,所以有方程组

$$\begin{cases}e^{-\alpha}-n^2(a_1i+a_2)=0\\c_2=c_1i\end{cases}$$

最优条件(1)

$$F_T(i\omega)=\frac{(a_1\omega+a_2)+e^{-i\omega T}(c_1\omega+c_2)}{(\omega-ib)(\omega+ib)}$$

在整个 ω 平面上无极点，所以它的分子在 $\omega=ib$ 和 $-ib$ 时应等于零，于是有方程组

$$\begin{cases}a_1 b\, i+a_2+e^{bT}(b\, c_1 i+c_2)=0\\-a_1 b\, i+a_2+e^{-bT}(-b\, c_1 i+c_2)=0\end{cases}$$

由上述四个方程式可以解出 a_1,a_2,c_1 和 c_2 来，

$$a_1=-i\frac{e^{-\alpha}[e^{-bT}(b-1)+e^{bT}(b+1)]}{n^2[e^{-bT}(b-1)^2+e^{bT}(b+1)^2]}$$

$$a_2=b\frac{e^{-\alpha}[e^{-bT}(1-b)+e^{bT}(1+b)]}{n^2[-e^{-bT}(b-1)^2+e^{bT}(b+1)^2]}$$

$$c_1=i\frac{2b\, e^{-\alpha}}{n^2[-e^{-bT}(b-1)^2+e^{bT}(b+1)^2]}$$

$$c_2=c_1 i=-\frac{2b\, e^{-\alpha}}{n^2[-e^{-bT}(b-1)^2+e^{bT}(b+1)^2]}$$

把 a_1,a_2,c_1,c_2 代入 $\mathring{F}_T(i\omega)$ 中就可以得出最优的有限记忆线性过滤器。根据 $\mathring{F}_T(i\omega)$ 又可以求均方误差的最小值

$$\sigma_{\mathring{E}}^2=\sigma_{Y_1}^2-\frac{1}{2}\int_{-\infty}^{\infty}|\mathring{F}_T(i\omega)|^2\Phi_X(\omega)d\omega$$

可以看出当 $T\to\infty$ 时，由于 $b>0$，因此

$$a_1\to -i\frac{e^{-\alpha}}{n^2(1+b)},\quad a_2\to\frac{be^{-\alpha}}{n^2(1+b)},\quad c_1\to 0,\quad c_2\to 0$$

所以

$$\mathring{F}_T(i\omega)\to\frac{a_1\omega+a_2}{(\omega-ib)(\omega+ib)}=\frac{e^{-\alpha}}{n^2(i\omega+b)(1+b)}$$

结果和第 15.6 节例 3 相同。

例 2. 现在来求有限记忆的最优滞后过滤器，也就是例 1 中 $\alpha<0$ 的情况。

这时求得的 $G_T(i\omega)$ 的表示式为

$$\begin{aligned}G_T(i\omega)&=G_T^{(1)}(i\omega)+G_T^{(2)}(i\omega)e^{-i\omega T}\\&=\frac{e^{-i\omega|\alpha|}-[F_T^{(1)}(i\omega)+e^{-i\omega T}F_T^{(2)}(i\omega)]n^2(\omega-ib)(\omega+ib)}{(\omega-i)(\omega+i)}\end{aligned}$$

如果 $\alpha<-T$，令 $\alpha=(-T)+(-\sigma)$，$\sigma>0$，可将上式化为

$$\begin{aligned}G_T^{(1)}(i\omega)+G_T^{(2)}(i\omega)&=\frac{-F_T^{(1)}(i\omega)n^2(\omega-ib)(\omega+ib)}{(\omega-i)(\omega+i)}\\&\quad+e^{-i\omega T}\left[\frac{e^{-i\omega\sigma}-F_T^{(2)}(i\omega)n^2(\omega-ib)(\omega+ib)}{(\omega-i)(\omega+i)}\right]\end{aligned}$$

由于在下半 ω 平面，当 $|\omega|$ 沿某一射线趋于无穷大时，$e^{-i\omega\sigma}$ 趋于零，因此仍可令

$F_T^{(1)}(i\omega)$，$F_T^{(2)}(i\omega)$为 ω 的有理函数，并且

$$G_T^{(1)}(i\omega) = \frac{-F_T^{(1)}(i\omega)n^2(\omega-ib)(\omega+ib)}{(\omega-i)(\omega+i)}$$

$$G_T^{(2)}(i\omega) = \frac{e^{-i\omega\sigma} - F_T^{(2)}(i\omega)n^2(\omega-ib)(\omega+ib)}{(\omega-i)(\omega+i)}$$

我们仍按例 1 中所用的方法求出最优的 $\mathring{F}_T(i\omega)$。显然，本例中求得的 $F_T^{(2)}(i\omega)$是例 1 中求得的 $F_T^{(1)}(i\omega)$的共轭复值，本例中求得的 $F_T^{(1)}(i\omega)$是例 1 中求得的 $F_T^{(2)}(i\omega)$的共轭复值，此外还应用 $\sigma=|\alpha+T|$代替例 1 结果中的 α。于是我们就得到 $\alpha<-T$ 时最优滞后过滤器的频率特性为

$$F_T(i\omega) = e^{-iT\omega}\widetilde{F}_T^*(i\omega)$$

其中 $\widetilde{F}_T(i\omega)$是 $\widetilde{\alpha}=|\alpha+T|$时最优的有限记忆预测过滤器的频率特性，$\widetilde{F}_T^*(i\omega)$是 $\widetilde{F}_T(i\omega)$的共轭复值。

如果 $0>\alpha>-T$，那么情况就有所变化。在 $G_T(i\omega)$表示式中的 $e^{-i\omega|\alpha|}$ 项，当 $|\omega|$沿上半 ω 平面某一射线趋于无穷大时它也趋于无穷大；如果把它归并至 $G_T^{(2)}(i\omega)$中去，再提出一项 $e^{-i\omega T}$后，它就成为 $e^{-i\omega|\alpha|+i\omega T}$，当$|\omega|$沿下半 ω 平面某一射线趋于无穷大时，$e^{i\omega(T-|\alpha|)}$仍趋于无穷大。所以 $F_T^{(1)}(i\omega)$不能是 ω 的有理函数，它应包含可以抵消 $e^{-i\omega|\alpha|}$ 项的某一项。我们令

$$F_T^{(1)}(i\omega) = \frac{e^{-i\omega|\alpha|} + \gamma^{(1)}(\omega)}{n^2(\omega-ib)(\omega+ib)}$$

$$F_T^{(2)}(i\omega) = \frac{\gamma^{(2)}(\omega)}{n^2(\omega-ib)(\omega+ib)}$$

这时

$$G_T(i\omega) = G_T^{(1)}(i\omega) + e^{-i\omega T}G_T^{(2)}(i\omega) = \frac{-\gamma^{(1)}(\omega) + e^{-i\omega T}\gamma^{(2)}(\omega)}{(\omega-i)(\omega+i)}$$

根据最优条件(2)中 $G_T^{(1)}(i\omega)$和 $G_T^{(2)}(i\omega)$的渐近特性，可以令 $\gamma^{(1)}(\omega)\gamma^{(2)}(\omega)$为 ω 的有理函数，而且它们的分子幂次与分母幂次相比应不高于一次，这时

$$G_T^{(1)}(i\omega) = \frac{-\gamma^{(1)}(\omega)}{(\omega-i)(\omega+i)}$$

$$G_T^{(2)}(i\omega) = \frac{-\gamma^{(2)}(\omega)}{(\omega-i)(\omega+i)}$$

根据最优条件(2)，$G_T^{(1)}(i\omega)$在上半 ω 平面无极点，$G_T^{(2)}(i\omega)$在下半 ω 平面无极点；再根据最优条件(1)，$F_T(i\omega)$在整个 ω 平面上无极点，因此 $r^{(1)}(\omega)$和 $\gamma^{(2)}(\omega)$只能有相同的极点；所以 $\gamma^{(1)}(\omega)$和 $\gamma^{(2)}(\omega)$是 ω 的多项式，并且

$$\gamma^{(1)}(\omega) = a(\omega-i)$$

$$\gamma^{(2)}(\omega) = c(\omega+i)$$

于是

$$F_T(i\omega) = \frac{e^{-i\omega|\alpha|} + a(\omega - i) + e^{-i\omega T}c(\omega + i)}{n^2(\omega - ib)(\omega + ib)}$$

由于 $F_T(i\omega)$在整个 ω 平面上无极点,所以它的分子在 $\omega=ib$ 和 $-ib$ 时应等于零,这样得到方程组

$$\begin{cases} ai(b-1) + e^{bT}ci(b+1) + e^{b|\alpha|} = 0 \\ -ai(b+1) + e^{-bT}ci(1-b) + e^{-b|\alpha|} = 0 \end{cases}$$

解方程组,得到

$$a = i\frac{e^{-bT+b|\alpha|}(1-b) - e^{bT-b|\alpha|}(1+b)}{e^{-bT}(1-b)^2 + e^{bT}(1+b)^2}$$

$$c = i\frac{e^{-b|\alpha|}(b-1) + e^{b|\alpha|}(b+1)}{e^{-bT}(1-b)^2 + e^{bT}(1+b)^2}$$

把它代入 $F_T(i\omega)$就可以求出有限记忆最优滞后过滤器的频率特点。当 $T\to\infty$时,由于$b>0$,所以

$$a \to i\frac{e^{-b|\alpha|}}{1+b}, \quad c \to 0$$

所以

$$F_T(i\omega) \to \frac{(1+i\omega)e^{-b|\alpha|}}{n^2(i\omega - b)(i\omega + b)(1+b)} - \frac{e^{-i\omega|\alpha|}}{n^2(i\omega + b)(i\omega - b)}$$

结果和第 15.6 节例 4 相同。

15.8 输入信号数学期望不等于零时的有限记忆最优过滤器

在前面的讨论中,我们曾认为输入信号和噪声都是数学期望等于零的平稳随机过程。但在实际中却常有这种情况,即输入信号的数学期望是个随时间变化的函数,它的相关函数 $r_F(t,t-\sigma)$只和 σ 值有关;或者输入信号纯粹是个确定的时间函数。严格地讲,这种输入信号已经不是平稳随机过程了,但由于它的相关函数的特性,它与平稳随机过程的差别仅是表面上的。我们可以把这种信号看作为一个确定的时间函数与一个数学期望为零的平稳随机过程之和。在某一段有限时间内一个连续的时间函数常可以用有限次幂的 t 的多项式来逼近,因此可以认为在某一段有限时间内这个确定的时间函数就是有限次幂的 t 的多项式。在本节我们将把前几节所用过的方法进行推广来解决现在的这一类问题[36]。

假设过滤器的输入是个均方连续的随机过程,是由信号和噪声叠加而组成的。有用信号有两个分量,一个是数学期望为零的平稳随机过程 $F(t)$,另一个是已知其函数形式的时间函数 $g(t)$,在一段有限时间区间内,$g(t)$可表示为

$$g(t) = \sum_{k=0}^{l} g_k t^k, \quad t \in [a,b] \tag{15.8-1}$$

其中 $g_k, k=0,1,2,\cdots,l$ 为 $l+1$ 个未知常数。噪声 $N(t)$ 是数学期望为零的平稳随机过程，它与 $F(t)$ 平稳相关。因此输入是

$$X(t) = N(t) + F(t) + g(t) \tag{15.8-2}$$

设 t 是区间$[a,b]$内某一个任意的固定时刻。过滤器在 t 时刻的理想输出 $Y_1(t)$ 是$[a,b]$区间内输入有用信号的线性变换

$$Y_1(t) = \int_{t-b}^{t-a} h_1(\sigma)[g(t-\sigma) + F(t-\sigma)]d\sigma \tag{15.8-3}$$

其中 $h_1(\sigma)$是在$[t-b,t-a]$上给定的某个绝对可积函数或是 δ 函数及其高阶导数，并且

$$\int_{t-b}^{t-a}\int_{t-b}^{t-a} h_1(\sigma_1)h_1(\sigma_2)r_F(\sigma_1-\sigma_2)d\sigma_1 d\sigma_2 < \infty$$

过滤器的实际输出 $Y(t)$ 是 t 时刻以前某段有限时间区间内输入的线性变换

$$Y(t) = \int_{t-b}^{t-a} h_T(\sigma)X(t-\sigma)d\sigma = \int_0^T h_T(\sigma)X(t-\sigma)d\sigma \tag{15.8-4}$$

并且$[t-T,t]\subset[a,b]$，$h_T(t)$就是有限记忆线性过滤器的脉冲响应函数，它满足如下条件：

（1）当 $t<0$ 和 $t>T$ 时，$h_T(t)=0$。

（2）$\int_{t-b}^{t-a} |h_T(\sigma)| d\sigma < \infty$ 或是 δ 函数及其高阶导数。

（3）$\int_{t-b}^{t-a}\int_{t-b}^{t-a} h_T(\sigma_1)h_T(\sigma_2)\, r_X(\sigma_1-\sigma_2)d\sigma_1 d\sigma_2 < \infty$。

这样，有限记忆线性过滤器的传递函数 $F_T(s)=\int_0^\infty h_T(t)e^{-st}dt$ 在整个 S 平面上无极点。现在要在满足这些条件的过滤器 $h_T(t)$ 中寻找一个最优的 $\mathring{h}_T(t)$，使其相应的输出 $\mathring{Y}(t)$ 满足“无偏”条件$\overline{Y_1(t)-\mathring{Y}(t)}=0$，和均方误差最小

$$\overline{[Y_1(t)-\mathring{Y}(t)]^2} = \min_{h_T(t)} \overline{[Y_1(t)-Y(t)]^2}$$

根据等式(15.8-3)和(15.8-4)，所有满足“无偏”条件的过滤器 $h_T(t)$ 应满足

$$\int_0^T h_T(\sigma)g(t-\sigma)d\sigma = \int_{t-b}^{t-a} h_1(\sigma)g(t-\sigma)d\sigma \tag{15.8-5}$$

由于 $g(t)$ 是未知系数的 l 次幂多项式，故条件(15.8-5)就等于条件组

$$\int_0^T h_T(\sigma)\sigma^k d\sigma = \int_{t-b}^{t-a} h_1(\sigma)\sigma^k d\sigma, \quad k=0,1,2,\cdots,l \tag{15.8-6}$$

最优的 $\mathring{h}_T(t)$ 必须在满足条件组(15.8-6)的 $h_T(\sigma)$ 中去找。

数学期望等于零的平稳随机过程 $X(t-\sigma)-\overline{X(t-\sigma)}$ 在 $0\leqslant\sigma\leqslant T$ 时的所有值

都是希尔伯特空间 H_1 中的向量。所有满足条件(1),(2),(3)的过滤器 $h_T(t)$ 的输出 $Y(t)-\overline{Y(t)}$ 及其均方极限组成了 H 中的子空间 $H_{X,T}$,它一般是无限维的,而所有同时满足条件(1),(2),(3)和式(15.8-6)中 $l+1$ 个条件的过滤器 $h_T(t)$ 的输出 $Y(t)-\overline{Y(t)}$ 及其均方极限组成了子空间 $H_{X,T}$ 中的一个超平面 Q_X,它的维数比 $H_{X,T}$ 的维数少 $l+1$。$Y_1(t)-\overline{Y_1(t)}$ 是数学期望为零方差有界的随机变量,它也是希尔伯特空间 H 中的一个向量。$Y_1(t)-Y(t)$ 就是希尔伯特空间 H 中向量 $Y_1(t)-\overline{Y_1(t)}$ 与超平面 Q_X 上某一个向量 $Y(t)-\overline{Y(t)}$ 的差向量。最优过滤问题就是要在超平面 Q_X 上寻找向量 $\mathring{Y}(t)-\overline{\mathring{Y}(t)}$,使差向量 $Y_1(t)-\mathring{Y}(t)$ 的范数平方最小。根据希尔伯特空间的几何原理,要使差向量的范数平方最小,那么 $\mathring{Y}(t)-\overline{\mathring{Y}(t)}$ 应是 $Y_1(t)-\overline{Y_1(t)}$ 在超平面 Q_X 上的直交投影,$Y_1(t)-\mathring{Y}(t)$ 是向量 $Y_1(t)-\overline{Y_1(t)}$ 到超平面 Q_X 的垂线。由原点到超平面的任意两个向量之差向量位于超平面上,所以 $Y(t)-\mathring{Y}(t)$ 位于超平面 Q_X 上,它与垂线 $Y_1(t)-\mathring{Y}(t)$ 直交,

$$\langle Y_1(t)-\mathring{Y}(t), Y(t)-\mathring{Y}(t)\rangle = 0 \tag{15.8-7}$$

由式(15.8-5)知,$\overline{Y_1(t)}=\overline{Y(t)}=\overline{\mathring{Y}(t)}$,因此可把式(15.8-7)展成

$$\int_0^T h_T(\sigma)[r_{Y_1X}(\sigma)-r_{\mathring{Y}X}(\sigma)]d\sigma = r_{Y_1\mathring{Y}}(0)-r_{\mathring{Y}}(0) \tag{15.8-8}$$

等式右边是个待定的常数,等式左边的 $r_{Y_1\mathring{X}}(\sigma)-r_{\mathring{Y}X}(\sigma)$ 是与 $\mathring{h}_T(\sigma)$ 有关的量。其中 $h_T(\sigma)$ 是满足条件(1),(2),(3)以及条件式(15.8-6)的任意函数,等式(15.8-6)的右边都是些确定的常数。显然,如果

$$r_{Y_1X}(\sigma)-r_{\mathring{Y}X}(\sigma) = -\sum_{k=0}^{l} c_k\sigma^k, \quad 0\leqslant\sigma\leqslant T \tag{15.8-9}$$

其中 c_k 为待定常数,那么在适当地选取 c_k 值后总可以同时满足式(15.8-8)和(15.8-6)。而且,$\mathring{Y}(t)-\overline{\mathring{Y}(t)}$ 位于超平面 Q_X 上,因此应满足等式

$$\int_0^T \mathring{h}_T(\sigma)\sigma^k d\sigma = \int_{t-b}^{t-a} h_1(\sigma)\sigma^k d\sigma, \quad k=0,1,2,\cdots,l \tag{15.8-10}$$

由此可以证明,同时满足等式(15.8-8)和条件(15.8-6),(15.8-10)的 $r_{Y_1X}(\sigma)-r_{\mathring{Y}X}(\sigma)$ 必然有式(15.8-9)的形式。

由于假定了输入 $X(t)$ 是均方连续的,所以只要在 $0<\sigma<T$ 内满足等式(15.8-9)则在 $0\leqslant\sigma\leqslant T$ 区间内也满足,这时

$$r_{Y_1X}(\sigma)-r_{\mathring{Y}X}(\sigma)+\sum_{k=0}^{l} c_k\sigma^k = 0, \quad 0<\sigma<T \tag{15.8-11}$$

利用相关函数和功率谱密度的关系可得到

$$\frac{1}{2}\int_{-\infty}^{\infty} e^{i\omega\sigma}[\Phi_{Y_1X}(\omega) - \mathring{F}_T(i\omega)\Phi_X(\omega)]d\omega + \sum_{k=0}^{l} c_k\sigma^k = 0, \quad 0<\sigma<T \tag{15.8-12}$$

其中 $\mathring{F}_T(i\omega) = \int_0^T \mathring{h}_T(t)e^{-i\omega t}dt$ 是最优有限记忆过滤器的频率特性。当 $0<\sigma<T$ 时我们可以把 t^k 写成

$$t^k = \int_{-\infty}^{\infty} e^{i\omega t} f_k(\omega)d\omega, \quad k = 0,1,\cdots,l \tag{15.8-13}$$

其中

$$f_k(\omega) = \frac{1}{2\pi}\int_0^T t^k e^{-i\omega t}dt, \quad k = 0,1,\cdots,l \tag{15.8-14}$$

把方程(15.8-13)代入(15.8-12)后就得到

$$\int_{-\infty}^{\infty} e^{i\omega\sigma}[\Phi_{Y_1X}(\omega) - \mathring{F}_T(i\omega)\Phi_X(\omega) + \sum_{k=0}^{l} 2c_k f_k(\omega)]d\omega = 0, \quad 0<\sigma<T \tag{15.8-15}$$

这样就可以用类似于上一节的方法得出最优的 $\mathring{F}_T(i\omega)$ 应满足的条件：

(1) $\mathring{F}_T(i\omega)$ 在整个 ω 平面上无极点，并且

$$\mathring{F}_T(i\omega) = F_T^{(1)}(i\omega) + e^{-i\omega T}F_T^{(2)}(i\omega)$$

(2) $G_T(i\omega) = \Phi_{Y_1X}(\omega) - \mathring{F}_T(i\omega)\Phi_X(i\omega) + \sum_{k=0}^{l} c_k f_k(\omega)$ 可以表示为

$$G_T(i\omega) = G_T^{(1)}(i\omega) + e^{-i\omega T}G_T^{(2)}(i\omega)$$

$G_T^{(1)}(i\omega)$ 和 $G_T^{(2)}(i\omega)$ 分别在上半和下半 ω 平面上无极点，并在相应半平面上当 $|\omega|$ 沿某一射线趋于无穷大时它们都一致趋于零①。

(3) $\int_{-\infty}^{\infty} |\mathring{F}_T(i\omega)|^2\Phi_X(\omega)d\omega < \infty$。

(4) $\int_0^T \mathring{h}_T(t)t^k dt = \int_{t-a}^{t-b} h_1(t)t^k dt$，即 $\left[\frac{d^k}{ds^k}\mathring{F}_T(s)\right]_{s=0} = \left[\frac{d^k}{ds^k}F_1(s)\right]_{s=0}$， $k = 0,1,\cdots,l$

最优过滤器的均方误差为

$$\begin{aligned}\sigma_{\mathring{E}}^2 &= \| Y_1(t) - \mathring{Y}(t) \|^2 \\ &= r_{Y_1}(0) + \frac{1}{2}\int_{-\infty}^{\infty} |\mathring{F}_T(i\omega)|^2\Phi_X(\omega)d\omega \\ &\quad - \int_{-\infty}^{\infty} \mathring{F}_T(-i\omega)\Phi_{Y_1X}(\omega)d\omega\end{aligned} \tag{15.8-16}$$

① 这里没有提出趋于零的速度的要求，因为这里只要求在 $0<\tau<T$ 时 $\int_{-\infty}^{\infty} e^{i\tau\omega}G_T(i\omega)d\omega = 0$。

现在我们来举三个例子说明这种方法的应用。

例 1. 设输入端只有平稳随机有用信号 $F(t)$，它的数学期望是个常数，功率谱密度为 $\Phi_F(\omega)=\dfrac{1}{1+\omega^2}$，噪声 $N(t)\equiv 0$。要求设计最优的有限记忆为 T 的线性预测过滤器。根据上面的最优条件，我们得到下列原始数据

$$\Phi_X(\omega)=\Phi_F(\omega)=\frac{1}{1+\omega^2},\quad F_1(s)=e^{\alpha s},\quad \alpha\geqslant 0$$

$$\Phi_{Y_1X}(\omega)=\frac{e^{i\omega\alpha}}{1+\omega^2},\quad f_0(\omega)=\frac{1}{2\pi i\omega}-e^{-i\omega T}\frac{1}{2\pi i\omega}$$

$$f_1(\omega)=\cdots=f_l(\omega)=0$$

于是我们就得到

$$G_T(i\omega)=G_T^{(1)}(i\omega)+G_T^{(2)}(i\omega)$$
$$=\frac{e^{i\omega\alpha}-[F_T^{(1)}(i\omega)+e^{-i\omega T}F_T^{(2)}(i\omega)]}{(\omega-i)(\omega+i)}+\frac{2c_0}{2\pi i\omega}-\frac{2c_0e^{-i\omega T}}{2\pi i\omega}$$

由于在上半 ω 平面，当 $|\omega|$ 沿某一射线趋于无穷大时 $e^{i\omega\alpha}$ 一致趋于零或为常数，所以可以令

$$G_T^{(1)}(i\omega)=\frac{\omega e^{i\omega\alpha}-\omega F_T^{(1)}(i\omega)}{\omega(\omega-i)(\omega+i)}+\frac{c_0}{i\pi\omega}=\frac{\omega e^{i\omega\alpha}-\omega F_T^{(1)}(i\omega)+\frac{c_0}{i\pi}(\omega-i)(\omega+i)}{\omega(\omega-i)(\omega+i)}$$

$$G_T^{(2)}(i\omega)=\frac{-\omega F_T^{(2)}(i\omega)}{\omega(\omega-i)(\omega+i)}-\frac{c_0}{i\pi\omega}=\frac{-[\omega F_T^{(2)}(i\omega)-\frac{c_0}{i\pi}(\omega-i)(\omega+i)]}{\omega(\omega-i)(\omega+i)}$$

根据最优条件(1)和(2)，$F_T^{(1)}(i\omega)$ 和 $F_T^{(2)}(i\omega)$ 只可能有 $\omega=0$ 的极点，不可能再有其他极点。根据最优条件(3)可得出 $F_T^{(1)}(i\omega)$ 和 $F_T^{(2)}(i\omega)$ 的形式为

$$F_T^{(1)}(i\omega)=\frac{a_1\omega+a_0}{\omega},\quad F_T^{(2)}(i\omega)=\frac{b_1\omega+b_0}{\omega}$$

这时

$$\mathring{F}_T(i\omega)=\frac{a_1\omega+a_0+e^{-i\omega T}(b_1\omega+b_0)}{\omega}$$

$$G_T^{(1)}(i\omega)=\frac{\omega e^{i\omega\alpha}-(a_1\omega+a_0)}{\omega(\omega-i)(\omega+i)}+\frac{c_0}{i\pi\omega}$$

$$G_T^{(2)}(i\omega)=\frac{-(b_1\omega+b_0)}{\omega(\omega-i)(\omega+i)}-\frac{c_0}{i\pi\omega}$$

根据最优条件(1)和(2)，$\mathring{F}_T(i\omega)$ 的分子在 $\omega=0$ 时应等于零，$G_T^{(1)}(i\omega)$ 的分子在 $\omega=i$ 和 $\omega=0$ 时应等于零，$G_T^{(2)}(i\omega)$ 的分子在 $\omega=-i$ 和 0 时应等于零，因此得到

$$
\begin{cases}
a_0 + b_0 = 0 \\
ie^{-\alpha} - a_1 i - a_0 = 0 \\
-a_0 + \dfrac{c_0}{i\pi} = 0 \\
-b_1 i + b_0 = 0 \\
-b_0 - \dfrac{c_0}{i\pi} = 0
\end{cases}
$$

再由最优条件(4)，$[\mathring{F}_T(s)]_{s=0} = [F_1(s)]_{s=0} = 1$，就得到

$$
a_1 + (-iT)b_0 + b_1 = 1
$$

现有五个未知数 a_0, a_1, b_0, b_1 和 c_0，六个线性方程，其中有一个是不独立的，这样可以解出未知数：

$$
b_0 = \frac{1-e^{-\alpha}}{2+T}i, \quad b_1 = \frac{1-e^{-\alpha}}{2+T}
$$

$$
a_0 = -\frac{1-e^{-\alpha}}{2+T}i, \quad a_1 = \frac{1+e^{-\alpha}(1+T)}{2+T} = e^{-\alpha} + \frac{1-e^{-\alpha}}{2+T}
$$

$$
c_0 = -\left(\frac{1-e^{-\alpha}}{2+T}\right)\pi
$$

最后得到最优的有限记忆线性过滤器的传递函数是

$$
\mathring{F}_T(s) = e^{-\alpha} + \frac{1-e^{-\alpha}}{2+T}\left[(1+e^{-sT}) + \frac{1}{s}(1-e^{-sT})\right]
$$

最优脉冲响应函数就是

$$
\mathring{h}_T(t) = \frac{1-e^{-\alpha}}{2+T}[\delta(t) + 1(t) - 1(t-T) + \delta(t-T)] + e^{-\alpha}\delta(t)
$$

其中 $1(t)$ 为单位阶跃函数，$1(t) = \begin{cases} 0, & t \leqslant 0 \\ 1, & t > 0 \end{cases}$

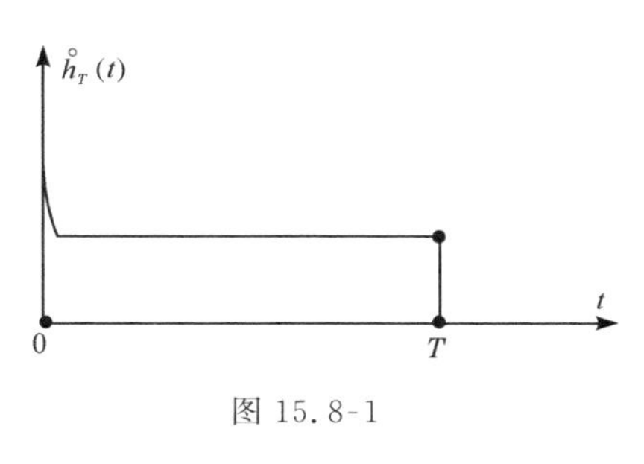

图 15.8-1

$\mathring{h}_T(t)$的图形见图 15.8-1。最优过滤器 $F_T(s)$ 的物理意义很明显，因为不存在噪声，当 $\alpha=0$ 时最优过滤器的输出 $Y(t)$ 就是输入信号 $X(t)$ 在 t 时刻的值，当 $\alpha \neq 0$ 时，最优过滤器的输出 $Y(t)$ 就是输入信号 $X(t)$ 在 t 时刻的值和在闭区间$[t-T, t]$内输入信号 $X(t)$ 的等加权平均值之和。因为输入信号的数学期望是常数所以是等加权的，加权的系数$\frac{1-e^{-\alpha}}{2+T}$是 α 的递增函数，也是有限记忆时间 T 的递降函数，当 $T \gg 2$ 时加权系数几乎与 T 成反比。加权系数的特性是由信号的统计特性决定的。

例 2. 假设输入端的有用信号中没有随机分量，它只是时间 t 的线性函数

$g(t)=g_0+g_1 t$，参数 g_0 和 g_1 是未知常数，噪声是数学期望为零的平稳随机过程，功率谱密度 $\Phi_N=\dfrac{1}{1+\omega^2}$，现要求设计最优的有限记忆为 T 的线性预测过滤器。同样，根据假设，我们得到下列原始数据

$$\Phi_X(\omega)=\Phi_N(\omega)=\frac{1}{1+\omega^2},\quad \Phi_F(\omega)=\Phi_{Y_1X}(\omega)=0$$

$$F_1(s)=e^{\alpha s},\quad \alpha\geqslant 0,\left[\frac{d}{ds}F_1(s)\right]_{s=0}=\alpha,\quad [F_1(s)]_{s=0}=1$$

$$f_0(\omega)=\frac{1-e^{-i\omega T}}{2\pi i\omega},\quad f_1(\omega)=\frac{e^{-i\omega T}-1}{2\pi\omega^2}-\frac{Te^{-i\omega T}}{2\pi i\omega}$$

因此我们就得到

$$\begin{aligned}G_T(i\omega)&=G_T^{(1)}(i\omega)+e^{-i\omega T}G_T^{(2)}(i\omega)\\&=\frac{-[F_T^{(1)}(i\omega)+e^{-i\omega T}F_T^{(2)}(i\omega)]}{(\omega-i)(\omega+i)}+c_0\frac{1-e^{-i\omega T}}{i\pi\omega}+c_1\left[\frac{e^{-i\omega T}-1}{\pi\omega^2}-\frac{Te^{-i\omega T}}{i\pi\omega}\right]\end{aligned}$$

令

$$G_T^{(1)}(i\omega)=-\frac{F_T^{(1)}(i\omega)\omega^2}{\omega^2(\omega-i)(\omega+i)}+\frac{-c_1-c_0i\omega}{\pi\omega^2}$$

$$G_T^{(2)}(i\omega)=-\frac{F_T^{(2)}(i\omega)\omega^2}{\omega^2(\omega-i)(\omega+i)}+\frac{c_1+c_1i\omega T+c_0i\omega}{\pi\omega^2}$$

根据最优条件(1)和(2)中关于 $\mathring{F}_T(i\omega)$ 和 $G_T^{(1)}(i\omega)G_T^{(2)}(i\omega)$ 极点分布的规则，$F_T^{(1)}(i\omega)$ 和 $F_T^{(1)}(i\omega)$ 只可能有相同的二重极点 $\omega=0$，除此以外不可能再有其他极点，再根据最优条件(3)可得出 $F_T^{(1)}(i\omega)$ 和 $F_T^{(2)}(i\omega)$ 的形式为

$$F_T^{(1)}(i\omega)=\frac{a_2\omega^2+a_1\omega+a_0}{\omega^2}$$

$$F_T^{(2)}(i\omega)=\frac{b_2\omega^2+b_1\omega+b_0}{\omega^2}$$

这时

$$\mathring{F}_T(i\omega)=\frac{(a_2\omega^2+a_1\omega+a_0)+e^{-i\omega T}(b_2\omega^2+b_1\omega+b_0)}{\omega^2}$$

$$G_T^{(1)}(i\omega)=\frac{-(a_2\omega^2+a_1\omega+a_0)+\dfrac{1}{\pi}(-c_1-c_0i\omega)(\omega^2+1)}{\omega^2(\omega-i)(\omega+i)}$$

$$G_T^{(2)}(i\omega)=\frac{-(b_2\omega^2+b_1\omega+b_0)+\dfrac{1}{\pi}(c_1+c_1i\omega T+c_0i\omega)(\omega^2+1)}{\omega^2(\omega-i)(\omega+i)}$$

根据最优条件(1)和(2)，$\mathring{F}_T(i\omega)$ 的分子及其导数在 $\omega=0$ 时应等于零，$G_T^{(1)}(i\omega)$ 的分子在 $\omega=i$ 和 $\omega=0$ 以及它的导数在 $\omega=0$ 时应等于零，$G_T^{(2)}(i\omega)$ 的分子在 $\omega=-i$

和 $\omega=0$ 以及它的导数在 $\omega=0$ 时应等于零，因此我们得到

$$\begin{cases} a_0+b_0=0 \\ a_1+(-iT)b_0+b_1=0 \\ -(a_0-a_2+ia_1)=0 \\ -a_0-\dfrac{c_1}{\pi}=0 \\ -a_1-\dfrac{c_0}{\pi}i=0 \\ -(b_0-b_2-ib_1)=0 \\ -b_0+\dfrac{c_1}{\pi}=0 \\ -b_1+\dfrac{ic_1T}{\pi}+\dfrac{ic_0}{\pi}=0 \end{cases}$$

再由最优条件(4)，$\mathring{F}_T(i\omega)\big|_{\omega=0}=F_1(i\omega)\big|_{\omega=0}=1$

$$\frac{\partial}{\partial\omega}\mathring{F}_T(i\omega)\bigg|_{\omega=0}=\frac{\partial}{\partial\omega}F_1(i\omega)\bigg|_{\omega=0}=i\alpha$$

可知

$$\begin{cases} 2a_2-T^2b_0-iTb_1+2b_2=2 \\ -ib_0T^3-T^2b_1-6iTb_2=6i\alpha \end{cases}$$

这样就得到八个未知数 $a_0,a_1,a_2,b_0,b_1,b_2,c_0,c_1$，和十个方程式，其中两个方程式是不独立的，于是解出

$$b_0=\frac{-(T^2+6T+3\alpha T+12\alpha)}{T^4+6T^3+9T^2+12T}\quad a_0=\frac{T^2+6T+3\alpha T+12\alpha}{T^4+6T^3+9T^2+12T}$$

$$b_1=\frac{i(T^3+6T-3\alpha T^2-6\alpha T)}{T^4+6T^3+9T^2+12T}\quad a_1=\frac{-i(2T^3+6T^2+6T+6\alpha T)}{T^4+6T^3+9T^2+12T}$$

$$b_2=\frac{T^3-(T^2+3\alpha T^2+9\alpha T+12T)}{T^4+6T^3+9T^2+12T}\quad a_2=\frac{2T^3+7T^2+12T+9\alpha T+12\alpha}{T^4+6T^3+9T^2+12T}$$

$$c_0=\frac{\pi(2T^3+6T^2+6T+6\alpha T)}{T^4+6T^3+9T^2+12T}\quad c_1=-\frac{\pi(T^2+6T+3\alpha T+12\alpha)}{T^4+6T^3+9T^2+12T}$$

最优过滤器的传递函数就是

$$\mathring{F}_T(s)=a_2+\frac{ia_1}{s}+\frac{-a_0}{s^2}+e^{-sT}\left[b_2+\frac{ib_1}{s}+\frac{-b_0}{s^2}\right]$$

最优脉冲响应函数就是

$$\begin{aligned}\mathring{h}_T(t)&=a_2\delta(t)+(ia_1-a_0t)\cdot 1(t)+[ib_1-b_0(t-T)]\cdot 1(t-T)+b_2\delta(t-T)\\ &=\frac{T^2+6T+3\alpha T+12\alpha}{T^4+6T^3+9T^2+12T}[\delta(t)-\delta(t-T)]+h_T(t)\end{aligned}$$

其中

$$h_T(t)=\begin{cases}\dfrac{(2T^3+6T^2+6T+6\alpha T)-(T^2+6T+3\alpha T+12\alpha)t}{T^4+6T^3+9T^2+12T}, & 0\leqslant t\leqslant T\\ 0, \quad t<0,t>T\end{cases}$$

例 3. 假设平稳随机过程的数学期望是某个常数，功率谱密度仍是$\frac{1}{1+\omega^2}$，那么怎样根据平稳过程在有限时间区间上测得的值来估计此过程的数学期望，并使估计的均方误差最小？我们把它化为类似于例 2 的问题。这时信号是某个未知常数；把平稳过程与它的数学期望的差看作为噪声，功率谱密度 $\Phi_X(\omega)=\Phi_N(\omega)=\frac{1}{1+\omega^2}$，并且预测时间 $\alpha=0$。根据这些条件可以求出

$$a_0=b_0=0,\quad a_1=-b_1=\frac{1}{i(2+T)},\quad a_2=b_2=\frac{1}{2+T}$$

因此，数学期望的估计应是

$$\hat{m}_T=\frac{1}{2+T}\left[X(t)+X(t-T)+\int_0^T X(t-\tau)d\tau\right]$$

这时估计的方差为

$$\sigma^2_{\hat{m}_T}=\frac{2\pi}{2+T}$$

可以看出，当 T 趋于无穷大时估计的均方误差 $\sigma^2_{\hat{m}_T}$ 趋近于零，$\lim\limits_{T\to\infty}[\sigma^2_{\hat{m}_T}T]=2\pi$。如果我们只用

$$\mu_T=\frac{1}{T}\int_0^T X(t-\tau)d\tau$$

来估计数学期望，即把有限区间内测得的值作简单平均，那么这种估计仍是无偏估计，但是估计的均方误差要比最优估计的大

$$\sigma^2_{\mu_T}=\frac{2\pi}{T^2}(e^{-T}-1+T)>\sigma^2_{\hat{m}_T}$$

可以看出当 $T\to\infty$ 时 $\lim\limits_{T\to\infty}\dfrac{\sigma^2_{\hat{m}_T}}{\sigma^2_{\mu_T}}=1$。

假设有一个平稳随机过程，它的功率谱密度是 ω 的有理函数，现在要估计此平稳随机过程的数学期望，那么最优估计的均方误差 $\sigma^2_{\hat{m}_T}$ 仍应满足下列极限关系

$$\lim_{T\to\infty}[\sigma^2_{\hat{m}_T}T]=2\pi\Phi_X(0)$$

$$\lim_{T\to\infty}\frac{\sigma^2_{\hat{m}_T}}{\sigma^2_{\mu T}}=1$$

15.9　最优检测过滤器

在很多控制系统中，常常需要在随机噪声的干扰作用下把信号 $f(t)$ 探测出来。例如，信号检测系统就是要在随机噪声干扰作用下判断噪声中是否夹杂有信号或估计信号中的参数值。在这类控制系统中一般总是附有一个检测过滤器，它的作用就是加强通过过滤器后信号与噪声的强度比，然后使检测过程更加准确。例如，在脉冲制雷达中如果存在回波脉冲而且信号中不夹杂噪声，那么它的形状一般是固定的。当回波脉冲出现时信号达到它的最大强度。如果在信号中夹杂有随机噪声，回波脉冲在 t_0 时刻出现，那么夹杂有噪声的信号在通过过滤器后在 t_0 时刻应给出最小的信号变形，即过滤器输出的信号与噪声的强度比在 t_0 时刻应最大。

假设过滤器的输入是夹杂有噪声的信号

$$X(t)=f(t)+N(t) \tag{15.9-1}$$

信号 $f(t)$ 是某个确定的时间函数，噪声 $N(t)$ 是数学期望为零的平稳随机过程，它的功率谱密度是 $\Phi_N(\omega)$。如果过滤器是线性的，它的输出是夹杂有噪声 $\widetilde{N}(t)$ 的被变换了的信号 $\widetilde{f}(t)$，其中 $\widetilde{f}(t)$ 和 $\widetilde{N}(t)$ 分别是信号 $\widetilde{f}(t)$ 和噪声 $N(t)$ 单独作用于过滤器时的输出。显然，过滤器必须是稳定的，物理可实现的，而且输出的噪声应是方差有界的，即过滤器的脉冲响应函数 $h(t)$ 满足下列条件：

(1)　当 $t<0$ 时，$h(t)=0$。

(2)　$\int_0^\infty |h(t)|dt<\infty$。

(3)　$\int_0^\infty\int_0^\infty h(t_1)h(t_2)r_N(t_1-t_2)dt_1dt_2<\infty$。

最优检测过滤器应使得经过过滤作用后的信号 $\widetilde{f}(t)$ 在 t_0 时刻的值实际上和 $f(t_0)$ 相同，即满足约束条件

$$\widetilde{f}(t_0)=f(t_0)=\text{const} \tag{15.9-2}$$

同时输出的噪声的强度最小

$$\overline{[\widetilde{N}(t)]^2}=\min \tag{15.9-3}$$

因此问题就可以化为在 $f(t)$，t_0 以及 $\Phi_N(\omega)$ 已给定的情况下，确定最优检测过滤器的传递函数 $\mathring{F}(s)$ 或脉冲响应函数 $\mathring{h}(t)$，使得与它相应的 $\mathring{\widetilde{f}}(t)$ 和 $\dot{\widetilde{N}}(t)$ 满足

$$\{\overline{[\mathring{\widetilde{N}}(t_0)]^2}-2\lambda\dot{\widetilde{f}}(t_0)\}=\min_{h(t)}\{\overline{[N(t)]^2}-2\lambda\widetilde{f}(t_0)\} \tag{15.9-4}$$

其中 λ 是拉格朗日乘子，由约束条件式(15.9-2)确定。显然，当条件式(15.9-2)和(15.9-3)满足时

$$\tilde{f}^{2}(t_0)/\overline{[\tilde{N}(t_0)]^2} = \max$$

即在 t_0 时刻信号与噪声的强度比最大。这一类问题可以化成第 15.8 节中已讨论过的问题来解决。下面叙述扎弟(Zadeh)和拉格基尼(Ragazzini)解决此问题的结果[31(2)]。

如果随机噪声 $N(t)$，$-\infty<t<\infty$ 的功率谱密度 $\Phi_N(\omega)$ 能够分解成

$$\Phi_N(\omega) = \Psi(i\omega)\Psi(-i\omega) \tag{15.9-5}$$

其中 $\Psi(i\omega)$ 的零点和极点都在上半 ω 平面上。我们引进成型滤波器 $1/\Psi(s)$，它的输出信号和噪声分别是 $f'(t)$ 和 $N'(t)$(见图 15.9-1)。假设确定的信号 $f(t)$，$-\infty<t<\infty$ 的傅里叶变换是 $S(i\omega)$

$$S(i\omega) = \int_{-\infty}^{\infty} f(t)e^{-i\omega t}dt \tag{15.9-6}$$

那么

$$f'(t) = \frac{1}{2\pi}\int_{-\infty}^{\infty} \frac{S(i\omega)}{\Psi(i\omega)}e^{i\omega t}d\omega \tag{15.9-7}$$

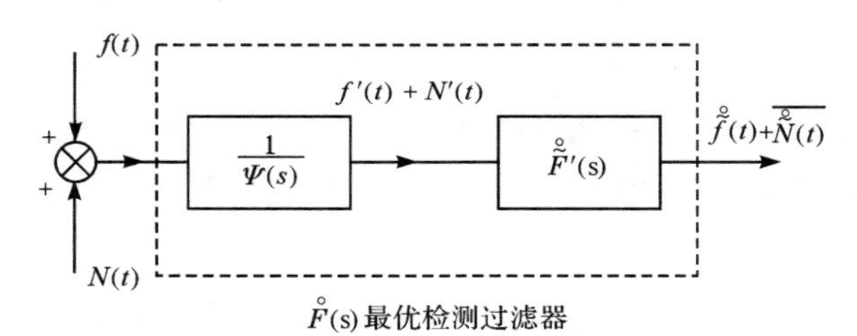

$\mathring{F}(s)$ 最优检测过滤器

图 15.9-1

此时 $N'(t)$ 的功率谱密度 $\Phi_{N'}(\omega)=1$，它的相关函数

$$r_{N'}(\sigma) = \pi\delta(\sigma) \tag{15.9-8}$$

假定输入为 $f'(t)$ 和 $N'(t)$ 时最优检测过滤器的传递函数是 $\mathring{F}'(s)$，脉冲响应函数是 $\mathring{h}'(t)$，那么

$$\mathring{F}(s) = \mathring{F}'(s)\frac{1}{\Psi(s)} \tag{15.9-9}$$

于是最优检测过滤器的输出 $\tilde{\mathring{f}}(t)+\tilde{\mathring{N}}(t)$ 可以写成

$$\tilde{\mathring{f}}(t) = \int_{0}^{\infty} \mathring{h}'(\sigma)f'(t-\sigma)d\sigma \tag{15.9-10}$$

以及

$$\tilde{\mathring{N}}(t)=\int_0^\infty \mathring{h}'(\sigma)N'(t-\sigma)d\sigma \tag{15.9-11}$$

输出噪声的均方值就是

$$\overline{[\tilde{\mathring{N}}(t)]^2}=\int_0^\infty\int_0^\infty \mathring{h}'(\sigma_1)\mathring{h}'(\sigma_2)r_{N'}(\sigma_1-\sigma_2)d\sigma_1 d\sigma_2$$

考虑到 $N'(t)$ 的相关函数的特性可以写出

$$\overline{[\tilde{\mathring{N}}(t)]^2}=\pi\int_0^\infty[\mathring{h}'(\tau)]^2d\tau \tag{15.9-12}$$

利用方程(15.9-10)和(15.9-12)可以把方程(15.9-4)写成

$$\pi\int_0^\infty[\mathring{h}'(t)]^2dt-2\lambda\int_0^\infty \mathring{h}'(t)f'(t_0-t)dt$$
$$=\min_{h'(t)}\left\{\pi\int_0^\infty[h'(t)]^2dt-2\lambda\int_0^\infty h'(t)f'(t_0-t)dt\right\} \tag{15.9-13}$$

方程(15.9-13)对任意确定的函数 $f'(t_0-t)$ 成立的必要和充分条件是

$$\mathring{h}'(t)=\frac{\lambda}{\pi}f'(t_0-t),\quad t\geqslant 0 \tag{15.9-14}$$

自然,实际上可实现的系统当 $t<0$ 时 $\mathring{h}'(t)\equiv 0$。换句话说,对于任何 $t>0$,$\mathring{F}'(s)$ 对 $\delta(t)$ 的最优反应函数恒等于信号 $f'(t)$ 对 $t_0/2$ 的镜像(见图 15.9-2)。对于白色噪声的特殊情况,在早些时候这个结果就已经知道了,首先推导出这个结果的是诺斯(North)[20]。

由方程(15.9-14)和(15.9-7)可得到

$$\mathring{F}'(i\omega)=\int_0^\infty \mathring{h}'(t)e^{-i\omega t}dt=\frac{\lambda}{\pi}\int_0^\infty f'(t_0-t)e^{-i\omega t}dt$$
$$=\frac{\lambda}{2\pi^2}\int_0^\infty e^{-i\omega t}dt\int_{-\infty}^\infty\frac{S(-i\omega)}{\Psi(-i\omega)}e^{i\omega(t-t_0)}d\omega \tag{15.9-15}$$

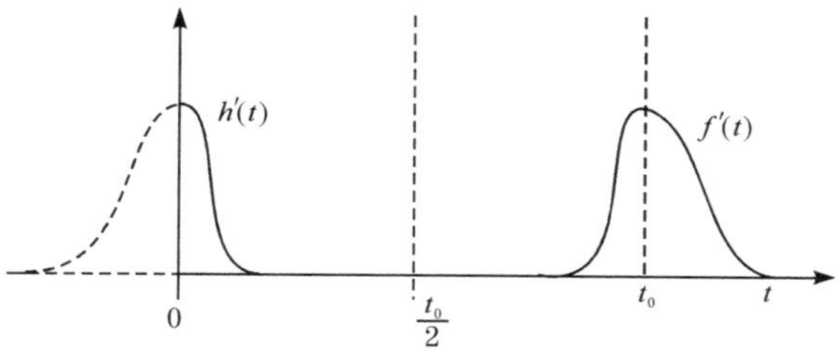

图 15.9-2

此结果与方程(15.5-18)的形式类似,所以

$$\mathring{F}'(s)=\frac{\lambda}{\pi}\left[\frac{e^{-st_0}S(-s)}{\Psi(-s)}\right]_+ \tag{15.9-16}$$

再根据方程(15.9-8)就得到输入为 $f(t)$ 和 $N(t)$ 时最优检测过滤器的传递函数

$$\mathring{F}(s) = \frac{\lambda}{\pi\Psi(s)}\left[\frac{e^{-st_0}S(-s)}{\Psi(-s)}\right]_+ \tag{15.9-17}$$

其中 λ 由约束条件(15.9-2)确定。$[\quad]_+$ 仍然表示只取极点在左半 S 平面的那一部分分量,也就是要使传递函数 $\mathring{F}(s)$ 是稳定的,实际上可实现的。如果要求的最优检测过滤器是有限记忆的,那么根据第 15.8 节中的方法也不难求出最优的 $\mathring{F}_T(s)$。对于白色噪声 $N(t)$ 的有限记忆最优检测过滤器的脉冲响应函数是

$$\mathring{h}_T(t) = \begin{cases}\dfrac{\lambda}{\pi}f(t_0 - t), & t_0 \leqslant t \leqslant T\\ 0, & t < 0, t > T\end{cases} \tag{15.9-18}$$

15.10　非平稳随机过程的最优线性过滤

在有的工程系统中会遇到非平稳的随机过程,它的数学期望可以是零或某种时间函数,重要的是它的相关函数是两个变量的函数。对这种非平稳过程要求进行滤波。本节将介绍对非平稳过程最优过滤的设计方法。最优过滤器将在线性变系数系统中去寻找,最优的准则仍是真实过滤器的输出是无偏的,且它与理想输出之间的均方误差最小。

我们先从类似于第 15.5 节的简单情况开始。假定系统的输入 $X(t)$ 是有用信号 $F(t)$ 和噪声的叠加

$$X(t) = F(t) + N(t) \tag{15.10-1}$$

它们都是数学期望为零方差有界的非平稳随机过程。设过滤器的理想输出 $Y_1(t)$ 是信号 $F(t)$,$-\infty<t<\infty$ 的已知线性变换

$$Y_1(t) = \int_{-\infty}^{\infty} h_1(t,\sigma)F(\sigma)d\sigma \tag{15.10-2}$$

其中 $h_1(t,\tau)$ 对任意 t,$(0\leqslant t<\infty)$ 是在 $-\infty<\sigma<\infty$ 上绝对可积的函数或是 δ 函数及其高阶导数。设输入作用是从 $t=0$ 开始作用于过滤器的,它的输出 $Y(t)$ 为

$$Y(t) = \int_0^t h(t,\sigma)X(\sigma)d\sigma, \quad 0 \leqslant t < \infty \tag{15.10-3}$$

其中 $h(t,\sigma)$ 是过滤器的脉冲响应函数,它满足下列三个条件:

(1) 当 $\sigma<t$ 时,$h(t,\sigma)=0$。

(2) 对任何 $0\leqslant t<\infty$,$\int_0^t |h(t,\sigma)| d\sigma <\infty$。

(3) $\int_0^t\int_0^t h(t,\sigma_1)h(t,\sigma_2)r_X(\sigma_1-\sigma_2)d\sigma_1 d\sigma_2 < \infty$。

这就是说,系统是物理上可以实现的,稳定的且输出是均方有界的。最优过滤问

题就是要在这一类系统中寻找最优的系统 $\mathring{h}(t,\sigma)$，使其相应的输出满足

$$\| Y_1(t) - \mathring{Y}(t) \|^2 = \min_{h(t,\sigma)} \| Y_1(t) - Y(t) \|^2, \quad 0 \leqslant t < \infty \tag{15.10-4}$$

同样，根据希尔伯特空间的几何原理，要满足条件式(15.10-4)，$Y_1(t)-\mathring{Y}(t)$ 必须是 $Y_1(t)$ 到子空间 H_X^t 的垂线，H_X^t 是由所有可能的过滤器 $h(t,\sigma)$ 的输出及其均方极限组成的，因此垂线与子空间 H_X^t 内任一向量直交

$$\langle Y_1(t) - \mathring{Y}(t), X(u) \rangle = 0, \quad 0 \leqslant u \leqslant t \tag{15.10-5}$$

根据数量积的定义我们得到

$$r_{Y_1 X}(t,u) = r_{\mathring{Y}X}(t,u), \quad 0 \leqslant u \leqslant t \tag{15.10-6}$$

再根据线性变系数系统输出输入的互相关函数和系统脉冲响应函数的关系，可以把方程(15.10-6)写为

$$r_{Y_1 X}(t,u) = \int_{-\infty}^{t} h_1(t,\sigma) r_{FX}(\sigma,u) du = \int_0^t \mathring{h}(t,\sigma) r_X(\sigma,u) du, \quad 0 \leqslant u \leqslant t \tag{15.10-7}$$

由于输入的各种统计特性（相关函数）和 $h_1(t,\sigma)$ 已给定，故方程(15.10-7)的左边已给定，右边积分号内 $r_X(\sigma,u)$ 也给定，因此求解 $\mathring{h}(t,\sigma)$ 即意味着求解伏尔得拉型积分方程(15.10-7)。这类方程要得到解析解，在一般情况下是比较困难的，只能用逐次逼近法或数值求解法。输入通过最优过滤器后最小的均方误差为 $\| Y_1(t)-\mathring{Y}(t) \|^2$，把它展开后得到

$$\sigma_{\mathring{E}}^2(t) = \| Y_1(t) - \mathring{Y}(t) \|^2 = r_{Y_1}(t,t) - 2 r_{Y_1 \mathring{Y}}(t,t) + r_{\mathring{Y}}(t,t)$$

因为

$$r_{Y_1 \mathring{Y}}(t,t) = \int_0^t r_{Y_1 X}(t,\sigma) \mathring{h}(t,\sigma) d\sigma$$

$$r_{\mathring{Y}}(t,t) = \int_0^t r_{\mathring{Y}X}(t,\sigma) \mathring{h}(t,\sigma) d\sigma$$

根据等式(15.10-6)就可以得到 $r_{Y_1 \mathring{Y}}(t,t) = r_{\mathring{Y}}(t,t)$，所以最后得到

$$\begin{aligned} \sigma_{\mathring{E}}^2 &= r_{Y_1}(t,t) - r_{\mathring{Y}}(t,t) \\ &= \overline{[Y_1(t)]^2} - \int_0^t \int_0^t \mathring{h}(t,\sigma_1) \mathring{h}(t,\sigma_2) r_X(\sigma_1,\sigma_2) d\sigma_1 d\sigma_2 \end{aligned} \tag{15.10-8}$$

假定系统的输入 $X(t)$ 包含三个部分，除了数学期望为零方差有界的非平稳随机有用信号 $F(t)$ 和噪声 $N(t)$ 外还有用非随机的时间函数 $g(t)$ 表示的有用信号，$g(t)$ 在有限时间区间 $[0,b]$ 内可以用 t 的有限次幂多项式表示

$$g(t) = \sum_{k=0}^{l} g_k t^k, \quad 0 \leqslant t \leqslant b \tag{15.10-9}$$

其中 $g_k, k=0,1,\cdots,l$ 为未知常数。过滤器的理想输出 $Y_1(t)$ 是有用信号的已知线性变换

$$Y_1(t)=\int_0^b h_1(t,\sigma)[g(\sigma)+F(\sigma)]d\sigma,\quad 0\leqslant t\leqslant b \tag{15.10-10}$$

其中 $h_1(t,\sigma)$ 对任何 $0\leqslant t\leqslant b$ 来说是在 $[0,b]$ 上给定的某个绝对可积函数或是 δ 函数及其高阶导数，并且

$$\int_0^b\int_0^b h_1(t,\sigma_1)h_1(t,\sigma_2)r_F(\sigma_1,\sigma_2)d\sigma_1 d\sigma_2<\infty$$

设输入作用 $X(t)$ 是从 $t=0$ 的时刻开始作用于过滤器的，它的输出 $Y(t)$ 为

$$Y(t)=\int_0^b h_T(t,\sigma)X(\sigma)d\sigma,\quad 0\leqslant t\leqslant b \tag{15.10-11}$$

其中 $h_T(t,\sigma)$ 是过滤器的脉冲响应函数，它满足下列三个条件：

(1) 当 $\sigma>t$ 或 $\sigma<t-T$ 时，$h_T(t,\sigma)=0$。

(2) 对任何 $0\leqslant t\leqslant b$，$\int_0^t|h_T(t,\sigma)|d\sigma<\infty$。

(3) $\int_0^t\int_0^t h_T(t,\sigma_1)h_T(t,\sigma_2)r_X(\sigma_1,\sigma_2)d\sigma_1 d\sigma_2<\infty$。

最优过滤问题就是要在这一类系统中寻找最优的 $\mathring{h}_T(t,\sigma)$，使得其相应的输出 $\mathring{Y}(t)$ 对任何 t，$T\leqslant t\leqslant b$，满足无偏条件

$$\overline{Y_1(t)-\mathring{Y}(t)}=0$$

和均方误差最小

$$\overline{[Y_1(t)-\mathring{Y}(t)]^2}=\min_{h_T(t,\sigma)}\overline{[Y_1(t)-Y(t)]^2}$$

根据等式(15.10-10)和(15.10-11)所有满足无偏条件的过滤器 $h_T(t,\sigma)$ 对任意固定的 $T\leqslant t\leqslant b$ 必须满足

$$\int_{t-T}^t h_T(t,\sigma)g(\sigma)d\sigma=\int_0^b h_1(t,\sigma)g(\sigma)d\sigma \tag{15.10-12}$$

由于 g_k 是未知常数，故条件式(15.10-12)就等于条件组

$$\int_{t-T}^t h_T(t,\sigma)\sigma^k d\sigma=\int_0^b h_1(t,\sigma)\sigma^k d\sigma,\quad k=0,1,\cdots,l \tag{15.10-13}$$

最优的 $\mathring{h}_T(t,\sigma)$ 必须在满足式(15.10-13)的 $h_T(t,\sigma)$ 中去找。

同样，所有满足于条件(1)，(2)，(3)和条件组式(15.10-13)的过滤器 $h_T(t,\sigma)$ 的输出 $Y(t)-\overline{Y(t)}$，$T\leqslant t\leqslant b$，在随机变量的希尔伯特空间内组成了一个超平面 Q_X，最优的输出 $\mathring{Y}(t)$ 使得向量 $(Y_1(t)-\mathring{Y}(t))$ 是向量 $(Y_1(t)-\overline{Y_1(t)})$ 到超平面 Q_X 的垂线，它与任何位于超平面上的线段直交

$$\langle Y_1(t)-\mathring{Y}(t),Y(t)-\mathring{Y}(t)\rangle=0 \tag{15.10-14}$$

根据数量积的定义，把式(15.10-14)展开后得到

$$\int_{t-T}^{t} h_T(t,\sigma)[r_{Y_1X}(t,\sigma)-r_{\mathring{Y}X}(t,\sigma)]d\sigma = r_{Y_1\mathring{Y}}(t,t)-r_{\mathring{Y}}(t,t) \qquad (15.10\text{-}15)$$

其中 $h_T(t,\sigma)$ 是满足条件(1),(2),(3)和式(15.10-13)的任意函数。等式(15.10-15)的右边是待定常数，左边的$[r_{Y_1X}(t,\sigma)-r_{\mathring{Y}X}(t,\sigma)]$与$\mathring{h}_T(t,\sigma)$有关。$\mathring{h}_T(t,\sigma)$也必须满足条件(1),(2),(3)和式(15.10-13)，而条件组式(15.10-13)的右边都是些确定的常数，所以得出

$$r_{Y_1X}(t,\sigma)-r_{\mathring{Y}X}(t,\sigma)=\sum_{k=0}^{l}c_k(t)\sigma^k, \quad t-T\leqslant\sigma\leqslant t \qquad (15.10\text{-}16)$$

其中 $c_k(t)$是待定的 t 的函数。再利用输出输入互相关函数与脉冲响应函数的关系就可以得到

$$\begin{aligned}&\int_{t-T}^{t}\mathring{h}_T(t,\sigma)r_X(\sigma,u)d\sigma\\ &=\int_0^b h_1(t,\sigma)r_{FX}(\sigma,u)d\sigma+\sum_{k=0}^{l}c_k(t)u^k, \quad t-T\leqslant u\leqslant t \qquad (15.10\text{-}17)\end{aligned}$$

解联立积分方程(15.10-17)和(15.10-13)就可以求出最优脉冲响应函数$\mathring{h}_T(t,\tau)$来。正如前面所说，要得出$\mathring{h}_T(t,\tau)$的解析表达式在一般情况下是不太可能的，只能求出它的近似解或数值解。

同样，由最优过滤器$\mathring{h}_T(t,\tau)$所产生的最小均方偏差为

$$\sigma_{\mathring{E}}^2=r_{Y_1}(t,t)-2r_{Y_1\mathring{Y}}(t,t)+r_{\mathring{Y}}(t,t)$$

由于满足方程(15.10-16)，可以得出

$$\begin{aligned}r_{Y_1\mathring{Y}}(t,t)&=r_{\mathring{Y}}(t,t)+\sum_{k=0}^{l}c_k(t)\int_{t-T}^{t}\mathring{h}_T(t,\sigma)\sigma^k d\sigma\\ &=r_{\mathring{Y}}(t,t)+\sum_{k=0}^{l}c_k(t)\int_0^b h_1(t,\sigma)\sigma^k d\sigma \qquad (15.10\text{-}18)\end{aligned}$$

于是，最后得到

$$\begin{aligned}\sigma_{\mathring{E}}^2&=r_{Y_1}(t,t)-r_{\mathring{Y}}(t,t)-2\sum_{k=0}^{l}c_k(t)\int_{-\infty}^{t}h_1(t,\sigma)\sigma^k d\sigma\\ &=r_{Y_1}(t,t)-\int_{t-T}^{t}\int_{t-T}^{t}\mathring{h}_T(t,\sigma_1)\mathring{h}_T(t,\sigma_2)r_X(\sigma_1,\sigma_2)d\sigma_1 d\sigma_2\\ &\quad -2\sum_{k=0}^{l}c_k(t)\int_0^b h_1(t,\sigma)\sigma^k d\sigma \qquad (15.10\text{-}19)\end{aligned}$$

现在我们来介绍一种最优过滤器的脉冲响应函数 $\mathring{h}_T(t,\sigma)$的近似计算方法[33]，利用这种方法可以很快地求出足够准确的 $\mathring{h}_T(t,\sigma)$来，而且这种 $\mathring{h}_T(t,\sigma)$是物理上可

以实现的。因为平稳随机过程是非平稳随机过程的一种特例,所以这种方法在求解平稳随机过程的最优过滤问题中也可以应用。

假定任意一个过滤器的脉冲响应函数是 $h_T(t,\sigma)$,由于它应是无偏的,所以它所造成的均方误差是

$$\begin{aligned}\sigma_E^2(t) &= \| Y_1(t) - Y(t) \|^2 = r_{Y_1}(t,t) - 2r_{Y_1\mathring{Y}}(t,t) + r_{\mathring{Y}}(t,t)\\ &= r_{Y_1}(t,t) - 2\int_{t-T}^{t} h_T(t,\sigma_2)\int_0^b h_1(t,\sigma_1) r_{FX}(\sigma_1,\sigma_2)d\sigma_1 d\sigma_2\\ &\quad + \int_{t-T}^{t}\int_{t-T}^{t} h_T(t,\sigma_1)h_T(t,\sigma_2)r_X(\sigma_1,\sigma_2)d\sigma_1 d\sigma_2, \quad T\leqslant t\leqslant b \quad (15.10\text{-}20)\end{aligned}$$

寻找最优的 $\mathring{h}_T(t,\sigma)$ 就是在满足条件组式(15.10-13)时,使 $\sigma_E^2(t)$ 取条件极小值。利用拉格朗日乘子法将条件极值问题化为绝对极值问题,为此我们作一个 $h_T(t,\sigma)$ 的二次泛函

$$\begin{aligned}J(h_T) &= \int_{t-T}^{t}\int_{t-T}^{t} h_T(t,\sigma_1)h_T(t,\sigma_2)r_X(\sigma_1,\sigma_2)d\sigma_1 d\sigma_2\\ &\quad - 2\int_{t-T}^{t} h_T(t,\sigma_2)\int_0^t h_1(t,\sigma_1)r_{FX}(\sigma_1,\sigma_2)d\sigma_1 d\sigma_2\\ &\quad - 2\sum_{k=0}^{l}\lambda_k\int_{t-T}^{t} h_T(t,\sigma)\sigma^k d\sigma, \quad T\leqslant t\leqslant b \quad (15.10\text{-}21)\end{aligned}$$

式中 λ_k 是拉格朗日乘子。寻找使 σ_E^2 取条件极小值的 $\mathring{h}_T(t,\sigma)$ 就是寻找使泛函 $J(h_T)$ 取极小值的 $\mathring{h}_T(t,\sigma)$,其中 λ_k 由条件组式(15.10-13)确定。等式(15.10-21)可以写为

$$\begin{aligned}J(h_T) &= \int_{t-T}^{t}\int_{t-T}^{t} h_T(t,\sigma_1)h_T(t,\sigma_2)r_X(\sigma_1,\sigma_2)d\sigma_1 d\sigma_2\\ &\quad - 2\int_{t-T}^{t} h_T(t,\sigma_2)\varphi(t,\sigma_2)d\sigma_2, \quad T\leqslant t\leqslant b \quad (15.10\text{-}22)\end{aligned}$$

其中

$$\varphi(t,\sigma_2) = \int_0^t h_1(t,\sigma_1)r_{FX}(\sigma_1,\sigma_2)d\sigma_1 - \sum_{k=0}^{l}\lambda_k\sigma_2^k \quad (15.10\text{-}23)$$

$\varphi(t,\sigma_2)$ 一般是在 $[t-T,t]$ 区间内对 σ_2 的平方可积函数。因为 $\mathring{h}_T(t,\sigma_1)$ 在一般的情况下可能包括 δ 函数及其高阶导数,所以我们要在广义函数类中来讨论二次泛函的极值问题。

在区间 $[t-T,t]$ 上定义的广义函数的线性空间内我们引入两个向量的内积为

$$\langle \boldsymbol{x},\boldsymbol{y}\rangle_A = \int_{t-T}^{t}\int_{t-T}^{t} x(\sigma_1)y(\sigma_2)r_X(\sigma_1,\sigma_2)d\sigma_1 d\sigma_2 \quad (15.10\text{-}24)$$

向量的范数平方为

$$\|\boldsymbol{x}\|_A^2 = \langle \boldsymbol{x},\boldsymbol{x}\rangle_A = \int_{t-T}^{t}\int_{t-T}^{t} x(\sigma_1)x(\sigma_2)r_X(\sigma_1,\sigma_2)d\sigma_1 d\sigma_2 \quad (15.10\text{-}25)$$

由于相关函数 $r_X(\sigma_1,\sigma_2)$的对称性和正定性，这样定义的内积满足希尔伯特空间内积公理。在这个函数线性空间内加上所有这个空间的函数序列的极限点就组成了一个希尔伯特空间，我们记为 H_A。显然 H_A 是包括了一切对 $r_X(\sigma_1,\sigma_2)$平方可积函数组成的希尔伯特空间。一切在$[t-T,t]$上平方可积的函数组成希尔伯特空间 H，在 H 空间内两个向量的内积和范数平方分别为

$$\langle \boldsymbol{x},\boldsymbol{y}\rangle = \int_{t-T}^{t} x(\sigma)y(\sigma)d\sigma \quad (15.10\text{-}26)$$

$$\|\boldsymbol{x}\|^2 = \langle \boldsymbol{x},\boldsymbol{x}\rangle = \int_{t-T}^{t} x^2(\sigma)d\sigma \quad (15.10\text{-}27)$$

显然所有属于空间 H 的向量一定也是 H_A 空间中的向量，反之则不然。等式(15.10-22)右边的后面一项是 $h_T(t,\sigma_2)\in H_A$ 的线性泛函，它是有界的，否则求 $J(h_T)$的极小值就没有意义了。根据泛函分析中的黎茨定理，总可以在 H_A 中找到唯一的向量 $\boldsymbol{\varphi}^*$ 使得

$$\begin{aligned}\int_{t-T}^{t} h_T(t,\sigma_2)\varphi(t,\sigma_2)d\sigma_2 &= \langle \boldsymbol{h}_T,\boldsymbol{\varphi}^*\rangle_A \\ &= \int_{t-T}^{t}\int_{t-T}^{t} h_T(t,\sigma_2)\varphi^*(t,\sigma_1)r_X(\sigma_1,\sigma_2)d\sigma_1 \\ T\leqslant t\leqslant b,&\quad \boldsymbol{h}_T\in H_A\end{aligned} \quad (15.10\text{-}28)$$

这样二次泛函 $J(\boldsymbol{h}_T)$就可以写为

$$\begin{aligned}J(\boldsymbol{h}_T) &= \langle \boldsymbol{h}_T,\boldsymbol{h}_T\rangle_A - 2\langle \boldsymbol{h}_T,\boldsymbol{\varphi}^*\rangle_A \\ &= \langle \boldsymbol{h}_T-\boldsymbol{\varphi}^*,\boldsymbol{h}_T-\boldsymbol{\varphi}^*\rangle_A - \langle \boldsymbol{\varphi}^*,\boldsymbol{\varphi}^*\rangle_A\end{aligned} \quad (15.10\text{-}29)$$

由此得到当 $\boldsymbol{h}_T=\boldsymbol{\varphi}^*$ 时，$J(\boldsymbol{h}_T)$最小

$$\min_{\boldsymbol{h}_T\in H_A} J(\boldsymbol{h}_T) = -\langle \boldsymbol{\varphi}^*,\boldsymbol{\varphi}^*\rangle_A = -\|\boldsymbol{\varphi}^*\|_A^2 \quad (15.10\text{-}30)$$

要求得准确的 $\boldsymbol{\varphi}^*\in H_A$ 是比较困难的。现在我们用在$[t-T,t]$内平方可积的函数来逐次逼近 $\boldsymbol{\varphi}^*$。式(15.10-22)也可表示为在 H 空间内的二次泛函 $J(\boldsymbol{h}_T)$，$\boldsymbol{h}_T\in H$

$$J(\boldsymbol{h}_T) = \langle \boldsymbol{h}_T,A\boldsymbol{h}_T\rangle - 2\langle \boldsymbol{h}_T,\boldsymbol{\varphi}\rangle,\quad \boldsymbol{h}_T,\boldsymbol{\varphi}\in H \quad (15.10\text{-}31)$$

其中 A 是线性算子

$$A\boldsymbol{h}_T = \int_{t-T}^{t} h_T(t,\sigma_1)r_X(\sigma_1,\sigma_1)d\sigma_2 \quad (15.10\text{-}32)$$

由于相关函数 $r_X(\sigma_1,\sigma_2)$具有对称性和正定性，所以 A 是对称算子

$$\langle A\boldsymbol{x},\boldsymbol{x}\rangle = \langle \boldsymbol{x},A\boldsymbol{x}\rangle$$

在开始时可取任意的 $\boldsymbol{h}_{T_0}\in H$ 作为 $\boldsymbol{\varphi}^*$ 的零次近似。我们可以求出二次泛函$J(\boldsymbol{h}_T)$在 $\boldsymbol{h}_{T_0}$ 点的梯度向量 $\boldsymbol{z}_1$，它应使 $d[J(\boldsymbol{h}_{T_0}+\varepsilon\boldsymbol{z})]/d\varepsilon|_{\varepsilon=0}$ 达到最大值，其中 $\boldsymbol{z}\in H$。

根据方程(15.10-31)我们得到(参看第 2.8 节)

$$J(\boldsymbol{h}_{T_0}+\varepsilon\boldsymbol{z}) = J(\boldsymbol{h}_{T_0}) + 2\varepsilon\langle A\boldsymbol{h}_{T_0}-\boldsymbol{\varphi},\boldsymbol{z}\rangle + \varepsilon^2\langle A\boldsymbol{z},\boldsymbol{z}\rangle$$

$$\frac{d}{d\varepsilon}[J(\boldsymbol{h}_{T_0}+\varepsilon\boldsymbol{z})]\big|_{\varepsilon=0} = 2\langle A\boldsymbol{h}_{T_0}-\boldsymbol{\varphi},\boldsymbol{z}\rangle$$

显然梯度向量

$$\boldsymbol{z}_1 = A\boldsymbol{h}_{T_0}-\boldsymbol{\varphi} \tag{15.10-33}$$

当 $\boldsymbol{h}_T$ 点从 $\boldsymbol{h}_{T_0}$ 点沿梯度向量 $\boldsymbol{z}_1$ 变化时,在 $\boldsymbol{h}_{T_1}=\boldsymbol{h}_{T_0}+\varepsilon_1\boldsymbol{z}_1$ 点二次泛函 $J(\boldsymbol{h}_T)$将取极小值,由于

$$\frac{d}{d\varepsilon_1}[J(\boldsymbol{h}_{T_0}+\varepsilon_1\boldsymbol{z}_1)] = 2\langle A\boldsymbol{h}_{T_0}-\boldsymbol{\varphi},\boldsymbol{z}_1\rangle + 2\varepsilon_1\langle A\boldsymbol{z}_1,\boldsymbol{z}_1\rangle$$

所以

$$\varepsilon_1 = -\frac{\langle\boldsymbol{z}_1,A\boldsymbol{h}_{T_0}-\boldsymbol{\varphi}\rangle}{\langle\boldsymbol{z}_1,A\boldsymbol{z}_1\rangle} = -\frac{\langle\boldsymbol{z}_1,\boldsymbol{z}_1\rangle}{\langle\boldsymbol{z}_1,A\boldsymbol{z}_1\rangle} \tag{15.10-34}$$

因此以 $\boldsymbol{h}_{T_1}=\boldsymbol{h}_{T_0}+\varepsilon_1\boldsymbol{z}_1$ 为一次近似时 $J(\boldsymbol{h}_{T_1})$比 $J(\boldsymbol{h}_{T_0})$有最大的减少。依次类推,$\boldsymbol{\varphi}^*$ 的 n 次近似为

$$\begin{aligned}\boldsymbol{h}_{T_n} &= \boldsymbol{h}_{T_{n-1}}+\varepsilon_n\boldsymbol{z}_n\\ \boldsymbol{z}_n &= A\boldsymbol{h}_{T_{n-1}}-\boldsymbol{\varphi}\\ \varepsilon_n &= -\langle\boldsymbol{z}_n,\boldsymbol{z}_n\rangle/\langle\boldsymbol{z}_n,A\boldsymbol{z}_n\rangle\end{aligned} \tag{15.10-35}$$

把式(15.10-35)代入方程(15.10-31)可以得到

$$J(\boldsymbol{h}_{T_{n-1}}) - J(\boldsymbol{h}_{T_n}) = \frac{\langle\boldsymbol{z}_n,\boldsymbol{z}_n\rangle^2}{\langle\boldsymbol{z}_n,A\boldsymbol{z}_n\rangle} \tag{15.10-36}$$

由此可见$\{J(\boldsymbol{h}_{T_n})\}$是单调递降序列,它有下界$-\|\boldsymbol{\varphi}^*\|_A$,所以序列$\{J(\boldsymbol{h}_{T_n})\}$是收敛的

$$J(\boldsymbol{h}_{T_{n-1}}) - J(\boldsymbol{h}_{T_n}) \to 0,\quad n\to\infty$$

并且可以证明$\{\boldsymbol{h}_{T_n}\}$在空间 H_A 中收敛于 $\boldsymbol{\varphi}^*$。如果 $\boldsymbol{\varphi}^*\in H_A$ 但 $\boldsymbol{\varphi}^*\overline{\in} H$ 时,序列$\{\boldsymbol{h}_{T_n}\}$在空间 H 中是发散的。

类似地,我们可以按

$$\begin{aligned}\boldsymbol{h}_{T_n} &= \boldsymbol{h}_{T_{n-1}}-\alpha\boldsymbol{z}_n,\quad \alpha\text{ 为某个正数}\\ \boldsymbol{z}_n &= A\boldsymbol{h}_{T_{n-1}}-\boldsymbol{\varphi}\end{aligned} \tag{15.10-37}$$

来求逐次渐近于 $\boldsymbol{\varphi}^*$ 的函数序列。可以证明,当 $0\leqslant\alpha\leqslant\dfrac{2}{\sup\limits_t r_X(t,t)}$时逐次渐近的函数序列一定收敛于 $\varphi^*(t,\tau)=\mathring{h}_T(t,\tau)$,但是它的渐近速度要比按最速下降法式(15.10-35)求出的序列慢,在一般情况下两种序列的收敛情况相差不大。有时用最速下降法式(15.10-35)比较麻烦,所以也常常应用式(15.10-37)。

例如,过滤器的输入 $X(t)=g(t)+N(t)$。信号 $g(t)=g_0+g_1t$,其中 g_0,g_1 为

未知常数。噪声 $N(t)$ 的数学期望为零,相关函数 $r_N(t_1,t_2)=e^{-20|t_1-t_2|}$,过滤器的理想输出 $Y_1(t)=g(t)$,现在要寻找最优的有限记忆 $T=1$ 的线性过滤器。我们用式(15.10-37)来求逐次渐近序列。令 $h_{T_0}(t,\tau)=1,\alpha=1/2$,那么求得 $\boldsymbol{\varphi}^*$ 的二次近似就是

$$h_{T_2}(t,\sigma) = 4.029 - 6.088(t-\sigma) + 0.1322e^{-20(t-\sigma)} - 0.0454e^{20(t-\sigma-1)} - 0.0125(t-\sigma)e^{-20(t-\sigma)} + 0.0125(t-\sigma)e^{20(t-\sigma-1)}, \quad t-1 \leqslant \sigma \leqslant t$$

这个近似已经比较好,它所引起的均方误差只有 0.375,而最小的均方误差为 0.316。

15.11 随机过程的卡尔曼滤波方法

在第 15.5 节中已经指出,平稳随机过程的最优线性过滤器是个线性常系数系统,它的脉冲响应函数 $\mathring{h}(t)$ 应满足维纳-何甫方程

$$r_{Y_1X}(t) = \int_0^{\infty} \mathring{h}(\sigma) r_X(t-\sigma)d\sigma \qquad (15.5\text{-}7)$$

我们不直接由这个积分方程求解 $\mathring{h}(t)$,而是通过功率谱密度来求最优线性过滤器的传递函数 $F(s)$。对于非平稳随机过程,在上节也已指出最优线性过滤器的脉冲响应函数 $\mathring{h}(t,\sigma)$ 应满足维纳-何甫方程

$$r_{Y_1X}(t,u) = \int_0^{t} \mathring{h}(t,\sigma) r_X(\sigma,u)d\sigma \qquad (15.10\text{-}7)$$

它也需满足前几节所述的限制条件。$\mathring{h}(t,\sigma)$ 是个线性变系数系统,无法用谱分解和传递函数的方法,而直接解积分方程(15.10-7)又比较困难,即使用最速下降法或梯度法来近似计算也很不方便。卡尔曼(Kalman)提出了一种递推式滤波器[17,18],他不是从维纳-何甫方程出发,而是直接从信号模型出发,用递推的办法或求解微分方程的方法来求最优线性滤波器的结构和其中的参数——最优增益,最后得到一种动态跟踪系统。这种滤波方法的主要特点是适合用数字计算机进行运算,这对实时数据处理有很大的优点。随着数字计算机的普及,这种滤波方法得到了广泛的应用。下面为了说明卡尔曼滤波方法与维纳-何甫方程内在联系,我们将从维纳-何甫方程出发来求出卡尔曼滤波器的结构和最优参数的表达式。

假定 $F(t)$ 是待检测的有用信号,$N(t)$ 是混入的噪声,送到滤波器作为输入的是观测值 $X(t)$,它满足下列观测方程

$$X(t) = c(t)F(t) + N(t) \qquad (15.11\text{-}1)$$

式中 $c(t)$ 是某一已知变参数;待检测信号是下列微分方程(信号模型)的解

$$\frac{d}{dt}F(t) = a(t)F(t) + b(t)W(t) \tag{15.11-2}$$

式中 $a(t)$,$b(t)$都是已知变参数;$W(t)$和 $N(t)$是数学期望为零的高斯白噪声,它们只有在同一时刻的值才相关;$t=0$ 时刻的信号 $F(0)$是个数学期望为零、方差已给定的随机变量,它与 $t>0$ 时的 $W(t)$,$N(t)$都不相关;因此

$$\overline{W(t)} = 0,\quad \overline{N(t)} = 0,\quad r_W(t,\sigma) = \sigma_W^2(t)\delta(t-\sigma)$$

$$r_N(t,\sigma) = \sigma_N^2(t)\delta(t-\sigma),\quad r_{WN}(t,\sigma) = r_{WN}(t)\delta(t-\sigma)$$

$$r_{WN}(t) = r_{NW}(t),\quad \overline{F(0)} = 0,\quad r_{FN}(0,t) = 0$$

$$r_{FW}(0,t) = 0,\quad t > 0 \tag{15.11-3}$$

从式(15.11-3),(15.11-1)和(15.11-2)可知:

(1) 待检测信号 $F(t)$和观测值 $X(t)$的数学期望都等于零。

(2) $W(t)$,$N(t)$与 t 时刻以前的信号 $F(\sigma)$,观测值 $X(\sigma)$,$\sigma<t$ 都不相关,即

$$r_{WF}(t,\sigma) = 0,\quad r_{WX}(t,\sigma) = 0,\quad r_{NF}(t,\sigma) = 0,\quad r_{NX}(t,\sigma) = 0,\quad \sigma < t \tag{15.11-4}$$

我们将研究线性过滤问题,假定过滤器的理想输出 $Y_1(t)$就是被检测信号本身

$$Y_1(t) = F(t) \tag{15.11-5}$$

线性过滤器输出 $Y(t)$与输入观测值 $X(t)$的关系是

$$Y(t) = \int_0^t h(t,\sigma)X(\sigma)d\sigma \tag{15.11-6}$$

输出 $Y(t)$与理想输出 $Y_1(t)$之间的误差记为

$$E(t) = Y_1(t) - Y(t) = F(t) - Y(t) \tag{15.11-7}$$

依上面所述,输出和误差的数学期望都等于零

$$\overline{Y(t)} = 0,\quad \overline{E(t)} = 0 \tag{15.11-8}$$

我们知道,为了使输出的均方误差$\overline{E^2(t)}$最小,最优线性过滤器 $\mathring{h}(t,\sigma)$必须且只需满足维纳-何甫方程

$$r_{Y_1,X}(t,u) = r_{FX}(t,u) = \int_0^t \mathring{h}(t,\sigma)r_X(\sigma,u)d\sigma = r_{\mathring{Y}X}(t,u),\quad 0 \leqslant u \leqslant t \tag{15.11-9}$$

它在希尔伯特空间中的几何解释就是信号向量 $F(t)$与观测值向量的内积等于最优线性过滤器最优输出 $\mathring{Y}(t)$与观测值向量 $X(u)$的内积,也就是说最优输出$Y(t)$是信号 $F(t)$在所有观测值 $X(u)$,$0\leqslant u\leqslant t$ 组成的线性子空间 H_X 上的直交投影;均方误差最小的输出误差 $\mathring{E}(t)$就是由信号 $F(t)$到子空间的垂线,它应与直交投影 $\mathring{Y}(t)$正交

$$r_{\mathring{E}\mathring{Y}}(t,t) = r_{F\mathring{Y}}(t,t) - r_{\mathring{Y}}(t,t) = 0 \tag{15.11-10}$$

首先，对积分方程(15.11-9)的两边，对 t 求偏导数，根据相关函数的定义，应用关系式(15.11-1)—(15.11-5)不难得到对 t 的偏导数为

$$\frac{\partial}{\partial t}r_{Y_1X}(t,u)=\frac{\partial}{\partial t}r_{FX}(t,u)$$
$$=a(t)r_{FX}(t,u)+b(t)r_{WX}(t,u)=a(t)r_{FX}(t,u)\quad(15.11\text{-}11)$$

$$\frac{\partial}{\partial t}\int_0^t\mathring{h}(t,\sigma)r_X(\sigma,u)d\sigma$$
$$=\int_0^t\frac{\partial\mathring{h}(t,\sigma)}{\partial t}r_X(\sigma,u)d\sigma+\mathring{h}(t,t)r_X(t,u)$$
$$=\int_0^t\frac{\partial\mathring{h}(t,\sigma)}{\partial t}r_X(\sigma,u)d\sigma+\mathring{h}(t,t)[c(t)r_{FX}(t,u)+r_{NX}(t,u)]$$
$$=\int_0^t\frac{\partial\mathring{h}(t,\sigma)}{\partial t}r_X(\sigma,u)d\sigma+\mathring{h}(t,t)c(t)r_{FX}(t,u)\quad(15.11\text{-}12)$$

当然它们应该是相等的。再由维纳-何甫方程(15.11-9)有

$$\int_0^t\left[a(t)\mathring{h}(t,\sigma)-\mathring{h}(t,t)c(t)\mathring{h}(t,\sigma)-\frac{\partial\mathring{h}(t,\sigma)}{\partial t}\right]r_X(\sigma,u)d\sigma=0,\quad 0\leqslant u<t$$

因为 $r_X(\sigma,u)=c(\sigma)r_F(\sigma,u)c(u)+r_N(\sigma,u)$，它不等于零，所以 $\mathring{h}(t,\sigma)$ 要满足式(15.11-9)必须且只需

$$a(t)\mathring{h}(t,\sigma)-\mathring{h}(t,t)c(t)\mathring{h}(t,\sigma)-\frac{\partial\mathring{h}(t,\sigma)}{\partial t}=0,\quad 0\leqslant\sigma\leqslant t$$
$$(15.11\text{-}13)$$

同时，由式(15.11-6)和(15.11-13)可得到

$$\frac{d}{dt}\mathring{Y}(t)=\frac{d}{dt}\int_0^t\mathring{h}(t,\sigma)X(\sigma)d\sigma=\int_0^t\frac{\partial\mathring{h}(t,\sigma)}{\partial t}X(\sigma)d\sigma+\mathring{h}(t,t)X(t)$$
$$=\int_0^t[a(t)\mathring{h}(t,\sigma)-\mathring{h}(t,t)c(t)\mathring{h}(t,\sigma)]X(\sigma)d\sigma+\mathring{h}(t,t)X(t)$$
$$=a(t)\mathring{Y}(t)-\mathring{h}(t,t)c(t)\mathring{Y}(t)+\mathring{h}(t,t)X(t)$$
$$=a(t)\mathring{Y}(t)-\mathring{h}(t,t)[X(t)-c(t)\mathring{Y}(t)]$$

记

$$k(t)=\mathring{h}(t,t)\quad(15.11\text{-}14)$$

为最优增益系数，那么最优线性滤波器的输出就是下列方程的解

$$\frac{d}{dt}\mathring{Y}(t)=a(t)\mathring{Y}(t)+k(t)[X(t)-c(t)\mathring{Y}(t)]\quad(15.11\text{-}15)$$

它的初始条件是

$$\mathring{Y}(0)=0 \tag{15.11-16}$$

从上式可以看出，为了得到滤波器的最优输出 $\mathring{Y}(t)$ 必须确定最优增益系数。由式(15.11-2)可得

$$F(t)=\varphi(t,0)F(0)+\int_0^t\varphi(t,\sigma)b(\sigma)W(\sigma)d\sigma \tag{15.11-17}$$

其中 $\varphi(t,\sigma)$ 是式(15.11-2)的基本解，它满足条件

$$\frac{d\varphi(t,\sigma)}{dt}=a(t)\varphi(t,\sigma)$$

$$\varphi(t,\sigma)\varphi(\sigma,t)=\varphi(t,t)=1 \tag{15.11-18}$$

考虑在区间 $0\leqslant u<t$ 中的维纳-何甫方程(15.11-9)，并令 u 趋于 t。由相关函数的性质可以推知

$$\begin{aligned}r_{Y_1X}(t,u)&=r_{FX}(t,u)=r_F(t,u)c(u)+r_{FN}(t,u)\\&=r_F(t,u)c(u)+\varphi(t,0)r_{FN}(0,u)+\int_0^t\varphi(t,\sigma)b(\sigma)r_{WN}(\sigma,u)d\sigma\\&=r_F(t,u)c(u)+\varphi(t,u)b(u)r_{WN}(u)\end{aligned}$$

和

$$\begin{aligned}r_X(\sigma,u)&=r_{XF}(\sigma,u)c(u)+r_{XN}(\sigma,u)\\&=r_{XF}(\sigma,u)c(u)+c(\sigma)r_{FN}(\sigma,u)+r_N(\sigma,u)\end{aligned}$$

同时有

$$\begin{aligned}\int_0^t\mathring{h}(t,\sigma)r_X(\sigma,u)d\sigma&=\int_0^t\mathring{h}(t,\sigma)r_{XF}(\sigma,u)c(u)d\sigma+\int_0^t\mathring{h}(t,\sigma)c(\sigma)r_{FN}(\sigma,u)d\sigma\\&\quad+\int_0^t\mathring{h}(t,\sigma)r_N(\sigma,u)d\sigma\\&=r_{\mathring{Y}F}(t,u)c(u)+\int_0^t\mathring{h}(t,\sigma)c(\sigma)r_{FN}(\sigma,u)d\sigma\\&\quad+\mathring{h}(t,u)\sigma_N^2(u)\end{aligned}$$

由式(15.11-9)，有

$$\begin{aligned}\mathring{h}(t,u)&=[r_F(t,u)c(t)-r_{\mathring{Y}F}(t,u)c(u)+\varphi(t,u)b(u)r_{WN}(u)\\&\quad-\int_0^t\mathring{h}(t,\sigma)c(\sigma)r_{FN}(\sigma,u)d\sigma]\sigma_N^{-2}(u)\\&=[r_{\mathring{E}F}(t,u)c(u)+\varphi(t,u)b(u)r_{WN}(u)\\&\quad-\int_0^t\mathring{h}(t,\sigma)c(\sigma)r_{FN}(\sigma,u)d\sigma]\sigma_N^{-2}(u)\end{aligned}$$

注意到脉冲响应函数 $\mathring{h}(t,u)$ 对第一个变量是右连续的，而对第二个变量是左连续的，因此

$$\mathring{h}(t,t)=\lim_{u\uparrow t}\mathring{h}(t,u)=[r_{\mathring{E}F}(t,t)c(t)+b(t)r_{WN}(t)]\sigma_N^{-2}(u)$$

因为

$$r_{FN}(\sigma,u)=\varphi(\sigma,0)r_{FN}(0,u)+\int_0^\sigma\varphi(\sigma,\lambda)b(\lambda)r_{WN}(\lambda,u)d\lambda$$

$$=\int_0^\sigma b(\sigma,\lambda)b(\lambda)r_{WN}(\lambda,u)d\lambda$$

λ 自 0 变化到 σ,σ 又在 0 到 t 之间变化,只有在 $\sigma>u$ 时 $r_{FN}(t,u)$才取有限值,在其余情况下都是 0。当 u 从小于 t 而趋于 t 时,$r_F(\sigma,u)$仅在 $u=t$ 时不为零,其余均为零,因此当 u 从小于 t 而趋于 t 时

$$\int_0^t\mathring{h}(t,\sigma)c(\sigma)r_{FN}(\sigma,u)d\sigma$$

趋于 0。再则,由于 $r_{\mathring{E}F}(t,t)=r_{\mathring{E}}(t,t)+r_{\mathring{E}\mathring{Y}}(t,t)$,垂线 $\mathring{E}(t)$与 $\mathring{Y}(t)$互为直交,所以 $r_{\mathring{E}F}(t,t)=r_{\mathring{E}}(t,t)$。最后我们得出最优增益系数的表达式为

$$k(t)=\mathring{h}(t,t)=[r_{\mathring{E}}(t,t)c(t)+b(t)r_{WN}(t)]\sigma_N^{-2}(t) \quad (15.11\text{-}19)$$

将 $k(t)$代入式(15.11-15)就得到一个最优滤波器。经过最优线性过滤后的误差是

$$\mathring{E}(t)=Y_1(t)-\mathring{Y}(t)=F(t)-\mathring{Y}(t) \quad (15.11\text{-}20)$$

显然它的数学期望为零。由信号模型式(15.11-2)和最优过滤器输出公式(15.11-15)可求得

$$\frac{d}{dt}\mathring{E}(t)=\frac{d}{dt}F(t)-\frac{d}{dt}\mathring{Y}(t)$$

$$=[a(t)-k(t)c(t)]\mathring{E}(t)+b(t)W(t)-k(t)N(t)$$

$$(15.11\text{-}21)$$

因为数学期望为零,所以最小方差就是最小均方误差 $\sigma_{\mathring{E}}^2(t)=r_{\mathring{E}}(t,t)=\overline{\mathring{E}^2(t)}$。它的导数是

$$\frac{d}{dt}\sigma_{\mathring{E}(t)}^2=\frac{d}{dt}r_{\mathring{E}}(t,t)=2r_{\frac{d}{dt}\mathring{E}\mathring{E}}(t,t)$$

$$=2[a(t)-k(t)c(t)]r_{\mathring{E}}(t,t)+2b(t)r_{W\mathring{E}}(t)-2k(t)r_{N\mathring{E}}(t,t)$$

现在分别求 $r_{W\mathring{E}}(t,t)$和 $r_{N\mathring{E}}(t,t)$

$$r_{W\mathring{E}}(t,t)=r_{WF}(t,t)-r_{W\mathring{Y}}(t,t)$$

$$=r_{WF}(t,0)\varphi(t,0)+\int_0^t r_W(t,\sigma)b(\sigma)\varphi(t,\sigma)d\sigma-r_{W\mathring{Y}}(t,0)\varphi(t,0)$$

$$-\int_0^t r_{WF}(t,\sigma)\varphi(t,\sigma)c(\sigma)k(\sigma)d\sigma-\int_0^t r_{WN}(t,\sigma)\varphi(t,\sigma)k(\sigma)d\sigma$$

$$+\int_0^t r_{W\mathring{Y}}(t,\sigma)\varphi(t,\sigma)c(\sigma)k(\sigma)d\sigma$$

$$=\frac{1}{2}\sigma_W^2(t)b(t)-\frac{1}{2}r_{WN}(t)k(t)$$

这是因为 $r_{WF}(t,\sigma)$ 和 $r_{W\mathring{Y}}(t,\sigma)$ 只在 $\sigma=t$ 时才取不为 0 的有限值，σ 为其他值时它们都等于零。类似可求得

$$r_{N\mathring{E}}(t,t)=r_{NF}(t,t)-r_{N\mathring{Y}}(t)=\frac{1}{2}r_{NW}(t)b(t)-\frac{1}{2}\sigma_N^2(t)k(t)$$

这样最小均方误差满足下列方程

$$\frac{d}{dt}\sigma_{\mathring{E}}^2(t)=2[a(t)-k(t)c(t)]\sigma_{\mathring{E}}^2(t)+b^2(t)\sigma_W^2(t)$$

$$-2b(t)r_{WN}(t)k(t)+k^2(t)\sigma_N^2(t) \tag{15.11-22}$$

初始条件可根据式(15.11-6)和(15.11-20)得到

$$\sigma_{\mathring{E}}^2(0)=r_{\mathring{E}}(0,0)=r_F(0,0) \tag{15.11-23}$$

对于非最优的线性过滤器，即增益系数不是由式(15.11-19)确定的而是另一个$\tilde{k}(t)$，那么式(15.11-15)输出 $Y(t)$ 的均方误差 $\overline{E^2(t)}=\sigma_E^2(t)$ 仍满足式(15.11-22)，但要用$\tilde{k}(t)$来代替最优的 $k(t)$。这样得到的均方误差就不是最小的，对任何 t 都有 $\sigma_E^2(t)\geqslant\sigma_{\mathring{E}}^2(t)$。

最优过滤器的输出 $\mathring{Y}(t)$ 与待检测信号 $F(t)$ 之间的最小均方误差 $\sigma_{\mathring{E}}^2(t)$ 的表达式可直接将式(15.11-19)代入(15.11-22)并加以整理后得到

$$\frac{d}{dt}\sigma_{\mathring{E}}^2(t)=2[a(t)-b(t)r_{WN}(t)\sigma_N^2(t)c(t)]\sigma_{\mathring{E}}^2(t)$$

$$-\sigma_{\mathring{E}}^4(t)c^2(t)\sigma_N^{-2}(t)+b^2(t)[\sigma_W^2(t)-r_{WN}^2\sigma_N^{-2}(t)] \tag{15.11-24}$$

于是，用递推求解微分方程(15.11-15)，(15.11-19)和(15.11-22)的办法就可得到最优过滤器的输出 $\mathring{Y}(t)$，最优增益系数 $k(t)$ 和最小均方误差 $\sigma_{\mathring{E}}^2(t)$，这就是卡尔曼滤波方法。可以把这种滤波方法连同信号模型，观测方程画成如图 15.11-1 所示的方块图。

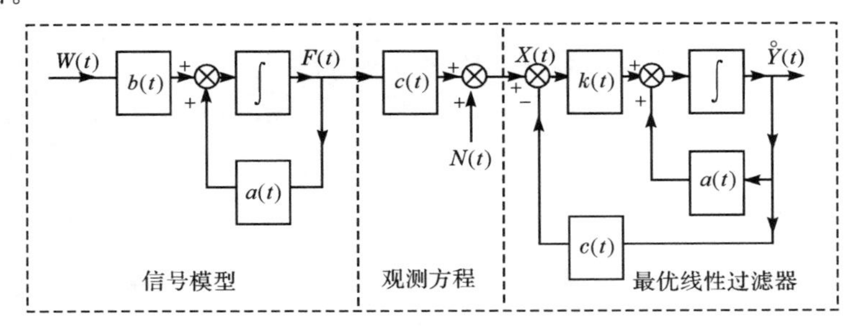

图 15.11-1

上面我们假定观测值 $X(t)$ 的数学期望等于 0，实际上观测值中可能含有非随机的时间函数分量。例如，待检测的有用信号 $F(t)$ 满足下列方程式

$$\frac{d}{dt}F(t) = a(t)F(t) + b(t)W(t) + g(t) \qquad (15.11\text{-}25)$$

而观测方程是

$$X(t) = c(t)F(t) + N(t) + d(t) \qquad (15.11\text{-}26)$$

其中 $g(t)$ 和 $d(t)$ 都是给定的非随机时间函数，$W(t)$ 和 $N(t)$ 与以前的假设相同。此外，还假定信号初值 $F(0)$ 是个随机变量，数学期望为 $\overline{F(0)}$，方差为 $\sigma_F^2(0) = r_F(0,0)$。现在要构造一个最优的无偏线性过滤器，使输出的数学期望 $\overline{Y(t)}$ 等于信号的数学期望 $\overline{F(t)}$，而且输出的均方误差最小。这时，观测值 $X(t)$ 和信号 $F(t)$ 的数学期望都不等于零，它们分别满足于下列方程

$$\frac{d}{dt}\overline{F(t)} = a(t)\overline{F(t)} + g(t) \qquad (15.11\text{-}27)$$

$$\overline{X(t)} = c(t)\overline{F(t)} + d(t) \qquad (15.11\text{-}28)$$

但随机过程 $[F(t) - \overline{F(t)}]$ 和 $[X(t) - \overline{X(t)}]$ 的数学期望都等于零，它们分别满足于下列方程

$$\frac{d}{dt}[F(t) - \overline{F(t)}] = a(t)[F(t) - \overline{F(t)}] + b(t) + W(t) \qquad (15.11\text{-}29)$$

$$[X(t) - \overline{X(t)}] = c(t)[F(t) - \overline{F(t)}] + N(t) \qquad (15.11\text{-}30)$$

在这里只要将待检测信号改为 $[F(t) - \overline{F(t)}]$，观测值改为 $[X(t) - \overline{X(t)}]$，问题就又可归结为式(15.11-1)和(15.11-2)。引用前面的结果可立即得到最优无偏线性过滤器的输出应满足方程

$$\frac{d}{dt}\mathring{Y}(t) = a(t)\mathring{Y}(t) + g(t) + k(t)[X(t) - d(t) - c(t)\mathring{Y}(t)] \qquad (15.11\text{-}31)$$

初始条件应是

$$\mathring{Y}(0) = F(0) \qquad (15.11\text{-}32)$$

而最优过滤系数 $k(t)$ 和最小均方误差 $\sigma_E^2(t)$ 与数学期望无关，故仍满足于方程(15.11-19)和(15.11-22)。

前面谈到的待检测信号和观测值都是一维的。上述讨论很容易推广到多维的情况。假设待检测信号 $\boldsymbol{F}(t)$ 是 n 维向量随机过程，观测值是 m 维向量随机过程，它们分别满足方程式

$$\frac{d}{dt}\boldsymbol{F}(t) = A(t)\boldsymbol{F}(t) + B(t)\boldsymbol{W}(t) + \boldsymbol{g}(t) \qquad (15.11\text{-}33)$$

$$\boldsymbol{X}(t) = C(t)\boldsymbol{F}(t) + \boldsymbol{N}(t) + \boldsymbol{d}(t) \qquad (15.11\text{-}34)$$

其中 $\boldsymbol{g}(t)$ 和 $\boldsymbol{d}(t)$ 分别是 n 维和 m 维非随机向量函数，$A(t)$，$B(t)$，$C(t)$ 都是相应

阶数的非随机矩阵，$\boldsymbol{W}(t)$，$\boldsymbol{N}(t)$分别是数学期望为零向量的 p 维和 m 维向量高斯白色随机过程，它们的相关矩阵是

$$R_{\boldsymbol{W}}(t,\sigma)=\Sigma_{\boldsymbol{W}}^2(t)\delta(t-\sigma),\quad R_{\boldsymbol{N}}(t,\sigma)=\Sigma_{\boldsymbol{N}}^2(t)\delta(t-\sigma)$$

$$R_{\boldsymbol{WN}}(t,\sigma)=R_{\boldsymbol{WN}}(t)\delta(t-\sigma),\quad R_{\boldsymbol{WN}}(t)=R_{\boldsymbol{NW}}(t)^{\tau}$$

设 $t=0$ 时 $\boldsymbol{F}(0)$是随机向量，它的数学期望是$\overline{\boldsymbol{F}(0)}$，方差阵为 $\Sigma_{\boldsymbol{F}}^2(0)$，$\boldsymbol{F}(0)$与 $\boldsymbol{W}(t)$，$\boldsymbol{N}(t)$，$t>0$ 都是不相关的。现在的任务是要构造一个无偏的，均方误差为最小的最优线性过滤器。无偏要求就是最优输出 $\mathring{\boldsymbol{Y}}(t)$的数学期望与待检测信号的数学期望相等

$$\overline{\mathring{\boldsymbol{Y}}(t)}=\overline{\boldsymbol{F}(t)} \tag{15.11-35}$$

这时最优输出误差 $\mathring{\boldsymbol{E}}(t)=\boldsymbol{F}(t)-\mathring{\boldsymbol{Y}}(t)$的数学期望$\overline{\mathring{\boldsymbol{E}}(t)}$是个零向量，而最小均方误差就是在希尔伯特空间 H_n 中向量 $\mathring{\boldsymbol{E}}(t)$的范数平方最小，也就是方差阵 $\Sigma_{\mathring{\boldsymbol{E}}}^2(t)$ 或相关函数阵 $R_{\mathring{\boldsymbol{E}}}(t,t)$的迹最小。经过类似的推导我们可以得到多维随机过程的最优过滤公式，即最优无偏线性过滤器的输出 $\mathring{\boldsymbol{Y}}(t)$应满足方程

$$\frac{d}{dt}\mathring{\boldsymbol{Y}}(t)=A(t)\mathring{\boldsymbol{Y}}(t)+\boldsymbol{g}(t)+K(t)[\boldsymbol{X}(t)-\boldsymbol{d}(t)-C(t)\mathring{\boldsymbol{Y}}(t)] \tag{15.11-36}$$

初始条件是

$$\mathring{\boldsymbol{Y}}(0)=\overline{\boldsymbol{F}(0)} \tag{15.11-37}$$

其中 $K(t)$是最优增益矩阵，它是 $n\times m$ 阶的且满足方程

$$K(t)=[\Sigma_{\mathring{\boldsymbol{E}}}^2(t)C^{\tau}(t)+B(t)R_{\boldsymbol{WN}}(t)]\Sigma_{\boldsymbol{N}}^{-2}(t) \tag{15.11-38}$$

$\Sigma_{\mathring{\boldsymbol{E}}}^2(t)$是均方误差最小的方差阵，它是 $n\times n$ 阶的对称阵，并满足矩阵方程

$$\begin{aligned}\frac{d}{dt}\Sigma_{\mathring{\boldsymbol{E}}}^2(t)=&[A(t)-B(t)R_{\boldsymbol{WN}}(t)\Sigma_{\boldsymbol{N}}^{-2}(t)C(t)]\Sigma_{\mathring{\boldsymbol{E}}}^2(t)\\&+\Sigma_{\mathring{\boldsymbol{E}}}^2(t)[A^{\tau}(t)-C^{\tau}(t)\Sigma_{\boldsymbol{N}}^{-2}(t)R_{\boldsymbol{WN}}^{\tau}(t)B^{\tau}(t)]\\&-\Sigma_{\mathring{\boldsymbol{E}}}^2(t)C^{\tau}(t)\Sigma_{\boldsymbol{N}}^{-2}(t)C(t)\Sigma_{\mathring{\boldsymbol{E}}}^2(t)\\&+B(t)[\Sigma_{\boldsymbol{W}}^2(t)-R_{\boldsymbol{WN}}(t)\Sigma_{\boldsymbol{N}}^{-2}(t)R_{\boldsymbol{WN}}^{\tau}(t)]B^{\tau}(t)\end{aligned} \tag{15.11-39}$$

和初始条件

$$\Sigma_{\mathring{\boldsymbol{E}}}^2(0)=\Sigma_{\boldsymbol{F}}^2(0) \tag{15.11-40}$$

当待检测信号和观测向量都是平稳随机过程，A，B，C 为与时间无关的常矩阵，设观测向量从 $t=-\infty$开始进入过滤器，这时 $K(t)$和 $\Sigma_{\mathring{\boldsymbol{E}}}^2(t)$都趋于常矩阵，用卡尔曼滤波方法所得的结果与用维纳方法过滤的结果是一致的。我们用第 15.6 节中的例 3 来说明。根据所给的条件可得到待检测信号模型和观测方程分别是

$$\frac{d}{dt}F(t) = -F(t) + W(t)$$

$$X(t) = F(t) + N(t)$$

也就是说 $a(t)=-1, b(t)=1, c(t)=1$；$W(t)$和 $N(t)$是互不相关的两个数学期望为零的平稳白噪声。

$$r_W(t,\sigma) = \sigma_W^2(t)\delta(t-\sigma), \quad \sigma_W^2(t) = \pi, \quad r_N(t,\sigma) = \sigma_N^2(t)\delta(t-\sigma)$$

$$\sigma_N^2(t) = \pi n^2, \quad r_{WN}(t,\sigma) = 0$$

根据最优过滤公式可得出

$$\frac{d\mathring{Y}(t)}{dt} = -\mathring{Y}(t) + k(t)[X(t) - \mathring{Y}(t)]$$

$$k(t) = \sigma_{\mathring{E}}^2(t)\sigma_N^{-2}(t) = \frac{1}{\pi n^2}\sigma_{\mathring{E}}^2(t)$$

和

$$\frac{d}{dt}\sigma_{\mathring{E}}^2(t) = -2\sigma_{\mathring{E}}^2(t) - \frac{1}{\pi n^2}\sigma_{\mathring{E}}^4(t) + \pi$$

因为 $\sigma_{\mathring{E}}^2(t)$是个正值，整个过滤器是从 $t=-\infty$时开始工作的，因此$\frac{d}{dt}\sigma_{\mathring{E}}^2(t)=0$，$\sigma_{\mathring{E}}^2(t)=\pi n(-n+\sqrt{1+n^2})$，$k(t)=\frac{1}{n}(\sqrt{1+n^2}-n)$，于是最优过滤器的传递函数就是

$$\mathring{F}(s) = \frac{k}{s+(1+k)} = \frac{\sqrt{1+n^2}-n}{ns+\sqrt{1+n^2}} = \frac{1}{(n+\sqrt{1+n^2})(\sqrt{1+n^2}+ns)}$$

这与第 15.6 节中例 3 的结果是一致的。

我们来看方程(15.11-39)，当待检测信号 $\boldsymbol{F}(t)$是 n 维向量随机过程时，方差阵 $\Sigma_{\mathring{\boldsymbol{E}}}^2(t)$ 有 $n\times n$ 个元素，由于它是对称的，因此实际上只有$\frac{1}{2}n(n+1)$个未知函数。这是一个非线性微分方程，叫做黎卡提(Ricatti)方程。要解这个方程也比较困难。有一种解的方法是把它化为一组联立的线性微分方程

$$\begin{cases} \frac{d}{dt}V(t) = [A(t) - B(t)R_{\boldsymbol{WN}}(t)\Sigma_{\boldsymbol{N}}^{-2}(t)C(t)]V(t) \\ \qquad\qquad + B(t)[\Sigma_{\boldsymbol{W}}^2(t) - R_{\boldsymbol{WN}}(t)\Sigma_{\boldsymbol{N}}^{-2}(t)R_{\boldsymbol{WN}}^{\tau}(t)]B^{\tau}(t)Z(t) \\ \frac{d}{dt}Z(t) = C^{\tau}(t)\Sigma_{\boldsymbol{N}}^{-2}(t)C(t)V(t) \\ \qquad\qquad - [A^{\tau}(t) - C^{\tau}(t)\Sigma_{\boldsymbol{N}}^{-2}(t)R_{\boldsymbol{WN}}^{\tau}(t)B^{\tau}(t)]Z(t) \end{cases} \tag{15.11-41}$$

其中 $V(t)$和 $Z(t)$都是 $n\times n$ 阶方阵，初始条件为

$$V(0) = \Sigma_{\mathring{\boldsymbol{E}}}^2(0), \quad Z(0) = E$$

在求出 $V(t)$ 和 $Z(t)$ 后，如果 $Z(t)$ 的逆存在，那么最小方差阵就是

$$\Sigma_{\dot{E}}^2(t) = V(t)Z^{-1}(t) \tag{15.11-42}$$

当 n 较大时解方程(15.11-41)也是比较麻烦的，要用到数值方法。对于从 $t=-\infty$ 开始的平稳随机过程来说，在 t 时刻系统已达到稳态，$R_{\dot{E}}(t,t)$ 的导数将等于零，因此式(15.11-39)成为一个代数黎卡提方程。近年来，随着计算技术的飞跃发展，大容量、高速度、高可靠性的数字计算机可以作为控制系统的一个组成部分参加工作。对任何连续的待测信号作数据处理时，总要用采样的方法把连续量变成离散的数列。对这种随机量序列利用卡尔曼方法可以得到随机序列线性过滤的递推公式，它特别便于在数字计算机上计算。下一节我们就来讨论随机序列线性过滤的递推方法。

15.12 随机序列的最优递推线性过滤[5,17]

假设每一个时刻的观测量 $\boldsymbol{X}_k^\tau=(X_{k_1},X_{k_2},\cdots,X_{km})$ 是一个数学期望为零的 m 维随机列向量，它可以看做是希尔伯特空间 H_m 中的一个元，H_m 是由 m 个随机变量空间 H_1(无穷维希尔伯特空间)组成的积空间。k 个时刻的观测量 $\boldsymbol{X}_1,\boldsymbol{X}_2,\cdots,\boldsymbol{X}_k$ 是 H_m 空间中的 k 个元，也可以把它们看作为一个 km 维的随机列向量

$$\mathfrak{X}_k^\tau = (\boldsymbol{X}_1^\tau,\boldsymbol{X}_2^\tau,\cdots,\boldsymbol{X}_k^\tau) = (X_{11},X_{12},\cdots,X_{1m};X_{21},\cdots,X_{2m};X_{k1},\cdots,X_{km}) \tag{15.12-1}$$

$\mathfrak{X}_k$ 是 H_{km} 空间中的一个元，H_{km} 是 km 个 H_1 空间的积空间。在 t_k 时间把这 k 个观测量 $\boldsymbol{X}_1,\boldsymbol{X}_2,\cdots,\boldsymbol{X}_k$，即 $\mathfrak{X}_k$ 输入给过滤器，这时过滤器的输出 $\boldsymbol{Y}_k$ 是一个 n 维随机列向量，它的每个分量 Y_{kj} 是输入观测量 $\mathfrak{X}_k$ 的各分量 X_{il} 的某种确定的线性组合，即

$$Y_{kj} = \sum_{i=1}^{k}\sum_{l=1}^{m} a_{j,il}X_{il},\quad j = 1,2,\cdots,n$$

因此输出 $\boldsymbol{Y}_k$ 总可以写成下列表达式

$$\boldsymbol{Y}_k = A\mathfrak{X}_k \tag{15.12-2}$$

其中 $A=(a_{j,il})$，$j=1,2,\cdots,n$，$i=1,2,\cdots,k$，$l=1,2,\cdots,m$ 是一个 $n\times km$ 阶矩阵。显然，式(15.12-2)所表示的 $\boldsymbol{Y}_k$ 的数学期望为零，可以把它看作为另一个空间 H_n 中的一个元，H_n 是由 n 个 H_1 组成的积空间。矩阵 A 就是一个由 H_{km} 到 H_n 空间的线性算子。所有形如式(15.12-2)的过滤器的输出 $\boldsymbol{Y}_k$ 在 H_n 空间中构成了一个子空间 $H_{\mathfrak{X}_k}$ 它的维数不大于 nkm。过滤器在 t_k 时间的理想输出 $\boldsymbol{Y}_{1k}$ 也是个数学期望为零的 n 维随机列向量，它也是空间 H_n 中的一个元。因此，过滤器在 t_k 时间的输出误差是

$$\boldsymbol{E}_k = \boldsymbol{Y}_{1k} - \boldsymbol{Y}_k \tag{15.12-3}$$

它的数学期望也是零，它也是空间 H_n 中的一个元。最优过滤器就是要输出的均方

误差最小，也就是要 $\mathring{\boldsymbol{E}}_k$ 的范数平方最小，那么 $\mathring{\boldsymbol{E}}_k$ 就必须与 H_n 的子空间 $H_{\mathfrak{X}_k}$ 直交。

在 H_n 中 $\mathring{\boldsymbol{E}}_k$ 与子空间 $H_{\mathfrak{X}_k}$ 直交，因此 $\mathring{\boldsymbol{E}}_k$ 必须和 $H_{\mathfrak{X}_k}$ 中的任何向量直交

$$\langle \mathring{\boldsymbol{E}}_k, \boldsymbol{Y}_k \rangle = \sum_{j=1}^{n} \langle \mathring{E}_{kj}, Y_{kj} \rangle = 0$$

根据式(15.12-2)，存在这样的 $\boldsymbol{Y}_k$，它的第 j 个分量 Y_{kj} 等于 $\mathfrak{X}_k$ 的某个分量 X_{il}，而 $\boldsymbol{Y}_k$ 的其余分量都等于零，j 是 1 到 n 中的任意数，i 是 1 到 k 中的任意数，l 是 1 到 m 中的任意数。这样

$$\langle \mathring{\boldsymbol{E}}_k, \boldsymbol{Y}_k \rangle = \langle \mathring{E}_{kj}, X_{il} \rangle = 0, \quad j = 1, \cdots, n, \quad i = 1, \cdots, k, \quad l = 1, \cdots, m$$

这就是说在 H_1 中两个随机变量 $\mathring{E}_{kj}$ 和 X_{il} 必须直交，它们的相关系数 $r_{\mathring{E}_{kj} X_{il}} = 0$。$H_n$ 中的随机向量 $\mathring{\boldsymbol{E}}_k$ 与 H_{km} 中的随机向量 $\mathfrak{X}_k$ 的相关矩阵是由 nkm 个相关系数 $r_{\mathring{E}_{kj} X_{il}}$ 组成的，因此它必须是零矩阵

$$R_{\mathring{\boldsymbol{E}}_k \mathfrak{X}_k} = (r_{\mathring{E}_{kj} X_{il}}) = O$$

最优过滤器在 t_k 时刻的输出 $\mathring{\boldsymbol{Y}}_k = \mathring{A}\mathfrak{X}_k$ 就是 $\boldsymbol{Y}_{1k}$ 在子空间 $H_{\mathfrak{X}_k}$ 上的直交投影

$$\mathring{\boldsymbol{Y}}_k = P(H_{\mathfrak{X}_k})\boldsymbol{Y}_{1k}$$

其中 $P(H_{\mathfrak{X}_k})$ 是向子空间 $H_{\mathfrak{X}_k}$ 的直交投影算子。现在来求 $\mathring{A}$，根据式(15.12-2)和(15.12-3)可得到

$$\mathring{\boldsymbol{E}}_k = \boldsymbol{Y}_{1k} - \mathring{A}\mathfrak{X}_k$$

对上述等式的两边分别求与 $\mathfrak{X}_k$ 的相关阵就有

$$O = R_{\mathring{\boldsymbol{E}}_k \mathfrak{X}_k} = R_{\boldsymbol{Y}_{1k} \mathfrak{X}_k} - \mathring{A}\Sigma^2_{\mathfrak{X}k}$$

和

$$\mathring{A} = R_{\boldsymbol{Y}_{1k} \mathfrak{X}_k} \Sigma^{-2}_{\mathfrak{X}_k}$$

于是最优过滤器的输出可表达为

$$\mathring{\boldsymbol{Y}}_k = P(H_{\mathfrak{X}_k})\boldsymbol{Y}_{1k} = R_{\boldsymbol{Y}_{1k} \mathfrak{X}_k} \Sigma^{-2}_{\mathfrak{X}_k} \mathfrak{X}_k \tag{15.12-4}$$

最优输出误差为

$$\mathring{\boldsymbol{E}}_k = \boldsymbol{Y}_{1k} - P(H_{\mathfrak{X}_k})\boldsymbol{Y}_{1k} = \boldsymbol{Y}_{1k} - R_{\boldsymbol{Y}_{1k} \mathfrak{X}_k} \Sigma^{-2}_{\mathfrak{X}_k} \mathfrak{X}_k \tag{15.12-5}$$

很容易验证，这样表达的直交投影算子 $P(H_{\mathfrak{X}_k})$ 的确是线性，自伴且幂等的。

同样，在观测量这个 m 维随机向量空间 H_m 中也可以构成一个子空间 $\mathfrak{H}_{\mathfrak{X}_k}$，$\mathfrak{H}_{\mathfrak{X}_k}$ 中的任意元的每一个分量都是观测量 $\mathfrak{X}_k$ 的各分量的某种线性组合。一般来说，在 H_m 中 t_{k+1} 时刻的观测量 $\boldsymbol{X}_{k+1}$ 与子空间 $\mathfrak{H}_{\mathfrak{X}_k}$ 不是直交的，但是

$$\widetilde{\boldsymbol{X}}_{k+1} = \boldsymbol{X}_{k+1} - P(\mathfrak{H}_{\mathfrak{X}_k})\boldsymbol{X}_{k+1} = \boldsymbol{X}_{k+1} - R_{\boldsymbol{X}_{k+1} \mathfrak{X}_k} \Sigma^{-2}_{\mathfrak{X}_k} \mathfrak{X}_k \tag{15.12-6}$$

是与子空间 $\mathfrak{H}_{\mathfrak{X}_k}$ 直交的，$\widetilde{\boldsymbol{X}}_{k+1}$ 就是在 H_m 中 $\boldsymbol{X}_{k+1}$ 到子空间 $\mathfrak{H}_{\mathfrak{X}_k}$ 的垂线，所以

$$P(\mathfrak{H}_{\mathfrak{X}_k})\widetilde{\boldsymbol{X}}_{k+1} = \boldsymbol{0} \tag{15.12-7}$$

$\widetilde{\boldsymbol{X}}_{k+1}$ 的每个分量与 $\mathfrak{X}_k$ 的每个分量分别互相直交，因此

$$R_{\widetilde{\boldsymbol{X}}_{k+1}\mathfrak{X}_k} = O \tag{15.12-8}$$

t_{k+1} 时刻的过滤器输入是观测量 $\mathfrak{X}_{k+1}=(\mathfrak{X}_k,\boldsymbol{X}_{k+1})$，过滤器的输出 $\boldsymbol{Y}_{k+1}$ 在空间 H_n 中构成一个子空间 $H_{\mathfrak{X}_{k+1}}$，$H_{\mathfrak{X}_{k+1}}$ 中任意元的每一个分量分别是观测量 $\mathfrak{X}_k$，$\boldsymbol{X}_{k+1}$ 的各分量的某种线性组合，由式(15.12-6)可知，它们也是 $\mathfrak{X}_k$，$\boldsymbol{X}_{k+1}$ 各分量的某种线性组合。这样，子空间 $H_{\mathfrak{X}_{k+1}}$ 可以分解为两个互相直交的子空间 $H_{\mathfrak{X}_k}$ 和 $H_{\widetilde{\boldsymbol{X}}_{k+1}}$ 的直交和。$H_{\mathfrak{X}_{k+1}}$，$H_{\mathfrak{X}_k}$ 和 $H_{\boldsymbol{X}_{k+1}}$，都是 H_n 中的子空间，$H_{\widetilde{\boldsymbol{X}}_{k+1}}$ 中的任意元的每个分量是 $\widetilde{\boldsymbol{X}}_{k+1}$ 各分量的某种线性组合。因此，直交投影算子有如下的关系

$$P(H_{\mathfrak{X}_{k+1}}) = P(H_{\mathfrak{X}_k}) + P(H_{\widetilde{\boldsymbol{X}}_{k+1}}) \tag{15.12-9}$$

$\boldsymbol{X}_{k+1}$ 是 t_k 时刻新增加的观测量，但它的一部分 $P(\mathfrak{H}_{\mathfrak{X}_k})\boldsymbol{X}_{k+1}$ 是以前观测量 $\boldsymbol{X}_0$，$\boldsymbol{X}_1$，…，$\boldsymbol{X}_k$ 中含有的信息，只有 $\widetilde{\boldsymbol{X}}_{k+1}$ 才是 t_{k+1} 时刻新增加的信息，所以称 $\widetilde{\boldsymbol{X}}_{k+1}$ 为新息。新息序列 $\{\widetilde{\boldsymbol{X}}_k\}$ 就是观测量序列 $\{\boldsymbol{X}_k\}$ 经过直交化后得到的。

在下列随机序列线性过滤问题中，待检测信号 $\boldsymbol{F}_k$ 是数学期望为零的 n 维随机列向量，它满足下列方程

$$\boldsymbol{F}_{k+1} = \boldsymbol{\Phi}_{k+1,k}\boldsymbol{F}_k + G_k\boldsymbol{W}_k,\quad k = 0,1,2,\cdots \tag{15.12-10}$$

观测量 $\boldsymbol{X}_k$ 是数学期望为零的 m 维随机向量，它满足方程

$$\boldsymbol{X}_k = \boldsymbol{C}_k\boldsymbol{F}_k + \boldsymbol{N}_k,\quad k = 0,1,2,\cdots \tag{15.12-11}$$

其中 $\boldsymbol{W}_k$，$\boldsymbol{N}_k$ 分别是 p 维，m 维的白色高斯随机序列，数学期望为零，它们之间互不相关，即

$$\begin{gathered}
\overline{\boldsymbol{W}}_k = \boldsymbol{0},\quad R_{\boldsymbol{W}_k\boldsymbol{W}_j} = \Sigma^2_{\boldsymbol{W}_k}\delta_{k_j},\quad \delta_{k_j} = \begin{cases}0, & k\neq j\\ 1, & k = j\end{cases}\\
\overline{\boldsymbol{N}}_k = \boldsymbol{0},\quad R_{\boldsymbol{N}_k\boldsymbol{N}_j} = \Sigma^2_{\boldsymbol{N}_k}\delta_{k_j},\quad R_{\boldsymbol{W}_k\boldsymbol{N}_j} = 0\\
k = 0,1,2,\cdots,\quad j = 0,1,2,\cdots
\end{gathered} \tag{15.12-12}$$

$\Phi_{k+1,k}$，G_k，C_k 分别是相应阶的非随机矩阵。设 t_0 时刻的信号初值 $\boldsymbol{F}_0$ 的数学期望为零，方差是 $\Sigma^2_{\boldsymbol{F}_0}$，它与 $\boldsymbol{W}_k$，$\boldsymbol{N}_k$ 都不相关

$$\overline{\boldsymbol{F}}_0 = \boldsymbol{0},\quad R_{\boldsymbol{F}_0\boldsymbol{W}_k} = O,\quad R_{\boldsymbol{F}_0\boldsymbol{N}_k} = O,\quad k = 0,1,2,\cdots \tag{15.12-13}$$

设过滤器的理想输出是待检测信号本身，即

$$\boldsymbol{Y}_{1k} = \boldsymbol{F}_k,\quad k = 0,1,2,\cdots \tag{15.12-14}$$

过滤器在 t_k 时刻的输出 $\boldsymbol{Y}_k$ 是输入的观测量 $\boldsymbol{X}_1$，$\boldsymbol{X}_2$，…，$\boldsymbol{X}_k$ 各分量的线性函数，现在要找一个输出均方误差最小的最优线性过滤器。

从方程(15.12-10)—(15.12-14)可以立即得出：待检测信号 $\boldsymbol{F}_k$ 和观测量 $\boldsymbol{X}_k$

与 t_k 时刻以后的 $\boldsymbol{W}_j,\boldsymbol{N}_j$ 都不相关

$$R_{\boldsymbol{F}_k\boldsymbol{W}_j}=O,\quad j\geqslant k;\quad R_{\boldsymbol{X}_k\boldsymbol{W}_j}=O;\quad j\geqslant k$$
$$R_{\boldsymbol{X}_k\boldsymbol{N}_{j+1}}=O,\quad j\geqslant k;\quad R_{\boldsymbol{F}_k\boldsymbol{N}_j}=O$$
$$k=0,1,2,\cdots,\quad j=0,1,2,\cdots \tag{15.12-15}$$

从前面已知,最优过滤器在 t_k 时刻和 t_{k+1} 时刻的输出分别是

$$\mathring{\boldsymbol{Y}}_k=P(H_{\mathfrak{X}_k})\boldsymbol{F}_k \tag{15.12-16}$$

$$\mathring{\boldsymbol{Y}}_{k+1}=P(H_{\mathfrak{X}_{k+1}})\boldsymbol{F}_{k+1} \tag{15.12-17}$$

根据式(15.12-9),$\boldsymbol{F}_{k+1}$ 在子空间 $H_{\mathfrak{X}_{k+1}}$ 上的直交投影等于 $\boldsymbol{F}_{k+1}$ 分别在子空间 $H_{\mathfrak{X}_k}$ 和 $H_{\tilde{\boldsymbol{X}}_{k+1}}$ 上直交投影之和(见图 15.12-1)。

$$P(H_{\mathfrak{X}_{k+1}})\mathring{\boldsymbol{Y}}_{k+1}=P(H_{\mathfrak{X}_k})\boldsymbol{F}_{k+1}+P(H_{\tilde{\boldsymbol{X}}_{k+1}})\boldsymbol{F}_{k+1} \tag{15.12-18}$$

上式中第一项是 $\boldsymbol{F}_{k+1}$ 在子空间 $H_{\mathfrak{X}_k}$ 上的直交投影,由式(15.12-10),(15.12-15)和(15.12-16)就得到

$$\begin{aligned}P(H_{\mathfrak{X}_k})\boldsymbol{F}_{k+1}&=P(H_{\mathfrak{X}_k})(\Phi_{k+1,k}\boldsymbol{F}_k+G_k\boldsymbol{W}_k)\\&=\Phi_{k+1,k}P(H_{\mathfrak{X}_k})\boldsymbol{F}_k+P(H_{\mathfrak{X}_k})G_k\boldsymbol{W}_k=\Phi_{k+1,k}\mathring{\boldsymbol{Y}}_k\end{aligned} \tag{15.12-19}$$

$\boldsymbol{F}_{k+1}$ 到子空间 $H_{\mathfrak{X}_k}$ 的垂线记以 $\tilde{\boldsymbol{F}}_{k+1}$,由式(15.12-3),(15.12-10)和(15.12-19)可以得到

$$\tilde{\boldsymbol{F}}_{k+1}=\boldsymbol{F}_{k+1}-P(H_{\mathfrak{X}_k})\boldsymbol{F}_{k+1}=\Phi_{k+1,k}(\boldsymbol{F}_k-\mathring{\boldsymbol{Y}}_k)+G_k\boldsymbol{W}_k=\Phi_{k+1,k}\mathring{\boldsymbol{E}}_k+G_kW_k \tag{15.12-20}$$

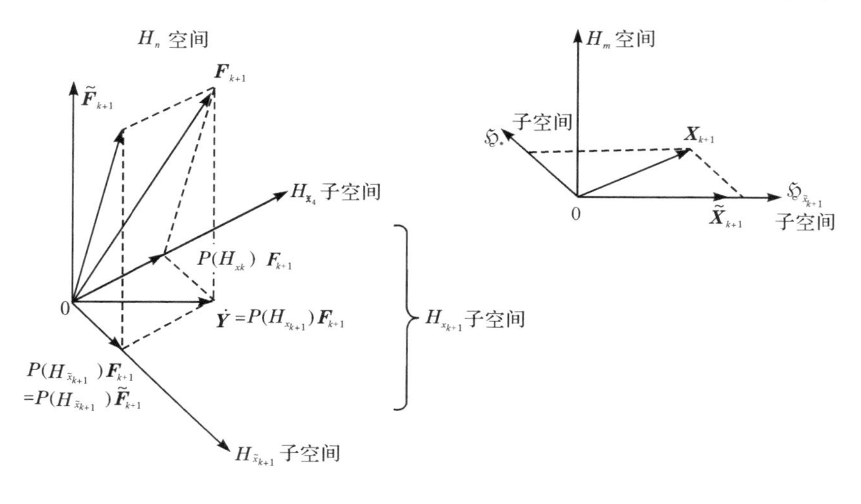

图 15.12-1

显然,$\tilde{\boldsymbol{F}}_{k+1}$ 在子空间 $H_{\tilde{\boldsymbol{X}}_{k+1}}$ 上的投影就等于 $\boldsymbol{F}_{k+1}$ 在子空间 $H_{\tilde{\boldsymbol{X}}_{k+1}}$ 上的投影

$$P(H_{\tilde{X}_{k+1}})\tilde{F}_{k+1} = P(H_{\tilde{X}_{k+1}})[F_{k+1} - P(H_{\mathfrak{X}_k})F_{k+1}] = P(H_{\tilde{X}_{k+1}})F_{k+1} \tag{15.12-21}$$

由式(15.12-20)可得出 $\tilde{F}_{k+1}$ 的方差阵为

$$\Sigma^2_{\tilde{F}_{k+1}} = \Phi_{k+1,k}\Sigma^2_{\mathring{E}k}\Phi^{\tau}_{k+1,k} + G_k\Sigma^2_{W_k}G^{\tau}_k \tag{15.12-22}$$

其中 $\Sigma^2_{\mathring{E}k}$ 是 t_k 时刻最优输出误差的方差阵。

由式(15.12-6),(15.12-11),(15.12-15)和(15.12-20)可以得到新息 X_{k+1} 的表达式

$$\begin{aligned}\tilde{X}_{k+1} &= X_{k+1} - P(\mathfrak{H}_{\mathfrak{X}_k})X_{k+1} = X_{k+1} - P(\mathfrak{H}_{\mathfrak{X}_k})C_{k+1}F_{k+1} - P(\mathfrak{H}_{\mathfrak{X}_k})N_{k+1} \\ &= X_{k+1} - C_{k+1}P(H_{\mathfrak{X}_k})F_{k+1} = X_{k+1} - C_{k+1}\Phi_{k+1,k}\mathring{Y}_k \end{aligned} \tag{15.12-23}$$

或

$$\tilde{X}_{k+1} = C_{k+1}\Phi_{k+1,k}\mathring{E}_k + C_{k+1}G_kW_k + N_{k+1} = C_{k+1}\tilde{F}_{k+1} + N_{k+1} \tag{15.12-24}$$

现在来计算式(15.12-18)中右边的第二个分量。根据式(15.12-4)中直交投影算子 $P(H_{\mathfrak{X}_k})$ 的表达形式可以得到

$$P(H_{\tilde{X}_{k+1}})F_{k+1} = P(H_{\tilde{X}_{k+1}})\tilde{F}_{k+1} = R_{F_{k+1},X_{k+1}}\Sigma^{-2}_{\tilde{X}_{k+1}}\tilde{X}_{k+1}$$

根据式(15.12-20),(15.12-15)和 $\mathring{Y}_k \in H_{\mathfrak{X}_k}$,所以得到

$$R_{\tilde{F}_{k+1},N_{k+1}} = \Phi_{k+1,k}R_{F_k,N_{k+1}} - \Phi_{k+1,k}R_{\mathring{Y}_k,N_{k+1}} + G_kR_{W_k,N_{k+1}} = O$$

因此

$$R_{\tilde{F}_{k+1},X_{k+1}} = \Sigma^2_{\tilde{F}_{k+1}}C^{\tau}_{k+1} + R_{\tilde{F}_{k+1},N_{k+1}} = \Sigma^2_{\tilde{F}_{k+1}}C^{\tau}_{k+1} \tag{15.12-25}$$

$$\begin{aligned}\Sigma^2_{\tilde{X}_{k+1}} &= C_{k+1}\Sigma^2_{\tilde{F}_{k+1}}C^{\tau}_{k+1} + \Sigma^2_{N_{k+1}} + C_{k+1}R_{\tilde{F}_{k+1},N_{k+1}} + R_{N_{k+1},F_{k+1}}C^{\tau}_{k+1} \\ &= C_{k+1}\Sigma^2_{\tilde{F}_{k+1}}C^{\tau}_{k+1} + \Sigma^2_{N_{k+1}}\end{aligned} \tag{15.12-26}$$

我们把 $R_{F_{k+1}\tilde{X}_{k+1}}\Sigma^{-2}_{\tilde{X}_{k+1}}$ 叫做最优线性过滤的增益阵,记以 K_{k+1},它是一个 $n\times m$ 阶矩阵

$$K_{k+1} = R_{F_{k+1}\tilde{X}_{k+1}}\Sigma^{-2}_{\tilde{X}_{k+1}} = \Sigma^2_{\tilde{F}_{k+1}}C^{\tau}_{k+1}(C_{k+1}\Sigma^2_{\tilde{F}_{k+1}}C^{\tau}_{k+1} + \Sigma^2_{N_{k+1}})^{-1} \tag{15.12-27}$$

K_{k+1} 的几何意义就是 F_{k+1}(或 $\tilde{F}_{k+1}$)在子空间 $H_{\tilde{X}_{k+1}}$ 上的直交投影的系数阵。于是,t_{k+1} 时刻最优线性过滤的输出 $\mathring{Y}_{k+1}$ 就可以由 t_k 时刻的输出 $\mathring{Y}_k$ 递推得到

$$\mathring{Y}_{k+1} = \Phi_{k+1,k}\mathring{Y}_k + K_{k+1}[X_{k+1} - C_{k+1}\Phi_{k+1,k}\mathring{Y}_k] \tag{15.12-28}$$

如果取信号初值的数学期望 $\overline{F}_0$ 作为最优输出的初值 $\mathring{Y}_0$;那么 $\mathring{Y}_{k+1}$ 的数学期望和 F_{k+1} 的数学期望同样都是零,所以是无偏的。

为了完成递推计算,还需要知道最优输出误差的方差阵 $\Sigma^2_{\mathring{E}_k}$ 的递推公式。由式(15.12-10),(15.12-11)和(15.12-28)得到

$$\mathring{\boldsymbol{E}}_{k+1}=\boldsymbol{F}_{k+1}-\mathring{\boldsymbol{Y}}_{k+1}=(E-K_{k+1}C_{k+1})[\Phi_{k+1,k}\mathring{\boldsymbol{E}}_k+G_k\boldsymbol{W}_k]-K_{k+1}\boldsymbol{N}_{k+1}$$
$$=(E-K_{k+1}C_{k+1})\widetilde{\boldsymbol{F}}_{k+1}-K_{k+1}\boldsymbol{N}_{k+1} \tag{15.12-29}$$

因此

$$\Sigma^2_{\mathring{\boldsymbol{E}}_{k+1}}=(E-K_{k+1}C_{k+1})\Sigma^2_{\widetilde{\boldsymbol{F}}_{k+1}}(E-K_{k+1}C_{k+1})^{\tau}+K_{k+1}\Sigma^2_{\boldsymbol{N}_{k+1}}K^{\tau}_{k+1} \tag{15.12-30}$$

其中 E 为单位矩阵，将 $\boldsymbol{F}_0$ 的方差阵 $\Sigma^2_{\boldsymbol{F}_0}$ 作为输出误差方差阵的初值 $\Sigma^2_{\mathring{\boldsymbol{E}}_0}$，最小的均方误差就是方差阵 $\Sigma^2_{\mathring{\boldsymbol{E}}_k}$ 的迹。

如果 K_{k+1} 不取式(15.12-27)中计算出来的值，那么由式(15.12-28)得出的输出 $\boldsymbol{Y}_k$ 就不是最优的，由式(15.12-30)得出的输出误差方差阵 $\Sigma^2_{\boldsymbol{E}_k}$ 也不是最优的，故 $\mathrm{tr}(\Sigma^2_{\boldsymbol{E}_k})\geqslant\mathrm{tr}(\Sigma^2_{\mathring{\boldsymbol{E}}_k})$。

把上面叙述的递推计算公式综合起来可以建立如下的计算流程图。

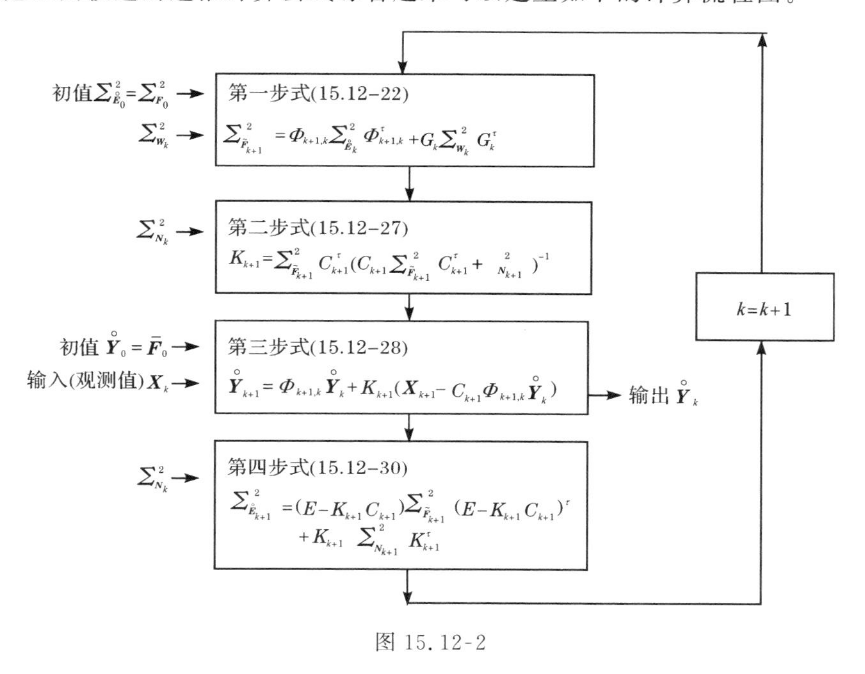

图 15.12-2

这样，在已给定的信号模型和观测量模型特性 $\Phi_{k+1,k}$，G_k，C_k 和 $\boldsymbol{W}_k$，$\boldsymbol{N}_k$ 的统计特性 $\Sigma^2_{\boldsymbol{W}_k}$，$\Sigma^2_{\boldsymbol{N}_k}$ 的条件下，由初始条件 $\mathring{\boldsymbol{Y}}_0\Sigma^2_{\mathring{\boldsymbol{E}}_0}$ 和观测值的某个现实 $\boldsymbol{x}_k$，$k=0,1,2,\cdots$ 就可以递推计算出最优线性过滤的增益阵 K_k，最优输出的某个现实 $\mathring{\boldsymbol{y}}_k$，$k=0,1,2,\cdots$ 和最优输出误差的方差 $\Sigma^2_{\mathring{\boldsymbol{E}}_k}$。如果只对输出误差的方差感兴趣，那可以不必计算增益阵和最优输出，这时 $\Sigma^2_{\mathring{\boldsymbol{E}}_{k+1}}$ 也可以不必从 K_{k+1} 算出。把式(15.12-27)代入式(15.12-30)就得到

$$\Sigma^2_{\mathring{E}_{k+1}} = \Sigma^2_{\widetilde{F}_{k+1}} - \Sigma^2_{\widetilde{F}_{k+1}} C^{\tau}_{k+1}(C_{k+1}\Sigma^2_{\widetilde{F}_{k+1}} C^{\tau}_{k+1} + \Sigma^2_{N_{k+1}})^{-1} C_{k+1}\Sigma^2_{\widetilde{F}_{k+1}} \quad (15.12\text{-}31)$$

只用式(15.12-22)和式(15.12-31)就可直接递推算出最优输出误差的方差阵,同样,式(15.12-30)也可写成另一种形式

$$\Sigma^2_{\mathring{E}_{k+1}} = (E - K_{k+1}C_{k+1})\Sigma^2_{\widetilde{F}_{k+1}} \quad (15.12\text{-}32)$$

最优线性递推过滤器的结构可以用图 15.12-3 来表示,它与信号模型有很密切的关系。

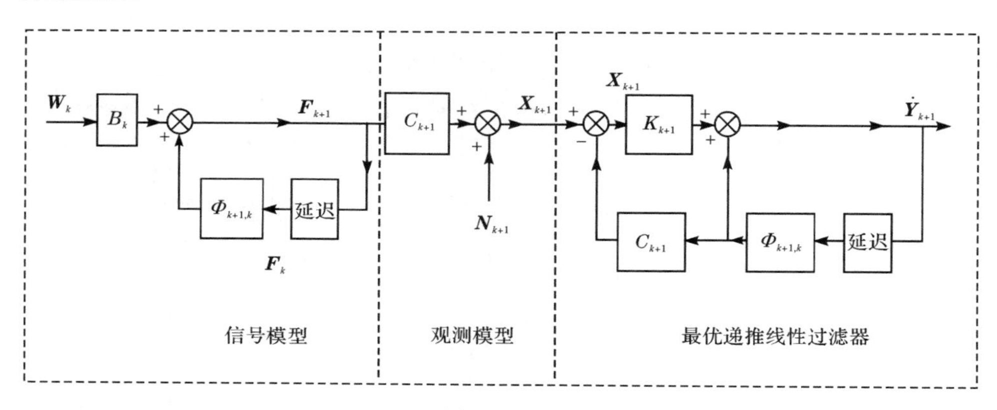

图 15.12-3

正因为理想输出(即待检测信号)有它的规律性,根据前一时刻的值可以大概估计现时值,所以过滤器的实际输出也应遵循此规律。但是还知道与待测信号现时值有关系的观测值,这样可以根据现时的观测值对实际输出进行修正。而现时观测值中的一部分与以前的观测值有关,因此只需用现时观测值中的新息部分来修正实际输出。这相当于一个反馈控制系统,只要选择合适的增益阵就能使输出的均方误差最小。如果信号是白色的,无法根据前一时刻的值来估计现时值,那么过滤器只能根据现时观测值来估计现时信号值。如果在观测值中噪声 $\boldsymbol{N}_k$ 占了很大比重,那么增益阵 K_k 就“很小”,过滤器基本上根据信号的规律性由前一时刻的输出值来推算现时的输出值。

从这个最优递推线性过滤器出发,现在已有了许多推广,我们在这里只叙述几种情况,其他情况可以参看文献[21,25]。

第一种情况:如果信号和观测量随机向量的数学期望不是零,或者含有非随机的分量,我们都可以把它归结为含有非随机的分量。这时信号和观测值可表示为

$$\boldsymbol{F}_{k+1} = \Phi_{k+1,k}\boldsymbol{F}_k + \Psi_k\boldsymbol{u}_k + G_k\boldsymbol{W}_k \quad (15.12\text{-}33)$$

$$\boldsymbol{X}_k = C_k\boldsymbol{F}_k + \boldsymbol{d}_k + \boldsymbol{N}_k \quad (15.12\text{-}34)$$

其中 $\boldsymbol{u}_k$,$\boldsymbol{d}_k$ 分别是 r 维,m 维非随机的向量序列,Ψ_k 为 $n\times r$ 阶矩阵,信号初值 $\boldsymbol{F}_0$ 的数学期望可能不是零,其他都和以前的假设一样。这时,信号和观测量的数学

期望都不等于零

$$\overline{\boldsymbol{F}}_{k+1}=\Phi_{k+1,k}\overline{\boldsymbol{F}}_k+\Psi_k\boldsymbol{u}_k \tag{15.12-35}$$

$$\overline{\boldsymbol{X}}_k=C_k\overline{\boldsymbol{F}}_k+\boldsymbol{d}_k \tag{15.12-36}$$

为了保证输出的无偏性，要求

$$\overline{\mathring{\boldsymbol{Y}}}_k=\overline{\boldsymbol{F}}_k \tag{15.12-37}$$

这时 $\boldsymbol{F}_k-\overline{\boldsymbol{F}}_k,\boldsymbol{X}_k-\overline{\boldsymbol{X}}_k$ 的数学期望都是零，它们满足于式(15.12-10)和(15.12-11)，我们可以得到 $\mathring{\boldsymbol{Y}}_{k+1}-\overline{\mathring{\boldsymbol{Y}}}_{k+1}$ 的最优输出，再考虑到式(15.12-35)—(15.12-37)就可以得出 t_{k+1} 时刻的最优输出

$$\mathring{\boldsymbol{Y}}_{k+1}=\Phi_{k+1,k}\mathring{\boldsymbol{Y}}_k+\Psi_k\boldsymbol{u}_k+K_{k+1}(\boldsymbol{X}_{k+1}-\boldsymbol{d}_{k+1}-C_{k+1}\Phi_{k+1,k}\mathring{\boldsymbol{Y}}_k-C_{k+1}\Psi_k\boldsymbol{u}_k) \tag{15.12-38}$$

初值是 $\mathring{\boldsymbol{Y}}_0=\overline{\boldsymbol{F}}_0$，而 $\Sigma^2_{\tilde{\boldsymbol{F}}_{k+1}},K_{k+1},\Sigma^2_{\mathring{\boldsymbol{E}}_{k+1}}$ 的计算都和数学期望无关，所以式(15.12-22)，(15.12-27)和(15.12-30)仍有效。

第二种情况：在信号和输入模型式(15.12-10)和(15.12-11)中，信号 $\boldsymbol{F}_k$ 和噪声 $\boldsymbol{N}_k$ 相关。

(1) 如果

$$R_{\boldsymbol{W}_k,\boldsymbol{N}_{j+1}}=R_{\boldsymbol{WN}_k}\delta_{kj} \tag{15.12-39}$$

那么 $\boldsymbol{F}_k$ 和 $\boldsymbol{N}_k$ 只在同一时刻才相关。这时求 $\mathring{\boldsymbol{Y}}_{k+1}$ 的式(15.12-27)和求 $\Sigma^2_{\tilde{\boldsymbol{F}}_{k+1}}$ 的式(15.12-22)都不变，而求 K_{k+1} 的式(15.12-27)就应改为

$$\begin{aligned}K_{k+1}=&(\Sigma^2_{\tilde{\boldsymbol{F}}_{k+1}}C^\tau_{k+1}+G_kR_{\boldsymbol{WN}_k})\\&\times[C_{k+1}\Sigma^2_{\tilde{\boldsymbol{F}}_{k+1}}C^\tau_{k+1}+\Sigma^2_{\boldsymbol{N}_{k+1}}+C_{k+1}G_kR_{\boldsymbol{WN}_k}+R^\tau_{\boldsymbol{WN}_k}G^\tau_kC^\tau_{k+1}]^{-1}\end{aligned} \tag{15.12-40}$$

求 $\Sigma^2_{\mathring{\boldsymbol{E}}_{k+1}}$ 的式(15.12-30)应改为

$$\begin{aligned}\Sigma^2_{\mathring{\boldsymbol{E}}_{k+1}}=&(E-K_{k+1}C_{k+1})\Sigma^2_{\tilde{\boldsymbol{F}}_{k+1}}(E-K_{k+1}C_{k+1})^\tau+K_{k+1}\Sigma^2_{\boldsymbol{N}_{k+1}}K_{k+1}\\&-(E-K_{k+1}C_{k+1})G_kR_{\boldsymbol{WN}_k}K^\tau_{k+1}-K_{k+1}R^\tau_{\boldsymbol{WN}_k}G^\tau_k(I-K_{k+1}C_{k+1})^\tau\end{aligned} \tag{15.12-41}$$

(2)如果

$$R_{\boldsymbol{W}_k\boldsymbol{N}_j}=R_{\boldsymbol{WN}_k}\delta_{kj} \tag{15.12-42}$$

这时，求最优递推输出 $\mathring{\boldsymbol{Y}}_{k+1}$ 的式(15.12-28)应改为

$$\mathring{\boldsymbol{Y}}_{k+1}=P(H_{\mathfrak{X}_k})\boldsymbol{F}_{k+1}+K_{k+1}[\boldsymbol{X}_{k+1}-C_{k+1}P(H_{\mathfrak{X}_k})\boldsymbol{F}_{k+1}] \tag{15.12-43}$$

$$P(H_{\mathfrak{X}_k})\boldsymbol{F}_{k+1}=\Phi_{k+1,k}\mathring{\boldsymbol{Y}}_k+(G_kR_{\boldsymbol{WN}_k}\Sigma^{-2}_{\boldsymbol{N}_k})(\boldsymbol{X}_k-C_k\mathring{\boldsymbol{Y}}_k) \tag{15.12-44}$$

求 $\Sigma^2_{\tilde{\boldsymbol{F}}_{k+1}}$ 的式(15.12-22)应改为

$$\Sigma^2_{\tilde{F}\ k+1} = (\Phi_{k+1,k} - G_k R_{WN_k} \Sigma^{-2}_{N_k}) \Sigma^2_{\mathring{E}_k} (\Phi_{k+1,k} - G_k R_{WN_k} \Sigma^{-2}_{N_k})^{\tau}$$
$$+ G_k \Sigma^2_{W_k} G_k^{\tau} - G_k R_{WN_k} \Sigma^{-2}_{N_k} R^{\tau}_{WN_k} G_k^{\tau} \qquad (15.12\text{-}45)$$

而求 K_{k+1}的式(15.12-27)和求 $\Sigma^2_{\mathring{E}_{k+1}}$ 的式(15.12-30)都不变。

显然,在这两种情况中如果 $R_{WN_k}=0$,即 $\boldsymbol{W}_k$ 序列和 $\boldsymbol{N}_k$ 序列根本不相关,那么最优线性递推公式就是式(15.12-22),(15.12-27),(15.12-28)和(15.12-30)。当 $t_{k+1}-t_k \to 0$ 时,随机序列就趋于随机过程,这两种情况的过滤公式都趋于第15.11节中的式(15.11-15),(15.11-19)和(15.11-22)。

第三种情况为有色噪声问题。如果信号模型式(15.12-10)中随机序列 $\boldsymbol{W}_k$ 不是白色的,它有某种不均匀的谱密度,那么可以把它看成是白色随机序列 $\boldsymbol{V}_k$ 作用于某一线性成型滤波器后的输出序列

$$\boldsymbol{W}_{k+1} = \Xi_{k+1,k} \boldsymbol{W}_k + \boldsymbol{V}_k \qquad (15.12\text{-}46)$$

其中 $\boldsymbol{V}_k$ 与 $\boldsymbol{N}_k$ 是互不相关的随机序列。把式(15.12-46)与(15.12-10)结合起来,可以构成一个新的信号模型

$$\begin{pmatrix} \boldsymbol{F}_{k+1} \\ \boldsymbol{W}_{k+1} \end{pmatrix} = \begin{pmatrix} \Phi_{k+1,k} & G_k \\ 0 & \Xi_k \end{pmatrix} \begin{pmatrix} \boldsymbol{F}_k \\ \boldsymbol{W}_k \end{pmatrix} + \begin{pmatrix} 0 \\ E \end{pmatrix} \boldsymbol{V}_k \qquad (15.12\text{-}47)$$

其中 E 是单位矩阵而观测模型为

$$\boldsymbol{X}_k = (C_k, 0) \begin{pmatrix} \boldsymbol{F}_k \\ \boldsymbol{W}_k \end{pmatrix} + \boldsymbol{N}_k \qquad (15.12\text{-}48)$$

这样就可以按照白随机序列的情况去进行过滤。这种方法的缺点是新信号的维数扩大了,增加了计算量,而我们要求的输出只和新信号中部分分量有关。

对于观测模型中的随机序列 $\boldsymbol{N}_k$ 是有色噪声的情况,也可以用扩大信号维数的方法。但这种新的观测模型中没有新的白噪声,这在计算中可能会碰到不可逆矩阵的求逆问题,使计算难于继续进行。处理输入模型中有色随机噪声的问题还有一些方法[5],我们在这里就不再一一列举了。

第四种情况为预测过滤问题。如果过滤器在 t_k 时刻的理想输出不是 t_k 时刻的信号 $\boldsymbol{F}_k$,而是 t_{k+1}时刻的信号 $\boldsymbol{F}_{k+l}$, $l>0$,而过滤器的输入仍是 t_k 以及以前时刻的观测值 $\boldsymbol{X}_1, \boldsymbol{X}_2, \cdots, \boldsymbol{X}_k$,这就是预测过滤问题。由于信号模型式(15.12-10)中的 $\Phi_{k+1,k}$有这样的性质

$$\Phi_{kj} \Phi_{jl} = \Phi_{kl} \qquad (15.12\text{-}49)$$

$$\Phi_{k,k} = E \qquad (15.12\text{-}50)$$

因此

$$\boldsymbol{F}_{k+l} = \Phi_{k+l,k} \boldsymbol{F}_k + \Phi_{k+l,k+1} G_k \boldsymbol{W}_k + \cdots + \Phi_{k+l,k+l-1} G_{k+l-2} \boldsymbol{W}_{k+l-2}$$
$$+ G_{k+l-1} \boldsymbol{W}_{k+l-1} \qquad (15.12\text{-}51)$$

最优预测过滤器在 t_k 时刻的输出是

$$P(H_{\mathfrak{X}_k})\boldsymbol{Y}_{1k} = P(H_{\mathfrak{X}_k})\boldsymbol{F}_{k+l}$$
$$= \Phi_{k+1,k}P(H_{\mathfrak{X}_k})\boldsymbol{F}_k + \Phi_{k+l,k+1}P(H_{\mathfrak{X}_k})G_k\boldsymbol{W}_k + \cdots$$
$$+ P(H_{\mathfrak{X}_k})G_{k+l-1}W_{k+l-1} \tag{15.12-52}$$

由式(15.12-15)知,$\boldsymbol{W}_j\,(j\geqslant k)$的各分量与 $\boldsymbol{X}_1,\boldsymbol{X}_2,\cdots,\boldsymbol{X}_k$ 的各分量(即 $\mathfrak{X}_k$ 的各分量)互相直交,因此上式中 $P(H_{\mathfrak{X}_k})G_k\boldsymbol{W}_k=\boldsymbol{0},\cdots,P(H_{\mathfrak{X}_k})G_{k+l-1}\boldsymbol{W}_{k+l-1}=0$,最优输出是

$$P(H_{\mathfrak{X}_k})\boldsymbol{F}_{k+l} = \Phi_{k+l,k}P(H_{\mathfrak{X}_k})\boldsymbol{F}_k \tag{15.12-53}$$

最优预测过滤器在 t_k 时刻的输出误差是

$$\boldsymbol{F}_{k+1} - P(H_{\boldsymbol{X}_k})\boldsymbol{F}_{k+l} = \Phi_{k+l,k}\mathring{\boldsymbol{E}}_k + \Phi_{k+l,k+1}G_k\boldsymbol{W}_k + \cdots + G_{k+l-1}\boldsymbol{W}_{k+l-1}$$

它的方差阵是

$$\Sigma^2_{(\boldsymbol{F}_{k+l}-P(H_{\mathfrak{X}_k})\boldsymbol{F}_{k+l})} = \Phi_{k+l,k}\Sigma^2_{\mathring{\boldsymbol{E}}_k}\Phi^{\tau}_{k+l,k} + \Phi_{k+l,k+1}G_k\Sigma^2_{\boldsymbol{W}_k}G^{\tau}_k\Phi^{\tau}_{k+l,k+1}$$
$$+ \Phi_{k+l,k+l-1}G_{k+l-2}\Sigma^2_{\boldsymbol{W}_{k+l-2}}G^{\tau}_{k+l-2}\Phi^{\tau}_{k+l,k+l-1}$$
$$+ G_{k+l-1}\Sigma^2_{\boldsymbol{W}_{k+l-1}}G^{\tau}_{k+l-1} \tag{15.12-54}$$

其中 $\mathring{\boldsymbol{E}}_k$ 是最优线性过滤器在 t_k 时刻的输出误差,$\Sigma^2_{\mathring{\boldsymbol{E}}_k}$ 是最优线性过滤器输出误差的方差阵。

同样可以用这种基本方法去解决各种最优线性平滑问题。

15.13 递推过滤的渐近特性和误差分析[5]

现在我们来对最优线性递推过滤作进一步的分析。已经知道,在作递推计算时,需要知道信号在初始时刻的统计特性(数学期望和方差)。如果我们不能确切知道这些统计特性,甚至完全不知道,那么在取初值时就会有一定的误差,甚至是随机地选取。最优输出,输出误差的方差阵和最优增益阵都是从选定的初值开始递推计算的,那么这对过滤有些什么影响?

过滤器的最优输出可以写为

$$\mathring{\boldsymbol{Y}}_{k+1} = (E - K_{k+1}C_{k+1})\Phi_{k+1,k}\mathring{\boldsymbol{Y}}_k + K_{k+1}\boldsymbol{X}_k \tag{15.13-1}$$

当输入的一个现实 $\boldsymbol{x}_k$ 时间序列加到已设计好的最优过滤器后,就可以得到输出的一个现实 $\boldsymbol{y}_{k+1}$ 的时间序列

$$\boldsymbol{y}_{k+1} = (E - K_{k+1}C_{k+1})\Phi_{k+1,k}\boldsymbol{y}_k + K_{k+1}\boldsymbol{x}_k \tag{15.13-2}$$

这是一个变系数线性差分方程。我们知道:

(1) 如果对任何非负的整数 M,矩阵 $\prod_{k=0}^{M}(E - K_{k+1}C_{k+1})\Phi_{k+1,k}$ 的范数① 都小

① $n\times m$ 阶矩阵 A 的范数 $|A|$ 定义为 $|A|^2 = \mathrm{tr}(A^{\tau}A) = \sum_{i=1}^{n}\sum_{j=1}^{m}a_{ij}^2$ 。

于某个常数，那么过滤器对初始值来说是稳定的，也就是只要过滤器的两个初值 $\boldsymbol{y}_0$ 的差充分地小，那么由这两个初值开始计算的两个输出的差也是小的。

(2) 如果 $\prod_{k=0}^{M}(E-K_{k+1}C_{k+1})\Phi_{k+1,k}$ 矩阵的范数在 M 增长时趋于零，那么此过滤器对初值是渐近稳定的，也就是无论输出的初值 $\boldsymbol{y}_0$ 怎么取，只要 k 充分大后输出 $\boldsymbol{y}_k$ 都趋于同一个解。

(3) 如果对所有的非负整数 $M\geqslant L\geqslant 0$，矩阵 $\prod_{k=0}^{M}(E-K_{k+1}C_{k+1})\Phi_{k+1,k}$ 的范数小于指数序列 $c_2e^{-c_1(M-L)}$，c_1,c_2 都是大于零的常数，那么此过滤器是一致渐近稳定的，也就是除了对初值渐近稳定外，只要输入序列 $\boldsymbol{x}_k$ 是有界的，那么输出序列 $\boldsymbol{y}_k$ 也是有界的。在用数字机计算时，如果输入数据的字长是有界的，就总可以选定机器的字长使输出数据在任何时刻都不溢出。

为了说明什么样的信号和观测模型对应的最优线性递推过滤器是一致渐近稳定的，我们先介绍“一致完全能控制”和“一致完全能观测”这两个概念。假定信号和输入模型仍满足式(15.12-10)—(15.12-15)，如果存在某个正整数 N，使得能控矩阵 $C(k-N+1,k)$ 是正定的，即

$$C(k-N+1,k)=\sum_{i=k-N+1}^{k}\Phi_{k,i}G_{i-1}\Sigma_{\boldsymbol{W}_{i-1}}^{2}G_{i-1}^{\tau}\Phi_{k,i}^{\tau}>0 \qquad (15.13\text{-}3)$$

那么信号和观测模型式(15.12-10)和(15.12-11)叫做在 t_k 时刻完全能控的。能控矩阵 $C(k-N+1,k)$ 与 t_k 有关。如果存在正整数 N，使对所有的 $k\geqslant N$，矩阵 $C(k-N+1,k)$ 有一致的上下界

$$\alpha_c E\leqslant C(k-N+1,k)\leqslant\beta_C E,\quad \alpha_C>0,\quad \beta_C>0 \qquad (15.13\text{-}4)$$

其中 E 是单位矩阵，那么信号和观测模型式(15.12-10)和(15.12-11)叫做一致完全能控的。如果存在正整数 N，使得能观测矩阵 $O(k-N+1,k)$ 正定，即

$$O(k-N+1,k)=\sum_{j=k-N+1}^{k}\Phi_{j,k}^{\tau}C_j^{\tau}\Sigma_{\boldsymbol{N}_j}^{-2}C_j\Phi_{jk}>0 \qquad (15.13\text{-}5)$$

那么信号和观测模型式(15.12-10)和(15.12-11)叫做在 t_k 时刻完全能观测的。如果存在正整数 N，使对所有的 $k\geqslant N$，矩阵 $O(k-N+1,k)$ 有一致的上下界

$$\alpha_0 E\leqslant O(k-N+1,k)\leqslant\beta_0 E,\quad \alpha_0>0,\quad \beta_0>0 \qquad (15.13\text{-}6)$$

那么信号和观测模型式(15.12-10)和(15.12-11)叫做一致完全能观测的。

我们可以看出，当 $\Sigma_{\boldsymbol{W}_{i-1}}^{2}$，$\Sigma_{\boldsymbol{N}_j}^{2}$ 是单位矩阵 E 时，能控矩阵 C 和能观测矩阵 O 就相当于 $\boldsymbol{W}_k=\boldsymbol{0}$，$\boldsymbol{N}_k=\boldsymbol{0}$，并且 $\boldsymbol{F}_k$，$\boldsymbol{X}_k$ 是非随机序列 $\boldsymbol{f}_k$，$\boldsymbol{x}_k$ 时的线性离散系统的能控矩阵和能观测矩阵。这里的“能控”和“能观测”概念有它自己的物理意义。由信号模型式(15.12-10)可知，在 t_k 时刻的信号可以表达为

$$\boldsymbol{F}_k=\Phi_{k,k-N}\boldsymbol{F}_{k-N}+\sum_{i=k-N-1}^{k}\Phi_{ki}G_{i-1}\boldsymbol{W}_{i-1} \qquad (15.13\text{-}7)$$

因此 $\boldsymbol{F}_k - \Phi_{k,k-N}\boldsymbol{F}_{k-N}$ 的方差阵就是

$$\sum\nolimits^2_{(\boldsymbol{F}_k - \Phi_{k,k-N}\boldsymbol{F}_k)} = \sum_{i=k-N-1}^{k} \Phi_{k,i} G_{i-1} \Sigma^2_{\boldsymbol{W}_{i-1}} G^{\tau}_{i-1} \Phi^{\tau}_{k,i} = C(k-N+1,k)$$

能控矩阵 $C(k-N+1,k)$ 的正定性说明在 t_{k-N} 时刻信号是 $\boldsymbol{F}_{k-N}$，t_k 时刻信号是 $\boldsymbol{F}_k$ 的概率是正的，是可能的。如果能观测矩阵 $O(k-N+1,k)$ 正定，那么它的逆存在，取 $\boldsymbol{F}_k$ 的估计值 $\boldsymbol{Y}_k$ 为

$$\boldsymbol{Y}_k = O^{-1}(k-N+1,k) \sum_{j=k-N-1}^{N} \Phi^{\tau}_{j,k} C_j \Sigma^{-2}_{\boldsymbol{N}_j} \boldsymbol{X}_j \tag{15.13-8}$$

我们就可以只用 N 个时刻的观测值 $\boldsymbol{X}_{k-N+1},\cdots,\boldsymbol{X}_k$ 来估计 $\boldsymbol{F}_k$，这样的估计是无偏的，$\overline{\boldsymbol{Y}}_k = \overline{\boldsymbol{F}}_k = \boldsymbol{0}$，但它一般不是最优的。

如果信号和观测模型是一致完全能控和一致完全能观测的，那么可以证明下列事实：

(1) 最优递推线性过滤的输出误差的方差阵当 $k \geqslant 2N$ 时有上下界

$$\frac{\alpha_C}{1+n^2\beta_0\beta_C} E \leqslant \Sigma^2_{\mathring{\boldsymbol{E}}_k} \leqslant \frac{1+n^2\beta_0\beta_C}{\alpha_C} E$$

其中 n 是 $\boldsymbol{F}_k$ 和 $\mathring{\boldsymbol{Y}}_k$ 的维数。

(2) 最优递推线性过滤器式(15.13-2)是一致渐近稳定的，即

$$\left| \prod_{k=L}^{M} (E - K_{k+1} C_{k+1}) \Phi_{k+1,k} \right| \leqslant c_2 e^{-c_1(M-L)}, \quad M \geqslant L \geqslant 0, \quad c_2 > 0, \quad c_1 > 0$$

(3) 当过滤时间充分长后，最优输出 $\mathring{\boldsymbol{Y}}_k$ 将不依赖于初值 $\mathring{\boldsymbol{Y}}_0$ 的选取，最优输出误差的方差阵 $\Sigma^2_{\mathring{\boldsymbol{E}}_k}$ 也不依赖于初始方差阵 $\Sigma^2_{\mathring{\boldsymbol{E}}_0}$ 的选取。这里需要说明一下，一致完全能控和一致完全能观测是一致渐近稳定和误差方差阵有上下界的充分条件。如果不满足一致完全能控和一致完全能观测的某些条件，误差的方差阵仍可能有界或一致渐近稳定。

如果信号和输入模型是线性常系数的，白色噪声序列 $\boldsymbol{N}_k$ 和 $\boldsymbol{W}_k$ 是平稳的，那么经过充分长时刻后信号和输入都近于平稳随机序列。对这种情况，一致完全能控与完全能控是一样的，一致完全能观测与完全能观测是一样的。当 $\Sigma^2_W > 0$ 和 $\Sigma^2_N > 0$ 时，它们的充分必要条件分别是

$$\sum_{L=0}^{N-1} \Phi^L G G^{\tau} (\Phi^L)^{\tau} > 0 \tag{15.13-9}$$

$$\sum_{L=0}^{N-1} (\Phi^L)^{\tau} C^{\tau} C \Phi^L > 0 \tag{15.13-10}$$

它们都与 Σ^2_W 和 Σ^2_N 的具体值无关，这与非随机的线性常系数离散系统的完全能控、完全能观测的性能类似。我们还可以证明：对完全能控和完全能观测的线性常系数系统，不管取怎样的初值，当时间充分长后，它的输出误差的方差阵趋于一个唯一确定

的矩阵，同时它的最优增益阵也趋于一个确定的矩阵，这时过滤达到稳态。

上面考虑初值对过滤结果的影响是假设信号和观测模型都是准确的。实际上，经常发生这样的情况：按理论上说，最优过滤器是稳定的，可以算出有界的最优输出值和输出的方差阵；但是当这种理论上计算出来的最优过滤器加上观测值后，实际上得到的滤波器输出和输出误差的方差阵与理论上相差很远，甚至输出误差的方差会趋于无穷大，这样的过滤器就根本失去了作用。这称作发散现象。滤波“发散”的主要原因有下列几个方面：(1)由于对物理问题了解不够或在简化数学模型时造成信号和观测模型不准确。(2)对信号和噪声的统计特性取得不合适。(3)由于在数字计算中，受有穷字长的限制，计算的近似而引起的，特别是方差项或均方项逐渐失去正定和对称性时使真实值和理论值的差别愈来愈大。下面我们就模型不准和统计特性不准来进行分析。

假设，真实的信号和观测模型是

$$\boldsymbol{F}_{k+1} = \Phi_{k+1,k}\boldsymbol{F}_k + \boldsymbol{u}_k + \boldsymbol{W}_k \tag{15.13-11}$$

$$\boldsymbol{X}_k = C_k\boldsymbol{F}_k + \boldsymbol{d}_k + \boldsymbol{N}_k \tag{15.13-12}$$

其中 $\boldsymbol{W}_k,\boldsymbol{N}_k$ 是互不相关的数学期望是零的白色随机序列，它们的方差阵分别是 $\Sigma^2_{\boldsymbol{W}_k},\Sigma^2_{\boldsymbol{N}_k}$；$\boldsymbol{u}_k,\boldsymbol{d}_k$ 是非随机的时间序列；信号初值与 $\boldsymbol{W}_k,\boldsymbol{N}_k$ 都不相关。但是在我们计算时却采取另外的信号和观测模型

$$\boldsymbol{F}^*_{k+1} = \Phi^*_{k+1,k}\boldsymbol{F}^*_k + \boldsymbol{u}^*_k + \boldsymbol{W}^*_k \tag{15.13-13}$$

$$\boldsymbol{X}_k = C^*_k\boldsymbol{F}^*_k + \boldsymbol{d}^*_k + \boldsymbol{N}^*_k \tag{15.13-14}$$

其中符号的意义与上面相同但数值不同，加上右上角注“*”以示区别。根据式(15.13-13)和(15.13-14)得到的最优线性递推公式为

$$\mathring{\boldsymbol{Y}}^*_{k+1} = \Phi^*_{k+1,k}\mathring{\boldsymbol{Y}}^*_k + \boldsymbol{u}^*_k + K^*_{k+1}(\boldsymbol{X}_{k+1} - \boldsymbol{d}^*_{k+1} - C^*_{k+1}\Phi^*_{k+1,k}\mathring{\boldsymbol{Y}}^*_k - C^*_{k+1}\boldsymbol{u}^*_k) \tag{15.13-15}$$

$$\begin{aligned} K^*_{k+1} = {} & (\Phi^*_{k+1,k}\Sigma^2_{\mathring{\boldsymbol{E}}^*_{k0}}\Phi^{*\tau}_{k+1,k} + \Sigma^2_{\boldsymbol{W}^*_k})C^{*\tau}_{k+1}(C^*_{k+1}\Phi^*_{k+1,k}\Sigma^2_{\mathring{\boldsymbol{E}}^*_{k0}}\Phi^{\tau}_{k+1,k}C^{*\tau}_{k+1} \\ & + C^*_{k+1}\Sigma^2_{\boldsymbol{W}^*_k}C^{*\tau}_{k+1} + \Sigma^2_{\boldsymbol{N}_k})^{-1} \end{aligned} \tag{15.13-16}$$

$$\begin{aligned} \Sigma^2_{\mathring{\boldsymbol{E}}^*_{k+1}} = {} & (E - K^*_{k+1}C^*_{k+1})(\Phi^*_{k+1,k}\Sigma^2_{\mathring{\boldsymbol{E}}^*_{k0}}\Phi^{*\tau}_{k+1,k} + \Sigma^2_{\boldsymbol{W}^*_k})(E - K^*_{k+1}C^*_{k+1}) \\ & + K^*_{k+1}\Sigma^2_{\boldsymbol{N}^*_{k+1}}K^{*\tau}_{k+1} \\ = {} & (E - K^*_{k+1}C^*_{k+1})(\Phi^*_{k+1,k}\Sigma^2_{\mathring{\boldsymbol{E}}^*_{k0}}\Phi^{*\tau}_{k+1,k} + \Sigma^2_{\boldsymbol{W}^*_k}) \end{aligned} \tag{15.13-17}$$

初值 $\mathring{\boldsymbol{Y}}^*_0 = \overline{\boldsymbol{F}^*_0}$，$\Sigma^2_{\mathring{\boldsymbol{E}}^*_0} = \Sigma^2_{\boldsymbol{F}_0}$。它的渐近特性已在前面分析过。因为 $\mathring{\boldsymbol{Y}}^*_k$ 是无偏的，因此 $\overline{\mathring{\boldsymbol{E}}^*_k} = 0$，方差阵 $\Sigma^2_{\mathring{\boldsymbol{E}}^*_k}$ 就是均方误差阵 $\overline{\mathring{\boldsymbol{E}}^*_k\mathring{\boldsymbol{E}}^{*\tau}_k}$。而现在真实的误差是

$$\boldsymbol{E}_k = \boldsymbol{F}_k - \mathring{\boldsymbol{Y}}^*_k$$

$$= (E - K_k^* C_k^*)\Phi_{k,k-1}^* \boldsymbol{E}_{k-1} + (E - K_k^* C_k^*)\Delta\Phi_{k,k-1}\boldsymbol{F}_{k-1} - K_k^* \Delta C_k \boldsymbol{F}_k + (E - K_k^* C_k^*)\Delta\boldsymbol{u}_{k-1} + (E - K_k^* C_k^*)\boldsymbol{W}_{k-1} - K_k^* \boldsymbol{N}_k - K_k^* \Delta\boldsymbol{d}_k \tag{15.13-18}$$

其中

$$\Delta\Phi_{k,k-1} = \Phi_{k,k-1} - \Phi_{k,k-1}^*, \quad \Delta C_k = C_k - C_k^*, \quad \Delta\boldsymbol{u}_{k-1} = \boldsymbol{u}_{k-1} - \boldsymbol{u}_{k-1}^*$$
$$\Delta\boldsymbol{d}_{k-1} = \boldsymbol{d}_{k-1} - \boldsymbol{d}_{k-1}^* \tag{15.13-19}$$

它与式(15.13-11)一起组成递推关系式,初值 $\boldsymbol{E}_0 = \boldsymbol{F}_0 - \overline{\boldsymbol{F}_0^*}$。$\boldsymbol{E}_k$ 的数学期望就往往不等于零了,那么均方误差阵是

$$\begin{aligned}
\overline{\boldsymbol{E}_k\boldsymbol{E}_k^\tau} = & (E - K_k^* C_k^*)[\Phi_{k,k-1}^* \overline{\boldsymbol{E}_{k-1}\boldsymbol{E}_{k-1}^\tau}\Phi_{k,k-1}^{*\tau} + \Delta\Phi_{k,k-1} \overline{\boldsymbol{F}_{k-1}\boldsymbol{F}_{k-1}^\tau}\Delta\Phi_{k,k-1}^\tau \\
& + \Delta\boldsymbol{u}_{k-1}\Delta\boldsymbol{u}_{k-1}^\tau + \Sigma_{\boldsymbol{W}_{k-1}}^2 + \Phi_{k,k-1}^* \overline{\boldsymbol{E}_{k-1}\boldsymbol{F}_{k-1}^\tau}\Delta\Phi_{k,k-1}^\tau \\
& + \Delta\Phi_{k,k-1} \overline{\boldsymbol{F}_{k-1}\boldsymbol{E}_k^\tau}\Phi_{k,k-1}^{*\tau} + \Phi_{k,k-1}^* \overline{\boldsymbol{E}}_{k-1}\Delta\boldsymbol{u}_{k-1}^\tau + \Delta\boldsymbol{u}_{k-1} \overline{\boldsymbol{E}}_{k-1}^\tau\Phi_{k,k-1}^{*\tau} \\
& + \Delta\Phi_{k,k-1} \overline{\boldsymbol{F}}_{k-1}\Delta\boldsymbol{u}_{k-1}^\tau + \Delta\boldsymbol{u}_{k-1} \overline{\boldsymbol{F}}_{k-1}^\tau\Delta\Phi_{k,k-1}^\tau](E - K_k^* C_k^*)^\tau \\
& + K_k^* (\Delta C_k \overline{\boldsymbol{F}_k\boldsymbol{F}_k^\tau}\Delta C_k^\tau + \Sigma_{\boldsymbol{N}_k}^2 + \Delta\boldsymbol{d}_k\Delta\boldsymbol{d}_k^\tau + \Delta C_k \overline{\boldsymbol{F}}_k\Delta\boldsymbol{d}_k^\tau \\
& + \Delta\boldsymbol{d}_k \overline{\boldsymbol{F}_k^\tau}\Delta C_k^\tau)K_k^{*\tau} - (E - K_k^* C_k^*)[\Phi_{k,k-1}^* \overline{\boldsymbol{E}_{k-1}\boldsymbol{F}_k^\tau}\Delta C_k^\tau \\
& + \Delta\Phi_{k,k-1} \overline{\boldsymbol{F}_{k-1}\boldsymbol{F}_k^\tau}\Delta C_k^\tau + \Delta\boldsymbol{u}_{k-1} \overline{\boldsymbol{F}_k^\tau}\Delta C_k^\tau + \Sigma_{\boldsymbol{W}_{k-1}}^2\Delta C_k^\tau + \Delta\Phi_{k,k-1} \overline{\boldsymbol{F}}_{k-1}\Delta\boldsymbol{d}_k^\tau \\
& + \Phi_{k,k-1}^* \overline{\boldsymbol{E}}_{k-1}\Delta\boldsymbol{d}_k^\tau]K_k^{*\tau} - K_k^* [\Delta C_k \overline{\boldsymbol{F}_k\boldsymbol{E}_{k-1}^\tau}\Phi_{k,k-1}^{*\tau} + \Delta C_k \overline{\boldsymbol{F}_k\boldsymbol{F}_{k-1}^\tau}\Delta\Phi_{k,k-1}^\tau \\
& + \Delta C_k \overline{\boldsymbol{F}}_k\Delta\boldsymbol{u}_{k-1}^\tau + \Delta C_k\Sigma_{\boldsymbol{W}_{k-1}}^2 + \Delta\boldsymbol{d}_k \overline{\boldsymbol{E}}_{k-1}^\tau\Phi_{k,k-1}^{*\tau} + \Delta\boldsymbol{d}_k \overline{\boldsymbol{F}}_{k-1}^\tau\Delta\Phi_{k,k-1}^\tau] \\
& \times (E - K_k^* C_k^*)^\tau
\end{aligned} \tag{15.13-20}$$

其中

$$\overline{\boldsymbol{F}_k\boldsymbol{F}_k^\tau} = \Phi_{k,k-1} \overline{\boldsymbol{F}_{k-1}\boldsymbol{F}_{k-1}^\tau}\Phi_{k,k-1}^\tau + \overline{\boldsymbol{u}_{k-1}\boldsymbol{u}_{k-1}^\tau} + \Sigma_{\boldsymbol{W}_{k-1}}^2 + \Phi_{k,k-1} \overline{\boldsymbol{F}}_{k-1}\boldsymbol{u}_{k-1}^\tau + \boldsymbol{u}_{k-1} \overline{\boldsymbol{F}_{k-1}^\tau}\Phi_{k,k-1}^\tau \tag{15.13-21}$$

$$\overline{\boldsymbol{E}_{k-1}\boldsymbol{F}_k^\tau} = \overline{\boldsymbol{E}_{k-1}\boldsymbol{F}_{k-1}^\tau}\Phi_{k,k-1}^\tau + \overline{\boldsymbol{E}_{k-1}}\boldsymbol{u}_{k-1}^\tau \tag{15.13-22}$$

$$\overline{\boldsymbol{E}_k\boldsymbol{F}_k^\tau} = (E - K_k^* C_k^*)[\Phi_{k,k-1}^* \overline{\boldsymbol{E}_{k-1}\boldsymbol{F}_k^\tau} + \Delta\Phi_{k,k-1} \overline{\boldsymbol{F}_{k-1}\boldsymbol{F}_k^\tau} + \Delta\boldsymbol{u}_{k-1} \overline{\boldsymbol{F}_k^\tau} + \Sigma_{\boldsymbol{W}_{k-1}}^2] - K_k^* [\Delta C_k \overline{\boldsymbol{F}_k\boldsymbol{F}_k^\tau} + \Delta\boldsymbol{d}_k \overline{\boldsymbol{F}_k^\tau}] \tag{15.13-23}$$

$$\overline{\boldsymbol{F}_{k-1}\boldsymbol{F}_k^\tau} = \overline{\boldsymbol{F}_{k-1}\boldsymbol{F}_{k-1}^\tau}\Phi_{k,k-1} + \overline{\boldsymbol{F}_{k-1}}\boldsymbol{u}_{k-1} \tag{15.13-24}$$

$$\overline{\boldsymbol{E}}_k = (E - K_k^* C_k^*)[\Phi_{k,k-1}^* \overline{\boldsymbol{E}}_{k-1} + \Delta\Phi_{k,k-1} \overline{\boldsymbol{F}}_{k-1} + \Delta\boldsymbol{u}_{k-1}] - K_k^* [\Delta C_k \overline{\boldsymbol{F}}_k + \Delta\boldsymbol{d}_k] \tag{15.13-25}$$

$$\overline{\boldsymbol{F}}_k = \Phi_{k,k-1} \overline{\boldsymbol{F}}_{k-1} + \boldsymbol{u}_{k-1} \tag{15.13-26}$$

而初值

$$\overline{\boldsymbol{E}_0\boldsymbol{E}_0^\tau} = \overline{(\boldsymbol{F}_0 - \boldsymbol{F}_0^*)(\boldsymbol{F}_0 - \boldsymbol{F}_0^*)^\tau} = \overline{\Delta\boldsymbol{F}_0} \cdot \overline{\Delta\boldsymbol{F}_0^\tau} \tag{15.13-27}$$

$$\overline{\boldsymbol{F}_0\boldsymbol{F}_0^\tau} = \overline{\boldsymbol{F}_0} \cdot \overline{\boldsymbol{F}_0^\tau} + \Sigma_{\boldsymbol{F}_0}^2 \tag{15.13-28}$$

$$\overline{\boldsymbol{E}_0\boldsymbol{F}_0^\tau} = \Sigma_{\boldsymbol{F}_0}^2 + \overline{\Delta\boldsymbol{F}_0} \cdot \overline{\boldsymbol{F}_0^\tau} \tag{15.13-29}$$

$$\overline{\boldsymbol{E}_0} = \overline{\Delta \boldsymbol{F}_0} = \overline{\boldsymbol{F}_0} - \overline{\boldsymbol{F}_0^*} \tag{15.13-30}$$

现在来讨论几种情况

(1) $\Phi_{k,k-1}, C_k, \boldsymbol{u}_k, \boldsymbol{d}_k$ 都准确无误差，只是 $\Sigma^2_{\boldsymbol{W}_k}, \Sigma^2_{\boldsymbol{N}_k}$ 和初值有误差。这时

$$\boldsymbol{E}_k = (E - K_k^* C_k)\Phi_{k,k-1}\boldsymbol{E}_{k-1} + (E - K_k^* C_k)\boldsymbol{W}_{k-1} - K_k^* \boldsymbol{N}_k \tag{15.13-31}$$

$$\overline{\boldsymbol{E}_k \boldsymbol{E}_k^\tau} = (E - K_k^* C_k)[\Phi_{k,k-1} \overline{\boldsymbol{E}_{k-1}\boldsymbol{E}_{k-1}^\tau}\Phi_{k,k-1}^\tau + \Sigma^2_{\boldsymbol{W}_{k-1}}](E - K_k^* C_k)^\tau + K_k^* \Sigma^2_{N_k} K_k^* \tag{15.13-32}$$

把式(15.13-32)与(15.13-17)相比较，可得出结论：只要计算时模型式(15.13-13)和(15.13-14)的 $\Sigma^2_{\boldsymbol{W}_{k-1}^*}, \Sigma^2_{\boldsymbol{N}_k^*}$ 和初值 $\Sigma^2_{\boldsymbol{F}_0^*}$ 分别大于或等于真实的 $\Sigma^2_{\boldsymbol{W}_{k-1}}$，$\Sigma^2_{\boldsymbol{N}_k}$ 和初值 $\overline{\boldsymbol{E}_0\boldsymbol{E}_0^\tau}$，那么对所有时刻 t_k，按模型式(15.13-13)和(15.13-14)计算出来的 $\Sigma^2_{\dot{\boldsymbol{E}}_k^*} = \overline{\dot{\boldsymbol{E}}_k^* \dot{\boldsymbol{E}}_k^{*\tau}}$ 永远大于或等于真实的均方误差阵 $\overline{\boldsymbol{E}_k\boldsymbol{E}_k^\tau}$。另外，如果模型式(15.13-13)和(15.13-14)是一致完全能控和一致完全能观测的，那么真实的均方误差阵是有界的，不发生发散现象。

(2) $\Phi_{k,k-1}$ 和 C_k 都准确而 $\boldsymbol{u}_{k-1}$ 和 $\boldsymbol{d}_k$ 不准确，这是由于某些模型中含有不准确的参数或非线性系统线性化后引起的。这时

$$\boldsymbol{E}_k = (E - K_k^* C_k)[\Phi_{k,k-1}\boldsymbol{E}_{k-1} + \Delta \boldsymbol{u}_{k-1} + \boldsymbol{W}_{k-1}] - K_k^* (\boldsymbol{N}_k + \Delta \boldsymbol{d}_k) \tag{15.13-33}$$

$$\begin{aligned}
\overline{\boldsymbol{E}_k \boldsymbol{E}_k^\tau} = {} & (E - K_k^* C_k)[\Phi_{k,k-1} \overline{\boldsymbol{E}_{k-1}\boldsymbol{E}_{k-1}^\tau}\Phi_{k,k-1}^\tau + \Delta \boldsymbol{u}_{k-1}\Delta \boldsymbol{u}_{k-1}^\tau + \Sigma^2_{\boldsymbol{W}_{k-1}} \\
& + \Phi_{k,k-1} \overline{\boldsymbol{E}_{k-1}}\Delta \boldsymbol{u}_{k-1}^\tau + \Delta \boldsymbol{u}_{k-1} \overline{\boldsymbol{E}_{k-1}^\tau}\Phi_{k,k-1}^\tau](E - K_k^* C_k)^\tau \\
& + K_k^* (\Sigma^2_{\boldsymbol{N}_k} + \Delta \boldsymbol{d}_{k-1}\Delta \boldsymbol{d}_{k-1}^\tau)K_k^{*\tau} - (E - K_k^* C_k)[\Phi_{k,k-1} \overline{\boldsymbol{E}}_{k-1}\Delta \boldsymbol{d}_k^\tau \\
& + \Delta \boldsymbol{u}_{k-1}\Delta \boldsymbol{d}_{k-1}^\tau]K_k^{*\tau} - K_k^* [\Delta \boldsymbol{d}_k \overline{\boldsymbol{E}_{k-1}^\tau}\Phi_{k,k-1}^\tau + \Delta \boldsymbol{d}_k \Delta \boldsymbol{u}_{k-1}] \\
& \times (E - K_k^* C_k)^\tau
\end{aligned} \tag{15.13-34}$$

$$\overline{\boldsymbol{E}_k} = (E - K_k^* C_k)\Phi_{k,k-1} \overline{\boldsymbol{E}_{k-1}} + (E - K_k^* C_k)\Delta \boldsymbol{u}_{k-1} - \boldsymbol{K}_k^* \Delta \boldsymbol{d}_k \tag{15.13-35}$$

同样可以证明：如果信号和观测模型式(15.13-13)和(15.13-14)是一致完全能控和一致完全能观测的，且对所有的 k，$\Delta \boldsymbol{u}_k$ 有一致的上界，真实的

$$\Sigma^2_{\boldsymbol{W}_k} \leqslant c_1 \Sigma^2_{\boldsymbol{W}_k^*}, \quad \Sigma^2_{\boldsymbol{N}_k} \leqslant c_2 \Sigma^2_{\boldsymbol{N}_k^*}$$

c_1, c_2 是大于零的常数，$\Sigma^2_{N_k}$ 是正定的，那么真实的均方误差阵 $\overline{\boldsymbol{E}_k\boldsymbol{E}_k^\tau}$ 一定有一致的上界，也就是不出现“发散”现象。

这样，在设计最优线性递推过滤器时，对模型式(15.13-13)，(15.13-14)选取合适的 $\Sigma^2_{\boldsymbol{W}_k^*}, \Sigma^2_{\boldsymbol{N}_k^*}$ 有可能使模型具有一致完全能控和一致完全能观测的性能从而防止模型和统计特性不准确而引起的“发散”现象。

现在举一个简单的例子。假设真实的信号和观测模型是

$$F_k = F_{k-1} + u, \quad X_k = F_k + N_k$$

而在设计最优过滤器时，由于对参数 u 了解不准确，我们的模型取作

$$F_k^* = F_{k-1}^* + u^*, \quad X_k = F_k^* + N_k$$

其中 N_k 是数学期望为零的平稳白色噪声 $\sigma_{N_k}^2 = \sigma_N^2$。对于初值我们只知道数学期望为零，散布很大，于是我们取 $\mathring{\boldsymbol{Y}}_0^* = \overline{\boldsymbol{F}_0} = 0, \sigma_{\mathring{E}_0^*}^2 \to \infty$。根据最优过滤公式可以算出

$$\sigma_{\tilde{F}_k}^2 = \sigma_{\mathring{E}_{k-1}}^2, \quad k_k^* = \sigma_{\tilde{F}_k^*}^2 / (\sigma_{\tilde{F}_k^*}^2 + \sigma_{N_k}^2)$$

$$\sigma_{\mathring{E}_k^*}^2 = (1 - k_k^*)\sigma_{\tilde{F}_k}^2 (1 - k_k^*) + k_k^* \sigma_N^2 k_k^* = \sigma_{\tilde{F}_k^*}^2 \sigma_N^2 / (\sigma_{\tilde{F}_k^*}^2 + \sigma_N^2)$$

再根据初值 $\sigma_{\mathring{E}_0^*}^2 \to \infty$，可得到 $k_1^* = 1, \sigma_{\mathring{E}_1}^2 = \sigma_N^2$，依次递推就得到

$$k_k^* = \frac{1}{k}, \quad \sigma_{\mathring{E}_k^*}^2 = \frac{1}{k}\sigma_N^2$$

最优输出为

$$\begin{aligned}
\mathring{Y}_k^* &= \mathring{Y}_{k-1}^* + u^* + k_k^*(X_k - \mathring{Y}_{k-1} - u^*) \\
&= \left(1 - \frac{1}{k}\right)(\mathring{Y}_{k-1} + u^*) + \frac{1}{k}X_k \\
&= \frac{k-1}{2}u^* + \frac{1}{k}\sum_{i=1}^{k} X_k \\
\overline{E_k^*} &= 0
\end{aligned}$$

在理论上计算出来的过滤器的输出均方误差 $\overline{(\mathring{E}_k^*)^2} = \sigma_{\mathring{E}_k^*}^2 = \frac{1}{k}\sigma_N^2$ 随 k 的增长趋于零。但是当我们把真实的观测值 $X_k = F_k + N_k$ 加到滤波器后，得到的输出则是

$$Y_k = \frac{k-1}{2}u^* + \frac{1}{k}\sum_{l=1}^{k}(F_l + N_l) = F_0 + \frac{k-1}{2}u^* + \frac{k+1}{2}u + \frac{1}{k}\sum_{l=1}^{k} N_l$$

输出误差是

$$E_k = F_k - Y_k = \frac{k-1}{2}\Delta u - \frac{1}{k}\sum_{l=1}^{k} N_l$$

其中 $\Delta u = u - u^*$，它的数学期望 $\overline{E}_k = \frac{k-1}{2}\Delta u$，不等于零，而且随着 k 的增长而增长。输出的均方误差是

$$\overline{E_k^2} = \frac{(k-1)^2}{4}\Delta u^2 + \frac{1}{k}\sigma_N^2$$

它随 k 的增长而更迅速地增长，这就出现了"发散"现象。

在这个例子中，因为过滤器的增益系数 K_k 随 k 的增长迅速减小，于是，新的观测信息在过滤器中的作用迅速变弱，到后来，主要依靠信号的模型来决定输出，模型不准起了突出作用，引起"发散"。在此例中 $\boldsymbol{W}_k$ 的方差阵 $\Sigma_{\boldsymbol{W}_k^*}^2$ 是零矩阵，如果选用正定阵 $\Sigma_{\boldsymbol{W}_k^*}^2$，那么可以改善"发散"的趋势，因模型不准确的影响会减弱些，但

不能改变“发散”的本质。因为此例中$\Phi=1$,因此加了$\Sigma_{W_k}^2>0$的条件后仍不能得到一致完全能控和一致完全能观测的性能。当$\Delta u=0$时,输出的均方误差尚可趋于稳定,但它不是那种以指数形式趋于稳定,而是以$1/k$的形式趋于稳定,已经处于稳定的边缘。当有Δu常值误差后,输出误差的数学期望就不断地增大,所以均方误差就必然发散了。这个例子可以用加大新息的作用,或采用有限记忆的方法来克服“发散”现象。也可以把参数u看作系统信号中的待定参数,在进行最优过滤的同时对参数进行估计。现在来看一个更为一般的例子。假设信号和观测模型是

$$\boldsymbol{F}_{k+1}=\Phi_{k+1,k}\boldsymbol{F}_k+\Psi_k\boldsymbol{u}_k+\Omega_k\boldsymbol{a}_k+G_k\boldsymbol{W}_k \tag{15.13-36}$$

$$\boldsymbol{X}_k=C_k\boldsymbol{F}_k+\boldsymbol{b}_k+\boldsymbol{N}_k \tag{15.13-37}$$

其中,$\boldsymbol{a}_k$,$\boldsymbol{b}_k$为未知常参数,所以

$$\boldsymbol{a}_k=\boldsymbol{a}_{k-1} \tag{15.13-38}$$

$$\boldsymbol{b}_k=\boldsymbol{b}_{k-1} \tag{15.13-39}$$

把$\boldsymbol{a}_k$,$\boldsymbol{b}_k$看做是新的信号的一部分,构成新的信号和观测模型

$$\begin{pmatrix}\boldsymbol{F}_{k+1}\\ \boldsymbol{a}_{k+1}\\ \boldsymbol{b}_{k+1}\end{pmatrix}=\begin{pmatrix}\Phi_{k+1,k} & \Omega_k & 0\\ 0 & E & 0\\ 0 & 0 & E\end{pmatrix}\begin{pmatrix}\boldsymbol{F}_k\\ \boldsymbol{a}_k\\ \boldsymbol{b}_k\end{pmatrix}+\begin{pmatrix}\Psi_k\\ 0\\ 0\end{pmatrix}\boldsymbol{u}_k+\begin{pmatrix}G_k\\ 0\\ 0\end{pmatrix}\boldsymbol{W}_k \tag{15.13-40}$$

$$\boldsymbol{X}_k=(C_k,0,E)\cdot\begin{pmatrix}\boldsymbol{F}_k\\ \boldsymbol{a}_k\\ \boldsymbol{b}_k\end{pmatrix}+\boldsymbol{N}_k \tag{15.13-41}$$

对新模型进行最优过滤时,就包含了对未知常参数的估计。在对新模型进行最优过滤就需要知道新信号初值($\boldsymbol{F}_0$,$\boldsymbol{a}_0$,$\boldsymbol{b}_0$)的数学期望和方差阵,但$\boldsymbol{a}_0$,$\boldsymbol{b}_0$的统计特性又是不知道的。只要最优过滤器是稳定的,那么$\boldsymbol{a}_0$,$\boldsymbol{b}_0$统计特性不准确对最优过滤器的输出影响是不大的,这种影响随着k的增大而趋于消失。利用扩大维数的方法还可以解决输入信号中含有非随机的且参数待定的函数问题。

对于$\boldsymbol{W}_k$,$\boldsymbol{N}_k$的统计特性不准确的问题,也可以采用自适应过滤的方法,即在用输入$\boldsymbol{X}_k$进行过滤的同时,设法对$\boldsymbol{W}_k$,$\boldsymbol{N}_k$的统计特性进行估计或修正。这方面的情况读者可以参看文献[5]。

15.14 线性二次高斯问题[21]

以前考虑最优控制问题时,系统中没有考虑随机作用的影响。这时系统的状态可以准确测量,使系统的某种性能指标达到极值的最优控制是系统状态的某种函数。本章前几节中考虑的最优过滤问题,虽然信号模型中也可能有非随机的控制输入,但它是已知的时间函数,与过滤器的输出毫无关系。实际上,经常碰到的

是这样的最优控制问题，系统中有不可忽略的随机作用的影响，这叫做最优随机控制问题。这时系统的状态是随机过程或随机序列，它不能直接测量到，只能根据与状态有关的输出来估计它。控制是根据系统的初值和系统在控制时刻的输出来决定，它应该是非随机的。性能指标应是某种统计特性。最优控制就是要寻找某种控制规律，使某项性能指标达到极值。

在各种最优随机控制问题中，线性二次高斯问题是最简单的一类，发展得较完善，且有广泛的应用。我们先较详细地讨论一下离散的(采样的)线性二次高斯问题，以后再简单地叙述连续的线性二次高斯问题，最后讨论它的应用。

在离散的线性二次高斯问题中，假设系统模型是

$$\boldsymbol{F}_{k+1} = \Phi_{k+1,k}\boldsymbol{F}_k + \Psi_k\boldsymbol{u}_k + G_k\boldsymbol{W}_k, \quad k = 0,1,2,\cdots,N \tag{15.14-1}$$

$$\boldsymbol{X}_k = C_k\boldsymbol{F}_k + \boldsymbol{N}_k, \quad k = 0,1,\cdots,N \tag{15.14-2}$$

其中系统的状态 $\boldsymbol{F}_k$ 是 n 维随机向量序列；观测值 $\boldsymbol{X}_k$ 是 m 维随机向量序列；$\boldsymbol{u}_k$ 是 r 维控制序列，它是确定性的；$\boldsymbol{W}_k$，$\boldsymbol{N}_k$ 是互不相关的数学期望为零的 p 维，m 维白高斯随机序列，方差阵是 $\Sigma^2_{\boldsymbol{W}_k}$，$\Sigma^2_{\boldsymbol{N}_k}$；状态初值 $\boldsymbol{F}_0$ 是高斯随机向量，其数学期望为 $\overline{\boldsymbol{F}}_0$，方差阵是 $\Sigma^2_{\boldsymbol{F}_0}$；$\Phi$，$\Psi$，$G$，$C$ 为相应阶数的矩阵。现在要寻找这样的最优控制序列 $\boldsymbol{u}_k$，它是系统状态初值 $\boldsymbol{F}_0$ 以及 t_k 和以前时刻观测值 $\mathfrak{X}^\tau_k = (\boldsymbol{X}^\tau_1, \boldsymbol{X}^\tau_2, \cdots, \boldsymbol{X}^\tau_k)$ 的某种确定函数，使得性能指标

$$J = \overline{\frac{1}{2}\boldsymbol{F}^\tau_N S\boldsymbol{F}_N + \frac{1}{2}\sum_{k=0}^{N-1}(\boldsymbol{F}^\tau_k Q_k\boldsymbol{F}_k + \boldsymbol{u}^\tau_k R_k\boldsymbol{u}_k)}$$

达到极小，其中 S 和 Q_k 是非负的对称矩阵，R_k 是正定的对称矩阵。在这里，应注意到：(1)控制的时间是固定的，从 t_0 到 t_N；(2)控制 $\boldsymbol{u}_k$ 不受限制。为了要 J 达到最小，$\boldsymbol{u}_k$ 必然不能很大，所以不必加上限制；(3)对系统状态的终值 $\boldsymbol{F}_k$ 不加限制。同样因为要 J 达到最小，终值不可能很大。

我们采用动态规划的方法解决此问题。先讨论无随机作用的线性二次最优控制问题，它是一个最优离散系统问题。这时 $\boldsymbol{W}_k = \boldsymbol{N}_k = \boldsymbol{0}$，状态可直接测量，不必考虑式(15.14-2)，系统模型是

$$\boldsymbol{f}_{k+1} = \Phi_{k+1,k}\boldsymbol{f}_k + \Psi_k\boldsymbol{u}_k \tag{15.14-3}$$

性能指标是

$$J = \frac{1}{2}\boldsymbol{f}^\tau_N S\boldsymbol{f}_N + \frac{1}{2}\sum_{k=0}^{N-1}(\boldsymbol{f}^\tau_k Q_k\boldsymbol{f}_k + \boldsymbol{u}^\tau_k R_k\boldsymbol{u}_k) \tag{15.14-4}$$

要求 J 达到极小。

我们定义一个泛函序列 v_l，$l=0,1,\cdots,N-1$

$$v_l = \min_{\boldsymbol{u}_l}\min_{\boldsymbol{u}_{l+1}}\cdots\min_{\boldsymbol{u}_{N-1}}\left[\frac{1}{2}\boldsymbol{f}^\tau_N S\boldsymbol{f}_N + \frac{1}{2}\sum_{k=l}^{N-1}(\boldsymbol{f}^\tau_k Q_k\boldsymbol{f}_k + \boldsymbol{u}^\tau_k R_k\boldsymbol{u}_k)\right] \tag{15.14-5}$$

当 $l=N-1$ 时,

$$v_{N-1}=\min_{\boldsymbol{u}_{N-1}}\left[\frac{1}{2}\boldsymbol{f}_N^{\tau}S\boldsymbol{f}_N+\frac{1}{2}\boldsymbol{f}_{N-1}^{\tau}Q_{N-1}\boldsymbol{f}_{N-1}+\frac{1}{2}\boldsymbol{u}_{N-1}^{\tau}R_{N-1}\boldsymbol{u}_{N-1}\right]$$

把式(15.14-3)代入 v_{N-1} 后得到

$$\begin{aligned}v_{N-1}=\min_{\boldsymbol{u}_{N-1}}\frac{1}{2}[&\boldsymbol{f}_{N-1}^{\tau}(\Phi_{N,N-1}^{\tau}S\Phi_{N,N-1}+Q_{N-1})\boldsymbol{f}_{N-1}\\&+\boldsymbol{u}_{N-1}^{\tau}(\Psi_{N-1}^{\tau}S\Psi_{N-1}+R_{N-1})\boldsymbol{u}_{N-1}\\&+\boldsymbol{f}_{N-1}^{\tau}\Phi_{N,N-1}^{\tau}S\Psi_{N-1}\boldsymbol{u}_{N-1}+\boldsymbol{u}_{N-1}^{\tau}\Psi_{N-1}^{\tau}S\Phi_{N,N-1}\boldsymbol{f}_{N-1}]\end{aligned}$$

它是 $\boldsymbol{u}_k$ 的二次三项式,由 S 的非负对称性和 R_{N-1} 的正定对称性可知 $(\Psi_{N-1}^{\tau}S\Psi_{N-1}+R_{N-1})$ 是正定对称的,因此可以得到使上式达到极小的 $\mathring{\boldsymbol{u}}_{N-1}$ 应是状态 $\boldsymbol{f}_{N-1}$ 的线性函数:

$$\mathring{\boldsymbol{u}}_{N-1}=-\Lambda_{N-1}\boldsymbol{f}_{N-1}\tag{15.14-6}$$

$$\Lambda_{N-1}=(\Psi_{N-1}^{\tau}S\Psi_{N-1}+R_{N-1})^{-1}\Psi_{N-1}^{\tau}S\Phi_{N,N-1}\tag{15.14-7}$$

把它代入 v_{N-1} 后得到

$$v_{N-1}=\frac{1}{2}\boldsymbol{f}_{N-1}^{T}P_{N-1}\boldsymbol{f}_{N-1}\tag{15.14-8}$$

其中

$$P_{N-1}=Q_{N-1}+\Phi_{N,N-1}^{\tau}[S-S\Psi_{N-1}(\Psi_{N-1}^{\tau}S\Psi_{N-1}+R_{N-1})^{-1}\Psi_{N-1}^{\tau}S]\Phi_{N,N-1}\tag{15.14-9}$$

由 Q_{N-1} 和 S 的非负对称性可知 P_{N-1} 也是非负对称阵,现在来看 v_l 与 v_{l+1} 的关系,

$$v_l=\min_{\boldsymbol{u}_l}\min_{\boldsymbol{u}_{l+1}}\cdots\min_{\boldsymbol{u}_{N-1}}\frac{1}{2}\left[\boldsymbol{f}_N^TS\boldsymbol{f}_N+\sum_{k=l+1}^{N-1}(\boldsymbol{f}_k^{\tau}Q_k\boldsymbol{f}_k+\boldsymbol{u}_k^{\tau}R_k\boldsymbol{u}_k)+\boldsymbol{f}_l^TQ_l\boldsymbol{f}_l+\boldsymbol{u}_lR_l\boldsymbol{u}_l\right]$$

由系统模型式(15.14-3)知 $\boldsymbol{u}_{l+1},\cdots,\boldsymbol{u}_N$ 对 $\boldsymbol{f}_l$ 无影响,因此

$$\begin{aligned}v_l&=\min_{\boldsymbol{u}_l}\left\{\min_{\boldsymbol{u}_{l+1}}\cdots\min_{\boldsymbol{u}_{N-1}}\frac{1}{2}\left[\boldsymbol{f}_N^{\tau}S\boldsymbol{f}_N+\sum_{k=l+1}^{N-1}\left(\boldsymbol{f}_k^{\tau}Q_k\boldsymbol{f}_k+\frac{1}{2}\boldsymbol{u}_k^{\tau}R_k\boldsymbol{u}_k\right)\right]\right.\\&\qquad\left.+\frac{1}{2}(\boldsymbol{f}_l^{\tau}Q_l\boldsymbol{f}_l+\boldsymbol{u}_l^{\tau}R_l\boldsymbol{u}_l)\right\}\\&=\min_{\boldsymbol{u}_l}\left\{v_{l+1}+\frac{1}{2}\boldsymbol{f}_l^{\tau}Q_l\boldsymbol{f}_l+\frac{1}{2}\boldsymbol{u}_l^{\tau}R_l\boldsymbol{u}_l\right\}\end{aligned}$$

根据式(15.14-8),可以设 $v_{l+1}=\dfrac{1}{2}\boldsymbol{f}_{l+1}^{\tau}P_{l+1}\boldsymbol{f}_{l+1}$,那么

$$v_l=\min_{\boldsymbol{u}_l}\frac{1}{2}[\boldsymbol{f}_{l+1}^{\tau}P_{l+1}\boldsymbol{f}_{l+1}+\boldsymbol{f}_l^{\tau}Q_l\boldsymbol{f}_l+\boldsymbol{u}_l^{\tau}R_l\boldsymbol{u}_l]$$

与 t_{N-1} 时刻相类似,可以得到

$$\mathring{\boldsymbol{u}}_l=-\Lambda_l\boldsymbol{f}_l\tag{15.14-10}$$

$$\Lambda_l=(\Psi_l^{\tau}P_{l+1}\Psi_l+R_l)^{-1}\Psi_l^{\tau}P_{l+1}\Phi_{l+1,l}\tag{15.14-11}$$

$$v_l = \frac{1}{2}\boldsymbol{f}_l^\tau P_l \boldsymbol{f}_l \tag{15.14-12}$$

$$P_l = Q_l + \Phi_{l+1,l}^\tau [P_{l+1} - P_{l+1}\Psi_l(\Psi_l^\tau P_{l+1}\Psi_l + R_l)^{-1}\Psi_l^\tau P_{l+1}]\Phi_{l+1,l} \tag{15.14-13}$$

只要令 $P_N = S$,就可递推求出 Λ_l 和 P_l,$l=N-1,N-2,\cdots,0$。非随机的线性二次问题的最优控制规律就是 $\mathring{\boldsymbol{u}}_l = -\Lambda_l \boldsymbol{f}_l$,$l=0,1,\cdots,N-1$。在这个最优控制规律作用下,所达到的最小性能指标就是

$$\min J = v_0 = \frac{1}{2}\boldsymbol{f}_0^\tau P_0 \boldsymbol{f}_0 \tag{15.14-14}$$

现在来讨论考虑了随机作用的线性二次高斯问题。先定义一个泛函序列

$$v_l = \min_{\boldsymbol{u}_l}\min_{\boldsymbol{u}_{l-1}}\cdots\min_{\boldsymbol{u}_{N-1}}\frac{1}{2}\overline{\left[\boldsymbol{F}_N^\tau S\boldsymbol{F}_N + \sum_{k=l}^{N-1}(\boldsymbol{F}_k^\tau Q_k\boldsymbol{F}_k + \boldsymbol{u}_k^\tau R_k\boldsymbol{u}_k)\right]} \tag{15.14-15}$$

当 $l=N-1$时,

$$v_{N-1} = \min_{\boldsymbol{u}_{N-1}}\frac{1}{2}\overline{[\boldsymbol{F}_N^\tau S\boldsymbol{F}_N + \boldsymbol{F}_{l-1}^\tau Q_{l-1}\boldsymbol{F}_{l-1} + \boldsymbol{u}_{l-1}^\tau R_{l-1}\boldsymbol{u}_{l-1}]}$$

把式(15.14-1)代入后得到

$$\begin{aligned}v_{N-1} = \min_{\boldsymbol{u}_{N-1}}\frac{1}{2}[&\overline{\boldsymbol{F}_{N-1}^\tau(\Phi_{N,N-1}^\tau S\Phi_{N,N-1} + Q_{N-1})\boldsymbol{F}_{N-1}}\\ &+ \boldsymbol{u}_{N-1}^\tau(\Psi_{N-1}^\tau S\Psi_{N-1} + R_{N-1})\boldsymbol{u}_{N-1} + \overline{\boldsymbol{W}_{N-1}^\tau G_{N-1}^\tau G_{N-1}\boldsymbol{W}_{N-1}}\\ &+ \overline{\boldsymbol{u}_{N-1}^\tau\Psi_{N-1}^\tau S\Phi_{N,N-1}\boldsymbol{F}_{N-1}} + \overline{\boldsymbol{F}_{N-1}^\tau\Phi_{N,N-1}^\tau S\Psi_{N-1}\boldsymbol{u}_{N-1}}\\ &+ \overline{\boldsymbol{F}_{N-1}^\tau\Phi_{N,N-1}^\tau SG_{N-1}\boldsymbol{W}_{N-1}} + \overline{\boldsymbol{W}_{N-1}^\tau G_{N-1}^\tau S\Phi_{N,N-1}\boldsymbol{F}_{N-1}}\\ &+ \overline{\boldsymbol{u}_{N-1}^\tau\Psi_{N-1}^\tau SG_{N-1}\boldsymbol{W}_{N-1}} + \overline{\boldsymbol{W}_{N-1}^\tau G_{N-1}^\tau S\Psi_{N-1}\boldsymbol{u}_{N-1}}]\end{aligned}$$

由于 $\boldsymbol{W}_{N-1}$ 的数学期望是零向量,$\boldsymbol{W}_{N-1}$ 与 $\boldsymbol{F}_{N-1}$ 互不相关,于是

$$\begin{aligned}v_{N-1} = \min_{\boldsymbol{u}_{N-1}}\frac{1}{2}[&\overline{\boldsymbol{F}_{N-1}^\tau(\Phi_{N,N-1}^\tau S\Phi_{N,N-1} + Q_{N-1})\boldsymbol{F}_{N-1}}\\ &+ \boldsymbol{u}_{N-1}^\tau(\Psi_{N-1}^\tau S\Psi_{N-1} + R_{N-1})^{-1}\boldsymbol{u}_{N-1}\\ &+ \boldsymbol{W}_{N-1}^\tau G_{N-1}^\tau G_{N-1}\boldsymbol{W}_{N-1} + \boldsymbol{u}_{N-1}^\tau\Psi_{N-1}^\tau S\Phi_{N,N-1}\overline{\boldsymbol{F}_{N-1}} + \overline{\boldsymbol{F}_{N-1}^\tau}\Phi_{N,N-1}^\tau S\Psi_{N-1}\boldsymbol{u}_{N-1}]\end{aligned}$$

因为 $\boldsymbol{u}_{N-1}$ 的选择不会影响 $\boldsymbol{F}_{N-1}$,而且 $\boldsymbol{u}_{N-1}$ 是初值 $\boldsymbol{F}_0$ 以及 t_k 和以前时刻的观测值

$$\mathfrak{X}_{N-1}^\tau = (\boldsymbol{X}_0^\tau, \boldsymbol{X}_1^\tau, \cdots, \boldsymbol{X}_{N-1}^\tau)$$

的函数,所以要得到上述的极小值就相当于函数

$$\begin{aligned}[&\boldsymbol{u}_{N-1}^\tau\Psi_{N-1}^\tau S\Phi_{N,N-1}(\overline{\boldsymbol{F}_{N-1} \mid \mathfrak{X}_{N-1}}) + (\overline{\boldsymbol{F}_{N-1} \mid \mathfrak{X}_{N-1}})\Phi_{N,N-1}^\tau S\Psi_{N-1}\boldsymbol{u}_{N-1}\\ &+ \boldsymbol{u}_{N-1}^\tau(\Psi_{N-1}S\Psi_{N-1} + R_{N-1})\boldsymbol{u}_{N-1}]\end{aligned}$$

达到极小值,那么最优控制 $\mathring{\boldsymbol{u}}_{N-1}$ 应是

$$\boldsymbol{u}_{N-1} = -(\Psi_{N-1}^\tau S\Psi_{N-1} + R_{N-1})^{-1}\Psi_{N-1}^\tau S\Phi_{N,N-1}(\overline{\boldsymbol{F}_{N-1} \mid \mathfrak{X}_{N-1}})$$

$$= -\Lambda_{N-1}(\overline{\boldsymbol{F}_{N-1} \mid \mathfrak{X}_{N-1}})$$

在第十四章和第15.3节中已经指出，在高斯分布的随机作用 $\boldsymbol{W}_k, \boldsymbol{N}_k, \boldsymbol{F}_0$ 影响下，由系统线性模型式(15.14-1)和(15.14-2)得到的 $\boldsymbol{F}_k, \boldsymbol{X}_k$ 是联合高斯分布的。条件数学期望 $(\overline{\boldsymbol{F}_{N-1} \mid \mathfrak{X}_{N-1}})$ 就是使输出均方误差最小的最优过滤器的最优输出 $\mathring{\boldsymbol{Y}}_{N-1}$，它是系统式(15.14-1)和(15.14-2)的输出 $\mathfrak{X}_{N-1}$（也是过滤器的输入）的线性函数，所以

$$\mathring{\boldsymbol{u}}_{N-1} = -\Lambda_{N-1}\mathring{\boldsymbol{Y}}_{N-1} \tag{15.14-16}$$

把式(15.14-16)代入 v_{N-1}，考虑到最优过滤输出 $\mathring{\boldsymbol{Y}}_{N-1} = \boldsymbol{F}_{N-1} - \mathring{\boldsymbol{E}}_{N-1}$，于是得到

$$v_{N-1} = \frac{1}{2}\overline{[\boldsymbol{F}_{N-1}^{\tau} P_{N-1} \boldsymbol{F}_{N-1}]} + \alpha_{N-1} \tag{15.14-17}$$

其中 P_{N-1} 满足式(15.14-9)，而 α_{N-1} 是

$$\alpha_{N-1} = \frac{1}{2}\overline{[\mathring{\boldsymbol{E}}_{N-1}\Phi_{N,N-1}^{\tau} S\Psi_{N-1}(\Psi_{N-1}^{\tau} S\Psi_{N-1} + R_{N-1})^{-1}\Psi_{N-1}^{\tau} S\Phi_{N,N-1}\mathring{\boldsymbol{E}}_{N-1}} \\ + \overline{\boldsymbol{W}_{N-1}^{\tau} G_{N-1}^{\tau} G_{N-1}^{\tau} \boldsymbol{W}_{N-1}]} \tag{15.14-18}$$

当 P 是对称矩阵时，下列等式成立

$$\overline{[\boldsymbol{X}^{\tau} P \boldsymbol{X}]} = \overline{\boldsymbol{X}}^{\tau} P\, \overline{\boldsymbol{X}} + \mathrm{tr}[P\Sigma_{\boldsymbol{X}}^2] \tag{15.14-19}$$

因 $\mathring{\boldsymbol{E}}_{N-1}$ 和 $\boldsymbol{W}_{N-1}$ 的数学期望都是零向量，所以

$$\alpha_{N-1} = \frac{1}{2}\mathrm{tr}[\Phi_{N,N-1}^{\tau} S\Psi_{N-1}(\Psi_{N-1}^{\tau} S\Psi_{N-1} + R_N)^{-1}\Psi_{N-1}^{\tau} S\Phi_{N,N-1}\Sigma_{\mathring{\boldsymbol{E}}_{N-1}}^2] \\ + \frac{1}{2}\mathrm{tr}[G_{N-1}^{\tau} G_{N-1}\Sigma_{\boldsymbol{W}_{N-1}}^2]$$

方差阵 $\Sigma_{\mathring{\boldsymbol{E}}_{N-1}}^2$ 在最优过滤器的设计计算中可递推得出，它与控制向量 $\boldsymbol{u}_{N-1}$ 无关，因此 α_{N-1} 与 $\boldsymbol{u}_{N-1}$ 无关。现在再来求 v_l 与 v_{l+1} 的关系。由于 $\boldsymbol{u}_{l+1}, u_{l+2}, \cdots, \boldsymbol{u}_{N-1}$ 对 $\boldsymbol{F}_l$ 无影响，所以可得到

$$v_l = \min_{\boldsymbol{u}_l}\overline{\left\{v_{l+1} + \frac{1}{2}\boldsymbol{F}_l^{\tau} Q_l \boldsymbol{F}_l + \frac{1}{2}\boldsymbol{u}_l^{\tau} R_l \boldsymbol{u}_l\right\}}$$

根据式(15.14-17)可以设 $v_{l+1} = \frac{1}{2}\overline{[\boldsymbol{F}_{l+1}^{\tau} P_{l+1}\boldsymbol{F}_{l+1}]} + \alpha_{l+1}$，$\alpha_{l+1}$ 与 $\boldsymbol{u}_l$ 无关，那么

$$v_l = \min_{\boldsymbol{u}_l}\frac{1}{2}\overline{[\boldsymbol{F}_{l+1}^{\tau} P_{l+1}\boldsymbol{F}_{l+1} + \boldsymbol{F}_l^{\tau} Q\boldsymbol{F}_l + \boldsymbol{u}_l^{\tau} R_l \boldsymbol{u}_l]} + \alpha_{l+1}$$

类似于 t_{N-1} 时刻，可以得到最优控制

$$\mathring{\boldsymbol{u}}_l = \frac{1}{2} = -\Lambda_l \mathring{\boldsymbol{Y}}_l = -(\Psi_l^{\tau} P_{l+1}\Psi_l + R_l)^{-1}\Psi_l^{\tau} P_{l+1}\Phi_{l+1,l}\mathring{\boldsymbol{Y}}_l \tag{15.14-20}$$

把式(15.14-20)代入 v_l 后得到

$$v_l = \frac{1}{2}\overline{[\boldsymbol{F}_l^{\tau} P_l \boldsymbol{F}_l]} + \alpha_l \tag{15.14-21}$$

其中

$$P_l = Q_l + \Phi_{l+1,l}^{\tau}[P_{l+1} - P_{l+1}\Psi_l(\Psi_l^{\tau} P_{l+1}\Psi_l + R_l)^{-1}\Psi_l^{\tau} P_{l+1}]\Phi_{l+1,l}^{\tau} \tag{15.14-13}$$

$$\alpha_l = \alpha_{l+1} + \frac{1}{2}\mathrm{tr}[\Phi_{l+1,l}^{\tau} P_{l+1}\Psi_l(\Psi_l^{\tau} P_{l+1}\Psi_l + R_l)^{-1}\Psi_l P_{l+1}\Phi_{l+1,l}\Sigma_{\mathring{\boldsymbol{E}}_l}^2] + \frac{1}{2}\mathrm{tr}[G_l^{\tau} G_l \Sigma_{\boldsymbol{W}l}^2] \tag{15.14-22}$$

只要令 $P_N = S, \alpha_N = 0$，就可以递推得到 Λ_l, P_l, α_l 和 $v_l, l = N-1, \cdots, 1, 0$。性能指标 J 的极小值就是 v_0。这样就得到了采样线性二次高斯问题的全部解，即最优控制规律是

$$\mathring{\boldsymbol{u}}_k = -\Lambda_k \mathring{\boldsymbol{Y}}_k, \quad k = 0, 1, \cdots, N-1 \tag{15.14-20}$$

其中

$$\Lambda_k = [\Psi_k^{\tau} P_{k+1}\Psi_k + R_k]^{-1}\Psi_k P_{k+1}\Phi_{k+1,k}, \quad k = 0, 1, \cdots, N-1 \tag{15.14-23}$$

$$P_k = Q_k + \Phi_{k+1,k}^{\tau}[P_{k+1} - P_{k+1}\Psi_k(\Psi_k^{\tau} P_{k+1}\Psi_k + R_k)^{-1}\Psi_k^{\tau} P_{k+1}]\Phi_{k+1,k}^{\tau}, \quad k = 0, 1, \cdots, N-1 \tag{15.14-24}$$

终端条件为 $P_N = S$

$$\mathring{\boldsymbol{Y}}_k = \Phi_{k,k-1}\mathring{\boldsymbol{Y}}_{k-1} + \Psi_{k-1}\boldsymbol{u}_{k-1} + K_k(\boldsymbol{X}_k - C_k\Phi_{k,k-1}\mathring{\boldsymbol{Y}}_{k-1} - C_k\Psi_{k-1}\boldsymbol{u}_{k-1}) \tag{15.14-25}$$

$$K_k = \Sigma_{\widetilde{\boldsymbol{F}}_k}^2 C_k^{\tau}(C_k\Sigma_{\boldsymbol{F}_k} C_k^{\tau} + \Sigma_{\boldsymbol{N}_k}^2)^{-1} \tag{15.14-26}$$

$$\Sigma_{\widetilde{\boldsymbol{F}}_k}^2 = \Phi_{k,k-1}\Sigma_{\mathring{\boldsymbol{E}}_{k-1}}^2\Phi_{k,k-1}^{\tau} + G_{k-1}\Sigma_{\boldsymbol{W}_{k-1}}^2 G_{k-1}^{\tau} \tag{15.14-27}$$

$$\Sigma_{\mathring{\boldsymbol{E}}_k}^2 = \Sigma_{\widetilde{\boldsymbol{F}}_k}^2 - \Sigma_{\widetilde{\boldsymbol{F}}_k}^2 C_k^{\tau}(C_k\Sigma_{\widetilde{\boldsymbol{F}}_k} C_k^{\tau} + \Sigma_{\boldsymbol{N}_k}^2)^{-1} C_k\Sigma_{\widetilde{\boldsymbol{F}}_k}^2 \tag{15.14-28}$$

初始条件为 $\mathring{\boldsymbol{Y}}_0 = \overline{\boldsymbol{F}_0}, \Sigma_{\mathring{\boldsymbol{E}}_0}^2 = \Sigma_{\boldsymbol{F}_0}^2$，这样得到的性能指标的最小值为

$$\begin{aligned}\min J &= \frac{1}{2}\overline{[\boldsymbol{F}_0^{\tau} P_0 \boldsymbol{F}_0]} + \alpha_0 = \frac{1}{2}\overline{\boldsymbol{F}_0^{\tau}} P_0 \overline{\boldsymbol{F}}_0 + \frac{1}{2}\mathrm{tr}[P_0\Sigma_{\boldsymbol{F}_0}^2] \\ &+ \frac{1}{2}\sum_{k=0}^{N-1}[\Phi_{k+1}^{\tau} P_{k+1}\Psi_k(\Psi_k^{\tau} P_{k+1}\Psi_k + R_k)^{-1}\Psi_k P_{k+1}\Phi_{k+1,k}\Sigma_{\mathring{\boldsymbol{E}}_k}^2] \\ &+ \frac{1}{2}\sum_{k=0}^{N-1}[G_k G_k^{\tau}\Sigma_{\boldsymbol{W}_k}^2]\end{aligned} \tag{15.14-29}$$

上式中第二项是由于初值的随机性引起的附加性能指标值，第四项是由于系统状态的随机性引起的附加性能指标值，第三项是由于状态估计不准确而引起的附加性能指标值。当所有的随机作用都不存在时，J 的最小值就是确定性线性二次问

题的最小性能指标值。

我们可以把结果用图 15.14-1 所示的方块图来表示。

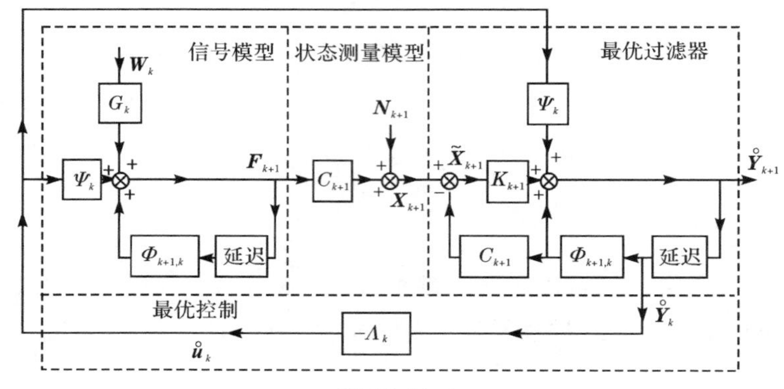

图 15.14-1

从上述结果可以看出,在线性二次高斯问题中可以把过滤问题和控制问题分离开来单独考虑。在考虑过滤问题时不需考虑控制是什么,只需把它看作一个确定性的输入就可以了。在考虑控制问题时不需考虑随机作用的影响,只需求出控制规律的最优反馈系数 Λ_k 即可,然后,把它们两个串联起来,最优随机控制就用最优反馈系数乘以经过最优过滤后的输出而得到的,这就是所谓的"分离定理"。要注意,对于一般的最优随机控制问题,"分离定理"并不是都可以应用的。

对于连续的线性二次高斯问题,"分离定理"仍然成立。我们这里只叙述结果而不加证明。

假设系统的模型为

$$\frac{d}{dt}\boldsymbol{F}(t)=A(t)\boldsymbol{F}(t)+B(t)\boldsymbol{W}(t)+\boldsymbol{\Psi}(t)\boldsymbol{u}(t) \tag{15.14-30}$$

$$\boldsymbol{X}(t)=C(t)\boldsymbol{F}(t)+\boldsymbol{N}(t),\quad t_0\leqslant t\leqslant t_N \tag{15.14-31}$$

其中系统的状态 $\boldsymbol{F}(t)$是 n 维向量随机过程,观测值 $\boldsymbol{X}(t)$是 m 维向量随机过程,r 维控制函数 $\boldsymbol{u}(t)$是非随机性的,$\boldsymbol{W}(t)$和 $\boldsymbol{N}(t)$是互不相关的数学期望为零的 p 维,m 维白色高斯随机过程,方差是 $\Sigma_{\boldsymbol{W}}^2(t)$,$\Sigma_{\boldsymbol{N}}^2(t)$,状态初值 $\boldsymbol{F}(t_0)$是随机向量,数学期望是$\overline{\boldsymbol{F}}_0$,方差是 $\Sigma_{\boldsymbol{F}_0}^2$,它与 $\boldsymbol{W}(t)$,$\boldsymbol{N}(t)$都互不相关,A,B,$\boldsymbol{\Psi}$,C 为相应阶数的矩阵。要求寻找这样的最优控制函数 $\boldsymbol{u}(t)$,它是系统状态初值 $\boldsymbol{F}(t_0)$和 t 时刻以前观测值 $\boldsymbol{X}(\sigma)$,$t_0\leqslant\sigma\leqslant t$ 的某种确定函数,使得性能指标

$$J=\overline{\frac{1}{2}\boldsymbol{F}(t_N)^{\tau}\boldsymbol{S}\boldsymbol{F}(t_N)+\frac{1}{2}\int_{t_0}^{t_N}[\boldsymbol{F}(t)^{\tau}\boldsymbol{Q}(t)\boldsymbol{F}(t)+\boldsymbol{u}^{\tau}(t)R(t)\boldsymbol{u}(t)]dt} \tag{15.14-32}$$

达到极小值。其中 S 和 $Q(t)$是非负的对称矩阵,$R(t)$是正定的对称矩阵。

可以证明,最优控制函数

$$\mathring{\boldsymbol{u}}(t) = -\Lambda(t)\mathring{\boldsymbol{Y}}(t) \tag{15.14-33}$$

其中最优反馈系数

$$\Lambda(t) = R(t)\Psi^{\tau}(t)P(t) \tag{15.14-34}$$

矩阵 $P(t)$满足黎卡提方程

$$\frac{d}{dt}P(t) = -A^{\tau}(t)P(t) - P(t)A(t) - Q(t) + P(t)\Psi(t)R^{-1}(t)\Psi^{\tau}(t)P(t) \tag{15.14-35}$$

终端条件是　$P(t_N)=S$

$\mathring{\boldsymbol{Y}}(t)$是最优过滤器的输出,它由下式确定

$$\frac{d}{dt}\mathring{\boldsymbol{Y}}(t) = A(t)\mathring{\boldsymbol{Y}}(t) + \Psi(t)\boldsymbol{u}(t) + K(t)[\boldsymbol{X}(t) - C(t)\mathring{\boldsymbol{Y}}(t)] \tag{15.14-36}$$

其中

$$K(t) = \Sigma_{\mathring{\boldsymbol{E}}}^{2}(t)C^{\tau}(t)\Sigma_{\boldsymbol{N}}^{-2}(t) \tag{15.14-37}$$

$$\frac{d}{dt}\Sigma_{\mathring{\boldsymbol{E}}}^{2}(t) = A(t)\Sigma_{\mathring{\boldsymbol{E}}}^{2}(t) + \Sigma_{\mathring{\boldsymbol{E}}}^{2}(t)A^{\tau}(t) - \Sigma_{\mathring{\boldsymbol{E}}}^{2}(t)C^{\tau}(t)\Sigma_{\boldsymbol{N}}^{-2}(t)C(t)\Sigma_{\mathring{\boldsymbol{E}}}^{2}(t) \tag{15.14-38}$$

初始条件为

$$\mathring{\boldsymbol{Y}}(t_0) = \overline{\boldsymbol{F}(t_0)},\quad \Sigma_{\mathring{\boldsymbol{E}}}^{2}(t_0) = \Sigma_{\boldsymbol{F}}^{2}(t_0)$$

此结果也可以用方块图表示(图 15.14-2)

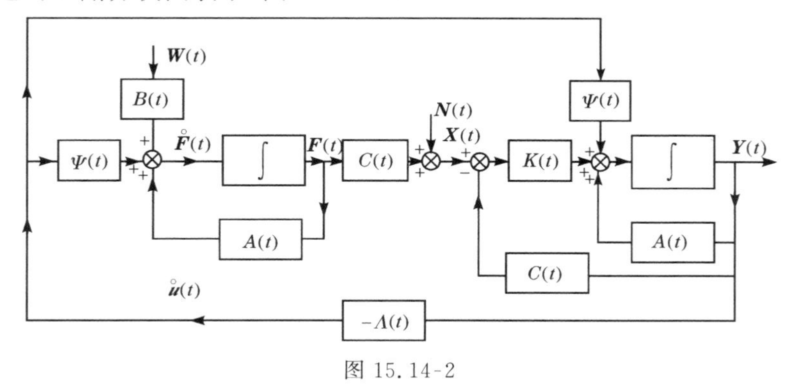

图 15.14-2

在最优控制式(15.14-33)的作用下,性能指标的最小值是

$$\min J = \frac{1}{2}\overline{\boldsymbol{F}^{\tau}(t_0)}P(t_0)\overline{\boldsymbol{F}(t_0)} + \frac{1}{2}\mathrm{tr}[P(t_0)\Sigma_{\boldsymbol{F}_0}^{2}] + \mathrm{tr}\left\{\int_{t_0}^{t_{\boldsymbol{N}}}K(\sigma)\Sigma_{\boldsymbol{N}}^{2}(\sigma)K^{\tau}(\sigma)P(\sigma)d\sigma\right\}$$

$$+\operatorname{tr}\left\{S\Sigma_{\dot{E}}^{2}(t_N)+\int_{t_0}^{t_f} Q(\sigma)\Sigma_{\dot{E}}^{2}(\sigma)d\sigma\right\} \tag{15.14-39}$$

最后,我们来看线性二次高斯问题在控制系统设计中的作用[7]。在具体的集中参数控制系统中,受控对象(包括执行机构)的运动通常可用一个非线性变系数的常微分方程来描述

$$\frac{d}{dt}\boldsymbol{f}(t)=\boldsymbol{\varphi}(\boldsymbol{f}(t),\boldsymbol{u}(t),t),\boldsymbol{f}(t_0)=\boldsymbol{f}_0 \tag{15.14-40}$$

$\boldsymbol{f}(t)$是系统的状态,$\boldsymbol{u}(t)$是控制输入。受控对象的状态由测量装置经过某种变换而测得。测量装置的输出为

$$\boldsymbol{x}(t)=\boldsymbol{g}(\boldsymbol{f}(t),t) \tag{15.14-41}$$

如果测量装置有明显的动力学特性,那么也可以把它并入在受控对象的方程中。假设 $\boldsymbol{\varphi}$,$\boldsymbol{g}$ 都是连续的,并且对 $\boldsymbol{f}$ 和 $\boldsymbol{u}$ 都有足够次数的导数。当给定状态的初值和给定某个控制输入后,按式(15.14-40)和(15.14-41)就可准确地算出系统的状态 $\boldsymbol{f}(t)$和观测值 $\boldsymbol{x}(t)$。根据需要,可以确定符合某种需要的较好的控制输入 $\boldsymbol{u}_1(t)$以及系统状态 $\boldsymbol{f}_1(t)$和观测值 $\boldsymbol{x}_1(t)$。例如在地地导弹的飞行控制系统中,可以根据某种性能指标确定一条从发射点到弹着点的理想弹道曲线 $\boldsymbol{f}_1(t)$和实现此弹道曲线的理想的控制输入 $\boldsymbol{u}_1(t)$,测量装置也可给出此弹道曲线的观测值 $\boldsymbol{x}_1(t)$。这可以用极大值原理或动态规划等方法来完成。如果运动方程(15.14-41)是准确的,状态的初值是准确的,没有什么干扰因素,那么给了准确地控制输入 $\boldsymbol{u}_1(t)$后,就可以准确地实现系统状态 $\boldsymbol{f}_1(t)$。但是,这在实际上是不可能的,因为运动方程不可能完全准确(包括其中某些参数),初值 $\boldsymbol{f}_1(t_0)$也不可能完全准确,还有各种干扰因素,因此再加上控制输入 $\boldsymbol{u}_1(t)$后,不可能准确地实现最优的系统状态。那么,我们就要使实际的控制输入$\boldsymbol{u}(t)$稍加改变,使系统的状态 $\boldsymbol{f}(t)$尽可能地接近于最优 $\boldsymbol{f}_1(t)$。

定义状态的扰动量是

$$\delta\boldsymbol{f}(t)=\boldsymbol{f}(t)-\boldsymbol{f}_1(t) \tag{15.14-42}$$

输出的扰动量是

$$\delta\boldsymbol{x}(t)=\boldsymbol{x}(t)-\boldsymbol{x}_1(t) \tag{15.14-43}$$

控制输入的修正量是

$$\delta\boldsymbol{u}(t)=\boldsymbol{u}(t)-\boldsymbol{u}_1(t) \tag{15.14-44}$$

我们可以加一个反馈控制,根据状态的扰动量 $\delta\boldsymbol{f}$ 来确定控制输入的修正量,使以后的状态扰动量尽可能地小。把运动方程和输出方程(15.14-40),(15.14-41)在 $\boldsymbol{f}_1(t)$,$\boldsymbol{u}_1(t)$附近展开成泰勒级数就可以得到

$$\begin{aligned}\frac{d}{dt}\delta\boldsymbol{f}(t)&=\boldsymbol{\varphi}(\boldsymbol{f}(t),\boldsymbol{u}(t),t)-\boldsymbol{\varphi}(\boldsymbol{f}_1(t),\boldsymbol{u}_1(t),t)\\&=\left.\frac{\partial\boldsymbol{\varphi}}{\partial\boldsymbol{f}}\right|_{\boldsymbol{f}_1(t),\boldsymbol{u}_1(t)}\delta\boldsymbol{f}(t)+\left.\frac{\partial\boldsymbol{\varphi}}{\partial\boldsymbol{u}}\right|_{\boldsymbol{f}_1(t),\boldsymbol{u}_1(t)}\delta\boldsymbol{u}(t)+\boldsymbol{a}_0(\delta\boldsymbol{f}(t),\delta\boldsymbol{u}(t),t)\end{aligned} \tag{15.14-45}$$

$$\frac{d}{dt}\delta\boldsymbol{x}(t)=\boldsymbol{g}(\boldsymbol{f}(t),t)-\boldsymbol{g}(\boldsymbol{f}_1(t),t)$$
$$=\left.\frac{\partial\boldsymbol{g}}{\partial\boldsymbol{f}}\right|_{\boldsymbol{f}_1(t)}\delta\boldsymbol{f}(t)+\beta_0(\delta\boldsymbol{f}(t),t)\tag{15.14-46}$$

在忽略扰动的高次项后,就可以得到线性变系数方程

$$\frac{d}{dt}\delta\boldsymbol{f}(t)=A(t)\delta\boldsymbol{f}(t)+B(t)\delta\boldsymbol{u}(t)\tag{15.14-47}$$

$$\delta\boldsymbol{x}(t)=C(t)\delta\boldsymbol{f}(t)\tag{15.14-48}$$

其中

$$A(t)=\left.\frac{\partial\boldsymbol{\varphi}}{\partial\boldsymbol{f}}\right|_{\boldsymbol{f}_1(t),\boldsymbol{u}_1(t)},\quad B(t)=\left.\frac{\partial\boldsymbol{\varphi}}{\partial\boldsymbol{u}}\right|_{\boldsymbol{f}_1(t),\boldsymbol{u}_1(t)},\quad C(t)=\left.\frac{\partial\boldsymbol{g}}{\partial\boldsymbol{f}}\right|_{\boldsymbol{f}_1(t)}\tag{15.14-49}$$

为了保证线性模型的有效性,必须使 $\delta\boldsymbol{f}(t)$ 和 $\delta\boldsymbol{u}(t)$ 都相当的小,因此在选择最优的 $\delta\boldsymbol{u}(t)$ 时使二次泛函性能指标

$$J=\frac{1}{2}\delta\boldsymbol{f}(t_N)^{\tau}S\delta\boldsymbol{f}(t_N)+\frac{1}{2}\int_{t_0}^{t_N}\delta\boldsymbol{f}(t)^{\tau}Q(t)\delta\boldsymbol{f}(t)+\delta\boldsymbol{u}(t)^{\tau}R(t)\delta\boldsymbol{u}(t)dt\tag{15.14-50}$$

取最小值是很恰当的。这里 S 和 $Q(t)$ 是非负的对称阵,$R(t)$ 是正定的对称阵。这样就产生了一个非随机的线性二次问题。设计者可以选用适当的 $S,Q(t)$, $R(t)$,使非随机的线性二次问题有合适的解。在实际物理问题中,受控对象和执行机构都受到各种随机干扰的影响,并且系统的状态并不是能够直接、全部测量到的,在测量过程中也受到随机干扰的影响,因此就需要考虑线性二次高斯问题,这时系统的状态 $\boldsymbol{F}(t)$ 和观测值 $\boldsymbol{X}(t)$ 都是向量随机过程。选择 $\delta\boldsymbol{u}(t)$ 使性能指标

$$J=\overline{\frac{1}{2}\delta\boldsymbol{F}^{\tau}(t_N)S\delta\boldsymbol{F}(t_N)+\frac{1}{2}\int_{t_0}^{t_N}\delta\boldsymbol{F}(t)^{\tau}Q(t)\delta\boldsymbol{F}(t)+\delta\boldsymbol{u}(t)^{\tau}R(t)\delta\boldsymbol{u}(t)dt}$$

达到极小,这与保证线性模型的有效性是一致的。线性二次高斯问题的结果已列在式(15.14-33)—(15.14-38)中。对于设计者来说,现在的问题就是选择合适的 $S,Q(t),R(t)$ 和 $\Sigma_W^2(t),\Sigma_N^2(t)$,使整个控制系统有较好的性能。

15.15　从噪声中检测信号[14,24]

在很多控制系统中被测量、控制量或系统的状态都不可能直接得到,必须用某种被调制了的信号以各种物理过程的形式传送。我们把未调制时的原始量称为消息,用 $d(t)$ 表示,载负消息而用来传输消息的物理量称为信号,用 $f_d(t)$ 表示。如果消息和信号是随机函数,那么我们分别用 $D(t)$ 和 $F_D(t)$ 来表示。例如,在脉

冲制雷达的距离测量系统中，目标离雷达的斜距是消息，它是随时间连续变化的量，在调制后，视频信号是相位随距离变化的脉冲序列，射频信号是用视频信号调制的超高频正弦振荡(见图 15.15-1)。当然，在某些控制系统中消息和信号是完全相同的。在前面各节中已经比较详细地讨论了信号覆现的问题。在本节和下一节内将讨论信号的检测和信号参数估计的问题，在这些问题中最优过滤的设计往往不采用均方误差最小的准则，而采用其他准则。

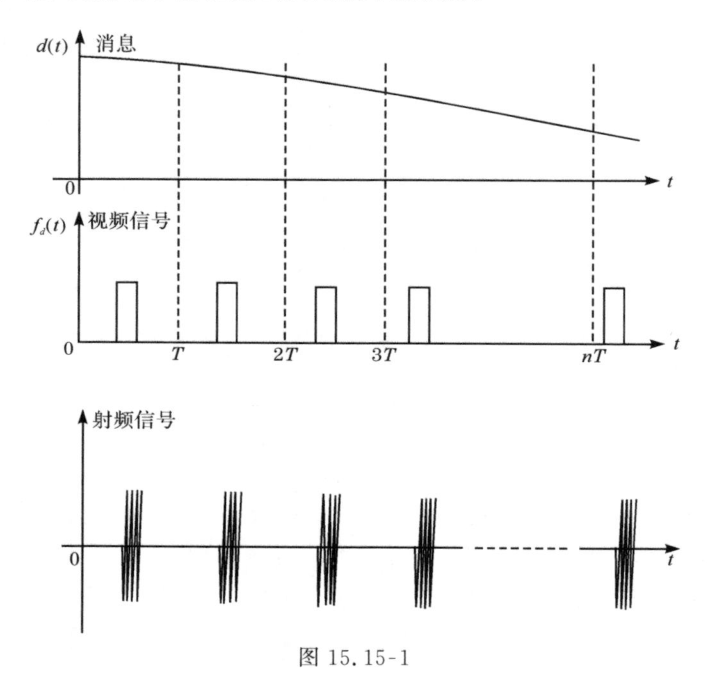

图 15.15-1

在一般控制系统的观测量中无论信号是否存在总是有随机噪声作用的。对于某些系统，例如雷达接收机，随机噪声作用较强，不能予以忽略。信号检测的目的就是要根据已知的信号噪声统计特性来辨识观测量中只有噪声呢还是有信号存在，所以通常称作“从噪声中检测信号”。

假设系统的观测值是信号和噪声的叠加

$$X(t) = F_D(t) + N(t) \tag{15.15-1}$$

噪声 $N(t)$ 是数学期望为零的平稳随机过程，信号 $F_D(t)$ 也是随机函数，它是消息 D 的真正载负者。假设在某一时间间隔中，消息 D 只可能取两个值之一：0 或 1。如果消息 $D=0$ 时 $F_0(t)=0$；消息 $D=1$ 时 $F_1(t)=f(t)$，那么称信号为“已知”的；如果消息 $D=0$ 时 $F_0(t)=0$，消息 $D=1$ 时，$F_1(t)$ 是依赖于某个随机参数 Φ 的随机函数 $F_1(t)=F(t,\Phi)$，那么 $F(t)$ 称为是带有随机参数的信号。假设 Φ 与 $N(t)$ 的统计特性和信号 $F(t,\Phi)$ 或 $f(t)$ 的函数形式都已知，现在要根据在一段有限时间

间隔 $0\leqslant t\leqslant T$ 内的观测值 $X(t)$ 的一个现实 $x(t)$ 来辨别消息 D 取 0 还是取 1。通常是把 $X(t)$ 在 $0\leqslant t\leqslant T$ 内所有可能的取值划分为两个部分 Z_0 和 Z_1，如果 $x(t)$ 属于 Z_0，则认为消息 $D=0$；如果 $x(t)$ 不属于 Z_0 而属于 Z_1，那么就认为消息 $D=1$。因为我们是根据一个观测值 $x(t)$，$0\leqslant t\leqslant T$ 来辨别的，所以通常不可能绝对正确，总有出差错的可能。可能发生两种差错：第一种称为“虚警”，即 $D=0$ 时而 $x(t)$ 属于 Z_1，误认为 $D=1$。虚警概率即条件概率 $p\{x(t)\in Z_1 \mid D=0\}$，简记为 $p_0(Z_1)$；第二种是“漏警”，即当 $D=1$ 时，而 $x(t)$ 属于 Z_0 误认为 $D=0$。漏警概率即条件概率 $p\{x(t)\in Z_0 \mid D=1\}$，简记为 $p_1(Z_0)$。另外还有两种正确的情况，它们的概率分别用 $p_0(Z_0)$ 和 $p_1(Z_1)$ 表示。显然

$$p_0(Z_0)+p_0(Z_1)=1,\quad p_1(Z_0)+p_1(Z_1)=1 \tag{15.15-2}$$

条件概率 $p_0(Z_1)$ 和 $p_1(Z_0)$ 分别是条件概率密度函数的积分

$$p_0(Z_1)=\int_{Z_1} w(x \mid D=0)dx \tag{15.15-3}$$

$$p_1(Z_0)=\int_{Z_0} w(x \mid D=1)dx \tag{15.15-4}$$

这里 w 是指多维条件概率密度函数。

我们可以按照不同的准则来划分 Z_0 和 Z_1，在划分好以后可根据任意一次的观测值 $x(t)$，$0\leqslant t\leqslant T$，去辨别有何种消息存在。为此可采用下列准则：

(1) 发生差错的全概率最小：假定消息为 1 或 0 的先验概率分别是 $p(1)$ 和 $p(0)$，它们都是已知的，则发生差错的全概率为

$$p=p(1)p_1(Z_0)+p(0)p_0(Z_1) \tag{15.15-5}$$

(2) 贝叶斯准则，即要使平均损耗最小：假定“虚警”和“漏警”相应的损耗值为 R_{01} 和 R_{10}，两种正确的情况相应的损耗值为 R_{00} 和 R_{11}，那么平均损耗 $\overline{R}$ 定义为

$$\overline{R}=p(0)[R_{00}p_0(Z_0)+R_{01}p_0(Z_1)]+p(1)[R_{11}p_1(Z_1)+R_{10}p_1(Z_0)] \tag{15.15-6}$$

(3) 诺曼-皮尔生(Neyman-Person)准则：在虚警概率小于一定的水平的条件下使漏警概率最小。这就要求 Z_1 满足下列条件

$$p_0(Z_1)=\varepsilon,\ p_1(Z_1)\geqslant p_1(Z)\text{(所有的 }Z\text{ 应满足 }p_0(Z)=\varepsilon) \tag{15.15-7}$$

(4) 似然比准则：规定 Z_1 由那些使 $D=1$ 和 $D=0$ 的条件概率密度函数之比不小于某个阈值 β 的 $x(t)$，$0\leqslant t\leqslant T$ 组成，β 是大于或等于零的值。这种条件概率密度函数之比称为似然比，用符号 $l(x)$ 表示。那么似然比准则就是要求

$$\text{当 } l(x)=w(x \mid D=1)/w(x \mid D=0)\geqslant\beta \text{ 时}$$

$$x(t)\in Z_1,\quad 0\leqslant t\leqslant T,\quad \beta\geqslant 0 \tag{15.15-8}$$

可以证明，只要选择恰当的 β 值，第(1)，(2)，(3)种准则都可以化为似然比准则。

事实上,根据关系式(15.15-2),(15.15-3)和(15.15-4),式(15.15-5)可以化为

$$p = p(1) - \int_{Z_1} [p(1)w(x \mid D=1) - p(0)w(x \mid D=0)]dx \tag{15.15-9}$$

为了使 p 达到最小,必须使积分式最大,即被积式当 $x(t) \in Z_1$ 时应该是非负的。于是发生差错的全概率最小的条件就化为不等式

$$p(1)w(x \mid D=1) - p(0)w(x \mid D=0) \geqslant 0, \quad x(t) \in Z_1$$

进一步简化后又得到选择 Z_1 的条件是

$$l(x) = \frac{w(x \mid D=1)}{w(x \mid D=0)} \geqslant \frac{p(0)}{p(1)} \tag{15.15-10}$$

若取 $\beta = \dfrac{p(0)}{p(1)}$,那么发生差错的全概率最小准则就等价于似然比准则。同样,若令

$$\beta = \frac{p(0)}{p(1)} \cdot \frac{(R_{01} - R_{00})}{(R_{10} - R_{11})}$$

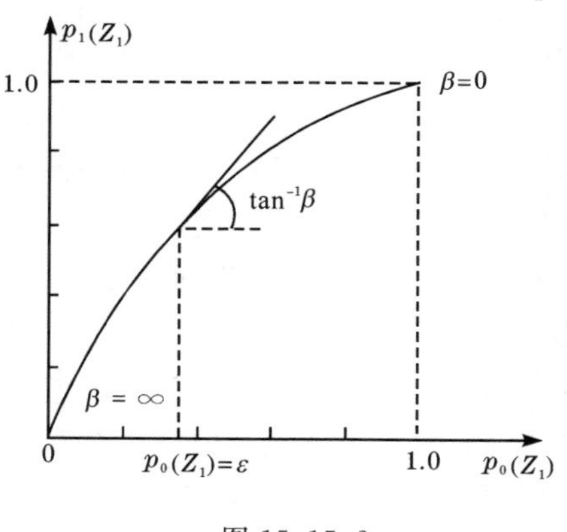

图 15.15-2

那么似然比准则就变成贝叶斯准则。在采用似然比准则时,取不同的 β 值就可以得到不同的发生差错的概率 $p_0(Z_1)$ 和 $p_1(Z_0)$。我们以 $p_0(Z_1)$ 为横坐标,以 $p_1(Z_1) = 1 - p_1(Z_0)$ 为纵坐标就可以画出系统的工作特性(如图 15.15-2 所示)。显然当 $\beta = 0$ 时,$l(x) \geqslant \beta$ 对所有的 $x(t)$,$0 \leqslant t \leqslant T$,都能满足,因此 $p_0(Z_1) = 1$,$p_1(Z_1) = 1$;当 $\beta = \infty$ 时,$l(x) \geqslant \beta$ 对所有 $x(t)$,$0 \leqslant t \leqslant T$,都有 $p_0(Z_1) = 0$,$p_1(Z_1) = 0$。当 β 在 0 到 ∞ 之间变化时,$0 \leqslant p_0(Z_1) \leqslant 1$,$0 \leqslant p_1(Z_0) \leqslant 1$。可以证明,系统的工作特性曲线是条单调的曲线,曲线上每一点的斜率就等于按似然比准则的相应于该点的 $p_0(Z_1)$ 和 $p_1(Z_1)$ 的阈值 β。如果给定了诺曼-皮尔生准则中的 ε 值,那么由 $p_0(Z_1) = \varepsilon$ 就可以在系统的工作特性曲线上寻到相应的 β 值,因此诺曼-皮尔生准则也可以化成似然比准则。

在讨论信号检测问题时,常假定噪声 $N(t)$ 是个高斯分布的数学期望为零的白色噪声。如果噪声不是高斯分布的,那么解决信号检测问题就困难得多。幸好,实际上我们所遇到的随机噪声大多是高斯分布的。在讨论时,我们常以一个有限带宽的功率谱密度的平稳随机过程来近似白色噪声,如令

$$\Phi_N(\omega) = \begin{cases} N, & 0 \leqslant \omega \leqslant \omega_c \\ 0, & \omega > \omega_c \end{cases} \tag{15.15-11}$$

由功率谱密度可以求出它的相关函数

$$r_N(\sigma)=\int_0^{\infty}\Phi_N(\omega)\cos\omega\sigma d\omega=N\int_0^{\omega_c}\cos\omega\sigma d\omega=\frac{N\sin\omega_c\sigma}{\sigma}\qquad(15.15\text{-}12)$$

功率谱密度 $\Phi_N(\omega)$ 和相关函数 $r_N(\sigma)$ 示于图 15.15-3 中。由图可以看出,在

$$\sigma=h\frac{\pi}{\omega_c},\quad k=1,2,\cdots$$

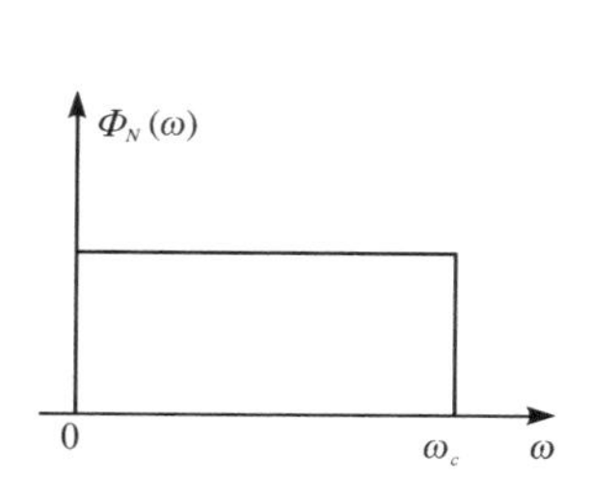

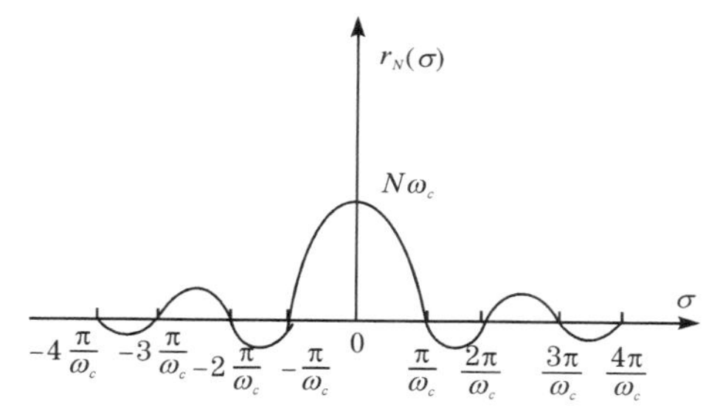

图 15.15-3

时 $r_N(\sigma)$ 等于零,如果 ω_c 足够大,使 $T\gg\pi/\omega_c$ 时,$r_N(\sigma)$ 可近似看为 δ 函数,$r_N(\sigma)\cong\pi N\delta(\sigma)$,就很近于白色噪声。如果噪声不是白色的,那么可以通过相应的转换,把它变成白色噪声来考虑。

现在来讨论几个从噪声中检测信号的例子。

例 1. 假定信号是"已知"的,即 $D=0$ 时,$F_0(t)=0$,$D=1$ 时 $F_1(t)=f(t)$ 是给定的确定函数,$N(t)$ 是高斯分布的白色噪声。现在要由观测到的一个现实 $x(t)$,$0\leqslant t\leqslant T$ 来辨别 $D=0$ 还是 $D=1$,要求根据似然比准则来确定 Z_1。

我们用有限带宽的平稳随机过程来近似白色噪声。先在区间 $0\leqslant t\leqslant T$ 内取 n 个分点 $n=\dfrac{T\omega_c}{\pi}$,取 $t_k=k\Delta t=h\dfrac{T}{n}$,并令 $x(t_k)=x_k$,$f(t_k)=f_k$。这样我们就得到条件概率密度函数

$$w(x_1,\cdots,x_n\mid D=0)=(2\pi N\omega_c)^{-\frac{n}{2}}\exp\left\{-\sum_{k=1}^{n}\frac{x_k^2}{2N\omega_c}\right\}$$

$$w(x_1,\cdots,x_n\mid D=1)=(2\pi N\omega_c)^{-\frac{n}{2}}\exp\left\{-\sum_{k=1}^{n}\frac{(x_k-f_k)^2}{2N\omega_c}\right\}$$

依定义似然比是

$$l(x_1,x_2,\cdots,x_n)=\frac{w(x_1,\cdots,x_n\mid D=1)}{w(x_1,\cdots,x_n\mid D=0)}=\exp\left\{\sum_{k=1}^{n}\frac{2f_kx_k-f_k^2}{2N\omega_c}\right\}$$

对指数的分子和分母都分别乘以 $\Delta t=T/n=\pi/\omega_c$ 后,又有

$$l(x_1,x_2,\cdots,x_n)=\exp\left\{\sum_{k=1}^{n}(2f_kx_k\Delta t-f_k^2\Delta t)/2\pi N\right\}$$

现令 $\omega_c\to\infty$,即 $n\to\infty$,$\Delta t=\dfrac{T}{n}\to 0$,对上式取极限后便得到

$$l(x)=\exp\left\{\frac{1}{\pi N}\int_0^T x(t)f(t)dt-\frac{1}{2\pi N}\int_0^T f^2(t)dt\right\}$$

按似然比准则 Z_1 应这样选择,使 $l(x)\geqslant\beta$,即

$$\frac{1}{\pi N}\int_0^T x(t)f(t)dt\geqslant\ln\beta+\frac{1}{2\pi N}\int_0^T f^2(t)dt,\quad x(t)\in Z_1$$

$\int_0^T f^2(t)dt$ 代表信号 $f(t)$,$0\leqslant t\leqslant T$ 的载负功率 E,而 $2\pi N$ 代表单位赫兹上的噪声功率,一般把 $\frac{1}{2\pi N}\int_0^T f^2(t)dt$ 叫做信噪比,用 q 来表示

$$q=\frac{E}{2\pi N}=\frac{1}{2\pi N}\int_0^T f^2(t)dt$$

从第 15.9 节中我们知道,对信号 $f(t)$的有限记忆最优检测过滤器的脉冲响应函数为

$$\mathring{h}_T(t)=\begin{cases}\dfrac{\lambda}{\pi}f(T-t), & 0\leqslant t\leqslant T\\ 0, & t<0 \text{ 或 } t>T\end{cases}$$

如果取 $\lambda=1/N$,并在对 $f(t)$的最优检测过滤器的输入端加上系统的观测值$x(t)$,那么在 T 时刻的输出为

$$y(T)=\int_0^T x(t)\mathring{h}_T(T-t)dt=\frac{1}{\pi N}\int_0^T x(t)f(t)dt$$

这种信号检测系统的原理图见图 15.15-4,它也可以用相关器的形式来实现(图 15.15-5)。

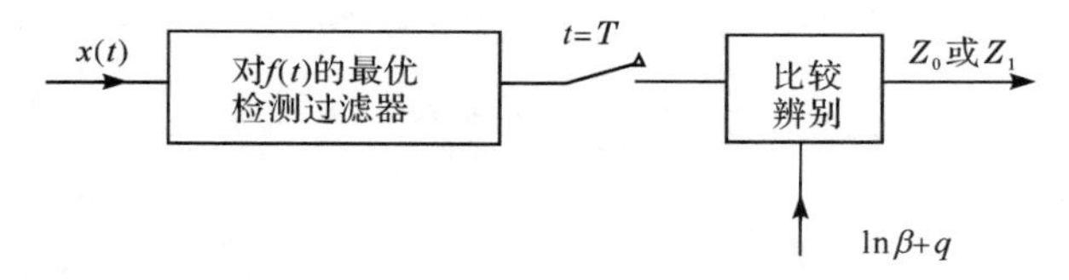

图 15.15-4

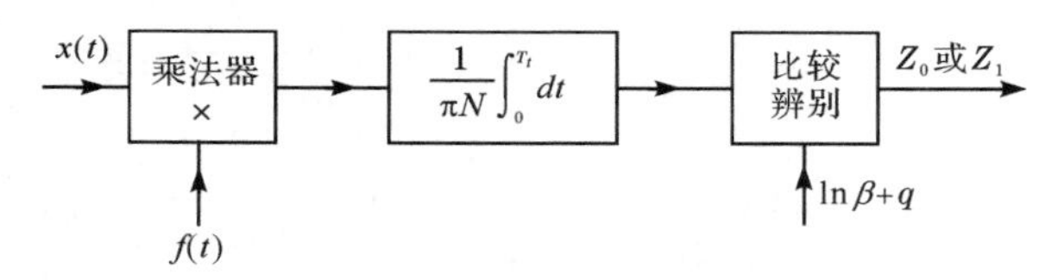

图 15.15-5

当观测值 $X(t)$是随机函数时,最优检测过滤器的输出 $Y(T)$也是随机变量:

$$Y(T)=\frac{1}{\pi N}\int_0^T X(t)f(t)dt$$

当 $D=0$ 时，$Y(T)$的数学期望为零，当 $D=1$ 时

$$\overline{Y(T)} = \frac{1}{\pi N}\int_0^T [f(t)+N(t)]f(t)dt = \frac{1}{\pi N}\int_0^T f^2(t)dt = 2q$$

无论 $D=0$ 还是 $D=1$，$Y(T)$的方差都等于

$$\begin{aligned}
\sigma_{Y(T)}^2 &= \frac{1}{(\pi N)^2}\int_0^T\int_0^T \overline{N(t_1)N(t_2)}f(t_1)f(t_2)dt_1dt_2 \\
&= \frac{1}{\pi N}\int_0^T\int_0^T \delta(t_1-t_2)f(t_1)f(t_2)dt_1dt_2 \\
&= \frac{1}{\pi N}\int_0^T f^2(t)dt \\
&= \frac{E}{\pi N} \\
&= 2q
\end{aligned}$$

因为 $Y(t)$是高斯分布的 $X(t)$的线性泛函，所以它也是高斯分布的，知道了它的数学期望和方差后，它的分布就确定了。我们就可以算出相应于不同阈值 β 的 $p_0(Z_1)$和 $p_1(Z_1)$

$$p_0(Z_1) = \sqrt{\frac{1}{4\pi q}}\int_\alpha^\infty \exp\left[-\frac{y^2}{4q}\right]dy$$

$$p_1(Z_1) = \sqrt{\frac{1}{4\pi q}}\int_\alpha^\infty \exp\left[-\frac{1}{4q}(y-2q)^2\right]dy$$

其中 $\alpha=\ln\beta+q$。对于不同的信噪比 q 又可以得到信号检测系统的不同工作特性(见图 15.15-6)。

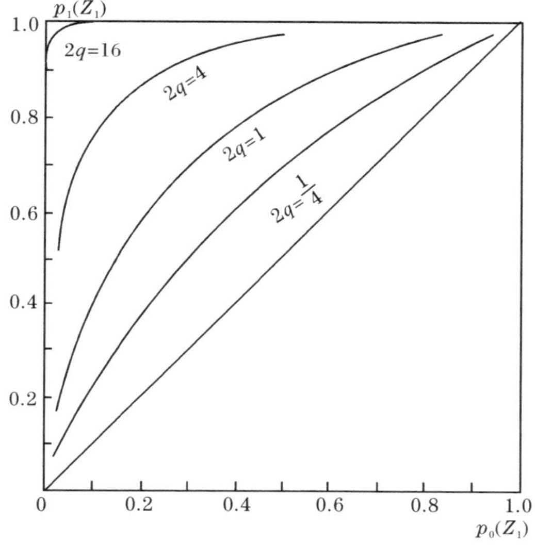

图 15.15-6

例 2. 假定 $D=1$ 时信号是带有随机相位的正弦振荡信号

$$F(t,\Phi)=d(t)\cos(\omega t-\Phi)$$

其中 $d(t)$ 是已知的时间函数，ω 为确定的频率，$\omega\gg 2\pi/T$ 而相位 Φ 是随机变量，它在 0 到 2π 之间均匀分布

$$w(\varphi)=\begin{cases}\dfrac{1}{2\pi}, & 0\leqslant\varphi\leqslant 2\pi\\ 0, & \varphi<0,\varphi>2\pi\end{cases}$$

在 Φ 取某个确定的值 φ 时，$F(t,\Phi)$ 取值为

$$f(t,\varphi)=d(t)\cos(\omega t-\varphi)=d(t)\cos\omega t\cos\varphi+d(t)\sin\omega t\sin\varphi。$$

假定噪声仍与例 1 中相同。在 Φ 取确定的值 φ 时

$$\begin{aligned}l(x,\varphi)&=\exp\left\{\frac{1}{\pi N}\int_0^T x(t)f(t,\varphi)dt-\frac{1}{2\pi N}\int_0^T f^2(t,\varphi)dt\right\}\\&=\exp\left\{\frac{1}{\pi N}\int_0^T x(t)f(t,\varphi)dt-q\right\}\end{aligned}$$

其中

$$\begin{aligned}&\frac{1}{\pi N}\int_0^T x(t)f(t,\varphi)dt\\&=\frac{\cos\varphi}{\pi N}\int_0^T x(t)d(t)\cos\omega tdt+\frac{\sin\varphi}{\pi N}\int_0^T x(t)d(t)\sin\omega t\end{aligned}$$

令

$$\int_0^T x(t)d(t)\cos\omega tdt=M\cos\theta$$

$$\int_0^T x(t)d(t)\sin\omega tdt=M\sin\theta$$

则

$$\frac{1}{\pi N}\int_0^T x(t)f(t,\varphi)dt=\frac{M}{\pi N}\cos(\varphi-\theta)$$

似然比

$$l(x)=\int_{-\infty}^{\infty}w(\varphi)l(x,\varphi)d\varphi$$

因此

$$l(x)=e^{-q}\int_0^{2\pi}\frac{1}{2\pi}\exp\left[\frac{M}{\pi N}\cos(\varphi-\theta)\right]d\varphi=e^{-q}\cdot I_0\left(\frac{M}{\pi N}\right)$$

$$\ln l(x)=\ln I_0\left(\frac{M}{\pi N}\right)-q$$

其中 $I_0(u)=\dfrac{1}{2\pi}\displaystyle\int_0^{2\pi}e^{u\cos\varphi}d\varphi$ 是零阶贝塞尔函数，它是一个单调增加的函数。按似比准则要求 $l(x)\geqslant\beta$，就相当于 $M/\pi N$ 大于或等于某个与 β 相应的数。

因为

$$M=\sqrt{\left(\int_0^T x(t)d(t)\cos\omega t dt\right)^2+\left(\int_0^T x(t)d(t)\sin\omega t dt\right)^2}$$

所以它可以按原理图 15.15-7 来计算 M,其中 Ω 可以是任意的某个固定的较高频率,但 M 与 Ω 无关,图内的相关器就是我们前面讲到的按某个已知信号的最优检测过滤器,例如相关器 1 就是脉冲响应函数为

$$h_T(t)=\begin{cases}d(T-t)\cos\omega(T-t), & 0\leqslant t\leqslant T\\ 0, & t<0,t>T\end{cases}$$

的检测过滤器。

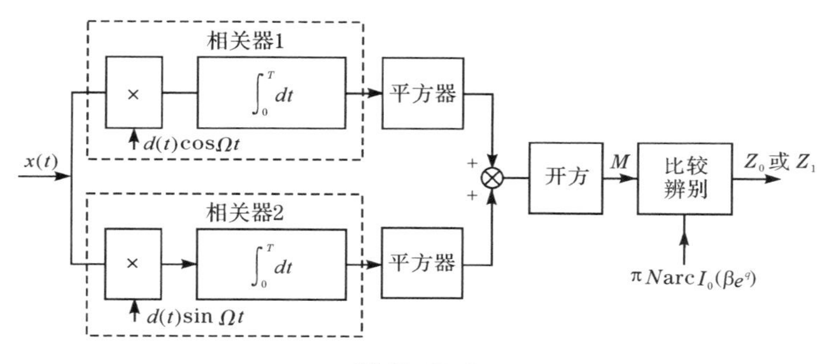

图 15.15-7

根据例 1 中所谈到的情况,当 $D=0$ 时,

$$\frac{M}{\pi N}\cos\theta=\frac{1}{\pi N}\int_0^T x(t)d(t)\cos\omega t dt$$

和

$$\frac{M}{\pi N}\sin\theta=\frac{1}{\pi N}\int_0^T x(t)d(t)\sin\omega t dt$$

的数学期望都为零,方差是 $2q$,它们都是高斯分布的随机变量。由于 $\cos\omega t$ 与 $\sin\omega t$ 是正交的,因此$\frac{M}{\pi N}\cos\theta$ 与 $\frac{M}{\pi N}\sin\theta$ 统计无关,因此$\left(\frac{M}{\pi N}\right)^2$ 是二阶 χ^2 分布的随机变量。$\frac{M}{\pi N}\sqrt{\frac{1}{2q}}$的方差等于 1,数学期望为零,所以

$$p_0\left(\frac{M}{\pi N}\sqrt{\frac{1}{2q}}\geqslant\alpha\right)=\exp\left[-\frac{\alpha^2}{2}\right]$$

如果取

$$\beta=e^{-q}I_0(\sqrt{2q}\alpha)$$

那么

$$p_0(Z_1(\beta))=\exp\left[-\frac{\alpha^2}{2}\right]$$

由于 β 随 α 的增加而单调增加，所以

$$dp_0(Z_1(\beta)) = -\alpha\exp\left[-\frac{\alpha^2}{2}\right]d\alpha$$

若根据系统的工作特性，按似然比准则来辨别消息 D，则

$$dp_1(Z_1(\beta))/dp_0(Z_1(\beta)) = \beta$$

因此

$$p_1(Z_1(\beta)) = \int_\beta^\infty \beta dp_0(Z_1(\beta)) = e^{-q}\int_\alpha^\infty -\alpha\exp\left[-\frac{\alpha^2}{2}\right]I_0(\sqrt{2q}\alpha)d\alpha$$

这样我们就可以得到在不同的信杂比 q 时系统的工作特性曲线(图 15.15-8)。

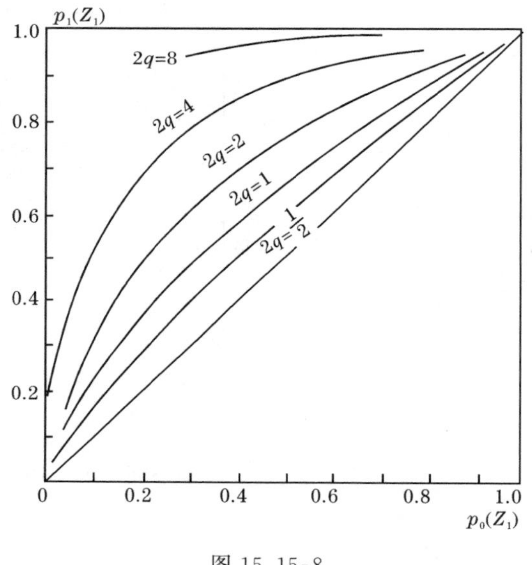

图 15.15-8

例 3. 假定信号 $f(t)$ 恒等于某个常数 m，噪声是数学期望为零，相关函数为 $R_N(\sigma)=e^{-\lambda^2|\sigma|}$ 的高斯分布的平稳随机过程。要求根据观测到的一个现实 $x(t)$，$0\leqslant t\leqslant T$，来确定 $D=0$ 还是 $D=1$。先在 $0\leqslant t\leqslant T$ 内取有限个观测值，$x_k=x(t_k)$，$e^{-\lambda^2(t_{k+1}-t_k)}=\rho_k$，$k=0,1,2,\cdots,n$。我们可以得到条件概率密度函数为

$$w(x_0,x_1,\cdots,x_n \mid D=0) = \frac{1}{(2\pi)^{\frac{n+1}{2}}\prod_{k=0}^{n-1}(1-\rho_k)^{\frac{1}{2}}}$$

$$\times\exp\left\{-\frac{1}{2}x_0^2-\frac{1}{2}\sum_{k=0}^{n-1}\frac{[x_{k+1}-\rho_k x_k]^2}{1-\rho_k^2}\right\}$$

$$w(x_0,x_1,\cdots,x_n \mid D=0)=\frac{1}{(2\pi)^{\frac{n+1}{2}}\prod_{k=0}^{n-1}(1-\rho_k)^{\frac{1}{2}}}\exp\left\{-\frac{1}{2}(x_0-m)^2\right.$$

$$\left.-\frac{1}{2}\sum_{k=0}^{n-1}\frac{[x_{k+1}-\rho_k x_k-m(1-\rho_k)]^2}{1-\rho_k^2}\right\}$$

当 $n\to\infty$ 时，$\Delta_n=\max_h(t_{k+1}-t_k)\to 0$，不难得到

$$l(x)=\exp\left\{\frac{m}{2}x(0)+\frac{m}{2}x(T)-\frac{m^2}{2}+\frac{m}{4}\lambda^2\int_0^T x(t)dt-\frac{m^2}{4}\lambda^2 T\right\}$$

因此按似然比准则，当

$$x(0)+x(T)+\lambda^2\int_0^T x(t)dt\geqslant K$$

时认为 $D=1$，反之则认为 $D=0$，其中

$$K=\frac{2}{m}\ln\beta+m+\frac{m}{2}\lambda^2 T$$

当 K 趋于 $-\infty$ 时，虚警概率 $p_0(Z_1)=1$，漏警概率 $p_1(Z_0)=0$；而 K 趋于 $+\infty$ 时，虚警概率 $p_0(Z_1)=0$，漏警概率 $p_1(Z_0)=1$；当 K 在 $-\infty$ 到 $+\infty$ 之间取值时，虚警概率与漏警概率都在 0 到 1 之间。

上面我们讨论的都是根据一次的观测值辨别 $D=0$ 或 $D=1$ 的。当然还可以根据多次观测来作出辨别。这里我们不再作讨论，读者可以参看文献[14,24,25]。

15.16　信号参数的估计

现在来讨论从噪声中测定信号所携带的消息，也就是"估计信号的参数"。显然，上一节中讨论的在噪声中检测信号的问题只是一个特殊情况，在这种特殊情况中，消息 D(即参数)只取 0 和 1 两个值。例如，在脉冲制雷达中，目标离雷达天线的距离和回波脉冲与发射脉冲之间的时间间隔成正比，为了测量距离，我们必须去估计信号中时间间隔这个参数。又例如对活动目标来说，射频信号的载频的变化与在雷达天线方向目标速度的分量成正比，如果这个速度也是一个消息，那么我们就要估计信号中载频的变化这个参数。假设观测量是信号与噪声的叠加

$$X(t)=F_D(t)+N(t) \tag{15.16-1}$$

信号 $F_D(t)$ 是消息 D 的已知函数或是消息 D 的带有随机参数 Φ 的函数 $F_D(t,\Phi)$；消息 D 可以是随机变量，也可以是未知的非随机量。假定在 $X(t)$ 的一个现实中消息 D 总是取某一个不变的值 d；噪声 $N(t)$ 是数学期望为零的平稳随机过程。现在要求根据 $X(t)$ 的每一个现实 $x(t)$，$0\leqslant t\leqslant T$，估计与此现实相应的消息值。消息 D 的估计值 $\hat{D}$ 应是输入 $X(t)$，$0\leqslant t\leqslant T$ 的确定函数，它与消息 D 的取值 d

无关，

$$\hat{D}=D(X(t)),\quad 0\leqslant t\leqslant T \tag{15.16-2}$$

当 $X(t)$取不同的现实时，$\hat{D}$ 也就取相应的不同的值。通常用 $w(x|d)$来表示信息 D 取 d 值时输入 $X(t)$的条件概率密度函数。当 D 取 d 值时估计 $\hat{D}$ 的条件数学期望是

$$\overline{(\hat{D}\mid d)}=\int_{-\infty}^{\infty}\hat{d}(x)w(x\mid d)dx \tag{15.16-3}$$

它显然是 d 的函数，如果$\overline{(\hat{D}|d)}=d$，$\hat{D}$ 称为无偏估计。如果消息 D 可以在某个范围内连续地取值，那么可以证明在 D 取 d 值时任何估计 $\hat{D}$ 都满足不等式

$$\overline{[\hat{D}-d]^2}\geqslant\left[\frac{\partial}{\partial d}\overline{(\hat{D}\mid d)}\right]^2\Big/\overline{\left[\frac{\partial}{\partial d}\ln w(x\mid d)\right]^2} \tag{15.16-4}$$

当 $\hat{D}$ 是无偏估计时，

$$\sigma_{\hat{D}}^2=\overline{[\hat{D}-d]^2}\geqslant 1\Big/\overline{\left[\frac{\partial}{\partial d}\ln w(x\mid d)\right]^2} \tag{15.16-5}$$

当无偏估计 $\hat{D}$ 使式(15.16-5)中的左右两边相等时，此估计 $\hat{D}$ 就称为有效估计。可以证明，无偏有效估计是唯一的，它的充分必要条件是

$$\frac{\partial\ln w(x\mid d)}{\partial d}=k[\hat{D}-\overline{(\hat{D}\mid d)}] \tag{15.16-6}$$

k 是任何不等于零的常数。显然，如果无偏有效估计存在的话，那么这个估计就是最好的。但是，在求有效估计时要计算$\frac{\partial}{\partial d}\ln(x|d)$和$\overline{\left[\frac{\partial}{\partial d}\ln(x|d)\right]^2}$，这通常是比较困难的；另外，有效估计可能不存在，$D$ 可能是未知非随机量或取离散值的随机变量，这时有效估计便失去了意义。所以通常不采用有效估计，而采用其他的估计方法。常用的有下列两种估计方法：

(1) 最大事后概率密度函数法：事后概率密度就是已经得到了观测量 $X(t)$后再来反算消息 D 的概率密度，也就是当 $X(t)$取值 $x(t)$时的消息 D 的条件概率密度 $w(d|x(t))$。根据全概率公式有

$$w(d\mid x(t))=w(x\mid d)w(d)/w(x) \tag{15.16-7}$$

其中 $w(d)$是消息 D 的先验概率密度函数。可选用使 $w(d|x(t))$取极大值的 d 作为估计，它是 $x(t)$的函数

$$w(\hat{D}\mid x(t))=\max_d w(d\mid x(t)) \tag{15.16-8}$$

这样就得到了 $\hat{D}$ 与 $X(t)$的关系，在运用此种方法时，消息 D 必须是随机变量，而且需要知道它的先验概率 $w(d)$。如果 D 是连续取值的随机变量，那么可以按照连续函数求极值的方法求出 $\hat{D}$ 来。

(2) 最大似然法：现把消息 D 取 d 值时的观测量 $X(t)$，$0\leqslant t\leqslant T$ 的条件概率密度函数称为似然函数。记为 $L(x(t);d)$

$$L(x(t);d)=w(x\mid d) \tag{15.16-9}$$

无论消息 D 是未知的非随机量或是随机变量时，似然函数 $L(x(t);d)$ 都存在。最大似然法就是对于观测量的一个现实 $x(t)$ 来说，选取使似然函数取极大值的 d 作为估计 $\hat{D}$，对于非随机量来说是 $\hat{d}$，因此 $\hat{D}$ 是 $x(t)$ 的函数

$$\hat{D}(x(t))=\max_{d} L(x(t);d)=\max_{d} w(x\mid d) \tag{15.16-10}$$

当 d 可以连续变化时

$$\left.\frac{\partial}{\partial d}L(x(t),d)\right|_{d=\hat{D}}=\left.\frac{\partial}{\partial d}w(x\mid d)\right|_{d=\hat{D}}=0 \tag{15.16-11}$$

按最大似然法求估计时可以不需要知道消息 D 的先验统计特性，这是它的优点之一。另外可以证明下列事实：如果对消息 D 存在有效估计 $\hat{D}$，那么 $\hat{D}$ 一定是按最大似然法求出的唯一的估计；如果观测现实 $x(t)$ 的时间趋于无穷，则按最大似然法求得的估计渐近趋于无偏有效估计，并且它的分布渐近趋于正态分布。

可以指出最大似然法和最大事后概率密度法二者之间的联系。由公式(15.16-7)可以看出，如果在 $w(x|d)$ 取最大值的 d 值附近的区域内消息 D 的先验概率密度 $w(d)$ 是均匀分布的，那么 $w(d|x)$ 和 $w(x|d)$ 取最大值时的 d 值是相同的。因此，在这种情况下，按这两种方法求出的估计是相同的。

正是由于以上这个特点，最大似然法在信号参数的估计问题中应用得很广泛。下面我们叙述几个按最大似然法估计消息的例子。

例 1. 假定信号 $f_d(t)$ 是由消息 d 调制而成

$$f_d(t)=(1+md)B(t)$$

其中 m 是调制系数，$B(t)$ 是载波，它可能是频率较高的正弦波，也可能是等幅等宽的窄脉冲序列，$B(t)$ 和 m 都是已给定的，消息 d 是个未知的非随机量；噪声 $N(t)$ 是数学期望为零的高斯分布的白色噪声；功率谱密度 $\Phi_N(\omega)=N$；现在要求由观测 $X(t)=f_d(t)+N(t)$ 的一个现实 $x(t)$，$0\leqslant t\leqslant T$，来估计消息 d 的值。

根据第 15.15 节中例 1 的讨论不难得到似然函数

$$\begin{aligned}L(x(t);d)&=w(x(t)\mid d)\\&=K\exp\left\{-\int_0^T[x(t)-(1+md)B(t)]^2dt/2\pi N\right\}\end{aligned}$$

其中常数 K 可由条件 $\int w(x(t)|d)dx(t)=1$ 来确定。如果按最大似然法求 $\hat{d}$，则

$$\frac{\partial L(x(t);d)}{\partial d}$$

在 d 等于 $\hat{d}$ 时应等于零，于是有

$$\hat{d}=\left(\int_0^T x(t)B(t)dt/m\int_0^T B^2(t)dt\right)-\frac{1}{m}$$
$$=\frac{1}{mE}\int_0^T x(t)B(t)dt-\frac{1}{m}$$

其中 E 是载波 $B(t)$，$0\leqslant t\leqslant T$ 载负的功率。只要用最优检测过滤器来得到

$$\int_0^T x(t)B(t)dt$$

就可以得到要求的消息 d 的估计 $\hat{d}$。

例 2. 假定消息参数是由脉冲前沿距初始时刻的时间间隔 d 来表示的，并假定它是未知的非随机量；信号 $F_d(t)$ 是用高频正弦振荡调制的脉冲信号

$$F_d(t,\Phi)=a(t-d)\cos(\omega t+\Phi)$$

其中 Φ 是随机参量，在 0 到 2π 内均匀分布，$a(t-d)$ 是已知的脉冲信号

$$a(t-d)=0，若\ t<d\ 和\ t>d+\sigma$$

σ 为已知的脉冲持续时间，ω 为已知的高频正弦振荡的频率；噪声 $N(t)$ 仍与例 1 相同；现在要根据观测量 $X(t)=F_d(t,\Phi)+N(t)$ 的一个现实 $x(t)$，$0\leqslant t\leqslant T$，来估计相应的 d 值。同样，根据第 15.15 节中例 1 和例 2 的讨论不难得到在固定的 φ 时的似然函数

$$L(x(t);d,\varphi)=K\exp\left\{-\frac{1}{2\pi N}\int_0^T[x(t)-a(t-d)\cos(\omega t+\varphi)]^2dt\right.$$
$$=K\exp\left\{-\frac{1}{2\pi N}\int_0^T x^2(t)dt\right\}\exp\left\{-\frac{E}{2\pi N}\right\}\exp\{\eta(d,\varphi)\}$$

其中

$$E=\int_0^T a^2(t-d)\cos^2(\omega t+\varphi)dt$$

是信号载负的能量，而

$$\eta(d,\varphi)=\frac{1}{\pi N}\int_d^{d+\sigma}x(t)a(t-d)\cos(\omega t+\varphi)dt$$
$$=\frac{1}{\pi N}M(d)\cos(\varphi+\theta)$$

式中

$$M(d)=\sqrt{\left[\int_d^{d+\sigma}x(t)a(t-d)\cos\omega t dt\right]^2+\left[\int_d^{d+\sigma}x(t)a(t-d)\sin\omega t dt\right]^2}$$

似然函数为

$$L(x(t);d)=\int_0^{2\pi}\frac{1}{2\pi}L(x(t);d,\varphi)d\varphi$$

所以

$$L(x(t);d)=K_1\exp\left\{-\frac{1}{2\pi N}\int_0^T x^2(t)dt\right\}\exp\left\{-\frac{E}{2\pi N}\right\}\int_0^{2\pi}\exp\{\eta(d,\varphi)\}d\varphi$$

$$=K_1\exp\left\{-\frac{1}{2\pi N}\int_0^T x^2(t)dt\right\}\exp\left\{-\frac{E}{2\pi N}\right\}\cdot I_0\left[\frac{M(d)}{\pi N}\right]$$

因为 $I_0(x)$是 x 的单调增加函数，按最大似然法求得的估计应满足条件

$$M(\hat{d})=\max_d M(d)$$

$M(d)$是 $\eta(d,\varphi)$的包络线，$\eta(d,\varphi)$可以用最优检测过滤器得到，检测过滤器在 $d+\sigma$时刻得到最大值。因此将输入 $x(t)$通过最优检测过滤器后再通过无惯性检波器，使最后的输出达极大的时刻就是 $\hat{d}+\sigma$。

例 3. 假定信号就是消息，它等于某个未知常数 d；噪声是平稳随机高斯过程，数学期望等于零，相关函数为 $R_N(\sigma)=e^{-\lambda^2|\sigma|}$。现在要根据观测值 $X(t)=d+N(t)$的一个现实 $x(t)$，$0\leqslant t\leqslant T$，来估计消息值 d。用与上节例 3 相同的方法可以求出似然函数

$$L(x(t);d)=K\exp\left\{\frac{d}{2}\left[x(0)+x(T)+\lambda^2\int_0^T x(t)dt\right]-\frac{d^2}{2}\left(1+\frac{\lambda^2 T}{2}\right)\right\}$$

K 是与 d 值无关的常数，可由 $\int_{-\infty}^{\infty}L(x(t);d)dx(t)=1$ 来决定。根据最大似然法，估计 $\hat{d}$ 等于

$$\hat{d}=\frac{1}{2+\sigma^2 T}\left[x(0)+x(T)+\lambda^2\int_0^T x(t)dt\right]$$

可以看出，d 的估计 $\hat{d}$ 与第 15.9 节中例 3 的结果一样。

如果信号中包含两个不同的消息 D_1 和 D_2，那么可以按最大似然法求出消息 D_1 和 D_2 的联合估计$(\hat{D}_1,\hat{D}_2)$。这时似然函数 $L(x(t);d_1,d_2)$就是当 D_1 取 d_1 值和 D_2 取 d_2 值时 $X(t)$，$0\leqslant t\leqslant T$ 的条件概率密度函数 $w(x(t)|d_1,d_2)$。在给定的观测现实 $x(t)$，$0\leqslant t\leqslant T$ 时，消息 d_1 和 d_2 的联合估计$(\hat{D}_1,\hat{D}_2)$应是下列联立方程组的解

$$\frac{\partial L(x(t);d_1,d_2)}{\partial d_1}=0$$

$$\frac{\partial L(x(t);d_1,d_2)}{\partial d_2}=0$$

同样，最大似然法可以推广到对任意 n 个消息的估计。在有多个消息存在时，只估计一个消息而不估计其他消息并不会提高此消息估计的准确程度。例如，在雷达的回波信号中估计距离和目标的径向速度，如果只估计距离而不去估计目标的径向速度就不能提高估计距离的准确性。

15.17 一般的最优过滤问题

本章讨论了各种准则的最优过滤问题，如信号的最优复现，信号的最优检测和信号参数的最优估计等。究竟采用什么准则要由具体的工程问题的要求来确定。实际上可以把大部分已有的准则归结为一般的准则。

假定系统的观测量是有用信号 $\boldsymbol{F}(t)$ 和噪声的叠加

$$\boldsymbol{X}(t)=\boldsymbol{F}(t)+\boldsymbol{N}(t)$$

在一般情况下，可以认为噪声是数学期望为零的平稳随机过程。有用信号 $\boldsymbol{F}(t)$ 是时间 t 的随机函数，它也是消息和某些参数的确定函数，其中有些部分可能是随机的，也可能是未知的非随机量或非随机函数。通常信号 $\boldsymbol{F}(t)$ 表示为

$$\boldsymbol{F}(t)=\boldsymbol{f}(t,\boldsymbol{D}(t),\boldsymbol{\Phi}(t)) \tag{15.17-1}$$

$\boldsymbol{D}(t)=(D_1(t),\cdots,D_r(t))$ 为消息，$\boldsymbol{\Phi}(t)=(\Phi_1(t),\cdots,\Phi_m(t))$ 为参数。我们要求在系统的输出端得到某些消息或对这些消息进行某种运算后的结果的估计。理想输出可以表示为对信息进行某种已知运算的结果

$$\boldsymbol{Y}_1(t)=\boldsymbol{g}(\boldsymbol{D}(t)) \tag{15.17-2}$$

系统的实际输出 $\boldsymbol{Y}(t)$ 是对观测量 $\boldsymbol{X}_1(t)$ 进行某种可实现的运算结果，它可以表示成函数关系

$$\boldsymbol{Y}(t)=\boldsymbol{h}\{X(t)\} \tag{15.17-3}$$

实际上，系统的输出 $\boldsymbol{Y}(t)$ 总是和理想输出 $\boldsymbol{Y}_1(t)$ 有差别的，我们用损耗函数 $l(\boldsymbol{Y}_1,\boldsymbol{Y})$ 来度量这种差别，它是理想输出 $\boldsymbol{Y}_1$ 和实际输出 $\boldsymbol{Y}$ 的某个确定的函数(泛函)或条件确定函数(泛函)。对于理想输出 $\boldsymbol{Y}_1(t)$ 取某个值 $\boldsymbol{y}_1(t)$ 时损耗函数的条件数学期望称为条件风险，它只依赖于 $\boldsymbol{Y}_1(t)$ 的取值 $\boldsymbol{y}_1(t)$ 和确定实际输出的运算 $\boldsymbol{h}$。条件风险定义为

$$r(\boldsymbol{h}\mid\boldsymbol{y}_1)=\overline{[l(\boldsymbol{Y}_1,\boldsymbol{Y})\mid Y_1=y_1(t)]} \tag{15.17-4}$$

理想输出 $Y_1(t)$ 是随机函数时的条件风险 $r(\boldsymbol{h}|\boldsymbol{Y}_1)$ 的数学期望称为平均风险，它只依赖于运算 $\boldsymbol{h}$

$$r(\boldsymbol{h})=\overline{[R(\boldsymbol{h}\mid\boldsymbol{Y}_1)]}=\overline{[l(\boldsymbol{Y}_1,\boldsymbol{Y})]} \tag{15.17-5}$$

实际上平均风险 $r(\boldsymbol{h})$ 就是损耗函数 $l(\boldsymbol{Y}_1,\boldsymbol{Y})$ 的无条件数学期望。一般的最优过滤问题就是要选择运算 $\boldsymbol{h}$ 使得相应于某个损耗函数的平均风险取最小值，或者使在某种限制条件下相应于某个(条件损耗)函数的条件平均风险取最小值。几乎所有的统计准则都是这种一般准则的个别情况。下面我们就列举出相应于某些统计准则的损耗函数或条件损耗函数

(1) 均方误差最小准则：这时取

$$l(\boldsymbol{Y}_1,\boldsymbol{Y})=(\boldsymbol{Y}_1-\boldsymbol{Y})^{\tau}(\boldsymbol{Y}_1-\boldsymbol{Y}) \tag{15.17-6}$$

因此

$$\min_{h} r(\boldsymbol{h}) = \min_{h} \overline{(\boldsymbol{Y}_1 - \boldsymbol{Y})^{\tau}(\boldsymbol{Y}_1 - \boldsymbol{Y})}$$

（2）误差的范数不超过某个给定函数的概率最大准则：这时取

$$l(\boldsymbol{Y}_1, \boldsymbol{Y}) = \begin{cases} 0, & |\boldsymbol{Y}_1 - \boldsymbol{Y}| \leqslant \varphi(t) \\ 1, & |\boldsymbol{Y}_1 - \boldsymbol{Y}| > \varphi(t) \end{cases} \tag{15.17-7}$$

因此

$$\min_{h} r(\boldsymbol{h}) = \min_{h} p\{|\boldsymbol{Y}_1 - \boldsymbol{Y}| > \varphi(t)\} = \max_{h} p\{|\boldsymbol{Y}_1 - \boldsymbol{Y}| \leqslant \varphi(t)\}$$

（3）信号检测时差错的全概率最小准则：假设 Y_1 只取 0 和 1 两种值，如果根据实际观测而得的 $Y \geqslant \beta$，则认为信号是 1，如 $Y < \beta$，则认为信号为 0。这时取

$$l(Y_1, Y) = \begin{cases} 0, & \{Y_1 = 0, Y < \beta\} \text{ 或} \{Y_1 = 0, Y \geqslant \beta\} \\ 1, & \{Y_1 = 0, Y \geqslant \beta\} \text{ 或} \{Y_1 = 1, Y < \beta\} \end{cases} \tag{15.17-8}$$

因此

$$r(\boldsymbol{h}) = p\{Y_1 = 0, Y \geqslant \beta\} + p\{Y_1 = 1, Y < \beta\} = p_0$$

p_0 就是发生差错的全概率，$r(\boldsymbol{h})$取最小值也就是发生差错的最小全概率。

（4）诺曼-皮尔生准则：要求虚警概率不超过某个值时漏警概率最小。从第 15.15 节可知，当漏警概率最小时，虚警概率应该取它上限。因此诺曼-皮尔生准则就化为在虚警概率 $P\{Y \geqslant \beta | Y_1 = 0\} = \alpha$ 时，差错全概率 p_0 最小的条件极值问题。这时取

$$l(Y_1, Y) = \begin{cases} 0, & \{Y_1 = 1, Y \geqslant \beta\} \text{ 或} \{Y_1 = 0, Y < \beta\} \\ \lambda, & \{Y_1 = 0, Y \geqslant \beta\} \\ 1, & \{Y_1 = 1, Y < \beta\} \end{cases} \tag{15.17-9}$$

其中 λ 是拉格朗日不定乘子。如果 $Y_1 = 1$ 的先验概率是 p，$Y_1 = 0$ 的先验概率是 $q = 1 - p$，那么

$$\begin{aligned} r(\boldsymbol{h}) &= \overline{[l(Y_1, Y)]} = p\{Y_1 = 1, Y < \beta\} + \lambda \cdot p\{Y_1 = 0, Y \geqslant \beta\} \\ &= p \cdot p\{Y < \beta \mid Y_1 = 1\} + q \cdot p\{Y \geqslant \beta \mid Y_1 = 0\} + (\lambda - 1)q \\ &\quad \cdot p\{Y \geqslant \beta \mid Y_1 = 0\} \\ &= p_0 + \lambda_1 p\{Y \geqslant \beta \mid Y_1 = 0\} \end{aligned}$$

其中 $\lambda_1 = (1 - \lambda)q$ 也是不定乘子，p_0 是发生差错的全概率。因此平均风险最小也就是在 $p\{Y \geqslant \beta | Y_1 = 0\} = 0$ 条件下差错全概率最小。不定乘子 λ 或 λ_1 应在找到最小值后再从条件 $p\{Y \geqslant \beta | Y_1 = 0\} = \alpha$ 来确定。

（5）事后概率最大准则：它要求对观测量 $X(t)$的任意给定的现实 $x(t)$，条件概率密度 $w(y_1 | x)$在 $y_1 = y$ 时取最大值。这时只要令

$$l(Y_1, Y) = c - \delta(Y_1 - Y) \tag{15.17-10}$$

即可，其中 c 为任意常数。这种损耗函数的平均风险为

$$r(\boldsymbol{h})=\overline{[l(Y_1,Y)]}=c-\iint\delta(y_1-y)w(y_1,y)dy_1dy$$

因为输出 y 是运算 $\boldsymbol{h}$ 对输入 $x(t)$ 作用的结果,所以

$$\begin{aligned}r(\boldsymbol{h})&=c-\iint\delta(y_1-\boldsymbol{h}\{x\})w(y_1,x)dy_1dx\\&=c-\int w(x)dx\int\delta(y_1-\boldsymbol{h}\{x\})w(y_1\mid x)dy_1\\&=c-\int w(x)w(y\mid x)dx\end{aligned}$$

因为 $w(x)\geqslant 0$,所以当,$r(\boldsymbol{h})$取极小值时$w(y|x)$取最大值,这意味着事后概率密度$w(y_1|x)$在 $y_1=y$ 时取最大值。

(6) 最大似然法:它要求对观测量 $X(t)$的一个现实 $x(t)$,条件概率密度 $w(x|y_1)$在 $y_1=y$ 时取极大值。这时令

$$l(Y_1,Y)=c-\delta(Y_1,Y)\tag{15.17-11}$$

其中 c 为任意常数。这种损耗函数的条件风险为

$$\begin{aligned}r(\boldsymbol{h}\mid y_1)&=\int l(y_1,y)w(x\mid y_1)dy_1\\&=c-\int\delta(y_1-y)w(x\mid y_1)dy_1\\&=c-w(x\mid y)\end{aligned}$$

当条件风险 $R(\boldsymbol{h}|y_1)$取极小值时,输出 y 就满足最大似然法的条件。

对应于所有可能的损耗函数 $l(\boldsymbol{Y}_1,\boldsymbol{Y})$(它还可能包含某些待定参数)的平均风险 $r(\boldsymbol{h})$最小的准则通常称为贝叶斯准则。显然,为了按贝叶斯准则确定最优过滤系统,必须知道信号和噪声的所有统计特性。而对某些个别的准则才可能只利用信号和噪声的局部统计特性。如果只知道相对于理想输出 $\boldsymbol{Y}_1$ 的观测值 $\boldsymbol{X}(t)$的条件概率特性,而 $\boldsymbol{Y}_1$ 的概率特性不知道,那么最优过滤问题只能按最大似然法来设计或者按极小极大准则来设计。极小极大准则就是要保证系统在最坏可能的条件下最好地工作,即使所有可能的 Y_1 的现实的条件风险值中最大者达极小值

$$\min_{\boldsymbol{h}}\max_{\boldsymbol{y}_1}r(\boldsymbol{h}\mid\boldsymbol{y}_1)$$

这种准则对于某类系统的设计特别有用,例如,用导弹去攻击作机动飞行的敌机时,敌机总想作某种机动使导弹击中它的概率减小,这时导弹的控制系统应这样设计使得在敌机作最坏的机动时仍能使导弹尽可能准确地接近它。

一般来讲,在相同的条件下,按不同的准则设计出来的最优运算 $\boldsymbol{h}$ 或最优过滤器将不相同。但是在个别的情况下,也可能同一个过滤器对好几种准则都是最优的。这里特别要指出,按第 15.3 节到第 15.13 节的方法设计出来

的线性过滤器，如果随机信号和随机噪声是正态分布它不仅对均方误差最小的准则是最优的，而且对于以 $|\boldsymbol{Y}_1 - \boldsymbol{Y}|$ 为变量的任意非降损耗函数的平均风险最小准则来说，它也是最优的，并且对于事后概率密度最大的准则来说也是最优的。

参考文献

[1] 江泽培，1）多维平稳过程的预测理论，数学学报，13(1963)，2.

2）On the estimation of regression coefficient of a continuous parameter time sevies with a statio. nary residaul.，Теория Вероятн. u её Примен.，4(1959)，4.

3）О линейной экстрополяции непрерывного однородного поля，Теория Вероятн. u её Примен.，2(1957)，1.

[2] 王传善，弱干扰下连续远动信号的最佳接收，自动化学报，2(1964)，2.

[3] 安鸿志，加权滤波方法，数学的实践和认识，1973，4.

[4] 安鸿志，严加安，限定记忆滤波方法，数学的实践和认识，1973，4.

[5] 中国科学院数学研究所概率组编，离散时间系统滤波的数学方法，国防工业出版社，1975.

[6] 陈翰馥，关于随机能观测性，中国科学，1976，7.

[7] Athans，M.，The role and use of the stochastic linear-quadraticgness problem in control system design，IEEE Trans.，AC-16(1971). Dec.，529－552.

[8] Bode，H. W.，Shannon，C. E.，A simplified derivation of linear least square smoothing and prediction theory，Proc. IRE，38(1950)，April 417－425.

[9] Bokesembom，A. S.，Novik，D.，Optimum controllers for linear closed-loop systems，NACA TN. 2939，1953.

[10] Booton，R. C.，An optimization theory for time-varying linear system with non-stationary statis tical inputs，Proc. IRE，40(1952)，977-981.

[11] Chang S. S. L.，Synthesis of Optimum Control Systems，Mc-Graw Hill Book Co. Inc.，1961.

[12] Deustch，R.，Estimation Theory，Prentice-Hall. Inc.，Englewood Cliffs，N. J.，1968.

[13] Flanklin，G.，Linear filtering of sampled-data，IRE Conv. Record，1955. pt. 4，119－128.

[14] Helstron，C. W.，Statisical Theory of Signal Detection，Pergamon. New York，1960.（信号检测的统计理论，陈宗骘译，上海科技出版社，1965.）

[15] James，H. F.，Nichols，N. B.，Phillips，R. S.，Theory of Seruomechanisms，Chap. 7，M. I. T. Radiation Laboratory Series，25，McGraw-Hill Book Co. Inc.，New York，1947.

[16] Kailath，T.，An innovations approach to least squares estimation IEEE Trans.，AC-13 (1968)，Dec.，646－660.

[17] Kalman. R. E.，A new results to linear filtering and prediction problems，ASME Trans. Series D，82(1960)，35－45.

[18] Kalman，R. E.，Bucy，R. S.，New results in Linear filtering and prediction theory，ASME Trans. Series D，83(1961)，95－108.

[19] Laning, J. H., Battin, R. H., Random Processes in Automatic Control, MeGraw-Hill Book Co., Inc., New-York, 1956.(自动控制中的随机过程,涂其栵译,科学出版社,1963.)

[20] Lawson, J. L., Uhlenbeck, G. E., Threshold Signals, MIT Radiation Laboratory Series Vol. 26. McGraw-Hill Book Co., Inc., New York, 1950.

[21] Meditch, J. S., Stochastic Optimal Linear Estimation and Control, McGraw-Hill Book Co., Inc., New York, 1969.

[22] Paley, R. E. A. C., Wiener, N., Fourier transforms in the complex domain, Amer. Math. Soc. Colleqium 19(1934), 17.

[23] Pelegrin, M. J., Calcul Statistique des Systèmes Asservis, Paris, 1953.(随动系统的统计计算,涂其栵等译,科学出版社,1960.)

[24] Person, W. W., Birdsall, T. G., Fox. W. C., The theory of signal detectability, IRE Trans., PGIT-4(1954), 171—212.

[25] Sage, A. P., Melsa, J. L., Estimation Theory with Applications to Communications and Control. McGraw-Hill, 1971.(估计理论及其在通讯与控制中的应用,田承骏、唐策善等译,科学出版社,1978.)

[26] Slepin, D., Estimation of signal parameter in the prensence of noise. IRE Trans., PGIT-3 (1954), march, 68—69.

[27] Sorenson, H. W., On the behavior in Linear minimum variance estimation problems, IEEE Trans., AC-12(1967), Oct., 557—562.

[28] Turn, T. J., Zaborszky, J., A pratical nondiverging filter, AIAA J. 8(1970), 6, 1127—1133.

[29] Wiener, N., The Extrapolation, Interpolation and Smoothing of Stationary Time Series with Engineering Applications, John Wiley & Sons, Inc., New York, 1949.

[30] Wonham, W. M. On the separation theorem of stochastic control, SIAM J. Control 6 (1968), 312—326.

[31] Zadeh, L. A., Ragazzini, J. R., 1) An extension of Wiener's theory of prediction, J. Appl. Phs., 21(1950), July, 645—655.

2) Optimum filters for the detection of signals in noise, Proc. IRE 40(1952), Oct., 1223—1231.

[32] Колмогоров, А. Н., Интерполирование и экстраполирование стационарных случайных последователъностей, Изв АН СССР, отэеление Мат., 5(1941). 3—14.

[33] Леонов, Ю. П., О приближенном метода синтеза оптимальных линейных систем для выделения полезного снгнал из шума, Аuт, 20(1959), 8.

[34] Перов, В. П., Статистический Синтез Импульных Систем, Советском Радио, 1959.

[35] Пугачев, В. С., Теория Случайных Процессов и её Применение к Задачам Автоматического Управления, издание второе, Физматгиз, 1960.(随机过程理论及其在自动控制中的应用,田欣为等译,科学出版社,1966.)

[36] Яглом, А. М., 1) Экстраполирование, интеполнрование и фильтрация стационарных

случайных процессов с рационалъной спектральной плотностью, Трулы Мосы. Матем. Общества, 4, 1955.（具有有理谱密度的平稳随机过程的外推，内插和平滑，数学进展，2(1956)，2.）

2) Введение в теории стационарных случайных функцнй, Успехи Ма$_{\text{Т}}$. Наук, 7(1952), 5.（平稳随机函数引论，梁之舜译，数学进展，2(1956)，2.）

第十六章　自寻最优点的控制系统

在以前各章中，我们所讨论的各种控制系统，在普遍性和复杂性上都是逐渐增加的。可是自始至终有一个基本假设：假设已经知道了被控制的系统所具有的性质和特征。普通线性伺服控制系统的情形是伺服机构以及其他元件的传递函数在设计前已经确定。至于变系数线性系统的情形，我们举出长距离火箭的导航系统为例子，那里，在设计以前，火箭的动力学特性和空气动力学性质就已经确定了。第九章处理过的根据指定积分条件进行设计的一般控制系统中，系统对于被控制的输入变化的反应也假定是预先确定了的，控制系统的设计工作是以系统的这些知识为依据。反馈作用仅仅是把输出处的资料传送到计算机里，然后计算机就根据它所有的关于系统性质的知识发出“明智的”控制信号。

在这一章里，我们还希望把上述设计控制系统的要求作进一步的放宽，我们将引入连续“理解”和连续测量的控制设计原理。根据这种原理，进行控制设计时就不需要有关控制系统性质的确切知识，在这里我们采用在控制过程中不断测量的办法来代替预先了解控制性质的要求，这种系统就称为自动寻求最优运转点的控制系统（以下简称自寻最优点系统）。下面我们将特别地讨论关于这种控制系统的一个简单例子。

16.1　基本概念

无论我们从控制计算机中得到的信号是多么准确，一个控制系统性能的精确程度总是与设计所依据的数据的精确程度有关。假设像前面各章那样我们默认：在了解控制系统的整个设计之前，我们已经确定了控制系统的性质，那么由于以下两点理由我们不可能获得非常精确的控制性能：第一，原来假定的对象在制造过程中常常会发生微小的差异。例如，火箭模型的机翼的性能是依靠在风洞中进行实验所测定，然而，真正的火箭机翼的性能和模型机翼的性能就不会完全相同，所以火箭的空气动力学特性实际上和实验结果有些不同。第二，任何一个工程系统都会在时间过程中发生一些变化，这种变化可能是由于磨损和疲劳而使系统逐渐损坏，也可能是由于系统所处的周围环境有所改变的缘故。简言之，在系统实际进行运转之前永远不可能丝毫不差地知道一个工程系统的性质。因此，如果要求系统具有高度精确的控制性能，我们就必须采用连续理解和测量的控制原理。

希望控制设计能够非常精确,这个要求也并不是改变控制概念的唯一原因;实际上,常常会发生这种情况:系统的性质会发生某些预料不到的巨大变化,因而使得我们非采用连续理解和测量的控制原理不可。在处理长距离火箭导航问题,考虑空气扰动的影响时我们已经引进了这个原理;在那里,我们利用火箭的动力学状态本身作为连续测量那些影响的测量仪器。此外飞机在结冰的气候条件下飞行是一个更明显的例子。在机翼和机身表面上冰层的堆积和溶化会使飞机的外形有一些改变。而且,冰块的堆积方式就是无法预先精确测定的那种变量,所以由于冰块的影响飞机的空气动力学特性会发生相当大的变化,而且这种变化方式无法预料到,更不幸的是:所有这些变化总是使飞机的性能降低,也就是说,每公升汽油所能飞行的公里数一定减少。所以,我们的兴趣在于:设法了解发动机的功率,发动机每分钟旋转次数,以及飞机的飞行情况应该如何配合起来才会使每公升汽油得到最大的公里数。因为我们应该使飞机在最优状态下飞行,尽量少消耗那不多的燃料,可是就在这种危急情况下,由于结冰的作用,我们原先关于飞机性能的了解和实际情况却又不相符合了,因此,在这种不利的情势之下,只有一个解决这种飞行控制问题的办法,这就是采用自动理解和测量的控制系统,也就是自寻最优点系统。这种系统自动地使飞机保持最优的运动条件。

一个熟练的工作人员自然而然地采用寻求最优的原理控制机器的运转。他随时注意机器的输入和输出的仪表读数,然后根据他的知识和经验来断定需要向哪一个方向调节,把输入调节以后,输出读数也就改变了,根据这个新的输出读数他又来判断是否到达或者超过最优运转条件,然后再进行输入的调节。连续调节输入是"理解"的过程,念出输出的读数是反馈过程。然而,人工控制的办法只有系统反应缓慢的情况下才能成功,但是对于复杂的系统,用人工直接来控制的办法无论动作得怎样好都不容易得到合乎理想的效果。自寻最优点的控制在美国是由椎拍(Draper)李耀滋(Y. T. Li)[7,10]和拉宁(Laning)提出的,舒尔(shull)[11]曾经讨论过这种原理在操纵飞机方面的应用。在苏联卡扎切维奇(Казакевеч)于1943年曾研究过自寻最优点系统并成功地做过工业试验[15]。近年来这类系统已得到了广泛的应用,研究工作也开展得极为迅速。

16.2　自寻最优点控制原理

自寻最优点控制系统的重要部分是一个非线性环节,通过这个环节来确定相应的最优运转条件,为了讨论简单起见,我们假设这个基本元件只有一个输入和一个输出。在现阶段,我们将忽略时滞的影响,假设输出仅仅由于输入的瞬时值

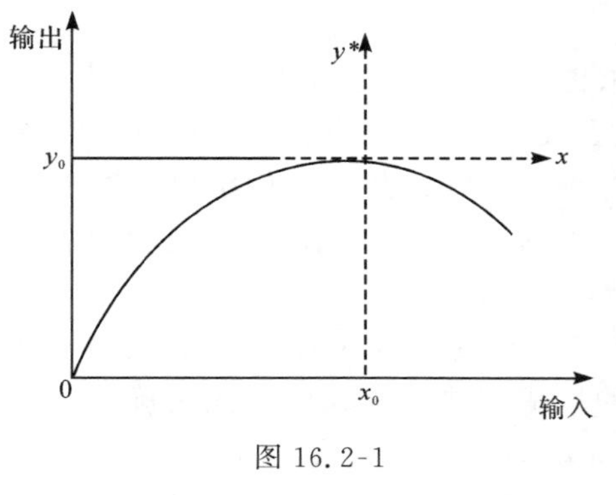

图 16.2-1

所决定。因为系统有一个最优的运转点，作为输入的函数，这个输出函数在 x_0 的地方有一个极大值 y_0，如图 1 6.2-1 所示。通常输出和输入的关系以最优点作为参考点，于是 $x+x_0$ 是系统的输入，y^*+y_0 是输出，最优点就是 $x=y^*=0$。自寻最优点系统的目的在于找到这个最优点，使系统保持在这一点附近运转。在这一点附近 x 和 y^* 之间的关系可以近似地写成

$$y^*=-kx^2 \tag{16.2-1}$$

在概念方面，关于得到一个自寻最优点系统的方法，可以叙述如下：假设我们开始有一个负的输入，也就是比最优输入的值要小一些的输入，像图16.2-2(a)所表示的那样，我们以速率等于常数的方式使输入增加，相应的输出 y^* 首先将会增加，逐渐到达最优值，然后开始减少，如图 16.2-2(b)所示。y^* 对于时间的微商，dy^*/dt，首先是正的，在 1 那一点降到零(图 16.2-2(c))，以后就变成负的。在 2 那一点，dy^*/dt 的值达到系统中设计时确定的临界值，于是输入变化的方向就反转过来。现在的输入 x 开始减少，它下降的速率和以前增加时的常数速率相等。现在 y^* 又增加了，dy^*/dt 跳到正的值。在 3 那一点，输出达到了它的极大值，于是 dy^*/dt 又变成零。在 4 那一点，dy^*/dt 又到达临界值，使输入再改变它的方向。系统自己重复地进行这种过程，而且这种状态是有周期性的，这时，我们说系统围绕着最优点进行搜索；周期 T^* 叫做搜索周期，输出的最小值 Δ^* 叫做输出 y^* 的搜索范围。因为方程(16.2-1)表示输入和输出是抛物线关系，输出的平均值等于$\frac{1}{3}\Delta^*$，比最优输出小，这个差别 D^* 是一种损失，D^* 称为搜索损失，这是为了把控制系统保持在最优点附近而付出的代价。我们知道

$$D^*=\frac{1}{3}\Delta^* \tag{16.2-2}$$

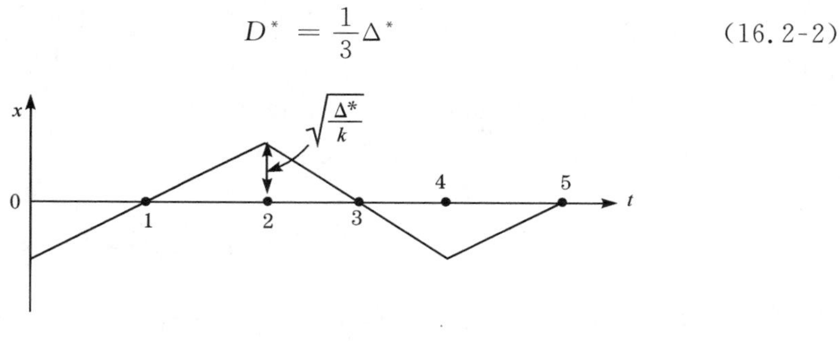

(a)

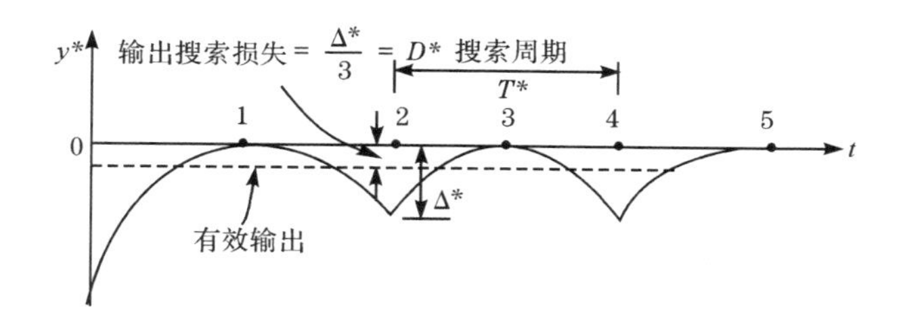

(b)

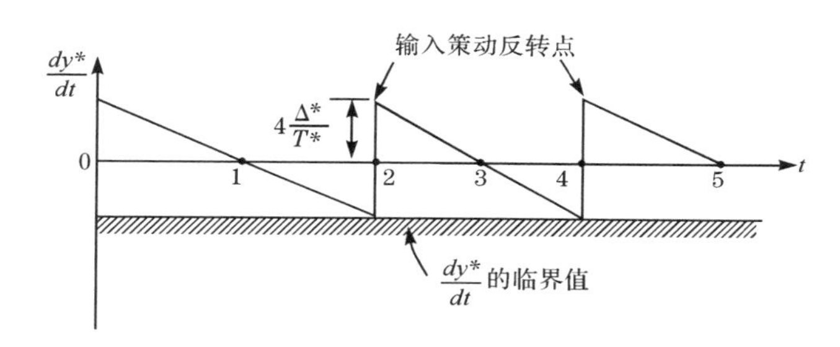

(c)

图 16.2-2

系统的其他特征数量可以用 Δ^* 和 T^* 来进行计算：利用方程(16.2-1)，输入的极值等于 $\pm\sqrt{\Delta^*/k}$。输入的变化速率等于 $2\sqrt{\Delta^*/k}/T^*$。输出的变化速率的临界值是 $-4\Delta^*/T^*$。所以，假设我们把搜索范围 Δ^*（或者搜索损失 D^*），以及搜索周期 T^* 确定下来以后，系统就确定了。这种自寻最优点系统的主要部分是输入的试探变化、测量输出的装置、对输出求微商的装置以及 dy^*/dt 达到预先规定的临界数值时使输入反转方向的开关装置。理解和找到最优点的这种作用是由于强制输入变化而实现的。但是输入一直在变化也使得输出有微小的损失 D。我们希望搜索范围 Δ^* 比较小，但是如果 Δ^* 小，那么决定输入变化反转方向的 dy^*/dt 的临界值也就减小。由于系统中难免有干扰或者噪声出现，于是就增加了发生意外的输入反向的危险性。假设系统运转离开了最优点，很明显，再找到最优运转点的时间和搜索周期 T^* 成正比。确切地说，T^* 越大，这个时间也就越长，在非线性系统里的这种关系是单调的，但不是线性的；当 T^* 小的时候这种关系大致是线性的关系。这样看来，希望搜索周期短一些，但是如果 T^* 太小，那么在搜索运转中就很难把输出信号和其他随机干扰区分开来。关于这一点我们将在下一节里再加以讨论。

系统中的试探输入变化可以是一个光滑的时间函数而不是图 16.2-2(a)那种

齿形曲线。例如,我们可以使输入 x 由一个变化缓慢的量 x_a 和一个正弦函数组合而成,这个正弦函数的振幅是常数 a,频率是 ω,这样

$$x = x_a + a\sin\omega t \tag{16.2-3}$$

于是,根据方程(16.2-1),相应的输出 y^* 是

$$y^* = -k\left(x_a^2 + \frac{a^2}{2}\right) - 2kax_a\sin\omega t + \frac{ka^2}{2}\cos(2\omega t) \tag{16.2-4}$$

把输出信号加到一个通频带滤波器上,可以消除变化缓慢的第一项和第三项的倍频部分。过滤后留下的信号是 $-2kax_a\sin\omega t$,然后通过一个整流相乘器,把这个信号乘以正弦信号 $a\sin\omega t$,得到

$$-2ka^2x_a\sin^2\omega t = -ka^2x_a[1-\cos(2\omega t)] \tag{16.2-5}$$

然后再滤掉倍频项,于是最后我们得到信号 $-ka^2x_a$。这个信号可以用来改变输入的分量 x_a,并使得

$$\alpha\frac{dx_a}{dt} = -ka^2x_a \tag{16.2-6}$$

于是 x_a 趋于零,它衰减的时间常数等于 $2T^*$

$$2T^* = \frac{\alpha}{ka^2} \tag{16.2-7}$$

因为输入和输出之间是抛物线关系,输出衰减的时间常数等于 T^*。所以这样一种控制系统也会找到最优点而渐近地接近最优点。这种具有连续试探信号的自寻最优点系统,它的运转情况表示在图 16.2-3 上。图 16.2-3(c)表示过滤后的输出信号。图 16.2-3(d)表示整流相乘器的影响。

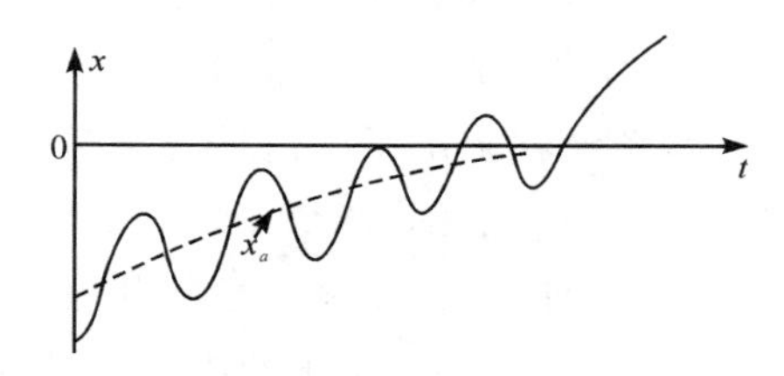

(a)

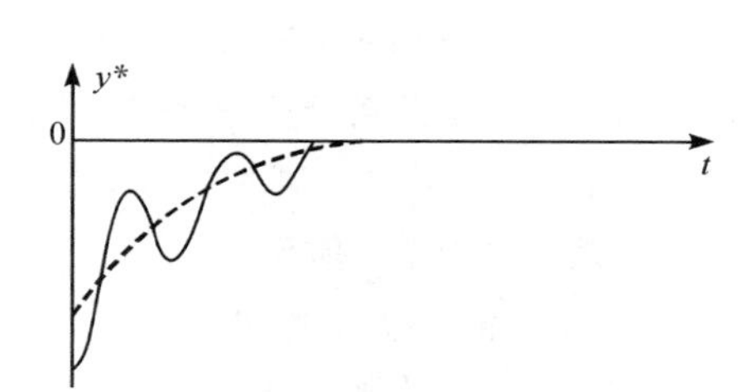

(b)

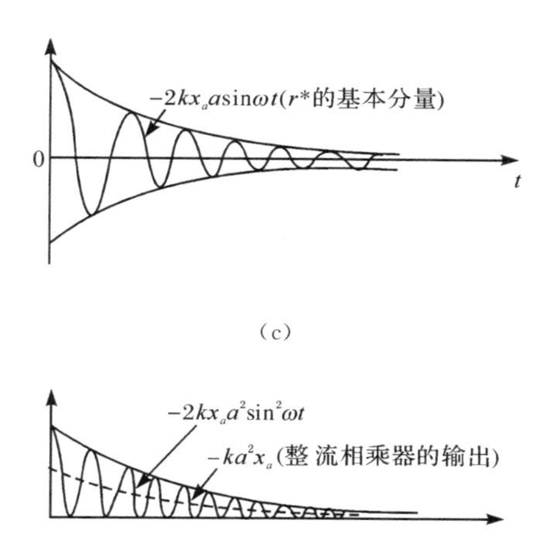

(c)

(d)

图 16.2-3

当系统运转接近最优点时,因为输入有一个正弦振动,输出是$-ka^2\sin^2\omega t$,所以仍然有输出损失$D^*=ka^2/2$。为了减小损失,试探输入的振幅必须相当小,但是由于要考虑系统中干扰和噪声的影响,又有一定的限制,振幅不可能太小。这里输出的搜索范围Δ^*等于ka^2,我们得到关系式

$$D^* = \frac{1}{2}\Delta^* \qquad (16.2\text{-}8)$$

方程(16.2-7)指出与输入策动信号有关的设计参数α根据下面关系式由D^*和时间常数T^*决定

$$\alpha = 4D^* T^* = 2\Delta^* T^* \qquad (16.2\text{-}9)$$

由方程(16.2-3)试探输入,得到的信号[方程(16.2-5)]的整流部分$-ka^2x_a$,真实地表示了输入信号对最优输入的偏差的一个量度。根据方程(16.2-6)来连续策动输入信号的办法,只是很多种可能采用办法中的一种办法。显然,也可以用这个信号给出一个按照齿形变化的输入并且加上一个正弦振动,当信号$|-ka^2x_a|$达到临界值,就反转输入的方向。这个自寻最优点系统的搜索运转过程包含两个不同的频率:一个是低频分量x_a,另外一个是由正弦输入振荡产生的高频分量。

16.3　干扰的影响

以前关于理想化的自寻最优点控制系统的讨论已经表明:尽量减小试探输入变化的振幅以及减小时间常数T^*是有重要意义的。然而,由于物理系统中普遍

存在噪声和干扰，因此在实际的设计中就有一些限制。为了有效地测量由于为了探测到最优点的距离而加的输入变化而得到的输出变化，那么随时间变化的输出信号的这一部分频率分量，应该能够与由于噪声和干扰而产生的输出部分区分开来。由于干扰而产生的输出的频率分量的相对振幅可以画成一个以频率为变数的函数图线。这种干扰输出的频率谱通常像图 16.3-1 所画的那样：有一个低频部分（飘移干扰），以及一个高频部分。在这两部分中间，通常有一个噪声影响较小的频率区域。如果设计自寻最优点系统时，使试探输入变化的频率在这个区域内，那么试探输入的振幅可以很小，不致被干扰影响掩蔽而丧失了作用。于是，一般情况下，输入变化中试探函数必须使输入变化得足够快以避免飘移干扰的影响，同时为了防止杂乱的高频噪声；变化又不能过快。

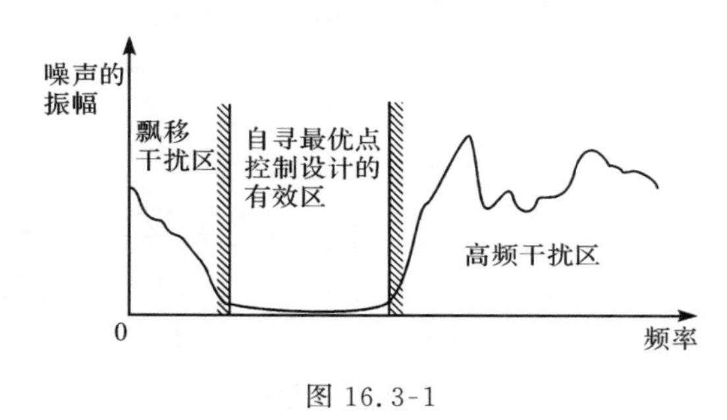

图 16.3-1

噪声影响的这些考虑，指出了前面讨论过的那两类自寻最优点系统的困难所在。第一类系统具有齿形输入，它们采用输出对时间的微商作为控制信号。假设输出中有随机干扰，由于采用输出对时间的微商，于是高频分量的相对振幅将会有所增加，那么就减小了自寻最优点系统的有效频率区域。这是一个严重的缺点。第二类自寻最优点系统，采用光滑的正弦试探函数，要求噪声影响小的频带相当宽，因为除了输入中 x_a 的变化而外，还有一个频率相当高的正弦变化。所以，如果控制系统中的噪声影响小的频带相当狭窄，以上讨论过的这两类自寻最优点系统都是不适用的。在下一节，我们将讨论另一种比较好的系统，那种系统叫做自动保持最高点的控制系统。

16.4　自动保持最高点的控制系统

自动保持最高点控制系统的输入变化情形和这里研究过的第一类自寻最优点系统相同，也是速率等于常数的周期变化。这里主要的区别在于产生反转输入信号方向的方法有所改进：当输出达到它的极大值以后逐渐下降接近于限制的搜索范围时就反转输入信号的方向。现在就用这个事实本身作为策动这种自动保持最高点控制系统输入信号反转方向的条件。可以用下述办法实现这个条件：用一个电压量度输出 y^*。这个电压称为输出的指示电压，这个电压经过一个只会充电而不能放电的阀门通到一个电容器上。所以，在 y^* 达到最大值以前，电容器的电压，其数值和表示 y^* 的电压相同。当输入增加超过最优值时，输出 y^* 逐渐下降，但是电容器的电压将仍然保持那个极大值，于是电容器的电压和输出的指示电压之间，有一个电压差 v。这个电压差所容许的最大值由搜索范围 Δ^* 决定。当 v 达到 Δ^* 时，安装在系统里的一个开关发生作用，反转输入信号的方向，在同一时刻，电容器放电，使它的电压等于输出的指示电压 y^*。关于这类自寻最优点控制。系统的运转情况，可以用图 16.4-1 表示出来。

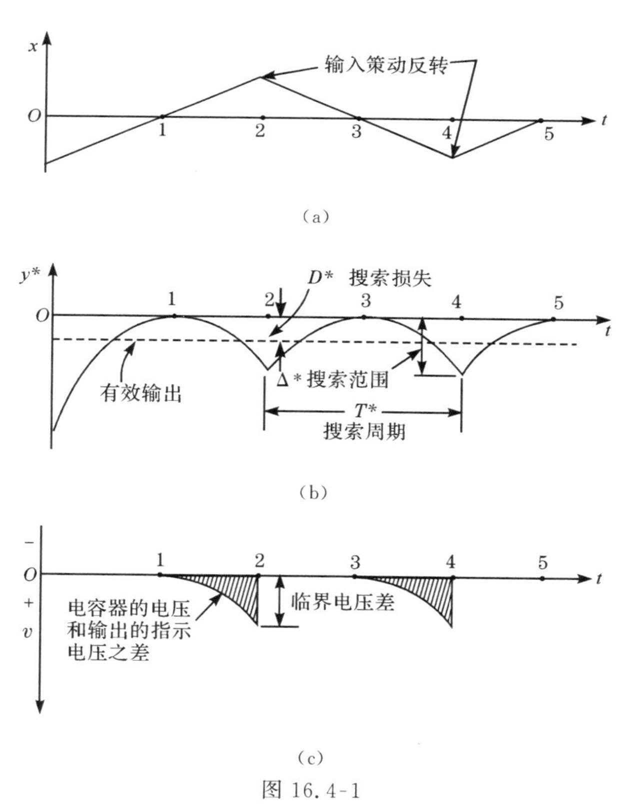

图 16.4-1

搜索范围 Δ^* 和搜索损失 D^* 之间的关系，也像方程(16.2-2)给出的那样。输入的极值仍然等于 $\pm\sqrt{\Delta^*/k}$，输入的速率还是 $2\sqrt{\Delta^*/k}/T^*$。可以看出，自动保持最高点控制系统的输出只有一个基本频率，这个频率由搜索周期 T^* 决定，而不采用输出的微商。这种方法特别适用于噪声影响小的频率区域比较狭窄的系统。事实上，这方面有更好的改善办法，不直接利用电容器的电压和输出指示电压 y^*

之间的电压差 v 决定反转输入信号的方向，而采用 v 对于时间的积分。于是可以制止高频干扰的影响，那么搜索范围和搜索损失可以减小而不至于发生输入信号出人意料而反转的情形。

16.5 动力学现象的影响

前面几节的讨论中，我们已经假定输入与输出之间的关系是方程(16.2-1)确定的抛物线关系，并且与输入的速率或者输入对时间的高级微商无关。实际上只有在输出对输入的反应是瞬时的，根本没有时滞的情形下，这个假设才正确。但是在任何一个物理系统中，这个假设都不可能严格地被满足，事实上，总是有惯性或者其他动力学现象的影响。于是我们把方程(16.2-1)给出的输出 y^* 作为虚构地"可能输出"，而不是由指示输出的仪表上真正量得的输出 y。只有当自寻最优点系统的时间常数 T^* 无限增大时，y^* 才和 y 相等。y^* 与 y 的关系决定于动力学现象的影响。但是我们已经看到，可以相当准确地用一个线性系统近似地描述这种影响。假设把自寻最优点控制原理用到一个内燃发动机上，如同椎拍和李耀滋所做过的那样，可能输出基本上是仪表上指示的发动机的平均有效压力，而真正的输出是发动机的实际平均有效压力。这里，动力学现象的影响主要是由于发动机的活塞，曲柄轴，以及其他会移动部分的惯性影响所产生的。如果发动机的运转条件变化得很小，这种影响可以通过一个常系数线性微分方程来表示。由于指定输入和输出以最优输入 x_0 以及最优输出 y_0 为参考点。这样，实际上的可能输出 y^*+y_0 与实际上由仪表指出的输出 $y+y_0$ 之间可以写成一个算子形式的方程

$$(y+y_0)=F_0\left(\frac{d}{dt}\right)(y^*+y_0)$$

其中 F_0 通常是算子 d/dt 的两个多项式相除的有理分式。采用拉氏变换的说法，$F_0(s)$是传递函数。这个线性系统把可能输出转变为用来控制输入变化的指示输出。我们把这一部分线性系统叫做自寻最优点系统的输出线性部分。所以 $F_0(s)$ 是输出线性部分的传递函数，但是忽略动力学现象的影响时，或者当 $s=0$，可能输出就等于指示输出。所以下面公式成立

$$F_0(0)=1 \tag{16.5-1}$$

因为 y_0 是一个常数，所以可能输出和指示输出之间的算子方程可以化简成

$$y=F_0\left(\frac{d}{dt}\right)y^* \tag{16.5-2}$$

与上述情况类似，我们可以引入一个"可能输入"x^*，这是自寻最优点系统中实际产生的驱动函数，而不是真正地输入 x。x 和 x^* 两者之间的关系是由输入策动系统中

惯性以及其他动力学影响所决定。我们把这个输入策动系统叫做自寻最优点系统的输入线性部分。可能输入 x^* 和真正输入 x 之间有下面算子方程的关系

$$x = F_i\left(\frac{d}{dt}\right)x^* \tag{16.5-3}$$

$F_i(s)$就是输入线性部分的传递函数。与方程(16.5-1)类似,我们有

$$F_i(0) = 1 \tag{16.5-4}$$

于是,整个自寻最优点系统的方块图可以画成图 16.5-1 那样。系统中非线性元件是最优输入策动机构以及系统本身。

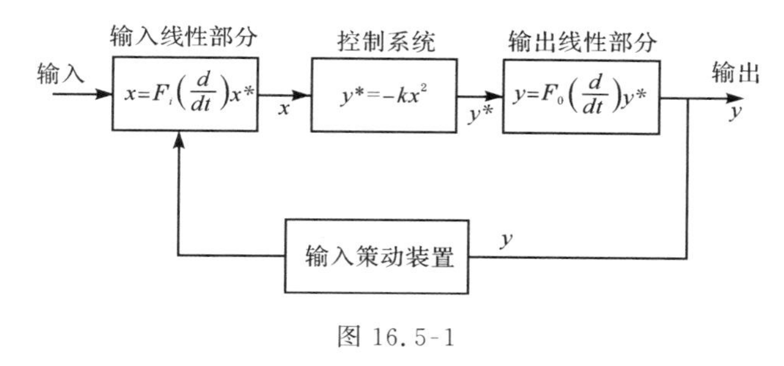

图 16.5-1

输入 x 和输出 y 之间的关系是由方程(16.2-1),(16.5-2),(16.5-3)以及某种特定类型的最优输入策动机构所决定。例如,假设最优输入策动机构是前面一节讨论过的自动保持最高点那一种类型,于是可能输入 x^* 是周期等于 $2T$,振幅等于 a 的齿形波,如图 16.5-2(a)那样。

令

$$\omega_0 = \frac{2\pi}{T} \tag{16.5-5}$$

x^* 可以展开成傅氏级数

$$\begin{aligned} x^* &= \frac{8a}{\pi^2}\sum_{n=0}^{\infty}(-1)^n \frac{1}{(2n+1)^2}\sin\left[2(n+1)\frac{\omega_0 t}{2}\right] \\ &= \frac{8a}{\pi^2}\sum_{n=0}^{\infty}(-1)^n \frac{1}{(2n+1)^2}\frac{1}{2i}\left[e^{\frac{2n+1}{2}i\omega_0 t} - e^{-\frac{2n+1}{2}i\omega_0 t}\right] \end{aligned} \tag{16.5-6}$$

根据方程(2.3-7)那个关系式,由方程(16.5-3)所表示的真正输入 x,可以计算如下

$$x = \frac{8a}{\pi^2}\sum_{n=0}^{\infty}\frac{(-1)^n}{2i(2n+1)^2}\left[F_i\left(\frac{2n+1}{2}i\omega_0\right)e^{\frac{2n+1}{2}i\omega_0 t} - F_i\left(-\frac{2n+1}{2}i\omega_0\right)e^{-\frac{2n+1}{2}i\omega_0 t}\right] \tag{16.5-7}$$

可能输出 y^* 由方程(16.2-1)给出。利用方程(16.2-7),我们得到

$$y^* = \frac{16a^2k}{\pi^4}\sum_{n=0}^{\infty}\sum_{m=0}^{\infty}\frac{(-1)^{n+m}}{(2n+1)^2(2m+1)^2}$$

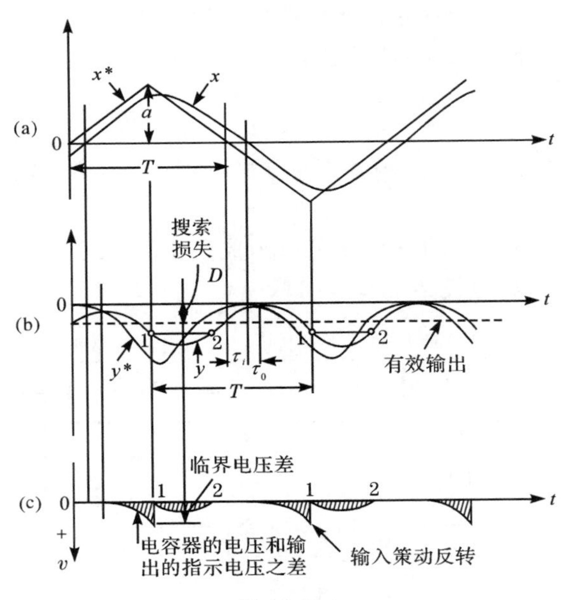

图 16.5-2

$$\times\left[F_i\left(\frac{2n+1}{2}i\omega_0\right)F_i\left(\frac{2m+1}{2}i\omega_0\right)e^{(n+m+1)i\omega_0 t}\right.$$
$$-F_i\left(\frac{2n+1}{2}i\omega_0\right)F_i\left(-\frac{2m+1}{2}i\omega_0\right)e^{(n-m)i\omega_0 t}$$
$$-F_i\left(-\frac{2n+1}{2}i\omega_0\right)F_i\left(\frac{2m+1}{2}i\omega_0\right)e^{-(n-m)i\omega_0 t}$$
$$\left.+F_i\left(-\frac{2n+1}{2}i\omega_0\right)F_i\left(-\frac{2m+1}{2}i\omega_0\right)e^{-(n+m+1)i\omega_0 t}\right] \tag{16.5-8}$$

再利用方程(2.3-7),并且根据方程(16.5-2),最后得到指示输出 y

$$y=\frac{16a^2k}{\pi^4}\sum_{n=0}^{\infty}\sum_{m=0}^{\infty}\frac{(-1)^{n+m}}{(2n+1)^2(2m+1)^2}$$
$$\times\left\{F_0[(n+m+1)i\omega_0]F_i\left(\frac{2n+1}{2}i\omega_0\right)F_i\left(\frac{2m+1}{2}i\omega_0\right)e^{(n+m+1)i\omega_0 t}\right.$$
$$-F_0[(n-m)i\omega_0]F_i\left(\frac{2n+1}{2}i\omega_0\right)F_i\left(-\frac{2m+1}{2}i\omega_0\right)e^{(n-m)i\omega_0 t}$$
$$-F_0[-(n-m)i\omega_0]F_i\left(-\frac{2n+1}{2}i\omega_0\right)F_i\left(\frac{2m+1}{2}i\omega_0\right)e^{-(n-m)i\omega_0 t}$$
$$+F_0[-(n+m+1)i\omega_0]F_i\left(-\frac{2n+1}{2}i\omega_0\right)$$
$$\left.\times F_i\left(-\frac{2m+1}{2}i\omega_0\right)e^{-(n+m+1)i\omega_0 t}\right\} \tag{16.5-9}$$

方程(16.5-8)和(16.5-9)清楚地表示出,输出的搜索周期 T 只是输入的变化周期的二分之一。由于输入和输出之间的基本抛物线关系,这自然是可以预料得到的结论。

y 对于时间的平均值给出以最优输出 y_0 作为参考的搜索损失 D。由方程(16.5-9)可知,平均值是那个方程中第二项和第三项内 $m=n$ 的量相加得到的结果。注意到方程(16.5-1),就得出

$$D=\frac{32a^2k}{\pi^4}\sum_{n=0}^{\infty}\frac{1}{(2n+1)^4}\left|F_i\left(\frac{2n+1}{2}i\omega_0\right)\right|^2 \tag{16.5-10}$$

当没有动力学现象影响的时候,$F_i\equiv1$,我们可以很容易地检验这个公式是否正确,如果 $F_i\equiv1$,级数的求和就简单了,这时得到 $D=D^*=a^2k/3=\Delta^*/3$,正与方程(16.2-2)要求的相同。方程(16.5-10)也表明:输出的平均值和搜索损失与输出线性部分无关,自然,这正是我们想象得到的情形,因为输出的状态由输入 x 决定,并不受输出线性部分动力学现象的影响。输出线性部分的影响仅仅是使输出有一些微小的变化。在内燃发动机的例子中,发动机的功率是输出,输出线性部分动力学现象的影响由那些能活动部分的惯性所决定。发动机的功率必然与那些能活动部分的惯性无关。

如果输入和输出之间只有一般形式的传递函数,那么,根据方程(16.5-9)计算输出 y 是件很困难的事情。但是实际设计自寻最优点系统的时候,为了避免高频干扰,通常使搜索周期 T 比较长,这时动力学影响虽然不是完全可以忽略的,但影响也不大。换句话说,我们可以假设输入线性部分以及输出线性部分的时间常数比搜索周期小,然后根据这种假设进行分析。例如,假设输入线性部分可以近似地用一个一阶系统表示,它的时间常数等于 τ_i,也就是

$$F_i(s)=\frac{1}{1+\tau_i s} \tag{16.5-11}$$

由于假设 τ_i 和 T 比较起来是一个小的数量,于是无量纲量 $\tau_i\omega_0$ 也相当小,在这种条件下,方程(16.5-6)和(16.5-7)那个级数中开始几个谐波差不多具有相同的振幅。根据方程(3.1-13),x^* 和 x 中所包含的相应的低频谐波之间,差别只在于相角间有一个大小等于 τ_i 的滞后。所以离策动反转点比较远的那些 x^* 以及 x 的区域,$x^*(t)$ 以及 $x(t)$ 曲线的曲率很小,它们的值主要由开始几个谐波决定,曲线 $x(t)$ 滞后于曲线 $x^*(t)$ 一个相角 τ_i,而振幅不改变。从 x^* 变到 x,齿形波的尖角变圆了,但曲线的形状大致没有改变,正如图 16.5-2(a)那样。假设输出线性部分也可以近似地用一个特性时间等于 τ_0 的一阶系统表示,于是也可以同样地考虑 y 和 y^* 之间的关系,不难看出 y 和 y^* 的曲线形状基本相同,只是 y 滞后于 y^* 一个相角 τ_0。这个事实正如图 16.5-2(b)所画的那样。

对于方程(16.5-11)给出的输入线性部分的传递函数,我们可以由方程

(16.5-10)来计算搜索损失

$$D = \frac{32a^2k}{\pi^4}\sum_{n=0}^{\infty}\frac{1}{(2n+1)^4}\frac{1}{1+(2n+1)^2(\tau_i\omega_0/2)^2}$$
$$= \frac{32a^2k}{\pi^4}\Big[\sum_{n=0}^{\infty}\frac{1}{(2n+1)^4}-\left(\frac{\tau_i\omega_0}{2}\right)^2\sum_{n=0}^{\infty}\frac{1}{(2n+1)^2}$$
$$+\left(\frac{\tau_i\omega_0}{2}\right)^4\sum_{n=0}^{\infty}\frac{1}{1+(2n+1)^2(\tau_i\omega_0/2)^2}\Big]$$

但是

$$\sum_{n=0}^{\infty}\frac{1}{(2n+1)^4}=\frac{\pi^4}{96},\quad \sum_{n=0}^{\infty}\frac{1}{(2n+1)^2}=\frac{\pi^2}{8}$$

利用大家所熟悉的双曲余切函数展开式(这种展开式在第10.5节曾经引用过),就得到

$$\sum_{n=0}^{\infty}\frac{1}{1+(2n+1)^2(\tau_i\omega_0/2)^2}=\frac{\pi}{\tau_i\omega_0}\left[\coth\frac{2\pi}{\tau_i\omega_0}-\frac{1}{2}\coth\frac{\pi}{\tau_i\omega_0}\right]$$

从方程(16.5-5),$T=2\pi/\omega_0$,最后得到

$$D=\frac{a^2k}{3}\left[1-12\left(\frac{\tau_i}{T}\right)^2+48\left(\frac{\tau_i}{T}\right)^3\left(\coth\frac{T}{\tau_i}-\frac{1}{2}\coth\frac{T}{2\tau_i}\right)\right] \qquad (16.5\text{-}12)$$

如果时滞 τ_i 比周期 T 小得很多,双曲余切函数几乎等于一,于是

$$D\cong\frac{a^2k}{3}\left[1-12\left(\frac{\tau_i}{T}\right)^2+24\left(\frac{\tau_i}{T}\right)^3\right]\frac{\tau_i}{T}\ll 1 \qquad (16.5\text{-}13)$$

因为输入的振幅 a 可以用输入的速率和周期 T 表示,借助输入的速率以及周期 T,方程(16.5-12)和(16.5-13)可以具体给出搜索损失 D,对于自动保持最高点控制系统,如果它的输入线性部分是一阶系统,时滞等于 τ_i,这些方程将明显地指出,由于输入线性部分的滞后的影响,搜索损失可以减小,然而,事实并不如此:因为给出决定策动输入反转方向的临界电压差 v 时,必须考虑噪声和干扰的影响,搜索周期 T 应该大一些,因此当有时滞 τ_i 以及 τ_0 时,搜索周期 T 就比没有时滞时要大一些,a 也随之大一些。总的结果是搜索损失增加了,而不是减少了。

16.6 稳定运转的设计

对于任何控制系统,稳定的意义是:即使出现内部的或外来的干扰时,系统也将会达到设计中所要求的性能。我们已经看到,对于一般伺服控制系统,以及前面几章所谈到的那些更具有普遍性的控制系统中,这个要求是怎样被满足的。至于自寻最优点系统的运转,主要之点是:必须使输入信号的策动和输出信号配合

得恰当，使得输出保持在最优点附近，这种运转情况必须不至于因为内部的或外来的干扰影响而遭到破坏。如果系统设计得好，能达到上述要求，我们就得到运转稳定的系统。

对于自动保持最高点的控制系统，我们已经叙述过，采用输出量的电压对一个电容器充电和放电来策动输入信号。如果输出下降，电容器的电压和输出指示电压有一个电压差 v，当 v 达到规定的临界值，就使输入的方向反转，在输入反转方向的时刻，电容器放电，它的电压又和输出指示电压相等。如果有动力学现象的影响，那么即使输入信号反转方向以后，由于输入线性部分以及输出线性部分的时滞作用，输出仍然继续下降，输出和电容器之间又有电压差。只有当输出的值增加到输入反转方向时对应的那个输出值的时候，才没有电位差，这个过程可以用图 16.5-2(c)表示出来。在时刻 1 和 2(图 16.5-2)之间，我们当然不希望那个发生混淆作用的正电压 v 出现，因为在这段时间内会产生反转输入信号方向的危险。为了大大地减小这个起混淆作用的正电压，在反转输入信号方向的时刻，使电容器的电压比那一个时刻输出指示电压低一些，以后电容器的电压又随着输出的指示电压而改变。把电容器的电容和线路电阻加以适当的选择，使得输出增加的时候，电容器的电压差不多和输出指示电压相等。这个电压的变化如图16.6-1所示，这样就大大地减小了那个起混淆作用的正电压差的危险性(图16.6-1b)，控制系统的稳定性能也就得到改善。

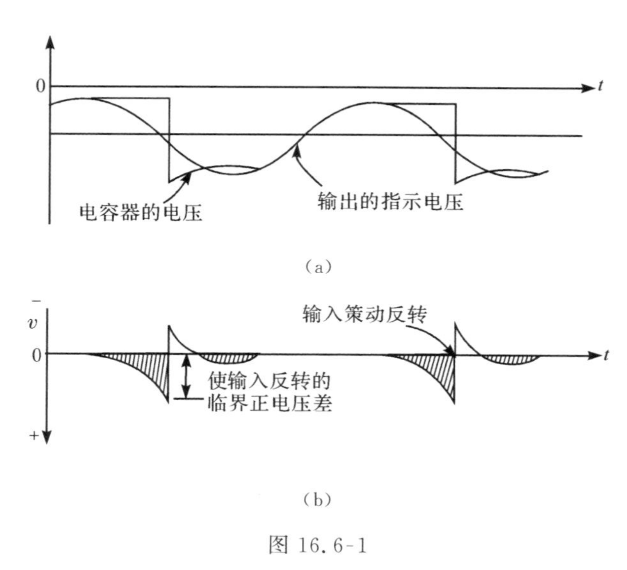

图 16.6-1

我们已经谈到过，因为有干扰和噪声的存在，要想减小搜索范围和搜索损失是受到一定限制的。这又是一个关于稳定运转的问题:我们不希望产生不正确的使输入信号反转方向的信号。如果决定输入信号反转方向的临界电压差太小,那么就会产生不正确的信号。这种情形可以由图 16.6-2 表示,其中输出 y 包含着一个高频正弦噪声。很容易看出来,假设临界电压差太小,那么噪声的作用将会使输入按一种不规则的状态变化。为了运转稳定起见,临界电压差必须比干扰的振幅来得大。这样,自寻最优点系统的搜索损失不能够比系统中噪声的振幅小。自然,如果像图中表示的那样,干扰的振幅是常数的真正的纯粹高频正弦波,那么可以采用过滤器消除噪声的影响,于是也就可以采用一个小得多的搜索范围,实际上,如果噪声或者干扰具有某种固定状态,我们就可以设计一个合适的过滤器来改善这种受到限制的系统性能。

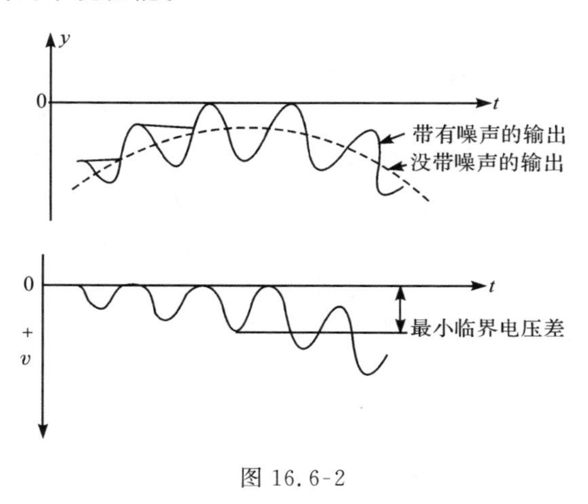

图 16.6-2

16.7　步进探测自寻最优点系统

前面讨论的几种自寻最优点系统方案都属于连续探测,连续调整的系统。无论输入探测信号是锯齿形扫描,或者是正弦信号,输出量 y 都不断地被测量,比较和调整。它们的主要特点是:探测信号本身同时又是控制信号,自寻最优点控制装置的调整过程同时又是理解受控对象特性的过程。我们说,这种控制装置具有理解(探索)和控制的两重性。这是与一般随动系统的根本区别所在。连续工作的系统不是唯一可行的方案。近年来由于数字技术的迅速发展,逻辑控制原理的广泛应用,又发展了一种新的技术,即步进搜索和步进调整的自寻最优点系统。

步进探测和调整系统的工作原理在于输入信号不做连续变化,而是在起始状态的基础上做某一有限的变化,然后测量由于该输入信号的改变引起输出量变化的大小和方向。辨明了方向以后，再正式控制对象，使其按需要的方向运动。这种步进系统比连续系统具有更大的灵活性。步进探测和步进调整系统能够运用到较为复杂的系统，例如多变量甚至无穷维系统中去，它的基本工作原理如图16.7-1所示。设系统某一时刻工作在由$\{x_i, y_i\}$表示的状态上。再假定系统的全局特性曲线 $y=f(x)$ 有一个极小值$\{x_0, y_0\}$，这个极小值正是希望的最优运转点。步进探测和调整的任务是从由$\{x_i, y_i\}$所表示的状态出发，逐步地将工作点引向$\{x_0, y_0\}$。为此，先给控制变量 x 以任意方向的增量 Δx，那么，系统的工作点将移往$\{x_i+\Delta x, y_i+\Delta y\}$。如果 x 的探测增量 Δx 是固定的常数，显然，$\Delta y/\Delta x$ 的大小和方向近似为曲线 $y=f(x)$在 x_i 点的梯度

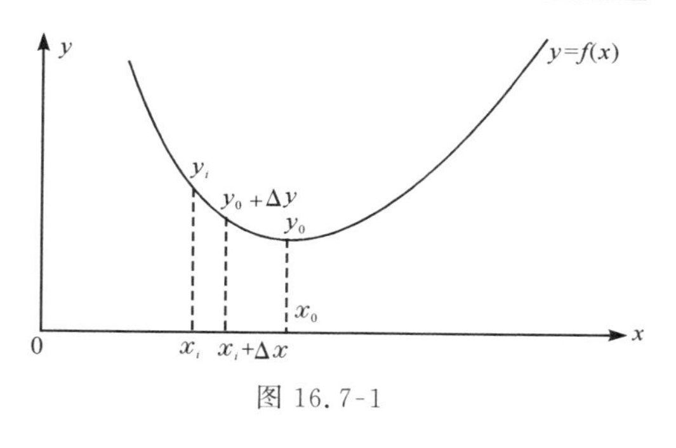

图 16.7-1

$$\operatorname{grad} f(x)\Big|_{x_i} \cong \frac{y(x_i+\Delta x)-y(x_i)}{\Delta x} \tag{16.7-1}$$

如果曲线 $y=f(x)$ 只有一个极小值，则上式的符号将唯一地确定最优运转点$\{x_0, y_0\}$相对于$\{x_i, y_i\}$的位置。例如，若 $\operatorname{grad} f(x)$在 x_i 点的值为正，则最优运转点将位于$\{x_i, y_i\}$的左面，否则最优运转点将位于 x_i 的右面，如图 16.7-1 所示。于是，控制装置根据增量 $\Delta_i y$ 的大小和符号决定对输入量 x 的调正方向和大小。调整规律一般可写成

$$\Delta_{i+1} x = -K(\Delta_i y)\operatorname{sign}\Delta_i y \tag{16.7-2}$$

上式内 $\operatorname{sign}\Delta_i y$ 决定增量 $\Delta_{i+1}x$ 的符号，函数 $K(\Delta_i y)>0$，决定增量的大小。如果函数 $K=$常数，即不随增量 $\Delta_i y$ 的变化而变化，那么调整的步长总是常数。这类系统常称为等步长寻优系统。若取 $K=a|\Delta_i y|$，即

$$\Delta_{i+1} x = -a\Delta_i y \tag{16.7-3}$$

则每步接近最优运转点的增量与对象特性曲线在此点的斜率成比例。

等步长寻优装置的唯一优点是装置简单，技术上易于实现。它的缺点却很多，每步步长若选的太大，搜索损失将增大，即使在没有干扰的情况下，也不能保证系统准确地工作在最优运转点上，这一点与前节讨论过的连续作用的系统是类似的。如果在最优点附近对象特性曲线接近抛物线 $y=ax^2$，那么不难算出，在稳态情况下，搜索损失 D^* 将为

$$\frac{1}{2}aK^2 \geqslant D^* \geqslant \frac{1}{4}aK^2 \tag{16.7-4}$$

如果步长 K 选得很小，稳态损失将急剧减小，而探索所需时间将增长。如果每步

探索和控制所需时间记为 T_0，起始状态 x_i 离最优运转点的距离记为 l，则到达最优点 x_0 需时

$$T = \frac{l}{K}T_0 \tag{16.7-5}$$

它与步长 K 成反比。步长越小，系统的动作速度越慢，按时间计算的平均损失也增大。步进长度与增量 $|\Delta_i y|$ 成正比例的控制规律式(16.7-3)就没有这种缺点。当离最优运转点很远时，特性曲线斜率很大(如果特性曲线果真如此)，步长就随之加大，当接近最优运转点时，曲线斜率变小，步长就相应地减小，使稳态损失 D^* 变小。当然，如果对象的特性曲线斜率处处均很小，采用这种方法的好处也明显减少。所以，究竟要采用哪种方案，需视对象的具体条件而定。

上面曾经指出，步进式寻优原理可适用于多变量系统。设系统的输出点取决于几个输入变量，这种关系可用一个多元函数 $y=f(x_1,\cdots,x_n)$ 表示。再假设它在某一个特定的区域内仅有一个最优点，记为 $y^*=f(x_1^*,\cdots,x_n^*)$。对单变量的搜索和调整规律在这里依然可以使用。但是由于输入数目的增多，带来了新的问题：如何选择对多变量的搜索和控制方式，以使调节过程收敛较快？

根据多元函数求极值的逐步逼近方法，搜索和控制程序可分为三类：逐个变量依次搜索调整，梯度向量调整和最速下降调整。现分别对这几种方法的实质做一介绍。

输入变量逐个依次搜索调整可分为两种：设系统的瞬时工作点是 y_0 和 $\boldsymbol{x}_0=(x_{10},\cdots,x_{n0})$。在此点上首先对第一个变量 x_{10} 做一微小变化 Δx_1，求出

$$\Delta y_1 = f(x_{10}+\Delta x_1,x_{20},\cdots,x_{n_0}) - f(x_{10},x_{20},\cdots,x_{n0}) \tag{16.7-6}$$

然后根据 Δy_1 的大小和符号，按式(16.7-2)或(16.7-3)的规律使输入量 x_1 向接近最优点的方向前进一步。系统新的工作点变为 $\boldsymbol{x}_{11}=(x_{11},x_{20},x_{30},\cdots,x_{n0})$

$$x_{11} = x_{10} - K\operatorname{sign}\Delta y_1$$

在 $\boldsymbol{x}_{11}$ 点上继续对第二个输入量 $\boldsymbol{x}_2$ 进行探测和调整。系统的第二个工作点是 $\boldsymbol{x}_{12}=(x_{11},x_{21},x_{30},\cdots,x_{n0})$，$x_{21}=x_{20}-K\operatorname{sign}\Delta y_2$。以此类推，对第 n 个输入量进行探测和调整后，系统便工作在 $\boldsymbol{x}_2$ 点上，如此便完成了一个工作循环。结果得到图 16.7-2 中第一象限所示的系统运动轨迹Ⅰ。图内诸封闭曲线是函数 $y=f(\boldsymbol{x})$ 的等高线。经过几个循环以后，系统便会接近最优运转点 $y^*=f(x^*)$。

输入变量逐个依次搜索调整的另一个方法是，首先将 x_1 一直调到条件极值点，即令 $x_{20},x_{30},\cdots,x_{n0}$ 保持起始状态，首先按上述原理调至

$$\begin{aligned} y_1 &= \min_{x_1} f(x_1,x_{20},\cdots,x_{n0}) \\ &= f(x_{11},x_{20},\cdots,x_{n0}) \\ &= f(\boldsymbol{x}_1) \end{aligned} \tag{16.7-7}$$

然后再将 $x_{11},x_{30},\cdots,x_{n0}$ 固定，而对第二个输入量进行搜索和调整，使运转点变至

$$
\begin{aligned}
y_2 &= \min_{x_2} f(x_{11},x_2,x_{30},\cdots,x_{n0}) \\
&= f(x_{11},x_{21},x_{30},\cdots,x_{n0}) \\
&= f(\boldsymbol{x}_2)
\end{aligned}
$$

以此类推，得到图 16.7-2 中的运动轨迹Ⅱ。其中每个变量的终点都是一个条件极值点。从收敛速度看两种方法相差不多。

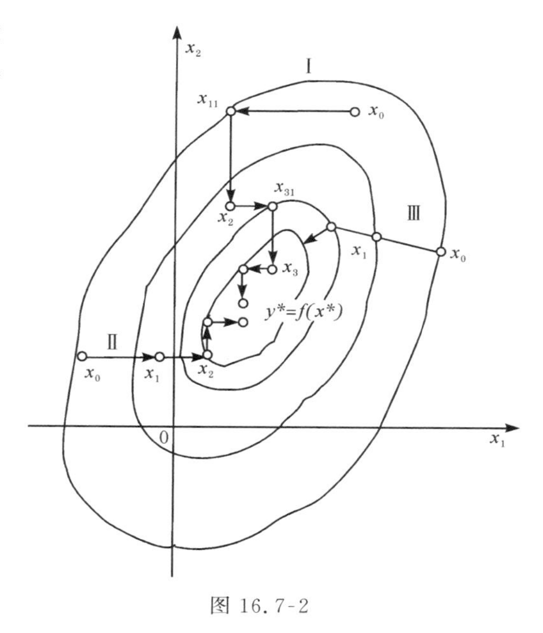

图 16.7-2

按梯度向量搜索调整的方法与上述二者所不同的是依次搜索，全局同时调整。在系统的工作点 $\boldsymbol{x}_0$ 处依次搜索，求出每一个变量的增量 Δx 所对应的输出增量 $(\Delta y_1,\Delta y_2,\cdots,\Delta y_n)$。我们知道，当诸输入变量的增量相近时，诸输出增量构成的向量 $\Delta y=(\Delta y_1,\cdots,\Delta y_n)$ 与函数 $f(x)$ 在此点的梯度向量成比例

$$
\Delta y = K\mathrm{grad} f(\boldsymbol{x}) = \left(K\frac{\partial f}{\partial x_1},K\frac{\partial f}{\partial x_2},\cdots,K\frac{\partial f}{\partial x_n}\right)
$$

测出增量 $\Delta \boldsymbol{y}$ 以后，令输入诸量 $\boldsymbol{x}$ 按梯度向量的反方向同时运动，使系统的运转点自 $\boldsymbol{x}$ 变为 $\boldsymbol{x}_1$

$$
\boldsymbol{x}_1 = -K\mathrm{grad} f(\boldsymbol{x})\big|_{x_0} \tag{16.7-8}
$$

依次搜索全局调整比第一个方法好的是节约调整时间，又具有比例调整和减小稳态损失的好处(图 16.7-2，曲线Ⅲ)。

对多变量对象的寻优控制比较完善的方法是最速下降法。在 $\boldsymbol{x}_0$ 点测量出此点的梯度向量的方向以后，令诸输入量 $\boldsymbol{x}$ 沿 $-\mathrm{grad} f(\boldsymbol{x}_0)$ 的方向前进，直至输出量 $\boldsymbol{y}$ 达到条件极小值时为止。然后，再开始第二个循环，再次测量梯度向量，重复求条件极值的过程，直至最后达到最优运转点为止。关于最速下降法的详细结构曾在第二章中叙述过，这里不再赘述。

16.8　一种极值搜索方法——斐波那契分段法

前面讨论过的各种搜索寻找系统最优运转点的方法，不论原理如何，都利用了较多的关于对象特性的已知信息。例如系统只有一个极值(最大值或最小值)；

最大值或最小值两侧函数的特性比较光滑，等。1953 年美国其费尔(Kiefer)提出了一种方法[9]，它可以根据较少的关于对象特性的知识，从某种意义上以最快的程序找到最优运转点的位置。这就是现在称之为“优选法”的搜索方法。下面我们可以看到，这个方法的搜索程序很容易用数字计算机实现，所以在各个领域中都获得了广泛的应用[1]。

先从最简单的情况开始。设系统的控制变量只有一个，工作点的状态用函数 $f(x)$ 表示。控制变量的变化范围假定是有限制的，例如它是实轴上从 0 到 1 的区间[0,1]。关于受控对象的特性我们只知道下列几点：

(1) 在区间[0,1]上 $f(x)$ 只有一个最大值或最小值，它可能是极值，也可能不是极值，而只是在端点处达到最大或最小，如图 16.8-1 中所示。其次，(2) 假定

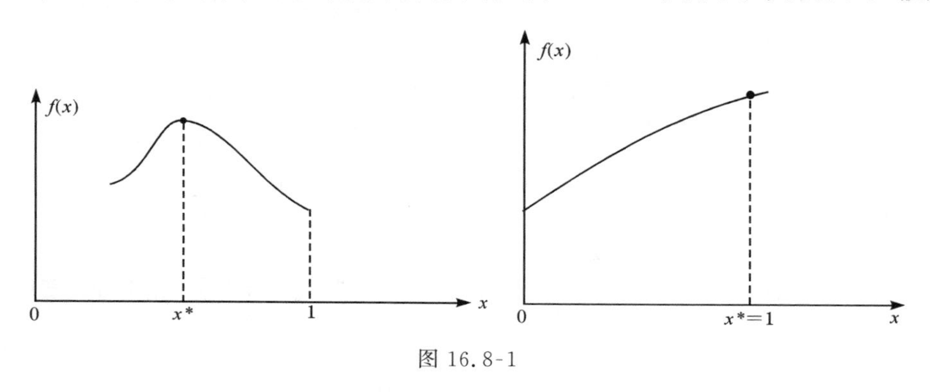

图 16.8-1

最大值的两边(或一边) $f(x)$ 是逐增或逐减的，即除最大值外没有别的极值存在。显然，满足上述两个条件的函数 $f(x)$ 有无穷多个，构成一个类别，记为 $\mathscr{F}$，用符号 $f(x)\in\mathscr{F}$ 表示 $f(x)$ 满足上述两个条件。

设已知 $f(x)$ 属于 $\mathscr{F}$ 类。预先确定搜索最大值的试验次数 N，即在区间[0,1]中按某种规则选出 N 个点 $x_1,x_2,\cdots,x_N$，测出 $f(x)$ 在这 N 个点上的值 $f(x_1)$, $f(x_2),\cdots,f(x_N)$。通过 N 次试验要确定一个子区间 $[s,t]$，保证最大值 $f(x^*)$ 正好位于这个子区间内。要求确定一种试验程序，即选择 N 个试验点和试验次序，使最后得到的子区间 $[s,t]$ 的长度尽可能小，把系统的工作点置于此子区间内的任何点上，即可使系统的工作点接近于最优状态。当试验次数 N 确定后，确定试验程序的方法有无穷多种，每一种确定的程序 C_N 包括：选取 N 个测试点 $x_1,x_2,\cdots$, x_N，测量受控对象对这些点上的状态 $f(x_1),f(x_2),\cdots,f(x_N)$；最后根据测试结果来判断最大值所在的子区间 $[s,t]$，把控制量 x 调到该子区间内。当然，子区间的两个端点 s 和 t 是根据 N 次试验结果决定的，所以可写成

$$
\begin{aligned}
s &= s(x_1,x_2,\cdots,x_N;f(x_1),f(x_2),\cdots,f(x_N)) \\
t &= t(x_1,x_2,\cdots,x_N;f(x_1),f(x_2),\cdots,f(x_N))
\end{aligned}
\tag{16.8-1}
$$

于是，一种确定的试验和判断程序可记为

$$C_N = \{x_1, x_2, \cdots, x_N; f(x_1), f(x_2), \cdots, f(x_N); s, t\} \tag{16.8-2}$$

一切可能的 N 次试验程序的全体记为 Σ_N。

根据 $\mathscr{F}$ 类中一切 $f(x)$ 的特性可知，如果预定要作两次试验，即 $N=2$，定义 $x_1 < x_2$，得到的测试结果是 $f(x_1) \geqslant f(x_2)$，则 $f(x)$ 的最大值必在子区间 $[0, x_2]$ 中。相反，如果测试结果是 $f(x_1) \leqslant f(x_2)$，则最大值必在子区间 $[x_1, 1]$ 中。于是，根据测得的数据即可判断

$$x^* \in [s,t] = \begin{cases} [0, x_2], & f(x_1) \geqslant f(x_2) \\ [x_1, 1], & f(x_1) \leqslant f(x_2) \end{cases}$$

经过 N 次试验后，最后判定的子区间 $D=[s,t]$ 一方面依赖于试验程序 C_N，另一方面还依赖于 $f(x)$ 的具体形式，故 $D=[s,t]$ 依赖于 $C_N \in \Sigma_N$ 和 $f(x) \in \mathscr{F}$。用 D 表示子区间 $[s,t]$，用 $\mathscr{L}$ 表示子区间 D 的长度，这种依赖关系可记为 $\mathscr{L}(D(f, C_N))$。寻找最优的试验程序可定义为：对 $\mathscr{F}$ 中所有可能的 $f(x)$ 和一切可能的 N 次试验程序 $C_N \in \Sigma_N$，找到一种 C_N^*，使下式成立

$$\sup_{f \in \mathscr{F}} \mathscr{L}(D(f, C_N^*)) \leqslant \inf_{C_N \in \Sigma_N} \sup_{f \in \mathscr{F}} \mathscr{L}(D(f, C_N)) + \varepsilon \tag{16.8-3}$$

上式内 ε 为给定的任意小的正数。满足上式的试验程序称为最优程序并记为 C_N^*。用语言来说明：式(16.8-3)意味着最好的试验程序能够保证 $\mathscr{F}$ 中一切函数 $f(x)$ 经 N 次试验后，含有最大值的子区间 $D=[s,t]$，其长度的最大值是最小的。

满足条件式(16.8-3)的最优试验程序发现于 1952 年[9]。证明的方法是数学归纳法，后来又有一些比较精确的证明。最近几年华罗庚教授指出，所有这些证明都不甚完备，但是结论是完全正确的。这里我们将不拘泥于这些证明的细节，而是叙述这个正确的结论。对证明细节感兴趣的读者可在本章末所列有关文献中找到。

在讨论前述意义下的最优程序之前，先介绍一个很有用的数列，叫做斐波那契(Fibonacci)数列，记为 F 数列：任意给定两个不全为零的数 u_0, u_1，然后按下列递推式向后推得 $u_3, u_4, \cdots, u_n, \cdots$

$$u_3 = u_1 + u_2, \quad u_4 = u_2 + u_3, \cdots$$

总之 F 数列中每一个数满足关系式

$$u_n = u_{n-1} + u_{-2}, \quad n \geqslant 2 \tag{16.8-4}$$

例如数列

$$0, 1, 1, 2, 3, 5, 8, 13, 21, 34, 55, 89, \cdots$$

就是一个斐波那契数列。这里事先给定的是 $u_0=0, u_1=1$。

为了求出 F 数列中任何一项的一般表达式，利用等比级数的规律，求出一个公比数 q，使每一项都可写成

$$u_n = aq^n \tag{16.8-5}$$

的形式。式内 a 为任意的系数。把式(16.8-5)代入式(16.8-4),得到公比数 q 应满足的方程式

$$1 + q = q^2 \tag{16.8-6}$$

这里 q 有两个根

$$q_1 = \frac{1+\sqrt{5}}{2} = 1.618033989\cdots, q_2 = \frac{1-\sqrt{5}}{2} = -1.618033989\cdots$$

于是,数列

$$a_1, a_1 q_1, a_1 q_1^2, a_1 q_1^3, \cdots, a_1 q_1^n, \cdots$$

$$a_2, a_2 q_2, a_2 q_2^2, a_2 q_2^3, \cdots, a_2 q_2^n, \cdots$$

$$a_1 + a_2, a_1 q_1 + a_2 q_2, a_1 q_1^2 + a_2 q_2^2, \cdots, a_1 q_1^n + a_2 q_2^n, \cdots$$

都是 F 序列。

为了求出 F 数列中每项的一般表达式,现对递推关系式(16.8-4)作 z 变换:对该式两端乘以 z^* 并从 $n=2$ 至∞求和

$$\sum_{n=2}^{\infty} u_n z^n = \sum_{n=2}^{\infty} u_{n-1} z^n + \sum_{n=2}^{\infty} u_{n-2} z^n \tag{16.8-7}$$

记

$$U(z) = \sum_{n=2}^{\infty} u_n z^n \tag{16.8-8}$$

式(16.8-7)可写成

$$U(z) = (z + z^2)U(z) + u_0 z^2 + u_1(z^2 + z^3)$$

解出后有

$$U(z) = \frac{u_0 z^2 + u_1(z^2 + z^3)}{1 - z - z^2} = u_1 z - u_0 + \frac{u_0 - (u_0 + u_1)z}{1 - z - z^2} \tag{16.8-9}$$

因为

$$1 - z - z^2 = \left(\frac{\sqrt{5}-1}{2} - z\right)\left(\frac{\sqrt{5}+1}{2} + z\right)$$

故上式又可写成

$$U(z) = -u_0 - u_1 z + \frac{u_0 - (u_0 + u_1)z}{\sqrt{5}}\left(\frac{1}{\frac{\sqrt{5}-1}{2} - z} + \frac{1}{\frac{\sqrt{5}+1}{2} + z}\right)$$

$$= -u_0 - u_1 z + \frac{u_0 - (u_0 + u_1)z}{\sqrt{5}}$$

$$\times \sum_{n=0}^{\infty}\left(\frac{2^{n+1} z^n}{(\sqrt{5}-1)^{n+1}} + (-1)^n \frac{2^{n+1} z^n}{(\sqrt{5}+1)^{n+1}}\right) \tag{16.8-10}$$

将此式与$U(z)$的原定义式(16.8-8)比较,可立即得到F数列中的n项u_n的解析表达式

$$u_n=\frac{u_0}{\sqrt{5}}\left(\frac{2^{n+1}}{(\sqrt{5}-1)^{n+1}}+(-1)^n\frac{2^{n+1}}{(\sqrt{5}+1)^{n+1}}\right)$$
$$=\frac{u_0+u_1}{\sqrt{5}}\left(\frac{2^n}{(\sqrt{5}-1)^n}+(-1)^{n-1}\frac{2^n}{(\sqrt{5}+1)^n}\right)\qquad(16.8\text{-}11)$$

注意到上式右端$n\to\infty$时,$\left(\frac{2}{\sqrt{5}+1}\right)^n\to 0$,而$\left(\frac{2}{\sqrt{5}-1}\right)^n\to\infty$。显然,如果令$u_0=0$和$u_1\neq 0$,则$u_n$和$u_{n+1}$的极限比$\rho$为

$$\rho=\lim_{n\to\infty}\frac{u_n}{u_{n+1}}=\frac{\sqrt{5}-1}{2}=0.618033989\cdots\qquad(16.8\text{-}12)$$

讨论了F数列的特性后,现在我们再回头讨论在式(16.8-3)意义下的最优程序问题。文献[9]中提出了并且用数学归纳法证明了下列程序是最优的。在试验次数N给定的条件下,$N\geqslant 2$,最优程序C_N^*中的N个试验点中的前两个的取法如下:

(1) 首先取

$$x_1=\frac{u_n}{u_{n+1}},\quad x_2=1-x_1=\frac{u_{n-1}}{u_{n+1}}\qquad(16.8\text{-}13)$$

式中u_n是以$u_0=0,u_1=1$为初始条件产生的F序列中第n项的数值;测出$f(x_1)$和$f(x_2)$以后比较它们的大小,若$f(x_1)<f(x_2)$则$f(x)$的最大值必位于子区间$[0,x_1]$中,而子区间$[x_1,1]$可以舍掉。反之,如果测试结果表明$f(x_1)>f(x_2)$,则应取$[x_2,1]$而舍掉$[0,x_2]$。经过两次测量后余下的子区间记为D_1。

(2) 第三个试验点应在余下的子区间内按C_{N-1}^*的要求取

$$x_3'=\frac{u_{n-1}}{u_n}D_1\ 或\ x_3=(1-x_3')D_1=\frac{u_{n-2}}{u_n}D_1\qquad(16.8\text{-}14)$$

这两个点中必有一个在第一步已作过试验。例如,如果前两次试验后留下的是$D_1=[0,x_2]$,则按最优程序C_{N-1}^*,x_3'所决定的试验点是

$$x_3'=\frac{u_n}{u_{n+1}}\cdot\frac{u_{n-1}}{u_n}=x_2$$

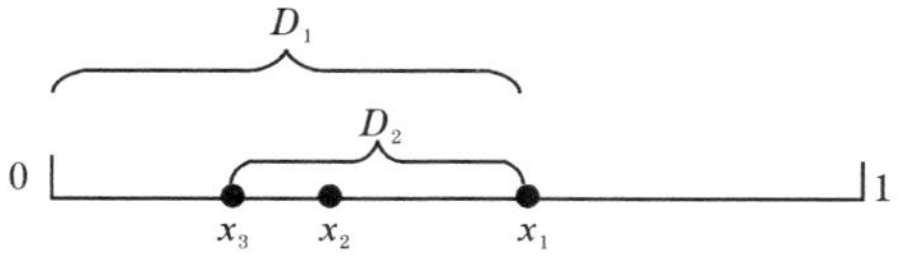

图 16.8-2

此点在第一步中已测试过。现在只需测试点

$$x_3=\frac{u_{n-2}}{u_n}D_1=\frac{u_{n-2}}{u_n}\cdot\frac{u_n}{u_{n+1}}=\frac{u_{n-2}}{u_{n+1}}$$

这一点在第一步中尚未测试过。这样,在子区间D_1中只需再测一个点即可又舍弃一个子区间。剩下的子区间记为D_2,见图16.8-2。

(3) 第四个测试点是按照最优程序C_{N-2}^*在D_2中确定

$$x_4' = \frac{u_{n-3}}{u_{n-1}} D_2, \quad x_4 = (1 - x_4') D_2 = \frac{u_{n-2}}{u_{n-1}} D_2 \tag{16.8-15}$$

这里同样可以发现，在任何情况下，x_4 和 x_4' 这两个点中有一个已试验过，例如它是 x_4'。那么，为了完成第三步缩小剩余区间，只需再测量一个点就够了。以此类推，直到作完 N 次试验为止，剩下的子区间 $[s,t]$ 的长度 $\mathscr{L}(D(f, C_N^*))$ 将在式(16.8-3)的意义下是最小的。

从这种一般的讨论中读者马上可以觉察到利用斐波那契数列作为分段方法的优点：从第二个测试点开始每一步都可以利用前一个测量的结果去缩小剩余子区间。这个过程本身几乎就是对最优程序 C_N^* 的一种归纳法"证明"。下面举几个具体例子说明最优程序的结构。

当 $N=2$ 时，只允许做两次试验。取 F 数列 $u_0=0, u_1=1, u_2=1, u_3=2$，依最优程序 C_2^* 应取

$$x_1 = \frac{u_2}{u_3} = \frac{1}{2}, \quad x_2 = \frac{u_1}{u_3} + \varepsilon = \frac{1}{2} + \varepsilon$$

式中 ε 为任意小数。如果 $f(x_1) > f(x_2)$，应把 x_2 以后的区间舍掉，剩下的区间 $[0, 1/2+\varepsilon]$ 中必含有 $f(x)$ 的最大值。反之则应舍掉区间 $[0, 1/2]$，剩下的是 $[1/2, 1]$。由此可见，当只允许做两次试验时，两个试验点都应在区间 $[0,1]$ 的中心附近。

对 $N=3$ 的情况，C_3^* 的程序要求取

$$x_1 = \frac{u_3}{u_4} = \frac{2}{3}, \quad x_2 = 1 - x_1 = \frac{1}{3}$$

舍掉 $[0, 1/3]$ 或 $[1/3, 1]$ 后，剩下的第三次测量与 $N=2$ 的情况相同。三次试验后剩下的子区间不大于 1/3。

最后，令 $N=7$，即允许做 7 次试验。按最优程序 C_7^* 规定，首先取的两个试验点是

$$x_1 = \frac{u_7}{u_8} = \frac{13}{21} = 0.619, \quad x_2 = \frac{u_6}{u_8} = \frac{8}{21} = 0.381$$

第三个试验点为（把剩下的线段长度当作 1）

$$x_3 = \frac{u_6}{u_7} = \frac{8}{13} = 0.615, \text{或} x_3' = 1 - x_3 = \frac{x_5}{x_7} = \frac{5}{13} = 0.385$$

第四个试验点为

$$x_4 = \frac{u_5}{u_6} = \frac{5}{8} = 0.625, \text{或 } x_4' = \frac{u_4}{u_6} = \frac{3}{8} = 0.375$$

第五个试验点是

$$x_5 = \frac{u_4}{u_5} = \frac{3}{5} = 0.600, \text{或 } x_5' = \frac{u_3}{u_5} = \frac{2}{5} = 0.400$$

第六次试验应取

$$x_6=\frac{u_3}{u_4}=\frac{2}{3}=0.667,\text{或 } x_6'=\frac{u_2}{u_4}=\frac{1}{3}=0.333$$

第七次试验取

$$x_7=\frac{1}{2}=0.500$$

从上面几个例中可以看出，无论预定要做多少次试验，最后一次总应取 $x=1/2$ 或 $x=\frac{1}{2}+\varepsilon$；倒数第二次试验应取 $x=2/3$ 或 $x=1/3$；倒数第三次应取 $x=3/5=0.600$或 $x=2/5=0.400$；倒数第四次试验应取 $x=5/8=0.625$，或 $x=3/8=0.375$；倒数第五次试验取 $x=8/13=0.615$，或 $x=5/13=0.385$；以此类推。依前面所证，这一比值逐步趋向 $x=0.618$，和 $x=1-0.618=0.382$。

这样确定的最优试验程序 C_N^* 有一个很大的缺点，就是事先要决定总试验次数，然后才能确定第一、二点的取法。这对任何连续工作的自寻最优点控制系统来说是没有实际意义的。当试验次数超过 5 以后，每次取的点差不多都是以剩余长度的 0.618 所确定。因此，作为一种近似方法，可以在所有情况下，无论 N 为多少，每次都以 0.618 或以 1−0.618=0.382 来选定下一次试验点的位置。即总取式(16.8-12)所确定的极限值 ρ 来决定试验点的位置，令

$$x=\rho D=\frac{\sqrt{5}-1}{2}D$$

这就得到华罗庚教授在文献[1]中提倡的“优选法”。这个近似的优选法用起来简单，在自动系统中实现起来也简单。

容易证明，应用最优程序 C_N^*，N 次试验(搜索)后，确定的含有 $f(x)$的最大值(最小值)的区间的最大长度 $\mathscr{L}_N^*$ 不超过

$$\mathscr{L}_N^*=\mathscr{L}(D(f,C_N^*))=\frac{1}{u_n}+\frac{u_{n-2}}{u_n}\cdot\varepsilon \tag{16.8-16}$$

而应用简化了的“优选法”，经过 N 次搜索后，剩下的(含最大值)区间长度是

$$\mathscr{L}_N=\left(\frac{2}{\sqrt{5}+1}\right)^{N-1}=\left(\frac{1}{1.618033989}\right)^{N-1} \tag{16.8-17}$$

当 N 足够大时

$$\frac{\mathscr{L}_N}{\mathscr{L}_N^*}=\frac{(1+\sqrt{5})^2}{2^2\sqrt{5}}=1.1708 \tag{16.8-18}$$

可见，简化了的“优选法”程序比严格的最优搜索程序损失约为 17%。

设控制变量的起始区间长度为 $\mathscr{L}_0$。经过 N 次搜索后，$\mathscr{L}_0$ 与最后找到的区间长度 $\mathscr{L}_N^*$(用最优程序 C_N^*)的比值以及 $\mathscr{L}_0$ 与 $\mathscr{L}_N$(用简化了的优选法)的比值列于下表中。

表 16.8-1

试验次数	用最优程序 C_N^* 得到的 $\mathscr{L}_0/\mathscr{L}_N^*$	用简化优选法得到的 $\mathscr{L}_0/\mathscr{L}_N$	$\mathscr{L}_N/\mathscr{L}_N^*$
2	2	1.62	1.22
3	3	2.62	1.14
4	5	4.24	1.18
5	8	6.85	1.17
6	13	11.09	1.18
7	21	17.94	1.175
8	34	29.0	1.17
9	55	47.0	1.17
10	89	76.0	1.17
11	144	123	1.17
12	233	199	1.17
13	377	322	1.17
14	610	521	1.17
15	987	843	1.17
16	1597	1364	1.17
17	2584	2207	1.17
18	4181	3570	1.17
19	6765	5778	1.17
20	10946	9349	1.17
21	17711	15127	1.17
22	28657	24476	1.17
23	46368	39602	1.17
24	75025	64078	1.17
25	121393	103680	1.17

参考文献

[1] 华罗庚,优选法平话及其补充,国防工业出版社,1971.
[2] 汪成为,一种可同时提高寻优速度和寻优精度的寻优方案,自动化学报,4(1966),18－27.

[3] 王新民、吕应祥，自适应控制系统综述，自动化技术进展，科学出版社，1963.

[4] 蔡福元、童丽珠，自寻最佳点控制系统综述，中国自动化学会第六次学术会议报告，1963.

[5] 欧阳景正，在随机干扰影响下两种极值调节系统的分析，自动化学报，1(1963)，2.

[6] Chang S. S. L. ,Optimum Control Systems,McGraw-Hill,New York,1961.

[7] Draper,C. S. & Li. Y. T. ,Principle of Optimalizing Control Systems and an Application to Internal Combustion Engine,ASME Publications,1951.

[8] Howard, R. A. , Dynamic Programming and Markov Processes, MIT Press, New York, 1960.

[9] Kiefer,J. ,Sequential minimax search for a maximum,Proc. Amer. Math. Soc. ,4(1953),3, 502—506.

[10] Li Y. T. ,Instruments,25(1952),72－77,190－193,228,324－327,350－352.

[11] Shull,J. R. ,IRE Trans. ,EC-1(1952),Dec. ,47－51.

[12] Tsien,H. S. & Sergenjeckti S. ,Analysis of peak holding optimization control systems,J. of the Aeronautical Sciences,8(1955),561－570.

[13] Wilde,D. J. ,Optimum Seeking Methods,Prentice-Hall,1964.

[14] Ивахненко,А. Г. ,Техническая Кибернетика,Киев,1962.

[15] Казакевич,В. В. ,Системы Экстремального регулирования и некоторые способы улучшения их устойчивости,Автом. Управ. и Вычисл. Техника,Москва,1958.

[16] Стоховский,Р,И. ,О,сравнении некоторых методов поиска Для автоматического оптимизатора, Теория и Применение Дискретных Автоматических Систем,Труды Конферации,Москва,1960, 505－522.

[17] Фелъдбаум,А. А. ,1)Автоматическнй оптимизатор,AuT,19(1958),8. 2)Основы Теории Оптималъных Автоматических Систем,Фнзмагиз,Москва,1963.

第十七章　逻辑控制和有限自动机

17.1　引　　言

以数字计算机为中心的逻辑自动机正在日益广泛地渗入到工农业生产、科学技术研究、工厂企业管理等各个方面。在逻辑控制机的帮助下，人们对各种物理过程、生产过程，甚至社会活动过程作精细的统计计算以及数量的分析，从而直接地或间接地控制这些过程的发展。实践已经证明，逻辑自动机还能为非常复杂的人的思维过程提供支援，从而扩大和延伸人的智能活动，有如工作母机之扩大和延伸人的体力一样。大量地、普遍地采用数字计算机和其他逻辑自动机是现代化工业、农业、科学技术和国防的一个重要特征。一个广泛应用数字-逻辑技术的时代已经到来。生产和科学技术发展的需要是数字-逻辑技术飞速发展的客观条件，而半导体集成电路的出现又给它提供了可靠的物质基础。

到目前为止，我们所讨论的问题的范围仅限于如何去影响或控制某些物理过程，使受控对象的运动在某种既定意义上满足我们的要求，以适应人们在生产技术或其他方面的需要。这些物理过程的变化规律是由特定的常微分方程，偏微分方程或差分方程所描述的。由这类客体所构成的系统常称之为动力系统。对动力控制系统的分析和综合，二十多年来一直是自动控制科学技术工作者的主要研究对象。其中关于线性系统的理论。现在已发展到相当完善的程度，因此形成了控制理论的主要组成部分。这种动力学理论二十多年来指导解决了大量的生产、工艺、航空和宇航等方面极其复杂的技术难题，对自动控制技术的进步起了很大的推动作用。

然而，随着科学技术的飞速发展，动力学控制理论已不能完全满足客观实践的需要。现代复杂的控制系统与十九世纪末期最早出现的水轮机或蒸汽机的速度调节器——控制系统的雏型相比已发生了质的变化。“调节器”在现代控制系统全局中仅是一个局部，尽管有时它是重要的组成部分。现代控制系统的一个新的特点是它必须具有逻辑判断的能力。它不仅能正确地控制受控对象的运动，而且，特别重要的是还要根据系统所获得的各种类型的信息，按预定的逻辑程序判断情况，迅速决策，发出信号和执行动作指令。完成这些工作的控制装置我们统称为逻辑控制装置，它常常是由数字计算机来完成的。例如，近代军事防空体系中的中心指挥控制系统，包括警戒雷达系统，目标跟踪测量系统，弹道计算装置和兵器控制系统。这些大量的技术设备联合自动工作的基础是通过高速电子计算机去实现可靠的逻辑判断和决策的。在初期,这些工作是由人来完成的。今天,没有完善的逻辑控制装置——高速数字计算机,这些工作的进行将是很困难的。事实上,现在很难找到不含有逻辑元件或装置的实际控制系统。

其实,在机构中或系统中采用简单的逻辑元件,使其具有逻辑判断或逻辑计算能力的事情可以追溯至很早以前。早在一千多年以前,我国古代劳动人民就创造了极为巧妙的,按逻辑规律运动的机构或系统[1]。例如早在东晋时代(公元318—321年),有个名叫区纯的人"作鼠市,四方丈余,开四门,门有一木人。纵四五鼠于中。欲出门,木人辄以手击之。"推想起来,这与近年来外国所研究的所谓解决"迷途之鼠"问题的逻辑结构原理可能相似[1]。此外古代发明的各种自鸣时器,护墓机构,自动木船等均具有逻辑运动的能力,只不过多限于机械器件罢了。近数十年来,由于电子技术尤其是数字技术的发展,使各种自动机的逻辑运动规律更加复杂化。最早的近代自动机,如自动电话,电报,继电保护等早已广泛地应用在人们的生产和社会活动中,但是,只是在近二十年来,由于计算技术飞速发展的需要,逻辑机的运动规律才被概括到理论高度上去研究。随着计算技术和理论研究的发展,现在已初步形成一门逻辑控制理论,它对指导解决计算机本身的设计和使用以及对工程技术问题,已经开始起着很大的作用。随着电子数字计算机的广泛应用,特别是控制机的广泛应用,把逻辑控制理论的重要性提到了更新的高度,其应用的范围也大大扩展了。

逻辑控制系统的任务概括说来是信息变换。现以较简单的目标警报系统为例,说明逻辑控制系统的作用。设有某远程警戒雷达对某一固定空域进行周期性搜索,以早期发现从这一指定空域方向飞来的飞机或其他飞行器。当目标距离较远时,由于雷达所接收到的信号强度较弱且夹有空间噪声,每次搜索时都可能发生错误的判断:在没有目标出现时,雷达的输出端出现假信号,此称为虚警信号;在有目标飞来时,雷达输出端却没有信号出现,此谓之漏警。雷达接收到的信号与噪声强度之比值很小时,无论虚警或漏警的可能性都很大。用0表示雷达输出无警报信号出现,用1表示该次搜索时有信号出现,那么雷达对给定空域上连续做 N 次周期搜索以后,在输出端就得到一个信号序列

$$001101011100011111\cdots100001$$

此序列中的每一个符号表示该次搜索时雷达输出有无警报信号出现。为了尽早判断此空域内是否有真的目标出现,消除由噪声引起的虚、漏警的扰乱,常要求对此信号序列做出较为正确的逻辑判断。例如,可以规定,凡是在三次或三次以上连续搜索时均发现有目标信号出现时,则认为确实应该发出警报。反之,警报发出以后,若连续四次或四次以上雷达输出端或荧光屏上不出现目标信号时就应该解除警报。不难理解,这是一个典型的逻辑判断系统。为了分析或设计这样一个

自动警报系统，前面各章内所述的原理和方法很少有所帮助，因为这里需要处理的是一个有限长的，仅取值为 0 或 1 的信号序列，对后者的分析只能以逻辑代数为工具。

类似上述的自动系统实际上是很多的。一个变量的取值可以仅限于 0 和 1，其物理含义却随实际问题的不同而各异。但是，和动力控制系统类似，在这类问题中，可归纳出一种普遍的规律，建立统一的理论，找出一般的分析和综合的方法，这就是逻辑运算的理论。

设在某一实际问题中，有 n 个信号序列需要做逻辑处理，其中每一个信号序列，例如 $x_i=\{01001110\cdots\}$，$i=1,2,\cdots,n$，其序列的长度可以是有限的，也可以是无限的。用 $x_i(p)$ 表示此序列的全体，p 表示序列中每一符号的序号，或者为其出现时间次序。n 个序列的全体记为 $\boldsymbol{x}(p)$，后者可视为一个向量，$x_i(p)$ 为其分量。对此 n 个序列进行逻辑处理的装置称为计算装置或自动机，$\boldsymbol{x}(p)$ 称为自动机的输入。经自动机按某一特定规律处理以后的信号序列记为 $z_i(p)$，$i=1,2,\cdots,l$，其全体记为 $\boldsymbol{z}(p)$，称为自动机的输出。自动机内部出现的诸中间变量记为 $\boldsymbol{q}(p)=\{q_1(p),\cdots,q_m(p)\}$，称为自动机的状态序列。设 $f_j(x_1(p),\cdots,x_n(p);q_1(p),\cdots,q_m(p))$，$j=1,\cdots,m$，为含有 $n+m$ 个自变元的二值函数，即仅取值为 0 或 1 的函数，用 $\boldsymbol{f}$ 表示这些函数的全体。用 $\boldsymbol{g}=\{g_1,\cdots,g_l\}$ 表示另一组 l 个含有 $n+m$ 个自变元的二值函数。自动机的信息变换规律可以用下列一般性的方程式描述

$$\boldsymbol{q}(p+1)=\boldsymbol{f}(\boldsymbol{x}(p),\boldsymbol{q}(p)) \tag{17.1-1}$$

$$\boldsymbol{z}(p)=\boldsymbol{g}(\boldsymbol{x}(p),\boldsymbol{q}(p)) \tag{17.1-2}$$

式中 p 为离散的时间瞬间；$\boldsymbol{f}$ 和 $\boldsymbol{g}$ 分别为 m 维和 l 维向量，每一个分量都是二值函数。在每一时刻输入、状态和输出向量的可能取值数分别为 2^n，2^m 和 2^l 个，它们的数目是有限的，因此这种逻辑控制系统常称为有限自动机或时序逻辑机。如果自动机有无限多个状态、输出量，则称之为无限自动机。任何一个数字机不管它的规模多大，状态总是有限的。

方程(17.1-1)和(17.1-2)也可用它们的分量来表示

$$\begin{aligned}
&q_1(p+1)=f_1(x_1(p),\cdots,x_n(p);q_1(p),\cdots,q_m(p))\\
&q_2(p+1)=f_2(x_1(p),\cdots,x_n(p);q_1(p),\cdots,q_m(p))\\
&\cdots\\
&q_m(p+1)=f_m(x_1(p),\cdots,x_n(p);q_1(p),\cdots,q_m(p))
\end{aligned} \tag{17.1-3}$$

$$\begin{aligned}
&z_1(p)=g_1(x_1(p),\cdots,x_n(p);q_1(p),\cdots,q_m(p))\\
&z_2(p)=g_2(x_1(p),\cdots,x_n(p);q_1(p),\cdots,q_m(p))\\
&\cdots\\
&z_l(p)=g_l(x_1(p),\cdots,x_n(p);q_1(p),\cdots,q_m(p))
\end{aligned} \tag{17.1-4}$$

上式内 f_i 和 g_j 都是诸自变量的单值的二值函数。

由于式中各变量 x_i，q_j 和 z_k 均只取 0 或 1 两值，故通常称为逻辑变量。因而一般的数学分析方法不再适用于这类问题。为了对逻辑控制系统进行分析和综合就需要另外的数学工具。有限自动机的数学基础是逻辑代数，或称布尔代数。这是以最早(1847 年)研究了这个数学工具的英国数学家布尔(Boole)命名的。约 90 年后美国工程师香农(shannon)于 1938 年指出，这种代数学可以用于自动机即后来的数字机的分析和设计[43(1)]。电子数字计算机的出现加速了对这一问题的研究。今天已有可能广泛地应用到逻辑控制中来。熟悉这种基本知识是有益的，因为它可以指导实际系统的设计工作，有助于对数字-逻辑技术的深刻理解。

17.2　逻辑代数的基本运算

在逻辑控制或数字计算中，各种量的基本表示方法是用的二进位计数制，这一点决定了它的每一组成单元的状态只有 0 和 1 两种。如果用函数去描述这类系统的运动，这个函数必然是二值函数，即它的取值只是 0 和 1。可是为什么要采用只有两个状态的器件作为逻辑-数字机的基本器件呢？这有三个原因。第一，制造具有两个稳定态的元件比制造具有多个稳定态的元件要容易得多，如具有两个状态的继电器，晶体管的导通与截止，铁氧体的两种方向的饱和态，磁带表面磁性膜的磁化和不磁化等皆是。从可靠性方面看具有两种稳定态的器件比线性器件的可靠性高得多。第二，用二进制可以简单地实现各种逻辑和数字运算。第三，如果要用这类元件来表示数时，用二进制需要的其他设备数量较少。设每一元件有 m 个稳定态，用 N 个元件可以表示的最大信息量 I 为 $I=m^N$，如果要求能够表示的信息量 I 是常数，即

$$\log I = N\log m = C$$

式内 C 为常数，由于 N 个具有 m 个稳定态的元件要联成一个电路所需要的设备量大概正比于 mN，所以根据上式有

$$mN = \frac{Cm}{\log m}$$

容易算出，上式右端在 $m=e=2.718$ 时有极小值。这说明，对 $m=2$ 和 $m=3$ 时，电路所需设备是接近最少的两种情况。由于 $m=2$ 还兼有其他优点，所以常优先采用二进制。

数理逻辑给二进制运算提供了一个很好的理论基础，而逻辑代数(布尔代数)又是数理逻辑中的重要基础工具。现在就从逻辑代数讨论起。

设$\{A,B,\cdots\}$为一组逻辑变量，其中每一个变量只能取 0 和 1 两种值。在这一组变量之间规定三种基本运算：加法，乘法和补运算。

(1) 加法：对于任意两个逻辑量 A 和 B 定义逻辑和为 C，记为 $A\vee B=C$，C 的

值由下表 17.2-1(真值表)规定:

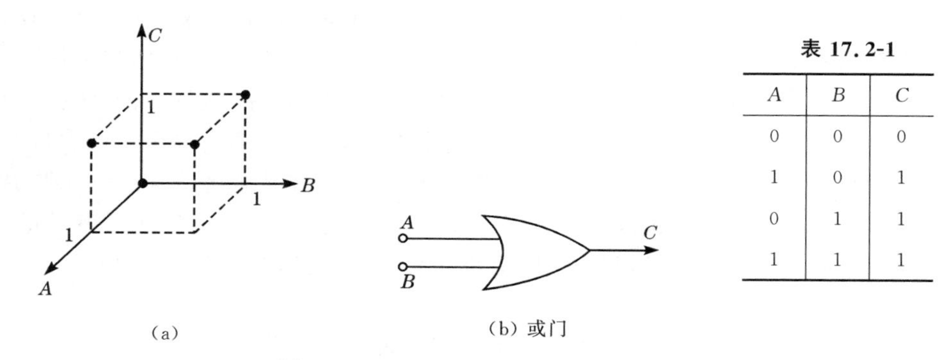

表 17.2-1

A	B	C
0	0	0
1	0	1
0	1	1
1	1	1

(a) (b) 或门

图 17.2-1

或者用图 17.2-1(a)表示,图中的粗点表示 C 的取值。这意味着,只要 A 和 B 中间哪怕有一个取值为 1 时,它们的和 C 都为 1;当且仅当二者皆为 0 时,它们的和才为 0。这种加法有“或”的意思,所以也称为或运算。对于或运算(加法)显然有下列特性

$$A \vee B = B \vee A \text{(交换律)}$$
$$A \vee 0 = A$$
$$A \vee 1 = 1$$
$$A \vee A = A$$

在逻辑机或计算机中,加法运算常用图 17.2-1(b)。所示的符号表示,称为或门。

(2) 乘法:两个逻辑量的积记为 $A \wedge B = C$,它的值由表 17.2-2 规定,函数图形见图 17.2-2(a)。对于乘法,当且仅当 A 和 B 都为 1 时,它们的积 C 才为 1;在别的情况下 C 都为零。

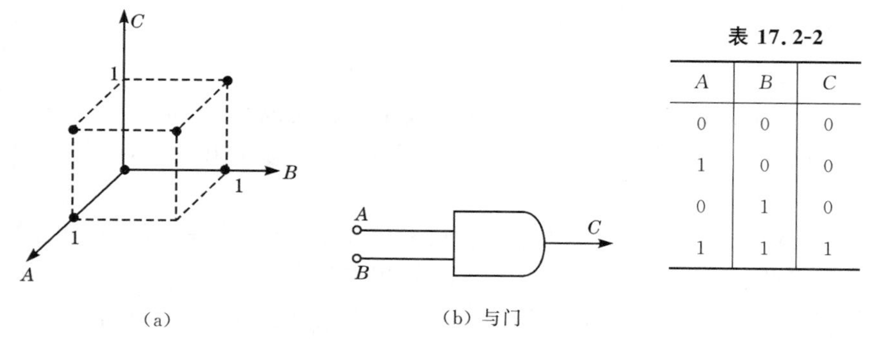

表 17.2-2

A	B	C
0	0	0
1	0	0
0	1	0
1	1	1

(a) (b) 与门

图 17.2-2

由于这种乘法有“与”的意思,故称为与运算。与运算显然有下列特性

$$A \wedge 0 = 0$$
$$A \wedge 1 = A$$
$$A \wedge A = A$$
$$A \wedge B = B \wedge A \text{(乘法交换律)}$$

这种乘法运算在逻辑图中常用 17.2-2(b)所示符号表示，称为与门。

(3) 补运算(非运算)。设 A 是一个逻辑量，定义补运算，记为 $\overline{A}$，取值见表 17.2-3 或图 17.2-3(a)。

表 17.2-3

A	A
0	1
1	0

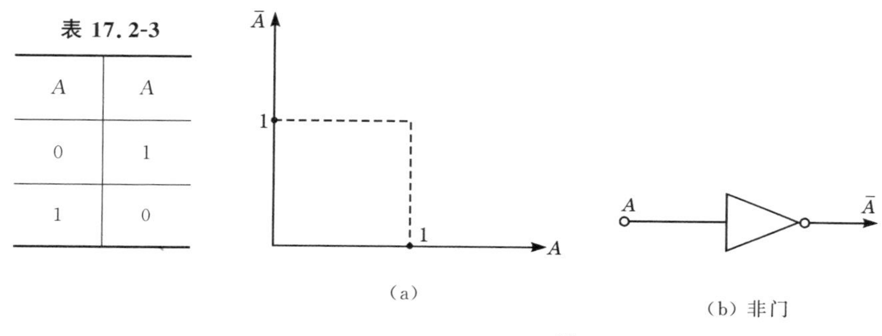

(a)

(b) 非门

图 17.2-3

由于补运算的意义可以用一个“非”字代表，所以通称为非运算。在逻辑图中常用图 17.2-3(b)所示的符号表示，称为非门。在实际电路中，非运算总是用放大器实现的，所以用三角形表示放大器，而圆圈表示非运算。

上述三种运算：加(或)、乘(与)、补(非)是逻辑代数(布尔代数)中的基本运算。其他种种运算都是由这三种运算派生出来的，也叫复合运算。但是，所有这些运算现在都可以用晶体管集成电路来实现，为使复合运算的种类规格化，便于大批量的工业生产，有一些复合运算有时也当做基本运算。

(4) 或非运算：定义两个逻辑变量的或非运算为 $C = \overline{A \vee B}$，即先作加法，然后对它们的和作非运算。C 的取值列入表 17.2-4 中或用图 17.2-4(a)表示。完成这一运算的电路叫或非门，常用图 17.2-4(b)中的符号表示。

表 17.2-4

A	B	$C=\overline{A \vee B}$
0	0	1
0	1	0
1	0	0
1	1	0

(a)

(b) 或非门

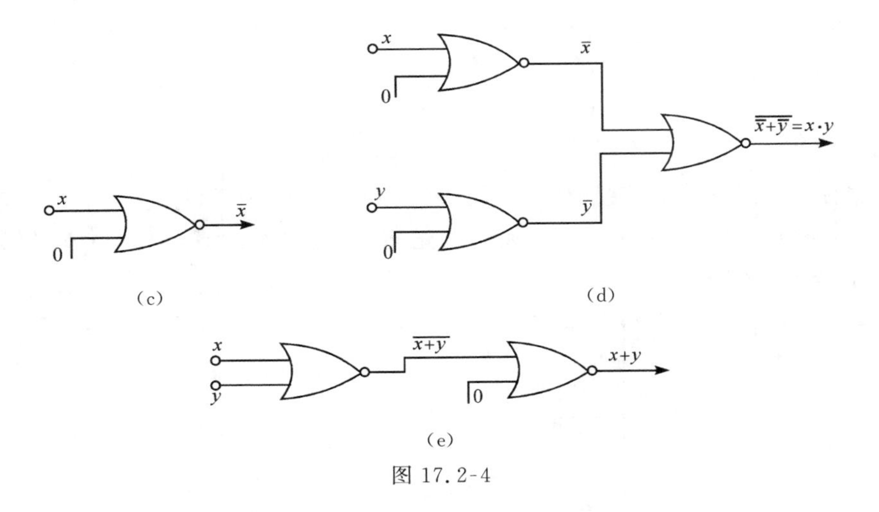

(c)　　(d)

(e)

图 17.2-4

用一种或非门可以实现所有的三种基本逻辑运算:逻辑加、逻辑乘和非运算,这可以从图 17.2-4(c),(d),(e)清楚地看出。

(5) 与非运算的定义是 $C=\overline{A\wedge B}$,即先作乘法,然后对它们的积作非运算。与非运算的取值列于表 17.2-5 中或用图 17.2-5(a)表示,图 17.2-5(b)是常用的符号,在电路中称为与非门。

表 17.2-5

A	B	$C=\overline{A\wedge B}$
0	0	1
1	0	1
0	1	1
1	1	0

用一种与非门也可以实现全部基本逻辑运算:非运算,逻辑加和逻辑乘。实现各种运算的逻辑图见图 17.2-5(c),(d),(e)。

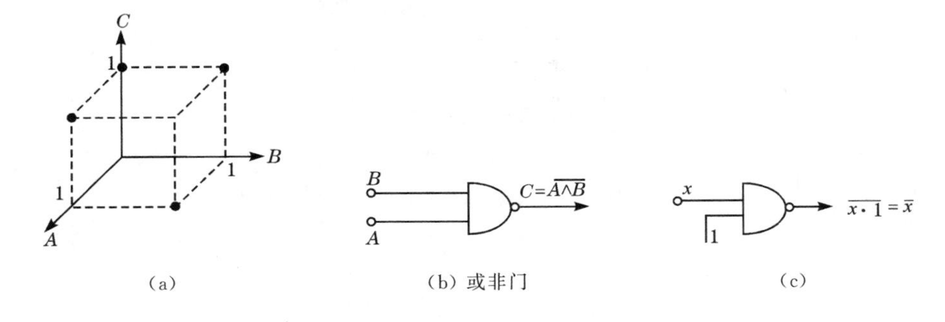

(a)　　(b) 或非门　　(c)

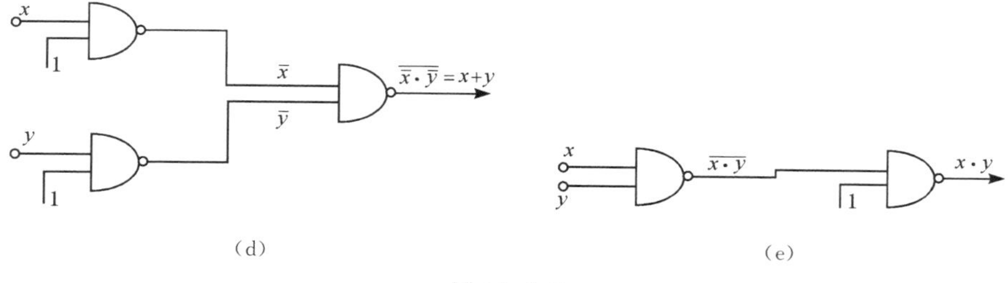

图 17.2-5

(6) 异或运算：$C=(\overline{A}\vee B)\vee(A\wedge\overline{B})$称为异或运算，运算规则列于表 17.2-6 中或用图 17.2-6(a)表示。在电路中的符号如图 17.2-6(b)所示，称为异或门。

表 17.2-6

A	B	$C=(\overline{A}\wedge B)\vee(A\vee\overline{B})$
0	0	0
0	1	1
1	0	1
1	1	0

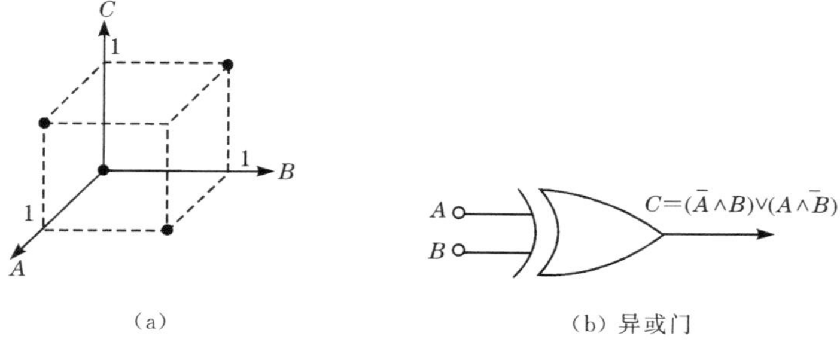

图 17.2-6

除上述三种复合运算外，也有人定义其他运算如等价运算，蕴涵运算等，这些运算都可以用加、乘和非三种基本运算表示出来。

为了在数字机和逻辑机中实现这些运算，通常把各种门电路做在一个集成电路的单晶基片上。在中规模或大规模集成电路的基片上可以作几百个、几千个门电路。图 17.2-7 中所列三种单门晶体管逻辑电路的原理图，都是用照相制版和扩散法在硅单片上制造的集成电路的一部分。无论是输出量 C 和输入量 A、B 的值都可以用高电位表示 1，用低电位表示 0。

和普通代数运算类似，利用三种基本逻辑运算可以构成逻辑算式，称为组合逻辑。为了书写方便，可把加法符号 $\vee$ 和乘法符号 $\wedge$ 化简。在不会引起误会的情况下，下面我们将用普通代数的写法：$A\vee B\equiv A+B$，$A\wedge B\equiv A\cdot B\equiv AB$。这样加

法和乘法的几个特性就可写成

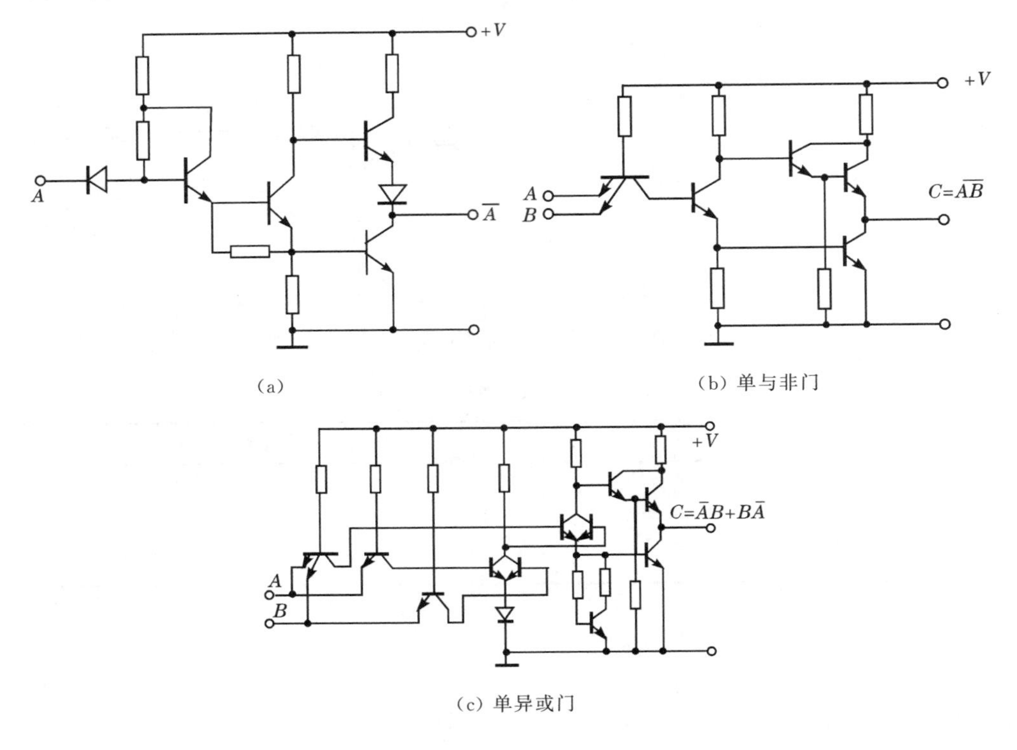

(a)

(b) 单与非门

(c) 单异或门

图 17.2-7

$$A+B=B+A,\quad A\cdot B=B\cdot A$$
$$A+A=A,\quad A\cdot A=A$$
$$A+1=1,\quad A\cdot 0=0$$
$$A+A=A,\quad A\cdot 1=A \tag{17.2-1}$$

当一个算式中同时含有加法和乘法时，为了使算式有确定的意义，必须首先规定算法的先后次序，即规定强弱关系：乘法运算强于(优先于)加法运算。例如算式 $AB+CD$，应先将 AB 相乘，CD 相乘，然后再相加。当然，这种优先关系也可以用括号来规定。非运算仍用变量上面的横划表示，如 $\overline{AB+CD}$，要求先把其下面的算式算完，然后取其反值。

两个逻辑代数式 $q_1(x_1,x_2,\cdots,x_k)$ 和 $q_2(x_1,x_2,\cdots,x_n)$，x_i 是仅取值 0 或 1 的逻辑自变量，$n\geqslant k$，如果对任何一组自变量 $\{x_i\}$ 的确定值都有 $q_1=q_2$，则称它们是等价代数式，它们可以相互代换。利用三种基本运算的性质，不难看出下列等价关系

$$\begin{aligned}&(AB)C=A(BC)\quad(\text{乘法结合律})\\&A(B+C)=AB+AC\quad(\text{分配律})\end{aligned} \tag{17.2-2}$$

这两个代数式是普通代数中就有的。然而下面三个等式确是逻辑代数中特有的

$$A+B\cdot C=(A+B)\cdot(A+C)$$
$$\overline{A+B}=\overline{A}\cdot\overline{B}$$
$$\overline{A\cdot B}=\overline{A}+\overline{B} \tag{17.2-3}$$

上式中第一个说明加法对乘法有分配律,这在普通代数中是没有的;第二和第三个是相互对称的。形象地说,或非运算与非与运算等价,与非运算和非或运算等价。这样,仅用与非门和或非门就可以实现右端规定的运算。

等价式(17.2-3)的后两个是逻辑代数式对偶关系的特例。设 $u(x_1,\cdots,x_n)$ 为由 n 个逻辑自变量 x_i 通过三个基本运算构成的代数式。将 u 中的每一个加换成乘,乘换成加以后得到的代数式记为 u^*,它叫做 u 的对偶式,可以证明下列等式成立

$$\overline{u}(x_1,\cdots,x_n)=u^*(\overline{x}_1,\cdots,\overline{x}_n) \tag{17.2-4}$$

或者写成

$$u(x_1,\cdots,x_n)=\overline{u}^*(\overline{x}_1,\cdots,\overline{x}_n) \tag{17.2-5}$$

例如,$(x+\overline{y})z$ 与 $x\cdot\overline{y}+z$ 相互对偶,$x(y+\overline{x+y})z$ 与 $x+y\cdot\overline{x\cdot y}+z$ 相互对偶等。因为 1 和 0 相互对偶,所以在求对偶式时,如果原式中含有 0 或 1 的常量,必须换成它们的对偶量:0 换成 1,1 换成 0。不难证明,两个相互等价的代数式的对偶式也是相互等价的。

设有 n 个逻辑变量 $\{x_i\}$,k 个 $(k\leqslant n)$ 自变量或者它的非的逻辑和称为基本和式。数个基本和式的逻辑乘积叫做和积式。如 $x_1+\overline{x}_2+\cdots+x_k$ 是基本和式,而 $(x_1+\overline{x}_5)\cdot(x_2+\overline{x}_3+\cdots)\cdot(\overline{x}_1+x_{n-1}+\cdots)$ 是和积式。同样,k 个自变量的积称为基本积式。数个基本积式的逻辑和称为积和式,如

$$(x_1\cdot\overline{x}_2\cdots x_k)+(\overline{x}_1\cdot x_n)+(x_1\cdot x_3\cdot\overline{x}_4)+\cdots+(x_i\cdot x_j\cdots x_k)$$

就是一个积和式。利用代数式的等价变换,可以把任一个逻辑代数式化成积和式或和积式。但是,任一代数式的和积式或积和式不是唯一的。

满足下列四个条件的,由 n 个变量构成的和积式称为标准和积式:

(1) 和积式中没有相同的基本和式。

(2) 任何一个基本和式中都不含有两个以上的相同逻辑量。

(3) 任一基本和式中不同时含 x_i 及 $\overline{x}_i$,$i=1,2,\cdots,n$。

(4) 每一个基本和式中都含有 n 个不同逻辑变量:(x_i 或 $\overline{x}_i$)。

含有 n 个逻辑变量的积和式如果满足下列四个条件,则称为标准积和式:

(1) 代数式中不含有相同的基本积式。

(2) 在每个基本积式中任一变量只出现一次。

(3) 任一基本积式中不同时出现 x_i 和 $\overline{x}_i$,$i=1,2,\cdots,n$。

(4) 每一基本积式中都含有 n 个自变量。

标准积和式在数理逻辑中常称为完备析取标准形;标准和积式称为完备合取标准形。由上述定义和特性不难推知:任何不恒为常数的逻辑代数式都可以化为等价的标准和积式或标准积和式,这两者都是唯一的。而恒等于常数(0 或 1)的逻辑代数式当然不能化为标准形,因为此式与 1 或 0 等价。

设有任意一个单值函数 $f(x_1,x_2,\cdots,x_n)$,$x_1,x_2,\cdots,x_n$ 是自变量。若函数 f 和自变量 $x_i(i=1,2,\cdots,n)$仅能取值 0 或 1,我们便称这个函数为二值函数。一个二值函数可用不同的方法来表示,例如可用表格或式子来表示。现在试问,是否所有的二值函数都可以用逻辑代数式表示出来呢?回答是肯定的。根据二值函数的单值性我们知道,每一组自变量的值唯一地确定二值函数 $f(x_1,x_2,\cdots,x_n)$的一个值。对于含有 n 个自变量的二值函数,其自变量的取值最多可以有 2^n 组,我们可以把使 $f(x_1,x_2,\cdots,x_n)$取值为 1 的那 l 组($l\leqslant 2^n$)自变量的取值选出来。当自变量 $x_1,x_2,\cdots,x_n$ 的取值属于这 l 组时,函数 $f(x_1,x_2,\cdots,x_n)$便等于 1,否则,函数等于 0。这样一来,判别函数 $f(x_1,x_2,\cdots,x_n)$的取值问题就等价于判别其自变量 $x_1,x_2,\cdots,x_n$ 的取值是不是属于这 l 组的问题。根据自变量的这 l 组取值,可以容易地构造出一个逻辑代数式 $f'(x_1,x_2,\cdots,x_n)$,使 $f'(x_1,x_2,\cdots,x_n)$和 $f(x_1,x_2,\cdots,x_n)$等价。例如,当 x_1,x_2,x_3 和 x_4 的取值组合如表 17.2-7 时 f 的值为 1,此时可以构造如下的代数式

$$f'(x_1,x_2,x_3,x_4)=\overline{x}_1\overline{x}_2x_3x_4+x_1x_2x_3\overline{x}_4+\overline{x}_1x_2x_3x_4+\overline{x}_1\overline{x}_2\overline{x}_3x_4$$

不难看出,$f'(x_1,x_2,x_3,x_4)$取值为 1 的充要条件就是 x_1,x_2,x_3 和 x_4 的取值为表 17.2-7中表示的那几个组合,当自变量的取值组不属于这几个组合时,$f'(x_1,x_2,x_3,x_4)$便等于 0。对于任一二值函数都可用一个代数式表示这个结论,我们现在再仔细地加以说明。

表 17.2-7

取值组 \ 变量	x_1	x_2	x_3	x_4
1	0	0	1	1
2	1	1	1	0
3	0	1	1	1
4	0	0	0	1

根据给定的二值函数 $f(x_1,x_2,\cdots,x_n)$我们构造如下的式子

$$\begin{aligned}&f(1,1,\cdots,1)x_1\cdot x_2\cdots x_n+f(1,1,\cdots,1,0)x_1x_2\cdots x_{n-1}\overline{x}_n\\&\quad+f(1,1,\cdots,1,0,0)x_1x_2\cdots x_{n-2}\overline{x}_{n-1}\overline{x}_n+\cdots+f(0,0,\cdots,0)\overline{x}_1\overline{x}_2\cdots\overline{x}_n\end{aligned}\tag{17.2-6}$$

式中共有 2^n 项,每一项是一个乘积。每项的第一个因子都对应了二值函数 f 的一

个取值，而其他因子则是 x_i 或 $\overline{x}_i(i=1,2,\cdots,n)$，并且满足条件：

(1) x_i 和 $\overline{x}_i(i=1,2,\cdots,n)$ 不能同时作为因子在同一项中出现。

(2) 只能在其第一个因子中取 0 值的那些 $x_i(i=1,2,\cdots,n)$ 才在非号之下，也一定在非号之下。式(17.2-6)中包含了函数 f 所有可能的取值情况。当把任一组变量的取值代入后，根据式(17.2-6)的结构不难看出，其中只有一项，其第一个因子即为此组变量取值所确定的函数值，而该项的其他因子全等于 1(因为等于 0 的变量全在非号之下，而等于 1 的变量不带非号)。根据加法的特性该项即等于函数 f 的取值。在其他项中，第一个因子不论为何值，由于其他因子中至少有一个因子取值为 0，根据乘法的特性，这些项都等于 0。因此，表达式(17.2-6)和 $f(x_1,x_2,\cdots,x_n)$ 是等价的。

假定二值函数 $f(x_1,x_2,\cdots,x_n)$ 是不恒为 0 的，那么，在其等价式(17.2-6)中一定有一些项的第一个因子等于 1。因而，当 $x_1,x_2,\cdots,x_n$ 取相应值时，式(17.2-6)也等于 1。我们已经指出，和式中恒为 0 的项可以略去，乘积中恒为 1 的因子可以去掉，其函数值不会改变。根据这一点，去掉式(17.2-6)中那些恒为 0 的项(由函数 f 之 0 值决定)，在留下的不恒为 0 项中去掉其恒为 1 的因子(第一个因子)。这样一来，就把式(17.2-6)变成一个与其等价的逻辑代数式了。

当 $f(x_1,x_2,\cdots,x_n)$ 是一恒为 0 的二值函数时，也可以化为一个与其等价的代数式。这时，若考虑二值函数 $\overline{f}(x_1,x_2,\cdots,x_n)$，那么它一定和

$$\overline{f}(1,1,\cdots,1)x_1x_2\cdots x_n+\overline{f}(1,1,\cdots,1,0)x_1x_2\cdots x_{n-1}\overline{x}_n\cdots+\overline{f}(0,0,\cdots,0)\overline{x}_1\overline{x}_2\cdots\overline{x}_n$$

等价。由于等价式的否定式也是等价的，所以

$$\overline{\overline{f}}(x_1,x_2,\cdots,x_n)=\overline{\overline{f}(1,1,\cdots,1)x_1x_2\cdots x_n+\overline{f}(1,1,\cdots,1,0)x_1x_2\cdots x_{n-1}\overline{x}_n}$$
$$\overline{+\cdots+\overline{f}(0,0,\cdots,0)\overline{x}_1\overline{x}_2\cdots\overline{x}_n}$$

根据等式(17.2-3)可把上式写成

$$\begin{aligned}f(x_1,x_2,\cdots,x_n)=&[f(1,1,\cdots,1)+\overline{x}_1+\overline{x}_2+\cdots+\overline{x}_n]\\&\times[f(1,1,\cdots,1,0)+\overline{x}_1+\overline{x}_2+\cdots+\overline{x}_{n-1}+x_n]\\&\times\cdots\\&\times[f(0,0,\cdots,0)+x_1+x_2+\cdots+x_n]\end{aligned}\tag{17.2-7}$$

我们仍然去掉各因子中恒为 0 的项，也就是各因子的第一项，于是式(17.2-7)也就具有逻辑代数式的形式了。

由于对任意二值函数都可构造一个和它等价的逻辑代数式，因此，可以用逻辑代数式来研究二值函数。

17.3 逻辑代数式的极小化

前面已经指出，利用等价关系式可以对逻辑代数式进行各种变换。同一个二

值函数可以用多种形式的代数式表示，这就提出一个问题：能否找到一个最简表达式（即式中包含最少的变量字母）？如果这种最简代数式能够找到，不论对逻辑控制系统的分析或综合都会具有很大的意义。故逻辑代数式的简化（或称极小化）问题具有一定的实际意义。从技术观点来看，每一个逻辑代数式都可以用一个相应结构的逻辑网络来实现。一般说来，极小化后的代数式所对应的网络也是比较简单的，在技术实现中所需要的开关电路，放大器等各种门电路的数量也相应地要少些。

下面介绍几种常用的比较有效的简化逻辑代数式的方法。

(1) 试探法：这种方法，是设计者依靠经验和判别能力利用前节内所列各等式，对给出的逻辑代数式进行变换，以消去多余的项和多余的变量，使式子达到极小化。在作简化时，下列恒等式是很有用的。它们的证明都很简单：故只列出结果。

$$
\begin{aligned}
&A+AB=A(1+B)=A, \quad AB(A+B)=AB \\
&A(A+B)=A, \quad \overline{AB}(A+B)=\overline{A}B+\overline{B}A \\
&\overline{A}+AB=\overline{A}+B, \quad \overline{A\overline{B}+B\overline{A}}=AB+\overline{A}\,\overline{B} \\
&A+\overline{A}B=A+B, \quad (A+B)(B+C)(A+C)=AB+BC+AC \\
&A(\overline{A}+B)=AB, \quad (A+B)(\overline{A}+C)=AC+\overline{A}B \\
&\overline{A}(A+B)=\overline{A}B, \quad (A+B)(B+C)(\overline{A}+C)=(A+B)(\overline{A}+C)
\end{aligned}
\tag{17.3-1}
$$

下面举例说明试探简化法的过程。

例 1. 简化（极小化）代数式

$$f=A\overline{B}+C+\overline{A}\,\overline{C}D+B\overline{C}D$$

首先应用式(17.2-2)得到

$$f=A\overline{B}+C+\overline{C}(\overline{A}D+BD)$$

按式(17.3-1)有

$$f=A\overline{B}+C+\overline{A}D+BD$$

再利用式(17.2-2)，(17.2-3)和(17.3-1)有

$$f=A\overline{B}+C+D(\overline{A}+B)=A\overline{B}+C+D\,\overline{(A\cdot\overline{B})}=A\overline{B}+D+C$$

例 2. 把 $f=A\overline{B}+B\overline{C}+\overline{B}C+\overline{A}B$ 极小化。

首先应用加法和乘法的一般特性，上式可改写为

$$
\begin{aligned}
f&=A\overline{B}+B\overline{C}+\overline{B}C(A+\overline{A})+\overline{A}B(C+\overline{C}) \\
&=A\overline{B}+A\overline{B}C+B\overline{C}+\overline{A}B\overline{C}+\overline{A}\,\overline{B}C+\overline{A}BC
\end{aligned}
$$

再根据分配律和恒等式(17.2-1)，上式可化简为

$$f=A\overline{B}(1+C)+B\overline{C}(1+\overline{A})+\overline{A}C(\overline{B}+B)=A\overline{B}+B\overline{C}+\overline{A}C$$

从这两个例题中可以看出，用这种方法简化代数式时，没有一定规律可循，同时难以确定所得到的简化式是否是最简单的(即极小化的)。与此相比，下面的方法就好些。

(2) 图解法：首先把逻辑代数式的诸项用几何图形表示出来(卡诺图)。用对几何图形合并的方法来达到简化式子的目的。这种方法原则上可用于具有任意一个变量的代数式的简化，当逻辑变量数目较少时(如不大于四个)，此法的优点就更明显。下面便以例题说明这种方法。

若把标准积和式中每一个基本积式称作最小项，不难看出，把含有 n 个逻辑变量的代数式化成标准积和式时，至少有 2^n 个最小项。若每一个最小项用一个小方格表示，那么，在含有 2^n 个小方格的图形上就一定能表示任何 n 个变量的代数式。例如，具有两个变量的逻辑代数式可用图 17.3-1 表示。在那里，图形左半部分表示 A，右半部分表示 $\overline{A}$；上半部分表示 B，下半部分表示 $\overline{B}$。这种分法，把整个图形分成四个小方格。于是，小方格 3 对应最小项 AB；小方格 2 对应最小项$A\,\overline{B}$；方格 1 对应于$\overline{A}B$ 以及方格 0 对应于$\overline{A}\,\overline{B}$。由于任一个二元二值函数都可以用这四个最小项中某些项的逻辑和描述，因此，它的图形也可用这四个方格的一部或全部来表示。在图解法中，我们仍采用第二节中引用的运算符号，即 $\vee$ 代表加法，$\wedge$ 代表乘法，理由将在下面看到。例如，代数式 $f=AB\vee A\,\overline{B}\vee\overline{A}B$ 可用图 17.3-1 中的方格 3，2 和 1 来表示。利用等式(17.2-1)，(17.2-2)和(17.3-1)简化函数，可得

$$
\begin{aligned}
f&=AB\vee A\,\overline{B}\vee\overline{A}B\\
&=AB\vee A\,\overline{B}\vee AB\vee\overline{A}B\\
&=A(B\vee\overline{B})\vee B(A\vee\overline{A})\\
&=A\vee B
\end{aligned}
$$

从图形上看，这个简化相当于把小方格 2 和 3 间的界线及小方格 3 和 1 间的界线去掉，也就是说，把小方格 2 和 3 及小方格 3 和 1 合并。图解法就是这样把小方格进行合并来简化代数式的。不难看出，图 17.3-1 中任何两个相邻小方格合并后的图形可用一个变量来表示。

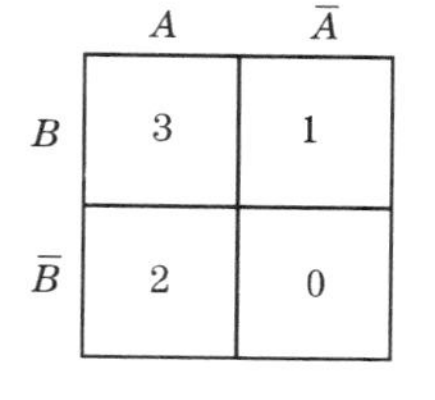

图 17.3-1

具有三个变量的逻辑代数式，一定能表示在图 17.3-2 上。在这里，左边两列表示 A，右边两列表示 $\overline{A}$；中间两列表示 C，两边两列表示 $\overline{C}$；上面一行表示 B，下面一行表示 $\overline{B}$。这样把图形共分成八小方格。每一小方格都对应一个最小项：方格 7 对应最小项 ABC；方格 6 对应最小项 $AB\,\overline{C}$；方格 5 对应 $A\,\overline{B}C$；方格 4 对应$A\,\overline{B}\,\overline{C}$；方格 3 对应 $\overline{A}BC$；方格 2 对应于 $\overline{A}\,B\,\overline{C}$；方格 1 对应于$\overline{A}\,\overline{B}C$。方格 0 对应于最小项$\overline{A}\,\overline{B}\,\overline{C}$。由于任一三元二值函数都可用这八个最小项中某些项的逻辑和表示，因此，它对应于图 17.3-2 的一部或

全部小方格。例如,代数式

$$f=AB\overline{C}\vee ABC\vee A\overline{B}C\vee\overline{A}BC\vee\overline{A}\overline{B}C\vee\overline{A}\overline{B}\overline{C}$$

就可用图 17.3-2 中的小方格 6,7,5,3,1 及 0 的和来表示。我们把方格 6,7 合并;7,5 合并;3,1 合并;1,0 合并,那么,将得到

$$f=AB\vee AC\vee\overline{A}C\vee\overline{A}\overline{B}$$

若再使 AC 和 $\overline{A}C$ 合并,也就是使合并后的方格 7,5 和方格 3,1 再合并,又可得到

$$f=AB\vee C\vee\overline{A}\overline{B}$$

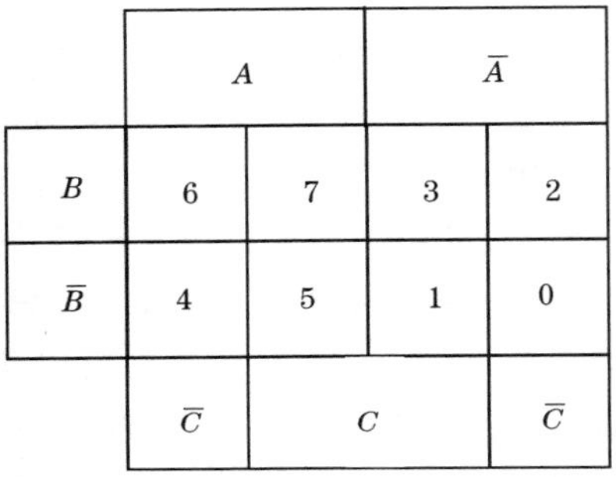

	A		$\overline{A}$	
B	6	7	3	2
$\overline{B}$	4	5	1	0
	$\overline{C}$	C		$\overline{C}$

图 17.3-2

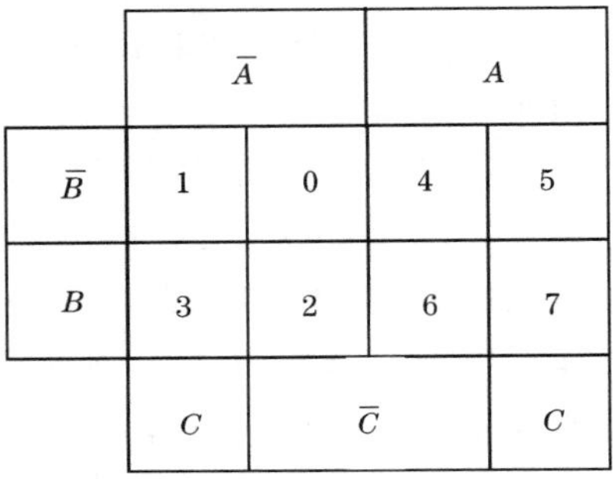

	$\overline{A}$		A	
$\overline{B}$	1	0	4	5
B	3	2	6	7
	C	$\overline{C}$		C

图 17.3-3

不难看出,图 17.3-2 中任何两个相邻方格合并后的图形,可用两个变量描述。任何四个小方格若其中每一个方格都与其他任意两个方格相邻,则将它们合并后可用一个变量表示。若整个图形的所有方格都可合并在一起,则可用常值表示。这里要说明一点,就是我们不仅把有公共边界的方格视作是相邻的,对那些处于同一行或同一列两端的小方格也视作相邻,而且把两侧的两列或顶末两行也视作相邻。因为当用不同方法分割图形时,这些小方格(列或行)确实可以变为相邻的。图 17.3-3 就表示了三变量图形的另一分割方法,比较图 17.3-3 和 17.3-2 可以明显看到这一点。

具有四个逻辑变量的代数式可用图 17.3-4 表示;具有五个逻辑变量的代数式可用图 17.3-5 表示;如此等。图 17.3-4,图 17.3-5 以及表示更多变量的图形的划分方法,与图 17.3-1 和图 17.3-2 的划分方法是相同的。这里不再重复。从几何意义上来说,每个小方格为表示各变量的图形的交,表征代数式的图形则是这些交集的和。这样一来,我们便可知道乘法运算"∧"的几何意义是相应变量图形的交,加法运算"∨"的几何意义是相应图形的和。从这种意义上来说,代数式的简化就是把表征它的图形如何以最少的字母描述出来。例如,欲简化逻辑代数式

$$f=AB\overline{C}\overline{D}\vee ABCD\vee A\overline{B}CD\vee\overline{A}BCD\vee AB\overline{C}D\vee ABC\overline{D}\vee\overline{A}\overline{B}CD$$

由于它含有四个变量,因此,它能用图 17.3-4 那样的图形表示。图中标出了 A,$\overline{A}$,B,$\overline{B}$,C,$\overline{C}$,D 和 $\overline{D}$ 的图形。根据加法运算"∨"及乘法运算"∧"的几何意义,不

	A		$\overline{A}$		
B	14	13	10	9	$\overline{D}$
	15	12	11	8	D
$\overline{B}$	6	5	2	1	
	7	4	3	0	$\overline{D}$
	$\overline{C}$	C		$\overline{C}$	

图 17.3-4

	A				$\overline{A}$				
B	31	27	23	19	15	11	7	3	$\overline{E}$
	30	26	22	18	14	10	6	2	E
$\overline{B}$	29	25	21	17	13	9	5	1	
	28	24	20	16	12	8	4	0	$\overline{E}$
	$\overline{C}$		C				$\overline{C}$		
	$\overline{D}$	D		$\overline{D}$		D		$\overline{D}$	

图 17.3-5

难看出,上式各项分别对应图 17.3-4 中小方格 2,5,11,12,13,14 和 15。如果我们把相邻小方格合并起来描述,那么,前述代数式便简化为

$$f = AB \vee CD = AB + CD$$

对于四变量图形的简化,下列规则很有用处:

(1) 任意两个相邻小方格合并后,则变成一个三变量的项。

(2) 若把任一行或一列的所有方格合并,或把四个相邻方格构成的正方形合并,它们合并后的图形可用两个变量的项表示。

(3) 若任意相邻两行或两列合并后,则可用一个变量的项表示它。

不难看出,对这几个法则稍加修改,便可用于更多变量的图形的简化,道理完全一样。

逻辑代数的简化方法还有很多,如展示法,图表法等。它们一般较繁,但当代数式中变量较多时,用起来颇为清晰有效。由于它们简化的原理也是基于项的合并和消去多余字母,因此,这里不再重述。

17.4 逻辑代数式的技术实现

从第二节中可以知道,逻辑代数中最基本的运算只有三种:逻辑加法,逻辑乘法和逻辑非运算。这三种基本运算都可以用晶体管做成门电路,封装在一个很小

的壳体中。给定一个逻辑代数式，就可以用这种门电路（集成电路）顺序连接成网络，以实现代数式要求的运算。但是，仅仅有这三种对应基本运算的门电路，还不能满足实际要求。因为有些电路，虽然可以用三种基本运算电路组合而成，但是用起来很不方便，浪费器件。因此有必要对它进行逻辑化简，然后做成标准的集成电路，供系统设计者选用。这样做一方面可以降低电路成本，又可以提高集成电路的集成密度。这里介绍三种代数式的电路实现：半加器、全加器和通道译码选择器。

半加器是具有两个输入和两个输出的逻辑电路。设 A，B 均为取值 0 或 1 的逻辑变量，半加器的逻辑功能由下表定义：表中 S 叫做被加数 A 和加数 B 的"和"，C 是加法进位。按照上表的规定，和 S 当且仅当 A 和 B 不同时为 0 或不同时为 1 时才为 1，其他情况下 S 都为 0。进位 C 只有在 A 和 B 都为 1 时才等于 1，否则总为 0。因此，半加器要求的逻辑代数式为

$$S=\overline{A}B+\overline{B}A,\quad C=AB \tag{17.4-1}$$

表 17.4-1

A	B	$S=\overline{A}B+\overline{B}A$	$C=AB$
0	0	0	0
0	1	1	0
1	0	1	0
1	1	0	1

用三种基本运算构成的半加器逻辑电路示于图 17.4-1(a)。

但是，利用代数运算可知，半加器也可以用其他方法构成，例如用三个门就可完成式(17.4-1)要求的运算，见图 17.4-1(b)。

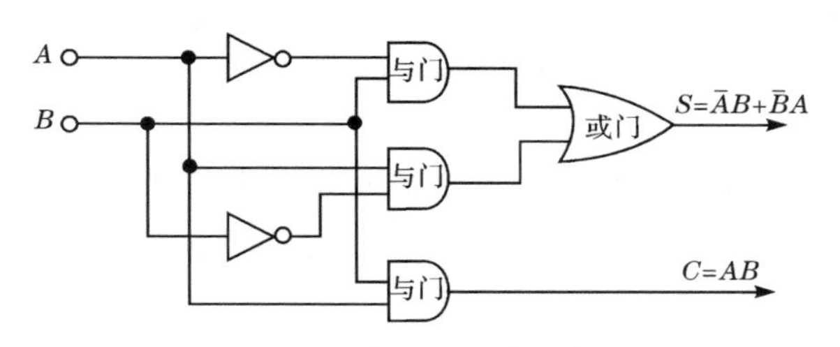

图 17.4-1(a)　半加器逻辑图

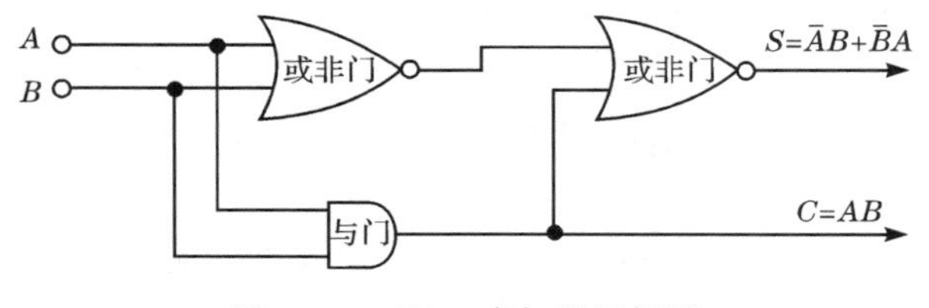

图 17.4-1(b)　半加器逻辑图

这两个电路是等价的，因为应用前节所述的演算规则有

$$S=A\overline{B}+B\overline{A}=A\overline{B}+\overline{A}B+A\overline{A}+B\overline{B}=A(\overline{A}+\overline{B})+B(\overline{A}+\overline{B})$$
$$=(A+B)(\overline{A}+\overline{B})=(A+B)\overline{AB}=\overline{\overline{(A+B)}+AB}$$

而图 17.4-1(b)中的结构正是上式右端代数式的准确实现。这样，就比图 17.4-1(a)中的逻辑结构化简了很多。特别是与门、或门和非门常常是作在一起的，当输入是高电平时，输出往往是低电平，使电路工作可靠。图 17.4-1(c)中给出半加器(集成电路)的电原理图。

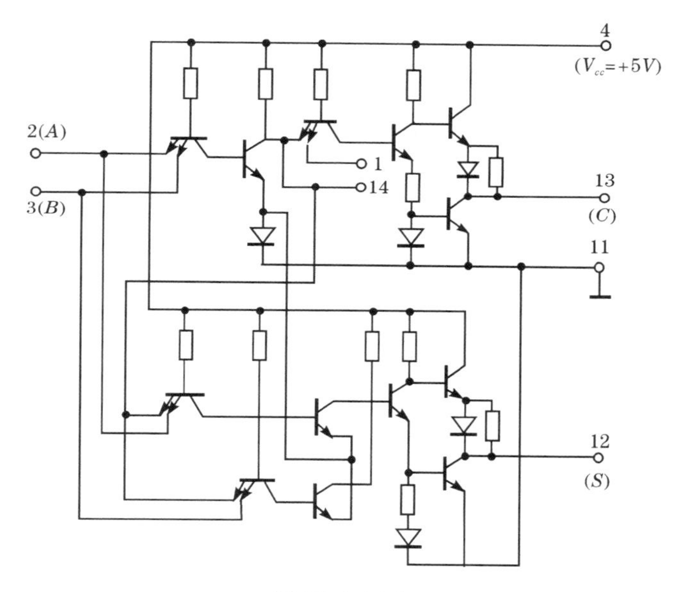

图 17.4-1(c)

半加器不能作完整的加法，因为仅有两个输入端。在完整的加法运算中，还需要有第三个输入端，供低位数字的进位用。具有三个输入和两个输出的加法器称为全加器。用 C_{in} 表示相临低位数的进位，C_{out} 表示向高位数的输出，S 表示 A，B 两个量的和减掉进位后的余数，则全加器的运算规则列于表 17.4-2 中。按照表中所列取值的规定，可立即写出 S 和 C_{out} 的逻辑代数标准积和式

$$S=\overline{A}\overline{B}C_{in}+\overline{A}B\overline{C}_{in}+A\overline{B}\overline{C}_{in}+ABC_{in}$$
$$C_{out}=\overline{A}BC_{in}+A\overline{B}C_{in}+AB\overline{C}_{in}+ABC_{in} \quad (17.4\text{-}2)$$

表 17.4-2

A	B	C_{in}	S	C_{out}
0	0	0	0	0

续表

A	B	C_{in}	S	C_{out}
1	0	0	1	0
1	1	0	0	1
1	1	1	1	1
0	1	0	1	0
0	1	1	0	1
0	0	1	1	0
1	0	1	0	1

首先,全加器当然可用两个半加器串联而成,如图 17.4-2(a)所示。应用前节叙述的代数运算等价规律或用图解法,可以把式(17.4-2)化简。下面写出两个代数式的化简过程

$$S=\overline{A}\overline{B}C_{in}+ABC_{in}+\overline{A}B\overline{C}_{in}+A\overline{B}\overline{C}_{in}=(\overline{A}\,\overline{B}+AB)C_{in}+(\overline{A}B+A\overline{B})\overline{C}_{in}$$

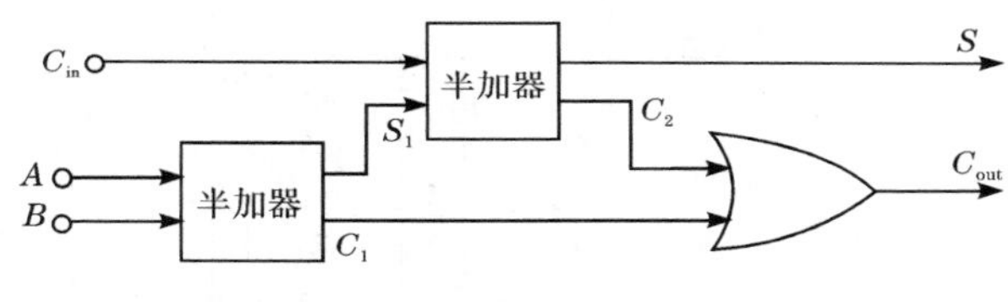

图 17.4-2(a) 全加器

因为按式(17.3-1)有

$$\overline{A}\overline{B}+AB=\overline{A+B}+AB=\overline{(A+B)\cdot\overline{AB}}=\overline{(A+B)(\overline{A}+\overline{B})}=\overline{\overline{A}B+A\overline{B}}$$

故

$$S=\overline{(\overline{A}B+A\overline{B})}C_{in}+(\overline{A}B+A\overline{B})\overline{C}_{in} \qquad (17.4\text{-}3)$$

这一等式恰恰说明了全加器的和是由两个半加器串联而成的。第一个半加器完成运算 $S_1=\overline{A}B+\overline{B}A$,第二个半加器完成运算 $S=\overline{S}_1C_{in}+S_1\overline{C}_{in}$。至于进位 C_{out} 的运算从图中可以清楚看出。

式(17.4-2)中的第二式还可以化简(用作图法或试探法)

$$\begin{aligned}C_{out}&=\overline{A}BC_{in}+ABC_{in}+AB\overline{C}_{in}+A\overline{B}C_{in}\\&=(\overline{A}B+AB)C_{in}+A(B\overline{C}_{in}+\overline{B}C_{in})\\&=BC_{in}+AB+AC_{in}\end{aligned} \qquad (17.4\text{-}4)$$

这里应用了式(17.3-1)中的 $\overline{AB}(A+B)=\overline{A}B+\overline{B}A$ 和 $AB+A\overline{B}=A$ 两个恒等式。

图 17.4-2(b)是用八个与非门组成的全加器的逻辑原理图。由图的结构,并利用式(17.3-1)中的诸恒等式,容易写出各中间变量 Z_i 的表达式

$$Z_1=\overline{AB}=\overline{A}+\overline{B}$$

$$Z_2=\overline{AZ_1C_{in}}=\overline{A\,\overline{B}C_{in}}=\overline{A}+B+\overline{C}_{in}$$

$$Z_3=\overline{BZ_1C_{in}}=\overline{\overline{A}BC_{in}}=A+\overline{B}+\overline{C}_{in}$$

$$Z_4=\overline{AZ_1Z_2}=\overline{A(\overline{A}+\overline{B})(\overline{A}+B+\overline{C}_{in})}=\overline{A\,\overline{B}\,\overline{C}_{in}}=\overline{A}+B+C_{in}$$

$$Z_5=\overline{Z_2Z_3C_{in}}=\overline{(\overline{A}+B+\overline{C}_{in})(A+\overline{B}+\overline{C}_{in})C_{in}}$$

$$=\overline{(AB+\overline{A}\,\overline{B})\cdot C_{in}}=A\overline{B}+B\overline{A}+\overline{C}_{in}$$

$$Z_6=\overline{BZ_1Z_3}=\overline{B(\overline{A}+\overline{B})(A+\overline{B}+\overline{C}_{in})}=\overline{\overline{A}B\,\overline{C}_{in}}=A+\overline{B}+C_{in}$$

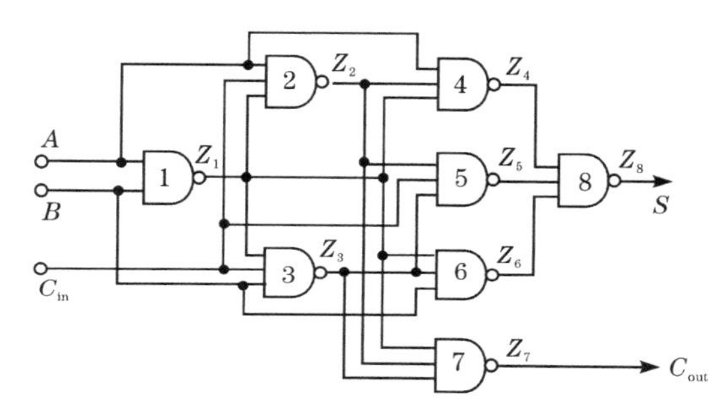

图 17.4-2(b)　全加器逻辑图

于是,可推知

$$Z_7=\overline{Z_1Z_2Z_3}=\overline{Z}_1+\overline{Z}_2+\overline{Z}_3=AB+A\,\overline{B}C_{in}+\overline{A}BC_{in}$$

$$=A(B+\overline{B}C_{in})+\overline{A}BC_{in}=AB+AC_{in}+\overline{A}BC_{in}$$

$$=AC_{in}+B(A+\overline{A}C_{in})=AC_{in}+AB+BC_{in}$$

所以 Z_7 的输出恰恰是全加器进位输出 C_{out} 的表达式(17.4-4)。同样,可以算出,输出 Z_8 是由式(17.4-2)中第一个代数式要求的全加器的和输出 S。

$$Z_8=\overline{Z_4Z_5Z_6}=\overline{Z}_4+\overline{Z}_5+\overline{Z}_6=A\,\overline{B}\,\overline{C}_{in}+ABC_{in}+\overline{A}\,\overline{B}C_{in}+\overline{A}B\,\overline{C}_{in}$$

图 17.4-2(c)　是国产 Z52 全加器电路图和封装接线图。

从上述两例中可以看到,由三种基本运算组成的逻辑代数式能够用各种电路的组合去实现。由于大、中规模集成电路的生产,几乎任何一种逻辑电路都可以用这些标准集成电路去实现它,只需要事先确定逻辑连接图,并按照要求去连接各输出、输入端引线,正确地供给电源和接地就行了。下面再讨论一个另外类型的例子,即如何用基本逻辑电路去实现多路译码选择器。

设有八个不同的信号通道,要求设计一个选通电路,按照需要由指令选通其中任何一个。设信号通道是 $A_1,A_2,\cdots,A_8$。可以用三个逻辑变量 X,Y,Z 组成编码,每一种编码对应一个通道选通指令,因为三个逻辑变量能组成 $2^3=8$ 种码。此外,还要求输出有开启-闭锁措施,只有在需要时才按指令送出被选通道的信息,否则应禁止任何信号输出,现规定各通道的选通编码指令如表 17.4-3 所示。当

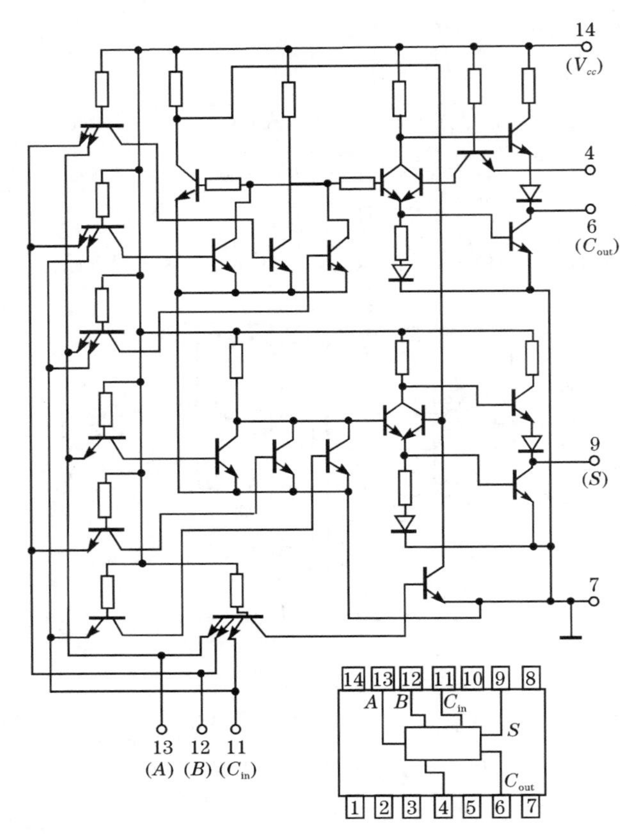

图 17.4-2(c)　$Z52$ 全加器电路图和外形图

选通指令 T 为高电位时，电路将正常工作，如果 T 为低电位时(禁止)，将没有任何数据输出。整个电路由六个非门、八个与门和两个或非门组成。

例如，讨论 A_7 通道的选通过程，与门 7 的输出是

$$B_7 = XY\overline{Z}A_7$$

表 17.4-3

选通指令 T	被选通道	编码指令 XYZ	输出 f
1	A_1	0 0 0	$\overline{X}\cdot\overline{Y}\cdot\overline{Z}\cdot A_1$
1	A_2	0 0 1	$\overline{X}\cdot\overline{Y}\cdot Z\cdot A_2$
1	A_3	0 1 0	$\overline{X}\cdot Y\cdot\overline{Z}\cdot A_3$
1	A_4	0 1 1	$\overline{X}\cdot Y\cdot Z\cdot A_4$

续表

选通指令 T	被选通道	编码指令 XYZ	输出 f
1	A_5	1 0 0	$X\cdot\overline{Y}\cdot\overline{Z}\cdot A_5$
1	A_6	1 0 1	$X\cdot\overline{Y}\cdot Z\cdot A_6$
1	A_7	1 1 0	$X\cdot Y\cdot\overline{Z}\cdot A_7$
1	A_8	1 1 1	$X\cdot Y\cdot Z\cdot A_8$
0	禁止	任意	0

或非门 9 的输出是

$$B_9=\overline{(B_1+B_2+\cdots+B_8+\overline{T})}=\overline{B}_1\cdot\overline{B}_2\cdot\cdots\cdot\overline{B}_8\cdot T$$

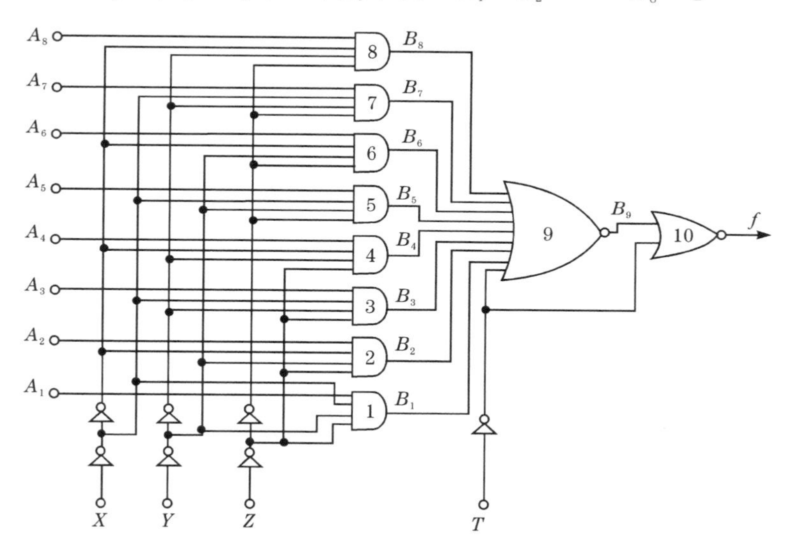

图 17.4-3　多路译码选择器

总输出为

$$\begin{aligned}f&=\overline{(B_9+\overline{T})}=\overline{B}_9T=(B_1+B_2+\cdots+B_8+\overline{T})T\\&=B_1T+B_2T+\cdots+B_8T\end{aligned}\tag{17.4-5}$$

由表 17.4-3 可以看出，当送来的指令码对应 B_i 时，上式中其他项均为 0，输出 $f=B_iT=A_iT$。故当 $T=1$（高电位）时，输出端 f 就与通道 A_i 接通。

17.5　时序逻辑方程和有限自动机

前几节内的讨论是以逻辑代数式为基础的。它类似初等数学中的四则运算。逻辑代数式是由几种最基本的运算法则组合而成，故有人称为组合逻辑理论。但是，用代数式不能描述过程，即随时间变化的逻辑变量。正如在高等数学中为了描述一个过程不得不建立一个量或一组量在变化过程中所应该满足的条件，即方程式，如微分方程、差分方程那样。这类方程式中的主要变量是时间 t，故称为发展方程。在逻辑运算中也出现同样的问题：即建立模型的问题。这个模型能够描述随时间变化的整个逻辑过程。这种模型常称为时序逻辑方程。又由于一切数字机或其他数控装置都是按节拍工作的（虽然节拍频率或间隔不一定是相等的），所以每一个时序逻辑方程也称为一个自动机，这和通常称一组常微分方程为动力系统一样。

最简单的例子是同步触发器。例如一种叫 R-S 触发器的，它有两个互补输出 Q 和 $\overline{Q}$，当 $Q=1$ 时，$\overline{Q}=0$；反之当 $Q=0$ 时，$\overline{Q}=1$。它有三个输入端：置 1 端 S，置零（清零）端 R 和时钟同步端 CP，见图 17.5-1 中的符号和逻辑示意图。它的工作原理是时钟脉冲信号 CP 给触发器规定离散的节拍即时间顺序：$t=0,1,2,\cdots,n,\cdots$。在 $t=n$ 时 $Q(n)$ 的状态依赖于前一节拍上输入端的值，这种关系见表 17.5-1。$Q(n)$，$R(n)$，$S(n)$ 和 $CP(n)$ 都表示它们在 $t=n$ 时刻的取值，而 $Q(n+1)$ 是 $t=n+1$ 时刻的值。表中规定的输出、输入关系可以用两个时序逻辑方程式描述出来：

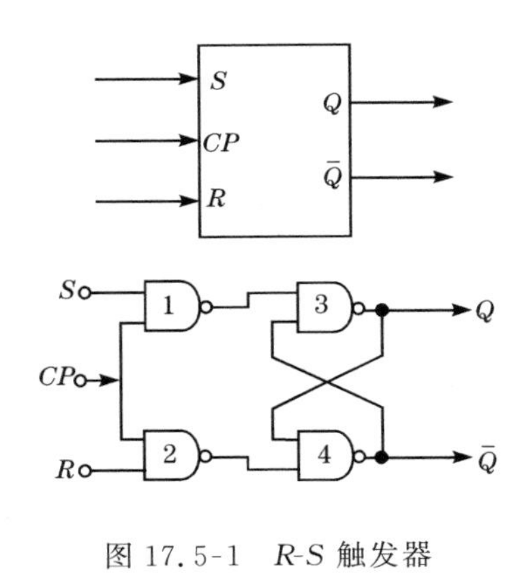

图 17.5-1　R-S 触发器

表 17.5-1

$R(n)$	$S(n)$	$CP(n)$	$Q(n+1)$
0	0	0	$Q(n)$
0	0	1	$Q(n)$
0	1	0	$Q(n)$
0	1	1	1
1	0	0	$Q(n)$
1	0	1	0
1	1	0	$Q(n)$
1	1	1	不定

$$
\begin{aligned}
Q(n+1) &= (Q(n)+S(n))(CP(n)\overline{R(n)}+\overline{CP(n)}Q(n)) \\
\overline{Q(n+1)} &= \overline{Q(n)}\cdot\overline{S(n)\cdot CP(n)}+R(n)\cdot\overline{Q(n)\cdot\overline{CP(n)}}
\end{aligned}
\tag{17.5-1}
$$

我们看到，这个器件的输出是由前一时刻的状态和输入量的值决定的，这与前节的逻辑代数式是根本不同的，这里输入信号和状态（输出）都是随时间变化的过程。

现在我们一般地讨论这类系统的特点。设有一个时序逻辑系统，它的内部状态用向量表示，记为 $\boldsymbol{q}$，$\boldsymbol{q}=\{q_1,q_2,\cdots,q_m\}$；输入信号用向量 $\boldsymbol{x}=\{x_1,x_2,\cdots,x_n\}$ 表示；输出向量记为 $\boldsymbol{z}=\{z_1,z_2,\cdots,z_l\}$。在每一瞬间，这三种逻辑量由下列方程式联

系着：

$$\boldsymbol{q}(n+1)=\boldsymbol{f}(\boldsymbol{x}(n),\boldsymbol{q}(n);n),\quad \boldsymbol{q}(0)=\boldsymbol{q}_0 \tag{17.5-2}$$

$$\boldsymbol{z}(n)=\boldsymbol{g}(\boldsymbol{x}(n),\boldsymbol{q}(n);n) \tag{17.5-3}$$

$$n=0,1,2,\cdots$$

式中 $\boldsymbol{f}=\{f_1,f_2,\cdots,f_m\}$ 和 $\boldsymbol{g}=\{g_1,g_2,\cdots,g_l\}$ 是向量逻辑函数，即 f_i,g_i 是诸自变量的二值函数，依第 17.2 节的证明，上式是逻辑代数式；它们显含 $t=n$，是指代数式 f_i,g_i 可能随时间而发生变化；$\boldsymbol{q}_0$ 是初始状态。

如果式(17.5-2)和(17.5-3)右端不显含时间变量 n，则称为定常时序逻辑方程，由它描述的逻辑系统称为定常自动机，否则叫做非定常的。

由一切可能的有穷长的输入序列 $\{\boldsymbol{x}(0),\boldsymbol{x}(1),\cdots,\boldsymbol{x}(n)\}$，$n=0,1,2,\cdots;n<\infty$ 的全体构成的集合记为 X；一切可能的状态 $\boldsymbol{q}$ 的全体记为 Q，叫做状态空间；用 Z 表示输出量 $\boldsymbol{z}$ 的值构成的集合，称为输出集合。于是，一个逻辑自动机可以用 $(X,Q,Z,\boldsymbol{f},\boldsymbol{g})$ 这五个要素完全描述出来。如果状态空间 Q 所含有的元为有穷多个，则称为有限自动机。为了具体地讨论问题，有时可用符号 $M(X,Q,Z;\boldsymbol{f},\boldsymbol{g})$ 来指出自动机的具体形式。

按照数字技术中的习惯，输入 $\boldsymbol{x}$，状态 $\boldsymbol{q}$ 和输出 $\boldsymbol{z}$ 在每一时刻的取值叫做“字”。所以，每一时刻与自动机联系着的是输入字，状态字和输出字。

定常有限自动机的工作可以用典型表来描述，如表 17.5-2 所示。设输入 $\boldsymbol{x}$ 可能有 $\boldsymbol{r}$ 个值(字)，而状态空间 Q 含 k 个不同的状态(字)，则典型表中应含有 $r\times k$ 个行。对每一行按照关系式 $\boldsymbol{f}$ 和 $\boldsymbol{g}$ 可以求出相应的状态字 $\boldsymbol{q}$ 和输出字 $\boldsymbol{z}$。这样，只要给出一个特定的输入序列 $\{\boldsymbol{x}(n)\}$，就可立即按表列内容读出状态和输出的序列。

表 17.5-2

$\boldsymbol{x}(n)$	$\boldsymbol{q}(n)$	$\boldsymbol{q}(n+1)$	$\boldsymbol{z}(n)$
$\boldsymbol{x}_0$	$\boldsymbol{q}_0$	$\boldsymbol{q}_{i_1,0}$	$\boldsymbol{z}_{l_1,0}$
$\boldsymbol{x}_0$	$\boldsymbol{q}_1$	$\boldsymbol{q}_{i_2,0}$	$\boldsymbol{z}_{l_2,0}$
⋮	⋮	⋮	⋮
$\boldsymbol{x}_0$	$\boldsymbol{q}_{k-1}$	$\boldsymbol{q}_{i_k,0}$	$\boldsymbol{z}_{l_k,0}$
$\boldsymbol{x}_1$	$\boldsymbol{q}_0$	$\boldsymbol{q}_{i_1,1}$	$\boldsymbol{z}_{l_1,1}$
$\boldsymbol{x}_1$	$\boldsymbol{q}_1$	$\boldsymbol{q}_{i_2,1}$	$\boldsymbol{z}_{l_2,1}$
⋮	⋮	⋮	⋮
$\boldsymbol{x}_1$	$\boldsymbol{q}_{k-1}$	$\boldsymbol{q}_{i_k,1}$	$\boldsymbol{z}_{l_k,1}$
⋮	⋮	⋮	⋮
$\boldsymbol{x}_{r-1}$	$\boldsymbol{q}_0$	$\boldsymbol{q}_{i_1,k-1}$	$\boldsymbol{z}_{l_1,k-1}$
$\boldsymbol{x}_{r-1}$	$\boldsymbol{q}_1$	$\boldsymbol{q}_{i_2,k-1}$	$\boldsymbol{z}_{l_2,k-1}$
⋮	⋮	⋮	⋮
$\boldsymbol{x}_{r-1}$	$\boldsymbol{q}_{k-1}$	$\boldsymbol{q}_{i_k,k-1}$	$\boldsymbol{z}_{l_k,k-1}$

为了描述自动机的工作过程,还可以采用一种叫做树的图示法。对简单的自动机可以得到较好的直观性。

若自动机有 r 个输入单字,在平面上取一点作为始点,自该点出发引出 r 个带有箭头的分支,称为第一层分支。再以每个箭头的顶点作为新的始点,以同样的方法分别引出 r 个分支,称为第二层分支。如此继续下去,可得到无穷层分支,于是就得到了图 17.5-2(a)所示的树状图形。规定从每个端点所引出的 r 个分支按自左向右的顺序与输入单字 $x_0, x_1, \cdots, x_{r-1}$ 一一对应(当然,这种对应关系可以任定,但一旦确定后,就不再改变)。这样的图形称为输入树。从树的 0 点出发,沿箭头方向前进经过的道路称为输入路。显然,第一层分支表示第一个节拍的输入,第二层分支表示第二个节拍的输入,……。因而,每条输入路与输入序列就有一一对应的关系。图 17.5-2(a)粗线画的输入路所对应的输入序列为 $\boldsymbol{x}_1\boldsymbol{x}_3\boldsymbol{x}_r\boldsymbol{x}_1\cdots$,即第一拍输入 $\boldsymbol{x}_1$,第二拍输入 $\boldsymbol{x}_3$,第三拍输入 $\boldsymbol{x}_r$,…。

假定自动机的初始状态 $\boldsymbol{q}_0$ 已经给定,一旦 $\boldsymbol{x}(0)$ 给定后,输出状态 $\boldsymbol{z}(0)$ 也就确定了。假定把输入 $\boldsymbol{x}$ 的可能取值(有穷多个)的编号用字母 α 表示,状态空间 Q 中的元素编号用 β 表示,而输出状态 $\boldsymbol{z}$ 的编号用 r 表示,则图 17.5-2(a)上的起始点的输入、状态和输出就可用三个自然数标志出来$(\alpha_0, \beta_0, \gamma_0)$。同样,图中任一个分支点都可以用三个数指出它所代表的输入、状态和输出,例如$(\alpha_1, \beta_1, \gamma_1)$表示第一步(节拍)末系统的输入、状态和输出,$(\alpha_n, \beta_n, \gamma_n)$表示第 n 节拍末的输入、状态和输出等。这样,就把图 17.5-2(a)的输入树变为图 17.5-2(b)的状态树,图上的任何一条顺序连线都表示了一个具体的过程。

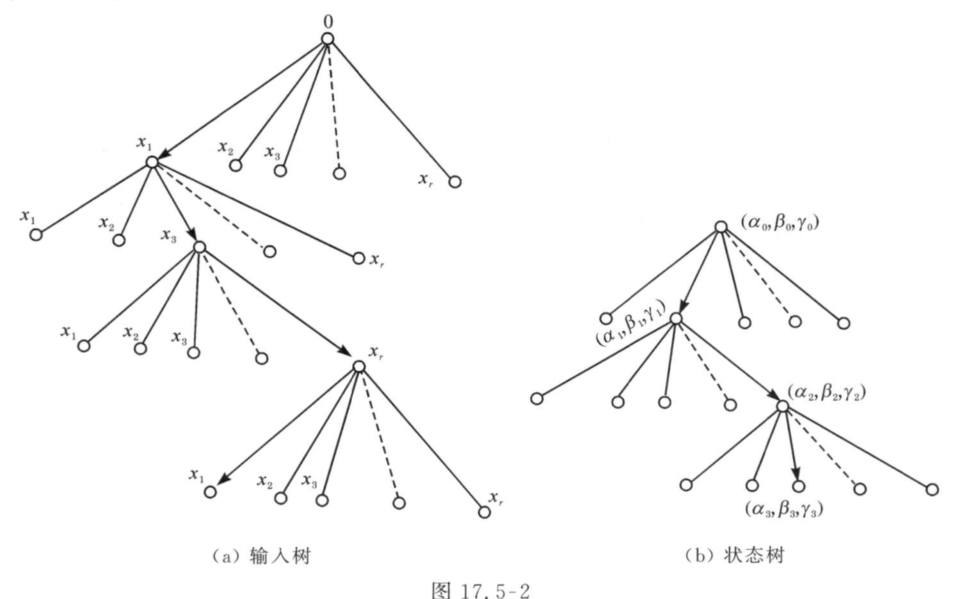

(a) 输入树　　　　　　　　　　(b) 状态树

图 17.5-2

我们再回来讨论时序逻辑方程式(17.5-2),(17.5-3)和它所描述的自动机的一些特点。首先,这类系统常包含反馈作用,即 $t=n$ 时刻的状态或输出要在 $t=n+1$时刻当做输入信号进入逻辑代数式。例如图 17.5-1 所示的 R-S 触发器中就包含两条反馈线:把输出 Q 再送回第 4 个与非门的输入端,$\overline{Q}$ 则又送到第三个与非门的输入端。由于触发器是一切数字电路和逻辑电路的基本器件,其中 D 触发器和 J-K 触发器是应用最广的,它们的逻辑原理图中都包含反馈作用。

D 触发器又叫延迟触发器。图 17.5-3 是国产 SC3101 型 D 触发器固体电路的封装接线和逻辑图。它广泛应用于数控系统中,作数码寄存器、移位寄存器和计数器等,如果在信号输入端 D 处接上控制门,可构成多功能触发器。它的工作方式列于表 17.5-3 中。时钟脉冲是正脉冲列。时钟脉冲从 0 变为 1 以前的时间为 $t=n$,自 0 变 1 以后的时间为 $t=n+1$。在时钟脉冲从 0 变为 1 时 D 端输入传送到 Q 端,时钟脉冲变为 1 以后,即 $t=n+1$ 时 D 端输入对输出 Q 无影响。如果需要把 Q 置 0 或 1,则必须在 $CP=0$ 时间内从 R 或 S 端加入高电位信号。

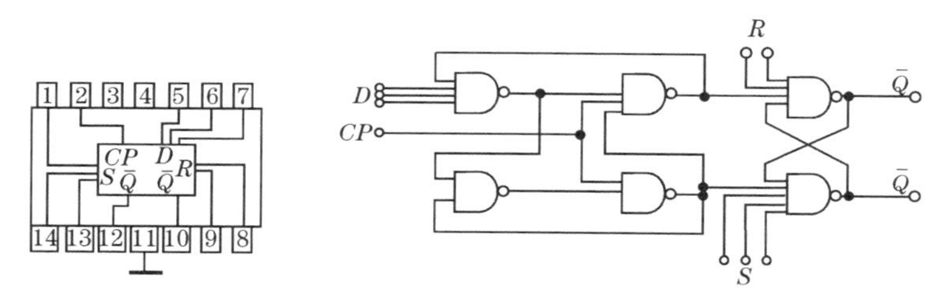

图 17.5-3　SC3101 型 D 触发器的封装符号和逻辑图

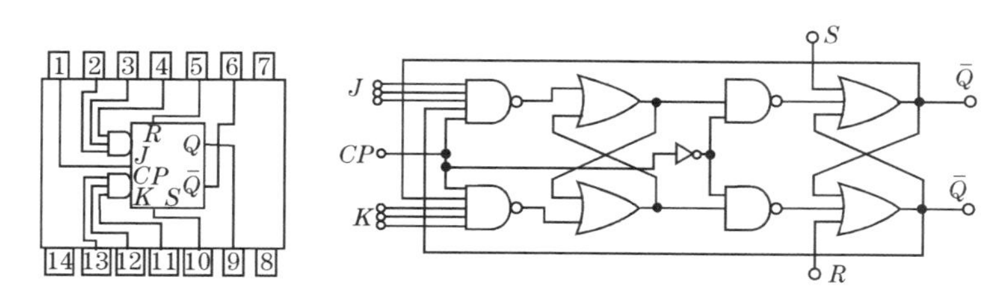

图 17.5-4　J-K 触发器的封装符号和逻辑图

表 17.5-3

$t=n$				$t=n+1$		
CP	R	S	D	CP	Q	$\overline{Q}$
0	1	1	0	1	0	1
0	1	1	1	1	1	0
1	1	0	0	0	0	1
1	0	1	0	0	1	0

D 触发器的时序逻辑方程式是

$$Q(n+1)=D(n),\quad n=0,1,2,\cdots \tag{17.5-4}$$

如果 D 输入数据形式是高低电位,时钟信号是短脉冲,则 D 触发器对输入信号来说就是一个延迟单元。

另一种更为通用的是 J-K 触发器(图 17.5-4),它既能在时钟脉冲的驱动下同步工作,也能作为普通触发器非同步工作。它的工作方式列于表 17.5-4 中。表 17.5-4(a)是在有同步时序脉冲 CP 时的工作情况,表 17.5-4(b)是非同步工作时的情况。J-K 触发器的非同步工作可由下列时序逻辑方程描述

$$Q(n+1)=\overline{K(n)}Q(n)+J(n)\overline{Q(n)} \tag{17.5-5}$$

表 17.5-4(a)

J	K	CP	$Q(n+1)$
0	0	0	$Q(n)$
0	0	1	$Q(n)$
0	1	0	$Q(n)$
0	1	1	0
1	0	0	$Q(n)$
1	0	1	1
1	1	0	$Q(n)$
1	1	1	$\overline{Q(n)}$

表 17.5-4(b)

J	K	$Q(n+1)$
0	0	$Q(n)$
0	1	0
1	0	1
1	1	$\overline{Q(n)}$

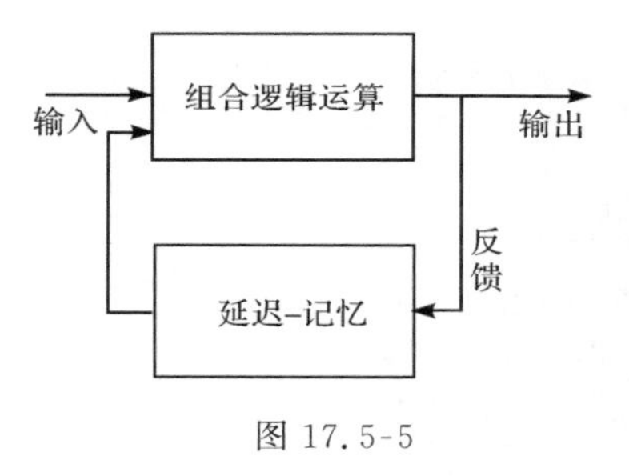

图 17.5-5

从这两个例中可以看到,时序逻辑网络有两个特点:(1)有反馈回路;(2)有记忆(延迟)能力,即保持前一步的信息来确定以后的状态。其实,这两个特点是一切由时序逻辑方程描述的自动机的共同特点。一般的自动机可以表示成图 17.5-5 所示的逻辑方块图。记忆能力越强,自动机所能完成的工作就越复杂,这是很自然的。功能复杂的数控设备要求有较大容量的存储器,前面出现的数据不仅能供下一步计算使用,而且可以多次使用。在必要时,还可以改变系统结构,从存储器中选取过去任何时刻的状态作为输入。这在数字计算机中是主要的工作方式。

比较简单的带有反馈的逻辑网络是反馈计数器。图 17.5-6 是一个典型的 $(n-1)$ 位二进制计数器。计数开始时每一触发器都处于 0 状态。当时钟脉冲总数达到 2^{n-1} 时,全部触发器回零,计数量新开始。当脉冲总数达到 2^{n-1} 时,第 n 个触发器的状态 Q_n 由 0 变为 1,而 $Q_1,\cdots,Q_{n-1}$ 均为 0,这时第 n 个触发器的作用有如移位计存器。当计数到 2^{n-2} 时第 $n-1$ 个触发器的输出 $Q_{n-1}=1$。但由于与非

门的输出禁止时钟脉冲进入第 n 个触发器，故 $Q_n=0$。当计数至 2^{n-1} 时，Q_{n-1} 由 1 变 0，与非门打开，Q_n 变为 1。第 $2^{n-1}+1$ 个脉冲到来时，第一个触发器因为被 $\overline{Q}_n$ 关闭，故不能开始计数，但第 n 个触发器 Q_n 将又从 1 变为 0，这样一个循环结束。

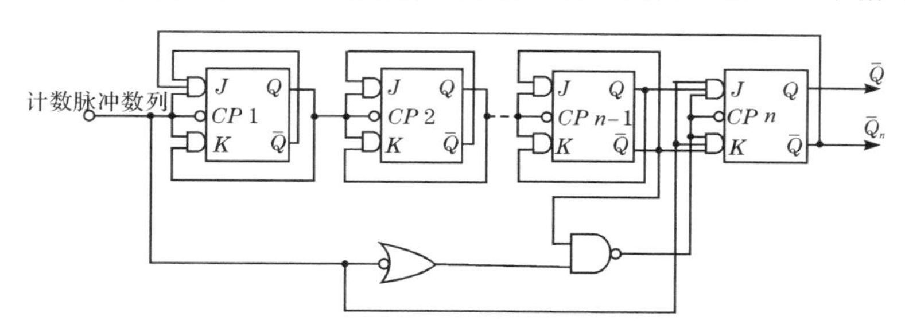

图 17.5-6　($n-1$)位反馈计数器

可以看到，反馈作用是该计数器的基础，不仅整个计数器有一条总反馈线，而且每一个触发器都有自己的反馈线。这类反馈计数器在各类控制器中都有广泛的应用。

按时序逻辑工作的系统中，由于引进了反馈，可能出现新的问题。在设计不好时，系统可能是不稳定的。例如一个非门被反馈作用后，输出是不确定的，或者会发生振荡，或者输出在 0 和 1 中间，辨不清输出状态(图 17.5-7)。这种状态叫做不稳定态。

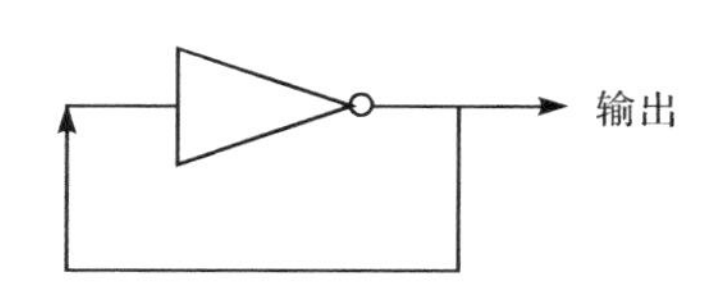

图 17.5-7　不稳定的反馈非门

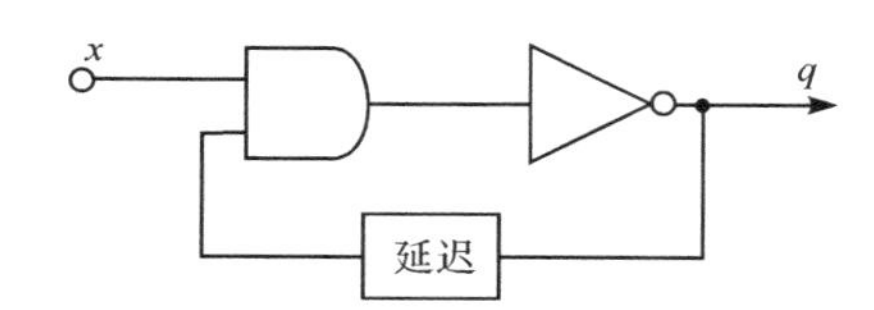

图 17.5-8　状态不确定的网络

即便反馈不是瞬时的，当输入作用不变时，输出状态可能是不确定的。例如，图 17.5-8 所表示的逻辑网络，虽然输入 x 恒为 1，输出 q 却是不能确定的。设初始状态 $q(0)=1$，因为与门被激发，第二步后 q 就变为 0，这样每一步 q 都要变化，即没有确定的输出状态。

由两个与门和延迟反馈的网络可能同时存在稳定态和不稳定态。例如图 17.5-9中所示的网络有两个稳定状态$(q_1,q_2)=(1,1)$和$(0,0)$，而状态$(1,0)$和$(0,1)$是不稳定的。

上述几个例子说明，一个由时序逻辑方程描述的自动机可能出现不稳定的工作状态和过程。图 17.5-9 所示网络的时序方程式是

$$q_1(n+1)=x_1(n)\cdot q_2(n)$$
$$q_2(n+1)=x_2(n)\cdot q_1(n) \qquad (17.5\text{-}6)$$

如果两个反馈延迟的时间不严格相等,则$(q_1,q_2)=(1,0)$和$(0,1)$这两个状态(在$x_1=1,x_2=1$情况下)是不稳定的,可能以$(0,0)$或$(1,1)$中的某一个稳定态结束振荡。

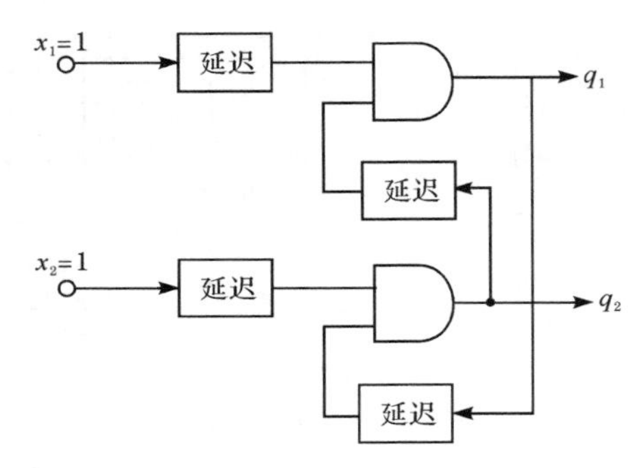

图 17.5-9　同时具有稳定态和不稳定态的网络

17.6　逻辑网络的分析

当一个逻辑网络的结构给定后,首先要分析判断它能否正常工作,进一步确定它的逻辑功能。这就是逻辑网络的分析任务。

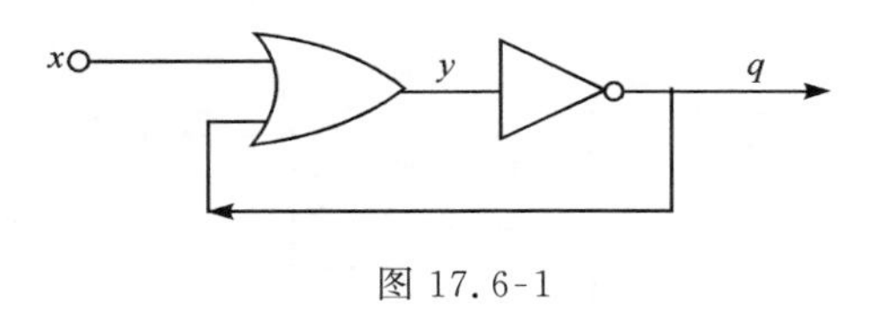

图 17.6-1

逻辑网络能够正常工作是指在任何可能的输入作用下,每个接点在每一时刻都有确定的状态,这个状态单一地为该时刻及以前的输入、状态所决定。上节已指出,有限自动机是由逻辑(代数)单元和延迟单元组成的,不是随便什么网络都能正常工作。实际上,绝大多数不含延迟单元的反馈网络都不能正常工作。如果认为逻辑单元是瞬时作用的,每一逻辑(代数)单元的输出直接决定于该时刻的输入值。如果在一个反馈网络中不含信号延迟单元,则反馈信号可能与输入信号互相影响,甚至相互矛盾。因此,可能存在这样一类具有反馈的逻辑网络,它的状态不是输入信号和以前状态的单值函数,甚至是完全不确定的。还有更为严重的情况,如果逻辑单元之间连接不适当,反馈线路上又没有延迟单元,从而使局部的甚至整个系统的接点之间形成矛盾的依赖关系,这类反馈网络称为矛盾环。图17.6-1就是一个矛盾环。图中当输入x取值为0时,若输出q也取0值,则y为0,就使q由0变为1,因而y应为1,q又该为0。这样,就将无法确定输出的状态,这就是网络本身存在的相互矛盾关系所引起。此外还有一类含延迟单元的反馈网络,在同一节拍上各接点状态的依赖关系虽然没有矛盾,但在某些输入作用下网络内某些接点的状态并不单值取决于输入。图 17.5-8 即为一例。

含有矛盾环的网络称为矛盾网络。显然矛盾网络是不能正常工作的，因而在设计时要避免。当然，可能有某些不含延迟单元的反馈网络也能正常工作。但是，一般情况下比较复杂的无延迟的反馈网络中出现矛盾环的可能性很大。所以凡是不含延迟的反馈网络，都视为可疑的矛盾环。能够正常工作的可疑矛盾环称为假矛盾环。在设计中要避免出现不含延迟的反馈逻辑网络。

现在讨论含有延迟单元的反馈网络，如图 17.6-2 所示。由于输出 $\boldsymbol{q}$ 信号经过延迟单元后，至少经一个节拍后才能进入输入端。所以延迟单元对反馈信号起隔离作用，中断输入和反馈信号的瞬时循环影响，避免出现矛盾环，使系统的状态能够在每一瞬间都能唯一地确定。这类逻辑网络称为正则网络。归纳起来，为了保证一个时序逻辑网络是正则的，只要满足下面两个条件即可：

（1）两个以上的基本逻辑单元串联或并联工作时，它们的输出端不相互连接。

（2）任何反馈回路上都至少包含一个延迟时间为一个节拍以上的延迟单元。

对于比较复杂的网络，用直接观察的方法去判断是否存在矛盾环较为困难。这里再介绍另一种方法，即直接由逻辑网络的结构图来判断它能否正常工作。为此，对网络的接点引进秩的概念。假设一个接点某时刻的状态不依赖于该时刻所有其他接点的状态，则定义此接点的秩为 0。因而，网络的所有输入接点及延迟单元的输出接点的秩都为 0。若某一单元的输出接点的状态依赖于同一时刻该单元输入接点的状态，则输出点的秩就比诸输入端的最大秩大 1。网络中的所有逻辑单元（逻辑加单元、逻辑乘单元和非单元等）都可以按此规定去确定输入端和输出端的秩。根据秩的定义，在图 17.6-3 所示的网络中，输入接点 x_1 和 x_2 的秩就为 0，接点 y 的秩为 2，输出 q 的秩为 4。因此，开环网络总可以唯一地定出各接点的秩。闭环正则网络，由于延迟单元的存在，环路中各接点的秩不会循环递增，因而是唯一确定的。这样，对于正则网络的每个接点都可定出确定的秩。若网络的每个接点都有确定的秩，那么可以断言，它一定不是矛盾网络。如果是矛盾网络，那么接点的秩一定是循环递增的，也就是没有确定的秩。这样，我们就可以根据上述原则，来判断网络的正则性。图 17.6-3 的网络中，每个接点都有秩，所以是正则网络。

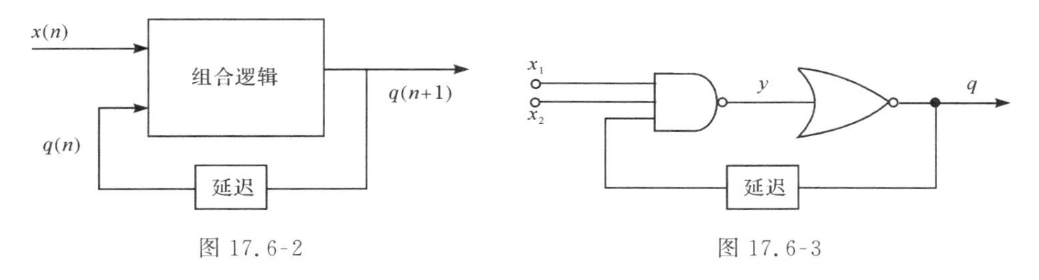

图 17.6-2　　　　图 17.6-3

此外，我们还可以按网络的代数方程组来判断网络的正则性。如果对逻辑网络的每个单元列出输出与输入的关系式，那么整个网络就对应一个方程组，它反映了网络的结构形式。若网络的每个接点都有秩，那么描述它的方程组可以按照接点秩非减的规律排列，使得出现在逻辑单元方程式右端的变量不再在该方程以及在它以后的所有方程的左端出现。此种方程组称为正则的。反之，若方程组正则，则网络的每个接点必定都有确定的秩，因而网络一定是正则的。

判断了给定的逻辑网络能够正常工作以后，进一步要研究网络具有怎样的逻辑功能。第17.5节已经指出了几种描述有限自动机功能的方法，例如典型方程组和典型表等。这里，我们采用典型方程组的方法来描述逻辑网络的功能。为此，只要对网络的每个组成单元列出输出-输入逻辑代数和时序逻辑关系式，它们的全体就是描述网络功能的方程组，进而把它化为典型方程组。为了将前者转化为后者，需要进一步说明关于网络内部状态的实质，以正确确定网络的状态分量。如前所述，如果一个正则网络全部由逻辑单元组成，而不含有延迟单元，网络的输出信号将单值地决定于每拍上的输入信号，而与以前各节拍的输入无关，这种网络也可称为无记忆的自动机。若正则网络中含有一个（或数个）延迟单元，后者把某些信号延迟一拍或数拍后向下传递，例如通过各类触发器、延迟线等。由于瞬间各节点状态不同，一个确定的输入信号，就可能对应不同的状态和输出。

能够完全地单一确定一个时序逻辑网络或整个自动机在一切时刻的变化规律的一组逻辑变量称为状态变量。例如，图17.6-4(a)所示的时序逻辑网络中的三个变量 q_1，q_2 和 q_3 就构成了状态变量的全体，其他中间变量 J_1，J_2，J_3，K_1，K_2，K_3 等都可由三个状态变量表示出来。

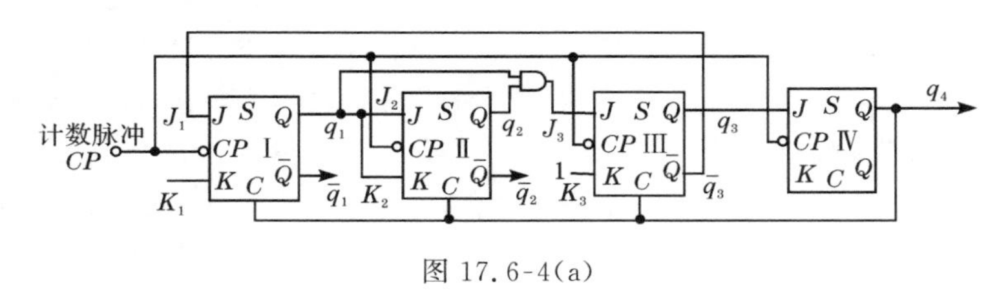

图 17.6-4(a)

现在分析一下图中的逻辑结构。显然有下列关系式：$J_1(n)=\bar{q}_3(n)$，$K_1(n)\equiv 1$；$J_2(n)=q_1(n)$，$K_2(n)=q_1(n)$；$J_3(n)=q_1(n)\cdot q_2(n)$，$K_3(n)\equiv 1$。无论用前述两个条件或用秩数的检查办法均可验证，这是一个正则网络，不包含任何矛盾环。因为三个J-K触发器都含有延迟环节，如式(17.5-5)所表示的那样。将上面列出的关系式和式(17.5-5)联立，消掉中间变量后，就得到时序逻辑方程为

$$q_1(n+1)=\overline{q_1(n)}\cdot\overline{q_3(n)}$$

$$q_2(n+1)=\overline{q_1(n)}\cdot q_2(n)+q_1(n)\cdot\overline{q_2(n)}$$

$$q_3(n+1)=q_1(n)\cdot q_2(n)\cdot\overline{q_3(n)} \tag{17.6-1}$$

根据这个时序逻辑方程组，可以推算出工作过程的状态表（图 17.6-4(b)）。从表中取值可以看出，图 17.6-4(b)中所示的时序网络是一个五分频计数器。每五个时钟脉冲对应一个 q_4 的输出高电位，同时前三个触发器清零。当第六个时钟脉冲到来时 q_1 又变为 1，而 q_4 变为 0，其他依然保持零，开始第三个循环。以此类推，如果 f_0 是时钟脉冲的频率，则第四个触发器的输出端 q_4 送出频率为 $f_0/5$ 的正脉冲列。

时间序列 $t=n$	$q_3(n)$	$q_2(n)$	$q_1(n)$	$q_3(n+1)$	$q_2(n+1)$	$q_1(n+1)$
0	0	0	0	0	0	1
1	0	0	1	0	1	0
2	0	1	0	0	1	1
3	0	1	1	1	0	0
4	1	0	0	0	0	0

图 17.6-4(b)

图 17.6-5 是 n 位循环移位计数器。这种计数器常用在数控技术中。它是以移位寄存器的方式工作的。起始时，用置零脉冲清除所有触发器，同时在第一个触发器中置 1。此后，每一个时钟脉冲使 1 后推一位。第一个脉冲到来以后，q_1 变为 0，q_2 变为 1；第二个脉冲到来以后，q_2 变为 0，q_3 变为 1，以此类推。每一时刻，n 个触发器中只有一个为 1，其余输出都为 0。第 $n-1$ 个脉冲到来之后，q_n 从 0 变为 1，其余均为 0。第 n 个脉冲到来后 q_n 从 1 又变为 0，而由于反馈作用，同时使第一个触发器置 1。这样每 n 个脉冲循环一次。可以看到，这是通过反馈实现的。它的时序逻辑方程式为

$$q_i(n+1)=q_{i-1}(n),\quad i=1,2,\cdots,n \tag{17.6-2}$$

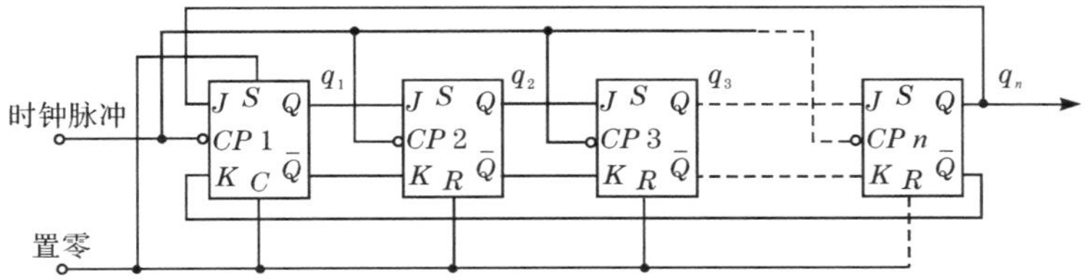

图 17.6-5　循环移位计数器

总之，应用组合逻辑和时序逻辑可以设计出各种各样用途的逻辑网络。除计

数器、寄存器以外，还可以构成能完成各种算术运算和逻辑运算的装置。可以说现代数字计算机完全由这两类逻辑网络组成。这就是把一切由时序逻辑方程组描绘的对象称为有限自动机的原因。

17.7 线性自动机

在第17.5节中定义过时序逻辑系统的数学描述。一个自动机由五个要素构成：输入集合 X，状态集合 Q，输出集合 Z，转移函数 $\boldsymbol{f}$ 和输出函数 $\boldsymbol{g}$。因此，给定这五个要素 $(X,Q,Z;\boldsymbol{f},\boldsymbol{g})$ 以后，就定义了一个自动机 M。假定 X，Q 和 Z 都仅含有穷个元素，M 就称为有限自动机。把各集合中的元素编号后，可记为 $X=\{\boldsymbol{x}_0,\boldsymbol{x}_1,\cdots,\boldsymbol{x}_r\}$，$Q=\{\boldsymbol{q}_0,\boldsymbol{q}_1,\cdots,\boldsymbol{q}_k\}$，$Z=\{\boldsymbol{z}_0,\boldsymbol{z}_1,\cdots,\boldsymbol{z}_p\}$。设输入 $\boldsymbol{x}$ 是由 n 个二进制码构成的，状态 $\boldsymbol{q}$ 是由 m 个二进制码构成的，输出 $\boldsymbol{z}$ 是由 l 个二进制码构成的。那么，输入集合 X 中最多含有 2^n 个不同元素，Q 和 Z 最多含 2^k 和 2^p 个元素。

如果在时序逻辑方程

$$\begin{aligned}\boldsymbol{q}(t+1)&=\boldsymbol{f}(\boldsymbol{q}(t),\boldsymbol{x}(t)),\quad t=0,1,2,\cdots\\ \boldsymbol{z}(t)&=\boldsymbol{g}(\boldsymbol{q}(t),\boldsymbol{x}(t)),\quad t=0,1,2,\cdots\end{aligned}\tag{17.7-1}$$

中，函数 $\boldsymbol{f}$ 和 $\boldsymbol{g}$ 对 2^k 个状态和 2^n 个输入都有定义，并且是诸自变量的单值函数，则式(17.7-1)称为完全定义的自动机。此时显然有 $r+1=2^n$，$k+1=2^m$ 和 $p+1=2^l$，按照数字技术的习惯，$\boldsymbol{x}$，$\boldsymbol{q}$ 和 $\boldsymbol{z}$ 分别叫做输入字、状态字和输出字。

转移函数 $\boldsymbol{f}$ 和输出函数 $\boldsymbol{g}$ 可以用流程表来定义，例如用图17.7-1中所示的表将唯一确定两个函数。表的左半部分称为状态转移表，记为 T_q；右半部分叫做输出表，记为 T_z。由流程表的结构可知，T_q 中含有 $(k+1)(r+1)$ 个元素，但总状态数只有 $k+1$ 个，所以其中必有重复。对输出流程表 T_z' 也如此。根据流程表，当输入字列和初始状态为已知后，可以立即写出整个状态的转移过程和输出过程。流程表是有限自动机设计中，常用来定义转移函数和输出函数的方法。

	x_0	x_1	x_2	$\cdots$	x_r	x_0	x_1	x_2	$\cdots$	x_r
q_0	q_{00}	q_{01}	q_{02}	$\cdots$	q_{0r}	z_{00}	z_{01}	z_{02}	$\cdots$	z_{0r}
q_1	q_{10}	q_{11}	q_{12}	$\cdots$	q_{1r}	z_{10}	z_{11}	z_{12}	$\cdots$	z_{1r}
q_2	q_{20}	q_{21}	q_{22}	$\cdots$	q_{2r}	z_{20}	z_{21}	z_{22}	$\cdots$	z_{2r}
$\vdots$	$\vdots$	$\vdots$	$\vdots$		$\vdots$	$\vdots$	$\vdots$	$\vdots$		$\vdots$
q_k	q_{k0}	q_{k1}	q_{k2}	$\cdots$	q_{kr}	z_{k0}	z_{k1}	z_{k2}	$\cdots$	z_{kr}
			T_q					T_z		

图17.7-1 流程表

在由 0 和 1 构成的集合$\{0,1\}$中定义四则运算加、减、乘、除以后，它就变成一个数域，记为 $GF(2)$。首先，定义加法$\oplus$

$$0\oplus 0=0,\quad 1\oplus 1=0,\quad 1\oplus 0=0\oplus 1=1 \tag{17.7-2}$$

这种加法称为模 2 加法。用普通加法表示，上式可写为

$$0+0=0,\quad 1+1=2=0,\quad 1+0=0+1=1(\mathrm{mod}2)$$

在 $GF(2)$中，因为负数$-1=-1+2(\mathrm{mod}2)=+1(\mathrm{mod}2)$，所以$(-1)=+1(\mathrm{mod}2)$，即减法和加法是等价的。如果用$\ominus$表示 $GF(2)$中的减法，则

$$0\ominus 1=0\oplus 1=1,\quad 1\ominus 1=1\oplus 1=0 \tag{17.7-3}$$

所以，加法和减法是等价的。

乘法和除法的定义与普通实数域中的乘法没有差别

$$0\cdot 0=0,\quad 0\cdot 1=1\cdot 0=0,\quad 1\cdot 1=1 \tag{17.7-4}$$

$GF(2)$中的非零元只有一个 1，除法只定义下列两个等式就够了

$$\frac{0}{1}=0\cdot 1^{-1}=0,\quad \frac{1}{1}=1\cdot 1^{-1}=1 \tag{17.7-5}$$

因此由 0 和 1 构成的数域 $GF(2)$常称为二元域。可以认为，在 $GF(2)$中只要有加法和乘法两种运算就够了。

今将 $r+1$ 个输入字用 $GF(2)$的数编成 n 位二进制码，每一位看成是向量的一个分量，然后定义两个字的加法(mod2)和乘常数，则 X 变成一个 n 维线性空间。例如，设 $n=4$，$\boldsymbol{x}_1=1100$，$\boldsymbol{x}_2=1011$，则定义

$$\boldsymbol{x}_1+\boldsymbol{x}_2=1100+1011=0111(\mathrm{mod}2)$$

$$\alpha x_1=\alpha\alpha 00,\quad \alpha=0\text{ 或 }1$$

这样，输入集合 X 就变成一个线性空间，叫做定义于数域 $GF(2)$上的线性空间，每一个输入字 $\boldsymbol{x}$ 也可称为输入向量。用同样的办法，可以把状态集合 Q 和输出集合 Z 变为 $GF(2)$上的线性空间，称为状态空间和输出空间，故 $\boldsymbol{q}$ 和 $\boldsymbol{z}$ 可分别称为状态向量和输出向量。显然线性空间 X,Q,Z 的维数分别是 n,k,p。

时序逻辑方程(17.7-1)中的函数 $\boldsymbol{f}$ 和 $\boldsymbol{g}$ 如果是诸自变量的线性函数，则它所描述的自动机 M 叫做线性自动机。在三种基本逻辑运算中，显然逻辑加运算是线性的，即 $\alpha(x+y)=\alpha x+\alpha y$。由于在线性空间中没有定义向量相乘的运算，所以逻辑乘不是线性运算。

为了扩大线性自动机理论所能研究的范围，常选择异或运算作为线性空间中的加法。前面已经讲过(图 17.2-6a)，异或运算仍用符号$\oplus$表示，它的定义是

$$x\oplus y=x\cdot\overline{y}+\overline{x}\cdot y \tag{17.7-6}$$

或者说，它是在 $GF(2)$中的加法，即模 2 加法

$$x\oplus y=x+y(\mathrm{mod}2)$$

容易检查异或运算是一种线性运算，设 $\alpha\in GF(2)$，即 $\alpha=1$ 或 0，那么就有 $\alpha(x\oplus$

$y)=\alpha x\oplus\alpha y$，和$(\alpha\oplus\beta)x=\alpha x\oplus\beta x$，这两个恒等式都可以用取值表进行检查。下面几个恒等式是式(17.7-6)的直接结果

$$x\oplus 0=x\cdot\bar{0}+\bar{x}\cdot 0=x$$
$$x\oplus 1=x\cdot\bar{1}+\bar{x}\cdot 1=\bar{x}$$
$$x\oplus x=0,\quad \bar{x}\oplus x=1$$
$$x\oplus y=y\oplus x=x\cdot\bar{y}+\bar{x}\cdot y$$
$$x\oplus y\oplus 1=x\oplus 1\oplus y=x\cdot y+\bar{x}\cdot\bar{y}=x\cdot y+\overline{(x+y)} \tag{17.7-7}$$

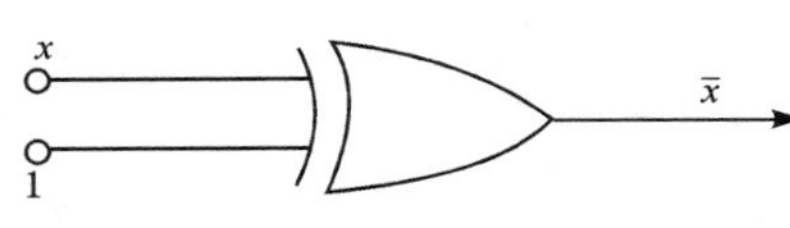

图 17.7-2 用异或门作非运算

由上列各式可知，用异或门可以作非运算，如图 17.7-2 所示。但是，对于两个逻辑变量x和y来说：异或运算既不是逻辑加法也不是逻辑乘法，而是二者的混合。但是和或非门、与非门不同，异或门不能单独实现逻辑加法或逻辑乘法。因此，由异或运算为基础的线性自动机不可能实现全部逻辑运算，即不能实现逻辑代数所可能提供的全部功能。尽管如此，由异或运算为基础的线性自动机仍可以具有可观的逻辑功能，因而线性理论在实际问题中获得了广泛的应用。例如，存储器的读写电路，有限位长二进制的四则运算(全加器和半加器)，各种计算器和分频器，自动纠错码的实现，各种量的编码和译码，各种码之间的相互转换等，都可以用线性理论去描述、分析并设计。

设X,Q,Z分别是某一有限自动机的输入空间、状态空间和输出空间。如果该自动机可以用下列线性方程描述，则称它为线性有限自动机。

$$\begin{aligned}\boldsymbol{q}(t+1)&=A\boldsymbol{q}(t)\oplus B\boldsymbol{x}(t)\\ \boldsymbol{z}(t)&=C\boldsymbol{q}(t)\oplus D\boldsymbol{x}(t),\quad t=0,1,2,\cdots\end{aligned} \tag{17.7-8}$$

式中A是$m\times m$阶方矩阵，B是$m\times n$阶长方矩阵，C是$l\times m$阶长方矩阵，D是$l\times n$阶长方矩阵。由于各线性空间中的加法运算是$\oplus$，数域是$GF(2)$，那么这些矩阵中的元素都属于$GF(2)$，即 0 或 1。在矩阵之间和向量之间作加法时要按模 2 规则进行，即用异或运算$\oplus$。从式(17.7-8)中可以看出，A,B,C,D都是从一个线性空间到另一线性空间(或在同一空间内)的线性变换。

前面已经指出，任一个有限自动机的功能可以由图 17.7-1 所示的流程表完全确定。当然，任意规定的一个流程表不一定能用线性自动机去实现它，而可能为非线性的自动机所实现。具有何种特征的流程表可以用线性自动机去实现，什么样的表不可能用线性自动机去实现，有一些简单的特征可供参考，下面还要讲到。

数码变换器是一种典型的逻辑自动机，能用线性理论来处理。例如，用以标定其传动轴的角度位置的数控系统中常用循环码(灰码)来表示。这种码也叫等距离码，用这种码做成的码盘在实际应用中比较方便。将圆周分为 32 等分的码

盘,其三种码的表示方法列于表 17.7-1 中。

表 17.7-1　三种码的比较

十进制码	二进制码	灰码	十进制码	二进制码	灰码
0	00000	00000	16	10000	11000
1	00001	00001	17	10001	11001
2	00010	00011	18	10010	11011
3	00011	00010	19	10011	11010
4	00100	00110	20	10100	11110
5	00101	00111	21	10101	11111
6	00110	00101	22	10110	11101
7	00111	00100	23	10111	11100
8	01000	01100	24	11000	10100
9	01001	01101	25	11001	10101
10	01010	01111	26	11010	10111
11	01011	01110	27	11011	10110
12	01100	01010	28	11100	10010
13	01101	01011	29	11101	10011
14	01110	01001	30	11110	10001
15	01111	01000	31	11111	10000

用 b_i 和 g_i 分别表示二进制码和灰码的第 i 位数字(自右向左),那么,这两种码的关系可由线性运算所单一确定。

$$g_i = b_i \oplus b_{i+1} = \bar{b}_i \cdot b_{i+1} + b_i \cdot \bar{b}_{i+1}, \quad i=1,2,\cdots,n \tag{17.7-9}$$

为简单起见,现写出用灰码表示的两位计数器的线性时序逻辑方程。它需要计数器顺序出现四种状态

$$\boldsymbol{q}_1=(001), \quad \boldsymbol{q}_2=(011), \quad \boldsymbol{q}_3=(110), \quad \boldsymbol{q}_4=(100) \tag{17.7-10}$$

若输出为 $\boldsymbol{z}(t)=(q_2(t),q_3(t))$。按式(17.7-8),设

$$B=\begin{pmatrix}1\\1\\1\end{pmatrix}$$

于是计数器的一般表达式为

$$\begin{aligned}
q_1(t+1) &= a_{11}q_1(t)\oplus a_{12}q_2(t)\oplus a_{13}q_3(t)\oplus x(t)\\
q_2(t+1) &= a_{21}q_1(t)\oplus a_{22}q_2(t)\oplus a_{23}q_3(t)\oplus x(t)\\
a_3(t+1) &= a_{31}q_1(t)\oplus a_{32}q_2(t)\oplus a_{33}q_3(t)\oplus x(t)
\end{aligned} \tag{17.7-11}$$

代入式(17.7-10)的值以后,解代数方程,可以立即得到

$$A=\begin{pmatrix}a_{11} & a_{12} & a_{13}\\ a_{21} & a_{22} & a_{23}\\ a_{31} & a_{32} & a_{33}\end{pmatrix}=\begin{pmatrix}1 & 1 & 1\\ 1 & 0 & 0\\ 0 & 1 & 0\end{pmatrix}$$

于是以灰码表示的两位计数器的时序方程式就为

$$\begin{aligned}q_1(t+1)&=q_1(t)\oplus q_2(t)\oplus q_3(t)\oplus x(t)\\ q_2(t+1)&=q_1(t)\oplus x(t)\\ q_3(t+1)&=q_2(t)\oplus x(t)\end{aligned}\tag{17.7-12}$$

设初始状态为 $\boldsymbol{q}_1(0)=(001)$，于是式(17.7-12)的状态序列如下表所示：

表 17.7-2

	q_1	q_2	q_3	z_1	z_2
$t=0$	0	0	1	0	1
$t=1$	0	1	1	1	1
$t=2$	1	1	0	1	0
$t=3$	1	0	0	0	0
$t=4$	0	0	1	0	1
⋮	⋮	⋮	⋮	⋮	⋮

根据方程式(17.7-12)可立即画出计数器的逻辑结构图 17.7-3 图中小方块表示同步延迟单元。

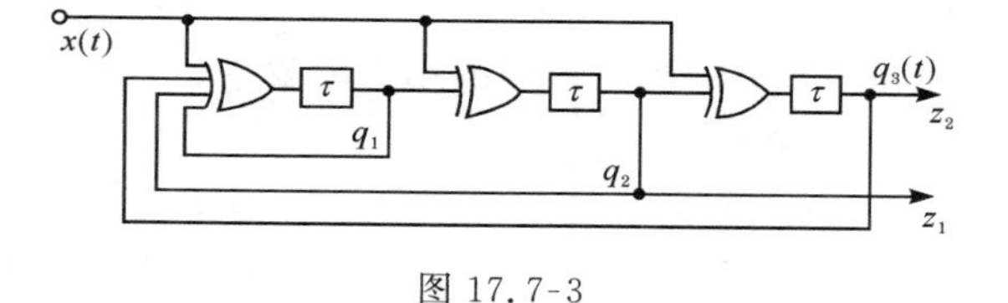

图 17.7-3

将式(17.7-12)写成向量等式(17.7-8)时，输出矩阵 $D=0$

$$C=\begin{pmatrix}0 & 1 & 0\\ 0 & 0 & 1\end{pmatrix}$$

我们再回来讨论式(17.7-8)的通解问题。设自动机的初始状态是 $\boldsymbol{q}_0$，初始时刻为 $t=0$。由递推计算可知

$$\begin{aligned}\boldsymbol{q}(1)&=A\boldsymbol{q}_0\oplus B\boldsymbol{x}(0)\\ \boldsymbol{q}(2)&=A^2\boldsymbol{q}_0\oplus AB\boldsymbol{x}(0)\oplus B\boldsymbol{x}(1)\\ &\cdots\\ \boldsymbol{q}(n)&=A^n\boldsymbol{q}_0\oplus\sum_{i=0}^{n-1}\oplus A^iB\boldsymbol{x}(i)\end{aligned}\tag{17.7-13}$$

应注意到 $A^0=E$ 为单位方阵。计算 A 的各次幂和任意两矩阵相乘时,一切数的加法都要按 $GF(2)$ 定义的⊕来计算,即模 2 加法。将上式代入式(17.7-8)的第二式(输出方程式),又有

$$\boldsymbol{z}(n) = CA^n\boldsymbol{q}_0 \oplus \sum_{i=0}^{n-1} \oplus\, CA^iB\boldsymbol{x}(i) \oplus D\boldsymbol{x}(n) \tag{17.7-14}$$

设系统的状态向量是 m 维的,由于每一个分量只取 0 或 1 两种值,故总共可能的状态为 2^m 个。如果从任何状态 $\boldsymbol{q}_i$ 出发可以用某一输入序列 $\{\boldsymbol{x}(i)\}_{i=0}^{n}$ 到达另一个任意状态,这时由 2^m 个点构成的状态空间 Q 叫做联通空间,而被该方程式描述的自动机叫完全能控的。几乎和第四章中对微分方程和差分方程的讨论完全一样,自动机式(17.7-8)完全能控的充分必要条件是矩阵

$$\mathscr{L}=(A^{m-1}B, A^{m-2}B, \cdots, AB, B)$$

的秩为 m。因为按照向量加法的定义

$$\begin{aligned}\boldsymbol{p}\oplus\boldsymbol{q} &= (p_1, p_2, \cdots, p_m)\oplus(q_1, q_2, \cdots, q_m)\\ &= (p_1\oplus q_1, p_1\oplus q_2, \cdots, p_m\oplus q_m)\\ \boldsymbol{q}\oplus\boldsymbol{q} &= \boldsymbol{0}\end{aligned}$$

在式(17.7-13)两端加 A^nq_0 后得

$$\boldsymbol{q}(n) \oplus A^n\boldsymbol{q}_0 = \sum_{i=0}^{n-1} \oplus\, A^iB\boldsymbol{x}(i) = \mathscr{L}\begin{pmatrix}\boldsymbol{x}(0)\\ \boldsymbol{x}(1)\\ \vdots\\ \boldsymbol{x}(n-1)\end{pmatrix} \tag{17.7-15}$$

而 $\boldsymbol{q}(n)\oplus A^n\boldsymbol{q}_0$ 可以是 m 维状态空间 Q 中的任何向量,故 $\mathscr{L}$ 的秩必须为 m。另一方面,只要 $\mathscr{L}$ 的秩是 m,那么,无论式(17.7-15)的左端为何向量,必存在一组 $\{\boldsymbol{x}(i)\}$,使式(17.7-15)有非零解(可能不是唯一的)。

最后,我们再回来讨论流程表图 17.7-1。前面已经指出,仅用一种异或运算⊕不能实现所有的三种基本逻辑运算。所以异或门和与非门、或非门不同,后两种是“万能的”。用一种与非门就可以实现全部三种基本逻辑运算,或非门也一样。假定用流程表图 17.7-1 指定了自动机应该具有的逻辑功能,那么就有两种可能:可能用线性时序逻辑机实现它,或者不可能用线性机实现它。而线性机能够实现的流程表又有什么特点呢?下面可以看到,凡线性时序逻辑能够实现的流程表都有一个特点,即奇偶不变性的特点。

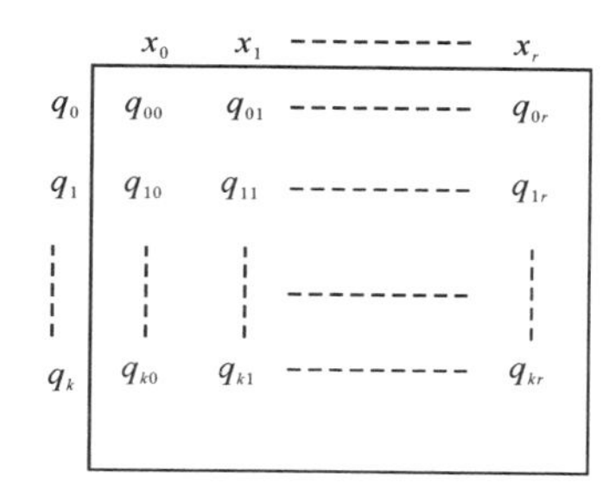

图 17.7-4

设状态空间的向量 $\boldsymbol{q}$ 是 m 维的,共有 $k+1=2^m$ 个状态,输入空间的向量 $\boldsymbol{x}$ 是 n 维的,因而总共有 $r+1=2^n$ 个不同的输入向量。设有一时序逻辑自动机

(有限自动机),它的流程表如图 17.7-4 所示。假定这个表定义的自动机可用线性机实现,或者说它与某种线性机等价。那么输入和状态之间的时序关系必然能为线性方程所描述,即

$$\boldsymbol{q}_{ij}(t+1)=A\boldsymbol{q}_i(t)+B\boldsymbol{x}_j(t) \tag{17.7-16}$$

设 $\boldsymbol{x}(t)=\boldsymbol{x}_j$,而 $\boldsymbol{q}_i(t)=\boldsymbol{q}_0$,则

$$\boldsymbol{q}_{0j}(t+1)=A\boldsymbol{q}_0+B\boldsymbol{x}_j \tag{17.7-17}$$

当 $\boldsymbol{x}(t)=\boldsymbol{x}_l$ 时

$$\boldsymbol{q}_{0l}(t+1)=A\boldsymbol{q}_0+B\boldsymbol{x}_l \tag{17.7-18}$$

将(17.7-17)和(17.7-18)两式按模 2 相加,注意到向量在 $GF(2)$ 中的加法

$$\boldsymbol{q}\oplus\boldsymbol{q}=(q_1\oplus q_1,q_2\oplus q_2,\cdots,q_m\oplus q_m)=(0,0,\cdots,0)$$

则有

$$\boldsymbol{q}_{0j}(t+1)\oplus\boldsymbol{q}_{0l}(t+1)=B\boldsymbol{x}_j+B\boldsymbol{x}_l=B(\boldsymbol{x}_j\oplus\boldsymbol{x}_l) \tag{17.7-19}$$

由上式知,在流程表同一行中,对任何初始条件相同的两个下一步状态的和与初始状态无关。例如,对第二行的下一步状态也有

$$\boldsymbol{q}_{1j}(t+1)\oplus\boldsymbol{q}_{1l}(t+1)=B(\boldsymbol{x}_j\oplus\boldsymbol{x}_l) \tag{17.7-20}$$

比较式(17.7-19)和(17.7-20),可知

$$\boldsymbol{q}_{0j}\oplus\boldsymbol{q}_{0l}=\boldsymbol{q}_{1j}\oplus\boldsymbol{q}_{1l}$$

而这个等式对任何两行都成立,故又有

$$\boldsymbol{q}_{0j}\oplus\boldsymbol{q}_{0l}=\boldsymbol{q}_{1j}\oplus\boldsymbol{q}_{1l}=\boldsymbol{q}_{2j}\oplus\boldsymbol{q}_{2l}=\cdots=\boldsymbol{q}_{kj}\oplus\boldsymbol{q}_{kl} \tag{17.7-21}$$

由于 j 和 l 是任意的,故流程表中对应任意两个输入,各行对应该输入的两个状态的和(模 2)都相等。又因为任意一个状态向量的偶次和都为 $\boldsymbol{0}$ 向量,例如

$$\boldsymbol{q}\oplus\boldsymbol{q}\oplus\boldsymbol{q}\oplus\boldsymbol{q}=(\boldsymbol{q}\oplus\boldsymbol{q})\oplus(\boldsymbol{q}\oplus\boldsymbol{q})=\boldsymbol{0}\oplus\boldsymbol{0}=\boldsymbol{0}$$

所以表中各行相应于同列的偶数个状态的和(模 2)都应该相等

$$\sum_{\alpha=0}^{s}\oplus\boldsymbol{q}_{i\alpha}=\sum_{\alpha=0}^{s}\oplus\boldsymbol{q}_{j\alpha},\quad s\leqslant r,s+1\text{ 为偶数},i,j=0,1,2,\cdots,k \tag{17.7-22}$$

由于每一状态向量的分量仅取 0 或 1 两个值,所以等式(17.7-22)就意味着:流程表中任意指定的偶数个列中,每一行相应列的诸状态的模 2 和的奇偶性是一个不变特征。这是用线性自动机能够实现给定的流程表的必要条件。

17.8　传递函数与状态多项式

设 $f(t)$ 为取值于二元域 $GF(2)$ 中的任一函数,自变量 t 是按节拍变化的,$t=0,1,2,\cdots$。每一个函数 $f(t)$,$f(t)=0$,$\forall\, t<0$,都可以用一个数列表示,例如

$$f(t)=\{00110100111100\cdots\}$$

表示 $f(0)=0$,$f(1)=0$,$f(2)=1$,$f(3)=1$ 等。设 s 为取值于复平面上的单位圆

内的变量，$|s|<1$。定义函数

$$S[f(t)] = F(s) = \sum_{t=0}^{\infty} f(t)s^t \tag{17.8-1}$$

显然 $F(s)$是一个复变量的复值函数，右端级数按照复数的加法是绝对收敛的。这种线性变换和第十章中对离散系统的拉氏变换是相同的，差异仅在于 $f(t)$的取值域变为 $GF(2)$。由于这种变换的线性特点，容易检查下列恒等式的正确性：对一切满足条件 $f(t)=0, \forall t<0$ 的函数 $f(t)$有

$$\begin{aligned}
&S[f_1(t)\oplus f_2(t)]=F_1(s)\oplus F_2(s)\\
&S[\alpha f(t)]=\alpha F(s), \quad (\alpha\in GF(2)\text{的常数})\\
&S[f(t-n)]=s^n F(s)\\
&S[f(t+n)]=s^{-n}F(s)\oplus s^{-n}(f(0)+f(1)s+\cdots+f(n-1)s^{n-1})
\end{aligned} \tag{17.8-2}$$

经过这种线性变换后，原函数 $f(t)$变为它的象函数 $F(s)$。$F(s)$是以 0 或 1 为系数的复变量 s 的多项式。从代数学中我们知道，定义于二元域 $GF(2)$上的一切多项式之间可以作加减乘除等四则运算，在这些运算以后的结果仍然是 $GF(2)$上的多项式。定义于 $GF(2)$上的一切多项式也构成一个域。因此，在式(17.8-2)中的 $F_1(s)\oplus F_2(s)$这种写法意味着相同阶的系数按模 2 加法相加。注意到这一点，下列恒等式也容易验证

$$\begin{aligned}
&S[f_1(t) * f_2(t)] = S\Big[\sum_{\nu=0}^{t} \oplus\, f_1(\nu)f_2(t-\nu)\Big] = F_1(s)F_2(s)\\
&S\Big[\sum_{\nu=0}^{t} \oplus\, f(\nu)\Big] = \frac{F(s)}{1\oplus s}
\end{aligned} \tag{17.8-3}$$

对周期函数 $f(t+T)=f(t)$有

$$S[f(t)] = \frac{\sum_{i=0}^{T-1} f(i)s^i}{1\oplus s^T} \tag{17.8-4}$$

上式中的分母上 $1\oplus s$ 正是指 $GF(2)$上的多项式按模 2 相加。对单位圆内的复变量 s，下列级数是一致收敛的

$$\frac{1}{1-s}=1+s+s^2+\cdots$$

如果把这个级数看成是定义于 $GF(2)$上的多项式的级数。不难证明

$$\frac{1}{1\oplus s}=1\oplus s\oplus s^2\oplus s^3\oplus\cdots \tag{17.8-5}$$

事实上，对上式左右均乘以 $1\oplus S$，立即得

$$1=\frac{1\oplus s}{1\oplus s}=(1\oplus s\oplus s^2\oplus\cdots)(1\oplus s)=(1\oplus s\oplus s^2\oplus\cdots)\oplus(s\oplus s^2\oplus s^3\oplus\cdots)=1$$

因为 $s^n \oplus s^n = s^n(1 \oplus 1) = 0$。

上节中我们讨论过，在线性时序自动机中只有两种运算，一种是延迟，另一种是模 2 加法，前者可用任何具有时滞特性的器件来实现，如用延迟触发器（D 触发器）等，而模 2 加法可用异或门来实现。在逻辑网络中，移位寄存器是广泛用作延迟运算的器件。图 17.8-1 中所示的由 n 位和 m 位移位寄存器并联的网络对输入函数 $f(t)$ 的作用可写为

$$Z(s) = s^n F(s) \oplus s^m F(s) = (s^n \oplus s^m) F(s)$$

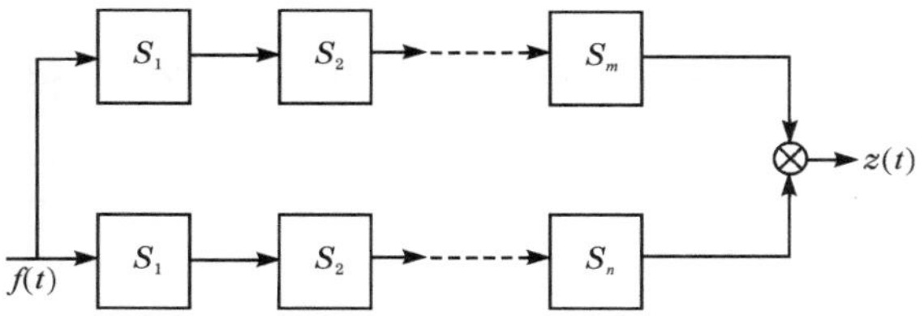

图 17.8-1

所以，用移位寄存器联成的并联网络可以用一个 n 阶多项式表示，记为

$$W(s) = q_0 \oplus q_1 s \oplus q_2 s^2 \oplus \cdots \oplus q_n s^n \tag{17.8-6}$$

式中 q_i 为 0 或 1。

图 17.8-2 中所示的反馈网络也可用线性运算表示出来。

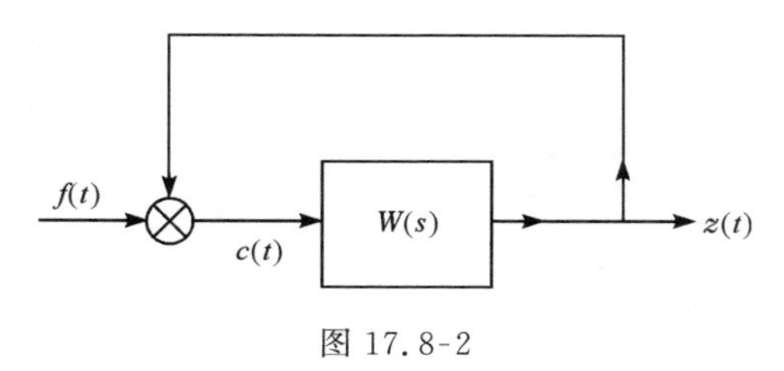

图 17.8-2

由图示符号有：$Z(s) = W(s) \cdot E(s)$，$E(s) = F(s) \oplus Z(s)$ 因为多项式可以相除，解出 $Z(s)$ 和 $E(s)$ 后有

$$Z(s) = \frac{W(s)}{1 \oplus W(s)} F(s)$$

$$E(s) = \frac{1}{1 \oplus W(s)} F(s) \tag{17.8-7}$$

由此看出，在线性时序逻辑网络中，输出和输入之间的关系与一般线性反馈控制系统是一样的，所不同的地方仅在于把通常的加法换成 $GF(2)$ 中的加法，即模 2 加法。上式中 $W(s)$ 叫做开路传递函数，而 $\Phi(s) = \dfrac{W(s)}{1+W(s)}$ 则叫做闭路传递函数。

现用传递函数的方法试分析图 17.8-3 中所示的反馈系统，图中 S_i 是四级移

位寄存器。用象函数写出各变量之间的关系，并假定在 $t=0$ 时，$q_i(0)=0$。

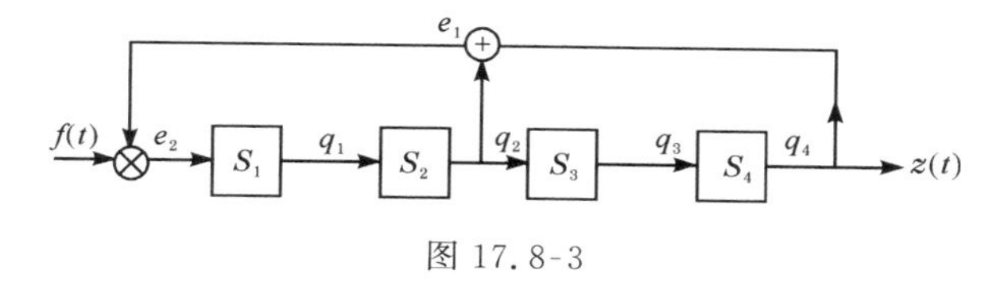

图 17.8-3

$$Q_4(s)=s^2Q_2(s)$$
$$Q_2(s)=s^2E_2(s)$$
$$E_1(s)=Q_2(s)\oplus Q_4(s)$$
$$E_2(s)=E_1(s)\oplus F(s)$$

解出 $Q_4(s)$后有

$$Z(s)=Q_4(s)=\frac{s^4}{1\oplus s^2\oplus s^4}F(s) \tag{17.8-8}$$

用式(17.8-5)展开右端

$$\frac{s^4}{1\oplus(s^2\oplus s^4)}=s^4(1\oplus s^2\oplus s^6\oplus s^8)+s^{16}(1\oplus s^2\oplus s^6\oplus s^8)+\cdots$$

所以

$$Z(s)=s^4(1\oplus s^2\oplus s^6\oplus s^8)F(s)+s^{16}(1\oplus s^2\oplus s^6\oplus s^8)F(s)+\cdots$$

如果 $f(t)=\{1111111\cdots\}$，则 $z(t)=\{000011000011000011 00\cdots\}$。

这个例子表明，用传递函数的办法可以求出对任何输入作用的反应。上例中假定在 $t=0$ 时各移位寄存器的初始状态都是 0。当初始状态不是 0 时，只要考虑到初始状态和线性控制系统类似，也可以容易地求出对任何输入的反应。

和普通多项式代数一样，以 $GF(2)$ 为系数的任一多项式有唯一的因式分解。设 $Q(s)$为一 n 阶多项式，它必定可以唯一地分解为

$$Q(s)=(P_1(s))^{r_1}(P_2(s))^{r_2}\cdots(P_m(s))^{r_m}$$
$$r_1+r_2+\cdots+r_m=n \tag{17.8-9}$$

其中每一个 $P_i(s)$都是最简因式。

设 $F(s)$和 $Q(s)$为任意两个 $GF(2)$上的多项式，$Q(s)$有式(17.8-9)的因式分解。那么，分式 $F(s)/Q(s)$有唯一的部分分式展开

$$\frac{F(s)}{Q(s)}=P(s)\oplus\sum_{i=1}^{m}\sum_{j=1}^{r_j}\frac{q_{ij}(s)}{(P_i(s))^j} \tag{17.8-10}$$

式中 $P(s)$是商多项式，$q_{ij}(s)$是阶数比 $P_i(s)$低的多项式。

如果给定一个由闭路传递函数 $\Phi(s)$描述的时序逻辑网络

$$\Phi(s)=\frac{a_0\oplus a_1s\oplus a_2s^2\oplus\cdots\oplus a_ns^n}{1\oplus b_1s\oplus b_2s^2\oplus\cdots\oplus b_ns^n} \tag{17.8-11}$$

按前述计算方法检查，可以用 n 级移位寄存器和相应的线性输入和反馈来实现，如图 17.8-4 所示。图中 S_i 是第 i 级移位寄存器，a_i 和 b_i 都是等于 0 或 1 的系数，如果系数为 1，则通路接通，如果系数为 0，则此路断开。因为 a_i 和 b_i 都是任意常数，所以用图 17.8-4 的方法可以实现任何传递函数。

实现给定的传递函数的另一个方法，是利用部分分式展开式(17.8-10)。对每一个分式按图 17.8-4 表示的反馈回路实现，然后把这些分式用模 2 加法(异或门)并联起来。

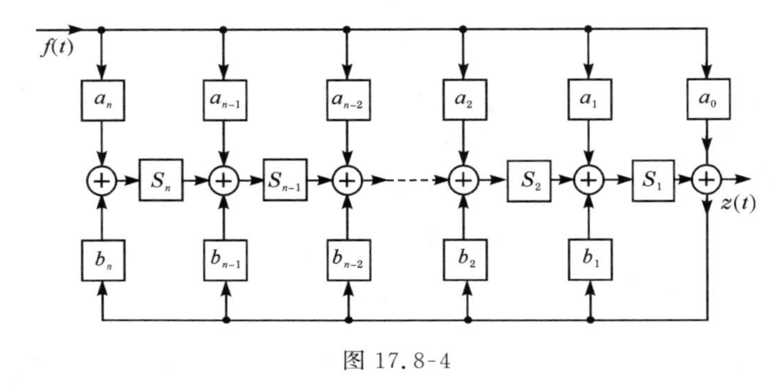

图 17.8-4

设 $F(s)$ 为 n 阶多项式，$F(s)=f_0+f_1s+\cdots+f_ns^n$，$f_i=f(i)$。在 $F(s)$ 中用 $1/\sigma$ 代替 s，再乘以 σ^n，得到一个新的以 $\sigma=1/s$ 为自变量的多项式 $F^*(\sigma)$

$$F^*(\sigma)=\sigma^n F\left(\frac{1}{\sigma}\right) \tag{17.8-12}$$

称为 $F(s)$ 的互反多项式。显然

$$F^*(\sigma)=\sigma^n F\left(\frac{1}{\sigma}\right)$$

$$F^{**}(s)=s^n\left(\frac{1}{s}\right)^n F(s)=F(s)$$

这就是所谓互反性。

设有一 r 级移位寄存器构成的逻辑网络，它的传递函数为一 r 阶多项式

$$W(s)=q_0\oplus q_1 s\oplus q_2 s^2\oplus\cdots\oplus q_{r-1}s^{r-1}\oplus q_r s^r$$

它的互反多项式是

$$W^*(\sigma)=q_0\sigma^r\oplus q_1\sigma^{r-1}\oplus\cdots\oplus q_{r-1}\sigma\oplus q_r$$

按定义，输出 $Z(s)=W(s)F(s)$ 的互反多项式就是

$$Z^*(\sigma)=\sigma^{n+r}W\left(\frac{1}{\sigma}\right)F\left(\frac{1}{\sigma}\right)=W^*(\sigma)\cdot F^*(\sigma) \tag{17.8-13}$$

由此可知，用互反多项式表示的输入、输出象函数之间也有类似传递函数之间的关系。只要 $W(s)$ 是一个多项式，式(17.8-13)总成立，其中 $Z^*(\sigma)$ 是 $n+r$ 阶的 σ 的多项式。等式(17.8-13)所决定的三个互反多项式之间的关系，可以用

图 17.8-5所示的时序逻辑网络来实现。图中 S_i 表示第 i 级移位寄存器，q_i 表示输入信号的连线，当 q_i 为 0 时此连线断开，q_i 为 1 时连线接通。输入互反多项式为$F^*(\sigma)$输出互反多项式为 $Z^*(\sigma)$，中间的网络表示传递函数 $W(s)$的互反多项式 $W^*(\sigma)$

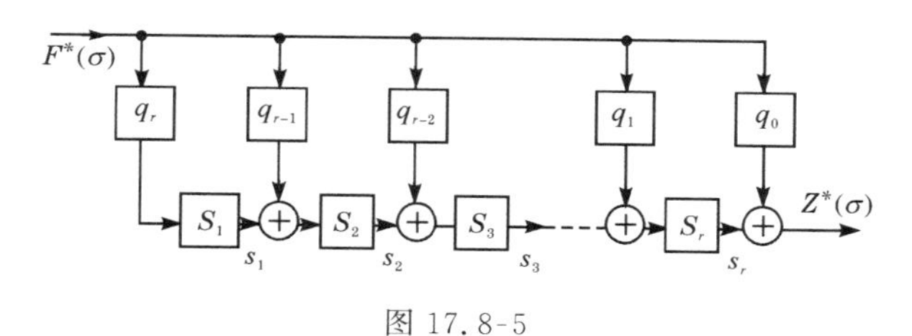

图 17.8-5

$$F^*(\sigma)=f_0\sigma^n\oplus f_1\sigma^{n-1}\oplus\cdots\oplus f_n$$
$$W^*(\sigma)=q_0\sigma^r\oplus q_1\sigma^{r-1}\oplus\cdots\oplus q_r$$
$$Z^*(\sigma)=z_0\sigma^{n+r}\oplus z_1\sigma^{n+r-1}\oplus\cdots\oplus z_{n+r} \tag{17.8-14}$$

按等式(17.8-13)解出 $Z^*(\sigma)$的诸系数为

$$z_i=\sum_{\alpha+\beta=i}\oplus f_\alpha q_\beta \tag{17.8-15}$$

再把 $Z^*(\sigma)$恢复成 s 的多项式，即

$$Z(s)=z_0\oplus z_1 s\oplus z_2 s^2\oplus\cdots\oplus z_{n+r}s^{n+r}$$

可以看出，当 $t=i$ 时的 $Z(i)$恰恰是 $Z^*(\sigma)$的第 i 项系数(从 σ^{n+r}开始)。

再注意到下列关系式，在 $t=n+1$ 时刻各级移位寄存器的状态分别是

$$s_1(n+1)=q_r f(n)$$
$$s_2(n+1)=s_1(n)\oplus q_{r-1}f(n)$$
$$\cdots$$
$$s_i(n+1)=s_{i-1}(n)\oplus q_{r-i+1}f(n)$$
$$\cdots$$
$$s_r(n+1)=s_{r-1}(n)\oplus q_1 f(n) \tag{17.8-16}$$

从上式中解出 $s_j(n+1)$，

$$s_j(n+1)=\sum_{\alpha+\beta=n+r-j+1}\oplus q_\alpha f(\beta) \tag{17.8-17}$$

与式(17.8-15)比较立即可得到

$$z_{n+r}=s_1(n+1),\quad z_{n+r-1}=s_2(n+1),\quad \cdots,\quad z_{n+r-i+1}=s_i(n+1)$$

于是输出多项式 $Z^*(\sigma)$可写为

$$Z^*(\sigma)=z_0\sigma^{n+r}\oplus z_1\sigma^{n+r-1}\oplus\cdots\oplus z_n\sigma^r\oplus s_r(n+1)\sigma^{r-1}\oplus\cdots\oplus s_2(n+1)\sigma\oplus s_1 \tag{17.8-18}$$

这就是说，输出多项式的前 $n+1$ 项代表从 $t=0$ 到 $t=n$ 的输出 $z(t)$，$0\leqslant t\leqslant n$；而

最后 r 项的系数是 r 级移位寄存器在 $t=n+1$ 时刻的状态。

对线性反馈的逻辑网络也有同样的事实。现讨论图 17.8-6 中的一般情况。

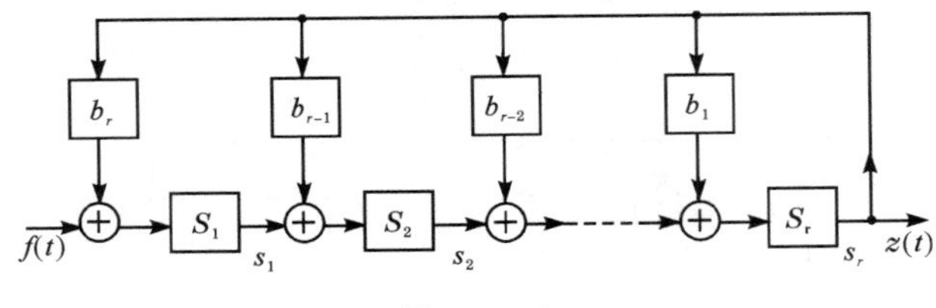

图 17.8-6

由式(17.8-11)知,它的传递函数是

$$\Phi(s)=\frac{s^r}{1\oplus b_1 s\oplus b_2 s^2\oplus\cdots\oplus b_r s^r} \tag{17.8-19}$$

设输入信号 $f(t)$ 是长度为 $n+1$ 的序列 $f(t)=\{f_0 f_1\cdots f_n 00\cdots\}$ 显然,输出 $z(t)$ 的象函数 $Z(s)=\Phi(s)F(s)$

$$Z(s)=\frac{s^r(f_0\oplus f_1 s\oplus\cdots\oplus f_n s^n)}{1\oplus b_1 s\oplus b_2 s^2\oplus\cdots\oplus b_r s^r}$$

将 $Z(s)$ 的右端分为主部和剩余真分式两部分,并设 $n\geqslant r$,则

$$Z(s)=(z_0+z_1 s+\cdots+z_{n-r}s^{n-r})s^r+\frac{Z_1(s)}{1\oplus b_1 s\oplus\cdots\oplus b_r s^r} \tag{17.8-20}$$

式中 $Z_1(s)$ 的最高幂低于 r,因而第二项是真分式。于是输出信号在时间 $[0,n]$ 内为

$$z(t)=\{0\ \underbrace{0\cdots0}_{r\text{项}};z_0 z_1\cdots z_{n-r}\}$$

这意味着,当各移位寄存器的初始状态都为 0 时,输出端要在第 $r+1$ 拍时才可能出现非零信号。从图示结构可以推出,$t=n+1$ 时刻的各寄存器的状态是

$$\begin{aligned}
&s_1(n+1)=f(n)\oplus b_r s_r(n)\\
&s_2(n+1)=s_1(n)\oplus b_{r-1}s_r(n)\\
&\cdots\\
&s_i(n+1)=s_{i-1}(n)\oplus b_{r-i+1}s_r(n)\\
&\cdots\\
&s_r(n+1)=s_{r-1}(n)\oplus b_1 s_r(n)
\end{aligned} \tag{17.8-21}$$

定义状态多项式

$$S^*(\sigma,t)=s_r(t)\sigma^{r-1}\oplus s_{r-1}(t)\sigma^{r-2}\oplus\cdots\oplus s_2(t)\sigma\oplus s_1(t) \tag{17.8-22}$$

式中 $s_i(t)$,$(t=0,1,2,\cdots,n)$是在 t 时刻第 i 级移位寄存器的状态。再定义输入多项式

$$F^*(\sigma)=f_0\sigma^n\oplus f_1\sigma^{n-1}\oplus\cdots\oplus f_n$$

它是 $F(s)$ 的互反多项式。再令 $Z^*(\sigma)$ 为输入多项式

$$Z^*(\sigma)=z_0\sigma^n\oplus z_1\sigma^{n-1}\oplus\cdots\oplus z_n$$

将式(17.8-21)分别乘以 σ^{i-1} 后相加，解出 $S^*(\sigma,t)$ 如下

$$S^*(\sigma,0)=f(0)=f_0$$

$$S^*(\sigma,1)=f_1\oplus\sigma f_0\oplus B^*(\sigma)z_0$$

$$S^*(\sigma,2)=f_2\oplus\sigma f_1\oplus\sigma^2 f_0\oplus B^*(\sigma)[z_1\oplus\sigma z_0]$$

…

$$\begin{aligned}S^*(\sigma,n)&=(f_n\oplus\sigma f_{n-1}\oplus\sigma^2 f_{n-2}\oplus\cdots\oplus\sigma^n f_0)\oplus B^*(\sigma)(z_n\oplus\sigma z_{n-1}\oplus\cdots\oplus\sigma^n z_0)\\&=F^*(\sigma)\oplus B^*(\sigma)Z^*(\sigma)\end{aligned}\tag{17.8-23}$$

式中 $B^*(\sigma)=\sigma^r\oplus b_1\sigma^{r-1}\oplus b_2\sigma^{r-2}\oplus\cdots\oplus b_r$ 是式(17.8-19)所定义的传递函数 $\Phi(s)$ 分母的互反多项式。于是，由式(17.8-23)可推知

$$\frac{F^*(\sigma)}{B^*(\sigma)}=Z^*(\sigma)\oplus\frac{S^*(\sigma,n)}{B^*(\sigma)}$$

或者展开写成

$$\begin{aligned}&\frac{f_0\sigma^n\oplus f_1\sigma^{n-1}\oplus\cdots\oplus f_n}{\sigma^r\oplus b_1\sigma^{r-1}\oplus\cdots\oplus b_{r-1}\sigma\oplus b_r}\\&=(z_0\sigma^n\oplus z_1\sigma^{n-1}\oplus\cdots\oplus z_n)\oplus\frac{s_r(n)\sigma^{r-1}\oplus\cdots\oplus s_2(n)\sigma\oplus s_1(n)}{\sigma^r\oplus b_1\sigma^{r-1}\oplus\cdots\oplus b_{r-1}\sigma\oplus b_r}\end{aligned}\tag{17.8-24}$$

把输出、输入和传递函数都改写成互反多项式以后，$F^*(\sigma)/B^*(\sigma)$ 的整式部分恰恰是网络的输出序列 $z(t)$，$(t=0,1,2,\cdots,n)$，而真分式部分的分子各项正是各移位寄存器在 $t=n$ 时刻的状态。显然，这个有趣的事实也可以直接从式(17.8-20)中的 $Z_1(s)$ 转化得到，结果是完全一样的。

更为一般的表达式可以叙述如下。设网络的传递函数是式(17.8-11)的形式

$$\Phi(s)=\frac{a_0\oplus a_1 s\oplus a_2 s^2\oplus\cdots\oplus a_r s^r}{1\oplus b_1 s\oplus b_2 s^2\oplus\cdots\oplus b_r s^r}$$

输入 $f(t)$ 是长度为 $n+1$ 的序列，它的象函数是

$$F(s)=f_0\oplus f_1 s\oplus\cdots\oplus f_n s^n$$

长度为 $n+1$ 的输出 $z(t)$ 的象函数是

$$Z(s)=z_0\oplus z_1 s\oplus\cdots\oplus z_n s^n$$

那么

$$Z^*(\sigma^2)=\left\langle\frac{a_0\sigma^r\oplus a_1\sigma^{r-1}\oplus\cdots\oplus a_r}{\sigma^r\oplus b_1\sigma^{r-1}\oplus\cdots\oplus b_{r-1}\sigma\oplus b_r}\cdot F^*(\sigma)\right\rangle$$

式中〈·〉表示整商部分，而各级移位寄存器的状态是($t=n$ 时刻)

$$S^*(\sigma,n)=\mathrm{Rg}\left[\frac{A^*(\sigma)F^*(\sigma)}{B^*(\sigma)}\right]\tag{17.8-25}$$

式中 $A^*(\sigma)=a_0\sigma^r\oplus\cdots\oplus a_r$，Rg 表示 $A^*(\sigma)F^*(\sigma)$ 被 $B^*(\sigma)$ 除后的余式。

17.9 具有无限记忆能力的自动机

在第 17.5 节中我们讨论了由时序逻辑网络构成的有限自动机，那里还介绍了如计数器、触发器等最初等的有限自动机的实例。在这一节，我们将从更为一般的概念上去研究有限自动机的性能和性能极限，并简单地讨论一下，自动机能做什么和不能做什么。重复第 17.5 节中的定义，一个有限自动机是由五个要素组成的：输入集合 X，状态集合 Q 和输出集合 Z，从 $X\times Q$ 到 Q 上的映象是 $\boldsymbol{f}$，从集合 Q 到 Z 的映象是 $\boldsymbol{g}$。所以，任何一个有限自动机可以简记为 $M(X,Q,Z,\boldsymbol{f},\boldsymbol{g})$。依定义，映象 $\boldsymbol{f},\boldsymbol{g}$ 都是由时序逻辑函数定义的[见式(17.5-2)和(17.5-3)]。因为 X,Q 和 Z 都只含有有穷个不同的元素，所以当序列长度为有限时，有限自动机所能表达的输入序列、状态序列和输出序列都是有限的。如果事先约定各种不同序列的具体含义，每一个序列将代表一种事件，那么有限自动机所能表达的事件集合是有限的。当然，随着状态集合的增大，自动机所能表达的事件种类也将增多。

但是，很容易看出，只用时序逻辑来构造自动机，就有很多数据处理问题从原理上表现不出来。例如，有限自动机不能完成数列的对称性比较：给定 $2n+1$ 个数排成的序列 $x_0x_1\cdots x_{n-1}x_nx_{n-1}\cdots x_1x_0$，状态总数小于 $2n+1$ 的时序自动机不能发现它是不是前后对称的，因为它需要记忆和等待，待全部序列接收完毕后，才能逐位加以比较，而有限自动机的记忆能力是有限的，只要状态空间 Q 的状态数目小于 $2n+1$，那么即使 M 能产生无穷长的输出序列也是无济于事的，另一个例子是倒序：对给定的输入序列 $x_0x_1\cdots x_n$，要求输出倒转顺序变成 $x_nx_{n-1}\cdots x_1x_0$，这个任务仅靠有限状态小于 n 的时序逻辑自动机也不能完成，而必须借助于足够大的记忆容量，等待输入序列接收完毕后才能倒序送出需要的数据。

总之，有限自动机能够完成任务的范围是有限的，但是这样的论断仍嫌不足。因为尽管有限自动机的记忆能力是有限的，这并不妨碍它接收和输出先穷序列，一旦它开始按节拍工作，无论是输入或输出序列都可以是无限长的。可以设想，只要不需要有很大记忆能力的数据加工，有限自动机就有可能完成对无穷序列的处理。能不能给出一个确切的定义来描述有限自动机的功能范围呢？答复是肯定的。这种功能范围的确定是由克林(Kleene)完成的[15]。下面概略地叙述一下这个主要结果。

设 $\boldsymbol{x}_0\boldsymbol{x}_1\cdots\boldsymbol{x}_n\cdots\boldsymbol{x}_p$ 是有限自动机的某一输入序列。由于序列长度 $\boldsymbol{p}$ 可以是任意的，所以各种不同长度的不同序列有无穷多个，用 $G=\{X,(0,\infty)\}$ 表示它。在 G 中一切长度为 $\boldsymbol{p}$ 且具有某种指定特征 c 的序列的全体记为 $G_i(c,p)$，它是 G 的子集。例如，一切长度为 10，最后三位都为 0 的二进制序列的全体，或者长度为

100而最后四位是1010的序列全体等都可以构成一个子集。在一切子集$\{G_i(c,p)\}$之间规定下列运算：

（1）并运算：按照通常集合的并运算定义，$D=G_1(c_i,p_1)\cup G_2(c_j,p_2)$，集合$D$是由一切长度为$p_1$且具有$c_i$特征的序列和长度为$p_2$且具有$c_j$特征的序列组成的。一切有穷个或无穷个子集的并

$$D=\bigcup_{i,j,k}G_i(c_j;p_k) \tag{17.9-1}$$

仍然是G中的集合。

（2）集合D叫做$G_1(c_i,p_1)$和$G_2(c_j,p_2)$的积，记为$D=G_1\cdot G_2$。它是含有一切长度为p_1+p_2，前面p_1个符号具有特征c_i，后面p_2个符号具有特征c_j的序列全体。

（3）重复：属于任何一个子集$G_1(c_i,p_1)$的同一个序列接连重复任意多次。

如果输入序列集合G中的子集按照上列三种运算是封闭的，则G叫做正则输入序列集合。

设Q是有限自动机的状态集合，用Q_i表示它的某一子集。如果对给定的具有指定特征c的长度为$\boldsymbol{p}$的输入序列子集$G_i(c,p)$可以找到Q中的子集Q_i，使$\boldsymbol{q}(p+1)\in Q_i$当且仅当$\{\boldsymbol{x}_0,\boldsymbol{x}_1,\cdots,\boldsymbol{x}_p\}\in G(c,p)$时成立，而与初始状态$\boldsymbol{q}(0)$无关，则说输入序列子集$G_i(c,p)$可为有限自动机表示。换言之，任何具有特征$\boldsymbol{c}$的长度为$\boldsymbol{p}$的输入序列，都可以而且只能在第$p+1$步由有限自动机发现（状态$\boldsymbol{q}(p+1)$进入$Q_i$），而不应该在$p+1$以前，即当特征$c$尚未表现出来以前，出现$Q_i$中的状态。

利用这样的可表现性的定义，克林证明了一个重要事实：一切正则性输入序列都能为有限自动机所表示；有限自动机也只能表示正则性输入序列[15]。这样一来，有限自动机的表现功能范围就清楚地被确定了。这是从有限自动机对输入序列的反应这个观点去研究有限自动机的功能的。是否还有别的方法去描述它的功能范围呢？这与其他概念有关，但是，目前我们还不知道有比克林的这种功能划分更为广泛的结果。

因为有限自动机的记忆能力有限，它的功能是贫乏的，用处也是有限的。在现代计算机技术中，有限自动机大概只能具有计数器、移位寄存器、串行-并行数码转换器、时序信号译码器等较为初等的功能。更为复杂的逻辑运算和数字运算都需要有足够数量的存储器。

为了进一步研究带有存储器的自动机的功能，我们需要引进关于算法(algorithm)的概念。我们知道，在数字计算机上解算问题要编程序，而在编制程序之前要选定解决所处理问题的算法。只要有了解决问题的算法，就能实现解算问题的过程机械化和自动化。不仅如此，只要计算机的容量足够大，在给定了运算对象，选定了算法以后，不管多么复杂的问题都能用计算机自动地求解。从这个意义上讲，对自动机来说，算法具有根本的重要性。

算法通常定义为对解决特定问题所规定的严格的计算规则，包括运算对象，运算步骤，每一步的运算法则，达到运算终点的条件等。例如两个二进制数的相乘、相除、相加和相减，就规定了严格的算法，只要遵照算法的规则，一步一步地就能得到正确的计算结果。稍微复杂一点的算法，如求两个正整数 a 和 b 的最大公因子(欧几里得算法)。这个算法可叙述如下：

(1) 比较 a,b 两数的大小，可能出现三种情况，$a=b,a>b,a<b$。

(2) 若 $a=b$，则每一个都是最大公因子，计算停止。否则进入下一步骤。

(3) 如果 $a<b$，则两者互换位置，进入下一步。

(4) 如果 $b>a$，则从 b 中减去 a，求出 $c=b-a$。再进入下一步。

(5) 比较 c 和 a，返回(1)。

这是一个非常典型的算法。对任何两个正整数，只要机械地按照规定的步骤去执行，最后一定能求出它们的最大公因子。其实，现在通用的各种计算方法，如解常微分方程的龙格-库塔法，求积分的辛普生法，解偏微分方程的网格法和有限元法，求函数极值的牛顿法、最速下降法、优选法等都是解各种类型问题的算法。

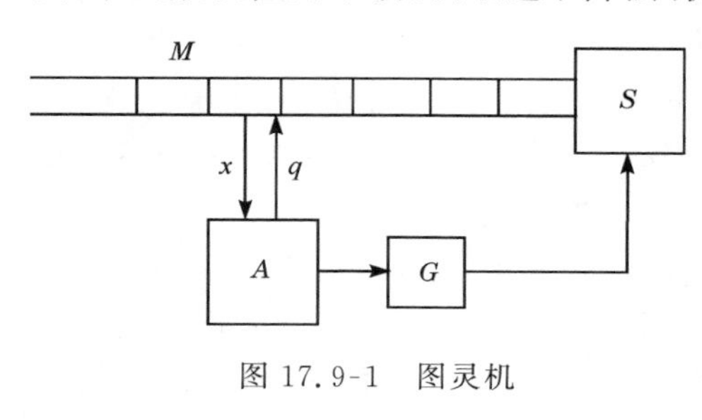

图 17.9-1　图灵机

所有现代的计算机都属于具有有穷存储能力的自动机。所以，可以说，凡是确定了算法的问题都能用自动机以机械化的方式解决，然而不一定能为有限时序自动机所解决，因为按定义，有限自动机除了它的有穷个状态以外没有另外的存储能力。为了克服有限自动机的这一缺点，早在数字计算机出现以前，英国科学家图灵(Turing，见文献[46])提出了一种具有无穷记忆能力的最简单的自动机模型；它“几乎”能完成所有可能的算法。这种自动机由一个有限自动机加上一个无穷容量的存储装置(磁带)构成，它的原理示于图 17.9-1 中。M 是左右均为无穷长的磁带，上面划分为均匀的记忆单元。A 是具有有限状态的自动机，它按固定的节拍工作，每一个节拍中它从磁带上读出一个字和擦去原字再写上一个字(改变存储内容)G 是磁带控制器，它根据 A 的状态确定下一节拍磁带应该移动的方向，S 是磁带移动驱动器。每经过一个节拍，A 可以沿磁带右移一位，或左移一位，或者仍停留在原位置。A 和 G 联合构成一下具有有限内存储能力的有限自动机。在工作开始以前将原始数据记录在磁带上。开始工作后，A 不断加工从磁带上读出来的数据，擦去原来的数据，再写上 A 的输出数据，按照一定的规则，G 和 S 决定下一步磁带应该移动的方向，移动后，A 又开始读、擦、写等，以此类推，直到 A 读遍原始数据，又改写成它自己的中间输出数据，达到某一条件后而停机。这样就完成了对原始数据的改造(处理)。图灵机的这些动作可以分解为 6 个基本指令(假定磁带上记录的是二进制码)：

(1) 擦去磁带上的原码。

(2) 写 1。

(3) 向地址序号增大的方向移动一位。

(4) 向地址序号减小的方向移动一位。

(5) 条件转移：如果磁带上原码为 1，则转向第 n 条指令，否则按顺序执行下一条指令。

(6) 停机。

可以证明，用这 6 条最简单的指令可以完成图灵机的一切动作。所以只有这六条指令的计算机与图灵机等价[23]。利用图灵机的程序，或利用这 6 条指令可以编出执行已知的各种算法的计算机程序。也就是说；用这种最简单的指令系统能够进行四则运算、逻辑运算等。于是，就出现了一种猜想：图灵机是一种最简单的"万能"计算机，它能完成人们所规定的一切可能的算法。也就是说，凡是人们所能发明的一切算法，都能用图灵机去自动地实现全部运算。至今这一断言仍然是一种猜想，四十多年来没有人能够推翻它，也没有人能够严格地证明它。为了检验这个猜想的正确性，人们用这种简单的指令系统编出了各种算法程序，这说明这种猜想是有根据的。

直到现在，人们还常常提出下列最有兴趣的问题：计算机的功能极限是否存在？是不是在人类活动中所提出的任何问题；即便人自己还不会解答它，却能在计算机的帮助下找到答案？到现在为止，对这个问题的答复是否定的。如果关于图灵机的猜想是对的，那么，计算机(自动机)只能解决一切人们已经找到了算法的那些问题。也就是说，凡是人们自己规定了计算方法的那些问题计算机都可以机械地求出答案。这样一来，问题就归结为：是不是人们所能提出的任何合乎逻辑的问题都存在一种算法，按照这种算法可以得到正确的答案？对现在还没有找到算法的那些合乎逻辑的问题，是否将来会找到相应的算法？于是，问题又可归结为：是否有这样的合乎逻辑的命题，对它们根本不存在算法，而人们也永远找不到这样一种算法，我们把这种找不到算法的问题叫做"算法不可解"的问题。

遗憾的是，这种算法不可解的问题是存在的。从 1936 年以来，人们不断地找到了各种类型的命题，严格证明了这些问题的算法不可解性[57]。这个事实提醒我们，世界上存在这样的命题，人类将永远不能找到算法，至少在现有的数学工具的条件下，不可能编出计算机程序，从而借助于计算机求得答案。因此从这个意义上讲，计算机的功能范围是有限度的。在计算机科学已经相当发达的今天，我们还只能认为：只有人们自己会算的题目计算机才能算。

然然而，这个现在的结论不应该引起某种悲观的情绪。即便是确实存在很多算法不可解的问题，这并不意味着某一具体问题是没有办法解的。在某类算法不可解的问题中,每一个具体问题不一定是不可解的。算法不可解性只是证明了对某类问题不存在“通解算法”。其次,数学本身还在发展。不能认为我们现在掌握的全部数学工具构成了人类历史上的最后的知识范围。在现在的知识范围内不可解的问题,应用新的概念和新的数学工具去提出新的命题以后,将可能从另外的意义上变成可解的。这种现象在历史上是不乏先例的。

17.10 有限自动机综合举例

解决有限自动机的综合问题就是根据给定的逻辑要求列写网络的典型方程并设计出网络的结构图,这一步可以叫做逻辑综合;第二步要选取合适的元件来实现这个网络,这是技术实现的任务。在综合时还常对自动机的某些指标事先提出要求,例如,要求装置所用的元件最少。这里我们将讨论一个逻辑综合问题的例子。

在警戒雷达系统中要求设计一个自动报警装置,使它具有这样的逻辑功能:雷达作周期性搜索时,若来自目标的反射信号连续出现三次,逻辑装置便送去警报信号;此后,只有当连续四次没有接收到反射信号时,逻辑装置才解除警报,否则,它一直发出警报信号。我们试根据前面的讨论来设计一个这样的装置。综合的步骤是首先根据上述要求画出相应的“树”,然后,由“树”列出典型方程并加以简化,最后画出它的结构图。

本例中的输入和输出信号都只有两种取值,我们以 1 表示有信号(警报)脉冲,0 表示没有信号(警报)脉冲。那么对于任何一个输入脉冲序列,例如图 17.10-1(a)所示,要求逻辑装置的输出脉冲序列如图 17.10-1(b)所示。从平面上一点出发引出一棵树(图 17.10-2),从它的每个端点只引出两个分支,左侧分支表示输入为 0,右侧分支表示输入为 1(0 和 1 未标注在图中)。这样树中每一条从始点出发的路都对应一个确定的输入序列,根据对装置的逻辑要求,就可确定相应的输出序列。例如,树中粗线所标的路对应于输入序列 111000…。当第一,二拍上输入为 1 时,输出应都为 0,当第三拍上输入再出现 1,输出就为 1,接着第 4,5,6 拍上输入虽然都为 0。但按要求输出仍都为 1,直到第 7 拍上输入再为 0 时,输出才为 0,若第 8,9,…拍输入仍为 0,则输出也都为 0,因而相应的输出序列就为 001111100…。按这样的方法,树上每一分支都对应一个确定的输出单字。在图 17.10-2 上比较从各端点派生的子树,可以发现端点 N_{12},N_{13},N_{15},N_{16},N_{22} 等与 N_0 同类,而 N_{14},N_{17},N_{21},N_{24} 等端点与 N_1 同类。在每一类中选出其中一个端点所引的分支,其他同类端点所引分支都可省略。本例中所有端点共分 7 类,它们分别表示网络的 7 种状态,以状态向量(单字)$\boldsymbol{q}_0$,$\boldsymbol{q}_1$,…,$\boldsymbol{q}_6$ 表示。这样,就得到只含有限个分支的基本树(图 17.10-3),树上的同类端点标以相同的状态符号 N_0,

$N_1, N_2, \cdots, N_7$，并不是根据任何给定的逻辑要求都能建立基本树，因而也不是根据任何给定的要求都能设计出正常工作的逻辑网络来。例如，对装置提出这样的要求：输入脉冲序列中当有脉冲的顺序号码是质数时，装置就有输出脉冲信号，否则没有输出脉冲信号。这个逻辑关系所对应的树的异类端点将有无限多个。它要求逻辑网络的状态向量具有无限多个分量，故用有限自动机是不能实现的。

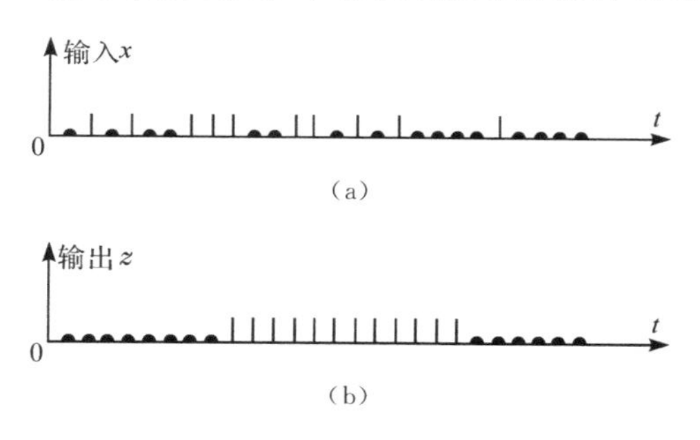

图 17.10-1

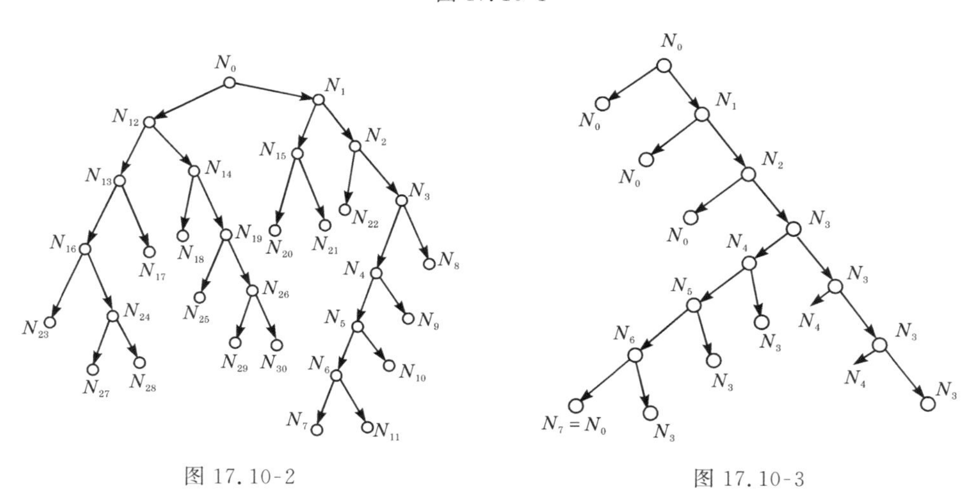

图 17.10-2　　　　图 17.10-3

要建立网络的典型方程，还需要把"树"变为典型表。为了使逻辑网络具有 7 种状态，我们采用三个状态分量 $\boldsymbol{q}_1$，$\boldsymbol{q}_2$ 和 q_3，每个分量的取值为 0 或 1。这样，它们组合起来共有 $\mathbf{2}^3 = 8$ 个状态单字，定义为 $\boldsymbol{q}_0 = 000$；$\boldsymbol{q}_1 = 001$；$\boldsymbol{q}_2 = 010$；$\boldsymbol{q}_3 = 011$；$\boldsymbol{q}_4 = 100$；$\boldsymbol{q}_5 = 101$；$\boldsymbol{q}_6 = 110$；$\boldsymbol{q}_7 = 111$。逻辑网络的典型表见表 17.10-1。表的左半部分是 $t = p$ 时刻上的输入 $x(p)$ 和网络状态 $\boldsymbol{q}(p)$ 各种可能的取值。总起来共有四个分量 $\boldsymbol{x}(p)$，$q_1(p)$，$q_2(p)$ 和 $q_3(p)$，因而它们的取值组合共有 $2^4 = 16$ 种。表的右半部分是同一节拍上网络的输出和下一节拍上网络状态的取值，它们分别与每组 $\boldsymbol{x}(p) q_1(p) q_2(p) q_3(p)$ 的值相对应。这种对应关系可以这样来求得：对于每一组确定的 $q_1(p) q_2(p) q_3(p)$ 的值，可以在树上找到相应的端点，再根据 $x(p)$ 的值

找到从此端点引出的相应的分支，分支端点所对应的输出单字即为所求的输出 $z(p)$，分支箭头顶点所注的状态序号即为所求的 $\boldsymbol{q}(p+1)$，再把它转化为二进制数码，就得到每个状态分量 $q_1(p+1)$，$q_2(p+1)$ 和 $q_3(p+1)$ 的值。把它们填写在表右半部相应的格子内，这样就得到了表 17.10-1。表中最后两行 $q_1(p)=1$，$q_2(p)=1$，$q_3(p)=1$。这种状态在网络中是不会出现的，因而，相应的输出单字 $z(p)$ 和下一拍的状态单字 $\boldsymbol{q}(p+1)$ 可以根据简化逻辑方程的需要任意选定。下面我们可以看到表中所确定的值将使逻辑方程组大为简化。

表 17.10-1

序号	$x(p)$	$q_1(p)$	$q_2(p)$	$q_3(p)$	$z(p)$	$q_1(p+1)$	$q_2(p+1)$	$q_3(p+1)$
1	0	0	0	0	0	0	0	0
2	1	0	0	0	0	0	0	1
3	0	0	0	1	0	0	0	0
4	1	0	0	1	0	0	1	0
5	0	0	1	0	0	0	0	0
6	1	0	1	0	1	0	1	1
7	0	0	1	1	1	1	0	0
8	1	0	1	1	1	0	1	1
9	0	1	0	0	1	1	0	1
10	1	1	0	0	1	0	1	1
11	0	1	0	1	1	1	1	0
12	1	1	0	1	1	0	1	1
13	0	1	1	0	0	0	0	0
14	1	1	1	0	1	0	1	1
15	0	1	1	1	1	1	1	0
16	1	1	1	1	1	0	1	1

现在，再根据逻辑表 17.10-1 列写逻辑方程组。表中当 $x(p)q_1(p)q_2(p)q_3(p)$ 的取值为第 6—12 行及第 14—16 行之一时 $z(p)$ 才为 1，其他行中 $z(p)$ 都为 0，因而 $z(p)$ 可以表示为 $x(p)$，$q_1(p)$，$q_2(p)$ 和 $q_3(p)$ 的二值函数，这样就得到了输出方程

$$\begin{aligned} z(p)=&x(p)\overline{q}_1(p)q_2(p)\overline{q}_3(p)+\overline{x}(p)\overline{q}_1(p)q_2(p)q_3(p)+x(p)\overline{q}_1(p)q_2(p)q_3(p)\\ &+\overline{x}(p)q_1(p)\overline{q}_2(p)\overline{q}_3(p)+x(p)q_1(p)\overline{q}_2(p)\overline{q}_3(p)+\overline{x}(p)q_1(p)\overline{q}_2(p)q_3(p)\\ &+x(p)q_1(p)\overline{q}_2(p)q_3(p)+x(p)q_1(p)q_2(p)\overline{q}_3(p)+\overline{x}(p)q_1(p)q_2(p)q_3(p)\\ &+x(p)q_1(p)q_2(p)q_3(p) \end{aligned} \tag{17.10-1}$$

同理可以列写状态方程组

$$
\begin{aligned}
q_1(p+1)=&\overline{x}(p)\overline{q}_1(p)q_2(p)q_3(p)+\overline{x}(p)q_1(p)\overline{q}_2(p)\overline{q}_3(p)\\
&+\overline{x}(p)q_1(p)\overline{q}_2(p)q_3(p)+\overline{x}(p)q_1(p)q_2(p)q_3(p)\\
q_2(p+1)=&x(p)\overline{q}_1(p)\overline{q}_2(p)q_3(p)+x(p)\overline{q}_1(p)q_2(p)\overline{q}_3(p)\\
&+x(p)\overline{q}_1(p)q_2(p)q_3(p)+x(p)q_1(p)\overline{q}_2(p)\overline{q}_3(p)\\
&+\overline{x}(p)q_1(p)\overline{q}_2(p)q_3(p)+x(p)q_1(p)\overline{q}_2(p)q_3(p)\\
&+x(p)q_1(p)q_2(p)\overline{q}_3(p)+\overline{x}(p)q_1(p)q_2(p)q_3(p)\\
&+x(p)q_1(p)q_2(p)q_3(p) \qquad (17.10\text{-}2)\\
q_3(p+1)=&x(p)\overline{q}_1(p)\overline{q}_2(p)\overline{q}_3(p)+x(p)\overline{q}_1(p)q_2(p)\overline{q}_3(p)\\
&+x(p)\overline{q}_1(p)q_2(p)q_3(p)+\overline{x}(p)q_1(p)\overline{q}_2(p)\overline{q}_3(p)\\
&+x(p)q_1(p)\overline{q}_2(p)\overline{q}_3(p)+x(p)q_1(p)\overline{q}_2(p)q_3(p)\\
&+x(p)q_1(p)q_2(p)\overline{q}_3(p)+x(p)q_1(p)q_2(p)q_3(p)
\end{aligned}
$$

利用第 17.3 节所介绍的图解法对方程组(17.10-2)进行化简,用相邻小方格归并的方法就得到简化的时序逻辑方程组。简化后的状态方程组为

$$
\begin{aligned}
&q_1(p+1)=\overline{x}(p)(q_1(p)\overline{q}_2(p)+q_2(p)q_3(p))\\
&q_2(p+1)=x(p)q_2(p)+x(p)q_1(p)+x(p)q_3(p)+q_1(p)q_3(p)\\
&q_3(p+1)=x(p)q_2(p)+x(p)q_1(p)+x(p)\overline{q}_3(p)+q_1(p)\overline{q}_2(p)\overline{q}_3(p)
\end{aligned}
\tag{17.10-3}
$$

输出方程为

$$
z(p)=q_1(p)\overline{q}_2(p)+q_2(p)q_3(p)+x(p)q_2(p) \tag{17.10-4}
$$

这就是所求的自动警报系统的逻辑方程组,其中 $z(p)$ 就是输出警报信号。容易检查,输出 $z(p)$ 对输入信号序列 $\{x(p)\}$ 的反应完全满足本例中提出的要求。时序逻辑方程组(17.10-3)不一定是最简单的,因为当状态单字以另一种方式与 q_1, q_2, q_3 的组合对应时,就可得到另一种时序逻辑方程组,但这些系统都具有同样的逻辑功能,因而是等价的。一般情况下,这两个方程组的简单程度是不同的。

下面就可以根据时序方程组(17.10-3)画出逻辑网络的结构图。因为时序逻辑方程实质上是一个含有时间变量的逻辑代数式,利用基本逻辑单元和延迟单元可以实现任何方程。本例的结构图如图 17.10-4 所示,它需要 6 个与门,5 个或门,3 个非门和 3 个延迟单元。

随着控制技术的发展,很多自动控制系统中已引进了逻辑元件,作为控制装置的组成部分。可以设想,在这些地方有限自动机的理论都可以得到广泛应用。因此,有限自动机——逻辑控制装置不仅像前节举例中那样可以独立地构成系统,它也可以引入到通常的动力学系统中去,使后者的功能获得改善。下面我们以一个自寻最优点系统为例来说明如何利用逻辑装置的设计原理解决控制装置的综合问题。

第十六章中所介绍的自寻最优运转点控制系统的控制器,便有可能用有限自

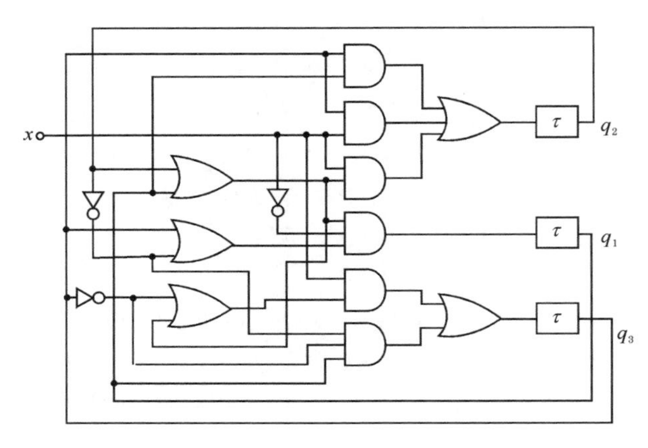

图 17.10-4

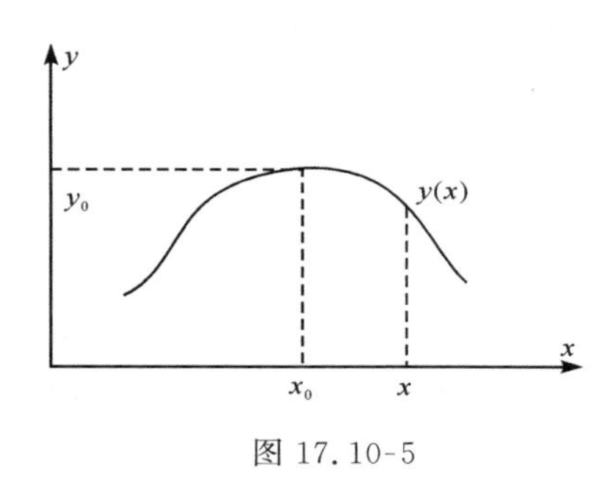

图 17.10-5

动机理论进行综合。现在我们讨论一个具体的系统，如果对象的特性如第 16.1 节所述，输入和输出在极值点附近的关系如图 17.10-5。假若实现自寻最优运转点的方法是在每一个节拍上，例如在 **p** 拍上，使输入量 x 增加 Δx 或减少 Δx（Δx 为一固定小量），此时输出量 $y(p)$ 也会有一变化 $\Delta y(p)=y(p)-y(p-1)$。这里 $y(p)$ 是第 p 拍的输出量，$y(p-1)$ 是第 $p-1$ 拍的输出量。在图 17.10-5 中可以明显看出，若工作点 $y(p)$ 在最大值 y_0 左侧较远的地方，而加入的 $\Delta x(p)$ 大于零，则 $\Delta y(p)$ 也大于零。因此，下一拍的 $\Delta x(p+1)$ 仍应取正值。若工作点 $y(p)$ 在最优点 y_0 的右侧，又当 $\Delta x(p)$ 取正值时，则有 $\Delta y(p)<0$，所以下一步的 $\Delta x(p+1)$ 应取负值。依此类推，可得到输入与输出增量的四种符号关系，如图 17.10-7 所示。实现了这些符号所确定的逻辑关系，可使系统自动地处于最优运转点附近工作。若以 $z_1(p)$ 和 $z_2(p)$ 分别表示 $\Delta x(p)$ 和 $\Delta y(p)$ 的符号，并令 $z_1(p)=1$ 表示 $\Delta x(p)$ 为正，$z_1(p)=0$ 表示 $\Delta x(p)$ 为负；$z_2(p)=1$ 表示 $\Delta y(p)$ 为正，$z_2(p)=0$ 表示 $\Delta y(p)$ 为负。于是，图 17.10-7(a) 就可写成图 17.10-7(b) 的形式。不难利用有限自动机理论来实现此表的逻辑关系。$z_2(p)$ 是有限自动机的输入，$z_1(p)$ 是其状态，它的时序逻辑方程为

$$z_1(p+1)=z_1(p)z_2(p)+\overline{z}_1(p)\overline{z}_2(p)$$

根据这个典型方程便可容易地画出相应的自动机的结构图，如图 17.10-6(a)。此时，自寻最优运转点控制系统的方块图如图 17.10-6(b) 所示。在图中，测量装置，求差装置，符号测量器等可以是连续工作的，也可以按自动机的节拍工作。若自寻最优运转点控制系统采用数字测量装置，那么，求差装置和符号测量器则都可以

综合于自动机中,即整个控制装置成为一个有限自动机。当然,那时系统采用的元件数目要多些,构造也要复杂些。执行机构的动作方向由自动机的输出所确定,但每一步的步长是相等的。图 17.10-6 这个系统能从原理上实现自寻最优运转点的控制。

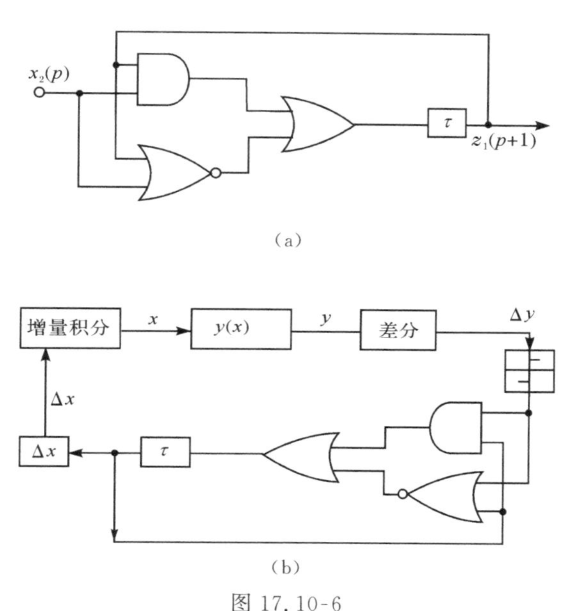

图 17.10-6

$\Delta x(p)$	$\Delta y(p)$	$\Delta x(p+1)$
+	+	+
+	−	−
−	+	−
−	−	+

(a)

$z_1(p)$	$z_2(p)$	$z_1(p+1)$
1	1	1
1	0	0
0	1	0
0	0	1

(b)

图 17.10-7　输入、输出增量的符号

17.11　人工智能

在工程控制论这个技术领域内还有一类新的研究方向,统称之为"人工智能"。它的确切的研究范围并没有明确的界限,更没有形成统一的理论。但是,在人工智能这个名称下所研究的大量技术问题却明显地反映了科学实验、生产过程甚至人类社会活动中的具体的需要,在某些方面已经取得了具有实用价值的成

果，为工业、社会事业的现代化提供了新的技术手段。从这个主要方面来看，作为工程控制论的一个组成部分，对人工智能的各种问题的深入研究无疑具有现实的和长远的意义。

在人工智能这个标题下所研究的问题涉及面很广。图像识别、文字识别、声音识别、语言识别和翻译通常被列入人工智能的范畴，这也是近十几年来已经取得巨大成就的领域，并已广泛应用到印刷、出版、邮政、生产、工艺、电子计算机技术中。在现代航天、导弹、反潜等军事技术中的应用则导致了新的技术突破。属于拉丁语系的各国语言文字的识别和翻译已经自动化了，有的已经商业化了，它大大减轻了专业翻译人员的脑力劳动强度，提高了文献出版印刷的速度和能力。

另一类被列入人工智能范围的是仿生学。识别动物的神经系统的工作原理，尤其是认识人类大脑的思维活动原理和具体的结构功能始终是一个最引人入胜的，具有重大科学意义的课题。高速数字计算机的出现又进一步推动了这一研究工作的进展。工程控制论不是从细胞的分子生物学方面去研究动物神经系统，而是着重研究它对输入信息（不管是否以具体的物理量形式进入感觉器官）的接收、传递、贮存和处理的原理，既然动物的神经系统的存在是物质的，它的活动（包括人的大脑的思维活动）是物质运动的一种表现形式，那么它一定是可认识的。因此，从人工智能的角度去研究人类神经系统的工作原理，特别是研究它对信息处理的原理即思维活动的原理，不仅在科学上是非常重要的，而且对工程控制论的发展也具有现实的和深远的意义。普遍认为，人的大脑是自然界由生物进化而形成的一种最精密、最完善、最可靠的“机器”，对它的功能的哪怕是部分的真实了解都会给自动化技术提供启示，从而推动它的发展和进步。

到目前为止，从控制论方面对神经系统的活动规律的研究大致分为两类：首先是结构模拟，如第 17.12 节中介绍的关于神经元的模型就是一种仿生模拟的尝试。第二种是对生物有目的活动的宏观模拟，称为进化过程模拟[25]，用具有较为丰富的逻辑功能的数字计算机去模仿某些生物对外界作用的反应活动的逻辑规律，从而得到局部的定量描述。用以描述过程的数学工具是数学分析和逻辑代数，特别是有限自动机理论。

作为一个精确定义的问题去研究人工智能还有很多困难。例如什么是“智能”就很难给出确切的定义。有人认为“智能”可定义为“在各种复杂的条件下，为成功的达到某一类目的而作出决断的能力”[25]。还有人把人工智能和“智能放大器”等同起来，等。从工程控制论的观点来看，作为一门技术学科，人工智能的任务是用机器去部分地代替人的脑力劳动。自从电子数字计算机出现以来，已有大量事实证明，机器不仅能作很复杂的计算，例如解微分方程、积分方程、代数方程等，而且能作数学推理、逻辑判断，把人从繁重的、单调的脑力劳动中解脱出来。这就如工作母机是人手的延伸一样，机器也能帮助人思维。在有些问题中它比人的思维能力更快，更精细，并且还能完成光靠人的脑力劳动无法完成的课题。我们说机器能代替人进行一些脑力劳动，是因为脑力劳动——思维过程同世界上其他一切事物一样都是物质的运动或运动着的物质；不然就会陷入唯心论。但是，机器不可能代替人的全部思维活动，因为第一，机器是人设计制造的，人是机器的主人，机器永远是从属的；第二，当人从简单的、繁琐的脑力劳动中解脱出来以后又可以向更高一级发展，对客观世界的认识将更全面更深刻，人就变得更聪明。不这样认识问题，就要陷入机械唯物论。

电子计算机能够完成光靠人的脑力很难完成的复杂的数学计算；存储大量的数据和情报资料，用户可以随时索取；自动管理生产、交通运输、银行资金存取等业务；这些都已经被事实所证明，也已经是常识了。但是，从工程技术角度来看，人工智能主要的不是指机器所特有的巨大的计算和存储能力，而是指用它解决一些通常认为属于人的智力范围的问题：例如，用机器进行逻辑推演从而证明定理，用机器下象棋，用机器解答各种智力难题等。本节内我们列举几种具有代表性的问题，用以说明人工智能研究工作的部分内容。

1950 年美国科学家香农首先指出数字计算机可以用来下象棋。1957 年出现了第一个下棋程序。随着计算机存储容量的增大，通过很多人的研究工作，十年后，于 1967 年出现了较好的机器棋手(程序)，它在比赛中战胜了一大批象棋爱好者，被评为三级棋手，并被一个地方象棋协会吸收为荣誉会员。此后，机器下象棋的智力还在不断提高。[37]

1976 年美国数学家阿帕尔(Appel)和哈肯(Haken)用计算机证明了一个 100 多年来几代数学家都没能证明的一个著名的猜想[16]：任何一个平面地图至多用四种颜色即可把相邻的区域区别开来(任何区域的边界线段的两个顶点不在同一颜色中)。在这以前由于问题的复杂性，多数数学家认为这个猜想可能是对的，但是对于任意的大规模的地图大概永远无法证明四色定理的正确性。二十世纪的前 50 年，经过不少人的艰苦努力只证明了四色定理对于含有不多于 40 个区域的地图是正确的。而彻底证明这一猜想，对于多于 40 个区域的地图要分别讨论 10^{40} 种情况，而详尽地分析所有这些情况，人一辈子也作不完。然而计算机帮了大忙。阿帕尔和哈肯把所有可能的情况归纳为 1900 种基本情况。他们用了大约四年的时间，在计算机上作了 10^{10} 步逻辑运算，花 1000 多机器小时，终于全部算完。人们认为，两位数学家的主要贡献不在于证明了四色定理，而是用机器完成了人的脑力不能完成的工作。

有一种“重排九宫”的游戏，能够相当清楚地说明机器如何用试探法或动态规划法去解决一大类智力选择问题。在有 3×3 个方格的棋盘上有 8 个格子放上顺序编号的 8 个棋子，一个是空的，如何能以最少的步数把给定的一种布局 A 重排成 B(图 17.11-1)。为了从 A 排成 B，当然有多种走法。首先，第一步有四种走法，第二步有两种走法，第三步有一种，第四步又有两种，第五步有五种等，前五步就有 80 种走法，可见从 A 到 B 路子是很多的。如果盲目地试探，大约就需要在 4×10^7 种可能性中找出一种步子最少的走法。对这样一个简单的题目，要用逐个试探的办法去分析完所有的可能性也是很费力的，这种方法叫做“穷举”。如果棋子数目不是 8 个，而是 15 个（4×4 个方格）或更多，用这种穷举的办法就更为困难了。

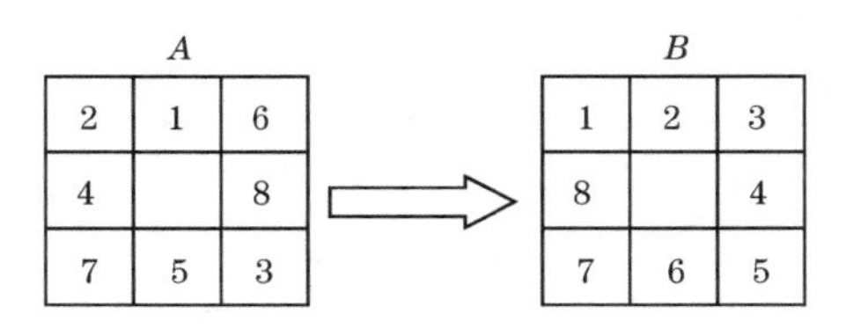

图 17.11-1

为了使机器能够模仿人的智力活动，从棋盘上当前的布局出发，选定较快的达到终结状态 B 的步子，可以定义一个代价函数或决策函数，它的极小值恰好对应通向终结状态的最优走法。例如，用 n 表示第 n 步后出现的态势；用 $P(n)$ 表示第 n 步后各子离开自己的终态位置的距离的总合；定义 $S(n)$ 为态势函数：凡是处于边上的子，经移动后，下一步就有一个子占据自己的终态位置，这个子的态势权重取为 0，否则它的态势权重取为 2；凡处于中间格子上的子态势权重取为 1。态势函数 $S(n)$ 的值是在第 n 步后所有子的态势权重的总和。构造决策函数

$$J(n)=P(n)+3S(n) \tag{17.11-1}$$

第 $n+1$ 步的选择应该使 $J(n+1)$ 取极小值。计算机根据这一准则去选择每一步的走法，结果经过 23 步即可由 A 状态达到终态 B，而且这是最少的步数。用类似的办法，机器走 30 步即可从图 17.11-2 中所示的状态 A 达到终态 B，而十九世纪有一位数学家曾认为至少需要 36 步。

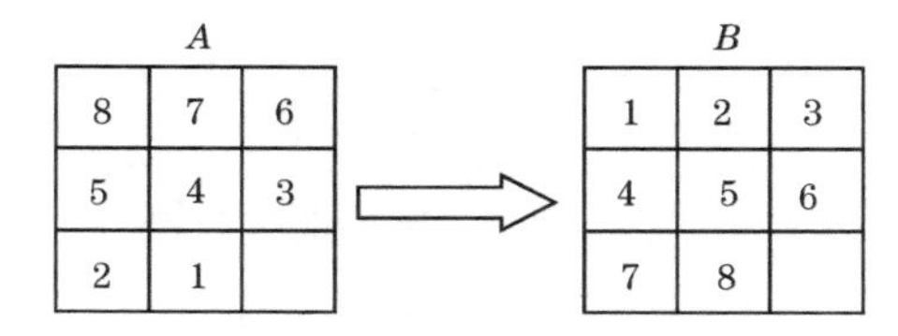

图 17.11-2

再一个公认属于智力难题范围的是“金币去伪”问题[58]：有 12 个外观完全一样的金币，其中有一个是假的，所有 11 个真金币有相同的重量，假金币的重量则不同。要求设计一种机器程序，求出用无法码天平至少称重多少次后能够找出假的，并确定真假金币哪个重。用机器解决这种问题所需要的工具属于另一个领

域——概率论和信息论。

设有一个随机事件 A 中包括 n 种可能性 $A_1, A_2, \cdots, A_n$，相应的出现概率是 $p(A_1), p(A_2), \cdots, p(A_n)$，$\sum_{i=1}^{n} p(A_i) = 1$。定义函数

$$H(A) = -\sum_{i=1}^{n} p(A_i) \log p(A_i) \tag{17.11-2}$$

叫做随机事件 A 的熵。由于 $\sum_{i=1}^{n} p(A_i) = 1, 0 \leqslant p(A_i) \leqslant 1$，故 $H(A) \geqslant 0$，显然，当且仅当有一个 A_i 的出现概率为 1，而其他 $n-1$ 个 $A_j, j \neq i$ 的出现概率为 0 时，才有 $H(A)=0$。另一方面，只有这 n 个事件 $A_1, A_2, \cdots, A_n$ 是等概率时，即 $p(A_i) = 1/n$ 时，$H(A)$ 取极大值。此时

$$H(A) = -\frac{1}{n} \sum_{i=1}^{n} \log \frac{1}{n} = \log n \tag{17.11-3}$$

这样，随机事件 A 的熵 $H(A)$ 以数量的形式表示事件的不确定性。

设 A 和 B 是两个独立的随机事件，A 如上述，B 含有 m 个可能性 $B_1, B_2, \cdots, B_m$，相应的出现概率为 $p(B_i), i=1,2,\cdots,m$，容易证明，同时发生 A 和 B 两个事件的熵 $H(AB)$ 为

$$H(AB) = H(A) + H(B) \tag{17.11-4}$$

如果 A 和 B 不是相互独立的，则

$$H(AB) = H(A) + H_A(B) = H(B) + H_B(A) \tag{17.11-5}$$

而且总有

$$0 \leqslant H_A(B) \leqslant H(B) \tag{17.11-6}$$

式中 $H_A(B)$ 称为条件熵

$$H_A(B) = p(A_1) H_{A_1}(B) + p(A_2) H_{A_2}(B) + \cdots + p(A_n) H_{A_n}(B)$$

$$H_{A_i}(B) = -\sum_{j=1}^{m} p(B_j \mid A_i) \log p(B_j \mid A_i), \quad i = 1, 2, \cdots, n \tag{17.11-7}$$

而 $p(B_j | A_i)$ 是 A_i 出现后 B_j 出现的条件概率。

显然，如果 A 和 B 不是相互独立的事件，那么事件 B 出现后会带来一些关于 A 的“信息”，于是事件 A 的不确定性将减小，也就是说，事件 A 的熵将减小，用 $I(B,A)$ 表示 B 出现后 A 的熵的减少量

$$I(B,A) = H(A) - H_B(A) \tag{17.11-8}$$

称为事件 B(对事件 A)含有的信息量。

应用上述信息论的基本概念便可以找到一种机器可以接受的计算程序，去解决金币去伪这一类智力难题。首先，在未称重以前 12 个金币中每一个都可能是假的，可能比真的轻，也可能比真的重，所以总共有 24 种可能性，并且可以认为是

等概率的，这样，问题(A)含有的总信息量是 $H(A)=-\log\frac{1}{24}=\log 24=1.3802$。在无砝码天平上称重一次（当然两端放置相等数量的金币）有三种可能的结果：两端平衡，左重右轻和左轻右重。所以每称重一次所得到的信息量最多是 $\log 3=0.4771$。而$\frac{\log 24}{\log 3}=2.892<3$，故只要称重 3 次即可得到必要的信息量，以解决金币去伪问题。于是最少的称重次数 K 由下式确定

$$K=\left[\frac{\log 24}{\log 3}\right]+1=3 \tag{17.11-9}$$

式中右端方括号表示整数部分。

用 A_1，A_2 和 A_3 表示依次三次称重办法，于是，整个金币去伪问题（记为 A）便由三个依次实现的三个程序组成 $A=A_1A_2A_3$，先看第一次称重。设天平的两端各放 m 个金币，余下的是 $12-2m$ 个，这一种称法记为 $A_1^{(m)}$ 对 $A_1^{(m)}$。可能有三种情况：若天平出现平衡状态，假的必在 $12-2m$ 中，共有 $2(12-2m)$种可能性；若右重左轻，则要么右边 m 个中有一个是重的，要么左边 m 个中有一个是轻的，于是共有 $2m$ 种可能性；第三种情况是左重右轻，一共也有 $2m$ 种可能性。于是 $A_1^{(m)}$ 本身由三个基本事件构成，它们的出现概率分别是$\frac{2(12-2m)}{24}=\frac{6-m}{6}$，$\frac{2m}{24}=\frac{m}{12}$和$\frac{m}{12}$（因为总共有 24 种可能性），当 m 确定后，依式(17.11-2)，第一次称重所带来的信息（熵）是

$$\begin{aligned}H(A_1^{(m)})&=-\frac{6-m}{6}\log\frac{6-m}{6}-\frac{m}{12}\log\frac{m}{12}-\frac{m}{12}\log\frac{m}{12}\\&=\frac{6-m}{6}\log\frac{6}{6-m}+\frac{m}{6}\log\frac{12}{m}\end{aligned} \tag{17.11-10}$$

因为只有当三个基本事件的出现概率相等时，$H(A_1^{(m)})$才有极大值，故

$$\max H(A_1^{(m)})=H(A_1^{(4)})=\log 3 \tag{17.11-11}$$

即第一次称重只有在天平两端各放 4 个金币时才能得到最大的信息。

再讨论第二次称重程序 A_2，显然 A_2 依赖第一次称重试验的结果。设第一次称重时两端各 4 个金币重量相等，假的必在其余的 4 个中间。把这 4 个中的 l 个放在左端，j 个放在右端，$l+j\leqslant 4$，设 $i\geqslant j$，右端补上真金币 $l-j$ 个，这种安排可记为 $A_2^{(l,j)}$，用对 $A_1^{(m)}$ 相类似的分析方法，可以算出信息量 $H(A_2^{(l,j)})$，用 $p(Q)$，$p(Z)$和 $p(Y)$分别表示出现平衡、左重和右重的概率，对不同的 l 和 j 可算出下表。

表 17.11-1

l	j	$p(Q)$	$p(Z)$	$p(Y)$	$H(A_2^{(l,j)})$
1	1	1/2	1/4	1/4	0.452
1	0	3/4	1/8	1/8	0.320

续表

l	j	$p(Q)$	$p(Z)$	$p(Y)$	$H(A_2^{(l,j)})$
2	2	0	1/2	1/2	0.301
2	1	1/4	3/8	3/8	0.470
2	0	1/2	1/4	1/4	0.452
3	1	0	1/2	1/2	0.301
3	0	1/4	3/8	3/8	0.470
4	0	0	1/2	1/2	0.301

从上表中可立即看出

$$\max_{l,j} H(A_2^{(l,j)}) = 0.470 \tag{17.11-12}$$

即$(l,j)=(2,1)$或$(3,0)$。

如果第一次称重A_1的结果是左重右轻，则其余4个必是真金币，第二次称重A_2可以按下述办法进行：从左端四个中取出i_1个和右边4个中取出i_2个放到左端，取j_1个左端的和j_2个右端的放在右端，然后再用真金币补齐，这种方法记为$A_2^{(i_1,i_2,j_1,j_2)}$，仍用表17.11-1中的符号，对不同的i_1，i_2，j_1和j_2算出$H(A_2^{(i_1,i_2,j_1,j_2)})$，并列于表17.11-2中。

表 17.11-2

i_1	i_2	j_1	j_2	$p(Q)$	$p(Z)$	$p(Y)$	$H(A_2^{(i_1,i_2,j_1,j_2)})$
2	1	2	1	1/4	3/8	3/8	0.470
2	1	2	0	3/8	1/4	3/8	0.470
2	1	1	1	3/8	3/8	1/4	0.470
1	2	1	2	1/4	3/8	3/8	0.470
1	2	0	2	3/8	3/8	1/4	0.470
1	2	1	1	3/8	1/4	3/8	0.470
3	1	1	0	3/8	3/8	1/4	0.470
1	3	0	1	3/8	1/4	3/8	0.470
2	2	1	1	1/4	3/8	3/8	0.470
2	2	1	0	3/8	1/4	3/8	0.470
2	2	0	1	3/8	3/8	1/4	0.470
3	2	1	0	1/4	3/8	3/8	0.470
2	3	0	1	1/4	3/8	3/8	0.470

从该表中可看出,有 13 种组合方法都有相同的最大信息量 0.470,即

$$\max_{l,j} H(A_2^{(l,j)}) = \max_{i_1,i_2,j_1,j_2} H(A_2^{(i_1,i_2,j_1,j_2)}) = \max_{A_2} H(A_2) = 0.470 \tag{17.11-13}$$

无论是表 17.11-1 中对应最大信息的情况或 17.11-2 中的某一情况,第三次称重都能确定出哪个金币是假的,而且同时确定它比真金币重还是轻。不难算出 $H(A_3)$对应各种情况的极大值。

总结上述,金币去伪问题的机器解题程序的依据是熵函数 H 的极大值解:

$$H(A) = H(A_1 A_2 A_3) = H(A_1) + H_{A_1}(A_2) + H_{A_1 A_2}(A_3) = \max \tag{17.11-14}$$

从上述几个代表性的例子就可以看出,为了使机器能够解决这一类型的智能问题,必须首先选定一种代价函数。机器将按代价函数的极大或极小要求,根据已经出现的态势,去选择(决断)下一步最好的或较好的行为(动作)。由于电子计算机有很高的计算速度和较大的存储数据的容量,所以能在短时间内执行复杂的数学运算和逻辑运算程序,在这一方面也仅仅在这一方面,机器才可能胜于人的脑力。然而关于命题,代价函数,行为的目标,甚至解题的顺序以至解题的程序(即便是抽象的、高级的计算机语言程序)都需要由人来提出和制定。

前面提到的下象棋的程序也完全一样。要事先确定一种代价函数。例如,吃掉对方一个车得 10 分,丢掉一个车得负 10 分;马的代价为±5 分,未过河的卒的代价±1 分,过河卒为±2 分,等。机器要记忆棋盘上当时的布局,记忆规定的走棋规则,试算各种可能走步的代价,然后选择在若干步内总得分最高的方案。如果计算机的速度和容量足够大,那么它可以同时分析出数十步后的总得分数,从中选取最好的走法。随着程序的不断改进,第一流的机器棋手将会出现,这在技术上是能够实现的。

17.12 神经网络模型

神经系统在各种动物机体的生命活动中,起着决定性的中枢控制作用。呼吸、消化、体温、血液循环、内分泌等一切生命活动都受着神经系统的调节和控制,至于高等动物的有意识的行为之受大脑神经系统的支配更是不待说了。几十年来。国内外对神经系统的控制过程的研究试验做了大量的工作,取得了不少的成绩。神经系统,特别是人类的神经系统是一个完美的信息处理中心、信息存储中心和指挥控制中心。认识神经系统信息传递和记忆的机制,揭开大脑活动的功能原理对于人类是一个日益迫切的重大课题。除了认识论的意义外,搞清楚神经系统的物质结构和功能原理对于先进控制系统的设计,包括对电子计算机的设计都具有实际的重大意义。

集成电路计算机的出现,尤其是大规模集成电路微型机的出现促进人们意识到:用少数几种原理非常简单的门电路就可以"堆集成"技术上相当复杂、功能相当完善的电子计算机。据估算,人的大脑含有约 10^{10} 个神经细胞(或称神经元),分为几百个不同的类别。而低等动物如昆虫的脑神经仅含有约 10^4 个神经元。而现在能够做到的大型计算机中的逻辑门的总数约为 10^7,已大大超过昆虫类的神经元的数目。因此,大规模集成电路的计算机对研究神经系统提供了一个有力的工具和模型。当然,一个神经元的功能可能远大于一个逻辑门电路所具有的简单功能。例如,有人估计[13],人的大脑的信息存储总量约为 10^{15} 二进制位,即每个神经元平均记忆 10^5 二进制位,一个神经元简直是一个存储体。虽然如此,用简单的逻辑单元去模拟神经元的基本特征进而建立神经系统的简单模型,这是一种很自然的初步尝试。

前节提到,控制论的任务主要的不是从物质结构方面(细胞结构,分子工程学等)去研究神经系统,而着重研究感觉器官接收到的信息如何传递到大脑中枢,这些信息以什么形式被加工处理,如何实现信息的存储记忆等,即研究信息运动的机理。近几十年来国内外已建立了很多不同类型的神经元模型,从不同的方面去表现神经元的某些基本生物学特征,例如,兴奋和抑制,学习和记忆,对外界作用的反应和条件反射,阈值作用和不应期等。为了研究这类特征,计算机设计的理论基础——数理逻辑,自然地成为基本的过程描述工具。另一方面,在研究试验信号在神经纤维中的传递特性时,通常的传递函数描述方法仍然有一定的参考作用。

早在 1943 年就有了第一个神经元的理论模型,即 McCulloch-Pitts 神经元[35]。他曾假设神经元是一个有多端输入和一端输出的具有延迟作用的逻辑单元。输入端的数目为任意多个但为有穷数;用图 17.12-1 所示符号表示。输出端仅有两种状态:兴奋和抑制。输出 q 高电位代表神经元处于兴奋态,低电位表示抑制态,分别用二元域 $GF(2)$ 中的 1 和 0 表示。输入端分为两类:一类是用高电位使神经元兴奋(图中的 x_1,x_2),另一类是用高电位使神经元抑制(图中的 x_3,x_4)。圆圈中的 h 表示只有当起兴奋作用的输入端个数比起抑制作用的输入端个数至少多 h 个时神经元才处于兴奋态。而且假定从输入作用到来的时刻到神经元出现兴奋或抑制的时刻恰好经过一个时间节拍,并且假定这个时间节拍对所有不同类型的神经元是共同的,使得有可能用有统一节拍的时序逻辑

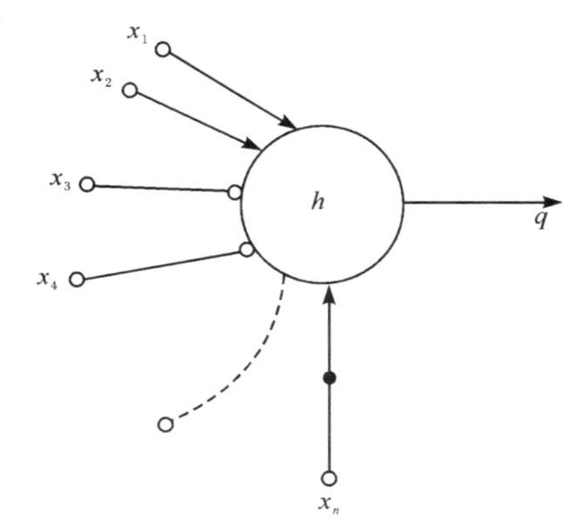

图 17.12-1　神经元模型

方程去描述由多个神经元构成的神经网络。由上述定义不难看出,图 17.12-2(a)中表示的神经元仅当 a 和 b 都处于激发状态时才处于兴奋态,而(b)图所示的神经元只要有一个输入端为激发状态时,就被激发。图(c)所示的是一个“反相器”,抑制作用使它兴奋,激发作用反而使其抑制。(d)表示有记忆能力的神经元,一旦被其他神经元所激发以后,就永远处于兴奋态。

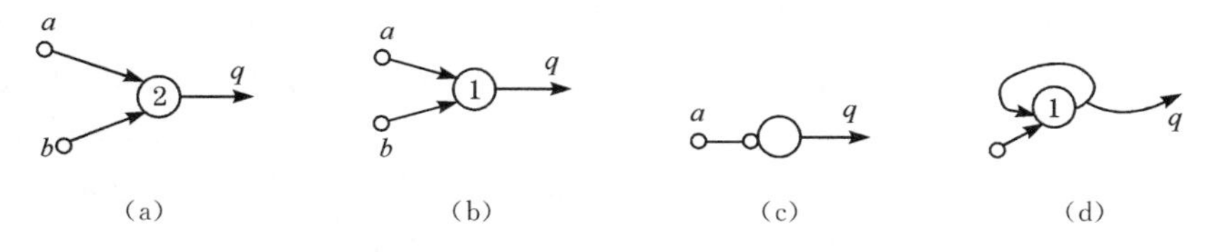

图 17.12-2 不同类型的神经元

由此可见,所谓“神经元”实质上是逻辑单元和延迟时间为一个节拍的延迟单元不可分割的组合。因此,它是这样一种自动机:仅有两种内部状态,并且当输入固定后,其状态要在一拍之后才能达到平衡。不难看出,神经元实质的逻辑运算是多种多样的。但是,对每一个给定类型的神经元,则仅能实现一个具体的逻辑代数式的运算。如图 17.12-3 所示的神经细胞仅能实现代数式

$$q(p+1)=\bar{x}_3(p)(x_1(p)+x_2(p))+x_1(p)x_2(p)$$

或与其等价的代数式。

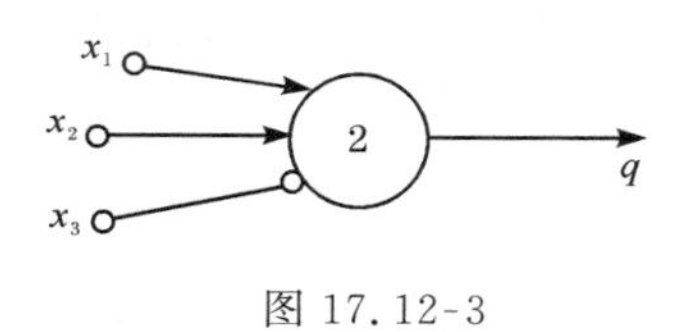

图 17.12-3

将有限个“神经细胞”的输入端和输出端按一定的方式相互连接以后,便成为“神经网络”。它的连接规则及神经网络的输入和输出与第 17.5 节的逻辑网络类同。因此,也有开环神经网络和闭环神经网络之分。图 17.12-4(a)是具有四条输入线和一条输出线的开环神经网络。图 17.12-4(b)则是具有一条输入线和一条输出线的闭环神经网络。但是,比较有意思的是神经网络中的每一个细胞的输出便构成一个状态分量,细胞输出的兴奋或抑制即决定该状态分量的取值。因此,由 s 个细胞构成的神经网络至多可有 2^s 个状态,可用图 17.12-6 的表集(包括 2^s 个表)表示。在表中 c_i 表示第 i 个细胞,q_i 为其状态,取值是 1 或 0。由神经细胞的工作特点可以知道,神经网络也是一种特殊类型的自动机,它的输出与该瞬时的输入无关,而是前一节拍输入和状态的函数。例如,由 s 个细胞组成的有几条输入线和一条输出线的神经网络在 p 时刻的输出方程和状态方程可写成

$$\begin{aligned} z(p)&=f(\boldsymbol{q}(p-1),\boldsymbol{x}(p-1)) \\ \boldsymbol{q}(p)&=\boldsymbol{g}(\boldsymbol{q}(p-1),\boldsymbol{x}(p-1)) \end{aligned} \tag{17.12-1}$$

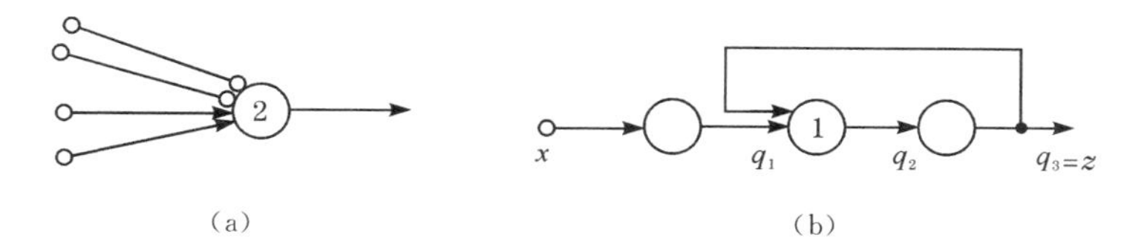

图 17.12-4

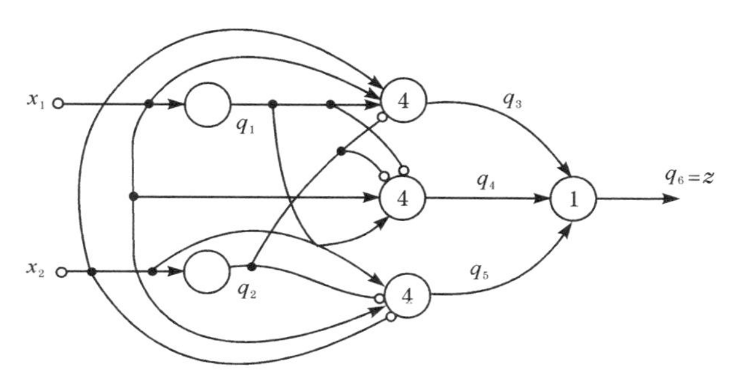

图 17.12-5

c_1	c_2	----	----	c_i	----	c_s
q_1	q_2	----	----	q_i	----	q_s

图 17.12-6

这里 $\boldsymbol{q}(p)$ 和 $\boldsymbol{x}(p)$ 分别表示 p 时刻的状态向量和输入向量，$q_i(p)$ 则是第 i 个细胞的状态，$x_j(p)$ 则是第 j 个输入线的状态。如果把 $z(p)$ 表示为 $\boldsymbol{q}(p)$ 的函数，上面方程组则可写为

$$z(p)=h(\boldsymbol{q}(p)),\quad \boldsymbol{q}(p)=\boldsymbol{g}(\boldsymbol{q}(p-1),\boldsymbol{x}(p-1)) \tag{17.12-2}$$

这时便可以看出，它和描述自动机工作的方程组是一样的。因此，可像分析自动机一样来分析神经网络。例如图 17.12-4(b)所示神经网络的输出方程和状态方程组便是

$$\begin{aligned}
&z(p)=q_3(p)\\
&q_3(p)=q_2(p-1)\\
&q_2(p)=q_1(p-1)+q_3(p-1)\\
&q_1(p)=x(p-1)
\end{aligned} \tag{17.12-3}$$

为了更明显地看到输出和输入的关系，我们把有关的状态方程代入输出方程，这时

$$z(p)=x(p-3)+q_3(p-2) \tag{17.12-4}$$

同样，对图 17.12-5 的神经网络列写输出方程和状态方程，则有

$$
\begin{aligned}
&z(p)=q_6(p)\\
&q_6(p)=q_3(p-1)+q_4(p-1)+q_5(p-1)\\
&q_5(p)=x_1(p-1)q_1(p-1)\overline{x}_2(p-1)\overline{q}_2(p-1)\\
&q_4(p)=x_1(p-1)\overline{q}_1(p-1)x_2(p-1)\overline{q}_2(p-1)\\
&q_3(p)=x_1(p-1)q_1(p-1)x_2(p-1)\overline{q}_2(p-1)\\
&q_2(p)=x_2(p-1)\\
&q_1(p)=x_1(p-1)
\end{aligned}
\tag{17.12-5}
$$

它的输出与输入的关系是

$$
\begin{aligned}
z(p)=&x_1(p-2)x_1(p-3)\overline{x}_2(p-2)\overline{x}_2(p-3)\\
&+x_1(p-2)\overline{x}_1(p-3)x_2(p-2)\overline{x}_2(p-3)\\
&+x_1(p-2)x_1(p-3)x_2(p-2)\overline{x}_2(p-3)
\end{aligned}
\tag{17.12-6}
$$

方程(17.12-3)，(17.12-4)，(17.12-5)和(17.12-6)表明了相应神经网络的逻辑功能。由方程(17.12-4)和(17.12-6)不难看出，任一时刻的输入信号经过有限个节拍以后便在输出端得到反映。

由于每个神经细胞都含有一个延迟单元，因而整个神经网络就可能含有若干个延迟单元。这样，要实现一个积和式的运算，利用逻辑单元仅是瞬间的事情，而用神经细胞，一般来讲就需要两拍或两拍以上的时间才能完成。当输入信号节拍等于神经细胞工作节拍时，利用神经细胞并不能实现所有的有限自动机。例如，对于一个很简单的用方程

$$z(p)=x_1(p)x_2(p)$$

来描述的自动机就实现不了。因为要求神经细胞经过一拍延迟实现上式右端，即实现

$$z(p)=x_1(p-1)x_2(p-1)$$

的运算，这是不可能的。

我们注意到，所有“神经网络”中的基本神经元都可以用各种逻辑门来实现，唯一不同的是各种逻辑门本身没有时间延迟作用。只要适当地用延迟单元与各种逻辑门相配合，各种神经网络和时序逻辑网络在功能上可以认为是等价的。因此，用时序逻辑网络有可能模拟神经系统的某些现象。

如本节开始曾提到的那样，实际的神经元的功能或许不能用兴奋和抑制两个状态来描述，它的输出状态可能是某一有穷数 $p, p>2$，但是，只要输出状态是有穷的，就总可以用逻辑网络来描述它，即可用通常的门电路构成的有穷网络来代表一个神经元，问题是需要比较确切地了解神经元的功能原理。直接用多态器件构成的逻辑网络去描述神经元也是一种可能的方法，但是从模型的功能范围上看，不见得有根本性的变化。

17.13　图像识别

自动化技术的发展要求赋予控制机或信息处理机识别某些客观事物的能力。例如抽取事物的基本特征而加以分类，对某些事物的细节做详细的分析从而得到精密结构等。一切能以某种信息形式进入机器的事物、对象、过程等统称为图像或称为模式。图像识别(Pattern Recognition)或叫模式识别通常被列入人工智能的范畴。图像识别技术的含义很广泛，例如图片、照片的特征提取和分类，雷达反射信号的全息处理，文字符号的直接判读，空间物体几何结构的分析，细胞涂片的辨认，人的语音的机器识别等。

有关图像识别的研究，由于目的和对象的不同就自然出现不同的出发点和研究方法。例如，从生理学的观点，图像识别的研究着重分析和模拟人的各种感观和大脑对客观事物的识别机理。从技术科学的角度出发，图像识别的任务是分析和概括有关识别技术的实践经验，然后上升为理论，利用数学为工具，建立用机器能够实现的识别方法和程序，去解决各类识别问题的自动化问题。在本节内我们将对后者进行简略的讨论。

首先，设某一类事物有几个特征，每个特征都可以用一个量来描述。把这些特征量按一定的规则排列成 n 维向量。一切可能的向量构成一个向量空间，称为特征空间。根据把特征空间划分为子集的概念，对于所要处理的描绘数据进行信息压缩，抽取特征，进而做数据处理和逻辑判断。设某一事物可以用 n 个特征量 $x_1, x_2, \cdots, x_n$ 组成的 n 维向量 $\boldsymbol{x}$ 表示

$$\boldsymbol{x}=(x_1, x_2, \cdots, x_n) \tag{17.13-1}$$

$\boldsymbol{x}$ 称为图像的特征向量。这样一来，每一个具体图像就对应于 n 维特征空间中的一个点。把特征空间划分成互不交叉的若干个区域，一个区域就对应于一个图像类。当输入一个图像时，就根据它的特征向量属于那个区域而判定属于哪一类，如图 17.13-1 所示。用数学方法分类问题可以用“判别函数”来表达，假定用 S_1，$S_2, \cdots, S_k$ 表示 k 个可能划分的类别。今构造 k 个泛函，$D_j(\boldsymbol{x})$称为 S_j 类的判别函数，$j=1,2,\cdots,k$。如果输入 $\boldsymbol{x}$ 属于 S_i 类，那么 $D_i(\boldsymbol{x})$必须取最大值，即对所有 S_i 类的 $\boldsymbol{x}$

$$D_i(\boldsymbol{x})>D_j(\boldsymbol{x}) \quad i,j=1,2,\cdots,k, \quad i\neq j, \quad \boldsymbol{x}\in S_i \tag{17.13-2}$$

这样一来，特征空间中，第 i 类与第 j 类所对应区域的分界面就由下式决定

$$D_i(\boldsymbol{x})-D_j(\boldsymbol{x})=0 \tag{17.13-3}$$

满足上述条件的泛函就可以作为分类判别函数。如果函数的形式是线性的，称为线性分类，是非线性的称为非线性分类。

线性分类中很重要的一种是按距离最小分类。对于 k 类中的每一类，分别确

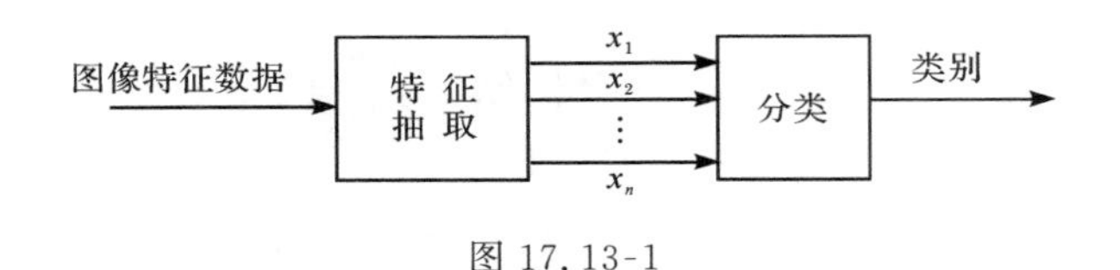

图 17.13-1

定一个参考向量，$\boldsymbol{r}_1,\boldsymbol{r}_2,\cdots,\boldsymbol{r}_k$ 作为各类的样板，可以与参考向量的距离最小作为分类准则。对于输入向量 $\boldsymbol{x}$ 如果下式成立，那么 $\boldsymbol{x}$ 属于第 i 类

$$\| \boldsymbol{x}-\boldsymbol{r}_i \| = \min \tag{17.13-4}$$

其中 $\| \cdot \|$ 表示 $\boldsymbol{n}$ 维欧氏空间 R_n 中的向量范数，极小 min 是当 i 遍历 $1,2,\cdots,k$ 时的极小值。上式又可改写为

$$\| \boldsymbol{x}-\boldsymbol{r}_i \|^2 = \| \boldsymbol{x} \|^2 - 2(\boldsymbol{x},\boldsymbol{r}_i) + \| \boldsymbol{r}_i \|^2 \tag{17.13-5}$$

这里$(\cdot,\cdot)$表示 R_n 中的内积。如果把参考向量 $\boldsymbol{r}_i$，$i=1,2,\cdots,k$ 规范化，那么要求 $\boldsymbol{x}$ 与 $\boldsymbol{r}_i$ 的距离最小就相当于要求

$$(\boldsymbol{x},\boldsymbol{r}_i) = \max \tag{17.13-6}$$

上式说明，按距离最小的分类属于线性分类，如果 $\boldsymbol{x}$ 与第 $\boldsymbol{i}$ 个参考向量 $\boldsymbol{r}_i$ 的相关系数最大，那么就判定属于第 $\boldsymbol{i}$ 类。这就是用得比较普遍的"样板匹配"法。由于描绘图像所抽取出来的特征往往会有所变化，同时又不可避免地存在着噪声等干扰的影响，所以每一个具体的描述向量 $\boldsymbol{x}$ 实际上是一个随机向量，故分析某一类的特性时，可以用概率论的方法，统计求出概率密度函数。这实际上是通过对各类图像的大量采样的统计处理，求出概率密度的近似表达式，作为机器进行自动分类的判别依据[22,31]。

为了用机器按样板匹配法进行自动分类，当然先要制定样板，即确定样板向量 $\boldsymbol{r}_i$。这一工作也可以用计算机来完成。办法是将已知属于同一类别的一定数量的图像(图像集合)特征数据输入到机器中去加工处理，例如用数据平滑法求出多元随机量的数学期望和相关函数，再由此求出概率最大的样板向量 $\boldsymbol{r}_i$。这个加工过程类似对一个操作手的训练过程或学习过程，故可称为对机器的监督训练。这种图像识别方法常称之为监督分类法。

图像识别的另一种与上述不同的类别是没有给定某类别的训练集合，也没有外界的监督作用。而是按事先给定的某种准则，把特性相类似的归为一组，成为一个聚合组，组的数目即可能的分类数预先可以是知道的，也可以是不知道的，这种情况称为非监督分类或非监督聚合。在这类问题中，如何选择图像的采样特征向量是很重要的。特征向量的选择加上判别准则的确定，等同于如何定义一个聚合组。定义不同，机器的分类效率和精度也就不同。例如，可以事先根据实际问题的特点构造一个聚合准则函数 J，将函数 J 的值域分成不同的子集，每一个子集对应一种分类。所以，建立一个聚合的准则以及与其所相应的一个算法，两者一起就构成解决聚合分类问题的机器程序。这种方法曾有效地用于地球资源的分类。在高空用多光谱遥感仪器对地球表面摄影或扫描，根据不同物体反射不同光谱的特性把光谱性质相近的合在一起成为一个聚合组，从而达到分类的要求。

样板匹配法能够有效地应用到人的语音识别问题中。语音的元素是音节，音节的突变是语音结构的主要特征。中国科学院物理研究所选用时间-频率-幅度所谓“三维频谱”作为语音模型的基本特征去选择识别参数[12]。从每个语音中分离一定数量的频率作为识别音节的主要特征，两相邻音节谱值之差的绝对值可衡量音节之间变化的程度。在选定的一些声音频谱上对幅值进行规范化，提高那些在能量上是次要的但在区分音节上将变为主要特征的那些频谱的权重，参与样板匹配。

设一段语音（或一句话）由多个音节组成，占用时间为 T。对 T 作 N 个划分，节点（采样点）是 $0 \leqslant t_1 < t_2 \cdots < t_N = T$。用频谱分析仪从语音中抽取 L 个谱线的能量，例如 25 赫到 20 千赫划分为 30 个通道进行滤波，$L=30$。将测得的 $N \times L$ 个通道能量数据 A_{ij} 列成矩阵 B_0，并将它作为基本状态空间的特征量

$$B_0 = \begin{pmatrix} A_{11} & A_{12} & \cdots & A_{1L} \\ A_{21} & A_{22} & \cdots & A_{2L} \\ \vdots & \vdots & & \vdots \\ A_{N1} & A_{N2} & \cdots & A_{NL} \end{pmatrix} \tag{17.13-7}$$

定义两个相邻时刻各通道的能量变化绝对值的总和为声刺激量

$$\delta(t_n) = \delta_n = \sum_{j=1}^{L} | A_{nj} - A_{n-1,j} |, \quad n = 2,3,\cdots,N \tag{17.13-8}$$

因而一段语音的总刺激量是

$$\Delta = \sum_{n=1}^{N} \delta_n \tag{17.13-9}$$

从 N 个时间采样中选取 M 个带有较多信息的频谱作为识别参数（信息压缩），于是定义

$$\Delta_0 = \frac{\Delta}{M}, \quad M \leqslant N \tag{17.13-10}$$

为平均刺激量。

信息压缩过程是按下列程序进行的：先算出平均刺激量 Δ_0，然后求滑动和

$$R(t_i) = \sum_{n=1}^{i} \delta(t_n) = \sum_{n=1}^{i} \delta_n \tag{17.13-11}$$

对阶梯状函数 $R(t_i)$ 的值用 Δ_0 为单位作增量量化处理，得到函数 $R_{\Delta_0}(t_i)$，它是递增函数，依次取值 $\{0, \Delta_0, 2\Delta_0, \cdots\}$。然后只在函数 $R_{\Delta_0}(t_i)$ 值发生变化的那些 t_i 节点中选出，其余的节点去掉。选出的节点数记为 M。在矩阵 B_0 中去掉相应的行，

只留下选定的 M 个节点对应的行，于是得到一个被压缩了的矩阵 $\widetilde{B}_0=(\widetilde{A}_{ij})$，它含有 $M\times L$ 个元素。

为了去掉发音强弱这个无关重要的因素影响，对矩阵 $\widetilde{B}_0$ 的诸元 $\widetilde{A}_{ij}$ 作能量规范处理

$$a_{ij}=\widetilde{A}_{ij}\Big/\Big(\sum_{j=1}^{L}\widetilde{A}_{ij}^2\Big)^{\frac{1}{2}},\quad i=1,2,\cdots,M,\quad j=1,2,\cdots,L \tag{17.13-12}$$

这 $M\times L$ 个数据按顺序构成一个特征矩阵的诸分量，$B=(a_{ij})$。

机器工作时，先由讲话人对规定字汇表中的每一个字，按上述程序得到每个字的样板特征阵

$$B^*(k)=(a_{ij}^*(k)) \tag{17.13-13}$$

其中 k 表示字汇表中单字的顺序编号。机器将记住所有 k 个字的样板特征阵。这个过程叫做对机器的训练过程，或者称为机器的学习(熟悉)过程。

机器接收，加工并记忆了讲话人对字汇表中的所有字的语音样板特征阵后，即可开始听取他的讲话，对每一个字实时地进行处理，用前述样板匹配的方法把语音变为文字，按需要把全部讲话以文字或任何别的形式打印成文件输出；或者，自动按规定的法则用明码或密码文件的形式送出。

随着机器运算速度的增长和存储能力的增加，识别程序必然会逐步完善。用一台机器学会本国的各种方言，各种外国语，实时地把这些语言用声音或文字形式翻译成它所学会的任何一种外国语或本国语言，这是完全可以实现的。计算机技术和信息处理技术的巨大进展已经为此提供了必要的物质条件，为达此目的所需要的仅仅是科学技术工作者的创造性的劳动。

如上例中所看到的，用特征向量的样板匹配方法可以解决很多图像识别问题。这种方法研究得比较充分。但是这个方法有两个明显的缺点：第一，对复杂的事物，特征向量的维数可能很高，增加了识别过程的工作量；第二，也是主要的缺点，特征向量的定义本身较少地反映了事物(图像)的逻辑结构信息，因为结构特征往往难以用一个简单的数列充分地表示出来，然而结构特征对区分事物常常是首要的因素。为了克服这个缺点，近年来有人[26]用完全不同的数学工具，开辟了一条图像识别的新的途径，即以结构特征作为基本出发点的识别方法，叫做"语法分析识别"。

语法分析识别法不用特征向量去描述事物，而着眼于对图像元素的结构特征进行分析。首先把一个待分析的图像划分为简单的子图像，简单的子图像又由更简单的像素组成。这样一来，从"语法构造"观点看，图像的构成就有点类似于语言构成。例如英文句子由短语组成，短语又由单词组成，单词由字母组成。开始

研究有关语言的结构时,发现用一系列再写规则的短语结构语法去分析句子是有效的。以后,又发现某些类型的程序设计语言,就是由一种特殊短语结构语法所产生的,这就开阔了用语法理论研究程序设计的方向,语言可看成是由一串符号组成的链。平面图像是二维的,但经过适当的处理,也能化成符号链,下面举一个手写字符的例子,如图 17.13-2 中所示的 5 字,是把写在纸上的字符,经过阴极射线管扫描后存到按平面排列的移位寄存器中所得到的二维图形。如果经过细化处理,按上下左右逐次去掉边缘的点,最后细化成宽度只有一点的骨架。这时候就成为由节点和分支组成的图了。只要从一个端点到另一个端点,用如图 17.13-3所示的八个方面进行编码,就得到一串由方向组成的链。例如细化后的 5 字从左下方端点至右方端点的方向编码为

000,112,121,223,444,444,444,322,232,322,21

这样就可以用方向码来代表原来的图形。

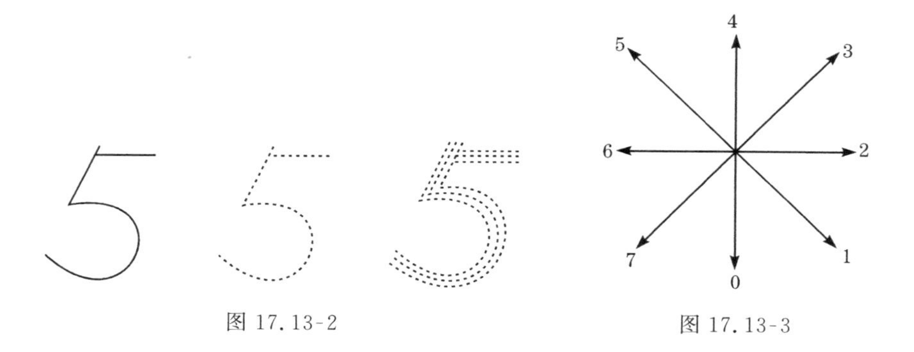

图 17.13-2　　图 17.13-3

下面简单地谈谈短语结构语法。一个短语结构语法定义为一个四元式:

$$G=(v_N, v_T, p, s) \tag{17.13-14}$$

其中 v_N 和 v_T 分别是 G 的非终止符和终止符,字母表 v_N 和 v_T 的总和又构成 G 的总字母表 v;p 是一组再写规则(或称为产生式),它表示由 v_T 和 v_N 组成的链 α,(其中至少包括一个非终止符),用另外一条链 β(β 比 α 长)来代替的规则,解释为由 α 产生 β,并用 $\alpha\rightarrow\beta$ 的形式表达;s 是特殊的非终止符,称为起始符。

当给定语法 G 的字母表 v 及一组具体的再写规则后,从起始符开始,反复使用不同的再写规则,就可以产生出各种由 v_T 中的符号组成的链 x,各种可能产生的 x 所成的集合 $\{x\}$,就是由语法 G 产生的语言 $L(G)$,$L(G)=\{x\}$。

根据再写规则的不同形式,短语结构语法可以分成三种类型:

类型 1. 上下文有关语法。再写规则形式为

$$\zeta_1 A \zeta_2 \rightarrow \zeta_1 \beta \zeta_2 \tag{17.13-15}$$

其中 $A\in v_N$,ζ_1,ζ_2,β 是 v 的元素组成的链,β 的长度不为 0。

类型 2. 上下文无关语法。再写规则形式是

$$A \to \beta \tag{17.13-16}$$

其中 A 与 β 的假设,与前面相同。

类型 3. 有限状态语法,再写规则形式为

$$A \to aB \text{ 或 } A \to b \tag{17.13-17}$$

其中 $A, B \in v_N, a, b \in v_T, A, B, a, b$ 是单个符号。

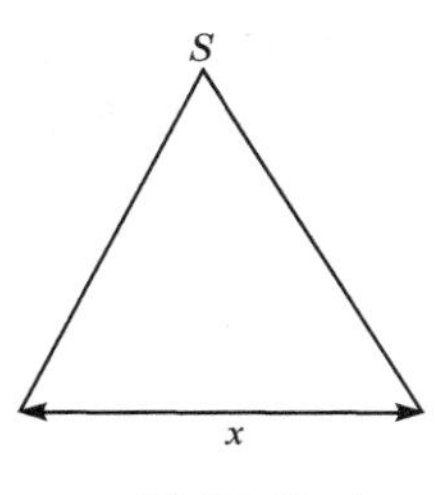

图 17.13-4

上述每一类型的语法,对应于一种该类语法产生的语言,能为对应的自动机所接受,反之亦然。例如有限状态语法对应于有限状态自动机,这类语法的再写规则形式最简单,通常称为正则语法。前面谈到的由节点分支构成的图,就可以用正则语法描述。如果能够用某种语法产生的语言描述有关的图像,那么识别图像就相当于区分由特征字符组成的链。例如对于 k 类个图像 $s_1, s_2, \cdots, s_k$,可分别构造 k 种语法 $G_1, G_2, \cdots, G_k$,使得由 G_i 产生的各种链代表 s_i 类的图像。于是,对于未知的由链 x 所表示的图像,分类问题就是区别 x 属于 k 个类别中的哪一类。实现分类的根据是给出相应的算法。这就是所谓语法分析。语法分析能接受由语法产生的链,同时给出对输入图像加以完整描述的树状结构。换句话说,给出一个由特定字符构成的链 x,并确定有关的语法 G 能否构造一棵树状结构,使得充满在图 17.13-4 所示的三角形范围中。如果能够达到,那么 $x \in L(G)$,否则 $x \overline{\in} L(G)$。语法分析的难易与 G 属于哪种类型有关。

可以看出,如何根据某类图像的大量采样,来得到描述该类图像的语法,就如同如何根据大量采样来估计概率密度函数一样。这就是语法推断问题。要求通过大量的采样,由机器自动地推断出能够描述此类图像的语法。目前对于有限状态语法的推断,取得了一些初步结果[27]。为使这种方法成为一个有效实用的方法尚需要作进一步的研究。

中国科学院自动化所基于语法分析的原理,研制成功了手写数码的识别装置[14],并已应用于信函自动分拣中。所采用的办法是把字符经过细化处理变为宽度只有一点的骨架,然后根据端点、三叉点和四叉点数目进行粗分组,再从骨架的端点至端点用八个方向及凸凹等特征进行编码,于是就把一个字符表示成了特征链,在此基础上,设计一种与有限状态自动机相类似的时序逻辑,包括若干个状态及转移条件。如果特征链输入后,能从逻辑的初始状态,转移至最终状态,就判为字符通过此逻辑,从而确认该字符的类别。为某一类字符设计的逻辑,只允许描述该字符的特征链通过,而尽量不使描述其他字符的特征链通过。这样就实现了对 10 个数码类形状变化大的字符进行分类。

以上所述的语法,各单元间只有左或右的连接,是一种一维的情况。为了考

虑描述更复杂的图像,曾经作过一些推广。如以一定概率使用再写规则的随机语法,或者引入模糊集(Fuzzy Set)的概念构造一种称为模糊语法的语法等。为了描述复杂事物,也有人研究高维语法,它可以较成功地描述由节点和分支构成的图,如 P. D. L. (Picture Description Language)语言 Plex 语法,Graph 语法及 Web 语法等,为描述复杂的图像,高维语法以及相应的语法分析的研究是应该重视的。总之,把图像的构成及描述与语言的构成及描述加以对比,从这一点出发,对图像识别提供了一种新途径,总称为图像识别语言结构方法的研究。

参考文献

[1] 刘仙洲,中国机械工程发明史,第五章,科学出版社,1962.

[2] 姚林等编,电子数字计算机原理,科学出版社,1961.

[3] 陆益寿,继电器接点电路逻辑基础,上海科技出版社,1960.

[4] 复旦大学数学系编,数理逻辑与控制论,上海科技出版社,1960.

[5] 王雨新,多端接点网络综合的图解法,自动化学报,2(1964),1.

[6] 林文震,无触点集中-分散目标远动系统逻辑结构的研究,自动化,1(1958),1.

[7] 自动化研究所编译. 自动化科学进展译文集,科学出版社,1961.

[8] 王传善,多拍继电线路序列的可实现性,自动化,1(1958),4.

[9] 王传善等,远动技术,科学出版社,1965.

[10] 张牧,构造变感元件逻辑电路的几何法,模拟与远动技术会议论文,1963.

[11] 王芳雷,控制电路的逻辑设计,自动电力拖动,1960,6.

[12] 俞铁城,用图样匹配法在计算机上自动识别语言,物理学报,26(1977),5.

[13] 王书荣,自然的启示,上海人民出版社,1974.

[14] 戴汝为,模式识别,自动化,2(1978),1,53—58.

[15] 长沙工学院编,数字通信原理,1975.

[16] Appel,K. & Haken,W. ,Every plan map is four colorable,Bulletin of Amer. Math. Soc. , 82(1976),5,711－712.

[17] Arbib, M. A. , Automata Theory, Topics in Mathematical System Theory, McGraw-Hill,1969.

[18] Berlekamp,E. R. ,Algebraic Coding Theory,McGraw-Hill,New York,1968.

[19] Boyce,J. C. ,Digital logic and Switching Circuits,Prentice-Hall,1975.

[20] Burks, A. W. & Wright. G. B. . Theory of logical nets, Proc. IRE, Computer Issue, 41(1953),10.

[21] Chu,Y. ,Digital Computer Design Fundamentals,New York,McGraw-Hill,1962.

[22] Duda,R. O. & Hart,Pattern Classification and Scene Analysis,Wiley,New York,1973.

[23] Faurre,P. & Depeyrot,M. ,Elements of System Theory,North-Holland,1977.

[24] Flanagan,J. L. ,Speech Analysis Synthesis and Perception,New York,1965.

[25] Fogel L. J. ,Owens, A. J. & Walsh, M. J. , Artifical Intelligence Through Simulated

Evolution, John Wiley. 1966.

[26] Fu K. S. Syntactic Methods in Pattern Recognition, Academic Press, 1974.

[27] Fu K. S. & Booth, T. L., Grammatical inference: introduction and survey—part I, IEEE Trans., SMC-5(1975), Jan.

[28] Gill, A. Linear Sequential Machines, McGraw-Hill, New York. 1967.

[29] Hilbert. D. & Ackermann, W., Grundüge der Theoretischen Logik. J. Springer, Berlin, 1927.(数理逻辑基础,莫绍揆译,科学出版社,1958.)

[30] Hsiao M. Y. & Sih K. R., Series to parallel transformation of linear feedback shift-register circuit, IEEE Trans., EC-13(1964), 738—740.

[31] Keinosake Fukunage, Introduction to Statistical Pattern Recognition, Academic Press New York. 1972.

[32] Kellogg, P. J. & Kellogg, D. J., Entropy of information and the odd ball problem, J. Appl. Physics. 25(1954), 11. 1438—1439.

[33] Kostopouloз. G. K.. Digital Engineering, A Wiley-Interscience Publication, 1975.

[34] Lin Shen, Computer Solutions of the traveling salesman problem, Bell System Techn. J., 54 (1965). 10.

[35] McCulloch, W. S., & Pitts, W., A logical calculus of the ideas imminent in nervous activity, Bulletin of Math. Biophysics, 5(1943), 4, 115—134.

[36] Minsky, M., Steps toward artifical intelligence, Proc, IRE, 49(1961), 1, 8—30.

[37] Nilsson, N. J., Problem-Solving Methods in Artifical Intelligence, McGraw-Hill, 1971.

[38] Peterson, W. W., Error-Correcting Codes, Cambridge, Mass. 1961.

[39] Reddy, D. R., Speech recognition by machine: a relievw, Proc. IEEE, 64(1976), 4, 501—531.

[40] Rhyne V. T., Fundamentals of Digital Systems Design, Printice-Hall, 1973.

[41] Rózsa Péter, Rekursive Funktionen, Akadémiai Kiadó Budapest, 1951.(递归函数论,莫绍揆译,科学出版社,1958.)

[42] Science News, July, 31. 1976.

[43] Shannon, C. E. 1) A Symbolic analysis of relay and switching circuits, AIEE Trans., 57(1938), 2) Computers and automata, Proc. IRE, 41(1953), 10.
3) A Mathematical theory of communication, Bell System Techn. J., 27(1948), 3, 379—423; 4, 623—635.

[44] Shannon, C. E. & Macarthy, J., Automata Studies, Princeton University Press, Princeton. New Jersey, 1956.(自动机研究,陈中基译,科学出版社,1963.)

[45] Taylor, W. K. A, Pattern recongnizing adaptive controller, Proc. of the Second IFAC Congress, Basle, 1963.

[46] Turing, A. M., On computable numbers. with an application to the entscheidungs-problem, Proc London Math. Soc., 42(1936—37), 230—265, 544—546.

[47] Yau S. S. & Wang K. C., Linearity of sequential machines, IEEE Trans., EC-15(1966). 3.

[48] Айзерман, M. A., другие, Логика, Автоматы и Алгоритмы, Физматгиз, Москва, 1963.

[49] Айзерман, М. А. , Автоматическое управление изучающими машинам в свете экспериментов учения системам для распознавация Зрителъных образов, Доклады на Втором Конгрессе IFAC, 1963.

[50] Браверман, Э. М. , Опыты по Обучению ташины распознаванию зрителъных образов, AuT, 24(1963), 3.

[51] Гаврилов, М. А. , Теория Релейно-Контактных Схем, Изд. АН СССР, Москва, 1950.

[52] Глушков, В. М. , Синтез Цифровых Автоматов, Физматгиз, Москва, 1962.

[53] Кобринский, Н. Е. , Трахтенброт, Б. А. , Введение в Теорию Конечных Автоматов, Физматгиз, Москва, 1962.

[54] Марков, А. А. , Теория Алгорифмов, Труды Матем. Института им. В. А. Стеклова, Том. 42, 1954. (算法论，胡世华等译，科学出版社，1959.)

[55] Новиков, П. С. , Элементы Математической Логики, Физматгиз, Москва, 1959.

[56] Рогинскнй, В. Н. , Обобщенный графический метод построения контактных схем, AuT, 22 (1961), 3.

[57] Трахтенброт, Б. А. , Алгоритмы и Машинное Решение Задач, Техидат, Масква, 1957.

[58] Яглом, А. М. , Яглом, И. М. , Вероятность и Информация, Физматгиз, Москва, 1960.

第十八章　自镇定和自适应系统

在前几章里，我们曾从各种角度出发，讨论了如何设计能够满足各种不同性能指标的控制系统。从控制设计的依据条件，即先验信息完备程度的观点来看，自动控制系统可以分为两大类。第一类是具有完备先验信息的系统，在这里，有关受控对象特性，输入特性，环境条件等均在设计系统之前就已完全具备了。只要我们的设计确实正确地反映了客观存在，那么设计出来的系统应该基本达到，或完全达到设计指标。本书第十三章以前主要研究的就是这类系统。它们可以统称之为确定系统或者全信息系统。

实际上还有另外一类控制系统，它们的存在也是大量的，这就是在设计系统时尚没有掌握或不可能全部掌握必要的先验知识。这些不能完全确定的或者完全不能预知的因素可分为三类：输入信号的变化规律；受控对象的特性和环境条件，即运动方程式及其状态；系统结构中的元件可靠性及工艺误差(检验未发现的错误)。在第十四章和十五章内我们研究了输入信号为随机过程时的控制系统的分析和综合方法。第十六章内则讨论了一种特殊的关于对象信息不完备的系统设计——自寻最优点系统的设计和分析方法。但是，不具备受控对象特性及其工作环境先验知识的情况，绝非仅在寻优系统中存在，而是大量存在的事实。例如飞行器的飞行条件，精轧钢机所加工材料的轧前真实厚度，加热炉的环境温度；吊车的负载重量等，均无法在设计系统时预知。这些因素或者使受控对象的运动方程式增加了不确定性(飞行条件，吊车负载)，或者使运动方程式的边界条件成为不确定的因素(加热炉的环境温度)等。在常规条件下设计出来的系统，在某种特殊的情况下可能完全丧失工作能力，例如丧失稳定性。为了适应这种大量存在的不愉快的事实，就不得不采用另外一些原理去设计系统。所谓自行镇定系统和适应环境的系统(自适应系统)就是针对这些无完备信息的受控对象产生的。本章内我们将介绍几种具有代表意义的自镇定系统和自适应系统的工作原理，使读者对这类问题获得一些简略的但是又是准确的概念。

关于如何对付最后一种不确定性，即元件的可靠性，机构、元件和线路的偶然故障，将在下一章内详细讨论。

本章里将讨论对不具备完备信息的受控对象，如何设计可靠的和能适应环境条件的控制系统，使系统在无人参与的情况下，本身能够自动地改正设计中不能预料到的失谐或偶然发生的差错。形象地讲，似乎控制系统本身就能“理解”如何正确地行动。这很像一切生物的适应性机能，这种机能保证生物在恶劣的条件下和在正常条件下一样的生存。所谓自适应性这一概念原来就是从有关生物的生活状态的研究中抽象出来的。因为对于一切生物来说,这种适应性的存在和有效性是十分明显的,也是人们所十分熟悉的。英美的阿施贝(Ashby)、马克劳克和皮茨(McCulloch,Pitts)等人曾经对动物神经系统产生适应行为能力提出过一些假说,对于这些问题曾有过争论[4,5,14]。我们这里的讨论将不涉及到生物机理方面的东西,目的仅在于指出,利用普通的自动控制工具可能使系统部分地得到自适应的机能。至于是否还存在其他的更接近于生物的适应机能的系统结构原理,我们就暂不考虑了。随着对生物机能研究的进展和深化,自然,人们将会设计出更完善的自适应控制系统。

18.1　自行镇定的系统

为简单起见,我们考虑由两个变量 y_1 和 y_2 确定的自治系统(在第 7.8 节已经讨论过这种类型的系统),相平面就是 y_1y_2 平面。假设 t 表示时间,于是决定系统运动状态的联立方程可以写成

$$\frac{dy_1}{dt}=f_1(y_1,y_2;\zeta)$$

$$\frac{dy_2}{dt}=f_2(y_1,y_2;\zeta) \tag{18.1-1}$$

这里函数 f_1 和 f_2 里包含着一个外加的参数ζ,只有当ζ确定的时候,表示 dy_1/dt 和 dy_2/dt 之间的函数关系,以及 y_1 和 y_2 本身才能确定。作为一种特殊情况,我们让ζ取一系列离散值。根据点(y_1,y_2)的轨迹曲线就确定了系统的运动状态的形式,这些轨迹曲线是由相平面上不同的初始点出发,随着时间增加而得到的曲线。很清楚地看到,参数ζ能取多少个不同的值,系统就会有同样数目的运动形式。例如,在第 7.8 节讨论过的线性系统(相当于 $y_1=y,y_2=\dot{y}$)中有参数ζ,假设ζ能够取五个不同的值,一个是比 -1 小的负数,一个是 -1 和 0 之间的负数,一个等于 0,一个是 0 和 1 之间的正数,还有一个是大于 1 的正数,五个运动形式由图 7.8-2 到 7.8-6 表示出来。现在还可以举出另外一个例子

$$\frac{dy_1}{dt}=a_{11}(\zeta)y_1+a_{12}(\zeta)y_2$$

$$\frac{dy_2}{dt}=a_{21}(\zeta)y_1+a_{22}(\zeta)y_2 \tag{18.1-2}$$

其中系数 a_{11},a_{12},a_{21} 和 a_{22} 是ζ的单调函数,于是ζ取多少种不同的值就有多少组不同的系数,每一组系数给出一个一定的运动形式。

如果在相平面上系统所有的运动曲线趋向某一点(稳定平衡点),那么运动形式是稳定的;如果系统的运动曲线由平衡点发散出去,系统的运动形式就是不稳

定的。满足需要的系统自然应当是稳定的。如果我们能够使系统自动摈弃那些不稳定的运动形式，而保留稳定的运动形式，那么，就能使系统得到我们所需要的合适的运动状态。

如果把所需要的系统的平衡点用一个封闭的边界包围起来，并且建立一套开关装置，每当系统的运动曲线到达边界时，参数ζ就会改换成另外一个不同的值，我们来观察一下这将会发生什么情况。假设有像图 18.1-1(a)表示的一个由 P_0 点开始的运动形式，这是一个不稳定的运动形式，系统将会在 P_1 点和边界相碰，碰到边界的状态就促使开关装置发生动作，于是ζ跳到另外一个不同的值，系统的运动形式变成 18.1-1(b)那样，这个形式也是不稳定的，系统从 P_1 点运转到 P_2 点和边界相碰，开关装置又改变ζ的值，运动形式变成图 18.1-1(c)的样子，其中虽然包含着一个稳定平衡点，但是这时候系统仍然向边界外面运转，开关装置又第三次发生作用，运动形式变成图 18.1-1(d)表示的那种样子，系统由 P_2 点运转到平衡点 P_3，这个形式将保留下来，因为在稳定条件下，系统将不会和边界相碰，因此开关装置不发生作用，ζ也就不会再改变。

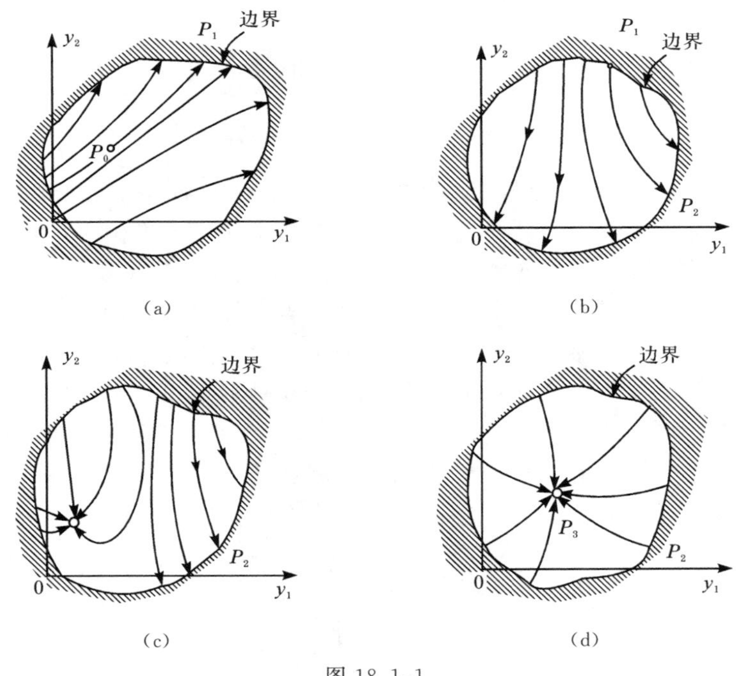

图 18.1-1

所以，只要加上一套开关装置和一个事先就规定在相平面里的开关边界，系统就自动地摈弃那些不稳定的形式，保留稳定的运动形式，而自动达到稳定状态。更进一步，使参数ζ改变的开关装置，它的作用可以完全是随机的。如果开关只动作一次就达到稳定的形式，这当然比较好。但是无论开关作用了一次或者作用了三次，得到的结果总是一样，终归能达到稳定状态。由此可见，我们可以借助纯粹机械的方法产生有目的的运动状态。这样的系统自动地达到稳定状态，它并不是具有那种事先设计好的稳定性，而是通过“理解”变成稳定的。不言而喻，如果系统的结构完全不稳定，也即对于任何一个参数ζ系统都不稳定，那么这种方法就不可能获得成功。如果在开关边界内确有稳定点，那么这种系统有着更加高超的稳定性质，在阿施贝的书中把这种系统叫做“自行镇定的系统”。

我们可以把两个变量的自治系统推广到 n 个变量 y_i 的系统，这里 $i=1,\cdots,n$。于是微分方程可以写成

$$\frac{dy_i}{dt}=f_i(y_1,y_2,\cdots,y_i\cdots,y_n;\zeta) \quad i=1,\cdots,n \tag{18.1-3}$$

其中ζ是一个参数。每当相空间 y_i 里系统的运动曲线碰到开关边界，ζ就由原来的值跳到另外一个不同的值。此处的开关边界是 n 维空间里的一个 $n-1$ 维超曲面。这样一个系统也同样是自行镇定的系统。

18.2　自行镇定系统的一个例子

为了说明自行镇定的系统的运动状态；阿施贝做了一个比较简单的模型[5]。这个模型包含四个变量，四个变量 y_1，y_2，y_3 和 y_4 分别表示四根磁铁的转角；磁铁在运动时受到很大的阻尼，采用四个线圈去控制每一根磁铁的位置，通到每个线圈的电流又分别由四根磁铁的转角决定。因为阻尼很大的缘故，磁铁的运动相当缓慢，可以把惯性力忽略不计，根据由线圈产生的那些力矩应该等于阻尼力矩的关系，得到运动方程

$$\begin{aligned}
\frac{dy_1}{dt}&=a_{11}y_1+a_{12}y_2+a_{13}y_3+a_{14}y_4\\
\frac{dy_2}{dt}&=a_{21}y_1+a_{22}y_2+a_{23}y_3+a_{24}y_4\\
\frac{dy_3}{dt}&=a_{31}y_1+a_{32}y_2+a_{33}y_3+a_{34}y_4\\
\frac{dy_4}{dt}&=a_{41}y_1+a_{42}y_2+a_{43}y_3+a_{44}y_4
\end{aligned} \tag{18.2-1}$$

方程里那些系数 a 的大小可以由实验者用一个可变电位计调节通到线圈里的电流加以改变。a 的符号也可以利用安装在线圈线路中的换向器加以改变。此外，对于每一根磁铁，控制它的位置的四个线圈中，有一个线圈的电流经过一个转换开关，转换开关共有 25 个可能的位置。每当磁铁的转角在正方向或者负方向偏转到 45°的时候，转换开关就随机地跳到另外一个位置。这样一来，系数 a_{ij}(i，$j=$

1,2,3,4)中的四个系数,每个都能由四个转换开关随机地选取 25 个值中的一个,对于每一根磁铁,或者说每一个变量 y_i,我们都可以画出一个像图 18.2-1 那样的方块图。

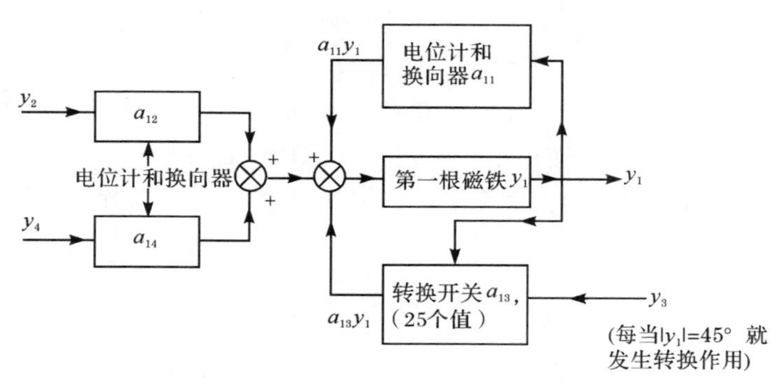

图 18.2-1

这里的开关边界是四维相空间里以原点为中心边长和 90°转角相应的“立方体”。对于实验者每给出一次 a 的安排来说,四个转换开关能够给出被它们决定的 $25^4=390625$ 种四个系数的组合。所以我们用手变动一次可变电位计,这个模型就有 390625 种运动形式,这些形式中有些是稳定的,有些是不稳定的。不稳定的形式将被自动的摈弃掉。

现在可以把自行镇定的性质作一个形象化的说明。首先,为了简单起见,我们先看一根磁铁,使它的反馈线路经过一个转换开关回到它本身;把其他的线圈隔断。图 18.2-2 表示这根磁铁的运动形式。图中上面的曲线代表磁铁的转角,下面的曲线表示转换开关的动作。在 D_1,用手拨动磁铁;但是转换开关的位置给出一个稳定运动形式,磁铁就很快地回复到原来的位置。在 R_1,用手把反馈线路倒转,现在转换开关原先的位置使得系统变成不稳定,磁铁的转角到达开关边界(图中用虚线表示的部分)。于是转换开关发生作用,转换开关跳动一次后,形式变成稳定的,根据在 D_2 时刻加一个外扰所引起的变动得知系统确实是处于稳定状态中了。在 R_2,再用手把反馈线路倒转,这时候转换开关随机地跳动了四次才使系统达到稳定状态。在 D_3 系统又是稳定的了。

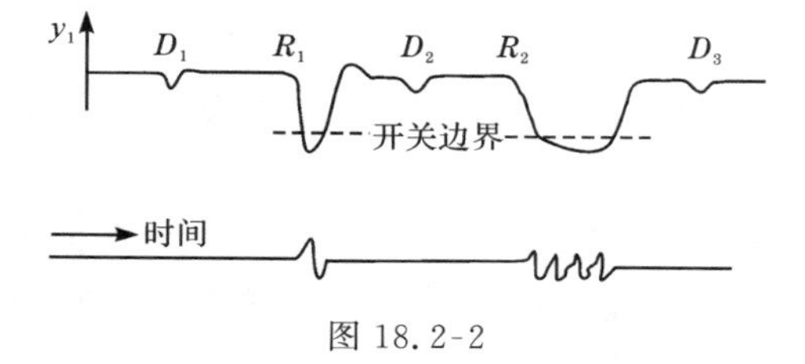

图 18.2-2

现在再来讨论下面一个例子。设有两根互相影响的磁铁,分别用 y_1 和 y_2 表示它们的转角。系数 a_{21} 由实验者给定,系数 a_{12} 由转换开关随机地取值。其余的系数都取为零。对于每次给定的一个 a_{12},由于转换开关能够随机地取 25 个值中的一个,于是就有 25 种不同的运动形式。实验所得的结果用图 18.2-3 表示,图中上面的两条曲线分别代表两根磁铁的转角 y_1 和 y_2;最底下的曲线表示转换开关的动作。在 D_1,转换开关的位置给出的是一个稳定的运动形式,转角 y_1 和 y_2 是同方向的。在 R_1,倒转第 2 根磁铁的线圈的极性(通入这个线圈的电流由第 1 根磁铁的转角决定)因而改变了系数 a_{21} 的符号,这时系统就不稳定了,转角 y_1 到达开关边界,转换开关跳动一次后系统又变成稳定的。在 D_2,由一个试验性外扰表明系统是稳定的。y_1 和 y_2 的方向正如预料那样是相反的。在 R_2,把 a_{21} 的符号又换成在 D_1 时刻的符号;转换开关作用后,系统又是不稳定的了。直到转换开关跳动三次以后系统才达到稳定。在 D_3,可以看出系统又是稳定的,y_1 和 y_2 偏转的方向相同。

最后举一个例子说明,甚至于直到系统设计成功后都未曾预料到的情况发生时,自行镇定的系统也会自动的适应环境。我们考虑图 18.2-4 表示的具体过程。这里有三根互相影响的磁铁分别用 y_1,y_2 和 y_3 表示它们的转角。在 D_1 的情形表明,最初系统是稳定的。转角 y_1 和 y_3 方向相同,但是 y_2 的方向和它们相反。现在在时刻 J,我们使模型遭到一种新的,没有预料到的情况。我们把第一根磁铁和第二根磁铁联系在一起。这样一来它们转动的方向就必须永远一致。加入这种限制以后,转换开关的动作情况和以前可能的动作情况有所不同。两根磁铁连在一起以后,系统变成不稳定了,结果转角增大使转换开关发生作用,一连摈弃三个不稳定的运动形式才达到稳定形式,如 D_2 所示。在 R,把第一根和第二根磁铁间的联系解除掉,系统又变成不稳定的,这时就又要求转换开关发生新的动作。

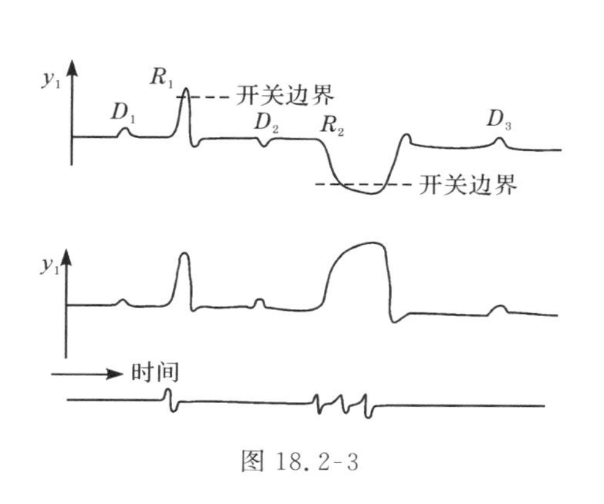

图 18.2-3

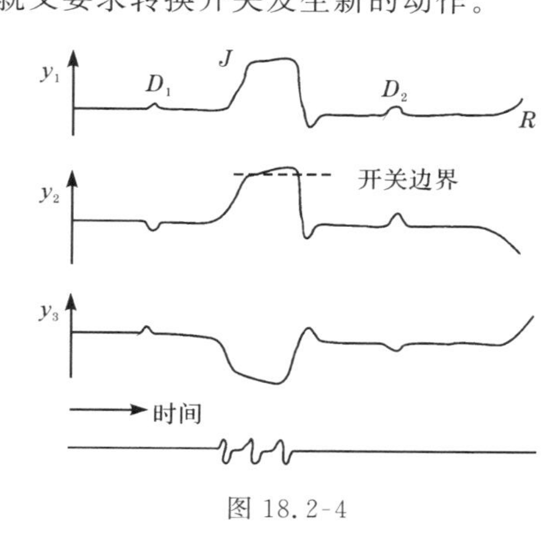

图 18.2-4

18.3　稳定的概率

前面一节,我们已经说明自行镇定的系统在某些情况下寻找稳定形式的那种具有适应能力的特征。自然会发生下面的问题:关于稳定的寻求是否总能成功呢?成功的概率等于多少?如果我们考虑方程(18.1-3)所确定的那种具有 n 个变量的自治系统,离散参数ζ的每一个值给出一个普通的动力系统,于是和所有ζ值对应的那些 n 个变量的自治系统组成一个系集。我们可以在带有开关边界的相空间里把稳定的概率确定如下:在相空间里取一点 $P(y_i)$,考虑围绕着 P 点的一个无穷小邻域 dV,在上述动力系统组成的系集里具有稳定平衡点在体积 dV 中的百分数是 dp。在开关边界围绕的相空间内求 dp 的积分,这样就给出对应于特定的开关边界的系统稳定的一般概率 p。

不言而喻,真正要计算这个稳定的一般概率是一个非常困难的数学问题,为了得到关于这个概率的一些了解,阿施贝对下面一类线性系统的系集做了一些实验分析

$$\frac{dy_i}{dt} = \sum_{j=1}^{n} a_{ij} y_j, \quad i = 1,2,\cdots,n \tag{18.3-1}$$

这里只有原点是一个平衡点。必须研究下面的行列式方程才能解决系统的稳定问题,

$$|a_{ij} - \delta_{ij}\lambda| = 0, \quad \begin{matrix} \delta_{ij} = 1, 当\ i = j \\ \delta_{ij} = 0, 当\ i \neq j \end{matrix} \tag{18.3-2}$$

假设所有的根 λ 的实数部分都是负数,那么系统就是稳定的。通常这些根 λ 称为方阵(a_{ij})的特征根。在系集里有些方阵的全部特征根实数部分都是负实数,这种方阵出现的概率等于系统稳定的概率。阿施贝考虑了最简单的分布,即均匀分布的情形,具体地说,就是方阵(a_{ij})中每个元素以同样的可能性取包含在 -9 到 $+9$ 之间的每一个整数值。一般说来,可以借助于记载随机数目的表来完成选取 a_{ij} 的值。当 $n=1$,稳定的概率显然等于 1/2。对于其他阶数的系统,阿施贝利用胡尔维茨的规则[12]试验稳定情况。他所得到的结果列在表 18.3-1 内。可以看出稳定的概率随着系统阶数的增加而逐步减少。这个概率近似地等于 $1/2^n$。

如果我们对 a_{ij} 加上某些适当的限制,那么稳定的概率就会增大。例如,我们使方阵对角线上的元素等于零,或者等于负数,假设变量之间互相不发生影响,那么系统就总是稳定的。对于一个变量,或者 $n=1$ 的系统,稳定的概率显然等于 1。当 $n=2$,概率等于 3/4。阿施贝的实验结果列在表 18.3-2 内。

表 18.3-1

n	试验次数	找到稳定的次数	稳定的百分比
2	320	77	24
3	100	12	12
4	100	1	1

表 18.3-2

n	试验次数	找到稳定的次数	稳定的百分比
2	120	87	72
3	100	55	55

由表中看到稳定的概率增大了一些，但是无论如何，当变量的数目增加的时候，稳定的概率就一定会减小。从这些研究材料中，得出下面的结论：系统稳定的概率将随着系统逐渐变复杂而按一定的规律逐渐减小。那些庞大的系统不稳定的可能性就比稳定的可能性大。

18.4 终 点 场

按照阿施贝的做法，对于某个给定的参数值 ζ 所得到的运动形式我们都给它一个固定的名称，把相空间里的运动形式称为运动状态曲线场。这种场随着参数的改变而有所不同。经过开关作用后与某个参数值对应的最后的稳定场称为终点场。这样一来，求出到达终点场所必须的开关动作次数的平均数 N，就非常重要。这个数目 N 和自行镇定系统稳定的概率 p 之间有简单的关系。开关第一次作用后能达到终点场的概率显然就等于 p。没有达到终点场的概率是 $q=1-p$。假设开关完全随机地起作用，于是第二个场(第二次开关作用后得到的场)是稳定的概率仍然等于 p，不稳定的概率仍然等于 q。所以第二个场达到终点场的条件概率等于 pq；而第二个场仍然不是终点场的概率等于 q^2。以此类推，我们知道开关作用 m 次以后才达到终点场的条件概率等于 pq^{m-1}，达到终点场所必须的开关作用次数的平均数 N 就是

$$N=\frac{\sum\limits_{m=1}^{\infty} mpq^{m-1}}{\sum\limits_{m=1}^{\infty} pq^{m-1}}=\frac{(1-q)^{-2}}{(1-q)^{-1}}=\frac{1}{1-q}=\frac{1}{p} \tag{18.4-1}$$

如果 p 非常小，对于那些庞大的系统来说，达到终点场的开关动作次数的平均数 N 就非常大，这样看来，就需要经过一段漫长的过程，需要很长的时间才能找到终点场。

在一个场里，如果只有很小一部分运动形式曲线趋向平衡点，而其他的曲线将从平衡点散开去碰到开关边界。这种特殊的场可以称为奇异终点场。只有从开关边界出发的运动曲线恰好就是上述能趋向平衡点的那些少数的曲线中的曲线，这个场才是终点场。下面我们就会看到，这种奇异终点场是不好的场。假设一个自行镇定系统所有可能出现的场中，有一部分是奇异终点场，这一部分场成为终点场的可能性非常小，为了说明这一点，我们再进行一些分析。开关边界曲

面上总有这样的部分，从这部分出发的运动形式曲线趋向平衡点。设这部分面积和整个开关边界曲面面积的比值是 k，例如图 18.1-1(a)和(b)表示的那两个场，$k=0$，图 18.1-1(c)表示的场中，k 差不多等于 1/2。图 18.1-1(d)表示的场，$k=1$。自行镇定的系统所有可能的那些场中，如果有 k 在 k 到 $k+dk$ 之间的百分数等于 $f(k)dk$。$f(k)$就是自行镇定的系统可能有的场的分布函数，按照定义

$$\int_0^1 f(k)dk = 1 \tag{18.4-2}$$

因为只有那些从开关曲面上 k 那一部分出发的运动曲线才可以产生一个终点场。于是 k 在 k 与 $k+dk$ 之间产生终点场的条件概率等于 $kf(k)dk$。由此可知，终点场的分布函数 $g(k)$和自行镇定的系统可能有的场的分布函数关系如下

$$g(k) = \frac{kf(k)}{\int_0^1 k'f(k')dk'} \tag{18.4-3}$$

显然

$$\int_0^1 g(k)dk = 1 \tag{18.4-4}$$

图 18.4-1

如图 18.4-1 所画的那样，终点场的分布集中在那些 k 值较大的地方，因此，k 很小的奇异终点场是不好的场。

然而，真正的终点场的分布与公式(18.4-3)得到的那种可能的终点场的分布并不相同。其原因在于：系统的平衡状态会遭到一些随机干扰的作用，如果相空间里的平衡点靠近开关边界，那么即使相当微小的干扰也会使系统的瞬时状态跑过边界，而把原来的场破坏掉。所以，有随机干扰作用的时候，如果一个终点场保持稳定状态的概率很大，那么平衡点必须在开关边界内靠近中心的地方。例如图 18.4-2 的三个场中，(c)场就比(a)场和(b)场来得稳定一些。其中(b)场同时包含一个不稳定的平衡点和一个极限环线。

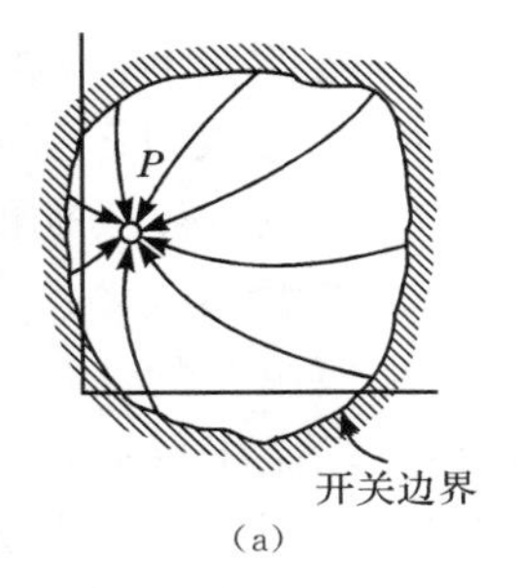

(a)

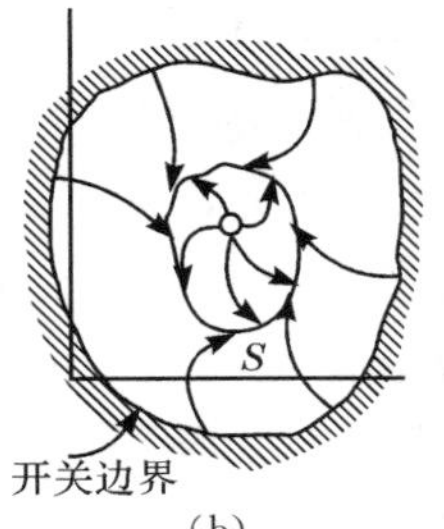

(b)

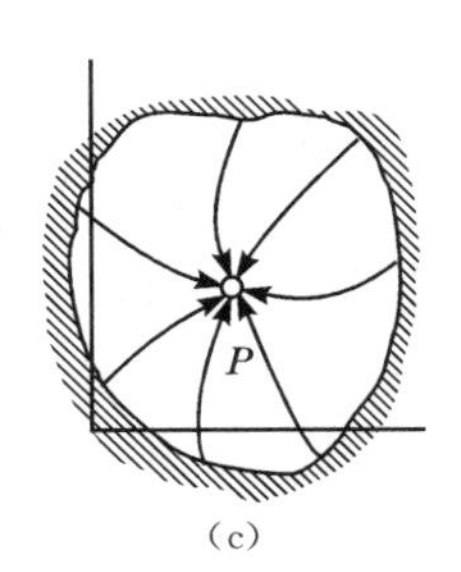

(c)

图 18.4-2

为了把这样一个在随机干扰作用下的稳定性概念表达成定量的形式。我们引入在一个干扰作用后终点场保持不变下的概率 σ。如果场里只包含一个稳定平衡点 P，见图 18.4-2，并且假设干扰使系统由 P 点离开的分布函数已经确定(譬如说按照一个高斯分布)，那么，把这个分布函数在相空间中开关边界所包围的区域内求积分，就得到 σ。如果终点场包含一个极限环线 S，那么，把极限环上的每一点先看作是一个平衡点，然后按照稳定平衡点的办法求出相当的概率，最后根据系统将在这些点耗费的时间的比例，求出这些概率的平均值 σ，这个平均值 σ 就是场保留下来的概率。我们可以认为每一个终点场都有一个这样的概率 σ。用 $\varphi(\sigma)$ 表示终点场在 σ 的概率分布函数；也就是 σ 在 σ 到 $\sigma+d\sigma$ 之间找到一终点场的概率等于 $\varphi(\sigma)d\sigma$。显然

$$\int_0^1 \varphi(\sigma)d\sigma = 1 \tag{18.4-5}$$

用 $\psi(\sigma)$ 表示真正的终点场的分布函数

$$\int_0^1 \psi(\sigma)d\sigma = 1 \tag{18.4-6}$$

我们将借助于 $\varphi(\sigma)$ 来计算 $\psi(\sigma)$。我们既然假定了 $\psi(\sigma)$ 是真正的最后终点场的分布函数，因此这个分布函数将不会因为随机干扰的作用而有所改变。此外，在一个随机干扰作用以后，必定有值 σ 在 σ 到 $\sigma+d\sigma$ 之间而百分数是 $\psi(\sigma)d\sigma$ 的场，保留下来的概率等于 σ，遭到破坏的概率等于 $1-\sigma$。由于一个随机干扰的作用，而被破坏掉的场的总百分数是

$$\int_0^1 (1-\sigma)\psi(\sigma)d\sigma$$

新的终点场根据可能的终点场的分布而决定；也就是根据 $\varphi(\sigma)$ 来决定。所以在一个随机干扰作用后，在 σ 到 $\sigma+d\sigma$ 中间终点场的总百分数应等于

$$\sigma\psi(\sigma)d\sigma + \varphi(\sigma)d\sigma\int_0^1 (1-\sigma')\psi(\sigma')d\sigma'$$

因为随机干扰不会影响最后的分布 $\psi(\sigma)$，所以上面的数目和 $\psi(\sigma)d\sigma$ 成正比。如果 C 代表比例常数，那么

$$C\left[\sigma\psi(\sigma) + \varphi(\sigma)\int_0^1 (1-\sigma')\psi(\sigma')d\sigma'\right] = \psi(\sigma)$$

把这个公式的两端从 $\sigma=0$ 到 $\sigma=1$ 对 σ 求积分，根据方程(18.4-5)和(18.4-6)就可知道 C 等于 1，所以我们得到

$$\sigma\psi(\sigma) + \varphi(\sigma)\int_0^1 (1-\sigma')\psi(\sigma')d\sigma' = \psi(\sigma)$$

上面方程里的积分是一个与 σ 无关的常数。可以看出 $\psi(\sigma)$ 和 $\varphi(\sigma)/(1-\sigma)$ 成比例关系，或者，由方程(18.4-6)得到

$$\psi(\sigma)=\frac{\varphi(\sigma)}{(1-\sigma)\int_0^1\frac{\varphi(\sigma')d\sigma'}{(1-\sigma')}}\qquad(18.4\text{-}7)$$

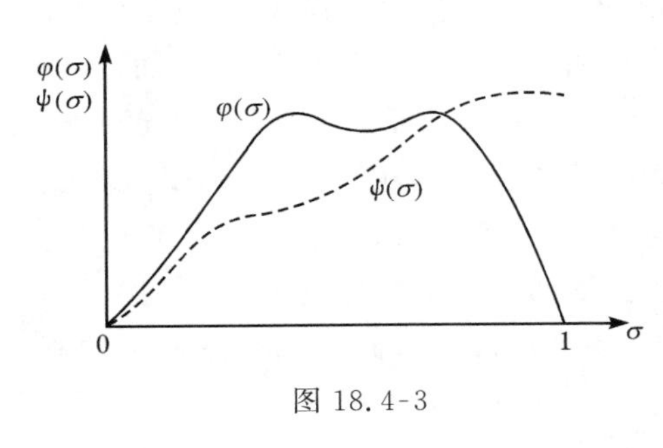

图 18.4-3

根据方程(18.4-7)可以由可能的终点场的分布函数得到真正的终点场的分布函数。因为可能的终点场的分布,可以通过计算系统里所有可能得到的场的分布,利用方程(18.4-3)求得。我们至少能够在理论上根据自行镇定的系统的特性得到真正终点场的分布。方程(18.4-7)表明,真正的终点场的分布 $\psi(\sigma)$ 与 $\varphi(\sigma)$ 比较起来更加集中在那些 σ 的值大的地方。这一事实从图 18.4-3 中可以清楚地看到,同时也是我们在以前的直观的讨论中所预料到的。我们需要注意,特殊类型的随机干扰,将仅仅影响分布函数 $\varphi(\sigma)$ 的计算。至于方程(18.4-7)所确定的 $\varphi(\sigma)$ 和 $\psi(\sigma)$ 之间的关系不会因干扰的类型不同而有所改变。上面已经说明,达到一个终点场需要开关作用的次数 N 等于 $1/p$,这里,p 是一个自行镇定的系统的稳定场的一般概率。因为我们已经知道对于庞大的系统,p 若减低至非常小的数值,那么 N 就会很大,比如说,假设系统包含 100 个变量,$p\cong1/2^{100}$,$N=2^{100}\cong10^{30}$。即使我们使得开关每秒钟动作十次,达到终点场所需要的时间仍然要等于 3×10^{19} 个世纪,如此长的时间完全可以认为是无穷大的。因此实际上自行镇定的系统将永远达不到终点场。所以对于系统很庞大的情况,同时也正是自动寻求稳定状态的原理处于重要地位的情况,我们却发现这个概念是不现实的。

为了弥补上述的缺陷,我们必须使系统稳定的概率加大。可以采取一个折中的办法。我们按照下面的方式进行设计,系统的场限制是那些在希望的运转条件下稳定的场。只有局部和少量地方才需要开关作用来调整。换句话说,我们根据普通的方法来设计系统而不采用自行镇定这种原理。只有当预先估计会有扰乱的时候才采用新的原理和开关装置。例如,我们可以根据前面几章讨论过的原理,设计一套自动驾驶飞机的装置。但是我们有一个顾虑,整套机械可能使自动驾驶装置传送到副翼上的信号发生错误,以致要求副翼向下的信号实际上产生副翼向上的运动。假设机械果真产生了这种错误。于是自动驾驶装置就不能使飞机稳定,自动驾驶着的飞机这一系统也就不稳定了,飞机就要发生旋转运动。但是,如果恰好在这一点上采用自行镇定的原理,那么就可以消除设计者的顾虑。当飞机旋转超过预定值,而碰到开关边界的时候,开关就自动地发生作用。这时系统就是包含两个场(一个稳定的场和一个不稳定的场)的自行镇定的系统了,无论自动驾驶的飞机这一系统中可能有许多个变量,但是开关顶多动作一次就达到稳定。这里采取折中办法的主要目的是:并不让每一个变量都随机地变化。差不多所有的条件下,我们可以有运转稳定的设计,由于需要考虑的只是那些预料可能发生的偶然事件,这样就大大地减少了关于表示系统行为的场的选择,因此,这是介于一般控制设计原理和自行镇定原理之间的一种折中办法。

对于生物来说,不可能预先假定周围是什么样的情况,所以要想限制系统性能的场的选择而增加稳定的概率是办不到的。阿施贝发现另一种增加稳定概率的途径。他对一个非常复杂的,包含着很多变量的系统进行观察,结果发现某一种干扰或者运转条件的变更只直接影响这些变量中相当少的若干个变量。这样,假设直接受到扰动的这些变量可以与其他变量分离开来,把它们组成一个自行镇定的系统,那么,对于那些特殊类型的干扰,稳定的概率可以大为增加。例如在这一节第一段的讨论中,假设直接受到干扰的变量,不是原来的一百个,而是五个,如果开关每秒钟动作十次,那么预料达到终点场的平均时间只是 3.2 秒。这样一来,假设 100 个变量可以分成 20 组,每组有五个变量,形成二十个自行镇定的系统,那么要求完全适应一个新的运行条件的时间总数只是 $20\times3.2=64$ 秒。对于一个包含一百个互相有关联的变量的自行镇定的系统来说,从 3×10^{19} 世纪变为 64 秒,这的确是一个惊人的改进!

自然,由 20 个不同的系统(每个系统各包含五个变量)组合而成的一个系统,就不如一个包含 100 个变量而变量之间互相有影响互相有关联的系统那样灵活,也不会有那样好的反应。但是,如果某种干扰只直接作用到五个变量,因为我们可以适当地按照干扰的性质进行变量的组合,使得每一个干扰都只影响到某一个子系统的五个变量,于是有五个变量的 20 个子系统组成的大系统和具有 100 个变量的系统是等价的。假设,受到干扰的变量是 y_1,y_2,y_3,y_4 和 y_5,于是这五个变量结合而成一个具有五个变量的自行镇定的系统。如果又有一个干扰作用于变量 y_2,y_5,y_{10},y_{98} 和 y_{99},于是这五个变量也结合成一个自行镇定的系统。这种根据运转条件不断地改变系统变量的组合而形成各种子系统的现象,阿施贝称之为运动状态的分散现象,当点$(y_1,y_2,\cdots,y_n)$在相空间内某一定范围的时候,使方程(18.1-3)中函数 $f_i(y_1,y_2,\cdots,y_n;\zeta)$等于零,就可以真正做到运动状态的分散。这时那些 y_i 是时间的常数函数,实际上只是其他变量的参数而已。在我们上面提到的例子中,对于第一个干扰来说,点$(y_1,y_2,\cdots,y_n)$在相空间中某一个区域内,除了 $i=1,2,3,4,5$ 以外 f_i 都等于 0。对于第二个干扰来说除了 $i=2,5,10,98,99$ 以外,其余的 $f_i=0$。很明显,函数 f_i 的这种运动状态只是意味着对于各个微商 dy_i/dt 来说存在着各种阈限。在实际的系统里这种阈限自然是可以预料到的。因此分散的现象是不难做到的。

阿施贝把具有分散现象的自行镇定的系统叫做适应环境的系统。一个适应环境的系统自然具有能适应环境的性能,因为它由自行镇定的子系统组成。它和有同样多个变量的自行镇定的系统不同的地方在于达到终点场的时间不一样。适应环境的系统达到稳定所需的时间比较起来是短得多的,因此就使得自行镇定的原理实际上能够实现。而且,一个适应环境的系统,对接连出现的干扰的反应是接连的尝试性的变化着适应,这种系统表示逐步理解的过程,或者继续适应的过程。这是在生物中经常可以看到的特征。更进一步,因为对于一个干扰的第二次以及以后的适应必然会改变系统的参数。与第一个干扰恒等的干扰重复出现时,一般说来系统不再产生第一次所适应的状态,这是真正地运动状态的分散现象,换句话说,系统变得更“老练”更“聪明”了,现在它不仅能够抵抗那一个主要的干扰,而且还能适应更多的运转条件了。

18.5　对环境条件的适应

第二节内讨论的自行镇定系统的例子表明,即使受控对象的先验知识知道的非常少,系统仍能够自行找到稳定工作点。由于极度缺少关于外界条件和内部结构方面的详细信息,自行镇定装置(继电器)的工作程序是随机的,以至近于“盲目”的。自行镇定过程在那里实际上也是一种搜索过程,只不过是随机搜索罢了。前面曾经指出,这种装置的缺点是搜索时间太长。在一些作用时间要求短,工作可靠性要求高的系统中,这种随机搜索的程序几乎不能或完全不能采用。

在实际问题中常见的另外一种情况是,对受控对象的知识已经足够多,即它的运动方程式的形式为已知,但其中一部分参数的确切值事先无法完全确定,而它的变化范围可以预先确定,并且,对象的环境条件局部地,或者全部地,能够在工作过程中加以测量。用这些不断测量得到的信息来改变控制装置的结构形式或参数,以使其工作性能处在预先指定的要求范围之内。这种能够有条件地适应外界条件变化的控制原理有时称之为外扰控制。

现以飞机的姿态控制为例,说明这种原理的有效性。具有六个自由度的飞机,在大气中飞行的运动方程式在机身固联坐标系内可写成下列形式(欧拉方程组)

$$
\begin{aligned}
&m\left(\frac{dv_{x_1}}{dt}+\omega_{y_1}v_{z_1}-\omega_{z_1}v_{y_1}\right)=X_1-G\sin\vartheta\\
&m\left(\frac{dv_{y_1}}{dt}+\omega_{z_1}v_{x_1}-\omega_{x_1}v_{z_1}\right)=Y_1-G\cos\vartheta\cos\gamma\\
&m\left(\frac{dv_{z_1}}{dt}+\omega_{x_1}v_{y_1}-\omega_{y_1}v_{x_1}\right)=Z_1+G\cos\vartheta\sin\gamma
\end{aligned}
\qquad(18.5\text{-}1)
$$

$$J_{x_1}\frac{d\omega_{x_1}}{dt}+(J_{z_1}-J_{y_1})\omega_{y_1}\omega_{z_1}+J_{x_1y_1}\left(\omega_{x_1}\omega_{z_1}-\frac{d\omega_{y_1}}{dt}\right)=M_{x_1}$$

$$J_{y_1}\frac{d\omega_{y_1}}{dt}+(J_{x_1}-J_{z_1})\omega_{z_1}\omega_{x_1}-J_{x_1y_1}\left(\omega_{y_1}\omega_{z_1}+\frac{d\omega_{x_1}}{dt}\right)=M_{y_1}$$

$$J_{z_1}\frac{d\omega_{z_1}}{dt}+(J_{y_1}-J_{x_1})\omega_{x_1}\omega_{y_1}+J_{x_1y_1}(\omega_{y_1}^2-\omega_{x_1}^2)=M_{z_1} \tag{18.5-2}$$

$$\frac{d\psi}{dt}=\frac{\omega_{y_1}\cos\gamma-\omega_{z_1}\sin\gamma}{\cos\vartheta}$$

$$\frac{d\vartheta}{dt}=\omega_{y_1}\sin\gamma+\omega_{z_1}\cos\gamma$$

$$\frac{d\gamma}{dt}=\omega_{x_1}-(\omega_{y_1}\cos\gamma-\omega_{z_1}\sin\gamma)\tan\vartheta \tag{18.5-3}$$

上式内 x_1,y_1,z_1 为机身固联坐标系的三个坐标轴，原点在飞机重心，ox_1 沿飞机纵轴向前，oy_1 位于飞机的对称面内向上，oz_1 与上述两轴构成右手直角坐标系；v_{x_1},v_{y_1},v_{z_1} 是飞机速度向量在三个坐标轴上的分量；$J_{x_1},J_{y_1},J_{z_1},J_{x_1y_1}$ 为对相应轴的转动惯性矩或混合惯性矩；ψ,ϑ,γ 分别为飞机姿态角（航向角，俯仰角，滚动角），其方向和符号按欧拉角的规则确定；m 为飞机质量。X_1,Y_1,Z_1 和 M_{x_1},M_{v_1},M_{z_1} 为作用于飞机上的外力和外力矩的分量。

在设计中，常将上述方程组化简。例如研究飞机的侧向运动时，在巡航期间，可以认为 $v\cong$常数，$J_{x_1y_1}=0$，$\omega_x,\omega_y,\omega_z$ 的积很小，故可忽略；纵向运动对侧向运动的影响可忽略不计。飞机速度向量和飞机纵对称面的夹角记为 β，称为侧滑角；速度向量在飞机纵对称面上的投影与 ox_1 轴的夹角称为攻角，记为 α。在上述假定条件下，经过对式(18.5-1)，(18.5-2)和(18.5-3)线性化处理以后，可以将飞机的侧向运动分离出一个独立的方程组。线性化后的方程式中的诸变量我们依然采用原来的符号。显然，它们已经不再是原来的真量了，而是真量的摄动增量。考虑到上述诸假定和关系式

$$v_{x_1}=v\cos\alpha,\quad v_{y_1}=-v\sin\alpha,\quad v_{z_1}=v\sin\beta \tag{18.5-4}$$

飞机的侧向运动可由下列三个方程式描绘

$$m\left(\frac{dv_{z_1}}{dt}+\omega_{x_1}v_{y_1}-\omega_{y_1}v_{x_1}\right)=Z_1+G\cos\vartheta\sin\gamma$$

$$J_{x_1}\frac{d\omega_{x_1}}{dt}=M_{x_1}$$

$$J_{y_1}\frac{d\omega_{y_1}}{dt}=M_{y_1}$$

$$\frac{d\gamma}{dt}-\omega_{x_1}+\omega_{y_1}\cos\gamma\tan\vartheta=0$$

$$\frac{d\psi}{dt}-\omega_{y_1}\frac{\cos\gamma}{\cos\vartheta}=0 \tag{18.5-5}$$

上式右端之外力和力矩完全与空气动力有关。因此它们的第一次近似可以写成

$$Z_1=S\rho\frac{v^2}{2}C_{z_1}^{\beta}\beta+\cdots$$

$$M_{x_1}=lS\rho\frac{v^2}{2}(m_{y_1}^{\beta}\beta+m_{x_1}^{\omega_{x_1}}\omega_{x_1}+m_{x_1}^{\omega_{y_1}}\omega_{y_1}+m_x^{\delta_3}\delta_3+\cdots)$$

$$M_{y_1}=lS\rho\frac{v^2}{2}(m_{y_1}^{\beta}\beta+m_{y_1}^{\omega_{x_1}}\omega_{x_1}+m_{y_1}^{\omega_{y_1}}\omega_{y_1}+m_y^{\delta_2}\delta_2+\cdots) \tag{18.5-6}$$

上式内 l 为翼展，S 是翼面积，ρ 为飞机所在点的大气密度，v 是飞机对大气的相对速度，c_{z_1} 和 m_{x_1}，m_{y_1} 为相应的空气动力系数；δ_2，δ_3 为方向舵和副翼舵的偏角。考虑到前面的假定，将式(18.5-6)右端的主要项代入式(18.5-5)后线性化后的侧向运动方程为

$$\frac{d\beta}{dt}+a_{11}\beta+a_{12}\omega_{x_1}+a_{13}\omega_{y_1}+a_{14}\gamma=f_1$$

$$\frac{d\omega_{x_1}}{dt}+a_{21}\beta+a_{22}\omega_{x_1}+a_{23}\omega_{v_1}=b_{23}\delta_3+f_2$$

$$\frac{d\omega_{y_1}}{dt}+a_{31}\beta+a_{32}\omega_{x_1}+a_{33}\omega_{y_1}=b_{32}\delta_2+b_{33}\delta_3+f_3$$

$$\frac{d\gamma}{dt}+a_{42}\omega_{x_1}+a_{43}\omega_{v_1}+a_{44}\gamma=0$$

$$\frac{d\psi}{dt}=a_{53}\omega_{y_1} \tag{18.5-7}$$

上式内 f_1,f_2,f_3 均为在第一次近似中与系统坐标无关的外扰作用，a_{ij}，b_{ij} 为气动参数，角度 ψ，γ 按式(18.5-6)与 ω_{x_1}，ω_{y_1} 联系着。

如果这些气动参数都是常数或接近于常数，那么欲使飞机的横向控制系统稳定地按需要工作，只需正确地选择对舵偏角 δ_2 和 δ_3 的控制规律

$$\delta_2=\delta_2(\beta,\omega_{x_1},\omega_{y_1},\gamma)$$

$$\delta_3=\delta_3(\beta,\omega_{x_1},\omega_{y_1},\gamma) \tag{18.5-8}$$

就行了。但是问题在于这些参数随飞机的飞行高度，速度和马赫数，燃料余量等的变化而发生大幅度的变化。例如，飞机的起飞段和巡航时的速度就可以相差几十倍，大气密度在地面和在22公里高空则相差20倍等。在设计控制系统时不可能预料到飞机将在何种高度上或以何种速度飞行。因此就要求控制规律式(18.5-8)对飞行条件具有一种适应性。

至今为止，各国飞机的控制规律，多采用线性方法，即舵面的运动规律可由诸变量的线性组合表示

$$\delta_2=c_{21}\psi+c_{22}\dot{\psi}+c_{23}\gamma+c_{24}\dot{\gamma}+g_2(t)$$

$$\delta_3 = c_{31}\psi + c_{32}\dot{\psi} + c_{33}\gamma + c_{34}\dot{\gamma} + g_3(t) \tag{18.5-9}$$

上式内 $\dot{\gamma}$,$\dot{\psi}$ 表示 γ,ψ 对时间 t 的导数;$g_2(t)$,$g_3(t)$分别为各通道的输入控制指令(无线电遥控或机上程序控制);而 c_{ij} 为一些比例常数。如果这些系数已经选定,那么控制系统的理论设计便告完成。

显然,固定的,一成不变的控制规律不能适应飞行条件的各种变化。在起飞段工作很好的控制系统,在高速高空的条件下可能变得不稳定,从而完全丧失工作能力。为了使控制系统具有对飞行条件的适应机能,就必须把式(18.5-9)中诸系数 c_{ij} 设计成可随飞行条件自动变化的参数。可以用下述方法达到这一目的。由于式(18.5-7)中的诸系数 a_{ij} 的变化主要是由速度,燃料余量,大气密度;飞行高度等引起的,或者可以将这些主要因素归纳为速压头 $q=\frac{1}{2}\rho v^2$,高度 H 或马赫数 $M=\frac{v}{a}$(a 为当地音速),和燃料及其他运载物的重量 G。这就是说

$$a_{ij} = a_{ij}(q,H,G) \tag{18.5-10}$$

其中速压头 q 或飞行高度 H 均可用较为简单的膜盒仪表连续测出。燃料剩余量和运载物体的重量 G 也可以在飞行中测出。

总之,这些在设计过程中不能预先确定的因素,在飞行过程中是可以通过不断地测量得到的。测出这些参数以后 a_{ij} 就完全被确定了,运动方程式(18.5-7)的左端以及受控对象的运动规律也就唯一被确定了。为了使控制装置具有适应性,可以根据外扰因素的值去改变控制规律式(18.5-8)。例如,在设计系统时可以在控制装置内安置几个可变参数,例如 c_{21},c_{22},c_{33}和 c_{34},使

$$c_{ij} = c_{ij}(q,H,G),\quad i=2,3,j=1,2,3,4 \tag{18.5-11}$$

在飞行控制过程中,根据直接测量或间接测量到的参数去调整式(18.5-9)中的诸系数,以求得系统在不同的外部条件下,都有良好的动态和静态性能。这样设计的姿态控制系统的结构示于图 18.5-1 中。为了适应环境参数的变化需要专设测

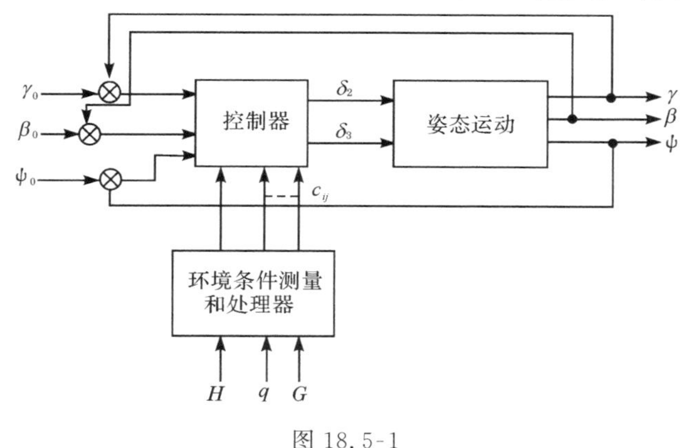

图 18.5-1

量装置，以得到环境条件不断变化的信息，作为调整控制器中诸参数 c_{ij} 的依据。这样的系统能在任何条件下，准确地执行程序指令 γ_0，β_0 和 ψ_0，并保持预定的动、静态性能。

我们重复指出，本节内讨论的系统对环境条件的适应性完全取决于对环境参数的直接或间接的测量，因此可称之为对扰动的适应系统。

18.6 模型参考自适应控制系统

除前面几节所介绍的自适应系统外，近二十多年来，还提出了各种各样实现自适应的方法。在这些方法中，所谓模型参考自适应控制系统是研究得比较成熟的一种，它已应用到飞机自动驾驶仪、空间飞行器姿态控制等的设计中。此外，在冶金工程、化学工程、电力系统等，也开始应用这一设计方法[18]。

在这一节里，我们先介绍一下模型参考自适应系统的工作原理，然后讨论一个具体的自适应方法。

图 18.6-1 是模型参考自适应系统的原理方块图。图中的参考模型是一个给定了结构和参数的理想系统，它在控制 u 作用下的输出，代表了系统在没有外界环境和内部参数变化影响的理想输出，这个输出反映了设计者所希望的系统性能。实际的受控对象在工作过程中，因外部扰动或因内部参数变化，它的实际输出将偏离理想输出，也就是说，系统的实际性能已不是设计时所要求的性能。在这种情况下，为了使实际输出接近理想输出，控制器的参数应能自动进行调整，其结果使实际输出和理想输出的误差 $e(t)$ 趋于零。具有这种能力的控制器，叫做自适应控制器，由受控对象和自适应控制器构成了自适应控制系统。这样的系统在控制 u 的作用下，尽管有内外扰动，它的输出将接近理想输出，即自适应系统的性能接近参考模型系统预定的性能。

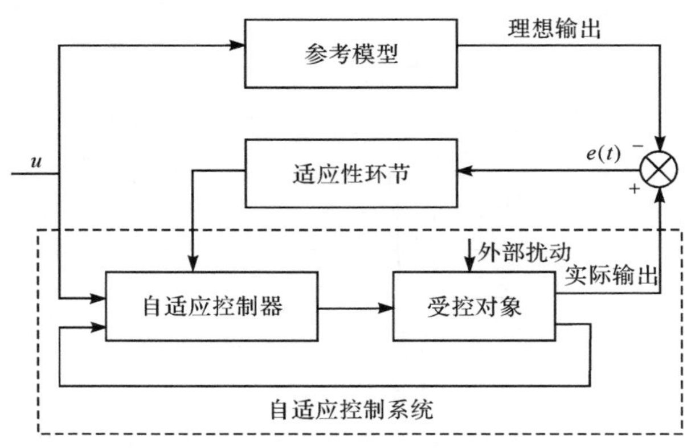

图 18.6-1

由上所述,模型参考自适应控制系统,实际上是对控制误差 $e(t)$ 而言的闭环系统。它不同于一般的反馈系统,误差 $e(t)$ 的反馈是通过适应性环节的判断去调节自适应控制器的参数的;这个环节通常是非线性变系数的环节。另外,由于参考模型是事先给定的,因此,在模型参考自适应系统中,一般说来,不存在系统辨识问题,这是和其他类型自适应系统不同的地方。

下面,我们讨论一个具体的模型参考自适应系统[11]。

设自适应系统是由线性变系数微分方程描述的

$$\dot{\boldsymbol{x}}=A(t)\boldsymbol{x}+B(t)\boldsymbol{u}$$
$$y=C\boldsymbol{x} \tag{18.6-1}$$

其中 $\boldsymbol{x}$ 是 n 维状态向量,$\boldsymbol{u}$ 是 q 维控制向量,y 是系统输出。$A(t)$,$B(t)$分别是 $n\times n$,$n\times q$ 阶矩阵,C 是 $1\times n$ 阶矩阵。

描述受控对象的运动方程式是知道的,但它的某些参数却以事先不知道的方式变化着,这些参数均含在 $A(t)$,$B(t)$中。自适应控制器的某些参数能够自行调整,以使自适应系统性能接近理想性能,这些所谓适应性参数也含在 $A(t)$,$B(t)$中。

我们假定参考模型系统是由线性常系数微分方程给出的

$$\dot{\boldsymbol{z}}=A_D\boldsymbol{z}+B_D\boldsymbol{u} \quad y_D=C\boldsymbol{z} \tag{18.6-2}$$

其中 $\boldsymbol{z}$ 是 n 维状态向量,$\boldsymbol{u}$ 是 q 维控制向量,y_D 是理想输出。A_D,B_D 也分别是 $n\times n$,$n\times q$ 阶常值矩阵。

为了简单明确,假定了系统式(18.6-1)和(18.6-2)的维数是相同的。在实际的情况下,系统式(18.6-2)的维数可能比式(18.6-1)的维数低,但这并不影响问题的实质性讨论。

自适应控制器参数的调整,应使系统式(18.6-1)和(18.6-2)输出之间的误差最小,即

$$e(t)=y(t)-y_D(t)=C(\boldsymbol{x}(t)-\boldsymbol{z}(t))$$

趋于零。显然,如果 $A(t)=A_D$,$B(t)=B_D$,同时两个系统初值相等,即 $\boldsymbol{x}(t_0)=\boldsymbol{z}(t_0)$,则应有 $\boldsymbol{x}(t)=\boldsymbol{z}(t)$,因此 $e(t)=0$。这说明,当受控对象的参数精确知道时,那么自适应控制器就没有必要存在了。实际上,受控对象的参数是变化的,而且这种变化事先并不知道,这时自适应控制器必须能自动改变自己的“控制能力”,以使系统适应不断变化着的情况。

下面所讨论的自适应方法是一种比较简单的方法[11]。当然不一定是最好的方法。这种方法的出发点在于把控制误差 $e(t)$ 表示成变化参数的明显依赖关系(这些变化着的参数均含在 $A(t)$,$B(t)$中)。

首先,设系统式(18.6-2)的初值为 $\boldsymbol{z}(t_0)=\boldsymbol{z}_0$,它的解为

$$z(t) = \Phi_D(t-t_0)z_0 + \int_{t_0}^{t} \Phi_D(t-\tau)B_D u(\tau)d\tau \qquad (18.6\text{-}3)$$

其中 $\Phi_D(t-t_0)=e^{A_D(t-t_0)}$ 是系统的基本解矩阵。

为了得到式(18.6-1)的解，可以把 $A(t)$，$B(t)$ 表示成

$$A(t)=A_D+\varepsilon A_\varepsilon(t)$$
$$B(t)=B_D+\varepsilon B_\varepsilon(t) \qquad (18.6\text{-}4)$$

其中 ε 是常数，$A_\varepsilon(t)$，$B_\varepsilon(t)$ 包含受控对象的变化参数以及自适应控制器中的适应性参数。这就是说，可以把自适应系统看成是受控对象参数变化和适应性参数调整对参考模型系统扰动的结果。当然，这两种扰动的效果不一样，前者使系统性能变坏，而后者是用来补偿这种变化的，补偿的结果使自适应系统性能接近参考模型系统性能。

把式(18.6-4)代到(18.6-1)中，则有

$$\dot{x}=[A_D+\varepsilon A_\varepsilon(t)]x+[B_D+\varepsilon B_\varepsilon(t)]u$$

设 $x(t)$ 的初值为 $x(t_0)=x_0$，其解 $x(t)$ 为

$$\begin{aligned} x(t) &= \Phi_D(t-t_0)x_0 + \int_{t_0}^{t} \Phi_D(t-\tau)B_D u(\tau)d\tau \\ &\quad + \varepsilon\int_{t_0}^{t} \Phi_D(t-\tau)[B_\varepsilon(\tau)u(\tau) + A_\varepsilon(\tau)x(\tau)]d\tau \\ &= \Phi_D(t-t_0)x_0 + \int_{t_0}^{t} \Phi_D(t-\tau)B_D u(\tau)d\tau \\ &\quad + \varepsilon\int_{t_0}^{t} \Phi_D(t-\tau)\{B_\varepsilon(\tau)u(\tau) + A_\varepsilon(\tau)[\Phi_D(\tau-t_0)x_0 \\ &\quad + \int_{t_0}^{\tau} \Phi_D(\tau-\sigma)B_D u(\sigma)d\sigma]\}d\tau + o(\varepsilon^2) \end{aligned} \qquad (18.6\text{-}5)$$

其中 $o(\varepsilon^2)$ 表示 ε 的二阶和高阶小量。当 $A_\varepsilon(t)$，$B_\varepsilon(t)$，$u(t)$ 都是 t 的连续函数时，应用逐次逼近法，迭代的结果可以得到收敛到方程(18.6-1)的唯一解。

设初始偏差为

$$x(t_0)-z(t_0)=\varepsilon\Delta z(t_0) \qquad (18.6\text{-}6)$$

将式(18.6-6)代到(18.6-5)后，有

$$\begin{aligned} x(t) &= \Phi_D(t-t_0)\varepsilon\Delta z(t_0) + \left\{\Phi_D(t-t_0)z_0 + \int_{t_0}^{t} \Phi_D(t-\tau)B_D\, u(\tau)d\tau\right\} \\ &\quad + \varepsilon\int_{t_0}^{t} \Phi_D(t-\tau)\Big\{ B_\varepsilon(\tau)u(\tau) + A_\varepsilon(\tau)\Big[\Phi_D(\tau-t_0)z_0 \\ &\quad + \int_{t_0}^{\tau} \Phi_D(\tau-\sigma)B_D\, u(\sigma)d\sigma\Big]\Big\}d\tau + o(\varepsilon^2) \\ &= \Phi_D(t-t_0)\varepsilon\Delta z(t) + z(t) \\ &\quad + \int_{t_0}^{t} \Phi_D(t-\tau)\Big\{ \varepsilon B_\varepsilon u(\tau) + \varepsilon A_\varepsilon(\tau)\Big[\Phi_D(\tau-t_0)z_0 \end{aligned}$$

$$+\int_{t_0}^{\tau}\Phi_D(\tau-\sigma)B_D\,\boldsymbol{u}(\sigma)d\sigma\Big]\Big\}d\tau+o(\varepsilon^2)$$

由此推出

$$\boldsymbol{x}(t)-\boldsymbol{z}(t)=\Phi_D(t-t_0)\varepsilon\Delta\boldsymbol{z}(t_0)$$
$$+\int_{t_0}^{t}\Phi_D(t-\tau)[\varepsilon B_\varepsilon(\tau)\boldsymbol{u}(\tau)+\varepsilon A_\varepsilon(\tau)\boldsymbol{z}(\tau)]d\tau+o(\varepsilon^2)$$

另一方面，控制误差 $e(t)$ 可表示成

$$e(t)=y-y_D=C(\boldsymbol{x}(t)-\boldsymbol{z}(t))$$
$$=C\Phi_D(t-t_0)\varepsilon\Delta\boldsymbol{z}(t_0)+C\int_{t_0}^{t}\Phi_D(t-\tau)[\varepsilon B_\varepsilon(\tau)\boldsymbol{u}(\tau)$$
$$+\varepsilon A_\varepsilon(\tau)\boldsymbol{z}(\tau)]d\tau+o(\varepsilon^2) \qquad (18.6\text{-}7)$$

假定 ε 是个充分小的量，以至可以忽略 $o(\varepsilon^2)$。这相当于小扰动的情况，即 $A(t)\cong A_D$，$B(t)\cong B_D$，$\boldsymbol{x}(t_0)\cong\boldsymbol{z}(t_0)$。于是得到如下近似方程式

$$e(t)=C\Phi_D(t-t_0)\varepsilon\Delta\boldsymbol{z}(t_0)+C\int_{t_0}^{t}\Phi_D(t-\tau)[\varepsilon B_\varepsilon(\tau)\boldsymbol{u}(\tau)+\varepsilon A_\varepsilon(\tau)\boldsymbol{z}(\tau)]d\tau \qquad (18.6\text{-}8)$$

这个方程表明了控制误差 $e(t)$ 和初始误差 $\varepsilon\Delta\boldsymbol{z}(t_0)$，扰动量 $\varepsilon B_\varepsilon(t)$，$\varepsilon A_\varepsilon(t)$ 的依赖关系。

根据这个明显的关系，使我们有可能根据误差 $e(t)$ 去调整控制器参数。假如在 t 时刻的误差为 $e(t)$，控制器参数的调整应使 $e(t)$ 在 $t'>t$ 时刻的值 $e(t')$ 减小。令

$$\Delta e(t)=e(t')-e(t)=e(t+\Delta t)-e(t) \qquad (18.6\text{-}9)$$

其中 $\Delta t>0$。很明显，为了消除误差 $e(t)$，控制器参数变化应满足如下关系

$$\Delta e(t)e(t)\leqslant 0 \qquad (18.6\text{-}10)$$

这就是说，适应性参数的调整，应使误差改变量 $\Delta e(t)$ 和 $e(t)$ 是反方向的，从而才能保证 $e(t)$ 趋于零。

我们再假定，自适应控制器的参数改变速度比起受控对象参数变化以及 Φ_D，$\boldsymbol{u}$，$\boldsymbol{z}$ 的变化要快。于是，当 Δt 选得充分小时，在 Δt 时间内 $e(t)$ 的变化 $\Delta e(t)$ 主要决定于参数调整所带来的那部分变化。现将式(18.6-8)代入(18.6-9)中，重新排列各项并分离出由于适应性参数调整引起的误差改变量

$$\Delta e(t)=\Delta h(t)+\Delta_D e(t) \qquad (18.6\text{-}11)$$

其中用 $\Delta h(t)$ 表示不受适应性参数调整影响的那部分误差，$\Delta_D e(t)$ 是受适应性参数调整而引起的误差变化部分。因为 $\Delta h(t)$ 比起 $\Delta_D e(t)$ 小得多，以至可以忽略。这样便得到如下表述式

$$\Delta_D e(t)=\frac{(\Delta t)^2}{2}\Big[\sum_{i=1}^{n}\sum_{j=1}^{n}d_i a_{ij}z_j+\sum_{m=1}^{n}\sum_{l=1}^{q}d_m b_{ml}u_l\Big] \qquad (18.6\text{-}12)$$

其中 a_{ij} ,b_{ml} 是矩阵 $\varepsilon A_\varepsilon$,$\varepsilon B_\varepsilon$ 的元素,d_k 是矩阵 $Ce^{A_D\Delta t}$ 的元素。

由式(18.6-11)可知,如果

$$\Delta_D e(t)e(t) \leqslant 0 \tag{18.6-13}$$

那么式(18.6-10)也能成立。现定义如下关系

$$\begin{aligned} a_{ij} &= -\mu_{A_{ij}} d_i z_j e(t) = -\mu_{ij} z_j e(t) \\ b_{ml} &= -\beta_{B_{ml}} d_m u_l e(t) = -\beta_{ml} u_l e(t) \end{aligned} \tag{18.6-14}$$

其中 $\mu_{A_{ij}}$,$\beta_{B_{ml}}$ 都是大于零的常数。把这些量代到式(18.6-12)中,便有

$$\Delta_D e(t) = -\frac{(\Delta t)^2}{2}\left[\sum_{i=1}^{n}\sum_{j=1}^{n} d_i^2 z_j^2 \mu_{A_{ij}} e(t) + \sum_{m=1}^{n}\sum_{l=1}^{q} d_m^2 u_l^2 \beta_{B_{ml}} e(t)\right]$$

显然

$$\Delta_D e(t)e(t) = -\frac{(\Delta t)^2}{2}\left[\sum_{i=1}^{n}\sum_{j=1}^{n} d_i^2 z_j^2 \mu_{A_{ij}} + \sum_{m=1}^{n}\sum_{l=1}^{q} d_m^2 u_l^2 \beta_{B_{ml}}\right] e^2(t) \leqslant 0$$

从而式(18.6-13)得到满足。μ_{ij} ,β_{ml} 是可以选择的参数,根据式(18.6-14)这个关系去调整适应性参数,就可以最终消除误差 $e(t)$。当然,选择式(18.6-4)这样的关系只是使式(18.6-13)得到满足的一种方法,而不是唯一的方法。这个系统的方块图示于图 18.6-2 中。

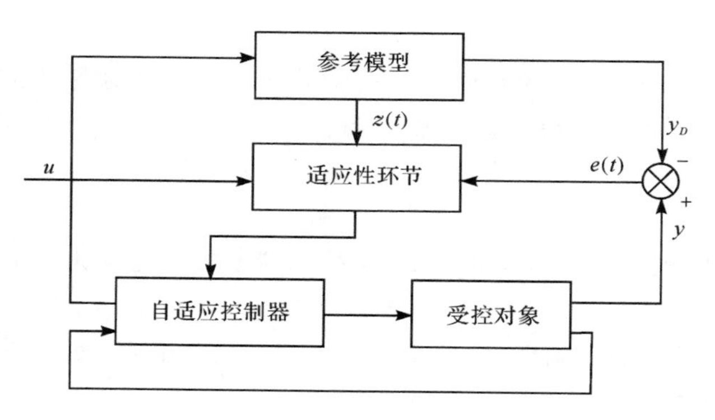

图 18.6-2

在上述系统中,是以 $e(t)$ 趋于零作为调整适应性参数的准则。也有的作者,以 $\int_0^T e^2(t)dt$ 达到极小作为调整参数的准则[10],还有其他形式的准则。总之,在这一类设计中,都是以误差 $e(t)$ 的某种性能指标取极小值作为调整参数的准则。实践表明,用这样方法设计出来的模型参考自适应系统,可能具有较好的响应能力,但稳定性往往不太好。近些年来,这个问题已逐步得到了解决[11]。上面讨论的系统,在文献[11]中应用李雅普诺夫函数方法讨论了稳定性的问题。

对于模型参考自适应系统的另一种设计方法,是以李雅普诺夫第二方法为基础的[19]。这样的设计,可以保证系统具有较好的稳定性,但也有其弱点,这就是它

要求整个状态向量必须都能测量到，而这一点却往往不容易做到。

在文献[9]中，对模型参考自适应系统的各种设计方法做了统一处理。在文献[15]中还深入地研究了这种系统的内部结构。

近些年来，还有人提出一种自调准自适应系统[6,7]。这种系统和模型参考自适应系统不同，它需要实时辨识系统参数随环境的变化，并把辨识得到的信息反馈给有确定结构的调节器，使调节器能够调整参数，从而使系统能适应不断变化的情况。关于这种自适应系统的详细研究，可参阅文献[7]。

参考文献

[1] 陆元九，陀螺与惯性导航原理，科学出版社，1964.

[2] 王新民，吕应祥，自适应控制系统综述，自动化技术进展，科学出版社，1963.

[3] 龚炳铮，不变性理论及其发展综述，自动化技术进展，科学出版社，1963.

[4] Ashby, W. R., Design for a Brain, John Wiley & Sons, New York, 1952.

[5] Ashby, W. R., Electronic Enginneering, 20(1948), 379.

[6] Aström, K. J., & Wittenmark, B., On self-tuning requlators, Autmatica, 9(1973), 2.

[7] Aström, K. J., Theory and application of self-tuning requlators, Autmatica, 13(1977), 5.

[8] Bongiorno, J. J. E., Adaptive control systems, McGraw-Hill Book Comp., inc., Edited by Mishkin E and Braun e. Jr, New York, 1961.

[9] Boland, J. S. & Colburn, B. K., A Unified approach to Model-Reference adaptive systems, Part I: Theory, Part II: Application of conyentional design technique. IEEE Tran., AES-14, (1978), 3.

[10] Beck, N. S. etc, Nonlinear and Adaptive control Techniques, Purdue Univ.

[11] Dressler, R. M., An approach to Model-Reference adaptive control systems, IEEE Tran., AC. 12(1967), 1.

[12] Hurwitz, A., Mathematischen Annalen, 46(1875), 273.

[13] Hang, C. C. & Parks, C., Compative studies of Model-Reference adaptive control systems, IEEE Tran., AC-18(1973), 5.

[14] McCulloch, W. S., & Pitts, W., A logical culculus of the ideas Inmanent in nervous activity, Bull. Math. Biophys., 5(1943), 115—133.

[15] Morse, A. S., Structure and design of linear Model-following systems, IEEE Tran., AC-18(1973), 4.

[16] Pask, G., "Learning Machines". A survey paper on the second IFAG, Basel, 1963.

[17] Truxal, J., Adaptive Control, A survey on the Secord IFAC, Basel, 1963.

[18] Unbehauen, H. & Schmid, OHR., Status and industrial application of adaptive control systems, Automatic Control Theory and Application, 1(1975), 1—12.

[19] Winsor, C. A. & Roy, R. J., Design of Model-Reference adaptive control systems by Lyapunov's second method, IEEE Tran., AC-13(1968), 2.

[20] Батков, А. М. и Солодовников, В. В. , Метод определения Оптимальных характеристик одного класса Самонастраивающихся Систем, Автоматuка u Телемеханuка, 18(1957), 5.

[21] Боднер, В. А. и Козлов, М. С. , Стабилизация Летательных Аппаратов и Автопилоты, Оборонгиз, Москва, 1961.

[22] Ивахненко, А. Г. , Самообучающиеся Системы, издательство АН УССР, Киев, 1963.

[23] Кулебакин, В. С. , Теория инвариантности н её применение в автоматических Устройствах, Труды Совещания по Теория инвариантности, издательство АН УССР, Киев, 1959.

[24] Лузин, Н. Н. , Кузнецов П. И. , К абсолютной инвариантности и инвариантности до ε в теории дифференциальных уравнений, *ДАН СССР*, Новая серия, 51(1946), 5.

[25] Фельдбаум, А. А. , Основы Теории Оптимальных Автоматических Систем, Физматгиз, Москва, 1963.

[26] Щипанов, Г. В. , Теория и Методы проектирования автоматических регуляторов, Автоматuка u телемеханuка 1(1939), 1.

第十九章　冗余技术和容错系统

19.1　引　　言

在上一章里我们介绍了一种自动系统，从某种意义上讲，它具有自行修复本身结构的能力。由于在系统中设置了一个简单的自动装置，每当系统由于某种原因处于不稳定状态时，这个装置就会自动地改变线路结构，从而恢复系统的稳定性能。这就是说，当某些元件或组件发生故障时，系统能够自动地“排除故障”。在这类系统中，设计者无需担心元器件的故障或性能变化会导致整个系统的失效，只要求系统的结构中含有足够的备份或通道，便可以对付各种意外事件的发生。本章内我们将从更为一般的观点去研究这类问题，即研究如何构造一种能够自动排除故障的系统——容错系统。

生物体的组织结构的奇特性能，始终是工程控制论中引人入胜的研究课题，特别是动物躯体中的自修复能力和克服故障的能力是仿生学中日益显得重要的研究对象。我们知道，哪怕是低级的动物的自修复能力也是当代最完善的自动控制系统所望尘莫及的。例如，蟑螂的腿被损坏（甚至被切掉）后，很快就能再生出一条完全一样的新腿。哺乳类动物的某些动脉血管如果发生流通障碍，旁边的支血管就会自动地长粗变大，用以代替发生了故障的动脉，使肢体不致因缺血而衰亡。更令人惊奇的是，人的大脑细胞，在人的一生中不断地失效并死亡而不影响任何生理系统的正常工作。据估算，在人的大脑内总数为 10^{10} 个脑细胞中，平均每小时约有 1,000 个失灵或死亡，一年内脑细胞失灵的总数约为 10^{7} 个；一个人一生中失灵或死亡的脑细胞达 10^{9} 个，相当脑细胞总数的十分之一。然而，一个正常的人的神经系统却能够毫无故障地工作一生，不但不为这些损坏了的“零件”所破坏，而且思维能力逐年提高，可靠性也日益增大。

一个自动机，例如电子计算机，能不能逐步具有这种能力呢？答案应该是肯定的。从控制论的观点来看，我们一定能够逐步认识动物神经系统的这种自动排除故障能力的原理，并在各种自动机（控制系统）中应用。近十几年来已经建立了“容错系统”的理论，并在先进的计算机系统中得到了普遍的应用。这种容错技术为提高系统工作的可靠性开辟了新的途径。

所谓容错系统是指自动机在它的某些组成部分发生故障或差错时（元件失

效，线路故障，偶然性干扰造成的差错等），不影响整个系统的正常工作。自动机系统的故障大致可分为两类，一类是“致命性的”，即系统从根本上遭到破坏，例如电源被切断(断电)，主要部分被全部损坏等。这类故障是致命性的，有如生物内的循环系统全部失效，将导致全系统的破坏，因而是不能被修复的。在这种情况下，系统的工作不可能继续正常地进行。容错系统当然不是针对这类问题而言的。另一类故障是局部的，暂时的，可能被修复或者能被纠正的，这是容错技术应该和能够对付的故障和差错。

在容错技术中，提高系统工作可靠性的主要方法有两种。第一种是自检，即在系统内发生非致命性故障时能够自动发现故障和确定故障的性质、部位，从而自动地采取措施，更换或去掉这种故障部件。第二是冗余技术，即设置各种备份元器件或组件，合理地组织它们的工作方式，对故障部分进行删除或自动更换；或者，使个别故障不能影响整个系统的正常工作。第一种自检技术常用专门程序实现，属于程序设计的范畴。而为了提高设备本身(硬件)的可靠性则主要靠冗余技术。本章内我们将主要介绍冗余技术的一些理论和方法，即重复线路、备份线路和复合方法的基本理论。

首先引进关于器件和系统工作可靠性的基本定义。设取 N 个某种同类组件进行可靠性试验。将它们各自出现第一次故障以前的正常工作时间加以平均，得到平均无故障工作时间 T。实验表明，一批同类组件能够无故障而正常工作的概率将随工作时间的增长而下降，下降的速度可用指数函数近似地表达出来。用 $R(t)$ 表示该组件在 $[0,t]$ 时间内能够正常工作的概率，这个概率常称为组件的可靠性。那么，可靠性 $R(t)$ 的变化大致为

$$R(t) = e^{-\lambda t}, \quad t \geqslant 0 \tag{19.1-1}$$

式中 λ 称为平均失效率。因为平均正常工作时间 T 与 $R(t)$ 有明显的关系

$$T = -\int_0^{\infty} t dR(t) = \int_0^{\infty} \lambda t e^{-\lambda t} dt = \frac{1}{\lambda} \tag{19.1-2}$$

所以平均失效率 λ 等于平均无故障工作时间 T 的倒数。T 也叫做平均故障时间。显然，根据这个定义，只要测得某一组件或元件的平均无故障工作时间，或者测出在指定时间间隔内的平均故障次数(即平均失效率)，则该组件或元件的工作可靠性即可按式(19.1-1)算出。

既然可靠性函数 $R(t)$ 是一个概率，对由多个元件或组件构成的系统，可以用概率论的方法计算整个系统的可靠性。例如，假定一个系统由 N 个元件构成，任何一个元件发生故障都导致全系统失效。如果第 i 个元件的可靠性是 $R_i(t)$，而且这些元件中每一元件的故障都是独立的，没有备份，则这个系统的可靠性是

$$P(t) = R_1(t)R_2(t)\cdots R_N(t) \tag{19.1-3}$$

由于 $R_i(t)\leqslant 1$，所以系统所含元件越多，它的可靠性就越小。如果系统的可靠性是 $P(t)$，它的不可靠性(就是失效率)为

$$Q(t)=1-P(t)=1-R_1(t)R_2(t)\cdots R_N(t) \qquad (19.1\text{-}4)$$

又因为 $P(t)+Q(t)=1$ 在任何时刻 t 均成立，所以有二项式恒等式

$$(P(t)+Q(t))^N=\sum_{i=0}^{N}C_N^iP^{N-i}(t)Q^i(t)=1,\quad C_N^i=\frac{N!}{(N-i)!i!} \qquad (19.1\text{-}5)$$

这个恒等式对讨论重复线路或备份线路的可靠性时是很有用的。下节内我们将讨论如何用备份元件和重复元件来提高系统工作的可靠性。

19.2 用重复线路和备份线路提高可靠性

根据一般常识，用重复线路和备份线路可以在很大程度上提高系统的可靠性。重复线路是指用多个相同品种和规格的元件或组件并联起来，当做一个元件或组件来使用，只要有一个不出故障，系统就能够正常工作。这一组相同的组件在输入端和输出端都并联起来，其中某几个发生故障时并不影响其他组件的正常工作。也就是说，在并联工作时，每一个组件的可靠性概率是相互独立的。备份线路与并联线路的差别是参加备份的组件并不接入系统，只有在处于工作状态的组件发生故障后，才把输入和输出端转接到备份组件上来，同时切断故障组件的输入和输出端。为了实现这种转接，当然系统应该具有自动发现故障的能力，同时还应有自动转接的设备。重复线路和备份线路是冗余技术中最常用到的基本线路。

过去，系统的组成元件是分立的电子管、晶体管、电阻、电容、继电器等，重复和备份受到器材数量和价格的限制，特别在重复线路中还受到电源容量的限制(需要同时加电)，所以不能大量采用。在大规模集成电路，特别是金属氧化物半导体大规模集成电路出现以后，元件的数量和电源的限制都已经不再是主要矛盾了，大量地采用重复电路和备份电路已经成为提高系统可靠性切实可行的有效措施。

从可靠性的观点来看，如果系统发现故障的能力较强，从故障器件转接到备份器件上的时间很短，那么重复和备份这两种措施在性质上是完全一样的，我们首先讨论一般的情况。假设一个系统(或子系统)中的某种组件重复(或备份)N 次(图 19.2-1)，如果每个组件的可靠性都是 $R(t)$，那么 N 个组件全部发生故障的概率将是$(1-R(t))^N$。因为 $0<R(t)<1$，所以当 N 很大时故障概率就会变得很小。这就是说，用不太可靠的组件构成的重复线路可以有很可靠的性能。更为一般的情形是，在 N 个相同的组件中至少有 k 个能够正

常工作才不破坏系统的性能。在这种情况下用 $P_{k/N}(t)$ 表示系统的可靠性，显然有

$$P_{k/N}(t) = \sum_{i=k}^{N} C_N^i R^i(t)(1-R(t))^{N-i} \tag{19.2-1}$$

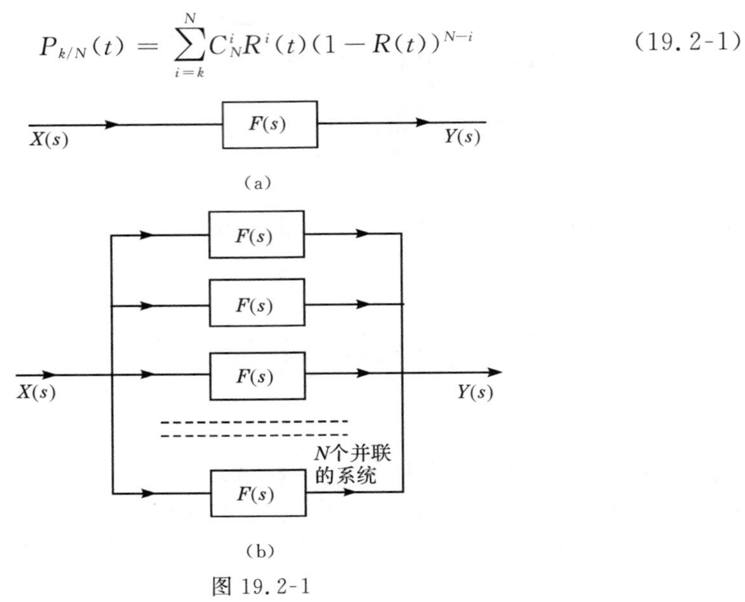

图 19.2-1

这叫做 k/N 冗余，数字 $N-k$ 叫做系统（组件）的容错能力。例如，当 $k=N$ 时，系统的可靠性是

$$P_{N/N}(t) = R^N(t) \tag{19.2-2}$$

此时我们说系统的容错能力为 0。当 $k=1$ 时，系统的可靠性是

$$P_{1/N}(t) = 1-(1-R(t))^N \tag{19.2-3}$$

容错能力是 $N-1$。

在系统设计中常选用 $N=3$，$k=2$ 这种组合方法，叫做 2/3 冗余，它的工作可靠性是

$$P_{2/3}(t) = R^3(t) + 3R^2(t)(1-R(t)) \tag{19.2-4}$$

它的容错能力是 1。如果 N 为任意数，则

$$P_{2/N}(t) = 1-(1-R(t))^{N-1}[1+(N-1)R(t)] \tag{19.2-5}$$

容错能力是 $N-2$。最后，还有一种可能碰到的情况是过半冗余，即当 N 为奇数时令 $k=\frac{N+1}{2}$，则

$$P_{\frac{N+1}{2}/N}(t) = \sum_{i=0}^{\frac{N-1}{2}} C_N^i (1-R(t))^i R^{N-i}(t)$$

当 N 为偶数时

$$P_{\frac{N}{2}/N}(t)=\sum_{i=0}^{\frac{N}{2}}C_N^i(1-R(t))^iR^{N-i}(t) \tag{19.2-6}$$

此时系统的容错能力分别为$\dfrac{N-1}{2}$和$\dfrac{N}{2}$。

但是,也常有另一种情况,即系统中的某一组件发生了故障使系统出现一个错误的输出,该输出又使重复线路的共同输出产生错误。在这种情况下,并联不但不能提高可靠性,相反倒使可靠性下降了,此时再采用上面谈到的重复线路,就不可能解决提高可靠性的问题。虽然如此,以后我们还会看到,在这种情况下不仅备份线路的方法可以应用,而且还可以用复合方法,利用别的规则把组件组合起来,仍能有效地提高系统可靠性。

19.3　复合冗余

提高系统可靠性的比较复杂的办法是复合冗余。假定有某个门电路 S 具有两个输入端 a 和 b,有一个输出端 c,它的逻辑功能如图 19.3-1 所示①。我们用包含有 n 个输入的一束输入线代替一个输入线。这样一来,对于输入端 a 将有 n 根线,记为 a_i,$i=1,2,\cdots,n$;对应于 b 输入端也有 n 根线,b_i,$i=1,2,\cdots,n$;再用 n 个门电路去代替一个门电路,它们共有 n 个输出端(见图 19.3-2)。然后我们规定一个分数 δ,$0<\delta<1/2$,如果输出线束中超过 $(1-\delta)n$根线上的值是 1,我们就认为门电路 S 的输出是 1。如果输出线束中有小于 $n\delta$ 根线上是 1,就认为门电路 S 的输出是 0。分数 δ 称为复合冗余的置信度。现在的问题是如何把这 n 个门 S 组合成一个系统,当输入线束中发生错误的概率和单个门电路的可靠性为已知时,能够使整个系统出现错误动作的概率减小。

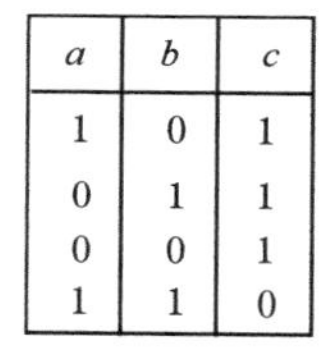

a	b	c
1	0	1
0	1	1
0	0	1
1	1	0

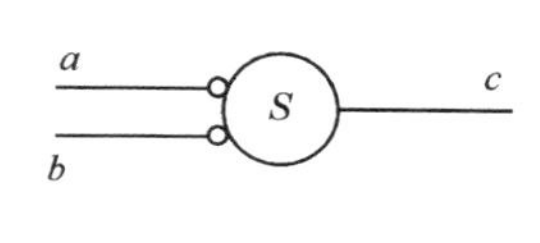

图 19.3-1

我们现在这样处理这一问题:从输入线束 a 中选取一根线 a_i;从 b 线束中也选出一根 b_i 线,把这两根线依次接到第 i 个门电路的输入端,这就组成了一个如图 19.3-2 中所示的复合系统。显然,如果 S 门是带有反相输入的或门,也叫谢弗门(与非门),当差不多所有的输入线上都是 1 时,那么几乎所有的输出线上都将为 0。相反,若几乎所有输入线上都是 0,则几乎所有的输出线上都是 1。看来,这样构成的复合系统有可能提高系统的可靠性。如果要做定量分析,问题就显得复杂

① 图 19.3-1 所示的门电路实际上就是与非门,过去叫谢弗门。在本书的前几章中曾用别的符号表示。但在本章内我们将沿用原书的名称和符号。

得多了。例如,为了使门电路的输出为0,必须两个输入端都为1。这时,在a束或b束中发生一个错误,在输出线束中也将产生一个错误。所以,对于输出为0的情形来说,输出线束产生的错误总数将介于输入线束中的错误总数和两束线中产生错误较多的那一束的错误数之间。同样,在只有一根输入线上是0而输出是1的情况下,输出线束中产生的错误数目不大于输入线束中那些应为0的线上的错误数。在两根输入端都为0而输出端为1的情况下,只有谢弗门两个输入端同时产生错误时其输出端才产生错误。所以,输出线束中发生错误的情形比较输入线束发生的错误要少些。因此输入端的错误数和输出端的错误数并不一致,有时输出错误数会增加,有时会减少。这就发生了错误数目变化的现象。

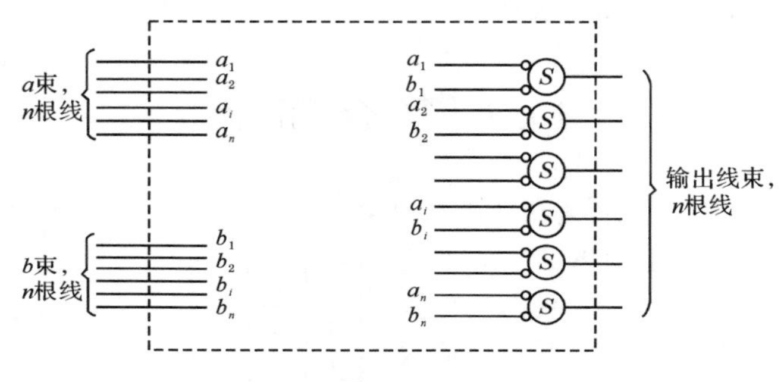

图 19.3-2

为了使输出错误数尽量减小,我们按照下列方式引入一个复原装置,如图19.3-3所示。把图19.3-2中的每一根输出线再分为两根,总共得到$2n$根输出线,然后再把这$2n$根线在一个装置中重新排列,随机地取出一对对的线并接到另外一排n个谢弗门的输入端,这样我们就又得到含有n根线的输出线束。为简便起见,我们下面称取值为1的线为兴奋线,取值为0的线为抑制线。如果原线束中有$\alpha_0 n$根兴奋线,那么从统计意义上看,在输出线束中抑制线所占的百分数是α_0^2,输出中兴奋线所占的百分数是

$$\alpha_1 = 1 - \alpha_0^2 \tag{19.3-1}$$

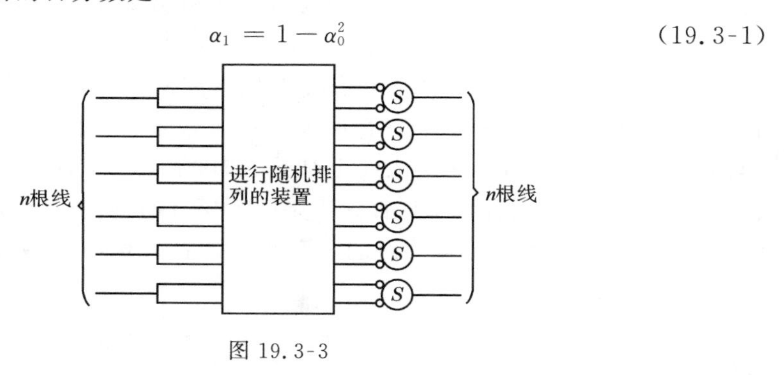

图 19.3-3

依假设，原线束中的每根线的兴奋概率是 α_0，只要 n 足够大，经随机变换后的兴奋概率就变为 α_1。现在把这样两个相同的装置串联起来，最后得到输入线束中的兴奋概率（兴奋线的百分比）α_2 为

$$\alpha_2 = 1 - \alpha_1^2 = 1 - (1 - \alpha_0^2)^2 = 2\alpha_0^2 - \alpha_0^4 \tag{19.3-2}$$

原来的 n 根输出线经过串联起来的两个装置后，情况就发生了变化。在图 19.3-4 中画出了关系式(19.3-2)中 α_2 对 α_0 的函数关系。显然，当下列等式成立时有 $\alpha_2 = \alpha_0$

$$\alpha_0^4 - 2\alpha_0^2 + \alpha_0 = 0$$

这就是说，当 $\alpha_0 = 0$，$\alpha_0 = \frac{1}{2}(\sqrt{5} - 1)$ 和 $\alpha_0 = 1$ 时 $\alpha_2 = \alpha_0$。因为

$$\frac{1}{2}(\sqrt{5} - 1) = 0.618034$$

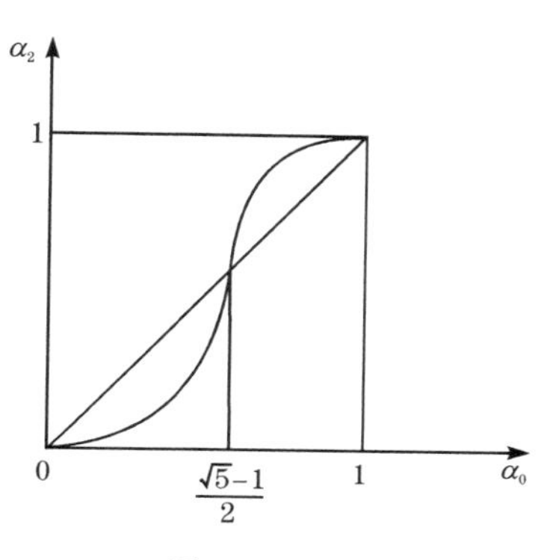

图 19.3-4

在图 19.3-4 中可以看出，当 α_0 介于 0 和 0.618 之间时，$\alpha_2 < \alpha_0$；而在 0.618 和 1 之间 $\alpha_2 > \alpha_0$。于是，复原装置的作用在于使每根线的兴奋概率，或者说，输出兴奋线的百分比趋向 0 或 1，从而输出线中发生错误的概率就发生了变化。

根据上面的讨论，用复合冗余方法构成的复合线路就是由包含 n 个谢弗门（输入端带有反相器的或门）的随机重复线路的串联。如果单个谢弗门（图 19.3-1）的正确输出是 1，那么图 19.3-2 中的输出线束中必然是多数线取 1，即 α_0 值接近于 1，错误的输出（取 0 的输出线）毕竟是少数。此时，经过串联复合线路以后，输出线束中取 1 线的百分比将增大，这从图 19.3-4 中曲线的右端可清楚地看出。反之，若单门的正确输出为 0 时，图 19.3-2 的输出线中取 1 的错误线必然是少数，即 α_0 远小于 1 而接近于 0。从图 19.3-4 中曲线的左端可看出，当 α_0 很小并接近于 0 时，复合线路的第二级输出线束中的错误概率 α_2 就变得更小，从而减少了错误输出数，也就提高了系统的可靠性。当然，这种提高可靠性的办法需要付出代价：要用 $3n$ 个谢弗门去代替一个谢弗门。在实际工作中付出这样大的硬设备代价去提高可靠性可能是不合算的。但是，冯·诺伊曼（Von. Neuman）的这个思想和概念却是很有教益的：应用概率论中最基本的概念，可以用不甚可靠的器件堆累成一个可靠的具有相同功能的组件。冯·诺伊曼称这种方法为复合方法[16]，这也是本节名称的由来。

19.4　复合系统中的单级出错概率

现在我们来计算由谢弗门组合起来的复合系统的出错概率。具体的组合方

式，上一节内已经叙述过了。现在我们来证明这样构成的系统的出错概率确实受到了控制。首先，我们看到，在复原机构中差错或故障的直接来源是每一个谢弗门本身。假设在某一时刻每个谢弗门发生错误的概率是 $\varepsilon(t)$，还假设由 r 个门组成的系统中，每一个门的出错概率仍然是 $\varepsilon(t)$，并且是相互独立的。那么，这 r 个门中在某一时刻将平均有 $\varepsilon(t)r$ 个发生故障。从古典的随机采样问题中可以知道[12]，在 r 个谢弗门并联的系统中，如果每个门的故障概率是 ε，当 r 足够大时，有 ρ 个门发生故障的概率 $p_0(\rho,\varepsilon,r)$ 可由下式表达出来

$$p_0(\rho,\varepsilon,r) \cong \frac{1}{\sqrt{2\pi}\ \sqrt{\varepsilon(1-\varepsilon)r}} e^{-\frac{1}{2}\frac{(\rho-\varepsilon r)^2}{\varepsilon(1-\varepsilon)r}} \tag{19.4-1}$$

所以概率分布 $p_0(\rho,\varepsilon,r)$ 是按平均值等于 εr 而方差等于 $\varepsilon(1-\varepsilon)\gamma$ 的高斯分布。

在复合系统中，差错的另一个来源是输入线束中的差错和通到各谢弗门输入端的那些线束配置不当而产生的。例如，在图 19.3-2 中的输入线束 a 中，如果兴奋线（取值为 1 的线）的百分数等于 ξ，输入线束 b 中兴奋线的百分数为 η。我们希望输出线束中有同样百分数的抑制线（取值为 0 的线）. 但是，如果第 i 个门的输入线 a_i 处于兴奋状态，而 b_i 处于抑制态，即便是这第 i 个门本身没有毛病，它的输出端仍然处于兴奋态。用 ζ 表示输出线束中兴奋线所占的百分数。于是输出线束中实际的抑制线有 $(1-\zeta)n$。a 束中所有兴奋线的数目等于 ξn，在 b 束中等于 ηn。有效的数目，或者配置适当的数目，a 束中只是 $(1-\zeta)n$，其余 $[\xi-(1-\zeta)]n$ 根线没有生效。b 束中没有生效的数目是 $[\eta-(1-\zeta)]n$，所以有效的输出线等于 $(1-\zeta)n$，由于 a 束中兴奋线配置不当而有 $[\xi-(1-\zeta)]n$ 根输出线没有生效，由于 b 束中兴奋线配置不当而有 $[\eta-(1-\zeta)]n$ 根输出线没有生效，最后由于抑制输入线而使输出线没有生效的数目是

$$\{1-(1-\zeta)-[\xi-(1-\zeta)]-[\eta-(1-\zeta)]\}n = (2-\xi-\eta-\zeta)n$$

因此，这一类输出可能的有效组合的数目是[12]

$$\frac{n!}{[(1-\zeta)n]!\{[\xi-(1-\zeta)]n\}!\{[\eta-(1-\zeta)]n\}![(2-\xi-\eta-\zeta)n]!}$$

另一方面，在输入方面，a 输入线束中有 ξn 根兴奋线，$(1-\xi)n$ 根抑制线，这 n 根线可能的组合数是

$$\frac{n!}{(\xi n)![(1-\xi)n]!}$$

b 输入线束中，有 ηn 根兴奋线，$(1-\eta)n$ 根抑制线，这 n 根线可能的组合数是

$$\frac{n!}{(\eta n)![(1-\xi)n]!}$$

如果每一个谢弗门是理想的无故障门，两束输入线中兴奋线的百分数分别是 ξ 和 η，而输出线束中兴奋线的百分数等于 ζ 的概率 p_1 可以由下列公式得到

$$p_1(\xi,\eta,\zeta;n) = \frac{\dfrac{n!}{[(1-\zeta)n]!\{[\xi-(1-\zeta)]n\}!\{[\eta-(1-\zeta)]n\}![(2-\xi-\eta-\zeta)n]!}}{\dfrac{n!}{[\xi n]![(1-\xi)n]!}\ \dfrac{n!}{[\eta n]![(1-\eta)n]!}}$$

$$= \frac{[\xi n]![(1-\xi)n]![\eta n]![(1-\eta)n]!}{[(1-\zeta)n]!\{[\xi-(1-\zeta)]n\}!\{[\eta-(1-\zeta)]n\}![(2-\xi-\eta-\zeta)n]!n!} \tag{19.4-2}$$

很清楚，为了使得计算有意义，前面一段讨论过的四类输出线不能小于零，只要发生小于零的情况，概率就等于零。也就是说，只要违背了下述条件中的任何一个的时候，p_1 就等于零

$$\begin{aligned} &1-\zeta \geqslant 0 \\ &\xi-(1-\zeta) \geqslant 0 \\ &\eta-(1-\zeta) \geqslant 0 \\ &2-\xi-\eta-\zeta \geqslant 0 \end{aligned} \tag{19.4-3}$$

我们将要在 n 很大的假设下化简方程(19.4-2)。当 n 很大，由斯特灵(Stirling)公式，阶乘(!)可以用它的渐近值表示

$$n! \cong \sqrt{2\pi}e^{-n}n^{n+\frac{1}{2}}$$

我们再把它改写成下面的形式

$$n! \cong \sqrt{2\pi}n^{\frac{1}{2}}e^{-n+n\ln n} \tag{19.4-4}$$

利用方程(19.4-4)我们可以写出 p_1 的近似式

$$p_1(\xi,\eta,\zeta;n) = \frac{1}{\sqrt{2\pi n}}\sqrt{a}e^{-\theta n} \tag{19.4-5}$$

其中

$$a = \frac{\xi(1-\xi)\eta(1-\eta)}{(\xi+\zeta-1)(\eta+\zeta-1)(1-\zeta)(2-\xi-\eta-\zeta)} \tag{19.4-6}$$

以及

$$\begin{aligned} \theta = &(\xi+\zeta-1)\ln(\xi+\zeta-1)+(\eta+\zeta-1)\ln(\eta+\zeta-1) \\ &+(1-\zeta)\ln(1-\zeta)+(2-\xi-\eta-\zeta)\ln(2-\xi-\eta-\zeta) \\ &-\xi\ln\xi-(1-\xi)\ln(1-\xi)-\eta\ln\eta-(1-\eta)\ln(1-\eta) \end{aligned} \tag{19.4-7}$$

把 θ 对 ζ 求微商，我们得到

$$\frac{\partial\theta}{\partial\zeta} = \ln\frac{(\xi+\zeta-1)(\eta+\zeta-1)}{(1-\zeta)(2-\xi-\eta-\zeta)} \tag{19.4-8}$$

以及

$$\frac{\partial^2\theta}{\partial\zeta^2} = \frac{1}{\xi+\zeta-1}+\frac{1}{\eta+\zeta-1}+\frac{1}{1-\zeta}+\frac{1}{2-\xi-\eta-\zeta} \tag{19.4-9}$$

由这些方程我们得到在 $\zeta=1-\xi\eta$ 时，$\theta=\partial\theta/\partial\zeta=0$。更进一步，因为方程(19.4-3)的条件，$\partial^2\theta/\partial\zeta^2$ 总是正数，所以 θ 只有一个零点在 $\zeta=1-\xi\eta$ 处。由于假设 n 很大，方程(19.4-5)中的负幂说明只需要考虑 θ 在它的零点附近的值就够了。因为在 θ 的零点附近，$p_1(\xi,\eta,\zeta;n)$ 很快趋于零值；在 θ 的零点上有 $\zeta=1-\xi\eta$，把这个值代到式(19.4-9)中，则得到

$$\frac{\partial^2\theta}{\partial\zeta^2}=\frac{1}{\xi(1-\eta)}+\frac{1}{\eta(1-\xi)}+\frac{1}{\xi\eta}+\frac{1}{(1-\xi)(1-\eta)}=\frac{1}{\xi(1-\xi)\eta(1-\eta)}$$

在 $\zeta=1-\xi\eta$ 的附近，θ 可以近似的写成

$$\theta\simeq\frac{1}{2}\frac{[\zeta-(1-\xi\eta)]^2}{\xi(1-\xi)\eta(1-\eta)} \tag{19.4-10}$$

a 是 ζ 的函数，当 n 很大的时候，它和方程(19.4-5)的指数比较起来是一个变化缓慢的函数。所以，我们可以取 a 在点 $\zeta=1-\xi\eta$ 的值，即认为

$$a\simeq\frac{1}{\xi(1-\xi)\eta(1-\eta)} \tag{19.4-11}$$

因此，当 n 很大时，$p_1(\xi,\eta,\zeta;n)$ 的近似表达式是

$$p_1(\xi,\eta,\zeta;n)\cong\frac{1}{\sqrt{2\pi\xi(1-\xi)\eta(1-\eta)n}}e^{-\frac{1}{2}\frac{[\zeta-(1-\xi\eta)]^2 n}{\xi(1-\xi)\eta(1-\eta)}} \tag{19.4-12}$$

所以 p_1 也是 ζ 的高斯分布函数。

当 n 很大的时候，我们把概率表达式 $p_1(\xi,\eta,\zeta;n)$ 进行修改，从而得到连续的分布函数 $w(\zeta;\xi,\eta;n)$。假设 $w(\zeta;\xi,\eta;n)d\zeta$ 表示输出中兴奋线的数目在 ζn 与 $\zeta n+1=n(\zeta+1/n)$ 之间的概率，于是 $d\zeta=1/n$，而这个概率就等于 $p_1(\xi,\eta,\zeta;n)$。所以

$$w(\zeta;\xi,\eta;n)=np_1=\frac{1}{\sqrt{2\pi\xi(1-\xi)\eta(1-\eta)/n}}e^{-\frac{1}{2}\left[\frac{\zeta-(1-\xi\eta)}{\sqrt{\xi(1-\xi)\eta(1-\eta)/n}}\right]^2} \tag{19.4-13}$$

于是 $w(\zeta;\xi,\eta;n)d\zeta$ 通常表示当输入线束中兴奋线的百分数分别是 ξ 和 η 时，输出线束中兴奋线的百分数在 ζ 和 $\zeta+d\zeta$ 之间的概率。线束的大小由线数 n 决定。w 是一个平均值是 $1-\xi\eta$ 而方差等于 $\xi(1-\xi)\eta(1-\eta)/n$ 的高斯分布。可以用等价的方式表达这个结果

$$\zeta=(1-\xi\eta)+\sqrt{\frac{\xi(1-\xi)\eta(1-\eta)}{n}}y \tag{19.4-14}$$

其中 y 表示一个随机变量，这个变量的分布是平均值等于 0，而方差等于 1 的标准高斯分布。方程(19.4-14)表示 ζ 的分布是平均值等于 $1-\xi\eta$ 而方差等于 $\xi(1-\xi)\eta(1-\eta)/n$ 的高斯分布。所以方程(19.4-13)和(19.4-14)表示同一个事实，然而方程(19.4-14)是以标准高斯分布的随机量来表示任意一个高斯分布的随机量的。因此，在某些情况下方程(19.4-14)用起来更方便些。

我们现在把差错的两种来源合并到一块来考虑，把各谢弗门失效的影响加到 ζ 的分布方程(19.4-14)上。和方程(19.4-14)类似，方程(19.4-1)可以写成

$$\rho = \varepsilon r + \sqrt{\varepsilon(1-\varepsilon)r}y \tag{19.4-15}$$

在复合系统中有两类谢弗门。输出是兴奋态的 $n\zeta$ 个门算一类，每发生一个错误就使兴奋态的数目减少一个。对在这一类中有 q 个谢弗门发生错误的情况，依关系式(19.4-15)，可以求出相应的 y 值

$$q = \varepsilon\zeta n + \sqrt{\varepsilon(1-\varepsilon)\zeta n}y \tag{19.4-16}$$

此外，输出为抑制态的$(1-\zeta)n$ 个谢弗门算作另一类。在这里，一个差错将会增加一根兴奋输出线。在这一类中有 q' 个发生错误的情况所对应的 y 值应满足下列等式

$$q' = \varepsilon(1-\zeta)n + \sqrt{\varepsilon(1-\varepsilon)(1-\zeta)n}y \tag{19.4-17}$$

所以，$q'-q$ 表示由于谢弗门本身的故障使输出兴奋态增加的数目。根据关系式(19.4-16)和(19.4-17)我们得到

$$q' - q = 2\varepsilon\left(\frac{1}{2}-\zeta\right)n + \sqrt{\varepsilon(1-\varepsilon)(1-\zeta)n}y - \sqrt{\varepsilon(1-\varepsilon)\zeta n}y \tag{19.4-18}$$

上面方程中最后两项是两个按照高斯分布的随机变量的差。我们可以证明两个按高斯分布的随机变量的差仍然是一个按照高斯分布的随机变量。

考虑两个按照高斯分布的随机变量 z_1 和 z_2，它们的平均值都是 0，方差分别等于 σ_1^2 和 σ_2^2，因而

$$z_1 = \sigma_1 y$$
$$z_2 = \sigma_2 y \tag{19.4-19}$$

或者，用 $w_1(z_1)$表示 z_1 的概率密度函数，$w_2(z_2)$表示 z_2 的概率密度函数

$$w_1(z_1) = \frac{1}{\sigma_1\sqrt{2\pi}}e^{-\frac{1}{2}\left(\frac{z_1}{\sigma_1}\right)^2}$$

$$w_2(z_2) = \frac{1}{\sigma_2\sqrt{2\pi}}e^{-\frac{1}{2}\left(\frac{z_2}{\sigma_2}\right)^2}$$

现在假设两个随机变量相互独立，z_1 在 z_1 与 z_1+dz_1，之间 z_2 在 z_2 与 z_2+dz_2 之间的联合概率是

$$w_1(z_1)w_2(z_2)dz_1dz_2$$

我们现在引入新的变量 x_1 和 x_2，它们定义如下

$$x_1 = z_1 - z_2$$

$$x_2 = z_1 + z_2$$

$$z_1 = \frac{1}{2}(x_1 + x_2)$$

$$z_2 = \frac{1}{2}(x_2 - x_1)$$

根据变量变换的雅可比(Jacobian)公式,新变量的联合概率是

$$\frac{1}{2}w_1\left(\frac{x_1 + x_2}{2}\right)w_2\left(\frac{x_2 - x_1}{2}\right)dx_1 dx_2$$

把这个联合概率从$-\infty$到∞对 x_2 积分,我们就得到概率 $w_1(x_1)dx_1$,其中 $w_1(x_1)$ 是 $x_1 = z_1 - z_2$ 的概率密度函数。这样

$$\begin{aligned} w(x_1) &= \frac{1}{2}\int_{-\infty}^{\infty} w_1\left(\frac{x_1 + x_2}{2}\right)w_2\left(\frac{x_2 - x_1}{2}\right)dx_2 \\ &= \frac{1}{4\pi\sigma_1\sigma_2}\int_{-\infty}^{\infty} e^{-\frac{1}{2}\left[\left(\frac{x_1+x_2}{2\sigma_1}\right)^2+\left(\frac{x_2-x_1}{2\sigma_2}\right)^2\right]}dx_2 \\ &= \frac{1}{4\pi\sigma_1\sigma_2}e^{-\frac{1}{2}\frac{x_1^2}{\sigma_1^2+\sigma_2^2}}\int_{-\infty}^{\infty} e^{-\xi^2}\ \frac{d\xi}{\sqrt{(1/8\sigma_1^2) + (1/8\sigma_2^2)}} \\ &= \frac{1}{\sqrt{2\pi}}\ \frac{1}{\sqrt{\sigma_1^2 + \sigma_2^2}}e^{-\frac{1}{2}\left(\frac{x_1}{\sqrt{\sigma_1^2+\sigma_2^2}}\right)^2} \end{aligned}$$

所以我们可以写

$$z_1 - z_2 = \sqrt{\sigma_1^2 + \sigma_2^2}\,y \tag{19.4-20}$$

把联合概率对 x_1 求积分,我们可以得到

$$z_1 + z_2 = \sqrt{\sigma_1^2 + \sigma_2^2}\,y \tag{19.4-21}$$

因此两个按高斯分布且相互独立的随机变量,它们的和以及差仍然是按高斯分布的随机变量,新随机变量的方差等于原来两个随机变量的方差的和。按高斯分布而且平均值等于 0 的随机变量相加或者相减所具有的这种特性是可以预料到的,因为它们对于正值和负值概率相等。

借助于方程(19.4-20)的关系式,我们可以写出方程(19.4-18)的结果

$$q' - q = 2\varepsilon\left(\frac{1}{2} - \zeta\right)n + \sqrt{\varepsilon(1 - \varepsilon)n}\,y$$

令$(q' - q)/n = \Delta\zeta$表示对于不完善的谢弗门所占的百分数 ζ 的修正量,我们就得到

$$\Delta\zeta = 2\varepsilon\left(\frac{1}{2} - \zeta\right) + \sqrt{\frac{\varepsilon(1 - \varepsilon)}{n}}\,y \tag{19.4-22}$$

现在我们可以把方程(19.4-14)与(19.4-22)结合起来,于是修正了的输出线中兴奋线的百分数 ζ' 是

$$\begin{aligned} \zeta' &= \zeta + \Delta\zeta = \zeta + 2\varepsilon\left(\frac{1}{2} - \zeta\right) + \sqrt{\frac{\varepsilon(1 - \varepsilon)}{n}}\,y \\ &= (1 - \xi\eta) + 2\varepsilon\left(\xi\eta - \frac{1}{2}\right) + (1 - 2\varepsilon)\ \sqrt{\frac{\xi(1 - \xi)\eta(1 - \eta)}{n}}\,y + \sqrt{\frac{\varepsilon(1 - \varepsilon)}{n}}\,y \end{aligned} \tag{19.4-23}$$

方程(19.4-23)的最后两项表示两个按高斯分布的随机变量相加。这样,我们也就可以用方程(19.4-21)了。所以,最后用 ζ 代替 ζ',从方程(19.4-23)我们得到

$$\zeta=(1-\xi\eta)+2\varepsilon\left(\xi\eta-\frac{1}{2}\right)+\sqrt{\frac{(1-2\varepsilon)^2\xi(1-\xi)\eta(1-\eta)+\varepsilon(1-\varepsilon)}{n}}y \tag{19.4-24}$$

其中 y 是按高斯分布的随机变量,平均值等于 0 而方差等于 1。方程(19.4-24)描述了由谢弗门组成的复合系统中执行机构的性质,这个系统中输入兴奋线的百分数分别是 ξ 和 η,输出兴奋线的百分数是 ζ,各个谢弗门失效的概率等于ε。

19.5　复合系统的系统可靠性

前面已经讲过,复合系统是由多级随机重复线路串联而成的。它的每一级又都是按图 19.3-3 所示的办法组合起来的。每一级这样的组合线路,为简便计,我们将称之为执行机构。前节中我们分析了单级的执行机构的出错概率,以后我们进行其他计算就容易得多了。在复合系统的每一级执行机构中的输入线是把前一级的输出线展分成两倍,然后随机地转接到一排谢弗门的各对输入端。所以,我们可以用同一个百分数 ζ 来代替两个不同的百分数 ξ 和 η。假定用 μ 表示第一级执行机构的输出线中兴奋线的百分数。根据式(19.4-24)有

$$\mu=(1-\zeta^2)+2\varepsilon\left(\zeta^2-\frac{1}{2}\right)+\sqrt{\frac{(1-2\varepsilon)^2\zeta^2(1-\zeta)^2+\varepsilon(1-\varepsilon)}{n}}y \tag{19.5-1}$$

与此类似,用 v 表示复合系统中第二个执行机构输出线中兴奋线的百分数,那么有

$$v=(1-\mu^2)+2\varepsilon\left(\mu^2-\frac{1}{2}\right)+\sqrt{\frac{(1-2\varepsilon)^2\mu^2(1-\mu)^2+\varepsilon(1-\varepsilon)}{n}}y \tag{19.5-2}$$

等式(19.5-1)和(19.5-2)中的第一项的形式和式(19.3-1)完全一样。其他的附加项是由于谢弗门本身的不可靠性和差错的统计分布而产生的。

只要给定了 ξ,η,ε 和 n 以后,我们就可以用式(19.4-24)和(19.5-2)来计算 v 的分布函数,它是整个复合系统的输出线中兴奋线所占的百分比。把表达式恢复到概率密度函数的形式以后,就可以清楚地看到,方程式(19.4-24)等价于下列概

率分布密度函数

$$w=(\zeta;\xi,\eta;n)=\frac{\exp\left\{-\frac{1}{2}\left[\frac{\zeta-\left[(1-\xi\eta)+2\varepsilon\left(\xi\eta-\frac{1}{2}\right)\right]}{\sqrt{\frac{(1-2\varepsilon)^2\xi(1-\xi)\eta(1-\eta)+\varepsilon(1-\varepsilon)}{n}}}\right]^2\right\}}{\sqrt{2\pi\frac{(1-2\varepsilon)^2\xi(1-\xi)\eta(1-\eta)+\varepsilon(1-\varepsilon)}{n}}}$$

只要把 ζ,μ 和 v 的联合概率对 ζ 和 μ 求积分,我们就可以得到 v 的概率密度函数 $w(v;\xi,\eta;n)$,也就是

$$\begin{aligned}
&w(v;\xi,\eta;n)\\
&=\frac{1}{(2\pi)^{\frac{3}{2}}}\frac{1}{\sqrt{\frac{(1-2\varepsilon)^2\xi(1-\xi)\eta(1-\eta)+\varepsilon(1-\varepsilon)}{n}}}\int_{-\infty}^{\infty}d\mu\\
&\quad\times\int_{-\infty}^{\infty}\frac{d\zeta}{\sqrt{\frac{(1-2\varepsilon)^2\zeta^2(1-\zeta)^2+\varepsilon(1-\varepsilon)}{n}\ \frac{(1-2\varepsilon)^2\mu^2(1-\mu)^2+\varepsilon(1-\varepsilon)}{n}}}\\
&\quad\times\exp\left\{-\frac{1}{2}\left[\frac{\zeta-\left\{(1-\xi\eta)+2\varepsilon\left(\xi\eta-\frac{1}{2}\right)\right\}}{\sqrt{\frac{(1-2\varepsilon)^2\xi(1-\xi)\eta(1-\eta)+\varepsilon(1-\varepsilon)}{n}}}\right]^2\right.\\
&\qquad-\frac{1}{2}\left[\frac{\mu-\left\{(1-\zeta^2)+2\varepsilon\left(\zeta^2-\frac{1}{2}\right)\right\}}{\sqrt{\frac{(1-2\varepsilon)^2\zeta^2(1-\zeta)^2+\varepsilon(1-\varepsilon)}{n}}}\right]^2\\
&\qquad\left.-\frac{1}{2}\left[\frac{v-\left\{(1-\mu^2)+2\varepsilon\left(\mu^2-\frac{1}{2}\right)\right\}}{\sqrt{\frac{(1-2\varepsilon)^2\mu^2(1-\mu)^2+\varepsilon(1-\varepsilon)}{n}}}\right]^2\right\}
\end{aligned}\tag{19.5-3}$$

我们现在可以证明,在适当的条件下,只要 n 足够大,由谢弗门组成的系统就能够具有理想的性质。假设给定一个置信度 δ,两个输入线束中兴奋线所占的百分数分别是 ξ 和 η,v 表示输出线束中兴奋线所占的百分数。为了使系统具有高的工作可靠性必须使 $\xi\geqslant1-\delta$,并且当 $\eta\geqslant1-\delta$ 时有 $v\leqslant\delta$;当 $\xi\leqslant\delta$ 和 $\eta\geqslant1-\delta$ 时,或者 $\xi\geqslant1-\delta$ 和 $\eta\leqslant\delta$ 时,应有 $v\geqslant1-\delta$;当 $\xi\leqslant\delta$ 和 $\eta\leqslant\delta$ 时应有 $v\geqslant1-\delta$。如果 n 足够大,ε 足够小,在方程式(19.4-24)和(19.5-2)中数量级与 ε 和 $1/\sqrt{n}$ 相同的项都可以略去不计,于是有

$$\zeta\cong1-\xi\eta,\quad\mu\cong1-\zeta^2,\quad v\cong1-\mu^2$$

或者 $n\gg1$,$\varepsilon\ll1$ 时

$$v \cong 1-(2\xi\eta-\xi^2\eta^2)^2 \qquad (19.5\text{-}4)$$

现在令 $\xi=1-\alpha$，$\eta=1-\beta$，并且 $\alpha,\beta\leqslant\delta$；这样 $\xi\geqslant1-\delta$，$\eta\geqslant1-\delta$，于是方程(19.5-4)给出

$$v \cong 2(\alpha^2+\beta^2)+\cdots$$

因此 $v=0(\delta^2)$①。与此类似，如果 $\xi\leqslant\delta$，而 $\eta\geqslant1-\delta$，或者 $\xi\geqslant1-\delta$，$\eta\leqslant\delta$，方程(19.5-4)给出 $v=1-0(\delta^2)$。更进一步，如果 $\xi\leqslant\delta$，$\eta\leqslant\delta$ 方程也给出 $v=1-0(\delta^4)$。所以，只要 ε 和 δ 很小，当 $n\to\infty$ 时，由谢弗门按复合法组成的系统就能真正得到极为可靠的性质。

当 n 很大但并不是无穷大时，因为要计算方程(19.5-3)中的积分值，计算起来就非常麻烦。虽然积分的渐近值可以用古典方法决定，但是在这里我们不来进行这种计算了。我们将引用冯·诺伊曼所举出过的一个例子：如果 $\delta=0.07$，也就是线束中至少有百分之九十三的兴奋线就表示一个“正”的信息；至多有百分之七的兴奋线就表示一个“负”的信息。这时，他发现，为了控制差错，每一个谢弗门失效的概率 ε 必须比 0.0107 小。如果 $\varepsilon\geqslant0.0107$，整个系统失效的概率不可能由于 n 的增加而变得任意小，对于 $\varepsilon=0.005$，或者说失效的机会是 0.5%的情形，冯·诺伊曼给出了表 19.5-1 的数值结果。从这个表里可以看到，甚至于线束包含了 1000 根线，可靠的性能仍然非常差。实际上，它比原来的 $\varepsilon=1\%$ 还要差，但是把 n 再增加 25 倍以后，就可以得出极为可靠的性能。

表 19.5-1

$\delta=0.07\quad\varepsilon=0.005$

线的数目 n	失效的概率
1,000	2.7×10^{-2}
2,000	2.6×10^{-3}
3,000	2.5×10^{-4}
5,000	4×10^{-6}
10,000	1.6×10^{-10}
20,000	2.8×10^{-19}
25,000	1.2×10^{-23}

对于那些本来由谢弗门组成的系统，前面讨论过的复合法的技巧也还可以照样应用。我们用 $3n$ 个谢弗门代替原来系统中的每一个谢弗门。像前面讨论的情形那样，整个系统的差错可以通过系统中各个谢弗门的差错计算出来。实际上，

① $0(\delta^2)$表示一个与 δ^2 同数量级的变量。

这种计算非常麻烦。可是，为了估计达到规定的可靠性所需要的门数目 n，我们可以认为整个系统等价于一个谢弗门，而直接用整个反应的结果。这种作法将在下一节里讨论。

19.6　一些例子

为了得到关于所要求线束大小的一个概念，我们考虑有 2,500 个晶体管的一个计算机，假设每一个晶体管平均 5 微秒开动一次。我们要求机器在发生一个错误以前平均工作 8 个小时。在这段时期内，单独一个晶体管作用的次数是

$$\frac{1}{5}\times 8\times 3,600\times 10^{6}=5.76\times 10^{9}$$

把每个晶体管当做一个谢弗门，考虑每一个晶体管是一个独立的单元，于是所要求发生失效的概率是 $1/(5.76\times 10^{9})$。但是系统里有 2,500 个晶体管，2,500 个晶体管中任何一个发生错误都意味着机器发生错误。所以考虑每个晶体管是系统里的一个单元，因此，它发生故障的概率可以近似认为是前面谈到的 1/2,500（一次近似值），或者 $1/2,500\times 5.76\times 10^{9}=7\times 10^{-14}$。于是我们看到，这个发生失效的概率等于把 2,500 个晶体管的系统当成一个谢弗元件而得到的概率。在用复合法组成的系统中，这种做法可以大大的简化关于要求的线数 n 的分析。

如果我们假定置信度 δ 以及晶体管失效的概率和表 19.5-1 内所给定的相同，那么，根据这个表，要达到上述的失效概率需要 $n=14,000$。所以，为了使得机器像所要求的那样可靠，需要复合 14,000 次。这表示要用有 $3n=3\times 14,000=42,000$个晶体管的系统去代替机器中每一个晶体管。原来 2,500 个晶体管的机器现在变成 105,000,000 个晶体管的庞然大物。

现在讨论另外一个例子，我们考虑关于人类神经系统组织的合理的数量描述。神经系统所包含神经细胞的数目，通常认为是 10^{10}。但是考虑到感受的神经末梢以及其他可能的更小的自主单元，这个数目当然是太少了，必须还要大几百倍才行。我们就取 10^{13} 为基本元件的数目，神经细胞在每秒钟里顶多能承受 200 次刺激。但是每秒受到刺激的平均数要少得多，比如说每秒 10 次。我们将进一步假定在我们的神经系统里发生一个错误就相当严重，因而在人的一生中都不应当发生错误。考虑不发生误差的间隔是 10,000 年，在这段时期内，包括 10^{13} 个元素的系统受到的总刺激数的数目是

$$10^{13}\times 10,000\times 31,536,000\times 10=3.2\times 10^{25}$$

于是失效的概率应该是

$$1/(3.2\times 10^{25})=3.2\times 10^{-26}$$

再假定那些基本的神经细胞有表 19.5-1 叙述的性质；于是从表内推出 $n=28,000$。

但是需要修正我们的分析：假设人类的神经系统真正复合 28,000 次，那么在未复合的系统中基本元件的数目并非上面假定的 10^{13}；基本元件的数目将要缩减到 $10^{13}/(3\times28,000)$，因此，失效的概率应该增加 $3\times28,000$ 倍，修正后失效的概率是 2.7×10^{-21}，于是表 19.5-1 给出 $n=22,000$。再重复下去，这个值将不会改变了。

从上述分析过的例子中可以看出，在电子管为主的时代和分立式晶体管为主的自动机里，由于要求有大量的重复器件，复合方法这个思想是很难实现的。但是在现在的工艺水平下，这种设计思想的实际应用已逐步变为可能。特别是在金属氧化物半导体(MOS,CMOS)大规模和超大规模集成电路中，耗电小(每一个门电路耗电仅为 1 毫瓦左右)，集成度大(平均每平方毫米的单晶底片上可做上数千到上万个门电路)，容错技术中的复合方法的实现几乎不存在工艺和设备方面的障碍。

除了复合方法以外，还有另外一些重要的研究方法。对于谢弗门电路，用执行机构(单级随机展接)构成复合系统毕竟是很多种可能的提高可靠性的方法中的一种，尽管这个方法的成功是值得赞赏的，但也还有许多别的方法能把可靠性低的元件组合构成高可靠性的系统。下节内我们将介绍莫尔(Moore)和香农提出的一种方法。该方法把不可靠的继电器类元件组合成高可靠性的线路，然而所需要的元件数却比复合方法需要的元件数量大为减少。

19.7　莫尔-香农冗余方法[14]

假设继电器的触点只可能有两种状态——闭合和断开。对于十分可靠的继电器，在控制绕组通电后，其常开者闭合，常闭者断开。在控制绕组不通电时它的触点状态则相反。一般来说，继电器并不是绝对可靠的元件，也就是说继电器触点的状态并不完全依赖于其控制绕组的状态。因此，在继电器绕组通电时其触点仅按某一概率 c 闭合，当继电器绕组不通电时其触点也有一定的闭合概率，比如为 a。当 $c>a$ 时，我们称这个触点是常开的，反之，我们称它是常闭触点。

利用若干个继电器可以构成继电线路，例如图 19.7-1 是由一个继电器构成的线路，图 19.7-2，图 19.7-3 和图 19.7-4 分别是由二个、五个和九个继电器组成的继电线路(认为每一个触点属于一个继电器)。在这几个继电线路里，继电器触点分别被并联，被桥接或者被连成网结形状。因此，分别称它们是并联继电线路，桥式继电线路和网状继电线路。通常输入加在继电器的绕组上，输出由线路中触点的状态决定。对于仅有一个输入和一个输出的继电线路(本节仅讨论这种线路)，当由线路一端到另一端形成通路时输出便称为兴奋的，若从线路一端到另一端没有通路时输出便称为抑制的。因为继电器触点只可能有两种状态，所以继电线路的输出也仅有两种状态：兴奋和抑制，输出状态是继电器闭合概率 p 的函数. 若以 $p_N(p)$ 表示继电线路的输出兴奋概率，容易看出，图 19.7-1线路的输出是否兴奋完全决定于其触点能否闭合。因此有 $p_N(p)=p$。对于图 19.7-2 的并联继电线路，只要两个继电器中有一个闭合，线路便被接通。因此，其输出的兴奋概率为 $p_N(p)=1-(1-p)^2=2p-p^2$。同样，图 19.7-3桥式线路的输出兴奋概率为

$$p_N(p)=2p^2+2p^3-5p^4+2p^5 \tag{19.7-1}$$

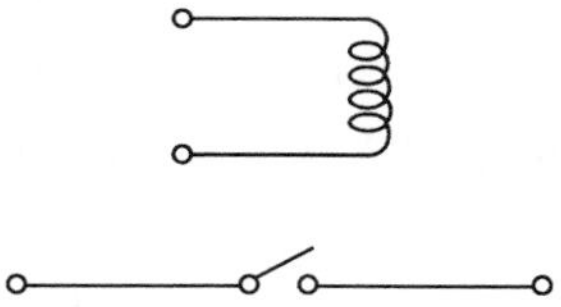

图 19.7-1

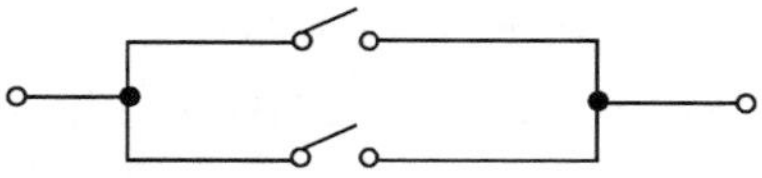

图 19.7-2

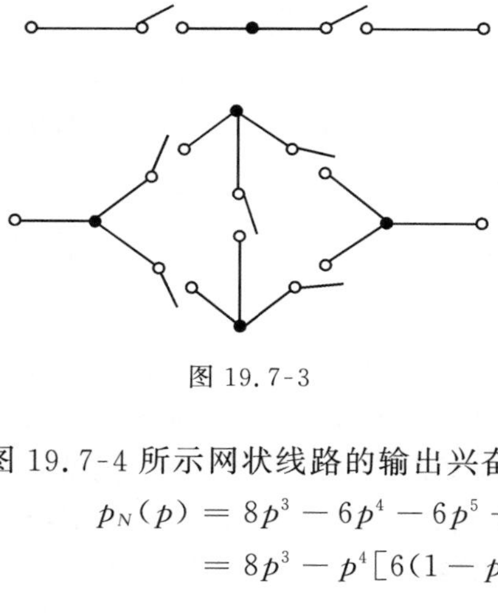

图 19.7-3

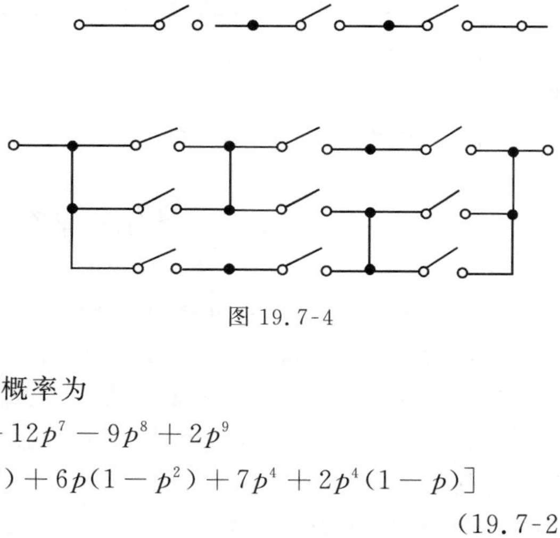

图 19.7-4

图 19.7-4 所示网状线路的输出兴奋概率为

$$\begin{aligned} p_N(p) &= 8p^3-6p^4-6p^5+12p^7-9p^8+2p^9 \\ &= 8p^3-p^4[6(1-p^3)+6p(1-p^2)+7p^4+2p^4(1-p)] \end{aligned} \tag{19.7-2}$$

由于继电线路输出仅有兴奋和抑制两种状态，所以输出抑制概率为 $q(p)=1-p_N(p)$。更进一步还可以看出，要使图 19.7-2 的线路接通或断开，线路中至少要有一个继电器闭合或两个继电器同时断开；要使图 19.7-3 的线路接通或断开，其中至少要有两个继电器同时闭合或断开；对于图 19.7-4 的线路，至少要有三个继电器同时闭合或断开。对于一般线路，若其中至少有 l 个继电器闭合它才接通，至少有 w 个继电器断开它才断开，那么就称这个线路的长度为 l 和宽度为 w，或称这个线路为 $l\times w$ 的线路。不难看出，用不同数量的继电器可以

构成同样长度和宽度的线路，但是，对于 $l\times w$ 的线路它至少要含有 $l\times w$ 个继电器。

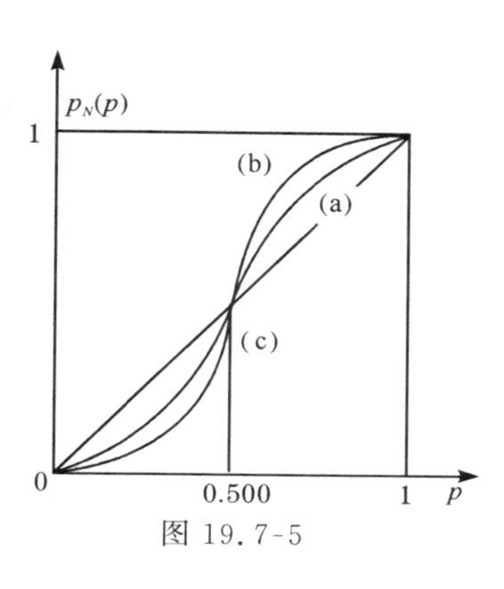

图 19.7-5

我们画出图 19.7-3 和图 19.7-4 线路的接通概率曲线，也即线路的输出兴奋概率曲线。它们分别是图 19.7-5 中的曲线；(a)和(b)，也就是说它在 $p=0,0.5$ 和 1 上与对角线相交。进一步还可知道这两个图形的 $p_N(p)$ 曲线是对(1/2,1/2)点对称的，也就是对于任意的 $p,0\leqslant p\leqslant 1$，线路的输出兴奋概率等于继电器闭合概率为 $1-p$ 时线路的输出抑制概率。即

$$p_N(p)=1-p_N(1-p) \tag{19.7-3}$$

具有这种输出兴奋概率曲线的线路我们称为自对偶性线路。可以证明，所有网状且 l 和 w 又非同为偶数的线路都是自对偶性线路。此外，还可知道，对于任何继电线路，如果其输出兴奋概率 $p_N(p)$ 不恒等于 0，1 和 p，那么对任何 $p,0<p<1$，恒有不等式

$$\frac{\dot{p}_N(p)}{[1-p_N(p)]p_N(p)}>\frac{1}{(1-p)p} \tag{19.7-4}$$

$\dot{p}_N(p)$ 是 $p_N(p)$ 对 p 的一次导数。从式(19.7-4)可以看出，在 $0<p<1$ 的区间上 $p_N(p)$ 和对角线的交点不多于 1 个。因此，凡是其输出兴奋概率曲线和对角线有交点的线路都具有复原装置的性质。我们就是利用继电线路的这种性质来提高系统可靠性的。也不难看出，即使 $p_N(p)$ 不满足我们所要求的条件，下面的式子仍然成立

$$\dot{p}_N(p)\geqslant\frac{p_N(p)[1-p_N(p)]}{p(1-p)} \tag{19.7-5}$$

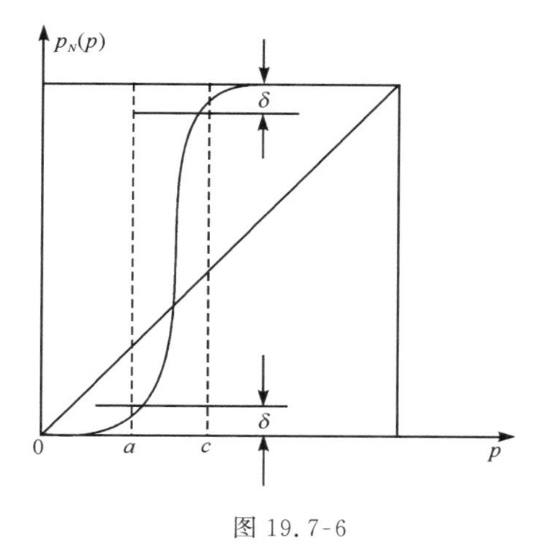

图 19.7-6

下面我们研究如何利用可靠性差的继电器构成高可靠性的线路。假定单个继电器在通电和不通电时闭合概率分别是 c 和 a，它们满足不等式 $0<a<c<1$。要求设计一个由多个继电器组成的线路对给定的一个任意小数 $\delta>0$，它的输出兴奋概率 $p_N(p)$ 应满足条件：$p_N(a)<\delta$；$p_N(c)>1-\delta$(参看图 19.7-6)。

现在分三步来设计这个线路。首先根据给出的 a 和 c 值，用水平接入和垂直接入

的方法组成如图 19.7-7 的继电线路①,选取适当数目的触点并进行适当连接使它的输出兴奋概率 $p_{N_1}(p)$满足条件

$$p_{N_1}(a) \leqslant \frac{1}{2} - \varepsilon$$

$$p_{N_1}(c) \geqslant \frac{1}{2} + \varepsilon$$

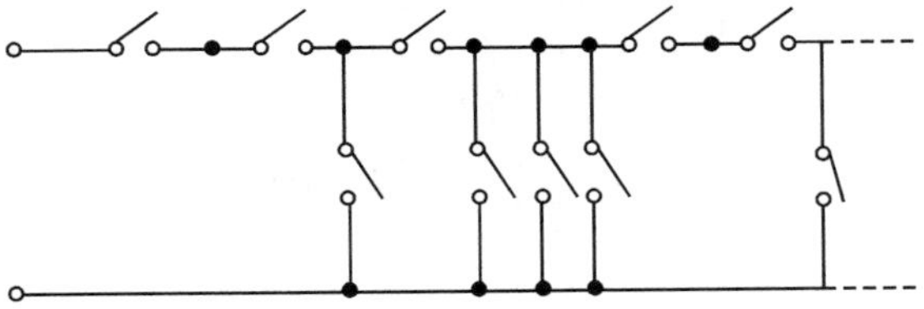

图 19.7-7

ε 可以是任一大于零的小数,比如令

$$\varepsilon = \frac{c-a}{4}$$

这样,继电线路的两个接通概率分布在 $p_N(p)=1/2$ 的两侧。考虑到图 19.7-5 所示的自对偶性线路的接通。(即输出兴奋)概率曲线,可以看出,若将上述线路作为一个单元,然后利用自对偶性线路,便可把 $p_{N_1}(a)$和 $p_{N_1}(c)$相应的接通概率分别移到零和 1。因此,第二阶段的任务便是运用目对偶性线路做多次迭代,把接通概率 $p_{N_1}(a)$和 $p_{N_1}(c)$分别移到小于 1/4 和大于 3/4 处。为了充分做到这一点,我们把$\frac{1}{2}-\varepsilon\left(\text{或}\frac{1}{2}+\varepsilon\right)$移到小于$\frac{1}{4}$处来求第二阶段的迭代次数。第三阶段仍是选用这种自对偶性线路,把第二阶段得到的接通概率 $p_{N_2}(a)$和 $p_{N_2}(c)$分别移到小于 δ 和大于 $1-\delta$ 的某个值上。为此,我们仍可按把 1/4 变到小于 ε 处来求第三阶段的迭代次数。这个迭代次数也一定能保证把 $p_{N_2}(c)$变到大于 $1-\varepsilon$ 的地方。此后,用第一阶段得到的继电线路代换第二阶段所得线路的每个继电器,再以这个迭代线路代换第三阶段所得线路的每个继电器。最后这个迭代线路将满足预定的要求。上面把设计过程分做三个阶段,完全是为了叙述方便和便于计算整个线路的继电器数目。当然,根据不同的 a,c 和 δ 值,上面三个步骤不一定都是需要的。

下面就来证明第一阶段所求继电线路的存在性以及它的设计方法并估计整个线路所需继电器数目的上界和下界。

首先,我们设计具有下列性质的两个线路序列 $N_1, N_2, \cdots$和 $M_1, M_2, \cdots$。它

① 线路中的第一个继电器也可能是垂直接入的。

们的性质是：

(1) 线路 $N_i(i=1,2,\cdots)$不多于 i 个继电器。

(2) 线路 $M_i(i=1,2,\cdots)$不多于 i 个继电器。

(3) $p_{N_i}\left(\frac{a+c}{2}\right)<\frac{1}{2}\leqslant p_{M_i}\left(\frac{a+c}{2}\right)$。

(4) $p_{M_i}\left(\frac{a+c}{2}\right)-p_{N_i}\left(\frac{a+c}{2}\right)\leqslant d^i$，这里 d 按下式选定

$$d=\max\left(\frac{a+c}{2},1-\frac{a+c}{2}\right)$$

(5) 或者 M_i 是把 N_i 中某两个结点短接后得到；或者 N_i 是把 M_i 中某个继电器断开而得到。

我们一定可以从这两个线路序列里找到第一阶段所需要的线路。这两个线路序列可按下述方法构造出来：

令 M_0 是一个常闭线路，N_0 是一个常开线路。显然它们满足上面五个条件。现在假定 M_{i-1} 及 N_{i-1} 已经设计出来并且满足上面五个条件。如果 M_{i-1} 是把 N_{i-1} 的某两个结点短接后得到的，那么在 N_{i-1} 的这两个结点之间接入一个继电器，称这个增加继电器后的线路为 M。如果 N_{i-1} 是把 M_{i-1} 中某个继电器 S 打开后得到的，那时我们便在 M_{i-1} 中接入一个与 S 相串联的继电器，同样称这个线路为 M。不难看出，不论线路 M 是用那种方法得到的，它的继电器数目均不多于 i，而且在 M 中把新接入的继电器断开便得到 N_{i-1}；当把新接入的继电器闭合时它就变成 M_{i-1}。根据全概率公式则有

$$p_M(p)=pp_{M_{i-1}}(p)+(1-p)p_{N_{i-1}}(p) \tag{19.7-6}$$

而且它满足条件

$$p_{N_{i-1}}(p)<p_M(p)<p_{M_{i-1}}(p) \tag{19.7-7}$$

当 $p_M\left(\frac{a+c}{2}\right)<\frac{1}{2}$时，我们令 $N_i=M,M_i=M_{i-1}$，这时有

$$\begin{aligned}
&p_{M_i}\left(\frac{a+c}{2}\right)-p_{N_i}\left(\frac{a+c}{2}\right)\\
&=p_{M_{i-1}}\left(\frac{a+c}{2}\right)-\left[\frac{a+c}{2}p_{M_{i-1}}\left(\frac{a+c}{2}\right)+\left(1-\frac{a+c}{2}\right)p_{N_{i-1}}\left(\frac{a+c}{2}\right)\right]\\
&=\left(1-\frac{a+c}{2}\right)\left[p_{M_{i-1}}\left(\frac{a+c}{2}\right)-p_{N_{i-1}}\left(\frac{a+c}{2}\right)\right]\\
&=\left(1-\frac{a+c}{2}\right)d^{i-1}\leqslant d^i
\end{aligned}$$

当 $p_M\left(\frac{a+c}{2}\right)\geqslant\frac{1}{2}$时，我们则令 $M_i=M$ 及 $N_i=N_{i-1}$，这时同样可以得到

$$p_{M_i}\left(\frac{a+c}{2}\right)-p_{N_i}\left(\frac{a+c}{2}\right)\leqslant d^i$$

因此,按上述法则设计的 M_i 和 N_i 满足上面五个性质。

在这两个线路序列里任取一个线路 N,设它的接通概率为 $p_N(p)$,根据不等式(19.7-5)可以得到,对于满足 $\frac{1}{2}-\varepsilon\leqslant p_N(p)\leqslant\frac{1}{2}+\varepsilon$ 的所有 p 值 $\left(这里仍取 \varepsilon=\frac{c-a}{4}\right)$,都使 $\dot{p}_N(p)\geqslant\frac{3}{4}$。

我们令 $i=\left[\frac{\log\varepsilon}{\log d}\right]$①,可以得到 $\varepsilon\geqslant d^i$。根据 M_i 和 N_i 的性质得到

$$p_{N_i}\left(\frac{a+c}{2}\right)<\frac{1}{2}\leqslant p_{M_i}\left(\frac{a+c}{2}\right)\leqslant p_{N_i}+\varepsilon$$

因此,我们一定能从 M_i 和 N_i 中选一个线路 N,它满足条件

$$\left|p_N\left(\frac{a+c}{2}\right)-\frac{1}{2}\right|\leqslant\frac{\varepsilon}{2}$$

对于这个线路也一定满足条件 $p_N(c)\geqslant\frac{1}{2}+\varepsilon$;$p_N(a)\leqslant\frac{1}{2}-\varepsilon$。反之,假定 $p_N(c)\geqslant\frac{1}{2}+\varepsilon$ 不成立,则必定 $p_N(c)<\frac{1}{2}+\varepsilon$。根据 $p_N(p)$ 的单调性和 $c>\frac{a+c}{2}$,不难知道对于 $\left[\frac{a+c}{2},c\right]$ 上的所有 p 都满足 $\frac{1}{2}-\varepsilon\leqslant p_N(p)\leqslant\frac{1}{2}+\varepsilon$,因此这个区间上的所有 p 值都使 $\dot{p}_N(p)\geqslant\frac{3}{4}$,所以有

$$p_N(c)=p_N\left(\frac{a+c}{2}\right)+\int_{\frac{a+c}{2}}^{c}\dot{p}_N(p)dp\geqslant\frac{1}{2}-\frac{\varepsilon}{2}+\frac{3\varepsilon}{2}=\frac{1}{2}+\varepsilon$$

这个结果和假设矛盾,因此,$p_N(c)\geqslant\frac{1}{2}+\varepsilon$,$p_N(a)\leqslant\frac{1}{2}-\varepsilon$ 这个结论是正确的。

不难看出,线路 N 正是我们第一阶段需要的线路。因为它就是 M_i 或者 N_i,所以它的继电器数目为

$$n_1\leqslant i=\left[\frac{\log\varepsilon}{\log d}\right]=\left[\frac{\log\frac{c-a}{4}}{\log d}\right]\tag{19.7-8}$$

根据第二阶段的任务,我们选用 3×3 的两状线路,如图 19.7-4 所示。它的输出兴奋概率曲线如图 19.7-5 所示。不难看出,如果继电器的闭合概率 $p\neq0.5$,那么这个线路的接通概率便是

$$\begin{aligned}p_{3\times3}^{(1)}(p)&=8p^3-p^4[6(1-p^3)+6p(1-p^2)+7p^4+2p^4(1-p)]\leqslant8p^3\\&=\frac{1}{\sqrt{8}}(\sqrt{8}p)^3\end{aligned}\tag{19.7-9}$$

① 这里“[]”表示仅取括号内比值的整数部分。

若把整个线路视作单元再用于该线路里,也就是把这个线路进行一次迭代,它的接通概率便为

$$p_{3\times3}^{(2)}(p)=p_{3\times3}^{(1)}(p_{3\times3}^{(1)}(p))\leqslant 8(8p^3)^3=\frac{1}{\sqrt{8}}(\sqrt{8}p)^{3^2} \tag{19.7-10}$$

再把这个线路当做单元用于原来的网状线路,这样三次迭代后的接通概率就为

$$p_{3\times3}^{(3)}(p)=p_{3\times3}^{(1)}(p_{3\times3}^{(2)}(p))\leqslant\frac{1}{\sqrt{8}}(\sqrt{8}p)^{3^3} \tag{19.7-11}$$

如果进行 s 次迭代,它的接通概率则为

$$\begin{aligned}p_{3\times3}^{(s)}(p)&=p_{3\times3}^{(1)}(p_{3\times3}^{(s-1)}(p))\\&=p_{3\times3}^{(1)}(p_{3\times3}^{(1)}(p_{3\times3}^{(1)}(\cdots p_{3\times3}^{(1)}(p))\cdots))\\&\leqslant\frac{1}{\sqrt{8}}(\sqrt{8}p)^{3^s}\end{aligned} \tag{19.7-12}$$

从这些式子中可以知道,随着线路迭代次数的增多,它的输出兴奋概率便趋近于零(当 $p<0.5$ 时),或者趋近于1(当 $p>0.5$ 时)。

现在考虑用上面 3×3 的网状线路实现将输出兴奋概率 $\left(\frac{1}{2}-\varepsilon\right)$ 移到小于 $\frac{1}{4}$ 时所需要迭代的次数和继电器数目。为此,我们在图19.7-5中过(1/2,1/2)点做一条斜率为3/2的直线(c),可以看出,在 $\frac{1}{4}\leqslant p\leqslant\frac{1}{2}-\varepsilon$ 区间上,$p_{3\times3}(p)$ 曲线在它的下面;当 $\frac{1}{2}+\varepsilon\leqslant p\leqslant\frac{3}{4}$ 时 $p_{3\times3}(p)$ 又在这条直线的上面。这个事实说明,在 $\frac{1}{4}\leqslant p\leqslant\frac{1}{2}-\varepsilon$ 的区间上网状线路使输出兴奋概率趋于零的速度要比这条直线来得快。因此,在这个区间上可以近似地按这条直线使输出兴奋概率趋于零的速度来求网状线路的迭代次数(显然,这样求得的迭代次数是偏多的)。这时,在 s 次迭代之后,输出兴奋概率便达到 $\frac{1}{2}-\varepsilon\left(\frac{3}{2}\right)^s$。如果希望输出兴奋概率沿着直线变到 $\frac{1}{4}$,那么 s 必须满足 $\frac{1}{4\varepsilon}\leqslant\left(\frac{3}{2}\right)^s$。因此可取 $s=\left[\frac{\log(1/4\varepsilon)}{\log 3/2}\right]+1$。于是第二阶段设计线路的继电器数目 n_2 应为

$$n_2=9^s\leqslant 9\left(\frac{1}{4\varepsilon}\right)^{\frac{\log 9}{\log 3/2}}=9\left(\frac{1}{4\varepsilon}\right)^{5.41} \tag{19.7-13}$$

因为 3×3 的网状线路是自对偶的,所以这个迭代线路也一定能将输出兴奋概率 $\frac{1}{2}+\varepsilon$ 移到3/4处。

第三阶段的任务是确定一个这样的线路,它能将输出兴奋概率 $p_{N_2}(a)$ 移到小于 δ 处,把 $p_{N_2}(c)$ 移到比 $1-\delta$ 大的值。不难看出,采用上面 3×3 网状线路仍能达

到目的。如果进行了 s 次迭代，线路继电器个数便为 $n_3=9^s$，输出兴奋概率可由式(19.7-12)得到，即 $p_{3\times 3}^{(s)}(p)\leqslant\frac{1}{\sqrt{8}}(\sqrt{8}p)^{3^s}$。把这个不等式的指数以线路继电器数目表示则有 $p_{3\times 3}^{(s)}(p)\leqslant\frac{1}{\sqrt{8}}(\sqrt{8}p)^{\sqrt{n_3}}$。当 $p\leqslant\frac{1}{\sqrt{8}}=0.353$ 时，便可求出这个迭代线路的继电器数目

$$n_3\leqslant\left[\frac{\log\sqrt{8}p_{3\times 3}^{(s)}(p)}{\log\sqrt{8}\cdot p}\right]^2$$

在设计的第二阶段我们已将输出兴奋概率移到了 $1/4<1/\sqrt{8}$，因此，用该式计算第三阶段线路的继电器数目是适宜的。注意到 s 应满足 $p_{3\times 3}^{(s)}(1/4)\leqslant\delta$ 且输出兴奋概率 $P_{3\times 3}^{(s)}(a)$ 又是以阶梯过程趋于零以及线路继电器数目也以等比级数增加，每迭代一次增加 9 倍。因此，第三阶段线路需用继电器数目应满足条件

$$n_3\leqslant 9\left[\frac{\log\sqrt{8}\delta}{\log\sqrt{8}p}\right]^2 \tag{19.7-14}$$

根据选用线路的自对偶性，它也一定能将输出兴奋概率 3/4 移到大于$(1-\delta)$的数值上。

根据迭代原理，把第一，第二阶段设计的线路依次迭代于第三阶段的线路里。这个总的迭代线路便是我们希望的线路。因为在迭代过程中，每一个继电器都要用前一阶段设计的线路来代替，因此，整个迭代线路的继电器数目为各阶段设计线路继电器数目之积，即

$$n_{\max}=n_1n_2n_3\leqslant 81\left[\frac{\log\dfrac{c-a}{4}}{\log d}\right]\left(\frac{1}{c-a}\right)^{\frac{\log 9}{\log 3/2}}\left[\frac{\log\sqrt{8}\delta}{\log\sqrt{8}p}\right]^2 \tag{19.7-15}$$

将这个数量的继电器按上面叙述的方式构成线路，显然，它应满足我们的要求。当 a 和 c 已分布在 1/2 点的两侧时，可以省略第一阶段的设计，即第二和第三阶段设计也可以按照输出兴奋概率趋于零和 1 的阶梯过程在图 19.7-5 上直接求出迭代次数，从而计算出线路的触点数目。

为了满足提出的可靠性要求，线路触点数目不能小于某个界限。由线路长度和宽度的定义可以把这个下界计算出来。设线路 N 能满足可靠性的要求，即 $p_N(a)\leqslant\delta$，$p_N(c)\geqslant 1-\delta$；再设它的长度为 l 宽度为 w，单个继电器通电时闭合概率为 c，不通电时闭合概率为 a，显然，下面不等式成立

$$\delta\geqslant p_N(a)\geqslant a^l$$

由此得到 $l\geqslant\log\delta/\log a$。当继电器通电时又明显的有不等式

$$(1-c)^w\leqslant 1-p_N(c)\leqslant\delta$$

于是又得到 $w\geqslant\log\delta/\log(1-c)$。因此，这个线路的继电器数目的下界

$$n_{\min} \geqslant l \cdot w \geqslant \frac{\log\delta}{\log a} \cdot \frac{\log\delta}{\log(1-c)} \tag{19.7-16}$$

其实,线路所用的继电器数目一般为其下界的 3/2 左右或更多些。

为了得到线路可靠性和继电器数目的关系,也为了与复合方法进行比较,我们假定用失效概率为 $a=1-c=1/200$ 的继电器构成长宽相等的网状线路(由于继电器已足够可靠,所以设计高可靠性线路时仅用第三步就够了)。根据公式(19.7-12)、(19.7-14)和(19.7-16)对给定的失效概率可以分别算出实际需要的继电器数目和所需继电器的上界和下界(见表 19.7-1)。

表 19.7-1 $\varepsilon=\frac{1}{200}$

失效概率	实用继电器数目	计算继电器数目上界	计算继电器数目下界
10^{-6}	9	81	7
8×10^{-18}	81	721	55
2×10^{-19}	100	876	66
2.2×10^{-21}	121	1074	81
4×10^{-51}	729	6561	480

在第 19.5 节中研究过的两个例子,当然也可以按莫尔-香农冗余方法进行综合以提高可靠性。这时只需把那儿的每个晶体管和神经细胞都视为继电器即可。如果认为元件和综合系统的可靠性仍为原来的指标。则不难算出计算机的晶体管只要增加到 $81\times2500=202,500$ 个就足够了。关于神经系统的例子可以计算出使“细胞”的失效概率减少到 2.7×10^{-21} 的值,只需用 11×11 的网状线路代替每个可靠性仅为 1/200 的细胞就可以了。

顺便指出,这种方法也是依据增加元件的原理来获得高可靠性线路的,只是结构与复合法不同而已。

19.8 复合方法与莫尔-香农方法的比较

通过上面的讨论,可以看出,用不同方法可以构成具有同样可靠性的线路。但是,当对系统可靠性要求并不十分高而元件可靠性又比较高时,莫尔-香农方法需用的元件数要比复合方法少很多,然而当要求系统可靠性很高时,则复合法又比较优越。我们试找出这个差别的原因。

冯·诺伊曼对复合方法的分析是基于差错的出现服从高斯分布的假定,因此它要求每个线束内的线条数 n 相当大。可是,我们事先并不知道 n 为怎样的数目

(是否要求很大)才能满足系统的可靠性要求。当对系统可靠性指标要求并不甚高而元件已颇为可靠时,n 就不需要太大,此时用这个方法去计算,近似性就较大。莫尔-香农则用组合概率的方法来分析系统可靠性,并不对 n 的大小做先验假定,因而比较切合实际情况。

冯·诺伊曼不仅考虑了构成系统元件的可靠性,同时也考虑了输入的差错。不难看出,重点还是放在控制输入差错上面。莫尔-香农方法则仅考虑元件可靠性对系统可靠性的影响,如果认为线路的继电器绕组是用一个输入线束控制的,并假定通电时线束中有百分之 α 的线条产生错误,不通电时其中有百分之 β 的线条产生错误。这时容易算出,在通电时继电器闭合的百分数 $c'=(1-\alpha)c+\alpha a$ 比以前小了,而断电时闭合的百分数 $a'=(1-\beta)a+\beta c$ 比以前大了,也就是相当于继电器的可靠性变坏了。显然,这时为了达到和过去一样的可靠性,线路的元件数目当然要比过去多。这是为了控制输入线上差错所必需增加的元件数,它是 α 和 β 的函数。还不难看出,谢弗门(与非门)会使输出差错分布产生分散现象,这完全是由于谢弗门电路,对输入端的错误信号的逻辑运算而引起的。在不考虑输入信号的错误时,由谢弗门电路的失效所造成的输出差错概率(输出端状态错误的线条数在 $\delta\%-(1-\delta)\%$ 之间的概率)是随 n 的增大而趋于零的。这一点可以在公式(19.4-18)中看到。为了说明这一点,我们可以对下面的情况进行计算。

(1) 输入线中没有错误信号,也就是认为同一输入线束中诸线的状态完全一样。

(2) 原系统由一个谢弗门组成,它的失效概率为 1/200,现在用同样的但数量多的门构成可靠系统并取置信度 $\delta=0.07$。

(3) 认为谢弗门一经失效后,它的状态一定和其应有的状态相反。

在不加复原机构的情况下算出的元件数目 n 和系统失效概率 p_N 的关系列于表 19.8-1 中。

表 19.8-1

$$\varepsilon=\frac{1}{200}\quad\delta=0.07$$

单元数目 n	系统失效概率 p_N
100	0.14919×10^{-19}
1000	0.25×10^{-188}

把表 19.8-1 和表 19.7-1 相比较,可以知道,在同样的前提下,复合冗余方法与莫尔-香农冗余方法所得到的结果有所差别,但并不悬殊。

19.9　从线路结构上提高系统可靠性

从复合方法和莫尔-香农方法的讨论中，我们已经看到，改进线路结构也能提高系统可靠性。因此，便产生了这样的问题：在单元数目一定的条件下，怎样设计线路结构才能获得最大的可靠性？下面我们从不同方面来讨论这个问题。

设有一包含 l 个单元的系统 C，如果这 l 个单元中有一个失效便会导致整个系统失效，我们便称这种系统为基本系统。若基本系统中每个单元失效的概率均为 p，那么，系统的失效概率为

$$p_l = 1-(1-p)^l \tag{19.9-1}$$

为了提高系统的可靠性，我们把 w 个基本系统 C_i 按图 19.9-1 连接成更大的系统。图中 $S_1, S_2, \cdots, S_w$ 为开关，它们的工作原理是：当第 $i(i=1,2,\cdots,w-1)$ 个基本系统失效后，开关 S_i 便自动断开而开关 S_{i+1} 便自动接通。于是，图 19.9-1 所示系统的失效概率为

$$p_{l1} = [1-(1-p_l)(1-p_s)]^w \tag{19.9-2}$$

这里，p_s 为开关的失效概率，当 $p_s \ll p_l$ 时，可以忽略 p_s 的影响，此时有

$$p_{l1} = p_l^w = [1-(1-p)^l]^w \tag{19.9-3}$$

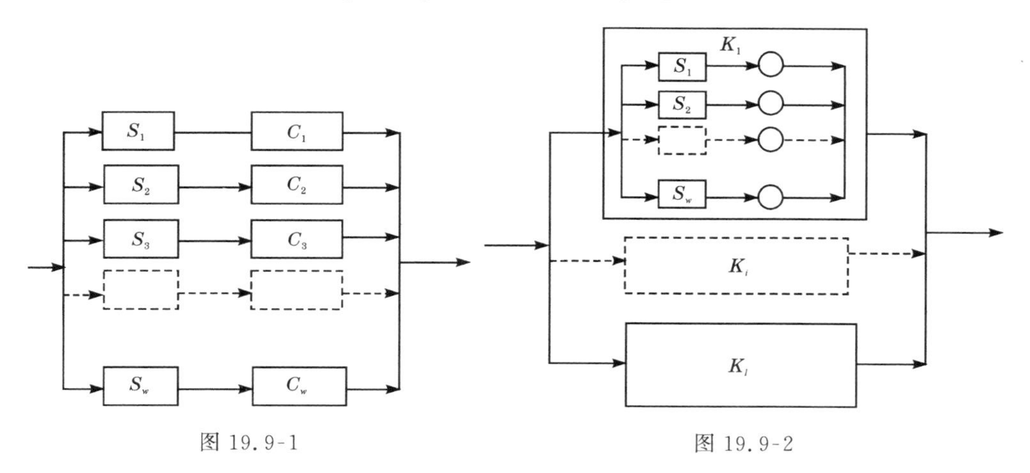

图 19.9-1　　图 19.9-2

即图 19.9-1 所示系统的可靠性为

$$q_{l1} = 1-p_{l1} = 1-[1-(1-p)^l]^w \tag{19.9-4}$$

从这里可以看出，若每个单元的失效率 p 保持不变，系统的可靠性则随着基本系统单元数目的增多而降低。在 l 为无限大的情况下，即便允许有较多数目的备用系统，图 19.9-1 所示系统的可靠性仍然趋于零。如果改变系统结构，把这 w 个基本系统中的所有相同单元都通过上述性质的开关并联起来，这时便得到如

图 19.9-2的系统。它的失效概率为

$$p_{l2} = 1 - \{1 - [1 - (1 - p)(1 - p_s)]^w\}^l \tag{19.9-5}$$

若开关绝对可靠,即 $p_s=0$,上式则变为

$$p_{l2} = 1 - [1 - p^w]^l$$

从这里可以看出,不论基本系统由多少单元组成,只要增加 w,便能获得满意的可靠性。因此,在使用绝对可靠的开关时,采用备用单元要比备用系统好些。但是,由于开关并非绝对可靠,即 $p_s \neq 0$,因此,应用过多开关并不一定能获得系统的最佳可靠性。如果把诸基本系统分成几个部分,然后把相应部分通过上述性质的开关并联起来,这时可能获得具有更高可靠性的系统。例如,我们考虑有一个备用系统即 $w=2$ 的情况,设基本系统由四个单元构成,它们的失效概率均为 0.05。按系统备用,按单元备用以及把系统分成相等的两部分备用时的系统失效概率分别记为 p_{41},p_{42} 和 p_{43}。不难算出上述三种情况下系统失效概率和开关失效概率 p_s 的关系。算出的数据列于表 19.9-1 中。

表 19.9-1

	$p_s=0.97$	$p_s=0.9$
p_{41}	0.0441	0.0713
p_{42}	0.02243	0.0815
p_{43}	0.0308	0.069

从上面讨论的例子中可以看到,当备份单元的数量已给定的情况下,如何使用这些备份件对提高系统的可靠性有很大的关系。相同的备份数量,如果结构不同,系统的可靠性可能差别很大。也就是说,冗余结构的选择对提高系统的可靠性是很重要的。事实上,在条件一定的情况下,给定了备份器材的数量,常常存在着一种最优的冗余结构,使系统能获得最高的可靠性。下面我们再介绍一种比较复杂的情况,从这里可以更清楚地看到冗余结构对系统可靠性的影响。

设 T_H 是某一器件(如门电路)在额定负荷下的平均故障时间间隔。试验表明,当负荷增大时,平均故障时间间隔 T 将减小。反之,如果该器件在低于额定负荷的条件下工作,则平均故障时间间隔将增大,即可靠性将增大。用 $\lambda_H=1/T_H$ 表示该器件在额定负荷 Q_H 下的失效率(平均故障率),用 $\lambda=1/T$ 表示在任一负荷 Q 下的失效率。试验表明,该器件的失效率与负荷的关系可由下式近似地表示出来[31]

$$\lambda = \lambda_H \left(\frac{Q}{Q_H}\right)^m \tag{19.9-6}$$

式中 m 为某一常数,它只依赖于器件本身的特性,例如超负荷能力。

设用上述性质的 n 个单元(器件)并联构成系统,这个系统被看成为一个单元

在额定负荷 Q_H 下工作。我们规定，在系统中有 i 个单元失效时[①]，称其为系统的第 i 个状态。那么，由 n 个单元构成的系统仅可能有$(n+1)$个状态。因此，可用下面$(n+1)$个微分方程来描述各种状态的出现概率

$$\begin{aligned}
&\dot{p}_0(t) = -\lambda_0 n p_0(t)\\
&\dot{p}_i(t) = -\lambda_i(n-i)p_i(t) + \lambda_{i-1}(n+1-i)p_{i-1}(t),\quad i=1,2,\cdots,n-1\\
&\dot{p}_n(t) = \lambda_{n-1}p_{n-1}(t)
\end{aligned}\tag{19.9-7}$$

这里，$p_i(t)$是第 i 个状态出现的概率$(i=0,1,2,\cdots,n)$，λ_i 是第 i 个状态单元的失效率。考虑式(19.9-6)，可知

$$\lambda_i = \lambda_H\left(\frac{Q_i}{Q_H}\right)^{m_Q} = \lambda_H\left(\frac{\frac{Q_H}{n-i}}{Q_H}\right)^{m_Q} = \lambda_H\left(\frac{1}{n-i}\right)^{m_Q}$$

于是，可把方程组(19.9-7)写成

$$\begin{aligned}
&\dot{p}_0(t) = -\lambda_H n^\beta p_0(t)\\
&\dot{p}_i(t) = -\lambda_H(n-i)^\beta p_i(t) + \lambda_H(n-i+1)^\beta p_{i-1}(t),\quad i=1,2,\cdots,n-1\\
&\dot{p}_n(t) = \lambda_H p_{n-1}(t)
\end{aligned}\tag{19.9-8}$$

其中 $\beta=1-m_Q$。假定开始时刻所有 n 个单元都不会失效，即

$$p_i(0) = \begin{cases}1, & i=0\\ 0, & i\neq 0\end{cases}$$

由此得到式(19.9-8)的解为

$$\begin{aligned}
&p_i(t) = \prod_{j=0}^{i-1}(n-j)^\beta \sum_{j=0}^{i}\frac{e^{-\lambda_H(n-j)^\beta t}}{\prod_{k=0}^{i}[(n-k)^\beta-(n-j)^\beta]}\\
&\qquad (k\neq j, i=1,2,\cdots,n-1)\\
&p_0(t) = e^{-\lambda_H n^\beta t}
\end{aligned}\tag{19.9-9}$$

由于这个系统的负荷等于一个单元的额定负荷，所以只要有一个单元工作良好，系统便能正常工作。因此，系统的可靠性为

$$q_N(t) = e^{-\lambda_H n^\beta t} + \sum_{i=0}^{n-1}\left\{\prod_{j=0}^{i-1}(n-j)^\beta\sum_{j=0}^{i}\frac{e^{-\lambda_H(n-j)^\beta t}}{\prod_{k=0}^{i}[(n-k)^\beta-(n-j)^\beta]}\right\}$$

$$k\neq j\tag{19.9-10}$$

如果不考虑负荷变化对单元失效率的影响，即认为 $\beta=1$，则系统各状态出现的概率和系统可靠性便是

---

① 这里假定单元失效后，它便自动从系统中断开。

$$p_i(t) = \frac{\prod_{j=0}^{i=1}(n-j)}{i!}(1-e^{-\lambda_H t})^i e^{-\lambda_H (n-i)t}$$
$$= C_n^i (1-e^{-\lambda_H t})^i e^{-\lambda_H (n-i)t}$$
$$i = 0,1,2,\cdots,(n-1) \tag{19.9-11}$$

和

$$q_N(t) = e^{-\lambda_H nt} + \sum_{i=1}^{n-1} C_n^i (1-e^{-\lambda_H t})^i e^{-\lambda_H (n-i)t} \tag{19.9-12}$$

如果认为单元失效率与其承受的负荷大小成正比，即 $\lambda=\lambda_H \dfrac{Q}{Q_H}$ 时（也即 $\beta=0$），从方程(19.9-9)和(19.9-10)可以得到

$$p_i(t) = \frac{(\lambda_H t)^i e^{-\lambda_H t}}{i!}, \quad i = 0,1,2,\cdots,(n-1) \tag{19.9-13}$$

和

$$q_N(t) = e^{-\lambda_H t} \sum_{i=0}^{n-1} \frac{(\lambda_H t)^i}{i!} \tag{19.9-14}$$

比较式(19.9-12)和(19.9-14)便明显看出后者的可靠性比前者好。也就是说，当单元失效率和其负荷成正比或有更强的依从关系时，把全部备份单元同时接入系统工作要比当工作单元失效后依次代换着工作的可靠性高。当然，如果失效率 λ 不依赖于负荷，即 $\lambda\equiv\lambda_H$ 时，把所有备份同时接入的情况和依次接入的情况等效，而且这时备份单元和处于工作状态的单元有同样的失效率。

19.10 网络的线路冗余

一个大的多点通信系统常由很多个通信点构成，各点之间要用线路连接起来。例如，一个大的计算机网络往往由一个计算中心和很多外围机和终端机经通信线路连接而成。外围机、终端机与计算中心在地理上可能相距很远。这里我们研究一种特殊的问题[25]：假定计算机及终端设备的可靠性都很高，为了提高线路的可靠性，我们采用线路备份的方法去提高整个系统工作的可靠性。在外围机和终端设备的安装点已选定的情况下，如何连接这些安装点才能够达到系统（网络）的最高可靠性？如果线路的连接方法已经确定，如何用给定长度的备份线路去获得最大的线路可靠性？这里我们将再一次看到，不同的线路备份方法可以得到完全不同的系统可靠性。

设有一个通信网络连接安装在 n 个点上的设备（例如计算中心和外围机及终端设备），其中有一个是控制或信息中心，它接收各点发来的情报信息，同时又向各点发出指令或信息。为了把 $n-1$ 个外围点与控制中心连接起来，线路的设置方法有

很多种(有 4^{n-1} 种连接方法)。在各种连接方法中将有一种是线路总长为最短的;还有一种是可靠性最高的。在一些假定条件下,我们将研究可靠性最高的连接方法,进而讨论在备份线路长度为给定时的最佳备份方案。这里只讨论线路的可靠性,即假定各点上的设备可靠性很高,且连接任何相邻两点之间的线路的失效率都是 p。约定任何两个点之间只能有一条线路连接,即没有交叉点出现,如图 19.10-1 中所示。图中 C 为控制或信息中心。某段线路至控制中心通过的线段数称为该线段至中心的距离。例如图中(b)所示的各线段,a 的距离为 1,b 为 2,d 为 3,e 为 4 等;而(a)中各线段的距离都是 1。设在整个系统中距离为 1 的线路(线段)有 l_1 条,距离为 2 的线路有 l_2 条,距离为 i 的线路有 l_i 条,最远的线距离是 s。于是有

$$\sum_{i=1}^{s} l_i = n \tag{19.10-1}$$

如果每段线路的失效概率都是 p,则能够正常工作的线段平均数 m 为(数学期望)

$$m = \sum_{i=1}^{s} l_i (1-p)^i \tag{19.10-2}$$

因为距离为 i 的线段要能正常工作,位于该线段和控制中心的线段也必须不出故障,故距离为 i 的线段的正常工作可靠性是$(1-p)^i$。

今用系数 K 表示系统的可靠性

$$K = \frac{m}{n} \tag{19.10-3}$$

即 K 为能正常工作的线段数的平均百分比。显然,当每一线段失效率为 0 时 $m=n, K=1$;当 $p=1$ 时 $m=0, K=0$。在任何其他情况下均有 $m<n$ 和 $K<1$。定义系统中各点离中心的平均距离为 r

$$r = \frac{\sum_{i=1}^{s} l_i \cdot i}{\sum_{i=1}^{s} l_i} \tag{19.10-4}$$

当失效概率 p 很小时,可算出

$$K = \frac{m}{n} = \frac{\sum_{i=1}^{s} l_i (1-p)^i}{n} = \frac{\sum_{i=1}^{s} l_i \left(1 - pi + \frac{i(i-1)}{2} p^2 - \cdots\right)}{n}$$

$$= \frac{n - p\sum_{i=1}^{s} l_i i + p^2 \sum_{i=1}^{s} l_i \frac{i(i-1)}{2} - \cdots}{n}$$

忽略高次项后,保留 p 的一次项,可以认为

$$K \cong \frac{n - p\sum_{i=1}^{s} l_i \cdot i}{n} = 1 - rp \tag{19.10-5}$$

对图 19.10-1 中的(a)连接方式,$i=1$,有精确的等式

$$K = 1 - p \tag{19.10-6}$$

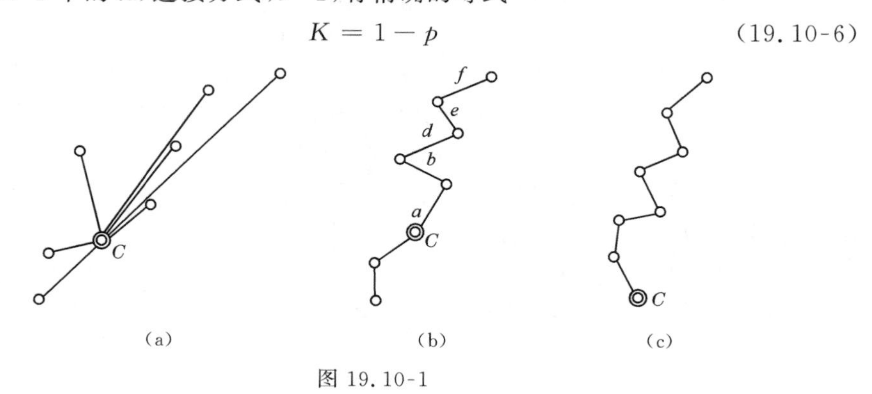

图 19.10-1

对图中的串联连接方式(c)则有

$$K = \frac{(1-p)[1-(1-p)^n]}{pn} \cong 1 - \frac{n+1}{2}p \tag{19.10-7}$$

比较上面三个公式便可看出,不同的线路设置对应完全不同的系统的可靠性。

现在讨论最优线路备份问题。设某一线段设置了 d 次备份,它的可靠性 q 是

$$q = 1 - p^{d+1} \tag{19.10-8}$$

用 d_i 表示到控制中心的距离为 i 的线段的备份线路数。设置备份线路后,系统中正常工作线段的平均数记为 m^*

$$m^* = \sum_{i=1}^{s} l_i \prod_{j=1}^{i} (1 - p^{d_j+1}) \tag{19.10-9}$$

仍然用正常工作的线段平均数 m^* 和系统中线段总数的比 K^* 作为评价系统可靠性的指标

$$K^* = \frac{m^*}{n} \tag{19.10-10}$$

用 $K_{ijk\cdots}^{d_i d_j d_k}\cdots$表示系统中距离为 $i,j,k,\cdots$的线段分别备份 $d_i,d_j,d_k,\cdots$条线路后的系统可靠性指标。现在产生这样的问题,如何设置备份可以使 K^* 的值尽可能增大? 例如,对图 19.10-1 中的(a)种线路,$i=j=k=\cdots=1$,有

$$K_1^{d_1} = \frac{1}{n}\frac{1-p^{d+1}}{1-p}\sum_{i=1}^{s} l_i(1-p)^i = (1+p+p^2+\cdots+p^d)K \tag{19.10-11}$$

式中 K 是未加备份线路时的系统可靠性指标。由上式可以看到,当线路可靠性很差时,即当 p 接近 1 时增加备份对提高系统可靠性是很有效的;相反,当 p 趋近于 0 时,备份线路并不能显著提高系统的可靠性。

下面再讨论一个例子。设在一个网络中离开控制中心最远的外围设备的距离是 2,用以连接这类设备的线路总数为 l_2;直接与控制中心连接的线路有 l_1 条,

令 $l_2=al_1$，a 为任意正整数。再设备份线路的总数为 $l_1+l_2=l_1(1+a)$。此时，如果只对距离为 1 的 l_1 条线路设置一路备份，则有

$$K_1^1=(1+p)K \tag{19.10-12}$$

式中 K 为 L_1 和 L_2 不加备份线路时的系统可靠性指标。另一方面，如果每条线路都再设置一条备份线路，则系统的可靠性指标为

$$K_{12}^{11}=\frac{(1-p^2)+a(1-p^2)^2}{1+a} \tag{19.10-13}$$

比较这两种系统，求出两种可靠性指标的差

$$\Delta K^*=K_{12}^{11}-K_1^1=\frac{(1-p^2)+a(1-p^2)^2}{1+a}-(1+p)K$$

因为

$$K=\frac{l_1(1-p)+l_2(1-p)^2}{n}=\frac{l_1(1-p)[1+a(1-p)]}{n}$$

故

$$\Delta K^*=\frac{a}{1+a}p(1+p)(1-p)^2 \tag{19.10-14}$$

ΔK^* 是 a 和 p 的连续函数。当 $a=1$ 时

$$\Delta K^*=\frac{1}{2}(p-p^2-p^3+p^4)$$

从简单的分析可知，当 $p=0,1$ 时，$\Delta K^*=0$。又因为

$$\frac{d(\Delta K^*)}{dp}=\frac{1}{2}(1-2p-3p^2+4p^3),\quad \frac{d^2(\Delta K^*)}{dp^2}=6p^2-3p-1$$

而当 $p=0.39$ 时，$d(\Delta K^*)/dp=0$，且有

$$\frac{d(\Delta K^*)}{dp}\begin{cases}>0, & 0\leqslant p<0.39\\ <0, & 1>p>0.395\end{cases}$$

于是，ΔK^* 作为 p 的函数在 $p=0.39$ 附近有极大值，而在 $p=0$ 和 1 处等于 0，由此可推知，当每段线路失效概率 p 在 0.3 至 0.7 之间时，对所有的线路都设置备份为好；而当失效概率很小或很大时，则宜于对距离近的线路设置备份。由此例可以断言，备份线路的结构方案的制订应考虑到线路失效率的大小。

参考文献

[1] 许廷钰，用不可靠的继电器组成可靠的继电器线路，自动化学报，2(1964)，1.

[2] 王传善等，远动技术，科学出版社，1965.

[3] Balaban, H. S., Some effects of redundancy on system reliability, Proc. 6th National Symposium on Reliability and Quality Control, 388—402, 1960.

[4] Bouricius, W. G., Carter, W. G., Jessep, D. C., Schneider, P. R., & Wadia, A. B., Reliability modeling for fault-tolerant computers, IEEE Trans., C-20(1971), 11, 1306—1311.

[5] Chang, H. Y., Manning, E., Metze, G., Fault Diagnosis of Digital Systems, Wiley Interscience, New York, 1970.

[6] Chin J. H. S., Optimum design for reliability-the group redundancy approach, IRE Wescon Conv. Record, 1958, 6, 23—29.

[7] Chin, J. H. S., Circuit redundancy IRE Nat. Conv, Record, 1959, 6, 44—50.

[8] Dummer, G. W. A., The reliability of electric components, Proc. of the Second IFAC Congress, Basle, 1963.

[9] Gorden, R., Optimum component redundancy for maximum system reliability, Operation Research, 5(1957), 2, 229—243.

[10] Hsiao M. Y. & Dennis, K. Chia., Boolean difference for fault detection in a synchronous sequential machines, IEEE Trans., C-20(1971), Nov., 1356—1361.

[11] Mathur, F. P., On reliability modeling and analysis of ultrarealiable fault, tolerant digital systems, IEEE Trans., C-20(1971), Nov., 1376.

[12] Margenau. H. & Murphy, G. M., The Mathematics of Physics and Chemistry, D. Van Norstand Comp., New York, 1943.

[13] McCluskey, E. J. & Clegg, F. W., Fault equivalence in combinational logic networks, IEEE Trans., C-20(1971), Nov., 1286.

[14] Moore, E. F. & Shannon, C. E., Reliable circuits using less reliable relays, J. Franklin Inst, 262(1956), 3, 191—208; 4, 281—297.

[15] Moskowitz, F. & Mclean, J. B., Some reliability aspects of system design, IRE Trans., RQC-8(1956), Sept., 7—35.

[16] Neuman, J. Von, Probabilistic Logic and Synthesis of Reliable Organisms from Unreliable Components, Automata Studies, Princeton Univ. Press, New Jersey, 1956.(收于《自动机研究》中,陈中基译,科学出版社,1963.)

[17] Ramamoorthy. C. V., Fault-tolerant computing, an introduction and overview, IEEE Trans., C-20(1971), 1.

[18] Sante, D. P., Ultra-reliabitity can be built into electronic circuits. Space Aeronauties, 1961, 135—140.

[19] Short, R. A., The attaiment of reliable digital systems through the use of redundancy-a survey, IEEE Comput. Group News, 2(1968), March, 2—17.

[20] Teoste, R., Digital circuit redundancy. IEEE Trans., R-13(1964), June, 42—61.

[21] Алексеев. О. Г., Якушев В. И., Алгоритм для оптимального резервирования Систем, Изв. АНСССР, Техн. Киберн., 1964, 3.

[22] Аксенова Г. П., Согомонян. Е. С., Построение самопроверяемых схем встроенного контроля для автоматов с памятью, АuТ, 1975, 7, 132.

[23] Гершгорин, Е. И., Ермилов В. А., Кудюков Н. И., Об эвристическом тоделировании лодических Схем с Кратным Неисправностями, АuТ, 1975, 5, 166.

[24] Гнеденко, Б, В., Беляев, Ю, К., Соловьев А. Д., Математические Методы в Теории

Надежности, Наука, 1965.

[25] Жожикашвили, В. А., Шмуклер Ю. И., Надежность информационных сетей, AuT 24(1963), 6.

[26] Каринскии, Ю, И., Оптимальная диодная схема с высокой Надежностью построенная ненадежными реле, Элек$_{T}$ рuчес$_{T}$ во, 1966, 6, 38—42.

[27] Кириенко, Г. И., Само-исправляемая Схема с функциональными схемами, Проблема Кибернетики, 12, 29—37, 1964.

[28] Косарев, Ю, А., Дублирование логических и переключающих схем, Автоматика Телемеханика и Приборостроения, 256—264. АНСССР, 1964.

[29] Муромцев, Ю, Л., Опреление Гранид показателей Надежности сложных Систем, AuT. 1977, 9, 177.

[30] Нечипорук Е. И., Само-исправляемая диодная Схема, ДАН СССР, 156(1964), 5, 1045—1048.

[31] Раикин, А, Л., Надежность Схем резервирования с Постоянным Включением избыточных элементов при чете перерасредeления нагрузок или напряжний, AuT 24(1963), 4.

[32] Сотсков, Б. С., Декабрун, И. Е. Проблема надежности электро-механических элементов, Докладна Втором Конгресс IFAC, Basle, 1963.

[33] Сотсков, Б. С., Рсстковская, С. Е., Характеристика надежности Сопротивлений и Сонденсаторов, AuT, 21(1960), 5.

[34] Фабрикант, В. Л., Преоктирование Надежных схем с ненадежными реле, Элек$_{T}$ рониkа, 1697, 7, 42—47.

第二十章　信号与信息

回顾我们在前面各章中讨论过的各类控制系统，不管是线性的、非线性的、集中参数的或分布参数的系统，如果不考虑它们的具体结构特点和物理特点，而只观察它们的共性，我们就会发现，它们对输入信号都作出相应的反应：接收输入，观测状态，算出误差，形成控制等，这一切都是以各种信号的形式完成的。从这个观点来看所有的控制系统，可以说它们的任务都是以信号的形式采集信息和处理信息的，因此关于信号和信息的理论与控制理论是有着密切关系的。有人还认为关于信息的理论是工程控制论的一个组成部分[27]，它反映了关于信息的理论对控制系统的重要性。

近二十年来，以计算机为中心的自动化技术的迅速发展要求各种信号数字化，即用各种编码的形式传输信号，用计算机对这些信号进行处理等。这种情况更加清楚地显示出了在控制系统中信息传输的特征。至于在第十四章和十五章中讨论过的对随机信号的处理问题(即噪声过滤和信号预测等)，很明显属于信息处理的范围。

自动控制技术早已超出了局部过程的调节和伺服机构这类个别装置自动化的有限范围。现代工业和社会经济生活要求实现整个企业、部门、行业的管理自动化。粗略地说，这种在大范围内进行管理或控制的系统叫做大系统。在这种大系统中，各种信息的传递方法已大为改观，绝不是一个齿轮组或几根导线所能胜任的，只有现代化的通信网络才能有足够的能力去传送系统所必需的信息。于是，通信理论和控制理论之间又形成了密切的联系。早在三十多年前，美国科学家维纳和罗森勃鲁斯等人就预见到这种情况，把控制理论和通信理论中的基本问题综合成控制论这门新的学科[24]。

通常，人们把“信号”和“信息”当做同义语，像我们在上面的讨论中对这两个名词不加区分那样。然而，对信号传输的深入研究导致了关于信息的严密定义和定量分析。1948 年美国科学家香农总结了实践工作中的经验和前人的工作(主要是 1928 年 Hartley 的工作[18])，成功地创立了关于信号和信息传输的精确理论即信息论。这个理论出现以后极大地促进了通信理论和技术的发展，同时也给控制理论提供了一个新的有力的工具。几十年来，它吸引着各个领域的科学技术工作者，在理论研究和应用研究方面都进一步得到了新的发展，在这一章里我们将介绍信息论的基本概念，主要理论及其应用。

20.1 信号、消息和信息

任何一个控制系统都离不开信号的接收、采集、传送和加工处理。在初等控制系统,如温度调节装置、伺服机构等中的信号是直接以电压、电流或机械位移等物理量表现出来的。但在复杂的系统,如第二十一章中将要讨论的大系统,却需要大批量地采集和传送数据,而且还要用计算机对这些数据进行处理。为了提高传送速度和可靠性又便于计算机处理,这些信号必须用更抽象的表示方法,如用各种具有纠错能力的二进制码来表示;还要有一整套高效率的通信网络来传输信号,以保证实时地把足够的数据送到需要的地方。通常的有源或无源电路已不足以对这些信号作哪怕是初步的处理。这一方面是因为电路的运算功能太简单,又没有灵活性,另一方面是它不能对各种多路信号进行实时处理。在这种大系统中,只有具有足够存储容量和运算功能的数字计算机才能胜任这个任务。因此在这种情况下就要求对信号、信息、消息等名词加以区分,并赋予严格的定义,使它们在一般性的、模糊的描述性的文字含义基础上增加新的内容,上升为有准确意义的科学技术名词。

所谓信号是指某些物理过程,它的变化可以受到控制,而且可以通过某些介质进行传播。例如电压或电流的变化,电磁波或声波的变化和传播,光的调制与传播,机械位移,压力的变化等都可以成为信号。人们事先约定每一种信号代表某一种消息,然后按照这种约定去控制信号(物理过程)的发生和变化,从而发送出各种不同的消息。例如在交通管制系统中用红灯禁止通行,绿灯表示放行,黄灯提醒注意,黄绿灯表示允许向左转弯等。信号的变化规律越复杂、种类越多,能够发送的消息就越多,有限种信号只能发送有限种消息。另一方面,人们利用这些物理过程在介质中的运动就把信号传播到了远方,在那里,利用对这类物理过程敏感的器件完成对信号的接收。于是,按事先的约定,信号所代表的消息就送到了远方。

设$[0,T]$是确定的时间间隔,用某类函数$s(t)$表示特定的物理过程(信号)在这个时间间隔中的变化。一切不同的(接收端能区分的)信号的全体$\{s(t)\}$记为S,$s(t)$称为集合S中的信号元。设S中含有有穷个元,个数记为N_S。用M表示消息的集合,它的每一个具体的消息用m表示。M中所含的消息总数N_M可以是任意的,大于、等于或小于N_S。为了使信号能够传递消息,事先约定一种对应关系T,它规定每一种信号对应一种消息,记为

$$Ts = m, \quad TS \subseteq M \tag{20.1-1}$$

这种对应关系应该是单值的,每种信号只对应一种特定的消息,而不能对应两种以上的不同消息,否则就会出现消息的不确定性。反之则不然,可以有若干个不

同的信号元对应同一个消息，这是常见的情况。用通信技术的术语，对应关系式(20.1-1)叫做消息的载负，即信号载负着消息。

消息集合 M 的种类是很多的，电报报文，电话记录，电视画面，传真电报版面，成批传送的数据都可以构成各自的消息集合。例如用电视信号传送图像，对高宽比为 3∶4 的荧光屏，625 行和每秒 25 帧的隔行扫描体制，亮度分辨能力为 10 种的电视发射机，可以在 2/25 秒的时间内发送 $10^5 \times 10^5$ 种不同的画面，即 $N_S \cong 10^{5\times 10^5}$。然而绝不是每一种信号都能给出一幅有意义的图像，所以“事先约定的”，即有意义的消息数 N_M 远小于 N_S，$N_S > N_M$。应用最早的莫尔斯电报机按规定能发出约 50 种信号，每一个信号都由点、划和空号排列组成，每一个信号单值对应一个(只有一个)拉丁字母、数码或符号。如果每一个符号(数码、字母或符号)算作一个消息，则 $N_S = N_M$。

总之，信号是发送消息的手段，消息载负于信号之上。这个载负关系用式(20.1-1)表示，其中 T 是从信号集合 S 到消息集合 M 中的映象。

在上面这种一般性的讨论中没有用到信息这个概念，然而关于信息这个概念的定义和研究是信息论中的主题。关于它的定义和计量我们将在下节中详细讨论，这里将只举例说明信息的含义和度量信息的单位。

设某一信号由 16 位按一定规则排列的二进制数码(0 或 1)表示。如果每一位都可以独立地取 0 或 1，则共有 2^{16} 种不同的排列方法，也就是说可排成 2^{16} 种不同的信号，可以传送 $2^{16} = 65,536$ 种不同的消息。这时我们说该信号由 16 位二进制信息码组成。如果在 16 位中只有 15 位可以独立地取 0 或 1，而第 16 位用作奇偶检验位，即根据前 15 位的和是奇数还是偶数来决定第 16 位的取值，使整个 16 位的和总是偶数(或奇数)。这样，第 16 位将完全由前 15 位的取值唯一确定，这时我们说该信号只有 15 位独立信息码。虽然信号由 16 位码组成，不同的信号数却只有 $2^{15} = 32,768$ 种，能传送的不同消息总数减少了 $2^{16} - 2^{15} = 2^{15} = 32,768$ 种。如果 16 位中只有 14 位是独立信息码，而第 15 位也按某种规律由前 14 位所唯一确定，那么不同的信号总数就剩下 $2^{14} = 16,384$ 种，又比 15 位信息码的情况减少了 16,384 种。以此类推，若有三位码不能独立取值，则剩下只有 13 位信息码，不同的信号总数又降至 8,192，于是，粗略地讲，第 16 位码载负着 32,768 种不同信息，第 15 位码载负着 16,384 种，第 14 位为 8,192 种。

由上面的计算可知，同一位二进制码在不同的地方载负着不同的“信息量”，这种计算方法显然是很不方便的。如果改用类似于分贝数的计算方法，取以 2 为底的对数值去度量信息，那就方便得多了。例如，16 位码载负的信息量定义为 $\log_2 2^{16} = 16$，15 位码载负的信息量是 $\log_2 2^{15} = 15$，14 位码对应的信息量为 $\log_2 4^{14} = 14$，等。这样，每一个二进制码所载负的信息都是 1 个单位，而不管所讨论的信号是由多少个二进制码组成的。

设某一信号 s 是由 n 个二进制码组成的，s 常称为"码组"或"字"，n 称为字长，如果每一位码都能独立地取 0 或 1，而与其他位的取值无关，则这种类型的信号（码组）所能载负的信息量定义为

$$H = \log_2 2^n = n, \quad \text{比特(bit)} \tag{20.1-2}$$

即每一个独立的二进制码的信息量都是一个二进制单位，称为比特(bit)。这样定义的信息量与信号中信息码的数目相等，也就是信号中的信息字长。但是，有的文献中信息量的定义采用以 10 为底的对数

$$H' = \log 2^n = 0.30103n, \quad \text{（十进制单位）} \tag{20.1-3}$$

显然，一个十进制单位约等于 3.32 个比特。

在上面的讨论中我们假定 n 位码中的每一位都能独立地取 0 和 1。这就是说，任取一个信号（码组），其中每一位信息码取 0 或 1 的概率都为 1/2，而每一位的取值都有两种可能性。于是某一独立位的信息量也可定义为

$$H = -\frac{1}{2}\log_2\frac{1}{2} - \frac{1}{2}\log_2\frac{1}{2} = 1 \tag{20.1-4}$$

如果出现 0 的概率不是 1/2，而是 p；出现 1 的概率为 $1-p$，则信息量可定义为

$$H = -p\log_2 p - (1-p)\log_2(1-p) \tag{20.1-5}$$

当 $p=1/2$ 时这个定义与前述定义是一致的。但是式(20.1-5)显然比(20.1-4)更好些，因为它包含了所有可能的情况。例如这一位码只能取 1 而永远不取 0，则按式(20.1-5)它的信息量为 0，因为 $p=0$。如果取 0 的概率不是 1/2 而是大于 1/2，即取 1 的概率小于 1/2，不难算出，这一位的信息量就小于 1 比特。

再进一步，设信号源（集合）S 中含有 N_S 个相互独立的不同的信号，每个信号 s_i 的出现概率为 p_i，$\sum_{i=1}^{N_S} p_i = 1$。此时信息源 S 所含的信息量可定义为

$$H(S) = -\sum_{i=1}^{N_S} p_i \log_2 p_i \tag{20.1-6}$$

在 16 位码组的信号源中 $N_S = 2^{16}$，如果每一种信号的出现概率都相等，则 $p_i = 2^{-16}$，依式(20.1-6)，$H(s) = -2^{16} \cdot 2^{-16}\log_2 2^{-16} = 16$ 比特。可见这个定义包含了式(20.1-2)那种情况。但是这个定义比式(20.1-2)更广泛，因为它考虑到了这些信号出现概率的差异。

由于信息量与热力学中的物理"熵"有深刻的相似性，所以 H 通常也叫做"信息熵"或简称为熵。这一点对信息论的讨论当然并不十分重要。

我们用概率论的观点回头研究信号源集合所包含的信息量。设信号源 S 中的 N_S 个具体信号每一个都载负着一种预先约定的消息。由于某种原因，例如有的消息要经常发送，又有一些很少用到，每一个信号的出现概率是不一样的。当

必须发送一个信号时，设信号 s_i 的出现概率为 p_i，因为总要发出一个信号，故一定有 $\sum_{i=1}^{N_S} p_i = 1$。如果每一个 p_i 都是 $1/N_S$，则用到每一个信号的机会是均等的，这时究竟将发出什么信号就很难确定，即发出什么信号的不确定性的程度最大。相反，如果某一信号 s_j 的出现概率为 1，其他的出现概率都为 0，这时发出什么信号的不确定性程度最小，因为发出的一定是 s_j。

如果要求连续发出两个信号 s_i, s_j，假定它们的出现概率是相互独立的，那么出现什么样的信号组合的不确定性程度应该增大。例如，可以定义一种函数，它的取值代表出现某种信号的不确定性程度；两个独立信号相继出现的不确定性程度应为这两个信号单独出现时的不确定性程度的和。可以证明，能够满足这些要求的函数只有一种，就是对数函数[33]。因此，由式(20.1-6)定义的信息量函数——熵 H 反映了信号源发出信号时的不确定性程度。这种不确定性越大，信息源所含的信息量越多，这一事实完全符合直观的物理概念。

20.2 信息量和熵

设有一个信号源 S，能发出 N_S 种信号 $s_i, i=1,2,\cdots,N_S$，用统计的办法可以求出每一个信号在完成某项信息传递任务的过程中的出现概率(近似地等于出现的相对频率)，记为 $p(s_i)$。根据前节的讨论，当信号源只发出一个信号时，定义 S 所含的每一个元素的平均信息量——熵为

$$H(S) = -\sum_{i=1}^{N_S} p(s_i)\log_2 p(s_i), \quad 比特 \tag{20.2-1}$$

现在我们更详细地讨论由上式定义的熵有哪些特性。由于从 S 中只发出一个信号，所以必然有 $\sum_{i=1}^{N_S} p(s_i) = 1$。

首先，只有当某一信号 s_j 的出现概率为 1 而其他所有的信号出现概率为 0 时，信号源 S 的熵 H 才等于 0。在这种情况下，我们将认为信号源所含的各元素平均载负的信息量为 0。为了进一步讨论 H 的特点，我们先从 $N_S=2$ 的情形开始，设 S 只能发出两种信号 s_1 和 s_2，它们的出现概率分别是 p 和 $1-p$。这两种信号平均每一个所载负的信息量为

$$H = -p\log_2 p - (1-p)\log_2(1-p) \tag{20.2-2}$$

显然，H 是 p 的单变量函数(见图 20.2-1)。从图中可以看出，H 在 $p=0.5$ 处有极大值。这就是说，当两个信号 s_1 和 s_2 的出现概率都等于 1/2 时，这个信号源才能具有 1 比特的熵，在任何其他情况下它的熵都小于 1 比特。

现在我们证明，含有 N_S 个独立信号的信号源 S 的熵 $H(S)$ 只有在每一个信号 s_i 的出现概率相等时，$p(s_i)=1/N_S, i=1,2,\cdots,N_S$，才有极大值 $\log_2 N_S$。在一切其他情况下 $H(S)$ 都小于 $\log_2 N_S$。

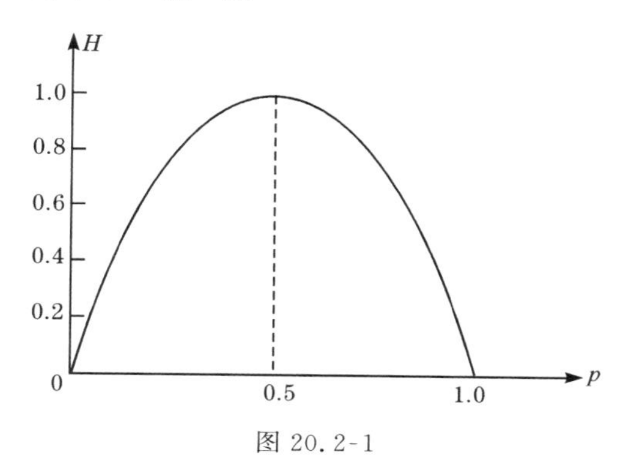

图 20.2-1

为了证明这一事实，我们注意到函数 $f(x)=-x\log_2 x$ 在区间 $[0,1]$ 中是凸函数（见图 20.2-2）。设 $f(x)$ 是任一凸函数，$x_1,x_2,\cdots,x_n$ 是在区间 $[0,1]$ 中的 n 个点；$\rho_1,\rho_2,\cdots,\rho_n$ 是 n 个任意正数，且满足条件 $\sum\limits_{i=1}^{n}\rho_i=1$。我们证明下列不等式成立：

$$\sum_{i=1}^{n}\rho_i f(x_i)\leqslant f\Big(\sum_{i=1}^{n}\rho_i x_i\Big) \tag{20.2-3}$$

在图 20.2-3 中的曲线 $f(x)$ 上标出 n 个点 m_i，它们的坐标是 $\{x_i, y_i=f(x_i)\}$。通过这 n 个点作一条折线。因为 $f(x)$ 是凸函数，所以这条折线必位于 $f(x)$ 的下边。在线段 m_1m_2 上取一点 a_1，使长度比

$$\frac{m_1a_1}{a_1m_2}=\frac{\rho_2}{\rho_1+\rho_2}\Big/\frac{\rho_1}{\rho_1+\rho_2}$$

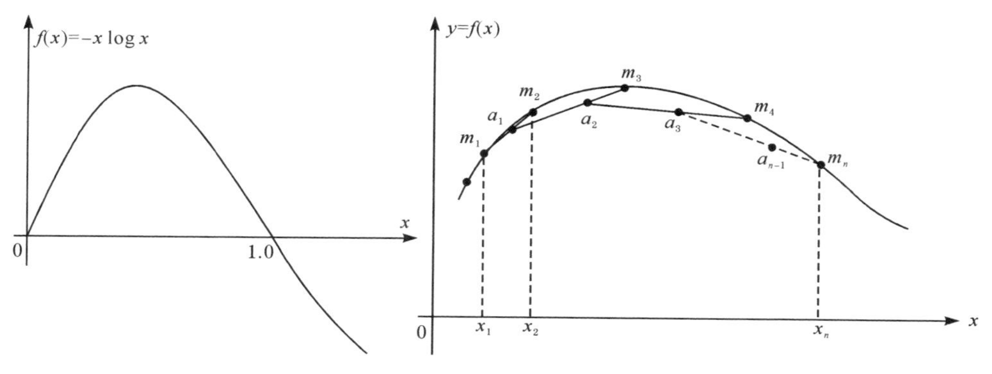

图 20.2-2　　图 20.2-3

在线段 a_1m_3 上取一点 a_2 使长度比

$$\frac{a_1a_2}{a_2m_3}=\frac{\rho_3}{\rho_1+\rho_2+\rho_3}\Big/\frac{\rho_1+\rho_2}{\rho_1+\rho_2+\rho_3}$$

在线段 a_2m_4 上取点 a_3 使

$$\frac{a_2a_3}{a_3m_4}=\frac{\rho_4}{\rho_1+\rho_2+\rho_3+\rho_4}\Big/\frac{\rho_1+\rho_2+\rho_3}{\rho_1+\rho_2+\rho_3+\rho_4}$$

等。这样得到的 $a_1,a_2,a_3,\cdots,a_{n-1}$ 的坐标分别是

$$a_1=\left(\frac{\rho_1x_1+\rho_2x_2}{\rho_1+\rho_2},\frac{\rho_1f(x_1)+\rho_2f(x_2)}{\rho_1+\rho_2}\right)$$

$$a_2=\left(\frac{\rho_1x_1+\rho_2x_2+\rho_3x_3}{\rho_1+\rho_2+\rho_3},\frac{\rho_1f(x_1)+\rho_2f(x_2)+\rho_3f(x_3)}{\rho_1+\rho_2+\rho_3}\right)$$

$$\cdots$$

$$a_{n-1}=\left(\frac{\rho_1x_1+\rho_2x_2+\cdots+\rho_nx_n}{\rho_1+\rho_2+\cdots+\rho_n},\frac{\rho_1f(x_1)+\rho_2f(x_2)+\cdots+\rho_nf(x_n)}{\rho_1+\rho_2+\cdots+\rho_n}\right)$$

显然点 a_{n-1} 必位于曲线 $y=f(x)$ 的下面，注意到条件 $\Sigma\rho_i=1$，就可以立即得到式(20.2-3)。在该式中令 $\rho_1=\rho_2=\cdots=\rho_n=1/n$，$f(x)=-x\log_2x$，于是得到

$$-\frac{1}{n}\sum_{i=1}^{n}x_i\log_2x_i\leqslant\frac{-\sum\limits_{i=1}^{n}x_i}{n}\log_2\left(\frac{\sum\limits_{i=1}^{n}x_i}{n}\right)$$

再令 $x_i=p_i$，$\sum\limits_{i=1}^{n}p_i=1$，就得到对任意正整数 n 有不等式

$$-\sum_{i=1}^{n}p_i\log_2p_i\leqslant\log_2n \tag{20.2-4}$$

如果 $n=N_S$，上式就成为

$$-\sum_{i=1}^{N_S}p_i\log_2p_i\leqslant\log_2N_S \tag{20.2-5}$$

然而，只有当所有的 $p_i=1/N_S$ 时上式才有等号成立。这就证明了只有所有的信号出现概率都相等时熵 $H(S)$ 才有极大值。

再讨论复杂一点的信号源。设 S 和 R 是两个信号源，它们可能是完全相同的，也可能是不同的，N_S 和 N_R 分别是它们包含的不同的信号总数。在发送某类消息或数据时需要从 S 和 R 中各发出一个信号，并行或串行送出。设 S 中的信号 s_i 的出现概率是 $p(s_i)$，R 中的信号 r_j 的出现概率是 $p(r_j)$。一般来说两个信号源之间可能是有联系的，即出现概率不是相互独立的。但是，我们先研究两个信号源完全独立的情况。依上面的假定，一个完整的复合信号是由 s_ir_j 构成的，显然，此时复合信号共有 $N_S\times N_R$ 种。依定义，两个信号源的复合熵应为

$$H(S,R)=-\sum_{i=1}^{N_S}\sum_{j=1}^{N_R}p(s_ir_j)\log_2 p(s_ir_j) \qquad (20.2\text{-}6)$$

因为我们先假定这两个信号源是相互独立的，所以有 $p(s_ir_j)=p(s_i)p(r_j)$，代入上式后可得到

$$\begin{aligned}H(S,R)&=-\sum_i\sum_j p(s_i)p(r_j)[\log_2 p(s_i)+\log_2 p(r_j)]\\&=-\sum_j p(r_j)\sum_i p(s_i)\log_2 p(s_i)-\sum_i p(s_i)\sum_j p(r_j)\log_2 p(r_j)\\&=-\sum_j p(r_j)H(S)-\sum_i p(s_i)H(R)\end{aligned}$$

注意到 $\sum_i p(s_i)=1$ 和 $\sum_j p(r_j)=1$，故最后得到

$$H(S,R)=H(S)+H(R) \qquad (20.2\text{-}7)$$

这个等式说明，由两个相互独立的信号源组成的复合信号源的熵等于两个独立源熵的和。

再讨论两个源相互不独立的情况。从概率论中关于条件概率的计算方法得知

$$p(s_ir_j)=p(s_i)p(r_j|s_i)$$

这里 $p(r_j|s_i)$ 是在已知出现了 s_i 以后又出现 r_j 的条件概率。代入式(20.2-6)中后，不难算出，此时

$$\begin{aligned}H(S,R)&=-\sum_i\sum_j p(s_i)p(r_j|s_i)[\log_2 p(s_i)+\log_2 p(r_j|s_i)]\\&=-\sum_i\Big[\sum_j p(r_j|s_i)\Big]p(s_i)\log_2 p(s_i)\\&\quad-\sum_i p(s_i)\sum_j p(r_j|s_i)\log_2 p(r_j|s_i)\end{aligned} \qquad (20.2\text{-}8)$$

由假设知，在 s_i 出现以后总要从 R 中取出某一个信号 r_j，故 $\sum_{j=1}^{N_R}p(r_j|s_i)=1$；上式第二项的 $-\sum_{j=1}^{N_R}p(r_j|s_i)\log_2 p(r_j|s_i)$ 是在 S 中出现了 s_i 的条件下信号源 R 中所含的熵，叫做条件熵，记为 $H_{s_i}(R)$；而量

$$\sum_{i=1}^{N_S}p(s_i)H_{s_i}(R)=H_S(R) \qquad (20.2\text{-}9)$$

叫做信号源 R 相对于 S 的条件熵。于是，由两个相互不独立的信号源 R，S 组成的复合信号源的熵就是

$$H(S,R)=H(S)+H_S(R) \qquad (20.2\text{-}10)$$

如果我们认为复合信号 s_ir_j 和 r_js_i 是同一个信号，那么两个信号源对 $H(S,R)$ 是对称的。重复前面的演算可知

$$H(S)+H_S(R)=H(R)+H_R(S) \tag{20.2-11}$$

我们再仔细观察一下条件熵 $H_S(R)$ 或 $H_R(S)$ 的特性。由式(20.2-8)和(20.2-9)可得条件熵

$$\begin{aligned} H_S(R) &= -\sum_{i=1}^{N_S} p(s_i)\sum_{j=1}^{N_R} p(r_j|s_i)\log_2 p(r_j|s_i) \\ &= -\sum_{j=1}^{N_R}\sum_{i=1}^{N_S} p(s_i)p(r_j|s_i)\log_2 p(r_j|s_i) \end{aligned} \tag{20.2-12}$$

注意到 $f(x)=-x\log_2 x$，且在区间[0,1)上是凸函数，而 $\sum_i p(s_i)=1$，所以，可以应用不等式(20.2-3)于上式右端

$$-\sum_{i=1}^{N_S} p(s_i)p(r_j|s_i)\log_2 p(r_j|s_i) \leqslant -\left(\sum_i p(s_i)p(r_j|s_i)\right)\log_2\left(\sum_i p(s_i)p(r_j|s_i)\right)$$

按概率论中的全概率公式

$$\sum_{i=1}^{N_S} p(s_i)p(r_j|s_i) = p(r_j)$$

上列不等式又可改写为

$$-\sum_{i=1}^{N_S} p(s_i)p(r_j|s_i)\log_2 p(r_j|s_i) \leqslant -p(r_j)\log_2 p(r_j)$$

利用这个不等式对式(20.2-12)作估计，又有

$$H_S(R) \leqslant \sum_{j=1}^{N_R} p(r_j)\log_2 p(r_j) = H(R) \tag{20.2-13}$$

这个不等式说明了信号源 R 的条件熵 $H_S(R)$ 总是小于它的独立熵 $H(R)$，最多也只能等于它，把这个事实用于式(20.2-10)就可知道

$$H(S,R) \leqslant H(S)+H(R) \tag{20.2-14}$$

这说明只要组成复合信号源的两个信号源 S 和 R 不是相互独立的，则复合源的熵必小于两个源的独立熵之和。上式等号只在 R 和 S 是相互独立时才成立，这时就得到了式(20.2-7)。

从式(20.2-13)可以看到，信号源 R 独立工作时，它的信息量应该是 $H(R)$。一旦它和信号源 S 联合成复合源后，它对复合源的贡献就只有 $H_S(R)$ 了。减少了的熵记为 $I(S,R)$

$$I(S,R)=H(R)-H_S(R) \tag{20.2-15}$$

称为信号源 R 含在 S 中的熵(信息量)。这就是说，由于 R 从概率意义上讲是依赖于信号源 S 的，所以 S 的熵中包含了 R 中的部分信息，这一部分正是 $I(S,R)$。如果 R 相对于 S 是完全独立的，那么 $I(S,R)=0$，信号源 S 中不包含 R 的任何信息。反之，如果 $N_S=N_R$，在 R 和 S 之间存在着固定的一对一的关系，例如当 S 发出信

号 s_i 后，R 发出的一定是 r_j，此时条件概率 $p(r_j|s_i)$，$j=1,2,\cdots,N_S=N_R$，中只有一个等于 1，其余都等于 0，于是 $H_{S_i}(R)=0$，$i=1,2,\cdots,N_S$。由式(20.2-9)得 $H_S(R)=0$。这说明 R 的信息完全包含在 S 中，复合信号源 S-R 的信息量(熵)等于 S 的信息量，实际上 R 并不增加复合系统的熵，这是另一种极端情况，此时 $I(S,R)=H(S)$。

上面讨论的是由两个信号源组成的复合源。当然可能有更多个信号源组合成的复合源。例如由三个信号源 S,R,T 组成的复合源的熵的计算公式是

$$H(S,R,T) = H(S,R) + H_{SR}(T) = H(S) + H_S(R) + H_{SR}(T) \tag{20.2-16}$$

同理，上式可推广到更复杂的情况。

我们举例说明关于熵定量计算的应用。假定电报信号源 R 中包含 27 种不同信号，其中 26 个代表拉丁字母，一个代表空格。根据发出的报文的要求，逐个从 R 中挑选字母和空格以构成相应的语句。如果把所有的字母和空格都看成是相互独立的，每一种字母所对应的信号的出现概率等于 1/27。则这个信号源的熵就为

$$H(R) = -\sum_{i=1}^{27} p(r_i)\log_2 p(r_i) = \log_2 27 = 4.755 \text{ 比特} \tag{20.2-17}$$

这意味平均每个信号(字母)所包含的信息量相当于 4.755 个二进制独立码包含的信息量。现在自动电报机通常采用 5 比特的国际标准码，见表 20.2-1。但是，实际上任何一种拼音文字中各字母的出现概率是不相等的。对英文字母的大量统计结果所得到的概率也列于表 20.2-1 中[20]。

表 20.2-1

字母	国际标准信号	出现概率	字母	国际标准信号	出现概率
空格	0 0 1 0 0	0.2	U	1 1 1 0 0	0.0225
E	1 0 0 0 0	0.105	M	0 0 1 1 1	0.021
T	0 0 0 0 1	0.072	P	0 1 1 0 1	0.0175
O	0 0 0 1 1	0.0654	Y	1 0 1 0 1	0.012
A	1 1 0 0 0	0.063	W	1 1 0 0 1	0.012
N	0 0 1 1 0	0.059	G	0 1 0 1 1	0.011
I	0 1 1 0 0	0.055	B	1 0 0 1 1	0.0105
R	0 1 0 1 0	0.054	V	0 1 1 1 1	0.008
S	1 0 1 0 0	0.052	K	1 1 1 1 0	0.003
H	0 0 1 0 1	0.047	X	1 0 1 1 1	0.002
D	1 0 0 1 0	0.035	J	1 1 0 1 0	0.001
L	0 1 0 0 1	0.029	Q	1 1 1 0 1	0.001
C	0 1 1 1 0	0.023	Z	1 0 0 0 1	0.001
F	1 0 1 1 0	0.0225			

根据表列数据，由 27 个信号组成的信号源的熵为

$$H(R) = -\sum_{i=1}^{27} p(r_i)\log_2 p(r_i) = 4.03 \text{ 比特} \tag{20.2-18}$$

因此，考虑到各字母的出现概率不同，平均每个字母的信息量减少了。

由于每一个英文字是由很多字母排列而成的，当第一个字母取定后，第二个字母就不是完全独立的了。考虑第二个字母与第一个字母之间的联系，可以认为有两个信号源 S 和 R，它们都包含 27 个相同的信号，但第二个源中的信号从概率上说依赖于第一个源。考虑两个源组成的复合源，用统计方法求出各字母出现的条件概率，然后求出复合源的熵，除以 2 后得到一个信号源的平均熵为

$$\frac{1}{2}H(S,R) = \frac{1}{2}(H(S) + H_S(R)) = 3.32 \text{ 比特} \tag{20.2-19}$$

这就是说，考虑每相邻两个字母出现的条件概率，每一个字母平均所含的信息量又降为 3.32 比特。再进一步考虑到每相邻的三个字母之间的条件概率，平均每一个字母的信息量就降为

$$\frac{1}{3}H(S,R,T) = \frac{1}{3}(H(S) + H_S(R) + H_{SR}(T)) = 3.1 \text{ 比特} \tag{20.2-20}$$

对更多的字母相连的情况，用统计办法求出的每个字母的平均信息量界于图20.2-4中的两条曲线之间。看来，在各类英文文件中平均每一字母真正的信息量小于 2 比特。

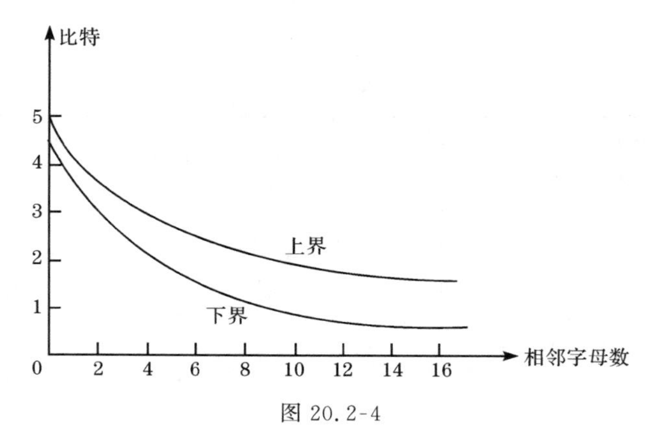

图 20.2-4

20.3　信号编码与信息的传输速度

载有消息的信号要传输到远方必须经过讯道，例如声音、有线、无线、微波和激光等。待发出的信号必须变换成该讯道可以传送和接收的形式，利用物理过程在介

质中的传播去实现信号的传输。任何讯道单位时间内所能够传输的信息总是有限的,首先因为物理现象的传播速度本身是有限的,如声、电、光在各种介质中都有固定的传播速度;另一方面,讯道设备本身的技术能力也限制了信息的传输速度,例如用电脉冲形式发送信号时,脉冲宽度和脉冲间隔受到通道带宽的限制等。因此,根据讯道的具体特点去选择或设计信号的结构是一个重要的问题。正确地设计能够大大地提高讯道的传输能力。本节内我们将讨论信号本身的结构问题。

假定一个信号源 S 可以发出 N_S 个不同的信号,每一个信号又由若干个基本符号排列组成。组成信号的基本符号称为码元,由一定数量的码元组成的信号常称为码组,若干个码组构成"字"。码组中包含的基本码元的数目叫做码组长度。在数字通信中的基本码是二进制数字 0 和 1。在讯道上通常码组中的码元是依次逐个传输的,叫做串行码。每一个码元占用一定的时间间隔.如果每个码元所占用的时间相等,则该码组叫等间隔码组。显然,对等间隔码组,信号长度可定义为码组中所含码元的个数,也可以定义为整个码组所占用的时间,这两个定义是等价的。但是,对不等间隔的码组,特别当各码组长度不相等时,信号长度用时间来定义更合理,这对讨论讯道上的信息传输速率是重要的。典型不等间隔码组的例子是莫尔斯电报码,这种电码已经使用了很长时期,至今仍在人工电报机中使用。它的每个码组是由点、空和划三个符号(基本码元)组成的,其中点和空各占两个单位的时间,划占四个单位时间;各不同码组之间用三个时间单位的空号隔开;若干个码组组成一个字,字与字之间又用六个时间单位的空号隔开。国际标准的莫尔斯电码的具体结构示于图 20.3-1 中,那里只列出了 26 个拉丁字母和 10 个阿拉伯数码对应的码组。从图中可以看到,基本符号和不同码组所占的时间都是不相等的。而且码组长度是不一样的。

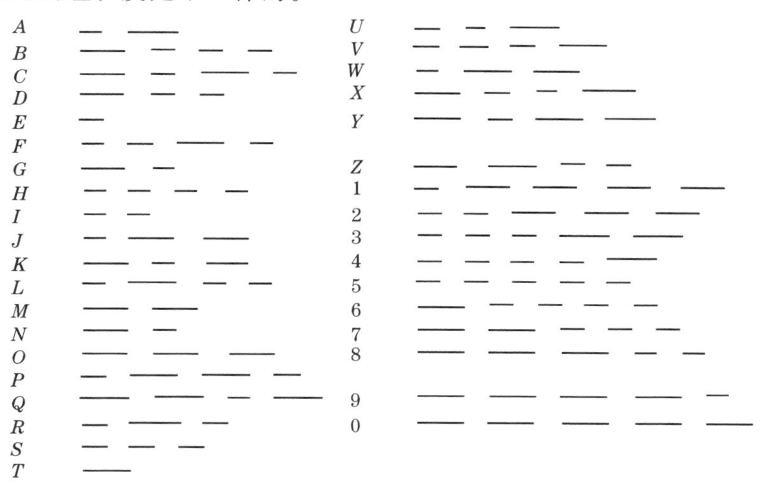

图 20.3-1

在前节中我们曾假定信号源 S 中的不同的信号数目 N_S 是已知的。对不等长的信号源,不同的信号数目与发送信号的时间长度有关。在由等间隔二进制码元组成的信号源中,信号总数是信号长度(位数)的指数函数,或者说是信号发送时间 T 的指数函数。对由不等间隔码元组成的信号来说,这种依赖关系就比较复杂。我们现以莫尔斯电报码为例,讨论一下这个问题。设 T 为给定的足够大的时间间隔,在这个时间内所能发出的不同信号总数 $N(T)$就是信号源 S_T 所含的信号总数。我们试求出该信号源所含的信息量——熵。

当 T 给定后,信号总数 $N(T)$由两部分组成,一部分是以点和划作结尾的信号,记为 $N_1(T)$;另一部分是以码组间隔($\Delta t=3$)和字间隔($\Delta t=6$)为结尾的信号,记为 $N_2(T)$。显然 $N_1(T)$中的每一个信号倒数第二个码可以是点($\Delta t=2$)、划($\Delta t=4$)、码组间隔($\Delta t=3$)和字间隔($\Delta t=6$),但 $N_2(T)$中信号的倒数第二个码只能是点和划。所以,不难理解,$N_1(T)$和 $N_2(T)$应满足下列差分方程式

$$\begin{aligned} N_1(T) &= N_1(T-2)+N_1(T-4)+N_2(T-2)+N_2(T-4) \\ N_2(T) &= N_1(T-3)+N_1(T-6) \end{aligned} \tag{20.3-1}$$

我们的任务是求解这个方程组。和通常解线性差分方程的办法一样,令 $N_1(T)=c_1\rho^T$,$N_2(T)=c_2\rho^T$。代入上式后,有

$$\begin{aligned} c_1\rho^T &= c_1\rho^{T-2}+c_1\rho^{T-4}+c_2\rho^{T-2}+c_2\rho^{T-4} \\ c_2\rho^T &= c_1\rho^{T-3}+c_1\rho^{T-6} \end{aligned}$$

或者消去非零因子 ρ^T 后有

$$\begin{aligned} (\rho^{-2}+\rho^{-4}-1)c_1+(\rho^{-2}+\rho^{-4})c_2 &= 0 \\ (\rho^{-3}+\rho^{-6})c_1-c_2 &= 0 \end{aligned}$$

为了使上式中的 c_1,c_2 有非零解,必须且只需下列行列式为 0

$$\begin{vmatrix} \rho^{-2}+\rho^{-4}-1 & \rho^{-2}+\rho^{-4} \\ \rho^{-3}+\rho^{-6} & -1 \end{vmatrix}=0$$

即

$$1-\rho^{-2}-\rho^{-4}-\rho^{-5}-\rho^{-7}-\rho^{-8}-\rho^{-10}=0 \tag{20.3-2}$$

这正是式(20.3-1)的特征方程式。为了使 $N(T)=c\rho^T$ 形式的解有意义,我们只能取式(20.3-2)的正实根,假定它们是 $\rho_1,\rho_2,\cdots,\rho_n$,$n\leqslant 10$。那么 $N(T)$的解应具有下列形式

$$N(T)=c_1\rho_1^T+c_2\rho_2^T+\cdots+c_n\rho_n^T \tag{20.3-3}$$

当 T 足够大时,上式中起主要作用的是 n 个正实根中最大的一个,记为 $\rho_{\max}$。因此,当 T 足够大时,近似地可以认为

$$N(T)=c\rho_{\max}^T \tag{20.3-4}$$

事实上,方程式(20.3-2)的最大的正实根 $\rho_{\max}=1.453$,或 $\rho_{\max}=2^{0.539}$,故 $N(T)=c2^{0.539T}$。于是,对给定的 T,莫尔斯信号源 S_T 的熵为

$$H(S_T) = \log_2 c 2^{0.539T} = 0.539T + \mathrm{loc}_2 c \text{ 比特} \tag{20.3-5}$$

应注意，这里假定的 $N(T)$ 个信号中每一个的出现概率都是 $1/N(T)$；时间 T 的计量是以“点”符号所占的时间为单位的。

一种信号体制在讯道上的传输能力可以用单位时间能送出的平均信息量来衡量，叫做信息传输速度①，记为 C

$$C = \lim_{T\to\infty}\left[\frac{1}{T}H(S_T)\right] \tag{20.3-6}$$

对莫尔斯电码，根据式(20.3-5)可知

$$C = \lim_{T\to\infty}\left[\frac{1}{T}\log_2 2^{0.539T} + \frac{1}{T}\log_2 c\right] = \log_2 \rho_{\max} = 0.539 \text{ 比特 / 单位时间} \tag{20.3-7}$$

对由二进制数码 0 和 1 组成的等间隔码组，如果取每一位码所占的时间为一个单位，则 $C=1\ \dfrac{\text{比特}}{\text{单位时间}}$。应该注意，按式(20.3-6)定义的信息传输速度与通信线路的通过能力是两回事，C 是完全由信号本身的编码结构决定的。比较上面计算出的两种信息传输速度可以推知，在无噪声干扰的情况下，二进制码优于莫尔斯码，因为前者传输信息的速度几乎大二倍。

本章第一节中我们曾指出，当信号源 S 与消息集合 M 之间约定了一种对应关系后，S 中的每一个信号 $s_i \in S$ 才能载负某一种消息，这种对应关系曾记为 T [见式(20.1-1)]。在完成一次信息传输任务过程中，M 中的元 m_i 可能重复出现，例如在电报通信中，M 是所有的拉丁字母、数码和各种符号，在报文中它们的出现概率是不同的。如果确定了一种 M 和 S 之间的对应关系后，S 中的各种信号 s_i 就会继承不同的出现概率。为了在单位时间内能发出尽量多的信息，应该对出现概率大的信号赋予较短的码组，把较长的码组留给那些出现概率小的信号。这种按信号出现概率来进行编码，能使平均信息传输速度达到极大值。这种编码方式叫做统计编码[2]或最优编码。

所谓最优编码的准确含义可以这样叙述：设消息集合 M 和信号源 S 之间约定了一一对应的关系，S 中的每一个信号 s_i 都继承一个出现概率 $p(s_i)$；由式(20.2-1)可以求出信号源 S 的熵 $H(S)$，它指出了信号源中平均一个信号所应具有的信息量的二进制位数(比特)；要求找到一种二进制编码方法，在大量发出信号时，使信号的平均码组长度接近于 $H(S)$。这样的编码方法是由香农提出来的[22]，它的基本思想是每一位码都含有最大的信息量，而且当各种信号接连发送时，能够单值的区分不同的信号，即任何一个码组的前面几位不与别的

① 有的书把 C 叫做码路容量，见本章文献[2]。

信号码组相重。表 20.3-1 中列出了当 $N_S=18$ 时的一种最优编码方法。先将 18 个信号按出现概率的大小次序排列，然后分成两组，每组的出现概率应大致相等，且每组赋予不同的二进制码 1 和 0；第二步再把各组内的信号一分为二，同样使两部分的出现概率大致相等，再分别对第二位码赋予 1 和 0，依此类推，直到全部分完为止。

表 20.3-1

信号序号	出现概率	分组方法	编码
1	0.3		1 1
2	0.2		1 0
3	0.1		0 1 1
4	0.1		0 1 0 1
5	0.05		0 1 0 0
6	0.03		0 0 1 1 1
7	0.03		0 0 1 1 0
8	0.03		0 0 1 0 1
9	0.03		0 0 1 0 0
10	0.03		0 0 0 1 1
11	0.02		0 0 0 1 0 1
12	0.02		0 0 0 1 0 0
13	0.01		0 0 0 0 1 1
14	0.01		0 0 0 0 1 0 1
15	0.01		0 0 0 0 1 0 0
16	0.01		0 0 0 0 0 1
17	0.01		0 0 0 0 0 0 1
18	0.01		0 0 0 0 0 0 0

这样编出来的二进制码组长度不等，出现概率最大的信号对应的码组最短，概率最小的码组最长。容易算出，含有 18 个信号的源 S 的熵为

$$H(S)=-\sum_{i=1}^{18}p(s_i)\log_2 p(s_i)=3.25\text{ 比特}$$

而所有码组的平均长度 l 为

$$l=2\times0.5+3\times0.1+4\times0.15+5\times0.15+6\times0.06+7\times0.04=3.29\text{ 比特}$$

我们看到平均每一个码组的长度，相当接近信号源的熵。

在特殊的概率分布情况下，码组的平均长度可以准确地等于信号源的熵。假设按出现概率大小把信号进行排列，使得 $p(s_1)\geqslant p(s_2)\geqslant\cdots\geqslant p(s_N)$。当用前述

办法逐步分组时,第一步得到的两组中每一组的出现概率都恰为 1/2,第二步再分组后每组又恰为 1/4,以此类推,第 l 步后每组概率都是 $1/2^l$。终止于第 i 步的信号对应的码组长度必是 l_i,即 $p(s_i)=1/2^{l_i}$。在这种情况下,信号源的熵是

$$H(S)=-\sum_{i=1}^{N_S}p(s_i)\log_2 p(s_i)=\sum_{i=1}^{N_S}p(s_i)\log_2 2^{l_i}=\sum_{i=1}^{N_S}p(s_i)l_i=\bar{l}$$

上式内 $\bar{l}$ 是码组的平均长度,它恰好等于信号源的熵。

在一般情况下这种准确等式是没有的。但是,可以证明,对任何概率分布,都可以找到一种编码方法,当连续发出足够多个信号时,$H(S)$ 和 $\bar{l}$ 的差任意小。下面介绍这样一种编码方法:

设 $p(s_1)\geqslant p(s_2)\geqslant\cdots\geqslant p(s_N)$。令 $q_1=0,q_2=p(s_1),q_3=p(s_1)+p(s_2),\cdots q_N=p(s_1)+\cdots+p(s_{N-1})$。把 q_i 用二进制表示出来

$$q_i=a_{1i}2^{-1}+a_{2i}2^{-2}+\cdots+a_{ki}2^{-k}+\cdots \tag{20.3-8}$$

式中 a_k 都是 1 或 0。由于所有的 q_i 都不相同,故 N 个这样的无穷序列没有相同的。按前述办法逐次分组后(见表 20.3-1)如果 $p(s_i)$ 是第 l_i 步分完的,那么 q_i 和 q_{i+1} 的差不能小于 2^{-l_i}。今取 s_i 的二进制码为

$$s_i=\{a_{1i}a_{2i}a_{3i}\cdots a_{li}\},\quad i=1,2,\cdots \tag{20.3-9}$$

式中

$$-\log_2 p(s_i)\leqslant l_i\leqslant -\log_2 p(s_i)+1 \tag{20.3-10}$$

这样编出来的码没有相同的,而且任何一个较短的码组不可能与较长的码组的开头部分重和。对式(20.3-9)乘以 $p(s_i)$后求和,注意到 $\sum_i p(s_i)l_i=\bar{l},\sum_i p(s_i)=1$,就得到

$$H(S)\leqslant\bar{l}<H(S)+1 \tag{20.3-11}$$

从这个不等式中可以看到,用这种办法编出来的二进制码组的平均长度与信号源的熵的差不大于 1 比特。

设消息集合 M 和信号源 S 之间有一一对应的关系,并在一次通信中连续发出足够长的文件或数据。现把 M 中的消息 m_i 分成长度为 n 的消息组,如 $\{m_{k_1}m_{k_2}\cdots m_{k_n}\}=\mu_k$,在 M 中可能有$(N_M)^n$ 个不同的消息组,N_M 是 M 中的消息总数,$N_M=N_S$。既然每一个消息的出现概率为已知的,那么每一个消息组 μ_k 的出现概率也是已知的,记为 $P(\mu_k)$。现在对 μ_k 按式(20.3-9)定义的办法进行编码,μ_k 对应的信号码组是 s_k。用 $H^{(n)}(S)$表示由$(N_M)^n$ 个不同信号组成的信号源的熵,用 $\bar{l}_k$ 表示由 n 个消息组成的信号组的平均总长,式(20.3-11)就可改写为

$$H^{(n)}(S)\leqslant\bar{l}_n<H^{(n)}(S)+1 \tag{20.3-12}$$

全式除以 n 后,用 $\bar{l}=\bar{l}_n/n$ 表示消息集合内每一个消息对应的信号码组的平均长

度，则

$$\frac{H^{(n)}(S)}{n} \leqslant \bar{l} < \frac{H^{(n)}(S)}{n} + \frac{1}{n} \tag{20.3-13}$$

当 $n \to \infty$ 时

$$\bar{l} = \lim_{n\to\infty} \frac{H^{(n)}(S)}{n} = H^{(\infty)}(S) \tag{20.3-14}$$

这就是说，当信号足够长时，每一个信号的平均码组长度将无限接近信号源的熵 $H^{(\infty)}(S)$。因此，式(20.3-9)确定的编码方式是一种最优编码。

20.4　噪声干扰下的离散信息传输

上节内我们着重讨论了信号源本身的一些特性，对信号传输过程中可能出现的干扰及其引起的错误都未加考虑，那是一种理想化了的模型。在实际信号传输过程中，不可避免地要和噪声作斗争。噪声干扰的存在能在多大程度上影响信息的传输，这是一个非常现实的重要问题，本节内我们将定量的讨论它。

设信号源 S 含有有穷多个(N_S)不同的信号 $s_i(t)$，在发送某类消息时，它的出现概率为 $p(s_i)$。假定在讯道的另一端有一个接收机 R，按约定可以接收并辨识出 N_R 个不同的信号，记为 $\{r_i\}$。为了正确地传递消息，事先必须约定 S 和 R 的对应关系。设 $N_S = N_R$，而且它们之间约定了一一对应的关系 $s_i \Leftrightarrow r_i$。在噪声的干扰下，当 S 发出 s_i 时，接收端收到的信号可能是 R 中的任何一个，但是在干扰小的情况下，当然出现 r_i 的概率要大得多；用 $q(r_i)$ 表示在接收某类消息 r_i 时的出现概率。于是依定义，信号源 S 和接收端 R 各自的熵分别为

$$H(S) = -\sum_{i=1}^{N_S} p(s_i)\log_2 p(s_i) \text{ 比特}$$

$$H(R) = -\sum_{i=1}^{N_R} q(r_i)\log_2 q(r_i) \text{ 比特}$$

现在我们把 S 和 R 联合起来，把它们看成一个复合信号源。在噪声作用下，当信号源发出 s_i 时，接收端 R 可能出现任何一个信号 r_j，出现这种情形的概率记为 $p(s_i, r_j)$，$i=1,2,\cdots,N_S$；$j=1,2,\cdots,N_R$。在固定的讯道中这些联合概率认为是已知的，因为可以通过试验用统计的办法求出来。显然当没有噪声干扰时

$$p(s_i, r_j) = \delta_{ij}, \quad \delta_{ij} = \begin{cases} 1, & i = j \\ 0, & i \neq j \end{cases} \tag{20.4-1}$$

因为当发出 s_i 时，接收端总要出现一个信号，联合概率应满足条件

$$\sum_{j=1}^{N_R} p(s_i, r_j) = p(s_i)$$

$$p(s_i, r_j) = p(s_i)q(r_j | s_i) \tag{20.4-2}$$

式中 $q(r_j | s_i)$是条件概率，即当信号源发出 s_i 时接收端出现 r_j 的条件概率。于是，复合信号源的熵 $H(S,R)$应为

$$H(S,R) = -\sum_{i=1}^{N_S}\sum_{j=1}^{N_R} p(s_i, r_j)\log_2 p(s_i, r_j) \text{ 比特} \tag{20.4-3}$$

代入 $p(s_i, r_j)$的表达式(20.4-2)后，有

$$\begin{aligned}H(S,R) &= -\sum_i\sum_j p(s_i)q(r_j | s_i)[\log_2 p(s_i) + \log_2 q(r_j | s_i)] \\ &= -\sum_i p(s_i)\cdot\log_2 p(s_i)\sum_j q(r_j | s_i) \\ &\quad - \sum_i p(s_i)\sum_j q(r_j | s_i)\log_2 q(r_j | s_i)\end{aligned}$$

注意到

$$\sum_{j=1}^{N_R} q(r_j | s_i) = 1, \quad H_{s_i}(R) = \sum_{j=1}^{N_R} q(r_j | s_i)\log_2 q(r_j | s_i)$$

上式可写成

$$H(S,R) = H(S) + \sum_{i=1}^{N_S} p(s_i)H_{s_i}(R) = H(s) + H_S(R) \tag{20.4-4}$$

上式右端第二项是条件熵，它的定义和物理意义在第 20.2 节中已经讨论过了。

显然，当讯道中有噪声干扰时，整个复合信号源的熵即不确定程度增大了。当没有噪声干扰时，由于 S 和 R 有一一对应的关系，$q(r_j | s_i) = \delta_{ji}$，所以每一项 $q(r_j | s_i)\log_2 q(r_j | s_i) = 0$，故 $H_S(R) = 0$。在有噪声干扰下 $H_S(R) > 0$。这说明噪声干扰的存在使信号传输的不确定性增加了，这与前几节中谈到的信号源本身的信息量的增加完全不同。条件熵 $H_S(R)$表示接收端对信号源 S 发来的信号 s_i 的平均散布程度，所以也叫做接收散布度。由于在式(20.4-4)中 S 和 R 是对称的，故有恒等式

$$H(S,R) = H(S) + H_S(R) = H(R) + H_R(S) \tag{20.4-5}$$

上式内 $H_R(S)$是由条件概率$p(s_i | r_j)$确定的条件熵，它表示接受到一个信号 r_j 后去确定信号源发出的信号是什么这件事的模糊程度，所以条件熵 $H_R(S)$叫做模糊度或暧昧度。同样，当不存在噪声干扰时 $H_R(S) = 0$。所以 $H_R(S)$是信号源的熵在噪声讯道上的损失。因此，复合信号源 S-R 的有用的熵，或者叫信息容量，应该定义为

$$I(S,R) = H(S) - H_R(S) \text{ 比特} \tag{20.4-6}$$

利用恒等式(20.4-5)，这个定义可以改写为

$$I(S,R) = H(S) + H(R) - H(S,R) = H(R) - H_S(R) \tag{20.4-7}$$

设信号源 S 每秒钟能发出 n 个信号，在时间 T 内可发出 $nTH(S)$比特的信息

量。也就是说在时间 T 内，信号源可发出 M 种不同的信号

$$M = 2^{nTH(S)} \tag{20.4-8}$$

根据上面的定义，$H_R(S)$的表达式是

$$H_R(S) = -\sum_j q(r_j)\sum_i p(s_i|r_j)\log_2 p(s_i|r_j) \tag{20.4-9}$$

它表示接收端每接收到一个信号中平均有 $H_R(S)$比特的信息是模糊的，从而能够清楚辨识的信息仅有 $H(S)-H_R(S)$比特。

下面举例说明噪声对讯道信息通量的影响。设信号源 S 只含两个信号，s_1 和 s_2，它们有相等的出现概率 $p(s_1)=p(s_2)=1/2$；接收端也有两个可能的信号 r_1 和 r_2；在没有噪声干扰时，$s_1=r_1$，$s_2=r_2$。假定在噪声的作用下，接收端对每一个信号的出错概率为 p，正确接收的概率为 $1-p$。那么有 $p(s_1|r_1)=p(s_2|r_2)=1-p$，$p(s_1|r_2)=p(s_2|r_1)=p$

$$H(S) = -\frac{1}{2}\log_2\frac{1}{2} - \frac{1}{2}\log_2\frac{1}{2} = 1 \text{ 比特} \tag{20.4-10}$$

$$\begin{aligned} H_r(S) = H_{r_2}(S) &= -\sum_i p(s_i|r_1)\log_2 p(s_i|r_1) \\ &= -p\log_2 p - (1-p)\log_2(1-p) \end{aligned}$$

于是

$$H_R(S) = q(r_1)H_{r_1}(S) + q(r_2)H_{r_2}(S) = -p\log_2 p - (1-p)\log_2(1-p) \tag{20.4-11}$$

上式中利用了恒等式 $q(r_1)+q(r_2)=1$ 和 $H_{r_1}(S)=H_{r_2}(S)$。将式(20.4-10)和(20.4-11)的值代入式(20.4-6)，有

$$I(S,R) = H(S) - H_R(S) = 1 + p\log_2 p + (1-p)\log_2(1-p) \text{ 比特} \tag{20.4-12}$$

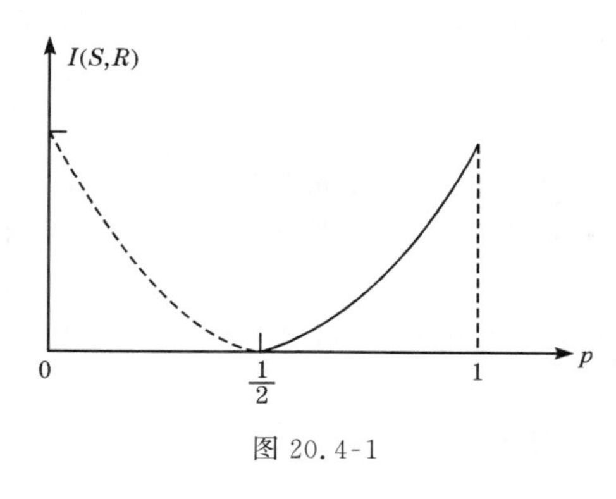

图 20.4-1

复合源 S-R 的信息容量在噪声的干扰下对出错概率 p 的依赖关系示于图20.4-1中。从图示曲线可以看出，当出错概率 $p=1/2$ 时，$I(S,R)=0$，即讯道不能正确地传输任何信号。当 $p=0$ 或 1 时，讯道中传输情况是相同的，等价于没有噪声干扰的情况。因为当出错概率 $p=1$ 时，只需改变对应关系即可得到完全正确的信息传输。

设在没有噪声干扰时讯道的信息传输能力为已知，即每秒能传送 C 个二进制码。因为信号源的每一个信号平均需要

$H(S)$个二进制码表示，那么，无噪声时讯道的最大信息传输能力就为

$$v = \frac{C}{H}\ \text{信号/秒} \tag{20.4-13}$$

当信号源实际上发出的每秒信号数大于和等于 v 时，由噪声干扰所出现的传输错误不可能得到纠正，因为任何有纠错能力的信号编码所占用的二进制码的个数都一定大于 $H(S)$。反之，如果 S 发出的每秒信号个数小于 v，则传输中出现的错误就可能得到部分的纠正。最简单的方法是重发，即同一个信号发送多次，在接收端对多次接收的信号作统计处理，经处理后的信号中包含错误的概率将大为减小。对这个问题，香农证明了一个基本定理，叫做基本编码定理，在任何受噪声干扰的讯道中，总存在一种编码，使信息传输速度任意接近 $v=C/H$，而接收端的出错概率小于任何事先给定的小数 ε。当然编码的方法将依赖于 ε，ε 越小码的结构也将越复杂。这个定理的全部证明可参看本章文献[14,22,28]。

20.5　连续信号载负的信息

在数字技术尚未大量采用的时候，控制系统中被处理的信号往往是连续的，它可以用依赖于时间变量 t 的连续函数来描述。由于函数空间是无穷维的，定义于某一时间间隔上的不同的函数有无穷多个。因此，可以预想到，连续信号可以载负和传送更多的信息。前面几节中我们讨论过的信号源是由有限个不同信号组成的，属于离散型。从理论上讲，能发出连续信号的信号源包含无穷多种不同的信号，如果每一种信号的出现概率都一样，那么这种信号源的熵将变为无穷大。实际上的情况并非如此。由于在讯道和信号源中存在着技术上的限制，例如受频带宽度的限制，不是所有的连续函数都能够成为有用的信号。在数字技术普及以后，所有的连续信号都要用采样和模数转换的技术把对时间连续的信号转换成离散的和量化了的数列，像在第十章中曾讨论过的那样。所以我们首先介绍一个关于对连续信号的采样定理[22,29]。

设连续信号 $S(t)$ 的频谱宽度为 F 赫，即不含有频率高于 F 的谐波，那么以 $1/2F$秒的时间间隔的采样值全体即能完全确定该连续信号。这就是说，这种信号虽然是连续的，但它与离散信号等价。设 $S(t)$ 是定义在实轴上平方可积的函数，$G(\omega)$ 是它的频谱，由于 $G(\omega)$ 在区间$[-F,F]$以外为零，由傅里叶变换规则有

$$S(t) = \frac{1}{2\pi}\int_{-2\pi F}^{2\pi F} e^{i\omega t} G(\omega)\, d\omega \tag{20.5-1}$$

$$G(\omega) = \int_{-\infty}^{\infty} S(t) e^{-i\omega t}\, dt \tag{20.5-2}$$

在频率区间$[-2\pi F, 2\pi F]$上把$G(\omega)$展成傅里叶级数

$$G(\omega)=\sum_{n=-\infty}^{+\infty} g_n e^{\frac{in\omega}{2F}} \tag{20.5-3}$$

其中g_n是傅里叶系数

$$g_n=\frac{1}{4\pi F}\int_{-2\pi F}^{2\pi F} G(\omega) e^{-\frac{in\omega}{2F}} d\omega \tag{20.5-4}$$

在式(20.5-1)中，令$t=n/2F$，则

$$S\left(\frac{n}{2F}\right)=\frac{1}{2\pi}\int_{-2\pi F}^{2\pi F} e^{\frac{in\omega}{2F}} G(\omega) d\omega \tag{20.5-5}$$

比较最后两式可知

$$g_n=\frac{1}{2F} S\left(\frac{n}{2F}\right)$$

$$g_{-n}=\frac{1}{2F} S\left(\frac{n}{2F}\right)$$

由式(20.5-3)可断言，$G(\omega)$将完全由$S(t)$在采样点$\pm n/2F$上的值所唯一确定。又由于

$$G(\omega)=\frac{1}{2F}\sum_{n=-\infty}^{+\infty} S\left(\frac{-n}{2F}\right) e^{-\frac{in\omega}{2F}} \tag{20.5-6}$$

所以由式(20.5-1)可推知

$$\begin{aligned} S(t) &= \frac{1}{4\pi F}\int_{-2\pi F}^{2\pi F} e^{i\omega t}\left[\sum_{n=-\infty}^{+\infty} S\left(\frac{n}{2F}\right) e^{-\frac{in\omega}{2F}}\right] d\omega \\ &= \frac{1}{4\pi F}\sum_{n=-\infty}^{+\infty} S\left(\frac{n}{2F}\right)\int_{-2\pi F}^{2\pi F} e^{i\left(t-\frac{n}{2F}\right)\omega} d\omega \\ &= \sum_{n=-\infty}^{+\infty} S\left(\frac{n}{2F}\right)\frac{\sin(2\pi F t-n\pi)}{2\pi F t-n\pi} \end{aligned} \tag{20.5-7}$$

这个表达式清楚地说明了，具有有限频谱的连续信号，实际上可由它的采样点上的值所完全确定。

我们再仔细地研究一下展式(20.5-7)右端各项的特性。记

$$\varphi_n(t)=\frac{\sin(2\pi F t-n\pi)}{2\pi F t-n\pi}, \quad n=0, \pm 1, \pm 2, \cdots \tag{20.5-8}$$

不难证明$\varphi_n(t)$对不同的n是相互直交的，即

$$\int_{-\infty}^{+\infty} \varphi_n(t)\varphi_m(t) dt=\begin{cases}\dfrac{1}{2F}, & n=m \\ 0, & n \neq m\end{cases} \tag{20.5-9}$$

这种性质可以由积分公式

$$\int_{-\infty}^{\infty} \frac{\sin^2 x}{x^2} dx=\pi$$

和

$$\int_{-\infty}^{\infty}\frac{\sin\pi(x-a)}{\pi(x-a)}\cdot\frac{\sin\pi(x-b)}{\pi(x-b)}dx=\frac{\sin\pi(a-b)}{\pi(a-b)}$$

直接推出。因此，式(20.5-7)是对信号 $S(t)$的直交展开。另外，积分

$$\int_{-\infty}^{+\infty}[S(t)]^2dt=\int_{-\infty}^{+\infty}\left[\sum_n S\left(\frac{n}{2F}\right)\frac{\sin(2\pi Ft-n\pi)}{2\pi Ft-n\pi}\right]\left[\sum_m S\left(\frac{m}{2F}\right)\frac{\sin(2\pi Ft-m\pi)}{2\pi Ft-m\pi}\right]dt$$

$$=\frac{1}{2F}\sum_{n=-\infty}^{+\infty}\left[S\left(\frac{n}{2F}\right)\right]^2 \tag{20.5-10}$$

由于 $S(t)$是平方可积的，故上式右端级数是收敛的。

上面讨论中我们假定信号 $S(t)$是定义在整个实轴上的函数。在实际问题中 $S(t)$是定义在有限区间的，例如在区间$[t_1,t_2]$上，$t_2-t_1=T$。在这种情况下，只要 $T\gg 1/2F$，采样定理仍近似有效，因为函数 $f(t)=\sin(2\pi Ft)/2\pi Ft$ 当 t 增大时衰减很快，如图 20.5-1 所示。所以，当信号长度足够大时，在$[0,T]$区间以外为零的信号，将足够准确地由 $2FT$ 个采样点上的值所确定。对这种情况，展式(20.5-7)和(20.5-10)可改写成

$$S(t)=\sum_{n=1}^{2FT}S\left(\frac{n}{2F}\right)\frac{\sin(2\pi Ft-n\pi)}{2\pi Ft-n\pi} \tag{20.5-11}$$

$$\int_{-\infty}^{+\infty}[S(t)]^2dt=\int_0^T[S(t)]^2dt=\frac{1}{2F}\sum_{n=1}^{2FT}\left[S\left(\frac{n}{2F}\right)\right]^2 \tag{20.5-12}$$

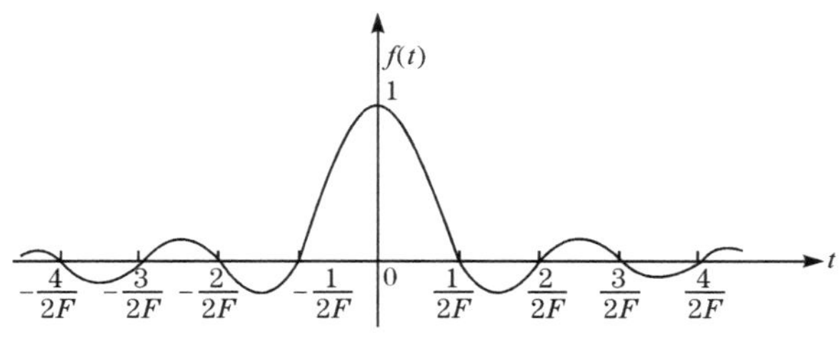

图 20.5-1

对有限长度的信号，它的频率特性 $G(\omega)$也满足类似的采样定理，这是傅里叶变换中原函数和象函数的相互对偶性的表现。现设 $S(t)$在区间$[-T/2,T/2]$以外为零，对它作傅里叶变换

$$G(\omega)=\int_{-\frac{T}{2}}^{\frac{T}{2}}S(t)e^{-i\omega t}dt \tag{20.5-13}$$

把 $S(t)$展成级数

$$S(t)=\sum_{n=-\infty}^{+\infty}D_n e^{i\frac{2\pi nt}{T}},\quad D_n=\frac{1}{T}\int_{-\frac{T}{2}}^{\frac{T}{2}}S(t)e^{-i\frac{2\pi nt}{T}}dt \tag{20.5-14}$$

与式(20.5-13)比较可知

$$D_n = \frac{1}{T}G\left(\frac{2\pi n}{T}\right) \tag{20.5-15}$$

可见,展式(20.5-14)完全可以由频率特性 $G(\omega)$ 在以 $2\pi/T$ 为间隔的采样点上的值所确定。

把级数式(20.5-14)代入式(20.5-13)中,就可把 $G(\omega)$ 本身展成级数

$$\begin{aligned}G(\omega) &= \frac{1}{T}\int_{-\frac{T}{2}}^{\frac{T}{2}}\sum_{-\infty}^{+\infty}G\left(\frac{2\pi n}{T}\right)e^{i\left(\frac{2\pi n}{T}-\omega\right)t}dt \\ &= \frac{1}{T}\sum_{n=-\infty}^{+\infty}G\left(\frac{2\pi n}{T}\right)\int_{-\frac{T}{2}}^{\frac{T}{2}}e^{i\left(\frac{2\pi n}{T}-\omega\right)t}dt \\ &= \sum_{-\infty}^{+\infty}G\left(\frac{2\pi n}{T}\right)\frac{\sin\left(\frac{\omega T}{2}-n\pi\right)}{\frac{\omega T}{2}-n\pi}\end{aligned} \tag{20.5-16}$$

这个展式明显地指出,在 $\omega=2\pi n/T$ 这些采样点上 $G(\omega)$ 的取值将唯一地决定整个函数。

进一步假设信号 $S(t)$ 的带宽为 F,和对式(20.5-11)的讨论类似,以足够的精度可以把上式改写成

$$G(\omega) = \sum_{-TF}^{TF}G\left(\frac{2n\pi}{T}\right)\varphi\left(\frac{\omega T}{2}-n\pi\right),\quad \varphi(x) = \frac{\sin x}{x} \tag{20.5-17}$$

归纳上述,我们能得到关于带宽为 F,长度为 T 的信号 $S(t)$ 和它的频率特性 $G(\omega)$ 的两个关系式。由式(20.5-14)得到

$$S\left(\frac{n}{2F}\right) = \frac{1}{T}\sum_{k=-TF}^{TF}G\left(\frac{2\pi k}{T}\right)e^{i\frac{\pi kn}{TF}},\quad n = 0,\pm 1,\pm 2,\cdots,\pm TF \tag{20.5-18}$$

由式(20.5-6)又有

$$G\left(\frac{2\pi m}{T}\right) = \frac{1}{2F}\sum_{k=-TF}^{TF}S\left(\frac{k}{2F}\right)e^{-i\frac{\pi km}{FT}},\quad m = 0,1,2,\cdots,TF \tag{20.5-19}$$

只用采样点上的值的这种变换称为离散傅里叶变换。

设 $S(t)$ 是在区间 $[t_1,t_2]$ 以外为零的连续信号,它的取值范围受条件 $|S(t)|\leqslant a$ 的限制;在采样点上用模数转换的办法对 $S(t)$ 的值进行量化,把区间 $[-a,+a]$ 按图 20.5-2 所示的方法以 Δx 为间隔划分为 N 等分;在 $t_2-t_1=T$ 上用 Δt 的间隔对 $S(t)$ 采样,共有 l 个采样点;那么一个连续信号就变为一个阶梯信号 $\widetilde{S}(t)$。按这种采样和量化办法,在上述限制条件下,总共可以构成 N^l 种不同的信号。假设所有这些不同的信号都相互独立,并有相同的出现概率(等于 N^{-l}),则这样一个信号源的熵为

$$H = \log_2 N^l = l\cdot\log_2 N \text{ 比特} \tag{20.5-20}$$

当加密采样点和提高量化精度时,l 和 N 都将增大,从而使熵 H 趋于无穷大。然

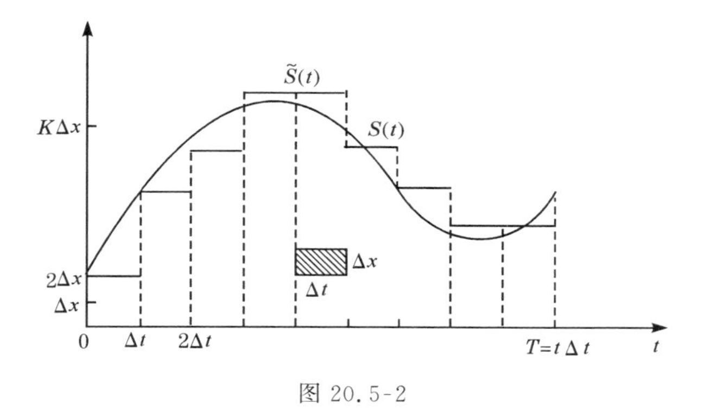

图 20.5-2

而,这种情况在实际上是不可能发生的,如本节开始所讨论过的那样,在信号带宽受到限制时,过多的增加采样点不能使信息增加;另一方面,量化分级数目受到精度极限的约束,故 N 不可能趋于无限大。但是作为一种极限情况,了解一下纯连续信号的一些特点是有意义的。我们首先注意到在式(20.5-20)中,如果 $N=2^r$,则 $H=rl$ 比特。通常 $r\gg 1$,所以连续信号经过量化以后所能载负的信息量要比由二进制码组成的信号在同样的时间间隔内大很多。

用连续信号源传递消息时,如果各种信号出现的概率并不相等,而是 x 和 t 的函数,令 $p(x,t)$ 为概率密度,信号出现在 $\Delta x\Delta t$ 方格中的概率为 $p(x,t)\Delta x\Delta t$。仿照前节的定义,有

$$\begin{aligned}H &= -\sum_{i=1}^{N^l} p(x_i,t_i)\Delta x_i\Delta t_i\log_2 p(x_i,t_i)\Delta x_i\Delta t_i\\&= -\sum_{i=1}^{N^l} p(x_i,t_i)[\log_2 p(x_i,t_i)]\Delta x_i\Delta t_i\\&\quad -\sum_{i=1}^{N^l} p(x_i,t_i)[\log_2\Delta x_i\Delta t_i]\Delta x_i\Delta t_i\end{aligned}\tag{20.5-21}$$

上式第一项当 Δx_i 和 Δt_i 趋于零时,按黎曼积分的定义,有

$$H_1 = \lim_{\substack{\Delta t\to 0\\ \Delta x\to 0}} -\sum_{i=1}^{N^l} p(x_i,t_i)\Delta x_i\Delta t_i\log_2 p(x_i,t_i) = -\int_{-a}^{a}\int_{t_1}^{t_2} p(x,t)\log_2 p(x,t)dxdt\tag{20.5-22}$$

式(20.5-21)的第二项当 Δx 和 Δt 趋于零时将趋向无穷大,因为当 $\Delta x_i\equiv\Delta x$,$\Delta t_i\equiv\Delta t$时

$$\begin{aligned}-\sum_{i=1}^{N^l} p(x_i,t_i)\Delta x_i\Delta t_i\log_2\Delta x_i\Delta t_i &= -\log_2\Delta x\Delta t\left(\sum_i p(x_i,t_i)\Delta x\Delta t\right)\\&= -\log_2\Delta x\Delta t\end{aligned}$$

$\left(\text{因为} \sum_i p(x_i,t_i)\Delta x\Delta t \cong 1\right)$。而当 Δx 和 $\Delta t\to 0$ 时上式右端 $\log\Delta x\Delta t\to\infty$。这一项表示了讯道的分辨率对增加信息量的作用，它实际上与信号的出现概率无关。信号的出现概率对信号源的信息量的影响集中表现在式(20.5-21)右端第一项，即由式(20.5-22)定义的部分熵 H_1。因此，有的作者直接用 H_1 作为连续信号源的熵的定义[34]。对连续信号源，下面我们主要讨论部分熵 H_1 的一些特性。

按照式(20.5-22)的定义，如果连续信号能够用某一向量函数表示，例如

$$\boldsymbol{x}(t) = \{x_1(t), x_2(t), \cdots, x_n(t)\}, \quad t \in [t_1, t_2]$$

而 $p(x_1,x_2,\cdots,x_n,t)$ 是这 $n+1$ 个变量的概率分布密度，则向量信号源的部分熵可定义为

$$H_1(S) = -\int_\Omega \int_{t_1}^{t_2} p(x_1,x_2,\cdots,x_n;t)\log_2 p(x_1,x_2,\cdots,x_n;t)dx_1\cdots dx_n dt \tag{20.5-23}$$

式中 Ω 表示信号取值的某一 n 维区域。

在离散信号源中，若所有信号都为等概率，则信号源的熵最大。在连续信号源中的情况却稍为不同，它依赖于信号取值所受到的约束。例如，在信号的幅度受限制和方差受限制的两种情况下，使熵获极大值的概率分布函数是完全不同的。下面以一维的情况为例子来定量分析这个问题。在式(20.5-22)中设 $p(x,t)=p(x)p(t)$，令 $p(t)=1/T$，对 t 积分后有

$$H_1 = -\int_{-a}^{a}\int_0^T p(x)\cdot\frac{1}{T}\log_2\left(p(x)\frac{1}{T}\right)dxdt = -\int_{-a}^{a} p(x)\log_2 p(x)dx + \log_2 T$$

可以看到，上式右端第二项只依赖于信号长度，只有第一项完全由概率分布 $p(x)$ 确定，记为

$$h = -\int_{-a}^{a} p(x)\log_2 p(x)dx \tag{20.5-24}$$

现在我们研究一下 $p(x)$ 为何种函数时能使 h 获最大值。设

$$h = \int_a^b F(x,p(x))dx \tag{20.5-25}$$

$p(x)$ 受到下列条件的限制

$$\int_a^b f_l(x,p(x))dx = K_l, \quad l = 1,2,\cdots,m \tag{20.5-26}$$

式中 K_l 为某些常数。使 h 获极大值的 $\mathring{p}(x)$ 应是如下方程式的解

$$\frac{\partial F}{\partial p} + \lambda_1\frac{\partial f_1}{\partial p} + \lambda_2\frac{\partial f_2}{\partial p} + \cdots + \lambda_m\frac{\partial f_m}{\partial p} = 0 \tag{20.5-27}$$

式中 λ_i 是 m 个待定系数，叫做拉格朗日(Lagrange)乘子。

首先我们求式(20.5-24)中最优概率分布 $\mathring{p}(x)$。显然 $p(x)$ 应满足条件

$$\int_{-a}^{a} p(x)dx = 1 \tag{20.5-28}$$

对照式(20.5-25)和(20.5-26)可知 $f_1 = f = p(x), F(x,p) = -p(x)\log_2 p(x)$。代入到式(20.5-27)中去，$\mathring{p}(x)$所应满足的极值条件是

$$\frac{\partial F}{\partial p} + \lambda \frac{\partial f}{\partial p} = -(1+\ln p) + \lambda \ln 2 = 0$$

即 $\mathring{p}(x) = e^{\lambda-1}$。将它代入式(20.5-28)后，有

$$\int_{-a}^{a} e^{\ln 2-1} dx = 2ae^{\ln 2-1} = 1, \quad \mathring{p}(x) = e^{\lambda \ln 2-1} = \frac{1}{2a} \tag{20.5-29}$$

所以最优分布函数 $\mathring{p}(x) = 1/2a$。这说明在信号幅度受限制时，使部分熵 h 获极大值的分布函数应该是均匀分布的。

另一种有意义的情况是信号的方差为给定的，即 $p(x)$应满足下面两个约束条件

$$\int_{-\infty}^{+\infty} p(x)dx = 1$$

$$\int_{-\infty}^{+\infty} x^2 p(x)dx = \sigma^2 \tag{20.5-30}$$

这里 $F = -p\ln p, f_1 = p, f_2 = x^2 p$。将它们代入式(20.5-27)后有

$$-(1+\ln p) + \lambda_1 + \lambda_2 x^2 = 0$$

解得

$$\mathring{p}(x) = e^{\lambda_1-1} e^{\lambda_2 x^2} \tag{20.5-31}$$

再利用式(20.5-30)中的两个约束条件

$$\int_{-\infty}^{\infty} \mathring{p} dx = e^{\lambda_1-1} \int_{-\infty}^{\infty} e^{\lambda_2 x^2} dx = 1, \quad e^{\lambda_1-1} = \sqrt{\frac{-\lambda_2}{\pi}}$$

$$\int_{-\infty}^{\infty} x^2 \mathring{p}(x) dx = \sqrt{\frac{-\lambda_2}{\pi}} \int_{-\infty}^{\infty} x^2 e^{\lambda_2 x^2} dx = \sigma^2, \lambda_2 = -\frac{1}{2\sigma^2}$$

于是

$$e^{\lambda_1-1} = \frac{1}{\sigma\sqrt{2\pi}}, \mathring{p}(x) = \frac{1}{\sigma\sqrt{2\pi}} e^{-\frac{x^2}{2\sigma^2}} \tag{20.5-32}$$

这说明，当信号的方差受限制时，使部分熵 h 获极大值的 $\mathring{p}(x)$应为高斯分布。

最后一种情况：设信号只能取正值，它的平均值为给定的常数 A。此时

$$\int_{0}^{\infty} p(x)dx = 1, \quad \int_{0}^{\infty} xp(x)dx = A$$

于是 $\mathring{p}(x)$应满足的方程式是

$$-(1+\ln p) + \lambda_1 + \lambda_2 x = 0$$

解出后

$$\mathring{p}(x) = \frac{1}{A}e^{-\frac{x}{A}}, A \geqslant 0 \tag{20.5-33}$$

现在把三种情况下的 $\mathring{p}(x)$ 代到部分熵表达式(20.5-24)中，就可以算出各种情况下的 h 的值。

在信号幅度受限制时

$$h = -\int_{-a}^{a} \frac{1}{2a}\log_2 \frac{1}{2a}dx = \log_2 2a \tag{20.5-34}$$

在给定的信号方差 σ^2 的条件下

$$h = -\int_{-\infty}^{\infty} p(x)\log_2 p(x)dx = \frac{1}{\ln 2}\int_{-\infty}^{\infty} \frac{1}{\sqrt{2\pi}\sigma}e^{-\frac{x^2}{2\sigma^2}}\left[\ln \sqrt{2\pi}\sigma + \frac{x^2}{2\sigma^2}\right]dx$$

$$= \frac{1}{\ln 2}\left[\ln \sqrt{2\pi}\sigma + \frac{1}{2}\right] = \frac{1}{\ln 2}\ln \sqrt{2\pi e}\sigma = \log_2 \sigma \sqrt{2\pi e} \tag{20.5-35}$$

最后一种情况，当信号只能取正值，数学期望为 A 时

$$h = -\int_{0}^{\infty} \frac{1}{A}e^{-\frac{x}{A}}\log_2 \frac{1}{A}e^{-\frac{x}{A}}dx = \log_2(eA) \tag{20.5-36}$$

20.6 噪声干扰下的连续信号传输

我们考虑信号源和接收端具有相同的信号带宽 F，且每个信号长度都是 T 秒的连续信号。按前节证明过的采样定理，这样的连续信号等价于由 $2FT$ 个采样点上的值排成的离散信号。假定每一个采样点上信号的取值的概率分布是 $p(x)$，在不同采样点上的取值是相互独立的，每一个采样点的信号熵是式(20.5-24)所定义的 h。由于信号的取值的概率分布依赖于消息集合，发送不同的消息集合，信号的取值概率分布 $p(x)$ 也不同。为了计算方便，我们可以把具有不同的概率分布函数的信号源折算到正态分布上去。如果 $p(x)$ 是正态分布的，它的熵是 h，由式(20.5-35)，令 $P=\sigma^2$，则

$$h = \log_2 \sqrt{P2\pi e} = \frac{1}{2}\log_2(2\pi eP) \tag{20.6-1}$$

如果 $p(x)$ 不是正态分布的，则可求出信号的等价方差 P

$$P = \frac{1}{2\pi e}2^{2h}$$

式中 h 由式(20.5-24)算出。这样定义的 P 叫做信号的熵功率，因为它显然是信号的平均功率的增函数。事实上由式(20.5-12)算出的信号的平均功率为

$$P = \frac{1}{T}\int_0^T\int_{-\infty}^{+\infty}[S(t)]^2 p(s)dtds = \frac{1}{2FT}\sum_{n=1}^{2FT}\int_{-\infty}^{+\infty}\left[S\left(\frac{n}{2F}\right)\right]^2 p(s)ds$$

依假定，信号在各采样点有相同的、独立的概率分布，所以上式右端求和符号后

面的每一项都是方差 σ^2，故 $P=\sigma^2$。由此可见 P 确实是信号 $S(t)$ 的平均功率。对平均功率相同的信号，只有正态分布的信号才有最大的熵 h；非正态分布的信号虽然有相同的平均功率，但它的熵 h 要小一些。既然信号的熵对讨论信息传输是最重要的，因此对非正态分布的信号，我们可以根据它的熵 h 按式(20.6-1)求出一个等价的熵功率——方差 P，后者当然要比信号的实际方差小一些。这种折算是为了能够对具有不同概率分布的信号进行运算又保持它们的熵不变而采取的。

具有带宽 F 和信号长度为 T 的连续信号源 S 能发出的信号总数 N_S 显然为

$$N_S = 2^{2FTh} \tag{20.6-2}$$

于是信号源 S 的熵 $H_T(S)$ 是

$$H_T(S) = \log_2 N_S = 2FT\left[\frac{1}{2}\log_2(2\pi eP)\right] = FT\log_2(2\pi eP) \tag{20.6-3}$$

单位时间发出的信息量——“时间熵”为

$$H(S) = F\log_2(2\pi eP)\ \text{比特 / 秒} \tag{20.6-4}$$

重要的是讨论接收端 R 的情况。正如前面已提到过的那样，假定接收机具有相同的带宽 F，信号的平均功率是 P。在信号传输过程中，讯道上有噪声干扰 $n(t)$，例如白噪声；噪声的平均功率记为 N，在每一个采样点上噪声的概率分布是正态的，不同采样点上的信号值是相互独立的。容易证明，在信号和噪声相互独立的情况下，接收端 R 接收到的总信号 $S(t)+n(t)$ 的平均功率是 $P+N$。仿照式(20.6-4)，单位时间内接收到的熵就是

$$H(R) = F\log_2(2\pi e(P+N)) \tag{20.6-5}$$

假定在某一采样点上，信号源发出一个信号值 s，由于噪声的干扰，接收端 R 收到的信号不可能准确地知道，只能由统计方法求出出现在区间 $[r, r+\Delta r]$ 中的条件概率 $p(r/s)\Delta r$。另一方面，如果接收端收到的是 r，但根据收到的 r 不能确切地判定信号源发出的是什么，只能说发出的信号 s 位于区间 $[s, s+\Delta s]$ 中的条件概率是 $p(s/r)\Delta s$，当然条件概率是由噪声特性决定的。按概率论中的复合事件的概率公式，当 s 和 r 都是随机变量时，发出 s 而收到 r 的概率 $p(s,r)$ 为

$$p(s,r) = p(s)p(r/s) = p(r)p(s/r)$$

因此有

$$\frac{p(s/r)}{p(s)} = \frac{p(r/s)}{p(r)} = \frac{p(s,r)}{p(s)p(r)} \tag{20.6-6}$$

和前面讨论过的离散信息源的情况一样，在每一个采样点上连续信号源的熵 $h(S)$ 是

$$h(S) = -\int_{-\infty}^{\infty} p(s)\log_2 p(s)ds \tag{20.6-7}$$

由于噪声的干扰，接收端 R 收到信号 r 时，只能由此判断信号源发出的信号 s 位于区间 $[s,s+\Delta s]$ 中的条件概率为 $p(s/r)\Delta s$。于是，在一个采样点的信息传送过程中，信息的损失（暧昧度）为

$$h_r(s)=-\int_{-\infty}^{\infty}p(s/r)\log p(s/r)ds$$

对接收端 R 中的所有值 r 进行平均以后就得到每一个采样点上的平均信息损失为 $h_R(S)$

$$\begin{aligned}h_R(S)&=-\int_{-\infty}^{\infty}p(r)\left[\int_{-\infty}^{\infty}p(s/r)\log_2 p(s/r)ds\right]dr\\&=-\int_{-\infty}^{\infty}\int_{-\infty}^{\infty}p(s,r)\log_2 p(s/r)dsdr\end{aligned}\tag{20.6-8}$$

所以，在一个采样点上传送的信息 i 为

$$i=h(S)-h_R(S)=h(R)-h_S(R)\tag{20.6-9}$$

参照式(20.6-7)和(20.6-8)

$$h(R)=-\int_{-\infty}^{\infty}p(r)\log_2 p(r)dr$$

$$\begin{aligned}h_S(R)&=-\int_{-\infty}^{\infty}\int_{-\infty}^{\infty}p(s,r)\log_2 p(r/s)drds\\&=-\int_{-\infty}^{\infty}p(s)\left[\int_{-\infty}^{\infty}p(r/s)\log_2 p(r/s)dr\right]ds\end{aligned}\tag{20.6-10}$$

一般来讲，条件概率 $p(r/s)$ 依赖于讯道中噪声的强度和讯道的传输特性。假定在讯道上信号 $s(t)$ 和噪声 $n(t)$ 是线性相加的，则 $n=r-s$。这时条件概率 $p(r/s)$ 完全由噪声的强度和性质所决定，即 $p(r/s)=p'(r-s)=p'(n)$。用 $h(n)$ 表示噪声 $n(t)$ 在采样点上的熵，由式(20.6-10)有

$$\begin{aligned}h_S(R)&=-\int_{-\infty}^{\infty}p(s)\left[\int_{-\infty}^{\infty}p'(n)\log_2 p'(n)dn\right]ds\\&=\int_{-\infty}^{\infty}p(s)ds\cdot h(n)=h(n)\end{aligned}\tag{20.6-11}$$

$$h(n)=-\int_{-\infty}^{\infty}p'(n)\log_2 p'(n)dn\tag{20.6-12}$$

噪声的概率分布通常是高斯分布的，如果用 N 表示噪声的平均功率，由式(20.6-1)知

$$h(n)=\frac{1}{2}\log_2(2\pi eN)\tag{20.6-13}$$

如前所述，接收端收到的信号 r 的平均功率是 $P+N$，对应的熵为

$$h(R)=\frac{1}{2}\log_2 2\pi e(P+N)\tag{20.6-14}$$

将式(20.6-11)和(20.6-14)代入式(20.6-9)，每一个采样点真正能传输的信号量

就为

$$i = h(R) - h(n) = \frac{1}{2}\log_2 2\pi e(P+N) - \frac{1}{2}\log_2 2\pi eN$$
$$= \frac{1}{2}\log_2 \frac{P+N}{N}$$

依假定,讯道和接收端的频带带宽是 F 赫,信号长度为 T 秒,依采样定理,在 T 时间内共有 $2FT$ 个采样点,所以在 T 时间内传送的总信息量 I 为

$$I = 2FT(h(R) - h(n))$$
$$= 2FT \cdot \frac{1}{2}\log_2 \frac{P+N}{N} = FT\log_2 \frac{P+N}{N} \text{ 比特} \qquad (20.6\text{-}15)$$

单位时间内传送的信息量记为 C,则

$$C = \frac{I}{T} = F\log_2 \frac{P+N}{N} = F\log_2\left(1+\frac{P}{N}\right) \text{比特 / 秒} \qquad (20.6\text{-}16)$$

因此,我们得到了信息论中最重要的一个关系式:信号功率和噪声功率的比值与讯道传输信息速率的关系。

由上式可知,和离散信号的情况一样,经过适当的编码以后,可以以任意小的错误概率按每秒 $F\log_2\left(1+\frac{P}{N}\right)$ 比特的速度传送信息。如果信号源发出的单位时间的信号熵大于这个值,要无错误的传送信息是根本不可能的。还可以注意到,在信号功率 P 和噪声功率 N 已知后,如果它们的概率分布不是正态的,则有

$$C \leqslant F\log_2\left(1+\frac{P}{N}\right) \qquad (20.6\text{-}17)$$

因为只有正态分布的随机量才有最大的熵,上式中等号只有在信号和噪声都是高斯分布的随机量时才能成立。在其他情况下,所能传送的信息速率 C 都小于 $F\log_2\left(1+\frac{P}{N}\right)$。

最后,我们再回顾前节中关于连续信号的熵的定义。在式(20.5-21)中我们曾经扔掉了第二项 $-\log_2 \Delta x \Delta t$,这一项与信号、噪声的概率特性无关。从式(20.6-15)中可以看出,到最终求信息传输速率时出现了两个熵的差,所以 $\log_2 \Delta x \Delta t$ 这一项被消掉了。这说明我们只考虑式(20.5-21)中的第一项是有道理的。

20.7 信息剩余和数据压缩

在复杂的系统中不得不接收和处理大量的实时数据,而每一个数据并不都具有同等重要的意义。我们必须学会从大量的数据中抽取最重要的信息,从而

得到能够表示受控过程的基本状态和描述受控对象的本质特征的那些数据。这一方面是由于数据太多，通常不可能在短时间内在机器中对每一个数据作细致的分析，尤其重要的是只有经过适当的数据处理和压缩才能使它表征的过程的基本特点显露出来。例如，本章第一节内曾提到的图像数据，电视的一个画面含有 5×10^5 个像素，如果每一个像素的亮度用一个离散数据传送，为了得到一个完整的画面需要传送 50 万个数据。显然，不是每一个数据对决定图像的基本特征都具有同等的意义。实际表明，应用正确的方法，可以把这些数据压缩几十倍到数百倍，这样做不但不会对图像的质量有不好的影响，相反能使图像的特征更加清晰[10]。本节内我们将讨论在给定信号中信息剩余的概念和数据压缩的一种方法。

设某一消息 X 由 n 个信号顺序排成：$X=\{s_1,s_2,\cdots,s_n\}$，其中每一个信号 s_i 都是某一数码或符号，它们是由某一含有 N 种不同信号的信号源发出的。当然，在发送消息 X 时，每一信号 s_i 可能有不同的出现概率 $p(s_i)$，它由消息本身的结构所确定。依定义，消息 X 的熵为

$$H(X)=-\sum_{i=1}^{n}p(s_i)\log_2 p(s_i) \tag{20.7-1}$$

它表示了平均每一个信号 s_i 所载有的信息量，而且这里还假定各信号 s_i 的出现概率是相互独立的，但是，实际上的情况并非如此，消息 X 中的各信号 s_i 之间通常有相当紧密的相互联系。例如，俄文有 30 个字母（相当于 s_i），据统计平均单字长度为 7 个字母；30 个字母平均能组成约 2×10^7 个单字，实际上有用的单字不超过 10^5 个。这就是说有相当多的由字母 s_i 排列出来的消息是没有意义的，因而不会出现。这意味着，在发送消息时，组成消息的信号之间通常有强烈的相关性。

首先讨论相邻两个信号的相关性。用 s_i 表示第一个信号，r_i 表示相邻的第二个信号，它们分别取自含有 N 种不同信号的信号源 S 和 R 中。按照第 20.2 节中的公式(20.2-14)，可知，两个信号源的联合熵 $H(S,R)$ 小于两个信号源独立熵的和，即 $H(S,R)\leqslant H(S)+H(R)$。这个不等式两端的差 $H(S)+H(R)-H(S,R)$ 叫做剩余信息量。比值

$$D=\frac{H(S)+H(R)-H(S,R)}{H(S)+H(R)}=1-\frac{H(S,R)}{H(S)+H(R)} \tag{20.7-2}$$

称为相对信息剩余。同样，考虑多个信号的相关性，剩余信息量可一般定义为

$$D=1-\frac{H(S,R,\cdots,T)}{H(S)+H(R)+\cdots+H(T)} \tag{20.7-3}$$

式中 $H(S,R,\cdots,T)$ 是多个信号源的联合熵，可按式(20.2-16)计算。

例如，利用第 20.2 节中计算过的英文字母的平均信息量可以算出，单个英文

字母的相对信息剩余为百分之十五左右

$$D=1-\frac{4.03}{4.755}=\frac{0.752}{4.755}=0.158$$

考虑两个字母连写的联合概率时信息剩余增加到百分之三十

$$D=1-\frac{3.32}{4.755}=\frac{1.435}{4.755}=0.30$$

考虑三个字母相连出现的联合概率又增加到百分之三十五

$$D=1-\frac{3.1}{4.755}=\frac{1.655}{4.755}=0.35$$

考虑更多字母相连时

$$D\geqslant 1-\frac{2.5}{4.755}=\frac{2.255}{4.755}=0.47$$

从这些数据可以看出，如果把 26 个字母看成是信号源的不同信号，那么英文有用的字只用到最大信息量的百分之五十左右，还有百分之五十的信息剩余。当然一种消息具有较大的剩余信息不总是缺点，如果能充分利用信息剩余，可以提高传递消息的抗干扰性。但这里我们不准备讨论这方面的问题。

实践表明，从自然界各种过程中采集的数据中具有很大比例的剩余信息，因此在处理数据的过程中可以对数据量进行减缩。这就是说，可以把数据中那些含信息量少的扔掉或合并，使数据总量成十倍成百倍的减少，而不影响它所表征的过程特点的提取。这种做法叫做数据压缩。下面我们介绍一种数据压缩的方法。先讨论几个恒等式，作为下面计算的根据。设有一个实数列 $\boldsymbol{x}^\tau=(x_1,x_2,\cdots,x_n)$，由 n 个实数按顺序组成，这个数据列可以看成是一个 n 维向量，并约定 $\boldsymbol{x}$ 表示列向量，$\boldsymbol{x}^\tau$ 表示行向量。再设 $A=(a_{ij})$ 是某一 $n\times n$ 阶方阵。容易计算向量 $A\boldsymbol{x}$ 与自己的内积是

$$J=(A\boldsymbol{x},A\boldsymbol{x})=\sum_{i=1}^{n}\left(\sum_{\alpha=1}^{n}a_{i\alpha}x_\alpha\sum_{j=1}^{n}a_{ij}x_j\right)=\sum_i\sum_\alpha\sum_\beta a_{i\alpha}a_{i\beta}x_\alpha x_\beta \tag{20.7-4}$$

定义梯度矩阵

$$\nabla_A J=\begin{pmatrix}\frac{\partial J}{\partial a_{11}} & \frac{\partial J}{\partial a_{12}} & \cdots & \frac{\partial J}{\partial a_{1n}}\\ \frac{\partial J}{\partial a_{21}} & \frac{\partial J}{\partial a_{22}} & \cdots & \frac{\partial J}{\partial a_{2n}}\\ \vdots & \vdots & & \vdots\\ \frac{\partial J}{\partial a_{n1}} & \frac{\partial J}{\partial a_{n2}} & \cdots & \frac{\partial J}{\partial a_{nn}}\end{pmatrix} \tag{20.7-5}$$

不难验算，梯度矩阵的表达式为

$$\nabla_A J = 2Axx^{\tau} \tag{20.7-6}$$

应该注意，$\boldsymbol{x}$ 是列向量，$\boldsymbol{x}^{\tau}$ 是行向量，将它们按矩阵乘法的规则相乘以后，结果得到一个 $n\times n$ 阶方阵。

再设 $\boldsymbol{y}$ 也是一个 n 维列向量，$A\boldsymbol{x}$ 和 $\boldsymbol{y}$ 的内积可写成矩阵相乘的形式

$$(A\boldsymbol{x},\boldsymbol{y}) = (A\boldsymbol{x})^{\tau}\boldsymbol{y} = \boldsymbol{x}^{\tau}A^{\tau}\boldsymbol{y} \tag{20.7-7}$$

因为内积是一个实数(假定 A 为实矩阵，$\boldsymbol{x}$ 和 $\boldsymbol{y}$ 都是实向量)。容易证明，内积式(20.7-7)的相对矩阵 A 的梯度矩阵为

$$\nabla_A(A\boldsymbol{x},\boldsymbol{y}) = \boldsymbol{y}\boldsymbol{x}^{\tau},\nabla_A(\boldsymbol{x},\boldsymbol{x}) = 0 \tag{20.7-8}$$

设某一系统接收到一个有限长度的实数据列，记为 $\boldsymbol{x}^{\tau}=(x_1,x_2,\cdots,x_n)$。通过统计处理，我们已经知道它的方差矩阵为 Σ_x，依定义

$$\Sigma_x = \overline{\boldsymbol{x}\boldsymbol{x}^{\tau}} \tag{20.7-9}$$

我们的任务是根据已经掌握的关于数据列 $\boldsymbol{x}$ 的统计特性对这一批数据进行压缩。因为我们把数据列 $\boldsymbol{x}$ 中的每一数据看成是一个随机量，方差矩阵 Σ_x 中的每一个元 σ_{ij} 表示数据 x_i 和 x_j 之间的相关性。我们知道，如果 σ_{ij} 是一个很大的值，这说明 x_i 和 x_j 之间有强相关性即相互依赖性，反之它们之间的这种依赖性就很小。根据数据之间这种相关性的大小去减少数据总量是常用数据压缩的主要方法之一。下面我们介绍一种利用直交变换来进行数据压缩的方法。

任取一个 $n\times n$ 阶方阵 Φ，用 $\boldsymbol{\varphi}_i$ 表示它的 i 列向量，要求这 n 个向量是两两相互直交的并且每一向量的范数为 1，即

$$\Phi = (\boldsymbol{\varphi}_1,\boldsymbol{\varphi}_2,\cdots,\boldsymbol{\varphi}_n),\quad (\boldsymbol{\varphi}_i,\boldsymbol{\varphi}_j) = \boldsymbol{\varphi}_i^{\tau}\boldsymbol{\varphi}_j = \begin{cases}0, & i\neq j\\ 1, & i=j\end{cases} \tag{20.7-10}$$

τ 表示矩阵转置。满足这些条件的方阵 Φ 叫直交矩阵，它有下列特性

$$\Phi^{\tau}\Phi = \Phi\Phi^{\tau} = E,\quad \Phi^{\tau} = \Phi^{-1}$$

用矩阵 Φ 对数据列 $\boldsymbol{x}$ 进行直交变换

$$\boldsymbol{y} = \Phi\boldsymbol{x},\quad \boldsymbol{x} = \Phi^{\tau}\boldsymbol{y} = \sum_{i=1}^{n} y_i\boldsymbol{\varphi}_i \tag{20.7-11}$$

式中 $\boldsymbol{y}^{\tau}=(y_1,y_2,\cdots,y_n)$。显然，这种变换是一对一的，不同的 $\boldsymbol{x}$ 对应不同的 $\boldsymbol{y}$；若 $\Phi\boldsymbol{x}=0$，则必有 $\boldsymbol{x}=0$。

为了减少数据处理时的计算工作量，我们从 n 个数据中选取 m 个，$m<n$，其余的 $n-m$ 个数据用常数代替。这些常数一旦确定后，总数据量就减少了 $n-m$ 个。为此，我们在 $\boldsymbol{y}^{\tau}=(y_1,y_2,\cdots,y_n)$ 中选取 m 个作为基本数据，其他 $n-m$ 个 y_i 用常数 b_i 代替。这样得到的数据列是 $\tilde{\boldsymbol{y}}^{\tau}=(y_1,y_2,\cdots,y_m;b_{m+1},\cdots,b_n)$。按式(20.7-11)，对应的 $\boldsymbol{x}$ 的新列 $\tilde{\boldsymbol{x}}(m)$ 是

$$\tilde{\boldsymbol{x}}(m) = \sum_{i=1}^{m} y_i\boldsymbol{\varphi}_i + \sum_{i=m+1}^{n} b_i\boldsymbol{\varphi}_i \tag{20.7-12}$$

我们将用 $\tilde{\boldsymbol{x}}(m)$ 去近似代替 $\boldsymbol{x}$。由于数据减少了 $n-m$ 个，在 $\boldsymbol{x}$ 和 $\tilde{\boldsymbol{x}}(m)$ 之间就出现了误差，记为 $\Delta\boldsymbol{x}$

$$\Delta\boldsymbol{x}=\boldsymbol{x}-\tilde{\boldsymbol{x}}(m)=\boldsymbol{x}-\sum_{i=1}^{m}y_i\boldsymbol{\varphi}_i-\sum_{i=m+1}^{n}b_i\boldsymbol{\varphi}_i=\sum_{i=m+1}^{n}(y_i-b_i)\boldsymbol{\varphi}_i \tag{20.7-13}$$

它的方差记为 $\varepsilon^2(m)$

$$\varepsilon^2(m)=\overline{\|\Delta\boldsymbol{x}\|^2}=\overline{(\Delta\boldsymbol{x},\Delta\boldsymbol{x})}=\overline{\sum_{i=m+1}^{n}(y_i-b_i)^2}=\sum_{i=m+1}^{n}\overline{(y_i-b_i)^2} \tag{20.7-14}$$

从上式中可以看出，数据压缩带来的误差依赖于 y_i 和 b_i；由于 $\boldsymbol{y}$ 完全依赖于直交变换 Φ，因此误差实际上依赖 Φ 和 b_i 的选择。为使误差最小，b_i 应满足下列极值条件

$$\frac{\partial}{\partial b_i}\overline{(y_i-b_i)^2}=\frac{\partial}{\partial b_i}[\overline{y_i^2}-2\bar{y}_ib_i+b_i^2]=-2(\bar{y}_i-b_i)=0$$

即

$$b_i=\bar{y}_i$$

但是由式(20.7-11)知，$y_i=(\boldsymbol{x},\boldsymbol{\varphi}_i)=\boldsymbol{\varphi}_i^{\tau}\boldsymbol{x}$，故

$$b_i=\overline{\boldsymbol{\varphi}_i^{\tau}\boldsymbol{x}}=\boldsymbol{\varphi}_i^{\tau}\bar{\boldsymbol{x}},\quad i=m+1,m+2,\cdots,n \tag{20.7-15}$$

式中 $\bar{\boldsymbol{x}}^{\tau}=(\bar{x}_1,\bar{x}_2,\cdots,\bar{x}_n)$ 为 $\boldsymbol{x}$ 的数学期望。再将 b_i 的值代入式(20.7-14)后，有

$$\varepsilon^2(m)=\sum_{i=m+1}^{n}\overline{(y_i-b_i)^2}=\sum_{i=m+1}^{n}\boldsymbol{\varphi}_i^{\tau}\overline{(\boldsymbol{x}-\bar{\boldsymbol{x}})(\boldsymbol{x}-\bar{\boldsymbol{x}})^{\tau}}\boldsymbol{\varphi}_i=\sum_{i=m+1}^{n}\boldsymbol{\varphi}_i^{\tau}\Sigma_x\boldsymbol{\varphi}_i \tag{20.7-16}$$

为求出最好的直交变换 Φ，应该在 $(\boldsymbol{\varphi}_i,\boldsymbol{\varphi}_i)=\boldsymbol{\varphi}_i^{\tau}\boldsymbol{\varphi}_i=1$ 的限制条件下求 $\varepsilon^2(m)$ 的极小值。应用拉格朗日乘子 β_i，这个问题可转化成求另一函数 $\tilde{\varepsilon}^2(m)$ 的极小值

$$\tilde{\varepsilon}^2(m)=\varepsilon^2(m)-\sum_{i=m+1}^{n}\beta_i(\boldsymbol{\varphi}_i^{\tau}\boldsymbol{\varphi}_i-1)=\sum_{i=m+1}^{n}[\boldsymbol{\varphi}_i^{\tau}\Sigma_x\boldsymbol{\varphi}_i-\beta_i(\boldsymbol{\varphi}_i^{\tau}\boldsymbol{\varphi}_i-1)]$$

对实值函数 $f(\boldsymbol{\varphi}_i)$ 定义梯度向量

$$\nabla_{\varphi_i}f(\boldsymbol{\varphi}_i)=\left(\frac{\partial f}{\partial\varphi_{i1}},\frac{\partial f}{\partial\varphi_{i2}},\cdots,\frac{\partial f}{\partial\varphi_{in}}\right)^{\tau}$$

读者容易检查下列恒等式成立

$$\nabla_{\varphi_i}(\boldsymbol{\varphi}_i,\Sigma_x\boldsymbol{\varphi}_i)=\nabla_{\varphi_i}(\boldsymbol{\varphi}_i^{\tau},\Sigma_x\boldsymbol{\varphi}_i)=2\Sigma_x\boldsymbol{\varphi}_i \tag{20.7-17}$$

$$\nabla_{\varphi_i}(\boldsymbol{\varphi}_i,\boldsymbol{\varphi}_i)=\nabla_{\varphi_i}(\boldsymbol{\varphi}_i^{\tau},\boldsymbol{\varphi}_i)=2\boldsymbol{\varphi}_i \tag{20.7-18}$$

于是，按极值条件，为使 $\tilde{\varepsilon}^2(m)$ 获极小值，$\boldsymbol{\varphi}_i$ 应满足等式

$$\nabla_{\varphi_i}\tilde{\varepsilon}^2(m)=2\Sigma_x\boldsymbol{\varphi}_i-2\beta_i\boldsymbol{\varphi}_i=0,\quad \Sigma_x\boldsymbol{\varphi}_i=\beta_i\boldsymbol{\varphi}_i \tag{20.7-19}$$

这说明，最好的直交变换 Φ 中的各个列向量应该是数据 $\boldsymbol{x}$ 的方差矩阵 Σ_x 的本征

向量，而 $\bar{\varepsilon}^2(m)$ 中的拉格朗日乘子 β_i，则应该是 Σ_x 的相应本征值。因为矩阵 Σ_x 是非负对称矩阵，所以这样的本征值也都是非负的，它的数量恰好是 n。最后，由式(20.7-16)可以立即算出数据压缩后的最小误差为

$$\varepsilon_{\min}^2(m) = \sum_{i=m+1}^{n} \beta_i \tag{20.7-20}$$

这个表达式还告诉我们，应该扔掉的是对应方差矩阵 Σ_x 的最小的那些本征值。如果把它的 n 个本征值按自大至小排列，那么前 m 个 y_i 都应该保留。凡是对应于零本征值的 y_i 都可以全部扔掉(用常数代替)而丝毫不影响数据的精度。

还可以注意到，这样选取直交矩阵 Φ 以后，数据列 $\boldsymbol{y}^\tau=(y_1,y_2,\cdots,y_n)$ 中的各数据变为互不相关的，因为

$$\begin{aligned}\Sigma\boldsymbol{y} &= \overline{(\boldsymbol{y}-\bar{\boldsymbol{y}})(\boldsymbol{y}-\bar{\boldsymbol{y}})^\tau} \\ &= \Phi\,\overline{(\boldsymbol{x}-\bar{\boldsymbol{x}})(\boldsymbol{x}-\bar{\boldsymbol{x}})^\tau}\Phi^\tau \\ &= \Phi\Sigma_x\Phi^\tau \\ &= \mathrm{diag}(\beta_1,\beta_2,\cdots,\beta_n)\end{aligned} \tag{20.7-21}$$

即 $\boldsymbol{y}$ 的方差矩阵 Σ_y 是对角矩阵，在对角线以外的所有元素均为零。

这种数据压缩的原理在信号处理和图像处理中都得到了应用，它可以大大减少计算的工作量[10]。

这里应用的处理方法可以推广到离散数据的滤波问题上，而与第十五章讨论的方法有所不同。下面我们将看到，能够用很简洁的证明方法找到一种对离散数据的处理方法。设 $\boldsymbol{x}^\tau=(x_1,x_2,\cdots,x_n)$ 是长度为 n 的信号的离散数据列；$\boldsymbol{v}^\tau=(v_1,v_2,\cdots,v_n)$ 是相应的离散噪声，假设 v_i 和 v_j 对 $i\neq j$ 是不相关的白噪声。在接收端收到的信号是 $\boldsymbol{z}=\boldsymbol{x}+\boldsymbol{v}$，$\boldsymbol{z}=(z_1,z_2,\cdots,z_n)$。我们希望找到一种如图 20.7-1 所示的数据处理程序，即选择一种直交变换 Φ 和方阵 A，使输出 $\hat{\boldsymbol{x}}$ 能以均方误差最小去复现被噪声干扰了的有用信号 $\boldsymbol{x}$。

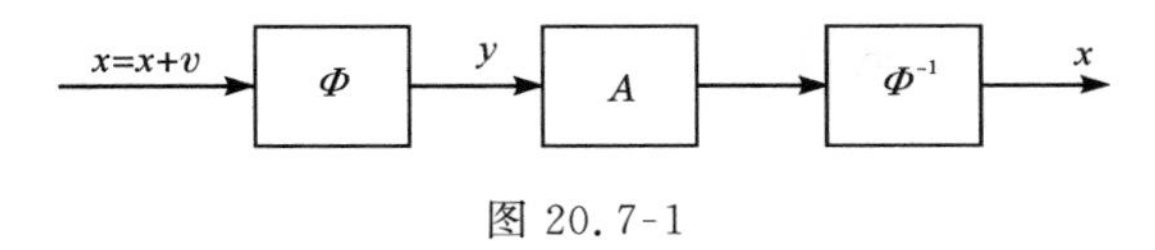

图 20.7-1

用 $\bar{\boldsymbol{x}}$，$\bar{\boldsymbol{y}}$ 和 $\bar{\boldsymbol{z}}$ 分别表示它们的数学期望。显然，$\boldsymbol{x}-\bar{\boldsymbol{x}}$ 和 $\boldsymbol{z}-\bar{\boldsymbol{z}}$ 都是数学期望为零的随机向量。数据列 $\boldsymbol{z}$ 的方差矩阵按定义应为

$$\Sigma\boldsymbol{z} = \overline{(\boldsymbol{z}-\bar{\boldsymbol{z}})(\boldsymbol{z}-\bar{\boldsymbol{z}})^\tau} = \overline{\boldsymbol{z}\boldsymbol{z}^\tau} - \bar{\boldsymbol{z}}\,\bar{\boldsymbol{z}}^\tau \tag{20.7-22}$$

用 Σ_y 表示 $\boldsymbol{y}=\Phi\boldsymbol{z}$ 的方差矩阵

$$\Sigma\boldsymbol{y} = \overline{(\boldsymbol{y}-\bar{\boldsymbol{y}})(\boldsymbol{y}-\bar{\boldsymbol{y}})^\tau} = \Phi\Sigma_z\Phi^\tau = \Phi\Sigma_z\Phi^{-1} \tag{20.7-23}$$

为了书写方便,设 $\bar{z}=\bar{\boldsymbol{v}}=0$,并再假定信号 $\boldsymbol{x}$ 和噪声 $\boldsymbol{v}$ 的任何分量之间都是互不相关的,即协方差矩阵

$$\overline{\boldsymbol{x}\boldsymbol{v}^{\tau}} = \Sigma_{xv} = 0 \tag{20.7-24}$$

设 $\hat{\boldsymbol{x}}$ 是对有用信号 $\boldsymbol{x}$ 的估计,估计的误差是 ε

$$\varepsilon^2 = \overline{(\boldsymbol{x}-\hat{\boldsymbol{x}},\boldsymbol{x}-\hat{\boldsymbol{x}})} = \overline{(\boldsymbol{x}-\hat{\boldsymbol{x}})^{\tau}(\boldsymbol{x}-\hat{\boldsymbol{x}})}$$

由图 20.7-1 可知

$$\hat{\boldsymbol{x}} = \Phi^{-1}A\Phi\boldsymbol{z} = \Phi^{\tau}A\Phi\boldsymbol{z} \tag{20.7-25}$$

容易验算

$$\begin{aligned}\varepsilon^2 &= \overline{(\boldsymbol{x},\boldsymbol{x})} - 2\overline{(\Phi^{\tau}A\Phi\boldsymbol{z},\boldsymbol{x})} + \overline{(\Phi^{\tau}A\Phi\boldsymbol{z},\Phi^{\tau}A\Phi\boldsymbol{z})} \\ &= \overline{(\boldsymbol{x},\boldsymbol{x})} - 2\overline{(A\boldsymbol{y},\Phi\boldsymbol{x})} + \overline{(A\boldsymbol{y},A\boldsymbol{y})}\end{aligned} \tag{20.7-26}$$

现试寻找一个最好矩阵 A,使 ε^2 获极小值。那么 A 应满足必要条件 $\nabla_A(\varepsilon^2)=0$。根据式(20.7-6)—(20.7-8),有

$$\nabla_A(\varepsilon^2) = 2\overline{(A\boldsymbol{y}\boldsymbol{y}^{\tau} - \Phi\boldsymbol{x}\boldsymbol{y}^{\tau})} = 2A\Phi\overline{\boldsymbol{z}\boldsymbol{z}^{\tau}}\Phi^{\tau} - 2\Phi\overline{\boldsymbol{x}\boldsymbol{z}^{\tau}}\Phi^{\tau} = 0$$

即

$$A\Phi\overline{\boldsymbol{z}\boldsymbol{z}^{\tau}}\Phi^{\tau} = \Phi\overline{\boldsymbol{x}\boldsymbol{z}^{\tau}}\Phi^{\tau} \tag{20.7-27}$$

注意到 $\boldsymbol{z}=\boldsymbol{x}+\boldsymbol{v}$,$\boldsymbol{x}$ 和 $\boldsymbol{v}$ 是不相关的,所以

$$\overline{\boldsymbol{z}\boldsymbol{z}^{\tau}} = \Sigma_x + \Sigma_v,\quad \overline{\boldsymbol{x}\boldsymbol{z}^{\tau}} = \Sigma_x$$

将它们代入式(20.7-27)后,解出待求的矩阵 A,并记为 $\mathring{A}$,即

$$\mathring{A} = \Phi\Sigma_x\Phi^{\tau}(\Phi(\Sigma_x+\Sigma_v)\Phi^{-1})^{-1} = \Phi\Sigma_x(\Sigma_x+\Sigma_v)^{-1}\Phi^{\tau} \tag{20.7-28}$$

再代入式(20.7-26),可算出选择矩阵 $\mathring{A}$ 后的最小方差

$$\begin{aligned}\varepsilon^2_{\min} &= \overline{(\boldsymbol{x}-\hat{\boldsymbol{x}},\boldsymbol{x}-\hat{\boldsymbol{x}})} = \operatorname{tr}\overline{(\boldsymbol{x}-\hat{\boldsymbol{x}})(\boldsymbol{x}-\hat{\boldsymbol{x}})^{\tau}} = \operatorname{tr}(\Sigma_x - \Phi^{-1}\mathring{A}\Phi\Sigma_x) \\ &= \operatorname{tr}(\Sigma_x - \Sigma_x(\Sigma_x+\Sigma_v)^{-1}\Sigma_x)\end{aligned} \tag{20.7-29}$$

式中 tr 表示矩阵的迹即方阵对角线上诸元素的和。上式说明用图 20.7-1 所表示的计算程序对数据 $\boldsymbol{x}$ 进行估计,结果的误差与 Φ 的选择无关。但是在 $\mathring{A}$ 的表达式(20.7-28)中却含有 Φ,因此,还必须确定直交矩阵 Φ,才能对 $\boldsymbol{z}$ 进行具体的运算。因为 Σ_x 和 Σ_v 都是非负对称方阵,当 $\boldsymbol{v}$ 是白噪声 Σ_v 又是对角矩阵时,于是 $\Sigma_x+\Sigma_v$ 也是非负对称矩阵。

令取 $\Phi^{-1}=(\boldsymbol{\varphi}_1,\boldsymbol{\varphi}_2,\cdots,\boldsymbol{\varphi}_n)$,令 $\boldsymbol{\varphi}_i$ 是 $\Sigma_x(\Sigma_x+\Sigma_v)^{-1}$ 的本征向量,对应的本征值是 λ_i,可立即得到

$$\mathring{A} = \Phi\Sigma_x(\Sigma_x+\Sigma_v)^{-1}\Phi^{-1} = \operatorname{diag}(\lambda_1,\lambda_2,\cdots,\lambda_n) \tag{20.7-30}$$

即最好的方阵是以 $\Sigma_x(\Sigma_x+\Sigma_v)^{-1}$ 的 n 个本征值为主对角元的对角矩阵。图 20.7-1中所表示的实际上是一个广义的维纳滤波器。

20.8 线性编码

要把消息和数据传送到远方,载负消息的信号通常是以某种编码的形式进入讯道,并在接收端把接收到的码翻译成原来的消息。讯道上总存在各种噪声的干扰,使信号发生畸变甚至错误。为了提高消息或数据传输的可靠性,减少噪声对信号传输的影响,主要的方法是充分利用信号的信息剩余,赋予信号以各种特定的结构,使接收端能够部分地发现以至纠正传输过程中发生的错误。研究各种编码的结构,抗干扰的能力,发现错误和纠正错误的能力是信息论的一个重要内容。本节我们将一般地介绍几种常用的有纠错能力的编码原理和方法。

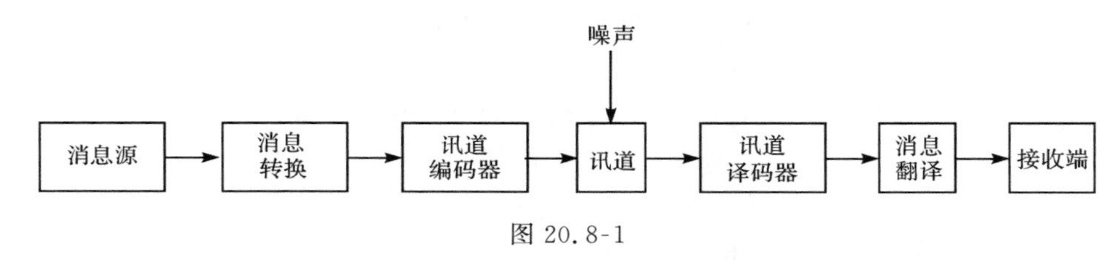

图 20.8-1

图 20.8-1 表示了一般信息传输的过程。任何消息在控制系统中总要首先转换成数据,最常见的是二进制数据。数据进入讯道以前,由编码器按预定的规则编成适合于传输的码组串,然后以串行的方式送出。在接收端要把收到的码组串加以处理,由译码器译成数据,再翻译成消息。从消息到数据的转换和从数据到消息的翻译都依赖于被传输的消息的具体性质,不是我们现在研究的重点。我们这里主要讨论信号在有噪声干扰的讯道上的编码、译码问题,也就是图 20.8-1 中的中间三个环节所代表的过程。

假设被传输的数据是以二进制形式表示的。如果每一个数据由 k 位二进制数码组成。在有噪声的讯道上传输时,k 个数码中原来是 0 的位,在接收端可能变成 1,同样,1 可能变成 0,于是就发生了传输错误。为了减少这种错误出现的可能性,最简单的办法是连续多次重复发送同一个数据,例如每个数据发送三次,在接收端以多数表决的方法确定每一位是 0 还是 1。显然,这样出错的概率就大大减小了,但是付出了相当大的代价:为了传送 k 位信息码,现在必须传送 $3k$ 位,使传输效率很低,只有百分之三十左右。在噪声干扰程度不太大的讯道中,这样做当然是不值得的。

比较好的办法是对每一个数据,在 k 位信息码的后面再加上若干位,譬如说 r 位,用它来检验前面 k 位信息码在传输过程中是否发生了错误。这样一个码组的长度由 k 变成 n,$n=k+r$。比值

$$\eta = \frac{k}{n} = \frac{k}{k+r} \tag{20.8-1}$$

叫做编码效率。为了提高传输效率，当然 η 越大越好。上面提到的重复发送三次的做法相当于 $r=2k$，$n=3k$，故 $\eta=1/3$。当然，r 的选取应考虑到噪声干扰的大小。r 越大，检验错误的能力越大。置于 k 位信息码后面的 r 位检验码的形式应该按某一规律去确定，使码组具有强的检错能力。如何去选定 r 位检验码就是编码理论研究的中心问题。

最简单的但应用很广泛的一种有检错能力的编码是奇偶检验码，这里只有一位检验码即 $r=1$。它的值按下列规则确定：如果在 k 位信息码中的 1 的个数是奇数，则第 $k+1$ 位置 1，反之置 0。结果每一个长度为 $n=k+1$ 的码组中 1 的个数总是偶数。只要在接收端对每一个数据检查这一特征，就能发现该码组在传输过程中是否发生了奇数个错误。当然，对任何偶数个错误是发现不了的，而且也不能确定错误发生在哪一位。这种奇偶检验码只有在干扰小的讯道中适用，即出错概率很小。发送端还要有重发的能力，一旦发现错误就应该再发一次这个数据，或者，在可能的情况下，删掉这个错的数据。这种奇偶检验码实现起来很简单，只需用 $k-1$ 个异或门（见第十七章）把 k 位信息码逐位按模 2 相加，输出就是检验位的值。用 $\boldsymbol{c}$ 表示码组 $\boldsymbol{c}=\{c_1, c_2, c_3, \cdots, c_k, c_{k+1}\}$，则编码器只需按下式确定检验位 c_{k+1}

$$c_{k+1} = c_1 \oplus c_2 \oplus c_3 \oplus \cdots \oplus c_k \tag{20.8-2}$$

在接收端，在译码器中则按 h 值实现检错

$$h = c_1 \oplus c_2 \oplus \cdots \oplus c_{k+1} \tag{20.8-3}$$

$h=1$ 是发现错误的信号，$h=0$ 表示没有出现奇数个错误的信号。

在传输二进制数字码的通道中，噪声干扰的大小常用误码率来表示，即平均传输多少个二进制位数发生一位错误。当干扰小时，例如误码率为 10^{-4}，即每一万位平均错一位，在一个数据中发生两个错误的概率是 10^{-8}（认为每位出错概率是独立的），因此出现多位错误可能性很小。在小噪声情况下，奇偶检验码实际上只能发现一位错误，但这已经大大提高了传输的可靠性。

上述两例是两种极端情况。重复发送的编码中检错和纠错的能力都很强，但效率很低；在具有一个检验位的奇偶检验码中效率很高，η 接近于 1，但没有纠错能力，检错能力也不强。对编码理论的研究集中在对这两种极端情况中间的编码方式的研究。而线性码又是研究得最为透彻的一类，因而现在应用广泛的纠错码绝大多数是线性码。

设某一编码方式确定的码组长度为 n，$n=k+r$，k 是信息码位数，r 是检验码位数。如果 $\boldsymbol{c}$ 和 $\boldsymbol{d}$ 是任意两个码组，$\boldsymbol{c}=\{c_1, c_2, \cdots, c_n\}$，$\boldsymbol{d}=\{d_1, d_2, \cdots, d_n\}$，那么二者的逐位模 2 和 $\boldsymbol{g}=\boldsymbol{c}\oplus\boldsymbol{d}=\{c_1\oplus d_1, c_2\oplus d_2, \cdots, c_n\oplus d_n\}$ 也是一个码组，则这

种编码方式所决定的码叫线性码。在线性码中，r 位检验码是 k 位信息码的线性函数

$$\begin{pmatrix} c_{k+1} \\ c_{k+2} \\ \vdots \\ c_n \end{pmatrix} = K \begin{pmatrix} c_1 \\ c_2 \\ \vdots \\ c_k \end{pmatrix} \tag{20.8-4}$$

K 是 $r \times k$ 阶长方矩阵，显然，K 一旦选定，一种编码方式就完全被确定。用 E_r 表示 $r \times r$ 阶单位方阵，则有

$$K \begin{pmatrix} c_1 \\ c_2 \\ \vdots \\ c_k \end{pmatrix} - \begin{pmatrix} c_{k+1} \\ c_{k+2} \\ \vdots \\ c_n \end{pmatrix} = K \begin{pmatrix} c_1 \\ c_2 \\ \vdots \\ c_k \end{pmatrix} \oplus \begin{pmatrix} c_{k+1} \\ c_{k+2} \\ \vdots \\ c_n \end{pmatrix} = 0$$

上式可改写成

$$\boldsymbol{Hc} = 0, H = (K, E_r) \tag{20.8-5}$$

$$H = \begin{pmatrix} h_{k+1,1} & h_{k+1,2} & \cdots & h_{k+1,k} & 1 & 0 & \cdots & 0 \\ h_{k+2,1} & h_{k+2,2} & \cdots & h_{k+2,k} & 0 & 1 & \cdots & 0 \\ \vdots & \vdots & & \vdots & \vdots & \vdots & & \vdots \\ h_{n,1} & h_{n,2} & \cdots & h_{n,k} & 0 & 0 & \cdots & 1 \end{pmatrix} \tag{20.8-6}$$

H 叫做监督矩阵。

另一方面，由式(20.8-4)可知，整个 n 位码组的构成可写成

$$\begin{pmatrix} c_1 \\ c_2 \\ \vdots \\ c_n \end{pmatrix} = G \begin{pmatrix} c_1 \\ \vdots \\ c_k \end{pmatrix}$$

$$G = \begin{pmatrix} E_k \\ K \end{pmatrix} = \begin{pmatrix} 1 & 0 & 0 & \cdots & 0 \\ 0 & 1 & 0 & \cdots & 0 \\ \vdots & \vdots & \vdots & & \vdots \\ 0 & 0 & 0 & \cdots & 1 \\ h_{k+1,1} & h_{k+1,2} & h_{k+1,3} & \cdots & h_{k+1,k} \\ \vdots & \vdots & \vdots & & \vdots \\ h_{n1} & h_{n2} & h_{n3} & \cdots & h_{nk} \end{pmatrix} \tag{20.8-7}$$

G 叫做线性码组的生成矩阵。

假定在讯道的输入端发出一个码组 $\boldsymbol{c}$，满足条件式(20.8-5)。它在传输过程中发生了错误，用 $\boldsymbol{e}$ 表示错码 $\boldsymbol{e} = \{e_1, e_2, \cdots, e_n\}$，凡是 $\boldsymbol{c}$ 中某位 c_i 发生了错误则

$e_i=1$,否则 $c_i=0$。在接收端收到的是 $\boldsymbol{r}=\boldsymbol{c}\oplus\boldsymbol{e}=\{r_1,r_2,\cdots,r_n\}$,$r_i=c_i\oplus e_i$;显然当第 i 位发生错误时,无论是 1 变 0 或 0 变 1,e_i 都等于 1。在接收端对 $\boldsymbol{r}$ 进行检验,计算向量 $\boldsymbol{s}=\{s_1,s_2,\cdots,s_r\}$

$$\begin{pmatrix} s_1 \\ s_2 \\ \vdots \\ s_r \end{pmatrix} = H \begin{pmatrix} r_1 \\ r_2 \\ \vdots \\ r_n \end{pmatrix} \tag{20.8-8}$$

$\boldsymbol{s}$ 叫做症候向量。由于它是 r 维的,一般说来,总共可能出现 2^r 个不同的症候向量。因为我们规定信号源发出的一切信号都满足 $H\boldsymbol{c}=\boldsymbol{0}$,因此症候向量不是 $\boldsymbol{0}$ 向量,就一定发生了错误。

因为发出的码组 $\boldsymbol{c}=\boldsymbol{r}-\boldsymbol{e}=\boldsymbol{r}\oplus\boldsymbol{e}$,故 $H\boldsymbol{r}=H\boldsymbol{e}=\boldsymbol{s}$,这就是说症候向量完全取决于错码 $\boldsymbol{e}$。应注意,$H\boldsymbol{r}=\boldsymbol{0}$ 这个条件并不能保证 $\boldsymbol{r}=\boldsymbol{c}$,即不能保证收到的码组中没有出现过错误,这是由于没有排除 $\boldsymbol{e}$ 恰恰与没有发出的某一有效码组相同的情况。

既然码组长度为 n,每一位都可能发生错误,错码 $\boldsymbol{e}$ 共有 2^n 种。按照等式

$$H\boldsymbol{e}=\boldsymbol{s} \tag{20.8-9}$$

可以将所有的 2^n 种不同的 $\boldsymbol{e}$ 分为 2^r 个等价类,每一类对应一种症候向量 $\boldsymbol{s}$。既然 $n=k+r$,若 $n>r$,那么在 $\boldsymbol{e}$ 和 $\boldsymbol{s}$ 之间当然没有一对一的关系。确切地说,能够使某一症候向量出现的错码 $\boldsymbol{e}$ 平均有 $2^{n-r}=2^k$ 种。然而接收端最终必须回答,究竟信号源发出的是什么码组?如果不允许要求重发,接收端只好从包括接收到的 $\boldsymbol{r}$ 在内的那个等价类中选一个,当作信号源发出来的真码。这种选择的方法应该从另外的角度去考虑,需要引进新的定义。

任一长度为 n 的码组中 1 的个数称为该码组的权重,记为 w。设由于噪声干扰而使真码的某一位发生错误的概率为 p,应该认为 $p\ll 1$。如果各位出错概率是相互独立的(不考虑突发性成串出错的情况),则出现 l 位错误的概率 $p(l)$ 是 $p^l(1-p)^{n-l}$。因为 $(1-p)$ 接近于 1,l 越小 $p(l)$ 越大。虽然根据接收到的信号 $\boldsymbol{r}$ 的(也是 $\boldsymbol{e}$ 的)症候向量 $\boldsymbol{s}$ 不可能完全确定 $\boldsymbol{e}$ 是什么,但我们可以认为在 $\boldsymbol{s}$ 对应的等价类中可能性最大的是权重最小的那个错码。于是,在每一个等价类中取权重最小的那个 $\boldsymbol{e}$ 当做该类的代表。这样,一切使 $H\boldsymbol{r}=0$ 的码组 $\boldsymbol{r}$ 都被认为是没有发生错误的真码。用 $\boldsymbol{e}_i$ 表示症候向量 $\boldsymbol{s}_i$ 对应的等价类中的代表,那么只要接收端检验时有 $H\boldsymbol{r}=\boldsymbol{s}_i$,则可将 $\boldsymbol{c}=\boldsymbol{r}\oplus\boldsymbol{e}_i=\boldsymbol{r}-\boldsymbol{e}_i$ 当做真码。一般说来,这种方法不能保证纠正一切错误,但将大大减少误码率,从而提高信号传输的可靠性。

那么如何选择监督矩阵 H 呢?由式(20.8-5)可知,H 决定于矩阵 K,在 1950 年海明(Hamming)创造了第一个有纠正一位错误能力的线性码[17],叫做海明码。

这种码的结构是令 $n=2^r-1, k=n-r=2-r-1$，此时监督阵 H 含有 2^r-1 个完全不相同的列；用 $\boldsymbol{h}_1,\cdots,\boldsymbol{h}_k$ 表示 H 中前 k 个列向量，则

$$H=(\boldsymbol{h}_1,\boldsymbol{h}_2,\cdots,\boldsymbol{h}_k;\boldsymbol{h}_{k+1},\cdots,\boldsymbol{h}_n),\quad E_r=(\boldsymbol{h}_{k+1},\cdots,\boldsymbol{h}_n)$$

如果在传输中出现了错误 $\boldsymbol{e}=\{e_1,e_2,\cdots,e_n\}$，对应的症候向量 $\boldsymbol{s}=\{s_1,s_2,\cdots,s_r\}$ 就可表示成

$$\begin{pmatrix} s_1 \\ s_2 \\ \vdots \\ s_r \end{pmatrix}=H\begin{pmatrix} e_1 \\ e_2 \\ \vdots \\ e_n \end{pmatrix}=e_1\boldsymbol{h}_1+e_2\boldsymbol{h}_2+\cdots+e_n\boldsymbol{h}_n \tag{20.8-10}$$

$\boldsymbol{e}=\{e_1,e_2,\cdots,e_n\}$ 是出现的错码。由上式可以看出，矩阵 H 的每一列都不相同，如果在长度为 n 的码组中任何一位（仅此一位）发生错误时，例如，$e_i=1$，则症候向量 $\boldsymbol{s}$ 就是 H 的第 i 个列向量 $\boldsymbol{h}_i$，即 $\boldsymbol{s}=\boldsymbol{h}_i$。在限定只发生一位错误的情况下，每一个等价类中只含一个错码，只要用监督阵对接收到的 $\boldsymbol{r}$ 作用后，即可断定错误发生在哪一位，对该位进行纠错后（将该位模 2 加 1）即可得到真码。又由于 n 个列向量任何两个都是线性无关的，所以，如果同时发生两位错误时，症候向量 $\boldsymbol{s}$ 不可能为 0。根据这个特征，海明码可以发现两位错误，但此时不可能断定错误发生在哪两位上。由此可见海明码有纠一位错或发现两位错的能力。

海明码的效率 η 是

$$\eta=\frac{k}{n}=\frac{2^r-r-1}{2^r-1}=1-\frac{r}{2^r-1} \tag{20.8-11}$$

当码组长度 n 足够大时效率 η 将接近于 1，故海明码是高效码之一。

现举例说明长度为 7 的海明码的构造。设每个码组的监督位有 3 位，$r=3$。那么 $n=2^3-1=7$，即整个码组是 7 位；信息码占 $7-3=4$ 位。选监督矩阵

$$H=\begin{pmatrix} 0&1&0&1&1&0&0 \\ 1&0&1&1&0&1&0 \\ 1&1&1&1&0&0&1 \end{pmatrix} \tag{20.8-12}$$

根据矩阵结构，任一码组 $\boldsymbol{c}=\{c_1,c_2,c_3,c_4,c_5,c_6,c_7\}$ 中前 4 位是信息码，后 3 位是监督码，而且有线性关系式

$$c_5=c_2+c_4$$
$$c_6=c_1+c_3+c_4$$
$$c_7=c_1+c_2+c_3+c_4$$

如果在传输过程中，只有一位码发生错误，那么经过监督阵作用后可能出现 7 种症候向量。下面列出错码 $\boldsymbol{e}$ 和症候向量 $\boldsymbol{s}$ 之间的对应关系

表 20.8-1

s	e	s	e
0 0 0	0 0 0 0 0 0 0	1 1 1	0 0 0 1 0 0 0
0 1 1	1 0 0 0 0 0 0	1 0 0	0 0 0 0 1 0 0
1 0 1	0 1 0 0 0 0 0	0 1 0	0 0 0 0 0 1 0
0 1 1	0 0 1 0 0 0 0	0 0 1	0 0 0 0 0 0 1

显然，只有对仅错一位的错码和症候向量才有一一对应的关系。如果考虑到多位错误的可能性，则 $\boldsymbol{s}=\{000\}$ 对应 16 种错码，它们是

0 0 0 0 0 0 0　0 1 0 0 1 0 1　1 0 0 0 0 1 1　1 1 0 0 1 1 0
0 0 0 1 1 1 1　0 1 0 1 0 1 0　1 0 0 1 1 0 0　1 1 0 1 0 0 1
0 0 1 0 0 1 1　0 1 1 0 1 1 0　1 0 1 0 0 0 0　1 1 1 0 1 0 1
0 0 1 1 1 0 0　0 1 1 1 0 0 1　1 0 1 1 1 1 1　1 1 1 1 0 1 0

不难理解，这是 16 个真码组的全部。当错码 $\boldsymbol{e}$ 与上述 16 种码重合时都能使监督条件式(20.8-5)成立。如前所述，在这个等价类中我们可以取 $\boldsymbol{e}=\{0000000\}$ 当做代表，因为它的出现概率与其他 15 种错码相比是最大的。为了得到其他等价类的全部错码，只需将上述 16 个码组加上(模 2 加法)表 20.8-1 中的相应的错码 $\boldsymbol{e}$ 即可。这样，每一个等价类中含有 16 种不同的错码，总共分为 8 类，全部错码恰恰为 $2^7=16\times8$ 种。最后，按照出现概率的大小，表 20.8-1 中每一个 $\boldsymbol{e}$ 都是各自等价类的代表，因为在同类中它的权重最小，因而出现概率最大。

为了设计能够纠正更多位错误的线性码，在海明码出现(1950 年)后又经过了十年的努力，于 1959—1960 年建立了一种 BCH 编码(Bose-Chaudhuri-Hocquenghem)，它能纠正两位以上的错误，并建立了严格的代数编码理论[11,12,19]。具有纠错二位能力的 BCH 码出现以后，很快就解决了能纠正任意位错误的编码。但是，BCH 码的结构比海明码复杂得多，它的代数结构必须用代数学中的有限域(伽罗华域)的理论才能清楚地说明，而在技术上无论是编码或译码都可以用移位寄存器简便的实现，它和海明码一样宜于广泛采用。关于具有更强的纠错能力的编码理论将在下节内讨论。

20.9　纠错码和多项式代数

首先我们讨论一下纠错能力与码组结构的关系。设有一线性码，码组长度为 n，信息位为 k，监督位为 r，于是 $n=k+r$。依前节的讨论，监督矩阵 H 是有 r 行 n 列的长方阵。我们可以把它的每一列看成是一个 r 维向量，并写成 $H=(\boldsymbol{h}_1,\boldsymbol{h}_2,\cdots,\boldsymbol{h}_n)$。如果信号源发出的真码是 $\boldsymbol{c}=\{c_1,c_2,\cdots,c_n\}$，接收端收到的是 $\boldsymbol{r}=\{\boldsymbol{r}_1,\boldsymbol{r}_2,\cdots,\boldsymbol{r}_n\}$，没有

发生传输错误时 $\boldsymbol{c}=\boldsymbol{r}$。如果发生了错误则 $\boldsymbol{r}=\boldsymbol{c}\oplus\boldsymbol{e}$，$\boldsymbol{e}$ 叫错码，$\boldsymbol{e}=\{e_1,e_2,\cdots,e_n\}$，凡出现错误的位 $e_i=1$，否则 $e_i=0$。在接收端经过监督矩阵对收到的信号 $\boldsymbol{r}$ 进行变换后得到 $\boldsymbol{r}$ 维的症候向量 $\boldsymbol{s}=\{s_1,s_2,\cdots,s_r\}$

$$\begin{pmatrix} s_1 \\ \vdots \\ s_r \end{pmatrix} = e_1\boldsymbol{h}_1 \oplus \boldsymbol{e}_2\boldsymbol{h}_2 \oplus \cdots \oplus \boldsymbol{e}_n\boldsymbol{h}_n \tag{20.9-1}$$

式中$\oplus$表示模 2 加。

重复前节定义，码组 $\boldsymbol{c}$ 中含有 1 的个数称为 $\boldsymbol{c}$ 的权重，记为 $d(\boldsymbol{c})$。除掉每一位都为 0 的全零码组外，具有最小权重的码组叫做最轻码组，它的权重记为 d_0

$$d_0 = \min_{\boldsymbol{c}} d(\boldsymbol{c}) \tag{20.9-2}$$

既然具有最小权重 d_0 的码组 $\boldsymbol{c}_0$ 也是有意义的真码组，它应该满足监督条件式(20.8-5)。不失一般性，假设 $\boldsymbol{c}_0$ 的前面 d_0 个元不为 0，则应有

$$H\boldsymbol{c}_0 = \sum_{i=1}^{d_0} \oplus\, c_{0i}\boldsymbol{h}_i = 0$$

这说明 n 个向量 $\boldsymbol{h}_i$，$i=1,2,\cdots,n$，中有 d_0 个是线性相关的，而任何 d_0-1 个向量则是线性无关的。又因为

$$H\boldsymbol{r} = H\boldsymbol{c} \oplus H\boldsymbol{e} = H\boldsymbol{e} \tag{20.9-3}$$

故错码 $\boldsymbol{e}$ 中只要异于 0 的元数少于 d_0-1，则 $H\boldsymbol{e}\neq 0$，根据这个特征就可发现收到的 $\boldsymbol{r}$ 中有错误。所以，具有最小权重 d_0 的线性编码至多能发现 d_0-1 位同时出现的错误。

设 $\boldsymbol{r}$ 中发生了 t 位错误，错码 $\boldsymbol{e}$ 的诸元中异于 0 的位是 $e_{i_1},e_{i_2},\cdots,e_{i_t}$，此时症候向量

$$\begin{pmatrix} s_1 \\ s_2 \\ \vdots \\ s_r \end{pmatrix} = \boldsymbol{h}_{i_1} \oplus \boldsymbol{h}_{i_2} \oplus \cdots \oplus \boldsymbol{h}_{i_t}$$

既然任何 d_0 个向量 $\boldsymbol{h}_i$ 都是线性相关的，将上式右端补至 d_0 个后必有

$$\boldsymbol{h}_{i_1} \oplus \boldsymbol{h}_{i_2} \oplus \boldsymbol{h}\cdots \oplus_{i_{t+1}} \oplus \cdots \oplus \boldsymbol{h}_{id_0} = 0$$

即

$$\boldsymbol{h}_{i_1} \oplus \cdots \boldsymbol{h}_{i_t} = \boldsymbol{h}_{i_{t+1}} \oplus \cdots \oplus \boldsymbol{h}_{id_0}$$

所以

$$\boldsymbol{s} = \sum_{\alpha=1}^{t} \oplus\, \boldsymbol{h}_{i_\alpha} = \sum_{\beta=t+1}^{d_0} \oplus\, \boldsymbol{h}_{i_\beta} \tag{20.9-4}$$

为了准确地决定究竟是哪些位上发生了错误，我们必须求解 $\boldsymbol{h}_{i_\alpha}$，这是很明显的。然而式(20.9-4)的右端我们最多只能用置换的方法得到 d_0-t-1 个相互独立的

向量。所以，为了能解出 t 个未知向量，未知向量的个数必须不大于这些独立向量的个数才有可能。这就是说，为了能由式(20.9-4)唯一地确定 t 个 $\boldsymbol{h}_{i_\alpha}$，$t$ 必须满足不等式 $t \leqslant d_0 - t - 1$，即

$$d_0 \geqslant 2t + 1 \tag{20.9-5}$$

由此可断言，若某种线性编码的最小权重为 d_0，它的纠错能力 t 不可能超过

$$\frac{1}{2}(d_0 - 1)$$

总结上述，为了使线性编码能发现 m 位错误，它的最小权重 d_0 应不小于 $m+1$；为了它能自动纠正 t 位错误，最小权重应不小于 $2t+1$。如果要求它能在自动纠正 t 位错误的同时还能发现 m 位错，则要求最小权重不小于 $m+2t+1$。

由此可知，要增大编码的纠错能力必须增大最小权重 d_0，权重小于 d_0 的码组应该抛弃。这样做的结果是减少了信号载负的信息量，从而付出了代价。

具有纠正多个错误的编码方式很多，这里不可能一一介绍。下面只介绍一种有应用价值的，理论上又成熟的编码，即 BCH 码。为此我们必须先扼要的提示一下代数学中关于有限域的基本理论，关于这方面的详细论述可参阅本章参考文献[23]。

为了对长度为 n 的二进制码组进行各种处理，仅仅把它们看成是 n 维线性空间的向量远远不能满足我们的要求，因为在线性空间中实质上只有向量加法和乘常数这两种运算。即便再引进内积，使这个 n 维空间变成欧氏空间也不能满足我们的要求。为了取得更丰富的运算工具，需要在不同的码组(或相同的)之间引进某种乘法和除法运算，使任何两个二进制码组相乘或相除以后仍能得到一个长度为 n 的二进制码组。这就把全部 2^n 个码组变成一个域。粗略地说，在 2^n 个不同码组中引进加、减、乘、除(全 0 码组除外)运算，每种运算的结果仍然是一个 n 维码组。

我们知道，由 0 和 1 两个数组成的集合，按模 2 加、减(等价于模 2 加)、乘、除四则运算构成一个域，叫做二元域，记为 $GF(2)$。在 $GF(2)$ 中的四则运算是

$$\begin{aligned}
&\text{加法}: 0 \oplus 0 = 0, 0 \oplus 1 = 1 \oplus 0 = 1, 1 \oplus 1 = 0 \\
&\text{减法}: 0 \ominus 1 = 0 \oplus 1 = 1(\text{模 } 2), 1 \ominus 1 = 1 \oplus 1 = 0 \\
&\text{乘法}: 0 \times 0 = 0, 0 \times 1 = 1 \times 0 = 0, 1 \times 1 = 1 \\
&\text{除法}: 0 \div 1 = 0, 1 \div 1 = 1, \text{禁止 0 作除数}
\end{aligned} \tag{20.9-6}$$

一切长度为 n 的二进制码组的全体记为 R_n，它在二元域上构成线性空间，因此就有了向量加法(逐位模 2 加)、向量减法和乘常数等运算。为了使 R^n 变成一个域，还要定义向量乘法和向量除法。设 $\boldsymbol{c} = \{c_1, c_2, \cdots, c_n\}$，它可以用一个以 $GF(2)$ 的数为系数的阶数最高为 $n-1$ 阶的多项式表示，记为

$$C(x) = c_1 x^{n-1} + c_2 x^{n-2} + \cdots + c_{n-1} x + c_n \tag{20.9-7}$$

这种不相同的多项式共有 2^n 个，和 R^n 中的向量（以后称为 R^n 中的元）一一对应。显然，两个阶数小于 n 的多项式相加、相减和乘常数，结果和 R^n 中的运算完全对应。因此 R^n 中的向量线性运算完全可以由上述多项式的线性运算所代替。

首项系数为 1 的 n 阶多项式 $M(x)$ 如果除了 1 和它本身外不含别的因式则叫做不可约的，或者叫做既约的。设 $D(x)$ 为阶数大于 n 的多项式，$M(x)$ 为某一给定的 n 阶多项式，叫做模多项式。由代数学中的多项式除法运算可知（欧几里得除法），存在唯一的多项式 $Q(x)$，使 $D(x)$ 表示成

$$D(x) = Q(x)M(x) + R(x) \tag{20.9-8}$$

式中 $R(x)$ 为 $D(x)$ 相对于 $M(x)$ 的余式，它的阶数低于 $M(x)$。现对一切有穷阶的多项式按 $M(x)$ 的余式来分类，凡是余式相同的多项式都归为一类，叫做同余类。如果两个多项式 $C(x)$ 和 $D(x)$ 同余，则记为

$$C(x) = D(x) \bmod M(x) \tag{20.9-9}$$

不难证明下面恒等式，若

$$C_1(x) = D_1(x) \bmod M(x)$$

$$C_2(x) = D_2(x) \bmod M(x)$$

则

$$C_1(x) \pm C_2(x) = D_1(x) \pm D_2(x) \bmod M(x) \tag{20.9-10}$$

$$C_1(x) \cdot C_2(x) = D_1(x) \cdot D_2(x) \bmod M(x) \tag{20.9-11}$$

如果 $C(x)$ 和 $D(x)$ 二者的阶数都小于 $M(x)$ 的阶数，而且 $C(x)=D(x) \bmod M(x)$，那么必然有 $C(x)=D(x)$，这可由式(20.9-8)直接推出。

现在我们用多项式的同余乘法来定义一切具有式(20.9-7)形式的阶数不大于 n 的多项式乘法。对这样的两个多项式 $C(x)$ 和 $D(x)$，乘法定义为

$$C(x) \cdot D(x) = Q(x)M(x) + R(x) = R(x) \bmod M(x) \tag{20.9-12}$$

$R(x)$ 则是阶数小于 n 的多项式，它的系数按式(20.9-7)的次序排列后就得到 R^n 中的一个向量

$$R(x) = r_1x^{n-1} + r_2x^{n-2} + \cdots + r_n, \boldsymbol{r} = \{r_1, r_2, r_3, \cdots, r_n\} \in R^n$$

剩下的问题，也是最重要的一个问题是，对给定的 n，能不能找到一个 n 阶多项式 $M(x)$，使相对于它的所有等价类（即所有不同的小于 n 阶的多项式）恰恰有 2^n 个？换言之，是否对任何 n 都存在一个 n 阶多项式，按多项式的同余运算与 R^n 中的向量的对应关系能生成全部 R^n 中的 2^n 个向量？答复是肯定的！在代数学中有这样一个定理：对任何正整数 n 都可找到一个 $GF(2)$ 上的 n 阶不可约多项式 $M(x)$，它所生成的等价类正好有 2^n 个，即生成全部 2^n 种不同的阶数小于 n 的多项式。这个定理的证明可参看文献[16]。这样，我们就通过多项式的模 $M(x)$ 乘法定义了 R^n 中任何两个元素的向量积。

除法的定义比较复杂些，我们必须从另外的方面去引进。由于有了向量乘

法，我们知道对任何 $GF(2)$ 上的小于 n 阶的多项式（R^n 中的向量）$C(x)$ 可算出它的整数方幂：$C^2, C^3, \cdots, C^i, \cdots$。按照乘法的定义，每个方幂 C^i 都仍然是阶数小于 n 的多项式。但是，这样的多项式总只有 2^n 个，所以在 C 的所有整数幂 $\{C^i\}$ 中必然有相等者，例如对某两个整数 i 和 j，$j \geqslant i$，有

$$C^i = C^j \bmod M(x), C^{j-i} = 1 \bmod M(x) \qquad (20.9\text{-}13)$$

使 $C^m = 1 \bmod M(x)$ 的最小整数 m 叫做多项式 C 的阶。显然，m 不可能大于 $2^n - 1$。为了定义多项式 C 的除法，只需定义 C 的逆 C^{-1} 就够了，因为 $D/C = DC^{-1}$。由式(20.9-13)可以推知，如果 C 的阶是 m，则定义

$$C^{-1} = C^{m-1} \bmod M(x), C^{-1} \cdot C = C \cdot C^{-1} = C \cdot C^{m-1} = C^m = 1 \bmod M(x) \qquad (20.9\text{-}14)$$

为了书写简单，以后一切等式不再注明 $\bmod M(x)$。

这样，我们通过多项式的模 M 运算定义了长度为 n 的一切码组 R^n 之间的四则运算，因此，R^n 就成为一个域。因为域中所含的元素（码组或向量总数）是有穷多个，所以叫有穷域，或叫加罗华(Galois)域并记为 $GF(2^n)$。我们可以将 R^n 中的向量和阶数小于 n 的 $GF(2)$ 上的多项式等同起来，认为它们是 $GF(2^n)$ 中的同一个元素。

在有穷域 $GF(2^n)$ 中并不是每一个元素都有相同的阶。例如 $C(x)=1$ 的阶为 1，当 $n \geqslant 3$ 时 $C(x)=x+1$ 的阶肯定大于 2，等。可以证明[16]，在 $GF(2^n)$ 中一定存在一个不可约多项式 $C(x)$，它的各次方幂生成 $GF(2^n)$ 中的全部非零元素，即

$$GF(2^n) = \{0, 1, C, C^2, \cdots, C^{2^n-2}\} \qquad (20.9\text{-}15)$$

具有这种性质的不可约多项式称为本原多项式。例如，令 $n=3$，取不可约多项式 $M(x)=x^3+x+1$ 作为模，它把一切 $GF(2)$ 上的多项式分为 8 个同余类

$\{0\}: 0, x^3+x+1, \cdots$，对应向量 $\{000\}$

$\{1\}: 1, x^3+x, \cdots$，对应向量 $\{001\}$

$\{x\}: x, x^3+1, \cdots$，对应向量 $\{010\}$

$\{x+1\}: x+1, x^3, \cdots$，对应向量 $\{011\}$

$\{x^2\}: x^2, x^3+x^2+x+1, \cdots$，对应向量 $\{100\}$

$\{x^2+1\}: x^2+1, x^3+x^2+x, \cdots$，对应向量 $\{101\}$

$\{x^2+x\}: x^2+x, x^3+x^2+1, \cdots$，对应向量 $\{110\}$

$\{x^2+x+1\}: x^2+x+1, x^3+x^2, \cdots$，对应向量 $\{111\}$

从简单的计算得知，$C(x)=x$ 是一个本原多项式

$C(x) = x$，对应向量 $\{010\}$

$C^2(x) = x^2$，对应向量 $\{100\}$

$C^3(x) = x + 1 \bmod M(x)$，对应向量 $\{011\}$

$C^4(x) = x^2 + x \bmod M(x)$，对应向量 $\{110\}$

$C^5(x) = x^2 + x + 1 \bmod M(x)$，对应向量 $\{111\}$

$$C^6(x) = x^2 + 1 \bmod M(x)\text{，对应向量}\{101\}$$

$$C^7(x) = 1 \bmod M(x)\text{，对应向量}\{001\}$$

由于本原多项式在有纠错能力的线性循环码系的构造上起根本性的作用，现列出30次以下的一些本原多项式的代数结构。

多项式次数r	$g(\sigma)$
2	$1+\sigma+\sigma^2$
3	$1+\sigma+\sigma^3$
4	$1+\sigma+\sigma^4$
5	$1+\sigma^2+\sigma^5$
6	$1+\sigma+\sigma^6$
7	$1+\sigma+\sigma^7$
8	$1+\sigma^2+\sigma^3+\sigma^4+\sigma^8$
9	$1+\sigma^4+\sigma^9$
10	$1+\sigma^3+\sigma^{10}$
11	$1+\sigma^2+\sigma^{11}$
12	$1+\sigma+\sigma^4+\sigma^6+\sigma^{12}$
13	$1+\sigma+\sigma^3+\sigma^4+\sigma^{13}$
14	$1+\sigma+\sigma^3+\sigma^5+\sigma^{14}$
15	$1+\sigma+\sigma^{15}$
16	$1+\sigma^2+\sigma^3+\sigma^5+\sigma^{16}$
17	$1+\sigma^3+\sigma^{17}$
18	$1+\sigma^7+\sigma^{18}$
19	$1+\sigma+\sigma^2+\sigma^5+\sigma^{19}$
20	$1+\sigma^3+\sigma^{20}$
21	$1+\sigma^2+\sigma^{21}$
22	$1+\sigma+\sigma^{22}$
23	$1+\sigma^5+\sigma^{23}$
24	$1+\sigma+\sigma^2+\sigma^7+\sigma^{24}$
25	$1+\sigma^3+\sigma^{25}$
26	$1+\sigma+\sigma^2+\sigma^6+\sigma^{26}$
27	$1+\sigma+\sigma^2+\sigma^5+\sigma^{27}$
28	$1+\sigma^3+\sigma^{28}$
29	$1+\sigma^2+\sigma^{29}$
30	$1+\sigma+\sigma^4+\sigma^6+\sigma^{30}$

另一个很有用的事实是，有穷域$GF(2^n)$中的任何元素$C(x)$必满足恒等式

$$C^{2^n} - C = 0 \qquad (20.9\text{-}16)$$

这是因为 $GF(2^n)$中的元素最大阶是 2^n-1,所以对本原多项式 C 有 $C^{2^n-1}-1=0$,即 $C(C^{2^n-1}-1)=0$。如果 $C(x)$的阶 $m<2^n-1$,那么显然有 $C^m=C^{2m}=C^{3m}=\cdots=1$,此时 m 必能整除 2^n-1。事实上,令 C_p 是 $GF(2^n)$的某一本原多项式,C 必可表示成$C=C_p^k$,于是

$$C^m = C_p^{km} = 1 = C_p^{2^n-1}$$

既然 2^n-1 是 C_p 的阶,而 m 是 C 的阶,那么必有 $km=2^n-1$,即 2^n-1 能被 m 整除。于是 $C^{2^n-1}=C^{km}=1$,由此知式(20.9-16)对任何 $GF(2^n)$中的元素成立。

下列两个恒等式很容易证明,我们只把它们列出来。设 $C_1(x)$和 $C_2(x)$都是 $GF(2^n)$中的元素,那么对一切整数 $m>0$,有

$$(C_1 + C_2)^{2^m} = C_1^{2^m} + C_2^{2^m} \qquad (20.9\text{-}17)$$

设 $F(x)$是 $GF(2)$上的任何多项式,那么对任意整数 $m>0$ 有

$$F(C^{2^m}) = [F(C)]\,2^m \qquad (20.9\text{-}18)$$

式中 $C=C(x)$是 $GF(2^n)$中的任意元素。

定义在 $GF(2)$上的多项式和通常实系数多项式有很多共同点。实系数多项式的根常常不在实数域中,而在复数域中,复数域是实数域的一种扩充。设

$$F(x) = x^n + f_1x^{n-1} + \cdots + f_{n-1}x + f_n \qquad (20.9\text{-}19)$$

是任一 n 次多项式,式中 f_i 是 $GF(2)$中的数。一般讲,$F(x)$在 $GF(2)$中没有根,但在 $GF(2^n)$中却可能有根。下面再仔细讨论多项式 $F(x)=x^3+x+1$。在$GF(2)$中没有一个数代入 x 能使 $F=0$。但是,如果允许在 $GF(2^n)$中讨论根的问题,那么它有三个根。用 $GF(2^n)$中的变元 α 代替 x,问题就变成求 $F(\alpha)=\alpha^3+\alpha+1$ 的根,式中 α,α^3 都已有定义,因为 $GF(2^n)$中的任何元素(0 元素除外)之间都有四则运算。容易验证,$\alpha_1=x=(010)$,$\alpha_2=x^2=(100)$和 $\alpha^3=x+1=(011)$都是它的根。因为令 $M(x)=x^3+x+1$,当 $\alpha_1=x$ 时 $F(\alpha_1)=0\mathrm{mod}M(x)$;对 $\alpha_2=x^2$,$F(\alpha_2)=x^6+x^3+1=0\mathrm{mod}M(x)$;最后,令 $\alpha_3=x+1$,则

$$F(\alpha_3) = x^6 + x^5 + x^4 + x^3 + x^2 + x + 1 = 0\mathrm{mod}M(x)$$

和实数域上的多项式一样,一阶多项式总是不可约的。任何 n 阶多项式都可唯一地分解为不可约因子的积。设 $\alpha=\alpha_1$ 是 $F(\alpha)$的根,用 $\alpha-\alpha_1$ 去除 $F(\alpha)$,由除法规则得

$$F(\alpha) = (\alpha - \alpha_1)Q(\alpha) + R(\alpha)$$

$R(\alpha)$的阶数应小于 $\alpha-\alpha_1$,于是 $R(\alpha)$是常数。代入 $\alpha=\alpha_1$ 后,$F(\alpha_1)=R=0$。由此可知,若 $F(\alpha_1)=0$,则$(\alpha-\alpha_1)$是 $F(\alpha)$的不可约因子。同样可推知,n 阶多项式最多只有 n 个根。根据恒等式(20.9-16)又有

$$\alpha^{2^n-1} - 1 = \prod_{i=1}^{2^n-1}(\alpha - C_p^i) \qquad (20.9\text{-}20)$$

C_p 是 $GF(2^n)$ 中的本原多项式。

这样一来，我们就可以把任何 $GF(2)$ 上的多项式 $F(x)$ 中的 x 代入 $\alpha \in GF(2^n)$，从而使它成为 $GF(2)$ 的扩展域中变量的多项式 $F(\alpha)$。如前所述，把 $GF(2)$ 中的仅有的两个数写成 n 维向量形式 $0=\{00\cdots00\}$，$1=\{000\cdots001\}$，那么有 $GF(2)\subset GF(2^n)$，即前者是后者的子域。下面我们将用 $\alpha,\beta,\cdots$ 等表示 $GF(2^n)$ 中的元素。

设 α_i 是 $GF(2^n)$ 中的任何非零元，以 α_i 为其零点(根)的最低次多项式 $F_{\alpha_i}(\alpha)$ 称为 α_i 的最小多项式。因为 $F_{\alpha_i}(x)$ 的系数属于 $GF(2)$，它的非零项的系数都是 1。根据多项式的除法规则不难理解，这种最小多项式对给定的 α_i 将是唯一的。如果 α_i 又是另外一个多项式 $P(\alpha)$ 的根，那么 $P(\alpha)$ 必能为最小多项式 $F_{\alpha_i}(x)$ 所整除。设 $\{\alpha_1,\alpha_2,\cdots,\alpha_{2^n-1}\}$ 是 $GF(2^n)$ 的全部非零元，每一个元对应自己的最小多项式 $F_{\alpha_i}(x)$。这些多项式中肯定有相同的，去掉重复的，式(20.9-16)自然可改写为

$$\alpha^{2^n-1}-1=\prod_{i=1}^{k}F_{\alpha_i}(\alpha) \qquad (20.9\text{-}21)$$

这说明 $\alpha^{2^n-1}-1$ 是扩展域 $GF(2^n)$ 中一切非零元的最小多项式的最小公倍式。

20.10 具有多位纠错能力的循环编码

设在某一种编码中，码组长度是 n，其中信息码有 k 位，监督码有 r 位，$n=k+r$。再改述一下前面引进的定义：一切满足监督条件式(20.8-5)的码组叫线性码组，如果 $\boldsymbol{c}_1$ 和 $\boldsymbol{c}_2$ 都是码组，则 $\boldsymbol{c}_1\oplus\boldsymbol{c}_2$ 也是一个码组。条件式(20.8-5)是一个码组成为线性码组的充要条件。虽然这种不同的码组总数最多可能达 2^n 个，即和有穷域 $GF(2^n)$ 中的元数相等，但是通常我们只取其中的一部分作为有用的码组。当 $n\neq k$ 时有用码组的总数不超过 2^k；如果要求具有较强的纠错能力，必须进一步减少有用的码组数，在 2^k 种中再挑选出一批具有特定性能的线性码组. 每一个线性码组构成 R^n 中的线性子空间。纠错能力越强的码组所占子空间的维数越低。例如，长度(字长)为 31 位的线性码组，如果只要求有一位纠错能力(海明码)，只需有 5 位监督位，因而信息码可长达 26 位，编码效率是 26/31；如果要求它具有 2 位纠错能力，则要求有 10 位监督码，因此就只能有 21 位信息码，编码效率是 21/31；具有 6 位纠错能力的线性码组只可能有 6 位信息码，编码效率只有 6/31；如果进一步提高它的纠错能力，例如要求它同时能纠正 8 位以上的错误，编码效率就只有 1/31 了。可见，线性码组的纠错能力是有限的。本节将介绍一种具有 2 位以上纠错能力的循环码，叫做 BCH 码。

如果在一个线性码组中挑出一部分，要求具有下述特点：一个码组 $\boldsymbol{c}=\{c_1,c_2,\cdots,c_n\}$ 经过任何次数的循环移位后仍然是一个有用码组。具有这种特点的编码叫做循环码。为了下面叙述方便，并具体地与编码、译码电路相结合，我们

按下列方式定义码组的多项式

$$C(s) = c_{n-1}s^{n-1} + c_{n-2}s^{n-2} + \cdots + c_1 s + c_0 \tag{20.10-1}$$

式中 c_i 是 $\boldsymbol{c}$ 的第 $i+1$ 位的值,$\boldsymbol{c}=\{c_{n-1},c_{n-2},\cdots,c_1,c_0\}$。多项式的变元用 s 代 x 是为了表示 s 的物理意义是移位运算,以便与第 17.8 节中的符号一致起来。

首先我们注意到,如果 $C(s)$是一个有用码组,那么

$$sC(s) = c_{n-1}s^n + c_{n-2}s^{n-1} + \cdots + c_0 s \tag{20.10-2}$$

对 s^n-1 的余式也一定是一个码组。这是因为

$$sC(s) = c_{n-1}(s^n-1) + c_{n-2}s^{n-1} + \cdots + c_0 s + c_{n-1}$$

对 s^n-1 的余式恰恰是

$$R(s) = c_{n-2}s^{n-1} + c_{n-3}s^{n-2} + \cdots + c_0 s + c_{n-1} \tag{20.10-3}$$

它对应码组 $\boldsymbol{c}$ 的一次循环移位,依循环码的定义,得到的新码组 $\boldsymbol{c}_1=\{c_{n-2},c_{n-3},\cdots,c_0,c_{n-1}\}$也必是一个有用的码组。

用 $G(s)$表示所有循环码组中次数最低的多项式,它本身当然也是一个码组。假设它的多项式次数(s 的最高幂次)是 m,那么任何一个码组 $C(s)$可唯一表达成

$$C(s) = A(s)G(s) + R(s) \tag{20.10-4}$$

式中余式 $R(s)$的次数小于 m;$A(s)$是 s 的多项式,只要它的最高次数小于 $n-1-m$,$A(s)G(s)$也是一个码组。由于码组是线性的,所以 $R(s)$也应该是码组,这与 $G(s)$是码组中幂次最低的多项式的假定相矛盾。所以应该有 $R(s)=0$,即

$$C(s) = A(s)G(s) \tag{20.10-5}$$

只要 $A(s)$的最高方次不大于 $n-m-1$,由式(20.10-5)决定的 $C(s)$就是一个有用码组。

既然 $G(s)$的最高幂为 m,那么 $s^{n-m}G(s)$是一个 n 阶多项式,可表示成

$$s^{n-m}G(s) = (s^n+1) + R(s) \tag{20.10-6}$$

由前面的讨论知 $R(s)$是经 $n-m$ 次循环移位后相对于 s^n-1 的余式,因而它也是有用码组,故 $R(s)$应被 $G(s)$所整除。由此可断言,$G(s)$必能整除 s^n-1。于是 $G(s)$是整个循环码的生成多项式,所有码组都是由 $G(s)$的各次循环移位的线性组合生成的,它的次数恰恰等于码组中监督码的位数,即等于 r,$m=r=n-k$,k 是信息码的位数。由上述讨论可知,如果 $G(s)$是 $GF(2^n)$中任意 r 阶多项式,它必能生成一个循环码组。码组的生成矩阵为 $n\times k$ 阶长方阵

$$\begin{pmatrix} c_{n-1} \\ c_{n-2} \\ \vdots \\ c_0 \end{pmatrix} = \begin{pmatrix} g_r & 0 & \cdots & 0 \\ g_{r-1} & g_r & \cdots & 0 \\ \vdots & \vdots & & g_r \\ g_0 & g_1 & \cdots & \vdots \\ 0 & g_0 & \cdots & \vdots \\ \vdots & \vdots & & \vdots \\ 0 & 0 & \cdots & g_0 \end{pmatrix} \begin{pmatrix} c'_{k-1} \\ c'_{k-2} \\ \vdots \\ c'_0 \end{pmatrix} \tag{20.10-7}$$

式中$\{c'_{k-1},c'_{k-2},\cdots,c'_0\}$是$k$位信息码，$\boldsymbol{c}=\{c_{n-1},c_{n-2},\cdots,c_0\}$是编成的循环码组。上式可写成等价的多项式相乘

$$C(s)=G(s)C'(s),\quad C(s)=c_{n-1}s^{n-1}+\cdots+c_1s+c_0$$
$$G(s)=g_rs^r+g_{r-1}s^{r-1}+\cdots+g_1s+g_0,\quad c'(s)=c'_{k-1}s^{k-1}+\cdots+c'_1s+c'_0 \tag{20.10-8}$$

反之，任何长度为n，信息码码位数为k的循环码都是由某一r阶多项式生成的。因此，线性循环码的生成多项式$G(s)$和生成矩阵是一一对应的。

设$H(s)$是k阶多项式，如果它和$G(s)$的积为

$$H(s)G(s)=s^n+1 \tag{20.10-9}$$

那么多项式$H(s)$将对应$r\times n$阶监督矩阵H

$$H=\begin{pmatrix} h_0 & h_1 & \cdots & h_k & 0 & 0 & \cdots & 0 \\ 0 & h_0 & h_1 & \cdots & h_k & 0 & \cdots & 0 \\ \cdots & \cdots & \cdots & \cdots & \cdots & \cdots & \cdots & \cdots \\ 0 & 0 & \cdots & 0 & h_0 & h_1 & \cdots & h_k \end{pmatrix} \tag{20.10-10}$$

而

$$H(s)=h_ks^k+h_{k-1}s^{k-1}+\cdots+h_1s+h_0 \tag{20.10-11}$$

因为，依式(20.10-8)，对任何循环码组$C(s)$都有

$$H(s)C(s)=H(s)G(s)C'(s)=(s^n-1)C'(s)=0\ \mathrm{mod}(s^n-1) \tag{20.10-12}$$

故用矩阵表示的对码组的监督条件是

$$H\boldsymbol{c}=0$$

由于$H(s)$也能整除s^n-1，它也是一个循环码的生成多项式，因此它所生成的循环码组叫做由式(20.10-7)生成的循环码组的对偶码组。

现举例说明循环码组的结构.设有一码组长度为$n=7$，信息码$k=3$，监督码$r=4$位。任取一能整除s^7+1的$r=4$次的多项式$G(x)=s^4+s^3+s^2+1$，作为循环码的生成多项式。于是生成矩阵为

$$G=\begin{pmatrix} 1 & 0 & 0 \\ 1 & 1 & 0 \\ 1 & 1 & 1 \\ 0 & 1 & 1 \\ 1 & 0 & 1 \\ 0 & 1 & 0 \\ 0 & 0 & 1 \end{pmatrix}$$

三位信息码$\boldsymbol{c}'=\{c_2,c_1,c_0\}$共有七种，按式(20.10-7)由7种非零信息码生成的7个循环码组列于表20.10-1中。另外，按多项式乘积对s^7+1的余式求出码组的

多项式

$$C(s) = G(s)C'(s)\bmod(s^7+1)$$

也列入表中。从表中可以看出 7 种不同的非零码组都是由不同的移位得到的。同时可看出它确实是一个线性码组:任何两个码组逐位模 2 相加后仍然是一个码组。此外从表中还可看到,每一个码组的权重都是 4。

表 20.10-1

c'	$C'(s)$	$\mathbf{c}$	$C(s)=(s^4+s^3+s^2+1)C'(s)\bmod(s^7+1)$
0 0 1	1	0 0 1 1 1 0 1	$s^4+s^3+s^2+0+1$
0 1 0	s	0 1 1 1 0 1 0	$s^5+s^4+s^3+0+s$
0 1 1	$s+1$	0 1 0 0 1 1 1	$s^5+0+0+s^2+s+1$
1 0 0	s^2	1 1 1 0 1 0 0	$s^6+s^5+s^4+0+s^2$
1 0 1	s^2+1	1 1 0 1 0 0 1	$s^6+s^5+0+s^3+0+0+1$
1 1 0	s^2+s	1 0 0 1 1 1 0	$s^6+0+0+s^3+s^2+s+0$
1 1 1	s^2+s+1	1 0 1 0 0 1 1	$s^6+0+s^4+0+0+s+1$

循环码总可以用多项式的乘法和除法去进行编码并对错码监督,用多项式除法去实现译码,还可以用多项式的运算去发现错误和纠正错误。从第 17.8 节知,多项式运算都可以用带有反馈的移位寄存器来实现。所以循环码的编码、译码和纠错的技术实现都比较简单,这是它被广泛采用的原因之一。

前面讲过,具有多位纠错能力的,技术上容易实现的线性码组中,BCH 码是一个代表,在 1959—1960 年出现以后迅速获得了广泛的应用。BCH 码是一种线性循环码。它的生成多项式是按下列规则构造的。设码组长度为 n,在加罗华域 $GF(2^n)$中取某一多项式 α,任取正整数 d,$n \geqslant d \geqslant 2$。设 $G_1(s), G_2(s), \cdots, G_{d-1}(s)$分别是 $\alpha, \alpha^2, \cdots, \alpha^{d-1}$的最小多项式(见前节末)。定义多项式 $G(s)$为诸最小多项式$G_i(s)$的最小公倍式

$$G(s) = LCM\{G_1(s), G_2(s), \cdots, G_{d-1}\} \tag{20.10-13}$$

根据前面的讨论,每一个 α^i, $i=1,2,\cdots,d-1$,都能整除 $s^n+1=s^n-1$,因而它们的最小多项式能整除它,由式(20.10-13)定义的 $G(s)$也能整除它,所以 $G(s)$是某一线性循环码的生成多项式。

任何码组中异于 0 的位数叫做该码组的权重。线性码中任何两个不同码组的逐位差(等价于逐位模 2 和)也是一个码组,它的权重称为该两码组之间的距离。不难理解,某种编码中的最小距离对应某一码组的最小权重。可以证明,由式(20.10-13)定义的 $G(s)$生成的循环码中最小距离至少为 d,换言之,不存在权重小于 d 的码组。为证明这一点,假定有一个码组 $\mathbf{c}=\{c_{n-1}, c_{n-2}, \cdots, c_0\}$中有$d-1$位可以不等于 0,其他位都是 0,例如 $c_{l_1}, c_{l_2}, \cdots, c_{l_{d-1}}$ 的值可以为 1 也可以是 0。我

们现在证明，为了使 $\boldsymbol{c}$ 成为由 $G(s)$ 生成的码组，这 $d-1$ 位也必须都是 0。也就是说不等于 0 的位数小于 d 的，长度为 n 的数列不可能是循环码中的一个码组。我们用反证法，先假定具有上述特性的数列是一个码组，它的多项式是

$$C(s)=c_{n-1}s^{n-1}+c_{n-2}s^{n-2}+\cdots+c_1s+c_0=\sum_{i=1}^{d-1}c_{l_i}s^{l_i} \tag{20.10-14}$$

既然它是一个码组，$C(s)$ 必能为 $G(s)$ 整除，即能为每一个 α^i，$i=1,2,\cdots,d-1$，的最小多项式整除，这意味着每一个 α^i 都是 $C(s)$ 的根。于是

$$\sum_{i=1}^{d-1}c_{l_i}\alpha^{jl_i}=0,\quad j=1,2,\cdots,d-1 \tag{20.10-15}$$

令 $c_{l_i}=x_i$，$\alpha^{l_j}=a_j$，上式变成代数方程组

$$\begin{aligned}&a_1x_1+a_2x_2+\cdots+a_{d-1}x_{d-1}=0\\&a_1^2x_1+a_2^2x_2+\cdots+a_{d-1}^2x_{d-1}=0\\&\cdots\\&a_1^{d-1}x_1+a_2^{d-1}x_2+\cdots+a_{d-1}^{d-1}x_{d-1}=0\end{aligned} \tag{20.10-16}$$

假设 $a_i\neq a_j$，$i\neq j$，行列式（范德蒙行列式）

$$\begin{vmatrix}a_1 & a_2 & a_3 & \cdots & a_{d-1}\\ a_1^2 & a_2^2 & a_3^2 & \cdots & a_{d-1}^2\\ \vdots & \vdots & \vdots & & \vdots\\ a_1^{d-1} & a_2^{d-1} & a_3^{d-1} & \cdots & a_{d-1}^{d-1}\end{vmatrix}\neq 0$$

所以代数方程组(20.10-16)有唯一解 $x_1=x_2=x_3=\cdots=x_{d-1}=0$，即 $c_{l_1}=c_{l_2}=c_{l_3}=\cdots=c_{l_{d-1}}=0$。这证明，如果 $\boldsymbol{c}$ 是一个循环码组，它的权重就不能小于 d。

根据前节的讨论，最小权重为 d 的编码，最多能纠正，$(d-1)/2$ 位错误。下面介绍一种纠错计算方法，设 $C(s)=c_{n-1}s^{n-1}+\cdots+c_1s+c_0$ 是信号源发出的码组，$R(s)=r_{n-1}s^{n-1}+r_{n-2}s^{n-2}+\cdots+r_1s+r_0$ 是信号接收端收到的数列多项式。传输过程中发生的错误是 $E(s)=e_{n-1}s^{n-1}+\cdots+e_1s+e_0$，$E(s)=R(s)-C(s)=R(s)+C(s)$，即 $e_i=r_i-c_i$，$i=0,1,\cdots,n-1$。我们定义用以判断错码的症候元为

$$s_i=E(\alpha^i)=R(\alpha^i)-C(\alpha^i),\quad i=1,2,\cdots,d-1$$

因为 α^i 是 $C(s)$ 的根，所以有

$$s_i=E(\alpha^i)=R(\alpha^i),\quad i=1,2,\cdots,d-1 \tag{20.10-17}$$

现假定在传输过程中发生了 l 位错误，$l\leqslant(d-1)/2$。它们是第 $p_1,p_2,\cdots,p_l$ 位，于是 $d-1$ 个症候元就是

$$s_i=\sum_{j=1}^{l}e_{p_j}\alpha^{ip_j},\quad i=1,2,\cdots,d-1 \tag{20.10-18}$$

现引进更方便的记号，对凡有错误的位上令 $e_{p_j}=1$；再令 $\alpha^{p_j}=u_j$ 为错码位置，$j=1,2,\cdots,l$，于是式(20.10-18)可改写为

$$s_i = \sum_{j=1}^{l} u_j^i, \quad i = 1,2,\cdots,d-1 \tag{20.10-19}$$

要注意,这里无论是 u_j 或 s_i 都是 $GF(2^n)$ 中的元。

在信号接收端,译码器可以根据收到的数列多项式 $R(s)$,按式(20.10-17)计算出 $d-1$ 个症候元 s_i,于是方程组(20.10-19)的左端是已知的,纠错译码器的任务是从该方程组中解出错码位置 u_j,然后按此纠正 $R(s)$ 的错误系数的值。所以,关键问题是求解方程组(20.10-19)。从第 20.8 节的讨论可知,每一个症候元 s_i 对应很多错码,这些错码都属于同一等价类。因此,方程组(20.10-19)不可能有唯一解。译码器的任务不是求出 s_i 对应的所有可能的错码位置 u_j,它的任务是求出 s_i 对应的等价类中 l 为最小的那一种错误,也就是发生错误概率最大的那一种。

在式(20.10-18)中,令 $i=1,2,\cdots,d-1,d,\cdots$,可得到一个无穷序列 $\{s_1,s_2,s_3,\cdots,s_d,\cdots\}$。现定义无穷级数

$$s(z) = s_1 + s_2 z + s_3 z^2 + \cdots \tag{20.10-20}$$

上式内 s_i 由式(20.10-19)定义,z 是一个变量,例如类似离散数列的拉普拉斯变换那样。不难检查,按 $GF(2^n)$ 中的加法,无穷级数

$$1 + u_j z + u_j^2 z^2 + \cdots = \frac{1}{1 + u_j z} \tag{20.10-21}$$

把式(20.10-19)代入(20.10-20)并利用式(20.10-21)可得

$$s(z) = \sum_{i=1}^{\infty}\sum_{j=1}^{l} u_j^i z^{i-1} = \sum_{j=1}^{l} u_j \sum_{i=1}^{\infty} u_j^i z^i = \sum_{j=1}^{l} \frac{u_j}{1 + u_j z} \tag{20.10-22}$$

再定义多项式

$$\sigma(z) = \prod_{j=1}^{l}(1 + u_j z) = 1 + \sigma_1 z + \cdots + \sigma_l z^l \tag{20.10-23}$$

它与式(20.10-22)相乘后,有

$$\sigma(z)s(z) = \sum_{j=1}^{l} u_j \prod_{\substack{\beta=1 \\ \beta\neq j}}^{l}(1 + u_\beta z) = \omega(z) \tag{20.10-24}$$

观察上式可看出 $\omega(z)$ 的最高方幂是 $l-1$,根据比较系数法,在上式左端的乘积中,当 $j\geqslant l$ 时,z^j 的系数均为零。因此,至少能够得到 $d-l$ 个线性方程式

$$\begin{aligned}
&s_l + \sigma_1 s_{l-1} + \cdots + \sigma_{l-1} s_1 = 0 \\
&s_{l+1} + \sigma_1 s_l + \cdots + \sigma_{l-1} s_2 = 0 \\
&\cdots \\
&s_{d-1} + \sigma_1 s_{d-2} + \cdots + \sigma_{l-1} s_{d-1-l} = 0
\end{aligned} \tag{20.10-25}$$

只要能解出 l 个未知量 $\sigma_1,\sigma_2,\cdots,\sigma_l$,按式(20.10-23)就能求出错码位置 $u_1,u_2,\cdots,u_l$,因为每一个 u_i^{-1} 都是 $\sigma(z)$ 的根。

总结上述,纠错译码器的工作可归纳为下列四个步骤:

(1) 根据收到的信号 $R(s)$ 按式(20.10-17)算出症候元 $s_1, s_2, \cdots, s_{d-1}$。

(2) 由式(20.10-25)求出 $\sigma(z)$。

(3) 求出 $\sigma(z)$ 的根。

(4) 纠正错位上的错码值。

这四个步骤中,第一步用数字电路去实现是很容易的。为此将式(20.10-17)改写成下列形式

$$s_i = R(\alpha^i) = \sum_{j=0}^{n-1} r_j \alpha^{ij} = (\cdots((r_{n-1}\alpha^i + r_{n-2})\alpha^i + r_{n-3})\alpha^i + \cdots + r_0) \tag{20.10-26}$$

假设信号是串行接收的,首位是 r_{n-1}。接收到第一位后,r_{n-1} 经过累加器,送至乘法器,乘以 α^i,将积送回到累加器。第二位 r_{n-2} 到来后与第一次积在累加器中相加,再送出乘以 α^i,等,一直进行到最后一位 r_0 到来再相加,便得到 s_i。这个循环运算示于图 20.10-1 中。只要注意到,从累加器送出的是 $GF(2^n)$ 中的元,α^i 当然也是 $GF(2^n)$ 中的元,它们都可以用长度为 n 的二进制数码来表示。乘法也是按 $GF(2^n)$ 定义的乘法相当于以 $M(s)$ 为模的多项式乘法,它可以用带有反馈的移位寄存器来完成(见第 17.8 节)。

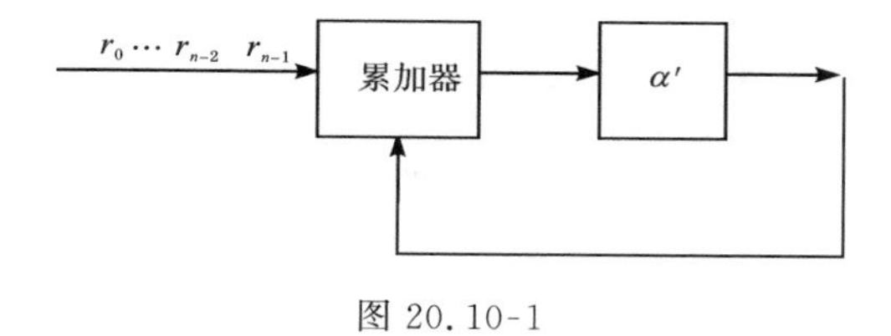

图 20.10-1

在第二步中,为了求出 $\sigma(z)$ 的各系数,通常把方程组(20.10-25)写成下列形式

$$s_{l+k} = \sigma_1 s_{l+k-1} + \sigma_2 s_{l+k-2} + \cdots + \sigma_{l-1} s_{k+1} \tag{20.10-27}$$
$$k = 0,1,2,\cdots,d-l-1$$

这个递推关系式可以用图 20.10-2 来表示,$s_1 - s_{l-1}$ 是 $l-1$ 级(组)移位寄存器中在开始时置入的 $l-1$ 个症候元。如果诸 σ_i 选择得合适,当移位寄存器向右移动 $d-1$次后右端应恰好输出前面算出的 $d-1$ 个症候元列 $\{s_{d-1}, s_{d-2}, \cdots, s_2, s_1\}$。应注意,因为 s_i 是 $GF(2^n)$ 中的元,所以每一级寄存器都由 n 个并联的触发器组成。注有 σ_i 的圆圈表示 $GF(2^n)$ 中的乘法器,对应两个多项式的模 $M(s)$ 相乘。符号$\oplus$表示多项式逐项模 2 加,即两个 n 位数码逐位模 2 加。利用图中反馈寄存器的原理,别尔坎帕(Berlekamp)于 1967 年提出了一种求 σ_i 的迭代逼近法[11],后来又于 1968 年被改进[20],根据这种方法,对任何一组 $d-1$ 个症候元可求出一种最短的

移位寄存器，使方程组(20.10-25)成立。

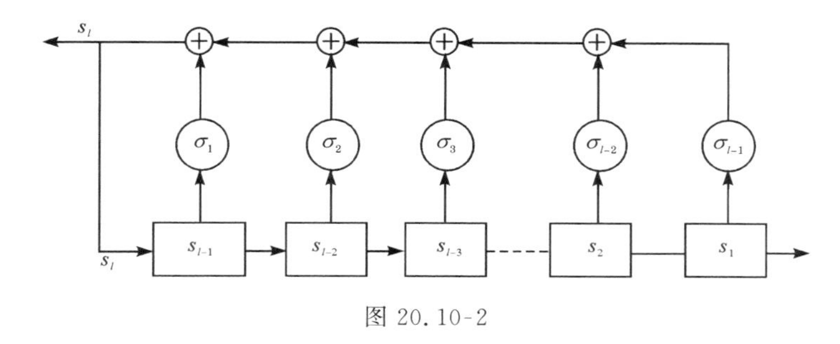

图 20.10-2

纠错码器的第三个工作是求 $\sigma(z)$ 的根，以确定错码位置。假设式(20.10-23)中的 $\sigma_1,\sigma_2,\cdots,\sigma_l$ 已经求出，那么第 k 位码出现错误的标志 $z=u_k^{-1}=\alpha^{-k}$ 是 $\sigma(z)$ 的根。如果发生错误的位数不大于$\frac{d-1}{2}$，那么第 k 位错码将导致

$$1+\sum_{i=1}^{l}\sigma_i\alpha^{-ki}=0 \tag{20.10-28}$$

记 $\sigma_i(k)=\sigma_i\alpha^{-ki}$，则

$$\sigma_i(k-1)=\sigma_i\alpha^{-(k-1)i}=(\sigma_i\alpha^{-ki})\alpha^i=\sigma_i(k)\alpha^l \tag{20.10-29}$$

于是，第 k 位发生错误的标志式(20.10-28)可改写为

$$1+\sum_{i=1}^{l}\sigma_i(k)=0 \tag{20.10-30}$$

由于码组长度为 n，接收信号 $\boldsymbol{r}=\{r_{n-1},r_{n-2},\cdots,r_0\}$ 的多项式是 $R(s)=r_{n-1}s^{n-1}+r_{n-2}s^{n-2}+\cdots+r_1s+r_0$。最高位 r_{n-1} 发生错误的标志是

$$1+\sum_{i=1}^{l}\sigma_i\alpha^{-(n-1)i}=0$$

依式(20.10-13)，每一个 α^i 都是 s^n+1 的根，即 $\alpha^{-ni}=1$ 对任何 i 成立。故上式变为

$$1+\sum_{i=1}^{l}\sigma_i\alpha^i=0 \tag{20.10-31}$$

即

$$\sigma_i(n-1)=\sigma_i\alpha^i,\quad i=1,2,\cdots,l \tag{20.10-32}$$

既然 $\sigma_i\alpha^i$ 是已知的，因此条件式(20.10-31)对 $k=n-1$ 很容易检查。然后检查$n-2$ 位是否出错。按递推关系式(20.10-29)，由 $\sigma_i(n-1)$ 求 $\sigma_i(n-2)$ 只需乘以 α^i，就能得到 $k=n-2$ 的错码条件。以此类推，令 k 从 $n-1$ 减小到 0，就可查遍所有位的错误与否。这种发现错码的方法可以简单地用移位寄存器和异或门实现，如图20.10-3所示。图中方块表示移位寄存器. 第一节拍把 $\sigma_i(n-1)$ 置于各寄存器中，即令 $k=n-1$。此时 $e_k=1$ 表示该位接收码有错，应纠正(1 变 0，0 变 1)。第二节拍中，把

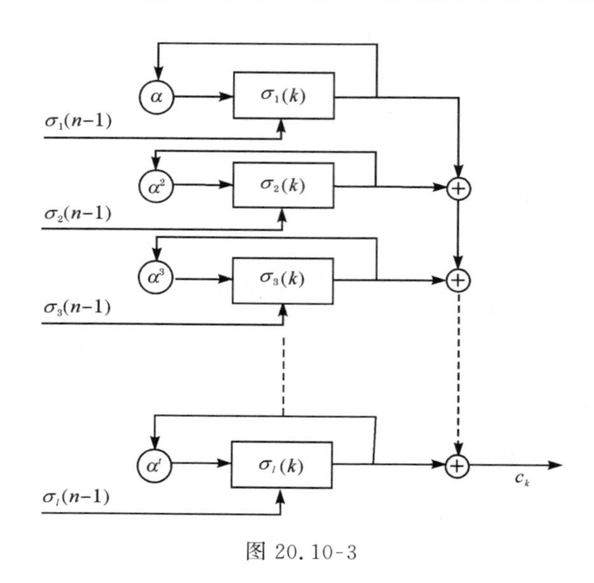

图 20.10-3

寄存器所存内容 $\sigma_i(n-1)$ 送出与 α^i 相乘(用反馈移位寄存器实现,见第 17.8 节),乘积再返回寄存器,再判别输出 e_{n-2} 的值,$e_{n-2}=1$ 表示第 $n-2$ 位出错,应立即纠正,$e_{n-2}=0$ 表示此位无错。以此类推,n 个节拍后,即把码组中每一位都查遍。这个方法是 1964 年提出来的[13],它可以全部用移位寄存器和异或门来实现。

因此,BCH 码是一种具有很强纠错能力,而且能方便地用基本数字电路实现纠错译码的编码方法。

参考文献

[1] 北京邮电学院电报学教研组编,电报学,人民出版社,1962.

[2] 蔡长年,汪润生,信息论,人民邮电出版社,1962.

[3] 胡国定,信息论中关于申南定理的三个反定理,数学学报,11(1961),260—294.

[4] 胡国定、沈世镒,概周期通路的若干编码定理,数学学报,15(1965),1.

[5] 沈世镒,申南定理中信息准则成立的充要条件,数学学报,12(1962),389—407.

[6] 沈世镒,平稳通路基本问题,数学进展,7(1964),1—38.

[7] 维芬、云娜,信息论基本问题简述,信息与控制,1978,1.

[8] 长沙工学院,数字通信原理,1975.

[9] 王寿仁,信息论的数学理论,科学出版社,1957.

[10] Ahmed,N. & Rao,K. R. ,Orthogonal Transforms for Digital Signal Processing,Springer-Verlag,1975.

[11] Berklekamp,E. R. ,Algebraic Coding Theory,McGraw-Hill,1968.

[12] Bose,R. C. & Ray-Chaudhuri,D. K. ,On a class of error Correcting binary group codes,information and Control,3(1960),68—79.

[13] Chien,R. T. ,Cyclic decoding procedures for the BCH Codes,IEEE Trans. ,IT-10(1964), 357－363.

[14] Feinstein,A. ,Foundations of Information Theory,McGraw-Hill,New York,1958. (信息论基础,江泽培译,科学出版社,1964.)

[15] Fisher,R. A. ,Contribution to Mathematical Statistics,John Wiley,1950.

[16] Gallager,R. G. ,Information Theory and Reliable Comminication,John Wiley,1968.

[17] Hamming,R. W. ,Error dedecting and error correcting Codes,Bell System Tech. J. ,29 (1950).147－160.

[18] Hartley,R. V. L. ,Transmission of information,Bell System Tech. J. ,July,1928.

[19] Hocquenghem,A. ,Godes Gorrecteurs dérreurs,2,Chiffres Paris,1959.

[20] Massey,J. L. ,Shift-Register synthesis and BCH decoding,IEEE Trans. ,IT-15(1969),1.

[21] Middleton,D. ,Statistical Communication Theory,McGraw-Hill. 1960.

[22] Shannon,C. E. ,1) The mathematical theory of Communications,Bell System Tech. J. ,27 (1948),379－423.

2) Certain results in coding theory for noisy channels,Information and Control,1(1957), 6—25.

3) Prediction and entropy of printed English,Bell System Tech. J. ,30(1951),50—64.

4) Proc. IRE,37(1949),10—21.

[23] Von. der Waerden,B. L. ,Moderne Algebra. Springer,Berlin,1931.

[24] Wiener,N. ,Cybernetics,John Wiley,1947.

[25] Добрушин, Р. Л. , 1) Общия формулировка основной теоремы Шеннона в теории информации,УМН 14(1959).

2) Математические вопросы Шенноновской Теории Оптимального Кодирования информации,сб. Проблемы передачи информации,1961.

[26] Долуханов,М. П. ,Введение в Теорию передачи информации по Электрическим капалам связи,москва,1955.

[27] Ивахненко,А. Г. ,Техническая Кибернетика,Киев,1962.

[28] Колмогоров,А. Н. ,Теория передачи инфмации,Москва,1957.

[29] Котельников, В. А. , О пропускной Способности Эфира и проволоки в электро-связи. Материалы к первому всесоюзн. сезду по вопросам реконструкции дела связи и развития слаботочной промышленности,1933.

[30] Полетаев,И. А. ,Сигнал,Москва,1958.

[31] Хингин,А. Я. ,Понятие Энтропии в теории вероятности,УМН 8(1953),17－75.

[32] Ху Го-дин, Об информационной устойчивости последовательности каналов, Теория Вероятности и её Применения 7(1962),271－282.

[33] Яглом,А. М. ,Яглом Н. М. ,Вераятность и Информация,Москва,1957.

[34] 喜安善市、室贺三朗,情报理论,岩波书店,1957.(信息论,李文清译,上海科学技术出版社,1962.)

第二十一章 大 系 统

21.1 引 言

工程控制论的基本理论和方法能不能应用到更大的范围和更广的领域？能不能应用到社会经济过程即物质财富的生产和消费过程中去？能不能用以去控制某些社会现象，如社会生活，人口增长等？这个问题曾经引起不少争论，尤其在五十年代初期，这个争论曾经是很激烈的。有些人曾认为用控制论的方法去研究和控制社会现象不但是不可能的，而且是不应该的，甚至把控制论本身也当做“伪科学”加以批判。近二十年来的客观实际，控制论的广泛应用所取得的巨大成就，大量应用计算机所收到的效果，已经完全否定了这些形而上学的非常有害的错误观点。现在，这种争论基本上没有了。控制论的理论和方法已被大量地应用到经济管理，能源管理，生产和消费的自动化管理，交通运输自动化调度，银行业务、人事档案、新闻和情报资料的自动化管理等方面，在这些领域里成十倍、成百倍地提高了管理工作的效率和劳动生产率，不断地改变着社会的生产方式和影响着社会的生活方式。另一方面，这些领域又对工程控制论提供了新的内容，提出了新的理论课题和提供了更多的实践经验。

恩格斯曾经说过：人离开狭义的动物愈远，就愈是有意识的自己创造自己的历史，不能预见的作用、不能控制的力量对这一历史的作用就愈小，历史的结果和预定的目的就愈加符合。然而只有一种能够有计划的生产和分配的自觉的社会生产组织，才能在社会关系方面把人从其余的动物中提升出来，……历史的发展使这种社会生产组织日益成为必要，也日益成为可能。一个新的历史时期将从这种社会组织开始，在这个新的历史时期中，人们自身以及他们的活动的一切方面，包括自然科学在内，都将突飞猛进，使以往的一切都大大的相形见绌[1]。我们现在正处在这样的时期，在社会主义的条件下，新的科学技术成就将会迅速地应用到社会生活的各个领域，对提高劳动生产率，加速工农业的发展，改善人民生活，推动整个社会的发展都会有积极的作用。

美国科学家维纳三十年前在他的“控制论”书中曾指出控制论的方法有可能用到生物学系统，但他怀疑能用到对某些社会规模的过程的研究和控制方面去[43]。五年后，他在“控制论和社会”一书中不仅改变了这一看法，甚至认为这种可能性已经出现[44]。

按照辩证唯物主义的基本观点，世界上一切事物的发生、发展和灭亡都是一种物质的运动过程。狭义的工程控制论是研究电的、机械的和其他物理过程的运动和如何对运动过程进行控制的。同样，在其他领域里，如经济发展、人口发展、社会现象以至心理学现象、人类的思维等，无一不是物质运动的客观过程或这种运动过程的反映。确确实实地把各种现象都看成是某种运动过程，这就是我们研究问题的基本出发点。

一切经济过程、社会过程、生物过程、心理过程以及思维过程都是可以认识的，可以描述的。观测、辨识、数据采集和集约等都是认识客观过程的基本方法，这已是为数百年来的客观实践所证明了的事实，不必多说。然而，具体地、定量地描述各种现象的运动过程却是现代科学技术的重要特点，特别是成为工程控制论能够应用到狭义的工程技术以外的其他领域的基础。随着科学技术的发展，人们能够定量描述的现象愈来愈多，而且对完全不同性质的过程的定量描述方法有惊人的相似性。功能模拟和定量模拟是工程控制论中最有成效的定量描述过程的方法。为了分析、预报和控制任何过程的发展，需要建立数学模型，这个模型应该能定量地描述过程的局部或全部主要特征。列宁说过，自然界的统一性表现在用以描述各不同领域中各种现象的微分方程式的惊人的相似性。因此，同一类模型既可描述物理运动，又可以描述经济过程和社会过程。这是从工程控制论能够发展到经济控制论、社会控制论、生物控制论的内在原因。

世界上各种过程的发展，很多是可以由人来控制的，至少可以在不同程度上对发展的趋势和进程施加影响。在充分了解了过程的运动规律以后，即建立了比较准确的数学模型以后，就可以应用类似于工程控制论中的系统设计办法去寻找和确定能达到预期目的的控制方案。当然，各个领域中的过程有它自己的特点，例如本章介绍的关于多级控制、子系统的划分、分散控制和多指标控制等都从不同角度反映了某些大系统的特点。

上面只讲到了问题的一方面，即共性方面。为了实现对大系统的自动化管理和控制，还必须具备技术条件或者叫技术基础。从五十年代到现在的将近三十年中，自动化技术有了飞速的发展，大大地超出了当时所能想到的程度。这里特别要强调的是计算机技术的产生和发展，它为控制论的思想和方法进入经济、社会科学领域提供了坚实的物质基础。回忆一下这个发展过程就会看到，控制论的产生、发展和进入其他领域在很大程度上是依赖于技术科学本身的进步。五十年代以前自动化的楷模是伺服机构和其他自动跟踪或自动调节系统。五十年代出现了用计算机自动控制的数控机床，现在已经大量地在生产线上工作；六十年代人们掌握了计算机辅助设计和可变程序计算机辅助加工技术，使生产过程自动化的程度大大向前迈进了一步，劳动生产率提高了数十倍；六十年代末，用计算机控制的有六个自由度的工业机器人（Robot）开始投入使用，使电焊，表面涂复，组件装配，产品检验，装料卸料等许多生产过程实现了自动化。现在，正在设计全部用计算机控制和操作的生产厂，作十个人的工作小组即可代替 750 人的劳动[41]。另一方面，从 1956 年到 1963 年为计算机研制出了大存储容量的磁盘和可更换磁盘组以后，计算机的中间存储能力达到几十亿个字，可以存进和快速取出巨大批量的文件和数据资源。于是，实现了情报资料自动化管理，大型仓库的自动管理，整个部门的人事档案自动化管理，甚至地区银行业务的自动化管理等。1965 年发明集成电路以后，随着集成度的迅速提高，计算机的运算速度也从每秒几十万次逐步提高到每秒数百万次，数千万次，甚至已超过每秒 1 亿次，这样的计算机能够实时地处理大批量数据，给实时控制复杂的物理过程提供了物质条件。后来，人们又把分散在不同地区，甚至相距数千公里的计算机用通信线路联结起来，构成计算机网络，网络中的每一台计算机(用户)都可以分享并随时调用其他计算机中存储的情报资料和数据资源。这样，就可能用计算机网络去管理和控制更大的系统和更快的物理过程。例如，全国各类产品的日产量统计和管理自动化，市场供销情况精密统计和物资(商品)的调度管理，宇宙飞行器的全球跟踪、监视、遥测数据自动化处理和连续控制等。所有此类能够在大范围内采集数据，处理数据，分析情况，从而进行指挥管理和控制的系统，人们现在统称为大系统。

我们看到，所谓大系统的出现是与计算技术的飞速发展联系在一起的。当计算机大量应用以前，大系统这个概念已经存在了很长时间，然而，能够对大系统进行实时的、不间断的、自动化的监视和控制则只有计算技术发展到一定程度才有可能。

现在，世界上已经有很多的相当复杂的大系统，在计算机或计算机网络的控制下有成效地工作了多年，人们已经积累了相当多的实践经验和知识。然而;作为大系统的专门理论，研究的还很不够。尽管近十年来有很多人在致力于研究这一问题，至今还不能说这种系统的理论已经建立。关于什么是大系统的理论，现在还有不少的争论。但是，可以肯定地说，工程控制论的理论和方法已经被应用到大系统中去，而且取得了一定的成就。针对大系统的特点去建立新的理论的努力也许不久就能够成功。

本章的目的自然不是去介绍尚不完全存在的大系统理论，而是讨论大系统的主要特点，进而举例说明工程控制论的理论和方法在大系统中运用的可能性。同时，我们还将用几个典型理论问题去说明大系统中有待研究的一些课题。

大系统是系统工程的一个组成部分。正如在文献[2]中指出的那样，系统工程还要用到“事理”学的理论，如规划论、大系统理论、运筹学、博弈论、决策论、排队论等。而大系统的理论和实践则是研究和解决系统工程中关于事物发展过程的定量描述、模拟、预测和控制的那一部分问题，包括定态和动态过程控制在内。我们深信，这种大致的区分不仅为本章的叙述确定了范围，而且对澄清至今仍然含混不清的专题划分范围也大有好处。因为从纷纭的泛谈过渡到明确的命题是发展任何一个专门理论的先决条件。

21.2　大系统的特征

在大系统和一般的系统之间常常很难划出一条严格的界线。通常把下列问题列入大系统的范围而加以研究[9,14]：

(1) 大电力网：对各地区、企业的电力消费和负载特性，各发电厂的机组负荷，线路特性等实时的汇集数据，分析情况，从而进行实时的指挥调度。

(2) 大的交通运输网的自动化管理和调度：在分析实时数据的基础上达到高效率低消耗，特别是对同类资源(多供应点)实行多用户之间的合理调配。

(3) 工业区和大城市郊区的公路网上的交通信号管制，地下铁道检票系统，乘客密度的实时分析和车辆调度。

(4) 全国或地区性的商品供销量的实时监督和分类调度。

(5) 银行业务管理：货币的发放和回笼，储蓄业务的存取自动化管理。

(6) 大企业和部门的人事自动化管理：包括人事档案管理自动化，职工每日出勤记录和总出勤率的自动化统计分析等。

(7) 大的计算机网络管理：点对点之间的数据资源调度和传输。

(8) 复杂的生产过程的自动化管理和控制：如炼油厂，炼铁和轧钢厂，化肥厂等。

(9) 生态系统和环境污染的分析、管理和控制。

(10) 动物的神经系统。

(11) 人口的发展计划和控制，人口长期预报。

(12) 空间飞行器的发射、跟踪和指挥控制；复杂的武器系统等。

以上这些不同类型的实际问题，多数是大范围内的问题，即从地理上看，需要从各地区、各部门采集数据，经加工处理后，由某些级别的机关(控制中心)进行分析和作出决定，然后返回到这些地区和部门去执行(反馈)。但是，地理上的分布不是大系统的决定性的特征。例如一个复杂的战略防御系统[42]的战术单位：用数台大型计算机联合控制预警雷达，精密相控阵雷达，导弹发射和引导，模拟训练等。这样的系统具有多级控制结构的特点，它实时控制六个子系统，软件指令有735,000条，它有六个支援子系统，含有软件指令580,000条，还有六方面的调试维护系统，含软件指令830,000条。整个系统的控制、支援、维护使用都用计算机实现了自动化。整个系统的软件规模超过200万条指令。这样一个设备多，任务过程复杂的单一的战术单位也具有大系统的特点。

从工程控制论的观点去研究大系统的特点，可以概括为三点：信息的采集和处理，系统的多级结构模型和集中与分散的控制方式。下面分别讨论这三个共性问题。

首先，一个大系统通常要有能力连续采集、存储和处理大批量、多来源的各类数据。系统越大，数据来源就越多。例如，一个经济管理系统应该能接受地区、工厂、矿山、仓库、物资运输等方面的实时数据报告，必要时能调用主要企业的全部生产过程的情况和数据。信息的来源也是各式各样的，有的是来自直接安装在生产线上的传感器和测量装置；有的是经过汇集和压缩了的表报；有的可能是描述性的文字情况报告等。如果在一个普通的控制系统中，信息的传输只需要少量的单一讯道，那么在大系统中则往往需要一整套通信网络。另一方面，不是所有的数据都是同等重要的，因而大系统应该有数据分类和重要信息抽取的功能。各类数据由于来源不同和传输过程（讯道）的不同而含有噪声甚至不可避免的错误，所以大系统的数据处理设备还应具备信息辨识和滤波处理的功能。总之，具有信息采集、辨识、分类、存储、传输和抽取等功能是大系统的一个显著特点。这种功能是由通信网络和计算机网络来实现的。

大系统的第二个特点是它的多级结构模型。无论是经济管理系统或交通运输网的调度指挥等，由于所属基层单位太多，这些基层单位的任务、产品、组织结构又千差万别，它们所提供的情报数据性质也不同，完全由一个控制中心实行集中控制往往是不可能的。整个社会经济发展的历史也形成了多级管理的传统结构。离基层单位近的上面的层次或级别是该单位的直接控制中心，只管理或控制隶属于它的一批基层单位的过程并同时采集数据；再上一级可能是负责协调各地区或各类企业之间的相互关系；最上一级负责制定总任务计划和总指标。任何上面一级都有可能从所属基层或所属各级控制中心抽取数据或向它们发出信号。这种多级结构的原理示于图 21.2-1 中。显然，变量的数目很多（受控量和各种控制量或指令）是大系统的标志之一。实际上，多级结构（也有人叫多层结构[35]）和多变量总是紧密地联在一起，只有在变量非常多的条件下才能有真正的多级结构。在自然界中的长期进化过程中，自然形成的生物神经系统是多变量、多级结构的一种典型①。脊椎动物的神经系统是由高级中枢——大脑皮层控制的，而低级中枢——脊髓在受高级中枢控制的同时又能分别控制（通过颈、胸、腰、骶、尾等神经节）人体各部分，再向下还有更细的划分。所以，多级控制和多变量的结构形式反映了客观存在着的一些大系统的真实特点。

从结构观点来描述，还可以指出一类系统，它的多层次结构不是建筑在制定和执行命令的关系上，而是每一级都在某种程度上受上一级所协调或调节。也就是说，各级之间的关系可能是很松散的，甚至还存在某些不确定性。这一类可以

① 参看第十七章参考文献[13]。

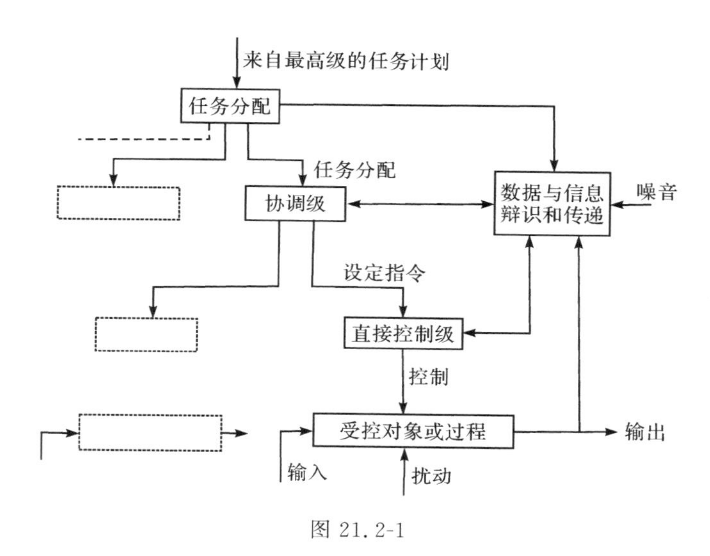

图 21.2-1

叫做多级协调系统，如图 21.2-2 所示。这样的大系统可看成是由很多小系统联合起来的，一方面，每一个小系统能独立工作，另一方面，它又受到相邻过程和协调级的影响与制约，这反映了某些大系统的动态结构特点。

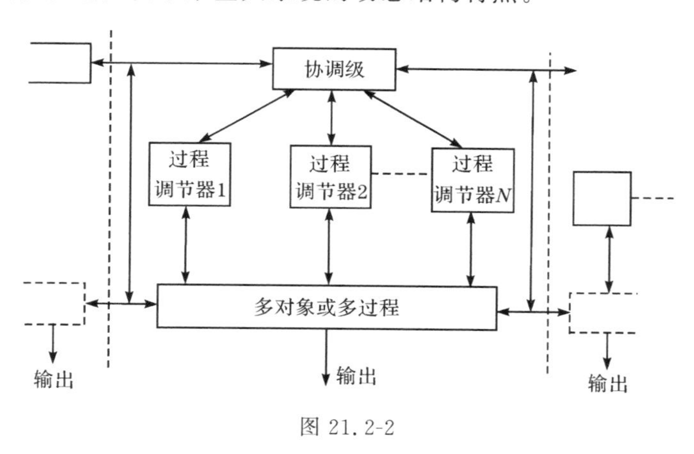

图 21.2-2

大系统的第三个，也是最重要的一个特点，是控制、反馈等过程模型的复杂性。构成大系统的基本单位中的过程是各式各样的，有的往往不是一种简单的力学运动、电磁运动等。例如，一个商店对某一种日用商品的销售过程，就不能用某一微分方程的解来描述，倒更像一个随机过程。用什么数学形式来定量描述大系统诸变量的变化规律是研究大系统中最困难的一件事，叫做过程模型化。为了较确切地反映客观过程的定量性质，不得不采用各种数学工具：常微分方程、偏微分方程、代数方程、逻辑代数方程、随机过程等；有时还要借助于计算机的高级对话语言作文字性描述。然而,在多数情况下人们总希望能找到一种工具,至少从统计意义上能够预报过程的发展。

过程模型可分为外模型和内模型两种,外模型是指用统计的方法找到某些变量与控制作用之间的统计意义上的定量关系,而不是去研究它的内部的精确结构。相反,精细地去分析大系统的每一组成部分的动态和静态模型,然后把这些模型联立起来,用状态空间的概念和方法去描述整个系统,这样得到的状态方程组叫做系统的内模型,或者叫做内描述。一般来讲,内模型比外模型精密些。但是,对有些过程要得到它的精确的内模型是不可能的。这时只好满足于易于得到的外模型了。

在大系统的动态模型中,控制作用往往不是发自单一的控制中心,而是有很多个节点能发出控制或调节信号,这叫做控制作用的分散性。小型计算机的大量采用,特别是微型机的出现和推广,分散控制方式将逐步成为大系统的主要工作方式。所谓分散控制,主要的是指每一个控制节点不能同时得到全系统各个环节上的状态信息,而只能根据该节点所能够得到的局部信息和上一级的协调信息来形成控制信号。这就可能出现一种常见的总体和局部的矛盾:某一种控制作用对一个局部是好的,而从全局来看可能是不好的甚至是不能允许的。如果没有正确的全局性协调,例如对图 21.2-2 中所示的系统,无论每一级的控制如何好,全局性能可能是很不好的,甚至有可能不稳定。于是,大系统中的分散控制给系统设计带来了新的问题。有人针对这种控制的分散性提出了一些新的理论,以后几节中我们将作较详细的介绍。

下面我们先介绍几个具有代表性的例子,通过这些例子,将会看到大系统的这些基本特征和研究问题的方法。

21.3 人口控制和预测

世界人口的迅速增长,已引起各国人民的严重注意。只要指出下列数字,就足以使人们相信研究人口控制问题的迫切性。1830 年全世界人口总数约为 10 亿,1930 年左右为 20 亿,1960 年左右为 30 亿,而 1977 年已达 40 亿。人类在地球上生存了几万年到 1830 年才繁殖了 10 亿人口,而从 10 亿增加到 20 亿花了 100 年时间,第三个 10 亿却只花了 30 年,而第四个 10 亿仅费了 17 年。如果以这样越来越快的速度发展下去,人类很快就会感到地球太小而无处容身了。中国的人口问题也同样引起了全国人民的重视。各级政府都在努力控制人口的增长,以使我国人口最终能稳定在一个适当的范围内,让子孙后代能够幸福地生活。然而人口过程是一个很慢的过程,它的“时间常数”等于几十年。为了使人口有计划地过渡到某一理想状态,须经过上百年甚至 150 年以上的努力才能达到目标。这就要求我们精确研究人口发展过程的特点。近几十年来科学家们发现，人口过程的发展和控制是控制论科学中的典型命题之一。

过去人们常把人口问题看成是属于纯社会科学范畴内的一门科学，从而把人口学限制在定性描述范围内，把它看作政治理论研究的对象。二十世纪以来，尤其是第二次世界大战以后，定量人口学的研究得到了迅速的发展。大多数人口学家逐步认识到，在一个比较安定的社会中(国家、省、市或地区)，人口发展过程是一个真正的动态过程，能够用微分方程或差分方程加以准确地描述。与一般物理过程不同的是，人口发展过程作为客观存在的一种动态过程的同时，它的确又是一种真正的社会现象，因而它又属于社会科学的范畴。从这个意义上说，人口发展过程具有明显的二重性。几十年的科学研究实践表明，人口问题的研究既是社会科学的研究对象，同时也已经成为自然科学的重要研究领域之一。在这里，自然科学和社会科学的结合能显示出巨大的力量，能够把人口学的研究建立在严谨的自然科学基础之上，成为定量的科学。

在现代社会中，人口问题的研究具有紧迫的现实意义。对我国这一问题正在引起全国人民的注意。建立完整的人口理论不仅具有学术上的意义，同时对我们的社会主义建设和规划也是非常必要的。本节的目的是介绍现代人口定量理论的主要内容，而不是讨论纯属于社会科学范畴内的命题，如人口地理学，人口历史学，人口经济学等。外国人口学家普遍认为马尔萨斯(Malthus)是人类历史上第一个提出定量研究人口发展过程的人。实际上真正的定量人口理论出现于 1945 年，即所谓勒斯里离散模型(Leslie Model)。这种离散人口发展方程至今还被广泛地应用于人口预测和人口统计学中。七十年代又出现了连续人口发展模型[21,31,40]，它包含了勒斯里离散模型，同时更便于对人口发展过程进行理论分析。

我们将证明，人口发展过程可以由一个带有正反馈的强阻尼闭合系统来描述，因而可以用控制论的方法去研究人口预测、人口过程控制等定量人口学中的中心命题[4,5,7,8]。如果把一个社会的人口全体看成是一个系统，把人口的年龄密度看成是系统的状态，那么状态的变化依赖于三个主要因素：人口的死亡，再生产和时间的流逝。移民是造成人口状态变化的第四个因素。但对于一个比较封闭的社会，或者对于一个大国，移民引起的变化常常是微小的。所以，至少对于我们这样的国家范围来说这第四个因素是不足道的。

令 t 表示时间，r 表示年龄。定义函数 $F(r,t)$，表示 t 时刻社会人口中一切年龄小于 r 的人口总数。显然，$F(0,t)\equiv 0$，F 是 r 的递增函数。当社会人口总数足够大时，可以假定 $F(r,t)$ 是各自变量的连续函数并且是足够光滑的。记 r_m 是社会人口中所能活到的最大年龄，那么有

$$F(\infty,t)=F(r_m,t)=N(t) \tag{21.3-1}$$

$N(t)$是 t 时刻人口总数。我们称$\frac{\partial F(r,t)}{\partial r}=p(r,t)$为 t 时刻社会人口的年龄分布密度，于是

$$F(r,t)=\int_0^r p(\rho,t)d\rho \tag{21.3-2}$$

记 $M(r,t)\Delta r\Delta t$ 为在年龄区间$(r,r+\Delta r)$和时间间隔$(t,t+\Delta t)$内社会人口死亡总数，定义

$$\mu(r,t)=\frac{M(r,t)\Delta r}{p(r,t)\Delta r}=\frac{M(r,t)}{p(r,t)} \tag{21.3-3}$$

为死亡率函数，即年龄在$(r,r+\Delta r)$之间在单位时间内的死亡人数和生存人数的比值。

在 t 时刻处于年龄间隔$(r,r+\Delta r)$中的人数为 $p(r,t)\Delta r$。过了 Δt 时间以后，这些人一部分生存到 $t+\Delta t$ 时刻，另一部分死去。注意到 Δr 和 Δt 的增长速度是相同的，不难推知下列等式成立

$$p(r+\Delta r,t+\Delta t)\Delta r-p(r,t)\Delta r=-\mu(r,t)p(r,t)\Delta t\Delta r$$

当 $\Delta t=\Delta r\to 0$ 时，我们得到一个微分方程

$$\frac{\partial p}{\partial t}+\frac{\partial p}{\partial r}=-\mu(r,t)p \tag{21.3-4}$$

这是一个一阶线性偏微分方程式。再设当 $t=0$ 时社会初始人口年龄密度为$p(r,0)=p_0(r)$；用 $\varphi(t)$表示 t 时刻人口出生率，即单位时间内出生的婴儿总数，那么有

$$p(0,t)=\varphi(t) \tag{21.3-5}$$

如果再考虑到移民对人口年龄密度发生的影响，用 $f(r,t)$表示年龄为 r 的移民率，上面几个公式联合起来就构成一个完整的人口发展方程和相应的边界条件

$$\frac{\partial p}{\partial t}+\frac{\partial p}{\partial r}=-\mu(r,t)p+f(r,t)$$

$$p(r,0)=p_0(r),\quad p(0,t)=\varphi(t) \tag{21.3-6}$$

从上式可看出，当死亡率函数 $\mu(r,t)$，移民率 $f(r,t)$和初始条件 $p_0(r)$为已知时，通过控制婴儿出生率 $\varphi(t)$即可控制人口状态 $p(r,t)$的发展过程。

上式是带有边界控制的开环系统。现在我们再研究一下婴儿出生率与人口年龄密度的关系。为此引进女性比例函数 $K(r,t)$，即 t 时刻社会中女性人口占同龄人口的比例。那么全社会女性人口的年龄分布密度是 $K(r,t)p(r,t)$。再设妇女的育龄区间是$[r_1,r_2]$，用 $l(r,t)$表示在 t 时刻年龄为 r 岁的妇女中单位时间内生育婴儿的比例。于是，整个社会中新生婴儿的出生率可以表达为

$$\varphi(t)=\int_{r_1}^{r_2}K(r,t)l(r,t)p(r,t)dr=\int_0^\infty K(r,t)l(r,t)p(r,t)dr \tag{21.3-7}$$

这里 $l(r,t)$ 称为妇女生育比例函数。为了把上式化成更合理的形式，记

$$\beta(t) = \int_0^{\infty} l(r,t)dr, \quad h(r,t) = \frac{l(r,t)}{\beta(t)}$$

因而

$$l(r,t) = \beta(t)h(r,t) \tag{21.3-8}$$

式中 $h(r,t)$ 称为规范化了的生育模式，因为

$$\int_0^{\infty} h(r,t)dr = 1 \tag{21.3-9}$$

而 $\beta(t)$ 称为妇女平均生育率。现将式(21.3-6)和(21.3-7)联合起来，并用 $\beta(t)h(r,t)$ 代替 $l(r,t)$，就可得到一个闭合的人口系统发展方程

$$\frac{\partial p}{\partial t} + \frac{\partial p}{\partial r} = -\mu(r,t)p + f(r,t)$$

$$\varphi(t) = p(0,t) = \beta(t)\int_{r_1}^{r_2} K(r,t)h(r,t)p(r,t)dr$$

$$p(r,0) = p_0(r) \tag{21.3-10}$$

易知，上列第二个等式是对人口系统的正反馈。一旦方程式中的各函数 μ, f, β, K, h, p_0 被确定以后，$p(r,t)$ 就唯一被确定。利用这一点可以解决人口预测问题和对人口统计数据的处理。因此，我们称(21.3-10)为人口发展方程。

为了计算机处理的方便，还可以将式(21.3-10)离散化。取年龄间隔为一岁，时间间隔为一年，定义

$$\boldsymbol{x}_i(t) = \int_i^{i+1} p(r,t)dr, \quad i = 0,1,\cdots,m-1 \tag{21.3-11}$$

$$\psi(t) = \int_{t-1}^{t} \varphi(\tau)d\tau \tag{21.3-12}$$

$x_i(t)$ 是 t 时刻年龄满 i 周岁但不满 $i+1$ 岁的人口总数，$\psi(t)$ 是 t 时刻以前的年度内出生的婴儿数。如果用 $\mu_{00}(t)$ 表示婴儿死亡率，则所有生下来的新生婴儿能活到 t 时刻(而不满周岁)的总数为

$$x_0(t) = (1-\mu_{00}(t))\psi(t) \tag{21.3-13}$$

注意到人口发展方程中 r 和 t 这两个变量总有 $dr/dt=1$，不难得到下列近似等式

$$p(r+\Delta r;t+\Delta t) - p(r,t) = -\mu(r,t)p(r,t)\Delta t + f(r,t)\Delta t$$

设 $\mu(r,t)$ 是连续函数，则有

$$\int_i^{i+1} \mu(r,t)p(r,t)dr = \mu(\bar{r},t)x_i(t), \quad i = 1,2,\cdots,m-1$$

式中 $\bar{r} \in (i,i+1)$ 为某一中值。令 $\Delta t = \Delta r = 1$ 年，近似地可以写

$$\mu_i(t) = \mu(\bar{r},t)\Delta t = \mu(\bar{r},t)\Delta r \doteq \int_i^{i+1} \mu(r,t)dr$$

$\mu_i(t)$ 表示 t 以前一年中 i 岁人口组的年度平均死亡率。用类似的方法还可以把

$K(r,t)$,$h(r,t)$,$\beta(t)$都换成年度平均值,人口发展方程(21.3-10)就变为一个离散方程组

$$x_{i+1}(t+1)=(1-\mu_i(t))x_i(t)+f_i(t),\quad i=0,1,2,\cdots,m-1$$

$$x_0(t)=(1-\mu_{00}(t))\psi(t)$$

$$\psi(t)=\beta(t)\sum_{i=r_1}^{r_2}K_i(t)h_i(t)x_i(t) \tag{21.3-14}$$

这个方程组早于 1945 年由 Leslie 得到,所以常称为 Leslie 人口发展模型。与式(21.3-10)比较,可清楚地看出,$\beta(t)$是以双线性形式出现的正反馈增益系数。从式(21.3-14)又可以看到,当 $f_i(t)=0$ 时

$$\mu_i(t)=\frac{x_i(t)-x_{i+1}(t+1)}{x_i(t)},\quad i=0,1,\cdots,m-1 \tag{21.3-15}$$

称为前向按龄死亡率,这是为了区别在人口统计学中常用的另外两种关于死亡率的定义

$$\eta_i(t)=\frac{x_{i-1}(t-1)-x_i(t)}{x_i(t)}$$

$$\zeta_i(t)=\frac{x_i(t)-x_{i+1}(t+1)}{\frac{1}{2}(x_i(t)+x_{i+1}(t+1))} \tag{21.3-16}$$

$\eta_i(t)$称为后向按龄死亡率,而 $\zeta_i(t)$叫做年中按龄死亡率。容易证明三者之间有下列关系

$$\mu_i(t)=\frac{\eta_{i+1}(t)}{1+\eta_{i+1}(t)}$$

$$\zeta_i(t)=\frac{2\eta_{i+1}(t)\mu_i(t)}{\eta_{i+1}(t)+\mu_i(t)} \tag{21.3-17}$$

$$i=0,1,2,\cdots,m-1$$

值得注意的是,在离散型人口发展方程中,所需要是前向死亡率 $\mu_i(t)$而不是其他种定义的 $\eta_i(t)$或 $\zeta_i(t)$。

上面已经指出过,$p_0(r)$或 $x_i(0)$是初始时刻(年代)的人口密度分布,可以根据人口普查的统计数据得到。女性比例函数 $K(r,t)$或 $K_i(t)$和生育模式 $h(r,t)$或 $h_i(t)$也可以根据统计数据加工而得到。根据世界各国人口统计资料以及我国部分地区的资料可以发现,生育模式 $h(r,t)$或 $h_i(t)$可以相当准确地用 χ^2 分布函数去逼近

$$h(r,t)=\begin{cases}\dfrac{1}{2^{\frac{n(t)}{2}}\Gamma\left(\dfrac{n(t)}{2}\right)}(r-r_1(t))^{-\frac{n(t)}{2}-1}e^{-\frac{r-r_1(t)}{2}}, & r\geqslant r_1(t)\\ 0, & r\leqslant r_1(t)\end{cases} \tag{21.3-18}$$

式中 $r_1(t)$ 是 t 年代社会妇女的最小婚育年龄，$n(t)$ 是某一正数(不必为整数)，它由生育模式的峰值年龄 $r_{\max}(t)$ 决定。不难算出 $h(r,t)$ 当 t 固定时的极值

$$r_{\max}(t)=r_1(t)+n(t)-2 \tag{21.3-19}$$

只要估算出 t 时刻的妇女生育年龄下界 $r_1(t)$ 和峰值年龄 $r_{\max}(t)$ 即可唯一确定 $h(r,t)$。离散方程中的生育模式 $h_i(t)$ 可以由式(21.3-18)的离散值算出。典型的 $p(r,t)$，$F(r,t)$ 和 $\mu(r,t)$ 曲线见图 21.3-1。图 21.3-2 是中国 1978 年人口年龄密度分布曲线图 $p(r,1978)$。

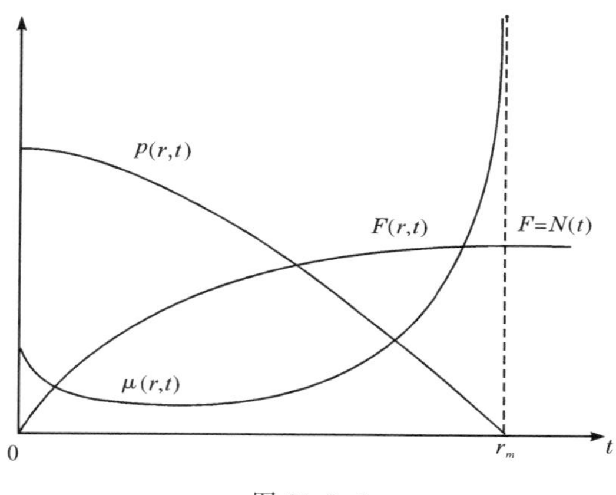

图 21.3-1

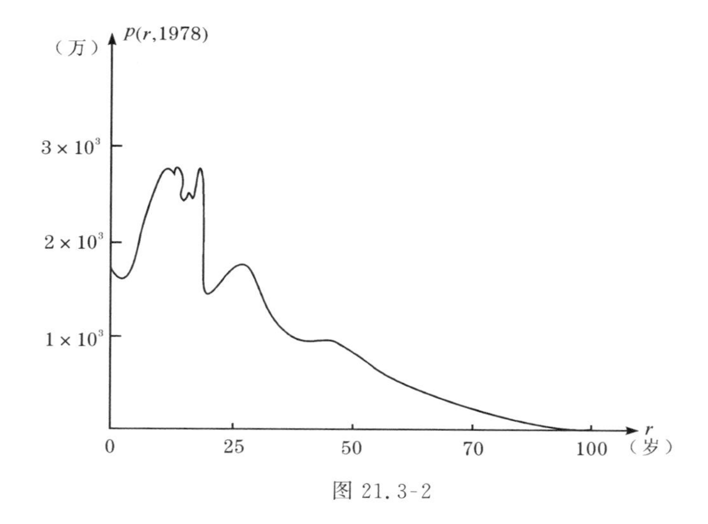

图 21.3-2

对于研究像中国这样大国的人口发展情况，可以认为移民项 $f(r,t)$ 或 $f_i(t)$ 所起的作用很小，故可以忽略不计。在作人口发展预测时，只需对方程式内各种函数作合理的假定，就可以用计算机进行模拟计算。

在人口学中引进很多人口综合指数,用以形象地描述一个社会的人口分布情况。例如社会人口平均年龄 A

$$A(t)=\frac{\int_0^\infty rp(r,t)dr}{\int_0^\infty p(r,t)dr} \tag{21.3-20}$$

而 t 年代新生婴儿的平均期望寿命为[6]

$$S_0=\int_0^\infty e^{-\int_0^r \mu(\rho)d\rho}dr \doteq \sum_{i=0}^{\infty} e^{-\left(\mu_{00}+\sum_{\alpha=0}^{i}\mu_\alpha\right)} \tag{21.3-21}$$

社会人口老化指数则定义为平均年龄 A 和平均期望寿命 S_0 的比值

$$\omega(t)=\frac{A(t)}{S_0(t)} \tag{21.3-22}$$

社会人口纯再生产率 $R_0(t)$(即平均每个女性人口所生育的女性后代的人数)的表达式为

$$\begin{aligned}R_0(t)&=\beta(t)K(0,t)\int_0^\infty K(r,t)h(r,t)p(r,t)dr\\&\cong\beta(t)K_0(t)\sum_{i=r_1}^{r_2}K_i(t)h_i(t)e^{-\sum_{\alpha=0}^{i}\mu_\alpha(t)}\end{aligned} \tag{21.3-23}$$

另外,平均两代妇女的平均间隔 T(即每一个新生女孩到她生育自己的女孩的平均年龄)为

$$\begin{aligned}T(t)&=\frac{\beta(t)K(0,t)}{R_0(t)}\int_0^\infty rK(r,t)h(r,t)e^{-\int_0^r\mu(\rho)d\rho}dr\\&\cong\frac{\beta(t)K_0(t)}{R_0(t)}\sum_{i=r_1}^{r_2}r_iK_i(t)h_i(t)e^{-\sum_{\alpha=0}^{i}\mu_\alpha-\mu_{00}(t)}\end{aligned} \tag{21.3-24}$$

还有其他各种人口学中的指数,都可以用人口发展方程的各种特解构造相应的线性或非线性泛函来定义和计算。上面几个公式的证明可参阅有关参考文献。

从控制论的观点来看,一个社会的人口事实上构成一个带有正反馈的动力系统。为了控制人口的发展,唯一的方法是控制妇女平均生育率 $\beta(t)$。当然,改变生育模式 $h(r,t)$ 也能在一定程度上影响人口发展的过程。例如实行晚婚晚育的人口政策使 $h(r,t)$ 的峰值右移可以增长妇女两代间隔,从而减慢人口增长速度。但是这样做是有限度的。因此,从社会心理学来看,$\beta(t)$ 是最有效的而且可以被社会接受的控制参数。现在我们首先研究系统的稳定性问题,然后再研究人口控制问题。

几十年来在人口学界存在着一种猜想,即对每一个特定的社会存在着一种极限妇女平均生育率,只要实际的妇女平均生育率大于这个极限值,当 t 趋于无限大时,社会人口将无限制的增长。下面我们将对常系数人口系统证明这一事实[7]。

设人口发展方程中的各系数都不依赖于时间 t，忽略移民项后，式(21.3-10)可以改写为

$$\frac{\partial p}{\partial t}+\frac{\partial p}{\partial r}=-\mu(r)p, r, t\in\Omega$$

$$p(r,0)=p_0(r)$$

$$p(0,t)=\varphi(t)=\beta\int_{r_1}^{r_2}K(r)h(r)p(r,t)dr \tag{21.3-25}$$

上式内 $\Omega=\{0<r<r_m;0<t<\infty\}$。我们将在一切平方可积的函数空间 $L^2(\Omega)$ 中讨论上式的解。设 $\mu(r)$，$p_0(r)$，$K(r)$ 和 $h(r)$ 都是平方可积的函数，函数 $p(r,t)$ 对任何固定的 t，取值于 $L^2(0,r_m)$。依迹定理，我们将要求 $p(r,t)\in H^{3/2}(\Omega)$，以保证 $\partial p/\partial t$，$\partial p/\partial r$ 以及 $p(r,0)=p_0(r)$ 都是平方可积的函数。在每一时刻 t，定义 $p(r,t)$ 的范数为

$$\| p(r,t)\| =\left(\int_0^{r_m}p^2(r,t)dr\right)^{1/2}$$

依定义，人口系统(21.3-25)叫做在李雅普诺夫意义下是稳定的，如果对任何给定的 $\varepsilon>0$，总可以找到 $\delta>0$，只要两种初始人口年龄分布 $p_{01}(r)$ 和 $p_{02}(r)$ 的差满足条件 $\| p_{01}(r)-p_{02}(r)\| <\delta$，则两种初始条件所对应的(21.3-25)的解 $p_1(r,t)$ 和 $p_2(r,t)$ 在任何时刻均满足条件 $\| p_1(r,t)-p_2(r,t)\| <\varepsilon$，$0<t<\infty$。否则人口系统是不稳定的。下面我们将看到，对一个不稳定的系统，人口总数

$$N(t)=\int_0^{r_m}p(r,t)dr$$

当 $t\to\infty$ 时将趋于无穷大。这就是研究人口系统稳定性的意义所在。下面我们证明，对每一个人口系统存在一个临界妇女平均生育率 β_{cr}，只要系统(21.3-25)中的 $\beta>\beta_{cr}$，系统一定是不稳定的。

由于 $\partial p/\partial t$，$\partial p/\partial r$ 都是平方可积的函数，我们可以对这些函数作拉氏变换

$$P(r,\lambda)=\int_0^{\infty}p(r,t)e^{-\lambda t}dt$$

$$\int_0^{\infty}\frac{\partial p}{\partial t}e^{-\lambda t}dt=\lambda P(r,t)-p_0(r)$$

$$\int_0^{\infty}\frac{\partial p}{\partial r}e^{-\lambda t}dt=\frac{d}{dr}P(r,\lambda) \tag{21.3-26}$$

对式(21.3-25)中各式进行拉氏变换后，用〈·，·〉表示 $L^2(0,r_m)$ 中的内积，则得到下列常微分方程式

$$\frac{dP}{dr}+(\lambda+\mu(r))P=p_0(r)$$

$$P(0,\lambda)=\beta\langle P(r,\lambda),K(r)h(r)\rangle=\beta\int_{r_1}^{r_2}P(r,\lambda)K(r)h(r)dr \tag{21.3-27}$$

利用常微分方程求解方法，容易得到上式的解为

$$P(r,\lambda)=e^{-\lambda r-\int_0^r\mu(\rho)d\rho}\left[\frac{\beta\left\langle e^{-\lambda r-\int_0^r\mu(\rho)d\rho}\int_0^r p_0(s)e^{\lambda s+\int_0^s\mu(\rho)d\rho}ds,K(r)h(r)\right\rangle}{1-\beta\left\langle e^{-\int_0^r(\lambda+\mu(\rho))d\rho},K(r)h(r)\right\rangle}\right.$$
$$\left.+\int_0^r p_0(s)e^{\lambda s+\int_0^s\mu(\rho)d\rho}ds\right] \tag{21.3-28}$$

按拉氏反变换公式，由 $P(r,\lambda)$ 可以求出 $p_0(r)$ 对应的式(21.3-25)的解为

$$p(r,t)=\frac{1}{2\pi i}\int_{\sigma-i\infty}^{\sigma+i\infty}P(r,t)e^{\lambda t}d\lambda \tag{21.3-29}$$

上式内 $\sigma>\sigma_0$，σ_0 是绝对收敛横标。容易证明 $\sigma_0<\infty$。

从复变函数论中的留数定理中可推知，为了使任何初始条件 $p_0(r)$ 对应的解 $p(r,t)$，当 $t\to\infty$ 时不趋于无穷大，必须下列特征方程式

$$1-\beta\langle e^{-\lambda r-\int_0^r\mu(\rho)d\rho},K(r)h(r)\rangle=0 \tag{21.3-30}$$

的所有根都具有非正的实部，而具有零实部的根必须是单重的。

定义量

$$\beta_{cr}=\frac{1}{\int_0^\infty e^{-\int_0^r\mu(\rho)d\rho}K(r)h(r)dr} \tag{21.3-31}$$

下面我们证明，为了人口系统(21.3-25)在李雅普诺夫意义下是稳定的，必须且只需实际的妇女平均生育率 β 满足条件 $\beta\leqslant\beta_{cr}$。一旦 $\beta>\beta_{cr}$，系统一定不稳定，如果长期保持这种情况，社会人口随着时间的增长将趋于无穷大。因此，我们称 β_{cr} 为临界妇女平均生育率。

显然，我们只需证明，当 $\beta>\beta_{cr}$ 时特征方程式(21.3-30)必然出现正实根。然后再证明当 $\beta=\beta_{cr}$ 时特征方程有一个单重根 $\lambda=0$。令

$$F(\lambda)=1-\beta\int_0^\infty e^{-\lambda r}e^{-\int_0^r\mu(\rho)d\rho}K(r)h(r)dr \tag{21.3-32}$$

现设在方程式(21.3-25)中有 $\beta>\beta_{cr}$。易见此时令 $\lambda=0$ 后有

$$F(0)=1-\beta\beta_{cr}^{-1}<0$$

再取 a 为足够大的正数并令 $\lambda=a$，则有下列不等式成立

$$F(a)=1-\beta\int_0^\infty e^{-ar}\cdot e^{-\int_0^r\mu(\rho)d\rho}K(r)h(r)dr>1-\beta e^{-ar_1}\beta_{cr}^{-1}>0$$

上式中利用了 $h(r)$ 的特性：在生育区间 $[r_1,r_2]$ 以外 $h(r)$ 应为 0。既然 $F(\lambda)$ 是 λ 的连续函数(甚至是解析函数)，那么在区间 $(0,a)$ 之间必存在一个实数 λ_0，$0<\lambda_0<a$，使 $F(\lambda_0)=0$。即特征方程式(21.3-30)有一个正实根出现。

再研究 $\beta=\beta_{cr}$ 的情况。易察，此时有 $F(0)=1-\beta\beta_{cr}^{-1}=0$，即 $\lambda=0$ 是特征方程

的根。又因为

$$\left[\frac{d}{d\lambda}\left(1-\beta_{cr}\int_0^{\infty}e^{-\lambda r}\cdot e^{-\int_0^r\mu(\rho)d\rho}K(r)h(r)dr\right)\right]_{\lambda=0}\neq 0$$

所以 $\lambda=0$ 是特征方程式的单重根。

最后,依拉氏反变换公式,对每一个固定的 r,由式(21.3-29)可以求出 $p(r,t)$。由式(21.3-28)可看到,$p(r,t)$的象函数 $P(r,\lambda)$中除特征方程(21.3-30)的零点是它的极点以外再没有别的极点,分母上的函数是 λ 的整函数。所以,根据复变函数中的留数定理,只要特征方程有一个大于 0 的实根,而分子不恒为 0,当$t\to\infty$时 $p(r,t)$的范数必然趋于无穷大。此时系统(21.3-25)在任何使下列内积

$$\left\langle e^{-\lambda r-\int_0^r\mu(\rho)d\rho}\int_0^r p_0(s)e^{\lambda s+\int_0^s\mu(\rho)d\rho}ds,K(r)h(r)\right\rangle\neq 0$$

不为零的初始扰动 $p_0(r)$的作用下,$p(r,t)$都会出现这种情况。

在实际人口统计学中,我们能得到的资料不是连续函数 $\mu(r)$,$K(r)$和 $h(r)$,而是每一年龄组的年度平均值 μ_i,K_i 和 h_i。那么临界生育率 β_{cr} 的最好的近似应该是

$$\beta_{cr}=\left(\sum_{i=0}^{\infty}e^{-\mu_{00}(t)-\sum_{\alpha=0}^{i}\mu_\alpha}K_ih_i\right)^{-1}=\left(\sum_{i=r_1}^{r_2}e^{-\mu_{00}(t)-\sum_{\alpha=0}^{i}\mu_\alpha}K_ih_i\right)^{-1}\qquad(21.3\text{-}33)$$

在某一具体的社会中,当给定了按龄死亡率 μ_i,女性比例 K_i 和生育模式 h_i 以后,临界妇女平均生育率将唯一地被确定。

上述结果是以连续人口发展方程为出发点得到的。如果我们研究常系数离散人口发展方程(21.3-14),重复上面的讨论即可得到离散形式的临界妇女平均生育率 β'_{cr} 的表达式为[7]

$$\beta'_{cr}=\left(\sum_{i=r_1}^{r_2}(1-\mu_{00})(1-\mu_0)(1-\mu_1)\cdots(1-\mu_{i-1})K_ih_i\right)^{-1}\qquad(21.3\text{-}34)$$

与式(21.3-33)相比较便可看出,后者是前者的一阶线性近似。在 β'_{cr} 中用$(1-\mu_i)$代替了 $e^{-\mu_i}$,而且括弧内的和式中项数也略有差别。所以用离散人口方程去描述人口发展过程精度可能稍差一些。

在本节的最后,我们再讨论一下关于人口发展的最优控制问题[8]。假定根据某种考虑,一个国家或民族的最终理想的人口状态被选定为 $p^*(r)$,当达到这一理想状态后就永久保持下去。显然,$p^*(r)$应满足方程式

$$\frac{dp^*}{dr}+\mu(r)p^*=0$$

不难推知,满足上式的 $p^*(r)$可以表达成

$$p^*(r)=\frac{N^*}{S_0}e^{-\int_0^r\mu(\rho)d\rho}\qquad(21.3\text{-}35)$$

式内 S_0 为社会新生儿平均期望寿命，而

$$N^* = \int_0^\infty p^*(r)dr$$

是理想的人口总数。现在我们的任务是研究如何从 $t=0$ 时刻的初始人口分布 $p_0(r)$ 出发最终达到 $p^*(r)$ 的理想人口状态。

设 $\boldsymbol{x}_i^*$ 是对应于 $p^*(r)$ 的 i 岁年龄组中的人口总数，而 $x_i^*(t)$ 是某一人口规划中确定的变量。记 $\boldsymbol{x}=\{x_1,x_2,\cdots,x_m\}$ 为人口按年龄分布向量，离散方程组(21.3-14)可写成矩阵形式：

$$\boldsymbol{x}(t+1)=[A(t)+\beta(t)B(t)]\boldsymbol{x}(t), \quad \boldsymbol{x}(0)=\boldsymbol{x}_0 \tag{21.3-36}$$

这里

$$A(t)=\begin{pmatrix} 0 & 0 & \cdots & 0 & 0 \\ 1-\mu_1(t) & 0 & \cdots & 0 & 0 \\ 0 & 1-\mu_2(t) & \cdots & 0 & 0 \\ 0 & 0 & & 0 & 0 \\ \vdots & \vdots & & \vdots & \vdots \\ 0 & 0 & \cdots & 1-\mu_{m-1}(t) & 0 \end{pmatrix} \tag{21.3-37}$$

$$B(t)=\begin{pmatrix} b_1(t) & b_2(t) & \cdots & b_m(t) \\ 0 & 0 & \cdots & 0 \\ \vdots & \vdots & & \vdots \\ 0 & 0 & \cdots & 0 \end{pmatrix}, \quad b_i(t)=(1-\mu_{00}(t))(1-\mu_0(t))K_i(t)h_i(t) \tag{21.3-38}$$

令 $\boldsymbol{x}^*$ 表示理想的人口状态，$\boldsymbol{x}^*(t)$ 表示为达到理想状态的人口规划。在规定的时间 T 内定义泛函 $J(T)$

$$J(T) = \sum_{t=0}^{T-1}(\boldsymbol{x}(t)-\boldsymbol{x}^*(t),\boldsymbol{x}(t)-\boldsymbol{x}^*(t)) \tag{21.3-39}$$

在控制人口发展过程中，唯一的控制量是妇女平均生育率 $\beta(t)$。在控制过程中应该考虑到社会心理学方面的限制条件：$\beta(t)\geqslant 1$，即每个妇女至少生一个孩子。$\beta(t)$ 的上界应该是妇女临界平均生育率 β_{cr}。因此，$\beta(t)$ 的容许取值范围是实区间 $U=[1,\beta_{cr}]$。我们的任务是求出满足限制条件的 $\mathring{\beta}(t)$ 使 $J(T)$ 达到极小值，即使

$$\mathring{J}(T) = \min_{\beta\in U}\sum_{t=0}^{T-1}(\boldsymbol{x}(t)-\boldsymbol{x}^*(t),\boldsymbol{x}(t)-\boldsymbol{x}^*(t))$$

这是一个典型的受限制的双线性最优控制问题。下面我们将从最优控制的必要条件出发，找到这种最优控制的特征。

设 $\{\mathring{\boldsymbol{x}}(t),\mathring{J}(T),\mathring{\beta}(t)\}$ 是上述问题的最优解。现对 $\mathring{\beta}(t)$ 在 $t=t_j-1$ 处作微小的变化

$$\beta(t)=\begin{cases}\mathring{\beta}(t), & t\neq t_j-1\\ \mathring{\beta}(t)+\varepsilon, & \mathring{\beta}(t)+\varepsilon\in U, \quad t=t_j-1\end{cases} \tag{21.3-40}$$

把式(21.3-40)代入式(21.3-36),由 $\boldsymbol{x}(t)=\mathring{\boldsymbol{x}}(t)+\delta\boldsymbol{x}(t)$知

$$\begin{gathered}\delta\boldsymbol{x}(t+1)=[A(t)+\mathring{\beta}(t)B(t)]\delta\boldsymbol{x}(t), \quad t\geqslant t_j\\ \delta\boldsymbol{x}(t_j)=\varepsilon B(t_j-1)\mathring{\boldsymbol{x}}(t_j-1)\\ \delta\boldsymbol{x}(t)=0, \quad \forall\, t<t_j\end{gathered} \tag{21.3-41}$$

控制量在 $t=t_j-1$ 点上的变分引起 $J(t)$的变化是

$$\delta J(t+1)=\delta J(t)+2(\mathring{\boldsymbol{x}}(t)-\boldsymbol{x}^*(t))^\tau\delta\boldsymbol{x}(t), \quad t\geqslant t_j \tag{21.3-42}$$

引进符号 $\boldsymbol{y}(t)=\{J(t),x_1(t),\cdots,x_m(t)\}$,则式(21.3-36)和(21.3-39)可以合写为一个向量方程式

$$\begin{gathered}\delta\boldsymbol{y}(t+1)=H(t)\delta\boldsymbol{y}(t)\\ H(t)=\begin{pmatrix}1 & 2(\mathring{\boldsymbol{x}}(t)-\boldsymbol{x}^*(t))^\tau\\ 0 & A(t)+\mathring{\beta}(t)B(t)\end{pmatrix}\end{gathered} \tag{21.3-43}$$

再引进向量$\bar{\boldsymbol{\psi}}(t)=\{\psi_0(t),\psi_1(t),\cdots,\psi_m(t)\}$,它是下列方程式的解

$$\bar{\boldsymbol{\psi}}(t)=H^\tau(t)\bar{\boldsymbol{\psi}}(t+1) \tag{21.3-44}$$

式中 $H^\tau(t)$是矩阵 $H(t)$的转置。不难检查,对任何 $\boldsymbol{t}$ 下列恒等式成立

$$(\bar{\boldsymbol{\psi}}(t+1),\delta\boldsymbol{y}(t+1))=(\bar{\boldsymbol{\psi}}(t),\delta\boldsymbol{y}(t)) \tag{21.3-45}$$

注意到在 t_j-1 时刻 $\mathring{\boldsymbol{x}}(t)$的变化 $\delta\boldsymbol{y}(t)$的全体是一个凸集,因而在终点时刻 T 一切可能的 $\delta\boldsymbol{y}(T)$也是一个凸集,记为 V。那么必存在一个 $m+1$ 维空间的超平面通过 $\mathring{\boldsymbol{y}}(T)=\{\mathring{J}(T),\mathring{x}_1(T),\cdots,\mathring{x}_m(T)\}$点把凸集 V 完全隔在一边,而超平面的外法向量(记为$\dot{\bar{\boldsymbol{\psi}}}(T)$)的第一个分量 $\psi_0(T)<0$。于是在 $t=T$ 时刻有

$$(\dot{\bar{\boldsymbol{\psi}}}(T),\delta\boldsymbol{y}(T))\leqslant 0 \tag{21.3-46}$$

由恒等式(21.3-45),令 $\psi_0(T)=-1$,在 $t=t_j$ 点上有

$$(\dot{\bar{\boldsymbol{\psi}}}(t_j),\mathring{\boldsymbol{y}}(t_j))\geqslant(\dot{\bar{\boldsymbol{\psi}}}(t_j),\boldsymbol{y}(t_j))$$

由于 $J(t_j)=\mathring{J}(t_j)$,如记$\boldsymbol{\psi}(t)=\{\psi_1(t),\psi_2(t),\cdots,\psi_m(t)\}$,则上列不等式变成

$$\begin{aligned}&(\dot{\bar{\boldsymbol{\psi}}}(t_j),(A(t_j-1)+\mathring{\beta}(t_j-1)B(t_j-1)\mathring{\boldsymbol{x}}(t_j-1)))\\ &=\max_{\beta(t)\in U}(\dot{\boldsymbol{\psi}}(t_j-1),(A(t_j-1)+\beta(t_j-1)B(t_j-1)\mathring{\boldsymbol{x}}(t_j-1)))\end{aligned} \tag{21.3-47}$$

因为 t_j 是任意选定的,故上式对任何时刻 t 均应成立。消掉两端相同项后,有

$$(\dot{\boldsymbol{\psi}}(t),\mathring{\beta}(t-1)B(t-1)\mathring{\boldsymbol{x}}(t-1))=\max_{\beta(t)\in U}(\boldsymbol{\psi}(t),B(t-1)\mathring{\boldsymbol{x}}(t-1))\beta(t-1)$$

设,$U=[1,\beta_{cr}]$,由上式可求出

$$\mathring{\beta}(t-1)=\begin{cases}\beta_{cr}, & (\boldsymbol{\psi}(t),B(t-1)\mathring{\boldsymbol{x}}(t-1))>0\\ 1, & (\boldsymbol{\psi}(t),B(t-1)\mathring{\boldsymbol{x}}(t-1))<0\\ \text{不定}, & (\boldsymbol{\psi}(t),B(t-1)\mathring{\boldsymbol{x}}(t-1))=0\end{cases} \tag{21.3-48}$$

由于指标泛函 $J(t)$ 的特殊形式，出现了上式中第三种可能性，这类问题称为奇异问题。

最后，重复上述讨论，可以得到关于非奇异问题的最优控制的表达式。为此，把指标泛函(21.3-39)改成下列形式

$$J(T)=\sum_{t=0}^{T-1}[(\boldsymbol{x}(t)-\boldsymbol{x}^*(t),\boldsymbol{x}(t)-\boldsymbol{x}^*(t))+(x_0(t)-x_0^*(t))^2] \tag{21.3-49}$$

式中

$$\begin{aligned}&x_0(t)=\beta(t)\boldsymbol{c}^\tau(t)\boldsymbol{x}(t)\\&\boldsymbol{c}^\tau(t)=(c_1(t),c_2(t),\cdots,c_m(t))\\&c_i(t)=(1-\mu_{00}(t))(1-\mu_0(t))K_i(t)h_i(t)\end{aligned} \tag{21.3-50}$$

注意到

$$\begin{aligned}\delta J(t)=&\delta J(t-1)+2(\boldsymbol{x}(t-1)-\boldsymbol{x}^*(t-1))^\tau\delta\boldsymbol{x}(t-1)\\&+2(\beta(t-1)\boldsymbol{c}^\tau(t-1)\boldsymbol{x}(t-1)-x_0^*(t-1))\beta(t-1)\boldsymbol{c}^\tau(t-1)\delta\boldsymbol{x}(t-1)\end{aligned}$$

重复前面的几何讨论，最优控制 $\mathring{\beta}(t)$ 如果位于 $U=[1,\beta_{cr}]$ 的内点上，则应为

$$\mathring{\beta}(t)=\frac{2x_0^*(t)\boldsymbol{c}^\tau(t)\mathring{\boldsymbol{x}}(t)-(\mathring{\boldsymbol{\psi}}(t+1),B(t)\mathring{\boldsymbol{x}}(t))}{2(\boldsymbol{c}^\tau(t)\mathring{\boldsymbol{x}}(t))^2},\quad t=0,1,\cdots,T-1 \tag{21.3-51}$$

而在 U 的边界上仍满足类似于式(21.3-48)的条件。当一个国家确定了她的最终人口目标后(见(21.3-25))，令 $\boldsymbol{x}^*=\boldsymbol{x}^*(t)$，应用这里讨论的必要条件，可以用求两点边值问题的方法求出最好的人口政策，即最优妇女平均生育率的控制指标 $\mathring{\beta}(t)$，使整个过程中人口状态 $\boldsymbol{x}(t)$ 和理想的人口状态 $\boldsymbol{x}^*$ 在均方意义下相差最小。

21.4　信息处理系统

随着大型计算机的出现，世界各国都在各行各业中建立了大系统，首先是管理部门和服务性行业。在一个大的计算中心的支持下，通过终端设备和通信网络把散布在广泛区域上的某种事业管起来。这种设计得很成功，运转得很好的大系统日益增多，有的已经成为国民经济或人民生活中不可缺少的环节。具有代表性的，已卓有成效地运行多年的这类系统有铁路客货运自动化管理系统[45]，水源自

动分配系统[22]，全球飞机订座自动管理系统，银行收支存取自动化管理系统，石油零售加油站网自动化管理系统，邮局信函自动化分拣系统，情报图书自动化检索系统和网络，计算机服务网络，地下铁道自动售检票系统，大企业或部门的人事、工资、档案管理系统，大工厂企业职工上下班自动记录和出缺勤自动统计系统，等。

这些卓有成效的大系统，它的主要任务是采集大量的足以表示系统工作状态的数据、文件、资料和其他形式的信息，不间断地对这些数据信息进行压缩、集约和特征抽取，从而得到系统运行状态的主要参数。然后根据预定的目标或事先约定的规则去对系统的工作状态施加影响或控制。在这类系统中往往很难写出客观过程的动态模型，例如像前节那样写出微分方程式，用它去预测过程的发展。这里必须对采集的数据进行统计处理，用统计学和随机过程的理论去外推系统状态的发展趋势。在数据处理的基础上，可以用运筹学、决策论、排队论等理论去决定将来应采取的措施。或者，可以由管理人员事先规定一整套规则，列出表格，存入计算机，后者按事先规定的程序进行工作。这种靠程序工作的信息处理系统常常具有很大的灵活性和功能的多样性，甚至能赋予一定的人工智能成分。

这种信息处理系统确实能对某些大系统的运行情况进行不间断的监督和控制。以情报资料或人事档案管理系统为例。在这种系统中，利用计算机的巨大存储能力，把成千万图书资料的名称和摘要分类存储在计算机的内存和外存中（如磁盘组），同时注明该资料的数量和库存地址，出版年月，出版社名称等。利用计算机的高速存取数据的能力，在很短的时间内（几秒钟）就可以在数百万册图书情报资料中选出读者需要查阅的某种专题著作和资料清单，如果需要的话，又可以立即提供需要的详细摘要和其他选定的信息。用数字通信网络还可以把全国各情报图书资料中心连接起来，使每一个情报中心都可以随时分享其他任何中心的情报资源，读者可以在他的住地调用网内任何情报中心的计算机资料库中存储的资料，这种系统还有随时更新资料的能力。

把人事档案自动化管理系统和工作人员上下班自动验证系统联合起来，不仅可以随时了解每一个工作人员的历史情况，还可以逐日记录每一工作人员的出勤情况和缺勤原因，进行出勤率的全面统计，从而完成整个企业的每日实力统计等，然后按需要将这些统计资料以表格或曲线甚至以书面文字报告的形式送出正式文件文本，这种管理系统所管理的范围和人员数目在技术上是没有限制的，因为带有总线制的计算机可以与实际上任意多台外存储器及其他外部设备相连接，加上计算机网络中其他中心的存储能力，原则上可以实现整个企业、地区的职工人事自动化管理。另一方面，由于计算机访问存储器的速度很快，例如具有每秒平均访问100万个存储单元的速度，这种管理系统可毫无困难地完成任何细目统计，如职工的年龄分布统计、文化程度统计、级别分布统计、缺勤职工的工种和性别分布统计等。总之,凡是管理工作所需了解的任何精确数字都可以几乎是瞬时地以任何需要的形式提供。

这类系统的工作内容主要是数据处理。然而它确实能对这些过程进行监督和控制。因为它能不间断地记录和分析情报资料的更新过程,资源利用的变化,职工流动过程,出勤率的变化,甚至整个企业的工资流动过程等。

然而,这类系统的工作方式和结构基本上不是由数学模型确定的,而是用语言文字描述的。

下面我们再介绍一个典型的信息处理大系统:地下铁道网的自动检票系统[29],这种系统在很多城市的地下铁道网中采用,代替了数以万计的服务人员,提高了运输效率。它的职能是通过设在数百个车站上的数千个自动售票、检票机去完成下列任务:

(1) 自动售票、收款(一次使用票、月票、季票)。

(2) 乘客进入地下铁道时自动检票,控制人口自动开闭和出口自动计数。

(3) 售票总额统计和现款计量。

(4) 乘客输送量的精确统计和车辆调度。

(5) 各车站工作人员上下班自动检查和记录。

(6) 传送管理总局到各车站和各车站之间的指令、通信和其他联系。

(7) 按时自动地给出整个地下铁道的运行情况报告。

这种系统必须能适应某些特点,例如各车站进出口和售检票点在地理上的分布广泛,票的种类多和计程售检票的规定可能很复杂,运行规则和收费办法可能有变化等。这就是说这种系统应具有灵活性和适应性,随时按需要改变工作方式。

自动检票机扫视乘客出示的车票,用磁头读出在票面磁膜上记录的64位二进制密码,在确认此票有效以后,检票机发出信号打开入口,放进持票乘客,同时将票面上的密码洗掉使其作废,在需要时还可以对车票上的特殊记号进行分析记录,用打印机打印出来。

整个系统分三级管理。最低的一级是每一车站上安装的检票机、售票机、计数器和缓冲存储器等外围设备。第二级管理是用小型计算机集中处理相邻几个站内的外围设备所采集和寄存的数据。第三级是控制中心的中央处理机,附有磁盘机、磁带机、打印机、显示键盘终端等;中央处理机有节奏地按顺序收集各小型机汇集加工后得到的数据,进行统计处理,分析乘客数量和运行中车辆的运送能力之间的差额,发出调度信号,增加或减少车次;同时,中央控制中心还向各分中心直至各车站发出常规业务信息或特殊指令。整个系统的原理图示于图21.4-1中。

为了提高系统的可靠性,采用设备组合备份的方法。当某一小型处理机发生

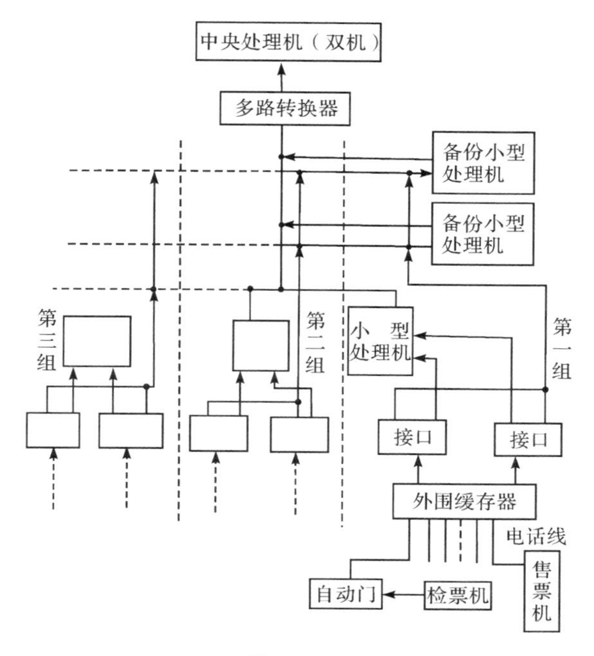

图 21.4-1

故障后，立即有开关控制信号把该组外部设备转接到备份处理机上去。两台备份处理机能相互监视可靠性。外部设备则采用多台联合作业的方法提高可靠性。接口设备采用双机并联工作方式，其中一个发生故障后，另一个将完成全部连接传输任务。同时接口设备的工作可靠性受相应的小型处理机不间断的监视。中央控制中心由两台计算机并联工作，它们互相监督和周期性相互检查对方的工作可靠性。当其中有一台发生故障时，另一台立即承担起全部职责，并把故障前保存和处理的现场状态数据立即转移到另一台中去，从而保证中央控制中心能不间断地进行工作。

与地下铁道检票系统原理类似的正在运转的还有铁路客车订票系统，航空公司订座系统，邮局信件分拣系统，铁路运输行车调度系统，银行收支和存取款业务管理系统，地区性汽车加油站的自动供油记账系统等。在所有这些系统中，用计算机语言描述的数据处理程序中不包含或基本不包含完整的数学模型，而是以数据处理方法和管理工作的实践经验以及需要去规定这类系统的工作方式。整个系统的工作程序可以由很多的互不相关的子程序块编辑起来。例如上述地下铁道的检票系统中，旅客流通数量的实时统计和地铁工作人员上下班的实时记录以及统计是两件完全不相关的事，分布在各地的自动售票机的现款收入统计也是完全独立于其他任务之外的事，然而，所有这些事都可以由中央控制中心的信息处理机按预定的程序，通过操作系统软件有节奏的分时处理，使上百件相互独立的任务统一于一个大系统中，从而代替成千上万个各类工作人员的简单的或比较复杂的劳动。

虽然如此，这种信息处理系统具备一个大系统的主要特点，它是一个真正的大系统。第一，它必须从很大范围内（数百个车站，数千个自动检票机和自动售票机等）采集数据；第二，它必须对大量的数据进行加工处理，抽取和汇集最重要的信息加以分析；第三，根据整个运输系统（单位时间内旅客进入车站的人数和运行中车辆的运载能力等）的状态发出调度信号，以改变系统的运行参数，而这正是一种反馈控制；最后，这个系统的确是对一个客观物理过程进行控制的，因为旅客和车辆的连续流动是一个真正的物理过程，虽然这个过程并不能用某一个数学模型（微分方程式或代数方程式）加以描述，在最好的情况下也只能把这个过程看成是一种具有很多不确定性的随机过程，更不用说常可能碰到和必须处理某些交通事故或其他类型的偶然事件了。有些偶然事件出现的次数极少，以至于不可能通过统计数据去估算它的出现概率，进而当做随机过程来处理。尽管如此，凭管理人员的经验，可以编出相当完善的计算机程序，足以对付各种可能出现的事件，而不必求助于数学模型。

归纳上述讨论可以作出这样的结论：一个大系统所控制的客观过程不必一定具有完整的数学模型。只要善于总结管理工作中的经验，利用计算机软件去完成原来由很多工作人员才能完成的工作，就可以设计和实现一个组织严密，工作可靠，效率很高的大系统。这不是一个缺点，相反这是一个很大的优点。对暂时无法用数学模型描述的复杂过程，充分利用计算机程序的灵活性，能够组织成有反馈控制的大系统。从实际效果和工作原理来看，这样的大系统比起我们以前习惯了的那种反馈系统是毫不逊色的。在经济管理和社会现象等各类客观过程中，不能用数学方法加以描述的，至少现在还不能找到恰当的数学模型的，可以举出很多很多。

21.5 大系统的分散控制

由于大系统具有多级结构，它所控制的对象是分散的，测量装置和其他数据采集设备也必然是分散装备在大系统的各基层单元或单位中。受控对象的运动过程本身的分散性，决定了控制作用的分散性。从原理上来看，一个系统无论怎么大，总可以由一个控制中心来实现全局集中控制，这要求控制中心能瞬时得到整个系统的状态信息，并把控制信号随时送到各控制级别和装置上去。然而，对地理分布广泛和层次复杂的大系统来说，高度集中的控制实际上是不可能的。这不仅是因为通信网络无法瞬时传输那么多的信息，计算中心也无法加工处理所有的一切细微烦琐的数据。从系统的全局来看,大系统中各级的任务重点不同,主要矛盾也不同。所以在大系统中通常要实行分级多点的分散控制。小型计算机的大量生产,尤其是价格便宜的微型机的出现和普及,更加促进了控制的分散化。可以说,多点多中心的分散控制是大系统的一个突出的特点之一。

在多级分散控制的系统中,每一个控制中心只能直接得到一部分状态信息,采集部分数据,而不可能得到整个系统的状态信息。另一方面每一个控制中心又只能对大系统的某个局部进行控制,而不能对其他部分施加直接控制作用。但是,每一个局部控制中心却能够在一定程度上得到相邻控制中心测得的状态信息和控制信号,这使每一个局部控制中心能够根据较大范围的信息来部分地判断自己的控制作用对全局的影响。例如一个大的地区性的电力网中每一个发电厂有自己的局部控制中心,它可以直接测量本电厂发电机组的运行参数,同时可能得到相邻电厂的负荷或其他参数,作为它自己的控制参考信息,但它不可能得到电力网中所有电站的负荷和运行参数,因而它的控制仍然只能带有局部的性质。这种分散控制的特点给系统设计带来了新的问题,而这些问题是在集中控制的过程中所没有的。如果大系统所控制或管理的过程是动力学过程,这种控制的分散性就可能出现很大的问题。例如,虽然局部控制规律对自己所控制的局部过程是好的,从全局来看则可能是很不好的,甚至使整个大系统不能稳定的工作。

为了解决这种局部控制和全局性能之间的矛盾,近年来很多人在研究各种设计方法,去确定局部控制的性能与全局性能的关系。例如确定在什么情况下如果局部过程是稳定的,全局过程也稳定;或者,如何选择局部控制规律使全局过程达到较好的或最好的质量指标等。这就是大系统的分散控制问题。下面几节中我们将介绍关于大系统的稳定性分析和有关控制规律选择的几种理论上的命题和解决方法。

在分散控制的大系统的设计中,可能出现一些新的问题。例如,如何将一个大系统划分成子系统,从而规定某一局部控制器的管辖范围;在这些子系统之间应该有何种信息交换,才足以使每一个受局部控制器控制的子系统的性能对全局来说是好的;当信息传输方式已经确定,子系统的划分已经完成之后,如何设计每一局部控制器的控制规律(质量指标,反馈形式等),以满足全局性能要求。这些问题是集中控制系统中所不曾出现过的,因为在集中控制的系统中总是假定并尽量做到能瞬时得到全系统状态的一切必要信息,而在大系统中这实际上是做不到的。

为了理解在大系统中,在只能获得局部信息的情况下去确定局部控制规律的困难,我们用一简单的例子加以说明。在第九章中曾讨论过含有两个自由度的二阶系统。我们现在从大系统分散控制的观点重新观察这一问题。设某一"大系统"由两个子系统构成,它们都是二阶系统

$$\frac{dy_1}{dt}=y_2,\quad \frac{dy_2}{dt}=u_1$$

$$\frac{dy_3}{dt}=y_4,\quad \frac{dy_4}{dt}=u_2 \tag{21.5-1}$$

这个“大系统”有四个状态变量 y_1,y_2,y_3 和 y_4，有两个控制量 u_1 和 u_2。整个系统的性能指标假定为

$$J=\int_0^{t_1}F(y_1,y_2,y_3,y_4;u_1,u_2)dt=\min \tag{21.5-2}$$

再假定两个子系统的初始条件已给定，那么依第 9.3 节中的讨论，在 t_1 时刻使式(21.5-2)达到极小值的控制 $\mathring{u}_1(t)$ 和 $\mathring{u}_2(t)$，如果存在的话，应满足下列必要条件

$$\frac{\partial F}{\partial y_1}-\frac{d}{dt}\frac{\partial F}{\partial y_2}+\frac{d^2}{dt^2}\frac{\partial F}{\partial u_1}=0$$

$$\frac{\partial F}{\partial y_3}-\frac{d}{dt}\frac{\partial F}{\partial y_4}+\frac{d^2}{dt^2}\frac{\partial F}{\partial u_2}=0 \tag{21.5-3}$$

可以看到，如果当做集中控制系统来设计，必须同时知道 y_1,y_2,y_3,y_4 的取值才可能求解方程式(21.5-3)，因为式中含有函数 $F(y_1,y_2,y_3,y_4;u_1,u_2)$，否则上式无法求解。但是，从分散控制的观点来看，如果子系统$\{y_1,y_2,u_1\}$无法得到关于另一个子系统$\{y_3,y_4,u_2\}$的任何信息，而函数 F 中确实含有 y_3,y_4 或 u_2，那么第一个子系统就无法根据全局性能指标要求式(21.5-2)去确定它的控制函数 u_1，即便是两个子系统都完全知道函数 F 的具体形式。对第二个子系统情况也是完全一样的。如果函数 F 中仅含有 y_3 而不含 y_4 和 u_2，那么第一个子系统只需要从第二个子系统中得到一个信息 y_3 就可以确定它自己的控制函数 u_1 了，最坏的情况是 F 含有第二个子系统的全部状态变量，而第一个子系统又无法得到这些全部信息，那么为了能够独立地确定控制函数 u_1，使它在某种意义上，一定程度地达到总性能式(21.5-2)的要求，这就需要采用一些与集中控制系统完全不同的处理方法，这就是分散控制问题中出现的新问题。近几年来，有人应用微分对策，协同决策[26]，信息论，非线性规划，模糊集合等理论去研究这类问题，都得到了一些有益的结果。

我们看到，信息交换受到限制是大系统设计中所碰到的关键问题之一。但是现在并不存在一种统一的理论，作为分析和设计这类大系统的根据。在这种情况下，只能靠增加控制设备和增设协调机构来补充各子系统信息的不足，并对各子系统提供协调性数据，结果便得到如图 21.2-1 所示的具有多级结构的系统。

设 $\boldsymbol{x},\boldsymbol{y},\cdots,\boldsymbol{\omega}$ 分别为各子系统的状态向量，这些子系统有相对的独立性，但是每一子系统都受其他子系统状态的影响。设这一复杂的过程可以用下列动力学方程组表达

$$\frac{d\boldsymbol{x}}{dt}=\boldsymbol{f}_1(\boldsymbol{x},\boldsymbol{u}_1)+\boldsymbol{g}_1(\boldsymbol{y},\boldsymbol{z},\cdots,\boldsymbol{\omega})$$

$$\frac{d\boldsymbol{y}}{dt}=\boldsymbol{f}_2(\boldsymbol{y},\boldsymbol{u}_2)+\boldsymbol{g}_2(\boldsymbol{x},\boldsymbol{z},\cdots,\boldsymbol{\omega})$$

$$\cdots$$

$$\frac{d\boldsymbol{\omega}}{dt}=\boldsymbol{f}_N(\boldsymbol{\omega},\boldsymbol{u}_N)+\boldsymbol{g}_N(\boldsymbol{x},\boldsymbol{y},\cdots)$$

从上式中可以看出，这个系统实际上是一个完整的具有多状态变量$\{\boldsymbol{x},\boldsymbol{y},\cdots,\boldsymbol{\omega}\}$的动力学系统。但是，当$\boldsymbol{f}_i$的取值比$\boldsymbol{g}_i$“大得多”时，则可以把$\boldsymbol{g}_i$看成是对$\boldsymbol{f}_i$的扰动。在分散控制的大系统中，每一局部控制器的设计方法可以忽略扰动作用$\boldsymbol{g}_i$，并把它所控制的子系统当做独立系统来处理，然后由更高一级(协调级)给控制器提供补充信息，控制作用$\boldsymbol{u}_i$便在原有的基础上加以修正，使该子系统的状态变化向有利于改善全局性能的方向进行。于是，对每一个子系统来说，控制器的设计就可以用集中控制的理论去处理，全局性能则由协调级去保证。这就是增设协调级的意义。

21.6　分散控制的大系统稳定性

和集中控制系统一样，如果某一大系统所控制和处理的对象属于动力学过程，则系统的稳定性，动态特性和静态特性都是它能否正常运转的决定性因素。比较典型的有大电力网控制系统，那里对系统稳定性要求是非常严格的，系统动力学失稳将引起灾难性的后果。同时这类系统还应该有强的抗干扰能力，足以经得起短时间的过负荷、电厂的意外事故等的扰动。例如，在多台发电机并联运行时，如果全局设计不好，就会发生各种不愉快的现象:振荡，零线电流增大等[9]，使系统根本不能正常工作。再例如前节内讲到的模型式(21.5-1)，当忽略各子系统之间的相互影响时，把每一个子系统当做孤立的系统去设计控制器，当然可以得到稳定的，性能好的子系统。然而，当全系统连接起来统一运行时，由局部稳定的子系统联合起来的大系统，全局就不一定是稳定的。

为了研究大系统的全局稳定性，可以把各子系统联立起来，看成为一个整体，然后用通常的办法(例如李雅普诺夫方法)去分析系统的全局性能。这样做马上会碰到一个困难，随着系统规模的增大，计算工作量将迅速增加，这种烦琐的计算工作又使人们很难看出各子系统之间的耦合关系对整个大系统性能的影响。由于这个原因，有人提出了一种叫做复合系统的分析方法[5~8]。这个方法的基本思想是把大系统划分为若干个子系统，切断各子系统之间的联系，设计控制规律，保证这些孤立子系统具有足够好的稳定性和其他性能，然后把整个系统连接起来，再讨论各子系统之间的耦合关系对全局的影响。这样就可能减少系统分析过程中的计算工作量,试验工作也比较简单。

设大系统的运动方程是式(21.5-1),当各孤立子系统的控制作用的独立设计完成后,$\boldsymbol{u}_i$ 就变为该子系统的状态的函数,例如 $\boldsymbol{u}_1(t)=\boldsymbol{u}_1(\boldsymbol{x},t)$,$\boldsymbol{u}_2(t)=\boldsymbol{u}_2(\boldsymbol{y},t)$,…,等。这样,式(21.5-1)的右端诸函数 $\boldsymbol{f}_i$ 中将只含有该子系统本身的状态变量,整个大系统变成由若干个相互交联的子系统组成的动力学系统。我们把式(21.5-1)改写成下列形式

$$\frac{d\boldsymbol{x}_1}{dt}=\boldsymbol{f}_1(\boldsymbol{x}_1,t)+\boldsymbol{g}_1(\boldsymbol{x},t)$$
$$\cdots$$
$$\frac{d\boldsymbol{x}_n}{dt}=\boldsymbol{f}_n(\boldsymbol{x}_n,t)+\boldsymbol{g}_n(\boldsymbol{x},t) \tag{21.6-1}$$

式中 $\boldsymbol{x}_i$ 是第 $\boldsymbol{i}$ 个子系统的状态变量,$\boldsymbol{x}=\{\boldsymbol{x}_1,\boldsymbol{x}_2,\cdots,\boldsymbol{x}_n\}$,而 $\boldsymbol{x}_1\in R_{m_1},\cdots,\boldsymbol{x}_i\in R_{m_i},\cdots,\boldsymbol{x}_n\in R_{m_n}$,$m=m_1+\cdots+m_n$;这里 m 是大系统的状态变量 $\boldsymbol{x}$ 的总维数,即 $\boldsymbol{x}\in R_m$。设原点 $\boldsymbol{x}=0$ 是大系统的平衡点,即

$$\boldsymbol{f}_i(0,t)\equiv 0,\ \forall t\in R_1,\quad i=1,2,\cdots,n$$
$$\boldsymbol{g}_i(0,t)\equiv 0,\ \forall t\in R_1,\quad i=1,2,\cdots,n \tag{21.6-2}$$

所谓“复合系统”分析方法就是指把式(21.6-1)看成是由 $\boldsymbol{n}$ 个孤立的子系统经 $\boldsymbol{g}_i(\boldsymbol{x},\boldsymbol{t})$ 反馈后连接而成的系统。而

$$\frac{d\boldsymbol{x}_i}{dt}=\boldsymbol{f}_i(\boldsymbol{x}_i,t),\quad i=1,2,\cdots,n \tag{21.6-3}$$

是孤立子系统的状态方程:因为每一子系统是独立设计的,所以可以认为它们都是零点稳定的或渐近稳定的。设 $W_i(\boldsymbol{x}_i,t)$ 是第 i 个孤立于系统的李雅普诺夫函数。现在把这些李雅普诺夫函数组合成一个大系统式(21.6-1)的李雅普诺夫函数 $W(\boldsymbol{x},t)$

$$W(\boldsymbol{x},t)=\sum_{i=1}^{n}c_iW_i(\boldsymbol{x}_i,t) \tag{21.6-4}$$

式中 c_i 是某些正常数。

我们回忆几个定义:对函数 $W_i(\boldsymbol{x}_i,t)$,如果存在一个非降实值连续函数 $v_i(\|\boldsymbol{x}_i\|)$,$v_i(0)=0$,使 $0<v_i(\|\boldsymbol{x}_i\|)\leqslant W_i(\boldsymbol{x}_i,t)$,$\forall t$ 成立,则它叫做正定的。如果存在另一个连续正定函数 $\eta_i(\|\boldsymbol{x}_i\|)$,$\eta_i(0)=0$,使 $W_i(\boldsymbol{x}_i,t)\leqslant\eta_i(\|\boldsymbol{x}_i\|)$,$\forall t$ 成立,则称 $W(\boldsymbol{x}_i,t)$ 有无穷小上极限。$W(\boldsymbol{x}_i,t)$ 叫做径向无界函数,是指如果在正定性定义中当 $\|\boldsymbol{x}_i\|\to\infty$ 时,$v_i(\|\boldsymbol{x}_i\|)\to\infty$。假定对每一个孤立的子系统式(21.6-3)存在一个正定、有无穷小上极限和径向无界的函数 $W_i(\boldsymbol{x}_i,t)$,使沿任一轨线 $\boldsymbol{x}_i(t)$,$dW_i/dt\leqslant 0$,则该子系统的平衡态 $\boldsymbol{x}_i=0$ 是一致稳定的;如果上式内有严格不等式成立,则该孤立子系统的平衡态是一致渐近稳定的。

设 $W(\boldsymbol{x},t)$是由式(21.6-4)定义的函数,它有 $m+1$ 个自变量,m 是大系统式(21.6-1)的状态向量的维数。现求它对 t 的微商

$$\frac{dW(\boldsymbol{x},t)}{dt}=\sum_{i=1}^{n}c_i\frac{dW_i}{dt} \tag{21.6-5}$$

式中 dW_i/dt 是在大系统的相空间 R_m 中的微商

$$\begin{aligned}\frac{dW_i}{dt}&=\frac{\partial W_i}{\partial t}+(\mathrm{grad}_i W_i,\boldsymbol{f}_i(\boldsymbol{x}_i,t)+\boldsymbol{g}_i(\boldsymbol{x},t))\\&=\left(\frac{dW_i}{dt}\right)_i+(\mathrm{grad}_i W_i,\boldsymbol{g}_i(\boldsymbol{x},t))\end{aligned} \tag{21.6-6}$$

符号 $\mathrm{grad}_i W_i$ 表示函数 $W_i(\boldsymbol{x}_i,t)$在相空间 R_{mi} 中的梯度向量,而$(dW_i/dt)_i$ 则表示沿孤立系统式(21.6-3)的轨迹在 R_{mi} 中算出的对时间 t 的微商。

应用这些定义和表达式,可以证明[36,37],大系统式(21.6-1)为一致全局渐近稳定的一个充分条件是下列三个条件成立:

(1a) 对每一个独立的子系统式(21.6-3)存在一个正定的,有无穷小上极限的和径向无界的光滑函数 $W_i(\boldsymbol{x}_i,t)$满足条件

$$\left(\frac{dW_i}{dt}\right)_i\leqslant-\alpha_i[u_i(\boldsymbol{x}_i)]^2,\quad\forall t,\boldsymbol{x}_i\in R_{mi} \tag{21.6-7}$$

$$\|\mathrm{grad}_i W_i\|\leqslant u_i(\boldsymbol{x}_i),\quad\forall t,\boldsymbol{x}_i\in R_{mi} \tag{21.6-8}$$

式中 α_i 是正常数,而 $u_i(\boldsymbol{x}_i)$是某一正定函数。

(2a) 存在 $n\times n$ 个非负常数 β_{ij} 使

$$\|\boldsymbol{g}_i(\boldsymbol{x},t)\|\leqslant\sum_{j=1}^{n}\beta_{ij}u_j(\boldsymbol{x}_j),\forall t,\boldsymbol{x}\in R_m \tag{21.6-9}$$

(3a) 设 $n\times n$ 阶方阵 $A=(a_{ij})$由下列方法构成

$$a_{ii}=\alpha_i-\beta_{ii},a_{ij}=-\beta_{ij}(i\neq j) \tag{21.6-10}$$

那么 A 的所有主子行列式均大于零,即

$$D_k=\det\begin{vmatrix}a_{11}&a_{12}\cdots a_{1k}\\\vdots&\vdots\quad\vdots\\a_{k1}&a_{k2}\cdots a_{kk}\end{vmatrix}>0,\quad k=1,2,\cdots,n \tag{21.6-11}$$

上面三个条件中假定所有各孤立子系统都是渐近稳定的,而且要求函数 $u_i(\boldsymbol{x}_i)$都必须是正定的。还可以指出另外一组充分条件,能把这两个条件放宽些。下面一组也是大系统式(21.6-1)在大范围内一致渐近稳定的充分条件:

(1b) 每一个孤立的子系统有一个正定、径向无界和有无穷小上极限的光滑函数 $W_i(\boldsymbol{x}_i,t)$,使

$$\left(\frac{dW_i}{dt}\right)_i\leqslant-\alpha_i[u_i(\boldsymbol{x}_i)]^2-\varphi_i(\boldsymbol{x}_i),\quad\forall t,\boldsymbol{x}_i\in R_{mi} \tag{21.6-12}$$

式中 $u_i(\boldsymbol{x}_i)$是非负函数,$\varphi_i(\boldsymbol{x}_i)$是某一正定函数,$\alpha_i$ 是某一常数。

(2b) 存在 $n\times n$ 个常数 β_{ij}，$\beta_{ij}\geqslant 0$，使

$$(\text{grad}_i W_i, \boldsymbol{g}(\boldsymbol{x},t)) \leqslant u_i(\boldsymbol{x}_i)\sum_{j=1}^{n}\beta_{ij}u_j(\boldsymbol{x}_j), \quad \forall t, \boldsymbol{x}\in R_m \tag{21.6-13}$$

(3b) 同条件(3a)。

上述两组条件都是大系统式(21.6-1)大范围内一致渐近稳定的充分条件。它们的成立几乎是显而易见的。例如，为证明条件(1a)—(3a)，只需取 $c_i>0$，用 C 表示对角矩阵 $\{c_1,c_2,\cdots,c_m\}$，对角线以外的元素均为 0。那么由条件(3a)可知 $CA+A^{\tau}C$ 为正定方阵。由式(21.6-4)定义的函数 $W(\boldsymbol{x},t)$ 是正定、有无穷小上极限和径向无界。所以，式(21.6-10)有下列不等式成立

$$\begin{aligned}\frac{dW(\boldsymbol{x},t)}{dt} &\leqslant \sum_{i=1}^{n}c_i\left\{-\alpha_i[u_i(\boldsymbol{x}_i)]^2+u_i(\boldsymbol{x}_i)\sum_{j=1}^{n}\beta_{ij}u_j(\boldsymbol{x}_j)\right\}\\ &= -\frac{1}{2}\sum_{i,j=1}^{n}(c_i\alpha_{ij}+c_j\alpha_{ji})u_i(\boldsymbol{x}_i)u_j(\boldsymbol{x}_j)\end{aligned} \tag{21.6-14}$$

既然 $CA+A^{\tau}C$ 是正定方阵，上式左右端求和以后是 $u_i(\boldsymbol{x}_i)$ 的正定二次型，因而是 $\boldsymbol{x}_i$ 的正定函数，dW/dt 是负定的。由李雅普诺夫定理知，大系统式(21.6-1)的零解是渐近稳定的，而且是大范围稳定的。上面所列的第二组充分条件的证明方法的基本思想是类似的。

类似(1a)～(3a)和(1b)～(3b)这样的稳定性判据条件在实际问题的应用中也不一定很简便。这里最重要的是这种方法的基本思想，即把大系统看成是由许多个孤立的子系统相互耦合而组成的，然后在充分研究各子系统特性的基础上进一步讨论耦合项 $\boldsymbol{g}_i(\boldsymbol{x},t)$ 对全局性能的影响。当各孤立子系统之间的耦合作用很弱时，诸函数 $\boldsymbol{g}_i(\boldsymbol{x},t)$ 的范数相对于 $\boldsymbol{f}_i(\boldsymbol{x}_i,t)$ 很小时，采用上述方法去讨论大系统的稳定性可以指望能得到可靠的结果。当这种耦合作用很强时，这种分析方法的应用范围看来将大为缩小。

近几年来有人提出另外一种关于稳定性的定义，叫做“输入输出稳定”[37,46]。这个定义的基本出发点与李雅普诺夫稳定性的定义不同，它主要是对线性系统有效，对线性系统其结果差不多与李雅普诺夫稳定性等价。设某一线性系统的输出输入之间的关系由积分方程表示

$$\boldsymbol{x}(t)=\Phi(t,t_0)\boldsymbol{x}(0)+\int_{t_0}^{t}\Phi(t,t_0)\Phi^{-1}(\tau,t_0)B(\tau)\boldsymbol{z}(\tau)d\tau \tag{21.6-15}$$

式中 $\boldsymbol{x}(t)$ 是输出，$\boldsymbol{z}(t)$ 是输入。设 $\mathscr{L}^2(R_m,T)$ 和 $\mathscr{L}^2(R_r,T)$ 分别表示输出函数 $\boldsymbol{x}(t)$ 和输入函数 $\boldsymbol{z}(t)$ 所属的函数空间——希尔伯特空间，其中内积按通常办法定义为

$$\langle\boldsymbol{x}(t),\boldsymbol{y}(t)\rangle=\sum_{i=1}^{n}\int_{t_0}^{t_0+T}x_i(t)y_i(t)dt, \quad \boldsymbol{x},\boldsymbol{y}\in\mathscr{L}^2(R_m,T)$$

$$\langle\boldsymbol{z}(t),\boldsymbol{v}(t)\rangle=\sum_{i=1}^{r}\int_{t_0}^{t_0+T}z_i(t)v_i(t)dt, \quad \boldsymbol{z}(t),\boldsymbol{v}(t)\in\mathscr{L}^2(R_r,T)$$

我们知道，线性系统的稳定性完全决定于零点稳定性，故在式(21.6-15)中可以令 $\boldsymbol{x}(0)=0$。这样一来，关系式(21.6-15)就可以看成是从空间 $\mathscr{L}^2(R_r,T)$到空间 $\mathscr{L}^2(R_m,T)$中的线性算子，可以写成

$$\boldsymbol{x}(t)=F\boldsymbol{z}(t) \tag{21.6-16}$$

再假定时间间隔$[t_0,t_0+T]$是固定的，T 是任意的正数，$T<\infty$。如果算子 F 对任何有穷 T 都是一致有界的，则称式(21.6-15)是输入输出稳定的。此时对任何输入 $\boldsymbol{z}(t)$都有

$$\|\boldsymbol{x}(t)\|\leqslant|F|\,\|\boldsymbol{z}(t)\| \tag{21.6-17}$$

算子范数$|F|$也可以叫做系统的增益。上式两端的范数都用符号$\|\cdot\|$表示，应理解为各自空间的范数，为了书写方便不另加注角。一般说来，F 的范数依赖于 T。如果对任何 T，F 的范数都小于某一有穷正数，此时说 F 一致有界。

设有一系统如图 21.6-1 所示，具有反馈算子 G，G 是从 $\mathscr{L}^2(R_m,T)$到 $\mathscr{L}^2(R_r,T)$中的线性算子(可能是无界的)。该系统的运动方程式为

$$\begin{aligned}&\boldsymbol{e}=C\boldsymbol{z}+\boldsymbol{y},\boldsymbol{x}=F\boldsymbol{e}\\&\boldsymbol{e}'=C'\boldsymbol{z}+\boldsymbol{x},\boldsymbol{y}=G\boldsymbol{e}'\end{aligned} \tag{21.6-18}$$

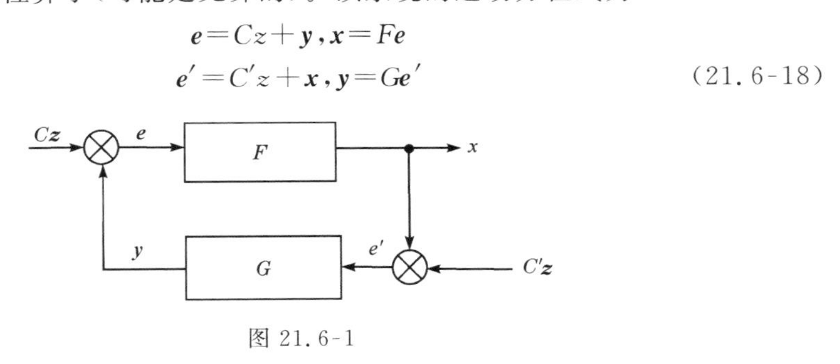

图 21.6-1

从上式内解出 $\boldsymbol{x}$

$$\boldsymbol{x}=(FC+FGC')\boldsymbol{z}+FG\boldsymbol{x} \tag{21.6-19}$$

设 C 和 C'都是有界算子。从上式内可以看出，FG 是作用在同一空间中的线性算子。如果 FG 是有界的，而且范数小于 1，则$(1-FG)$有有界逆算子$(1-FG)^{-1}$

$$(1-FG)^{-1}=1+FG+(FG)^2+\cdots+(FG)^n+\cdots$$

由于$|FG|<1$，右端级数按算子范数收敛，故级数有有穷和。至于上式中的等式，可以在两边各乘以$(1-FG)$以后得到。于是，当 FG 的范数小于 1 时有

$$\boldsymbol{x}=(1-FG)^{-1}(FC+FGC')\boldsymbol{z}$$

因为 FC 和 FGC'都是有界算子，故式(21.6-18)所描述的系统是输入-输出稳定的。

现在我们来讨论大系统的输入-输出稳定性。和前面一样，假定可以把大系统分解为若干个孤立的子系统，它们之间有弱的相互耦合，第 i 个子系统的运动方程式是

$$e_i = C_i z + y_i, \quad x_i = F_i e_i$$

$$e'_i = C'_i z + x_i, \quad y_i = G_i e'_i + H_i e' \tag{21.6-20}$$

从图 21.6-2 中不难看出式内各算子 C_i, C'_i, F_i, H_i 和 G_i 的意义，这里须指出，$H_i e'$ 是别的子系统对第 i 个子系统的交联耦合，因为 $e' = \{e'_1, e'_2, \cdots, e'_n\}$ 包含了全部 n 个子系统的状态变量。

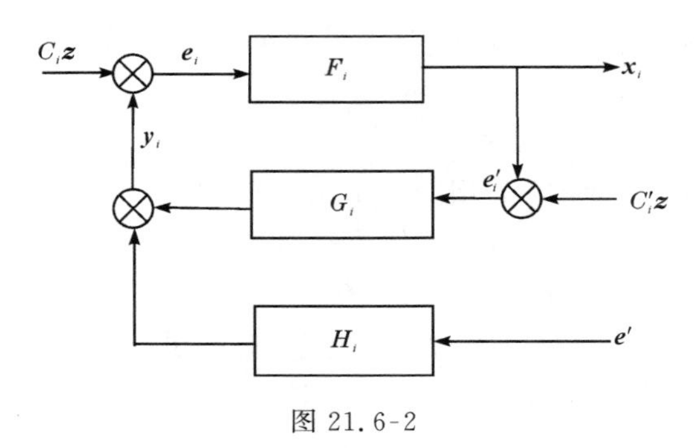

图 21.6-2

从式(21.6-20)中解出 x_i，有

$$x_i = F_i C_i z + F_i G_i e'_i + F_i H_i e', \quad i = 1, 2, \cdots, n \tag{21.6-21}$$

当然式(21.6-21)和(21.6-20)是等价的。可以证明下列三个条件是该大系统全局输入-输出稳定的充分条件：

(1) 所有的子系统中 $F_i C'_i$ 和 $F_i C_i$ 都是有界算子，$|F_i| = \gamma_i$。

(2) 存在非负常数 β_{ij}，使

$$\| G_i e'_i + H_i e' \| \leqslant \sum_{j=1}^{n} \beta_{ij} \| e'_i \| \tag{21.6-22}$$

(3) 按下列规律构成的 $n \times n$ 矩阵 $A = (a_{ij})$ 有有界逆

$$a_{ii} = 1 - \gamma_i \beta_{ii}, \quad a_{ij} = -\gamma_i \beta_{ij} \tag{21.6-23}$$

为了证明这一组条件的充分性，可对式(21.6-21)作如下估计

$$\begin{aligned} \| x_i \| &\leqslant \| F_i C_i z \| + \| F_i G_i e'_i + F_i H_i e' \| \\ &\leqslant | F_i C_i | \cdot \| z \| + | F_i | \cdot \| G_i e'_i + H_i e' \| \leqslant | F_i C_i | \cdot \| z \| \\ &\quad + r_i \sum_{j=1}^{n} \beta_{ij} \| e'_i \| \end{aligned}$$

由式(21.6-20)又有

$$\| e'_i \| \leqslant \| C'_i \| \cdot \| z \| + \| x_i \|$$

代入前式后得到

$$\| x_i \| \leqslant \left(| F_i C_i | + \gamma_i \sum_{j=1}^{n} \beta_{ij} \, | C'_i | \right) \| z \| + \gamma_i \sum_{j=1}^{n} \beta_{ij} \| x_i \|$$

或者展开后有

$$(1-\gamma_1\beta_{11})\|\boldsymbol{x}_1\|-\gamma_1\beta_{12}\|\boldsymbol{x}_2\|-\cdots-\gamma_1\beta_{1n}\|\boldsymbol{x}_n\|$$
$$\leqslant\left(|F_1C_1|+\gamma_1\sum_{j=1}^{n}\beta_{1j}|C_1'|\right)\|\boldsymbol{z}\|$$
$$-\gamma_2\beta_{21}\|\boldsymbol{x}_1\|+(1-\gamma_2\beta_{22})\|\boldsymbol{x}_2\|-\cdots-\gamma_2\beta_{2n}\|\boldsymbol{x}_n\|$$
$$\leqslant\left(|F_2C_2|+\gamma_2\sum_{j=1}^{n}\gamma_{2j}|C_2'|\right)\|\boldsymbol{z}\|$$
$$\cdots$$
$$-\gamma_n\beta_{n1}\|\boldsymbol{x}_1\|-\cdots+(1-\gamma_n\beta_{nn})\|\boldsymbol{x}_n\|$$
$$\leqslant\left(|F_nC_n|+\gamma_n\sum_{j=1}^{n}\gamma_{nj}|C_n'|\right)\|\boldsymbol{z}\| \tag{21.6-24}$$

这个不等式左端的系数恰恰是式(21.6-23)所定义的矩阵 $A=(a_{ij})$ 的元素。把上列 n 个不等式看成是向量不等式，左右两端乘以 A^{-1} 后即可解出

$$\|\boldsymbol{x}_1\|\leqslant\left(\sum_{j=1}^{n}a'_{1j}b_j\right)\|\boldsymbol{z}\|=\alpha_1\|\boldsymbol{z}\|$$
$$\cdots$$
$$\|\boldsymbol{x}_n\|\leqslant\left(\sum_{j=1}^{n}a'_{nj}b_j\right)\|\boldsymbol{z}\|=\alpha_n\|\boldsymbol{z}\| \tag{21.6-25}$$

式中 a'_{ij} 是逆矩阵 A^{-1} 的元，$b_i=|F_iC_i|+\gamma_i\sum_{j=1}^{n}\beta_{ij}|C_i'|$。于是

$$\|\boldsymbol{x}\|=\left(\sum_{i=1}^{n}\|\boldsymbol{x}_i\|^2\right)^{1/2}\leqslant\left(\sum_{i=1}^{n}\alpha_i^2\right)^{1/2}\|\boldsymbol{z}\| \tag{21.6-26}$$

依假设 b_i 是有界常数，A^{-1} 是有界算子，故 $\left(\sum_{l=1}^{n}\alpha_i^2\right)^{1/2}$ 是某一有界数，按照定义大系统式(21.6-20)是输入-输出稳定的。

上面我们介绍了两种关于大系统稳定性的分析方法。类似这样的方法还有很多[41]。这些方法的共同特点是可以单独估计各子系统之间的耦合作用对大系统全局性能的影响，对弱相互作用的情况这种基本思想是有充分根据的。然而，用这些方法去分析实际系统的性能仍存在很多困难。这些充分条件对子系统的要求往往过于苛刻。例如在 n 个孤立子系统中有一个是不稳定的，当加上耦合作用后，全局则可能变为稳定的，这时全系统的李雅普诺夫函数就不可能按式(21.6-4)去定义；在输入-输出稳定性分析中，一切 F_i 都假定为一致有界这个条件也就不能成立。另外，要找出符合要求的 $n\times n$ 个常数 β_{ij} 也不是轻易能做到的。总之，不能认为关于大系统稳定性的理论已经成熟，或者已经达到实用的阶段；尤其是关于稳定性以外的性能分析方法，还有待于结合大系统的实际情况去进一步研究。

21.7　分散控制的协同问题

在分散控制的大系统中，系统的总性能取决于各控制器工作之间的协同程度。如果互相协同得好，系统性能就好，如果协同得不好，那么整个系统就不可能正常工作。所以，如何组织好分散控制的协同动作是大系统设计中的一个重要问题。前面已经提到过，分散控制的协同操作之所以困难是因为每一个控制器不能得到大系统的全部状态信息，相反，它只能根据它所能掌握的局部的状态信息和事先约定的总目标去确定自己应该采取的控制规律。特别当大系统所控制的对象是某种动态过程时，这种局面的出现是不可避免的。形象地说，这有如一个球队，每一个队员都必须根据他所能掌握的瞬间场上情况决定他自己应该采取的策略和动作；但是任何一个队员瞬时间全面掌握并充分分析全局情况是根本不可能的；在可能的范围内预先确定尽可能好的协同动作的根本规则是这个球队获得成功的最根本保证之一。所谓大系统分散控制的协同问题就是研究如何根据总目标和给定的信息传送结构去事先约定分散设置的各控制器的协同动作规则。显然这是大系统结构设计和控制设计中的核心问题。

不言而喻，协同规则的约定方法与系统的信息结构有着直接的依赖关系。在文献[26,27]中提出了一种协同理论的模型，它在一定程度上反映了分散控制中的主要特点，对进一步研究分散控制的理论很有参考意义。下面简要地介绍一下这个模型的具体结构。设在某大系统中共有 N 个分散设置的控制器，每一个控制器能得到部分信息 $\boldsymbol{z}_i$，它根据这种信息按某种规律发出控制作用 $\boldsymbol{u}_i$；设预先约定的系统性能指标是

$$J=J(\boldsymbol{u}_1(\boldsymbol{z}_1),\boldsymbol{u}_2(\boldsymbol{z}_2),\cdots,\boldsymbol{u}_N(\boldsymbol{z}_n)) \tag{21.7-1}$$

式中 $\boldsymbol{u}_i(\boldsymbol{z}_i)$ 表示第 i 个控制器根据它所得到的信息 $\boldsymbol{z}_i$ 给出的控制作用。用 U_i 表示 $\boldsymbol{u}_i$ 的可准取值范围，故对 $\boldsymbol{u}_i$ 的限制可表达成

$$\boldsymbol{u}_i=\boldsymbol{u}_i(\boldsymbol{z}_i),\quad \boldsymbol{u}_i\in U_i \tag{21.7-2}$$

协同理论的任务就是在给定的信息结构条件下确定控制作用 $\boldsymbol{u}_i(\boldsymbol{z}_i)$，使 J 在某种意义上取极小值。

设 $\boldsymbol{\eta}$ 是具有高斯分布的 m 维随机向量，表示大系统中一切不能精密确定的随机因素，它的概率分布函数不受控制作用的影响，而且是所有的分散控制器预先知道的。第 i 个控制器所能得到的全部信息，包括它所能记忆的，瞬时观察到的和从别的控制中心传输来的等，假定能用下列线性关系表达出来

$$\boldsymbol{z}_i = H_i\boldsymbol{\eta} + \sum_{j=1}^{n} D_{ij}\boldsymbol{u}_j,\quad i = 1,2,\cdots,n \tag{21.7-3}$$

这种信息结构是事先确定了的，H_i 和 D_i 是某些相应阶数的线性矩阵算子。

在某些系统中各控制器发出的控制作用必须遵守一定的时序关系。例如，各 $\boldsymbol{u}_i, i=1,2,\cdots,n$，按规定应在不同时刻发出控制作用：第一步是 $\boldsymbol{u}_1$；第二步是 $\boldsymbol{u}_2$，$\boldsymbol{u}_3$，第三步是 $\boldsymbol{u}_4$，…等。当这种时序关系存在时，各控制器之间的信息交换应符合自然时序因果关系。如果 $\boldsymbol{u}_i$ 迟于 $\boldsymbol{u}_j$，则决定 $\boldsymbol{u}_i$ 时可以得到并利用 $\boldsymbol{u}_j$ 的信息，反之则不能。这种关系可写成

$$D_{ji} \neq 0 \Rightarrow D_{ij} = 0, \quad \forall i, j \tag{21.7-4}$$

这种时序关系可以用图 21.7-1 表示。

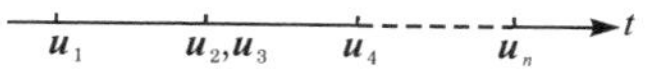

$\boldsymbol{u}_1$　$\boldsymbol{u}_2, \boldsymbol{u}_3$　$\boldsymbol{u}_4$　$\boldsymbol{u}_n$　t

图 21.7-1

当所有的 D_{ij} 都为零时，各控制器之间将没有控制信息交换，它们只能取得关于随机向量 $\boldsymbol{\eta}$ 的部分信息：

$$D_{ij} = 0, \quad \forall i, j; \boldsymbol{z}_i = H_i \eta, \quad i = 1,2,\cdots,n \tag{21.7-5}$$

具有这种信息结构的系统控制方式叫做静态协同。

通常的带有随机输入作用的离散系统可以看成是一种分散协同控制

$$\boldsymbol{x}_{i+1} = F\boldsymbol{x}_i + G\boldsymbol{u}_i + \boldsymbol{\omega}_i, \quad i = 1,2,\cdots,n \tag{21.7-6}$$

这里 $\boldsymbol{x}_i$ 是 i 时刻的系统状态，$\boldsymbol{\omega}_i$ 是 i 时刻的随机输入作用。我们可以把 $\boldsymbol{u}_1, \cdots, \boldsymbol{u}_n$ 看成是分散控制，即 $\boldsymbol{u}_i$ 是第 i 个控制器于 i 时刻发出的控制。假定 $\boldsymbol{u}_i$ 能根据信息 $\boldsymbol{x}_{i-1}, \boldsymbol{u}_{i-1}, \boldsymbol{\omega}_{i-1}$ 来确定自己的取值，那么由于式(21.7-6)的递推关系，可知 $\boldsymbol{x}_i$ 是 $\{\boldsymbol{x}_1; \boldsymbol{u}_1, \cdots, \boldsymbol{u}_{i-1}; \boldsymbol{\omega}_1, \cdots, \boldsymbol{\omega}_{i-1}\}$ 的线性函数，故 $\boldsymbol{u}_i$ 所能得到的信息 $\boldsymbol{z}_i$ 可写成

$$\boldsymbol{z}_i = H_i \boldsymbol{\eta} + \sum_{j=1}^{i-1} D_{ij} \boldsymbol{u}_j, \quad i = 1,2,\cdots,n-1 \tag{21.7-7}$$

其中 $\boldsymbol{\eta} = \{\boldsymbol{x}_1, \boldsymbol{\omega}_1, \cdots, \boldsymbol{\omega}_n\}$ 是不受控制 $\boldsymbol{u}_i$ 影响的随机向量，$\boldsymbol{x}_1$ 是系统的初值。于是，离散动态系统的设计问题就可以纳入协同问题的范围，它叫做分散控制的动态协同问题。

为了具体讨论协同控制问题，我们假定由式(21.7-1)定义的指标函数是各变量的二次型泛函。本章用符号"—"表示随机量的数学期望，定义

$$J = \overline{\left[\frac{1}{2}(Q\boldsymbol{u}, \boldsymbol{u}) + (\boldsymbol{u}, S\boldsymbol{\eta}) + (\boldsymbol{u}, \boldsymbol{c}) \right]} \tag{21.7-8}$$

$\boldsymbol{u} = \{\boldsymbol{u}_1, \boldsymbol{u}_2, \cdots, \boldsymbol{u}_n\}$，$Q$ 和 S 是相应维数的矩阵算子，此外 Q 还是正定矩阵，$\boldsymbol{c}$ 是某一常向量。我们注意到由式(21.7-7)定义的 $\boldsymbol{z}_i$ 是随机量，赖以确定的 $\boldsymbol{u}_i$ 也是随机量，故函数 $\boldsymbol{J}$ 的右端是有明确定义的。

现在我们必须站在第 i 个控制器的立场上来寻求 $\boldsymbol{u}_i$ 的最优值。设它已知其他控制器的控制作用是 $\boldsymbol{u}_1^*, \boldsymbol{u}_2^*, \cdots, \boldsymbol{u}_{i-1}^*, \boldsymbol{u}_{i+1}^*, \cdots, \boldsymbol{u}_n^*$。那么第 i 个控制器发出的控制作用 $\boldsymbol{u}_i^*$ 应满足最优条件

$$J(\boldsymbol{u}_1^*, \cdots, \boldsymbol{u}_i^*, \cdots, \boldsymbol{u}_n^*) \leqslant J(\boldsymbol{u}_1^*, \cdots, \boldsymbol{u}_{i-1}^*, \boldsymbol{u}_i, \boldsymbol{u}_{i+1}^*, \cdots, \boldsymbol{u}_n^*)$$

$$\forall \boldsymbol{u}_i \in U_i, \quad i = 1,2,\cdots,n \tag{21.7-9}$$

对二次型指标式(21.7-8),这个条件可写成条件期望极小值的形式

$$\min_{u_i} J = \min_{u_i} \overline{\left\{ \left[\frac{1}{2}(Q\boldsymbol{u},\boldsymbol{u}) + (\boldsymbol{u},S\boldsymbol{\eta}) + (\boldsymbol{u},\boldsymbol{c}) \right] \middle| \boldsymbol{z}_i \right\}} \tag{21.7-10}$$

式中 $\boldsymbol{u}=\{\boldsymbol{u}_1^*(\boldsymbol{z}_1),\cdots,\boldsymbol{u}_{i-1}^*(\boldsymbol{z}_{i-1}),\boldsymbol{u}_i(\boldsymbol{z}_i),\boldsymbol{u}_{i+1}^*(\boldsymbol{z}_{i+1}),\cdots,\boldsymbol{u}_n^*(\boldsymbol{z}_n)\}$。

从这里可以看到分散控制与集中控制的根本不同点。在集中控制系统中,我们可求出全局极小值对应的全部最优控制 $\mathring{\boldsymbol{u}}=\{\mathring{\boldsymbol{u}}_1,\cdots,\mathring{\boldsymbol{u}}_n\}$,然后给出所有的最优控制作用 $\mathring{\boldsymbol{u}}_i,i=1,2,\cdots,n$,使系统工作在最佳状态。在分散控制系统中,第 i 个控制器不能直接取 $\mathring{\boldsymbol{u}}_i$ 作为自己的控制作用,因为第一,它不知道第 j 个控制器是否能够取 $\mathring{\boldsymbol{u}}_j$(限制条件 U_j 可能不含 $\mathring{\boldsymbol{u}}_j$),它只知道 $\boldsymbol{u}_j^*$ 的概率分布;第二,它可能不知道所有其他 $\boldsymbol{u}_j$ 的取值(存在时序关系);它只能根据已经得到的其他的控制信息去确定自己的最优策略。

设 $\boldsymbol{u}_i$ 是一维的,即 $\boldsymbol{u}_i=u_i$,而它的可准取值范围 U_i 又是一个开区间(例如整个实轴),条件式(21.7-10)可以化成极值条件

$$\begin{aligned}\frac{\partial}{\partial u_i}J(\boldsymbol{u},\boldsymbol{\eta}\mid \boldsymbol{z}_i) &= q_{ii}u_i + \sum_{j\neq i} q_{ij}\overline{(u_j\mid \boldsymbol{z}_i)} + (S\overline{(\boldsymbol{\eta}\mid \boldsymbol{z}_i)})_i + c_i \\ &\quad + \sum_{\substack{j=1\\ j\neq i}}^{n}\Big[u_i q_{ij}\frac{\partial}{\partial u_i}\overline{(u_j\mid \boldsymbol{z}_i)} + \frac{\partial}{\partial u_i}\overline{(u_j(S\boldsymbol{\eta})_j\mid \boldsymbol{z}_i)} \\ &\quad + \frac{\partial}{\partial u_i}\overline{(u_j\mid \boldsymbol{z}_i)}c_i + \sum_{\substack{k\neq i\\ k=1}}\frac{\partial}{\partial u_i}\overline{(u_k q_{kj}u_j\mid \boldsymbol{z}_i)}\Big] = 0\end{aligned} \tag{21.7-11}$$

式中$\overline{(u_j|\boldsymbol{z}_i)}$是 u_j 对 $\boldsymbol{z}_i$ 的条件数学期望,q_{ij} 是 Q 的元素,$(S\boldsymbol{\eta})_j$ 是 $S\boldsymbol{\eta}$ 的第 j 个分量,c_i 是 $\boldsymbol{c}$ 的分量。这就是分散最优控制 $\boldsymbol{u}_i^*$ 所应满足的必要条件。

如果在信息方程(21.7-7)中所有的 $D_{ij}=0$,则最优分散控制的必要条件将变为

$$q_{ii}u_i(z_i) + \sum_{i\neq j} q_{ij}\overline{(u_j\mid \boldsymbol{z}_i)} + (S\overline{(\boldsymbol{\eta}\mid \boldsymbol{z}_i)})_i + c_i = 0,\quad i=1,2,\cdots,n \tag{21.7-12}$$

这是所谓静态协同问题最优控制的必要条件。

设某一大系统的各分散控制器有式(21.7-3)型的信息结构,并满足式(21.7-4)规定的时序因果关系。此外,$\boldsymbol{z}_i$ 能包括一切先于它的其他控制器所得到的信息,这种情况可记为 $\boldsymbol{z}_i\supset\boldsymbol{z}_j$,凡 j 先于 i,则说该系统具有部分套入的信息结构。例如下列信息关系就属于这一类

$$\boldsymbol{z}_1 = H_1\boldsymbol{\eta}$$

$$\boldsymbol{z}_2 = H_2\boldsymbol{\eta}$$

$$\boldsymbol{z}_3 = \begin{pmatrix}H_1\\ H_2\\ H_3\end{pmatrix}\boldsymbol{\eta} + \begin{pmatrix}0\\ 0\\ D_{31}\end{pmatrix}\boldsymbol{u}_1 + \begin{pmatrix}0\\ 0\\ D_{32}\end{pmatrix}\boldsymbol{u}_2$$

$$z_4=\begin{pmatrix}H_1\\H_4\end{pmatrix}\boldsymbol{\eta}+\begin{pmatrix}0\\D_{41}\end{pmatrix}\boldsymbol{u}_1$$

$$z_5=\begin{pmatrix}H_1\\H_2\\H_3\\H_5\end{pmatrix}\boldsymbol{\eta}+\begin{pmatrix}0\\0\\D_{31}\\D_{51}\end{pmatrix}\boldsymbol{u}_1+\begin{pmatrix}0\\0\\D_{32}\\0\end{pmatrix}\boldsymbol{u}_2+\begin{pmatrix}0\\0\\0\\D_{53}\end{pmatrix}\boldsymbol{u}_3$$

$$z_6=H_6\boldsymbol{\eta}$$

$$z_7=\begin{pmatrix}H_6\\H_7\end{pmatrix}\boldsymbol{\eta}+\begin{pmatrix}0\\D_{76}\end{pmatrix}\boldsymbol{u}_6$$

$$z_8=H_8\boldsymbol{\eta}$$

不难证明,具有这种部分套入信息结构的分散控制系统协同问题属于静态协同的范围。由文献[26]中所证明的结论可知,此时使 J 获相对极小的最优控制 $\boldsymbol{u}_i^*$ 是存在的[见定义式(21.7-10)],且是唯一的,同时还是 z_i 的线性函数

$$\boldsymbol{u}_i^*=A_iz_i+\boldsymbol{b}_i,\quad i=1,2,\cdots,n \tag{21.7-13}$$

式中 A_i 是相应维数的某一矩阵算子,$\boldsymbol{b}_i$ 是与 $\boldsymbol{u}_i$ 有相同维数的常向量。

在第 21.6 和 21.7 两节中,我们分别介绍了大系统中可能出现的两类问题,即稳定性分析和在特定信息结构条件下的最优协同问题。应该指出,这两类问题的研究工作现在还在发展,我们只不过想通过这两个例子来说明。随着大系统的发展和普及,一定会出现许多新的问题要我们去研究,其中包括结构问题,静态问题和动态问题等。大系统是一个新生事物,现在还不存在一种统一的理论,但它正在吸引着越来越多的人从各个方面去研究它的特点,力求找到共性,抓住主要矛盾,建立应用范围较大的理论模型。这种努力还在继续中,我们有理由期待,一种新的理论不久将会出现。

21.8　多指标的优越控制

在第八章、第九章中,我们曾讨论过最速控制系统和满足指定的积分指标的最优系统设计问题。在那里,某一系统的控制方式的优劣是根据给定的某项单一指标评价的。如果对某一过程的控制要求几个方面都好,例如要求过程的发展既要快,又要能量省,用单指标方法去进行系统设计是办不到的。常用的方法是根据各方面的要求对不同的指标进行组合,构造一个单一的指标函数,使它能照顾到各方面的要求,然后按照这个综合的、单一的指标函数去进行最优设计。这在简单的系统中,一般来说,是可能的,只要抓住系统的主要性能或主要矛盾,合理地确定一个综合指标就行了。但是,在大系统中问题要复杂得多,有时只根据一

个单一的指标去选定最优控制规律往往是不适用的。例如，对一个企业的生产过程进行控制，绝不能片面地追求某一单项指标达到最优而置其他指标于不顾，相反，必须在产量、品种、质量（成品率）、劳动生产率（工时利用率，设备利用率）、材料消耗（包括设备完好率，能量消耗等）、成本、利润、流动资金周转期等各个方面都达到先进水平。如果把所有这八大指标综合成一个指标函数，再根据这一综合指标去控制生产过程，结果必然会使某个权重大的指标达到最优，而牺牲"次要的"指标，致使这些次要的指标根本得不到满足，这在实际问题中往往是不能允许的。这种情况不仅在大系统中会出现，就是在"小系统"中也常会出现。例如，在某一随动系统中，不能要求控制规律既是最速的，同时又是消耗能量最少的，因为这两个指标是相互矛盾的。所以，在大系统的控制设计中，单一指标的最优设计理论就不宜于采用，或者完全不能采用。

为了克服单指标最优控制理论的这一缺点，必须建立新的概念，寻找别的工具，采用另外的方法去描述和评价受控过程的优劣。六十年代末期，人们找到了一种对多指标系统的描述方法，很好地解决了这一问题，这就是向量指标的描述方法。为了用这种方法解决多指标的控制的评价问题，应用了半序空间的数学概念。关于半序空间的概念和方法是由匈牙利数学家黎斯首先于 1928 年提出的，后来又由苏联数学家康脱罗维奇（Канторович）和克连（Крейн）兄弟发展起来的[①]。

在单指标的系统中，如果用 $\boldsymbol{x}(t)$ 和 $\boldsymbol{u}(t)$ 分别表示受控运动的状态变化和控制函数，那么评价控制过程的优劣是用一个实值函数 $J=f(\boldsymbol{x}(t),\boldsymbol{u}(t),t)$ 作为标准的。根据 J 的具体物理含义，选取最优的控制 $\mathring{\boldsymbol{u}}(t)$，使 J 达到极大值或极小值。由于 J 的取值范围是实数轴上的数，所以比较两个不同的控制函数 $\boldsymbol{u}_1(t)$ 和 $\boldsymbol{u}_2(t)$ 的好坏，只要求出各自对应的 J 的值的大小即可，因为在实数轴上任何两个数总可比较哪个大哪个小。在大系统中，如果指标函数有多个，例如有 m 个，那么它本身将是一个向量，$\boldsymbol{J}=\{J_1,J_2,\cdots,J_m\}$，$J_i=f_i(\boldsymbol{x}(t),\boldsymbol{u}(t),t)$，而两个向量之间通常不能比较大小，因为在向量空间中没有这种大小的定义。如果用向量的范数（长度）作为比较标准（而这个在向量空间中是有定义的），就又恢复到老问题了，$\|\boldsymbol{J}\|=(J_1^2+J_2^2+\cdots+J_m^2)^{\frac{1}{2}}$ 是一个单一的实函数，因而多指标也变成单指标了。为了能在 m 维向量空间 R_m 中能比较两个向量的"大小"或优劣，必须在 R_m 中引进半序（部分序）的规定。现在我们就先介绍 R_m 中的半序结构。

设大系统的质量指标有 m 个，$\boldsymbol{J}=\{J_1,J_2,\cdots,J_m\}$，其中每个指标 J_i 都是系统状态 $\boldsymbol{x}(t)$ 和控制作用 $\boldsymbol{u}(t)$ 的实值函数，那么 $\boldsymbol{J}\in R_m$，R_m 叫做指标向量空间。如果每一个 J_i 都可能取正值和负值，那么 R_m 中的任何一个向量都可以表示一组指

---

① 见第十二章参考文献，关肇直，泛函分析讲义，第五章。

标。我们在 R_m 中可以定义几种比较某些向量之间的"大小"顺序关系的方法。

(1) 如果实空间 R_m 中的向量 $\boldsymbol{x}=\{x_1,x_2,\cdots,x_m\}$ 的每一个分量 $x_i\geqslant 0$，且至少其中有一个 $x_j>0$，我们就(定义)说 $\boldsymbol{x}\geqslant 0$，对任何向量 $\boldsymbol{y}\in R_m$，只要 $\boldsymbol{y}-\boldsymbol{x}\geqslant 0$，就记为 $\boldsymbol{y}\geqslant\boldsymbol{x}$，或记为 $\boldsymbol{x}\leqslant\boldsymbol{y}$。这种定序方法有如拼音文字的字典中字的排列方法，故也叫字典式序关系。在线性空间 R_m 中两个向量的加减早有定义了，因此，对任何两个向量都可以求出它们的差。但是，并不是任何两个向量之间的差都能按上述定义大于零。如果它们的差 $\boldsymbol{z}=\boldsymbol{y}-\boldsymbol{x}=\{z_1,z_2,\cdots,z_m\}$ 的分量中有正有负，那么 $\boldsymbol{z}$ 既不大于零，也不小于零。凡是两个向量的差的分量中有正数也有负数，它们之间就不能比较。所以，用这种定义去比较向量的大小顺序，只对 R_m 中的部分向量有效。这个定义只能确定一部分向量之间的顺序关系。R_m 叫做部分序向量空间，或者叫半序空间。

(2) 我们知道一切 $n\times n$ 阶实方阵按矩阵运算构成一个 $n\times n=m$ 的线性空间 R_m。实对称非负方阵 A，若对任何非零 n 维向量 $\boldsymbol{x}$ 都有 $(A\boldsymbol{x},\boldsymbol{x})\geqslant 0$，则 A 叫做不小于零，记为 $A\geqslant 0$，如果 $B-A\geqslant 0$，就称为 $B\geqslant A$ 或 $A\leqslant B$。这种关系当然只能在对称方阵中存在，而且也不是任何两个对称方阵的差都总是大于零或小于零。所以在 R_m 中只有一部分矩阵能按这种方法比较大小。这样的 R_m 也是一个半序空间。

(3) 设 P 为 R_m 中某一闭集合，如果 $\boldsymbol{x}\in P$，则对任何实数 $\lambda>0$，$\lambda\boldsymbol{x}\in P$，而 $-\boldsymbol{x}\overline{\in} P$；若 $\boldsymbol{x}\in P$，$\boldsymbol{y}\in P$，则 $\boldsymbol{x}+\boldsymbol{y}\in P$。满足这些条件的 P 叫做锥体。如果 P 的内部 $\mathring{P}$ 不是空集，则 P 叫做 R_m 中的实心锥。例如，当 $m=2$ 时，图 21.8-1 中平面上的 $a0b$ 区域就是一个实心锥。利用锥体 P 可以定义一种半序关系：凡 $\boldsymbol{x}\in P$ 称 $\boldsymbol{x}\geqslant 0$；若 $\boldsymbol{y}-\boldsymbol{x}\in P$，则称 $\boldsymbol{y}\geqslant\boldsymbol{x}$ 或 $\boldsymbol{x}\leqslant\boldsymbol{y}$。当然，若 $\boldsymbol{y}-\boldsymbol{x}\overline{\in} P$，$\boldsymbol{y}$ 和 $\boldsymbol{x}$ 之间就不能比较顺序。用实心锥在 R_m 中定义的序也是一种半序(部分序)。

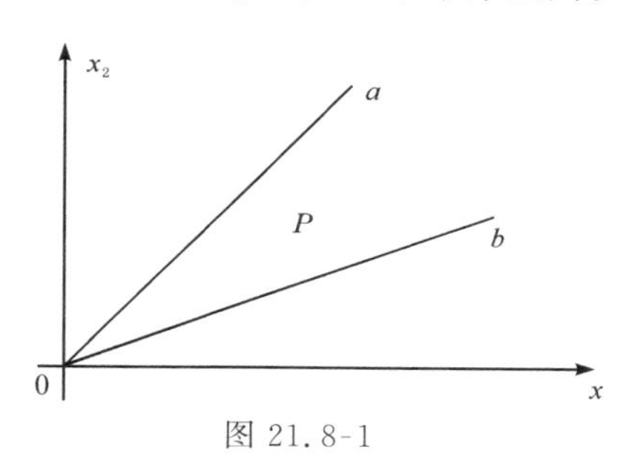

图 21.8-1

总之，在 R_m 中的某些向量之间可以定义一种序($\geqslant$)的关系，它满足下列条件

若 $\boldsymbol{x}\leqslant\boldsymbol{y}$，$\boldsymbol{y}\leqslant\boldsymbol{z}$，则 $\boldsymbol{x}\leqslant\boldsymbol{z}$；

若 $\boldsymbol{x}\leqslant\boldsymbol{y}$，$\boldsymbol{y}\leqslant\boldsymbol{x}$，则 $\boldsymbol{x}=\boldsymbol{y}$；

若 $\boldsymbol{x}_1\leqslant\boldsymbol{y}_1$，$\boldsymbol{x}_2\leqslant\boldsymbol{y}_2$，则 $\boldsymbol{x}_1+\boldsymbol{x}_2\leqslant\boldsymbol{y}_1+\boldsymbol{y}_2$；

若 $\boldsymbol{x}\leqslant\boldsymbol{y}$，$\boldsymbol{\lambda}\geqslant 0$，则必有 $\lambda\boldsymbol{x}\leqslant\lambda\boldsymbol{y}$；对 $t\leqslant 0$ 则有 $t\boldsymbol{y}\leqslant t\boldsymbol{x}$。　(21.8-1)

引进这种关系以后 R_m 就成为一个半序空间。这种半序关系同样可以引入到无穷维希尔伯特空间中，但我们现在不讨论无穷维指标空间。

易于证明，一切大于零的向量构成一个实心锥体 P_+，$P_+=\{\boldsymbol{x}\mid\boldsymbol{x}\geqslant 0\}$。上述

半序关系都可以用某一锥体去定义。因此前面讨论过的第三种情况具有普遍性。以后我们将总假定锥体 P_+ 是闭集，即 P_+ 的边界总包含于 P_+ 中。

设 Ω 是 R_m 中的某一集合，$\Omega\subset R_m$，假定在 R_m 中已引入了半序关系。在集合 Ω 中我们可以定义极大向量、极小向量、上确界向量和下确界向量。

（1）设 $\boldsymbol{x}_0\in\Omega$。$\boldsymbol{x}_0$ 叫做 Ω 中的极大向量，记为 $\boldsymbol{x}_0=\max\Omega$，是指在 Ω 中不存在任何 $\boldsymbol{x}$ 能使 $\boldsymbol{x}\geqslant\boldsymbol{x}_0$。

（2）$\boldsymbol{x}_0\in\Omega$ 叫做 Ω 中的极小向量，记为 $\boldsymbol{x}_0=\min\Omega$，是指在 Ω 中不存在任何向量 $\boldsymbol{x}$ 能使 $\boldsymbol{x}\leqslant\boldsymbol{x}_0$。

（3）$\boldsymbol{x}_0\in\Omega$ 叫做 Ω 的上确界向量，记为 $\boldsymbol{x}_0=\sup\Omega$，是指对 Ω 中的一切向量 $\boldsymbol{x}$ 都有 $\boldsymbol{x}_0\geqslant\boldsymbol{x}$。

（4）$\boldsymbol{x}_0\in\Omega$ 叫做 Ω 的下确界向量，记为 $\boldsymbol{x}_0=\inf\Omega$，是指对 Ω 中的一切向量 $\boldsymbol{x}$ 都有 $\boldsymbol{x}\geqslant\boldsymbol{x}_0$。

由定义不难推知，对 R_m 中的任一集合 Ω，$\max\Omega$ 和 $\min\Omega$ 通常不是唯一的。然而 $\sup\Omega$ 和 $\inf\Omega$，只要它存在，一定是唯一的。

现举例说明这四个定义之间的差别。试讨论前面第一种字典式序关系。在 R_m 中一切具有非负分量（至少有一个分量大于零）的向量全体构成一个凸闭锥体 P_+，叫做 R_m 中的正锥。只要向量 $\boldsymbol{y}-\boldsymbol{x}\in P_+$，就说 $\boldsymbol{y}\geqslant\boldsymbol{x}$，因此正锥 P_+ 在 R_m 中定义了部分序。令 $m=2$，即讨论平面二锥的情况，如图 21.8-2 所示。P_+ 为含 $0x_1$ 和 $0x_2$ 两条轴线在内的第一象限的全部。令集合 Ω 为正方形 $0ABC$。依定义，显然 B 点即向量 $\boldsymbol{b}$ 是 Ω 的极大值和上确界。因为在正方形中没有任何别的向量 $\boldsymbol{x}\in\Omega$，能使 $\boldsymbol{x}\geqslant\boldsymbol{b}$ 或 $\boldsymbol{x}-\boldsymbol{b}\geqslant 0$，这说明 $\boldsymbol{b}=\max\Omega$。另一方面，对正方形中的一切向量 $\boldsymbol{x}$，都有 $\boldsymbol{b}-\boldsymbol{x}\geqslant 0$，故 $\boldsymbol{b}$ 又同时是上确界。类似的讨论可证明坐标原点（零向量）既是 Ω 的极小向量，又同时是它的下确界向量。在这个例子中 $\max\Omega=\sup\Omega$，$\min\Omega=\inf\Omega$，它们都是唯一的。

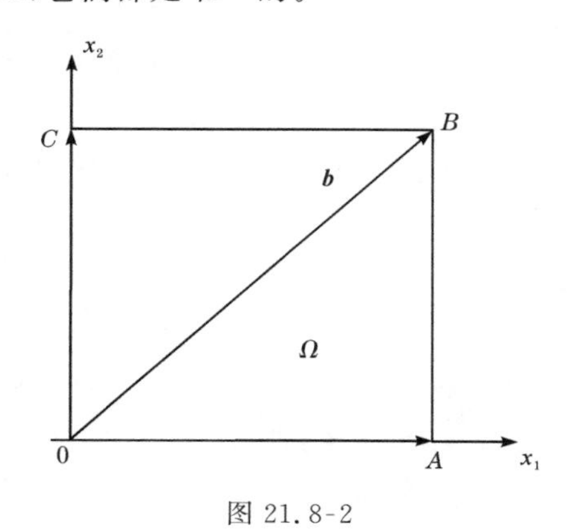

图 21.8-2

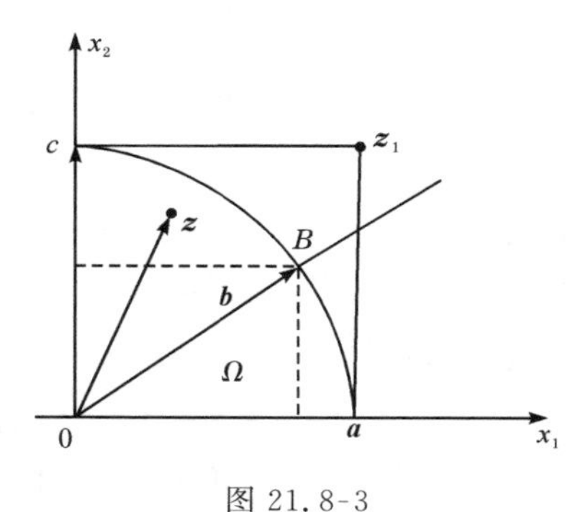

图 21.8-3

另一个例是 Ω 为位于第一象限中的四分之一个圆(图 21.8-3)。不难看出,端点位于圆周上的一切向量,都是 Ω 的极大向量。例如端点位于圆周上 B 点的向量 $\boldsymbol{b}$,它是以 B 为顶点的方形中的极大和上确界向量。而端点在方形以外圆周以内的向量 $\boldsymbol{z}$ 与 $\boldsymbol{b}$ 之间不能比较,无论是 $\boldsymbol{z}-\boldsymbol{b}$ 或 $\boldsymbol{b}-\boldsymbol{z}$ 都不属于正锥 P_+,故 $\boldsymbol{z}$ 既不大于 $\boldsymbol{b}$ 也不小于 $\boldsymbol{b}$,在 Ω 中没有任何一个向量 $\boldsymbol{x}$ 使 $\boldsymbol{x}\geqslant\boldsymbol{b}$,依定义,$\boldsymbol{b}$ 是极大向量。另一方面,并不是对 Ω 中的一切向量都有 $\boldsymbol{x}\leqslant\boldsymbol{b}$,例如图中所示的向量 $\boldsymbol{z}$ 就不能满足这个条件,所以 $\boldsymbol{b}$ 不是上确界向量。其他和前例一样,原点 0(零向量)是 Ω 唯一的极小向量和下确界向量。在这个例子中,$\max\Omega$ 有无穷多个,而在 Ω 中却不存在 $\sup\Omega$。从下面的讨论可知,$\sup\Omega$ 处在 Ω 的外部,即图 21.8-3 的 $\boldsymbol{z}_1$ 点。

关于上确界和下确界向量还需要有更确切的定义。设某两个向量 $\boldsymbol{x}$ 和 $\boldsymbol{y}$ 按照引进的半序关系是可以比较的,例如 $\boldsymbol{y}\geqslant\boldsymbol{x}$,自然有 $\boldsymbol{y}=\sup\{\boldsymbol{x},\boldsymbol{y}\}$,$\boldsymbol{x}=\inf\{\boldsymbol{x},\boldsymbol{y}\}$。如果 $\boldsymbol{x}$ 和 $\boldsymbol{y}$ 是不能相互比较的,即 $\boldsymbol{y}$ 既不大于 $\boldsymbol{x}$,也不小于或等于 $\boldsymbol{x}$,此时仍可定义它们的上确界和下确界。在定义了半序结构以后的 R_m 记为$(R_m,\geqslant)$。如果对任何 $\boldsymbol{x}$ 和 $\boldsymbol{y}\in(R_m,\geqslant)$存在一个向量 $\boldsymbol{z}$,满足下列条件:

(1) $\boldsymbol{x}\leqslant\boldsymbol{z},\boldsymbol{y}\leqslant\boldsymbol{z}$。

(2) 对任何 $\boldsymbol{u}\in(R_m,\leqslant)$,如果 $\boldsymbol{x}\leqslant\boldsymbol{u},\boldsymbol{y}\leqslant\boldsymbol{u}$,则必有 $\boldsymbol{u}\geqslant\boldsymbol{z}$。这就是说,$\boldsymbol{z}$ 是满足条件(1)的"最小"向量。

满足这两个条件的 $\boldsymbol{z}$ 叫做 $\boldsymbol{x},\boldsymbol{y}$ 的上确界,记为

$$\boldsymbol{z}=\boldsymbol{x}\vee\boldsymbol{y}=\sup\{\boldsymbol{x},\boldsymbol{y}\}\tag{21.8-2}$$

同样可定义两个向量的下确界。$\boldsymbol{z}$ 叫做 $\boldsymbol{x},\boldsymbol{y}$ 的下确界,如果它满足下列两个条件:

(1) $\boldsymbol{z}\leqslant\boldsymbol{x},\boldsymbol{z}\leqslant\boldsymbol{y}$。

(2) 对任何 $\boldsymbol{u}\in(R_m,\geqslant)$,只要 $\boldsymbol{u}\leqslant\boldsymbol{x},\boldsymbol{u}\leqslant\boldsymbol{y}$,则必有 $\boldsymbol{u}\leqslant\boldsymbol{z}$。

下确界向量 $\boldsymbol{z}$ 将记为

$$\boldsymbol{z}=\boldsymbol{x}\wedge\boldsymbol{y}=\inf\{\boldsymbol{x},\boldsymbol{y}\}\tag{21.8-3}$$

如果在$(R_m,\geqslant)$中任何两个向量都有上确界和下确界存在,则$(R_m,\geqslant)$叫做定向半序空间,或叫做线性络结构(Lattice)。由正锥 $P_+=\{\boldsymbol{x}=x_1,x_2,\cdots,x_m(|x_i\geqslant0)$,至少有一个 $x_i>0\}$确定的半序线性空间(R_m,P_+)就是一个线性络结构。

R_m 中任何两个向量 $\boldsymbol{x}=\{x_1,x_2,\cdots,x_m\}$和 $\boldsymbol{y}=\{y_1,y_2,\cdots,y_m\}$的上确界向量 $\boldsymbol{z}$ 可以表示成

$$\boldsymbol{z}=\sup\{\boldsymbol{x},\boldsymbol{y}\}=\boldsymbol{x}\vee\boldsymbol{y}=\{\max(x_1,y_1),\cdots,\max(x_m,y_m)\}\tag{21.8-4}$$

不难证明,由此式算出的 $\boldsymbol{z}$ 是唯一的,且满足前面的定义。设 Ω 是(R_m,P_+)中的有穷个元构成的集合,$\Omega=\{\boldsymbol{x}_1,\boldsymbol{x}_2,\cdots,\boldsymbol{x}_n\}$。整个集合 Ω 的上确界 $\sup\Omega$ 可按下式算出

$$\sup\Omega=(\cdots((\boldsymbol{x}_1\vee\boldsymbol{x}_2)\vee\boldsymbol{x}_3)\vee\cdots)\vee\boldsymbol{x}_n\tag{21.8-5}$$

有了上确界的计算方法以后，又可证明任何两个向量的下确界为

$$\inf\{\boldsymbol{x},\boldsymbol{y}\}=\boldsymbol{x}\wedge\boldsymbol{y}=-[(-\boldsymbol{x})\vee(-\boldsymbol{y})] \tag{21.8-6}$$

对任何有穷集合 Ω，用类似式(21.8-5)的关系可求出 Ω 的下确界向量。关于上下确界的运算还有两个重要的关系式

$$(\boldsymbol{x}\vee\boldsymbol{y})+\boldsymbol{z}=(\boldsymbol{x}+\boldsymbol{z})\vee(\boldsymbol{y}+\boldsymbol{z}) \tag{21.8-7}$$

$$(\boldsymbol{x}\wedge\boldsymbol{y})+\boldsymbol{z}=(\boldsymbol{x}+\boldsymbol{z})\wedge(\boldsymbol{y}+\boldsymbol{z}) \tag{21.8-8}$$

对空间(R_m,P_+)这两个等式可从直接式(21.8-4)得到。对其他类型的线性络结构来说也不难证明它的正确性。

值得指出的是，当 R_m 蜕化到一维空间时，前面定义的极大、极小、上下确界等概念就与在实轴上通常的定义相重合。由此可见实数轴上实数的全序关系，是正锥定义的半序空间(R_m,P_+)的一个特例。从半序本身的定义还可以看到，极大、极小等定义与问题的物理概念和几何概念没有任何矛盾。

有了上述准备后，我们可以开始讨论函数的“极值”问题。我们知道定义于 R_n 中的光滑的实值函数 $f(\boldsymbol{x})$在 $\boldsymbol{x}_0$ 点有局部极值的必要条件是

$$\frac{\partial f}{\partial x_i}(\boldsymbol{x}_0)=0,\quad i=1,2,\cdots,n \tag{21.8-9}$$

而 $\boldsymbol{x}_0$ 是局部极大(极小)值的充分条件是

$$(A\boldsymbol{x},\boldsymbol{x})=\sum_{i,j=1}^{n}a_{ij}x_ix_j \tag{21.8-10}$$

为负定(正定)二次型，A 是 $n\times n$ 方阵

$$A=\begin{pmatrix}\dfrac{\partial^2 f}{\partial x_1^2} & \dfrac{\partial^2 f}{\partial x_1\partial x_2}\cdots & \dfrac{\partial^2 f}{\partial x_1\partial x_n}\\ \vdots & \vdots & \vdots\\ \dfrac{\partial^2 f}{\partial x_n\partial x_1} & \dfrac{\partial^2 f}{\partial x_n\partial x_2}\cdots & \dfrac{\partial^2 f}{\partial x_n^2}\end{pmatrix} \tag{21.8-11}$$

式中 $\partial^2 f/\partial x_i\partial x_j$ 是在点 $\boldsymbol{x}=\boldsymbol{x}_0$ 上的值。

再说一遍，条件式(21.8-9)和(21.8-10)是实的数值函数的极值条件。我们现在的目的是把这些条件推广到取值于 m 维半序空间(R_m,P_+)的函数的“极值”问题。

设 H 是某一线性赋范空间，例如希尔伯特空间。$F(\boldsymbol{x})$是定义于 H 中而取值于(R_m,P_+)中的函数。$F(\boldsymbol{x})$叫做凸函数，是指在 H 的某一凸性区域 D 中有半序不等式

$$\begin{gathered}F(t\boldsymbol{x}_1+(1-t)\boldsymbol{x}_2)\leqslant tF(\boldsymbol{x}_1)+(1-t)F(\boldsymbol{x}_2)\\ \boldsymbol{x}_1,\boldsymbol{x}_2\in D\subset H,\quad 0\leqslant t\leqslant 1\end{gathered} \tag{21.8-12}$$

函数 $F(\boldsymbol{x}),\boldsymbol{x}\in H$，叫做在 $\boldsymbol{x}_0$ 点强可微，如果存在一个从 H 到(R_m,P_+)中的线性有界算子 $F'(\boldsymbol{x}_0)$，使对任何 $\Delta\boldsymbol{x}\in H$ 有

$$F(\boldsymbol{x}_0+\Delta\boldsymbol{x})-F(\boldsymbol{x}_0)=F'(\boldsymbol{x}_0)\Delta\boldsymbol{x}+\omega(\boldsymbol{x}_0;\Delta\boldsymbol{x}) \tag{21.8-13}$$

式中

$$\lim\frac{\|\omega(\boldsymbol{x}_0;\Delta\boldsymbol{x})\|_{R_m}}{\|\Delta\boldsymbol{x}\|_H}=0$$

由上式决定的 $F'(\boldsymbol{x}_0)$叫做 $F(\boldsymbol{x})$在 $\boldsymbol{x}_0$ 点上的强微商。线性有界算子 $F'(\boldsymbol{x}_0)$叫做函数 $F(\boldsymbol{x})$在 $\boldsymbol{x}_0$ 点的弱微商，是指对任何 $\boldsymbol{h}\in H$ 有

$$F'(\boldsymbol{x}_0)\boldsymbol{h}=\lim_{t\to 0}\frac{F(\boldsymbol{x}_0+t\boldsymbol{h})-F(\boldsymbol{x}_0)}{t}=\left.\frac{dF(\boldsymbol{x}_0+t\boldsymbol{h})}{dt}\right|_{t=0} \tag{21.8-14}$$

由式(21.8-13)所定义的 $F'(\boldsymbol{x}_0)$叫做强微分；而由式(21.8-14)所定义的 $F'(\boldsymbol{x}_0)$叫做弱微分。在泛函分析中证明，强微商，如果存在的话，同时也是弱微商。

设 $F(\boldsymbol{x})$在 $\boldsymbol{x}_0$ 点附近连续强可微，$F(\boldsymbol{x})$把 $\boldsymbol{x}_0$ 的某一邻域 $V(\boldsymbol{x}_0)\subset H$ 映至(R_m,P_+)中的某一集合 $\Omega(\boldsymbol{x}_0)$上，如果按前面的半序空间中上下确界向量的定义有下式成立

$$F(\boldsymbol{x}_0)=\sup\Omega(\boldsymbol{x}_0) \tag{21.8-15}$$

或者

$$F(\boldsymbol{x}_0)=\inf\Omega(\boldsymbol{x}_0) \tag{21.8-16}$$

我们说函数 $F(\boldsymbol{x})$在 $\boldsymbol{x}_0$ 点达到局部极值。下面我们证明，使 $F(\boldsymbol{x})$在 $\boldsymbol{x}_0$ 点达到局部极值的必要条件是强微商 $F'(\boldsymbol{x}_0)=0$。

设在 $V(\boldsymbol{x}_0)$中连续强可微的函数 $F(\boldsymbol{x})$在 $\boldsymbol{x}_0$ 点达到局部极值，使式(21.8-15)或(21.8-16)成立。那么首先对任何 $\Delta\boldsymbol{x}\in V(\boldsymbol{x}_0)$有

$$\lim_{\|\Delta x\|_H\to 0}\left\|\frac{F(\boldsymbol{x}_0+\Delta\boldsymbol{x})-F(\boldsymbol{x}_0)}{\|\Delta\boldsymbol{x}\|_H}-F'(\boldsymbol{x}_0)\right\|_{R_m}=0 \tag{21.8-17}$$

为了明确起见，我们讨论 $F(\boldsymbol{x})$在 $\boldsymbol{x}_0$ 点达到下确界即式(21.8-16)成立的情况。对足够小的 $\|\Delta\boldsymbol{x}\|$ 总有 $F(\boldsymbol{x}_0+\Delta\boldsymbol{x})\geqslant F(\boldsymbol{x}_0)$。依式(21.8-13)知，当 $\Delta\boldsymbol{x}$ 的范数足够小时，$F'(\boldsymbol{x}_0)\Delta\boldsymbol{x}\geqslant 0$。又因为在强微分的定义中，式(21.8-13)对任何范数足够小的 $\Delta\boldsymbol{x}$ 都成立，故用 $-\Delta\boldsymbol{x}$ 代 $\Delta\boldsymbol{x}$ 后等式也成立。由于 $F(\boldsymbol{x}_0)$是下确界向量，所以 $-F'(\boldsymbol{x}_0)\Delta\boldsymbol{x}\geqslant 0$。既然 $F'(\boldsymbol{x}_0)\Delta\boldsymbol{x}\in(R_m,P_+)$，故 $F'(\boldsymbol{x}_0)\Delta\boldsymbol{x}=0$ 对任何范数足够小的 $\Delta\boldsymbol{x}\in H$ 成立，即 $F'(\boldsymbol{x}_0)=0$。$F(\boldsymbol{x})$在 $\boldsymbol{x}_0$ 点达到局部上确界的情况完全类似。总之，我们证明了，定义于某一线性赋范空间 H 上而取值于(R_m,P_+)中的强可微函数 $F(\boldsymbol{x})$在 $\boldsymbol{x}_0$ 点达到上确界或下确界的必要条件是

$$F'(\boldsymbol{x}_0)=0 \tag{21.8-18}$$

这与实值函数的极值条件式(21.8-9)很相似，尽管现在这个条件的含义已经完全不同。

设强微商 $F'(\boldsymbol{x})$本身在 $\boldsymbol{x}_0$ 的邻域中又是强连续可微的，我们可以再用式(21.8-9)去定义 $F(\boldsymbol{x})$在 $\boldsymbol{x}_0$ 点的二阶强微商

$$F''(\boldsymbol{x}_0)=(F'(\boldsymbol{x}_0))' \tag{21.8-19}$$

更确切的定义如下：如果 $F(\boldsymbol{x}_0+\boldsymbol{h})$ 在 $\boldsymbol{x}_0$ 点对 H 中的任何 $\boldsymbol{h}$ 均可展开成

$$F(\boldsymbol{x}_0+\boldsymbol{h})-F(\boldsymbol{x}_0)=F'(\boldsymbol{x}_0)\boldsymbol{h}+\frac{1}{2}B(\boldsymbol{x}_0,\boldsymbol{h})+\omega_1(\boldsymbol{x}_0,\boldsymbol{h}) \tag{21.8-20}$$

式中

$B(\boldsymbol{x}_0,\boldsymbol{h})$是 $\boldsymbol{h}$ 的二次型

$$\lim_{\|\boldsymbol{h}\|_H\to 0}\frac{\|\omega_1(\boldsymbol{x}_0,\boldsymbol{h})\|_{R_m}}{\|\boldsymbol{h}\|_H^2}=0$$

$B(\boldsymbol{x}_0,\boldsymbol{h})$叫做 $F(\boldsymbol{x})$在 $\boldsymbol{x}_0$ 点的二阶强微分。可以证明 $F(\boldsymbol{x})$在 $\boldsymbol{x}_0$ 点达到上确界(下确界)的充分条件是在此点上二阶强微分 $B(\boldsymbol{x}_0,\boldsymbol{h})\leqslant 0(\geqslant 0)$。这个事实的证明可见文献[14]。

下面的讨论是解决多指标优越控制的问题。设某一系统的运动方程式是

$$\frac{d\boldsymbol{x}}{dt}=\boldsymbol{f}(\boldsymbol{x},\boldsymbol{u},t),\quad \boldsymbol{x}(t_0)=\boldsymbol{x}_0 \tag{21.8-21}$$

式中 $\boldsymbol{x}=\{x_1,x_2,\cdots,x_k\}$是系统的状态向量，$\boldsymbol{f}=\{f_1,f_2,\cdots,f_k\}$，即状态空间是 k 维的；$\boldsymbol{u}\in R_r$，$\boldsymbol{u}=\{u_1,u_2,\cdots,u_r\}$是控制向量；设控制过程是在固定的时间间隔$[t_0,t_1]$中进行的，$\boldsymbol{x}(t_0)=\boldsymbol{x}_0$ 是系统的初始条件。再设该受控过程有 m 个指标都要进行评定

$$\begin{aligned}
z_1(\boldsymbol{x},\boldsymbol{u},t_1,t_0) &= \int_{t_0}^{t_1}\varphi_1(\boldsymbol{x}(t),\boldsymbol{u}(t),t)dt\\
z_2(\boldsymbol{x},\boldsymbol{u},t_1,t_0) &= \int_{t_0}^{t_1}\varphi_2(\boldsymbol{x}(t),\boldsymbol{u}(t),t)dt\\
&\cdots\\
z_m(\boldsymbol{x},\boldsymbol{u},t_1,t_0) &= \int_{t_0}^{t_1}\varphi_m(\boldsymbol{x}(t),\boldsymbol{u}(t),t)dt
\end{aligned} \tag{21.8-22}$$

这 m 个指标函数可写成向量形式

$$\frac{d\boldsymbol{z}}{dt}=\boldsymbol{\varphi}(\boldsymbol{x},\boldsymbol{u},t),\boldsymbol{z}(t_0)=\boldsymbol{0} \tag{21.8-23}$$

把状态方程(21.8-21)和指标方程(21.8-23)联合起来，记

$$\boldsymbol{y}(t)=\{\boldsymbol{x}(t),\boldsymbol{z}(t)\},\boldsymbol{g}=\{\boldsymbol{f},\boldsymbol{\varphi}\},\boldsymbol{y}\in R_k\times R_m=R_n \tag{21.8-24}$$

于是整个系统可简写成

$$\frac{d\boldsymbol{y}}{dt}=\boldsymbol{g}(\boldsymbol{x},\boldsymbol{u},t),\boldsymbol{y}(t_0)=\{\boldsymbol{x}_0;\boldsymbol{0}\} \tag{21.8-25}$$

设 t_0 和 t_1 都已固定，$\boldsymbol{x}(t_0)=\boldsymbol{x}_0$ 和 $\boldsymbol{x}(t_1)=\boldsymbol{x}_1$ 也已给定。在指标空间 R_m 中用某一实心正锥引进半序，使它成为线性络结构(R_m,P_+)。设有某一种控制 $\mathring{\boldsymbol{u}}(t)$，$t\in[t_0,t_1]$，能使系统式(21.8-21)从 $\boldsymbol{x}_0$ 点到达 $\boldsymbol{x}_1$ 点

$$\boldsymbol{x}(t_1)=\boldsymbol{x}_1 \tag{21.8-26}$$

所有其他的控制 $\boldsymbol{u}(t)$ 都使 $\boldsymbol{z}(t_1)\in(R_m,P_+)$，并满足下列不等式

$$\boldsymbol{z}(\mathring{\boldsymbol{x}}(t),\mathring{\boldsymbol{u}}(t),t_1,t_0)\leqslant\boldsymbol{z}(\boldsymbol{x}(t),\boldsymbol{u}(t),t_1,t_0) \tag{21.8-27}$$

则 $\mathring{\boldsymbol{u}}(t)$ 称为优越控制。注意上式内 $\mathring{\boldsymbol{x}}(t)$ 是由给定的 $\boldsymbol{x}_0$ 和 $\boldsymbol{x}_1$ 并对应控制 $\mathring{\boldsymbol{u}}(t)$ 的系统运动轨迹，而符号 $\leqslant$ 表示 (R_m,P_+) 中的半序关系，依前面的定义，$\boldsymbol{z}(\mathring{\boldsymbol{x}}(t),\mathring{\boldsymbol{u}}(t),t_1,t_0)$ 是一切可能的指标向量 $\boldsymbol{z}(\boldsymbol{x}(t),\boldsymbol{u}(t),t_1,t_0)$ 的下确界向量。

我们看到，关于优越控制的概念与第九章内讨论过的最优控制的概念是很不相同的。那里的指标函数空间是实轴 R_1，而这里的指标函数则是半序空间 (R_m,P_+) 中的向量。但是，一旦在 R_m 中引进了半序关系使它成为线性络结构以后，至少从形式上看，两者就变得没有什么差别了。下面我们写出在半序空间 (R_m,P_+) 中优越控制所应满足的必要条件：

设式(21.8-25)右端向量函数 $\boldsymbol{g}=\{f_1,f_2,\cdots,f_k;\varphi_1,\varphi_2,\cdots,\varphi_m\}$ 的每一个分量都是诸自变元的连续函数，在某一有界区域中是一致有界函数，而且对 $\boldsymbol{x}$ 的每一分量有连续偏微商。记 U 为空间 R_r 中的某一给定的有界区域，$U\subset R_r$，如果在任何时刻 t，$\boldsymbol{u}(t)\in U$，则 $\boldsymbol{u}(t)$ 叫做可准控制。

定义 $\boldsymbol{\Psi}(t)=(\varphi_{ij}(t))$ 为 $m\times n$ 阶矩阵函数，$m+k=n$，它可以看成为从状态空间 $R_n=R_k\times R_m$ 到指标空间 (R_m,P_+) 的线性算子；$\boldsymbol{\Psi}(t)$ 可分解为两部分 $\boldsymbol{\Psi}(t)=\{\boldsymbol{\Psi}_x(t);\boldsymbol{\Psi}_z(t)\}$，$\boldsymbol{\Psi}_x$ 是从 R_k 到 (R_m,P_+) 中的矩阵算子，$\boldsymbol{\Psi}_z$ 是从 (R_m,P_+) 到 (R_m,P_+) 中的矩阵算子。构造 m 维向量函数(哈密顿函数)

$$\boldsymbol{H}(\boldsymbol{x}(t),\boldsymbol{\Psi}(t),\boldsymbol{u}(t),t)=\boldsymbol{\Psi}(t)\boldsymbol{g}(\boldsymbol{x}(t),\boldsymbol{u}(t),t) \tag{21.8-28}$$

式中 $\boldsymbol{g}=\{f_1,f_2,\cdots,f_k;\varphi_1,\varphi_2,\cdots,\varphi_m\}=\{g_1,g_2,\cdots,g_n\}$，是式(21.8-25)右端的向量函数，$\boldsymbol{H}\in(R_m,P_+)$。

为了使 $\mathring{\boldsymbol{u}}(t)$ 成为满足条件式(21.8-25)，(21.8-26)和(21.8-27)的优越控制，必须存在一个常矩阵 $\mathring{\boldsymbol{\Psi}}(t_1)=\{\mathring{\boldsymbol{\Psi}}_x(t_1),\mathring{\boldsymbol{\Psi}}_z(t_1)\}$，$0\leqslant\mathring{\boldsymbol{\Psi}}_z(t_1)\in(R_m,P_+)$，并使下列条件同时成立

$$\frac{d\mathring{\boldsymbol{x}}}{dt}=\boldsymbol{f}(\mathring{\boldsymbol{x}}(t),\mathring{\boldsymbol{u}}(t),t),t\in[t_0,t_1]$$

$$\mathring{\boldsymbol{x}}(t_0)=\boldsymbol{x}_0,\quad \mathring{\boldsymbol{x}}(t_1)=\boldsymbol{x}_1$$

$$\frac{d\,\mathring{\boldsymbol{\Psi}}}{dt}=-\frac{\partial\boldsymbol{H}}{\partial\boldsymbol{x}}(\mathring{\boldsymbol{x}}(t),\mathring{\boldsymbol{\Psi}}(t),\mathring{\boldsymbol{u}}(t),t)=-\mathring{\boldsymbol{\Psi}}(t)\frac{\partial\boldsymbol{g}}{\partial\boldsymbol{x}}(\mathring{\boldsymbol{x}}(t),\mathring{\boldsymbol{u}}(t),t)$$

$$\mathring{\boldsymbol{\Psi}}(t_1)=\{\mathring{\boldsymbol{\Psi}}_x(t_1),\mathring{\boldsymbol{\Psi}}_z(t_1)\}$$

$$\boldsymbol{H}(\mathring{\boldsymbol{x}}(t),\mathring{\boldsymbol{\Psi}}(t),\mathring{\boldsymbol{u}}(t),t)=\inf_{\boldsymbol{u}\in U}\boldsymbol{H}(\mathring{\boldsymbol{x}}(t),\mathring{\boldsymbol{\Psi}}(t),\boldsymbol{u},t) \tag{21.8-29}$$

如果 U 是 R_r 中的开集，则沿 $\mathring{\boldsymbol{u}}(t)$ 确定的优越轨迹上

$$\frac{\partial\boldsymbol{H}}{\partial u_i}(\mathring{\boldsymbol{x}}(t),\mathring{\boldsymbol{\Psi}}(t),\mathring{\boldsymbol{u}}(t),t)=0,\quad i=1,2,\cdots,r \tag{21.8-30}$$

只要回忆一下第九章中证明过的极大值原理就可以看到，式(21.8-29)和(21.8-30)是它的推广。注意到式(21.8-30)这一组必要条件是在开集上求优越控制的，所以它与古典变分法得到的结果在形式上是一致的。因此式(21.8-29)和(21.8-30)是局部极值的必要条件。如果 U 是一个有界闭集，优越控制可能取值于 U 的边界上，此时式(21.8-30)将不成立。

设 $t=t_1$ 时的状态 $\boldsymbol{x}(t_1)$ 是自由的，而且 U 是有界闭集，那么全局优越控制的必要条件将变为

$$
\begin{aligned}
&\frac{d\mathring{\boldsymbol{x}}}{dt}=\boldsymbol{f}(\mathring{\boldsymbol{x}}(t),\mathring{\boldsymbol{u}}(t),t),\quad t\in[t_0,t_1]\\
&\mathring{\boldsymbol{x}}(t_0)=\boldsymbol{x}_0\\
&\frac{d\mathring{\boldsymbol{\Psi}}}{dt}=-\frac{\partial \boldsymbol{H}}{\partial \boldsymbol{x}}(\mathring{\boldsymbol{x}}(t),\mathring{\boldsymbol{\Psi}}(t),\mathring{\boldsymbol{u}}(t),t)\\
&\qquad=-\mathring{\boldsymbol{\Psi}}(t)\frac{\partial \boldsymbol{g}}{\partial \boldsymbol{x}}(\mathring{\boldsymbol{x}}(t),\mathring{\boldsymbol{u}}(t),t),\quad t\in[t_0,t_1]\\
&\mathring{\boldsymbol{\Psi}}(t_1)=\{\mathring{\boldsymbol{\Psi}}_x(t_1);\mathring{\boldsymbol{\Psi}}_z(t_1)\},\quad \mathring{\boldsymbol{\Psi}}_x(t_1)=0,\quad \mathring{\boldsymbol{\Psi}}_z(t_1)=\boldsymbol{\Psi}_1\\
&\boldsymbol{H}(\mathring{\boldsymbol{x}}(t),\mathring{\boldsymbol{\Psi}}(t),\mathring{\boldsymbol{u}}(t),t)=\inf \boldsymbol{H}(\mathring{\boldsymbol{x}}(t),\mathring{\boldsymbol{\Psi}}(t),\boldsymbol{u},t)=\text{const}
\end{aligned}
\tag{21.8-31}
$$

上述两组条件的证明与第九章中的极大值原理的证明非常相似，这里不再重复。在文献[14,32]中还列出了优越控制所应满足的充分条件。上述必要条件常称为下确界原理(或上确界原理)，以表示与研究单个指标情况下的极大值原理的差别。应用下确界原理于最优滤波等问题，可以得到与单指标最优条件完全相同的结果。

21.9 最优协调和线性规划

在具有多级结构的大系统中，除了必须对每一个受控过程进行直接控制以外，还常常需要在众多的子系统的状态变量之间进行协调，使它们相互保持某种比例关系，以达到全局最优的总态势。这种协调工作是由专设的“协调级”自动完成的，如图 21.2-1 中所示。粗略地说，处于大系统中的每个子系统的状态应受到全局需要的约束，使全局性能保持在某一预定的理想平衡状态。协调级所处理的应该是一些稳态参数，而不像具体过程控制器必须处理动态控制问题那样。可以设想，大系统的全局利益要求各子系统的状态参数满足某一函数关系，例如某一代数关系式，而不是微分方程式。举例说，在经济计划大系统中，资源的利用和调配运输，应受到资源总额的限制，协调工作应该在不超出可调配的总额的条件下使利用率最高和运输费用最少；在地区或部门的生产计划协调中，应该在预定的

原材料总额的限制下使平均成本最低，产量最高等。

在大系统的这种协调任务中，常用的方法是数学规划法，其中尤以线性规划方法应用最广泛，在不少经济部门已经取得了显著的效果，例如在林业加工[48]、资源利用[50]、民航调度[24]等方面。我国在化肥、煤炭等资源调配和铁路运输方面，也已开始采用线性规划的方法去制订方案，从而完成了全局协调的任务，并获得了良好的效果。

数学规划问题的实质是在给定的限制(代数式)条件下，求出一组参数，使某一指标函数(代数函数)达到极小值或极大值。如果限制条件和指标函数都是诸状态参数的线性函数，就叫做线性规划方法。下面我们通过两个不同类型的例子来说明线性规划的命题和物理意义。

设在某一地区有 N 个城市和矿山，消费和生产某类资源。在这 N 个点之间有铁路网相连接，如图 21.9-1 所示。用 b_i 表示第 i 个点每年能够提供的资源数量(此时 b_i 为正值)或要求每年消耗的此项资源数量(此时 b_i 为负值)。在理想情况下，这类资源的供销应该平衡，即要求

$$\sum_{i=1}^{N} b_i = 0 \tag{21.9-1}$$

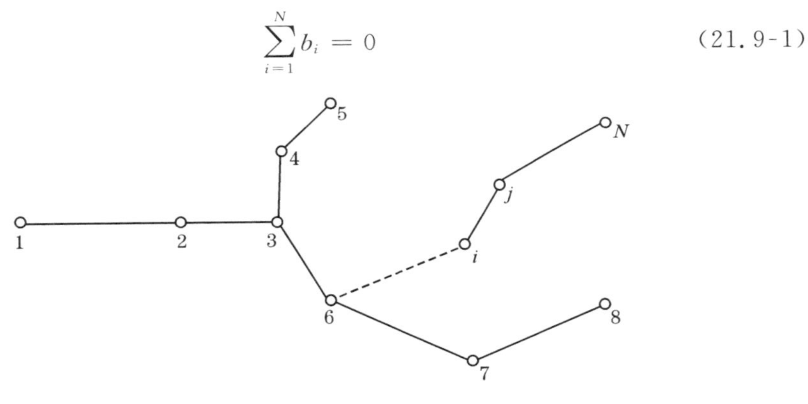

图 21.9-1

用 x_{ij} 表示从第 i 个点调往第 j 点的资源数量，a_{ij} 表示该资源的标准当量系数，那么第 i 个点应得到的计划供应量 b_i

$$\sum_{j=1}^{N} a_{ij} x_{ij} = b_i, \quad i = 1,2,\cdots,N \tag{21.9-2}$$

显然，变量 x_{ij} 的数目(记为 n)，要远大于 N。将这些 x_{ij} 统一编号并用一个下标表示 $\{x_j\}$。则上式可改写为

$$\sum_{j=1}^{N} a_{ij} x_j = b_i, \quad i = 1,2,\cdots,N \tag{21.9-2′}$$

当只计算运出资源数量时，显然要求所有的 x_j 都为正数或零，此时取负值是没有意义的。因而可以要求上式

$$x_j \geqslant 0, \quad j=1,2,\cdots,N$$

再设每一批资源 x_j 的运输对应一种消费或投资，例如运费、包装、运输损耗等，这种代价将与 x_j 的大小成比例，用 c_j 表示这个比例系数。实现这一整个调度计划的总代价是

$$T = \sum_{i=1}^{n} c_i x_i \tag{21.9-3}$$

当然，每一种调配方案 $\{x_i\}$ 对应不同的代价，即 T 是整个方案的函数，或者说是整个调度计划 $\{x_i\}$ 的函数。于是，这里出现一个最优协调的问题，即如何分配和调度这种资源，才能使为实现这个协调计划所付出的代价最小？也就是说，哪种调配方案能得到最大的节约效果？

这个例子中讨论的仅仅是资源调度协调的最优方案问题。实际上，对工业生产的各行各业都常出现计划与消耗的这种矛盾关系。例如，有人研究过木材加工工业的木材调度最优计划[48]，钢铁生产计划[20]的最优制定，飞机飞行线路的选定[24]，大石油企业的产品计划问题等。还有其他很多方面的问题都可以归结为类似线性规划的代数问题。这就是为什么线性规划方法的应用在各国都受到重视，而且在理论上也研究得比较透彻的原因。

其实，线性动态系统的最优控制问题也常可以归结为线性规划问题。再看下面最优控制问题的例子[17]。设 $\boldsymbol{x}(k)$ 表示某一受控系统在 k 时刻的状态，$\boldsymbol{x} \in R_n$，$\boldsymbol{u}(k)$ 表示控制向量 $\boldsymbol{u} \in R_r$ 在 k 时刻的值。我们知道，离散线性控制系统的运动方程式可写成

$$\boldsymbol{x}(k+1) - \boldsymbol{x}(k) = A\boldsymbol{x}(k) + B\boldsymbol{u}(k), \quad k=0,1,\cdots,l-1 \tag{21.9-4}$$

式中 A 为 $n \times n$ 阶方阵，B 为 $n \times r$ 阶长方阵，l 是固定的终点时间。要求寻找一种最优控制 $\mathring{\boldsymbol{u}} = \{\mathring{\boldsymbol{u}}(0), \mathring{\boldsymbol{u}}(1), \cdots, \mathring{\boldsymbol{u}}(l-1)\}$ 使由内积组成的指标函数

$$T(\mathring{\boldsymbol{x}}, \mathring{\boldsymbol{u}}) = \sum_{k=0}^{l} (\boldsymbol{c}_k, \boldsymbol{x}(k)) + \sum_{k=0}^{l-1} (\boldsymbol{c}'_k, \boldsymbol{u}(k)) \tag{21.9-5}$$

取极小值。这里 $\boldsymbol{c}_k$ 和 $\boldsymbol{c}'_k$ 分别是 n 维和 r 维的常向量。控制向量 $\boldsymbol{u}(k)$ 和状态向量 $\boldsymbol{x}(k)$ 的取值假定受下列条件限制

$$\boldsymbol{u}(k) \in U_k = \{\boldsymbol{u} \mid F_k \boldsymbol{u} \leqslant \boldsymbol{\omega}_k\} \subset R_r$$
$$\boldsymbol{x}(k) \in X_k = \{\boldsymbol{x} \mid H_k \boldsymbol{x} \leqslant \boldsymbol{u}_k\} \subset R_n \tag{21.9-6}$$

受控系统的初始条件 $\boldsymbol{x}(0) = \boldsymbol{x}_0$ 和终点条件 $\boldsymbol{x}(l) = \boldsymbol{x}_l$ 设为给定，它们应满足关系式

$$G_0 \boldsymbol{x}_0 = \boldsymbol{\alpha}_0, \quad \boldsymbol{G}_l \boldsymbol{x}_l = \alpha_l \tag{21.9-7}$$

式(21.9-6)—(21.9-7)中 F_k, H_k, G_0, G_l 都是相应阶数的矩阵，而 $\boldsymbol{\omega}_k, \boldsymbol{v}_k, \boldsymbol{\alpha}_0$ 和 $\boldsymbol{\alpha}_l$ 是给定的相应维数的向量；式(21.9-6)右端括弧内的符号 $\leqslant$ 是半序关系式，例如向量的每一个分量都满足不等式 $\leqslant$。

记 $\boldsymbol{y}=\{\boldsymbol{x}_0,\boldsymbol{x}(1),\cdots,\boldsymbol{x}(l);\boldsymbol{u}(0),\boldsymbol{u}(1),\cdots,\boldsymbol{u}(l-1)\}$。由式(21.9-4)和(21.9-7)有

$$\begin{aligned}&\boldsymbol{x}(1)-\boldsymbol{x}_0-A\boldsymbol{x}_0-B\boldsymbol{u}(0)=\boldsymbol{0}\\&\cdots\\&\boldsymbol{x}(l)-\boldsymbol{x}(l-1)-A\boldsymbol{x}(l-1)-B\boldsymbol{u}(l-1)=\boldsymbol{0}\\&G_0\boldsymbol{x}_0-\alpha_0=\boldsymbol{0}\\&G_l\boldsymbol{x}_l-\boldsymbol{\alpha}_l=\boldsymbol{0}\end{aligned}\tag{21.9-8}$$

此式可改写为

$$R\boldsymbol{y}-\boldsymbol{b}=\boldsymbol{0}\tag{21.9-9}$$

R 是$(l+1)n+lr$ 列和至少有 nl 行的矩阵(与矩阵 G_0,G_l 的行数有关),$\boldsymbol{b}$ 是相应维数的常向量。限制条件式(21.9-6)可改写为

$$P\boldsymbol{y}\leqslant\boldsymbol{e}\tag{21.9-10}$$

$\boldsymbol{e}$ 为相应的常向量。

那么,现在,最优控制问题就变成求满足等式(21.9-9)和不等式(21.9-10)的 $\boldsymbol{y}$,使指标函数式(21.9-5),即

$$J=(\boldsymbol{y},\boldsymbol{c})\tag{21.9-11}$$

达极小值。这样,式(21.9-9)—(21.9-11)就构成了一个标准的线性规划问题。

从上例中可以看到,离散线性系统的最优控制问题与线性规划问题是等价的。然而,写成线性规划的形式,可以包括更多一些的限制条件,例如 $\boldsymbol{u}$ 的取值范围 u_k 可以是变化的,系统状态坐标本身也可以是受限的,限制范围 X_k 也可以随时间 k 变化。不仅如此,就是偏微分方程的最优控制问题也有时可以化成数学规划问题[17]。可见线性规划的理论和方法与最优控制问题有密切的联系。它不仅可以描述普通的代数协调问题,而且能从不同的角度去描述由常微分方程、差分方程和偏微分方程描述的最优控制问题。线性规划问题也可能有向量指标的情况,这时就要引进半序指标空间的概念,如前节内所作的那样。

如果与式(21.9-9),(21.9-10)相对应的限制条件不是 $\boldsymbol{y}$ 的线性函数,而是非线性关系,那么为了求式(21.9-11)的极小值问题,就要用非线性规划的方法。但是,本节内我们将只介绍解决线性规划问题的基本思想和方法。这样做不仅是因为由于篇幅的限制,还因为对线性规划问题研究得最完善。

像式(21.9-2)和(21.9-3)这种线性规划问题总可以化成下列标准代数问题:在 $\boldsymbol{n}$ 维(实)欧氏空间 R_n 中,给定两个常向量 $\boldsymbol{b}=\{b_1,b_2,\cdots,b_m\}$,$\boldsymbol{c}=\{c_1,c_2,\cdots,c_n\}$,$m<n$,和一个给定的 $m\times n$ 矩阵算子 $A=(a_{ij})$,求解问题

$$\begin{gathered}A\boldsymbol{x}=\boldsymbol{b},\quad \boldsymbol{x}\geqslant 0\\T=(\boldsymbol{c},\boldsymbol{x})=\min\end{gathered}\tag{21.9-12}$$

式中$(\cdot,\cdot)$表示两个向量在 R_n 中的内积,$\boldsymbol{x}\geqslant 0$ 表示向量 $\boldsymbol{x}$ 的每一分量都非负。

将上式展开后，又可叙述为：对给定的数组$(c_1, c_2, \cdots, c_n)$，$(b_1, b_2, \cdots, b_m)$和$m \times n$矩阵(a_{ij})，求函数

$$T = \sum_{i=1}^{n} c_i x_i \tag{21.9-13}$$

满足于限制条件

$$\sum_{j=1}^{n} a_{ij} x_j = b_i, x_j \geqslant 0, \quad i = 1,2,\cdots,m \tag{21.9-14}$$

的极小值解。当然，这个问题可能没有解[当方程组(21.9-14)没有解时]，或者只有一个解，此时这种最优化问题就没有什么意义了。从线性代数理论中我们知道，当$n>m$时，方程组(21.9-14)如果有解就有无穷多个解。但是，整个问题，即T获极小值的解是否存在，什么时候存在，这都是线性规划中已经研究得比较充分的问题。

在另一类实际问题中，限制条件式(21.9-14)往往不是等式，而是不等式。例如，要求满足条件

$$\sum_{j=1}^{n} a_{ij} x_j \leqslant b_i, \quad i = 1,2,\cdots,m \tag{21.9-15}$$

或

$$\sum_{j=1}^{n} a_{ij} x_j \geqslant b_i, \quad i = 1,2,\cdots,m \tag{21.9-16}$$

这时，可以引进新的非负变量$x_{n+1} \geqslant 0$，然后把上述两个不等式改写成等式

$$\sum_{j=1}^{n} a_{ij} x_j + x_{n+1} = b_i, \quad i = 1,2,\cdots,m \tag{21.9-15'}$$

或

$$\sum_{j=1}^{n} a_{ij} x_j - x_{n+1} = b_i, \quad i = 1,2,\cdots,m \tag{21.9-16'}$$

这样，只要把向量$\boldsymbol{x}$的维数加1，就又把问题归结为标准形式式(21.9-12)或(21.9-13)和(21.9-14)了。

总之，我们研究下列问题：求出一个向量$\boldsymbol{x} = \{x_1, x_2, \cdots, x_n\}$，它使$T$取极小值，$T$和$\boldsymbol{x}$应满足下列条件

$$T = c_1 x_1 + c_2 x_2 + \cdots + c_n x_n \tag{21.9-17}$$

$$b_1 = a_{11} x_1 + a_{12} x_2 + \cdots + a_{1n} x_n$$

$$\cdots$$

$$b_m = a_{m1} x_1 + a_{m2} x_2 + \cdots + a_{mn} x_n \tag{21.9-18}$$

$$x_j \geqslant 0, \quad j = 1,2,\cdots,n \tag{21.9-19}$$

上式内可以认为$b_i \geqslant 0$，否则可将全式变号。

与上式一道，可以讨论另一个与其密切联系的对偶问题：求一个m维向量$\boldsymbol{y}=$

$\{y_1, y_2, \cdots, y_m\}$，它使 H 取极大值，H 和 $\mathbf{y}$ 满足下列条件

$$H = b_1 y_1 + b_2 y_2 + \cdots + b_m y_m \tag{21.9-20}$$

$$c_1 \geqslant a_{11} y_1 + a_{21} y_2 + \cdots + a_{m1} y_m$$

$$\cdots$$

$$c_n \geqslant a_{1n} y_1 + a_{2n} y_2 + \cdots + a_{mn} y_m \tag{21.2-21}$$

在线性规划求解问题中，上述两个相互对偶的问题是紧密联系在一起的。可以证明，如果问题式(21.9-17)—(21.2-19)有解，且极值 T^* 有下界，则问题式(21.9-20)—(21.9-21)的任何最优解必满足条件 $T^* = H^*$，H^* 是第二个问题中的极大值，这一点下面我们还要讲到。现在我们讨论一下，这种问题的求解方法的基本思想，而且我们只讨论一种能够用计算机迭代程序求解的方法。因为在变量数目很大，即 $\mathbf{x}$ 的维数很大时，用任何解析方法求解都是很困难的。对原方程组作一些理论分析将有助于正确地编制计算程序。我们返回来讨论式(21.9-18)。不失一般性，我们假定 m 个方程式是线性无关的。即 $m \times n$ 矩阵 A 的秩为 m。任取一个 $m \times m$ 的非蜕化方阵 B，例如它由 $x_1, x_2, \cdots, x_m$ 的系数构成。于是，解出 $x_1, x_2, \cdots, x_m$ 以后，式(21.9-18)可化成下列形式

$$x_1 + \bar{a}_{1,m+1} x_{m+1} + \cdots + \bar{a}_{1n} x_n = \bar{b}_1$$

$$x_2 + \bar{a}_{2,m+1} x_{m+1} + \cdots + \bar{a}_{2n} x_n = \bar{b}_2$$

$$\cdots$$

$$x_m + \bar{a}_{m,m+1} x_{m+1} + \cdots + \bar{a}_{mn} x_n = \bar{b}_m$$

$$z + \bar{c}_{m+1} x_{m+1} + \cdots + \bar{c}_n x_n = \bar{z} \tag{21.9-22}$$

上式内用 z 代替了(21.9-17)中的 T。显然，如果经这种变换后，所有的 $\bar{b}_i$ 都不小于 0，则式(21.9-18)和(21.9-19)立即得到一组可允许的解：

$$x_i = \bar{b}_i, \quad i = 1, 2, \cdots, m; x_j = 0, \quad j = m+1, \cdots, n; \quad z = \bar{z} \tag{21.9-23}$$

当然，若有一个 $\bar{b}_i < 0$，这种变换就给不出任何解。此时要改变矩阵 B，再进行一次变换。最坏的情况下，B 的取法可以有 $\dfrac{n!}{(n-m)!\ m!}$ 种，当 n 足够大时，这种求解方法是很费力的。但是，这样的一组解式(21.9-23)如果找到了，可根据式(21.9-22)的最后一式中的 $\bar{c}_j$ 的符号来判别这个解是不是原问题的最优解。将最后一式改写成

$$T = z = -\bar{c}_{m+1} x_{m+1} - \bar{c}_{m+2} x_{m+2} - \cdots - \bar{c}_n x_n + \bar{z} \tag{21.9-24}$$

由于 $\bar{z}$ 是常数，只要所有上式中的 $\bar{c}_j$ 都是负值，那么式(21.9-23)就必然是原问题的最优解。

如果式(21.9-24)中右端的系数 $\bar{c}_j$ 有正值的，则式(21.9-23)所决定的一组解将不是最优的。取 $\bar{c}_j$ 中最大的一个

$$\bar{c}_s = \max_j \bar{c}_j > 0, \quad s > m$$

然后对式(21.9-23)决定的解加以修改

$$
\begin{aligned}
&x_1=\bar{b}_1-\bar{a}_{1s}x_s\\
&x_2=\bar{b}_2-\bar{a}_{2s}x_s\\
&\cdots\\
&x_m=\bar{b}_m-\bar{a}_{ms}x_s\\
&T=z=\bar{z}-\bar{c}_s x_s,\quad \bar{c}_s>0
\end{aligned}
\tag{21.9-25}
$$

显然,对某个 s,若所有的 $\bar{a}_{is}\leqslant 0, i=1,2,\cdots,m$ 则 x_s 可以取任何大的正值,使 $x_i\to+\infty$,$T\to-\infty$,此时问题式(21.9-17)—(21.9-19)没有有界解,也就是没有极值解。如果上式右端的系数 $\bar{a}_{is}$ 中哪怕有一个是正值,x_s 就不能无限增大,因为受到条件式(21.9-19)的限制。此时只能取

$$
x_s^*=\min_{\bar{a}_is>0}\frac{\bar{b}_i}{\bar{a}_{is}}
\tag{21.9-26}
$$

将 x_s^* 代入式(21.9-25)就得到一组更新值 $x_1,x_2,\cdots,x_m$ 和 T。求出 x_s^* 后,再把它代入式(21.9-18),将各行中的 $a_{is}x_s^*$ 移往左端并与 b_i 合并,再重新开始整个上述过程。这样经多次迭代后就可最后求出最优解。这种逐步逼近的方法叫单纯形法[19]。

归纳上述,用单纯形法逼近最优解的迭代方法可按下列步骤进行:

(1) 在式(21.9-18)右端选一 $m\times m$ 阶非蜕化方阵 B,使向量 $B^{-1}\boldsymbol{b}$ 的每一分量都为正值。令

$$
\boldsymbol{x}_B=\{x_1,x_2,\cdots,x_m\}=B^{-1}\boldsymbol{b},\boldsymbol{b}=\{b_1,b_2,\cdots,b_m\}
$$

其余的 $x_j=0, j=m+1,m+2,\cdots,n$。

(2) 将 $x_1,x_2,\cdots,x_m$ 的值代入式(21.9-17),并化成式(21.9-24)的形式,求出诸系数 $\bar{c}_j, j=m+1,\cdots,n$。

(3) 如果全部 $\bar{c}_j$ 都是负值,则停机,最优解已找到。

(4) 若至少有一个 $\bar{c}_j$ 是正的,那么按式(21.9-26)求出 x_s^*,按式(21.9-25)修改第一近似解 $\boldsymbol{x}_B$。

(5) 把新的 $\boldsymbol{x}_B$ 代入式(21.9-24),重复(2)。

我们再回来讨论基本问题式(21.9-17)—(21.9-19)和它的对偶问题式(21.9-20)—(21.9-21)之间很有意思的相互关系。现在我们再用向量和内积的记述方法把这两个方程组重写如下:

基本问题:求 $\boldsymbol{x}$ 使 T 获极小值

$$
\begin{aligned}
&T=(\boldsymbol{c},\boldsymbol{x}),\quad \boldsymbol{x}\in R_n\\
&A\boldsymbol{x}=\boldsymbol{b},\quad \boldsymbol{b}\in R_m\\
&\boldsymbol{x}\geqslant 0(\boldsymbol{x}\text{ 的每一个分量 }x_i\geqslant 0)
\end{aligned}
\tag{21.9-27}
$$

对偶问题：求 $\boldsymbol{y}$ 使 H 取极大值

$$H=(\boldsymbol{b},\boldsymbol{y}),\boldsymbol{y}\in R_m,\quad A^{\tau}\boldsymbol{y}\leqslant\boldsymbol{c},\quad \boldsymbol{c}\in R_n \tag{21.9-28}$$

式中 τ 表示矩阵转置。这一对问题之间有下列关系：

(1) 设 $\boldsymbol{x}$ 是满足条件 $A\overline{\boldsymbol{x}}=\boldsymbol{b}$ 和 $\overline{\boldsymbol{x}}\geqslant 0$ 的任一个解；而 $\overline{\boldsymbol{y}}$ 是对偶问题中 $A^{\tau}\overline{\boldsymbol{y}}\leqslant\boldsymbol{c}$ 的任意解。那么必有

$$\overline{T}=(\boldsymbol{c},\overline{\boldsymbol{x}})\geqslant(\boldsymbol{b},\boldsymbol{y})=\overline{H} \tag{21.9-29}$$

这是很明显的，因为依设 $\overline{\boldsymbol{x}}\geqslant 0$：$A\overline{\boldsymbol{x}}=\boldsymbol{b}$ 和 $A^{\tau}\overline{\boldsymbol{y}}\leqslant\boldsymbol{c}$，故有

$$\overline{T}=(\boldsymbol{c},\overline{\boldsymbol{x}})\geqslant(A^{\tau}\overline{\boldsymbol{y}},\overline{\boldsymbol{x}})=(\overline{\boldsymbol{y}},A\overline{\boldsymbol{x}})=(\overline{\boldsymbol{y}},\boldsymbol{b})=\overline{H}$$

(2) 如果基本问题和对偶问题的 $\boldsymbol{x}$ 和 $\boldsymbol{y}$ 都有满足各自限制条件的解，那么两者都有最优解。再设式(21.9-28)的 n 个不等式中，凡严格不等式成立时，则相应的 $\boldsymbol{x}$ 的坐标应置为零。例如第 j 行有 $c_j>\sum\limits_i a_{ij}\dot{\boldsymbol{y}}_i$，则置 $\dot{\boldsymbol{x}}_j=0$。此时有

$$\min T=\dot{T}=\max H=\dot{H} \tag{21.9-30}$$

由性质(1)知，T 为自下有界，而 H 是自上有界，因而两者都一定有最优解。进一步对式(21.9-27)内的等式两边分别和 $\dot{\boldsymbol{y}}$ 取内积后有

$$(A\dot{\boldsymbol{x}},\dot{\boldsymbol{y}})=(\dot{\boldsymbol{x}},A^{\tau}\dot{\boldsymbol{y}})=(\boldsymbol{b},\dot{\boldsymbol{y}})$$

既然凡 $\sum\limits_i a_{ij}\dot{\boldsymbol{y}}_i<c_j$ 的 $\dot{\boldsymbol{x}}_j$ 都为零，那么，由此可知

$$\dot{H}=(\boldsymbol{b},\dot{\boldsymbol{y}})=(\dot{\boldsymbol{x}},A^{\tau}\dot{\boldsymbol{y}})=(A^{\tau}\dot{\boldsymbol{y}},\dot{\boldsymbol{x}})=(\boldsymbol{c},\dot{\boldsymbol{x}})=\dot{T}$$

这就证明了式(21.9-30)成立。事实上，上面关于 $\dot{\boldsymbol{x}}_j$ 为 0 的假定是多余的，仔细计算可知，展式(21.9-24)右端的诸系数就是 $\sum\limits_{i=1}^{m}a_{ij}\dot{\boldsymbol{y}}_i-c_j=\overline{c}_j$，当 $\overline{c}_j$ 小于零时必须有 $\dot{x}_j=0$，否则 $\dot{\boldsymbol{x}}$ 不可能是使 T 取极小值的最优解。

(3) 基本问题和对偶问题这两个问题中，只要有一个有最优解，另一个也一定有，而且两者的极值相等。如果其中之一有无界解，则另一个无解。

(4) 从上面几个特性，可立即推出一个最重要的结论：$\dot{\boldsymbol{x}}=\{\dot{x}_1,\dot{x}_2,\cdots,\dot{x}_n\}$ 和 $\dot{\boldsymbol{y}}=\{\dot{y}_1,\dot{y}_2,\cdots,\dot{y}_m\}$ 分别成为基本问题和对偶问题的最优解的充要条件是

$$(A\dot{\boldsymbol{x}},\dot{\boldsymbol{y}})=(\boldsymbol{c}^{\tau}\dot{\boldsymbol{x}}) \tag{21.9-31}$$

这个条件实际上与性质(2)是等价的。例如，由此可推知，当 $\sum\limits_{i=1}^{m}a_{ij}\dot{y}_i<c_j$ 时，$\dot{x}_j$ 必须为零，等。

利用基本问题和对偶问题的这种关系，人们想出了很多办法去求解最优问题。前面讲到的单纯形迭代法要求首先找到基本问题中满足限制条件的一组解。如果利用对偶问题的特性，则可以从对偶问题的某一组相容解作为迭代的开始，这种方法叫做对偶单纯形法和主-对偶程序。关于这些更完善的计算方法的细

节，读者可参看本章参考文献。

如在本节开始时提到的，由于实际问题的需要，人们对线性规划的理论和实际应用做了大量的工作。现在，这一理论和方法已卓有成效地应用于各个方面，特别是有效地应用在经济计划管理方面。

参 考 文 献

[1] 恩格斯，自然辩证法导言，人民出版社，1971.

[2] 钱学森、许国志、王寿云，组织管理的技术——系统工程，文汇报，1978 年 9 月 27 日，上海.

[3] 华罗庚，统筹方法平话及补充，中国工业出版社，1966.

[4] 宋健、于景元、李广元，人口发展过程的预测，中国科学，1980，9.

[5] 宋健、王浣尘、于景元、李广元，人口动态过程的控制和大系统结构，系统工程论文集，科学出版社，1981.

[6] 宋健，关于计算平均期望寿命的注记，科学通报，5，1981.

[7] 宋健、于景元，关于人口系统稳定性理论和临界生育率的注记，科学通报，23，1980.

[8] 宋健，人口发展的双线性最优控制，自动化学报，4，1980.

[9] 涂序彦，大系统理论及其应用，自动化，1(1977)，1.

[10] 中国科学院数学研究所编，线性规划的理论及其应用，科学出版社，1959.

[11] 项国波，柴油机交流发电机组并联运行及其稳定性，国防工业出版社，1979.

[12] Araki, M., Stability of large-scale systems, IEEE Trans., AC-23(1978), 2.

[13] Athans, M., Advances and open problems on the control of large-scale systems, Proc. of 7th IFAC Congress, Helsinki, 1978.

[14] Athans. M., & Greering, H. P., Necessary and sufficient conditions for differentiable nonscalarvalued functions to attain extrema, IEEE Trans., AC-18(1973). 132－139.

[15] Athans. M. & Greering, H. P., The infimum Principle, IEEE Trans., AC-19 (1974), 485－494.

[16] Basar, T., Decentralized multicritiria optimization of linear stochastic systems, IEEE Trans. AC-23(1978). 2.

[17] Canon, M. D., Cullum, C. D. Jr. & Polak. E., Theory of Optimal Control and Mathematical Programming, McGraw-Hill, New York, 1970.

[18] Cruz, J. B., Leader-Follower strategies for multilevel systems, IEEE Trans., AC-23 (1978), 2.

[19] Dantzig. G. B., Linear Programming and Extensions, Princeton Univ. Press, 1963.

[20] Dantzig, G. B., The Primal-dual Method for Transportation, The Ford-Fulkerson Algoithm, in the Book[19].

[21] Falkenberg, D. R., Optimal control in age dependent Populations., Froc. of JACC conference, columbus, Ohio, 1973, 112－117.

[22] Fallside, F. & Perry, P. F., On-line prediction of consumption for water supply network control, Proc. of 6th IFAC Cengress, Boston, 1975.

[23] Fan, K., On systems of linear inequalities, In the Book "Linear Inequalities and Related Systems", ed. by Kuhn, H. W. & Tucker, A. W. Princeton, 1956.

[24] Ferguson, R. O. & Dantzig, G. B., Problem of routing aircraft, Aeron. Eng. Review, 14(1955). 51—55.

[25] Gass, S. I., Linear Programming: Methods and Applications, McGraw-Hill, 1958.

[26] Ho Y. C. & Chu K. C., Team decision theory and information structures in optimal control Problems, IEEE Trans., AC-17(1972), 1.

[27] Ho Y. C., Kastner, M. P. & Wong, E., Team, Signalling, and information theory, IEEE Trans., AC-23(1978), 2.

[28] Huskey, H. D. & Huskey, V. R., Chronology of computing devices, IEEE Trans., C-25 (1976), 12.

[29] Jacoub, M., A large Computerized automatic System—the automatic fare collection system of the Paris Metro, Proc. of 6th IFAC Congress, Boston, 1975.

[30] Kuhn, H. W. & Tucker, A. W., Linear Inequalities and Related Systems, Princeton, 1956.

[31] Langhar, H. L., General population theory in the age-time continuum, J. Franklin Inst., 293 (1973), 3.

[32] Lantos, B., Necessary conditions for the optimality in optimum control problems with non-scalr-valued Performance Criterion, Proc. of 7th IFAC Congress, Helsinki, 1978.

[33] Lasdon, L. S., Optimization Theory for Large Scale Systems, McMillan, 1970.

[34] Mănescu, M., Modern trends in cybernetics and systems, Proceeding of the 3rd International Conference on Cybernetics and Systems, Vol. 1, 1975, Bucharest.

[35] Mesarovic, M. D., et al., Theory of Hierarchical Multilevel Systems, Academic Press, New York, 1970.

[36] Michel, A. N., Stability analysis of interconnected Systems, SIAM J. Control, 12(1974), 3.

[37] Moylan, P. J. & Hill, D. J., Stability critira for large-scale systems, IEEE Trans., AC-23 (1978), 2.

[38] Neustant, L. M., A general theory of extremals, J. Comput. System Science. 3(1969), 1.

[39] Nitzan, D. & Resen, C. A., Programmable industrial automation, IEEE Trans., C-25 (1976), 12.

[40] Olsder, G. J. & Strijbos R. C. W., Population Planning: A distributed time optimal control Problems, Proc. of 7th IFIP Conference on optimization techniques, modelling and optimization, Nice, France, 1975.

[41] Siljak, D. D., On stability of large-scale systems under structural perturbations, IEEE Trans., SMC-3(1973), 7.

[42] Special Suppliment of Bell System Technical Journal, Safeguard Data-Processing System, 1975.

[43] Wiener, R., Cybernetics, New York, 1948.

[44] Wiener, R., Cybernetics and Society, London, 1954.

[45] Yoshihisa, Iida, Railway traffic planning System, Proc. of 6th IFAC Congress, Boston, 1975.

[46] Вулих,Б. З. ,Введение в Теорию Полуупоряченных Пространств,Москва,1966.

[47] Габасов,Р. & Киримова,Ф. М. ,Линейное Прозраммирование,Москва,1977.

[48] Канторович,Л. В. ,Подбор постовов обеспечивающих Максимальный выход пилопродукции в Заданном ассортименте,Лесная Промышленность,7(1949).

[49] Канторович,Л. В. ,О методах анализа некоторых Электремальных планово-производственных Задач,ДАН СССР,115(1957),3.

[50] Канторович,Л. В. ,Экономический расчет Намлучшего использования ресурсов,Москва,1959.

[51] Рубинштейн, Г. Ш. , Общее решение конечной системы линейных неравенств, УМН, 9(1954),2.

[52] Черников,Н. В. ,Наибольшее и наименьшее Значения линейнои функции На многограннике, УМН 12(1957),12.

[53] 椹木義一,ツステム科学の現状と将来の課題,システムと制御,21(1977),1.

有关中文著作目录选辑

[1] 刁士亮,用频率法研究电力系统的静态稳定及若干参数对静态稳定的影响,华中工学院学报,1963,3,15—31.

[2] 万百五,1)按频率特性求过渡过程及品质指标的方法,交通大学学报,1957,2,105—123.

2)线性自动调整系统的综合,自动化,1(1958),3,99—114.

3)我国古代在自动调整系统方面的成就,西安交通大学学报,1963,3,118—124.

4)我国古代自动装置的原理分析及其成就的探讨,自动化学报,3(1965),2,57—65.

[3] 万百五、姚燕南、邱宁茂、李官发、韩文禄,阶跃扰动作用下恒值自动调节系统综合的工程计算法,西安交通大学学报,1965,2,81—102.

[4] 上海炼油厂电子计算机应用协作组,控制对象的动态方程决定和前馈控制——电子数字计算机在常压蒸馏控制中的一个应用,应用数学学报,1976,2,33—45.

[5] 王联,1)稳定性理论中第一临界情形的微分方程与微分差分方程的等价问题,科学记录,2(1958),7,275—278、数学学报,10(1960),1,104—124.

2)具有时滞微分方程解的稳定性,科学记录 3(1959),7,221—227.

[6] 王正中,展宽脉冲调制乘法器频率特性的研究,自动化学报,4(1966)2,90—97.

[7] 王传善,1)继电线路序列表可实现性,自动化,1(1958),4.

2)多拍继电线路序列的可实现性,自动化 1(1958),4.

3)远动技术,科学出版社,1963.

4)弱干扰下连续运动信号的最佳接收,自动化学报,2(1964),2.

[8] 王芳雷,控制电路的逻辑设计,自动电力拖动,1960,6.

[9] 王寿仁,1)信息论的数学基础,科学出版社,1957.

2)关于广义随机过程的一个注记,科学记录,新辑 2(1958)1,15—18.

[10] 王浣尘,1)线性自动调整系统稳定判据的几何形式,西安交通大学学报,1962,2,11—31.

2)寻求多项式根的几何方法,西安交通大学学报,1964,1,95—114.

[11] 王离九,带负软反馈的电机放大机动态特性的研究,华中工学院学报 1963,7,47—58.

[12] 王书荣,自然的启示,上海人民出版社,1974.

[13] 王康宁、关肇直 1)弹性振动的镇定问题,中国科学,1974,4,335—350.

2)弹性振动的镇定问题(Ⅲ),中国科学,1 976,3,133—148.

[14] 王康宁,关于弹性振动的镇定(Ⅱ),数学学报,18(1975),1.

[15] 王新民 1)采用多拍脉冲的快速脉冲系统,自动化学报,1(1963),1,2—11.

2)在连续控制系统中应用时滞元件滤波器作为校正装置的几个必要条件,自动化学报,2(1964),1,1—6.

3)一种快速响应的采样数据控制系统,中国科学,13(1964),7,1151—1159.

[16] 王新民、吕应祥，自适应控制系统，自动化技术进展，科学出版社，1963.
[17] 王新民、龚文弟、白拜尔，脉冲继电控制系统中的分频振荡，自动化学报，3(1965)，2，111—120.
[18] 王慕秋，稳定性理论中方程组的分解问题，科学记录，4(1960)，1，1—5.
[19] 王雨新，多端接点网路综合的图解法，自动化学报，2(1964)，1.
[20] 尤秉礼，1)按第一次近似决定的全局稳定性，山东大学学报，自然科学版 1957，1，40—48.
2)线性常微分方程组解的稳定性，山东大学学报，自然科学版，1956，3，46—58.
3)对非驻定系统在一个临界情况下的稳定性问题，山东大学学报，自然科学版，1960，1，44—50.
[21] 邓述熹，关于线性规划中摄动法之改进，华中工学院学报，1963，1，48—56.
[22] 邓聚龙 1)线性的反馈控制系统的结构理论，华中工学院学报，1963，7，34—46.
2)多变量线性系统并联校正装置的一种综合方法，自动化学报，3(1965)，1，13—26.
3)多变量系统过渡过程的近似计算方法，华中工学院学报，1966，2，59—67.
4)自动控制系统并联校正的简化方法，华中工学院学报，1973年创刊号.
5)线性定常多变量系统稳定性分析的一种方法，华中工学院学报，1978，1，81—87.
6)大系统的去耦分解，华中工学院学报，1978，2.
[23] 尹朝万，应用控制计算机的锅炉燃烧的最佳控制系统，自动化，1971，1，1—9.
[24] 中山大学数学力学系下文冲船厂小组，电流间断可控硅随动系统，中山大学学报，自然科学版，1971，1，26—53.
[25] 中国科学院数学研究所概率组，离散时间系统滤波的数学方法，国防工业出版社，1975.
[26] 中国科学院数学研究所控制理论研究室编，关肇直、陈翰馥执笔，线性控制系统的能控性和能观测性，科学出版社，1975.
[27] 中国科学院数学研究所编，韩京清执笔，拦截问题中的导引律，国防工业出版社，1977，6.
[28] 中国科学院数学研究所编，秦化淑、王朝珠执笔，大气层外拦截交会的导引问题(文集)，国防工业出版社，1977，6.
[29] 叶正明，线性复合控制系统的图解综合法，自动化学报，2(1964)，2，79—89.
[30] 冯秉铨，非线性振荡理论的发展概况和动向，华南工学院学报，1964，1，1—12.
[31] 史维祥，液压随动系统稳定性之研究，西安交通大学学报，1963，1，62—80.
[32] 刘仙洲，中国机械工程发明史，科学出版社，1962.
[33] 刘豹，1)自动化控制原理，中国科学图书仪器公司出版，1954.
2)自动调节理论基础，上海科技出版社，1963.
3)同时按扰动作用及给定作用来综合自动调节系统的频率法，天津大学学报，1963，12，61—68.
[34] 刘豹、何恩智，推广频率法在非线性系统综合中的应用，天津大学学报，1966，22，1—12.
[35] 刘永清，时滞对动力系统稳定性的影响，科学记录，4(1960)，2，62—65.
[36] 刘兴权，导数前具有小参数的拟线性系统的周期振动，吉林大学自然科学学报，1965，4，

27—45.

[37] 毕大川,热传导方程的最优边值控制,应用数学与计算数学,3(1966),2,69—75.

[38] 毕大川、王康宁,具有分布参数控制系统的最优控制问题,科学通报,17(1966),6,272—274.

[39] 许廷钰,用不可靠的继电器组成可靠的继电器线路,自动化学报,2(1964),1,19.

[40] 孙仲康 1)高阶无差系统中不变性原理的应用,高等学校自然科学学报、电工、无线电、自动控制版,1965,5.

2)高精度快速跟踪系统的分析,工学学报,1977,3,94—129.

[41] 孙顺华 1)Hilbert 空间线性系统的一个镇定问题,数学学报,18(1975),4,297—299.

2)Hilbert 空间线性稳定化问题,四川大学学报,自然科学版,1975,1,51—56.

3)完全可控线性系统的谱分布,数学学报,21(1978),3,193—204.

[42] 孙淑信,关于原动机跟踪调节及其在电力系统中的应用问题,华中工学院学报,1978,1,88—96.

[43] 阳含和,金属切削工艺过程控制论初步探讨,西安交通大学学报,1978,1,1—22.

[44] 华罗庚,优选法平话及其补充,国防工业出版社,1971.

[45] 长沙工学院,数字通信原理,1975.

[46] 肖惕,电力系统静态稳定的实用判据的分析,西安交通大学学报,1963,4,125—135.

[47] 肖顺达,关于积分式自动驾驶仪侧向传导系数的选择方法,工学学报,1965,7,12,43—52.

[48] 陈珽、何勋桂,同枢变流机调速的研究,华中工学院学报,1(1959),1.

[49] 陈文杰,含有间隙的继电系统中周期振荡的准确解,自动化学报,3(1965),4,223—230.

[50] 陈少豪,继电调节系统平衡位置的全局稳定性,复旦大学学报,自然科学版,1965,2—3,155—176.

[51] 陈永毅,关于常系数线性系统衰减时间的估计问题,自动化学报,2(1964),4,241—244.

[52] 陈兆宽,泛涵分析方法在最优快速系统定性理论研究中的某些应用——一类算子方程最佳过程的定性理论,山东大学学报,1974,1,5—20.

[53] 陈国强、赵汉元、卫星交会末制导导引法,工学学报,1973,总 14.

[54] 陈鸿彬,最佳跃变响应特性的全极点线性系统的极点布局,西安交通大学学报,1963,1,104—123.

[55] 陈培德,矩阵方程与滤波稳定性,数学学报,20(1977),2,130—143.

[56] 陈辉堂,随动系统,人民教育出版社,1961.

[57] 陈翰馥,1)关于随机能观测性,中国科学,1976.4,406—420.

2)线性奇异随机控制,数学学报,20(1977),2,148—152.

3)连续时间系统的随机能观测性和初值估计,中国科学,1978,3,251.

4)缺初值估计的最优性,中国科学,1978,6,591.

[58] 陈翰馥、安万福,多项式叠加平稳过程信号的预报过滤问题,自动化学报,4(1966),1,60—66.

[59] 宋健,具有一般质量指标的控制系统综合方法,自动化学报,1963,1,12—20.

[60] 宋健、韩京清,1)线性最速控制系统的分析与综合理论,数学进展,5(1962),4,264—284.

2)变系数最速控制系统的分析与综合,中国科学,13(1964),6,993—1004.

3)最速控制系统的分析与综合,第二届 IFAC 大会论文集,中文稿发表于自动化学报,3(1965),3,121—130.

[61] 宋健、于景元 1)带有常微分控制器的分布参数反馈系统,中国科学,1975,2,141—166.

2)点测量、点控制的分布参数系统,中国科学,1979,2.

[62] 杜海传,对寻求线性随动系统最佳传递函数的别列格林方法的评论,清华大学学报,1965,1,83—89.

[63] 吴吉,冷轧机厚度自动调节系统,哈尔滨工业大学学报,1958,4,17—52.

[64] 吴捷,惯性导航系统的一种控制算法,华南工学院学报,6(1978),2,75—79.

[65] 吴沧浦,可控马尔可夫链的一种最优决策,自动化学报,2(1962),3,146—154.

[66] 吴瑶华,具有非对称特性曲线和中性线性部分的继电器系统的研究,哈尔滨工业大学学报,1960,2,131—142.

[67] 陆元九,陀螺与惯性导航原理,科学出版社,1964.

[68] 陆益寿,继电器接点电路逻辑基础,上海科技出版社,1960.

[69] 沈世镒,1)平稳通路基本问题,数学进展,7(1964),1—38.

2)申南定理中信息准则成立的充要条件,数学学报,12(1962),389—407.

[70] 李训经,时滞系统的绝对稳定性,数学学报 1962,4,558—573.

[71] 李训经、谢惠民、陈俊本,间接调节系统的绝对稳定性,复旦大学学报,1962,1.

[72] 李训经、谢惠民等,自动调节系统的稳定性与快速最佳控制,复旦大学数学研究所论文集,1964.

[73] 李森林,$\frac{dx_3}{dt} = \sum_{j=1}^{n} f_s,(x_j), s = 1,\cdots,n$ 的解的全局稳定性及其应用(Ⅰ),数学学报,14(1963),3,353—366.

[74] 李敉安、陈贤威、董博文 1)升船机主拖动的调速系统研究,华中工学院学报,5(1965),1.

2)升船机主拖动系统低值恒加减速度的自动控制研究,华中工学院学报,5(1965),1.

[75] 汪成为,一种可同时提高寻优速度和寻优精度的寻优方案,自动化学报,4(1966),1,18—27.

[76] 汪应洛、李怀祖、许国梁、崔绍铭、王永忠,用“多参数组合试验”寻求连续生产过程静态最优问题,西安交通大学学报,1965,4,59—81.

[77] 汪朝群,最佳控制数学理论中的两个存在性问题,山东大学学报,自然科学版,1964,1,7—32.

[78] 吕应祥,绝对不变性与不变性到 ε 自适应控制系统,自动化学报,2(1964),4,191—201.

[79] 安鸿志,1)加权滤波方法,数学的实践和认识,1973,4.

2)关于最佳滤波器渐近性理论的研究,数学学报,17(1974),1,38—45.

[80] 安鸿志、严加安,限定记忆滤波方法,数学的实践和认识,1973,3.

[81] 何国伟、王文贤,从所需校正网络相频或幅频曲线计算传递函数的方法,自动化学报,2(1964),1,7—15.

[82] 何新贵,最优分段逼近,应用数学与计算数学,2(1965),1,21—38.

[83] 何恩智,自动调节系统以频率法进行综合的推广,天津大学学报,1963,2,83—91.

[84] 范崇惠,滞后自动调节系统的质量分析与综合,哈尔滨工业大学学报,1958,2,59—69.

[85] 范崇惠、施颂平、余雅声,内燃机车驾驶自动化,自动化学报,1(1963),1,22—30.

[86] 孟章荣,刘金火,以最佳次序计算布尔表达式,应用数学和计算数学,2(1965),2,71—78.

[87] 杨志坚,广义的D-域分划法,自动化学报,3(1965),14,193—204.

[88] 杨恩浩 1)关于微分方程的解对部分变元的稳定性,四川大学学报,1960,1,69—75.
2)关于微分方程的解对部分变元的全局稳定性,四川大学学报,1960,2,37—44.

[89] 周恒,关于利用继电式元件改进控制系统的一个问题,力学学报,1(1957),3.

[90] 周克定,变参数网络的脉冲过渡函数和传递函数,华中工学院学报,1963,7,81—91.

[91] 周宏仁,蔡涤泉,跟踪雷达的复合控制,航空学报,1978,1,71—82.

[92] 周雪鸥,关于李雅普诺夫第二方法中稳定性及不稳定性定理的推广,四川大学学报,1960,1,51—62.

[93] 居乃旦,非线性定常系统极限环的存在与唯一性,科学通报,17(1966),5,193.

[94] 易允文,锅炉效率极值控制,华中工学院学报,1963,8,2—17.

[95] 林文震,无触点集中-分散目标运动系统逻辑结构的研究,自动化,1(1958),1.

[96] 张洪钺,关于常参数线性系统初始条件的一些注记,自动化学报,3(1965),4,242—247.

[97] 张德昌,时滞系统的不稳定条件,西北工业大学学报,1964,1,97—100.

[98] 张学铭 1)关于时滞微分方程解的渐近稳定性,山东大学学报,自然科学版,1960,1,40—43.
2)具有时滞微分方程系统稳定性,数学学报,1960,2,202—211.
3)常微分方程在控制力学中之发展,山东大学学报,自然科学版,1961,2,1—15.
4)控制过程中的微分方程问题,数学进展,5(1962),4,285—300.

[99] 张学铭、黄光远 1)中立型时滞系统稳定性,山东大学学报,自然科学版,1962,1,1—8.
2)分布参数系统的最佳控制问题,山东大学学报,自然科学版,1964,1,41—61.

[100] 张芷香,扰动控制原理在镇定高频淬火装置直流电源电压中的应用,自动化学报,2(1964),3.

[101] 张炳根,具时滞的微分方程解的稳定性,高等学校自然科学学报,数学、力学、天文学版,1(1965),2,123—135.

[102] 张嗣瀛 1)变系数系统的运动稳定性问题,力学学报,4(1960),1,46—53.
2)有限时间区间上的稳定性问题,东北工学院学报,1963,1,49—57.
3)运动稳定性理论及其某些发展,东北工学院学报,1963,2,39—48.
4)轨线末端受限制时的最优控制问题,自动化学报,1(1963),2,49—58.
5)常系数线性系统的快速控制问题,自动化学报,2(1964),2,115—118.
6)轨线两端均受限制时的最优控制问题,自动化学报,2(1964),4,181—190.
7)相空间坐标受限时的最优控制问题,自动化学报,4(1966),2,98—110.

[103] 郑衍杲,由开环零极点计算闭环品质及其在系统校正中的应用,南京航空学院学报,1965,1,196—225.

[104] 郑祖庥,关于定常系统在经常作用的外扰下稳定性的必要条件问题,厦门大学学报,1964,2,49－59.

[105] 郑绍濂,多维平稳随机过程的谱分解,复旦大学学报,2(1960).

[106] 郑维敏,线性自动调节系统的一种综合方法,清华大学学报,1963,6,57－68.

[107] 钟士模、童诗白、郑维敏,电子式脉冲调节器,清华大学学报,1956,2,164－169.

[108] 钟士模、郑大中,拉普拉斯变换法优点的扩展,清华大学学报,1964,3,1－14.

[109] 钟士模等,过渡过程分析,清华大学,1964,12.

[110] 胡世华,控制论的发展,科学通报,1965,10,862－869.

[111] 胡庆超,机床液压随动系统的稳定性,华中工学院学报,1963,6,78－103.

[112] 胡金昌 1)近十年间李雅普诺夫函数 V 的推广,数学进展,5(1962),3,185－207.

2)动力系统典型式的不稳定域,高等学校自然科学学报,1(1965),3,224－231.

[113] 胡迪鹤,随机调控无穷维分枝过程论(Ⅰ)——实际背景、数学模型,武汉大学学报,1978,1,1－12.

[114] 胡国定,信息论中关于申南定理的三个反定理,数学学报,11(1961),260－294.

[115] 胡国定、沈世镒,概周期通路的若干编码定理,数学学报,15(1965),1.

[116] 俞铁城,用图样匹配法在计算机上自动识别语言,物理学报,26(1977),5.

[117] 俞玉森,最佳调整的问题,华中工学院学报,1963,1,2－14.

[118] 俞克曜,根轨迹的几何作图法,自动化学报,4(1966),1,46－59.

[119] 欧阳亮,1)关于分布参数系统的快速控制问题,科学通报,1975,7,313－317.

2)关于分布参数系统的平方指标最佳控制问题,科学通报,22(1977),11,481－486.

[120] 欧阳景正,1)在随机干扰影响下两种极值调节系统的分析,自动化学报,1(1963),2,59－73.

2)在随机干扰作用下最速控制系统的分析,中国科学,13(1964),8,1301－1316.

[121] 贺建勋,1)关于一类二级微分方程组解在大范围的渐近稳定性,厦门大学学报,1956,2,76－101.

2)关于 Б. А. Ершов 定理的错误的改正,厦门大学学报,1957,1,1－6.

3)关于一个三阶非线性调节系统的稳定性,厦门大学学报 1959,2,27－32.

4)关于大范围的运动稳定性问题,厦门大学学报,1961,2,145－168.

[122] 项国波,1)非线性自动调整系统自振荡的对数分析法,福州大学学报,1962,2,1－19.

2)非线性自动调节系统近于正弦自振荡过渡过程的对数法,福州大学学报,1964,1,1－10.

3)非线性自动控制系统若干问题的对数分析方法,自动化学报,3(1965),3,158－169.

[123] 复旦大学数学系编,数理逻辑与控制论,上海科技出版社,1960.

[124] 赵素霞,一类自动调整系统的全局稳定性问题,山东大学学报,自然科学版,1960,1,62－66.

[125] 柳维长,组合开关网络的可靠性,自动化学报,3(1965),1,27－32.

[126] 侯天相,关于常系数线性偏微分方程组柯西问题的弱渐近稳定性,数学学报,12(1962),1.

[127] 袁兆鼎、毕德学,根轨迹计算法,应用数学与计算数学,1(1964),1,13—17.

[128] 钱学森,1)工程控制论,科学出版社,1958.
2)星际航行概念,科学出版社,1963.

[129] 涂健、李浚源,数字调速系统,华中工学院学报,6(1966),2.

[130] 韩建勋、龚炳铮,单变量工业调节系统整定计算方法的现状问题及今后研究方向,天津大学学报,1966,22,93—108.

[131] 涂序彦,1)多变量协调控制问题,第一届国际自动化会议(IFAC)译文集 1962,华中工学院学报,1963,2,28—48.
2)关于"人-机"系统,科学通报,1965,12,1043—1049.
3)大系统理论及其应用,自动化,1(1977),1.

[132] 涂序彦、戴汝为,决定单回路继电系统振荡系数的准确方法,华中工学院学报,1963,2,3—14.

[133] 涂序彦、郭荣江,智能控制及其应用,自动化,(1977),1.

[134] 秦元勋,1)运动稳定性一般问题讲义,科学出版社,1958.
2)稳定性理论中微分方程与微分差分方程的等价问题,数学学报,8(1958),4,457—472.
3)一个三阶的非线性系统的振荡,科学记录,3(1959),6,163—166.

[135] 秦元勋、刘永清、王联,1)稳定性理论中的微分方程与微分差分方程的等价性问题,数学学报,9(1959),3,333—363.
2)带有时滞的动力系统的稳定性,科学出版社,1963.

[136] 秦元勋、刘永清,有时滞系统的无条件稳定性,科学记录,4(1960),2,59—61.

[137] 秦元勋、王联、王慕秋,变系数动力系统的运动稳定性,数学学报,21(1978),2,176—186.

[138] 高为炳 1)关于非线性控制系统的稳定性问题,自动化学报,2(1964),1,16—27.
2)用谐波平衡法研究具有几个线性元件的单回路调节系统,自动化学报,2(1964),3,136—145.
3)非线性控制系统的绝对稳定性及稳定度,自动化学报,3(1965),1,1—12.

[139] 徐吉万,脉冲式自动相位控制系统的分析,自动化,1973,1,7—19.

[140] 徐建平、卞国瑞、倪重匡、张蔼珠,1)自适应滤波(Ⅰ),复旦大学学报,1976,2,22—38.
2)自适应滤波(Ⅱ),复旦大学学报,自然科学版,1977,1,76—79.

[141] 贾沛然、任萱,卫星交会的燃烧估计,工学学报,1978,2.

[142] 夏道止,简单电力系统中强力式自动励磁调节器的特性分析及最佳调节规律研究,西安交通大学学报,1963,3,97—116.

[143] 姚林等编,电子数字计算机原理,科学出版社,1961.

[144] 梁中超,1)几类非线性方程解的全局稳定性,山东大学学报,自然科学版,1960,1,51—61.

2)非驻定运动的全局稳定性,山东大学学报,自然科学版,1961,3,25—36.

[145] 梁中超、许闻天,关于全局稳定性定理的简证和推广,山东大学学报,自然科学版,1963,4,1—15.

[146] 粱永福,关于李雅普诺夫第二方法的几个定理,四川大学学报;1964,3,61—68.

[147] 郭锁风,一种自适应自动驾驶仪回路的构成与分析,南京航空学院学报,1964,2,103—123.

[148] 黄琳,1)关于多维非线性系统的衰减时间的估计问题,北京大学学报,自然科学版,1960,1,27—41.

2)控制系统动力学及运动稳定性理论的若干问题,力学学报,6(1963),2,89—110.

3)论衰减时间的估计,1963 年第二届国际自动控制会议论文,摘要见高等学校自然科学学报,电工、无线电、自动控制版,1964,2.

4)李雅普诺夫第二方法的一个应用,自动化学报,3(1965),1,33—47.

[149] 黄琳、郑应平、张迪,李雅普诺夫第二方法与最优控制器分析设计问题,自动化学报,2(1964),4,202—218.

[150] 黄文虎,按自动调节系统的虚频特性寻求系统的近似过渡过程曲线的一个方法,哈尔滨工业大学学报,1957,4,87—100.

[151] 黄光远,1)运动稳定区域的估计,山东大学学报,自然科学版,1961,4,27—37.

2)带分布参数一阶系统的最佳控制问题,数学进展,7(1964),3,295—304.

[152] 黄发伦,1)关于非线性微分方程一致渐近稳定性的扰动,四川大学学报自然科学版,1977,1.51—70.

2)关于非线性微分方程渐近稳定的线性化原理,数学学报,20(1977),4,291—293.

3)关于非线性微分方程一致渐近稳定性的扰动(Ⅱ),数学学报,21(1978),1,77—79.

4)关于半群的稳定性和镇定问题,科学通报,1978,1.

[153] 维芬、云娜,信息论基本问题简述,信息与控制,1978,1.

[154] 龚炳铮,1)不变性理论及其发展综述,自动化技术进展,科学出版社,1963.

2)串级调节系统的分析及其计算,天津大学学报,1964,16,11—27.

[155] 康继昌、戴冠中,董志信,1)高阶最佳线性采样控制系统综合,工学学报,1965,7,1—10.

2)具有饱和特性的最佳采样控制系统的工程近似实现法,工学学报,1965,7,11—26.

[156] 曹昌佑,地球诸因素影响下命中和制导的计算和修正,哈尔滨工程学院,1962.

[157] 曾昭磐,直接调节系统的一个绝对稳定准则,厦门大学学报,1964,2,60—70.

[158] 斯力更,具有变量时滞的非线性中立型微分方程组的有界性和稳定性,数学学报,1974,3,197—204.

[159] 童世璜、易允之,锅炉燃烧自找最佳点控制系统,华中工学院学报,1963,2,15—27.

[160] 程国采,用四元数进行卫星姿态控制的最佳控制轴法,工学学报,1973,总 14.

[161] 谢绪恺,1)线性稳定性的新判据,东北工学院学报,1963,1,26—30.

2)有一个零根第一临界情况稳定问题,东北工学院学报,1963,1,31－38.

[162] 疏松桂,多台电轴系统的稳定性及非线性振荡问题,数学学报,11(1961),2,170－180.

[163] 蔡金涛,契贝舍夫式工作参数滤波器的原理和计算,科学出版社,1962.

[164] 蔡燧林,常系数线性微分方程组的李雅普诺夫函数的公式,数学学报,9(1959),4,445－467.

[165] 蔡长年、汪润生,信息论,人民邮电出版社,1960.

[166] 熊有道、王法中,龙门刨床主拖动系统的调整及动态分析,华中工学院学报,6(1966),2.

[167] 潘裕焕,应用电子计算机实现生产过程的闭环最佳控制,自动化,1972,1,1－8.

[168] 薛景瑄,1)脉冲控制系统综述,自动化技术进展,科学出版社,1963.

2)广义点变换法用于研究非线性脉冲系统,自动化学报,2(1964),2,61－70.

[169] 戴汝为,模式识别,自动化,2(1978),1.

[170] 戴汝为、李宝绶、王玉莹,关于线性快速控制的一个计算方法,自动化学报,2(1964),3,123－135.

[171] 戴德成,关于某类非线性系统共振情形的研究,力学学报,8(1965),4,285－295.

[172] 戴世宗,数字随动系统,科学出版社,1976.